ciscopress.com

TCP/IP路由技术

（第2卷）（第2版）

Routing TCP/IP

Volume II

Second Edition

U0251178

〔美〕**Jeff Doyle,** CCIE # 1919　著

夏俊杰　译

YESLAB工作室　审校

人 民 邮 电 出 版 社

北 京

图书在版编目（C I P）数据

TCP/IP路由技术 : 第2版. 第2卷 / (美) 杰夫•多伊尔 (Jeff Doyle) 著 ; 夏俊杰译. -- 北京 : 人民邮电出版社, 2017.8(2022.6重印)
ISBN 978-7-115-46100-1

Ⅰ. ①T… Ⅱ. ①杰… ②夏… Ⅲ. ①计算机网络－通信协议－路由选择 Ⅳ. ①TN915.05

中国版本图书馆CIP数据核字(2017)第156656号

版权声明

◆ 著　　[美] Jeff Doyle
译　　夏俊杰
审　校　YESLAB 工作室
责任编辑　傅道坤
责任印制　焦志炜

◆ 人民邮电出版社出版发行　北京市丰台区成寿寺路 11 号
邮编　100164　电子邮件　315@ptpress.com.cn
网址　http://www.ptpress.com.cn
固安县铭成印刷有限公司印刷

◆ 开本：787×1092　1/16
印张：48.25　2017 年 8 月第 1 版
字数：1211 千字　2022 年 6 月河北第 16 次印刷
著作权合同登记号　图字：01-2016-2071 号

定价：199.00 元

读者服务热线：(010)81055410　印装质量热线：(010)81055316
反盗版热线：(010)81055315
广告经营许可证：京东市监广登字20170147号

内容提要

本书是有关 Cisco 外部路由协议和高级 IP 路由主题的权威指南，是 Cisco 路由与交换领域实属罕见的经典著作。本书在上一版的基础上进行了全面更新，其可读性、广度和深度相较于上一版有了相当大的改进。

本书主要分为 11 章，其内容包括域间路由概念、BGP 简介、BGP 和 NLRI、BGP 和路由策略、扩展 BGP、多协议 BGP、IP 组播路由简介、协议无关组播、扩展 IP 组播路由、IPv4 到 IPv4 的网络地址转换（NAT44）、IPv6 到 IPv4 的网络地址转换（NAT64）等。为了方便读者深入掌握各章所学知识，本书提供了大量的案例分析材料，涵盖了协议配置、故障检测和排除等方面。每章在结束时都提供大量的复习题、配置练习和排错练习，以加强读者对所学知识的理解与记忆。

本书除了适合众多备考的准 CCIE 以及需要通过再认证的 CCIE 阅读，还非常适合从事大型 IP 网络规划、设计和实施工作的工程技术人员及网络管理员参考。

关于作者

Jeff Doyle（CCIE #1919）是Fishtech实验室的研发副总裁，主要研究方向是IP路由协议、SDN/NFV、数据中心架构、MPLS以及IPv6技术。Jeff设计或协助设计完成的大规模IP服务提供商网络以及企业网络遍及六大洲的26个国家，曾经协助日本、中国以及韩国开展IPv6的早期部署，为这些国家的服务提供商、政府机构、军队供应商、设备制造商以及大型企业提供IPv6最佳部署方案的咨询服务。他目前主要为大型企业提供数据中心基础设施、SDN以及SD-WAN等领域的演进咨询服务。

Jeff是《TCP/IP路由技术》（第1卷和第2卷）以及《OSPF和IS-IS详解》的作者，是*Software Defined Networking: Anatomy of OpenFlow*一书的合著者，同时还是*Juniper Networks Routers: The Complete Reference*的编辑及特约作者。此外，Jeff还为福布斯、*Network World*博客及*Network Computing*博客写作文章。Jeff是洛基山IPv6任务组的奠基人之一（是IPv6论坛会员），并在ISOC（互联网协会）科罗拉多分会的执行委员会任职。

Jeff和他的妻子Sara以及一只名叫Max的牧羊犬住在科罗拉多州的威斯敏斯特。Jeff和Sara的生活非常美满，长期与四个成年子女及一大群孙子孙女们居住在方圆几公里的范围之内。

关于特约作者

Khaled W. Abuelenain（CCIE #27401）目前是 Acuative 公司（Cisco 认证的专家级可管理服务合作伙伴）的咨询总监，工作地点位于公司在沙特阿拉伯的 EMEA 办事处。Khaled 获得了双 CCIE（R&S 和 SP）认证，拥有埃及艾因・夏姆斯大学电子与通信工程专业的学士学位，从 1997 年以来一直是 IEEE 会员。Khaled 在中东拥有 14 年以上的大型网络设计、运维及优化经验，特别是为跨国服务提供商和移动运营商以及银行、政府机构提供服务。Khaled 在路由、BGP、MPLS 和 IPv6 等领域造诣精深，同时还是数据中心技术以及网络可编程领域的专家，对于 SDN 解决方案中的 Python 编程技术尤为感兴趣。他还是云计算以及 SDN IEEE 协会的活跃成员。

Nicolas Michel（CCIE #29410，R&S 和 DC 双 CCIE）是一名网络架构师，在路由与交换、数据中心以及统一通信等领域拥有 10 多年的工作经验。Nicolas 曾经是法国空军的前空军中士，服役期间担任的工作角色是网络工程师，参与了多个与北约相关的项目。

Nicolas 自 2011 年开始搬到瑞士，为当地一家领先的网络咨询公司工作。

Nicolas 是 UEFA EURO 2016 年欧洲足球锦标赛的首席 UC 架构师。

Nicolas 喜欢研究各类网络新技术（如 SDN、自动化/网络可编程），他的博客是 http://vpackets.net。Nicolas 还是一家旨在帮助自闭症儿童的非政府组织的负责人。

Nicolas 参加了一个开源的网络仿真项目：http://www. unetlab.com/。

目前 Nicolas 正打算移民到美国。

谨将本书献给我挚爱的妻子，感谢她一直以来对我职业生涯的无私支持，让我在工程师道路上不断前行，没有她就没有今天的我。

同时还要将本书献给我的孩子和我的父母，他们教会我永不放弃，并且享受生活的每一刻。

最后，衷心感谢 Jeff Doyle，让我有机会参与本书的写作过程，我从中学到了很多东西，直到现在也不敢相信我是如此的幸运。

——Nicolas

关于技术审稿人

Darien Hirotsu 是一名经验丰富的网络专家，在服务提供商、数据中心以及企业网等领域拥有十多年的工作经验。Darien 拥有加州大学圣克鲁斯分校网络工程的硕士学位以及加州州立理工大学圣路易斯奥比斯珀分校的学士学位，同时还获得了多项专家级认证，对 SDN 中的软件及网络技术非常感兴趣。

Darien 希望在此对他的未婚妻 Rebecca Nguyen 表示衷心的感谢。虽然我在编辑本书的过程中受益良多，但也极为耗时，在此感谢 Rebecca 在整个编辑过程以及漫长的周末时光中，给予我始终如一的爱、支持与耐心，感谢你为我所做的一切，Rebecca！

Peter Moyer 是一名经验丰富的 IP/MPLS 咨询工程师，近年的研究兴趣是 SDN。Peter 在 IP 网络互连领域拥有多厂商工作经验，在本世纪初获得了 JNCIE 认证，在 20 世纪 90 年代后期获得了 CCIE 认证。Peter 是多本 IP 及 SDN 网络书籍的合著者及技术编辑，而且还发表了大量与网络主题相关的论文及博客。他目前主要研究大规模数据中心和服务提供商网络（包括教育科研网络领域）。Peter 拥有马里兰大学的 CMIS 学士学位。

献辞

谨将本书献给我的妻子 Sara，以及我的孩子们 Anna、Carol、James 及 Katherine，同时还献给我的孙子孙女们 Claire、Caroline 及 Sam，他们是我的避风港，让我始终保持理智、谦逊和快乐。

致谢

技术书籍的作者就像是一群才华横溢的专业人士的名誉牵头人，本书也毫不例外，就像大家在接受奥斯卡大奖时的演说一样，我也要感谢诸多人士。

首先感谢 Khaled Abu El Enian 和 Nicolas Michel，他们为本书每章的最后增加了很多新的配置示例及排错练习题。此外，Khaled 还帮我节约了大量写作时间，编写了第 5 章“扩展 BGP 功能”小节的大部分内容。衷心希望在未来的写作中能够与他们保持更加密切的合作关系。

还要感谢我的好友兼同事 Pete Moyer，他不但是我独自编写的每本书的技术审稿人，而且还与我一同编写了多本图书，Peter 对我生命的影响已远远超出本书以及其他图书，我将永远心怀感激。

Darien Hirotsu 是本书的另一名技术审稿人，虽然我们在很多企业及工程项目上有过大量合作，但这一次是我们在写作上的首次合作。Darien 对于细节有着异乎常人的把握能力，帮我找出了手稿中的大量细节错误。

感谢 Chris Cleveland，感谢他作为开发编辑所提供的大量专业指导。我们一起合作了多本图书，是他让我的每一本图书都更加精益求精，也让我成为了一名更加优秀的作者。

感谢 Brett Bartow 以及 Cisco Press 的全体同仁，感谢 Brett 在本书写作期间表现出来的极大耐心，Brett 是我写作进度经常滞后的受害者，每天都得将进度控制作为日常工作的头等大事。在我认为他应该拿着本书第 1 卷敲打我脑袋的时候，他仍然一如既往地表现出了莫大的友善之情。

感谢我的妻子 Sara，多年来一直默默地陪我度过了多本图书的编写生涯。每次她看到我茫然地盯着远处时，就会说“你又开始写作啦？”

最后，还要感谢你们——我的忠实读者，是你们让这两卷 TCP/IP 路由技术变得如此成功，并一直耐心地等待我完成这个新版本，希望本书内容值得你们的期待。

前言

自从出版了《TCP/IP 路由技术（第 1 卷）》之后，虽然 Cisco Press 的"CCIE 职业发展系列"增加了大量内容，而且 CCIE 项目本身也扩展到了多个专业领域，但 IP 路由协议仍然是所有准 CCIE 们的核心基础，他们必须透彻理解和掌握，否则基础不牢，大厦将倾。

我在《TCP/IP 路由技术（第 1 卷）》的前言中曾经说过"……随着互连网络规模和复杂性的不断增大，路由问题也将立刻变得庞大且错综复杂"，由于本书重点从 IGP 转移到了自治系统间的路由问题以及组播和 IPv6 等诸多特殊路由问题，因而可扩展性和管理性仍然是本书第 2 卷的核心主题。

本书的写作目的不仅是要帮助读者轻松通过 CCIE 实验室考试，从而在名字后面加上极具价值的 CCIE 编号，而且希望帮助读者不断增进知识与技巧，从而无愧于 CCIE 称号。正如我在《TCP/IP 路由技术（第 1 卷）》中曾经说过的一样，我希望读者成为真正的 CCIE，而不仅仅是一名能够通过 CCIE 实验室考试的人员，因而本书所提供的信息要远远多于通过实验室考试所需的知识。当然，所有信息对于一名受人尊敬的互连网络专家的职业生涯来说都是至关重要的。

在我获得 CCIE 称号时，CCIE 实验室还主要是由 AGS+路由器组成的，与那个时代相比，现在的 CCIE 实验室和考试内容已经发生了翻天覆地的变化，当前实验室考试的难度变得越来越高，而且 CCIE 项目还增加了再认证要求。在我第一次参加再认证考试之前，有人曾告诉过我《TCP/IP 路由技术（第 1 卷）》对他们准备该考试起到了巨大的作用，特别是 IS-IS（该协议几乎没有用在服务提供商的网络之外）。因而我决定写作本书的第 2 卷，不仅面向众多准 CCIE 们，而且也面向那些需要通过再认证的 CCIE 们。有关组播路由及 IPv6 的章节就是面向这样的读者群的。

我努力遵照《TCP/IP 路由技术（第 1 卷）》的结构来编写第 2 卷，即首先从通用角度描述某种协议，然后以 Cisco IOS 为例给出相应的协议配置示例，最后再给出利用 Cisco IOS 工具检测与排除协议故障的示例，但对于 BGP 和 IP 组播来说，如果按照这种结构来编写，那么将会使单章内容变得极为冗长，因而我将其分解成了多个章节。

最后，衷心希望大家阅读本书时获得的知识丝毫不亚于我写作本书所获得的知识。

第 2 版前言

几乎在本卷第 1 版于 2001 年首次发行之后，我就希望增加和修改某些内容，主要原因来自于我不断积累的工作经验。从 1998 年到 2010 年，我的工作对象基本上都是服务提供商和运营商，从这些设计项目、技术决策以及主导或参与的众多技术交流中，我学到了很多新知识，当然，有些新知识仅仅弥补了我个人经验上的不足，但并不是所有的新知识都是如此。在 BGP 及组播网络变得越来越复杂、涌现出大量新功能且最佳实践也在不断发展变化的情况下，我也一直在与业界的发展变化保持同步。

业界发生了哪些变化

下面将简要描述本书第一版发行之后业界发生的一些新变化。

BGP

有关 BGP 的主要概念都已经在 2001 年发行的本书第 1 版中做了详细描述，BGP 是一种被互联网广泛使用的外部网关协议（即自治系统间路由协议），具备多协议处理能力，版本 4 是目前可接受的版本。虽然这些年 BGP 也增加了一些新的功能特性和协议能力，但协议本身并没有出现大的变化。

主要变化之处在于业界对 BGP 的使用经验，这些经验不但增强了人们使用 BGP 策略的方式，而且在某些情况下还改变了传统的最佳实践。此外，多协议 BGP 已成为多业务核心网的主力，由于多协议 BGP 允许定义大量新的地址簇，因而可以在单个共享的核心网上运行多种不同的业务。虽然本书并没有讨论多业务网的另一个必要因素——MPLS（Multiprotocol Label Switching，多协议标签交换），这是因为有关 MPLS 的内容完全可以单出一本或两本专著，但读者完全可以通过本书介绍的这些多协议 BGP 知识，理解多协议 BGP 对于各种基于 MPLS 的地址簇的支持方式。此外，本书还提供了大量配置示例，以帮助读者正确理解多协议 BGP 在 IPv4 和 IPv6 下支持单播和组播地址簇的方式。

本书第 1 版安排了一个章节专门介绍 EGP（BGP 的前身），虽然那时已经废止了 EGP，但某些政府网络仍在使用该协议，这也是本书在第一版仍然涵盖 EGP 的主要原因之一，另一个主要原因就是防止某些不循常理的实验室考官在 CCIE 考试中突然抛出一些 EGP 考题。考虑到目前该协议已基本绝迹，因而第 2 版仅在介绍 BGP 时将 EGP 作为背景知识进行简要交代。

为了反映业界在 BGP 使用经验上的不断丰富以及 Cisco 新支持的大量新 BGP 功能特性，本书第 2 版将第 1 版中有关 BGP 的 2 章内容扩展到了 6 章。

IP 组播

IP 组播网络的发展变化可能比 BGP 网络的发展变化更大，由于组播及其相关联的路由协议极其复杂，因而在 2001 年的时候还很难管理组播网络。虽然从某种意义上来说，这些困难目前依然存在，但业界出现的一些变化使得这些困难不再高不可攀。

虽然 2001 年最常见的组播路由协议是 DVMRP、PIM-DM 和 PIM-SM，但当时我推断 CBT（Core-Based Tree，核心树）和 MOSPF（Multiprotocol OSPF，多协议 OSPF）可能会成为主流，因而在第 1 版中介绍了这方面的内容，不过从目前来看，CBT 和 MOSPF 一直未被接受，DVMRP 也成了组播路由协议中的 RIP（已被废止，但在某些场合依然能够看到），因而在第 2 版中删除了有关 CBT 和 MOSPF 的全部内容，仅做简单交代，而且与第 1 版相比，有关 DVMRP 的介绍也做了大幅简化。

由于 PIM 已成为当下 IPv4 和 IPv6 网络广泛接受的组播路由协议，因而本书第 2 版更加深入详细地介绍了有关 PIM-DM、PIM-SM 以及 PIM-SSM 的内容。

IPv6

虽然我从 1990 年代后期就一直倡导和推广 IPv6，但截至 2001 年的时候，对这个新版本 IP 协议感兴趣的国家还仅限于日本、中国和韩国，美国和欧盟则毫不关心（少数军事领域除外），它们认为 IPv6 在很大程度上只是面向未知的将来，那时候所有预测公有 IPv4 地址池将在 2012 年耗尽的人都被认为是杞人忧天，显得荒谬可笑。因而我在本书第 1 版单独安排了一章讨论 IPv6，与书中其他主题几乎毫无关系。

但这 15 年确实是天翻地覆的 15 年，目前 IPv6 已成为当前的主流协议，估计要不了几年 IPv6 就将全面替代目前已经耗尽的 IPv4。为了反映当前的实际情况，第 2 版不再将 IPv6 单独列为一个章节，而是将 IPv6 的支持要求贯穿于整个 BGP 及 IP 组播的讨论当中。

2001 年的网络地址转换指的是 NAT-PT，一般仅在不同的 IPv4 地址之间进行转换，十几年来网络地址转换技术得到了极大扩展，因而第 2 版安排了两章内容来讨论 NAT：一章讨论 IPv4 到 IPv4 的地址转化；另一章则讨论 IPv6 到 IPv4 的地址转换（NAT64）。

第 2 版有哪些变化

第 2 版在章节安排上的最后一个差异就是去掉了第 1 版中关于路由器管理的章节（第 1 版中的第 9 章），这是因为 2001 年之后有关 Cisco 路由器管理的主题变得越来越庞大，Cisco 也提供了越来越多的路由平台，必须花费大量篇幅才有可能解释清楚，但这与本书的主旨相悖，而且本书的名字毕竟是 TCP/IP 路由技术，而不是 Cisco 路由器管理技术。

第 2 版的其他变化如下。

- **IOS:** IOS 是 2001 年唯一的 Cisco 路由器操作系统，目前除了 IOS 之外，还有 IOS-XR、IOS-XE 和 NX-OS，要想完全覆盖这些操作系统的配置示例及配置练习，不但极为繁琐和复杂，而且还与两卷 TCP/IP 路由技术的主要目标（讲解协议相关内容）相悖，因而本书仅以 IOS 为例。理解了 IOS 之后，读者完全可以很轻松地理解其他 Cisco 操作系统。
- **Cisco 与 IOS：**与前一项有关，第 1 版通常使用“Cisco 命令”的表述方式，考虑到目前 Cisco 提供了多种操作系统，因而第 2 版尽量准确地使用“IOS 命令”的表述方式。
- **命令与语句：**仍然与前一项有关，第 2 版尽量区分 IOS 命令与 IOS 语句。第 2 版中的命令表示输入某些信息之后期望得到直接结果，而语句则属于 IOS 配置的一部分，影响路由器的运行状态。
- **命令参考：**第 1 版在每章的最后都以列表方式列出了本章使用过的所有命令（和语句），给出这些命令的完整语法格式与描述信息。由于第 2 版包含的命令（和语句）过多，而且不同 IOS 版本有时还存在不同的语法格式，导致这张表格过于冗长，也不实用，因而第 2 版的每章最后不再提供命令参考，如果希望了解某个命令（或语句）的完整语法信息，可以在线查询相应 IOS 版本的“Cisco Command Reference Guide”，查询时请要注意 IOS 版本。
- **IOS 版本：**第 1 版的大部分示例均使用 IOS 11.4，如前所述，目前的 IOS 版本非常多，虽然某些示例仍然使用了第 1 版的部分输出结果，但大多数情况下使用的都是最新的 12.4 或 15.0。对于所有示例来说，本书保证所提供的配置信息或输出结果完全包含所讨论的信息，不过读者实际看到的输出结果可能与书中示例并不完全一致，这取决于读者使用的 IOS 版本，因而请读者重点关注输出结果中的有用信息，而不要过多关心输出结果是否与实际看到的输出结果完全一致。
- **集成式故障检测与排除：**《TCP/IP 路由技术（第 1 卷）》中的每一章最后都安排了一些固定内容，包括对每章主题的简要技术概述、IOS 配置练习题以及故障检测与排除练习题。考虑到第 2 版中的 BGP 和 IP 组播技术都非常复杂，因而在组织这两部分内容时，将故障检测与排除案例都集成到通用配置示例中了。

- **网络与互连网络**：这是一个非常细微的变化。2001 年的时候我曾试图准确定义这两个概念，网络指的是一种常规通信介质（如以太网），而互连网络指的是由路由器互连起来的多个网络。从目前来看，这是一种过时的说法，因为目前几乎无人再提互连网络（少数严谨场合除外），因而第二版删除了所有的互连网络一词。与共享通信介质相比，子网的逻辑含义以及与地址相关的含义更加丰富，网络一词需要从使用该词的上下文来加以理解，因而网络可能表示由一条串行链路或以太网链路互连的两台路由器，也可能表示一个巨大的 AS 间系统（如互联网）。虽然不是很严谨，但路由器工程师们每天都在茶余饭后使用这个词。
- **怪异的之字形串行链路图标**：从我在 20 世纪 90 年代早期讲授 Cisco 课程开始，就一直使用之字行线或“闪电形”线来表示串行链路，如此区分的原因在于串行链路的特性与 LAN 链路存在差异，但是对于本卷图书的所有示例来说，链路类型与示例并无任何关系，而且我发现之字形图标经常会让插图显得凌乱不堪，因而我尽量将书中用于接口间互连的所有之字形图标全部更换为直线，而不管这些链路的类型是什么。

配置练习题和故障检测与排除练习题答案

读者需要下载两个附录以查看配置练习题和故障检测与排除练习题的答案：附录 B 和附录 C。

读者可在 www.epubit.com.cn/book/details/4061 的页面上下载这两个附录。

命令语法约定

本书在介绍命令语法时使用与 IOS 命令参考一致的约定，本书涉及的命令参考约定如下：

- 需要逐字输入的命令和关键字用**粗体**表示，在配置示例和输出结果（而不是命令语法）中，需要用户手工输入的命令用**粗体**表示（如 **show** 命令）；
- 必须提供实际值的参数用*斜体*表示；
- 互斥元素用竖线（|）隔开；
- 中括号[ ]表示可选项；
- 大括号表示{ }必选项；中括号内的大括号[{ }]表示可选项中的必选项。

目　　录

第 1 章 域间路由概念

如果所有网络都使用单一路由协议（如 OSPF 或 IS-IS），那么可以想象如今的互联网会是什么样子。如果每个子网地址均可见的情况下，那么将根本无法保证网络的稳定性。网络的安全性也将脆弱不堪，这是因为针对路由协议的攻击（甚至是一个不起眼的配置差错）都可能会导致整个互联网的瘫痪。此外，谁能管理这样的网络呢？如何在全世界范围内协调所有网络管理员开展协议升级或协议增强等繁琐的维护工作呢？

随着 ARPANET（现代互联网的前身）的规模在 20 世纪 70 年代后期变得越来越庞大，上述问题也就接踵而至，人们开始尝试创建一种可扩展的方式来管理网络。当时最基本的思路就是创建称为 AS（Autonomous System，自治系统）的管理域（AS 定义了同一管理权限下的网络边界）以及可在这些管理域之间进行路由的协议（该路由协议对于管理域来说是外部路由协议）。

目前用于自治系统间的路由协议是 BGP（Border Gateway Protocol，边界网关协议）。本书将在第 2 章到第 6 章描述 BGP 的功能、配置、故障检测与排除以及各种相关的路由策略。在讨论 BGP 之前，本书将在第 1 章介绍 BGP 背后的关键概念及其演进过程。换句话说，第 2 章到第 6 章解释的是如何工作的问题，而第 1 章解释的则是能做什么以及为什么的问题。

1.1 早期域间路由协议：EGP

本书第一版花了整章篇幅来解释 BGP 的前身——EGP（Exterior Gateway Protocol，外部网关协议）。那时的 EGP 基本处于已经废止状态，只有少数老旧网络仍在使用 EGP。几年时间之后，EGP 已经被完全废止，IOS 也不再支持该协议。

不过 EGP 可以帮助读者理解当初在设计可操作的域间（即 Inter-AS）路由协议时的思路。本节将从技术历史的角度简述 EGP 的发展历程，以便更好地理解 BGP 的发展过程。虽然读者也可以选择略过本节，但本节介绍的某些基本概念将一直沿用到 BGP 上，而且 EGP 的某些功能还有助于理解 BGP 设计思路背后的一些概念。

1.1.1 EGP 起源

在 20 世纪 80 年代早期，组成 ARPANET 的路由器（网关）设备都运行了一种距离向量路由协议——GGP（Gateway-to-Gateway Protocol，网关到网关协议），每台网关都知道去往每个可达网络的一条路由（以网关跳数来度量距离）。随着 ARPANET 的不断发展，与当今许多负责管理日益增长的互连网络的网管员一样，ARPANET 的架构师们也预见到了相同的问题：当前运行的路由协议缺乏良好的扩展性。

Eric Rosen 在 RFC 827 中阐述了以下扩展性问题。

- 由于所有网关都要知道所有路由器，带来的问题就是“路由算法的开销变得异常巨大”。任何时候网络拓扑结构一旦发生变化（而且随着网络规模的扩大，这种可能性越来越大），所有的网关设备都要相互交换路由信息并重新计算路由表。即便互连网络处于一种稳定状态，路由表的规模和路由更新量也是一个越来越大的负担。
- 随着 GGP 软件实现数量的增多，以及 GGP 软件运行的硬件平台的多样化，“已越来越无法将 Internet 视为一个统一的通信系统”。特别是网络维护和故障检测及排除将变得“几乎不可能”。
- 随着网关数量的逐渐增多，网关管理员也将越来越多，软件升级的阻力也将随之加大：“任何被提议的软件变化都需要在太多的地点由太多的人员来实施。”

Rosen 在 RFC 827 中提出的解决方案就是将 ARPANET 从单一网络迁移到一个相互连接的、自治控制的网络系统。对于每个网络（称为 AS）来说，AS 的管理权限是完全开放的，可以任意选择本网的管理方式。事实上，自治系统的概念扩展了网络互连的范围，并增加了一个新的分级层次。只要有一个单一互连网络——由多个网络组成的一个网络——就有一个自治系统网络，每个自治系统本身都是一个互连网络。与利用 IP 地址来标识从 AS 边界的网络到每个子网的方式类似，AS 也要通过自治系统号来加以标识。AS 号是一组 16 比特数字，由负责分配 IP 地址的编址机构进行分配。

注： 与 IP 地址类似，AS 号也有一些用于私有用途的保留号，这些保留的 AS 号为 64512～65535（详见 RFC 6996）。

与部署 IPv6 的目的是解决 IPv4 地址不足一样，RFC 4893（目前已被 RFC 6793 代替）提议使用 32 比特 AS 号以避免 16 比特 AS 号可能出现的号码不足问题。有关 32 比特 AS 号使用问题详见第 5 章。

对于每个 AS 的可选管理权限来说，最主要的就是可以任意选择网关所运行的路由协议。由于网关设备位于 AS 内部，因而它们运行的路由协议也称为 IGP（Interior Gateway Protocol，内部网关协议）。由于 GGP 是 ARPANET 的路由协议，因而理所当然地被默认为是第一个 IGP。不过 1982 年人们的兴趣集中在更现代（也更简单）的 RIP（Routing Information Protocol，路由信息协议）[1]上，认为 RIP 以及其他计划外的路由协议将用于许多自治系统。目前，GGP 已完全被 RIP、RIP-2、IGRP（Interior Gateway Routing Protocol，内部网关路由协议）、EIGRP（Enhanced IGRP，增强型 IGRP）、OSPF（Open Shortest Path First，开放最短路径优先）版本 2 和版本 3 以及集成式 IS-IS（Intermediate System-to-Intermediate System，中间系统到中间系统）所取代。

1 从 1982 年这个日期可以看出，RIP 已经不是一种新协议，没有任何理由再将 RIP 作为网络中的主要 IGP。就像某位专家在北美网络运营商集团大会上说的那样“目前的 RIP 表示 Rest In Peace（安息吧）”。

每个 AS 都通过一个或多个外部网关与其他 AS 互连在一起。RFC 827 提出外部网关之间应该通过 EGP 协议来共享路由信息。与大家的常见认识不同，虽然 EGP 是一种距离向量协议，但它并不是一种路由协议，因为 EGP 没有在网络间选择最优路径的路由算法。更准确地来说，EGP 是一种通用语言，外部网关之间利用该语言来相互交换可达性信息。其中，可达性信息是一个包含了主网地址（而不是子网）和网关的简单列表，通过该列表可以到达所有网络和网关。

1.1.2 EGP 操作

RFC 827 定义的是 EGP 版本 1，版本 2 对版本 1 做了少量修改，首次在 RFC 888 中提出，正式的 EGPv2 规范则由 RFC 904 定义。

1. EGP 拓扑结构问题

EGP 邻居（也称为对等体[2]）之间需要交换 EGP 消息。如果邻居位于同一个 AS 之内，那么就称为内部邻居。如果邻居位于不同的自治系统之内，那么就称为外部邻居。EGP 无邻居自动发现功能，需要用手工方式来配置邻居地址，邻居之间交换的消息采用单播方式传送到手工配置的邻居地址。

由于不能将 EGP 消息传送到单个邻居之外，因而 RFC 888 建议将 EGP 消息的 TTL（Time-To-Live，生存时间）设置为低值。不过，没有任何一种 EGP 功能需要 EGP 邻居共享同一条数据链路。图 1-1 中的两个 EGP 邻居被一台仅运行 RIP 的路由器分隔开。由于 EGP 消息采用单播方式（而不是广播或多播方式）传送给邻居，因而可以穿越该路由器边界。由于 BGP 也要用到内部对等体、外部对等体以及单播消息等概念，因而正确理解这些概念非常重要。

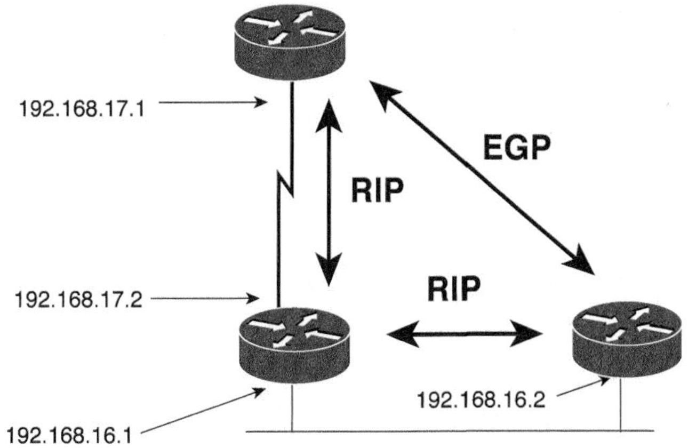

图 1-1 EGP 邻居无需连接在同一个网络上

EGP 网关既可以是核心网关，也可以是末梢网关。这两类网关都能接受来自其他自治系统的网络信息，但末梢网关只能发送自身 AS 中的网络信息，只有核心网关才能发送除自身 AS 之外的学自其他 AS 的网络信息。

2 虽然本书的“邻居”与“对等体”可以互换，但两者之间仍存在一些细微差别：邻居指的是两台路由器，且这两台路由器之间直接运行了一条路由协议会话。而对等体指的则是两个邻居，且这两个邻居通过路由协议会话共享可达性信息。

为了理解 EGP 定义核心网关与末梢网关的原因，就必须了解 EGP 在架构方面的局限性。如前所述，EGP 并不是一种路由协议，其更新信息仅列出了可达网络，并没有包含确定最短路径或防止路由环路的足够信息。因而建立起来的 EGP 拓扑结构必须不存在任何环路。

图 1-2 显示的 EGP 拓扑结构只有一个核心 AS，其他自治系统（末梢自治系统）必须连接在该核心 AS 上。这种两级树状拓扑结构与 OSPF 的两级拓扑结构需求非常相似，而且作用也完全相同。在《TCP/IP 路由技术（第一卷)》中曾经说过，域间 OSPF 路由在本质上属于距离矢量路由，因而很容易形成路由环路。因而 OSPF 要求所有非主干 OSPF 域之间的流量都必须经过主干域。利用这种强制性的无环路域间拓扑结构，可以大大降低路由环路的可能性。与此类似，要求末梢自治系统间的所有 EGP 可达性信息都必须经过核心 AS，这样就能大大降低 EGP 拓扑结构潜在的路由环路可能性。

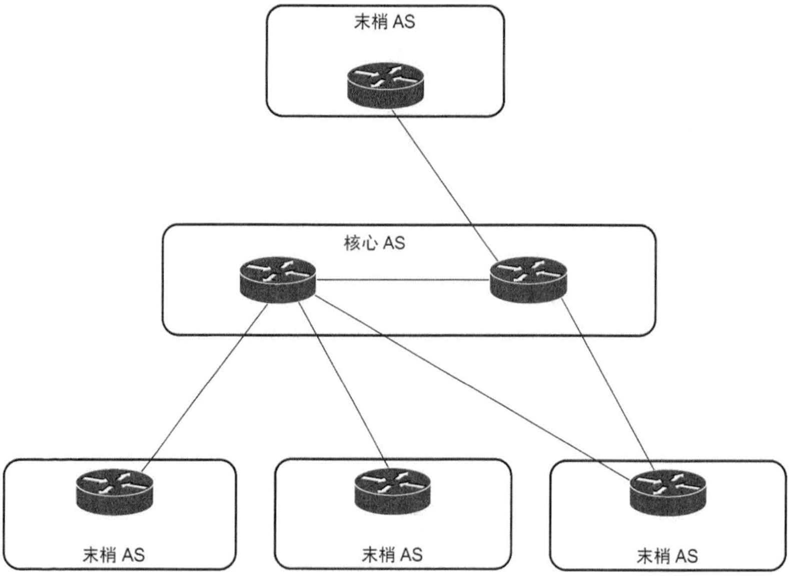

图 1-2 为了防止出现路由环路，仅允许核心网关将学自 AS 的网络信息发送给其他 AS

2. EGP 功能

EGP 包含以下三种协议机制：

- 邻居获取协议（Neighbor Acquisition Protocol）；
- 邻居可达性协议（Neighbor Reachability Protocol）；
- 网络可达性协议（Network Reachability Protocol）。

这三种协议机制利用 10 类消息来建立邻居关系、维护邻居关系、与邻居交换网络可达性信息，并向邻居通告程序差错或格式差错。表 1-1 列出了所有 EGP 消息类型以及使用每种消息的协议机制。

下面将逐一讨论上述三种 EGP 机制。

表 1-1 EGP 消息类型

消息类型	协议机制
Neighbor Acquisition Request（邻居获取请求）	邻居获取

续表

消息类型	协议机制
Neighbor Acquisition Confirm（邻居获取确认）	邻居获取
Neighbor Acquisition Refuse（邻居获取拒绝）	邻居获取
Neighbor Cease（邻居终止）	邻居获取
Neighbor Cease Acknowledgment（邻居终止确认）	邻居获取
Hello	邻居可达性
I-Heard-You	邻居可达性
Poll（轮询）	邻居可达性
Update（更新）	邻居可达性
Error（差错）	全部功能

3. 邻居获取协议

EGP 邻居在正常交换可达性信息之前，必须首先确认兼容性问题。该功能由一个简单的双向握手过程来完成，由其中的一个邻居发送 Neighbor Acquisition Request（邻居获取请求）消息，由另一个邻居响应 Neighbor Acquisition Confirm（邻居获取确认）消息。

没有任何一个 RFC 说明了两个 EGP 邻居如何初次发现对方。在实际应用中，EGP 网关都是通过手工配置邻居的 IP 地址来获知其邻居的，此后网关就向手工配置的邻居发送单播 Neighbor Acquisition Request 消息。该消息包含了一个 Hello 间隔（即网关同意从邻居接受的两条 Hello 消息之间的最小间隔）和轮询间隔（即网关同意因路由更新而被邻居轮询的最小间隔）。邻居的响应消息 Neighbor Acquisition Confirm（邻居获取确认）中也将包含其 Hello 间隔与轮询间隔。如果邻居双方就这两个间隔值达成一致，那么就可以交换网络可达性信息了。

网关初次学到某个邻居之后，会认为该邻居处于 Idle（空闲）状态。在发送第一条 Neighbor Acquisition Request 消息之前，网关会将邻居的状态切换为 Acquire（获取）状态。网关收到 Neighbor Acquisition Confirm 消息之后，则将邻居的状态切换到 Down（停用）状态。

注：有关 EGP 有限状态机的详细解释请见 RFC 904。

如果网关的响应消息不是 Neighbor Acquisition Confirm，而是 Neighbor Acquisition Refuse（邻居获取拒绝），那么就表示拒绝该邻居。Neighbor Acquisition Refuse 消息中可以包含拒绝理由，如表空间不足。当然，在没有任何特定理由的情况下也可以拒绝邻居。

网关可以利用 Neighbor Cease（邻居终止）消息随时终止已经建立的邻居关系。与 Neighbor Acquisition Refuse 消息一样，发起 Neighbor Cease 消息的网关既可以在消息中包含终止原因，也可以什么原因都不说。邻居收到 Neighbor Cease 消息之后，将回应 Neighbor Cease Acknowledgment（邻居终止确认）消息。

邻居获取进程的最后一种情况就是网关发送 Neighbor Acquisition Request 消息，而邻居无任何响应。RFC 888 建议“以一个合理的速率（如每隔 30 秒）”来重传 Neighbor Acquisition Request 消息，但 Cisco 的 EGP 实现并不仅仅在固定周期内重传未确认的消息，而是在初次发送 Neighbor Acquisition Request 消息之后的 30 秒重传未确认的 Acquisition（获取）消息，此后在再次重传之前等待 60 秒钟的时间。如果在第三次重传之后的 30 秒内仍未收到响应消息，网关就将邻居的状态由 Acquire（获取）切换为 Idle（见例 1-1）。网关将 Idle 状态保持到 300 秒（5 分钟）之后，会将 Idle 状态切换到 Acquire 状态，并重新开始上述邻居获取进程。

注： 以下 EGP 示例均来自 IOS 12.1。

例 1-1 命令 **debug ip egp transactions** 的输出结果显示了 EGP 的状态切换信息

```
Shemp#debug ip egp transactions
EGP debugging is on
Shemp#
EGP: 192.168.16.2 going from IDLE to ACQUIRE
EGP: from 192.168.16.1 to 192.168.16.2, version=2, asystem=1, sequence=0
     Type=ACQUIRE, Code=REQUEST, Status=0 (UNSPECIFIED), Hello=60, Poll=180
EGP: from 192.168.16.1 to 192.168.16.2, version=2, asystem=1, sequence=0
     Type=ACQUIRE, Code=REQUEST, Status=0 (UNSPECIFIED), Hello=60, Poll=180
EGP: from 192.168.16.1 to 192.168.16.2, version=2, asystem=1, sequence=0
     Type=ACQUIRE, Code=REQUEST, Status=0 (UNSPECIFIED), Hello=60, Poll=180
EGP: 192.168.16.2 going from ACQUIRE to IDLE
EGP: 192.168.16.2 going from IDLE to ACQUIRE
EGP: from 192.168.16.1 to 192.168.16.2, version=2, asystem=1, sequence=0
     Type=ACQUIRE, Code=REQUEST, Status=0 (UNSPECIFIED), Hello=60, Poll=180
EGP: from 192.168.16.1 to 192.168.16.2, version=2, asystem=1, sequence=0
     Type=ACQUIRE, Code=REQUEST, Status=0 (UNSPECIFIED), Hello=60, Poll=180
EGP: from 192.168.16.1 to 192.168.16.2, version=2, asystem=1, sequence=0
     Type=ACQUIRE, Code=REQUEST, Status=0 (UNSPECIFIED), Hello=60, Poll=180
EGP: 192.168.16.2 going from ACQUIRE to IDLE
```

需要注意的是，例 1-1 中的每条 EGP 消息都有一个序列号。该序列号可以标识 EGP 消息对（如 Neighbor Acquisition Request/Confirm、Request/Refusal 以及 Cease/Cease-Ack 消息对）。下一节将详细解释序列号的应用方式。

两个 EGP 网关成为邻居之后，其中一个网关将成为主动邻居，另一个网关将成为被动邻居。始终由主动网关发送 Neighbor Acquisition Request 消息来发起邻居关系，被动网关从不发送 Neighbor Acquisition Request 消息，它们仅响应主动网关发出的 Neighbor Acquisition Request 消息。Hello/I-Heard-You 消息对也是如此，由主动邻居发送 Hello 消息，被动邻居则回应 I-Heard-You（I-H-U）消息。不过，被动网关可以发起 Neighbor Cease 消息，此时主动网关必须回应 Neighbor Cease Acknowledgment 消息。

核心网关（可以是多个其他自治系统中的路由器的邻居）既可能是某个邻居邻接关系的主动网关，也可能是其他邻居邻接关系的被动网关。Cisco 的 EGP 实现利用 AS 来作为决定因素，即 AS 号小的邻居成为主动邻居。

4. 邻居可达性协议

网关获取到某个邻居之后，就通过发送周期性的 Hello 消息来维护邻居关系，而邻居则以 I-H-U 消息作为 Hello 消息的回应。RFC 904 没有指定 Hello 消息的标准周期，Cisco 使用的默认周期为 60 秒。也可以利用命令 **timers egp** 进行修改。

交换完 Hello/I-H-U 消息对之后，邻居的状态就由 Down（停用）切换为 Up（启用）（见例 1-2），此后邻居之间就可以交换网络可达性信息了（如下节所述）。

例 1-2 命令 **debug ip egp transactions** 的输出结果显示了双向握手成功以及 EGP 的状态转换

```
EGP: 192.168.16.2 going from IDLE to ACQUIRE
EGP: from 192.168.16.1 to 192.168.16.2, version=2, asystem=1, sequence=2
     Type=ACQUIRE, Code=REQUEST, Status=1 (ACTIVE-MODE), Hello=60, Poll=180
EGP: from 192.168.16.2 to 192.168.16.1, version=2, asystem=2, sequence=2
     Type=ACQUIRE, Code=CONFIRM, Status=2 (PASSIVE-MODE), Hello=60, Poll=180
EGP: 192.168.16.2 going from ACQUIRE to DOWN
EGP: from 192.168.16.1 to 192.168.16.2, version=2, asystem=1, sequence=2
     Type=REACH, Code=HELLO, Status=2 (DOWN)
EGP: from 192.168.16.2 to 192.168.16.1, version=2, asystem=2, sequence=2
     Type=REACH, Code=I-HEARD-YOU, Status=2 (DOWN)
EGP: from 192.168.16.1 to 192.168.16.2, version=2, asystem=1, sequence=2
     Type=REACH, Code=HELLO, Status=2 (DOWN)
EGP: from 192.168.16.2 to 192.168.16.1, version=2, asystem=2, sequence=2
     Type=REACH, Code=I-HEARD-YOU, Status=2 (DOWN)
EGP: from 192.168.16.1 to 192.168.16.2, version=2, asystem=1, sequence=2
     Type=REACH, Code=HELLO, Status=2 (DOWN)
EGP: from 192.168.16.2 to 192.168.16.1, version=2, asystem=2, sequence=2
     Type=REACH, Code=I-HEARD-YOU, Status=2 (DOWN)
EGP: 192.168.16.2 going from DOWN to UP
```

如果主动邻居连续发送了三条消息之后仍未收到响应消息，那么邻居的状态将被切换为 Down 状态。网关以正常的 Hello 间隔发送三条以上的 Hello 消息，如果仍未收到响应消息，那么邻居的状态将被切换为 Cease 状态。网关按 60 秒的间隔时间发送三条 Neighbor Cease 消息，如果邻居均回应 Neighbor Cease Acknowledgment 消息，那么该网关就将邻居的状态切换为 Idle 状态，并等待 5 分钟，之后再切换回 Acquire 状态，并尝试重新获取邻居。例 1-3 显示了该事件的顺序关系。

例 1-3 地址为 192.168.16.2 的邻居停止回应，每条未确认的 EGP 消息的间隔为 60 秒

```
Shemp#
EGP: from 192.168.16.1 to 192.168.16.2, version=2, asystem=1, sequence=2
     Type=REACH, Code=HELLO, Status=1 (UP)
EGP: from 192.168.16.2 to 192.168.16.1, version=2, asystem=2, sequence=2
     Type=REACH, Code=I-HEARD-YOU, Status=1 (UP)
EGP: from 192.168.16.1 to 192.168.16.2, version=2, asystem=1, sequence=2
     Type=REACH, Code=HELLO, Status=1 (UP)
EGP: from 192.168.16.1 to 192.168.16.2, version=2, asystem=1, sequence=2
     Type=POLL, Code=0, Status=1 (UP), Net=192.168.16.0
EGP: from 192.168.16.1 to 192.168.16.2, version=2, asystem=1, sequence=3
     Type=REACH, Code=HELLO, Status=1 (UP)
EGP: 192.168.16.2 going from UP to DOWN
EGP: from 192.168.16.1 to 192.168.16.2, version=2, asystem=1, sequence=3
     Type=REACH, Code=HELLO, Status=2 (DOWN)
EGP: from 192.168.16.1 to 192.168.16.2, version=2, asystem=1, sequence=3
     Type=REACH, Code=HELLO, Status=2 (DOWN)
EGP: from 192.168.16.1 to 192.168.16.2, version=2, asystem=1, sequence=3
     Type=REACH, Code=HELLO, Status=2 (DOWN)
EGP: 192.168.16.2 going from DOWN to CEASE
EGP: from 192.168.16.1 to 192.168.16.2, version=2, asystem=1, sequence=3
     Type=ACQUIRE, Code=CEASE, Status=5 (HALTING)
EGP: from 192.168.16.1 to 192.168.16.2, version=2, asystem=1, sequence=3
     Type=ACQUIRE, Code=CEASE, Status=1 (ACTIVE-MODE)
EGP: from 192.168.16.1 to 192.168.16.2, version=2, asystem=1, sequence=3
     Type=ACQUIRE, Code=CEASE, Status=1 (ACTIVE-MODE)
EGP: 192.168.16.2 going from CEASE to IDLE
```

例 1-4 给出了另一个沉寂（Dead）邻居的例子，只是本例中处于被动模式下的核心网关（192.168.16.2）正在发现该沉寂邻居（192.168.16.1）。

例 1-4 邻居 192.168.16.1 停止回应，**debug** 消息来自 192.168.16.2（处于被动模式下的核心网关）

```
Moe#
EGP: from 192.168.16.1 to 192.168.16.2, version=2, asystem=1, sequence=1
     Type=REACH, Code=HELLO, Status=1 (UP)
EGP: from 192.168.16.2 to 192.168.16.1, version=2, asystem=2, sequence=1
     Type=REACH, Code=I-HEARD-YOU, Status=1 (UP)
EGP: from 192.168.16.2 to 192.168.16.1, version=2, asystem=2, sequence=1
     Type=POLL, Code=0, Status=1 (UP), Net=192.168.16.0
EGP: from 192.168.16.2 to 192.168.16.1, version=2, asystem=2, sequence=2
     Type=POLL, Code=0, Status=1 (UP), Net=192.168.16.0
EGP: 192.168.16.1 going from UP to DOWN
EGP: 192.168.16.1 going from DOWN to CEASE
EGP: from 192.168.16.2 to 192.168.16.1, version=2, asystem=2, sequence=3
     Type=ACQUIRE, Code=CEASE, Status=5 (HALTING)
EGP: from 192.168.16.2 to 192.168.16.1, version=2, asystem=2, sequence=3
     Type=ACQUIRE, Code=CEASE, Status=2 (PASSIVE-MODE)
EGP: from 192.168.16.2 to 192.168.16.1, version=2, asystem=2, sequence=3
     Type=ACQUIRE, Code=CEASE, Status=2 (PASSIVE-MODE)
EGP: 192.168.16.1 going from CEASE to IDLE
```

如果网关在 60 秒钟的 Hello 间隔内未收到 Hello 消息，那么就会尝试“唤醒”邻居。由于被动模式下的网关无法发送 Hello 消息，因而发送 Poll（轮询）消息，此后网关将等待一个 Poll 间隔（Cisco 的默认 Poll 间隔是 180 秒，即 3 分钟）。如果网关未收到响应消息，那么将再次发送另一条 Poll 消息，并且再等待一个 Poll 间隔。如果仍未收到响应消息，那么网关就将邻居的状态更改为 Down 状态，然后又立即更改为 Cease 状态。从例 1-3 可以看出，在发送了三条 Cease 消息之后，邻居的状态将被更改为 Idle 状态。

5. 网络可达性协议

如果邻居的状态为 Up，那么 EGP 邻居之间就可以相互交换可达性信息。每个网关都会周期性地向邻居发送包含了序列号的 Poll（轮询）消息，邻居则以包含了相同序列号和可达网络列表的 Update（更新）消息进行响应。例 1-5 显示了 IOS 使用序列号的方式。

例 1-5 EGP 邻居相互之间进行周期性轮询以获得网络可达性更新

```
EGP: from 192.168.16.1 to 192.168.16.2, version=2, asystem=1, sequence=120
     Type=REACH, Code=HELLO, Status=1 (UP)
EGP: from 192.168.16.2 to 192.168.16.1, version=2, asystem=2, sequence=120
     Type=REACH, Code=I-HEARD-YOU, Status=1 (UP)
EGP: from 192.168.16.1 to 192.168.16.2, version=2, asystem=1, sequence=120
     Type=REACH, Code=HELLO, Status=1 (UP)
EGP: from 192.168.16.2 to 192.168.16.1, version=2, asystem=2, sequence=120
     Type=REACH, Code=I-HEARD-YOU, Status=1 (UP)
EGP: from 192.168.16.1 to 192.168.16.2, version=2, asystem=1, sequence=120
     Type=POLL, Code=0, Status=1 (UP), Net=192.168.16.0
EGP: from 192.168.16.2 to 192.168.16.1, version=2, asystem=2, sequence=120
     Type=UPDATE, Code=0, Status=1 (UP), IntGW=2, ExtGW=1, Net=192.168.16.0
     Network 172.17.0.0 via 192.168.16.2 in 0 hops
     Network 192.168.17.0 via 192.168.16.2 in 0 hops
     Network 10.0.0.0 via 192.168.16.2 in 3 hops
     Network 172.20.0.0 via 192.168.16.4 in 0 hops
     Network 192.168.18.0 via 192.168.16.3(e) in 3 hops
     Network 172.16.0.0 via 192.168.16.3(e) in 3 hops
     Network 172.18.0.0 via 192.168.16.3(e) in 3 hops
EGP: 192.168.16.2 updated 7 routes
EGP: from 192.168.16.2 to 192.168.16.1, version=2, asystem=2, sequence=3
     Type=POLL, Code=0, Status=1 (UP), Net=192.168.16.0
EGP: from 192.168.16.1 to 192.168.16.2, version=2, asystem=1, sequence=3
     Type=UPDATE, Code=0, Status=1 (UP), IntGW=1, ExtGW=0, Net=192.168.16.0
     Network 172.19.0.0 via 192.168.16.1 in 0 hops
```

（待续）

```
EGP: from 192.168.16.1 to 192.168.16.2, version=2, asystem=1, sequence=121
     Type=REACH, Code=HELLO, Status=1 (UP)
EGP: from 192.168.16.2 to 192.168.16.1, version=2, asystem=2, sequence=121
     Type=REACH, Code=I-HEARD-YOU, Status=1 (UP)
```

邻居间交换的每对 Hello/I-H-U 消息中都包含了相同的序列号，直至发送 Poll 消息时为止。Poll/Update 消息对也使用相同的序列号。主动邻居每收到一次 Update 消息，就将序列号加 1。例 1-5 中的 Poll/Update 消息对的序列号为 120，加 1 后变成了 121。需要注意的是，本例中两个邻居都发送了 Poll 消息，来自被动邻居（192.168.16.2）的 Poll 消息带有完全不同的序列号（3），而邻居总是以包含了与 Poll 消息中完全相同的序列号的 Update 消息作为响应消息。

通常来说，网关仅在被轮询时才发送 Update 消息，这就意味着拓扑结构的变化可能最长有 3 分钟时间无法向外部进行宣告。因而 EGP 解决这个问题的方式是允许网关在每个轮询间隔内发送一条主动提供的 Update 消息，即不是响应 Poll 消息的 Update 消息，但 IOS 不支持这种主动提供的 Update 消息。

Poll 和 Update 消息都包含源网络地址。从例 1-5 可以看出，Poll 和 Update 消息中都显示了源网络地址 192.168.16.0。这里所说的源网络指的是通过该网络可以测量所有可达性信息——也就是说，通过连接在源网络上的路由器可以到达所有被请求或被宣告的网络。虽然源网络通常就是与两个邻居都相连的网络，但更准确地说法应该是：源网络是 Poll 正在请求消息的网络以及 Update 正在提供信息的网络。EGP 是一种有类别协议[3]，而且源网络（与 Update 中列出的网络地址相同）总是主类网络地址（根本不可能是子网）。

在源网络地址之后是一台或多台路由器以及通过这些路由器可以到达的网络列表。列表上的路由器的共同特征是都连接在源网络上，如果列表上的路由器不是发起 Update 消息的 EGP 网关，那么该路由器就是非直连或第三方邻居。

图 1-3 解释了非直连 EGP 邻居的概念，名为 Moe 的路由器是一台核心网关，与其他三台网关形成对等关系。

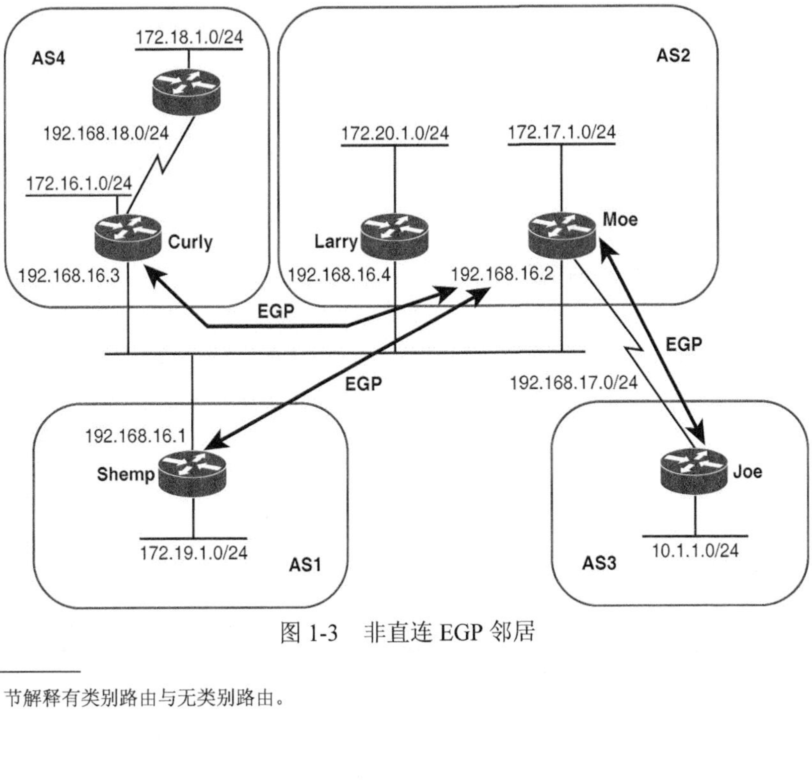

图 1-3 非直连 EGP 邻居

3 本章将在 1.7 节解释有类别路由与无类别路由。

例 1-5 中的调试消息来自 AS1 中的路由器 Shemp。从路由器 Moe（192.168.16.2）发起的 Update 消息可以看出，这三个网络均被列为通过路由器 Moe 可达，有 4 个网络通过路由器 Larry（192.168.16.4）和 Curly（192.168.16.3）可达。这两台路由器都是 Shemp 的邻居，需要经由 Moe 才能到达。AS3 中的路由器 Joe 则不是一个非直达邻居，因为该路由器并没有连接到源网络上，其网络仅仅被宣告为经路由器 Moe 可达。

虽然宣告非直达路由器能够节省公共链路带宽，但更重要的是，非直达邻居通过消除不必要的路由器跳数来提升路由效率。从图 1-3 可以看出，路由器 Shemp 仅与 Moe 形成对等关系。事实上，路由器 Larry 甚至都可能不运行 EGP，只是通过 RIP 将其网络宣告给 Moe。路由器 Moe 通过向 Shemp 告知有比自己更好的下一跳来执行"抢占重定向"（preemptive redirect）操作。

EGP 的 Update 消息可以仅包含非直达邻居。也就是说，消息的发起方可能不将其作为通往其他网络的下一跳。此时将发起方称为路由服务器。路由服务器通过 IGP 或静态路由来学习可达性信息，并将这些可达性信息宣告给 EGP 邻居，而自身并不执行任何包转发功能。

从 EGP 网关的角度来看，邻居要么是内部网关，要么是外部网关。如果位于同一个 AS 中，那么邻居就是内部网关。如果位于不同的 AS 中，那么邻居就是外部网关。图 1-3 中的所有 EGP 网关都将邻居视为外部网关。如果路由器 Larry 也运行了 EGP，而且与 Moe 形成了对等关系，那么这两台路由器都会将对方视为内部网关。

EGP 的 Update 消息包含了两个用来描述其列表中的路由器是内部网关或外部网关的字段。从例 1-5 的第一条 Update 消息可以看出，这些字段正好位于源网络地址之前：IntGW=2 以及 ExtGW=1。这两个字段之和即为 Update 消息中列出的路由器数量。首先列出的是所有指定的内部网关。因此，如果 IntGW=2 以及 ExtGW=1，那么就表示列出的前两个路由器为内部网关，最后一个路由器为外部网关。如果将例 1-5 中 192.168.16.2 的 Update 消息与图 1-3 进行比较，可以看出经由路由器 Curly 可达的三个网络都列在 Update 消息的最后，并标记为外部，也就是说这三个网络通过路由器 Moe 的外部网关均可达。由于末梢网关无法将网络宣告到本 AS 之外，因而只有核心网关的 Update 消息才包含外部网关信息。

EGP 的 Update 消息为每个列出的网络都关联了一个距离值，距离字段为 8 个比特，因而距离的取值范围为 0～255。不过，除了将 255 表示为不可达网络之外，RFC 904 并没有指定距离值的解析方式，而且也没有 RFC 定义任何利用该距离值来计算 AS 间最短路径的算法。IOS 将距离值理解为跳数（见例 1-5），默认规则很简单：

- 如果网关在本 AS 内宣告所有网络，那么距离值为 0；
- 如果网关在本 AS 之外宣告所有网络，那么距离值为 3；
- 如果网关指示某网络不可达，那么将其距离值设为 255。

以例 1-5 和图 1-3 为例，尽管网络 172.20.0.0 与路由器 Moe 之间存在一跳路由，但 Moe 宣告该网络时的距离值为 0——与直连网络 172.17.0.0 的距离值相同。Moe 与网络 10.0.0.0 之间存在一跳路由，与网络 172.18.0.0 之间存在两跳路由，由于这两个网络与 Moe 处于不同的 AS 中，因而 Moe 宣告这两个网络时的距离值都为 3。需要记住的是，从本质上来看，EGP 使用的距离值对于确定到指定网络的最佳路径来说毫无作用。

例 1-6 给出了 Shemp 的路由表以及例 1-5 中的 Update 消息所产生的路由项。

例 1-6 中的路由表有两点值得注意。首先，EGP 表项的管理距离为 140，该管理距离高于所有 IGP（外部 EIGRP 除外），因而即使 EGP 宣告的是同一个网络，路由器也总是选择 IGP 路由。

例 1-6 Shemp 的路由表

```
Shemp#show ip route
Codes: C - connected, S - static, I - IGRP, R - RIP, M - mobile, B - BGP
       D - EIGRP, EX - EIGRP external, O - OSPF, IA - OSPF inter area
       E1 - OSPF external type 1, E2 - OSPF external type 2, E - EGP
       i - IS-IS, L1 - IS-IS level-1, L2 - IS-IS level-2, * - candidate default

Gateway of last resort is not set

E    10.0.0.0 [140/4] via 192.168.16.2, 00:00:52, Ethernet0
C    192.168.16.0 is directly connected, Ethernet0
E    192.168.17.0 [140/1] via 192.168.16.2, 00:00:52, Ethernet0
E    192.168.18.0 [140/4] via 192.168.16.3, 00:00:52, Ethernet0
E    172.20.0.0 [140/1] via 192.168.16.4, 00:00:52, Ethernet0
E    172.16.0.0 [140/4] via 192.168.16.3, 00:00:52, Ethernet0
E    172.17.0.0 [140/1] via 192.168.16.2, 00:00:52, Ethernet0
E    172.18.0.0 [140/4] via 192.168.16.3, 00:00:52, Ethernet0
     172.19.0.0 255.255.255.0 is subnetted, 1 subnets
C       172.19.1.0 is directly connected, Loopback0
Shemp#
```

其次，每个由 EGP 宣告的网络的距离值都比例 1-5 Update 消息中显示的距离大 1，这是因为与 RIP 路由算法一样，Cisco 的 EGP 进程将所有距离值都加 1。

1.1.3 EGP 的不足

EGP 的根本问题是无法检测路由环路。由于 EGP 使用的距离值存在上限（255），因而有人可能会说，至少计数到无穷大也算是一种环路检测机制。这一点在理论上没错，但这种高极限值加上轮询间隔，使得计数到无穷大变得毫无实用意义。举例来说，假设轮询间隔为 180 秒，那么 EGP 对等体需要花费将近 13 小时才能计数到无穷大。正如 RFC 904 所说的那样“如果拓扑结构不遵循末梢网络的规则……那么外部网关协议将无法提供足够的拓扑结构信息来防止环路”。

因此，EGP 必须运行在一个设计良好的无环路拓扑结构上。虽然在 1983 年的时候这并不是一个问题，因为那时的 EGP 仅仅被设计用来将末梢网关连接到 ARPANET 骨干网上，但当时的 EGP 设计者就已经预见到了这种拓扑结构限制所带来的问题将会很快显现出来。组成 Internet 的自治系统需要逐渐演变为几乎无结构化（或者说完全无结构化）的网状拓扑，此时很多自治系统都可以充当其他自治系统的转接系统。

随着 NSFnet 的出现，EGP 的局限性变得日益明显。此时不仅出现了多个骨干网，而且还要考虑哪些流量可以穿越哪些骨干网等使用策略。由于 EGP 不支持这种复杂的策略路由，因而必须制定过渡解决方案（RFC 1092）。

EGP 的另一个重要不足就是无法与 IGP 进行足够的互操作，以确定从一个网络到另一个网络的最短路由。例如，EGP 的距离无法可靠地转换为 RIP 的跳数。如果 EGP 的距离导致跳数超过 15 跳，那么 RIP 将宣告网络不可达。EGP 的其他不足之处还包括在大量网络之间传播信息时容易失败，而且还容易有意或无意地传播错误网络信息。

最后（当然也很重要），EGP 无法及时宣告网络的变化情况。邻居获取进程很慢，而且网络变化的宣告过程也缓慢不堪。例如，EGP 仅在无法收到特定路由的连续 6 条更新消息时，才宣告该路由可不用。再加上 EGP 的默认更新间隔为 180 秒，因而 EGP 路由器需要花费 18 分钟时间才能宣告路由不可用，此后才停止在更新消息中包含该路由。距离故障网络仅仅 3

跳之外的路由器则需要花费 54 分钟时间才能宣告该路由中断！因而大家有时可能会将根本不存在的路由误认为出了问题（EGP 自身固有的问题除外）。

虽然人们试图创建 EGPv3，但毫无成效。最后 EGP 仍然被彻底废弃，取而代之的是全新的 AS 间协议——BGP。目前，外部网关协议（EGP）不仅是一个协议的名称，而且还是一类协议的名称，所有衍自 EGP 概念的协议都被称为 EGP。但尽管如此，当今的自治系统以及 AS 间的路由当中仍然能够看到传统 EGP 的身影。

1.2 BGP 的出现

由于 EGP 只是一种可达性协议，而不是一种真正的路由协议，因而对 EGP 所做的大量增强性尝试都失败了。将 EGP 改造成路由协议将使其失去本来面目，也就无法再简单地称之为 EGP 增强版本。这将是一个完全不同的协议。果真如此的话，那么就可能需要重新设计一个全新的域间协议：这将是一个真正的路由协议，能够精确区分去往同一个目的地的多条路由，能够避免出现环路，而且还能与 IGP 协作计算距离。

该 AS 间路由协议就是由 1989 年 RFC 1105 首次引入的 BGP。BGP 的第一个版本由一年之后的 RFC 1163 进行更新，后来又在 1991 年由 RFC 1267 进行了再次更新。为了表示这三次更新情况，后来人们习惯上将这三个版本分别称为 BGP-1、BGP-2、BGP-3。

当前的 BGP 版本 BGP-4 是由 1995 年 RFC 1771 规定的。BGP-4 与前面的几个版本有了显著区别，最重要的区别在于 BGP-4 属于无类别协议，而早期的版本则属于有类别协议。出现这一根本性改变的源动力直指外部网关协议存在的根因：保持 Internet 路由的可管理性和可靠性。为此创建了 CIDR（Classless InterDomain Routing，无类别域间路由），CIDR 最初由 1993 年 RFC 1517 引入，同一年由 RFC 1519 确定为标准建议，后来由 RFC 1520 进行修订，为了支持 CIDR 又创建了 BGP-4。有关 CIDR（读作“cider”）的详细信息将在本章后面进行讨论。

在 BGP-4 成为 BGP 的正式商用版本之后的十多年时间里，大多数时候都要加上版本号来正确引用该协议，本书的第一版也是如此，反映了当时本书的写作时代。考虑到 BGP 的前三个版本早已消失在历史的长河中，目前运行的 BGP 几乎都毫无例外地是 BGP-4（当然也不否认，某些场合仍有可能在勉力运行着一种或两种早期的 BGP 版本），因而现在完全可以放心地去掉版本号。在 21 世纪谈论 BGP 的时候，指的就是 BGP-4，不可能是任何其他版本。

注： 为了反映业界的共识，12.0(6)T 之后的 IOS 仅支持 BGP 版本 4。对于之前的 IOS 版本中的 BGP 实现来说，既可以在每个邻居之间进行自动协商（默认），也可以手工设置版本号。

1.3 BGP 基础

与 EGP 一样，BGP 也为每个 BGP 对等体建立一条唯一的、基于单播的连接。为了提高对等连接的可靠性，BGP 使用 TCP（端口 179）作为底层传送机制。由于将确认、重传和序列化等工作交由 TCP 层处理，因而 BGP 的会话维护以及更新机制也得到了大幅简化。由于 BGP 建立在 TCP（一种点到点协议）之上，因而需要为每个对等体都建立一条独立的点到点会话。此外，由于邻居之间的 MD5 认证也基于 TCP，因而 BGP 得到了进一步简化。

BGP 是一种距离矢量协议，每个 BGP 节点都依赖下游邻居从路由表中传递路由；BGP 节点基于它们所宣告的路由进行路由计算，并将计算结果传递给上游邻居。但是，其他距离矢量协议都以单一数值来量化距离，用来表示跳数或全部接口时延之和以及最低带宽（对于 EIGRP 来说），而 BGP 却使用数据包到达特定目的地所要经过的自治系统列表（以 AS 号来表示）（见图 1-4）。由于该列表完全描述了数据包所要经过的路径，因而为了与其他传统距离矢量协议相区别，也将 BGP 称为路径矢量路由协议。与 BGP 路由相关联的 AS 号列表则被称为 AS_PATH。AS_PATH 是与每条路由相关联的路径属性之一。有关路径属性的详细内容将在第 2 章进行介绍，有关路径属性的使用方式将在第 3 章到第 5 章进行介绍。

注：虽然 BGP 依赖直接对等体来共享路由信息并成为路由分布式计算的一部分（与其他距离矢量协议相似），但 AS_PATH 列表提供的去往目的地的列表看起来更像是一种链路状态协议（与传统的距离矢量协议相比）。

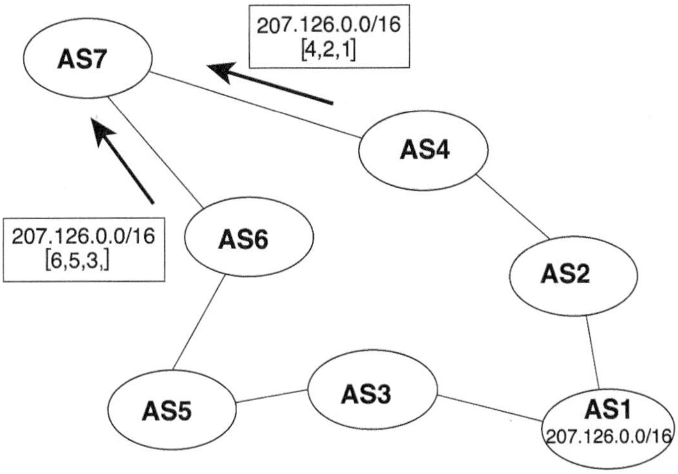

图 1-4 BGP 根据被称为 AS_PATH 属性的 AS 号列表来确定最短无环路 AS 间路径

前面曾经说过，EGP 不是一种真正的路由协议，因为它没有一个成熟的算法来计算最短路径，而且也无法检测路由环路。与此相反，AS_PATH 属性使得 BGP 在这两方面都同时满足了作为路由协议的要求。首先，可以通过最小 AS 号来确定最短的 AS 间路径。图 1-4 中的 AS7 收到两条去往 207.126.0.0/16 的路由，其中一条路由的 AS 跳数为 4，另一条路由的 AS 跳数为 3，因而 AS7 将选择最短路径（4,2,1）[4]。

利用 AS_PATH 属性还能很容易地检测出路由环路。路由器在接收到路由更新后，如果在 AS_PATH 中发现了自己的本地 AS 号，那么路由器就知道出现了路由环路。图 1-5 中的 AS7 向 AS8 宣告了一条路由，AS8 将该路由宣告给了 AS9，AS9 又将该路由宣告回了 AS7。AS7 发现自己的 AS 号在 AS_PATH 中，因而拒绝接受该更新，从而避免了潜在的路由环路问题。

4 这只是一种简化的 BGP 路径选择进程，实际的路径选择进程需要考虑的因素很多，不仅仅是 AS_PATH。有关 BGP 路径选择进程的完整信息将在第 2 章进行讨论。

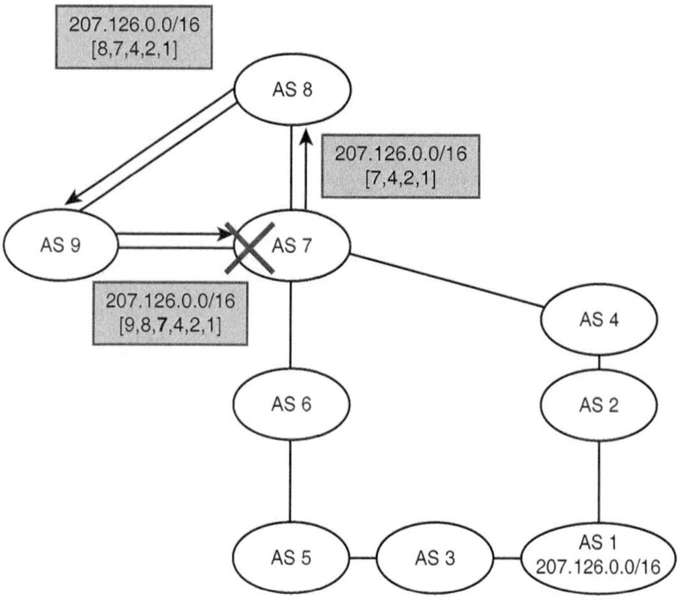

图 1-5　如果 BGP 路由器发现自己的 AS 号位于其他 AS 路由器宣告的路由的 AS_PATH 中，则拒绝该更新

虽然 AS_PATH 给出了去往目的地的路径上的详细自治系统信息，但 BGP 并不显示每个 AS 中的详细拓扑信息。由于 BGP 看到的仅仅是一个自治系统树，而 IGP 看到的是 AS 内部的拓扑情况，因而也可以说 BGP 比 IGP 看到的是更高层次的 Internet 视图。由于该更高层次的视图与 IGP 看到的视图并不兼容，因而 IOS 维护了一个独立的路由表（更准确的说法应该是 RIB[Route Information Database，路由信息库]）以承载 BGP 路由。例 1-7 给出了命令 **show ip bgp** 显示的典型 BGP 路由表信息[5]。

例 1-7　命令 **show ip bgp** 显示的 BGP RIB

```
route-views.oregon-ix.net>show ip bgp
BGP table version is 121115564, local router ID is 198.32.162.100
Status codes: s suppressed, d damped, h history, * valid, > best, i - internal,
              S Stale
Origin codes: i - IGP, e - EGP, ? - incomplete

   Network          Next Hop            Metric LocPrf Weight Path
*  3.0.0.0          217.75.96.60             0             0 16150 3549 701 703 80 i
*                   194.85.4.55                            0 3277 3216 3549 701 703 80 i
*                   64.125.0.137           124             0 6461 701 703 80 i
*                   213.200.87.254          10             0 3257 1239 701 703 80 i
*                   203.62.252.186                         0 1221 4637 703 80 i
*                   66.185.128.48          504             0 1668 701 703 80 i
*>                  4.68.1.166               0             0 3356 701 703 80 i
*                   154.11.11.113            0             0 852 1239 701 703 80 i
*                   144.228.241.81  4294967294             0 1239 701 703 80 i
*                   193.0.0.56                             0 3333 3356 701 703 80 i
* 4.0.0.0/9         217.75.96.60             0             0 16150 3549 3356 i
*                   194.85.4.55                            0 3277 3267 3343 25462 3356 3356 i
*>                  4.68.1.166               0             0 3356 i
*                   129.250.0.171            1             0 2914 3356 i
*                   144.228.241.81 4294967294              0 1239 3356 i
*                   208.51.134.254          53             0 3549 3356 i
```

（待续）

5　读者可以通过一些公开可访问的路由器来观察 Internet 路由表、BGP 表等信息。本章的路由信息取自俄勒冈大学路由视图项目（www.routeviews.org）的一台公开可访问路由器，并对这些路由信息做了一定的编辑。

```
*                   134.222.85.45                       0 286 3549 3356 i
* 4.0.0.0           217.75.96.60               0        0 16150 3549 3356 i
*                   194.85.4.55                         0 3277 3267 3343 25462 3356 3356 i
*                   64.125.0.137             124        0 6461 3356 i
*>                  4.68.1.166                 0        0 3356 i
* 4.21.41.0/24      217.75.96.60               0        0 16150 3549 2914 16467 36806 i

*                   194.85.4.55                         0 3277 3216 3549 2914 16467 36806 i
*                   64.125.0.137             124        0 6461 2914 16467 36806 i
*                   144.228.241.81  4294967294          0 1239 2914 16467 36806 i
*                   203.181.248.168                     0 7660 2516 209 2914 16467 36806 i
*>                  129.250.0.11               8        0 2914 16467 36806 i
* 4.23.112.0/24     217.75.96.60               0        0 16150 174 21889 i
*                   194.85.4.55                         0 3277 3267 3343 25462 174 21889 i
*                   64.125.0.137             120        0 6461 174 21889 i
*                   65.106.7.139               3        0 2828 174 21889 i
--More--
```

虽然例 1-7 中显示的 BGP 路由表与利用命令 **show ip route** 显示的 AS 内部路由表有些不同，但其中的信息基本一致。BGP 路由表显示了目的网络、下一跳路由器以及用于选择最短路径的度量值。有关 **Metric**、**LocPrf** 和 **Weight** 列的信息将在第 2 章进行介绍，现在关心的是 **Path** 列，该列列出的是每个网络的 AS_PATH 属性。

请注意，对于每个目的网络来说，表中列出了多个下一跳。与 AS 内部路由表仅列出当前在用路由不同的是，BGP RIB 列出了所有已知路径。最左列的*（有效）后紧跟一个>，表示该路径是路由器当前使用的路由，该最佳路径是拥有最短 AS_PATH 的路径。如果存在多条拥有等价路径的路由（见例 1-7），那么路由器就必须具备相应的规则来确定最佳路径。有关路径确定的进程将在第 2 章进行讨论。

如果去往特定目的端时存在多条并行等价路径（见例 1-7），那么 IOS 的默认 BGP 实现将仅选择一条路径。这一点与其他 IP 路由协议不同，其他 IP 路由协议在默认情况下是在这 4 条等价路径之间做负载均衡。与其他 IP 路由协议一样，命令 **maximum-paths** 的作用是更改并行路径的默认最大值，取值范围是 1～16。有关负载均衡的详细内容将在第 3 章进行讨论。

两个邻居在首次建立 BGP 对等连接时，会交换各自的全部 BGP 路由表，之后仅交换增量部分的路由更新。也就是说，仅当网络出现变化时才相互交换路由信息，并且仅交换变化信息。由于 BGP 并不使用周期性的路由更新机制，因而对等体之间必须交换 Keepalive（保持激活）消息，以维护该对等连接。IOS 的默认保持激活间隔为 60 秒（RFC 4271 并没有指定标准的保持激活间隔）。如果对等体在 3 个间隔时间内均未收到保持激活消息，那么该对等体将宣告其邻居中断。可以通过命令 **timers bgp** 修改该时间间隔。

1.4 自治系统类型

前面曾经说过，与 IGP 相比，BGP 是从更高的层次上看待整个互联网络：IGP 关注的是穿越一台台路由器的跳数，而 BGP 关注的则是穿越一个个自治系统的跳数。BGP 比 IGP 层次更高的另一个表现是：与子网存在末梢（stub）子网与转接（transit）子网之分一样，自治系统也存在末梢 AS 与转接 AS 之分。

- 末梢 AS 指的是源自该 AS 的所有数据包都要离开该 AS，而且进入该 AS 的所有数据包都拥有该 AS 内的目的地址。

- 转接 AS 指的是进入该 AS 的数据包中至少有部分数据包拥有该 AS 之外的目的地址，并且需要根据这些目的地址将这些数据包转发给其他 AS。

前面在讲述 EGP 的核心及末梢自治系统时就已经谈到上述概念了（见图 1-2）。EGPd 核心 AS 就是转接 AS，负责将数据包从一个末梢 AS 传送到另一个末梢 AS。区别在于为了规避环路问题，EGP 只有一个核心 AS，而 BGP 可以拥有多个转接自治系统。以图 1-4 为例，自治系统 2、3、4、5 和 6 都是源自 AS7 且去往 AS1 的数据包的转接自治系统，但这并不意味着图中的 AS1 和 AS7 就是末梢自治系统，因为 AS7 和 AS1 还可能是从 AS4 去往 AS6 的数据包的转接自治系统。

一般来说，路由进/出末梢 AS 都非常简单，相应的末梢 AS 的 BGP 配置也很简单。事实上，很多时候甚至都不需要 BGP。有关末梢 AS 除 BGP 之外的其他替代方案将在第 2 章进行讨论。

BGP 的实际作用只有在配置转接自治系统时才能真正体现。虽然 BGP 协议本身比较简单（比 EIGRP、OSPF 或 IS-IS 要简单得多），但每条路由都关联了大量路径属性，因而可以通过一组强大的策略工具来控制这些路由。有了路径属性以及利用这些路径属性的工具之后，就可以灵活第配置路径策略。这里所说的路由策略指的是对路由施加某种优先级规则，从而改变路由的默认行为。与优先级相关的一些例子如下：

- 数据包进入和离开 AS 的方式；
- 与相邻自治系统之间的业务关系；
- 本地连接的用户网络（如 ISP 用户）；
- 主动和被动的安全流程；
- 动态扩展属性。

有关路径属性及路由策略的相关信息将在第 2 章进行介绍，第 4 章则介绍创建路由策略的工具及步骤，第 5 章将解释与 BGP 扩展相关的工具。

由于 BGP 支持多种地址簇，因而 BGP 不仅仅是一种单播 IP 路由协议，而且是支撑大量 IP 网络服务的基础协议。这些网络服务不但可以跨越转接自治系统，而且还可以延伸到末梢自治系统中。为 BGP 提供这些增强型能力的机制就是 MP-BGP（Multiprotocol BGP，多协议 BGP），相关内容将在第 6 章进行讨论。

1.5 EBGP 与 IBGP

与前面讨论过的 EGP 末梢自治系统与转接（核心）自治系统概念一样，EGP 协议也引入了内部邻居与外部邻居的概念。也就是说，如果 EGP 进程与本 AS 内的邻居建立对等关系，那么该邻居就是内部邻居，如果该邻居位于其他 AS 中，那么就是外部邻居。

BGP 也使用相同的概念：如果 BGP 会话是在不同自治系统内的两个邻居之间建立的，那么该会话就是 EBGP（External BGP，外部 BGP）会话。如果 BGP 会话是在同一个自治系统内的两个邻居之间建立的，那么该会话就是 IBGP（Internal BGP，内部 BGP）会话（见图 1-6）。

由于每个 AS 通常都拥有多台路由器，因而在 AS 内部通过 BGP 宣告信息时始终都要用到 IBGP。从图 1-6 可以看出，AS1 中的路由器利用 EBGP 及 IBGP 会话可以将路由宣告给 AS3 中的路由器。从习惯上来说，IBGP 会话通常与转接 AS（见图 1-6 中的 AS2）相关联，末梢 AS 一般仅在一台或多台边界路由器上运行 EBGP，并通过 IGP 路由传送/接收边界路由器的数据包。但是随着越来越多的服务（如基于 MPLS 的 VPN 以及 IP 多播）需要用到 MP-BGP，末梢 AS 也开始逐渐出现了 IBGP。

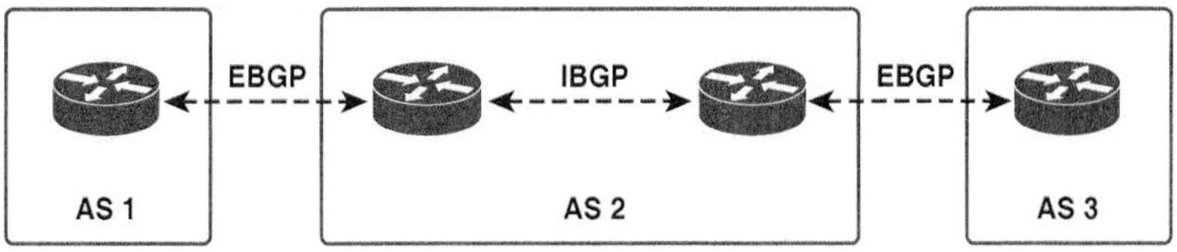

图 1-6 不同 AS 中的邻居通过 EBGP 进行通信，而同一 AS 中的邻居则通过 IBGP 进行通信

前面曾经说过，BGP 不仅将 AS_PATH 用作 AS 的跳数度量，而且还利用 AS_PATH 来避免环路：如果路由器发现自己的 AS 号位于 AS_PATH 列表中，那么就丢弃该路由。但这一点却给 IBGP 带来了一些有有趣的问题。

以图 1-7 为例，假设某路由需要从 AS1 经 AS2 传递给 AS3，穿越 AS2 的物理路径是 RTR1、RTR2 与 RTR3 等三台路由器。如果这三台路由器在传递路由时都将自己的 AS 号添加到 AS_PATH 列表中，那么就会出现以下两个问题。

- AS_PATH 列表将无法真实地表达 AS 间的路径长度。由于 AS2 只是一个 AS 跳，因而在 AS_PATH 列表中只应该表示为一个表项，如果每台路由器都添加一个 AS2 表项，那么该 AS 号将出现三次（见图 1-8）。

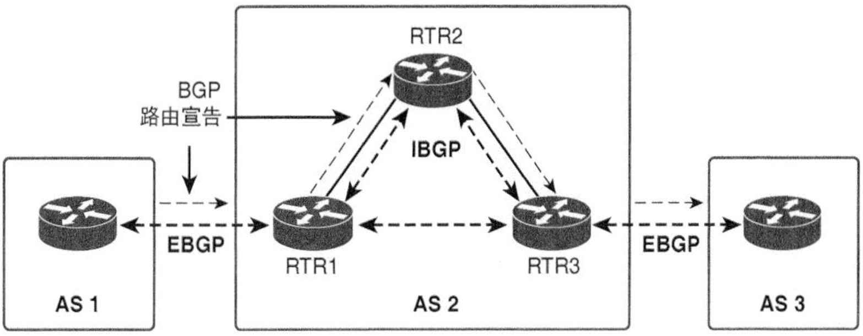

图 1-7 从 AS1 发送给 AS3 的路由宣告在物理路径上必须穿越 AS2 中的 3 台路由器

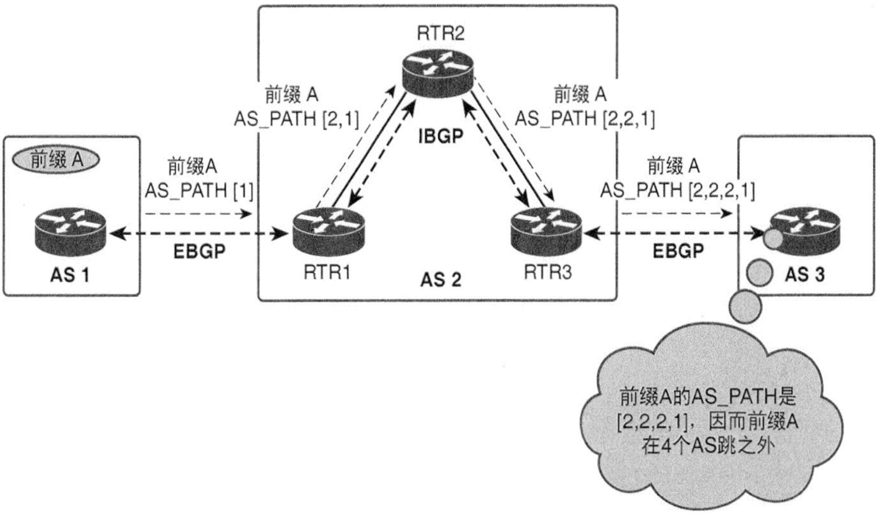

图 1-8 如果 AS2 中的每台路由器都将自己的 AS 号添加到 AS_PATH 中，那么 AS3 中的路由器将会误认为该前缀相距 4 个 AS 跳，而不是 2 个 AS 跳

- AS_PATH 的环路避免功能要求路由器在看到自己的 AS 号位于 AS_PATH 列表中之后，就认为出现了环路并丢弃该路由。因此，如果 RTR1 将 AS 号 2 添加到 AS_PATH 列表中，那么 RTR2 在看到该 AS 号并知道自己位于 AS2 中之后，那么就会丢弃该路由（见图 1-9）。

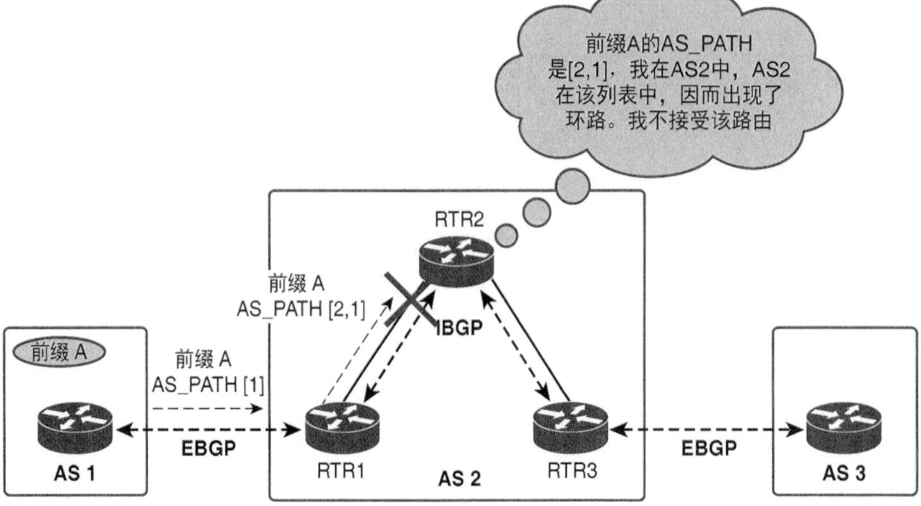

图 1-9　如果 RTR1 将自己的 AS 号添加到了 AS_PATH 中，那么 RTR2（位于同一 AS 中）将会误认为出现了环路并丢弃该路由

为了解决上述问题，IBGP 规定了如下特殊规则：

仅当路由器将路由发送给 EBGP 邻居时，才将自己的 AS 号添加到该路由的 AS_PATH 中。如果发送给 IBGP 邻居，那么就不向 AS_PATH 添加自己的 AS 号。

图 1-10 显示了该规则的效果：由于 AS2 中的路由器不会在 AS_PATH 列表中看到自己的 AS 号，因而这些路由器将不会丢弃该路由，AS3 中的路由器也能正确地确定距离前缀 A 的 AS 跳数。

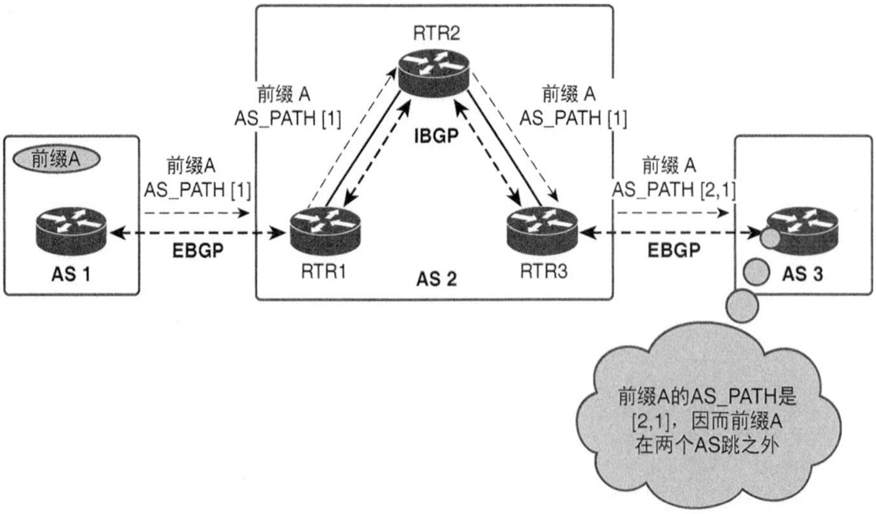

图 1-10　通过仅在将路由发送给 EBGP 邻居时才向 AS_PATH 中添加 AS 号来解决图 1-8 和图 1-9 中的问题

虽然该规则解决了图 1-8 和图 1-9 的问题，但是又引入了其他问题。虽然检测 AS_PATH 列表中的 AS 号是 BGP 检测与避免路由环路的方法，但 AS_PATH 对于单个 AS 范围来说却毫无意义。因此，如果在 AS 内部出现了路由环路，那么该怎么办呢？该如何避免这类路由环路呢？

为了解决这个问题，还必须重新审视 EGP。由于 EGP 没有环路避免机制，因而唯一的解决方案就是确保设计一个无环路拓扑结构。这一点也是 OSPF 和 IS-IS 采取层次化区域拓扑结构的原因之所在（如本书第一卷所述）。由于 SPF 树（是链路状态协议发现环路的手段）不会跨越区域边界，因而能够实现区域间无环路拓扑结构。

这种方法也是解决 IBGP 路由环路问题的解决方案：确保 IBGP 对等会话不出现环路的条件就是构建无环路拓扑结构。该解决方案的一个关键点就是 BGP 会话运行在 TCP 之上，TCP 是一种单播点到点协议（可以在一定程度上避免潜在的环路风险），而且不要求 BGP 会话双方物理相连。因而对于前面的示例网络来说，虽然穿越 AS2 的路径将穿越三台路由器，但仍然可以在边界路由器之间直接建立 IBGP 会话（见图 1-11），图中的 IBGP 会话虽然在物理路径上穿越了 RTR2，但是在逻辑上该会话仅存在于 RTR1 与 RTR3 之间。

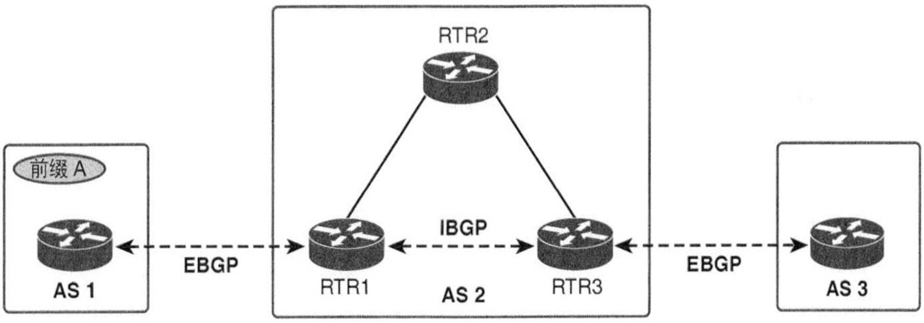

图 1-11　通过仅在边界路由器之间建立 IBGP 会话来创建无环路 IBGP 拓扑结构

不过到现在还没有完全解决 IBGP 的所有问题。为了更好地理解接下来要说的问题，假设将通过图 1-11 中的 EBGP 和 IBGP 会话传送去往前缀 A 的路由。图 1-12 给出了 RTR3 的相应路由表项信息。由于该路由表项是通过 RTR1 的路由宣告创建的，因而 RTR1 被标示为去往该目的地的下一跳。而到达 AS2 中的 RTR1 的下一跳是 RTR2，因而图中也列出了该路由表项。

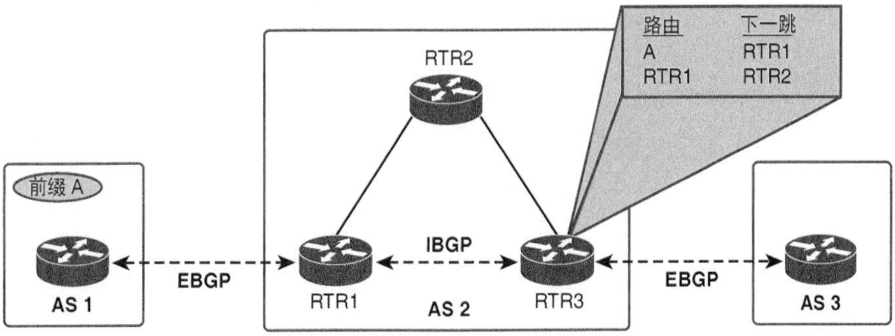

图 1-12　RTR3 的路由表显示 RTR1 是去往前缀 A 的下一跳，并且 RTR2 是去往 RTR1 的下一跳

从图 1-13 可以很容易地看出问题之所在。假设图中数据包的目的地址属于前缀 A，那么就会从 AS3 转发到 AS2。图 1-13 的处理过程如下。

1.　RTR3 收到该数据包之后，将查找其目的地址并发现下一跳是 RTR1。

2. 由于 RTR3 与 RTR1 并不直接相连，因而 RTR3 必须进行第二次路由查找，以确定如何将数据包转发给下一跳地址。
3. 由于去往 RTR1 的下一跳是 RTR2，因而将该数据包转发给路由器 RTR2。
4. 由于传送路由的 IBGP 会话显示该路由直接从 RTR1 到达 RTR3，因而 RTR2 没有去往前缀 A 的路由表项，因而 RTR2 将丢弃该数据包。

因此，虽然图 1-11 显示的逻辑拓扑结构实现了无环路路由交换，但是并没有共享该数据包将要使用的足够的实际路径信息，因而无法成功转发该数据包。从这个问题可以看出，建立 IBGP 会话时必须考虑以下两个层面的信息：

- 有关被宣告前缀的下一跳信息；
- 有关该前缀下一跳地址的下一跳信息。

图 1-13 给出了路由器执行递归查询的过程：首先查找去往该数据包目的地址的路由，如果下一跳地址并不直连，那么就需要再次执行路由查询，以找到去往下一跳地址的路由。由于 IGP 通常都是逐跳路由，因而递归查询对于 IGP 来说没有问题，但是对于 IBGP 来说却是一个问题。

为了解决图 1-13 所显示的问题，对于数据包将要经过的路径上的所有路由器来说，它们的路由表中必须拥有足够的信息，必须知道如何转发该数据包。一种解决方案就是将所有学自 EBGP 邻居的路由都重分发到 IGP 中[6]。图 1-11 中的 RTR1 在收到来自 AS1 的前缀 A 的路由信息之后，除了将该路由信息宣告给 RTR3 之外，还要将该路由信息重分发到本地 IGP 中。此后当数据包转发到 RTR2 之后（见图 1-13），RTR2 就有了一条通过 IGP 从 RTR1 学到的关于前缀 A 的路由表项，该路由表项显示 RTR1 是该前缀的下一跳。

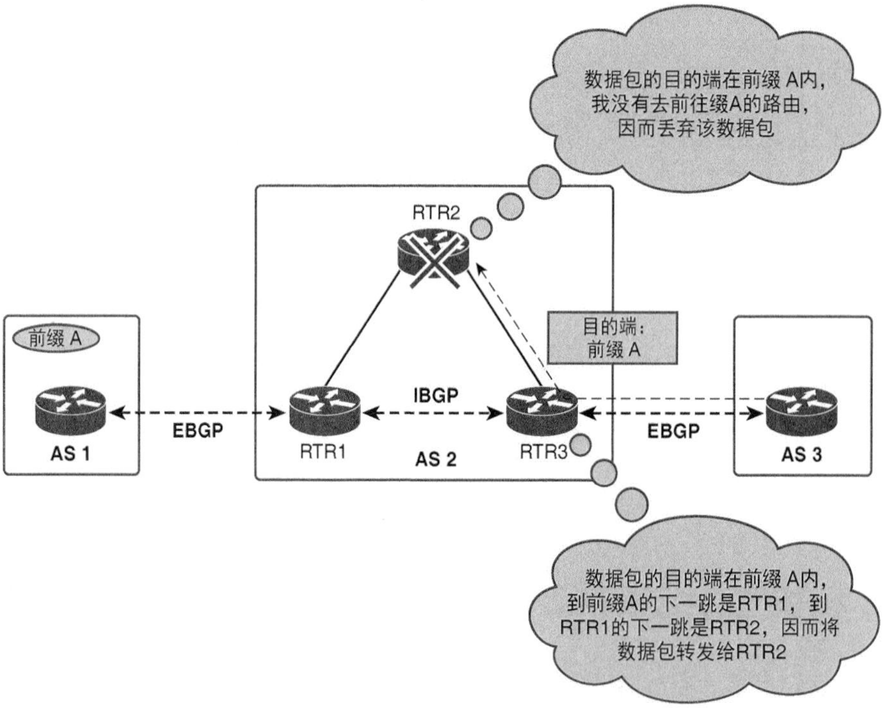

图 1-13　利用图 1-12 显示的路由表项，RTR3 将去往前缀 A 的数据包转发给 RTR2，但 RTR2 没有去往前缀 A 的路由，因而 RTR2 将丢弃该数据包

6　IOS 有一个与该问题相关的功能，称为 IGP 同步机制。第 3 章将详细讨论该机制并提供相应的配置示例。

虽然将 BGP 路由重分发到本地 IGP 在理论上看起来很好，但是在实际应用中却很糟糕（具体原因将在第 3 章讨论）。简而言之，将 BGP 路由重分发给 IGP 存在以下两个问题。

- 由于 BGP 的假设之一就是外部对等体不在自己的信任域内，因而与接受来自 IGP 或 IBGP 对等体的路由信息相比，在接受来自外部对等体的路由信息时必须制定更加谨慎的规则。毫无章法地将外部路由扔到 IGP 数据库中会带来严重的安全及稳定性威胁。
- 一般来说，从外部 BGP 对等体收到的路由信息要么是全球 Internet 路由表或其中的一大部分，要么就是其他的大量路由集。而 IGP 的性能与路由信息库的大小成反比，路由条目过多（具体阈值取决于每台路由器的内存容量、CPU 的速度以及 IGP 代码的效率）将会导致 IGP 消耗路由器的大部分或全部处理能力，使得路由器的可用性急剧下降至零。很多情况下会导致整个路由平台的完全崩溃。此外，第 3 章还会谈到更严重的后果，此时受影响的将不仅仅是单台路由器。

经实践证明，大多数场合下的最佳实践就是让 BGP 将学到的路由保持在 BGP 中。如果必须将这些路由分发给 AS 中的路由器以解决图 1-13 的问题，那么就通过 IBGP 来分发这些路由（见图 1-14）。通过 IBGP 有效分发路由的实践方式要求单个 AS 内的所有 BGP 路由器之间都必须建立全网状的 IBGP 会话。虽然为了解决扩展性问题，还需要对这种实践方式做一些调整（具体将在第 5 章进行讨论）。但是在学到第 5 章之前，读者完全可以将这种全网状的 IBGP 会话部署方式列入自己的最佳实践。

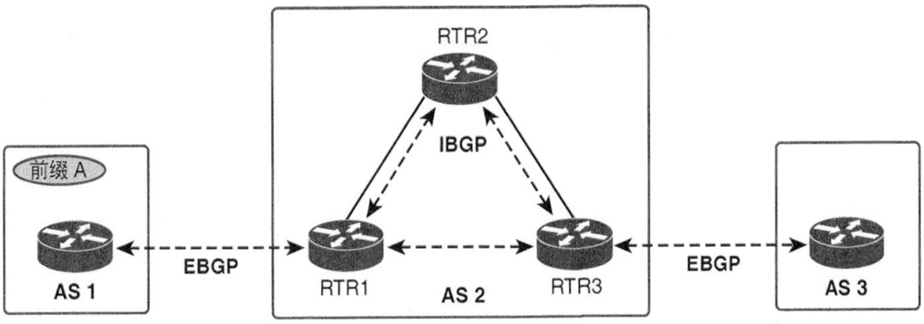

图 1-14 IBGP 会话不仅包含 AS 边界路由器，还包含所有可能利用从外部学到的目的地址转发数据包的路由器

图 1-14 的逻辑拓扑结构又带来了环路避免问题。到目前为止使用的物理拓扑结构都很容易理解，但大多数自治系统的实际内部架构却非常复杂，以图 1-15 为例。图中的逻辑 BGP 拓扑结构就与自治系统的物理拓扑结构大相径庭。虽然 EBGP 会话（以穿越 AS 边界的箭头线表示）与外部物理链路一致，但全网状的 IBGP 会话却显得非常复杂。需要记住的是，每个 IBGP 会话都必须穿越某些物理链路。例如，图 1-15 中 RTR5 与 RTR6 之间的直接 IBGP 会话就实际穿越了 RTR2 和 RTR3。

那么该如何避免复杂拓扑结构中的 BGP 路由环路问题呢？需要再增加一条 IBGP 规则：

始终不要将学自内部邻居的路由发送给其他内部邻居。

建立 IBGP 全网状连接的目的是确保 AS 内的所有路由器都拥有将数据包转发到正确下一跳的路由信息。假设图 1-15 中的 RTR6 在其 AS 外部链路上收到了一个数据包，并且路由查找显示 RTR7 是下一跳，那么该数据包必须通过 RTR2、RTR3 和 RTR5 的路径才能到达该下一跳。而 IBGP 会话可以确保任一台路由器在学到来自外部邻居的路由之后，都能将该路由信息直接转发给 AS 内的所有路由器。任一台路由器都不用再将该路由信息转发给 AS 内的其他路由器。此外，如果没有将学自内部邻居的路由信息传送给其他内部邻居，那么也就不会存在任何路由环路。

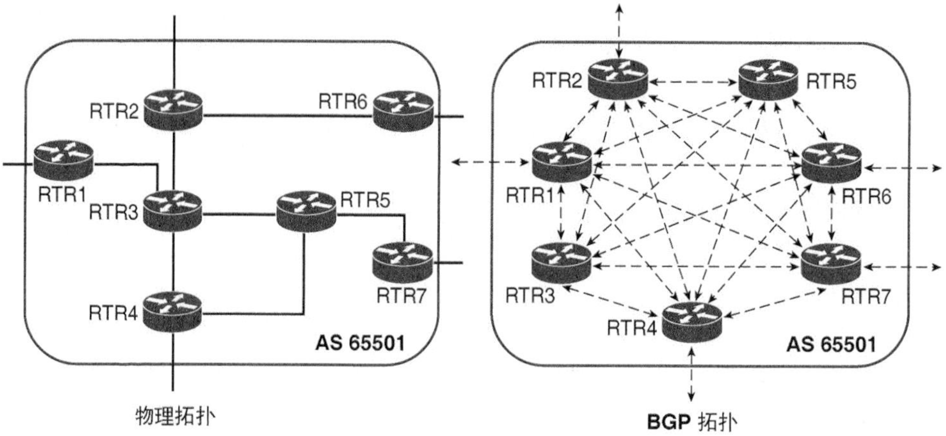

图 1-15　IBGP 会话的全网状连接要求导致 BGP 拓扑结构与实际的物理拓扑结构大相径庭

1.6　多归属

图 1-15 中的拓扑结构拥有 5 条外部连接。虽然图中并没有给出每条连接的详细去向信息（可能每条连接都连接了一个不同的自治系统，也可能连接的都是同一个 AS，也可能是这两种情况的折中），但是从数据包自 RTR6 进入 AS 并从 RTR7 离开 AS 可以看出，这是一个转接 AS。

拥有多条外部连接的 AS（见图 1-15）就是多归属 AS。根据定义，数据包穿越 AS 时，转接 AS 必须是多归属 AS。本节将详细介绍各种 AS 类型的多归属情况。

1.6.1　转接 AS 多归属

转接 AS 通常都是服务提供商网络（负责将基本的 Internet 连接或语音及视频服务传送给其连接的客户）或运营商网络（专门为较小的服务提供商网络提供地理覆盖广阔的骨干网）。不过转接 AS 也可能是大型商业、政府或教育机构的骨干网。

转接网络通常存在以下三类外部连接。

- **用户（客户）对等互联：**发起或终结流量并通过转接 AS 到达连接在该 AS 上其他用户网络或者到达连接在其他 AS 上的用户网络的网络。
- **专用对等互联：**如果两个或多个服务提供商同意共享路由信息，那么就可以达成对等协议。对等协议可以在两个提供商之间达成（称为双边对等协议），也可以在一群规模相似的提供商之间达成（称为多边对等协议）。确定对等协议费用问题的一个重要因素就是流量模型。如果对等双方的流量在双方向都基本均衡，那么通常就不需要相互支付费用（称为免结算对等互联或免费对等互联）。这类对等互联对于双方来说都是互惠互利的。但如果两个方向的流量差异明显，某个方向上流量明显大于另一个方向（通常是规模较小的服务提供商与规模较大的服务提供商对等互联），那么较小的服务提供商通常就需要支付一定的对等互联费用，以获得访问较大服务提供商的客户群或更多连接的权利。最典型的情况就是区域性 ISP（Tier II 或 Tier III）连接到国家级 ISP 或全球 ISP（Tier I）[7]。

- **公共对等互联**：这类对等互联位于专门建立的用于这类对等互联的 IXP（Internet Exchange Point，互联网交换中心）[8]。公共对等互联一般都是免费的（IXP 中的设备及连接除外）。虽然以前相互连接的对等体之间一般都在 IXP 中使用以太网或 FDDI（偶尔也会用到 ATM）连接，但目前绝大多数 IXP 都开始使用以太网交换机或 VPLS（Virtual Private LAN Service，虚拟专用 LAN 服务）进行互联。

对于特定的转接 AS 来说，有时可能是上述三种对等互联类型的子集。例如，某些客户可能愿意比其他客户多支付一定的费用以获得更为严格的 SLA（Service-Level Agreement，服务等级协议），要求服务提供商必须更加关注这类高价值客户，在网络出现拥塞或者部分网络出现中断的情况下，为这类客户的流量赋予更高的优先级。与此相似，有时也可能因为某些协议或预估价值在建立对等互联时采取付费的专用对等互联方式。相应地，经由这些对等互联点的路由的价值就比经由其他免费获得的公共对等互联点的路由价值高。在前面所说的两种情况下，都要求网络运营商具备相应的工具和方法，能够灵活地调整 AS 内的流量优先级并改变默认的路由行为。

1.6.2 末梢 AS 多归属

虽然转接 AS 具备多归属特性是显而易见的（否则也不可能成为转接 AS），但多归属特性对于末梢 AS 也是非常普遍的。如果末梢 AS 小到不需要多归属，也就是说仅通过单条链路连接更高层级的 AS，那么一般也不需要部署 BGP。此时在连接两端部署静态路由，不但配置简单，而且管理起来也更加安全。以图 1-16 为例，图中的末梢 AS 只有一条连接去往转接 AS，此时没有在对等互联路由器之间运行 BGP，而是在 AS65501 中的 RTR1 上静态配置了一条默认路由，并通过本地 IGP 在整个 AS 内部宣告该静态路由。AS 内找不到与数据包目的地址相匹配的路由的所有路由器都将匹配该默认路由，并将数据包转发给 RTR1，再由 RTR1 将数据包转发给 AS65510。

RTR2 为 AS65501 中的前缀配置了静态路由并通过 IBGP 在 AS 内宣告这些静态路由。AS 内的其他边界路由器通过 IBGP 学到这些前缀之后，利用 EBGP 将这些路由（更好的方式是宣告这些前缀的聚合路由）宣告给各自位于其他 AS 中的外部对等体。图 1-16 中的静态路由方式能够严格控制在每个 AS 中宣告其他 AS 的哪些信息，而不存在通过管理边界意外泄露非期望前缀的风险。

末梢 AS 采取多归属方式的主要理由如下：

- 为链路或接口故障导致的接入中断提供冗余；

---

7 Tier（层级）是根据对等互联的关系定义的。Tier 1 服务提供商之间都是按照免费对等互联方式进行对等互联的；Tier 2 服务提供商与部分 Tier 1 服务提供商（有时是全部 Tier 1 服务提供商）进行对等互联，但是在费用方式上一般是付费对等互联与免费对等互联相结合；Tier 3 服务提供商需要支付其全部上行对等互联费用。不过实际的层级定义并不完全固定不变，Tier 1 服务提供商可能在 13 家到 46 家左右（取决于所查询的提供商列表）。

8 术语 IXP 已经基本替代了 NSFnet 时代的术语 NAP（Network Access Point，网络接入点），大家可以通过 www.datacentermap.com/ixps.html 查到世界上最完整的 IXP 列表信息。

- 为路由器故障导致的接入中断提供冗余；
- 为 ISP 故障导致的接入中断提供冗余；
- 为地域范围广阔的自治系统提供本地连接性；
- 独立于提供商；
- 企业或外部策略（如可接受的使用策略或商业伙伴）；
- 负载均衡。

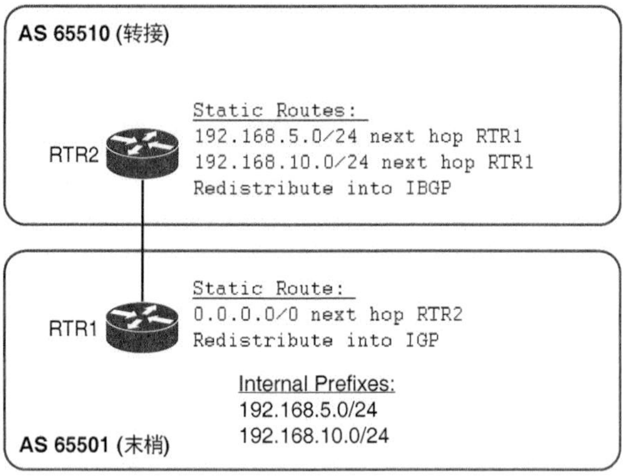

图 1-16 静态路由通常是单归属 AS 的更好选择（与 BGP 相比）

图 1-17 给出了一个简单的防范链路或接口故障的多归属配置示例。该方案配置了两条链路，每条链路都通过一个独立的接口连接到外部邻居上，从而在任一条链路或任一个接口出现故障时，AS65501 都能有一条路径去往转接提供商的 AS。

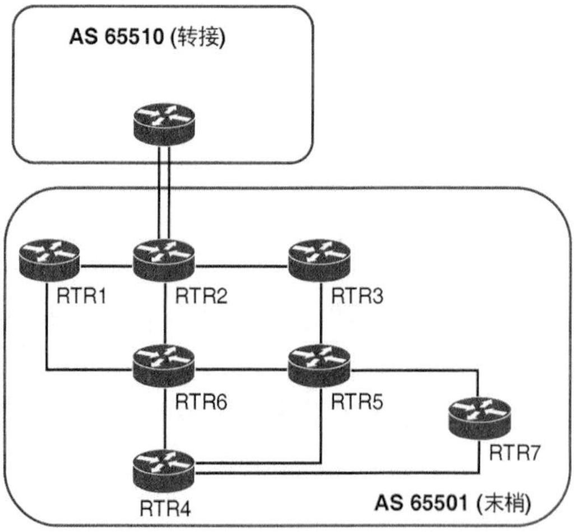

图 1-17 简单的多归属配置方案可以防止因边界路由器上的一条链路或接口出现故障后的接入中断风险

虽然只要简单地在两台边界路由器之间部署更多的链路就能提高链路或接口的故障冗余能力，但是如果图 1-17 中的任一台边界路由器出现故障，那么接入仍然会中断。该配置方案存在的另一个问题就是图中显示的两条链路（如果连接到同一台物理路由器上）很可能位于同一条线缆或同一条管道中，那么线缆或管道被挖断都会导致这两条链路同时出现中断[9]。

9 通常将因为单一中断而破坏了所有冗余链路的问题称为命运共担（fate sharing）。

图 1-18 给出了优化后的拓扑结构。此时的 AS65501 不会再因为任一条链路、接口或路由器故障而导致接入中断。如果两台路由器位于不同的相距较远的物理局点，使得这两台路由器不可能同时出现灾难问题，那么就能进一步提升该配置方案的冗余能力。

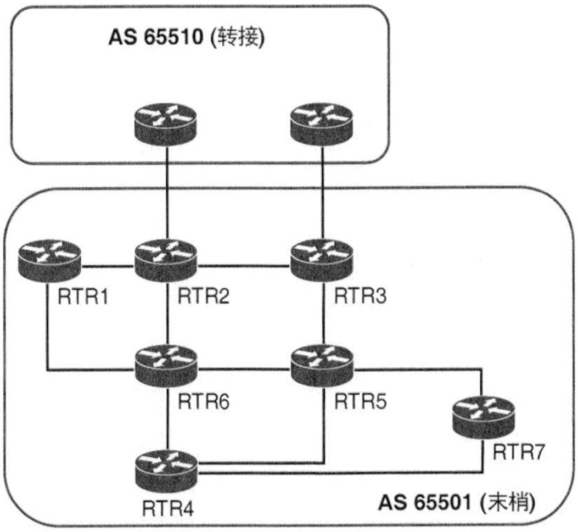

图 1-18 将冗余链路分布到冗余路由器上可以进一步降低接入中断的风险

对于图 1-18 中的末梢 AS 来说，如果其单一转接提供商出现网络中断，那么该末梢 AS 依然会出现接入中断问题。整个提供商网络偶尔出现全面故障的可能性是存在的，此时最可能的故障原因就是 BGP 策略配置错误（第 4 章将详细讨论 BGP 策略配置大意而产生的可能风险）。图 1-19 给出的优化拓扑结构不但防范了末梢 AS 可能存在的链路、接口以及路由器故障风险，而且还防范了可能存在的 ISP 故障风险。此时的末梢 AS 连接了三个不同的转接提供商，如果其中的一个或两个提供商的转接 AS 出现故障后，至少还有一条路径进出该末梢 AS（假设所有的转接提供商都拥有上行对等连接，能够提供所有的 Internet 路由）。

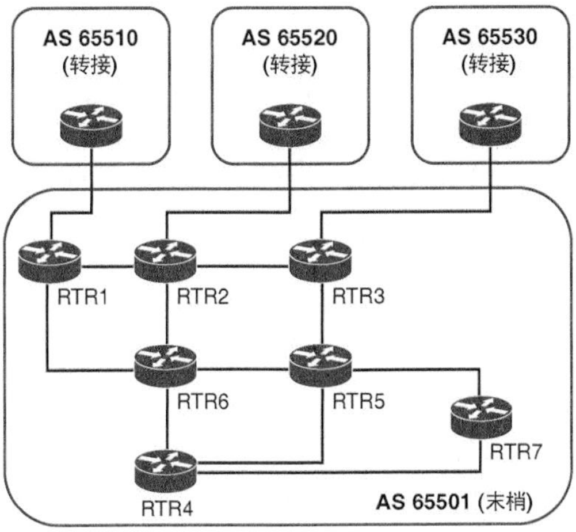

图 1-19 将冗余链路分布到冗余自治系统上可以降低因提供商网络故障而导致的接入中断风险

图 1-20 给出了同时采用冗余链路、冗余路由器以及冗余转接提供商在内的多种冗余机制后的优化拓扑结构，该拓扑结构提供了极为可靠的接入能力。不过，随着接入可靠性级别的不断提升（见图 1-17 至图 1-20），相应的网络投资、连接成本以及维护成本和维护

复杂性都大幅提高，因而在现实中很少采用图 1-20 所示的理想冗余方案。需要在可接受的故障风险与成本之间做出平衡：图 1-16 的成本最低但风险最高，图 1-20 的成本最高但风险也最低。

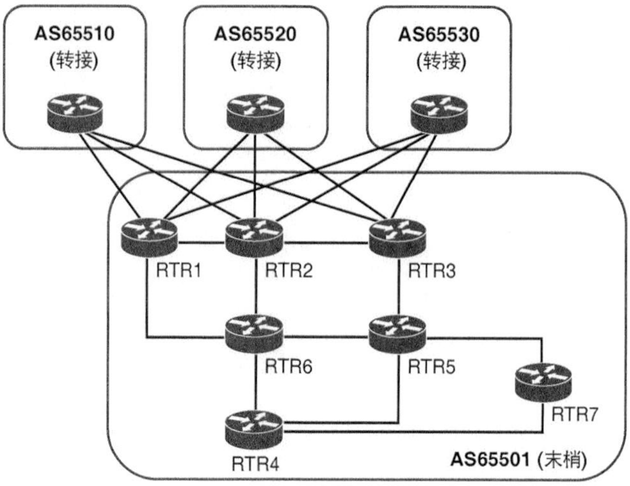

图 1-20 同时采用冗余链路、冗余路由器以及冗余转接提供商在内的多种冗余机制之后几乎可以将接入风险降至为零

多归属还能为地域范围广阔的 AS（如跨越美国大多数州并与纽约的 ISP 对等互联的 AS）提供本地 Internet 连接性。假设某数据包源自洛杉矶且外部目的地址靠近圣地亚哥，那么该数据包就必须穿越内部网络到达位于纽约的外部对等互联点，然后再穿越整个美国最终到达与源端相距不到 100 英里的目的端；返回的响应数据包也必须再次穿越整个美国，从圣地亚哥到纽约再到洛杉矶。这种流量模型不但浪费了大量网络资源，而且会产生不必要的时延和无法预料的时延变化（抖动），从而给时间敏感型应用（如语音和视频）带来严重问题。此外，这种流量模型还会在一定程度上降低网络的可靠性：数据包传送的距离越远，遇到网络故障的概率就越高，丢失的可能性也越大。

图 1-21 给出了一个末梢 AS 示意图，其内部拓扑结构跨越了美国的大多数州。该 AS 不再是单个 ISP 对等互联点，而是在全国范围内分布了 5 个对等互联点。源自国内任意位置的数据包都被路由到距离源端最近的 Internet 对等互联点（最近的出口点）。如此一来，前面示例中提到的数据包（源端是洛杉矶，目的端是圣地亚哥）就会从洛杉矶对等互联点离开本 AS，返回流量也将从同一个互联点进入本 AS，从而大大降低了会话时延及抖动。

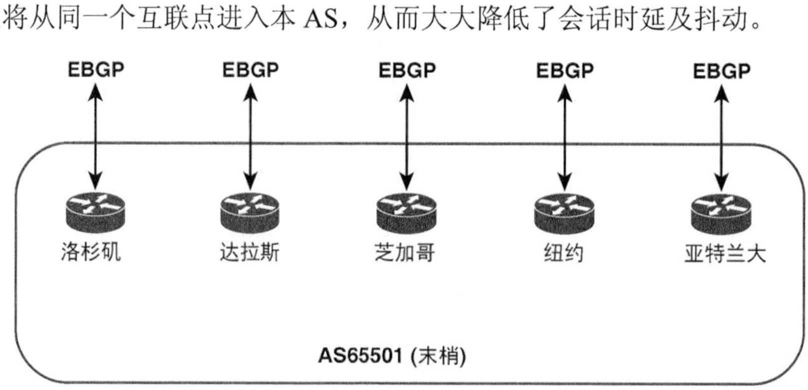

图 1-21 多归属方式可以为地域范围广阔的 AS 提供本地连接性

图 1-21 中的 EBGP 对等体可能位于同一个 AS 中，即去往同一个 ISP，也可能每个对等体均去往不同的 ISP 以实现 ISP 的冗余性（见图 1-19）。大多数真实的网络环境可能是这两种情况的混合体。例如，洛杉矶、芝加哥和亚特兰大可能与 Level 3 Communications 互联，而达拉斯和纽约则与 Verizon 互联。

多归属到多个 ISP 不仅能够提供 ISP 冗余能力，保护自己的网络免受单一提供商系统范围故障导致的网络中断，而且还能实现提供商的独立性。如果使用的是单一 ISP，现在希望更改为另一个 ISP（原因是对当前 ISP 的可靠性、性能或价格不满意，也可能是其他 ISP 提供了更好的服务特色或者为经常访问的目的地提供了更好的网络连接），那么更改过程将非常复杂，代价也很高。如果与多个 ISP 都有对等连接，并且希望更改其中的一个 ISP，那么更改过程将简单易行，因为网络可以在更改过程中通过其他提供商保持网络的连接性。

与多个 ISP 建立对等互联还存在一定的成本优势。不同的服务提供商在竞争用户时，可能会提供更加优惠的费率。如果连接了两家或多家 ISP，那么任何一家 ISP 都不会冒着丢失客户的风险提高自己的费率（此外，如果连接了多家 ISP，那么淘汰一家价格过高的 ISP 也更加容易）。

如果需要执行 AUP（Acceptable Use Policies，许可使用策略）或企业策略，要求某些流量必须使用某个转接 AS，其他流量必须使用另一个转接网络，那么也需要部署多归属机制。例如，军队或其他政府机构可能规定了严格的网络策略，要求敏感流量始终使用那些通过了严格安全审查的转接提供商。或者某个企业可能与多个相互之间存在竞争关系的合作伙伴都建立了对等互联，要求任一个合作伙伴的流量都不能穿透其他合作伙伴的网络。

与转接 AS 提供商需要具备相应的工具及方法来更改默认路由行为以满足不同对等互联的需求一样，多归属末梢 AS 的提供商也需要具备相应的工具及方法，避免自己的网络被所连接的 AS 无意间用作转接网络，或者为所连接的 ISP 施加不同的优先级，或者实现所需的 AUP，这些就是路由策略所要完成的任务。

1.6.3 多归属与路由策略

本书第一卷的后面章节曾经介绍了一些基本的部署路由策略的 IOS 工具：路由重分发、默认路由、路由过滤器以及最强大的 IOS 路由策略工具——路由映射。与 IGP 相比，BGP 尤其适合部署路由策略，这是因为 BGP 提供了一组被称为路径属性的特性。可以利用策略工具来添加、更改或删除这些路径属性，从而影响各种不同的路由行为。前面已经遇到了一种 BGP 路径属性——AS_PATH，第 2 章将介绍其他基本的路径属性并解释这些路径属性的使用方式。第 4 章将以案例方式说明这些路由策略的配置方式，最后将在第 5 章和第 6 章介绍一些专用的路径属性及其使用方式。

1.6.4 多归属面临的问题：负载共享与负载均衡

多归属的主要好处是能够提供冗余性、实现路径的多样化并增加到外部对等体的带宽。如果部署多归属的主要目标是提供更多的带宽（一般是在两台路由器之间捆绑多条链路[见图 1-17]），而且每条链路的带宽都相同，那么就可以在被捆绑的所有链路中完全均等地共享这些流量负载。

如果多归属的主要目的是提供冗余性，那么任一条链路的负载都必须低于冗余链路所承载的全部流量。以图 1-18 为例，图中两条外部链路的负载在通常情况下都应该低于链路带宽的 50%。在这种情况下，当其中的一条链路出现故障导致需要将其正常流量重路由到另一条链路上时，该正常链路将能处理全部负载。如果网络运行正常时，每条链路的负载都平均达到了链路带宽的 75%，那么故障条件下被重路由到正常链路的流量将达到链路带宽的 150%，导致 1/3 的数据包都将被丢弃。

无论什么时候都可以在多条链路上承载相同的数据包，在所有链路上共享全部入站和出站流量负载，此时的拓扑结构既可以像图 1-17 那样简单，也可以像图 1-20 和图 1-21 那样复杂。对于后一种情形来说，不仅在链路上实现了负载共享，而且在 ISP 上也实现了负载共享。随着链路以及 ISP 多样性的增加，优选路由的多样性也在增多。也就是说，并不是所有链路以及 ISP 都承载完全相同的流量。

因此，不要期望在所有的链路上完全均衡地承载流量负载。一般都会更多地连接其中的某个 ISP。这个 ISP 或者其上游提供商可能会比其他 ISP 拥有更强大的路由器、更好的物理链路或者更多的对等连接，或者这个 ISP 仅仅在拓扑结构上更靠近用户经常访问的大多数目的地。

需要注意的是，负载共享与负载均衡并不相同。负载均衡指的是打着有效利用带宽的名义，在所有外部链路上竭力维持完全相同的负载比例（通常大家都被误导了）。

这并不是说无法通过控制路由优先级的方式在所有外部链路上实现流量的完全均分（需要花费大量的时间和精力），但问题是为了实现负载均衡而强制让某些流量使用次优路由的话，很可能会劣化 Internet 的接入性能。大多数情况下需要做的就是尽可能地均等使用所有的 ISP 链路。此外，由于 Internet 目的地经常处于变化状态，经常调整策略将会大大提升维护成本。因此，即便网络流量的 75%都在使用某条链路，而只有 25%的流量使用另一条链路，也大可不必过于在意。因为多归属的主要目的是提高冗余性并提升路由效率，而不是实现负载均衡。

1.6.5　多归属面临的问题：流量控制

多归属可能会导致去往相同目的端且来自相同源端的流量使用不同的路径进入和离开 AS（因而很难预测）。这种路径多样性在外部链路都比较近的情况下没有什么问题，但是随着外部链路的距离越来越远，相应的潜在问题也就越来越突出。

图 1-22 中的 AS 与两个 ISP（分别位于圣何塞和波士顿）建立了对等互联，这两个 ISP 在芝加哥的 IXP 中也建立了对等互连，并且 AS65501 利用内部链路经丹佛将其东海岸办事处与西海岸办事处连接在一起。此外，边界路由器将默认路由宣告到本 AS 中，内部路由器在找不到明细路由时将选择该默认路由。

从图中可以看出，西海岸的路由器发送了一个数据包。该数据包的目的端连接在位于东海岸的 ISP2 上，源端路由器为该目的端选择了默认路由，并且圣何塞的边界路由器被选为该默认路由的最近下一跳，波士顿的边界路由器被看做是次优路由。因此出站流量将首先经过 ISP1，然后穿越芝加哥的 IXP 到达 ISP2，最后转发给目的端。

目的路由器拥有两条去往 AS65501 的路由，分别经由 ISP2 的波士顿路由器和芝加哥的对等互联路由器，最终为去往源端路由器的响应数据包选择了经由波士顿路由器的最短路由。该路径将穿越 AS65501 的内部链路，因而源端路由器与目的端路由器之间的往返路径是不对称的。

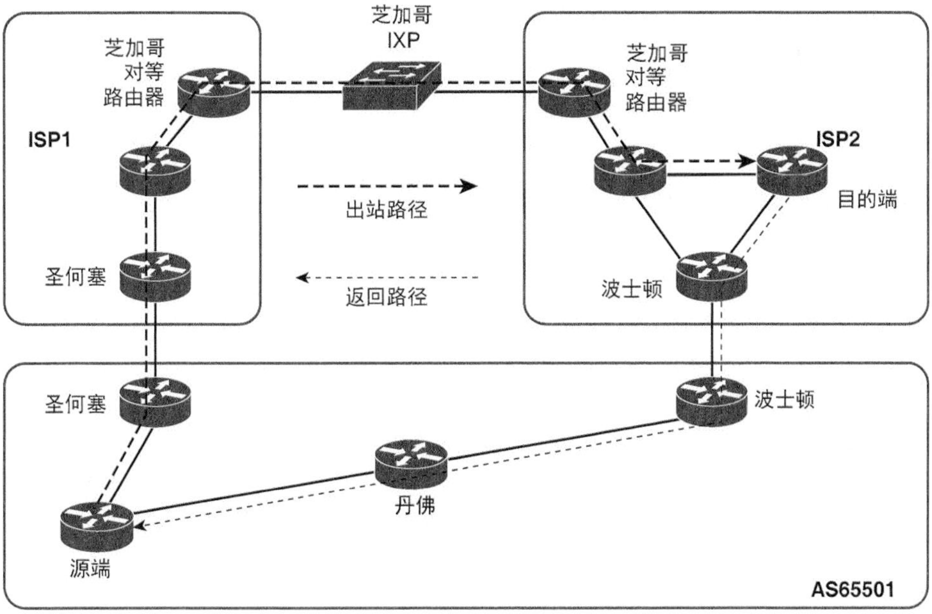

图 1-22 如果多归属 AS 的的外部对等互联点在地域上相距较远，那么就会出现不对称流量流

出现这种流量模型的典型原因是路由器选择的是默认路由。因为这些路由器没有关于其路由域外部目的端的明细路由或者不知道到达目的端的实际距离，它们唯一的路由选择标准就是宣告默认路由的最近的路由器。

出现不对称流量的主要原因如下。

- 网络流量模型变得不可预测，使得网络基线、容量规划以及故障检测与排除都变得非常困难。
- 链路利用率不均衡，某些链路的带宽严重饱和，而其他链路则过分轻载。虽然前面曾经说过，试图解决链路利用率不均衡问题的代价可能比问题本身更糟糕，但过分的不均衡可能会造成不必要的链路拥塞。
- 出站流量与入站流量在延迟时间上存在显著的差异，而这种时延变化会对某些时延敏感型应用（如语音和实时视频）带来不利的影响。

BGP 可以解决这类不对称路由问题（见图 1-22）。如果 AS65501 在圣何塞和波士顿的边界路由器都与各自的 ISP 对等体建立了 EBGP 会话，那么它们就能学到去往图示目的端的路由。此后如果源端路由器学到了这两条路由，那么就能确定去往目的端的最短路径应该是经由波士顿的边界路由器，而不是经由圣何塞的边界路由器。这样一来，源端与目的端的流量模型就对称了（见图 1-23）。

不过 BGP 不仅仅能够提供做出更优路由选择的手段，而且其策略能力还能让用户根据自己的需要定义一条“更佳路由”（这条路由并不在路由协议默认定义的范围之内）。例如，假设需要部署一个“热土豆路由”策略，要求去往外部目的端的流量始终经由最近的 AS 出口点，以节约内部网络资源，但同时又希望尽可能地避免不对称路径问题（见图 1-22）。

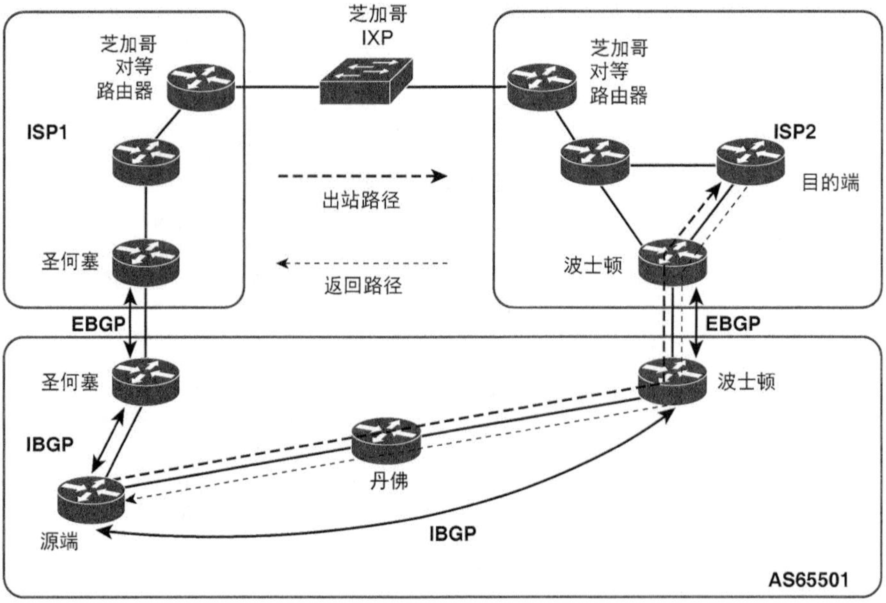

图 1-23 BGP 可以帮助 AS 内部路由器对去往外部目的端的路由做出更佳选择

此时就可以利用 BGP 修改波士顿边界路由器，宣告与源端路由器相关联的前缀，使得目的端路由器将经由圣何塞进入 AS65501 的路径视为去往源端路由器的优选路由（见图 1-24）。影响其他 AS 选择进入己方 AS 的路由的具体技术将在第 4 章将进行详细讨论。

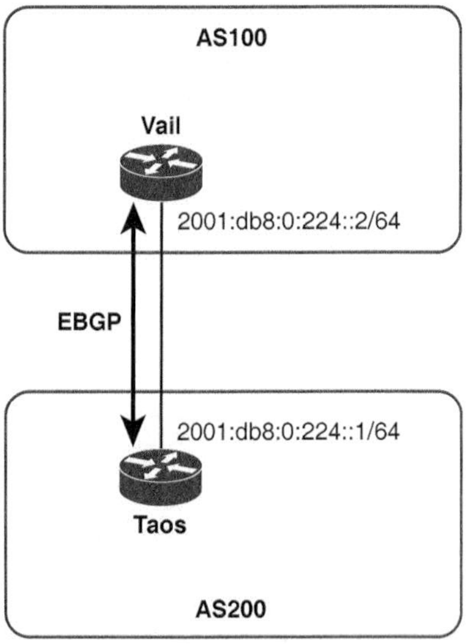

图 1-24 BGP 策略可以影响其他 AS 选择进入本地 AS 的路由的方式

1.6.6 多归属面临的问题：PA 地址

较小的组织机构连接到 ISP 网络上时，一般都会向 ISP 申请 IP 地址空间，ISP 分配的地址空间源自 ISP 的大地址池。通常将采用这种方式分配给终端用户的地址称为 PA（Provider Assigned or Provider-Aggregatable，提供商分配的或提供商可聚合的）地址。

如果作为终端用户的组织机构多归属到多个 ISP，并且该组织机构拥有其中某个提供商分配的 PA 地址空间，那么宣告该地址空间以正确路由入站数据包就会存在一定的问题。要想完全理解这个问题，就必须首先理解 ISP 获得地址块（称为 CIDR[Classless Inter-Domain Routing，无类别域间路由]块）的方式以及 ISP 向用户分配其地址块的方式。下一节将在介绍完 CIDR 之后再回过头来分析多归属到多个服务提供商时存在的问题。

1.7 CIDR

虽然自治系统以及外部网关协议的发明解决了 20 世纪 80 年代出现的 Internet 扩展性问题，但是到了 20 世纪 90 年代早期的时候，Internet 又出现了一些新的扩展性问题。

- B 类地址空间耗尽。1993 年 1 月已经分配了 16382 个可用 B 类地址中的 7133 个。按照 1993 年的地址分配速度，整个 B 类地址空间将在 2 年之内耗尽（参见 RFC 1519）。
- Internet 路由表爆炸。由于 Internet 路由表出现指数式增长，使得当时的路由器以及管理这些路由表的管理员都越来越无法管理这些路由表。不但路由表的规模已经让 Internet 资源不堪重负，而且经常性的拓扑结构变化以及不稳定性更是带来了极重的负担。
- 整个 32 比特 IPv4 地址空间的最终耗尽。

为了解决上述问题，当时开发了 CIDR 这种短期解决方案。另一种短期解决方案就是 NAT（Network Address Translation，网络地址转换），有关 NAT 的详细内容将在第 10 章进行讨论。这些解决方案的目的是为 Internet 架构师们争取尽可能多的时间，从而创造出一种新的 IP 版本，为可预见的未来提供足够的地址空间。最初将这种新 IP 版本称为 IPng（IP Next Generation，下一代 IP），后来最终演变为具有 128 比特地址格式的 IPv6[10]。但有趣的是，CIDR 和 NAT 取得了巨大的成功，以至于时至今日很少再有人像当初那样迫切地希望将网络迁移到 IPv6。

CIDR 只是一种利用 Internet 分层架构的地址汇总方案，利用有类别的地址分配方式强行地址增加人为的边界。因而在进一步讨论 CIDR 之前，有必要先回顾一下汇总以及无类别路由问题。

1.7.1 汇总概述

汇总（Summarization）或路由聚合（Route Aggregation）（详见本书第一卷）指的是用一个较不精确的地址来宣告一组连续的地址。汇总/路由聚合的本质就是减小子网掩码的长度直至屏蔽所有被汇总地址的公共比特。例如图 1-25 中的 4 个子网（172.16.100.192/28、172.16.100.208/28、172.16.100.224/28 和 172.16.100.240/28）被汇总为单个聚合地址 172.16.100.192/26。

10 本书第一卷的第 2 章曾经介绍过 IPv6，本卷将在全书讨论这种新版本的 IP 协议。假设读者已经具备了 IPv6 的相关基础知识，否则建议读者阅读本书第一卷中介绍过的 IPv6 基础知识，也可以查阅与 IPv6 协议相关的概述性资料。

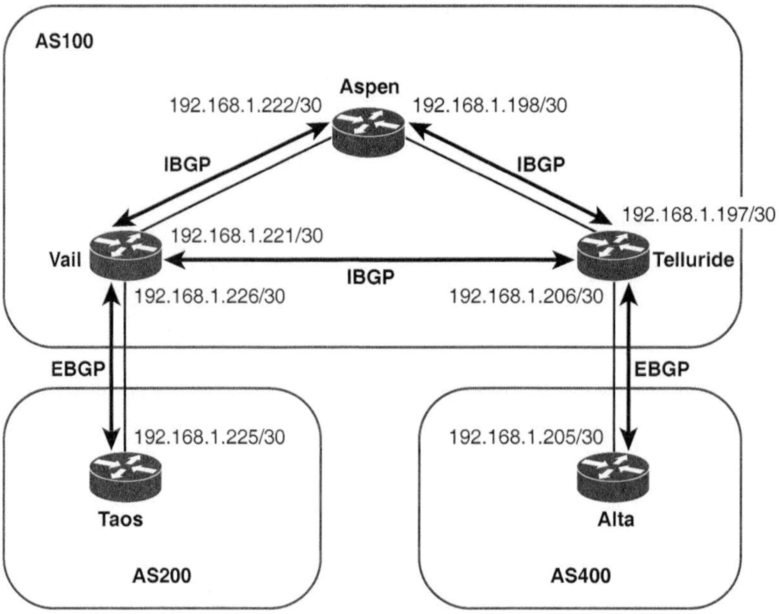

图 1-25 路由聚合将多个具有相同前缀的连续地址汇总为单个地址

许多将汇总视为一项艰难工作的网络新手都会惊诧于他们每天都得跟汇总打交道。除了一组连续主机地址的汇总地址之外，那什么是子网地址呢？举例来说，子网地址 192.168.5.224/27 就是主机地址 192.168.5.224/32～192.168.5.255/32 的聚合地址（当然，“主机地址” 192.168.5.224/ 32 是数据链路本身的地址）。汇总地址的关键特性就是掩码长度短于其所汇总的地址的掩码长度。最极端的汇总地址是默认地址 0.0.0.0/0（通常写成 0/0）。正如/0 所表示的那样，此时的掩码已缩减至无任何网络比特，默认地址就是所有 IP 地址的聚合地址。

汇总操作还可以跨越地址的类别边界。例如，可以将 4 个 C 类网络（192.168.0.0、192.168.1.0、192.168.2.0 以及 192.168.3.0）汇总为一个聚合地址 192.168.0.0/22。请注意，该聚合地址（使用了 22 位掩码）不再是一个合法的 C 类地址。因此，为了支持主类网络地址的聚合操作，整个路由环境都必须是无类别的。

1.7.2 无类别路由

无类别路由主要包括以下两个方面：

- 无类别可以是路由协议的特性；
- 无类别可以是路由器的特性。

当今的网络已不再使用“有类别” IP 路由协议（包括 RIPv1、IGRP 以及 BGP-4 之前的 BGP 版本）[11]。有类别路由也不再是当今绝大多数路由器的默认选项：IOS 从 11.3 开始就将无类别路由作为默认选项，因而当前所有的 IOS 版本都是无类别路由。因此，可以在一定程度上将本节的内容视为历史介绍，不过仍然建议读者阅读本节的内容，因为这些知识对于理解最长匹配路由查找机制非常有用。

11 RIPv1 可能是一个例外，某些小型网络中可能仍在使用 RIPv1，有类别路由对于这类网络来说不是问题。

作为路由信息的一部分，无类别路由协议携带了每个被宣告地址的网络部分的描述信息。通常将网络地址的网络部分称为地址前缀。描述地址前缀时，既可以包含一个地址掩码（也就是指示该地址中有多少个前导比特是前缀比特的长度字段），也可以在更新中仅包含前缀比特（见图 1-26）。常见的无类别 IP 路由协议包括 RIP-2、EIGRP、OSPF、集成式 IS-IS 以及 BGP-4[12]。

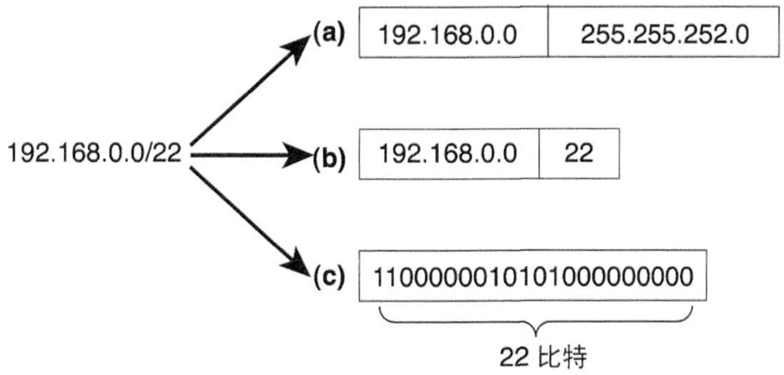

图 1-26 无类别路由协议在路由宣告中包含前缀长度信息

有类别路由器在路由表中将目的地址记录为主类网络以及这些网络的子网。在执行路由查找时，有类别路由器首先查找主类网络地址，接着再在主类网络地址下的子网列表中查找匹配项。如果没有找到匹配项，那么就会丢弃数据包——即便存在像默认路由一样的路由。汇总与地址聚合技术对于现代网络设计中的 CIDR 以及扩展性来说必不可少，但对于有类别网络环境来说却是一个问题。

无类别路由器会忽略地址类别，并在路由表中为所有前缀查找“最长匹配”的目的地址。也就是说，对于任何给定的目的地址来说，无类别路由器都会选择匹配了最多地址比特（从左至右）的路由。例 1-8 中的路由表显示了一些按照可变子网方式划分后的 IP 网络。如果路由器是无类别路由器，那么该路由器就会尝试为每个目的地址都找到最长匹配项。

例 1-8 该路由表包含了多个被可变子网划分后的 IP 网络

```
Cleveland#show ip route
Codes: C - connected, S - static, I - IGRP, R - RIP, M - mobile, B - BGP
       D - EIGRP, EX - EIGRP external, O - OSPF, IA - OSPF inter area
       E1 - OSPF external type 1, E2 - OSPF external type 2, E - EGP
       i - IS-IS, L1 - IS-IS level-1, L2 - IS-IS level-2, * - candidate default

Gateway of last resort is 192.168.2.130 to network 0.0.0.0

O E2 192.168.125.0 [110/20] via 192.168.2.2, 00:11:19, Ethernet0
O    192.168.75.0 [110/74] via 192.168.2.130, 00:11:19, Serial0
O E2 192.168.8.0 [110/40] via 192.168.2.18, 00:11:19, Ethernet1
     192.168.1.0 is variably subnetted, 3 subnets, 3 masks
O E1    192.168.1.64 255.255.255.192
           [110/139] via 192.168.2.134, 00:11:20, Serial1
O E1    192.168.1.0 255.255.255.128
           [110/139] via 192.168.2.134, 00:00:34, Serial1
O E2    192.168.1.0 255.255.255.0
           [110/20] via 192.168.2.2, 00:11:20, Ethernet0
     192.168.2.0 is variably subnetted, 4 subnets, 2 masks
C       192.168.2.0 255.255.255.240 is directly connected, Ethernet0
```

（待续）

12 IPv6 不存在地址类别的概念，因而相关讨论与 IPv6 无关。

```
C       192.168.2.16 255.255.255.240 is directly connected, Ethernet1
C       192.168.2.128 255.255.255.252 is directly connected, Serial0
C       192.168.2.132 255.255.255.252 is directly connected, Serial1
O E2 192.168.225.0 [110/20] via 192.168.2.2, 00:11:20, Ethernet0
O E2 192.168.230.0 [110/20] via 192.168.2.2, 00:11:21, Ethernet0
O E2 192.168.198.0 [110/20] via 192.168.2.2, 00:11:21, Ethernet0
O E2 192.168.215.0 [110/20] via 192.168.2.2, 00:11:21, Ethernet0
O E2 192.168.129.0 [110/20] via 192.168.2.2, 00:11:21, Ethernet0
O E2 192.168.131.0 [110/20] via 192.168.2.2, 00:11:21, Ethernet0
O E2 192.168.135.0 [110/20] via 192.168.2.2, 00:11:21, Ethernet0
O*E2 0.0.0.0 0.0.0.0 [110/1] via 192.168.2.130, 00:11:21, Serial0
O E2 192.168.0.0 255.255.0.0 [110/40] via 192.168.2.18, 00:11:22, Ethernet1
Cleveland#
```

如果路由器收到一个目的地址为 192.168.1.75 的数据包，且路由表中存在多个与该地址相匹配的路由项：192.168.0.0/16、192.168.1.0/24、192.168.1.0/25 和 192.168.1.64/26，那么路由器将会选择 192.168.1.64/26 作为匹配项（见例 1-9）。因为该路由项与目的地址匹配了 26 个比特：最长匹配。

例 1-9 目的地址为 192.168.1.75 的数据包从接口 S1 被转发出去

```
Cleveland#show ip route 192.168.1.75
Routing entry for 192.168.1.64 255.255.255.192
  Known via "ospf 1", distance 110, metric 139, type extern 1
  Redistributing via ospf 1
  Last update from 192.168.2.134 on Serial1, 06:46:52 ago
  Routing Descriptor Blocks:
  * 192.168.2.134, from 192.168.7.1, 06:46:52 ago, via Serial1
      Route metric is 139, traffic share count is 1
```

而目的地址为 192.168.1.217 的数据包则与 192.168.1.64/26 或 192.168.1.0/25 均不匹配。与该地址最长匹配的路由项应该是 192.168.1.0/24（见例 1-10）。

例 1-10 路由器无法将 192.168.1.217 匹配到更精确的子网，因而将其匹配为网络地址 192.168.1.0/24

```
Cleveland#show ip route 192.168.1.217
Routing entry for 192.168.1.0 255.255.255.0
  Known via "ospf 1", distance 110, metric 20, type extern 2, forward metric 10
  Redistributing via ospf 1
  Last update from 192.168.2.2 on Ethernet0, 06:48:18 ago
  Routing Descriptor Blocks:
  * 192.168.2.2, from 10.2.1.1, 06:48:18 ago, via Ethernet0
      Route metric is 20, traffic share count is 1
```

可以为目的地址 192.168.5.3 找到的最长匹配项是聚合地址 192.168.0.0/16（见例 1-11）。

例 1-11 由于去往 192.168.5.3 的数据包无法匹配更精确的子网或网络，因而匹配聚合地址 192.168.0.0/16

```
Cleveland#show ip route 192.168.5.3
Routing entry for 192.168.0.0 255.255.0.0, supernet
  Known via "ospf 1", distance 110, metric 139, type extern 1
  Redistributing via ospf 1
  Last update from 192.168.2.18 on Ethernet1, 06:49:26 ago
  Routing Descriptor Blocks:
  * 192.168.2.18, from 192.168.7.1, 06:49:26 ago, via Ethernet1
      Route metric is 139, traffic share count is 1
```

最后，虽然目的地址 192.168.1.1 与路由表中的任何网络表项都不匹配（见例 1-12），但路由器并不会丢弃这些数据包。这是因为例 1-8 显示的路由表中还包含了一条默认路由（在路由表中表述为 gateway of last resort），因而路由器会将这些数据包转发给下一跳路由器 192.168.2.130。

例 1-12 虽然无法在路由表中找到 192.168.1.1 的匹配项，但是根据例 1-8 显示的路由表吗，路由器会将去往该地址的数据包被转发给默认路由的下一跳 192.168.2.130（出接口为 S0）

```
Cleveland#show ip route 192.169.1.1
% Network not in table
```

例 1-8 中的路由表以及相关示例解释了最长匹配路由选择的另一个特性，那就是去往聚合地址的路由并不需要指向聚合地址中的每个成员。图 1-27 给出了例 1-9 到例 1-12 中的相关路由信息。

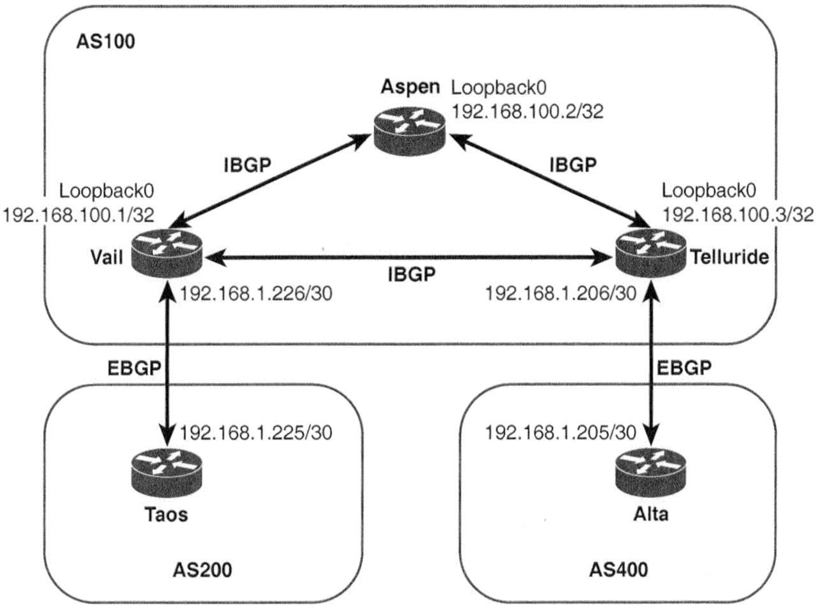

图 1-27 例 1-8 所示路由表中的路由信息

下面分析一个聚合了全部子网的网络 192.168.1.0/24。从图 1-27 可以看出，去往该网络地址的路由都将从接口 E0 向外转发数据包，但去往其中两个子网（192.168.1.0/25 和 192.168.1.64/26）的路由却指向了其他接口——S1。

注：192.168.1.64/26 实际上是 192.168.1.0/25 的成员，但这两个地址拥有不同的路由（都指向 S1），暗示了这两个地址是由不同的上游路由器宣告而来的。

同样，虽然 192.168.1.0/24 也是聚合地址 192.168.0.0/16 的成员，但去往较不精确地址的路由是通过接口 E1 向外转发的，而最不精确路由 0.0.0.0/0（是所有其他地址的聚合地址）则是通过接口 S0 向外转发的。根据最长匹配路由选择原则，去往 192.168.1.0/25 和 192.168.1.64/26 的数据包将从接口 S1 向外转发，而去往网络 192.168.1.0/24 的其他子网的数据包则从接口 E0 向外转发。如果数据包的目的地址以 192.168 开头（192.168.1 除外），那么就从接口 E1 向外转发这些数据包，而那些目的地址不是以 192.168 开头的数据包则都从接口 S0 向外转发。

1.7.3 汇总：好处、坏处及不对称流量

汇总是一种节约网络资源的有效工具，可以节约包括存储路由表所需的内存容量、网络带宽以及路由器传送和处理路由信息的能力在内的各种资源。此外，汇总还能通过“隐藏”网络的不稳定性来有效节约网络资源。

假设图 1-28 中存在一条翻动路由（flapping route）。这里所说的翻动路由指的是由于物理连接或路由器接口故障而出现不停 Up/Down 的路由。

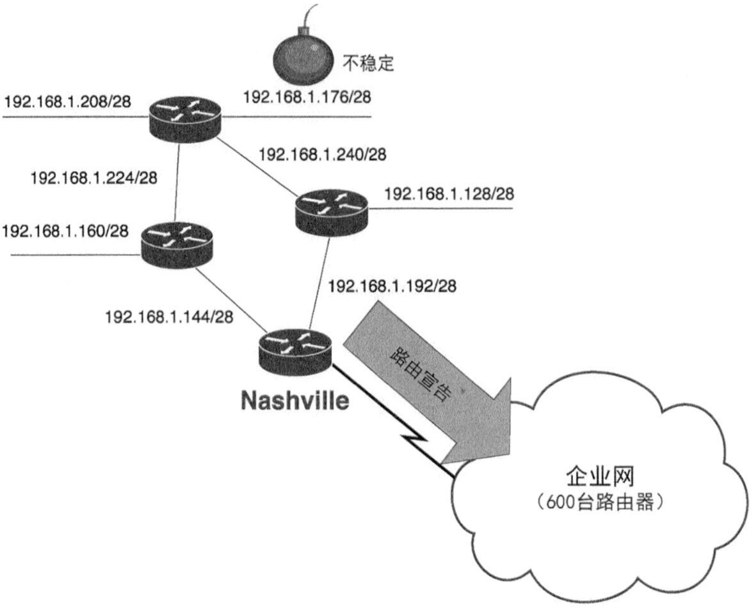

图 1-28 翻动路由使得整个网络变得不稳定

如果没有汇总机制，那么每次子网 192.168.1.176/28 出现 Up/Down 的时候，都必须将该路由翻动信息传送给企业网中的每一台路由器。这些路由器必须处理该信息并相应地调整各自的路由表。不过，如果路由器 Nashville 是通过单个聚合地址 192.168.1.128/25 来宣告所有的下行路由，那么无论哪个明细子网（包括 192.168.1.176/28）出现了变化，路由器也不会宣告这些变化信息。此时的 Nashville 就是聚合点，即使被聚合的某些成员出现不稳定状况，聚合路由依然能够保持稳定。

汇总的代价就是牺牲了路由的精确性。从例 1-13 可以看出，如果图 1-27 中的路由器接口 S1 出现了故障，那么从该接口上的邻居学习到的路由将变得无效。但此时路由器并不会丢弃正常情况下从接口 S1 向外转发的数据包（如目的地址为 192.168.1.75 的数据包），因为此时的数据包将匹配次优路由 192.168.1.0/24，从而从接口 E0 向外转发该数据包（可以与例 1-9 进行对比）。

例 1-13 失效路由导致的转发行为变化

```
Cleveland#
%LINEPROTO-5-UPDOWN: Line protocol on Interface Serial1, changed state to down
%LINK-3-UPDOWN: Interface Serial1, changed state to down
```

（待续）

```
Cleveland#show ip route 192.168.1.75
Routing entry for 192.168.1.0 255.255.255.0
  Known via "ospf 1", distance 110, metric 20, type extern 2, forward metric 10
  Redistributing via ospf 1
  Last update from 192.168.2.2 on Ethernet0, 00:00:20 ago
  Routing Descriptor Blocks:
  * 192.168.2.2, from 10.2.1.1, 00:00:20 ago, via Ethernet0
      Route metric is 20, traffic share count is 1
```

有时转发行为的变化在某些情况下可能是一个问题（取决于其余网络的状况）。下面接着讨论前面的示例。假设图 1-27 中的下一跳路由器 192.168.2.2 仍然有一条到达 192.168.1.64/26 的路由表项（经由例 1-13 中的路由器 Cleveland）。可能的原因是路由协议暂未收敛，也可能是静态输入了该路由，那么就会产生路由环路问题。但是，某些通过 Cleveland 的 E0 接口可达的路由器可能会有一条去往子网 192.168.1.64/26 的“后门”路由，仅在主用路由（经 Cleveland 的 S1 接口）无效时才会使用该“后门”路由。此时去往 192.168.1.0/24 的路由就被设计为备用路由，那么例 1-13 显示的转发行为就属于有意为之。

从图 1-29 可以看出，失去路由精确性的网络可能会产生一些不同的问题。图中路由域 1 通过旧金山和亚特兰大的路由器连接到路由域 2。本例中的路由域定义方式并不重要，重要的是路由域 1 中的所有网络都可以被汇总为地址 172.16.192.0/18，路由域 2 中的所有网络都可以被汇总为地址 172.16.128.0/18。

旧金山与亚特兰大的路由器并没有宣告单个子网，而是将汇总地址宣告到了两个路由域中。如果位于达拉斯子网 172.16.227.128/26 中的某台主机向位于西雅图子网 172.16.172.32/28 中的某台主机发送数据包，那么该数据包极有可能会被路由到亚特兰大（因为亚特兰大路由器是宣告路由域 2 汇总路由的最近路由器）。亚特兰大将数据包转发到路由域 2，并最终到达西雅图。子网 172.16.172.32/28 中的主机发送响应信息时，则由西雅图将响应数据包转发到旧金山（是宣告汇总路由 172.16.192.0/18 的最近路由器）。

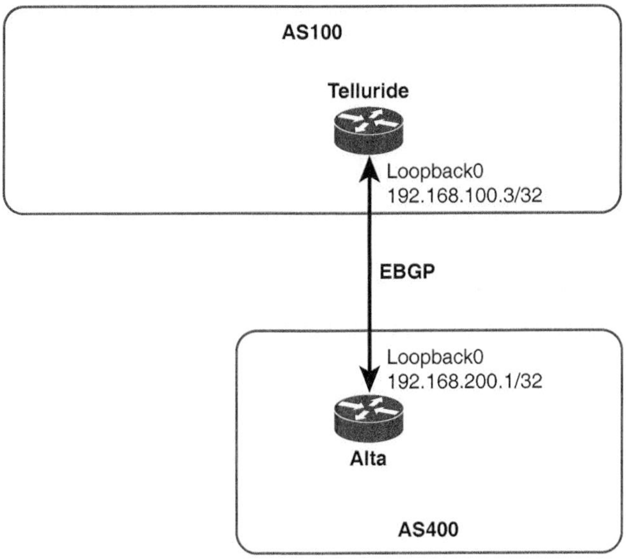

图 1-29　在多台路由器宣告相同的聚合地址时，失去路由精确性就会出现问题

这里出现的问题就是两个子网之间的流量不对称问题：从 172.16.227.128/26 到 172.16.172.32/28 的数据包使用的路径与从 172.16.172.32/28 到 172.16.227.128/26 的数据包使用的路径是

不同路径。出现不对称路径的原因是达拉斯和西雅图路由器都没有去往对方子网的全部路由。它们仅知道去往宣告汇总路由的路由器的路由，因而必须基于这些路由转发数据包。换句话说，旧金山和亚特兰大的汇总操作隐藏了这些路由背后的细节信息。

1.6.5 节讨论的场景与此处描述的问题完全相同，这是因为那个案例使用的默认路由就是去往汇总地址的路由。虽然在 1.6.5 节已经描述了不希望出现不对称流量的原因，但是从本节可以看出，与汇总带来的好处相比，不对称流量可能是一个值得付出的代价。与网络设计中的大量选项相似，大家需要在汇总的正面效果与不对称流量的负面效果之间做出抉择。

1.7.4 CIDR：延缓 B 类地址空间的耗尽速度

B 类地址空间耗尽的主要原因是 IPv4 地址的类别设计存在固有缺陷。一个 C 类地址可以提供 254 个主机地址，而一个 B 类地址却可以提供 65 534 个主机地址，两者之间的差距过于悬殊。出现 CIDR 之前，如果某个公司需要 500 个主机地址，那么一个 C 类地址将无法满足该需求。此时就可能需要申请一个 B 类地址，虽然这样做会浪费 65000 个主机地址。有了 CIDR 之后，只要申请/23 的地址块即可满足公司的需求，这样就能大大节省传统地址分配方式浪费掉的主机地址。

CIDR 抛弃了 IPv4 最初采用的类别概念，虽然现在有时为了方便起见，仍然会偶尔用到类别的概念。例如，将为 IPv4 多播预留的地址空间称为 D 类地址空间，将留作实验用途的大块未用地址块称为 E 类地址。但是 A 类地址、B 类地址和 C 类地址等术语已经完全过时了。由于 CIDR 术语以前缀的长度来说明地址块的大小：前缀长度越短，地址块所包含的地址数就越多，因而 A 类、B 类和 C 类地址块在 CIDR 术语中被分别表示为/8、/16 和/24。最重要的是，CIDR 的前缀块之间不存在强制性的界限，完全可以包含/23、/22、/21 等地址块，直至/0。采用 CIDR 技术分配地址块的效率更高，能够更好地满足实际需求，不会出现大量浪费现象。

1.7.5 CIDR：降低路由表爆炸的风险

在 1993 年提出 CIDR 的时候，Internet 路由表路由条目的增长速度远远超出了 20 世纪 70 年代首次部署 IPv4 时的预期。从图 1-30 可以看出，Internet 路由表的路由条目在 1988 年 7 月到 1992 年底的 54 个月时间里出现了指数式增长，基本上每年增长一倍。

- 1988 年 7 月：173 条路由。
- 1988 年底：334 条路由。
- 1989 年底：897 条路由。
- 1990 年底：2190 条路由。
- 1991 年底：4305 条路由。
- 1992 年底：8561 条路由。

在目前 Internet 路由表动辄以几十万条路由进行度量的情况下，8500 条路由看起来似乎并不大，很多企业网的路由表都可能拥有几千条路由。但是在 20 世纪 90 年代早期，内存的价格远高于现在。

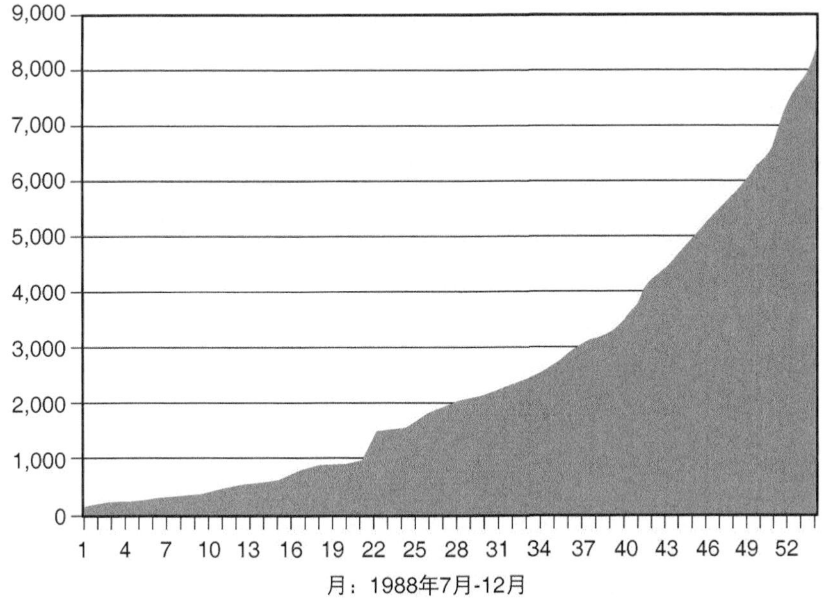

图 1-30 Internet 路由表在 1988 年到 1992 年底之间出现指数级增长

但是，比实际的路由表规模更重要的是处理明细路由会给核心路由器带来不稳定影响。这一点与图 1-28 所解释的问题以及相关讨论相似：如果希望在 Internet 路由表中看到更长的前缀信息，那么就需要处理更多的 BGP 更新，从而跟踪更多相对无关紧要的状态变化情况。

如果网络拓扑结构是层次化结构（无论是层次化的 OSPF 区域还是层次化的自治系统），那么汇总机制能够极大地降低路由表的规模。图 1-31 给出了一个典型的 OSPF 设计方案。分配给该 OSPF 域（AS1）的前缀是 198.133.180.0/22。该 OSPF 域被划分为一个骨干区域和四个非骨干区域，为每个区域分配的前缀都是该 AS 前缀的一个连续子网[13]。每个区域的 ABR 负责将单个汇总地址宣告到骨干区域中。这样一来，每个区域中的路由器都通过数据库中的 4 条 Type 3 LSA（类型 3 LSA）以及路由表中的 4 条路由来表示区域外（但位于本 OSPF 域之内）的全部地址。

虽然图 1-32 再次列出了拥有前缀 198.133.180.0/22 的 AS1，但此时的 AS1 只是多个 AS 网络环境中的一员。AS2 拥有前缀 198.133.176.0/22。AS1 和 AS2 都连接在服务提供商 AS6 上。AS6 在其拥有的更大的 CIDR 地址块 198.133.176.0/20 中分配前缀，而该服务提供商的地址块又是从其服务提供商（AS8）的 CIDR 地址块 198.133.0.0/16 中分配得到的。此外，AS8 还连接了另一个 AS（AS7），并为 AS7 分配了一个不同的前缀。AS7 为三个自治系统提供服务，这三个自治系统也都从 AS7 的前缀中分配到不同的前缀。

图 1-32 中的一个重要事实就是所有自治系统都是从单个 CIDR 前缀（198.133.0.0/16）获得自己的地址空间。因而 AS8 仅向 Internet 宣告该前缀，而不会将图中 8 个自治系统的前缀都宣告到 Internet 中，这样就能大幅缩减 Internet 路由表的规模。实际上，AS8 可以从自己的 /16 地址块中分配 6 个以上的/20 地址块或者是其他更长前缀的组合，而不用向 Internet 宣告除/16 之外的任何前缀。

13 本设计方案还说明了使用有效地址汇总机制时的一个有用实践：每个区域的 ID 都与该区域使用的地址块相对应。

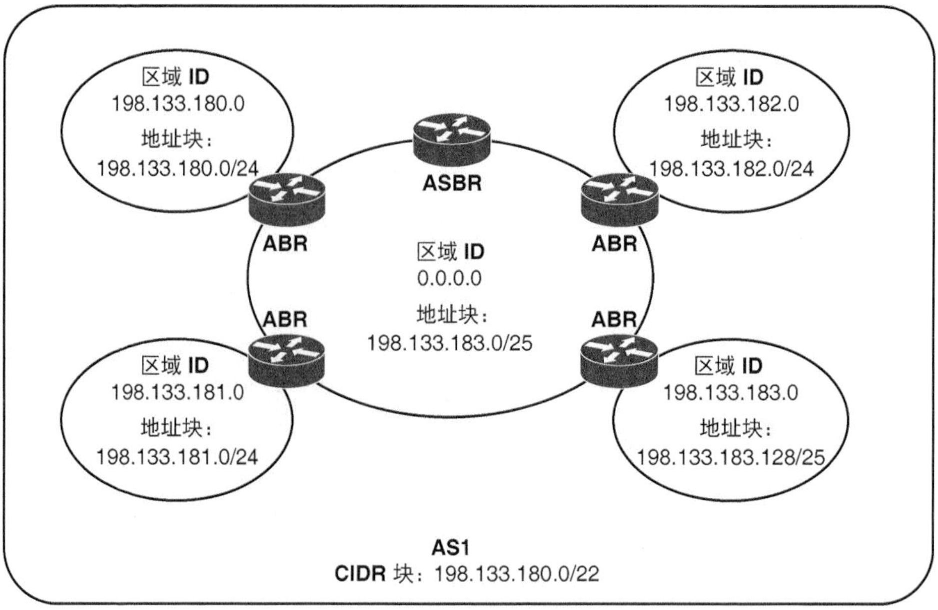

图 1-31 IGP 域内的汇总操作能够大幅缩减 IGP 域内的路由表规模

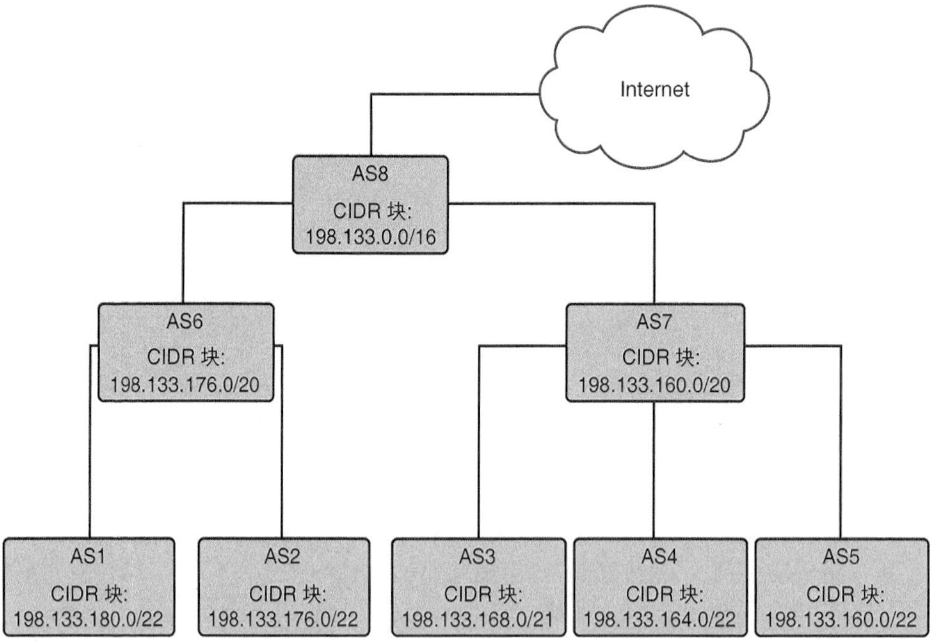

图 1-32 在层次化的 AS 中进行汇总能够有效缩减 Internet 路由表的规模

很明显，向更高层级的网络域宣告单个汇总地址比宣告成百上千个地址要好得多。更为重要的是，该方案还能极大地增强 Internet 的稳定性。如果低层级域中的网络状态出现了变化，那么该变化信息最多只会传播给第一个汇总点，而不会传播给更远的网络。

表 1-2 列出了各种 CIDR 地址块的规模（直至/8）、折合成 C 类网络的地址数量以及每个地址块表示的主机数量。

表 1-2 CIDR 地址块规模

CIDR 地址块前缀大小	折合成 C 类地址数	可能的主机地址数
/24	1	254
/23	2	510
/22	4	1022
/21	8	2046
/20	16	4094
/19	32	8190
/18	64	16 382
/17	128	32 766
/16	256	65 534
/15	512	131 070
/14	1024	262 142
/13	2048	524 286
/12	4096	1048574
/11	8192	2097150
/10	16384	4194302
/9	32768	8388606
/8	65536	16777214

1.7.6 管理和分配 IPv4 地址块

在最高层级网络，IANA（Internet Assigned Numbers Authority，互联网数字分配机构）在 ICANN（Internet Corporation of Assigned Names and Numbers，互联网名称与数字地址分配机构）的管理下负责分配 IP 地址。最初的 IANA 是唯一的 IR（Internet Registry，互联网注册机构），也就是申请注册和分配 IP 地址、AS 号等资源的机构，早期由已故的 Jon Postel 负责运营。

CIDR 出现后不久，在 IANA 下面创建了多个 RIR（Regional Internet Registries，区域性互联网注册机构），“以便按照语言及当地习惯更好地为本地区提供服务”（RFC 1366）。目前规范互联网数字地址的文件是 RFC 7020，截至本书出版之时，一共有 5 家 RIR。

- **AfriNIC（African Network Information Centre，非洲网络信息中心）**：创建于 2005 年，为非洲及印度洋的部分地区提供服务。
- **APNIC（Asia Pacific Network Information Center，亚太网络信息中心）**：创建于 1993 年，为亚太地区以及海洋环境保护组织提供服务。
- **ARIN（American Registry for Internet Numbers，美国网络地址注册管理机构）**：创建于 1997 年，为北美（美国和加拿大）、加勒比地区以及北大西洋群岛提供服务。在 ICANN 创建 ARIN 之前，该区域的注册机构是 InterNIC（Internet Network Information Center，互联网网络信息中心）。InterNIC 创建于 1993 年，由名为 Network Solutions 的私营公司负责运营。
- **LACNIC（Latin American and Caribbean Network Information Centre，拉丁美洲和加勒比网络信息中心）**：创建于 2002 年，为拉丁美洲（中部和南部）以及加勒比的部分地区提供服务。

- **RIPE NCC（Réseaux IP Européens Network Coordination Centre，欧洲 IP 资源中心-网络协调中心）：** 创建于 1992 年，为欧洲、中东以及中亚地区提供服务。

IANA 根据预测需求以/8 的 CIDR 地址块为单位将 IPv4 地址分配给 RIR，由 RIR 将这些地址块的部分地址分配给 LIR（Local Internet Registries，本地互联网注册机构）。LIR 通常是一些比较大的 ISP，最后再由这些 LIR 将地址块分配最终客户[14]。对于某些能够证明需要大量地址块的组织机构（如大型企业、学术机构以及政府机关），也可以直接从 RIR 申请相应的 CIDR 地址块。

RIR 的地址分配策略是为其 LIR 分配足够大的 IPv4 地址池，以满足这些 LIR 的 18 个月地址需求。出现下列情形时，RIR 就会向 IANA 申请新的地址块：

- RIR 的可用地址池不足 50%；
- RIR 的可用地址池不足以满足 LIR 未来 9 个月的预测需求。

出现上述情形之一时，IANA 就会给 RIR 分配一个或多个新的/8 地址块，使得 RIR 的可用地址池能够满足未来 18 个月的分配需求。

5 家 RIR 在给 LIR 初始分配地址块时采用的都是慢启动策略。为了尽可能地节约 IPv4 地址，慢启动策略为初始分配定义了一个最小前缀长度（从而获得最大的地址块空间）。每家 RIR 规定的慢启动大小存在一些细微差异[15]：

- AfriNIC 从/22 开始分配地址块；
- APNIC、LACNIC 和 RIPE NCC 从/21 开始分配地址块；
- ARIN 从/20 开始分配地址块。

所有的 RIR 都要求申请方在申请新地址块之前，必须保证其已有地址的使用率达到 80%以上。例如，ARIN 要求申请方必须通过以下两种方式证明其地址使用率：SWIP（Shared WHOIS Project，共享的 WHOIS 项目）或 RWHOIS（Referral WHOIS Server，推荐的 WHOIS 服务器）。最常用的方式是 SWIP，就是将 WHOIS 信息添加到 SWIP 模板中并通过电子邮件发送给 ARIN。如果要使用 RWHOIS，那么就必须在 ARIN 能够访问 WHOIS 信息的前端部署一台 RWHOIS 服务器。这两种方式都能证明 LIR 已经有效使用了其现有地址空间，而且正在接近耗尽状态。

注： 虽然公有 IPv4 地址空间的耗尽使得上述讨论看起来似乎毫无意义，截至本书写作之时，AfriNIC 是唯一一家没有宣告其 IPv4 地址空间已经耗尽的 RIR。不过 IPv6 地址块也采取了相似的地址分配策略。由于 IPv6 地址空间非常巨大，因而 IPv6 地址的分配策略看起来更慷慨一些。

与此相应，LIR 将地址块分配给用户时也鼓励他们使用相同的证明文档。此外，LIR 还鼓励其用户尽可能地采用动态地址分配方式（DHCP），以节约有限的 IPv4 地址资源。

虽然所有的 RIR 在申请方提供了足够证明文件之后，都会打破他们的慢启动大小规则，但最终分配的前缀长度永远不可能小于/19。当然，有时也会分配更长前缀的地址块，相关内容将在下一节进行讨论。

14 有时 RIR 与 LIR 之间还存在 NIR（National Internet Registries，国家互联网注册机构），存在这类 NIR 例外情况的主要是 APNIC 所属的亚洲地区。

15 虽然这些数字都很精确，但这些并不是 RIR 分配前缀的全部要求，如果需要了解详细信息，请访问 ICANN 及 NRO（Numbers Resource Organization，号码资源组织）的网站。

1.7.7 CIDR 面临的问题：多归属与 PA 地址

理解了 CIDR 以及 CIDR 地址块的分配方式之后，就可以分析前面曾经提到过的多归属到多个服务提供商时存在的问题了（参见 1.6.6 节）。

图 1-33 中的某个 AS 多归属到两个 ISP。其中，ISP1 是 AS1 的 LIR（采用上一节描述的地址分配策略）。ISP1 从自己的/20 CIDR 地址块 198.133.176.0/20 中给该 AS 分配了一个前缀（198.133.180.0/22）。两个 ISP 都将自己的前缀上行宣告给 Internet，AS1 的前缀是 ISP1 宣告的聚合地址中的一部分。

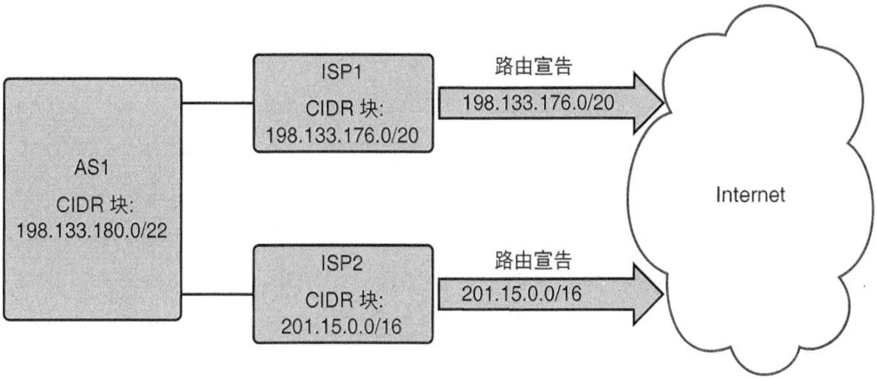

图 1-33 AS1 从 ISP1 处获得自己的地址前缀

如果这两个 ISP 之外的其他设备希望向 AS1 中的目的端发送数据包，那么问题就出现了。Internet 路由器将数据包的目的地址匹配为 ISP1 宣告的聚合地址 198.133.176.0/20，因而通过 ISP1 路由这些数据包（即便从源端到目的端的更佳路径是经由 ISP2）。去往 AS1 中任意目的端的所有数据包（源自这两个 ISP 之外的源端）都将经由 ISP1 进行路由。从 ISP2 进入 AS1 的唯一入站流量就是源自 ISP2 或者连接在 ISP2 上的客户的流量（假设 AS2 中存在一条去往 198.133.180.0/22 的路由）。

为了让来自 Internet 的数据包使用 ISP2，就必须让 ISP2 宣告 AS1 的前缀（见图 1-34）。但这样做又会出现新的问题：从 Internet 去往 AS1 的数据包将匹配由 ISP2 宣告的明细前缀 198.133.180.0/22，使得所有去往 AS1 的流量都将经由 ISP2。

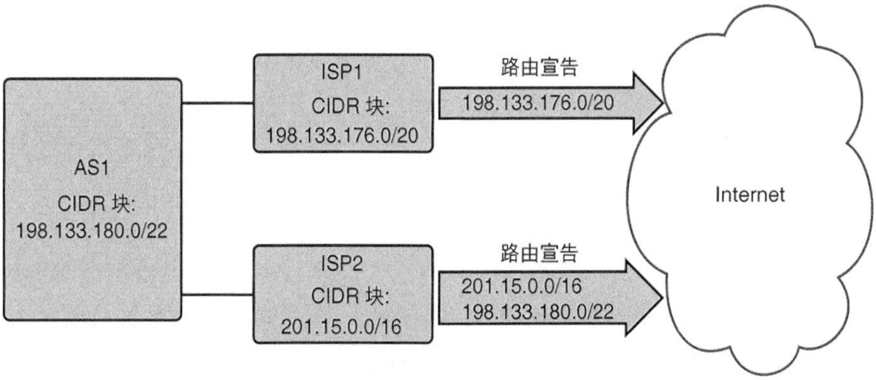

图 1-34 ISP2 宣告了 AS1 的前缀信息之后，从 Internet 去往 AS1 的流量都将经由 ISP2

解决这个问题的办法就是让 ISP1 在自己的 CIDR 地址块上“打孔”（通常称为地址泄露或去聚合），在宣告汇总前缀的同时还宣告明细前缀 198.133.180.0/22（与 ISP2 的做法相似）（见图 1-35）。这样一来，源自 Internet 的流量就可以通过两条路由进入 AS1，数据包也将经由最佳路径进行路由（具体取决于源端的位置）。

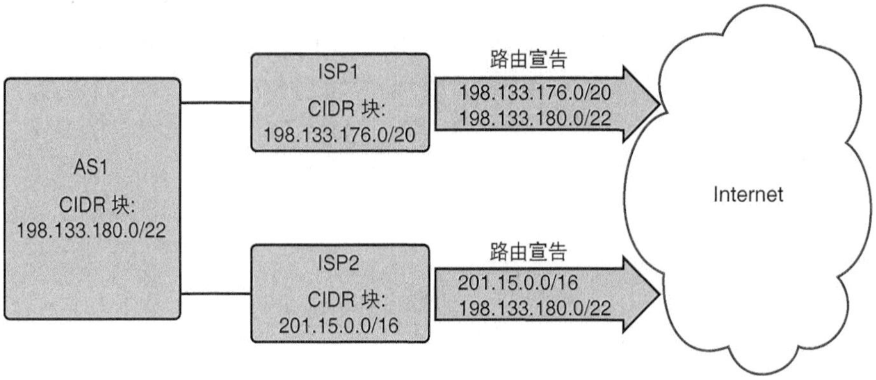

图 1-35　为了保证去往 AS1 的数据包能够选择 ISP1，ISP1 必须在自己的 CIDR 地址块上“打孔”，在宣告汇总前缀的同时还宣告明细前缀 198.133.180.0/22

图 1-35 描述的多归属实践方式不但违背了 CIDR 的初衷，也就是缩减路由表的规模并将网络的不稳定性隐藏到聚合点之后，而且还给提供商以及 AS1 的用户带来了一些难处，具体情况将在后面进行讨论。

1.7.8　CIDR 面临的问题：地址可携带性

第一个问题就是可携带性。假设为用户分配地址前缀的 ISP 无法满足该用户的期望或未能完全履行合约协议，或者该用户收到了其他 ISP 提供的更为优厚的服务提议，那么更换 ISP 也就意味着必须重新编址。ISP 通常不允许用户在迁移到新提供商之后保留其分配给用户的地址块。不但 ISP 不愿意放弃其地址空间的一部分，而且 RIR 也强烈建议用户在更换 ISP 时应该交回已分配的地址空间。

对于终端用户来说，重新编址会带来不同程度的困难。对于那些在自身路由域中使用私有地址空间、在网络边缘使用 NAT（Network Address Translation，网络地址转换，详见第 10 章）的用户来说，重新编址过程应该是最简单的。此时只更改“面向公网”的地址即可，对内部用户的影响最小。另一个极端的终端用户场景就是为每个内部网络设备都静态分配了公网地址，此时这些用户不得不登录网络中的每台设备进行重新编址。

如果终端用户在整个网络域都使用了 CIDR 地址块，那么通过 DHCP 可以在一定程度上减轻重新编址所带来的痛苦。此时除了更改 DHCP 的地址范围并重启用户机器之外，只需对那些静态分配了 IP 地址的网络设备（如服务器和路由器）进行重新编址即可。

重新编址面临的最大挑战就是变更安全配置。由于防火墙和路由器的访问列表都使用 IP 地址作为识别数据包的主要方式，因而重新配置这些安全设备将极为耗时且风险较大。

如果变更上游服务提供商的是 ISP（而不是终端用户），那么重新编址的问题将变得更加复杂。因为此时不但要对自己的网络进行重新编址，而且还要对所有被该 ISP 分配了 CIDR 地址块的用户也都进行重新编址。

虽然图 1-33 到图 1-35 显示的 ISP1 只有单条链路连接 Internet，但是在大多数情况下，每个 ISP 通常都有多条链路连接更高层级的提供商及 IXP。提供商必须在这些连接上重新配置其路由器，除了宣告 CIDR 地址块之外，还要宣告明细路由。由于用户必须密切协调 ISP1 与 ISP2，以确保正确宣告其/22 地址块。由于 ISP1 和 ISP2 是竞争对手，很难密切配合，因而相应的管理工作也非常复杂。

最后，对于终端用户来说，重新配置路由器的访问列表就是一件极具挑战的任务。对于拥有大量客户以及上游对等互联点的服务提供商来说，面临的困难更是难以估量（因为每个客户以及每个上游对等互联点都配置了复杂的访问列表）。

1.7.9 CIDR 面临的问题：PI 地址

对于图 1-35 中的多归属用户来说，解决方案之一就是获得 PI（Provider-Independent，与提供商独立的）地址空间。也就是说，用户可以直接向 RIR 申请一个不属于 ISP1 或 ISP2 的 CIDR 地址块的独立地址块。这样一来，ISP1 和 ISP2 都能在不干扰自身地址空间的情况下宣告该用户的地址块。虽然 RIR 鼓励用户首先从服务提供商申请地址空间，然后再从提供商的提供商申请地址空间。从 RIR 申请 PI 地址空间属于最后手段，但即便这样，用户也面临了很多困难。

首先，如果用户希望采用多归属方式，那么用户的当前地址空间很可能是从最初的 ISP 申请得到的。那么更换成 PI 地址空间也就意味着需要进行重新编址，从而面临着前面讨论过的所有难题。

其次，注册管理机构是根据已证明的需求而不是长期预测需求来分配地址空间。该分配策略意味着用户可能只能获得满足当前以及未来 3 个月预测需求的地址空间，此后必须证明已经有效地使用了原先分配的地址空间才能再次申请新的地址空间。底线就是 CIDR 的分配规则为小型用户以及 ISP 带来了困难。

虽然很难申请 PI 地址空间，但路由的可靠性至少比几年前得到了加强。部分骨干网提供商为了有效加强聚合策略，从而控制 Internet 路由表的规模及稳定性，并设置相应的策略，以丢弃所有前缀大于/19 的路由更新，将前缀长度小于或等于/19 的前缀称为“全局可路由前缀”。因此，如果用户宣告了长度大于/19（如/23）的 PI 前缀或者因去聚合 CIDR 地址块而宣告了这类前缀，那么就无法保证这类路由宣告能够到达所有 Internet，也就无法保证能够从 Internet 的所有位置到达该用户网络。由于可能会面临用户的投诉窘境，因而提供商已经不再使用该路由策略。

1.7.10 CIDR 面临的问题：流量工程

通过控制前缀宣告策略来引导入站流量穿越多条连接的做法也能很好地实现 CIDR 的去聚合操作。从图 1-36 可以看出，虽然 AS1 拥有一个/22 的 CIDR 地址块，但是却将该地址块宣告为 4 个独立的/24 前缀。图中没有显示这 4 条前缀宣告从 AS1 到 Internet 所用的详细路径信息，因为这些路径是随时可变的。这 4 条前缀宣告既可能穿越两台相同路由器之间的 4 条链路，也可能穿越 4 对不同路由器之间的 4 条链路去往同一个对等互联 AS，也可能穿越 4 条链路去往多个不同的 AS。问题的关键就在于 AS1 将单个/22 前缀宣告成了 4 个/24 前缀，从而达到控制入站流量的目的。目的地址为 198.133.180.0/22 的数据包将匹配这 4 个更长前缀中的某个前缀，并经由与学到的/24前缀相匹配的路径路由到AS1中。

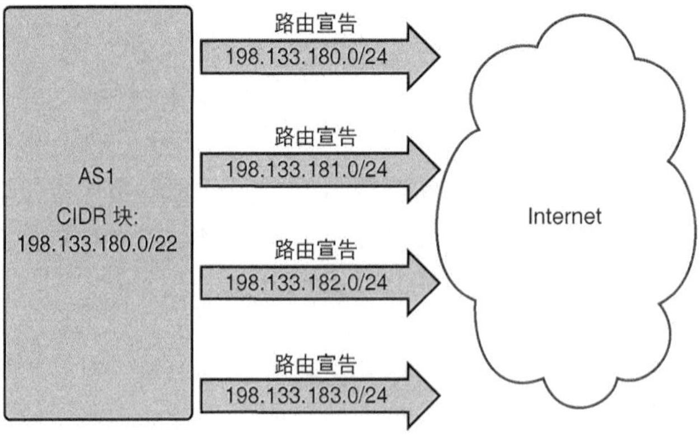

图1-36 AS1通过去聚合CIDR地址块并在多条独立的路由更新中宣告更长前缀来达到入站流量的目的

这类流量工程机制通常可以用于多种场合：

- 在多条链路、多个入口点或多个上行提供商之间实现流量的负载均衡；
- 让入站流量选择价格更低或利用率较低的内部链路；
- 强制入站流量在距离目的端最近的对等互联点（而不是在距离源端最近的对等互联点）进入AS，从而节约内部网络资源。

假设AS1拥有全球性的网络基础设施，在东京、新加坡、圣何塞以及法兰克福都建立了Internet对等互联。各个地区的网络都通过海缆或洲际光缆进行互连。由于这类带宽非常昂贵，因而网络维护人员希望将这类带宽主要用作AS内部通信，源自外部的数据包都应该尽可能地从最靠近内部目的端的位置进入本AS。

图1-37给出了可能的实现方式。可以看出该AS被划分为4个区域（根据最近的Internet对等互联点），每个区域使用的地址空间都是从/22 CIDR地址块划分出来的/24地址块，并且由每个区域的Internet接入路由器向外宣告这些/24地址。

假设某数据包源自东京的外部网络且目的地址为198.133.183.121（该地址属于AS1慕尼黑机构的某台设备）。此时该数据包并不是通过东京IXP进入AS1，然后再通过AS1昂贵的内部链路到达慕尼黑，而是由Internet路由器将该目的地址匹配为前缀198.133.183.0/24（该前缀由AS1的法兰克福对等互联点宣告），使得该数据包经由AS1的外部网络被路由到法兰克福IXP，然后再进入AS1（该进入点距离慕尼黑的目的端相对较近）。

虽然这种做法能够有效节约AS1的内部带宽，但是却比较自私。这是因为经由Internet到达AS1指定的最便利的入口点的外部网络来转发该数据包的链路，在每比特成本上可能与AS1试图让流量绕开的内部链路相当，而这部分成本是由他人承担的。

这种做法的另一个自私之处在于不是在每个对等互联点宣告单一的/22前缀，而是对该地址块做了去聚合操作并宣告了4个/22的子前缀。但是从图1-37可以看出，为了保险起见，还必须在每个对等互联点宣告该/22 CIDR地址块。如果连接新加坡路由器的外部链路出现故障，无法发送携带198.133.182.0/24的路由更新，那么目的地址属于该前缀的数据包仍然可以匹配较短前缀198.133.180.0/22，从而能够通过其余的三个对等互联点之一路由到AS1中。因此可以看出，AS1向Internet路由表添加的不是一条前缀，而是5条前缀，这么做对于解决Internet路由表爆炸以及Internet的不稳定性毫无贡献。

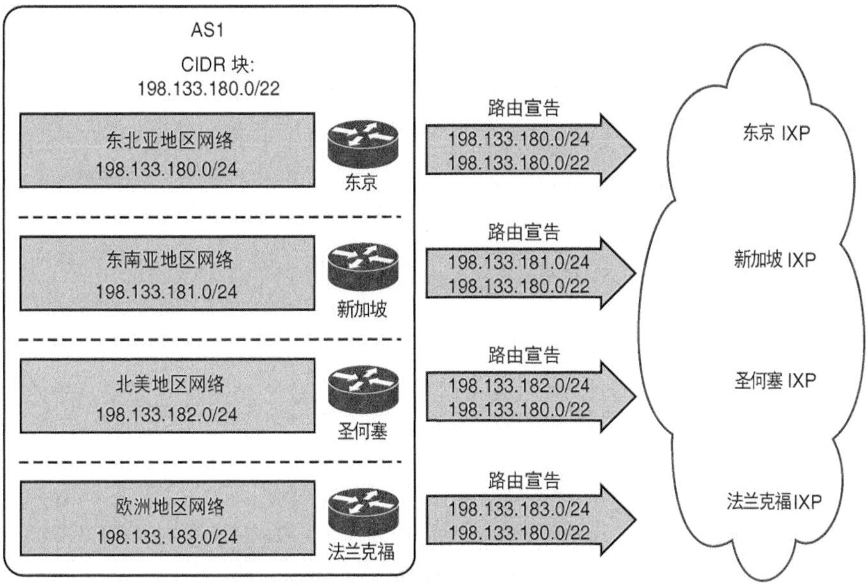

图 1-37　源自 AS1 外部的数据包都将匹配明细前缀并通过 Internet 路由到最靠近目的端的对等互联点进入 AS1，而不是在最靠近源端的对等互联点进入 AS1

1.7.11　CIDR 的问题解决之道

如前所述，发明 CIDR（以及 NAT 和动态编址技术）的目的是延缓 IPv4 可用地址的耗尽速度并缩减 Internet 路由表的增长速度，从而为 IPv6 的开发争取尽可能多的时间。图 1-38 给出了 IANA 自启用 CIDR（以及启用相应的 RIR）以来在 1993 年到 2011 年之间分配的 IPv4 /8 地址块的数量。可以看出，CIDR 在 20 世纪 90 年代非常有效地延缓了 IPv4 地址的耗尽速度。

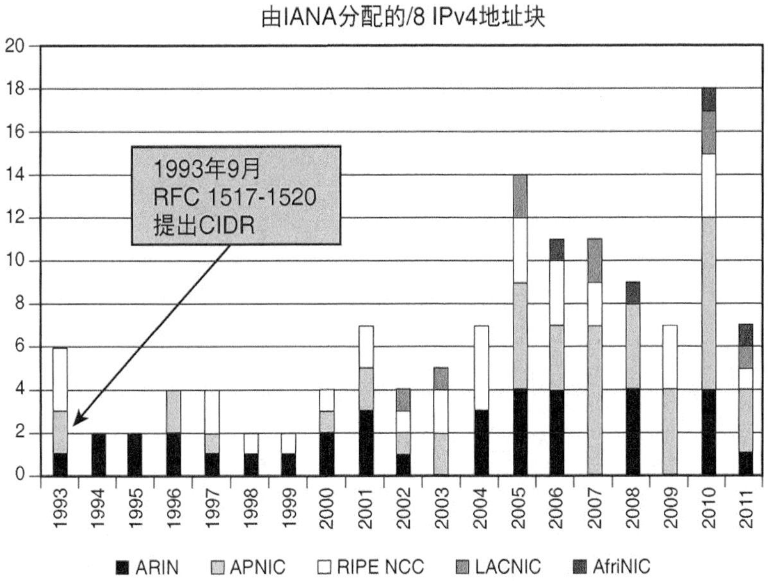

图 1-38　IANA 每年分配的 IPv4/8 地址块从 2000 年开始速度加快[16]

16 有关 IANA 分配的 IPv4 地址块的最新完整信息，请参见 www.iana.org/assignments/ipv4-address-space。

前面曾经说过，部署了 CIDR 之后，如果用户需要申请新的 IPv4 地址，那么就必须提供足够的证据来证明已经有效使用了已分配的 IPv4 地址。从图 1-38 可以看出，这些规则在 1994 年至 1999 年对于延缓 IPv4 地址的分配速度非常有效，因为在部署 CIDR 之前已经拥有大量地址块的用户需要首先用完自己的已有地址。但是到了 2000 年之后，地址块的分配速度再次加快，而且在 2000 年代的第一个 10 年内一直保持快速增长的态势，其原因如下：

- 1993 年之前分配的大量 IPv4 地址块已经用完，这些地址块的拥有者开始申请更多的地址块；
- 新的 IP 网络和 IP 业务大量涌现，产生了大量且稳步增长的新地址空间需求。

注：图 1-38 中的数据截至 2011 年，这些年又有什么新变化吗？简而言之，没有什么变化。因为 IANA 在 2011 年已经拿出了其地址库中的最后一个可分配的/8 地址块，已经没有任何可分配地址了。截至本书出版之时，除 AfriNIC 之外的所有 RIR 都已经宣称无可分配 IPv4 地址或者只剩下最后一个/8 地址块。虽然很多 LIR 仍然拥有一些可分配的 IPv4 地址，但 IPv4 地址空间已经不可避免地被耗尽一空了。

CIDR 的另一个目标（延缓 Internet 路由表的增长速度）在 20 世纪 90 年代也得到了有效实现。图 1-39 给出了 BGP 路由表在 1989 年到 2015 年之间的路由数量变化情况[17]。从图中的变化曲线可以看出，路由条数在 1989 年到 1994 年初呈现指数增长的趋势。请注意，虽然路由条数在 1994 年到 1999 也呈现稳步增长的趋势，但增长曲线并不再是指数增长，而是线性增长：路由条数每年的增长量都基本保持合理的 10000 条左右。到了 1999 年至 2001 年中，该曲线重新回到了指数增长的趋势。此后的增长速度并不是加速了，而是保持在指数增长阶段。

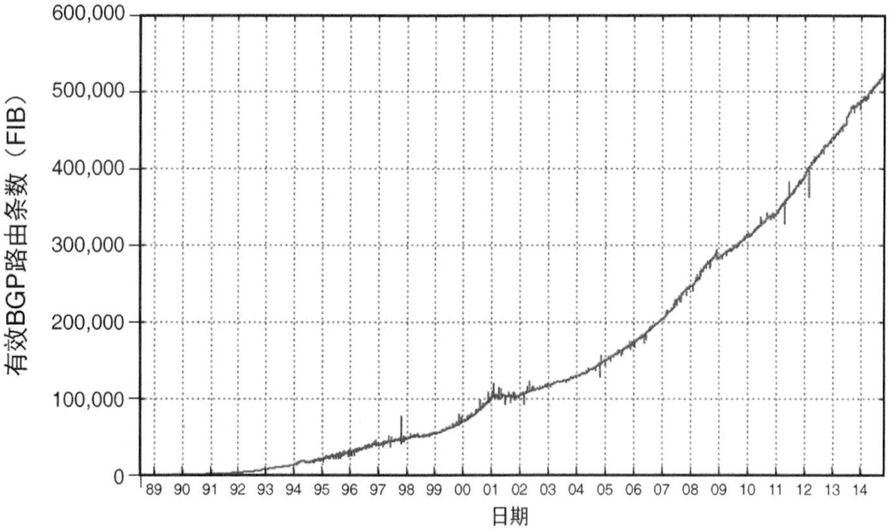

图 1-39 从 1989 年至 2015 年有效的 IPv4 BGP 路由条目数可以看出 Internet 路由表的增长情况[18]

17 有关该图形的最新信息以及其他 AS 的相应图形，可参见 http://bgp.potaroo.net/index-bgp.html。虽然 BGP 表项的数量因 AS 不同而不同，但总体趋势均一致。

18 数据来源：http://bgp.potaroo.net/as1221/bgp-active.html，感谢 Geoff Huston 的许可。

从图 1-39 可以看出，CIDR 从部署之初到 1999 年期间为延缓 Internet 路由表爆炸做出了有效贡献，但此后效果一般。如前所述，问题的根源就在于多归属以及流量工程措施导致的去聚合以及长前缀泄露。长前缀对路由表规模的具体影响程度详见表 1-3。在表中的 528975 条有效 BGP 路由中，只有 18.73%属于/20 或更短的前缀，53.27%都是/24 前缀。因此，如果消除了/24 前缀，那么 Internet 路由表的规模几乎可以削减一半。

表 1-3　BGP 路由表条数（按前缀长度统计）[19]

前缀长度	条数	占全部条数的百分比
/8	16	0.00
/9	12	0.00
/10	31	0.01
/11	90	0.02
/12	262	0.05
/13	502	0.09
/14	1024	0.19
/15	1746	0.33
/16	13107	2.48
/17	7424	1.40
/18	12228	2.31
/19	25714	4.86
/20	36949	6.99
/21	38415	7.26
/22	56872	10.75
/23	49556	9.37
/24	281770	53.27
/25	1181	0.22
/26	1127	0.21
/27	761	0.14
/28	61	0.01
/29	51	0.01
/30	62	0.01
/31	1	0.00
/32	13	0.00

注： 虽然人们通常都将多归属和流量工程视为去聚合的主要原因（见表 1-3），但监控 Internet 的行为后发现，Internet 路由表中大多数去聚合前缀的起因并不是有意行为，而是无意的粗心行为：运维人员在能仅宣告聚合路由的情况下仍然宣告了明细路由。

CIDR 报告[20]以天为基础给出了聚合操作对于 Internet 路由表的影响情况，其中非常有用的信息就是定期更新的宣告了去聚合前缀的前 30 个自治系统以及在这 30 个自治系统进行聚合的情况下 Internet 路由表能够改善的程度。截至本节写作之时，列表中的前 30 个自治系统一共宣告了 15046 条前缀，同时从 Internet BGP 表中清除了 41798 条路由：改善程度达到了 73.5%。

19 表中数值截至 2014 年 11 月 10 日。
20 www.cidr-report.org 是表 1-3 中的数据来源。

CIDR 自 1993 年到 2000 年左右一直都在按照既定目标发挥作用，虽然此后的实际成效有限，但仍然发挥了重要的正面作用：如果没有 CIDR 的有效作用，那么 2000 年之后的第一个十年间，IPv4 地址的分配速度以及 Internet 路由表的增长速度都将更为严峻。

需要注意的是，CIDR（以及 NAT 和动态 IPv4 地址分配机制）的任务是为 IPv6 的发展和部署争取尽可能多的时间，那么为什么 CIDR 的任务已经完成了，但 IPv6 却未能在 20 世纪 90 年代后期得到规模部署应用呢？

1.7.12 IPv6 时代的到来

对于上一节末尾提到的 IPv6 为何在 20 世纪 90 年代中期到末期一直未能得到规模部署的问题来说，最简单的答案就是 CIDR 以及其他权宜之计极为成功，以至于关注 IPv4 地址持续供给的呼声几乎销声匿迹。由于将已然是庞然大物的 IPv4 基础设施（包括小至家庭网络、大至顶级运营商网络的所有基础设施）迁移到 IPv6 是一件非常困难且带有破坏性的任务，因而在 CIDR 及 NAT 能够延长 IPv4 生命期的情况下，几乎没有人愿意开展这方面的工作。

这就出现了“鸡和蛋的问题”：一方面，设备商和应用开发者不愿意将工程资源投入到 IPv6 的开发当中，原因是客户没有要求他们这么做；另一方面，网络运营商没有规模部署 IPv6，原因是几乎没有可用的 IPv6 网络设备，支持的应用也极少。影响 IPv6 规模部署的另一个主要因素是没有成熟的商业场景（无法通过部署 IPv6 来盈利，因而投入没有回报），而且也缺乏“杀手级应用”（IPv6 对于消费者来说并没有比 IPv4 更有吸引力）。

最终，IPv6 的驱动力仍来自最初的目标：足够的 IP 地址。随着 CIDR 的效果越来越差以及 IPv4 地址分配速度的加快（见图 1-38），网络运营商考虑的不再是商业场景或杀手级应用，而是持续扩展其 IP 网络及服务的能力。因而在采购标准方面将 IPv6 作为一个非常关键的要素，这使得设备商以及应用开发者开始逐步投入更多的工程资源。

截至本书写作之时，5 家 RIR 中的 4 家已经用完了 IPv4 地址，用户开始大范围地制定自己的 IPv6 迁移计划。相信读者在阅读本书的时候，IPv6 已经进入替代 IPv4 的早期部署阶段。

1.7.13 再论 Internet 路由表爆炸

虽然 IPv6 解决了可预见未来的 IP 地址可用性问题，但是并没有解决路由表爆炸问题。实际上，IPv6 可能会使路由表爆炸问题显得更为严峻。IPv4 地址的可用性限制以及 NAT 的使用需求从一定程度上限制了路由表的规模，而 IPv6 却会大幅拓展该限制。由于 Internet 路由表中的 IPv4 路由不大可能消失（至少在 IPv6 早期部署阶段），因而在 IPv6 规模部署的早期阶段，至少会使 Internet 路由表的规模扩张一倍。考虑到 IPv6 的关键驱动力是丰富的全局可路由地址，大量终端设备（从家用设备到军用及应急服务设备、工业及医疗传感器以及大量移动 IP 设备）都会配置大量 IP 地址，因而 Internet 路由表可能会激增数百万条路由。

随着 Internet 路由表的持续增长，核心路由平台的性能将持续下降，成本则将持续上升。虽然核心路由平台供应商（如 Cisco）在研发更强大的路由器以满足这些挑战方面做了大量工作，但硅基路由器的性能极限已经开始逐步显现。

少数人认为迁移到 IPv6 是一件很糟糕的事情，因为他们认为这会严重加剧现有基于 IPv4 的 Internet 存在的扩展性问题。实际上这是一种误导性观点，原因如下：

- IPv6 解决了 IP 地址不足问题，这是目前 Internet 面临的最直接的扩展性问题；
- IPv6 引入了一些新机制，能够解决现存在的路由扩展性问题。

考虑到路由表爆炸问题已经开始日益严重，除了要开发有效消除该问题的长期解决方案之外，还必须在开发长期解决方案的同时，利用能够快速推广的短期解决方案缓解路由表爆炸的严重影响。截至本章写作之时，这些解决方案的研究工作才刚刚开始。

虽然有关长期解决方案的研究工作刚刚开展，但必须包含基于新技术（如光交换）的路由器硬件和一种或多种替代 BGP 的协议。未来路由技术的可能发展趋势就是控制平面（智能）与转发平面（性能）相分离，利用 MPLS（Multi-Protocol Label Switching，多协议标签交换技术）等技术将智能推送到网络边缘，并在网络中部署 SDN（Software Defined Networking，软件定义网络），从而打破传统的在控制组件与转发组件之间的一对一通信方式。

虽然短期解决方案仍处于讨论阶段，但等到读者阅读本书时可能已经出现。一种可能的解决方案就是管理手段：从多归属及流量工程方面得到好处的用户必须为向 Internet 路由表泄露长前缀付出更多的代价。如果向 Internet 路由表泄露长路由需要支付更高的价格，那么对于聚合前缀的用户来说也是一种正向刺激作用。但是对这种做法的可操作性目前仍处于争论之中。

目前正在讨论的另一种短期解决方案就是将 IP 地址的定位符（locator）功能与标识符（identifier）功能分开：

- 定位符的作用是让路由器找到设备的位置，随着设备的移动，其定位符也会发生变化；
- 标识符的作用是命名设备，无论设备身处何处，其标识符都保持不变。

这两种功能在 IP 发明之初一直都是重叠的。例如，通过 DNS 查询设备的名称时，DNS 返回的是不会发生变化的 IP 地址，此时 IP 地址就是标识符。但是，如果设备移动到一个新子网中，那么 DHCP（或 IPv6 无状态地址自动配置）就会为设备分配一个针对该子网的地址，此时的 IP 地址就是一个定位符。由于移动 IP 要求设备必须具有家乡 IP 地址（标识符）和转交 IP 地址（定位符），因而这个问题更为复杂。

将定位符功能与标识符功能分离之后，定位符就能更加灵活，也更具可聚合性，使得 Internet 路由表更加稳定。目前主要的定位符/标识符分离方案如下：

- GSE（Global, Site, and End System Address Elements，全局、站点以及端系统地址要素），也称为 8+8；
- Shim6（Level 3 Multihoming Shim Protocol，三级多归属垫片协议）；
- HIP（Host Identity Protocol，主机标识协议）；
- LISP（Locator/ID Separation Protocol，定位符/ID 分离协议）。

虽然另一种短期解决方案能够宣告更长的前缀以满足多归属或流量工程的需要，但需要对宣告长前缀的路由在被 BGP 拒绝之前所能穿越的 AS 数量进行限制。这种 AS_PATHLIMIT BGP 路由属性是一种折中方案，既允许长前缀路由表项存在于靠近源端 AS 的位置，又限制这些长前缀的传播距离，以免影响路由选择。但是，考虑到绝大多数 Internet 路由最多只有 5 到 6 个 AS 跳，因而这种解决方案的效果仍待讨论。

如果读者在阅读本书时，希望了解这些解决方案的最新研究进展，可以参考 IETF（Internet Research Task Force，互联网研究工作组）的 RPG（Routing Research Group，路由研究组）的网页[21]。

21 www3.tools.ietf.org/group/irtf/trac/wiki/RoutingResearchGroup

1.8 展望

本章从 Internet 的古老历史（EGP）讲起，讨论了 Internet 未来发展的一些最新思考及其路由方式，希望读者能够理解 BGP 以及域间路由背后的概念。第 2 章将详细讨论 BGP 协议本身以及相应的配置及故障检测与排除内容。

1.9 复习题

1. 什么是自治系统？
2. IGP 与 EGP 的区别是什么？
3. 内部对等体与外部对等体的区别是什么？
4. BGP 使用的传输协议以及端口号是什么？
5. BGP AS_PATH 路由属性的两个主要作用是什么？
6. BGP 利用 AS_PATH 检测路由环路的方式是什么？
7. 末梢 AS 与转接 AS 的区别是什么？
8. 什么是 BGP 的路径属性？
9. 什么是递归路由查找？
10. BGP 在自治系统间宣告路由时，何时向 AS_PATH 列表添加 AS 号？何时不向 AS_PATH 列表添加 AS 号？为什么？
11. 采用全网状 BGP 结构的目的是什么？为什么这种方式是最佳实践？
12. IBGP 避免路由环路的方式是什么？
13. 什么是多归属 AS？
14. 请列举末梢 AS 采用多归属方式的原因。
15. 什么是 CIDR？创建 CIDR 的动因是什么？
16. 什么是 IP 地址前缀？
17. 地址汇总对提高网络的稳定性有何作用？
18. 实施地址汇总时的可能折中因素是什么？
19. CIDR 记法/17 是什么意思？
20. 什么是互联网注册机构？
21. 多归属和流量工程是如何降低 CIDR 有效性的？

第 2 章

BGP 简介

通过第 1 章的学习，读者应该理解了域间路由的各种关键问题，接下来将详细讨论 BGP。本章将讨论 BGP 的基本操作，包括 BGP 的消息类型、消息使用方式以及消息格式。此外，本章还要讨论与路由相关联的各种基本的 BGP 属性以及利用这些属性选择最佳路由的方式，最后将解释 BGP 对等会话的配置以及故障检测与排除方式。

2.1　谁需要 BGP

如果以下 4 个问题的答案都是“是”，那么就需要 BGP：

- 是否连接了其他路由域？
- 是否连接了处于不同管理机构管辖范围内的域？
- 域是否配置了多归属？
- 是否需要路由策略？

第一个问题（是否连接了其他路由域）的答案很明显。虽然 BGP 是一种域间路由协议，但后面将说到，BGP 并不是不同域之间的唯一一种路由协议。

2.1.1　连接非信任域

根据定义，IGP 的潜在假设就是邻居均处于同一个管理机构的管辖范围，因而这些邻居都是可信任的：信任其没有恶意，信任其配置正确，信任其不会发送错误的路由信息。虽然这些问题在同一个 IGP 域中也偶尔会发生，但通常极少发生。IGP 的设计目的是自由地交换路由信息，关注点是性能以及易配置性，而不是对路由信息进行严格控制。

BGP 的设计目的是连接不受自己管理控制的域中的邻居。通常无法信任这些邻居，必须利用路由策略仔细控制与这些邻居（如果 BGP 的配置正确无误）交换的信息。

如果连接外部域是唯一需求（特别是在只有一条连接的情况下），那么就不一定需要 BGP。此时静态路由可能是更佳选择，这样就不用担心所交换的信息是错误信息，因为此时根本就不会交换任何信息。静态路由是控制数据包进出网络的最终手段。

图 2-1 给出的用户通过单一链路接入 ISP。此时该拓扑结构就不需要 BGP 或其他路由协议。如果该单一链路出现故障，由于不存在其他可选路由，因而无需做出任何路由决策。此时路由协议起不到任何作用。因此，该拓扑结构中的用户在边界路由器上配置了一条静态路由，并将该静态路由重分发到本 AS 中。

与此类似，ISP 也会增加一条指向用户地址空间的静态路由并宣告到自己的 AS 之中。当然，如果用户的地址空间属于 ISP 更大的地址空间的一部分，那么由 ISP 路由器宣告的这条静态路由不会被传播到该 ISP 的 AS 之外。“其余网络世界”要想到达该用户，只能通过该 ISP 所宣告的地址空间，只有在 ISP 的 AS 之内才能知道到达该用户的精确路由。

处理 AS 间流量时需要记住的一条重要规则是：每条物理链路实际上代表的是两条逻辑链路，一条用于入站流量，另一条用于出站流量（见图 2-2）。

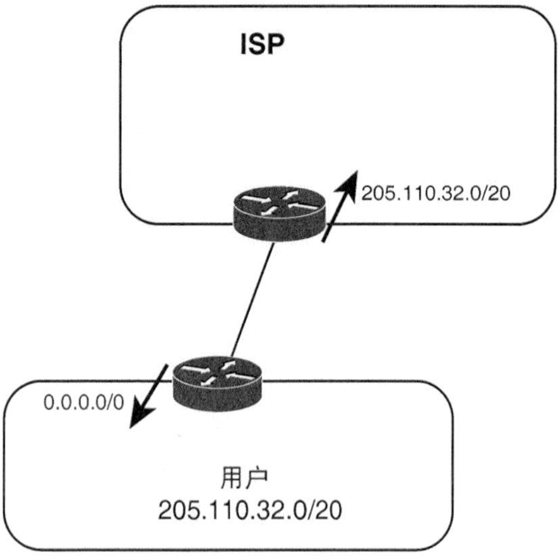

图 2-1 单归属拓扑结构的唯一需求就是静态路由

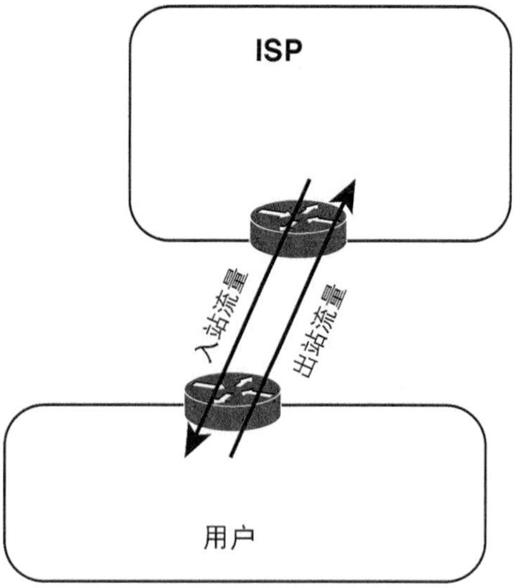

图 2-2 自治系统间的每条物理链路代表两条逻辑链路，分别承载入站数据包和出站数据包

在不同方向上宣告的路由仅影响相应方向上的流量。曾经撰写过很多优秀的关于 ISP 问题文章的 Avi Freedman 将路由宣告称为承载数据包到达路由中所表示的地址空间的承诺。图 2-3 中的用户路由器将默认路由宣告到本地 AS 中——也就是将数据包分发到所有目的地的承诺。同样，宣告了路由 205.110.32.0/20 的 ISP 路由器也承诺将流量转发给该用户的 AS。因此，来自用户 AS 的出站流量取决于默认路由，而去往用户 AS 的入站流量则取决于 ISP 路由器宣告的路由。虽然这个概念对于本例来说显而易见，但对于今后分析更复杂的拓扑结构以及构造策略来宣告和接受路由来说都是至关重要的。

图 2-1 显示的拓扑结构存在一个非常明显的脆弱点，那就是整个连接都存在大量单点故障隐患。如果图中的单一数据链路出现故障，如果路由器或路由器的某个接口出现故障，如果某台路由器的配置出现故障，如果路由器的某个进程出现故障，或者是如果某个过于人性化的路由器管理员犯了错误，那么都会导致该用户的整个 Internet 连接出现故障。这种拓扑结构所欠缺的就是冗余性。

2.1.2 连接多个外部邻居

图 2-3 给出了一个改良后的拓扑结构，用户到同一个服务提供商拥有了冗余链路。至于入站流量和出站链路如何通过冗余链路则取决于这两条链路的使用方式。例如，多归属到单个服务提供商的典型配置方式是将其中的一条链路设置为主用链路（专用 Internet 接入链路），

另一条链路设置为备用链路。

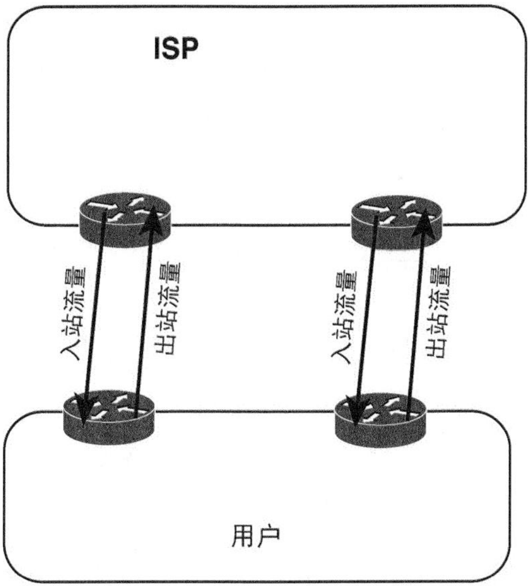

图 2-3 多归属时必须考虑入站和出站宣告以及每条链路上产生的流量情况

如果冗余链路仅用做备份，那么也不需要使用 BGP。此时的路由宣告方式与单归属应用场景相同，只是需要将与备用链路相关的路由度量设置的高一些，使得这些备用链路仅在主用链路失效时才起作用。

例 2-1 给出了拥有主用及备用链路时路由器的可能配置信息。

例 2-1 多归属到单个自治系统的主用及备用链路配置

```
Primary Router:
router ospf 100
 network 205.110.32.0 0.0.15.255 area 0
 default-information originate metric 10
!
ip route 0.0.0.0 0.0.0.0 205.110.168.108
```

```
Backup Router:
router ospf 100
 network 205.110.32.0 0.0.15.255 area 0
 default-information originate metric 100
!
ip route 0.0.0.0 0.0.0.0 205.110.168.113 150
```

从例 2-1 的配置可以看出，备用路由器有一条管理距离被设置为 150 的默认路由。这样一来，仅当主用路由器的默认路由不可用时，该备用路由器的默认路由才会进入路由表。而且备用默认路由以较高的度量值（大于主用默认路由的度量值）进行宣告，以确保 OSPF 域中的其他路由器优选主用默认路由。这两条路由的 OSPF 度量类型均为 E2，因而所宣告的度量值在整个 OSPF 域中保持一致。这种一致性可以确保无论到每台边界路由器的内部开销是多少，每台路由器上的主用默认路由的度量值都低于备用默认路由的度量值。例 2-2 给出了用户 OSPF 域内的某台路由器的默认路由信息。

虽然主用/备用设计方式满足了冗余性需求，但无法有效地利用可用带宽。一种更好的设计方式是同时使用这两条路径，在链路或路由器出现故障时，这两条路径可以互为备份。此时这两台路由器的配置情况如例 2-3 所示。

例 2-2 首先显示的是主用外部路由，其次显示的是主用路由失效后使用的备用路由

```
Phoenix#show ip route 0.0.0.0
Routing entry for 0.0.0.0 0.0.0.0, supernet
  Known via "ospf 1", distance 110, metric 10, candidate default path
  Tag 1, type extern 2, forward metric 64
  Redistributing via ospf 1
  Last update from 205.110.36.1 on Serial0, 00:01:24 ago
  Routing Descriptor Blocks:
  * 205.110.36.1, from 205.110.36.1, 00:01:24 ago, via Serial0
      Route metric is 10, traffic share count is 1
```

```
Phoenix#show ip route 0.0.0.0
Routing entry for 0.0.0.0 0.0.0.0, supernet
  Known via "ospf 1", distance 110, metric 100, candidate default path
  Tag 1, type extern 2, forward metric 64
  Redistributing via ospf 1
  Last update from 205.110.38.1 on Serial1, 00:00:15 ago
  Routing Descriptor Blocks:
  * 205.110.38.1, from 205.110.38.1, 00:00:15 ago, via Serial1
      Route metric is 100, traffic share count is 1
```

例 2-3 负载共享到同一个 AS 时，两台路由器的配置可以完全相同

```
router ospf 100
 network 205.110.32.0 0.0.15.255 area 0
 default-information originate metric 10 metric-type 1
!
ip route 0.0.0.0 0.0.0.0 205.110.168.108
```

注：将图 2-3 中的简单对等关系构造为主用/备用配置与负载共享配置的主要区别就在于带宽。如果一条链路主用，另一条链路备用，那么这两条链路的带宽应该相等。主用链路出现故障后，所有负载都能无阻塞地重路由到备用链路上。在某些配置场合，备用链路的带宽通常要比主用链路低得多，这种情况下的假设条件是，主用链路失效后，备用链路仅为关键应用提供足够带宽，而不是为所有网络功能都提供足够的带宽。

如果采用的是负载共享配置方式，那么这两条链路的每一条链路都应该能够承载正常情况下通过这两条链路承载的全部流量，在其中一条链路出现故障后，另一条链路能够不丢包地承载所有流量。

例中两台路由器的静态路由拥有相同的管理距离，而且这两条默认路由均以相同的度量值（10）进行宣告。例中的默认路由正以 OSPF 度量类型 E1 进行宣告。对于该度量类型来说，OSPF 域中的每台路由器除了要考虑默认路由的开销之外，还要考虑到达边界路由器的内部开销。因而每台路由器在选取默认路由时都会选择最近的出口点（见图 2-4）。

在大多数情况下，从多个出口点将默认路由宣告到 AS 中并在相同的出口点对离开 AS 的地址空间进行汇总，可以实现很好的网络性能。此时需要考虑的就是非对称流量模式是否存在问题。如果两个（或多个）出口点的地理间隔足够大，以至于时延变化变得很重要时，就可能需要更好地控制路由，这时就可以需要考虑使用 BGP 了。

例如，假设图 2-3 中的两台出口点路由器分别位于洛杉矶和伦敦。用户希望所有去往东半球的出流量都使用伦敦路由器，而所有去往西半球的出流量都使用洛杉矶路由器。需要记住的是，入站路由宣告会影响出站流量。如果提供商通过 BGP 将路由宣告到用户 AS 中，那么内部路由器将拥有更详细的外部目的地信息。

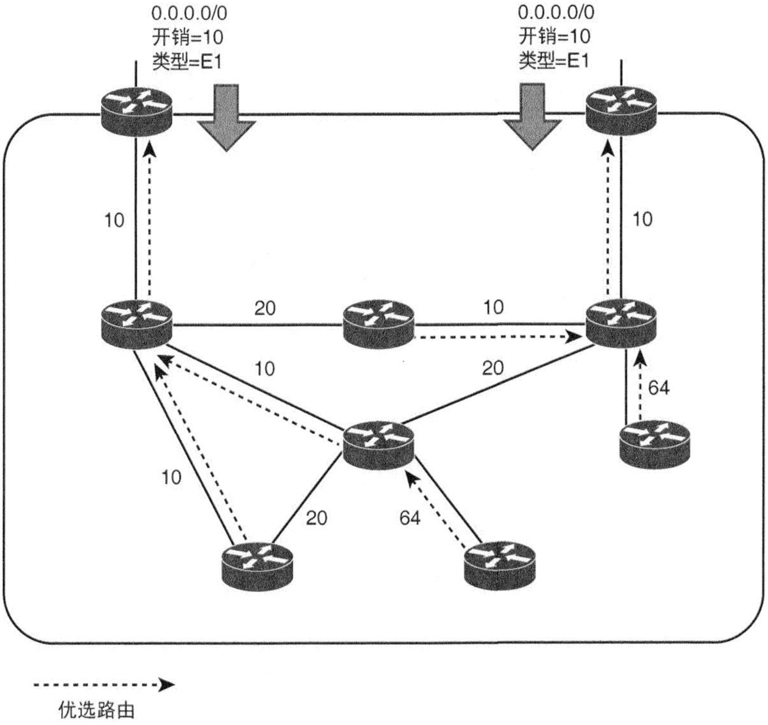

图 2-4 OSPF 边界路由器以度量值 10 和 OSPF 度量值类型 E1 宣告默认路由

与此相似，出站路由宣告会影响入站流量。如果内部路由通过 BGP 宣告给提供商，那么用户就可以决定在哪个出口点宣告哪条路由，并且在将流量发送到用户 AS 时可以利用 BGP 提供的工具（在一定程度上）影响提供商的选择。

在考虑是否使用 BGP 时，需要仔细权衡所得到的好处与增加路由复杂度所带来的代价。只有对流量控制有益时，才应该优选 BGP（相对于静态路由而言）。而且还应该分别考虑出站和入站流量。如果仅需要控制入站流量，那么可以通过 BGP 将路由宣告给提供商，而提供商仍然仅将默认路由宣告给用户 AS。

如果仅需要控制出站流量，那么就可以利用 BGP 仅接收来自提供商的路由，但一定要仔细考虑该接收来自提供商的哪些路由。"接收全部 BGP 路由"意味着提供商会将整个 Internet 路由表都宣告给用户。截至本书写作之时，大约有 500000 条 IPv4 路由（见例 2-4）。IPv6 Internet 路由表也正在快速增长，因而需要配置强大的路由器 CPU 来处理这些路由，并配置足够的路由器内存来存储这些路由。从例 2-4 可以看出，仅仅 BGP 路由就需要大约 155.7MB 内存，而 BGP 需要处理这些路由的内存需求更达到了 4.1GB 左右（见例 2-5）。当然，如果采用简单的默认路由方案，那么只要低端路由器以及适量的内存即可轻松实现。

例 2-4 Internet 路由表的汇总信息显示一共有 540809 条 BGP 路由[1]

```
route-views>show ip route summary
IP routing table name is default (0x0)
IP routing table maximum-paths is 32
```

（待续）

1 本例显示的是俄勒冈大学公共路由服务器 2014 年的数据，本书第一版的示例取自 AT&T 路由服务器 1999 年的数据，当时显示的 BGP 路由数量是 88269 条。

```
Route Source    Networks    Subnets     Replicates   Overhead    Memory (bytes)
connected       0           2           0            192         576
static          1           57          0            5568        16704
application     0           0           0            0           0
bgp 6447        174172      366637      0            51917664    155752992
  External: 540809 Internal: 0 Local: 0
Internal        7847                                             42922856
Total           182020       366696     0            51923424    198693128
route-views>
```

例 2-5 BGP 大约需要 4.1GB 的内存才能处理例 2-4 中显示的所有路由

```
route-views> show processes memory | include BGP
 117   0           0         232       41864        644          644 BGP Scheduler
 176   0 1505234352       262528      370120   14362638     14362638 BGP I/O
 299   0           0    10068312       41864          0            0 BGP Scanner
 314   0           0           0       29864          0            0 BGP HA SSO
 338   0 27589889144 2170064712 4102896864        3946         3946 BGP Router
 350   0           0           0       29864          0            0 XC BGP SIG RIB H
 383   0           0           0       41864          0            0 BGP Consistency
 415   0           0           0       41864          0            0 BGP Event
 445   0           0           0       29864          0            0 BGP VA
 450   0        3224           0       33160          1            0 BGP Open
 562   0      328104      262528      107440          0            0 BGP Task
 574   0        3248           0       33160          1            0 BGP Open
 575   0        3120           0       33088          1            0 BGP Open
 577   0        3120           0       33040          1            0 BGP Open
 578   0        3120           0       33072          1            0 BGP Open
route-views>
```

注： 例 2-4 的路由表汇总信息以及例 2-5 的相关进程信息取自 route-views.oregon-ix.net 的路由服务器。读者阅读本书时，这两个示例中的数据可能会发生变化。大家可以通过 Telnet 登录该服务器并查看当前的最新数据。这类公开可访问的路由服务器很多，可以参阅 www.netdigix.com/servers.html。

运行 BGP 的另一个考虑因素就是需要通过一个 AS 号来标识用户的路由域。与 IPv4 地址相似，AS 号的数量也是有限的，并且只能由区域性地址注册管理机构根据需要进行分配。与 IPv4 地址相似，AS 号也有一部分被保留用作私有用途：AS 号 64512～65535。与私有 IPv4 地址（RFC 1918）相同，这些 AS 号也不是全局唯一的号码，不能包含在宣告给公共 Internet 的所有路由的 AS_PATH 中。几乎毫无例外，连接到单个服务提供商（无论是单归属还是多归属）的用户都使用该保留范围内的 AS 号，服务提供商则会将这些私有 AS 号从宣告的 BGP 路径上过滤掉。有关私有 AS 号的配置及过滤方式将在第 5 章进行详细讨论。

虽然图 2-3 的拓扑结构已经在图 2-2 的基础上进行了改进（增加了冗余路由器和冗余数据链路），但仍然存在单点故障问题，此时的单点故障就是 ISP。如果 ISP 与 Internet 的连接出现了故障，那么用户也将无法连接 Internet。此外，如果 ISP 的网络内部出现重大故障，那么该单归属用户也将受到拖累。

2.1.3 设置路由策略

图 2-5 所示拓扑结构中的用户归属到了多个服务提供商网络上。除了前面描述的多归属好处之外，该用户还能防范单个 ISP 故障导致的 Internet 连接丢失问题。对于该拓扑结构来说，与静态路由相比，BGP 通常是一种更佳选择。

图 2-5 中的用户也可以不使用 BGP。一种可选方式就是将其中的一个 ISP 用作主用 Internet 连接，将另一个 ISP 作为备用。另一种可选方式就是设置指向这两个服务提供商的默认路由，让路由进程自行选择相应的路由。但是，如果用户在多归属上支付了额外费用并与多个服务提供商签订了服务合同，那么就不应该采用这两种解决方案，此时应该优选 BGP。

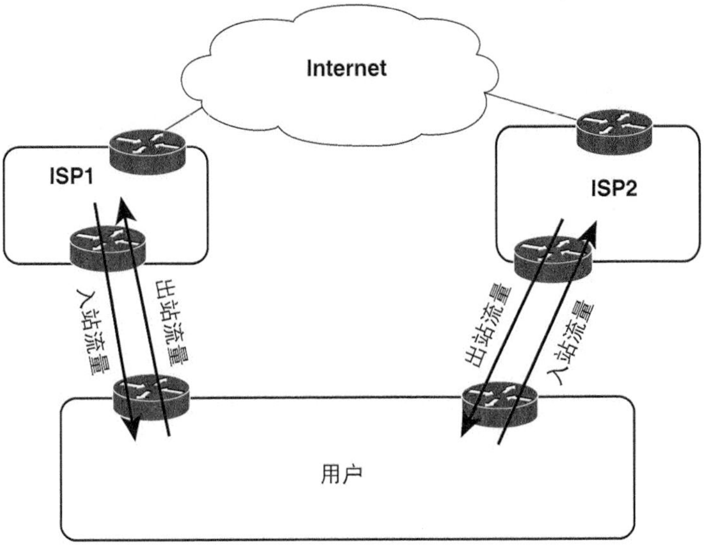

图 2-5 多归属到多个自治系统

同样，此时也需要分开考虑入站流量和出站流量。对于入站流量来说，如果将所有的内部路由都宣告给了两个提供商，那么就能达到最可靠的结果，可以确保通过任一个 ISP 到达用户 AS 中的所有目的端，即使两个提供商都在宣告相同的路由，入站流量也会优选其中的一条路径（详见第 1 章中的多归属部分），BGP 提供了相应的路径优选工具。

对于出站流量来说，应仔细考虑从提供商接收的路由。如果接受了两个提供商的全部路由，那么就能为所有的 Internet 目的端选择最佳路由。但是在某些情况下，某个提供商可能是所有 Internet 连接的优选提供商，而另一个提供商则只是少数目的端的优选提供商，那么就可以接受优选提供商的全部路由，而仅接受另一个提供商的部分路由。例如，如果希望通过次选提供商去往其用户并作为主用 Internet 提供商的备份（见图 2-6），那么就可以让次选提供商发送其客户路由，并配置一条指向该次选 ISP 的默认路由，在主用 ISP 的连接出现故障时再使用次选 ISP 的连接。

请注意，ISP1 发送的全部路由中可能会包含 ISP2 的客户路由（可能学自 Internet，也可能学自直接的对等连接），但由于用户会从 ISP2 收到相同的客户路由，而用户路由器通常都会优选经由 ISP2 的较短路径，因此，如果到 ISP2 的链路出现故障，那么用户将使用经 ISP1 及其他 Internet 网络的较长路径去往 ISP2 的客户。

与此类似，用户通常都会选择经 ISP1 去往除 ISP2 的客户之外的所有目的端。但是，如果经 ISP1 的部分或全部精确路由都丢失了，那么用户将选择经 ISP2 的默认路由。

如果路由器因 CPU 和内存的限制而无法接收全部路由[2]，那么也可以接收两个提供商的部分路由。每个提供商都会发送自己的客户路由，而用户则将默认路由指向这两个提供商。此时，用户将以牺牲路由的精确性来换取路由器硬件的节省。

2 从两个源端接收全部 BGP 路由将会使所有路由器的 BGP 路由数量加倍，导致内存需求也加倍。

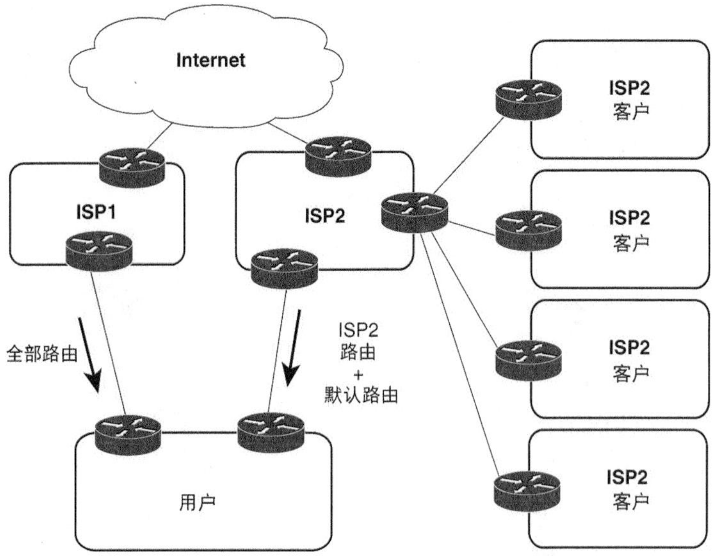

图 2-6 ISP1 是去往大多数 Internet 连接的优选提供商，ISP2 则仅用于去往其客户网络并作为备用 Internet 连接

在接收部分路由的其他应用场合，每个 ISP 除了发送自己的客户路由之外，还有可能发送上游提供商（通常是国家级或全球骨干运营商，如 Level 3 Communications、Sprint、NTT 或 Deutsche Telekom）的客户路由。以图 2-7 为例，图中的 ISP1 连接到 Carrier1，ISP2 连接到运营商 2，由 ISP1 发送给用户的部分路由中包含了 ISP1 的所有客户路由以及运营商 1 的所有客户路由，由 ISP2 发送给用户的部分路由中包含了 ISP2 的所有客户路由以及运营商 2 的所有客户路由，用户的默认路由则同时指向这两个提供商。由于两个骨干服务提供商的网络规模都非常大，因而用户拥有足够的路由，能够对大量目的地做出有效的路由决策。当然，与全部 Internet 路由表相比，部分路由要少得多。

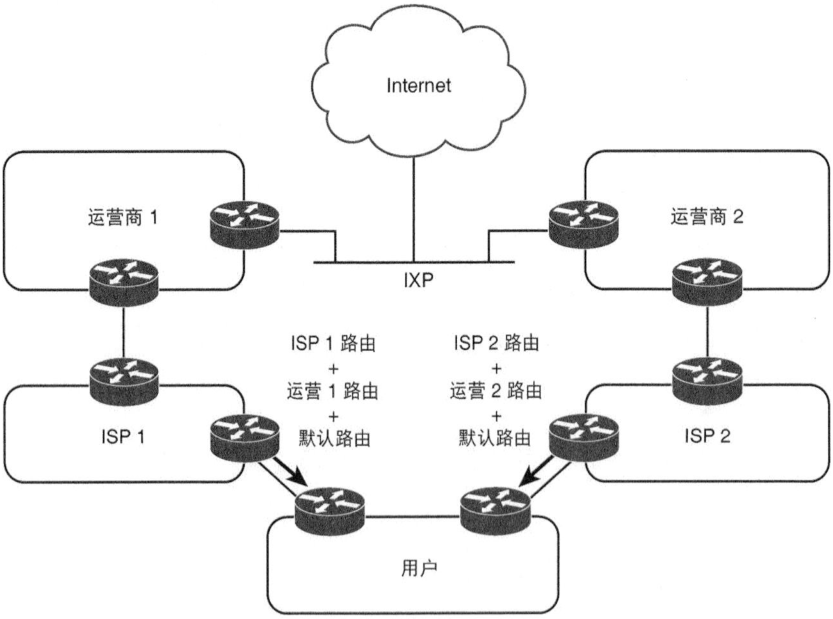

图 2-7 用户从两个 ISP 接收的部分路由中包括所有 ISP 的客户路由以及上游提供商的客户路由

上述示例显示的末梢 AS 均连接了一个或多个 ISP，从图 2-5 到图 2-7 可以看出，不断增加的复杂度使得用户越来越需要部署 BGP 以及路由策略。随着多归属以及相关路由策略的复杂度增加（如前一章介绍的转接 AS 示例所述），对 BGP 的需求也就愈加迫切。

2.1.4　BGP 的危害

创建 BGP 对等关系涉及一个有趣的信任与非信任问题。一方面，由于 BGP 对等体是另一个 AS，因而必须信任对端的网络管理员，以了解他们正在做些什么；另一方面，如果足够聪明，还应该检查每个操作，以防止对端网络管理员的错误操作对本网造成损害。在实施 BGP 对等连接的时候，偏执狂将是您的忠实朋友。

此外，还必须采取有效措施，以免自己的错误给 BGP 对等体造成影响。

如前所述，路由宣告实质上是一个将数据包分发到所宣告目的端的承诺。对外宣告的路由会直接影响接收到的数据包，而收到的路由会直接影响所发送的数据包。对一个好的 BGP 对等方案来说，双方都应该完全了解每个方向上宣告的路由，而且必须分别考虑入站流量和出站流量，每个对等体都要确保仅传送正确路由，同时还要使用路由过滤器或其他路由策略工具（如将在第 4 章描述的 AS_PATH 过滤器）以确保仅接收正确路由。

ISP 一般都不会容忍用户的 BGP 配置差错，最糟糕的情况是双方的 BGP 对等方案都出现了故障。举例来说，假如用户因某种错误配置而将 207.46.0.0/16 宣告给了 ISP，对接收方来说，ISP 不但没有过滤这条错误路由，而且还将这条路由宣告给了外部 Internet，该特定 CIDR 地址块属于 Microsoft，但用户却对外申明拥有去往该目的地的路由。这样一来，大量的 Internet 团体可能会认为通过该用户路由域去往 Microsoft 是最佳路由，导致该用户收到大量来自 Internet 的非期望数据包，更严重的是，该用户接收了应该去往 Microsoft 的大量黑洞流量，使得用户既烦恼又无法理解。

这种情况还是比较常见的，就在不久以前，首尔的一家公司错误地宣告了一个/14 前缀，但是由于该前缀包含了属于 Yahoo 的地址，使得 Yahoo 出现了短时中断。

图 2-8 给出了另一个 BGP 路由错误案例，图中的互连网络与图 2-6 类似，区别在于本例中用户从 ISP2 学习到的客户路由因疏忽而被宣告给了 ISP1。

除非 ISP1 与 ISP2 之间存在直接的对等连接，否则 ISP1 及其客户会将用户的路由域视为去往 ISP2 及其客户的最佳路径。对于本例来说，由于该用户确实有一条去往 ISP2 的路由，因而这些流量并没有被黑洞化，只是此时的用户域将成为自 ISP1 去往 ISP2 的数据包的转接域，对自身的流量不利。由于从 ISP2 到 ISP1 的路由仍然要通过 Internet，因而该用户会导致 ISP2 出现不对称路由。

从本质上来说，本节的核心内容就是 BGP 被设计用来在自主控制的系统之间进行通信。一个成功的、可靠的 BGP 对等方案不仅需要深入了解每个方向上宣告的路由，而且还要深入了解每个参与方的路由策略。

本章的后面将讨论 BGP 的基础内容，解释简单 BGP 会话的配置方式以及故障检测与排除方式，有了这些基础知识之后，就能够很好地理解第 4 章讨论的 BGP 配置以及故障检测与排除策略了。

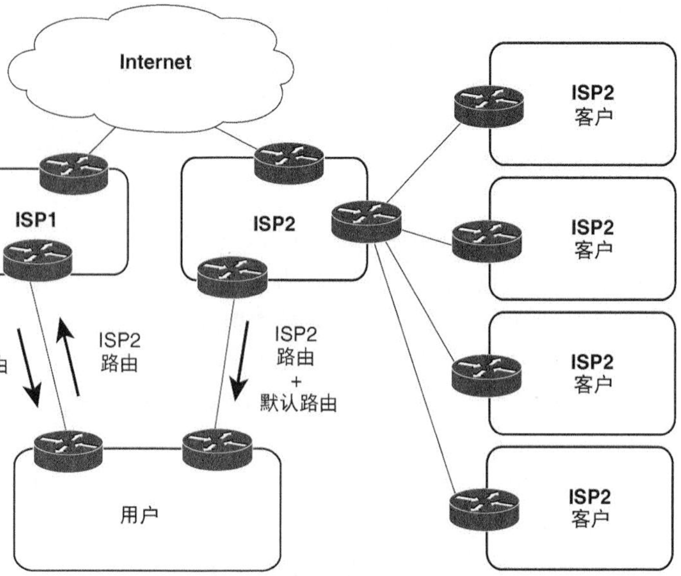

图 2-8 用户将学自 ISP2 的路由宣告给了 ISP1，使得去往 ISP2 及其客户的数据包经该用户的路由域进行转接

2.2 BGP 操作

前面曾经在第 1 章中介绍过 BGP 的一些基础知识，主要包括下面这些。

- BGP 是所有 IP 路由协议中非常独特的一种协议，BGP 仅发送单播消息，并且要与每个对等体建立一个独立的点到点连接。
- BGP 是一种为其点到点连接使用 TCP（端口 179）的应用层协议，依靠 TCP 的内在特性实现会话的维护功能（如确认、重传和排序）。
- BGP 是一种矢量协议，由于 BGP 将去往目的端的路由视为经由一系列自治系统（而不是一系列路由跳）的路径，因而通常将 BGP 称为路径矢量协议，而不是距离矢量协议。
- BGP 路由利用 AS_PATH 路由属性来描述路径矢量，AS_PATH 按序列出了到达目的端的路径所包含的 AS 号。
- AS_PATH 属性是一种最短路径行列式，如果有多条路径去往同一个目的端，那么 AS_PATH 中 AS 号最少的路径就是最短路径。
- AS_PATH 列表中的 AS 号可以实现环路检测机制。路由器收到 BGP 路由后，如果发现自己的 AS 号位于该路由的 AS_PATH 列表中，那么就认为出现了环路，从而丢弃该路由。
- 如果路由器与拥有不同 AS 号的邻居建立了 BGP 会话，那么就将该 BGP 会话称为 EBGP 会话，如果邻居与该路由器的 AS 号相同，那么就称为 IBGP 会话，此时分别将这两类邻居称为外部邻居和内部邻居。

本章将以此为基础讨论 BGP 的操作方式。

2.2.1 BGP 消息类型

在建立 BGP 对等连接之前，两个邻居必须执行标准的 TCP 三向握手进程，并打开到端口 179 的 TCP 连接。TCP 为一条可靠连接提供了分段、重传、确认以及排序等功能，从而将 BGP 从这些功能中解放出来。所有的 BGP 消息都采取单播方式经 TCP 连接传递给邻居。

BGP 使用以下 4 种基本消息类型：

- Open（打开）消息；
- Keepalive（保持激活）消息；
- Update（更新）消息；
- Notification（通告）消息。

注： 还有第五种 BGP 消息：Route Refresh（路由刷新），但是与上面提到的四种消息不同，第五种消息并不属于基本的 BGP 功能，因而可能不是所有的 BGP 路由器都支持该消息。有关 Route Refresh 消息的详细内容将在第 4 章进行讨论。

本节将解释如何使用这些消息，有关这些消息的消息格式以及每个消息字段的变量情况请参见 2.2.5 节。

1. Open 消息

TCP 会话建立之后，两个邻居之间需要发送 Open 消息，每个邻居都用该消息标识自己并指定 BGP 操作参数。Open 消息包括以下信息。

- **BGP 版本号（BGP version number）：** 该字段指定发起端正在运行的 BGP 版本号（2、3 或 4），IOS 默认使用 BGP-4。在 IOS 12.0(6)T 之前，IOS 会协商版本号：如果邻居运行的是早期的 BGP 版本，那么就会拒绝指定了版本 4 的 Open 消息，此时 BGP-4 路由器会更改到 BGP-3 并再次发送一条指定该版本号的 Open 消息，如果邻居拒绝了该 Open 消息，那么就会再次发送一条指定版本 2 的 Open 消息。虽然目前 BGP-4 已经得到广泛使用，而且 IOS 12.0(6)T 也不再自动协商版本号，但仍然可以在配置会话时利用 **neighbor version** 命令要求邻居使用版本 2 或版本 3。
- **自治系统号（Autonomous system number）：** 该字段表示的是会话发起路由器的 AS 号，该信息可以确定 BGP 会话是 EBGP（如果与邻居的 AS 号不同）或 IBGP（如果邻居的 AS 号相同）会话。
- **保持时间（Hold time）：** 该字段表示路由器在收到 Keepalive 消息或 Update 消息之前可以等待的最长时间（以秒为单位）。保持时间必须是 0 秒（此时必须不发送 Keepalive 消息）或至少 3 秒，IOS 默认的保持时间为 180 秒。如果邻居双方的保持时间不一致，那么将以较短的时间作为双方可接受的保持时间。可以通过配置语句 **timers bgp** 来更改整个 BGP 进程的默认保持时间，也可以通过 **neighbor timers** 来更改指定邻居或对等体组的默认保持时间。
- **BGP 标识符（BGP identifier）：** 该字段标识邻居的 IPv4 地址。IOS 确定 BGP 标识符的过程与确定 OSPF 路由器 ID 的过程完全一致：使用数值最大的环回地址；如果环回接口没有配置 IP 地址，那么就选择数值最大的物理接口 IP 地址。也可以通过 **bgp router-id** 命令手工指定 BGP 标识符。

- **可选参数（Optional parameters）**：该字段用来宣告验证、多协议支持以及路由刷新等可选支持能力。

2. Keepalive 消息

如果路由器接受邻居发送的 Open 消息中指定的参数，那么就响应一条 Keepalive 消息。此后 IOS 将默认每 60 秒发送一条 Keepalive 消息，或者是按照已协商的保持时间的 1/3 为周期发送 Keepalive 消息。与保持时间相似，可以利用 **timers bgp** 更改整个 BGP 进程的保持激活间隔，或者利用 **neighbor timers** 更改指定邻居或对等体组的保持激活间隔。

需要注意的是，虽然 BGP 将部分可靠性功能挪到了底层的 TCP 会话上，但使用的仍然是自己的 Keepalive 消息，而不是 TCP 的 Keepalive 消息。

3. Update 消息

Update 消息用于宣告可行路由、撤销路由或两者。Update 消息包括以下信息。

- **NLRI（Network Layer Reachability Information，网络层可达性信息）**：该字段是一个或多个宣告目的端前缀及其长度的（长度，前缀）二元组。例如，如果宣告的是 206.193.160.0/19，那么表示长度部分为/19，前缀部分为 206.193.160。不过，如第 3 章开头以及第 6 章将要讨论的那样，NLRI 可以不仅仅是一个单播 IPv4 前缀。
- **路径属性（Path Attributes）**：将在下一节详细描述的路径属性是所宣告 NLRI 的特性，该属性提供了允许 BGP 选择最短路径、检测路由环路并确定路由策略的相关信息。
- **撤销路由（Withdrawn Routes）**：描述已成为不可达且退出服务的目的端的（长度，前缀）二元组。

请注意，虽然 NLRI 字段可以包含多个前缀，但每条 Update 消息仅描述单条 BGP 路径（这是因为路径属性仅描述单条路径，只是该路径可能会通往多个目的端）。需要再次强调的是，BGP 是一种比 IGP 更高层级的互连网络视图（IGP 路由总是指向单个目的 IP 地址）。

4. Notification 消息

路由器检测到差错之后会发送 Notification 消息，并且总要关闭 BGP 连接。2.2.5 节详细列出了会导致发送 Notification 消息的各种差错情况。

使用 Notification 消息的一个例子就是在邻居之间协商 BGP 版本号。建立了 TCP 连接之后，如果 BGP-3 发话路由器收到了一个指定版本号为 4 的 Open 消息，那么就会响应一条声明不支持该版本的 Notification 消息，然后关闭该会话。

2.2.2 BGP 有限状态机

可以利用有限状态机来描述 BGP 连接的建立和维护阶段，图 2-9 和表 2-1 给出了完整的 BGP 有限状态机以及触发状态迁移的各种输入事件。

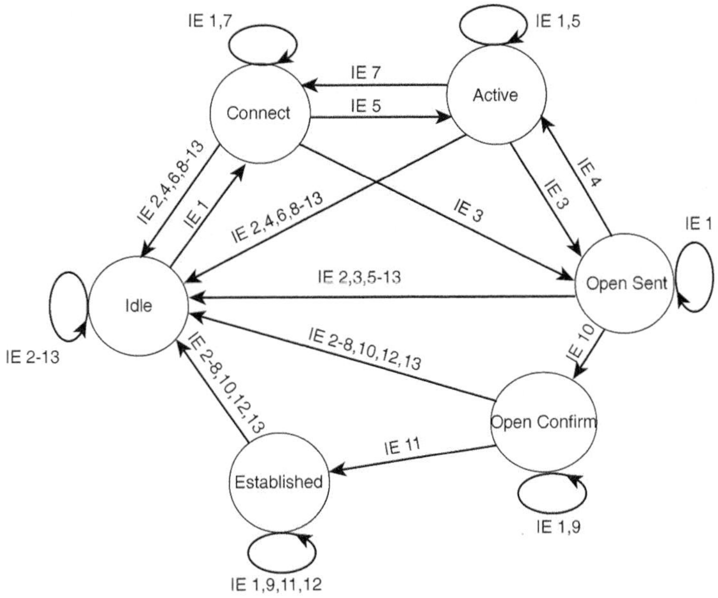

图 2-9 BGP 有限状态机

表 2-1 图 2-9 的输入事件（IE）

IE	描述
1	BGP 启动（Start）
2	BGP 终止（Stop）
3	BGP 传输（Transport）连接打开
4	BGP 传输（Transport）连接关闭
5	BGP 传输（Transport）连接打开失败
6	BGP 传输（Transport）致命性错误
7	ConnectRetry（连接重试）定时器到期
8	Hold（保持）定时器到期
9	Keepalive 定时器到期
10	接收 Open 消息
11	接收 Keepalive 消息
12	接收 Update 消息
13	接收 Notification 消息

下面将逐一介绍图 2-9 中的 6 种邻居状态。

1. Idle（空闲）状态

BGP 总是以 Idle 状态为起始点，该状态拒绝所有入站连接。启动（Start）事件（IE 1）发生后，BGP 进程会初始化所有 BGP 资源、启动 ConnectRety（连接重试）定时器、初始化去往邻居的 TCP 连接、侦听来自邻居的 TCP 初始化并将状态更改为 Connect（连接）状态。启动事件由配置 BGP 进程或重置现有进程的操作员发起，或者由重置 BGP 进程的路由器软件发起。

如果发生差错，BGP 进程将迁移到 Idle 状态。此时，路由器可能会自动尝试发起另一个启动事件，但应对路由器的这种行为做一定的限制——这是因为在持续性地差错条件下，经常性地重启会导致波动。因而在第一次迁移到 Idle 状态之后，路由器会设置 ConnectRety 定时器，在定时器到期时才会重新再启 BGP。IOS 的初始 ConnectRety 时间为 120 秒，该值不可更改，以后每次 ConnectRety 时间都是之前的两倍，也就是说，连续等待时间呈指数式递增。

2. Connect（连接）状态

该状态下，BGP 进程一直等待 TCP 连接的完成。如果 TCP 连接建立成功，BGP 进程将会向邻居发送 Open 消息并进入 OpenSent（打开发送）状态。如果 TCP 连接建立不成功，BGP 进程将继续侦听由邻居初始化的连接、重置 ConnectRety 定时器，并迁移到 Active（激活）状态。

如果 ConnectRety 定时器到期时仍处于 Connect 状态，则重置定时器，并再次尝试与邻居建立 TCP 连接，进程也将继续维持在 Connect 状态，其他输入事件将会让 BGP 进程迁移到 Idle 状态。

3. Active（激活）状态

该状态下，BGP 进程会尝试与邻居初始化 TCP 连接。如果 TCP 连接建立成功，BGP 进程会清除 ConnectRetry 定时器、完成初始化过程、向其邻居发送 Open 消息，并迁移到 OpenSent（打开发送）状态。IOS 默认的保持时间为 180 秒（3 分钟），可以通过 **timers bgp statement** 命令设置保持时间。

如果 ConnectRetry 定时器到期时 BGP 进程仍处于 Active 状态，那么进程将返回 Connect 状态并重置 ConnectRetry 定时器，而且还要与对等体进行 TCP 连接的初始化并继续侦听来自对等体的连接。如果邻居试图以非期望的 IP 地址建立 TCP 会话，则重置 ConnectRetry 定时器、拒绝该连接，且继续维持在 Active 状态，其他输入事件（启动事件除外，因为 Active 状态会忽略启动事件）将会让 BGP 进程迁移到 Idle 状态。

4. OpenSent（打开发送）状态

该状态下，已经发送了 Open 消息，BGP 会一直等待直至侦听到来自邻居的 Open 消息。接收到 Open 消息后，会检查该消息的每个字段，如果存在差错，则会发送 Notification 消息并迁移到 Idle 状态。

如果接收到的 Open 消息没有差错，则发送 Keepalive 消息并设置 Keepalive 定时器，此外还要协商保持时间，以确定一个较小的保持时间值，如果协商后的保持时间为零，则不启动保持定时器和 Keepalive 定时器。根据对等体的 AS 号，可以确定对等连接是内部连接还是外部连接，并迁移到 OpenConfirm（打开确认）状态。

如果收到断开 TCP 连接的请求，则本地进程将关闭 BGP 连接、重置 ConnectRetry 定时器、开始侦听由邻居发起的新连接，并迁移到 Active 状态。其他输入事件（启动事件除外，因为该状态会忽略启动事件）则会让 BGP 进程迁移到 Idle 状态。

5. OpenConfirm（打开确认）状态

该状态下，BGP 进程将等待 Keepalive 消息或 Notification 消息，如果收到的是 Keepalive 消息，则迁移到 Established（建立）状态；如果接收到的是 Notification 消息或断开 TCP 连接请求，则迁移到 Idle 状态。

如果保持定时器到期，或检测到差错，或发生了终止事件，则向邻居发送一条 Notification 消息、关闭 BGP 连接，并将状态更改为 Idle 状态。

6. Established（建立）状态

该状态下，BGP 对等连接已完全建立，对等体之间可以相互交换 Update、Keepalive 和 Notification 消息。如果接收到的是 Update 或 Keepalive 消息，则重新启动保持定时器（如果协商好的保持时间不是零）。如果接收到的是 Notification 消息，则迁移到 Idle 状态。其他事件（启动事件除外，因为该状态会忽略启动事件）将会让 BGP 进程发送一条 Notification 消息并迁移到空闲状态。

2.2.3 路径属性

路径属性是所宣告 BGP 路由的特性，虽然该术语专用于 BGP，但大家对这个概念并不陌生：每条路由宣告（无论发起的路由协议是何种路由协议）都有属性。例如，每条路由宣告都有表达目的端的某种信息（地址前缀）、能够与去往相同目的端的其他路由进行对比的某种量值（度量）以及关于目的端的方向性信息（如下一跳地址）。BGP 不但拥有大家已经熟知的与其他路由协议相同的各种属性，而且还拥有许多用于创建并沟通路由策略的特有属性。

所有的路径属性都可以归入以下 4 类：

- 周知强制属性；
- 周知自选属性；
- 可选传递性属性；
- 可选非传递性属性。

首先，每种属性要么是周知属性（即要求所有 BGP 实现都能识别这些属性），要么就是可选属性（即不要求所有 BGP 实现都支持这些属性）

周知属性包括强制属性（即必须包含在所有的 BGP Update 消息中）或自选属性（即可以包含在特定 Update 消息中，也可以不包含在特定 Update 消息中）。

如果可选属性是传递性的，那么 BGP 进程就应该接受该属性中包含的 Update 消息（即使该进程并不支持该属性），而且应该将该属性传递给对等体。如果可选属性是非传递性的，那么无法识别该属性的 BGP 进程可以忽略该属性中包含的 Update 消息，而且不将该路径宣告给其他对等体。简单而言，就是属性可以通过或不可以通过路由器进行传递。

表 2-2 列出了所有的 BGP 路径属性，本节将详细介绍表中列出的三种周知强制属性（因为每条 BGP Update 消息都必须包含这些属性），此外本节还将介绍被称为权重的 Cisco 专有属性，其余属性则在用作不同用途时进行讨论，如用作策略使能器（第 4 章）、扩展（第 5 章）或携带多种 NLRI 类型（第 6 章）。

注： 如果大家熟悉团体（Community）属性和扩展团体（Extended Community）属性，那么就可能会疑惑表 2-2 为何会将这些属性均列为扩展特性，而不是策略使能器。请注意，策略使能器能够直接影响 BGP 决策进程，而团体属性的作用则是可以更轻松地将策略应用到一组路由上，而不是影响 BGP 决策进程。

表 2-2 路径属性

属性	类别	RFC	应用
ORIGIN	周知强制属性	4271	策略
AS_PATH	周知强制属性	4271	策略、环路检测
NEXT_HOP	周知强制属性	4271	策略
LOCAL_PREF	周知自选属性	4271	策略
ATOMIC_AGGREGATE	周知自选属性	4271	地址聚合
AGGREGATOR	可选传递属性	4271	地址聚合
COMMUNITY	可选传递属性	1997	扩展
EXTENDED COMMUNITY	可选传递属性	4360	扩展
MULTI_EXIT_DISC(MED)	可选非传递属性	4271	策略
ORIGINATOR_ID	可选非传递属性	4456	扩展、环路检测、策略
CLUSTER_LIST	可选非传递属性	4456	扩展、环路检测、策略
AS4_PATH	可选传递属性	6793	扩展、策略
AS4_AGGREGATOR	可选传递属性	6793	扩展、地址聚合
Multiprotocol Reachable NLRI	可选非传递属性	4760	多协议 BGP
Multiprotocol Unreachable NLRI	可选非传递属性	4760	多协议 BGP

1. ORIGIN 属性

ORIGIN 是一种周知强制属性，指定了路由更新的来源。如果 BGP 存在多条去往同一个目的端的路由时，那么就将 ORIGIN 属性作为确定优选路由的要素之一。ORIGIN 属性指定的路由来源有下面这些。

- **IGP**：NLRI（Network Layer Reachability Information，网络层可达性信息）学自源 AS 的内部协议。如果路由来源是 IGP，那么 ORIGIN 值将为最高优先级。如果路由是通过 **network** 语句从 IGP 路由表中学到的（详见第 3 章），那么那么该 BGP 路由的源就是 IGP。
- **EGP**：NLRI 学自外部网关协议。EGP 的优先级次于 IGP。由于 EGP 已被废除，因而以后不可能在遇到这种源类型，这是当初从 EGP 转换到 BGP 时的遗留产物。
- **不完全（Incomplete）**：NLRI 学自其他渠道。路由来源不完全的路由拥有最低优先级的 ORIGIN 值。请注意，不完全路由并不是说该路由有何缺陷，只是确定该路由来源的信息不完全而已。BGP 通过重分发机制学习到的路由将携带不完全路由来源属性，这是因为没有办法确定该路由的来源。

虽然 ORIGIN 属性仍然是 BGP 标准的强制属性，但是正如上述三种可能来源的第二种所述，ORIGIN 属性的作用是帮助大家从 EGP 转换到 BGP。因此，虽然在某些极端的策略配置中可能会用到该属性，但绝大多数情况下都将 ORIGIN 属性视为一种过时的属性。

2. AS_PATH 属性

AS_PATH 属性是一种周知强制属性，该属性利用一串 AS 号来描述去往由 NLRI 指定的目的地的 AS 间（inter-AS）路径或 AS 级（AS-level）路由。AS 发起路由（在其 AS 内向外部邻居宣告目的地的 NLRI）时，会将自己的 AS 号添加到 AS_PATH 中。后续的 BGP 发话路由器在将路由宣告给外部对等体时，也会将自己的 AS 号添加到 AS_PATH 中（如图 2-10 所示），因而 AS_PATH 描述了路由所经过的全部自治系统（从刚刚到达的 AS 开始，到发起该路由的源 AS 结束）。

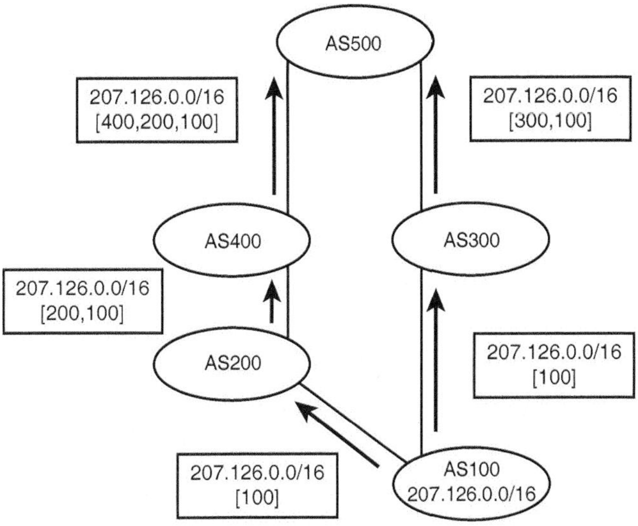

图 2-10 在 AS_PATH 列表中追加 AS 号（加在最前面）

请注意，仅当 Update 消息发送给其他 AS 时，BGP 路由器才会在 AS_PATH 中添加自己的 AS 号。也就是说，仅在 EBGP 对等体之间宣告路由时，才会在 AS_PATH 中追加 AS 号。如果是在 IBGP 对等体（位于同一 AS 中的对等体）之间宣告路由，那么就不会追加 AS 号。

一般来说，AS_PATH 列表中存在同一 AS 号的多个实例是毫无意义的，而且还会破坏 AS_PATH 属性的作用。但是对于某些特定场合来说，在 AS_PATH 属性中添加特定 AS 号的多个实例也是非常有用的。请注意，出站路由宣告将直接影响入站流量。一般来说，在图 2-10 中，从 AS500 去往 AS 100 的路由将穿过 AS300，这是因为该路由的 AS_PATH 较短。但是如果去往 AS200 的链路是 AS100 的入站流量的优选路径，那么会怎么样呢？举例来说，如果（400,200,100）路径上的链路可能都是 10G 链路，而（300,100）路径上的链路只有 1G，或者 AS200 是主用提供商，而 AS300 只是备用提供商，则出站流量将被发送到 AS200，因而也希望入站流量走相同的路径。

AS100 可以通过更改其所宣告路由的 AS_PATH 属性来影响入站流量（见图 2-11），通过在发送给 AS300 的列表中增加其 AS 号的多个实例，AS100 可以让 AS500 中的路由器认为路径（500,200,100）是最短路径。通常将这种在 AS_PATH 中增加额外 AS 号的操作称为 AS 路径预附加（prepending）。

如前所述，AS_PATH 属性包含了一系列有序的 AS 号，用来描述去往特定目的端的路径。实际上，AS_PATH 属性可以分为以下两种类型。

- **AS_SEQUENCE：** 是一种有序的 AS 号列表（如前所述）。
- **AS_SET：** 是去往目的端的路径的无序 AS 号列表。

这两种类型是通过 AS_PATH 属性中的类型代码进行区分的，详细内容将在“BGP 消息格式”一节进行讨论。

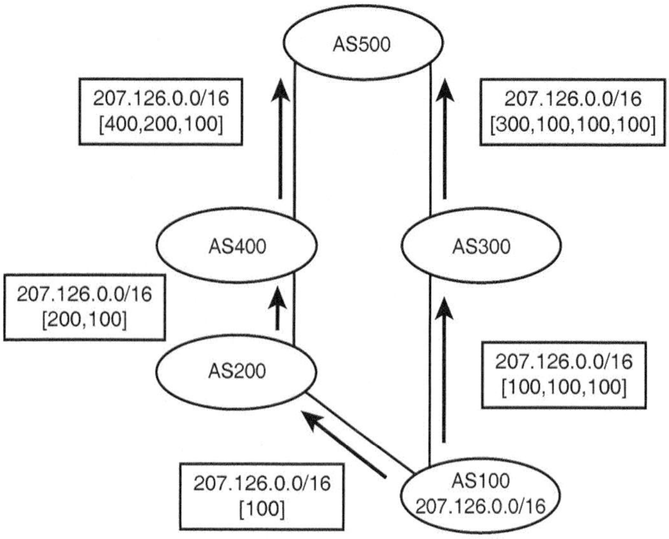

图 2-11 AS100 在宣告给 AS300 的 AS_PATH 中增加了自身 AS 号的多个实例，从而影响 AS500 的路径选择

注： AS_SEQUENCE 和 AS_SET 都有一个修改版本：分别是 AS_CONFED_SEQUENCE 和 AS_CONFED_SET，功能上与 AS_SEQUENCE 及 AS_SET 相同，区别在于 AS_CONFED_SEQUENCE 和 AS_CONFED_SET 适用于 BGP 联盟（Confederation）场景（详见第 5 章）。

如前所述，AS_PATH 属性的另一个功能就是预防环路，如果 BGP 发话路由器发现从外部对等体收到的路由的 AS_PATH 中包含自己的 AS 号，那么就认为该路由出现了环路，从而丢弃该路由。但是，如果执行了前缀聚合操作，那么就有可能丢失某些 AS_PATH 细节信息。例如，图 2-12 中的 AS3113 聚合了 AS225、AS237 以及 AS810 宣告的前缀，由于 AS3113 发起的是聚合前缀，因而与该前缀相关联的 AS_PATH 仅包含该 AS 号，从而增大了潜在的环路风险。

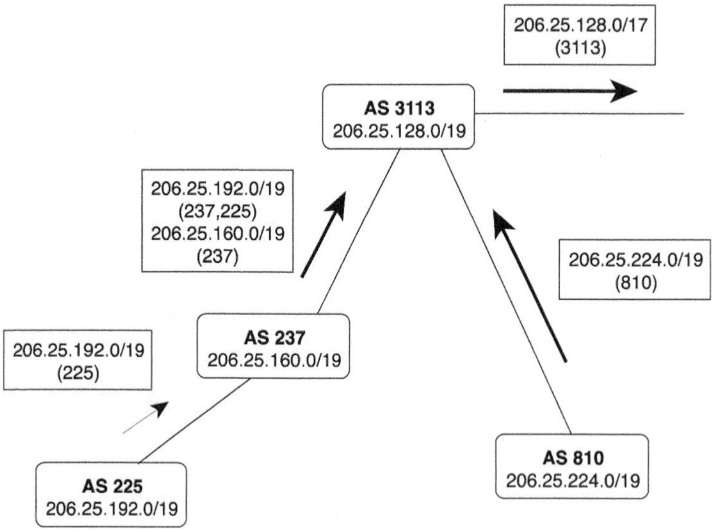

图 2-12 AS3113 的聚合操作导致被聚合前缀的 AS_PATH 信息丢失

假设 AS810 拥有一条可选连接去往其他 AS（见图 2-13），那么来自 AS3113 的聚合路由将被宣告给 AS6571，然后再次返回到 AS810。

由于聚合点之后的 AS 号不在 AS_PATH 中，因而 AS810 检测不到潜在的路由环路。接下来，假设 AS810 中的某个网络（如 206.25.225.0/24）出现了故障，那么该 AS 中的路由器将匹配来自 AS6571 的聚合路由，从而出现路由环路。

仔细想一想，其实 AS_PATH 的环路预防功能并不需要列表中的 AS 号必须以特定顺序出现，唯一需要的就是接收端路由器能够确定自己的 AS 号是否位于 AS_PATH 中，因而出现了 AS_SET。

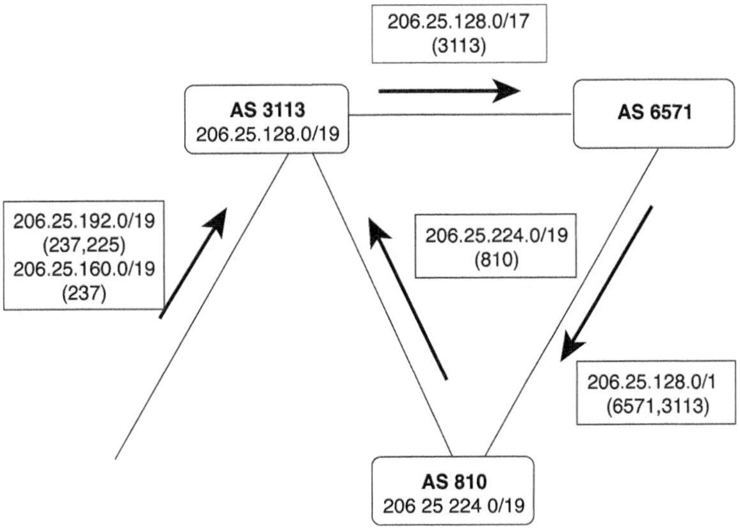

图 2-13 聚合点出现的 AS_PATH 信息丢失问题会严重影响 AS_PATH 的环路避免功能

BGP 发话路由器根据从其他 AS 学到 NLRI 创建聚合路由时，可以像 AS_SET 那样，在 AS_PATH 中包含所有的 AS 号。例如，图 2-14 显示了在图 2-12 的聚合路由中添加了 AS_SET 的网络情况。

图中的聚合路由仍然以 AS_SEQUENCE 为起始，接收端路由器能够根据该路径回溯到聚合点，但聚合路由中包含了 AS_SET，因而能够避免路由环路。此外，还可以从本例看出 AS_SET 为何是一个无序列表，这是因为 AS3113 的聚合点后面还有其他分支路径去往该聚合路由所在的自治系统，因而无法利用有序列表来描述这些分离的路径。

请注意，AS_SET 是一种折中解决办法。前面曾经说过，路由汇总的主要好处之一就是路由稳定性，如果属于聚合路由的某个网络出现了故障，那么不会将该故障宣告到聚合点之外，但是如果在聚合路径的 AS_PATH 中包含了 AS_SET，那么该聚合路由的稳定性将大大降低。例如，如果去往图 2-14 中的 AS225 的链路出现了故障，那么 AS_SET 就会发生变化，相应的变化情况也会宣告到聚合点之外。但是，与聚合路由相关联的成员 AS 号的可见性相比，更应该关注的是聚合路由背后的大量前缀的可见性。

实际上，人们很少在公众 Internet 的聚合点使用 AS_SET。由于存在前面所讨论的潜在路由不稳定问题，加上 AS_SET 可能会存在不慎包含私有 AS 号的风险以及其他各种复杂性，RFC 6472 建议除了某些特殊场合之外，尽量不要使用 AS_SET。虽然大多数 Internet 级别的 BGP 实现（包括 Cisco IOS）都支持 AS_SET，但 RFC 6472 建议在未来的 BGP 升级规范中删除 AS_SET。

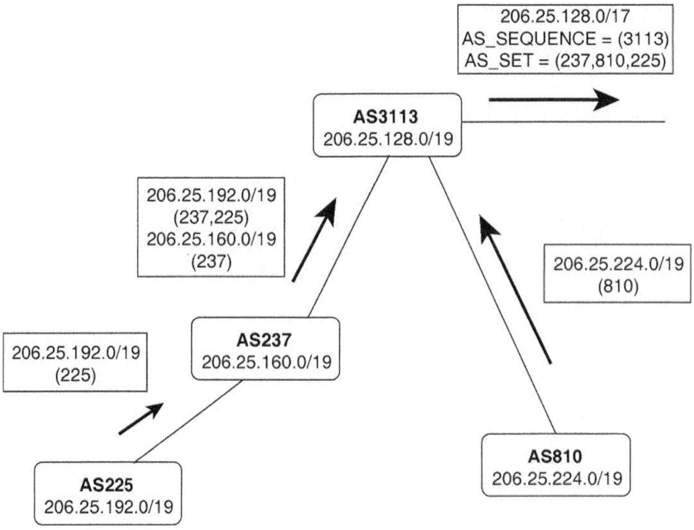

图 2-14　在聚合路由的 AS_PATH 中包含 AS_SET，可以恢复聚合路由失去的环路避免功能

3. NEXT_HOP 属性

顾名思义，该周知属性描述了去往所宣告目的端的路径上的下一跳路由器的 IP 地址。但是与通常的 IGP 不同，BGP NEXT_HOP 属性所描述的 IP 地址并不总是邻居路由器的 IP 地址，其规则如下：

- 如果宣告路由器与接收路由器位于不同的自治系统中（外部对等体），那么 NEXT_HOP 是宣告路由器的接口 IP 地址；
- 如果宣告路由器与接收路由器位于同一自治系统中（内部对等体），且 Update 消息的 NLRI 指向的是同一 AS 内的目的地，那么 NEXT_HOP 是宣告该路由的邻居的 IP 地址；
- 如果宣告路由器和接收路由器是内部对等体，且 Update 消息的 NLRI 指向的是不同 AS 内的目的地，那么 NEXT_HOP 是外部对等体（通过该对等体学习到该路由）的 IP 地址。

图 2-15 解释了第一条规则，图中的宣告路由器和接收路由器位于不同的自治系统中，此时 NEXT_HOP 是外部对等体的接口地址。到目前为止，该操作行为仍然与其他路由协议的期望结果一致。

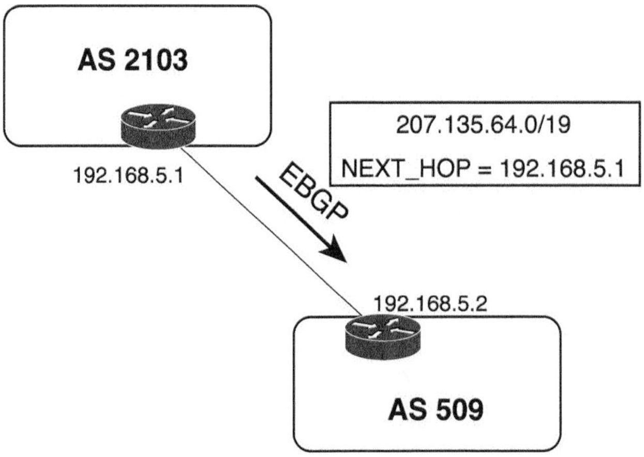

图 2-15　如果 BGP 的 Update 消息是通过 EBGP 进行宣告的，那么 NEXT_HOP 属性就是外部对等体的 IP 地址

图 2-16 解释了第二条规则，图中的宣告路由器和接收路由器位于同一 AS 中，且正在宣告的目的端也位于同一 AS 中，此时与 NLRI 相关的 NEXT_HOP 是发起端路由器的 IP 地址。

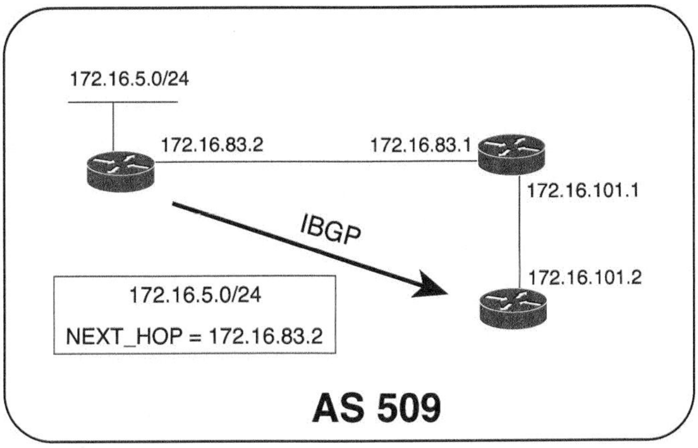

图 2-16 如果 BGP 的 Update 消息是通过 IBGP 进行宣告的，且所宣告的目的端位于同一 AS 中，那么 NEXT_HOP 属性就是发起路由器的 IP 地址

请注意，虽然宣告路由器和接收端路由器并不共享相同的数据链路，但 IBGP TCP 连接是通过 IGP 发话（IGP-speaking）路由器进行传递的，接收端路由器必须执行递归路由查找（有关递归查找的相关内容请参阅《TCP/IP 路由技术（第一卷）》），以便将数据包发送到所宣告的目的端。例如，假设图 2-16 中地址为 172.16.101.2 的路由器需要转发目的地址为 172.16.5.30 的数据包，那么该路由器就会查找该目的地址并匹配前缀 172.16.5.0/24，该路由显示的下一跳是 172.16.83.2，由于该 IP 地址并不属于路由器的直连子网，因而路由器必须接着查找到达 172.16.83.2 的路由，由于该路由（学自 IGP）显示的下一跳是 172.16.101.1，因而路由器就可以转发数据包了。本例可以帮助大家很好地理解 IBGP 对 IGP 的依存关系。

图 2-17 解释了第三条规则，图中的路由通过 EBGP 学习到之后传递给了内部对等体。由于目的地在其他 AS 中，因而通过 IBGP 连接传递的该路由的 NEXT_HOP 就是学到该路由的外部路由器的接口地址。

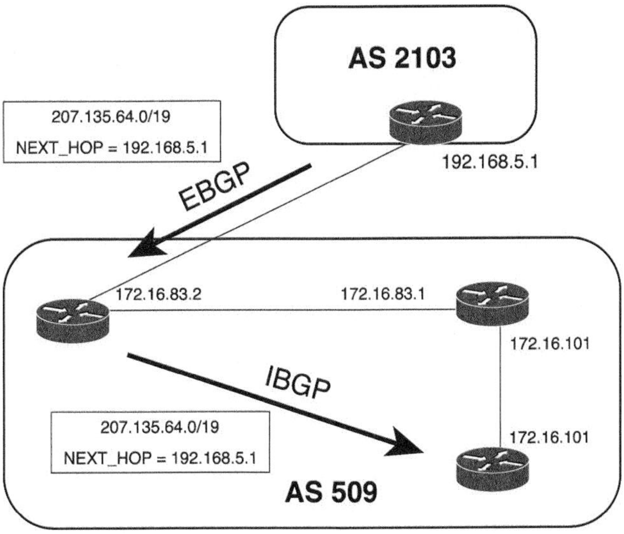

图 2-17 如果 BGP 的 Update 消息是通过 IBGP 进行宣告的，且所宣告的目的端位于不同的 AS 中，那么 NEXT_HOP 属性就是学到该路由的外部对等体的 IP 地址

图 2-17 中的 IBGP 对等体必须执行递归路由查找以将数据包转发到 207.135.64.0/19，但这里存在一个潜在问题，下一跳地址所属的子网 192.168.5.0 并不是 AS 509 的一部分，除非 AS 边界路由器将该网络宣告到 AS 509 中，否则 IGP（甚至内部对等体）将无法知道该子网。此外，如果该子网不在路由表中，那么去往 207.135.64.0/19 的下一跳地址也将不可达，去往该目的端的数据包也将被丢弃。事实上，尽管去往 207.135.64.0/19 的路由已经安装在内部对等体的 BGP 表中了，但是由于下一跳地址对于该路由器来说无效，因而并没有安装到路由表中。

解决方案之一就是要保证内部路由器知道连接在这两个自治系统上的外部子网，虽然可以使用静态路由，但更好的方式是在外部接口运行被动模式下的 IGP。如果某些场合不希望使用该解决方案，那么就可以考虑第二种替代解决方案（该解决方案也被视为最佳实践），也就是利用被称为 **next-hop-self** 的配置选项让 AS 509 中的 AS 边界路由器在 NEXT_HOP 属性中设置自己的 IP 地址，而不是外部对等体的 IP 地址，此后内部对等体的下一跳路由器地址就是 172.16.83.2（IGP 知道该地址）。有关 **next-hop-self** 配置选项的相关内容将在第 3 章进行讨论。

4. 权重

权重[3]（WEIGHT）是 Cisco 的专有 BGP 路径属性，仅对单台路由器内的路由有效，无法与其他路由器进行通信。分配给每条路由的 WEIGHT 取值范围是 0～65535，权重越大，表明该路由越优。在所有路由特性中，权重是 BGP 决策进程选择最佳路径时最重要的判断要素（显式指定路由除外）。在默认情况下，所有从对等体学习到的路由的权重均为 0，而所有由本地路由器生成的路由的权重均为 32768。

既可以为每条路由单独设置权重，也可以为学自特定邻居的多条路由设置权重。例如，对等体 A 和 B 可能会向同一个 BGP 发话路由器宣告相同路由，BGP 发话路由器为从对等体 A 收到的路由分配较高权重之后，就可以优选经由对等体 A 的路由。请注意，该优先级仅在本地对单台路由器有效，权重信息既不包含在 BGP Update 消息中，也不会以任何方式宣告给 BGP 发话路由器的对等体。因而权重仅影响单台路由器的路由决策，而不会影响其他路由器的路由决策。

如果希望 AS 中的指定 BGP 路由器在对待某些前缀方面与该 AS 中的其他路由器对待相同前缀的方式不一样，那么就可以使用权重，但是这么做也存在一定的风险。由于权重仅影响单台路由器的 BGP 决策进程，因而必须谨慎使用，使用错误可能会产生不可预料的后果，或者产生前后矛盾的路由结果（如环路）。

2.2.4 BGP 决策进程

BGP 的 RIB（Routing Information Base，路由信息库）包括以下三个部分。

- **Adj-RIBs-In**：存储了从对等体学到的路由更新中未经处理的路由信息，Adj-RIBs-In 中的路由被认为是可行路由。
- **Loc-RIB**：包含了 BGP 发话路由器对 Adj-RIBs-In 中的路由应用本地路由策略之后选定的路由，这些路由以及通过其他路由协议发现的路由均被安装在路由表（RIB）中。

3 早期的 IOS 文档将该参数称为管理权重（Administrative Weight），最新的文档已经不再使用该术语，转而使用权重。这么做的原因可能是为了避免与管理距离（Administrative Distance）相混淆，管理距离是一个完全不同且与协议无关的参数。

- **Adj-RIBs-Out**：包含了 BGP 发话路由器在 BGP Update 消息中宣告给对等体的路由。出站路由策略决定将哪些路由放到 Adj-RIBs-Out 中。

RIB 的这三个组成部分既可以是三个完全不同的数据库，也可以是利用指针来区分不同部分的单个数据库。

BGP 决策进程通过对 Adj-RIBs-In 中的路由应用入站路由策略，并向 Loc-RIB 输入选定的或修改的路由来进行路由选择。BGP 决策进程包括以下三个阶段。

- 第 1 阶段计算 Adj-RIBs-In 中的每条可行路由的优先级。无论什么时候，只要路由器从邻接 AS 的对等体收到 BGP Update 消息（包含新路由、发生变化的路由或撤销路由），就会激活本决策阶段，该阶段会单独计算每条路由，并为每条路由生成一个用于指示该路由优先级的非负整数。
- 第 2 阶段从所有可用路由中为特定目的端选择最佳路由，并将其安装到 Loc-RIB 中。只有完成了第 1 阶段之后才会激活本决策阶段。第 2 阶段还通过检查 AS_PATH 来检测环路，本地 AS 位于 AS_PATH 中的路由均被丢弃。
- 第 3 阶段将适当的路由添加到 Adj-RIBs-Out 中，以便向对等体进行宣告。只有当 Loc-RIB 发生变化且第 2 阶段已经完成之后才会激活本决策阶段。路由聚合（如果执行了路由聚合操作）就发生在本阶段。

除非指定了其他特殊的路由策略，否则第 2 阶段总是在所有可行路由中为特定目的端选择最精确路由。请注意，如果路由的 NEXT_HOP 属性指定的地址不可达，那么就不会选择该路由。对于 IBGP 来说还存在一种特殊情况：未与 IGP“同步”的路由将无法选择（见第 3 章）。

到目前为止，已经了解了可以为增强单台路由器、内部对等体、邻接自治系统以及自治系统之外的路由策略而赋予 BGP 路由多种属性。路由器在多条去往相同目的端的等价路由之间做出决策时，需要遵循一系列决策规则，这些决策规则就是 BGP 决策进程。IOS 规定的决策进程如下[4]。

1. 优选权重最大的路由。如前所述，这是 IOS 专有功能。
2. 如果权重相同，则优选 LOCAL_PREF 值最大的路由。
3. 如果 LOCAL_PREF 值相等，那么就优选该路由器本地发起并通过 **network** 或 **aggregate** 命令或重分发操作注入到 BGP 的路由，也就是说，优选学自同一台路由器上的 IGP 或直连路由。请注意，通过 **network** 命令或重分发操作注入 BGP 的路由优于通过 **aggregate-address** 命令注入的本地聚合路由。有关注入前缀的这些方法将在第 4 章进行讨论。
4. 如果 LOCAL_PREF 值相等且没有本地发起的路由，那么就优选 AS_PATH 最短的路由。
5. 如果 AS_PATH 长度相等，那么就优选 ORIGIN 代码最小的路径，IGP 小于 EGP，EGP 小于 Incomplete（不完全）。
6. 如果 ORIGIN 代码相同，那么就优选 MED（MULTI_EXIT_DISC）值最小的路由。仅当所有备选路由的 AS 号均相同时才比较 MED 值[5]。
7. 如果 MED 相同，那么就优选 EBGP 路由，次选联盟 EBGP 路由，最后选择 IBGP 路由。

---

4 由于不同设备商的 BGP 决策进程可能会存在一些差异，因而在多厂商的 BGP 网络环境下，必须理解每个厂商的 BGP 决策进程步骤。由于 BGP 决策进程会随着新功能特性的加入而发生变化，因而即便是 IOS，早期版本与新版本之间也可能会存在细微差异。

5 IOS 为默认 MED 行为提供了两种替代方案：**bgp deterministic-med** 和 **bgp alwayscompare-med**，有关这些替代方案的详细内容请参阅第 4 章。

8. 如果此时的路由仍相同，那么就优选到达 BGP NEXT_HOP 路径最短的路由，该路由是到达下一跳地址的路由中 IGP 度量最小的路由。
9. 如果此时的路由仍相同，且这些路由均来自同一个邻接 AS，并通过命令 **maximum-paths** 启用了 BGP 多路径功能，那么就在 Loc-RIB 中安装所有等价路由。
10. 如果此时的路由仍相同且都是外部路由，那么就优选最开始接收到的路径，由于可以避免新路由抢占老路由，因而可以降低路由翻动的概率。如果启用了语句 **bgp best path compare-routerid**，那么就会忽略本步骤。
11. 如果没有启用多路径功能，那么就优选 BGP 路由器 ID 最小的路由。如果使用了路由反射机制（见第 5 章），那么就优选 ORIGINATOR_ID 最小的路由。
12. 如果此时的路由仍相同且使用了路由反射机制，那么就优选 CLUSTER_LIST 最短的路由。
13. 如果此时的路由仍相同，那么就优选 IP 地址最小的邻居宣告来的路由。

注：理解 BGP 决策进程以及每个决策步骤的次序，对于部署 BGP 来说至关重要。除了必须因此而记住上述决策进程之外，记住上述进程还有助于通过 CCIE 考试以及入职面试，我不但经常会在面试时询问这些问题，而且也经常在被面试时问到这些问题（可惜的是，我的回答并不总是正确）。

2.2.5 BGP 消息格式

BGP 消息是在 TCP 报文段中使用 TCP 端口 179 进行承载的，最大消息长度为 4096 个八位组，最小长度为 19 个八位组，所有 BGP 消息都有一个相同的头部（见图 2-18）。对不同类型的 BGP 消息来说，数据部分可能位于该头部之后，也可能不位于该头部之后。

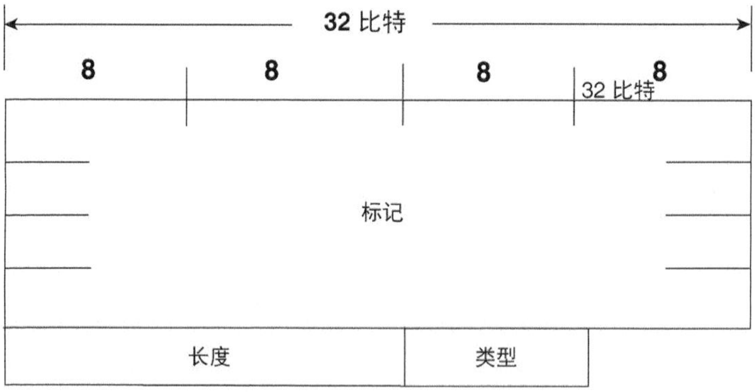

图 2-18 BGP 消息头部

- **标志（marker）**：该字段长 16 个八位组，用于检测 BGP 对等体之间的同步丢失情况，并且在支持验证功能的情况下可以进行消息验证。但 RFC 4271 已不再使用该字段，目前所有的 BGP 实现都将该字段始终设置为全 1，在消息头部保留该字段的原因是实现后向兼容性。
- **长度（length）**：该字段长 2 个八位组，指示消息的全部长度（包括头部），以八位组为单位。

- **类型（type）：** 该字段长 1 个八位组，指示消息的类型。表 2-3 列出了各种可能类型的代码。

表 2-3 BGP 类型代码

代码	类型
1	Open（打开）
2	Update（更新）
3	Notification（通告）
4	Keepalive（保持激活）
5	Route Refresh（路由刷新）（参见第 4 章）

2.2.6 Open 消息

Open 消息的格式如图 2-19 所示，该消息是 TCP 连接建立后发出的第一条消息，如果收到的 Open 消息是可接受的，那么就发送一条 Keepalive 消息，以确认该 Open 消息。确认了 Open 消息之后，BGP 连接就处于 Established（建立）状态，可以发送 Update、Keepalive 以及 Notification 消息。

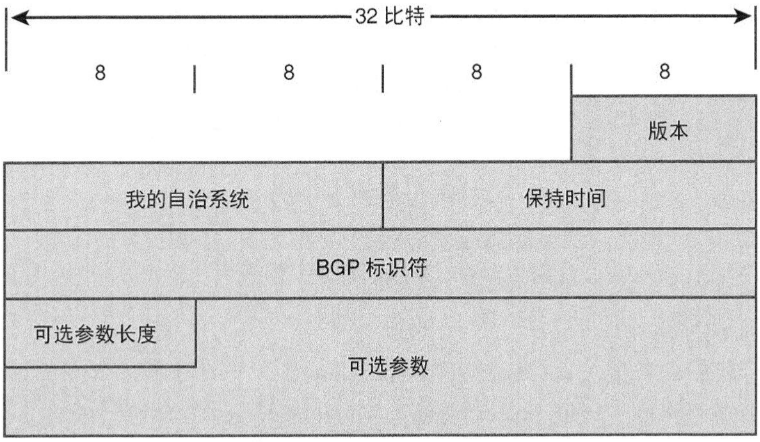

图 2-19 BGP Open 消息的格式

Open 消息的最小长度（包含 BGP 消息头部）是 29 个八位组。

BGP Open 消息包含以下字段。

- **版本（Version）：** 该字段长 1 个八位组，用于指定发起方运行的 BGP 版本。
- **我的自治系统（My Autonomous System）：** 该字段长 2 个八位组，用于指定发起方的 AS 号。
- **保持时间（Hold Time）：** 该字段长 2 个八位组，用于表示发送端建议的保持时间的秒数。接收端将该字段的值与其配置的保持时间进行对比，要么接受较小的保持时间值，要么拒绝该连接。保持时间必须为 0 或者至少 3 秒钟。
- **BGP 标识符（BGP Identifier）：** 是发起方的 BGP 路 ID，除非在 BGP 配置中指定路由器 ID，否则 IOS 将路由器 ID 设置为最大的环回接口 IP 地址，如果没有配置环回接口，那么就设置为最大的物理接口 IP 地址。

- **可选参数长度（Optional Parameters Length）**：该字段长 1 个八位组，表示后面可选参数字段的长度（以八位组为单位），如果该字段值为 0，那么就表示该消息中无可选参数字段。
- **可选参数（Optional Parameters）**：该可变长度字段包含一个可选参数列表，每个参数都由一个长为 1 个八位组的类型字段、一个长为 1 个八位组的长度字段以及一个包含参数值的可变长度字段组成。

2.2.7 Update 消息

Update 消息的格式如图 2-20 所示，该消息的作用是向对等体宣告一条可行路由或撤销多条不可行路由或两者。

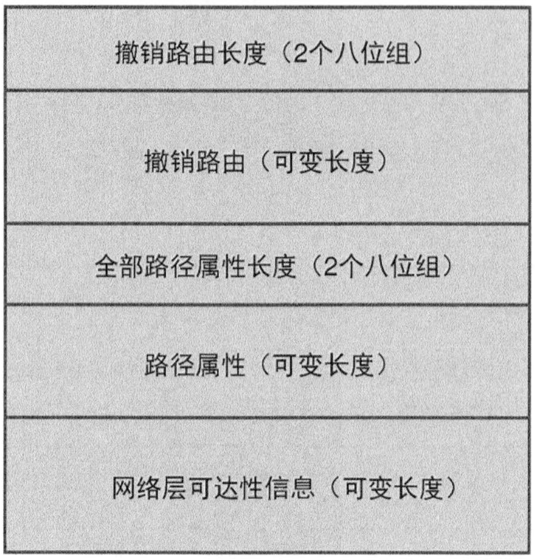

图 2-20 BGP Update 消息的格式

BGP Update 消息包含以下字段。

- **不可行路由的长度（Unfeasible Routes Length）**：该字段长 2 个八位组，用于指示后面被撤销路由（Withdraw Routes）字段的长度（以八位组为单位），该字段值为 0 时表示没有被撤销的路由，且 Update 消息中无被撤销路由字段。
- **被撤销路由的长度（Withdrawn Routes Length）**[6]：该字段长 2 个八位组，用于指示后面被撤销路由字段的总长度（以八位组为单位），该字段值为 0 时表示没有要撤销的路由，并且 Update 消息中无被撤销路由字段。
- **被撤销路由（Withdraw Routes）**：该可变长度字段包含了一个要退出服务的路由列表，列表中的每条路由都以（长度，前缀）二元组形式加以表示，其中，长度表示前缀的长度，前缀表示被撤销路由的 IP 地址前缀。如果二元组中的长度部分为 0，那么前缀部分将匹配所有路由。
- **整个路径属性的长度（Total Path Attribute Length）**：该字段长 2 个八位组，用于指示后面的路径属性字段的长度（以八位组为单位）。字段值为 0 时表示 Update 消息中未包含路径属性和 NLRI。

6 RFC 1771 及以前就出现了不可行路由长度，虽然 RFC 4271 更改了不可行路由长度的名称，但功能上完全相同。

- **路径属性（Path Attributes）：** 该可变长度字段列出了与后面 NLRI 字段相关联的属性信息，每个路径属性都以可变长度的三元组(属性类型,属性长度,属性值)进行表示，该三元组中的属性类型部分是一个长为 2 个八位组的字段，由 4 个标记比特、4 个未用比特以及 1 个属性类型代码组成（见图 2-21）。表 2-4 列出了最常见的一些属性类型代码以及每种属性类型的可能属性值。
- **网络层可达性信息（Network Layer Reachability Information）：** 该可变长度字段包含一个（长度，前缀）二元组，其中，长度部分以比特为单位表示后面的前缀长度，前缀部分则是 NLRI 的 IP 地址前缀。如果长度部分取值为 0，那么就表示前缀将匹配所有 IP 地址。

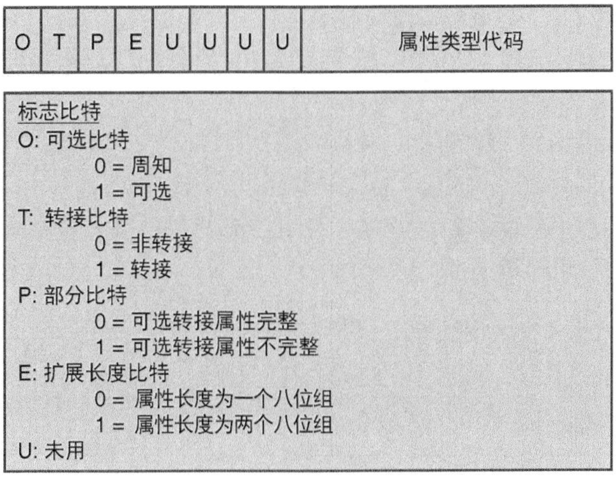

图 2-21 Update 消息中的路径属性字段的属性类型部分

表 2-4 **属性类型及相应的属性值**[7]

类型代码	属性类型	属性值代码	属性值
1	ORIGIN	0	IGP
		1	EGP
		2	不完全（Incomplete）
2	AS_PATH	1	AS_SET
		2	AS_SEQUENCE
		3	AS_CONFED_SET
		4	AS_CONFED_SEQUENCE
3	NEXT_HOP	0	下一跳 IP 地址
4	MULTI_EXIT_DISC	0	4 个八位组的 MED
5	LOCAL_PREF	0	4 个八位组的 LOCAL_PREF
6	ATOMIC_AGGREGATER	0	无
7	AGGREGATOR	0	AS 号及聚合设备的 IP 地址
8	COMMUNITY	0	4 个八位组的团体标识符
9	ORIGINATOR_ID	0	4 个八位组的发起方路由器 ID
10	CLUSTER_LIST	0	可变长度的簇 ID 列表
14	MP_REACH_NLRI	0	可变长度多协议 BGP NLRI

7 由于 BGP 经常增加新的属性，因而本表可能并不完整。

续表

类型代码	属性类型	属性值代码	属性值
15	MP_UNREACH_NLRI	0	可变长度多协议 BGP NLRI
16	EXTENDED COMMUNITIES	0	16 个八位组的扩展团体标识符
17	AS4_PATH	0	采用 4 个八位组 AS 号的 AS 路径
18	AS4_AGGREGATOR	0	4 个八位组的 AS 号以及聚合设备的 IP 地址

2.2.8 Keepalive 消息

Keepalive 消息以保持时间的 1/3（但不得小于 1 秒钟）为周期进行交换，如果协商后的保持时间为 0，那么就不发送 Keepalive 消息。

Keepalive 消息仅包含长度为 19 个八位组的 BGP 消息头部，不包含其他数据。

2.2.9 Notification 消息

Notification 消息的格式如图 2-22 所示，路由器检测到差错条件之后就会发送该消息。该消息发出后，将立即关闭 BGP 连接。

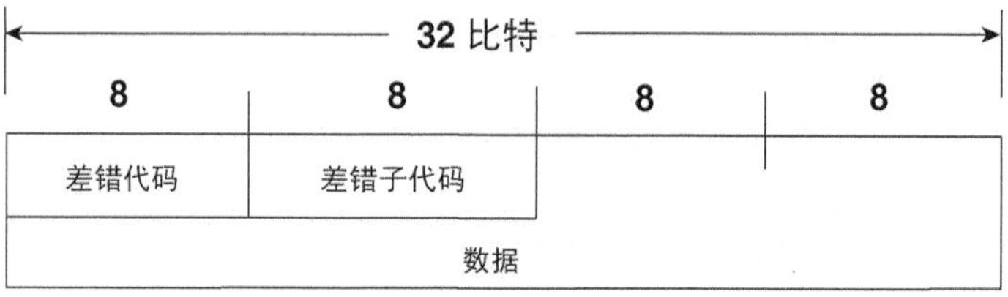

图 2-22 BGP Notification 消息的格式

BGP 的 Notification 消息包括以下字段。

- **差错代码（Error Code）：** 该字段长 1 个八位组，用于指示差错类型。
- **差错子代码（Error Subcode）：** 该字段长 1 个八位组，提供了更精确的差错信息，表 2-5 列出了各种可能的差错代码及相应的差错子代码。
- **数据（Data）：** 该可变长度字段用于诊断差错原因，该字段的内容与差错代码及差错子代码相关。

表 2-5 BGP Notification 消息的差错代码和差错子代码

差错代码	差错	差错子代码	子代码细节
1	消息头部差错	1	连接未同步
		2	错误的消息长度
		3	错误的消息类型
2	Open 消息差错	1	不支持的版本号
		2	错误的对等 AS
		3	错误的 BGP 标识符
		4	不支持的可选参数
		5	验证失败（已被 RFC 4271 废除）
		6	不接受的保持时间

续表

差错代码	差错	差错子代码	子代码细节
3	Update 消息差错	1	错误的属性列表
		2	无法识别的周知属性
		3	缺失周知属性
		4	属性标记差错
		5	属性长度差错
		6	无效的 ORIGIN 差错
		7	AS 路由环路（已被 RFC 4271 废除）
		8	无效的 NEXT_HOP 属性
		9	可选属性差错
		10	无效的网络字段
		11	错误的 AS_PATH
4	保持定时器超时	0	-
5	有限状态机差错	0	-
6	终止	0	-

2.3 BGP 对等关系的配置及故障检测与排除

许多刚接触 BGP 的读者都有些缺乏信心，这是因为 BGP 实现要远远复杂于 IGP 实现。除 ISP 之外的大多数网络管理员在 BGP 的处理经验上远不及 IGP，即便使用了 BGP，小型 ISP 和非 ISP 用户所作的配置操作也非常基础。由于大多数网络专业人士对 BGP 协议都缺乏深层次的了解，因而常常将 BGP 视为一种神秘或令人畏惧的路由协议。

毋庸置疑，BGP 的配置非常复杂，但 BGP 配置的复杂性主要在于策略，BGP 对等关系的配置实际上并不十分复杂，即使其复杂度仍然高于大多数 IGP 配置。本节将由简入难地详细介绍 BGP 对等关系配置的每一个步骤。

2.3.1 案例研究：EBGP 对等会话

配置路由器之间的 BGP 会话的步骤如下。

- **第 1 步：** 利用命令 router bgp 建立 BGP 进程并指定本地 AS 号。
- **第 2 步：** 利用命令 neighbour remote-as 指定邻居及邻居的 AS 号。

图 2-23 显示了两台位于不同自治系统中的路由器，例 2-6 则给出了这些路由器的 EBGP 配置。

利用 **debug ip bgp**[8]命令可以查看路由器 Vail 的 BGP 状态变化情况（见例 2-7），从输出结果的前几行可以看出，Vail 正试图打开到达路由器 Taos（192.168.1.255）的连接，由于此时还未在 Taos 上启用 BGP，因而尝试失败，并且 Vail 显示目前的 Taos 处于 Active 状态。后来由于

8 为了简化输出结果，本书中的调试示例均关闭了时间戳特性，除非时间差对于示例本身非常重要。不过，对于生产性网络来说，时间戳是调试以及其他日志功能的重要组成部分，必须打开该特性。

在 Taos 上启用了 BGP，因而接受了 TCP 连接，随着 Vail 发送 Open 消息以启动 BGP 会话，Taos 的状态也从 Active 迁移到 OpenSent 状态。此后这两台路由器开始进行能力协商（本例协商的能力是多协议以及路由刷新能力，分别在第 6 章和第 4 章进行讨论），能力协商一致之后，Vail 就将 Taos 的状态从 OpenSent 更改为 OpenConfirm 状态，最后进入 Established 状态。

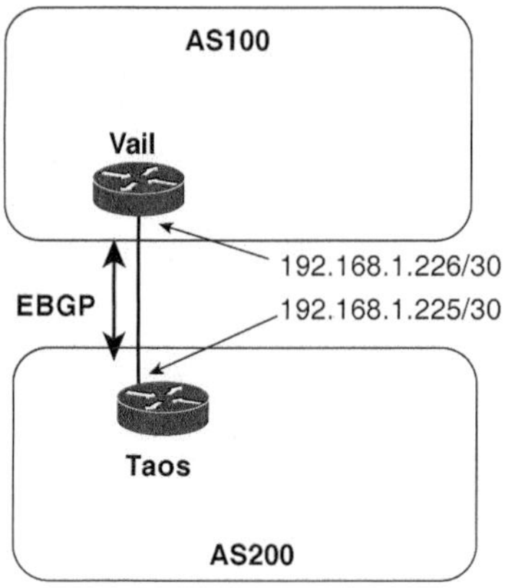

图 2-23 Taos 与 Vail 建立了 EBGP 会话

例 2-6 图 2-23 中的路由器的 EBGP 配置

```
Taos
router bgp 200
 neighbor 192.168.1.226 remote-as 100
```

```
Vail
router bgp 100
 neighbor 192.168.1.225 remote-as 200
```

例 2-7 利用 **debug** 命令查看 BGP 会话建立前后路由器 Vail 对于 Taos 的 BGP 状态变化情况

```
Vail#debug ip bgp
BGP debugging is on for address family: IPv4 Unicast
Vail#
BGP: 192.168.1.225 open active, local address 192.168.1.226
BGP: 192.168.1.225 open failed: Connection refused by remote host, open active d
elayed 34034ms (35000ms max, 28% jitter)
BGP: 192.168.1.225 open active, local address 192.168.1.226
BGP: 192.168.1.225 went from Active to OpenSent
BGP: 192.168.1.225 sending OPEN, version 4, my as: 100, holdtime 180 seconds
BGP: 192.168.1.225 send message type 1, length (incl. header) 45
BGP: 192.168.1.225 rcv message type 1, length (excl. header) 26
BGP: 192.168.1.225 rcv OPEN, version 4, holdtime 180 seconds
BGP: 192.168.1.225 rcv OPEN w/ OPTION parameter len: 16
BGP: 192.168.1.225 rcvd OPEN w/ optional parameter type 2 (Capability) len 6
BGP: 192.168.1.225 OPEN has CAPABILITY code: 1, length 4
BGP: 192.168.1.225 OPEN has MP_EXT CAP for afi/safi: 1/1
BGP: 192.168.1.225 rcvd OPEN w/ optional parameter type 2 (Capability) len 2
BGP: 192.168.1.225 OPEN has CAPABILITY code: 128, length 0
BGP: 192.168.1.225 OPEN has ROUTE-REFRESH capability(old) for all address-families
BGP: 192.168.1.225 rcvd OPEN w/ optional parameter type 2 (Capability) len 2
BGP: 192.168.1.225 OPEN has CAPABILITY code: 2, length 0
BGP: 192.168.1.225 OPEN has ROUTE-REFRESH capability(new) for all address-families
BGP: 192.168.1.225 rcvd OPEN w/ remote AS 200
BGP: 192.168.1.225 went from OpenSent to OpenConfirm
BGP: 192.168.1.225 went from OpenConfirm to Established
```

利用 **neighbor remote-as** 命令创建了邻居之后，就会在 BGP 邻居数据库中为指定邻居创建一个表项，**show ip bgp neighbors**[9]命令既可以显示整个 BGP 邻居数据库，也可以显示指定邻居表项。例 2-8 显示了 Vail 记录的关于 Taos 的相关信息，这些信息对于故障检测与排除操作来说非常有用。

例 2-8 输出结果中的第一行显示了 Taos 的地址（192.168.1.255）、AS 号（200）以及到达该路由器的 BGP 连接的类型（外部链路），第 2 行显示了 Vail 与 Taos 之间使用的 BGP 版本号以及 Taos 的路由器 ID，第 3 行首先显示 BGP 有限状态机的状态以及当前对等连接建立后的时间，本例中的 Vail 已经与 Taos 持续对等了 23 分 25 秒钟。

另一个有意思的信息就是底层 TCP 连接的细节信息，例 2-8 以高亮方式显示了这部分信息，表明该 TCP 连接的状态为 Established，Vail 通过 TCP 端口 13828 向外发送 BGP 消息，Taos 侧的目的端口为 179。需要注意的是，如果在一条承载了多个 BGP 会话的链路上抓取数据包，那么源端口号将非常重要。

例 2-8 **show ip bgp neighbors** 命令的输出结果包含了到邻居的对等连接的详细信息

```
Vail#show ip bgp neighbors

BGP neighbor is 192.168.1.225, remote AS 200, external link
  BGP version 4, remote router ID 192.168.1.225
  BGP state = Established, up for 00:23:25
  Last read 00:00:25, last write 00:00:25, hold time is 180, keepalive interval
is 60 seconds
  Neighbor capabilities:
    Route refresh: advertised and received(old & new)
    Address family IPv4 Unicast: advertised and received
  Message statistics:
    InQ depth is 0
    OutQ depth is 0
                        Sent       Rcvd
    Opens:                 5          5
    Notifications:         0          0
    Updates:               0          0
    Keepalives:           51         52
    Route Refresh:         0          0
    Total:                56         57
  Default minimum time between advertisement runs is 30 seconds

For address family: IPv4 Unicast
  BGP table version 1, neighbor version 1/0
  Output queue size: 0
  Index 1, Offset 0, Mask 0x2
  1 update-group member
                                Sent       Rcvd
  Prefix activity:              ----       ----
    Prefixes Current:              0          0
    Prefixes Total:                0          0
    Implicit Withdraw:             0          0
    Explicit Withdraw:             0          0
    Used as bestpath:            n/a          0
    Used as multipath:           n/a          0

                                   Outbound    Inbound
  Local Policy Denied Prefixes:    --------    -------
   Total:                                 0          0
  Number of NLRIs in the update sent: max 0, min 0
```

（待续）

9 还可以利用 **show bgp neighbors** 命令显示相同信息，不过 IOS 手册中并没有记录该命令，而且并不是所有的 IOS 版本均支持该命令。此外，**show ip bgp neighbors** 命令在不同 IOS 版本下的输出结果可能会存在一些差别。

```
  Connections established 5; dropped 4
  Last reset 00:26:11, due to Peer closed the session
Connection state is ESTAB, I/O status: 1, unread input bytes: 0
Connection is ECN Disabled, Mininum incoming TTL 0, Outgoing TTL 1
Local host: 192.168.1.226, Local port: 13828
Foreign host: 192.168.1.225, Foreign port: 179
Connection tableid (VRF): 0

Enqueued packets for retransmit: 0, input: 0 mis-ordered: 0 (0 bytes)

Event Timers (current time is 0xA9F664):
Timer          Starts    Wakeups            Next
Retrans            26          0             0x0
TimeWait            0          0             0x0
AckHold            25          2             0x0
SendWnd             0          0             0x0
KeepAlive           0          0             0x0
GiveUp              0          0             0x0
PmtuAger            0          0             0x0
DeadWait            0          0             0x0
Linger              0          0             0x0
ProcessQ            0          0             0x0

iss:  842497347 snduna:  842497887 sndnxt: 842497887    sndwnd: 15845
irs: 2329656545 rcvnxt: 2329657085 rcvwnd:      15845 delrcvwnd:   539

SRTT: 435 ms, RTTO: 1159 ms, RTV: 724 ms, KRTT: 0 ms
minRTT: 212 ms, maxRTT: 992 ms, ACK hold: 200 ms
Status Flags: active open
Option Flags: nagle
IP Precedence value : 6

Datagrams (max data segment is 1460 bytes):
Rcvd: 50 (out of order: 0), with data: 25, total data bytes: 539
Sent: 31 (retransmit: 0, fastretransmit: 0, partialack: 0, Second Congestion: 0)
, with data: 26, total data bytes: 539
 Packets received in fast path: 0, fast processed: 0, slow path: 0
 fast lock acquisition failures: 0, slow path: 0
Vail#
```

2.3.2 案例研究：基于IPv6的EBGP对等会话

BGP路由器之间的TCP连接既可以是IPv4，也可以是IPv6。需要记住的是，TCP会话的端点地址与运行在该TCP连接上的BGP会话所支持的地址簇没有关系，也与BGP交换的前缀类型无关，无论TCP会话基于IPv4地址还是IPv6地址，BGP都能同时交换IPv4和IPv6前缀。

图2-24中的两台路由器与图2-3相同，区别在于本例中的接口均配置了IPv6地址，例2-9显示了这两台路由器的EBGP配置，可以看出它们的配置信息与前一个案例基本相同，区别在于邻居地址为IPv6地址。

例2-10显示了Vail的**show ip bgp neighbors**命令输出结果（在例2-9的配置已经完成的情况下），可以看出此时的邻居信息与例2-8几乎完全相同（也以高亮方式显示），区别在于此时的地址为IPv6地址。不过需要注意的是，Vail的BGP路由器ID仍然是192.168.1.225，由于BGP路由器ID是一个32比特数值，因而无法从IPv6地址中推导出来。

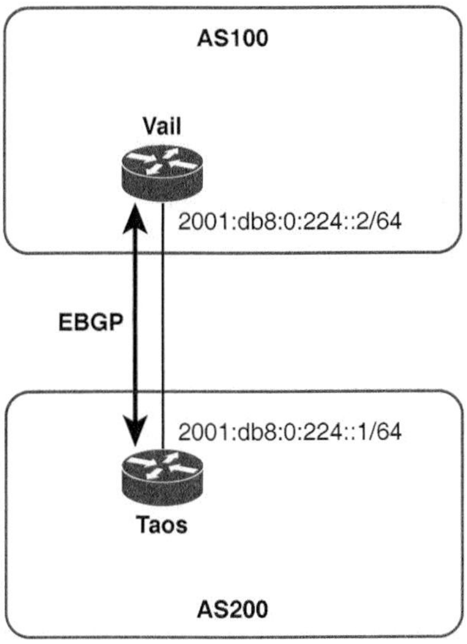

图 2-24　Taos 与 Vail 之间建立了 EBGP 会话（此时都是 IPv6 端点）

例 2-9　图 2-4 中的路由器的 EBGP 配置

```
Taos
router bgp 200
 neighbor 2001:db8:0:224::1 remote-as 100
```

```
Vail
router bgp 100
 neighbor 2001:db8:0:224::2 remote-as 200
```

例 2-10　本例的邻居数据库与例 2-8 看起来非常相似，区别在于此时的邻居地址为 IPv6 地址

```
Vail#show ip bgp neighbors

BGP neighbor is 2001:DB8:0:224::1, remote AS 200, external link
  BGP version 4, remote router ID 192.168.1.225
  BGP state = Established, up for 00:00:18
  Last read 00:00:18, last write 00:00:18, hold time is 180, keepalive interval
is 60 seconds
  Neighbor capabilities:
    Route refresh: advertised and received(old & new)
    Address family IPv4 Unicast: advertised and received
  Message statistics:
    InQ depth is 0
    OutQ depth is 0
                         Sent       Rcvd
    Opens:                  6          6
    Notifications:          0          0
    Updates:                0          0
    Keepalives:           240        280
    Route Refresh:          0          0
    Total:                246        286
  Default minimum time between advertisement runs is 30 seconds

For address family: IPv4 Unicast
  BGP table version 1, neighbor version 1/0
  Output queue size: 0
  Index 1, Offset 0, Mask 0x2
  1 update-group member
                                 Sent       Rcvd
  Prefix activity:               ----       ----
    Prefixes Current:               0          0
```

（待续）

```
    Prefixes Total:                0           0
    Implicit Withdraw:             0           0
    Explicit Withdraw:             0           0
    Used as bestpath:            n/a           0
    Used as multipath:           n/a           0

                                 Outbound    Inbound
  Local Policy Denied Prefixes:    --------    -------
    Total:                              0          0
  Number of NLRIs in the update sent: max 0, min 0

  Connections established 6; dropped 5
  Last reset 00:00:39, due to Peer closed the session
Connection state is ESTAB, I/O status: 1, unread input bytes: 0
Connection is ECN Disabled, Mininum incoming TTL 0, Outgoing TTL 1
Local host: 2001:DB8:0:224::2, Local port: 179
Foreign host: 2001:DB8:0:224::1, Foreign port: 59051
Connection tableid (VRF): 0

Enqueued packets for retransmit: 0, input: 0 mis-ordered: 0 (0 bytes)

Event Timers (current time is 0x285A1B0):
Timer          Starts    Wakeups            Next
Retrans             3          0             0x0
TimeWait            0          0             0x0
AckHold             2          0             0x0
SendWnd             0          0             0x0
KeepAlive           0          0             0x0
GiveUp              0          0             0x0
PmtuAger            0          0             0x0
DeadWait            0          0             0x0
Linger              0          0             0x0
ProcessQ            0          0             0x0

iss: 1579724289 snduna: 1579724392 sndnxt: 1579724392    sndwnd: 16282
irs: 4090406841 rcvnxt: 4090406944 rcvwnd:      16282 delrcvwnd:   102

SRTT: 253 ms, RTTO: 2915 ms, RTV: 2662 ms, KRTT: 0 ms
minRTT: 40 ms, maxRTT: 1484 ms, ACK hold: 200 ms
Status Flags: passive open, gen tcbs
Option Flags: nagle
IP Precedence value : 6

Datagrams (max data segment is 1440 bytes):
Rcvd: 6 (out of order: 0), with data: 3, total data bytes: 102
Sent: 3 (retransmit: 0, fastretransmit: 0, partialack: 0, Second Congestion: 0),
 with data: 3, total data bytes: 230
 Packets received in fast path: 0, fast processed: 0, slow path: 0
 fast lock acquisition failures: 0, slow path: 0
```

从本例邻居数据库的高亮部分还可以看出，本会话仅支持IPv4单播前缀宣告，未配置该路由器的BGP会话承载其他地址簇（见第6章），因而本EGBP会话（虽然该会话运行在两个IPv6端点之间）只能承载IPv4前缀（也是默认地址簇）。

例2-8与例2-10中的TCP会话有一个细微区别，虽然该区别与IPv4或IPv6无关，但仍值得说明一下。例2-8中的本地（Vail的）TCP端口是临时性的，而远程（Taos的）TCP端口是179，例2-10则正好相反：Vail的本地TCP端口是179，而位于Taos的远程TCP端口则是临时性的。第一种场景下的TCP连接（BGP的TCP连接始终指向端口179）是由Vail发起的，而第二种场景下的TCP连接则是由Taos发起的，这些都与TCP连接的历史事实完全一致：配置第一个示例时，首先配置的是Vail的BGP，然后再配置Taos的BGP（从例2-7

可以看出，Vail 正试图在 Taos 准备好之前连接 Taos）。配置第二个示例时，首先配置的是 Taos 的 BGP，然后配置的才是 Vail 的 BGP。留心这些小细节对于排障以及完全理解特定 BGP 会话来说都非常有用。此外，如果在 BGP 接口上运行了访问列表，那么观察这类细节信息也非常重要。虽然可以配置 ACL 以允许 TCP 端口 179，但是由于会话方向的不同，ACL 可能会在无意间阻塞临时端口。

2.3.3 案例研究：IBGP 对等会话

图 2-25 显示了另一个 AS（AS400）连接到 AS100 上（为简化起见，连接 Vail 和 Taos 的接口仍然是 IPv4），AS100 中增加了两台路由器——Aspen 和 Telluride，并且 Telluride 通过 EBGP 连接了 Alta（位于 AS400 中）。

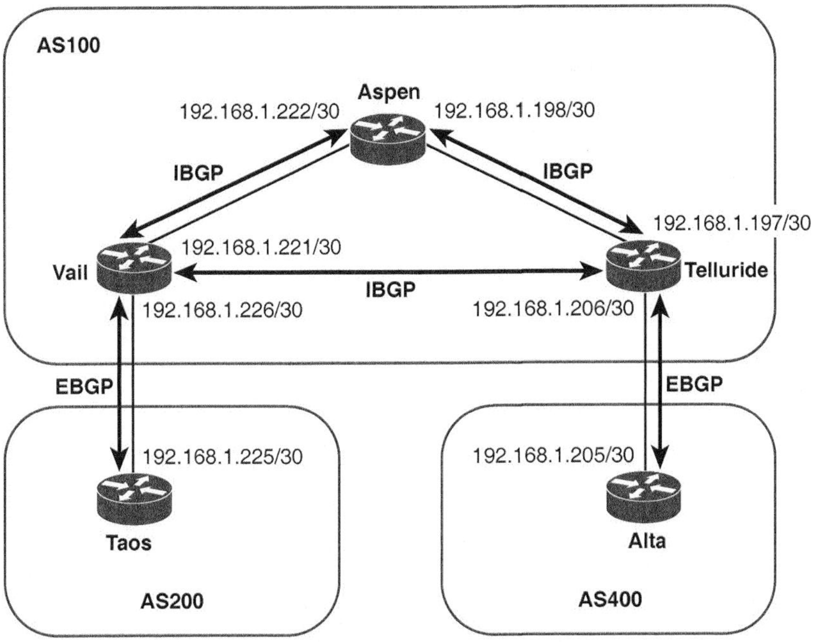

图 2-25 AS100 增加了两台路由器并通过 IBGP 进行对等互连，因而 AS200 和 AS400 可以经由 AS100 进行通信

AS100 中的三台路由器与该 AS 中的其他两台路由器均有一个 IBGP 对等会话，在 1.5 节曾经说过，基于以下两条理由必须建立全网状 IBGP 连接（同一 AS 中的每台 BGP 路由器之间都必须建立一条直接的 IBGP 连接）。

- 由于 AS_PATH 属性对于单个 AS 来说没有任何意义，因而 IBGP 没有环路避免机制，全网状 IBGP 连接意味着每台 BGP 路由器都直接将自己的前缀信息宣告给同一 AS 中的其他每一台 BGP 路由器，因而所有路由器都不需要将学自内部对等体的前缀宣告给其他内部对等体，否则将会导致路由环路。默认的 BGP 规则进一步强化了全网状连接需求：BGP 不能将学自内部邻居的路由宣告给其他内部邻居[10]。
- 转发路径上的每台 BGP 路由器都必须知道路由器与外部对等体使用的 BGP 路由，

10 如果部署了路由反射器（见第 5 章），那么就要调整本规则。

从而转发到纯内部 BGP 路由器的数据包在去往外部下一跳的途中不会被内部路由器丢弃。以图 2-25 为例，Telluride 将会收到从 AS400 到 AS200 的数据包，由于 Telluride 去往 AS200 目的端的 BGP 路由的下一跳地址是 192.168.1.255（Taos 的外部接口），因而 Telluride 会将数据包转发给 Aspen 以到达该下一跳（假设 Vail 在内部宣告了该子网）。但是，如果 Aspen 不知道去往 AS200 目的端的 BGP 路由，那么 Aspen 就会丢弃数据包。因此，除了 Vail 与 Telluride 之间的 IBGP 会话之外，外部连接的所有路由器也必须将外部路由告诉给 Aspen。

从总体上来说，IBGP 对等会话的配置方式与 EBGP 对等会话完全相同，之所以是 IBGP 而不是 EBGP，原因就在于 **neighbor remote-as** 命令引用的 AS 号与 **router bgp** 命令引用的本地 AS 号完全相同。例 2-11 给出了 Vail、Aspen 以及 Telluride 的配置信息，从这三台路由器配置中的 **router bgp** 语句可以看出，它们都位于 AS100，而且还可以看出这些配置中的 **neighbor remote-as** 语句也都指向 AS100，因而可以判断出这些会话都是 IBGP 会话。

例 2-11　图 2-25 中 AS100 的路由器配置

```
Vail
router bgp 100
 neighbor 192.168.1.197 remote-as 100
 neighbor 192.168.1.222 remote-as 100
 neighbor 192.168.1.225 remote-as 200
```

```
Aspen
router bgp 100
 neighbor 192.168.1.197 remote-as 100
 neighbor 192.168.1.221 remote-as 100
```

```
Telluride
router bgp 100
 neighbor 192.168.1.198 remote-as 100
 neighbor 192.168.1.205 remote-as 400
 neighbor 192.168.1.221 remote-as 100
```

例 2-12 介绍了另一条日常维护和检测与排除 BGP 网络故障的常见命令：**show ip bgp summary**[11]，该命令可以显示路由器上配置的 BGP 对等会话的摘要信息以及每个对等会话的状态信息。该命令的输出结果首先显示本地路由器的 BGP 路由器 ID、AS 号以及 BGP 表的当前版本（如果策略或其他行为改变了 BGP 表的内容，那么 BGP 表的版本也会随之递增），在这些信息之后，将会显示每个已配置邻居的如下信息：

- 在 **neighbor remote-as** 语句中配置的地址；
- 为该邻居使用的 BGP 版本；
- 该邻居的 AS 号；
- 从该邻居收到的 BGP 消息数以及发送给该邻居的 BGP 消息数；
- 发送给该邻居的本地 BGP 表的最后版本；
- 队列中来自/去往该邻居的消息数；
- 与该邻居已建立的 BGP 会话的时长；
- 如果 BGP 会话未进入 Established 状态，那么就显示该邻居的状态；如果是 Established 状态，那么就显示从该邻居接收到的前缀数量。

11 也可以使用 **show bgp summary** 命令显示相同信息，虽然未在 IOS 手册中记录该命令，而且也可能并不是所有的 IOS 版本均支持该命令。**show bgp summary** 命令的输出结果与具体的 IOS 版本有关。

例 2-12 虽然其他 BGP 会话已经建立，但 Vail 与 Telluride 之间的 IBGP 对等会话仍未建立，处于 Active 状态

```
! Vail
Vail#show ip bgp summary

BGP router identifier 192.168.1.226, local AS number 100
BGP table version is 1, main routing table version 1

Neighbor        V    AS MsgRcvd MsgSent   TblVer  InQ OutQ Up/Down  State/PfxRcd
192.168.1.197   4   100       0       0        0    0    0 never    Active
192.168.1.222   4   100      29      22        1    0    0 00:18:59        0
192.168.1.225   4   200      43      43        1    0    0 00:00:12        0
--------------------------------------------------------------------------------
! Aspen
Aspen#show ip bgp summary
BGP router identifier 192.168.1.222, local AS number 100
BGP table version is 1, main routing table version 1
Neighbor        V    AS MsgRcvd MsgSent   TblVer  InQ OutQ Up/Down  State/PfxRcd
192.168.1.197   4   100      12      20        1    0    0 00:15:43        0
192.168.1.221   4   100      23      30        1    0    0 00:26:14        0
--------------------------------------------------------------------------------
! Telluride
Telluride#show ip bgp summary
BGP router identifier 192.168.1.206, local AS number 100
BGP table version is 1, main routing table version 1

Neighbor        V    AS MsgRcvd MsgSent   TblVer  InQ OutQ Up/Down  State/PfxRcd
192.168.1.198   4   100      21      13        1    0    0 00:10:06        0
192.168.1.205   4   400       4       5        1    0    0 00:01:06        0
192.168.1.221   4   100       0       0        0    0    0 never    Active
```

从图 2-12 显示的三部分内容可以看出，除了 Vail（192.168.1.221）与 Telluride（192.168.1.197）之间的 IBGP 会话之外，其余的 IBGP 会话以及 EBGP 会话均已建立，Vail 和 Telluride 均将对方显示为 Active 状态。快速浏览一遍 Vail 的路由表（见例 2-13）即可发现原因：Vail 没有去往 Telluride 的接口 192.168.1.197 的路由，虽然本例没有显示 Telluride 的路由器，但 Telluride 也没有去往 Vail 的接口 192.168.1.221 的路由。

例 2-13 Vail 没有去往 192.168.1.197 的路由，因而无法与 Telluride 建立 IBGP 会话

```
Vail#show ip route

Codes: C - connected, S - static, R - RIP, M - mobile, B - BGP
       D - EIGRP, EX - EIGRP external, O - OSPF, IA - OSPF inter area
       N1 - OSPF NSSA external type 1, N2 - OSPF NSSA external type 2
       E1 - OSPF external type 1, E2 - OSPF external type 2
       i - IS-IS, su - IS-IS summary, L1 - IS-IS level-1, L2 - IS-IS level-2
       ia - IS-IS inter area, * - candidate default, U - per-user static route
       o - ODR, P - periodic downloaded static route

Gateway of last resort is not set

     192.168.1.0/30 is subnetted, 2 subnets
C       192.168.1.224 is directly connected, Serial1/0
C       192.168.1.220 is directly connected, FastEthernet0/0
Vail#
```

这个简单示例解释了部署 IBGP 时可能遇到的一个非常普遍的问题。与 IGP 不同，IBGP 会话通常会跨越多个路由器跳，因而除非路由器知道如何到达对等体，否则无法与对等体建立 IBGP 会话。因此，在检测与排除处于 Active 状态（侦听已配置邻居）的 IBGP 会话故障时，首先就要查看这两个邻居的路由表，以确定它们是否知道如何到达对方。

虽然在 AS100 中配置 IGP（本例使用的是 OSPF）能够解决 Vail 与 Telluride 之间的 IBGP 会话问题，但实际上只要让这两个邻居的路由表中拥有它们所需的可达性信息即可。例 2-14 表明目前 Vail 的路由表中已经拥有了去往子网 192.168.1.196 以及为 Telluride 配置的邻居地址 192.168.1.197 的路由。从例 2-15 可以看出，AS100 中的三台路由器都已经通过 OSPF 交换了内部可达性信息，因而所有的 IBGP 会话均处于 Established 状态。

例 2-14 配置了 IGP（本例为 OSPF）之后，Vail 就拥有了去往 Telluride 的路由

```
Vail#show ip route

Codes: C - connected, S - static, R - RIP, M - mobile, B - BGP
       D - EIGRP, EX - EIGRP external, O - OSPF, IA - OSPF inter area
       N1 - OSPF NSSA external type 1, N2 - OSPF NSSA external type 2
       E1 - OSPF external type 1, E2 - OSPF external type 2
       i - IS-IS, su - IS-IS summary, L1 - IS-IS level-1, L2 - IS-IS level-2
       ia - IS-IS inter area, * - candidate default, U - per-user static route
       o - ODR, P - periodic downloaded static route

Gateway of last resort is not set


     192.168.1.0/30 is subnetted, 3 subnets
C       192.168.1.224 is directly connected, Serial1/0
O       192.168.1.196 [110/2] via 192.168.1.222, 00:00:07, FastEthernet0/0
C       192.168.1.220 is directly connected, FastEthernet0/0
Vail#
```

例 2-15 Vail 与 Telluride 目前都已经知道如何到达对方，因而两者之间的 IBGP 会话已处于 Established 状态

```
Vail#show ip bgp summary
BGP router identifier 192.168.1.226, local AS number 100


BGP table version is 1, main routing table version 1

Neighbor        V    AS MsgRcvd MsgSent   TblVer  InQ OutQ Up/Down  State/PfxRcd
192.168.1.197   4   100       4       4        1    0    0 00:00:05        0
192.168.1.222   4   100      93      56        1    0    0 00:00:56        0
192.168.1.225   4   200     131     142        1    0    0 00:00:05        0
```

```
Aspen#show ip bgp summary
BGP router identifier 192.168.1.222, local AS number 100


BGP table version is 1, main routing table version 1

Neighbor        V    AS MsgRcvd MsgSent   TblVer  InQ OutQ Up/Down  State/PfxRcd
192.168.1.197   4   100      47      81        1    0    0 00:02:53        0
192.168.1.221   4   100      57      95        1    0    0 00:03:31        0
```

```
Telluride#show ip bgp summary
BGP router identifier 192.168.1.206, local AS number 100
BGP table version is 1, main routing table version 1

Neighbor        V    AS MsgRcvd MsgSent   TblVer  InQ OutQ Up/Down  State/PfxRcd
192.168.1.198   4   100      82      47        1    0    0 00:02:09        0
192.168.1.205   4   400      84      73        1    0    0 00:01:03        0
192.168.1.221   4   100       5       5        1    0    0 00:01:37        0
```

虽然图 2-25 中的 IBGP 配置已经完成，但拓扑结构仍然有问题：如果 Telluride 与 Aspen 之间的链路或 Aspen 与 Vail 之间的链路出现了故障，那么 AS100 将无法与 AS400 进行通信，因而 AS100 需要一个更具弹性的拓扑结构，从而可靠地转发数据包并交换 BGP 信息。

从图 2-26 可以看出，在 Telluride 与 Vail 之间增加了一条链路之后，就可以增强 AS100 的冗余性，从而解决了单条内部链路的故障隐患问题。

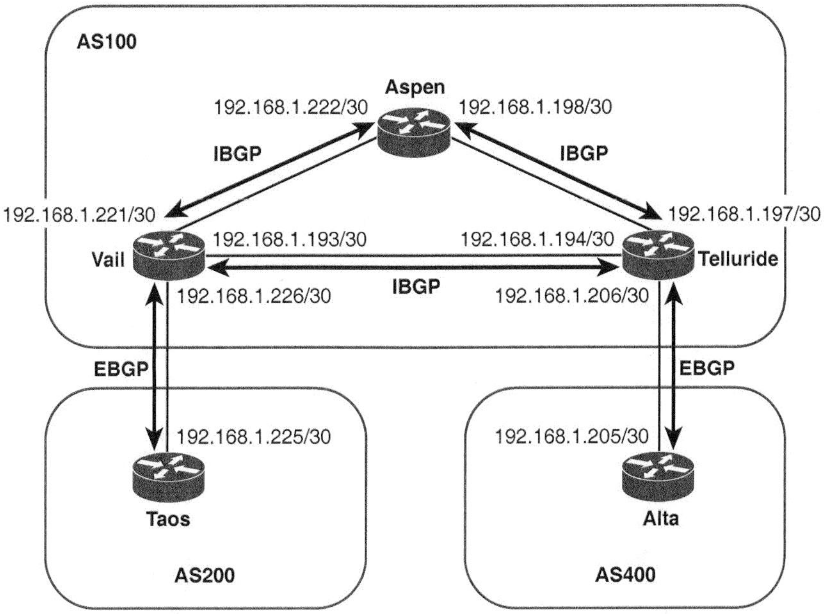

图 2-26　Telluride 与 Vail 之间的链路为 AS100 提供了冗余性

虽然增加的这条链路为 AS100 提供了一定程度的冗余性，但同时也对 AS100 的 IBGP 配置提出了一个新问题。如果链路出现故障，那么希望原先使用该链路的 IBGP 会话能够通过替代路径进行重路由，但是由于 IBGP 会话运行在物理接口之间，因而无法确定一定可以实现。一种可能的解决办法就是配置冗余的 IBGP 会话，例如，可以在 192.168.1.193 与 192.168.1.194 之间以及 192.168.1.221 与 192.168.1.197 之间为 Vail 与 Telluride 配置 IBGP 对等会话。但是，随着 AS 拓扑结构复杂度的不断增加，这种方法（所有路由器都要配置到所有物理接口的冗余 IBGP 连接）会导致 BGP 的配置长度以及 IBGP 会话数量的急剧增加。

更好的解决方案是在环回接口（而不是物理接口）之间配置对等会话（见图 2-27），需要注意的是，图中已经删除了所有的物理链路。如果在环回地址之间建立对等会话，那么就可以从 IBGP 的拓扑结构中删除物理接口的依赖性，AS 内的每台路由器之间都只需要单个 IBGP 会话，而且该会话是通过最佳可用路径进行路由的。如果路径上的某条链路出现了故障，那么 IBGP 会话就可以通过次优路径进行重路由（在绝大多数情况下，这种重路由操作非常快，不会导致 BGP 会话的中断）。

在环回接口之间配置 IBGP 对等会话需要额外的配置语句，不仅要为 IBGP 会话的远端指定邻居的环回地址（而不是物理地址），而且还必须将本地路由器的环回接口指定为 IBGP 会话的发起端。

例 2-16 给出了改进后的 Vail 配置信息，虽然 EBGP 配置仍然相同，但此时的 Aspen 和 Telluride 的 **neighbor remote-as** 语句指向的都是这些路由器的环回接口地址，而不再是前面配置示例中的物理接口地址。Aspen 和 Telluride 的 IBGP 配置目前指向的也都是环回接口，而不再是物理接口。

但是这么做还不够，在默认情况下，出站 TCP 会话源自出站物理接口地址。如果图 2-27 中的每台路由器都试图从物理接口发起自己的 IBGP TCP 会话并进入环回接口，虽然其对等体也在物理接口发起会话并在本地路由器的环回接口终止会话，但这些试图建立的 TCP 会话的端口始终无法匹配，相应的会话也就无法建立。

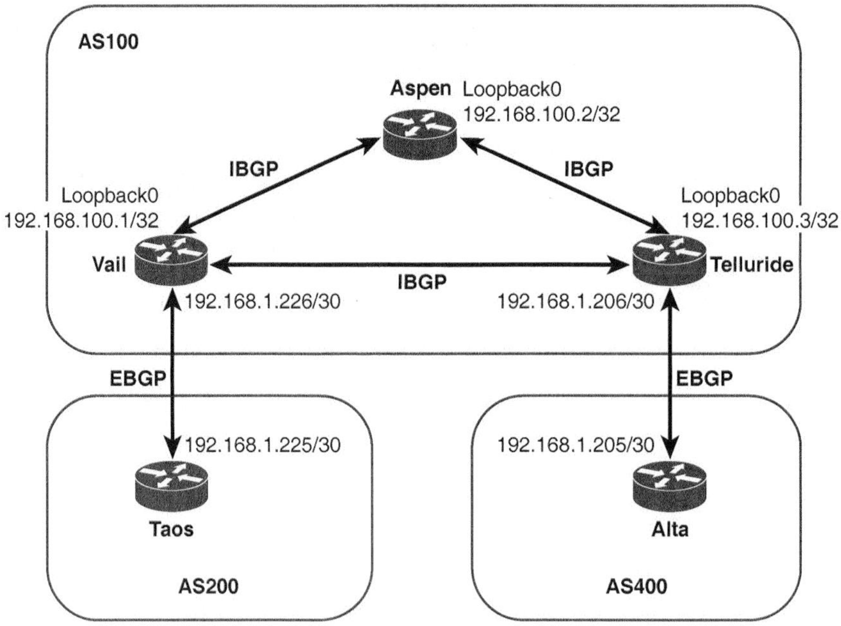

图 2-27 利用环回接口作为 IBGP 端点可以消除 IBGP 会话对物理接口的依赖性

因而 **neighbor update-source** 语句指示路由器在发起 TCP 会话时必须从指定的本地环回接口去往指定邻居。

例 2-16 在环回地址之间建立对等会话时要求 **neighbor update-source** 语句指示会话的本地端应该源自本地环回接口（如修改后的 Vail 配置所示）

```
router bgp 100


 neighbor 192.168.1.225 remote-as 200
 neighbor 192.168.100.2 remote-as 100
 neighbor 192.168.100.2 update-source Loopback0
 neighbor 192.168.100.3 remote-as 100
 neighbor 192.168.100.3 update-source Loopback0
```

例 2-17 给出了图 2-27 中的 AS100 的三台路由器的配置结果，目前的 IBGP 会话均处于 Up 状态（因为 OSPF 正在宣告环回地址），而且还可以发现与前述会话之间的区别，在 Open 消息一节曾经说过，BGP 选择路由器 ID 的方式与 OSPF 相同：优选环回地址，如果环回地址不可用，那么就选择数值最大的物理接口地址。由于新配置中的环回地址均可用，因而从例 2-17 可以看出，这三台路由器的 BGP 路由器 ID 都是该路由器的环回地址。由于可能会用同一个环回地址以不同的方式来标识路由器（如 OSPF 路由器 ID，甚至是通过域名以 Telnet 方式登录路由器时的 DNS 表项），因而使用环回地址作为 BGP 路由器 ID 不但能够增强一致性，而且还易于识别 BGP ID。

2.3.5 节将讨论一种更好的配置方式，用于配置可预测且一致的 BGP 路由器 ID。

例 2-17 IBGP 会话目前已运行在环回接口（而不是物理接口）之间

```
Vail#show ip bgp summary
BGP router identifier 192.168.100.1, local AS number 100
BGP table version is 1, main routing table version 1

Neighbor        V    AS MsgRcvd MsgSent   TblVer  InQ OutQ Up/Down  State/PfxRcd
192.168.1.225   4   200       5       5        1    0    0 00:01:09        0
192.168.100.2   4   100      15      14        1    0    0 00:11:26        0
192.168.100.3   4   100      12      13        1    0    0 00:09:00        0
```

```
Aspen#show ip bgp summary
BGP router identifier 192.168.100.2, local AS number 100
BGP table version is 1, main routing table version 1

Neighbor        V    AS MsgRcvd MsgSent   TblVer  InQ OutQ Up/Down  State/PfxRcd
192.168.100.1   4   100      14      14        1    0    0 00:11:42        0
192.168.100.3   4   100      11      13        1    0    0 00:08:59        0
```

```
Telluride#show ip bgp summary
BGP router identifier 192.168.100.3, local AS number 100
BGP table version is 1, main routing table version 1

Neighbor        V    AS MsgRcvd MsgSent   TblVer  InQ OutQ Up/Down  State/PfxRcd
192.168.1.205   4   400       8       7        1    0    0 00:03:02        0
192.168.100.1   4   100      20      20        1    0    0 00:17:09        0
192.168.100.2   4   100      21      19        1    0    0 00:16:51        0
```

2.3.4 案例研究：直连检查与 EBGP 多跳

目前只有前一个案例中的 IBGP 会话运行在环回地址之间，EBGP 会话仍然运行在直连物理接口之间，这也是绝大多数 EBGP 会话的标准实践方式。IOS 默认设置通过以下两种措施来确保外部 BGP 对等体之间是直接相连的：

- 将发送给外部对等体且包含 BGP 消息的数据包的 TTL 值设为 1，如果数据包经过了一个路由器跳，那么就会递减至 0，从而丢弃该数据包；
- 检查已配置邻居的 IP 地址，以确定该地址属于直连子网。

不过，有时在环回接口之间运行 EBGP 也非常有用。以图 2-28 为例，Telluride 与 Alta 之间通过 4 条等价链路直连，为了降低配置的复杂性，当然不希望为每条链路都配置独立的 EBGP 会话（共配置 4 个独立的 EBGP 会话），而且更重要的是，这么配置会导致 BGP 在路由器之间宣告 4 组完全相同的前缀集，从而降低了网络的可扩展性。

与此同时，也不希望仅选择 4 条链路中的一条链路承载 EBGP 会话，如果该链路出现故障，那么将会导致 EBGP 故障（即使路由器之间的其他 3 条链路仍然正常），因而希望利用这 4 条并行链路的冗余性以及负载共享能力。对于该场景来说，解决方案[12]就是在路由器的环回接口之间运行 EBGP（见图 2-29）。

该配置与前面说过的 IBGP 案例的配置相似：需要将邻居的环回地址指定为邻居地址，利用 **neighbor update-source** 语句从本地环回接口发起 EBGP 会话，并配置相应的机制让会话两端的路由器都能发现远端对等地址。根据定义，IGP 无法运行在不同自治系统之间的路由器上，因而本例使用的是静态路由，为每条物理链路都配置一条指向远端环回地址的静态路由，并将链路的远端地址制定为下一跳。例 2-18 给出了 Alta 的 EBGP 配置示例，Telluride 的配置与此相似。

12 另一种解决方案就是利用链路聚合协议“捆绑”这些链路，这样就不需要配置 EBGP 多跳或禁用直连检查。

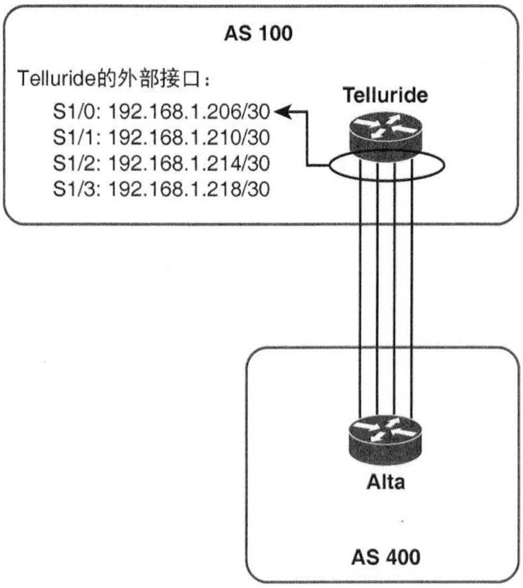

图 2-28 4 条等价链路连接了 Telluride 和 Alta

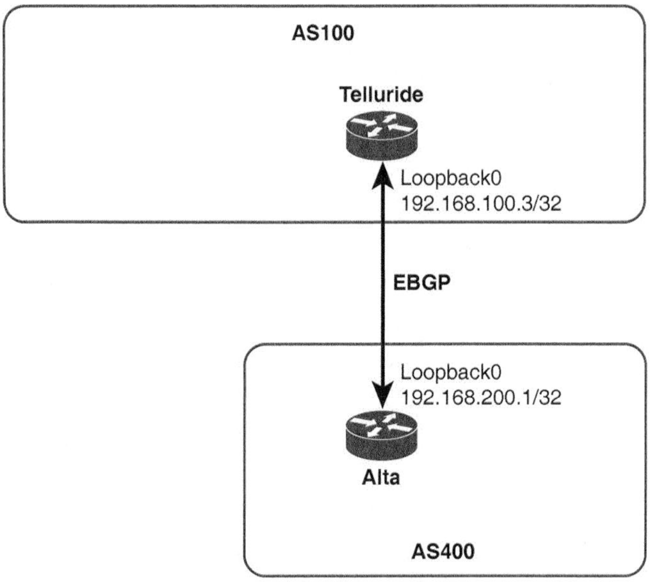

图 2-29 为 EBGP 端点使用环回接口可以利用多条物理链路的冗余性和负载共享能力

例 2-18 Alta 的 EBGP 配置指定其发起并去往邻居 192.168.100.3（Telluride）的 EBGP 消息源自其 Loopback0 接口，并且配置了静态路由以通过全部四条物理链路发现邻居地址

```
router bgp 400
 no synchronization
 bgp log-neighbor-changes
 neighbor 192.168.100.3 remote-as 100
 neighbor 192.168.100.3 disable-connected-check
 neighbor 192.168.100.3 update-source Loopback0
 no auto-summary
!
ip route 192.168.100.3 255.255.255.255 192.168.1.206
ip route 192.168.100.3 255.255.255.255 192.168.1.210
ip route 192.168.100.3 255.255.255.255 192.168.1.214
ip route 192.168.100.3 255.255.255.255 192.168.1.218
```

从例 2-19 可以看出，Alta 到 Telluride 的邻居状态为 Idle，进一步检查后可以发现（位于输出结果底部），由于邻居地址 192.168.100.3 非直连，因而没有处于激活状态的 TCP 会话，这就是 IOS 默认为 EBGP 邻居执行的直连检查。

例 2-19　由于 IOS 的默认直连检查表明地址未直连本地子网，因而到 Telluride 的邻居状态是 Idle

```
Alta#show ip bgp neighbor 192.168.100.3
BGP neighbor is 192.168.100.3, remote AS 100, external link
  BGP version 4, remote router ID 0.0.0.0
  BGP state = Idle
  Last read 00:00:00, last write 00:00:00, hold time is 180, keepalive interval is
  60 seconds
  Message statistics:
    InQ depth is 0
    OutQ depth is 0
                         Sent       Rcvd
    Opens:                  0          0
    Notifications:          0          0
    Updates:                0          0
    Keepalives:             0          0
    Route Refresh:          0          0
    Total:                  0          0
  Default minimum time between advertisement runs is 30 seconds

 For address family: IPv4 Unicast
  BGP table version 1, neighbor version 0/0
  Output queue size: 0
  Index 1, Offset 0, Mask 0x2
  1 update-group member
                                Sent         Rcvd
  Prefix activity:              ----         ----
    Prefixes Current:              0            0
    Prefixes Total:                0            0
    Implicit Withdraw:             0            0
    Explicit Withdraw:             0            0
    Used as bestpath:            n/a            0
    Used as multipath:           n/a            0

                                   Outbound    Inbound
  Local Policy Denied Prefixes:    --------    -------
    Total:                                0          0
  Number of NLRIs in the update sent: max 0, min 0

  Connections established 0; dropped 0
  Last reset never
  External BGP neighbor not directly connected.
  No active TCP connection
Alta#
```

如果外部 BGP 邻居是直连邻居，但邻居地址不属于本地子网（这是在环回接口之间建立 EBGP 对等会话时的最常见情形），那么就可以利用 **neighbor disable-connected-check** 语句禁用 IOS 的直连检查特性。例 2-20 给出了使用该语句的 Alta 配置信息，Telluride 的配置中也增加了该语句，例 2-21 的输出结果表明目前已经在两个环回地址之间建立了 BGP 会话。

例 2-20　Alta 的 EBGP 配置中包含了 **neighbor disable-connected-check** 语句

```
router bgp 400
 no synchronization
 bgp log-neighbor-changes
 neighbor 192.168.100.3 remote-as 100
```

（待续）

```
 neighbor 192.168.100.3 disable-connected-check
 neighbor 192.168.100.3 update-source Loopback0
 no auto-summary
!
ip route 192.168.100.3 255.255.255.255 192.168.1.206
ip route 192.168.100.3 255.255.255.255 192.168.1.210
ip route 192.168.100.3 255.255.255.255 192.168.1.214
ip route 192.168.100.3 255.255.255.255 192.168.1.218
```

例 2-21　禁用了直连检查特性之后，Alta 与 Telluride 之间的 EBGP 会话已经建立了

```
Alta#show ip bgp neighbor 192.168.100.3
BGP neighbor is 192.168.100.3, remote AS 100, external link
  BGP version 4, remote router ID 192.168.100.3
  BGP state = Established, up for 00:10:06
  Last read 00:00:05, last write 00:00:05, hold time is 180, keepalive interval is
  60 seconds
  Neighbor capabilities:

[Remaining output deleted]
```

图 2-30 描绘了另一种常见的 EBGP 对等场景，此时的 EBGP 会话仍然运行在 Alta 与 Telluride 的环回接口之间，但这两台路由器并未直连，此时的 EBGP 会话必须穿越路由器 Copper，而 Copper 却根本就没有运行 BGP。Copper 可能是一台过滤路由器或其他安全设备，在允许数据包进入 AS100 之前检查所有的数据包。Copper 也可能是众多将 EBGP 会话聚合为一条会话的边缘路由器中的一台，或者是 AS100 的内部路由器。此时仅仅禁用 IOS 的直连检查机制还不够，这是因为发送 EBGP 消息时的 TTL 默认值为 1，从 Alta 经 Copper 到达 Telluride 的数据包的 TTL 至少为 2，因为数据包穿越 Copper 时其 TTL 将被递减 1。

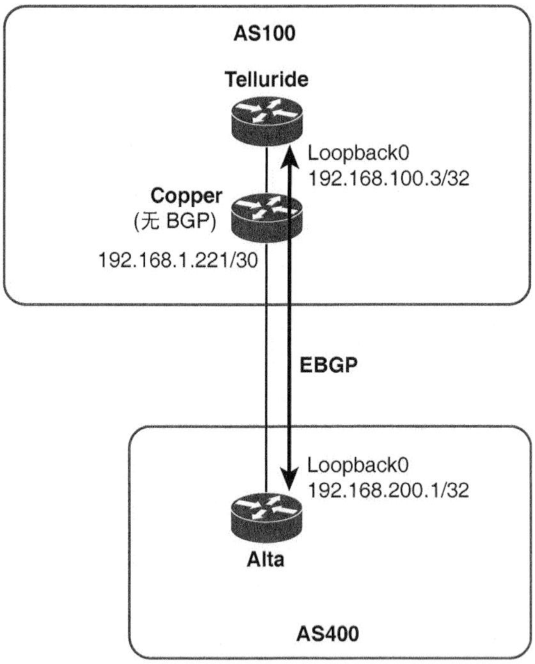

图 2-30　两台非直连路由器的 EBGP 对等会话场景

neighbor ebgp-multihop 语句可以更改发送给指定邻居的 EBGP 消息的默认 TTL 值，例 2-22 给出了图 2-30 中的三台路由器的配置示例，在 Telluride 与 Copper 之间配置了 OSPF 以实现简单的可达性，在 Copper 上为 Alta 的环回地址配置了静态路由，并在 Alta 上配置了一条指

向 Copper 的静态默认路由。最重要的是，Copper 并没有运行 BGP。Telluride 和 Alta 使用了 **neighbor ebgp-multihop** 语句，将它们的 EBGP 消息的默认 TTL 值更改为 2，EBGP 消息穿越 Copper 后，其 TTL 将被递减至 1，因而能够安全抵达目的端。如果在发送 EBGP 消息时仍然将 TTL 值保持为 1，那么这些数据包的 TTL 将在 Copper 处被递减至 0，导致数据包被丢弃。

例 2-22　图 2-30 中的路由器 Telluride 和 Alta 被配置为穿越两个路由器跳建立 EBGP 会话

```
Telluride
router ospf 1
 log-adjacency-changes
 network 0.0.0.0 255.255.255.255 area 0
!
router bgp 100
 no synchronization
 bgp log-neighbor-changes
 neighbor 192.168.200.1 remote-as 400
 neighbor 192.168.200.1 ebgp-multihop 2
 neighbor 192.168.200.1 update-source Loopback0
 no auto-summary
!
```

```
Copper
router ospf 1
 log-adjacency-changes
 redistribute static
 network 0.0.0.0 255.255.255.255 area 0
!
ip route 192.168.200.0 255.255.255.0 192.168.1.222
!
```

```
Alta
router bgp 400
 no synchronization
 bgp log-neighbor-changes
 neighbor 192.168.100.3 remote-as 100
 neighbor 192.168.100.3 ebgp-multihop 2
 neighbor 192.168.100.3 update-source Loopback0
 no auto-summary
!
ip route 0.0.0.0 0.0.0.0 192.168.1.221
```

例 2-23 显示 Alta 到 Telluride 邻居状态为 Established，进一步查看输出结果可以看出，出站 TTL 已经从默认值 1 更改为 2。

例 2-23　Alta 到 Telluride（192.168.100.3）的邻居状态为 Established

```
Alta#show ip bgp neighbor 192.168.100.3
BGP neighbor is 192.168.100.3, remote AS 100, external link
  BGP version 4, remote router ID 192.168.100.3
  BGP state = Established, up for 00:26:41
  Last read 00:00:41, last write 00:00:41, hold time is 180, keepalive interval is
  60 seconds
  Neighbor capabilities:
    Route refresh: advertised and received(old & new)
    Address family IPv4 Unicast: advertised and received
  Message statistics:
    InQ depth is 0
    OutQ depth is 0
                         Sent       Rcvd
    Opens:                  1          1
    Notifications:          0          0
    Updates:                0          0
    Keepalives:            28         28
    Route Refresh:          0          0
    Total:                 29         29
```

（待续）

```
  Default minimum time between advertisement runs is 30 seconds

 For address family: IPv4 Unicast
  BGP table version 1, neighbor version 1/0
  Output queue size: 0
  Index 1, Offset 0, Mask 0x2
  1 update-group member
                                 Sent       Rcvd
  Prefix activity:               ----       ----
    Prefixes Current:               0          0
    Prefixes Total:                 0          0
    Implicit Withdraw:              0          0
    Explicit Withdraw:              0          0
    Used as bestpath:             n/a          0
    Used as multipath:            n/a          0

                                   Outbound    Inbound
  Local Policy Denied Prefixes:    --------    -------
    Total:                                0          0
  Number of NLRIs in the update sent: max 0, min 0

  Connections established 1; dropped 0
  Last reset never
  External BGP neighbor may be up to 2 hops away.
Connection state is ESTAB, I/O status: 1, unread input bytes: 0
Connection is ECN Disabled, Mininum incoming TTL 0, Outgoing TTL 2
Local host: 192.168.200.1, Local port: 179
Foreign host: 192.168.100.3, Foreign port: 29761
Connection tableid (VRF): 0

Enqueued packets for retransmit: 0, input: 0 mis-ordered: 0 (0 bytes)

Event Timers (current time is 0x22885C):
Timer          Starts    Wakeups            Next
Retrans            29          0             0x0
TimeWait            0          0             0x0
AckHold            29          1             0x0
SendWnd             0          0             0x0
KeepAlive           0          0             0x0
GiveUp              0          0             0x0
PmtuAger            0          0             0x0
DeadWait            0          0             0x0
Linger              0          0             0x0
ProcessQ            0          0             0x0

iss: 3118002936 snduna: 3118003514 sndnxt: 3118003514     sndwnd: 16346
irs: 3626178200 rcvnxt: 3626178778 rcvwnd:      16346 delrcvwnd:     38

SRTT: 294 ms, RTTO: 345 ms, RTV: 51 ms, KRTT: 0 ms
minRTT: 36 ms, maxRTT: 312 ms, ACK hold: 200 ms
Status Flags: passive open, gen tcbs
Option Flags: nagle
IP Precedence value : 6

Datagrams (max data segment is 536 bytes):
Rcvd: 58 (out of order: 0), with data: 29, total data bytes: 577
Sent: 31 (retransmit: 0, fastretransmit: 0, partialack: 0, Second Congestion: 0),
  with data: 28, total data bytes: 577
 Packets received in fast path: 0, fast processed: 0, slow path: 0
 fast lock acquisition failures: 0, slow path: 0
Alta#
```

大家可能会疑惑为什么没在上述配置中增加 **neighbor disable-connected-check** 语句，很明显 Alta 与 Telluride 并非直连，而且它们的环回地址也不属于同一个子网，而例 2-23 又显示这两台路由器的环回接口之间的 EBGP 会话已经建立。答案就在于使用 **neighbor ebgp-multihop** 语句增加 TTL 的时候，会自动禁用直连检查机制。

利用 **neighbor ebgp-multihop** 语句将 TTL 更改为 2 或更大值，可以让图 2-29 中的场景进行正常工作，在效果上与使用 **neighbor disable-connected-check** 语句相同。这里可能会产生误解，将数据包发送给邻居路由器的 IP 地址时，如果目的地址不属于本地直连子网，那么就应该递减 TTL 值，但实际情况却并非如此，仅当数据包离开路由器（真正的路由器跳）时，才会递减 IP 包的 TTL 值。

因此，如果希望与直连路由器上某个不属于直连子网的 IP 地址建立 EBGP 会话（见图 2-29），那么就可以使用 **neighbor disable-connected-check** 语句，这样就可以在不更改默认 TTL 行为的情况下建立连接。如果必须要与间隔多于一个路由器跳的邻居建立 EBGP 会话，那么就可以使用 **neighbor ebgp-multihop** 语句，但是应该仅允许到达邻居所必需的路由器跳数。

2.3.5 案例研究：管理和保护 BGP 连接

到目前为止的案例已经解释了配置全功能 BGP 会话所需的所有信息，而且也解释了查看以及检测与排除 BGP 会话故障所需的常见工具，但是还有一些更丰富的配置特性可以让 BGP 会话更加可管，也更加安全，虽然这些特性对于 BGP 会话的建立以及运行来说并非必不可少。

注： 除了本例解释的功能特性之外，BGP 对等体组以及对等体模板也能让大型 BGP 配置更加可管，有关对等体组和对等体模板的详细信息将在第 5 章作为扩展特性进行讨论，这是因为随着配置复杂性的不断增加，这些分组工具不但便捷，而且对于配置控制来说必不可少。

例 2-24 给出了图 2-27 中的路由器 Vail 的 BGP 配置信息，例中增加了一些常见的管理和安全特性。

例 2-24 在 Vail（见图 2-27）的 BGP 配置中增加了一些常见的管理和安全特性

```
router bgp 100
 bgp router-id 192.168.100.1
 bgp log-neighbor-changes
 neighbor 192.168.1.225 remote-as 200
 neighbor 192.168.1.225 description Taos
 neighbor 192.168.1.225 password N0rdic
 neighbor 192.168.1.225 ttl-security hops 1
 neighbor 192.168.100.2 remote-as 100
 neighbor 192.168.100.2 description Aspen
 neighbor 192.168.100.2 password aLpine
 neighbor 192.168.100.2 update-source Loopback0
 neighbor 192.168.100.3 remote-as 100
 neighbor 192.168.100.3 description Telluride
 neighbor 192.168.100.3 password aLpine
 neighbor 192.168.100.3 update-source Loopback0
 neighbor 192.168.100.10 remote-as 100
 neighbor 192.168.100.10 description Whistler
 neighbor 192.168.100.10 password aLpine
 neighbor 192.168.100.10 shutdown
 neighbor 192.168.100.10 update-source Loopback0
!
```

Vail 配置中的第一条新语句就是 **bgp router-id**。如前所述，IOS 在获得 BGP 路由器 ID 时的处理进程与 OSPF 路由器 ID 相同：如果存在环回接口地址，那么就使用环回接口地址；否则就使用数值最大的物理接口地址。**bgp router-id** 语句可以忽略该自动进程，允许手工分配 BGP 路由器 ID，如果希望 BGP 路由器 ID 与环回接口地址不同，那么就可以使用该语句，或者利用该命令确保 BGP 路由器 ID 保持稳定和可预测（如本例所示），即使增加、更改或删除了环回地址。

例2-24中的另一条新语句就是 **bgp log-neighbor-changes**。由于目前所有的最新IOS版本都默认启用该功能特性，因而创建BGP的配置时，将自动输入该语句。不过，由于该语句也是一种非常关键的排障工具，因而最好检查BGP配置以确定输入了该语句。如果邻居状态发生了变化，那么该功能特性就能将变化情况以及变化原因记录到路由器的日志缓存（如果配置了syslog，那么就可以记录到syslog服务器）中。

利用 **show logging** 命令可以显示日志缓存中的表项信息（见例2-25），本例中的日志表项（位于日志缓存信息之后）反映了Vail的一些邻居事件，第一条表项记录了与邻居192.168.100.3（图2-27中的Telluride）建立了邻接关系，第二条表项表明该邻接关系大约在4分钟之后出现中断，而且更重要的是，该表项同时记录了邻接关系出现中断的原因：Telluride关闭了会话。从这个信息就可以知道该会话关闭的原因是BGP主动行为，而不是出现了“硬”故障。从第三条表项可以知道，1分钟之后，Vail又重新与Telluride建立了邻接关系。

例2-25　**bgp log-neighbor-changes** 语句可以记录BGP邻居状态的变化情况，然后可以利用 **show logging** 命令显示相关信息

```
Vail#show logging

Syslog logging: enabled (10 messages dropped, 0 messages rate-limited,
                0 flushes, 0 overruns, xml disabled, filtering disabled)

No Active Message Discriminator.



No Inactive Message Discriminator.


    Console logging: level debugging, 505 messages logged, xml disabled,
                     filtering disabled
    Monitor logging: level debugging, 0 messages logged, xml disabled,
                     filtering disabled
    Buffer logging: level debugging, 505 messages logged, xml disabled,
                     filtering disabled
    Logging Exception size (8192 bytes)
    Count and timestamp logging messages: disabled

No active filter modules.

ESM: 0 messages dropped

    Trap logging: level informational, 509 message lines logged

Log Buffer (8192 bytes):

*Aug 21 07:11:38: %BGP-5-ADJCHANGE: neighbor 192.168.100.3 Up
*Aug 21 07:15:16: %BGP-5-ADJCHANGE: neighbor 192.168.100.3 Down Peer closed the
session
*Aug 21 07:16:17: %BGP-5-ADJCHANGE: neighbor 192.168.100.3 Up
*Aug 21 07:19:35: %LINEPROTO-5-UPDOWN: Line protocol on Interface Serial1/0, changed
  state to up
*Aug 21 07:21:03: %TCP-6-BADAUTH: No MD5 digest from 192.168.1.225(179) to
  192.168.1.226(20308)
*Aug 21 07:21:04: %TCP-6-BADAUTH: No MD5 digest from 192.168.1.225(179) to
  192.168.1.226(20308)
*Aug 21 07:21:04: %TCP-6-BADAUTH: No MD5 digest from 192.168.1.225(179) to
  192.168.1.226(20308)
*Aug 21 07:21:06: %TCP-6-BADAUTH: No MD5 digest from 192.168.1.225(179) to
  192.168.1.226(20308)
*Aug 21 07:21:09: %TCP-6-BADAUTH: No MD5 digest from 192.168.1.225(179) to
  192.168.1.226(20308)
*Aug 21 07:21:14: %TCP-6-BADAUTH: No MD5 digest from 192.168.1.225(179) to
  192.168.1.226(20308)
Vail#
```

第四条表项显示接口 S1/0 的状态已经更改为 Up，其中，接口 S1/0 连接了 Taos（192.168.1.225）（见图 2-27）。该接口状态变为 Up 之后，后面的表项表明 Vail 一直重复尝试在端口 179 上与 Taos 打开 TCP 连接，但是从这些表项可以知道，这些尝试均因为认证问题而失败。

认证问题又引出了 Vail 配置的另一个新功能特性：**neighbor password** 语句可以为邻居启用 MD5 认证并指定密码[13]。从例 2-25 的日志表项可以看出，Vail 配置了 MD5 认证，而 Taos 则未配置 MD5 认证。如果 Taos 配置了认证，但是密码却与 Vail 的不匹配，那么日志表项就是“Invalid MD5 digest（无效的 MD5 摘要）”，而不是“No MD5 digest（无 MD5 摘要）”。

例 2-24 中的每个 Vail 邻居都配置了认证机制。与 IGP 一样，必须认证所有的 IBGP 会话，但是认证 EBGP 会话不仅非常重要，而且也是保护网络的必备需求，绝大多数面向路由协议的攻击尝试都是针对 EBGP 的，由于 EBGP 是暴露在“外部网络”的协议，因而是最容易访问的协议。需要记住的是，永远不要在无认证的情况下运行 EBGP。

例 2-24 表明所有的 IBGP 邻居都配置了相同的密码（aLpine），而外部邻居 Taos 则配置了不同的密码（N0rdic）。与 IGP 一样，为所有的 IBGP 会话使用相同的密码在管理上较为简单，也是可接受的，但应该为每个 EBGP 会话设置不同的密码。有时网络管理员会为同一个邻接管理域的多个 EBGP 会话使用相同的密码，仅为不同的域使用不同的密码。最安全的实践方式是为所有的 EBGP 会话（无论哪个域）都使用不同的密码。

从 Vail 对 Taos 的 EBGP 会话配置中可以看到另一个 EBGP 安全特性：**neighbor ttl-security**。为了更好地理解该语句的作用，将例 2-26 中的高亮显示部分（启用了 **neighbor ttl-security** 语句）与例 2-8 中的相应输出行（未启用该安全特性）进行比较后可以发现，例 2-8 中 Vail 对 Taos 的邻居数据库显示的 IOS 默认 TTL 行为与 EBGP 多跳案例研究中讨论的情况一样：入站 BGP 消息包的 TTL 可以为 0 或更大（是本地路由器将接收到的数据包的 TTL 值递减之后的 TTL 值），路由器将自己发起的 BGP 消息包的 TTL 值设为 1。在 Vail 的 BGP 配置中指定 **neighbor 192.168.1.225 ttl-security hops 1** 语句之后会对默认行为造成以下两个变化（见例 2-26）：

- 从 Taos 接收到的 BGP 消息包的 TTL 值（255 减去指定的可允许跳数）必须是 254 甚至更大（是 Vail 将接收到的数据包的 TTL 值递减之后的 TTL 值）；
- 将 Vail 发送给 Taos 的 BGP 消息包的 TTL 值设置为 255。

例 2-26 **neighbor ttl-security** 功能特性会改变接收到的 EBGP 消息包的可接受 TTL 值以及发送的 BGP 消息包的 TTL 值

```
Vail#show ip bgp neighbor 192.168.1.225

BGP neighbor is 192.168.1.225, remote AS 200, external link
  BGP version 4, remote router ID 192.168.1.225
  BGP state = Established, up for 00:00:31
  Last read 00:00:30, last write 00:00:00, hold time is 180, keepalive interval
is 60 seconds

  Neighbor capabilities:
    Route refresh: advertised and received(old & new)
    Address family IPv4 Unicast: advertised and received
  Message statistics:
```

（待续）

13 一般来说，显示在配置中的认证密码与其他密码一样，都应该进行加密。对于本例来说，由于禁用了密码加密功能，因而能够看到该密码。

```
    InQ depth is 0
    OutQ depth is 0
                        Sent       Rcvd
    Opens:                 6          6
    Notifications:         0          0
    Updates:               0          0
    Keepalives:           75         77
    Route Refresh:         0          0
    Total:                81         83
  Default minimum time between advertisement runs is 30 seconds

 For address family: IPv4 Unicast
  BGP table version 1, neighbor version 0/0
  Output queue size: 0
  Index 2, Offset 0, Mask 0x4
  2 update-group member
                                Sent         Rcvd
  Prefix activity:              ----         ----
    Prefixes Current:              0            0
    Prefixes Total:                0            0
    Implicit Withdraw:             0            0
    Explicit Withdraw:             0            0
    Used as bestpath:            n/a            0
    Used as multipath:           n/a            0

                                   Outbound    Inbound
  Local Policy Denied Prefixes:    --------    -------
    Total:                                0          0
  Number of NLRIs in the update sent: max 0, min 0

  Connections established 6; dropped 5
  Last reset 00:00:34, due to User reset
  External BGP neighbor may be up to 1 hop away.
Connection state is ESTAB, I/O status: 1, unread input bytes: 0
Connection is ECN Disabled, Mininum incoming TTL 254, Outgoing TTL 255
Local host: 192.168.1.226, Local port: 13408
Foreign host: 192.168.1.225, Foreign port: 179
Connection tableid (VRF): 0

Enqueued packets for retransmit: 0, input: 0 mis-ordered: 0 (0 bytes)
Event Timers (current time is 0x3D55F8):
Timer          Starts    Wakeups            Next
Retrans             4          0             0x0
TimeWait            0          0             0x0
AckHold             2          1             0x0
SendWnd             0          0             0x0
KeepAlive           0          0             0x0
GiveUp              0          0             0x0
PmtuAger            0          0             0x0
DeadWait            0          0             0x0
Linger              0          0             0x0
ProcessQ            0          0             0x0

iss:  379206806 snduna:  379206890 sndnxt: 379206890     sndwnd: 16301
irs: 3498356006 rcvnxt: 3498356109 rcvwnd:      16282 delrcvwnd:    102

SRTT: 206 ms, RTTO: 1891 ms, RTV: 1685 ms, KRTT: 0 ms
minRTT: 400 ms, maxRTT: 608 ms, ACK hold: 200 ms
Status Flags: active open
Option Flags: nagle, md5
IP Precedence value : 6

Datagrams (max data segment is 1440 bytes):
Rcvd: 4 (out of order: 0), with data: 2, total data bytes: 102
Sent: 6 (retransmit: 0, fastretransmit: 0, partialack: 0, Second Congestion: 0)
 with data: 3, total data bytes: 83
 Packets received in fast path: 0, fast processed: 0, slow path: 0
 fast lock acquisition failures: 0, slow path: 0
Vail#
```

虽然将发起的数据包的TTL值设为1的默认行为可以确保数据包不会传播到直连路由器之外，但是接受TTL为0或更大值的数据包的默认行为却意味着可以向EBGP发起多种远程攻击，只要发起的攻击数据包的TTL足够大，这些数据包就能在穿越大量路由器后仍被本地路由器所接受。虽然认证机制能够从内部防止BGP接受这类数据包，但是短时间内出现的大量无效数据包会产生大量认证失败操作，从而中断EBGP会话或耗尽路由器的CPU资源，致使BGP失败，甚至出现路由器崩溃等严重后果。

将出站数据包的TTL设置为255且仅接受TTL为254或更大值的数据包，就可以确保无法从非直接连路由器向本地BGP进程发送数据包[14]。数据包穿越单台路由器之后，其TTL就从最大值255递减至254，到达本地路由器之后其TTL将被递减至253，低于可接受的最小值，因而该数据包就会在到达本地 BGP 进程之前被悄悄丢弃（也就是说，可以在不发送ICMP差错消息的情况下丢弃该数据包）。

当然，如果利用 **neighbor ttl-security** 特性将最小TTL值设置为254，那么邻居就必须以TTL值255来发送BGP消息包，此时就要求两台路由器都配置该特性，如果其中的某个邻居不是IOS路由器，那么也必须支持等价的功能特性。还有一个需要注意的问题，那就是 **neighbor ttl-security** 与 **neighbor ebgp-multihop** 不兼容，不过也可以通过调整 **neighbor ttl-security** 的跳数规范来达到相同的效果。

表2-6对比了EBGP多跳与TTL安全之间的差异。

表2-6 EBGP多跳与TTL安全对比

BGP消息选项	入站BGP消息最小可接受的TTL	出站BGP消息的TTL
默认	0或更大	1
neighbor ebgp-multihop	0或更大	指定的TTL值
neighbor ttl-security	255-指定跳数值	255

例2-24配置文件中另一个新语句就是 **neighbor description**，该语句对于BGP没有功能上的效应，只是为邻居地址提供了一种最多80个字符的文字描述，能够在配置中更容易地标识邻居。

最后，例2-24给出了新邻居Whistler（192.168.100.10）的配置信息，但是由于此时还没有安装Whistler，因而利用 **neighbor shutdown** 语句来防止Vail试图连接不存在的邻居。如果希望禁用指定邻居的连接，但是又不希望删除该邻居的配置，那么 **neighbor shutdown** 语句就显得非常有用。

2.4 展望

本章全面讨论了BGP对等会话以及底层TCP会话的配置方式以及故障检测与排除技术，但是读者一定发现了本章并没有解释如何通过这些会话传递路由信息，因而下一章将详细讨论通过BGP会话发送和接收路由信息的相关技术，以及利用路由策略改变路由信息的使用方式。

14 通过控制TTL来防范攻击行为的方式称为GTSM（Generalized TTL Security Mechanism，通用TTL安全机制），定义在RFC 3682中。

2.5 复习题

1. 什么是不可信管理域？为什么不可信？
2. BGP与IGP在对等会话方面的差异是什么？
3. 哪些AS号被保留用作私有用途？
4. 四种BGP消息类型分别是哪些？它们的使用方式是什么？
5. 如果两个BGP邻居在Open消息中宣告的保持时间不同，那么会怎么样？
6. 协商后的保持时间为0意味着什么？
7. IOS发送BGP Keepalive消息的默认周期是什么？
8. 什么是BGP标识符？如何选择？
9. BGP对等体在哪种或哪些状态下可以交换Update消息？
10. 什么是NLRI？
11. 什么是路径属性？
12. 什么是被撤销路由？
13. 收到BGP Notification消息之后会怎么样？
14. Connect状态与Active状态之间的区别是什么？
15. 什么情况下会迁移到OpenConfirm状态？如果BGP进程显示邻居处于OpenConfirm状态下，那么下一步是什么？
16. BGP路径属性包括哪四类？
17. 周知强制属性的含义是什么？三种周期强制路径属性分别是什么？
18. ORIGIN属性的作用是什么？
19. AS_PATH属性的作用是什么？
20. 路由器在何种情况下会将自己的AS号添加到Update消息的AS_PATH列表中？
21. 什么是AS路径预附加？
22. 什么是AS_SEQUENCE和AS_SET？两者有何区别？
23. NEXT_HOP属性的作用是什么？
24. 什么是递归路由查找？为何递归路由查找对于BGP非常重要？
25. 如果路由器收到的BGP路由的NEXT_HOP地址对于该路由器来说未知，那么会出现什么情况？
26. BGP RIB包括哪三个部分？它们的功能分别是什么？
27. BGP Update消息中的NLRI都有什么共同之处？
28. BGP在宣告IPv6前缀时需要在IPv6地址之间建立TCP连接吗？
29. 发送给外部对等体的BGP消息包的IOS默认TTL值是多少？

2.6 配置练习题

表2-7列出了配置练习题1～4将要用到的自治系统、路由器、接口以及地址等信息。表

中列出了所有路由器的接口情况，为了符合可用资源情况，解决方案的物理接口可能会发生变化。对于每道练习题来说，如果表中显示该路由器有环回接口，那么该接口就是所有 IBGP 连接的源端。除非练习题有明确约定，否则 EBGP 连接始终位于物理接口地址之间。此外，所有的邻居描述均被配置为路由器的名称。

表 2-7 配置练习题 1～4 用到的配置信息

AS	路由器	接口	IP 地址/掩码
1	R1	G2/0	10.0.0.1/30
		G3/0	10.0.0.5/30
		S1/0	172.16.0.1/30
		Lo0	192.168.0.1/32
	R2	G2/0	10.0.0.2/30
		G3/0	10.0.0.9/30
		S1/0	172.16.0.5/30
		S1/1	172.16.0.9/30
		Lo0	192.168.0.2/32
	R3	G2/0	172.16.0.10/30
		G3/0	172.16.0.6/30
		S1/0	fc00::1/64
2	R4	Lo0	192.168.0.3/32
		S1/0	172.16.0.2/30
		Lo0	192.168.0.4/32
3	R5	Lo1	192.168.0.41/32
		S1/0	fc00::2/64
4	R6	Lo0	192.168.0.5/32
		S1/0	172.16.0.6/30
		S1/1	172.16.0.10/30
		Lo0	192.168.0.6/32

1. 将 OSPF 配置为 AS1 的 IGP，OPSF area 0 跨越整个 AS。不应该将 AS1 的内部路由宣告到 AS 之外，不应该将所有运行了 EBGP 的点到点链路宣告到 AS 内。然后将 AS1 配置为全网状 IBGP，将所有的 IBGP 连接都配置为使用密码 Ch2_ExcerSizE1 的 MD5 认证。
2. 在 AS1 的 R1 与 AS2 的 R4 之间配置 EBGP 对等会话，利用密码 Ch2_ExcerSizE2 认证该 EBGP 对等会话。手工将 R4 的 router-id 设置为 Loopback 1 的 IP 地址。此外，要通过控制 TTL 值来确保这两台路由器的安全，防范远程攻击。
3. 在 AS1 的 R3 与 AS3 的 R5 之间配置 EBGP 对等会话（利用路由器上配置的 IPv6 点到点物理地址），并能够记录这两台路由器的所有邻居状态变化情况。
4. 在 AS1 的 R2 与 AS4 的 R6 之间配置 EBGP 对等会话，以便通过两条物理链路实现负载共享。不使用链路聚合，在 R2 和 R6 上使用静态路由。

2.7 故障检测与排除练习题

1. 图 2-31 中的路由器 R1 和 R3 相互之间能够 ping 通对方的 Loopback 0 接口，网络维护人员在这两台路由路由器之间配置了 IBGP 对等会话（见例 2-27），但是没能建立 IBGP 会话。这两台路由器都配置了命令 **bgp log-neighbor-changes**，而且例 2-28

给出了 **show logging** 和 **show ip bgp neighbors** 命令的输出结果。请问 IBGP 会话未成功建立的原因是什么？

图 2-31 故障检测与排除练习题 1 的拓扑结构

例 2-27 在 R1 与 R3 之间配置 IBGP 对等会话

```
! R1
!
router bgp 1
  bgp log-neighbor-changes
  neighbor 192.168.0.3 remote-as 1
  neighbor 192.168.0.3 update-source loopback 0
  neighbor 192.168.0.3 description R3
  neighbor 192.168.0.3 password Ch2_Troublesh00ting_ExcerSizE
!
```

```
! R3
!
router bgp 1
  bgp log-neighbor-changes
  neighbor 192.168.0.1 remote-as 1
  neighbor 192.168.0.1 update-source loopback 0
  neighbor 192.168.0.1 description R1
  neighbor 192.168.0.1 password Ch2_Troublesh00ting_ExcerSizE
!
```

例 2-28 **show logging** 和 **show ip bgp neighbors** 命令的输出结果

```
R1
R1#show logging
Syslog logging: enabled (12 messages dropped, 9 messages rate-limited,
                0 flushes, 0 overruns, xml disabled, filtering disabled)

No Active Message Discriminator.



No Inactive Message Discriminator.


    Console logging: level debugging, 117 messages logged, xml disabled,
                     filtering disabled
    Monitor logging: level debugging, 0 messages logged, xml disabled,
                     filtering disabled
    Buffer logging:  level debugging, 126 messages logged, xml disabled,
                     filtering disabled
    Logging Exception size (8192 bytes)
    Count and timestamp logging messages: disabled
    Persistent logging: disabled

No active filter modules.

ESM: 0 messages dropped

    Trap logging: level informational, 59 message lines logged

Log Buffer (8192 bytes):

*Sep 4 01:21:00.311: %SYS-5-CONFIG_I: Configured from console by console
*Sep 4 01:21:20.835: BGP: 192.168.0.3 went from Idle to Active
*Sep 4 01:21:20.843: BGP: 192.168.0.3 open active delayed 30866ms (35000ms max, 28%
   jitter)
```

（待续）

```
*Sep 4 01:21:51.711: BGP: 192.168.0.3 open active, local address 192.168.0.1
*Sep 4 01:21:51.891: BGP: 192.168.0.3 open failed: Destination unreachable; gateway
  or host down, open active delayed 31701ms (35000ms max, 28% jitter)
*Sep 4 01:22:23.595: BGP: 192.168.0.3 open active, local address 192.168.0.1


R1#show ip bgp neighbors
BGP neighbor is 192.168.0.3, remote AS 1, internal link
  BGP version 4, remote router ID 0.0.0.0
  BGP state = Active
  Last read 00:03:33, last write 00:03:33, hold time is 180, keepalive interval is
  60 seconds
  Message statistics:
    InQ depth is 0
    OutQ depth is 0
                         Sent       Rcvd
    Opens:                  0          0
    Notifications:          0          0
    Updates:                0          0
    Keepalives:             0          0
    Route Refresh:          0          0
    Total:                  0          0
Default minimum time between advertisement runs is 0 seconds

For address family: IPv4 Unicast
  BGP table version 1, neighbor version 0/0
  Output queue size: 0
  Index 1, Offset 0, Mask 0x2
  1 update-group member
                                 Sent       Rcvd
  Prefix activity:               ----       ----
    Prefixes Current:               0          0
    Prefixes Total:                 0          0
    Implicit Withdraw:              0          0
    Explicit Withdraw:              0          0
    Used as bestpath:             n/a          0
    Used as multipath:            n/a          0

                                   Outbound    Inbound
  Local Policy Denied Prefixes:    --------    -------
    Total:                                0          0
  Number of NLRIs in the update sent: max 0, min 0

  Connections established 0; dropped 0
  Last reset never
  No active TCP connection
```

```
R3
R3#show logging
Syslog logging: enabled (12 messages dropped, 9 messages rate-limited,
                0 flushes, 0 overruns, xml disabled, filtering disabled)

No Active Message Discriminator.



No Inactive Message Discriminator.


    Console logging: level debugging, 115 messages logged, xml disabled,
                     filtering disabled
    Monitor logging: level debugging, 0 messages logged, xml disabled,
                     filtering disabled
    Buffer logging:  level debugging, 124 messages logged, xml disabled,
                     filtering disabled
    Logging Exception size (8192 bytes)
    Count and timestamp logging messages: disabled
```

（待续）

```
    Persistent logging: disabled

No active filter modules.

ESM: 0 messages dropped

    Trap logging: level informational, 55 message lines logged

Log Buffer (8192 bytes):

*Sep 4 01:20:55.003: %SYS-5-CONFIG_I: Configured from console by console
*Sep 4 01:21:28.723: BGP: 192.168.0.1 went from Idle to Active
*Sep 4 01:21:28.731: BGP: 192.168.0.1 open active delayed 34023ms (35000ms max, 28%
  jitter)
*Sep 4 01:22:02.755: BGP: 192.168.0.1 open active, local address 192.168.0.3
*Sep 4 01:22:02.811: BGP: 192.168.0.1 open failed: Destination unreachable; gateway
  or host down, open active delayed 25843ms (35000ms max, 28% jitter)
*Sep 4 01:22:28.655: BGP: 192.168.0.1 open active, local address 192.168.0.3
*Sep 4 01:22:28.831: BGP: 192.168.0.1 open failed: Destination unreachable; gateway
  or host down, open active delayed 27833ms (35000ms max, 28% jitter)
*Sep 4 01:22:56.667: BGP: 192.168.0.1 open active, local address 192.168.0.3
*Sep 4 01:22:56.859: BGP: 192.168.0.1 open failed: Destination unreachable; gateway
  or host down, open active delayed 33383ms (35000ms max, 28% jitter)

R3#show ip bgp neighbors
BGP neighbor is 192.168.0.1, remote AS 1, internal link
  BGP version 4, remote router ID 0.0.0.0
  BGP state = Active
  Last read 00:03:57, last write 00:03:57, hold time is 180, keepalive interval is
  60 seconds
  Message statistics:
    InQ depth is 0
    OutQ depth is 0
                         Sent       Rcvd
    Opens:                  0          0
    Notifications:          0          0
    Updates:                0          0
    Keepalives:             0          0
    Route Refresh:          0          0
    Total:                  0          0
  Default minimum time between advertisement runs is 0 seconds

 For address family: IPv4 Unicast
  BGP table version 1, neighbor version 0/0
  Output queue size: 0
  Index 1, Offset 0, Mask 0x2
  1 update-group member
                               Sent       Rcvd
  Prefix activity:             ----       ----
    Prefixes Current:             0          0
    Prefixes Total:               0          0
    Implicit Withdraw:            0          0
    Explicit Withdraw:            0          0
    Used as bestpath:           n/a          0
    Used as multipath:          n/a          0

                                  Outbound    Inbound
  Local Policy Denied Prefixes:   --------    -------
    Total:                               0          0
  Number of NLRIs in the update sent: max 0, min 0

  Connections established 0; dropped 0
  Last reset never
  No active TCP connection
```

2. 虽然在图 2-32 中的 R1 和 R2 之间配置了 IBGP 连接，但是该连接并没有建立完成。检查日志缓存后发现日志信息如例 2-29 所示。请问 IBGP 会话未成功建立的原因是什么？

图 2-32 故障检测与排除练习题 2 的拓扑结构

例 2-29 日志中缺少 IBGP 会话信息

```
R1#
*Sep 4 02:49:20.575: BGP: 192.168.0.2 open failed: Connection timed out; remote
  host not responding, open active delayed 457ms (1000ms max, 87% jitter)
*Sep 4 02:49:21.035: BGP: 192.168.0.2 open active, local address 192.168.0.1
R1#
*Sep 4 02:49:21.287: %TCP-6-BADAUTH: No MD5 digest from 192.168.0.2(179) to
  192.168.0.1(43661)
```

3. 在排查练习题 2 中的问题时，网络维护人员更改了其中一台路由器的 BGP 配置信息，之后收到的日志消息如例 2-30 所示。请问 IBGP 会话未成功建立的原因是什么？本练习题与练习题 2 的日志消息有何区别？

例 2-30 日志仍然没有 IBGP 会话信息

```
R1#
*Sep 4 02:51:16.003: BGP: 192.168.0.2 open active, local address 192.168.0.1
R1#
*Sep 4 02:51:21.007: BGP: 192.168.0.2 open failed: Connection timed out; remote
  host not responding, open active delayed 30634ms (35000ms max, 28% jitter)
R1#
*Sep 4 02:51:21.739: %TCP-6-BADAUTH: Invalid MD5 digest from 192.168.0.2(28677) to
  192.168.0.1(179)
```

4. 如图 2-33 所示，路由器 R1 和 R2 位于 AS1 中，R3 位于 AS2 中，AS1 的 IGP 是 OSPF 且 area 0 跨越整个 AS。路由器 R1 和 R2 被配置为通过各自的环回地址进行对等连接，R1 与 R3 之间通过物理链路地址进行对等连接，这三台路由器的配置信息如例 2-31 所示。虽然路由器 R2 的 **show ip bgp** 输出结果中显示了 R3 的接口 Loopback0（192.168.0.3），但是并没有在 IP 路由表中安装该路由，其原因是什么？解决该问题的两种方案分别是什么？哪种解决方案是最佳实践配置？

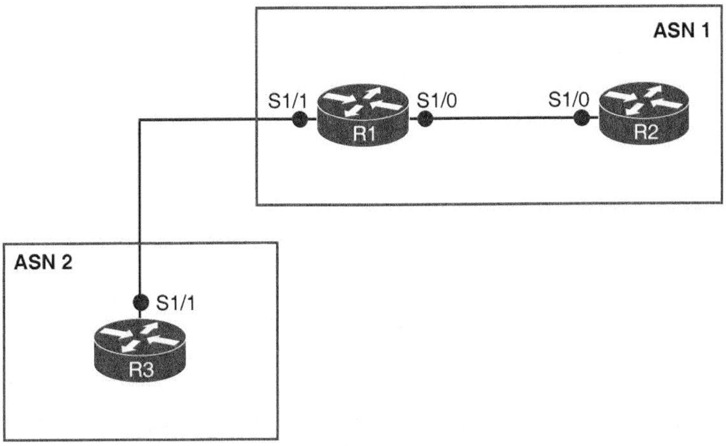

图 2-33 故障检测与排除练习题 4 的拓扑结构

例 2-31 故障检测与排除练习题 4 的路由器配置

```
! R1
!
interface Serial1/0
 ip address 10.0.0.1 255.255.255.252
!
interface Serial1/1
 ip address 172.16.0.1 255.255.255.252
!
interface Loopback 0
 ip address 192.168.0.1 255.255.255.255
!
router ospf 1
 log-adjacency-changes
 network 10.0.0.1 0.0.0.0 area 0
 network 192.168.0.1 0.0.0.0 area 0
!
router bgp 1
 no synchronization
 bgp log-neighbor-changes
 neighbor 192.168.0.2 remote-as 1
 neighbor 192.168.0.2 update-source Loopback0
 neighbor 172.16.0.2 remote-as 2
 no auto-summary
!
```

```
! R2
!
interface Serial1/0
 ip address 10.0.0.2 255.255.255.252
!
interface Loopback 0
 ip address 192.168.0.2 255.255.255.255
!
router ospf 1
 log-adjacency-changes
 network 10.0.0.2 0.0.0.0 area 0
 network 192.168.0.2 0.0.0.0 area 0
!
router bgp 1
 no synchronization
 bgp log-neighbor-changes
 neighbor 192.168.0.1 remote-as 1
 neighbor 192.168.0.1 update-source Loopback0
 no auto-summary
!
```

```
! R3
!
interface Serial1/1
 ip address 172.16.0.2 255.255.255.252
!
interface Loopback 0
 ip address 192.168.0.3 255.255.255.255
!

router bgp 2
 no synchronization
 bgp log-neighbor-changes
 network 192.168.0.3 mask 255.255.255.255
 neighbor 172.16.0.1 remote-as 1
 no auto-summary
!
```

5. 参考故障检测与排除练习题 4 中的图 2-33，网络维护人员解决了无法在 R2 上将 BGP 路由安装到 IP 路由表中的问题之后，目前 BGP 表与 IP 路由表中均有该路由，但此时从 R2 到 R3 的 ping 操作仍然失败，那么原因是什么？如何解决？

第 3 章

BGP 与 NLRI

第 2 章讨论了 EBGP 和 IBGP 会话的建立及维护方式，但是与 IGP 不同，BGP 默认并不宣告任何可达性信息，因而本章将解释配置 BGP 以宣告 NLRI（Network Layer Reachability Information，网络层可达性信息）的相关技术，同时还将介绍一些简单的路由策略工具，作为下一章深入讨论路由策略的基础知识。

注：NLRI 是一个自定义术语。可达性信息指的是有关可达目的端的某些信息，网络层指的是 OSI 参考模型的网络层，表示可以在路由表中宣告的信息，通过一个或多个路由器跳可达。虽然 IPv4 和 IPv6 前缀是最容易理解的 NLRI 类型，但是从广义上来说，BGP 能够携带包括 IP 地址在内的多种可达性信息。第 6 章将详细讨论 BGP 的多协议能力。

3.1 在 BGP 中配置 NLRI 以及检测与排除 NLRI 故障

在第 1 章和第 2 章曾经强调过，BGP 路由与 IGP 路由采用的是不同的思考方式，例如，BGP 必须独立考虑每个 EBGP 会话，而不是 IGP 域的“全盘”视图。

这种概念上的变化也同样适用于 BGP 宣告的 NLRI（本章指的是 IPv4 地址前缀），IGP 的设计初衷是与受信邻居简单有效地交换前缀信息，因而配置 IGP 时通常需要指定 IGP 协议所运行的接口或子网，然后再由 IGP 将这些接口的子网宣告给邻居。而 BGP 却不“自动”宣告可达性信息，由于 BGP 假定不信任外部邻居，因而仅宣告那些被显式配置进行宣告的信息。

因此，应该始终记着向 BGP“注入”前缀，当然也可以利用重分发操作将前缀注入到 IGP 中，但区别在于注入是将可达性信息传递给 BGP 的唯一方式。

3.1.1 利用 network 语句注入前缀

将前缀注入 BGP 的最常见也是最可靠的方法就是使用 IOS 的 **network** 语句，请注意 BGP 的 **network** 语句与 IGP 的 **network** 语句之间的区别，千万不要混淆，它们的作用完全不同。如果正在配置 IGP，那么使用 **network** 语句的作用是指定地址范围，该地址范围既可能是非常通用的 0.0.0.0（包含所有可能的地址），也可能是某个特定的 IP 地址，此后接口地址属于该 **network** 语句指定地址范围内的接口将启用该 IGP。

BGP 的 **network** 语句与在接口上启用协议毫无关系，而是指定将要注入本地 BGP 进程的前缀。

图 3-1 中的路由器 Taos 和 Vail 位于不同的自治系统中，这两台路由器之间配置了 EBGP 会话。此外，Taos 还与本地 AS 中的 AngelFire 相连，且这两台路由器用于交换 AS 内部路由的 IGP 协议是 EIGRP。

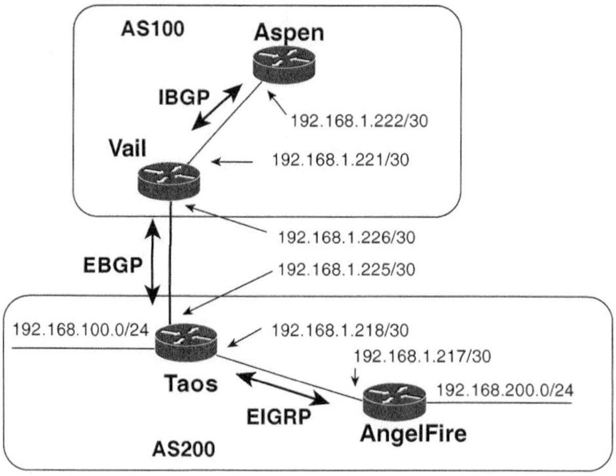

图 3-1 Taos 向 Vail 宣告前缀 192.168.100.0 和 192.168.200.0，AS200 使用的 IGP 是 EIGRP

子网 192.168.100.0/24 与 Taos 直连，子网 192.168.200.0/24 与 AngelFire 直连，并且由 Taos 将这两条前缀宣告给 Vail。例 3-1 给出了 Taos 的配置信息，利用 **network** 语句将这两个子网注入到 BGP 中，此外还给出了 Taos 的 EIGRP 配置信息[1]。

例 3-1 Taos 的 EIGRP 及 BGP 基本配置

```
router eigrp 200
 passive-interface Serial1/0
 network 192.168.1.0
 network 192.168.100.0
 auto-summary
!
router bgp 200
 no synchronization
 bgp log-neighbor-changes
 network 192.168.100.0
 network 192.168.200.0
 neighbor 192.168.1.226 remote-as 100
 no auto-summary
```

从 Vail 的路由表（见例 3-2）可以看到 192.168.100.0 和 192.168.200.0 的路由表项，这些表项均标示了字母 B，表示这些路由学自 BGP。但是，仅仅显示 Taos 的 BGP 配置以及 Vail 的路由表还不能完全解释清楚，只有了解了 BGP 的"幕后操作"，才能更好地进行排障操作并设置路由策略。

对于 BGP 宣告前缀的方式来说，需要了解的第一个细节信息就是 BGP 维护了一张与路由表相独立的前缀表，有关 BGP 表重要性的详细描述请参阅第 4 章，目前需要知道的就是 BGP 会记录其宣告以及收到的前缀，利用 **show ip bgp** 命令即可查看相关信息。

1 为了便于观察感兴趣的语句，本例显示的 BGP 配置都力求简单化。不过需要注意的是，生产性网络中的 BGP 配置都应该使用认证机制。

例 3-2 从 Vail 的路由表可以看出 Taos 已将两条前缀注入到了 BGP 中

```
Vail#show ip route
Codes: C - connected, S - static, R - RIP, M - mobile, B - BGP
       D - EIGRP, EX - EIGRP external, O - OSPF, IA - OSPF inter area
       N1 - OSPF NSSA external type 1, N2 - OSPF NSSA external type 2
       E1 - OSPF external type 1, E2 - OSPF external type 2
       i - IS-IS, su - IS-IS summary, L1 - IS-IS level-1, L2 - IS-IS level-2
       ia - IS-IS inter area, * - candidate default, U - per-user static route
       o - ODR, P - periodic downloaded static route

Gateway of last resort is not set
B    192.168.200.0/24 [20/30720] via 192.168.1.225, 00:02:12
     192.168.1.0/30 is subnetted, 2 subnets
C       192.168.1.224 is directly connected, Serial1/0
C       192.168.1.220 is directly connected, FastEthernet0/0
B    192.168.100.0/24 [20/0] via 192.168.1.225, 01:03:35
```

首先分析从 Taos 注入到 Vail 路由表中的前缀，从 Taos 的路由表（见例 3-3）可以看出，这两条前缀均在路由表中，但是并没有与这两条前缀相关联的 BGP 引用信息，学到 192.168.100.0 的原因是直连，而 192.168.200.0 则学自 EIGRP（因为标示了字母 D）。

例 3-3 虽然两条前缀均进入了 Taos 的路由表，但是没有与这两条前缀相关联的 BGP 引用

```
Taos#show ip route
Codes: C - connected, S - static, R - RIP, M - mobile, B - BGP
       D - EIGRP, EX - EIGRP external, O - OSPF, IA - OSPF inter area
       N1 - OSPF NSSA external type 1, N2 - OSPF NSSA external type 2
       E1 - OSPF external type 1, E2 - OSPF external type 2
       i - IS-IS, su - IS-IS summary, L1 - IS-IS level-1, L2 - IS-IS level-2
       ia - IS-IS inter area, * - candidate default, U - per-user static route
       o - ODR, P - periodic downloaded static route

Gateway of last resort is not set

D    192.168.200.0/24 [90/30720] via 192.168.1.217, 00:00:17, FastEthernet0/0
     192.168.1.0/24 is variably subnetted, 3 subnets, 2 masks
D       192.168.1.0/24 is a summary, 02:13:01, Null0
C       192.168.1.224/30 is directly connected, Serial1/0
C       192.168.1.216/30 is directly connected, FastEthernet0/0
C    192.168.100.0/24 is directly connected, FastEthernet2/0
```

从例 3-4 的 **show ip bgp** 命令输出结果可以看出，这两条前缀位于 Taos 的 BGP 表中。例 3-3 与例 3-4 中的两个表存在一定的依存关系：如果前缀是通过 **network** 语句指定的，那么 BGP 就会查询 IP 路由表，如果指定前缀不在表中，那么 BGP 就不会让前缀进入 BGP 表中，也就是说，除非路由器拥有去往指定目的端的有效路径，否则 BGP 不会注入前缀。

例 3-4 由于配置中存在 **network** 语句，因而两条前缀均注入 Taos 的 BGP 表中

```
Taos#show ip bgp
BGP table version is 121, local router ID is 192.168.100.1
Status codes: s suppressed, d damped, h history, * valid, > best, i - internal,
              r RIB-failure, S Stale
Origin codes: i - IGP, e - EGP, ? - incomplete

   Network          Next Hop            Metric LocPrf Weight Path
*> 192.168.100.0    0.0.0.0                  0         32768 i
*> 192.168.200.0    192.168.1.217        30720         32768 i
```

与例 3-4 中的前缀及下一跳相关联的是度量值，从图 3-3 路由表中的前缀可以看出这些度量的来源：它们均是 IGP 度量。192.168.100.0 的度量值为 0（因为直连），192.168.200.0 的度量值是 30720（是 EIGRP 度量）。在默认情况下，被注入前缀的 IGP 度量将成为被宣告的

BGP 路由的 MED（MULTI_EXIT_DISC）属性，在 BGP 表中显示为 Metric。可以利用 **default-metric** 命令为重分发路由或其他路由的路由映射更改默认的 MED 值，有关 MED 属性的使用方式请参见第 4 章中的案例研究。此外，例中的两条前缀都没有 LOCAL_PREF 属性（有关 LOCAL_PREF 属性的使用方式也请参见第 4 章）。

如前所述，权重是 IOS 的专有属性，对于控制单台路由器的 BGP 路由选择很有用。例 3-4 中的前缀的度量值为 32768，该数值是本地路由器注入前缀的默认权重值。

例 3-4 中最后一个值得关注的信息就是 Path 列，该列给出了前缀的 AS_PATH 和 ORIGIN 属性信息。对于本例来说，由于这些前缀都是注入本路由器的前缀，因而都没有 AS_PATH 属性（请注意，除非 BGP 将前缀宣告给外部邻居，否则 BGP 不会将本地 AS 添加到 AS_PATH 中）。不过，这两条前缀都有 ORIGIN 属性，从这些前缀表项上面的图例可以看出，标记 `i` 表示 ORIGIN 属性是 IGP。请注意，所有通过 **network** 语句注入的前缀的 ORIGIN 属性都是 IGP。

例 3-5 给出了 Vail 的 BGP 表信息，下一跳地址 192.168.1.225 表明这些前缀都是由 Taos 宣告的。虽然 MED 值保持不变，但权重值目前为 0（该权重值是学自对等体的前缀的默认值）。最后，从 Path 列的输出结果可以看出，AS 号 200 已经添加到 AS_PATH 上了（位于 ORIGIN 代码之前）。

例 3-5　Vail 的 BGP 表显示这些前缀都是由 Taos（192.168.1.225）宣告的

```
Vail#show ip bgp
BGP table version is 33, local router ID is 192.168.1.226
Status codes: s suppressed, d damped, h history, * valid, > best, i - internal,
              r RIB-failure, S Stale
Origin codes: i - IGP, e - EGP, ? - incomplete

   Network          Next Hop            Metric LocPrf Weight Path
*> 192.168.100.0    192.168.1.225            0             0 200 i
*> 192.168.200.0    192.168.1.225        30720             0 200 i
```

Vail 的 BGP 进程将检查 BGP 表中的每一条前缀，如果下一跳有效（也就是说，路由器知道如何到达下一跳），那么就将该前缀添加到路由表中。配置 BGP 路由策略（详见第 4 章）的主要目的就是改变默认的 BGP 决策进程。

3.1.2 利用 network mask 语句注入前缀

图 3-2 中的路由器 AngelFire 增加了一条新链路，Taos 通过 EIGRP 宣告了该链路前缀 192.168.172.0/22，现在希望 Taos 将该前缀宣告给 Vail。需要注意的是，此处的前缀与上一个案例中的前缀有一些差别：192.168.100.0/24 和 192.169.200.0/24 都是传统的 C 类（24 比特）前缀，但 192.168.172.0/22 却不是传统的 C 类前缀，实际上，这种新型前缀更好地反应了目前的 CIDR 环境，此时需要宣告的前缀可能并不是传统的 A 类、B 类或 C 类前缀。

第 2 章曾经说过，BGP Update 消息中的 NLRI 字段是由（长度，前缀）二元组组成的，其中的长度指的是前缀的长度。如果需要宣告的前缀是 A 类、B 类或 C 类前缀，那么就可以仅使用 **network** 语句指定该前缀，IOS 的 BGP 实现将自动填充相应的 8 比特、16 比特或 24 比特长度值（CIDR 时代之前的产物）。如果前缀长度是其他数值，那么就需要告诉 IOS 在（长度，前缀）二元组的长度部分使用哪个数值，此时就需要使用 **network mask** 语句。

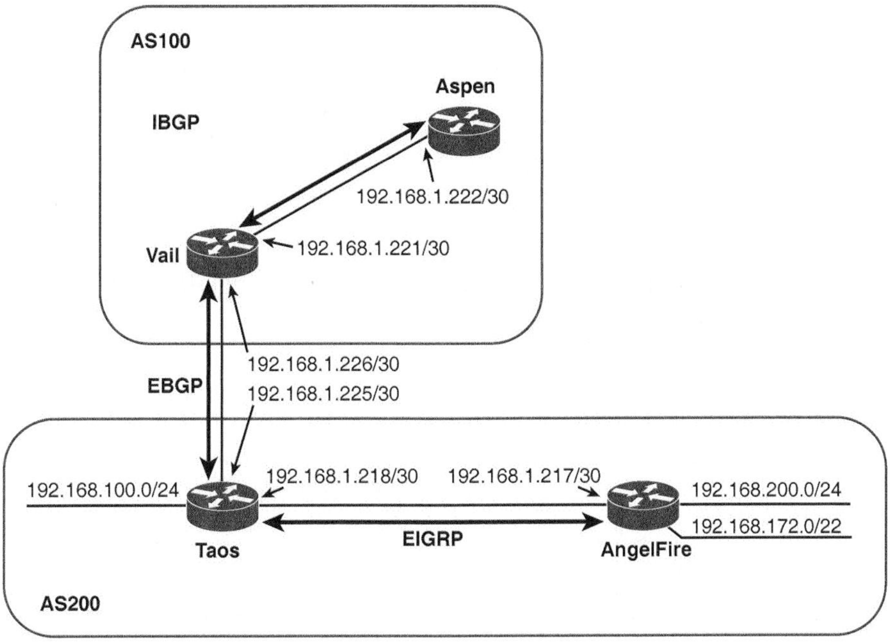

图 3-2 AngelFire 将新前缀 192.168.172.0/22 宣告到 EIGRP 中，Taos 必须通过 EBGP 将该前缀宣告给 Vail

例 3-6 给出了 Taos 的 BGP 配置信息，例中使用 **network mask** 语句注入了前缀 192.168.172.0/22，掩码 255.255.252.0 表示使用的前缀长度为 22 比特。例 3-7 给出了 Vail 的 BGP 表信息，可以看出已经为该新前缀创建了一个 BGP 表项。

例 3-6 利用 **network mask** 语句宣告非传统 A 类、B 类或 C 类前缀

```
router bgp 200
 no synchronization
 bgp log-neighbor-changes
 network 192.168.100.0
 network 192.168.172.0 mask 255.255.252.0
 network 192.168.200.0
 neighbor 192.168.1.226 remote-as 100
 no auto-summary
```

例 3-7 Vail 收到了 Taos 宣告的 192.168.172.0/22 并添加到 BGP 表中

```
Vail#show ip bgp
BGP table version is 10, local router ID is 192.168.1.226
Status codes: s suppressed, d damped, h history, * valid, > best, i - internal,
              r RIB-failure, S Stale
Origin codes: i - IGP, e - EGP, ? - incomplete

    Network          Next Hop            Metric LocPrf Weight Path
*> 192.168.100.0    192.168.1.225            0             0 200 i
*> 192.168.172.0/22 192.168.1.225        30720             0 200 i
*> 192.168.200.0    192.168.1.225        30720             0 200 i
```

3.1.3 利用重分发注入前缀

还可以利用重分发操作注入前缀，虽然本节案例讨论了从 IGP 到 BGP 的重分发操作，但通常强烈建议不要使用重分发技术。第 1 章曾经强调过，对穿越 AS 边界的信息共享实施

严格控制是非常重要的。利用 **network** 语句注入前缀时可以明确指定需要宣告给 EBGP 对等体的前缀，而重分发在默认情况下则意味着将自己 IGP 知道的一切都告诉 EBGP 对等体。

将 IGP 路由重分发到 BGP 中时，一般都要使用路由过滤器。默认情况是重分发 IGP 知道的所有路由，如果 AS 管理员希望仅宣告部分 IGP 路由，那么就必须过滤其他路由，或者说多归属 AS 不应该成为任何邻接 AS 的转接 AS，此时就必须利用路由过滤器避免将学自某个 AS 的外部路由宣告给其他 AS，否则就会存在路由反馈问题，也就是说学自 EBGP 的外部路由重分发到 IGP 中之后，又从 IGP 再次重分发到 EBGP 中。从最低限度来说，最佳实践要求必须使用路由过滤器以确保仅重分发正确的路由。实际场合一般很少将 IGP 前缀重分发到 BGP 中，因为此时很难实施精确控制。

但是，重分发在某些场合也有其用武之地。例如，如果需要将源自某 AS 的大量前缀宣告到 AS 之外，那么就可以考虑重分发技术。不过此时可能仍然需要部署路由过滤器，以过滤将要宣告的部分 IGP 前缀。因此，虽然使用重分发技术的初衷是简化配置，避免使用一长串 **network** 语句，但实际上一种配置方式的简化带来的却是另一种配置方式的复杂化。

重分发技术的另一个有用场景就是本地 AS 中的前缀经常性地发生变化，但这种场景比较罕见，不应该出现在正常网络中。

从故障检测与排除的角度也更希望使用 **network** 语句，而不是重分发技术：因为 **network** 语句列表可以明确说明将要注入哪些前缀，而附加路由器过滤器的重分发操作只能说明不注入哪些前缀。

按照上述建议，例 3-8 重新配置了图 3-2 中的 Taos，利用重分发技术将前缀宣告给了 Vail。

例 3-8　重新配置路由器 Taos（见图 3-2）使用重分发而不是 **network** 语句将前缀注入到 BGP 中

```
router eigrp 200
 passive-interface Serial1/0
 network 192.168.1.0
 network 192.168.100.0
 auto-summary
!
router bgp 200
 no synchronization
 bgp log-neighbor-changes
 redistribute eigrp 200
 neighbor 192.168.1.226 remote-as 100
 no auto-summary
```

例 3-9 显示了 Vail 的 BGP 表信息，与例 3-7 相比即可看出两者之间的差异：虽然前一个 BGP 表中的三条前缀都在，但此时的 BGP 表又多出了三条前缀，原因在于重分发选中了 Taos 学自 EIGRP 的符合条件的前缀。

例 3-9　Vail 的 BGP 表显示了 Taos 宣告的前缀（实施了例 3-8 的重分发操作）

```
Vail#show ip bgp
BGP table version is 1129, local router ID is 192.168.1.226
Status codes: s suppressed, d damped, h history, * valid, > best, i - internal,
              r RIB-failure, S Stale
Origin codes: i - IGP, e - EGP, ? - incomplete

   Network          Next Hop            Metric LocPrf Weight Path
*> 192.168.1.0      192.168.1.225        28160             0 200 ?
*> 192.168.1.216/30 192.168.1.225            0             0 200 ?
```

（待续）

```
r> 192.168.1.224/30 192.168.1.225          0          0 200 ?
*> 192.168.100.0    192.168.1.225          0          0 200 ?
*> 192.168.172.0/22 192.168.1.225      30720          0 200 ?
*> 192.168.200.0    192.168.1.225      30720          0 200 ?
```

需要注意的是，除了前缀 192.168.1.0 的两个子网 192.168.1.216/30 和 192.168.1.224/30)之外，还宣告了前缀 192.168.1.0。分析例 3-10 的 Taos 路由表即可找出原因：早期的 EIGRP 版本（默认启用自动汇总功能）会自动将子网汇总为传统的 A 类、B 类或 C 类边界。对于本例来说，路由表中已经出现了关于前缀 192.168.1.0 的 EIGRP 路由（指向 Null 0），随后该路由又被重分发到 BGP 中。例 3-8 显示了默认的 EIGRP **auto-summary** 语句。

例 3-10　EIGRP 自动安装汇总路由 192.168.1.0，随后该路由又与其他 EIGRP 路由一起被重分发到 BGP 中

```
Taos#show ip route
Codes: C - connected, S - static, R - RIP, M - mobile, B - BGP
       D - EIGRP, EX - EIGRP external, O - OSPF, IA - OSPF inter area
       N1 - OSPF NSSA external type 1, N2 - OSPF NSSA external type 2
       E1 - OSPF external type 1, E2 - OSPF external type 2
       i - IS-IS, su - IS-IS summary, L1 - IS-IS level-1, L2 - IS-IS level-2
       ia - IS-IS inter area, * - candidate default, U - per-user static route
       o - ODR, P - periodic downloaded static route

Gateway of last resort is not set

D    192.168.200.0/24 [90/30720] via 192.168.1.217, 00:02:32, FastEthernet0/0
     192.168.1.0/24 is variably subnetted, 3 subnets, 2 masks
D       192.168.1.0/24 is a summary, 00:10:05, Null0
C       192.168.1.224/30 is directly connected, Serial1/0
C       192.168.1.216/30 is directly connected, FastEthernet0/0
C    192.168.100.0/24 is directly connected, FastEthernet2/0
D    192.168.172.0/22 [90/30720] via 192.168.1.217, 00:02:33, FastEthernet0/0
```

虽然该汇总路由在某些情况下可能没有问题，但是对于本例中的网络来说却并非如此：192.168.1.0 的子网不但出现在 AS200 中，而且还出现在 AS100 中（后续的案例研究将继续在多个 AS 中使用该网络的子网）。我们不希望这些子网中的某个子网出现故障后导致去往不可达子网的数据包匹配该汇总路由并路由到 Taos。

改变该行为的方式很简单，只要在 Taos 上关闭 EIGRP 自动汇总功能即可（如例 3-11 所示），从例 3-12 可以看到此时 Vail 的 BGP 表信息：192.168.1.0 的表项已经不在 BGP 表中了。如前所述，新版本的 EIGRP 默认禁用自动汇总功能，不过问题的关键在于，重分发技术是一张“很宽松的网”，会降低管理人员对注入 BGP 的前缀的控制力度。

例 3-11　在 Taos 上禁用 EIGRP 的自动汇总功能

```
router eigrp 200
 passive-interface Serial1/0
 network 192.168.1.0
 network 192.168.100.0
 no auto-summary
!
router bgp 200
 no synchronization
 bgp log-neighbor-changes
 redistribute eigrp 200
 neighbor 192.168.1.226 remote-as 100
 no auto-summary
!
```

例 3-12 从 Vail 的 BGP 表可以看出，在 Taos 上禁用 EIGRP 自动汇总功能之后可以防止将 192.168.1.0 重分发到 BGP 中

```
Vail#show ip bgp
BGP table version is 1209, local router ID is 192.168.1.226
Status codes: s suppressed, d damped, h history, * valid, > best, i - internal,
              r RIB-failure, S Stale
Origin codes: i - IGP, e - EGP, ? - incomplete

   Network          Next Hop            Metric LocPrf Weight Path
*> 192.168.1.216/30 192.168.1.225            0             0 200 ?
r> 192.168.1.224/30 192.168.1.225            0             0 200 ?
*> 192.168.100.0    192.168.1.225            0             0 200 ?
*> 192.168.172.0/22 192.168.1.225        30720             0 200 ?
*> 192.168.200.0    192.168.1.225        30720             0 200 ?
```

注：自动汇总功能是 IOS 12.2(8)T 之前的 BGP 默认特性。在早期版本中，子网被重分发到 BGP 中之后，BGP 会在本地表中创建一条有类别的汇总表项。从例 3-11 以及前面的 BGP 配置示例可以看出，新版本已经禁用了该 BGP 默认特性（**no auto-summary**），处理老版本 IOS 时一定要注意该特性，通常建议大家关闭自动汇总特性。

请注意，例 3-12 中的 192.168.1.224/30 标记了 r，从图例可以知道该标记表示 RIB-failure，意味着 BGP 无法让该前缀进入路由表（RIB[Routing Information Base，路由信息库]中。**show ip bgp rib-failure** 命令可以提供 RIB-failure 的详细原因：例 3-13 显示 RIB 失败的原因是“Higher admin distance”（更大的管理距离），也就是说，路由表中已经存在一条关于该前缀的路由表项，而且学到该前缀的源端的管理距离比 BGP 更大，因而 BGP 路由无法替换已有路由表项。

例 3-13 无法将 192.168.1.224/30 的 BGP 表项添加到路由表中的原因在于 RIB 已经拥有该前缀的表项，且管理距离更大

```
Vail#show ip bgp rib-failure
Network            Next Hop                      RIB-failure  RIB-NH Matches
192.168.1.224/30   192.168.1.225        Higher admin distance              n/a
```

从图 3-2 中的网络结构图可以看出出现这种情况的原因：192.168.1.224/30 是连接 Taos 与 Vail 的链路的子网，因而 Vail 的路由表中已经存在该直连子网的路由表项（查看例 3-1 中的 Vail 路由表即可加以验证），直连子网的管理距离为 0，比包括 EIGRP（管理距离为 20）在内的其他管理距离的优先级都要高。

虽然 192.168.1.224/30 没有进入 Vail 的路由表中，但 BGP 默认仍将该前缀宣告给其他对等体。由于其他自治系统中的设备（对于本例而言，就是 AS100 或 AS200 中除 Taos 和 Vail 之外的其他设备）没有路由到达该子网，因而通常并不希望 BGP 这么做。

解决这个问题的一种方式就是在 Vail 的 BGP 配置中增加 **bgp suppress-inactive** 语句，该语句的作用是告诉路由器，如果 BGP 表中的表项无法进入本地 RIB，那么就不要将该前缀宣告给其他 BGP 对等体。

不过本例还有一个更好的解决方案。从例 3-12 可以看出，Vail 的 BGP 表中有一个关于子网 192.168.1.216/30 的表项，这是 AS200 中 Taos 与 AngelFire 之间链路的子网，与 Taos 与 Vail 之间的链路相似，可能也不希望在 BGP 中宣告该前缀，因而可以在 Taos 上调用路由过滤器来阻止将这些前缀注入到 BGP 中（对于 192.168.1.224/30 来说，在 Taos 上阻止该前缀比允许其注入 BGP、宣告给 Vail、然后再抑制该前缀更有意义）。

例 3-14 给出了 Taos 增加路由过滤器之后的 BGP 配置信息，该路由过滤器的构建方式是在重分发语句中引用名为 ROUTES_IN 的路由映射，该路由映射只有一条 **permit** 语句，并且引用了 access list 1，由该访问列表拒绝上面所说的两条前缀并允许其他所有前缀。

例 3-14 在重分发语句中增加路由器过滤器以阻止注入前缀 192.168.1.216/30 和 192.168.1.224/30，同时允许注入其他前缀

```
router bgp 200
 no synchronization
 bgp log-neighbor-changes
 redistribute eigrp 200 route-map ROUTES_IN
 neighbor 192.168.1.226 remote-as 100
 no auto-summary
!
access-list 1 deny 192.168.1.224
access-list 1 deny 192.168.1.216
access-list 1 permit any
!
route-map ROUTES_IN permit 10
 match ip address 1
!
```

从 Vail 的 BGP 表（如例 3-15 所示）可以看出路由过滤器的配置效果，与例 3-7 的 BGP 表相比，两者几乎完全相同，唯一的区别在于 ORIGIN 代码由 i 变成了 ?（表示 Incomplete），如前一章所述，该代码表示路由的来源不确定。对于 BGP 决策进程来说，如果 ORIGIN 代码之前的所有路由特性均相同，那么路由来源 IGP 将优于路由来源 Incomplete。对于 IOS 来说，通过 **network** 语句注入的路由优于通过重分发方式注入的去往同一目的端的路由（假设这两条路由的权重、LOCAL_PREF 以及 AS_PATH 均相同）。

例 3-15 Vail 的 BGP 表中目前只有期望前缀

```
Vail#show ip bgp
BGP table version is 1378, local router ID is 192.168.1.226
Status codes: s suppressed, d damped, h history, * valid, > best, i - internal,
              r RIB-failure, S Stale
Origin codes: i - IGP, e - EGP, ? - incomplete

   Network          Next Hop            Metric LocPrf Weight Path
*> 192.168.100.0    192.168.1.225            0             0 200 ?
*> 192.168.172.0/22 192.168.1.225        30720             0 200 ?
*> 192.168.200.0    192.168.1.225        30720             0 200 ?
```

也可以更改例 3-14 中的路由过滤器的逻辑，让 access list 1 显式允许希望注入的前缀，而拒绝其他所有前缀。不过这么做得到的结果与使用更简单的 **network** 语句完全相同。

考虑到获得例 3-15 显示的 BGP 表所带来的配置复杂度，与通过简单方式获得的例 3-7 显示的相似 BGP 表相比较，就可以明白为什么会将 **network** 语句视为最佳实践了。

3.2 NLRI 与 IBGP

前面两章讨论了支持 IBGP 所需的各种复杂的 BGP 规则，1.5 节从一般性的角度解释了在自治系统中构建全网状 IBGP 会话以成功转接前缀的原因，2.2.3 节解释了可靠配置全网状 IBGP 会话的方式。由于本节内容将基于这两节的知识，因而有必要复习一下这些内容。

3.2.1 在IBGP拓扑结构中管理前缀

图3-3给出了本案例研究将要用到的网络情况，与图2-26中的网络配置相似，但是更改了环回地址。Taos宣告给Vail的前缀与本章图3-1中配置的前缀相同，因而Taos的配置也与前面讨论过的配置相同。此外，图中还显示了Alta通过EBGP宣告给Telluride的一组前缀，Alta的配置信息与Taos相似（虽然此处并没有显示Alta的配置）。本案例研究的目的是配置AS500中的路由器，使得Taos能够学到Alta宣告的前缀，而且Alta也能看到Taos宣告的前缀。

例3-16给出了AS100中的三台路由器的初始配置信息，IGP是OSPF，运行在AS内的所有接口上——最佳实践要求不要在任何外部链路上运行IGP。在这三台路由器的环回接口之间配置了全网状IBGP连接，Vail和Telluride分别与Taos和Alta运行了EBGP。

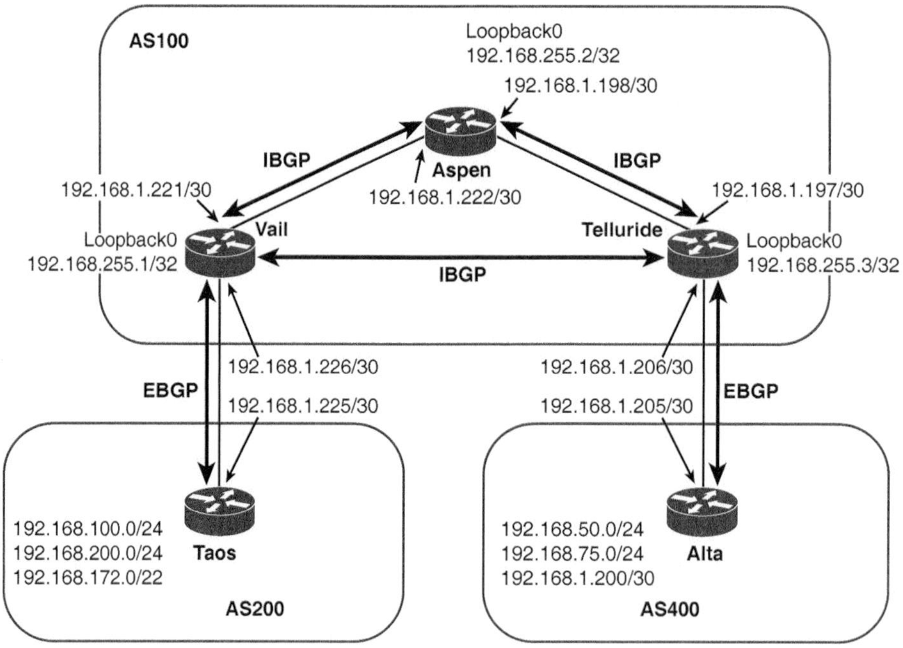

图3-3 AS200与AS400通过AS100相互宣告前缀

例3-16 图3-3中的AS100的路由器配置

```
Vail
router ospf 100
 log-adjacency-changes
 network 192.168.1.221 0.0.0.0 area 0
 network 192.168.255.1 0.0.0.0 area 0
!
router bgp 100
 no synchronization
 bgp log-neighbor-changes
 neighbor 192.168.1.225 remote-as 200
 neighbor 192.168.255.2 remote-as 100
 neighbor 192.168.255.2 update-source Loopback0
 neighbor 192.168.255.3 remote-as 100
 neighbor 192.168.255.3 update-source Loopback0
 no auto-summary
```

（待续）

```
!
Aspen
router ospf 100
 log-adjacency-changes
 network 192.168.1.198 0.0.0.0 area 0
 network 192.168.1.222 0.0.0.0 area 0
 network 192.168.255.2 0.0.0.0 area 0
!
router bgp 100
 no synchronization
 bgp log-neighbor-changes
 neighbor 192.168.255.1 remote-as 100
 neighbor 192.168.255.1 update-source Loopback0
 neighbor 192.168.255.3 remote-as 100
 neighbor 192.168.255.3 update-source Loopback0
 no auto-summary
!
```

```
Telluride
router ospf 100
 log-adjacency-changes
 network 192.168.1.197 0.0.0.0 area 0
 network 192.168.255.3 0.0.0.0 area 0
!
router bgp 100
 no synchronization
 bgp log-neighbor-changes
 neighbor 192.168.1.205 remote-as 400
 neighbor 192.168.255.1 remote-as 100
 neighbor 192.168.255.1 update-source Loopback0
 neighbor 192.168.255.2 remote-as 100
 neighbor 192.168.255.2 update-source Loopback0
 no auto-summary
!
```

不幸的是，这些配置还无法满足允许前缀穿越 AS100 的要求。为了检查还需要配置哪些内容，例 3-17 显示了 Taos 和 Alta 的 BGP 表信息，可以看出每台路由器的 BGP 表中都有各自 AS 前缀的表项，但是没有外部前缀的表项。

例 3-17 Taos 的 BGP 没有学习 AS400 宣告的前缀，Alta 的 BGP 没有学习 AS200 宣告的前缀

```
Taos#show ip bgp
BGP table version is 28, local router ID is 192.168.100.1
Status codes: s suppressed, d damped, h history, * valid, > best, i - internal,
              r RIB-failure, S Stale
Origin codes: i - IGP, e - EGP, ? - incomplete

   Network          Next Hop            Metric LocPrf Weight Path
*> 192.168.100.0    0.0.0.0                  0         32768 i
*> 192.168.172.0/22 192.168.1.217        30720         32768 i
*> 192.168.200.0    192.168.1.217        30720         32768 i
```

```
Alta#show ip bgp
BGP table version is 4, local router ID is 192.168.1.205
Status codes: s suppressed, d damped, h history, * valid, > best, i - internal,
              r RIB-failure, S Stale
Origin codes: i - IGP, e - EGP, ? - incomplete

   Network          Next Hop            Metric LocPrf Weight Path
*> 192.168.1.200/30 0.0.0.0                  0         32768 i
*> 192.168.50.0     0.0.0.0                  0         32768 i
*> 192.168.75.0     0.0.0.0                  0         32768 i
```

很明显，故障检测与排除的第一步就是查看这两台路由器的 EBGP 邻居 Vail 和 Telluride 的信息，例 3-18 给出了这两台路由器的 BGP 表信息，可以清楚地看到第一条线索。这两台路由器都学习了 AS200 和 AS400 宣告的前缀，实际上，它们的 BGP 表看起来几乎完全相同，唯一的区别就是每条前缀左侧的状态代码，Vail 的 BGP 表将宣告自 AS400 的前缀标记为 i，Telluride 的 BGP 表则将宣告自 AS200 的前缀标记为 i，从图例可以知道，该代码表示前缀为 internal（内部），即这些前缀均学自 IBGP 邻居。因此可以得出结论，Vail 和 Telluride 都正确学到了各自 EBGP 对等体宣告的前缀并成功地相关宣告了这些前缀。

例 3-18 Vail 和 Telluride 的 BGP 表中都有 AS200 和 AS400 的前缀

```
Vail#show ip bgp
BGP table version is 37, local router ID is 192.168.255.1
Status codes: s suppressed, d damped, h history, * valid, > best, i - internal,
              r RIB-failure, S Stale
Origin codes: i - IGP, e - EGP, ? - incomplete

   Network          Next Hop            Metric LocPrf Weight Path
* i192.168.1.200/30 192.168.1.205            0    100      0 400 i
* i192.168.50.0     192.168.1.205            0    100      0 400 i
* i192.168.75.0     192.168.1.205            0    100      0 400 i
*> 192.168.100.0    192.168.1.225            0             0 200 i
*> 192.168.172.0/22 192.168.1.225        30720             0 200 i
*> 192.168.200.0    192.168.1.225        30720             0 200 i
```

```
Telluride#show ip bgp
BGP table version is 4, local router ID is 192.168.255.3
Status codes: s suppressed, d damped, h history, * valid, > best, i - internal,
              r RIB-failure, S Stale
Origin codes: i - IGP, e - EGP, ? - incomplete

   Network          Next Hop            Metric LocPrf Weight Path
*> 192.168.1.200/30 192.168.1.205            0             0 400 i
*> 192.168.50.0     192.168.1.205            0             0 400 i
*> 192.168.75.0     192.168.1.205            0             0 400 i
* i192.168.100.0    192.168.1.225            0    100      0 200 i
* i192.168.172.0/22 192.168.1.225        30720    100      0 200 i
* i192.168.200.0    192.168.1.225        30720    100      0 200 i
```

这些状态代码还提供了更多的排障线索：Vail 将其 EBGP 邻居宣告的前缀都标记了>，表示 best（最佳），但是没有为学自 AS400 的前缀标记该代码。Telluride 则正好相反，将学自其 EBGP 邻居的前缀都标记为了 best，而没有标记 AS200 的前缀。

将 BGP 表中标记了 best 的前缀与未标记 best 的前缀进行对比即可找到进一步线索（可能大家已经找到答案了）。例 3-19 显示了 Vail 检查来自 EBGP 邻居 Taos 的前缀 192.168.100.0/24 以及来自 IBGP 邻居 Telluride 的前缀 192.168.50.0/24 的情况。

例 3-19 Vail 的 BGP 表中关于 192.168.100.0/24（宣告自 EBGP 对等体）以及 192.168.50.0/24（宣告自 IBGP 对等体）的细节信息

```
Vail#show ip bgp 192.168.100.0
BGP routing table entry for 192.168.100.0/24, version 7
Paths: (1 available, best #1, table Default-IP-Routing-Table)
  Advertised to update-groups:
        1
  200
    192.168.1.225 from 192.168.1.225 (192.168.100.1)
      Origin IGP, metric 0, localpref 100, valid, external, best
Vail#
Vail#show ip bgp 192.168.50.0
```

（待续）

```
BGP routing table entry for 192.168.50.0/24, version 0
Paths: (1 available, no best path)
  Not advertised to any peer
  400
    192.168.1.205 (inaccessible) from 192.168.255.3 (192.168.255.3)
      Origin IGP, metric 0, localpref 100, valid, internal
```

首先，192.168.100.0/24 的路由表项已经进入路由表（Default-IP-Routing-Table）且已经宣告给了对等体（显示为 update-group 1），顺便说一下，可以使用 **show ip bgp update-group** 命令（见例 3-20）查看属于指定 update-group 的邻居，但 192.168.50.0/24 却没有宣告给任何对等体。此外，该表项还显示该路由的下一跳 192.168.1.205 不可达。因而可以看出问题之所在了（虽然还不是解决方案）：检查例 3-7 中的两个 BGP 表中的所有表项的下一跳，可以看出 Taos 宣告的所有路由的下一跳都是该路由器的外部接口（192.168.1.225），且 Alta 宣告的所有路由的下一跳都是该路由器的外部接口（192.168.1.205）。检查例 3-21 中的 Vail 和 Telluride 的路由表可以看出，Vail 没有去往 192.168.1.205 的路由，Telluride 也没有去往 192.168.1.225 的路由。

例 3-20　Vail 有两个 BGP 更新组：组 1 是其 IBGP 对等体，组 2 是其单个 EBGP 对等体

```
Vail#show ip bgp update-group
BGP version 4 update-group 1, internal, Address Family: IPv4 Unicast
  BGP Update version : 41/0, messages 0
  Update messages formatted 22, replicated 20
  Number of NLRIs in the update sent: max 2, min 1
  Minimum time between advertisement runs is 0 seconds
  Has 2 members (* indicates the members currently being sent updates):
   192.168.255.2 192.168.255.3

BGP version 4 update-group 2, external, Address Family: IPv4 Unicast
  BGP Update version : 41/0, messages 0
  Update messages formatted 0, replicated 0
  Number of NLRIs in the update sent: max 0, min 0
  Minimum time between advertisement runs is 30 seconds
  Has 1 member (* indicates the members currently being sent updates):
   192.168.1.225
```

例 3-21　Vail 没有去往 Alta 的接口 192.168.1.205 的路由，Telluride 没有去往 Taos 的接口 192.168.1.225 的路由，这两个地址时 Alta 和 Taos 宣告的前缀的下一跳

```
Vail#show ip route
Codes: C - connected, S - static, R - RIP, M - mobile, B - BGP
       D - EIGRP, EX - EIGRP external, O - OSPF, IA - OSPF inter area
       N1 - OSPF NSSA external type 1, N2 - OSPF NSSA external type 2
       E1 - OSPF external type 1, E2 - OSPF external type 2
       i - IS-IS, su - IS-IS summary, L1 - IS-IS level-1, L2 - IS-IS level-2
       ia - IS-IS inter area, * - candidate default, U - per-user static route
       o - ODR, P - periodic downloaded static route

Gateway of last resort is not set

B    192.168.200.0/24 [20/30720] via 192.168.1.225, 00:22:32
     192.168.255.0/32 is subnetted, 3 subnets
O       192.168.255.3 [110/3] via 192.168.1.222, 02:27:39, FastEthernet0/0
O       192.168.255.2 [110/2] via 192.168.1.222, 02:27:39, FastEthernet0/0
C       192.168.255.1 is directly connected, Loopback0
     192.168.1.0/30 is subnetted, 3 subnets
C       192.168.1.224 is directly connected, Serial1/0
O       192.168.1.196 [110/2] via 192.168.1.222, 02:27:39, FastEthernet0/0
C       192.168.1.220 is directly connected, FastEthernet0/0
B    192.168.100.0/24 [20/0] via 192.168.1.225, 02:11:17
B    192.168.172.0/22 [20/30720] via 192.168.1.225, 00:22:32
```

```
Telluride#show ip route
```

（待续）

```
Codes: C - connected, S - static, R - RIP, M - mobile, B - BGP
       D - EIGRP, EX - EIGRP external, O - OSPF, IA - OSPF inter area
       N1 - OSPF NSSA external type 1, N2 - OSPF NSSA external type 2
       E1 - OSPF external type 1, E2 - OSPF external type 2
       i - IS-IS, su - IS-IS summary, L1 - IS-IS level-1, L2 - IS-IS level-2
       ia - IS-IS inter area, * - candidate default, U - per-user static route
       o - ODR, P - periodic downloaded static route

Gateway of last resort is not set

B    192.168.75.0/24 [20/0] via 192.168.1.205, 02:21:09
     192.168.255.0/32 is subnetted, 3 subnets
C       192.168.255.3 is directly connected, Loopback0
O       192.168.255.2 [110/2] via 192.168.1.198, 02:27:48, FastEthernet2/0
O       192.168.255.1 [110/3] via 192.168.1.198, 02:27:48, FastEthernet2/0
B    192.168.50.0/24 [20/0] via 192.168.1.205, 02:21:40
     192.168.1.0/30 is subnetted, 4 subnets
B       192.168.1.200 [20/0] via 192.168.1.205, 02:21:09
C       192.168.1.204 is directly connected, Serial1/0
C       192.168.1.196 is directly connected, FastEthernet2/0
O       192.168.1.220 [110/2] via 192.168.1.198, 02:27:48, FastEthernet2/0
```

问题在于路由器向 EBGP 对等体宣告路由时，会将其出站接口地址添加为该路由的 NEXT_HOP 属性。在默认情况下，路由器向 IBGP 对等体宣告路由时，不会更改该路由的 NEXT_HOP 属性[2]。因而对于前缀 192.168.100.0/24 来说，Taos 将该路由宣告给 Vail 时，会将 NEXT_HOP 设置为出站接口 192.168.1.225，Vial 收到该路由之后，NEXT_HOP 有效（这是因为从 Vail 的路由表可以看出，192.168.1.224/30 是直连子网），由于 Vail 知道如何到达 NEXT_HOP，因而将该路由添加到路由表中。

此后 Vail 又将该路由宣告给 IBGP 对等体 Telluride，从 Telluride 的 BGP 表中可以看到该路由的表项信息。不过，根据 BGP 的基本规则，Vail 将该路由宣告给 IBGP 对等体时，不改变 NEXT_HOP，而且由于 Telluride 并不知道如何到达该地址，因而该路由被视为无效路由，从而无法进入 Telluride 的路由表，Telluride 也不会将该路由宣告给自己的 EBGP 对等体。

可以利用以下两种解决方案解决该问题：

- 让默认的 NEXT_HOP 在 AS 内部可达。
- 更改默认的 BGP NEXT_HOP 行为。

第一种解决方案的实现方式是在 AS 内部路由器上为所有 EBGP 邻居都配置静态路由，但是如果 AS 的 EBGP 邻居太多，或者如果需要配置静态路由的 AS 内部路由器太多（或者两者），那么这种方式将无法管理。只能在连接外部对等体的边界路由器上配置静态路由，然后再重分发到 IGP 中，或者在边界路由器上使用 **redistribute connected**，但这些做法都存在一些问题。

实现第一种解决方案的更好方式是在连接外部对等体的接口上让 IGP 运行在被动模式下。例 3-22 给出了修改后的 Vail 配置信息，此时 OSPF 就以被动模式运行在连接 Taos 的接口上。例 3-23 则显示了此时 Telluride 的 BGP 及路由表信息，由于 OSPF 在 AS100 内宣告了子网 192.168.1.224/30，因而此时的 Telluride 已经有路由去往 NEXT_HOP 地址 192.168.1.225 了。因此，Telluride 的 BGP 表将 Taos 宣告的前缀均标记为 best 并添加到路由表中，由于此时这些路由在 Telluride 均有效，因而可以将它们宣告给 EBGP 邻居 Alta（例 3-24 显示了 Alta 的 BGP 表中的前缀信息）。需要注意的是，这些前缀的 NEXT_HOP 地址目前都是 Telluride 的接口 192.168.1.206。根据 BGP 基本规则，路由器将路由宣告给 EBGP 对等体时，BGP 会将 NEXT_HOP 属性更改为本地出站接口。

2 第 2 章的“NEXT_HOP 属性”一节也描述了该操作行为。

例 3-22 修改 Vail 的 OSPF 配置，让其以被动模式运行在连接 Taos 的外部接口（Serial1/0，IP 地址为 192.168.1.226)）上

```
router ospf 100
 log-adjacency-changes
 passive-interface Serial1/0
 network 192.168.1.221 0.0.0.0 area 0
 network 192.168.1.226 0.0.0.0 area 0
 network 192.168.255.1 0.0.0.0 area 0
!
router bgp 100
 no synchronization
 bgp log-neighbor-changes
 neighbor 192.168.1.225 remote-as 200
 neighbor 192.168.255.2 remote-as 100
 neighbor 192.168.255.2 update-source Loopback0
 neighbor 192.168.255.3 remote-as 100
 neighbor 192.168.255.3 update-source Loopback0
 no auto-summary
!
```

例 3-23 由于 AS100 中的 OSPF 域已经知道如何到达 NEXT_HOP 地址 192.168.1.225，因而 Taos 宣告的前缀也均可达

```
Telluride#show ip bgp
BGP table version is 99, local router ID is 192.168.255.3
Status codes: s suppressed, d damped, h history, * valid, > best, i - internal,
              r RIB-failure, S Stale
Origin codes: i - IGP, e - EGP, ? - incomplete

   Network          Next Hop            Metric LocPrf Weight Path
*> 192.168.1.200/30 192.168.1.205            0             0 400 i
*> 192.168.50.0     192.168.1.205            0             0 400 i
*> 192.168.75.0     192.168.1.205            0             0 400 i
*>i192.168.100.0    192.168.1.225            0    100      0 200 i
*>i192.168.172.0/22 192.168.1.225        30720    100      0 200 i
*>i192.168.200.0    192.168.1.225        30720    100      0 200 i

Telluride#show ip route
Codes: C - connected, S - static, R - RIP, M - mobile, B - BGP
       D - EIGRP, EX - EIGRP external, O - OSPF, IA - OSPF inter area
       N1 - OSPF NSSA external type 1, N2 - OSPF NSSA external type 2
       E1 - OSPF external type 1, E2 - OSPF external type 2
       i - IS-IS, su - IS-IS summary, L1 - IS-IS level-1, L2 - IS-IS level-2
       ia - IS-IS inter area, * - candidate default, U - per-user static route
       o - ODR, P - periodic downloaded static route

Gateway of last resort is not set

B    192.168.75.0/24 [20/0] via 192.168.1.205, 07:55:18
B    192.168.200.0/24 [200/30720] via 192.168.1.225, 00:15:35
     192.168.255.0/32 is subnetted, 3 subnets
C       192.168.255.3 is directly connected, Loopback0
O       192.168.255.2 [110/2] via 192.168.1.198, 07:45:28, FastEthernet2/0
O       192.168.255.1 [110/3] via 192.168.1.198, 07:45:28, FastEthernet2/0
B    192.168.50.0/24 [20/0] via 192.168.1.205, 07:55:18
     192.168.1.0/30 is subnetted, 5 subnets
O       192.168.1.224 [110/66] via 192.168.1.198, 07:45:28, FastEthernet2/0
B       192.168.1.200 [20/0] via 192.168.1.205, 07:55:18
C       192.168.1.204 is directly connected, Serial1/0
C       192.168.1.196 is directly connected, FastEthernet2/0
O       192.168.1.220 [110/2] via 192.168.1.198, 07:45:28, FastEthernet2/0
B    192.168.100.0/24 [200/0] via 192.168.1.225, 07:45:24
B    192.168.172.0/22 [200/30720] via 192.168.1.225, 00:15:37
```

例 3-24 Telluride 将 AS200 中的前缀宣告给 IBGP 对等体 Alta

```
Alta#show ip bgp
BGP table version is 99, local router ID is 192.168.1.205
Status codes: s suppressed, d damped, h history, * valid, > best, i - internal,
              r RIB-failure, S Stale
Origin codes: i - IGP, e - EGP, ? - incomplete

   Network          Next Hop            Metric LocPrf Weight Path
*> 192.168.1.200/30 0.0.0.0                  0         32768 i
*> 192.168.50.0     0.0.0.0                  0         32768 i
*> 192.168.75.0     0.0.0.0                  0         32768 i
*> 192.168.100.0    192.168.1.206                          0 100 200 i
*> 192.168.172.0/22 192.168.1.206                          0 100 200 i
*> 192.168.200.0    192.168.1.206                          0 100 200 i
```

注： 例 3-24 中从 AS200 经 AS100 宣告给 AS400 的三条前缀都没有相关联的度量值，前面曾经说过，该度量是 MED 属性。由于 Telluride 在将这些前缀宣告给 Alta 之前就从路由中删除了 MED 属性（对比例 3-23 和例 3-24 的 BGP 表信息），因而这也反映了另一条 BGP 规则：只有直连的邻接自治系统才能看到 AS 宣告的 MED，这些 MED 不会传递给其他自治系统，也就是说，MED 是一种非传递属性（第 4 章将详细讨论 MED 的相关内容）。

第一种解决方案的难点在于不应该让 IGP 运行在 AS 的外部链路上。虽然让 IGP 运行在被动模式下已经在避免 IGP 有意或无意暴露给管理域之外的连接方面做了最大程度的折中，但这种做法仍然不是最佳实践。例如，服务提供商与 EBGP 邻居之间可能存在数以百计或数以千计的链路，如果允许所有这些子网均进入 IGP，那么就会导致严重的扩展性和性能问题。

因而第二种解决方案（更改默认的 BGP NEXT_HOP 行为）被视为最佳实践：路由器将学自 EBGP 对等体的路由宣告给 IBGP 对等体时，路由器会将 NEXT_HOP 更改为自己的某个地址，且该地址在本地 AS 内部已知，而且几乎毫无例外地均使用路由器的环回接口地址。

虽然可以配置路由策略来更改 NEXT_HOP 地址，但 IOS 提供了更简单的实现方式，**neighbor next-hop-self** 语句可以让路由器将宣告给指定邻居的所有路由的 BGP NEXT_HOP 属性都更改为自己的环回地址。例 3-25 给出了修改后的 Telluride 的 BGP 配置信息，此时已经为 IBGP 邻居配置了该语句。

例 3-25 **neighbor next-hop-self** 语句可以将宣告给指定邻居的所有路由的 BGP NEXT_HOP 属性都更改为该宣告路由器的环回地址

```
router ospf 100
 log-adjacency-changes
 network 192.168.1.197 0.0.0.0 area 0
 network 192.168.255.3 0.0.0.0 area 0
!
router bgp 100
 no synchronization
 bgp log-neighbor-changes
 neighbor 192.168.1.205 remote-as 400
 neighbor 192.168.255.1 remote-as 100
 neighbor 192.168.255.1 update-source Loopback0
 neighbor 192.168.255.1 next-hop-self
 neighbor 192.168.255.2 remote-as 100
 neighbor 192.168.255.2 update-source Loopback0
 neighbor 192.168.255.2 next-hop-self
 no auto-summary
```

由于 Vail 已经知道如何到达 Telluride 的环回地址（192.168.253.3）（见例 3-21 中的路由表），因而 Vail 从 Telluride 收到这些 AS400 路由（携带修改后的 NEXT_HOP）之后，就会在 BGP 表中将这些路由标记为 best（见例 3-26），并让这些路由进入路由表，然后再宣告给 EBGP 对等体 Taos，例 3-27 显示了 Taos 的 BGP 表中的前缀信息。

例 3-26 由于 AS100 内的 OSPF 域已经知道如何到达 NEXT_HOP 地址 192.168.225.3，因而 Alta 宣告的前缀也可达

```
Vail#show ip bgp
BGP table version is 178, local router ID is 192.168.255.1
Status codes: s suppressed, d damped, h history, * valid, > best, i - internal,
              r RIB-failure, S Stale
Origin codes: i - IGP, e - EGP, ? - incomplete

   Network          Next Hop            Metric LocPrf Weight Path
*>i192.168.1.200/30 192.168.255.3            0    100      0 400 i
*>i192.168.50.0     192.168.255.3            0    100      0 400 i
*>i192.168.75.0     192.168.255.3            0    100      0 400 i
*> 192.168.100.0    192.168.1.225            0             0 200 i
*> 192.168.172.0/22 192.168.1.225        30720             0 200 i
*> 192.168.200.0    192.168.1.225        30720             0 200 i
```

例 3-27 Vail 将 AS400 中的前缀宣告给 EBGP 对等体 Taos

```
Taos#show ip bgp
BGP table version is 205, local router ID is 192.168.100.1
Status codes: s suppressed, d damped, h history, * valid, > best, i - internal,
              r RIB-failure, S Stale
Origin codes: i - IGP, e - EGP, ? - incomplete

   Network          Next Hop            Metric LocPrf Weight Path
*> 192.168.1.200/30 192.168.1.226                          0 100 400 i
*> 192.168.50.0     192.168.1.226                          0 100 400 i
*> 192.168.75.0     192.168.1.226                          0 100 400 i
*> 192.168.100.0    0.0.0.0                  0         32768 i
*> 192.168.172.0/22 192.168.1.217        30720         32768 i
*> 192.168.200.0    192.168.1.217        30720         32768 i
```

注： 本案例研究为 Vail 使用被动模式 OSPF、为 Telluride 使用 **next-hop-self** 的目的是解释 IBGP NEXT_HOP 的两种解决方案的效果，在实际应用中可以使用这两种解决方案中的一种，而不用同时使用。

例 3-28 显示了 Taos 向 AS400 中的某个前缀表示的目的端发起的 ping 测试结果。请注意，为了保证 ping 操作的正常运行，必须选择目的端知道如何到达的地址作为 ping 测试的源端。第一次 ping 测试失败的原因就是源端被默认为 Taos 连接 Vail 的接口（192.168.1.255），而 AS400 并不知道如何到达该地址。本例的目的是告诉读者，检测与排除 AS 间路由故障时，应该比检测与排除 AS 内路由故障更多的考虑哪些路由可达、哪些不可达。

例 3-28 从 AS200 向 AS400 发起 ping 测试时，必须确保 ping 测试源自目的端知道如何到达的地址

```
Taos#ping 192.168.50.1

Type escape sequence to abort.
Sending 5, 100-byte ICMP Echos to 192.168.50.1, timeout is 2 seconds:
.....
Success rate is 0 percent (0/5)
```

（待续）

```
Taos#ping 192.168.50.1 source 192.168.100.1

Type escape sequence to abort.
Sending 5, 100-byte ICMP Echos to 192.168.50.1, timeout is 2 seconds:
Packet sent with a source address of 192.168.100.1
!!!!!
Success rate is 100 percent (5/5), round-trip min/avg/max = 264/337/380 ms
```

3.2.2 IBGP 与 IGP 同步

可能有些读者已经发现本章以及前一章的所有 BGP 配置示例均默认加入了 **no synchronization** 语句。由于 IGP 同步是早期网络时代的产物，目前已几乎不再使用该功能，因而 IOS 12.2(8)T 及以后版本均默认禁用同步功能，在此之前的 IOS 均默认启用同步功能，大多数时候必须记着关闭该功能。本节将解释 IGP 同步功能，目的是：

- 如果面对的是早期的 IOS 版本，那么就能理解为何要禁用该功能；
- 如果偶然遇到同步仍然有用的场合，那么也能正确理解该功能；
- 面对各种网络认证考试时可以正确解释相关问题；
- 至少能够明白 BGP 配置中默认的 **no synchronization** 语句的含义。

同步规则的要求如下：

在学自 IBGP 邻居的路由进入本地路由表之前或者宣告给 EBGP 对等体之前，必须通过 IGP 知道该路由。

下面将以图 3-4 所示网络为例来解释同步规则的存在原因，图中的 IBGP 仅用在部分网状连接中（即 Alshan 与 Huaibei 之间），AS600 内的 IGP 是 OSPF，Alshan 和 Huaibei 连接了两个相互独立的自治系统，并通过 IBGP 连接相互宣告学自 EBGP 的路由，虽然该 IBGP 连接的 TCP 会话跨越了 PingTina 和 Nanshan，但是这两台路由器之间没有运行 IBGP 会话。

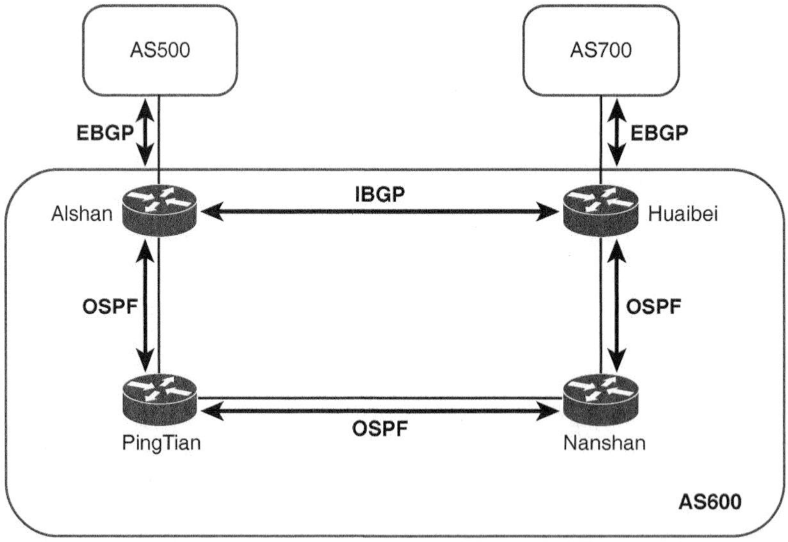

图 3-4 AS 在边缘路由器 Alshan 和 Huaibei 之间配置了单条 IBGP 会话，IGP 是 OSPF

接下来假设 Alshan 从 AS500 学到了一条去往 196.223.18.0/24 的路由并通过 IBGP 连接将该路由宣告给了 Huaibei，利用 next-hop-self 策略将 NEXT_HOP 属性更改为自己的路由器 ID，然后再由 Huaibei 将该路由宣告到 AS700，此时 AS700 中的路由器就可以将去往 196.223.18.0/24 的数据包转发给 Huaibei（需要记住的是，路由宣告就是传递数据包的承诺）。这里就是出现问题的地方，Huaibei 为 196.223.18.0/24 执行路由查找之后发现通过 Alshan 可达该网络，因而查找 Alshan 的 IP 地址，发现通过下一跳路由器 Nanshan 可达该地址，因而将去往 196.223.18.0/24 的数据包转发给 Nanshan，但是外部路由已经通过 IBGP 在 Alshan 和 Huaibei 之间进行了共享，OSPF 路由器并不知道这些外部路由，因此，将数据包转发给 Nanshan 之后，Nanshan 执行路由后将无法找到关于 196.223.18.0/24 的路由表项，因而将丢弃该数据包以及后续去往该地址的其他数据包，致使去往网络 196.223.18.0/24 的流量出现黑洞。

当然，如果图 3-4 中的 OSPF 路由器知道这些外部路由，那么就不会出现上述问题。此时 Nanshan 将知道可以通过 Alshan 到达 196.223.18.0/24，从而能够正确转发数据包。

Huaibei 收到 Alshan 关于 196.223.18.0/24 的路由宣告之后，将该路由添加到自己的 BGP 表中，然后检查其 IGP 表以确定表中是否有该路由的表项，如果没有，那么 Huaibei 就知道 IGP 不知道该路由，无法宣告该路由。如果 IGP 在路由表中安装了 196.223.18.0/24 的路由（也就是说，IGP 知道该路由），那么 Huaibei 的 BGP 就与 IGP 路由实现了同步，此时该路由器就可以将该路由宣告给 BGP 对等体。

同步规则的基础就是将 BGP 路由重分发到 IGP 中，使 IGP 拥有正确的转发信息。但实际很少这么使用，而且也没有长期使用，最佳实践就是确保所有的转接路由器都能通过全网状 IBGP 连接获得自己所需的转发信息，让 BGP 路由留在 BGP 中，不但可以实现更为简单的逻辑架构，而且还能防止因大量 BGP 路由重分发到 IGP 中导致的性能劣化甚至系统崩溃。

自作者从 20 世纪 90 年代早期取得 CCIE 认证之后，全网状 IBGP 连接就是一种非常标准做法。忘记关闭同步功能是 BGP 实验考试中最常见的 BGP 混淆点，准 CCIE 们经常会发现全网状 IBGP 连接的配置看起来完全正确，但边缘路由器就是无法正确宣告路由。

由于目前已默认关闭同步功能，因而也就不存在上面所说的混淆点。由于目前已经知道启用同步功能之后会发生什么以及发生的原因，因而在 CCIE 实验室考试的故障检测与排除阶段，如果发现全网状 IBGP 配置正确但无法正常工作，那么就应该知道如何检查并确定实验室代理是否暗中在你不知情的情况下启用了同步功能。

3.3 将 BGP NLRI 宣告到本地 AS 中

在 1.6 节和 2.1 节曾经说过，除了末梢 AS 中的边缘路由器之外，其他路由器在绝大多数情况下都不需要学习 BGP 路由。如果与外部 AS 之间只有单一连接，那么只需要一条默认路由即可。默认路由对于大多数多归属末梢 AS 来说也是足够的，AS 边界路由器将默认路由宣告到 IGP 中，内部路由器则选择默认路由去往最近的边界路由器。

不过在某些情况下，可能希望内部路由器拥有足够的路由信息，从而将数据包转发到最靠近外部目的端的边界路由器，而默认路由则无法做到这一点，除非拥有外部路由的更多细节信息，否则内部路由器都会将去往所有外部目的端的所有数据包都转发到最近的边界路由器（通常将该操作行为称为热土豆路由），将数据包转发到最近的 AS 出口点比将数据包转发到最靠近目的端的出口点更重要。图 3-5（与图 1-22 完全相同）解释了热土豆路由的概念，图中来自源端的数据包通过最近的边界路由器（San Jose）离开 AS65501，从目的端返回源端的数据包则从不同的边界路由器（Boston）进入 AS65501。利用默认路由就可以很容易地实现热土豆路由，虽然热土豆路由能够节约内部带宽资源，但相应的代价就是潜在的长时延以及不对称流量模型。

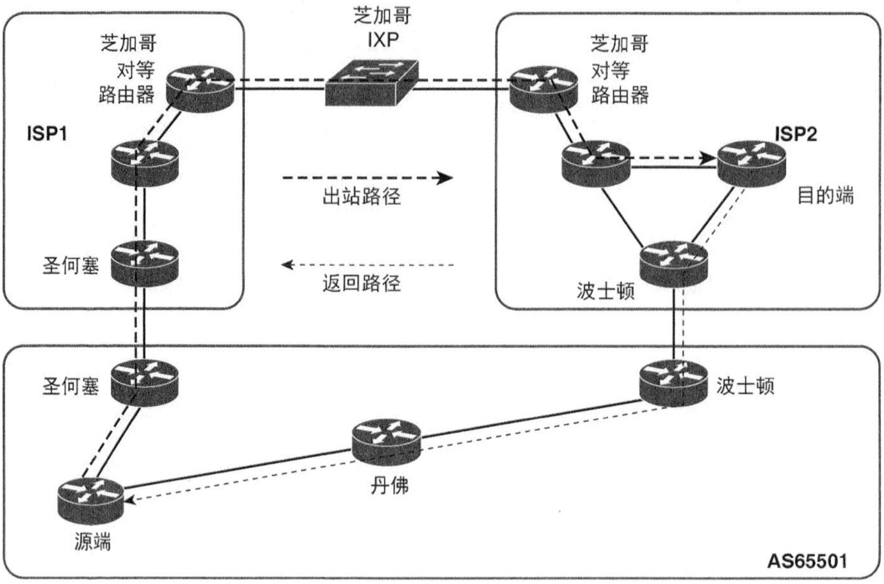

图 3-5 热土豆路由将数据包转发给本地 AS 的最近出口点

3.3.1 将 BGP NLRI 重分发到 IGP 中

让 AS 内部路由器获得更多路由信息的方式之一就是通过 **redistribute bgp** 语句将 BGP 学到的路由在 AS 边界路由器上重分发到 IGP 中，不过这种方式属于比较糟糕的做法，原因有两点。

如 2.1.1 节所述，IGP 和 BGP 的设计理念完全不同。根据定义，邻接 AS 由他人管理控制，因而 BGP 的工作原理假定无法信任其外部邻居，而且必须仔细管控从这些外部邻居收到的信息，IGP 则假定其邻居接受相同的管理控制，因而是可信任的，可以自由接受这些邻居的信息。BGP 与 IGP 之间的重分发操作则打破了“信任边界”，从而可能将 IGP 暴露给有害信息。

更重要的是，BGP 的设计目的是处理 Internet 级别的路由表，而 IGP 则并非如此。截至本章写作之时，Internet 路由表的条目已经超过了 60000 条，将这么多条路由重分发到 OSPF 或 IS-IS 中会产生巨大的泛洪、处理以及数据库溢出等问题，大多数 OSPF 和 IS-IS 实现在这种负荷下都将停止工作，多数时候都会导致路由器崩溃，而且从这种情况下恢复正常需要花费数小时时间关闭路由器以清空链路状态数据库。虽然 EIGRP 等距离矢量协议能够更好地处理大路由表，但收敛时间也要增大到数以分钟计，从而严重影响本地 AS 的路由性能。

3.3.2 案例研究：利用 IBGP 将 NLRI 重分发到末梢 AS 中

让更多的路由信息进入多归属末梢 AS 的优选方式与将必要的路由信息传递给转接 AS 的方式相同：使用 IBGP（见图 3-6）。与重分发到 IGP 中相比，使用 IBGP 的好处主要有：

- 外部路由器与 IGP 保持独立，避免对 IGP 性能造成负面影响；
- 可以有选择地分发外部路由信息。例如，可以从边界路由器到 AS 内不同区域的指定路由器之间创建 IBGP 邻接关系，并使用默认路由去往本地 BGP 路由器（见图 3-7）；
- 将外部路由保持在 IBGP 中，可以利用 BGP 提供的强大策略工具来表达路由优先级并进行前缀过滤。

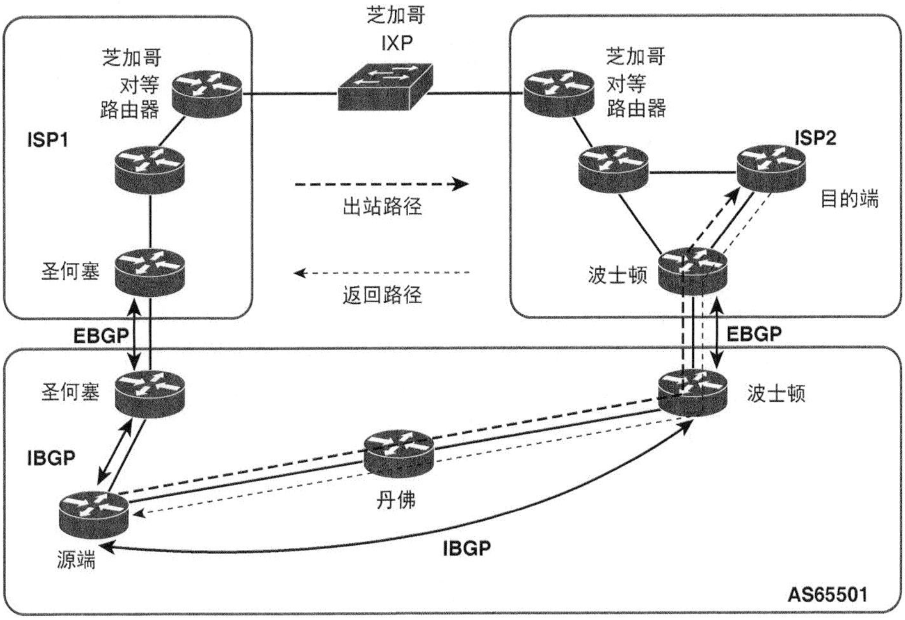

图 3-6 如果多归属末梢 AS 需要有关外部目的端的更佳路由信息（如选择最靠近目的端的边界路由器），那么就应该使用 IBGP

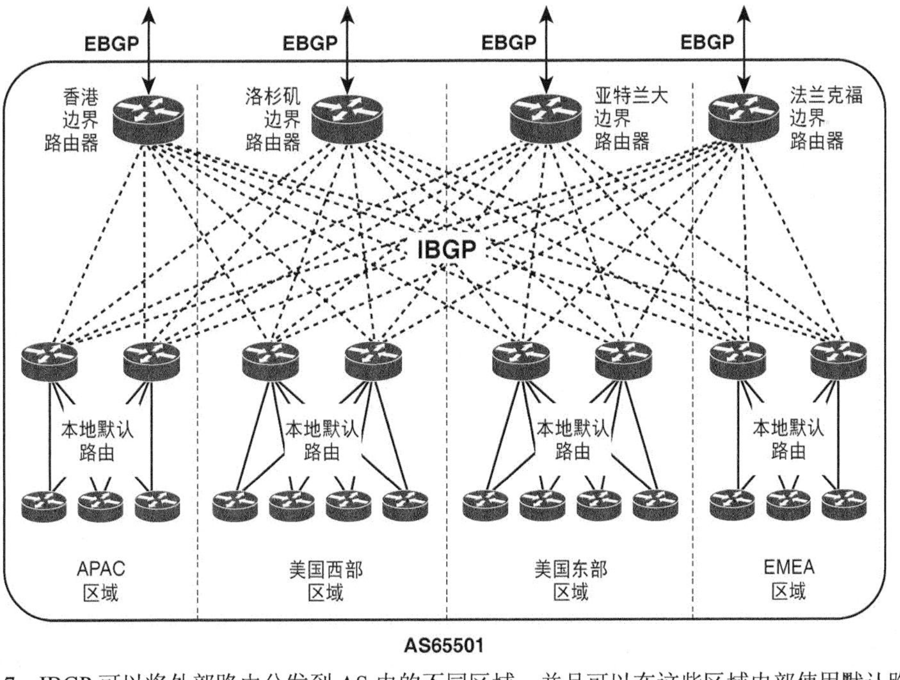

图 3-7 IBGP 可以将外部路由分发到 AS 内的不同区域，并且可以在这些区域内部使用默认路由

例 3-29 给出了 Taos、Sandia 和 AngelFire 的配置信息，例中增加了 IBGP 会话，从而允许边界路由器将外部路由宣告给 AngelFire。IBGP 的配置很简单，只要在环回接口之间建立对等关系并使用 **neighbor update-source** 和 **neighbor next-hop-self** 语句即可（请参见本章前面的案例）。

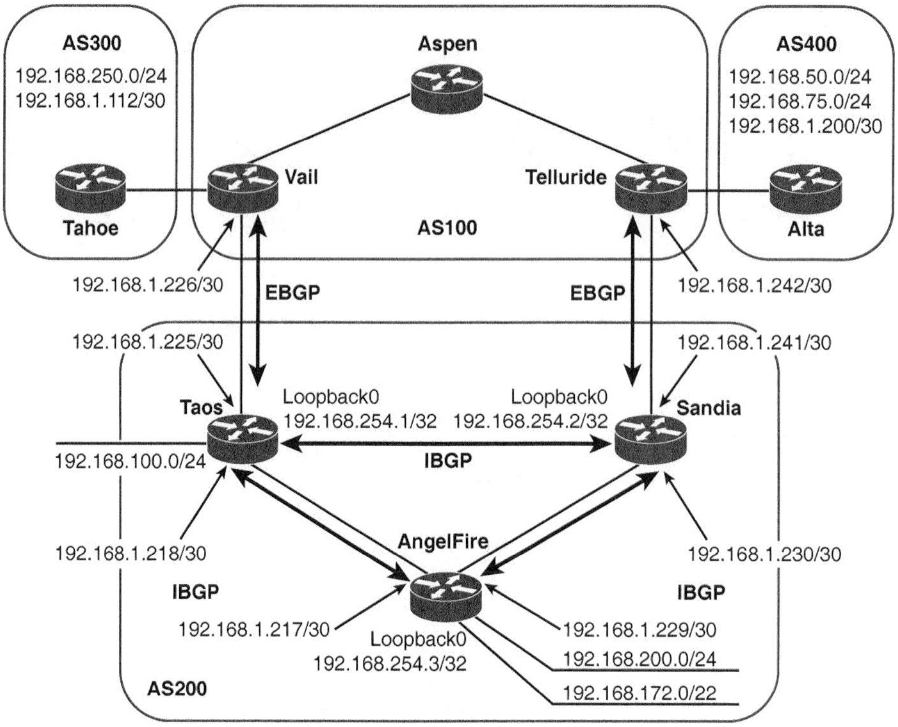

图 3-8 AS200 目前已多归属到 AS100

例 3-29 图 3-8 的 AS200 中的路由器的 BGP 配置

```
Taos
router bgp 200
 no synchronization
 bgp log-neighbor-changes
 network 192.168.100.0
 network 192.168.172.0 mask 255.255.252.0
 network 192.168.200.0
 neighbor 192.168.1.226 remote-as 100
 neighbor 192.168.254.2 remote-as 200
 neighbor 192.168.254.2 update-source Loopback0
 neighbor 192.168.254.2 next-hop-self
 neighbor 192.168.254.3 remote-as 200
 neighbor 192.168.254.3 update-source Loopback0
 neighbor 192.168.254.3 next-hop-self
 no auto-summary
!
```

```
Sandia
router bgp 200
 no synchronization
 bgp log-neighbor-changes
 network 192.168.100.0
 network 192.168.172.0 mask 255.255.252.0
 network 192.168.200.0
 neighbor 192.168.1.242 remote-as 100
```

（待续）

```
 neighbor 192.168.254.1 remote-as 200
 neighbor 192.168.254.1 update-source Loopback0
 neighbor 192.168.254.1 next-hop-self
 neighbor 192.168.254.3 remote-as 200
 neighbor 192.168.254.3 update-source Loopback0
 neighbor 192.168.254.3 next-hop-self
 no auto-summary
!
```

```
AngelFire
router bgp 200
 no synchronization
 bgp log-neighbor-changes
 neighbor 192.168.254.1 remote-as 200
 neighbor 192.168.254.1 update-source Loopback0
 neighbor 192.168.254.2 remote-as 200
 neighbor 192.168.254.2 update-source Loopback0
 no auto-summary
!
```

例 3-30 给出了 AngelFire 的路由表信息，可以看到 AS300 和 AS400 宣告的所有前缀的 BGP（B）表项，同时还有 AS200 内的前缀的 EIGRP（D）表项，包括这三台路由器的环回地址。大家可能已经发现了一些令人惊讶的信息：AS400 的三条前缀的路由表项都显示 Taos（192.168.254.1）是下一跳，虽然经由 Sandia（192.168.254.2）的路径到达 AS400 的路由器跳数更少（见图 3-8）。

例 3-30 AngelFire 的路由表包含了 AS300 和 AS400 的所有前缀

```
AngelFire#show ip route
Codes: C - connected, S - static, R - RIP, M - mobile, B - BGP
       D - EIGRP, EX - EIGRP external, O - OSPF, IA - OSPF inter area
       N1 - OSPF NSSA external type 1, N2 - OSPF NSSA external type 2
       E1 - OSPF external type 1, E2 - OSPF external type 2
       i - IS-IS, su - IS-IS summary, L1 - IS-IS level-1, L2 - IS-IS level-2
       ia - IS-IS inter area, * - candidate default, U - per-user static route
       o - ODR, P - periodic downloaded static route

Gateway of last resort is not set

B    192.168.75.0/24 [200/0] via 192.168.254.1, 03:39:20
C    192.168.200.0/24 is directly connected, FastEthernet1/0
B    192.168.250.0/24 [200/0] via 192.168.254.1, 03:39:20
     192.168.254.0/24 is variably subnetted, 4 subnets, 2 masks
D       192.168.254.2/32
           [90/156160] via 192.168.1.230, 03:48:40, FastEthernet3/0
C       192.168.254.3/32 is directly connected, Loopback0
D       192.168.254.0/24 is a summary, 05:09:13, Null0
D       192.168.254.1/32
           [90/156160] via 192.168.1.218, 04:25:44, FastEthernet0/0
B    192.168.50.0/24 [200/0] via 192.168.254.1, 03:39:20
     192.168.1.0/24 is variably subnetted, 7 subnets, 2 masks
D       192.168.1.0/24 is a summary, 05:29:53, Null0
D       192.168.1.224/30
           [90/2172416] via 192.168.1.218, 03:39:40, FastEthernet0/0
C       192.168.1.228/30 is directly connected, FastEthernet3/0
D       192.168.1.240/30
           [90/2172416] via 192.168.1.230, 03:48:41, FastEthernet3/0
B       192.168.1.200/30 [200/0] via 192.168.254.1, 03:39:22
C       192.168.1.216/30 is directly connected, FastEthernet0/0
B       192.168.1.212/30 [200/0] via 192.168.254.1, 03:39:22
D    192.168.100.0/24 [90/30720] via 192.168.1.218, 04:25:46, FastEthernet0/0
C    192.168.172.0/22 is directly connected, FastEthernet1/1
AngelFire#
```

分析 AngelFire 的 BGP 表（见例 3-31）即可发现 Taos 成为所有外部前缀的出口路由器的原因，前面曾经说过，BGP 看的是自治系统跳而不是路由器跳，虽然 BGP 表显示了 Taos（192.168.254.1）和 Sandia（192.168.254.2）宣告的所有 AS300 和 AS400 前缀，但这些前缀的 AS_PATH 长度均相同：经过 AS100 一跳之后即可到达目的 AS。按照第 2 章解释的 BGP 决策进程步骤，对于去往同一目的端的每对路由项来说：

1．权重均相同（0）；

2．LOCAL_PROF 值相同（100）；

3．AS_PATH 长度相同（2 个 ASN）；

4．ORIGIN 代码相同（AS400 前缀为 IGP，AS300 前缀为 Incomplete）；

5．MED 值（度量）相同（0）；

6．只有 IBGP 路由（i），没有更优的 EBGP 或联盟 EBGP 路由；

7．去往下一跳 192.168.254.1 和 192.168.254.2 的路径长度相同；

8．前缀都来自相同 AS，未启用 BGP 多路径；

9．最后，将在这一步找到决策点：到本步骤之前的所有决策项均相同，因而选择 BGP 路由器 ID 最小的路由。由于使用了 next-hop-self，因而路由器 ID 与环回地址相同，并且 192.168.254.1 小于 192.168.254.2，因而 Taos 路由被认为是最佳路由（>）并进入路由表。

不过毫无疑问，Sandia 发送的路由宣告仍然是有用的。例 3-32 给出了 Vail 与 Taos 之间的链路被禁用之后的 AngelFire 的 BGP 表信息，可以看出在 Taos 无 EBGP 对等体之后，去往所有外部目的端的路径都已经使用 Sandia（192.168.254.2）了。

例 3-31　从 AngelFire 的 BGP 表可以看出经由 Taos 和 Sandia 去往 AS400 的 AS 间路径等价

```
AngelFire#show ip bgp
BGP table version is 32, local router ID is 192.168.254.3
Status codes: s suppressed, d damped, h history, * valid, > best, i - internal,
              r RIB-failure, S Stale
Origin codes: i - IGP, e - EGP, ? - incomplete

   Network          Next Hop            Metric LocPrf Weight Path
*>i192.168.1.200/30 192.168.254.1            0    100      0 100 400 i
* I                 192.168.254.2            0    100      0 100 400 i
*>i192.168.1.212/30 192.168.254.1            0    100      0 100 300 ?
* i                 192.168.254.2            0    100      0 100 300 ?
*>i192.168.50.0     192.168.254.1            0    100      0 100 400 i
* I                 192.168.254.2            0    100      0 100 400 i
*>i192.168.75.0     192.168.254.1            0    100      0 100 400 i
* i                 192.168.254.2            0    100      0 100 400 i
r i192.168.100.0    192.168.254.2        33280    100      0 i
r>i                 192.168.254.1            0    100      0 i
r i192.168.172.0/22 192.168.254.2        30720    100      0 i
r>i                 192.168.254.1        30720    100      0 i
r i192.168.200.0    192.168.254.2        30720    100      0 i
r>i                 192.168.254.1        30720    100      0 i
*>i192.168.250.0    192.168.254.1            0    100      0 100 300 ?
* i                 192.168.254.2            0    100      0 100 300 ?
```

例 3-32　从 Vail 与 Taos 之间的链路被禁用之后的 AngelFire 的 BGP 表可以看出，去往所有外部目的端的路径都经由 Sandia

```
AngelFire#show ip bgp
BGP table version is 37, local router ID is 192.168.254.3
```

（待续）

```
Status codes: s suppressed, d damped, h history, * valid, > best, i - internal,
              r RIB-failure, S Stale
Origin codes: i - IGP, e - EGP, ? - incomplete

   Network          Next Hop            Metric LocPrf Weight Path
*>i192.168.1.200/30 192.168.254.2            0    100      0 100 400 i
*>i192.168.1.212/30 192.168.254.2            0    100      0 100 300 ?
*>i192.168.50.0     192.168.254.2            0    100      0 100 400 i
*>i192.168.75.0     192.168.254.2            0    100      0 100 400 i
r i192.168.100.0    192.168.254.2        33280    100      0 i
r>i                 192.168.254.1            0    100      0 i
r i192.168.172.0/22 192.168.254.2        30720    100      0 i
r>i                 192.168.254.1        30720    100      0 i
r i192.168.200.0    192.168.254.2        30720    100      0 i
r>i                 192.168.254.1        30720    100      0 i
*>i192.168.250.0    192.168.254.2            0    100      0 100 300 ?
```

如果 AS200 是一个真实的 AS，那么就可能会拥有更多的内部路由器，存在更多去往边界路由器的不等价路径，因而很可能选择更靠近目的端的出口路由器。不过本例对于第 4 章的路由策略来说是一个很好的示例，通过设置策略让去往相同目的前缀的任两条路由的权重、LOCAL_PREF、ORIGIN 代码或者 MED 不同，就可以控制路由选择结果，从而优选期望的边界路由器。

例 3-31 和例 3-32 给出的 BGP 表中的另一个重要信息就是 Taos 和 Sandia 宣告给 EBGP 对等体（192.168.100.0/24、192.168.172.0/22 和 192.168.200.0/24）的前缀也出现在 AngelFire 的 BGP 表中，这是因为在 Taos 和 Sandia 上配置的用于注入前缀的 **network** 语句（见例 3-29）并没有针对任何 BGP 邻居。虽然咋看起来似乎有问题，因为通常希望通过 IGP 而不是 BGP 来了解这些内部前缀，不过这些前缀前面都标记了“-”（表示 RIB-failure），因而这些前缀无法进入路由表。例 3-33 给出了 RIB-failure 的原因（使用 **show ip bgp rib-failures** 命令）：由于 EIGRP 也了解这些前缀，而且 EIGRP 的管理距离（90）小于 IBGP 的管理距离（200），因而只有 EIGRP 路由能够进入路由表，这也是期望结果。

例 3-33 注入 Taos 和 Sandia BGP 表中的 AS200 内部前缀并没有添加到 AngelFire 的路由表中，这是因为它们的管理距离比去往相同前缀的 EIGRP 路由的管理距离大

```
AngelFire#show ip bgp rib-failure
Network            Next Hop                      RIB-failure   RIB-NH Matches
192.168.100.0      192.168.254.1       Higher admin distance              n/a
192.168.172.0/22   192.168.254.1       Higher admin distance              n/a
192.168.200.0      192.168.254.1       Higher admin distance              n/a
```

从图 3-8 给出的 IBGP 拓扑结构中还可以发现一个非常重要的信息，除了 AngelFire 与 Taos 和 Sandia 的 IBGP 会话之外，Taos 与 Sandia 之间也存在直接的 IBGP 会话，该会话增加了边界路由器的冗余性。例如，Sandia 的 BGP 表（见例 3-34 顶部）显示了从 Taos（192.168.254.1）和 Telluride（192.168.1.242）收到的 AS300 和 AS400 路由，根据 BGP 决策进程的第 6 步可以知道，对于去往相同目的端的路由来说，EBGP 路由优于 IBGP 路由，因而将优选 Telluride 路由。但是在第一次显示 Sandia 的 BGP 表（见例 3-34）之后，Sandia 与 Telluride 之间的链路出现了故障（我禁用了该链路），再次显示 Sandia 的 BGP 表可以发现，由 Telluride 宣告的路由已经消失，但 Sandia 仍然能够到达五个外部前缀，即将数据包转发给 AngelFire，然后再经由 Taos 去往 AS100。

例 3-34 Sandia 优选经由 Telluride（192.168.1.242）的路径到达 AS300 和 AS400 中的前缀，但是在去往 Telluride 的链路出现故障后，Sandia 将切换到经由 Taos（192.168.254.1）的路由

```
Sandia#show ip bgp
BGP table version is 15, local router ID is 192.168.254.2
Status codes: s suppressed, d damped, h history, * valid, > best, i - internal,
              r RIB-failure, S Stale
Origin codes: i - IGP, e - EGP, ? - incomplete

   Network          Next Hop            Metric LocPrf Weight Path
* i192.168.1.200/30 192.168.254.1            0    100      0 100 400 i
*>                  192.168.1.242                          0 100 400 i
* i192.168.1.212/30 192.168.254.1            0    100      0 100 300 ?
*>                  192.168.1.242                          0 100 300 ?
* i192.168.50.0     192.168.254.1            0    100      0 100 400 i
*>                  192.168.1.242                          0 100 400 i
* i192.168.75.0     192.168.254.1            0    100      0 100 400 i
*>                  192.168.1.242                          0 100 400 i
* i192.168.100.0    192.168.254.1            0    100      0 i
*>                  192.168.1.229        33280         32768 i
* i192.168.172.0/22 192.168.254.1        30720    100      0 i
*>                  192.168.1.229        30720         32768 i
* i192.168.200.0    192.168.254.1        30720    100      0 i
*>                  192.168.1.229        30720         32768 i
* i192.168.250.0    192.168.254.1            0    100      0 100 300 ?
*>                  192.168.1.242                          0 100 300 ?
Sandia#
*Jan 1 01:24:15.697: %LINEPROTO-5-UPDOWN: Line protocol on Interface Serial1/0,
  changed state to down
*Jan 1 01:24:15.757: %BGP-5-ADJCHANGE: neighbor 192.168.1.242 Down Interface flap
Sandia#show ip bgp
BGP table version is 20, local router ID is 192.168.254.2
Status codes: s suppressed, d damped, h history, * valid, > best, i - internal,
              r RIB-failure, S Stale
Origin codes: i - IGP, e - EGP, ? - incomplete

   Network          Next Hop            Metric LocPrf Weight Path
*>i192.168.1.200/30 192.168.254.1            0    100      0 100 400 i
*>i192.168.1.212/30 192.168.254.1            0    100      0 100 300 ?
*>i192.168.50.0     192.168.254.1            0    100      0 100 400 i
*>i192.168.75.0     192.168.254.1            0    100      0 100 400 i
* i192.168.100.0    192.168.254.1            0    100      0 i
*>                  192.168.1.229        33280         32768 i
* i192.168.172.0/22 192.168.254.1        30720    100      0 i
*>                  192.168.1.229        30720         32768 i
* i192.168.200.0    192.168.254.1        30720    100      0 i
*>                  192.168.1.229        30720         32768 i
*>i192.168.250.0    192.168.254.1            0    100      0 100 300 ?
```

Taos 与 Sandia 之间的 IBGP 会话起初看起来似乎有风险，因为 AS200 应该是末梢 AS，从 Telluride 宣告给 Sandia 的前缀中不应该有前缀从 Sandia 宣告给 Taos，然后再从 Taos 宣告给 Vail。AS100 中的链路故障可能会导致流量试图沿着路径 Vail-Taos-AngelFire-Sandia-Telluride 经 AS200 进行转接，但是由于路由器无法将学自内部邻居的路由宣告给其他内部邻居，因而宣告给 AngelFire 的路由无法再被宣告回边界路由器。因此，AngelFire 不会将学自 Sandia 的路由宣告给 Taos，反之亦然。

不过，Taos 可以将学自内部邻居 Sandia 的路由宣告给外部邻居 Vail，Sandia 也可以将学自内部邻居 Taos 的路由宣告给外部邻居 Telluride。但是根据 BGP 环路避免规则：当前缀 192.168.50.0/24 从 Telluride 宣告给 Sandia 之后，Telluride 会将其 AS 号 100 添加到 AS_PATH 中，因而 Sandia 将该前缀宣告给 Taos，再由 Taos 宣告给 Vail 之后，由于 Vail 发现自己的 AS100

位于 AS_PATH 中，因而丢弃该路由。因此，路由无法按照这种方式进行宣告，使得 AS200 被错误地用作转接 AS。

3.3.3 利用静态路由将 NLRI 宣告到末梢 AS 中

将 BGP 重分发到 IGP 中与在 AS 内使用 IBGP 两种方式的折中就是为希望到达的外部目的端创建静态路由并将该静态路由重分发到 IGP 中，如果只需要了解少量外部路由的细节信息，那么这种替代解决方案就非常有用。例如，假设希望图 3-8 中的 AS200 遵循如下规则：

- AngelFire 将数据包转发给 AS300 中的 192.168.250.0/24 时优选 Taos；
- AngelFire 将数据包转发给 AS300 中的 192.168.50.0/24 和 192.168.75.0/24 时优选 Sandia；
- 如果 Taos 或 Sandia 不可达或外部链路中断，那么 AngelFire 应该使用其他边界路由器转发数据包，包括去往上述目的端的数据包；
- AngelFire 应该使用默认路由去往前面所说的三个前缀之外的所有目的端，并且 Taos 或 Sandia 都可以是默认路由器。

例 3-35 给出了遵循上述规则的 Taos 和 Sandia 配置信息，例中已经删除了之前的 IBGP 配置（见例 3-29），并增加了默认路由配置，每台路由器都针对指定前缀配置了静态路由以优选经由该路由器（引用了出站物理接口），同时还为每台路由器配置了一条指向接口 Null0 的静态默认路由（0.0.0.0/0）。然后将这些静态路由重分发到 EIGRP 中，需要注意的是，由于仅希望这些静态路由在 AS200 内部生效，因而将静态路由重分发到 IGP 而不是 BGP 中，如果将这些静态静态重分发到 BGP 中（除非配置了其他路由策略），那么这些静态路由将会被宣告到 AS100 中。

例 3-35　Taos 和 Sandi 被配置为将去往指定外部目的端的静态路由宣告到 EIGRP 中

```
Taos
router eigrp 200
 redistribute static metric 10000 100 255 1 1500
 passive-interface Serial1/0
 network 192.168.1.0
 network 192.168.100.0
 network 192.168.254.0
 no auto-summary
!
router bgp 200
 no synchronization
 bgp log-neighbor-changes
 network 192.168.100.0
 network 192.168.172.0 mask 255.255.252.0
 network 192.168.200.0
 neighbor 192.168.1.226 remote-as 100
 no auto-summary
!
ip route 0.0.0.0 0.0.0.0 Null0
ip route 192.168.250.0 255.255.255.0 Serial1/0
!
```

```
Sandia
router eigrp 200
 redistribute static metric 10000 100 255 1 1500
 network 192.168.1.0
 network 192.168.254.0
 no auto-summary
```

（待续）

```
!
router bgp 200
 no synchronization
 bgp log-neighbor-changes
 network 192.168.100.0
 network 192.168.172.0 mask 255.255.252.0
 network 192.168.200.0
 neighbor 192.168.1.242 remote-as 100
 no auto-summary
!
ip route 0.0.0.0 0.0.0.0 Null0
ip route 192.168.50.0 255.255.255.0 Serial1/0
ip route 192.168.75.0 255.255.255.0 Serial1/0
!
```

例3-36给出了运行后的AngelFire的路由表信息，分析该路由表以及图3-8中的物理接口地址可以看出，Taos（192.168.1.218）是前缀192.168.250.0/24的下一跳，Sandia（192.168.1.230）是前缀192.168.50.0/24和192.168.75.0/24的下一跳，并且AngelFire有Taos和Sandia的默认路由，目前将Sandia优选为默认路由器，所有与明细路由不匹配的数据包都转发给Sandia，到了Sandia之后，这些数据包要么与Sandia学自EBGP邻居的明细路由相匹配，要么与指向Null0的静态默认路由相匹配而被丢弃。

例3-36 AngelFire的路由表显示了在Taos和Sandia上重分发静态路由的结果

```
AngelFire#show ip route
Codes: C - connected, S - static, R - RIP, M - mobile, B - BGP
       D - EIGRP, EX - EIGRP external, O - OSPF, IA - OSPF inter area
       N1 - OSPF NSSA external type 1, N2 - OSPF NSSA external type 2
       E1 - OSPF external type 1, E2 - OSPF external type 2
       i - IS-IS, su - IS-IS summary, L1 - IS-IS level-1, L2 - IS-IS level-2
       ia - IS-IS inter area, * - candidate default, U - per-user static route
       o - ODR, P - periodic downloaded static route

Gateway of last resort is 192.168.1.230 to network 0.0.0.0

D EX 192.168.75.0/24 [170/284160] via 192.168.1.230, 00:00:10, FastEthernet3/0
C    192.168.200.0/24 is directly connected, FastEthernet1/0
D EX 192.168.250.0/24
           [170/284160] via 192.168.1.218, 00:02:06, FastEthernet0/0
     192.168.254.0/24 is variably subnetted, 4 subnets, 2 masks
D       192.168.254.2/32
           [90/156160] via 192.168.1.230, 00:07:39, FastEthernet3/0
C       192.168.254.3/32 is directly connected, Loopback0
D       192.168.254.0/24 is a summary, 00:35:31, Null0
D       192.168.254.1/32
           [90/156160] via 192.168.1.218, 00:08:50, FastEthernet0/0
D EX 192.168.50.0/24 [170/284160] via 192.168.1.230, 00:00:27, FastEthernet3/0
     192.168.1.0/24 is variably subnetted, 5 subnets, 2 masks
D       192.168.1.0/24 is a summary, 00:35:32, Null0
D       192.168.1.224/30
           [90/2172416] via 192.168.1.218, 00:03:08, FastEthernet0/0
C       192.168.1.228/30 is directly connected, FastEthernet3/0
D       192.168.1.240/30
           [90/2172416] via 192.168.1.230, 00:07:40, FastEthernet3/0
C       192.168.1.216/30 is directly connected, FastEthernet0/0
D    192.168.100.0/24 [90/30720] via 192.168.1.218, 00:08:50, FastEthernet0/0
D*EX 0.0.0.0/0 [170/284160] via 192.168.1.230, 00:07:40, FastEthernet3/0
               [170/284160] via 192.168.1.218, 00:07:40, FastEthernet0/0
C    192.168.172.0/22 is directly connected, FastEthernet1/1
```

配置静态路由时需要特别注意，这是因为静态路由的管理距离非常小，会替代Taos和Sandia路由表中的BGP路由去往指定目的端，因而这些路由必须指向EBGP邻居（引用去往该邻居的出站接口或者该邻居直连接口的地址)，此后去往静态目的端的数据包就被转发给外部邻居，并在外部邻居处匹配该邻居的 BGP 路由，由于去往指定前缀的静态路由比默认路由更加精确，并且指向 Null0 接口而不是某个邻居，因此，如果该路由取代了路由表中的 BGP 路由，那么数据包就会被丢弃。

3.3.4 将默认路由宣告给邻接 AS

有时（虽然很少）AS 必须将默认路由宣告给邻接 AS。例如，某些服务提供商可能会控制客户自治系统中的边界路由器并希望从自己的边界路由器向这些客户网络发起默认路由。

例 3-37 中的 Vail 被配置为向 Taos 发送默认路由(使用 **neighbor default-originate** 语句)，Taos 的 BGP 表（见例 3-38）中有一条来自 Vail 的默认路由，此时的 Taos 已经删除了前面配置的静态默认路由，如果没有删除，那么由于其管理距离优于 Taos 路由表中的默认路由，因而 BGP 表会将 Vail 的默认路由标记为 RIB-failure。

例 3-37 Vail 被配置为向 Taos 发送一条默认路由（**neighbor 192.168.1.225**）

```
router bgp 100
 no synchronization
 bgp log-neighbor-changes
 neighbor 192.168.1.210 remote-as 300
 neighbor 192.168.1.225 remote-as 200
 neighbor 192.168.1.225 default-originate
 neighbor 192.168.255.2 remote-as 100
 neighbor 192.168.255.2 update-source Loopback0
 neighbor 192.168.255.2 next-hop-self
 neighbor 192.168.255.3 remote-as 100
 neighbor 192.168.255.3 update-source Loopback0
 neighbor 192.168.255.3 next-hop-self
 no auto-summary
!
```

例 3-38 Taos 的 BGP 表显示了 Vail 宣告的默认路由

```
Taos#show ip bgp
BGP table version is 109, local router ID is 192.168.100.1
Status codes: s suppressed, d damped, h history, * valid, > best, i - internal,
              r RIB-failure, S Stale
Origin codes: i - IGP, e - EGP, ? - incomplete

   Network          Next Hop            Metric LocPrf Weight Path
*> 0.0.0.0          192.168.1.226            0             0 100 i
*> 192.168.1.200/30 192.168.1.226                          0 100 400 i
*> 192.168.1.212/30 192.168.1.226                          0 100 300 ?
*> 192.168.50.0     192.168.1.226                          0 100 400 i
*> 192.168.75.0     192.168.1.226                          0 100 400 i
*> 192.168.100.0    0.0.0.0                  0         32768 i
*> 192.168.172.0/22 192.168.1.217        30720         32768 i
*> 192.168.200.0    192.168.1.217        30720         32768 i
*> 192.168.250.0    192.168.1.226                          0 100 300 ?
```

虽然 Vail 将默认路由宣告给了 Taos(见例 3-38)，但仍在继续宣告 AS300 和 AS400 的前缀，语句 **neighbor default-originate** 并不会自动阻塞明细路由的宣告，这一点对于必须只向邻居宣告前缀的子集来说非常有用，可以使用默认路由来覆盖其他未宣告的前缀。以图 3-8 所示网络为例，Sandia-Telluride 链路可能被用作 AS200 的主用出站链路，而 Taos-Vail 链路则仅被用作去往 AS300 的路由的链路以及去往其他路由的备用链路。

当然，如果仅宣告默认路由以及已知 BGP 路由中的部分子集，那么就必须设置一定的路由策略。前面曾经介绍过利用路由映射配置简单路由策略的示例（见例 3-14），利用策略来控制将指定前缀重分发到 BGP 中。虽然 **neighbor distribute-list** 语句是一种比较古老的前缀过滤工具，目前也更倾向于使用路由映射、前缀列表以及其他策略工具，但 **neighbor distribute-list** 语句在简单过滤场合仍然非常有用。

例 3-39 在 Vail 的 BGP 配置中增加了一个分发列表，该分发列表允许前缀 192.168.1.112/30 和默认路由，同时阻止将其他路由宣告给 Taos，分发列表引用了 `access list 1`，由访问列表指定所允许和阻止的前缀。请注意，例中使用了关键字 **out**，表明该过滤操作将用于发送给邻居的出站宣告。同样，也可以利用关键字 **in** 来过滤来自邻居的入站宣告。

例 3-39 Vail 被配置为阻塞发送给 Taos 的所有路由宣告（192.168.1.112/30 和默认路由除外）

```
router bgp 100
 no synchronization
 bgp log-neighbor-changes
 neighbor 192.168.1.210 remote-as 300
 neighbor 192.168.1.225 remote-as 200
 neighbor 192.168.1.225 default-originate
 neighbor 192.168.1.225 distribute-list 1 out
 neighbor 192.168.255.2 remote-as 100
 neighbor 192.168.255.2 update-source Loopback0
 neighbor 192.168.255.2 next-hop-self
 neighbor 192.168.255.3 remote-as 100
 neighbor 192.168.255.3 update-source Loopback0
 neighbor 192.168.255.3 next-hop-self
 no auto-summary
!
access-list 1 permit 0.0.0.0
access-list 1 permit 192.168.1.212
access-list 1 deny any
!
```

例 3-40 给出了此时 Taos 的 BGP 表信息，与例 3-38 中的 BGP 表相比可以看出，原先由 Vail 宣告给 Taos 的所有路由（除了两个允许的前缀）都已不在 BGP 表中了。

例 3-40 Taos 的 BGP 表显示 Vail 的分发列表阻塞了其全部路由宣告（192.168.1.112/30 和默认路由除外）

```
Taos#show ip bgp
BGP table version is 125, local router ID is 192.168.100.1
Status codes: s suppressed, d damped, h history, * valid, > best, i - internal,
              r RIB-failure, S Stale
Origin codes: i - IGP, e - EGP, ? - incomplete

   Network          Next Hop            Metric LocPrf Weight Path
*> 0.0.0.0          192.168.1.226            0             0 100 i
*> 192.168.1.212/30 192.168.1.226                          0 100 300 ?
*> 192.168.100.0    0.0.0.0                  0         32768 i
*> 192.168.172.0/22 192.168.1.217        30720         32768 i
*> 192.168.200.0    192.168.1.217        30720         32768 i
```

3.4 利用 BGP 宣告聚合路由

路由聚合指的是以去往单个较短前缀的单条路由来表示去往多个目的前缀的多条路由，虽然路由聚合在很多网络中都很有用，但是对于保持大型 BGP 网络可控性来说尤为重要，一个名为 CIDR Report 的网站[3]很好地解释了缺乏路由聚合会给现代互联网造成何种程度的损害，该报告（经常更新）列出了在路由聚合方面做的较差（通常是前 30 名）的自治系统，“……如果它们聚合了自己向外宣告的前缀能够对缩减当前互联网的路由表规模做出重大贡献”，截至本书写作之时，CIDR Report 显示如果实施更好的路由聚合操作，那么当前 IPv4 路由表的规模将会缩减到 236000 条，即缩减 45%的路由[4]。

IPv6 路由表在路由聚合方面也面临着相似的困境，截至本书写作之时，CIDR Report 显示如果实施更好的路由聚合操作，那么当前的 IPv6 路由表规模将会缩减 25%。

CIDR Report 还列出了最近 7 天增加或撤销路由数量最多的自治系统信息，每增加或撤销一条路由都会对互联网的稳定性造成微量影响，好的路由聚合实践能够在很大程度上消除这些不稳定因素。

注： 在 CIDR 出现之前，术语汇总（summarization）与聚合（aggregation）在使用上还存在一定的差异。汇总通常是指将多条较明细路由组合成一个 A 类、B 类或 C 类地址块，而聚合指的则是组合两个或多个 A 类、B 类或 C 类地址块（“超网”）。抛开 IPv4 地址的类别概念之后，虽然聚合一词用的更多，但汇总与聚合在含义上已经一致了。

1.7 节讨论了路由聚合的概念、好处以及面临的问题，如果大家对这些内容还感到生疏，那么强烈建议大家复习这些概念。简而言之，路由聚合的好处有：

- 缩减路由表的规模，减少路由表宣告、存储以及处理所耗用的资源；
- 通过将明细前缀的变化“隐藏”到聚合点之后来提升网络的稳定性。

目前，由于内存的价格越来越便宜、带宽越来越丰富、处理器能力越来越强、路由查询算法也越来越优化，缩减路由表规模的重要性已不再像当初那样明显，网络稳定性逐渐成为路由聚合的主要优势。

路由聚合带来的可能代价就是减少了网络层可达性信息，从而导致：

- 次优路由选择；
- 提高了路由环路和黑洞数据包的风险。

3.4.1 案例研究：利用静态路由进行聚合

图 3-9 中的 AS100 包含 8 个 24 比特前缀，这些前缀可以汇总成一个 21 比特聚合地址 192.168.192.0/21，Stowe 通过 EIGRP 学习内部网络并通过 EBGP 将聚合地址宣告给 Sugarbush。

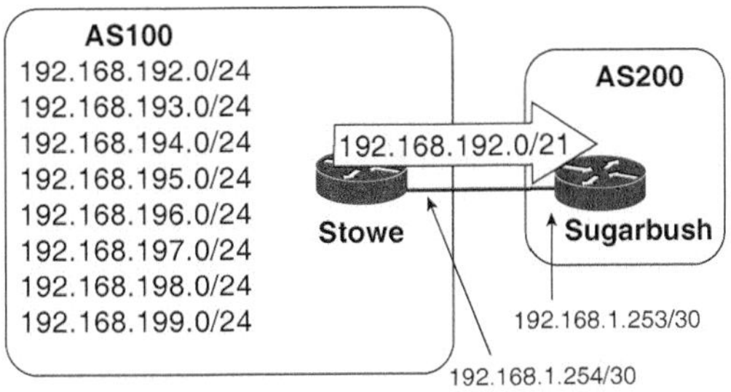

图 3-9 AS100 的内部前缀都可以聚合成单个前缀 192.168.192.0/21

3 www.cidr-report.org/as2.0/

4 IPv4 地址耗尽使得这个问题更加糟糕，由于运营商不得不尽可能地利用公有 IPv4 地址空间中仅剩的少量地址，因而向外宣告的 IPv4 前缀也越来越琐碎。

BGP 可以通过两种方法来创建聚合地址。第一种方法是在路由表中为聚合地址创建一条静态表项并通过 **network** 语句宣告该静态路由，第二种方法是利用 **aggregate-address** 语句。有关 **aggregate-address** 语句的使用将在下一个案例研究进行讨论，本案例主要解释利用静态路由进行聚合的方法。

例 3-41 给出了 Stowe 的配置信息，例中通过 **network** 语句宣告了静态聚合地址。

例 3-41 创建静态聚合地址表项之后通过 **network** 语句将其注入到 BGP 中

```
router eigrp 100
 network 192.168.199.0
!
router bgp 100
 network 192.168.192.0 mask 255.255.248.0
 neighbor 192.168.1.253 remote-as 200
!
ip classless
ip route 192.168.192.0 255.255.248.0 Null0
```

由于聚合地址并不是一个合法的最终目的端，因而例中的静态路由指向的是一个空接口。该静态路由仅仅表示 Sotwe 路由表中的明细路由，目的地址属于 AS100 前缀的数据包将在 AS100 的外部路由器上匹配该聚合地址并被转发给 Stowe，数据包在路由器 Stowe 上匹配明细地址并被转发给正确的内部下一跳路由器。如果出于某种原因导致明细前缀不在 Stowe 的路由表中，那么就会将数据包转发给空接口并予以丢弃。

例 3-42 给出了 Stowe 和 Sugarbush 的 BGP 表信息，可以看出 Stowe 的 BGP 表中只有聚合地址，任何明细地址在该路由器的 BGP 配置方式下都无法进入 BGP 表中。

例 3-42 Stowe 和 Sugarbush 的 BGP 表中仅包含聚合地址

```
Stowe#show ip bgp
BGP table version is 2, local router ID is 192.168.199.2
Status codes: s suppressed, d damped, h history, * valid, > best, i - internal
Origin codes: i - IGP, e - EGP, ? - incomplete

   Network          Next Hop            Metric LocPrf Weight Path
*> 192.168.192.0/21 0.0.0.0                  0         32768 i
Stowe#
```

```
Sugarbush#show ip bgp
BGP table version is 18, local router ID is 172.17.3.1
Status codes: s suppressed, d damped, h history, * valid, > best, i - internal
Origin codes: i - IGP, e - EGP, ? - incomplete

   Network          Next Hop           Metric LocPrf Weight Path
*> 192.168.192.0/21 192.168.1.254           0             0 100 i
Sugarbush#
```

3.4.2 利用 aggregate-address 语句进行聚合

对于类似图 3-9 的简单拓扑结构来说，手工配置静态聚合地址就已经足够了，但是随着拓扑结构以及路由策略复杂度的提高，使用 **aggregate-address** 语句进行路由聚合是一种更好的方式，后面的聚合案例将利用 **aggregate-address** 语句及其选项进行路由聚合。

如果要宣告由 **aggregate-address** 语句指定的聚合地址，那么属于该聚合地址中的明细地址至少要有一个通过重分发或 **network** 语句进入了 BGP 表。

例 3-43 给出了 Stowe 使用 **aggregate-address** 语句以及重分发机制的配置示例。

例 3-44 给出了此时的 Stowe 和 Sugarbush 的 BGP 表信息，可以看出此时 Stowe 的 BGP 表与例 3-42 中的 BGP 表完全不同：BGP 表中包含了所有的明细路由。但 Sugarbush 的 BGP 表看起来仍然没有变化，仍然仅宣告了聚合路由。

例 3-43　在 Sotwe 上通过 **aggregate-address** 语句注入一个聚合地址

```
router eigrp 100
 network 192.168.199.0
!
router bgp 100
 aggregate-address 192.168.192.0 255.255.248.0 summary-only
 redistribute eigrp 100
 neighbor 192.168.1.253 remote-as 200
```

例 3-44　虽然 Stowe 的 BGP 表包含了 AS100 的所有明细路由，但是仅将聚合路由宣告给了 Sugarbush

```
Stowe#show ip bgp
BGP table version is 23, local router ID is 192.168.199.2
Status codes: s suppressed, d damped, h history, * valid, > best, i - internal
Origin codes: i - IGP, e - EGP, ? - incomplete

   Network          Next Hop            Metric LocPrf Weight Path
s> 192.168.192.0    192.168.199.1      2297856         32768 ?
*> 192.168.192.0/21 0.0.0.0                            32768 i
s> 192.168.193.0    192.168.199.1      2297856         32768 ?
s> 192.168.194.0    192.168.199.1      2297856         32768 ?
s> 192.168.195.0    192.168.199.1      2297856         32768 ?
s> 192.168.196.0    192.168.199.1      2297856         32768 ?
s> 192.168.197.0    192.168.199.1      2297856         32768 ?
s> 192.168.198.0    192.168.199.1      2297856         32768 ?
s> 192.168.199.0    0.0.0.0                  0         32768 ?
Stowe#
```

```
Sugarbush#show ip bgp
BGP table version is 2, local router ID is 172.17.3.1
Status codes: s suppressed, d damped, h history, * valid, > best, i - internal
Origin codes: i - IGP, e - EGP, ? - incomplete

   Network          Next Hop           Metric LocPrf Weight Path
*> 192.168.192.0/21 192.168.1.254                         0 100 i
Sugarbush#
```

从 Stowe 的 BGP 表的明细路由左侧的符号可以看出，这些路由均被抑制了，这是因为 **aggregate-address** 语句使用了选项 **summary-only**，如果没有该选项，那么就会同时宣告聚合路由和明细路由。

虽然对于图 3-9 所示的简单拓扑结构来说，同时宣告聚合路由和明细路由并没有什么意义，但是对于图 3-10 所示的应用场景来说却很有用，图中的 AS100 多归属到 AS200，AS200 需要获得 AS100 的全部路由信息，同时需要对宣告给 AS300 的路由设置策略，因而只能向 AS300 宣告聚合路由。

被称为 NO_EXPORT 的 COMMUNITY 路径属性（有关 COMMUNITY 属性的详细内容请参见第 5 章，本案例仅给出该属性的简单应用）对于这类应用场景来说非常有用，NO_EXPORT 团体属性是一种周知选项，路由器都能识别该属性，路由器收到携带该属性的路由之后，就会将这些路由宣告给 IBGP 对等体，而不宣告给 EBGP 对等体，也就是说，这些路由可以在本地 AS 内部进行宣告，但无法宣告给其他自治系统。

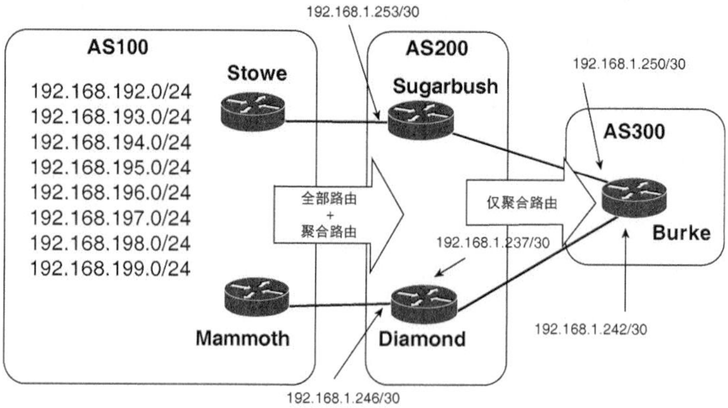

图3-10　AS100多归属到AS200，AS200需要明细路由以选择更佳路径，同时仅允许AS200向外宣告聚合路由

例3-45给出了图3-10中的Stowe的配置示例，Mammoth的配置与此类似（其配置信息将在本节的后面给出）。由于已经删除了 **aggregate-address** 语句中的关键字 **summary-only**，因而Stowe将聚合路由和明细路由都宣告给了AS200。**neighbor** 192.168.1.253 send-community 语句要求允许将路由中的COMMUNITY属性发送给Sugarbush，**neighbor 192.168.1.253 route-map COMMUNITY out** 语句则通过名为COMMUNITY的路由映射过滤出站BGP路由，如果路由映射发现路由更新与access list 101匹配，那么就不设置COMMUNITY属性，并且 **set community none** 语句会在发送前缀之前删除全部已有的团体属性，如果路由不匹配access list 101，那么就会将路由的COMMUNITY属性设置为NO_EXPORT。

例3-45　Stowe被配置为同时宣告聚合路由和明细路由，同时为明细路由设置COMMUNITYNO_EXPORT属性

```
router eigrp 100
 network 192.168.199.0
!
router bgp 100
 aggregate-address 192.168.192.0 255.255.248.0
 redistribute eigrp 100
 neighbor 192.168.1.253 remote-as 200
 neighbor 192.168.1.253 send-community
 neighbor 192.168.1.253 route-map COMMUNITY out
!
ip classless
!
access-list 101 permit ip host 192.168.192.0 host 255.255.248.0
!
route-map COMMUNITY permit 10
 match ip address 101
 set community none
!
route-map COMMUNITY permit 20
 set community no-export
```

大家可能对本例中的access list 101不太熟悉，通常情况下，扩展IP访问列表中指定的第一个地址都是源地址，第二个地址则是目的地址，但本应用中的第一个地址是路由前缀，第二个地址则是前缀的掩码，之所以使用这种怪异访问列表的原因是必须精确标识前缀，如果使用 **access-list 1 permit 192.168.192.0 0.0.7.255**，那么就会同时匹配聚合路由192.168.192.0/21和明细路由192.168.192.0/24。

例 3-46 给出了 Sugarbush 的 BGP 表信息，可以看到表中同时包含了聚合路由和明细路由。此外，**show ip bgp community no-export** 命令还显示了携带 NO_EXPORT COMMUNITY 属性的路由信息，列出了来自 Stowe 的全部路由（聚合路由除外）。

例 3-46 Sugarbush 的 BGP 同时包含了聚合路由和明细路由，来自 Stowe 的所有路由（聚合路由除外）都携带了 NO_EXPORT COMMUNITY 属性

```
Sugarbush#show ip bgp
BGP table version is 30, local router ID is 172.17.3.1
Status codes: s suppressed, d damped, h history, * valid, > best, i - internal
Origin codes: i - IGP, e - EGP, ? - incomplete

   Network          Next Hop            Metric LocPrf Weight Path
* i192.168.192.0    192.168.1.237      2297856    100      0 100 ?
*>                  192.168.1.254      2297856             0 100 ?
* i192.168.192.0/21 192.168.1.237          100             0 100 i
*>                  192.168.1.254                          0 100 i
* i192.168.193.0    192.168.1.237      2297856    100      0 100 ?
*>                  192.168.1.254      2297856             0 100 ?
* i192.168.194.0    192.168.1.237      2297856    100      0 100 ?
*>                  192.168.1.254      2297856             0 100 ?
* i192.168.195.0    192.168.1.237      2297856    100      0 100 ?
*>                  192.168.1.254      2297856             0 100 ?
* i192.168.196.0    192.168.1.237      2297856    100      0 100 ?
*>                  192.168.1.254      2297856             0 100 ?
* i192.168.197.0    192.168.1.237      2297856    100      0 100 ?
*>                  192.168.1.254      2297856             0 100 ?
*>i192.168.198.0    192.168.1.237            0    100      0 100 ?
*                   192.168.1.254      2681856             0 100 ?
* i192.168.199.0    192.168.1.237      2681856    100      0 100 ?
*>                  192.168.1.254            0             0 100 ?

Sugarbush#show ip bgp community no-export
BGP table version is 10, local router ID is 172.17.3.1
Status codes: s suppressed, d damped, h history, * valid, > best, i - internal
Origin codes: i - IGP, e - EGP, ? - incomplete

   Network          Next Hop          Metric LocPrf Weight Path
*> 192.168.192.0    192.168.1.254    2297856             0 100 ?
*> 192.168.193.0    192.168.1.254    2297856             0 100 ?
*> 192.168.194.0    192.168.1.254    2297856             0 100 ?
*> 192.168.195.0    192.168.1.254    2297856             0 100 ?
*> 192.168.196.0    192.168.1.254    2297856             0 100 ?
*> 192.168.197.0    192.168.1.254    2297856             0 100 ?
*  192.168.198.0    192.168.1.254    2681856             0 100 ?
*> 192.168.199.0    192.168.1.254          0             0 100 ?
Sugarbush#
```

例 3-45 的 Stowe 配置中的访问列表用法已经过时，而且如前所述，这种访问列表在使用上容易引起混淆，幸运的是，大家可以使用另一种工具来达到相同的效果：前缀列表。例 3-47 给出了 Mammoth 的配置示例，Mammoth 利用前缀列表实现了与例 3-45 中 Stowe 的访问列表相同的效果，可以看出利用了 CIDR 记法之后，前缀列表更易于理解。前缀列表是在 BGP 策略中匹配一组前缀的优选工具，实际上前缀列表的使用方式比本例更加灵活，后面将在第 4 章进行详细讨论。

与路由映射一样，前缀列表也通过名称（而不是编号）来加以标识，例 3-47 中的前缀列表名为 AGGREGATE。前缀列表利用序列号（seq）来区分列表中的行，标识多行列表中每一行的位置，使得前缀列表的编辑更加容易，如果输入行时没有指定序列号，那么 Cisco IOS 就会按照行的输入顺序自动进行编号。在关键字 **permit | deny** 之后需要指定前缀和前缀长度。

例 3-47 Mammoth 利用前缀列表（而不是访问列表）来确定哪些前缀应该拥有 COMMUNITY 属性

```
router eigrp 100
 network 192.168.198.0
!
router bgp 100
 aggregate-address 192.168.192.0 255.255.248.0
 redistribute eigrp 100
 neighbor 192.168.1.246 remote-as 200
 neighbor 192.168.1.246 send-community
 neighbor 192.168.1.246 route-map COMMUNITY out
!
ip classless
ip route 192.168.255.251 255.255.255.255 192.168.1.205
!
!
ip prefix-list AGGREGATE seq 5 permit 192.168.192.0/21
!
route-map COMMUNITY permit 10
 match ip address prefix-list AGGREGATE
 set community none
!
route-map COMMUNITY permit 20
 set community no-export
```

例 3-48 给出了 Burker 的 BGP 表信息，由于 Sugarbush 和 Diamond 已经抑制了拥有 NO_EXPORT COMMUNITY 属性的所有路由，因而 Burker 的 BGP 表中只有聚合路由。请注意，不需要配置 Sugarbush 和 Diamond 来抑制这些路由，因为这些都是默认行为。

例 3-48 Burker 的 BGP 表中仅包含由 Sugarbush（192.168.1.249）和 Diamond（192.168.1.241）宣告的聚合路由

```
Burke#show ip bgp
BGP table version is 15, local router ID is 172.21.1.1
Status codes: s suppressed, * valid, > best, i - internal
Origin codes: i - IGP, e - EGP, ? - incomplete

   Network          Next Hop            Metric LocPrf Weight Path
*> 192.168.192.0/21 192.168.1.249                          0 200 100 i
*                   192.168.1.241                          0 200 100 i
Burke#
```

3.4.3 ATOMIC_AGGREGATE 与 AGGREGATOR 属性

在 **show ip bgp** 命令中指定前缀，就可以进一步观察 BGP 表项的细节信息。例 3-49 给出了 Diamond 的 BGP 表中默认前缀 192.168.192.0/21 以及 AS100 中的一个前缀（192.168.199.0/24）的细节信息，可以看出明细路由拥有 COMMUNITY NO_EXPORT 属性，而聚合路由则没有该属性。

例 3-49 中的聚合路由有两个有意思的属性：分别在表项中以 atomic-aggregate 和 aggregated by 100 192.168.199.2 加以说明，表示的路径属性分别是 ATOMIC_AGGREGATE 和 AGGREGATOR，这两个路径属性仅与聚合路由相关联。

为了更好地理解这两个路径属性，有必要分析一下聚合路由对 BGP 决策进程产生的影响。192.168.192.0/21 和 192.168.199.0/24 是重叠路由，也就是说，第二条路由包含在第一条路由中，但第一条路由（聚合路由）还可以指向其他明细路由，而不仅仅指向 192.168.199.0/24。

例 3-49 在 **show ip bgp** 命令后指定前缀即可显示 BGP 表中去往该前缀的路由的细节信息

```
Diamond#show ip bgp 192.168.192.0 255.255.248.0
BGP routing table entry for 192.168.192.0/21, version 59
Paths: (2 available, best #1)
  Advertised to non peer-group peers:
    192.168.1.238 192.168.1.242
  100, (aggregated by 100 192.168.198.2)
    192.168.1.245 from 192.168.1.245 (192.168.198.2)
      Origin IGP, localpref 100, valid, external, atomic-aggregate, best, ref 2
  100, (aggregated by 100 192.168.199.2)
    192.168.1.238 from 192.168.1.238 (192.168.1.253)
      Origin IGP, localpref 100, valid, internal, not synchronized,
  atomic-aggregate, ref 2
Diamond#
Diamond#show ip bgp 192.168.199.0
BGP routing table entry for 192.168.199.0/24, version 58
Paths: (2 available, best #1, not advertised to EBGP peer)
  Advertised to non peer-group peers:
    192.168.1.238
  100
    192.168.1.245 from 192.168.1.245 (192.168.198.2)
      Origin incomplete, metric 2681856, localpref 100, valid, external, best, ref 2
      Community: no-export
  100
    192.168.1.238 from 192.168.1.238 (192.168.1.253)
      Origin incomplete, metric 0, localpref 100, valid, internal, not synchronized,
  ref 2
Diamond#
```

路由器在执行最佳路径决策进程时，始终选择明细路径。但是在宣告路由时，可以通过以下 BGP 配置选项来处理重叠路由：

- 同时宣告明细路由和较不明细的路由；
- 仅宣告明细路由；
- 仅宣告路由中的非重叠部分；
- 聚合这两条路由并宣告聚合路由；
- 仅宣告较不明细的路由；
- 不宣告任一条路由。

第 1 章曾经说过，执行路由聚合操作会丢失某些路由信息，路由选择也将变得不够精确。如果 BGP 发话路由器执行了路由聚合操作，那么丢失的路由信息就是路径细节信息，图 3-11[5] 解释了路径细节信息的丢失情况。

AS3113 宣告了一个聚合地址，该聚合地址代表了多个自治系统中的多个地址，由于该聚合前缀源自 AS3113，因而 AS_PATH 属性中仅包含自己的 AS 号，从而该聚合前缀代表的明细前缀的部分路径信息就丢失了。

ATOMIC_AGGREGATE 是一种周知自选属性，作用是通知下游路由器路径信息出现了丢失。BGP 发话路由器将明细路由汇总成较不明细的聚合路由（前面列表中的第五个选项）之后，路径信息就会出现丢失，BGP 发话路由器必须为聚合路由设置 ATOMIC_AGGREGATE 属性，下游 BGP 发话路由器收到携带 ATOMIC_AGGREGATE 属性的路由之后，都无法构造该路由更明细的 NLRI 信息，将该路由宣告给其他对等体时，也必须保留 ATOMIC_AGGREGATE 属性。

设置了 ATOMIC_AGGREGATE 属性之后，BGP 发话路由器还可以配置 AGGREGATOR 属性，该可选传递性属性通过包含发起聚合路由的路由器的 AS 号和 IP 地址来提供聚合发生

5 该插图与图 2-12 相同。

点的信息（见图3-12），IOS 的 BGP 实现是在 AGGREGATOR 属性中插入该 BGP 路由器的 ID 作为 IP 地址。

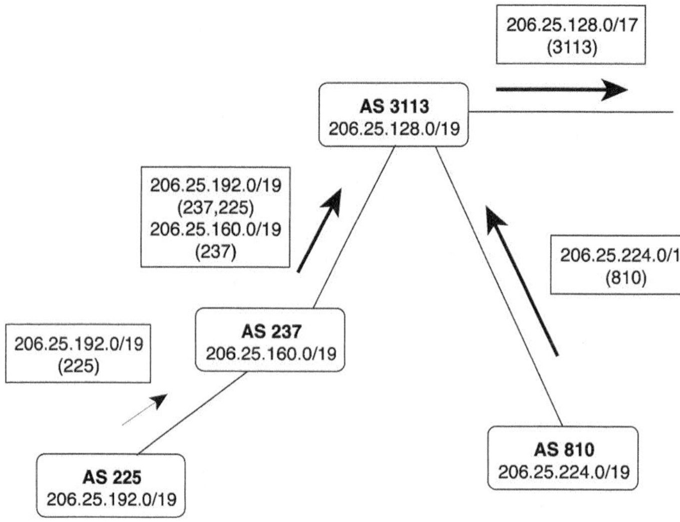

图 3-11 AS3113 的路由聚合会丢失被聚合的组成前缀的 AS_PATH 信息

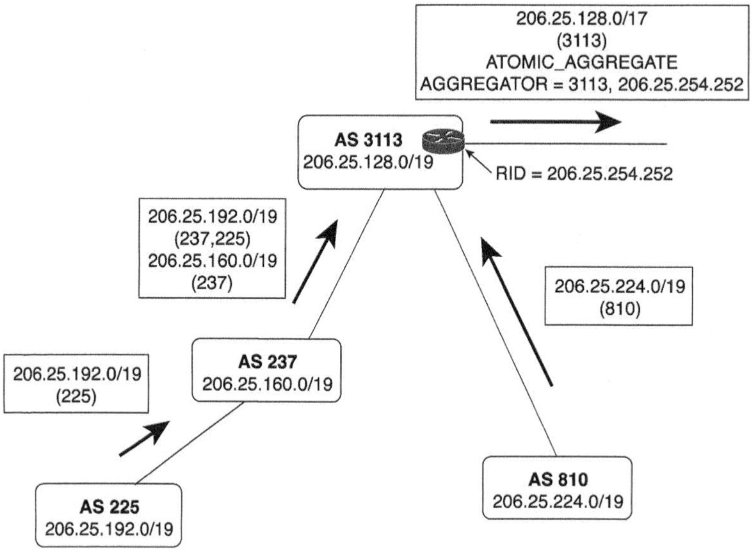

图 3-12 ATOMIC_AGGREGATE 表明路径信息出现了丢失，
AGGREGATOR 属性表明聚合发生的位置

分析例 3-48 中 Diamond 的 BGP 表关于 192.168.192.0/21 的表项可以看出，有两条路由到达该前缀：一条由 Mammoth（192.168.1.245）宣告，另一条由 Sugarbush（192.168.1.238）宣告。输出结果的第二行表明第一条路径（由 Mammoth 宣告的路由）是优选路径，第三行和第四行则表明已经将该优选路径宣告给了 Sugarbush（192.168.1.238）和 Burke（192.168.1.242）。

第一条路由的 AGGREGATOR 属性表明聚合点位于 AS100 且由 192.168.198.2 进行聚合：这是 Mammoth 的路由器 ID。第二条路由的 AGGREGATOR 属性表明聚合点位于 AS100 且由 192.168.199.2 进行聚合：这是 Stowe 的路由器 ID。这两条路由都拥有 ATOMIC_AGGREGATE 属性。

由于这两种路径属性都不会影响 BGP 决策进程，因而都不是策略工具，但是它们在检测与排除聚合路由故障时能够提供非常有用的参考信息，ATOMIC_AGGREGATE 可以充当提醒该路由是聚合路由的“标记”，因为检查大量 BGP 路由时，聚合路由可能并非显而易见，特别是在离聚合点很远的上游位置检查路由时更加难以确定。接下来就可以利用 AGGREGATOR 属性往回找到聚合点。

3.4.4 聚合时使用 AS_SET

前面曾经在第 2 章的“AS_PATH 属性”小节说过，在聚合点之外丢失路径细节信息所产生的问题之一就是削弱了 BGP 环路避免机制（见图 2-13），但 AS_PATH 属性中的有序 AS 号列表（AS_SEQUENCE）对于环路避免机制来说并不是必需的，这是因为只要 AS 列表中存在某个 AS 号，那么路径就不会经该 AS 进行环回。为了恢复在聚合点丢失的环路避免信息，可以将被称为 AS_SET 的可选列表添加到 AS_PATH 属性中（见图 2-14），AS_SET 是一个无序的 AS 号列表，与 AS_SEQUENCE 不同，AS_SET 能够说明聚合点后去往成员前缀的多条路径。

注： 虽然本节讨论了 AS_SET 的使用方式（因为需要理解 AS_SET 的使用方式及其使用目的），但目前 IETF 已经建议不再使用 AS_SET6，这与 AS_SET 的有效性无关，主要原因是几乎没有 ISP 或运营商在实际应用中为 AS 间路由聚合使用 AS_SET，而且还经常可能用错。学习本章内容时，不仅要考虑 AS_SET 的工作方式，而且还要从商业角度考虑聚合来自多个其他 AS 的路由的相对可能性，大家可能已经正确推断出单个 AS（表示单个提供商或其他企业）不大可能对来自多个下游自治系统（代表多个其他企业）的路由进行聚合，这也是很少使用该工具的主要原因。

图 3-13 是图 3-10 的修改版本，同时还修改了聚合地址的源，AS100 和 AS200 将 AS100 的全部路由都宣告给了 AS300 和 AS400，没有进行任何聚合。

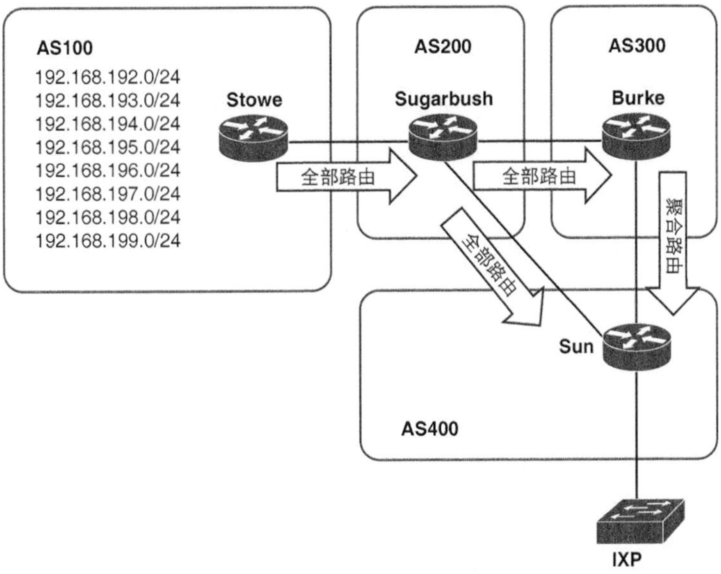

图 3-13 Burke 创建了聚合路由并宣告给了 Sun

6 W. Kumari and K. Sriram, “Recommendation for Not Using AS_SET and AS_CONFED_SET in BGP,”RFC 6472,2011 年 12 月

AS300 中的路由器 Burke 抑制了 AS100 的明细路由并向 AS400 中的 Sun 发送了一条聚合路由，Burke 的配置如例 3-50 所示，Burke 利用 **neighbor distribute-list** 语句创建的过滤器来避免将聚合路由宣告回 Sugarbush。

例 3-50 Burke 被配置为抑制 AS100 的明细路由并向 AS400 中的 Sun 发送聚合路由

```
router bgp 300
 aggregate-address 192.168.192.0 255.255.248.0 summary-only
 neighbor 192.168.1.234 remote-as 400
 neighbor 192.168.1.234 next-hop-self
 neighbor 192.168.1.249 remote-as 200
 neighbor 192.168.1.249 distribute-list 1 out
!
access-list 1 deny 192.168.192.0
access-list 1 permit any
```

例 3-51 给出了 Sun 的 BGP 表信息，不出所料，BGP 表中包含了来自 Sugarbush 的明细路由以及来自 Burke 的聚合路由。请注意，本例关注的是与聚合路由相关联的 AS_PATH 属性，由于聚合路由的 AS_PATH 属性的 AS_SEQUENCE 是以发起该聚合路由的 AS 为起始 AS，因而 AS_SEQUENCE 仅包含 AS300。本例的聚合路由实际指向的是 AS100 中的目的端，与其他汇总操作相似，该路由聚合操作会导致路由信息的丢失。

例 3-51 来自 Burke 的聚合路由的 AS_PATH 中仅包含 AS300（是发起该聚合路由的 AS）

```
Sun#show ip bgp
BGP table version is 20, local router ID is 192.168.1.234
Status codes: s suppressed, d damped, h history, * valid, > best, i - internal
Origin codes: i - IGP, e - EGP, ? - incomplete

   Network          Next Hop            Metric LocPrf Weight Path
*> 192.168.192.0    192.168.1.229                          0 200 100 ?
*> 192.168.192.0/21 192.168.1.233                          0 300 i
*> 192.168.193.0    192.168.1.229                          0 200 100 ?
*> 192.168.194.0    192.168.1.229                          0 200 100 ?
*> 192.168.195.0    192.168.1.229                          0 200 100 ?
*> 192.168.196.0    192.168.1.229                          0 200 100 ?
*> 192.168.197.0    192.168.1.229                          0 200 100 ?
*> 192.168.198.0    192.168.1.229                          0 200 100 ?
*> 192.168.199.0    192.168.1.229                          0 200 100 ?
Sun#
```

从例 3-52 可以看出，Burke 在聚合路由中设置了 ATOMIC_AGGREGATE 和 AGGREGATOR 属性，表示路由信息出现了丢失。

例 3-52 来自 Burke 的聚合路由设置了 ATOMIC_AGGREGATE 和 AGGREGATOR（由 AS300、RID 192.168.1.250 聚合）属性以表示路由信息出现了丢失

```
Sun#show ip bgp 192.168.192.0 255.255.248.0
BGP routing table entry for 192.168.192.0/21, version 23
Paths: (1 available, best #1)
  Advertised to non peer-group peers:
    192.168.1.229
  300, (aggregated by 300 192.168.1.250)
    192.168.1.233 from 192.168.1.233 (192.168.1.250)
      Origin IGP, localpref 100, valid, external, atomic-aggregate, best, ref 2
Sun#
```

对于图 3-13 的拓扑结构来说，路径信息的丢失会出现一定的问题。与 Burke 不同，Sun 没有配置相应的路由过滤器以防止将聚合路由宣告给 Sugarbush，由于 Sugarbush 没有在 Sun

宣告来的聚合路由的 AS_PATH 中发现自己的 AS 号，因而将该聚合路由安装到了自己的 BGP 表中（见例 3-53）。

例 3-53 由于 Sugarbush 没有在来自 Sun 的聚合路由的 AS_PATH 中发现自己的 AS 号，因而接受了该聚合路由

```
Sugarbush#show ip bgp
BGP table version is 19, local router ID is 172.20.1.1
Status codes: s suppressed, d damped, h history, * valid, > best, i - internal
Origin codes: i - IGP, e - EGP, ? - incomplete

   Network          Next Hop            Metric LocPrf Weight Path
*> 192.168.192.0    192.168.1.254      2297856             0 100 ?
*> 192.168.192.0/21 192.168.1.230                          0 400 300 i
*> 192.168.193.0    192.168.1.254      2297856             0 100 ?
*> 192.168.194.0    192.168.1.254      2297856             0 100 ?
*> 192.168.195.0    192.168.1.254      2297856             0 100 ?
*> 192.168.196.0    192.168.1.254      2297856             0 100 ?
*> 192.168.197.0    192.168.1.254      2297856             0 100 ?
*> 192.168.198.0    192.168.1.254      2681856             0 100 ?
*> 192.168.199.0    192.168.1.254            0             0 100 ?
Sugarbush#
```

如果 AS100 中的某条明细路由出现无效状态，那么 Sugarbush 就应该丢弃去往该网络的所有数据包，但是由于存在聚合路由，因而这些数据包将匹配聚合路由。例如，假设去往 AS100 中的网络 192.168.197.0/24 的接口出现故障，Stowe 宣告了该故障行为，并从所有的 BGP 表中删除了去往该目的端的路由，后来 Sugarbush 收到了一个目的地址为 192.168.197.5 的数据包，由于没有发现明细地址，因而路由器 Sugarbush 将该目的端匹配到聚合路由并将数据包转发给 Sun，Sun 也没有发现明细地址，因而匹配聚合路由并将数据包转发给 Burke，作为该聚合路由发起端的 Burke 没有明细地址并丢弃该数据包。因而可以看出去往无效目的端的数据包在被正确丢弃之前被毫无必要地转发了两个额外的路由器跳，如果 Sugarbush 又将聚合路由宣告给了 Burke，那么问题将更加严重，此时不再是数据包被延时丢弃，而是会出现路由环路，直至 TTL 超时。

为了解决这个问题，Burke 可以在宣告 AS_SEQUENCE（AS_PATH 属性的一部分）的同时也宣告 AS_SET，只要在 **aggregate-address** 语句中增加关键字 **as-set** 即可（见例 3-54）。如第 2 章所述，AS_SET 是去往明细地址（构成该聚合路由）的路径上的无序 AS 号列表，与 AS_SEQUENCE 不同，AS_SET 的目的并不是确定最短路径，其唯一目的是恢复聚合路由中丢失的环路检测功能。

例 3-54 Burke 被配置为向聚合路由的 AS_PATH 属性中添加 AS_SET

```
router bgp 300
 aggregate-address 192.168.192.0 255.255.248.0 as-set summary-only
 neighbor 192.168.1.234 remote-as 400
 neighbor 192.168.1.234 next-hop-self
 neighbor 192.168.1.249 remote-as 200
 neighbor 192.168.1.249 distribute-list 1 out
!
access-list 1 deny 192.168.192.0
access-list 1 permit any
```

例 3-55 给出了此时 Sun 的 BGP 表信息，可以看出聚合路由的 AS_PATH 中已经包含了去往明细地址的路径上的所有 AS 号。将该聚合路由宣告给 Sugarbush 之后，由于 Sugarbush 发现自己的 AS 号 200 位于 AS_PATH 中，因而不再接受该聚合路由。

例 3-55 Burke 被配置为在 AS_PATH 属性中包含 AS_SET 之后，聚合路由就包含了去往明细地址的路径上的所有 AS 号

```
Sun#show ip bgp
BGP table version is 10, local router ID is 172.21.1.1
Status codes: s suppressed, d damped, h history, * valid, > best, i - internal
Origin codes: i - IGP, e - EGP, ? - incomplete
   Network          Next Hop            Metric LocPrf Weight Path
*> 192.168.192.0    192.168.1.229                          0 200 100 ?
*> 192.168.192.0/21 192.168.1.233                          0 300 200 100 ?
*> 192.168.193.0    192.168.1.229                          0 200 100 ?
*> 192.168.194.0    192.168.1.229                          0 200 100 ?
*> 192.168.195.0    192.168.1.229                          0 200 100 ?
*> 192.168.196.0    192.168.1.229                          0 200 100 ?
*> 192.168.197.0    192.168.1.229                          0 200 100 ?
*> 192.168.198.0    192.168.1.229                          0 200 100 ?
*> 192.168.199.0    192.168.1.229                          0 200 100 ?
Sun#
```

需要注意的是，宣告 AS_SET 时，聚合路由将继承被聚合路由的所有属性。以图 3-13 为例，由于所有明细路由的 AS_PATH 属性均为（300,200,100），因而 Sun 的 BGP 表中的 AS_SET 都是有序列表，与 AS_SEQUENCE 看起来完全一样。

图 3-14 给出了不同的拓扑结构，图中增加了一个新的 AS，而且网络 192.168.197.0/24 从 AS100 移到了新的 AS500 中。虽然 Burke 收到的路由仍然相同，但目前并不匹配所有的 AS_PATH 属性，因而此时按照无序列表宣告 AS_SET（见例 3-56）。

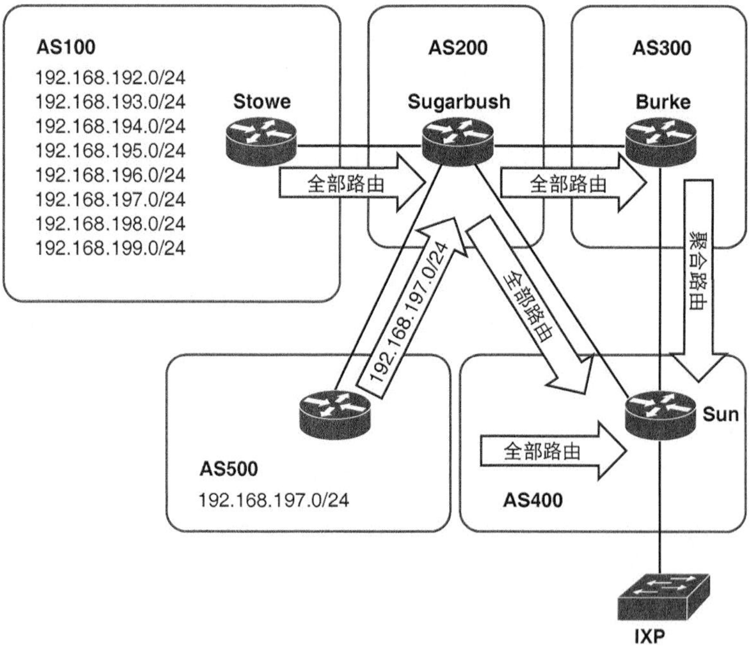

图 3-14 前缀 192.168.197.0/24 从 AS100 移到了 AS500 中，Burke 无法再以有序列表方式表示 AS_SET

有时可能希望宣告携带 AS_SET 的聚合路由，但又不希望继承所有被聚合路由的所有属性。以图 3-15 为例，图中的 Sugarbush 收到了来自 AS100 和 AS500 的全部路由，并将聚合路由宣告给了 Burke。

例 3-56 Sun 的 BGP 表显示的 AS_SET 已经是无序列表，能够与有序的 AS_SEQUENCE 进行区分

```
Sun#show ip bgp
BGP table version is 35, local router ID is 172.21.1.1
Status codes: s suppressed, d damped, h history, * valid, > best, i - internal
Origin codes: i - IGP, e - EGP, ? - incomplete

   Network          Next Hop            Metric LocPrf Weight Path
*> 192.168.192.0    192.168.1.229                          0 200 100 ?
*> 192.168.192.0/21 192.168.1.233                          0 300 {200,100,500} ?
*> 192.168.193.0    192.168.1.229                          0 200 100 ?
*> 192.168.194.0    192.168.1.229                          0 200 100 ?
*> 192.168.195.0    192.168.1.229                          0 200 100 ?
*> 192.168.196.0    192.168.1.229                          0 200 100 ?
*> 192.168.197.0    192.168.1.229                          0 200 500 i
*> 192.168.198.0    192.168.1.229                          0 200 100 ?
*> 192.168.199.0    192.168.1.229                          0 200 100 ?
Sun#
```

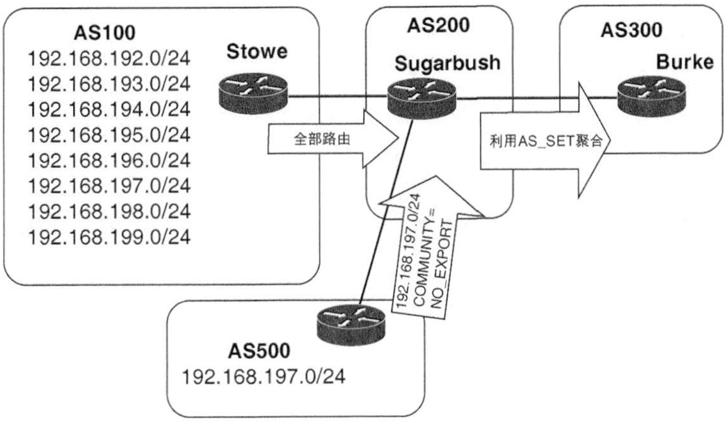

图 3-15 Sugarbush 宣告携带 AS_SET 的聚合路由，但不可以继承前缀 192.168.197.0/24 的 NO_EXPORT COMMUNITY 属性

图 3-15 网络配置的问题是 AS500 正在宣告 192.168.197.0/24 的 NO_EXPORTCOMMUNITY 属性，Sugarbush 使用 AS_SET 选项之后，聚合路由将继承 NO_EXPORT 属性（见例 3-57）。请注意，NO_EXPORT 属性仅在本地赋予聚合路由，而不会添加到聚合路由的路由宣告中，因而 Sugarbush 将遵照该属性的要求，不向外宣告该聚合路由。

例 3-57 **show ip bgp community no-export** 命令显示所有的路由都携带了 NO_EXPORT COMMUNITY 属性，本例中的聚合路由继承了某个被聚合地址（192.168.197.0/24）的属性并被抑制（如左侧的状态码所示）

```
Sugarbush#show ip bgp community no-export
BGP table version is 19, local router ID is 172.20.1.1
Status codes: s suppressed, d damped, h history, * valid, > best, i - internal
Origin codes: i - IGP, e - EGP, ? - incomplete

   Network          Next Hop            Metric LocPrf Weight Path
*> 192.168.192.0/21 0.0.0.0                            32768 {100,500} ?
s> 192.168.197.0    192.168.1.1              0             0 500 i
Sugarbush#
```

最后需要讨论的 **aggregate-address** 命令的选项是 **advertise-map**，有了该选项之后，就可以基于聚合路由进行路由选择。从图 3-15 可以看出，如果 Sugarbush 在进行路由聚合时没有考虑 192.168.197.0/24，那么聚合路由就不会继承该路由的属性。例 3-58 给出了 Sugarbush 的配置信息，此时在 **aggregate-address** 命令中使用了配置选项 **advertise-map**。

例 3-58 Sugarbush 被配置为基于聚合路由进行路由选择

```
router bgp 200
 aggregate-address 192.168.192.0 255.255.248.0 as-set summary-only advertise-map
 ALLOW_ROUTE
 neighbor 192.168.1.1 remote-as 500
 neighbor 192.168.1.250 remote-as 300
 neighbor 192.168.1.254 remote-as 100
!
access-list 1 deny 192.168.197.0
access-list 1 permit any
!
route-map ALLOW_ROUTE permit 10
 match ip address 1
```

例 3-58 中的 **advertise-map** 选项指向的是一个名为 ALLOW_ROUTE 是路由映射（根据聚合路由来确定明细路由），而该路由映射又反过来指向 access list 1（拒绝 192.168.197.0 并允许其他所有路由），由于 Sugarbush 在构造聚合路由时忽略了 192.168.197.0/24，因而聚合路由没有继承 NO_EXPORT 属性（见例 3-59）。

例 3-59 重新配置了 Sugarbush 的 **advertise-map** 选项之后，聚合路由已不再拥有 NO_EXPORT 属性

```
Sugarbush#show ip bgp community no-export
BGP table version is 18, local router ID is 172.20.1.1
Status codes: s suppressed, d damped, h history, * valid, > best, i - internal
Origin codes: i - IGP, e - EGP, ? - incomplete

   Network          Next Hop            Metric LocPrf Weight Path
s> 192.168.197.0    192.168.1.1              0             0 500 i
Sugarbush#
```

限制聚合路由所依据的明细前缀可能会存在一定的脆弱性，对于图 3-15 的网络及其配置来说，如果 Stowe 与 Sugarbush 之间的链路出现故障，那么将无法继续宣告仅基于 AS100 的前缀的聚合路由，从而无法从 AS300 及以外区域到达 AS500 中的目的端。

3.5 展望

通过本章的学习，大家应该已经掌握了通过 BGP 邻居宣告前缀的各种方法以及收发前缀时可能遇到的各种问题，如与本地 IGP 之间的相互作用以及宣告聚合地址，此外还学习了很多与 BGP 前缀相关的查看以及故障检测与排除命令。最后，本章还介绍了一些配置 BGP 路由策略的 IOS 工具。下一章将进一步介绍 BGP 路由策略的相关概念、设置路由策略的相关属性以及更多创建 BGP 策略和检测与排除 BGP 策略故障的 IOS 工具。

3.6 复习题

1. 什么是 BGP NLRI？
2. 如何将前缀添加到 BGP 中向外宣告？将前缀添加到 BGP 中的方式与添加到 IGP 中有何区别？
3. BGP 的 **network** 语句与 IGP 的 **network** 语句在功能上有何区别？
4. 什么是 BGP 表？BGP 表与路由表有何区别？如何查看 BGP 表？
5. 什么时候需要在 **network** 语句中使用 **mask** 选项？
6. 将前缀注入 BGP 中时，为何更倾向于使用 **network** 语句，而不是重分发？
7. 什么是 RIB？
8. 通过 **network** 语句注入 BGP 的路由的 ORIGIN 属性与通过重分发注入 BGP 的路由的 ORIGIN 属性之间有何区别？
9. BGP 向外部对等体宣告路由以及向内部对等体宣告路由时，NEXT_HOP 路径属性的默认规则是什么？
10. BGP NEXT_HOP 路径属性的默认规则为何会在单个 AS 内产生问题？如何解决这个问题？
11. **neighbor next-hop-self** 语句的使用方式是什么？
12. IGP/BGP 同步的规则是什么？为何现代 BGP 网络很少使用 IGP/BGP 同步？
13. 为何将 BGP 重分发到 IGP 中是一种糟糕的做法？
14. 通过多归属末梢 AS 宣告 AS 外部路由的优选方式是什么？原因是什么？
15. 什么是路由聚合？
16. 路由聚合的主要优缺点是什么？
17. 聚合路由的发起端为何要将聚合路由的下一跳指向其 Null0 接口？
18. 使用静态聚合路由以及利用 **aggregate-address** 语句将聚合路由注入 BGP 的优点是什么？
19. **aggregate-address** 语句的 **summary-only** 选项的作用是什么？
20. 什么是 ATOMIC_AGGREGATE BGP 路径属性？
21. 什么是 AGGRGATOR BGP 路径属性？
22. AS_SEQUENCE 与 AS_SET 的区别是什么？
23. **aggregate-address** 语句的 **advertise-map** 选项的作用是什么？

3.7 配置练习题

表 3-1 列出了配置练习题 1～12 将要用到的自治系统、路由器、接口以及地址等信息。表中列出了所有路由器的接口情况，为了符合可用资源情况，解决方案的物理接口可能会发生变化。对于每道练习题来说，如果表中显示该路由器有环回接口，那么该接口就是所有 IBGP

连接的源端。除非练习题有明确约定，否则 EBGP 连接始终位于物理接口地址之间。此外，所有的邻居描述均被配置为路由器的名称。

表 3-1 配置练习题用到的拓扑结构

AS	路由器	接口	IP 地址/掩码
100	R1	Fa0/0	172.16.0.1/30
		G2/0	10.0.1.1/30
		G3/0	172.16.0.9/30
		Lo0	192.168.1.1/32
	R2	Fa0/0	172.16.0.5/30
		G2/0	10.0.1.10/30
		Lo0	192.168.1.2/32
	R3	Fa1/0	10.0.1.2/30
		Fa1/1	10.0.1.5/30
		Lo0	192.168.1.3/32
	R4	Fa1/0	10.0.1.9/30
		Fa1/1	10.0.1.6/30
		Lo0	192.168.1.4/32
200	R5	Fa0/0	172.16.0.2/30
		G2/0	10.0.2.1/30
		Lo0	192.168.2.1/32
	R6	Fa0/0	172.16.0.6/30
		G2/0	10.0.2.6/30
		Lo0	192.168.2.2/32
	R7	Fa1/0	10.0.2.2/30
		Fa1/1	10.0.2.5/30
		Lo0	192.168.2.3/32
300	R8	Fa0/0	10.0.3.1/30
		G3/0	172.16.0.10/30
		Lo0	192.168.3.1/32
	R9	Fa0/0	10.0.3.2/30
		Lo0	192.168.3.2/32

1. 将 EIGRP 配置为 AS100 的 IGP，AS100 的内部路由都不应该宣告到 AS 之外，不要将与其他 AS 中的路由器之间运行 EBGP 的点到点链路宣告到 EIGRP 中，同时要在路由器 R3 和 R4 上将以下前缀注入到 EIGRP 中。

   10.100.64.0/20

   10.100.192.0/19

   192.168.100.0/24

   192.168.101.0/25

   192.168.102.128/25

   192.168.103.0/24

   192.168.104.0

   192.168.105.0/24

注入前缀的方式可以是在物理末梢接口上进行配置并在接口上运行 EIGRP，也可以是配置指向 Null0 的静态路由，然后再将静态路由重分发到 EIGRP 中。

2. 将 OSPF 配置为 AS200 的 IGP，OPSF area 0 跨越整个 AS。AS200 的内部路由都不应该宣告到 AS 之外，不要将与其他 AS 中的路由器之间运行 EBGP 的点到点链路宣告到 AS 内，同时要在路由器 R7 上将以下前缀注入到 OSPF 中。

   192.168.198.0/23
   192.168.196.0/23
   192.168.200.0/26
   192.168.200.64/26
   192.168.200.128/26
   192.168.200.192/26
   192.168.201.0/24

   注入前缀的方式可以是在物理末梢接口上进行配置并在接口上运行 OSPF，也可以是配置指向 Null0 的静态路由，然后再将静态路由重分发到 OSPF 中。

3. 在 AS100 的 R1 与 AS200 的 R5 之间建立 EBGP 对等关系，然后再在 AS100 的 R2 与 AS200 的 R6 之间建立 EBGP 对等关系。

4. 在路由器 R1 和 R2 上使用 **network** 命令将以下子网注入到 BGP 中。

   10.100.64.0/20
   10.100.192.0/19
   192.168.100.0/24
   192.168.101.0/25
   192.168.102.128/25
   192.168.103.0/24
   192.168.104.0
   192.168.105.0/24

   要确认路由器 R5 和 R6 已经拥有被注入的路由。

5. 利用 IGP 到 BGP 的重分发机制，配置路由器 R5 和 R6 将以下子网注入到 BGP 中。

   192.168.198.0/23
   192.168.196.0/23
   192.168.200.0/26
   192.168.200.64/26
   192.168.200.128/26
   192.168.200.192/26
   192.168.201.0/24

   使用必要的路由过滤器以确定仅将前述子网注入到 BGP 中，而不注入其他子网。配置完成后，确认 AS100 的路由器 R1 和 R2 已经拥有这些路由。

6. 在 AS100 中配置全网状 IBGP 对等会话，确认第 4 题和第 5 题由路由器 R5 和 R6 注入到 BGP 中的路由已位于 AS100 的所有路由器的 BGP 表中。

7. 对于学自 EBGP 会话的路由的内部下一跳可达性来说，在 AS100 的路由器 R1 和 R2 上使用推荐的最佳实践方法。

8. 在不修改路由器 R5 和 R6 的 BGP 配置（即不使用 **next-hop-self** 语句）的情况下，为 AS200 中的路由器提供学自 EBGP 会话的路由的下一跳可达性，可以修改 IGP 配置，在 IGP 配置下使用静态路由以及 **redistribute** 命令。
9. 由于本地策略限制，AS200 的网络管理员无法在路由器 R7 上运行 BGP，配置路由器 R5 和 R6 以将学到的 EBGP 路由重分发到 IGP 中，使得路由器 R7 拥有去往本 AS 之外的其他所有前缀的可达性。
10. 将 OSPF 配置为 AS300 的 IGP，OPSF area 0 跨越整个 AS。AS300 的内部路由都不应该宣告到 AS 之外，不要将与其他 AS 中的路由器之间运行 EBGP 的点到点链路宣告到 AS 内。同时配置路由器 R8，如果其从 ISP 上游路由器 R1 收到默认路由，那么就将该默认路由注入到 IGP 中。
11. 在 AS300 的路由器 R8 与 AS100 的路由器 R1 之间配置 EBGP 会话。配置路由器 R1 仅将默认路由注入到路由器 R8 中，而阻塞其他所有前缀。由于通过 EBGP 会话注入了默认路由，因而确定路由器 R9 已经从路由器 R8 收到了默认路由。
12. 使用路由聚合，配置路由器 R5 和 R6，使得 AS100 的路由器优选链路 R1-R5 到达子网 192.168.200.0/26、192.168.200.64/26、192.168.200.128/26、192.168.200.192/26 以及 192.168.201.0/24，并为 AS200 的其余子网提供备份路径，优选链路 R2-R6 到达子网 192.168.196.0/23 和 192.168.198.0/23，并为 AS200 的其余子网提供备份路径（如果另一条链路出现故障）。

3.8 故障检测与排除练习题

1. 图 3-16 给出了本练习题的拓扑结构图，图中的路由器 R1 和 R2 位于 AS100，路由器 R3 和 R4 位于 AS200，AS100 的 IGP 是 OSPF，并且在 R2 与 R3 之间建立的 EBGP 对等会话。R2 将环回地址（192.168.255.1 和 192.168.255.2）注入到 BGP 中，R3 将子网 192.168.1.0/24 注入到 BGP 中。但是从 R3 向 R1 发起 ping 测试时，ping 测试失败（反之亦然），为什么？例 3-60 到例 3-62 给出了相关的配置信息以及 **show** 命令的输出结果。

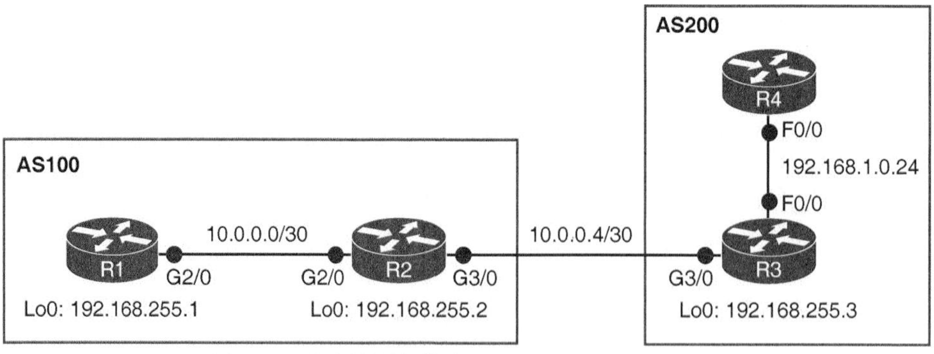

图 3-16 故障检测与排除练习题 1 的网络拓扑结构

例 3-60 双向 ping 测试均失败

```
R1#ping 192.168.1.3 so 192.168.255.1

Type escape sequence to abort.
Sending 5, 100-byte ICMP Echos to 192.168.1.3, timeout is 2 seconds:
Packet sent with a source address of 192.168.255.1
.....
Success rate is 0 percent (0/5)
```

```
R3#ping 192.168.255.1 source 192.168.1.3

Type escape sequence to abort.
Sending 5, 100-byte ICMP Echos to 192.168.255.1, timeout is 2 seconds:
Packet sent with a source address of 192.168.1.3
.....
Success rate is 0 percent (0/5)
```

例 3-61 R1、R2 和 R3 的配置

```
R1
!
interface Loopback0
 ip address 192.168.255.1 255.255.255.255
!
interface GigabitEthernet2/0
 ip address 10.0.0.1 255.255.255.252
 negotiation auto
!
router ospf 1
 log-adjacency-changes
 network 10.0.0.1 0.0.0.0 area 0
 network 192.168.255.1 0.0.0.0 area 0
!
```

```
R2
!
interface Loopback0
 ip address 192.168.255.2 255.255.255.255
!
interface GigabitEthernet2/0
 ip address 10.0.0.2 255.255.255.252
 negotiation auto
!
interface GigabitEthernet3/0
 ip address 10.0.0.5 255.255.255.252
 negotiation auto
!
ip route 192.168.1.0 255.255.255.0 10.0.0.6
!
router ospf 1
 log-adjacency-changes
 redistribute bgp 100 subnets
 network 10.0.0.2 0.0.0.0 area 0
 network 192.168.255.2 0.0.0.0 area 0
!
router bgp 100
 no synchronization
 bgp log-neighbor-changes
 network 192.168.255.1 mask 255.255.255.255
 network 192.168.255.2 mask 255.255.255.255
 neighbor 10.0.0.6 remote-as 200
 no auto-summary
!
```

```
R3
!
```

（待续）

```
interface Loopback0
 ip address 192.168.255.3 255.255.255.255
!
interface FastEthernet0/0
 ip address 192.168.1.3 255.255.255.0
 duplex half
!
interface GigabitEthernet3/0
 ip address 10.0.0.6 255.255.255.252
 negotiation auto
!
router bgp 200
 no synchronization
 bgp log-neighbor-changes
 network 192.168.1.0
 neighbor 10.0.0.5 remote-as 100
 no auto-summary
!
```

例 3-62 R1、R2 和 R3 的 **show ip route** 和 **show ip bgp** 命令输出结果

```
R1#sh ip route
Codes: C - connected, S - static, R - RIP, M - mobile, B - BGP
       D - EIGRP, EX - EIGRP external, O - OSPF, IA - OSPF inter area
       N1 - OSPF NSSA external type 1, N2 - OSPF NSSA external type 2
       E1 - OSPF external type 1, E2 - OSPF external type 2
       i - IS-IS, su - IS-IS summary, L1 - IS-IS level-1, L2 - IS-IS level-2
       ia - IS-IS inter area, * - candidate default, U - per-user static route
       o - ODR, P - periodic downloaded static route

Gateway of last resort is not set

     10.0.0.0/30 is subnetted, 1 subnets
C       10.0.0.0 is directly connected, GigabitEthernet2/0
     192.168.255.0/32 is subnetted, 2 subnets
O       192.168.255.2 [110/2] via 10.0.0.2, 00:38:09, GigabitEthernet2/0
C       192.168.255.1 is directly connected, Loopback0
R1#
```

```
R2#sh ip route
Codes: C - connected, S - static, R - RIP, M - mobile, B - BGP
       D - EIGRP, EX - EIGRP external, O - OSPF, IA - OSPF inter area
       N1 - OSPF NSSA external type 1, N2 - OSPF NSSA external type 2
       E1 - OSPF external type 1, E2 - OSPF external type 2
       i - IS-IS, su - IS-IS summary, L1 - IS-IS level-1, L2 - IS-IS level-2
       ia - IS-IS inter area, * - candidate default, U - per-user static route
       o - ODR, P - periodic downloaded static route

Gateway of last resort is not set

     10.0.0.0/30 is subnetted, 2 subnets
C       10.0.0.0 is directly connected, GigabitEthernet2/0
C       10.0.0.4 is directly connected, GigabitEthernet3/0
     192.168.255.0/32 is subnetted, 2 subnets
C       192.168.255.2 is directly connected, Loopback0
O       192.168.255.1 [110/2] via 10.0.0.1, 00:38:06, GigabitEthernet2/0
S    192.168.1.0/24 [1/0] via 10.0.0.6
R2#
R2#sh ip bgp
BGP table version is 12, local router ID is 192.168.255.2
Status codes: s suppressed, d damped, h history, * valid, > best, i - internal,
              r RIB-failure, S Stale
Origin codes: i - IGP, e - EGP, ? - incomplete

   Network          Next Hop            Metric LocPrf Weight Path
r> 192.168.1.0      10.0.0.6                 0             0 200 i
*> 192.168.255.1/32 10.0.0.1                 2         32768 i
```

（待续）

```
*> 192.168.255.2/32 0.0.0.0                    0         32768 i
R2#
```

```
R3#sh ip route
Codes: C - connected, S - static, R - RIP, M - mobile, B - BGP
       D - EIGRP, EX - EIGRP external, O - OSPF, IA - OSPF inter area
       N1 - OSPF NSSA external type 1, N2 - OSPF NSSA external type 2
       E1 - OSPF external type 1, E2 - OSPF external type 2
       i - IS-IS, su - IS-IS summary, L1 - IS-IS level-1, L2 - IS-IS level-2
       ia - IS-IS inter area, * - candidate default, U - per-user static route
       o - ODR, P - periodic downloaded static route

Gateway of last resort is not set

    10.0.0.0/30 is subnetted, 1 subnets
C      10.0.0.4 is directly connected, GigabitEthernet3/0
    192.168.255.0/32 is subnetted, 3 subnets
C      192.168.255.3 is directly connected, Loopback0
B      192.168.255.2 [20/0] via 10.0.0.5, 00:33:00
B      192.168.255.1 [20/2] via 10.0.0.5, 00:32:30
C   192.168.1.0/24 is directly connected, FastEthernet0/0
R3#
R3#
R3#sh ip bgp
BGP table version is 4, local router ID is 192.168.255.3
Status codes: s suppressed, d damped, h history, * valid, > best, i - internal,
              r RIB-failure, S Stale
Origin codes: i - IGP, e - EGP, ? - incomplete

   Network          Next Hop            Metric LocPrf Weight Path
*> 192.168.1.0      0.0.0.0                  0         32768 i
*> 192.168.255.1/32 10.0.0.5                 2             0 100 i
*> 192.168.255.2/32 10.0.0.5                 0             0 100 i
R3#
```

2. 图 3-17 标出了 AS 号以及 IP 子网等信息，AS100 中的路由器 R1 通过转接 AS300 访问 AS200 中的路由器 R2 后面的子网 192.168.200.0/24，虽然路由器 R1 的 BGP 表和路由表中都安装了该子网，但 ping 测试失败，为什么？5 台路由器的配置信息都列在图后的示例中。在这种情况下哪条 **show** 命令也非常有用？

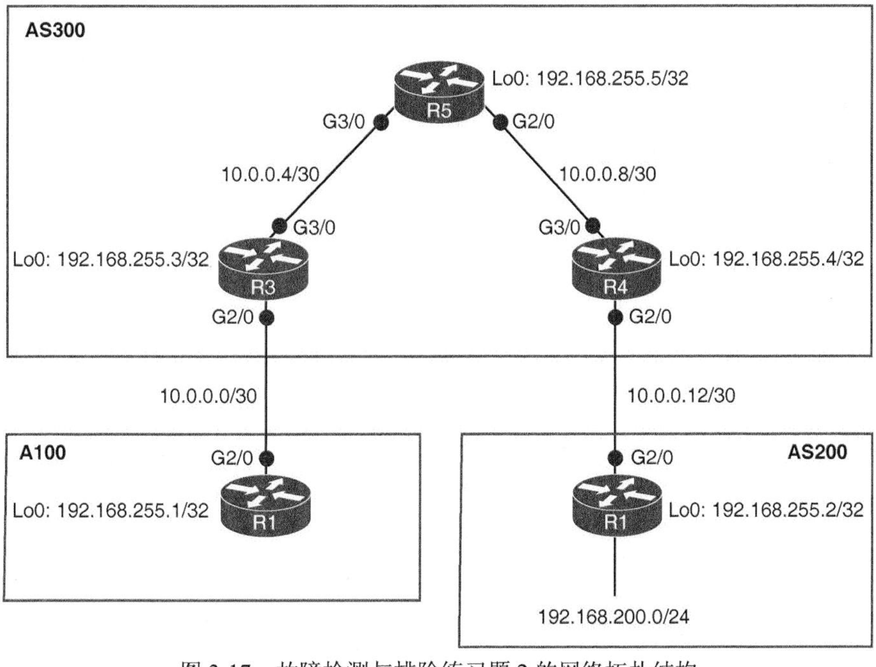

图 3-17 故障检测与排除练习题 2 的网络拓扑结构

例 3-63 ping 测试失败

```
R1#ping 192.168.200.2 so 192.168.255.1

Type escape sequence to abort.
Sending 5, 100-byte ICMP Echos to 192.168.200.2, timeout is 2 seconds:
Packet sent with a source address of 192.168.255.1
.....
Success rate is 0 percent (0/5)
R1#
```

例 3-64 路由器配置

```
R1
!
interface Loopback0
 ip address 192.168.255.1 255.255.255.255
!
interface GigabitEthernet2/0
 ip address 10.0.0.1 255.255.255.252
 negotiation auto
!
router bgp 100
 no synchronization
 bgp log-neighbor-changes
 network 192.168.255.1 mask 255.255.255.255
 neighbor 10.0.0.2 remote-as 300
 no auto-summary
!
```

```
R2
!
interface Loopback0
 ip address 192.168.255.2 255.255.255.255
!
interface FastEthernet0/0
 ip address 192.168.200.2 255.255.255.0
 duplex half
!
interface GigabitEthernet2/0
 ip address 10.0.0.14 255.255.255.252
 negotiation auto
!
router bgp 200
 no synchronization
 bgp log-neighbor-changes
 network 192.168.200.0
 network 192.168.255.2 mask 255.255.255.255
 neighbor 10.0.0.13 remote-as 300
 no auto-summary
!
```

```
R3
!
interface Loopback0
 ip address 192.168.255.3 255.255.255.255
!
interface GigabitEthernet2/0
 ip address 10.0.0.2 255.255.255.252
 negotiation auto
!
interface GigabitEthernet3/0
 ip address 10.0.0.5 255.255.255.252
 negotiation auto
!
router ospf 1
 log-adjacency-changes
```

（待续）

```
 network 10.0.0.5 0.0.0.0 area 0
 network 192.168.255.3 0.0.0.0 area 0
!
router bgp 300
 no synchronization
 bgp log-neighbor-changes
 neighbor 10.0.0.1 remote-as 100
 neighbor 192.168.255.4 remote-as 300
 neighbor 192.168.255.4 update-source Loopback0
 neighbor 192.168.255.4 next-hop-self
 neighbor 192.168.255.5 remote-as 300
 neighbor 192.168.255.5 update-source Loopback0
 neighbor 192.168.255.5 next-hop-self
 no auto-summary
!
```

R4

```
!
interface Loopback0
 ip address 192.168.255.4 255.255.255.255
!
!
interface GigabitEthernet2/0
 ip address 10.0.0.13 255.255.255.252
 negotiation auto
!
interface GigabitEthernet3/0
 ip address 10.0.0.10 255.255.255.252
 negotiation auto
!
router ospf 1
 log-adjacency-changes
 network 10.0.0.10 0.0.0.0 area 0
 network 192.168.255.4 0.0.0.0 area 0
!
router bgp 300
 no synchronization
 bgp log-neighbor-changes
 neighbor 10.0.0.14 remote-as 200
 neighbor 192.168.255.3 remote-as 300
 neighbor 192.168.255.3 update-source Loopback0
 neighbor 192.168.255.3 next-hop-self
 neighbor 192.168.255.5 remote-as 300
 neighbor 192.168.255.5 update-source Loopback0
 neighbor 192.168.255.5 next-hop-self
 no auto-summary
!
```

R5

```
!
interface Loopback0
 ip address 192.168.255.5 255.255.255.255
!
interface GigabitEthernet2/0
 ip address 10.0.0.9 255.255.255.252
 negotiation auto
!
interface GigabitEthernet3/0
 ip address 10.0.0.6 255.255.255.252
 negotiation auto
!
router ospf 1
 log-adjacency-changes
 network 10.0.0.6 0.0.0.0 area 0
 network 10.0.0.9 0.0.0.0 area 0
 network 192.168.255.5 0.0.0.0 area 0
!
```

（待续）

```
router bgp 300
 synchronization
 bgp log-neighbor-changes
 neighbor 192.168.255.3 remote-as 300
 neighbor 192.168.255.3 update-source Loopback0
 neighbor 192.168.255.4 remote-as 300
 neighbor 192.168.255.4 update-source Loopback0
 no auto-summary
!
```

例 3-65 **show ip route** 和 **show ip bgp** 命令输出结果

```
R1#sh ip route
Codes: C - connected, S - static, R - RIP, M - mobile, B - BGP
       D - EIGRP, EX - EIGRP external, O - OSPF, IA - OSPF inter area
       N1 - OSPF NSSA external type 1, N2 - OSPF NSSA external type 2
       E1 - OSPF external type 1, E2 - OSPF external type 2
       i - IS-IS, su - IS-IS summary, L1 - IS-IS level-1, L2 - IS-IS level-2
       ia - IS-IS inter area, * - candidate default, U - per-user static route
       o - ODR, P - periodic downloaded static route

Gateway of last resort is not set

B    192.168.200.0/24 [20/0] via 10.0.0.2, 00:09:51
     10.0.0.0/30 is subnetted, 1 subnets
C       10.0.0.0 is directly connected, GigabitEthernet2/0
     192.168.255.0/32 is subnetted, 2 subnets
B       192.168.255.2 [20/0] via 10.0.0.2, 00:09:51
C       192.168.255.1 is directly connected, Loopback0
R1#
R1#sh ip bgp
BGP table version is 4, local router ID is 192.168.255.1
Status codes: s suppressed, d damped, h history, * valid, > best, i - internal,
              r RIB-failure, S Stale
Origin codes: i - IGP, e - EGP, ? - incomplete

   Network          Next Hop            Metric LocPrf Weight Path
*> 192.168.200.0    10.0.0.2                               0 300 200 i
*> 192.168.255.1/32 0.0.0.0                  0         32768 i
*> 192.168.255.2/32 10.0.0.2                               0 300 200 i
R1#
```

```
R2#sh ip route
Codes: C - connected, S - static, R - RIP, M - mobile, B - BGP
       D - EIGRP, EX - EIGRP external, O - OSPF, IA - OSPF inter area
       N1 - OSPF NSSA external type 1, N2 - OSPF NSSA external type 2
       E1 - OSPF external type 1, E2 - OSPF external type 2
       i - IS-IS, su - IS-IS summary, L1 - IS-IS level-1, L2 - IS-IS level-2
       ia - IS-IS inter area, * - candidate default, U - per-user static route
       o - ODR, P - periodic downloaded static route

Gateway of last resort is not set

C    192.168.200.0/24 is directly connected, FastEthernet0/0
     10.0.0.0/30 is subnetted, 1 subnets
C       10.0.0.12 is directly connected, GigabitEthernet2/0
     192.168.255.0/32 is subnetted, 2 subnets
C       192.168.255.2 is directly connected, Loopback0
B       192.168.255.1 [20/0] via 10.0.0.13, 00:10:26

R2#sh ip bgp
BGP table version is 4, local router ID is 192.168.255.2
Status codes: s suppressed, d damped, h history, * valid, > best, i - internal,
              r RIB-failure, S Stale
Origin codes: i - IGP, e - EGP, ? - incomplete

   Network          Next Hop            Metric LocPrf Weight Path
*> 192.168.200.0    0.0.0.0                  0         32768 i
*> 192.168.255.1/32 10.0.0.13                              0 300 100 i
*> 192.168.255.2/32 0.0.0.0                  0         32768 i
```

（待续）

```
R2#
```

```
R3#sh ip route
Codes: C - connected, S - static, R - RIP, M - mobile, B - BGP
       D - EIGRP, EX - EIGRP external, O - OSPF, IA - OSPF inter area
       N1 - OSPF NSSA external type 1, N2 - OSPF NSSA external type 2
       E1 - OSPF external type 1, E2 - OSPF external type 2
       i - IS-IS, su - IS-IS summary, L1 - IS-IS level-1, L2 - IS-IS level-2
       ia - IS-IS inter area, * - candidate default, U - per-user static route
       o - ODR, P - periodic downloaded static route

Gateway of last resort is not set

B    192.168.200.0/24 [200/0] via 192.168.255.4, 00:11:01
     10.0.0.0/30 is subnetted, 3 subnets
O       10.0.0.8 [110/2] via 10.0.0.6, 00:15:01, GigabitEthernet3/0
C       10.0.0.0 is directly connected, GigabitEthernet2/0
C       10.0.0.4 is directly connected, GigabitEthernet3/0
     192.168.255.0/32 is subnetted, 5 subnets
O       192.168.255.5 [110/2] via 10.0.0.6, 00:15:01, GigabitEthernet3/0
O       192.168.255.4 [110/3] via 10.0.0.6, 00:15:01, GigabitEthernet3/0
C       192.168.255.3 is directly connected, Loopback0
B       192.168.255.2 [200/0] via 192.168.255.4, 00:11:01
B       192.168.255.1 [20/0] via 10.0.0.1, 00:22:31
R3#
R3#sh ip bgp
BGP table version is 4, local router ID is 192.168.255.2
Status codes: s suppressed, d damped, h history, * valid, > best, i - internal,
              r RIB-failure, S Stale
Origin codes: i - IGP, e - EGP, ? - incomplete

   Network          Next Hop            Metric LocPrf Weight Path
*>i192.168.200.0    192.168.255.4            0    100      0 200 i
*> 192.168.255.1/32 10.0.0.1                 0             0 100 i
*>i192.168.255.2/32 192.168.255.4            0    100      0 200 i
R3#
```

```
R4#sh ip route
Codes: C - connected, S - static, R - RIP, M - mobile, B - BGP
       D - EIGRP, EX - EIGRP external, O - OSPF, IA - OSPF inter area
       N1 - OSPF NSSA external type 1, N2 - OSPF NSSA external type 2
       E1 - OSPF external type 1, E2 - OSPF external type 2
       i - IS-IS, su - IS-IS summary, L1 - IS-IS level-1, L2 - IS-IS level-2
       ia - IS-IS inter area, * - candidate default, U - per-user static route
       o - ODR, P - periodic downloaded static route

Gateway of last resort is not set

B    192.168.200.0/24 [20/0] via 10.0.0.14, 00:23:06
     10.0.0.0/30 is subnetted, 3 subnets
C       10.0.0.8 is directly connected, GigabitEthernet3/0
C       10.0.0.12 is directly connected, GigabitEthernet2/0
O       10.0.0.4 [110/2] via 10.0.0.9, 00:16:41, GigabitEthernet3/0
     192.168.255.0/32 is subnetted, 5 subnets
O       192.168.255.5 [110/2] via 10.0.0.9, 00:16:31, GigabitEthernet3/0
C       192.168.255.4 is directly connected, Loopback0
O       192.168.255.3 [110/3] via 10.0.0.9, 00:11:52, GigabitEthernet3/0
B       192.168.255.2 [20/0] via 10.0.0.14, 00:23:06
B       192.168.255.1 [200/0] via 192.168.255.3, 00:11:34
R4#
R4#sh ip bgp
BGP table version is 4, local router ID is 192.168.255.4
Status codes: s suppressed, d damped, h history, * valid, > best, i - internal,
              r RIB-failure, S Stale
Origin codes: i - IGP, e - EGP, ? - incomplete

   Network          Next Hop            Metric LocPrf Weight Path
```

（待续）

```
*> 192.168.200.0    10.0.0.14                0             0 200 i
*>i192.168.255.1/32 192.168.255.3            0    100      0 100 i
*> 192.168.255.2/32 10.0.0.14                0             0 200 i
R4#
```

```
R5#sh ip route
Codes: C - connected, S - static, R - RIP, M - mobile, B - BGP
       D - EIGRP, EX - EIGRP external, O - OSPF, IA - OSPF inter area
       N1 - OSPF NSSA external type 1, N2 - OSPF NSSA external type 2
       E1 - OSPF external type 1, E2 - OSPF external type 2
       i - IS-IS, su - IS-IS summary, L1 - IS-IS level-1, L2 - IS-IS level-2
       ia - IS-IS inter area, * - candidate default, U - per-user static route
       o - ODR, P - periodic downloaded static route

Gateway of last resort is not set

     10.0.0.0/30 is subnetted, 2 subnets
C       10.0.0.8 is directly connected, GigabitEthernet2/0
C       10.0.0.4 is directly connected, GigabitEthernet3/0
     192.168.255.0/32 is subnetted, 3 subnets
C       192.168.255.5 is directly connected, Loopback0
O       192.168.255.4 [110/2] via 10.0.0.10, 00:18:03, GigabitEthernet2/0
O       192.168.255.3 [110/2] via 10.0.0.5, 00:12:25, GigabitEthernet3/0
R5#
R5#sh ip bgp
BGP table version is 1, local router ID is 192.168.255.5
Status codes: s suppressed, d damped, h history, * valid, > best, i - internal,
              r RIB-failure, S Stale
Origin codes: i - IGP, e - EGP, ? - incomplete

   Network          Next Hop            Metric LocPrf Weight Path
* i192.168.200.0    192.168.255.4            0    100      0 200 i
* i192.168.255.1/32 192.168.255.3            0    100      0 100 i
* i192.168.255.2/32 192.168.255.4            0    100      0 200 i
R5#
```

第 4 章

BGP 与路由策略

没有任何一种路由协议能够像 BGP 那样，拥有大量实施路由策略的工具和属性，正是这些策略能力使得 BGP 足够强大，但是如果使用不当，也同样会给自己的网络（甚至其他网络）造成严重损害。本章将深入讨论 BGP 的策略工具，说明如何正确使用这些工具以及出现问题后如何进行故障检测与排除操作。

韦伯斯特大字典将“策略”一词定义为“从各种可选方案中选定行动过程或行动方法，并根据给定条件指导和确定当前以及未来的决策”，这种通用性定义可以很好的解释路由策略，路由策略指的是：

- 一组选择去往目的端的路由的规则；
- 有多条可选路由可以到达目的端；
- 用于遵循更大范围内的网络行为目标。

每种路由协议（不仅仅是 BGP）都拥有一套在多个去往相同目的端的可选路径中选择“最佳路径”的规则集，因而前两条定义的只是路由协议的常规决策进程，而最后一条则区分了路由策略：定义一组规则，通过某种方式修改路由协议的决策进程，从而实现期望的网络行为。

可以从口头上将路由策略表达为“我希望路由器 A（例如）将数据包转发给目的端 X、Y 和 Z 时始终优选经由自治系统 1 的路径”。

将上面的策略表述转化为路由协议能够理解的内容需要利用某种合适的工具来识别路由的特征并在做出肯定识别的时候执行一定的操作，大家可能对这类工具已经比较熟悉：访问列表指定某种匹配条件（如数据包的目的地址）并在匹配后执行某种操作（如允许或拒绝）。路由策略工具的工作方式大都比较相似，只是在应用于路由（而不是数据包）的匹配条件和操作行为上有所区别。

目前可用的 BGP 策略设置工具主要有：

- 前缀列表和分发列表，用于过滤单个 NLRI；
- AS_APTH 列表，用于过滤路由的 AS_PATH 属性（而不是 NLRI）；
- 正则表达式，可以为某些工具提供灵活、强大的模式匹配能力；
- 路由映射，可以实现复杂的策略组合。

与上述策略工具结合使用的就是被称为 BGP 路径属性的大量特征，BGP 决策进程可以在选择去往目的端的最佳路径时加以评估。有些路径属性属于强制属性，每条 BGP 路由都必须携带这些属性，有些路径属性则属于可选属性，BGP 路由可以在需要时携带这些属性。

强制性路径属性（AS_PATH、NEXT_HOP 和 ORIGIN）已经在前面的章节中讨论过了，第 3 章也介绍了一些可选属性，如与路由聚合相关的 ATOMIC_AGGREGATE 和 AGGREGATOR，同时还提到了用于策略扩展的 COMMUNITIES 属性[1]。此外，前面的章节（特别是第 3 章）还介绍了一些简单的路由策略配置方式。

本章将继续讨论强制属性（特别是 AS_PATH）的使用方式，因为这些路径属性可以解释策略工具的很多应用方式。此外，本章还将介绍另外两种可选属性（LOCAL_PROF 和 MED）以及 Cisco 专有属性 WEIGHT，这些属性的作用是表达某条路由相对于其他路由的相对优先级。

不过在介绍策略工具或路径属性之前，必须首先理解路由器将策略配置应用于 BGP 可达性信息的方式以及在 BGP 邻居之间管理策略配置变更的方式。

4.1 策略与 BGP 数据库

2.2.4 节曾经说过，BGP RIB（Routing Information Base，路由信息库）可以分为以下三个部分。

- **Adj-RIBs-In**：存储了从对等体学到的路由更新中未经处理的路由信息，Adj-RIBs-In 中的路由被认为是可行路由。
- **Loc-RIB**：包含了 BGP 发话路由器对 Adj-RIBs-In 中的路由应用本地路由策略之后选定的路由。
- **Adj-RIBs-Out**：包含了 BGP 发话路由器在 BGP Update 消息中宣告给对等体的路由。出站路由策略决定将哪些路由放到 Adj-RIBs-Out 中。

图 4-1 解释了这三个数据库之间的相互关系以及它们与 BGP 决策进程之间的关系，从邻居的 BGP Update 消息中收到的所有“原始”BGP 路由都将进入 Adj-RIBs-In 数据库，经过 BGP 决策进程的处理之后，选择结果将进入 Loc-RIB 数据库。

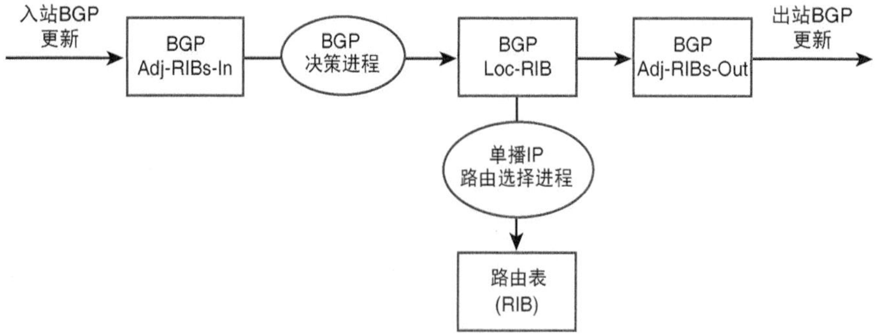

图 4-1 将 BGP RIB 划分为 3 个部分对于策略应用来说必不可少

Loc-RIB 中的信息使用方式有两种。首先由本地单播 IP 路由选择进程进行评估，该进程不仅查看 BGP Loc-RIB 中的路由，而且还查看通过其他单播 IP 路由协议学到的路由、本地配置的静态路由以及通过本地子网连接学到的路由，因而如果 BGP Loc-RIB 中有一条去往指定目的端的路由，同时还有一条通过其他路由协议学到的路由也去往同一目的端，那么路由选择进程就会使用分配给不同路由协议的管理距离来确定最终的路由选择，然后再将选定的路由添加到本地路由器的路由表（更正式的说法是 RIB）中。

---

1 关于 COMMUNITIES 属性的详细内容请参阅第 5 章关于 BGP 扩展的相关小节。

例 4-1[2]显示了 BGP 表中被标记为 RIB-failure 的路由信息，该状态表示路由有效但单播 IP 路由选择进程并没有将该路由安装到路由表中。**show ip bgp rib-failure** 命令的输出结果（见例 4-2）显示了 RIB-failure 状态的原因："Higher admin distance（管理距离较大）"，表明该路由的管理距离比去往同一目的端的其他路由大。

例 4-1 如果路由有效，但 IP 单播路由选择进程从 BGP 之外的其他进程选择了去往目的端的路由，那么该路由将在 BGP 表中被标记"RIB-failure"状态代码

```
Vail#show ip bgp
BGP table version is 1129, local router ID is 192.168.1.226
Status codes: s suppressed, d damped, h history, * valid, > best, i - internal,
              r RIB-failure, S Stale
Origin codes: i - IGP, e - EGP, ? - incomplete

   Network          Next Hop            Metric LocPrf Weight Path
*> 192.168.1.0      192.168.1.225        28160             0 200 ?
*> 192.168.1.216/30 192.168.1.225            0             0 200 ?
r> 192.168.1.224/30 192.168.1.225            0             0 200 ?
*> 192.168.100.0    192.168.1.225            0             0 200 ?
*> 192.168.172.0/22 192.168.1.225        30720             0 200 ?
*> 192.168.200.0    192.168.1.225        30720             0 200 ?
```

例 4-2 BGP 表项 192.168.1.224/30 未能进入路由表（RIB）的原因是为路由表（RIB）选择了去往同一目的端但管理距离较小的其他路由

```
Vail#show ip bgp rib-failure
Network            Next Hop                      RIB-failure  RIB-NH Matches
192.168.1.224/30   192.168.1.225        Higher admin distance             n/a
```

除了为本地路由表提供信息，Loc-RIB 还会将自己的路由发送给 ADj-RIBs-Out 数据库，路由器利用 ADj-RIBs-Out 数据库中的路由构造发送给 BGP 对等体的 BGP Update 消息。如果仅看图 4-1，那么 ADj-RIBs-Out 似乎并非必不可少，为何不直接利用 Loc-RIB 构造发送给对等体的 Update 消息呢？

图 4-2 解释了使用 ADj-RIBs-Out 的原因。这是因为配置了出站 BGP 路由策略之后，Loc-RIB 中的路由在被添加到 ADj-RIBs-Out 之前会修改这些路由。与此相似，入站 BGP 路由策略会在 Adj-RIBs-In 中的路由提交给 BGP 决策进程之前修改这些路由。

下面将通过一个简单示例来说明入站策略与出站策略之间的作用关系以及对 BGP 行为的影响。在此之前有必要重温一下 BGP 决策进程[3]。

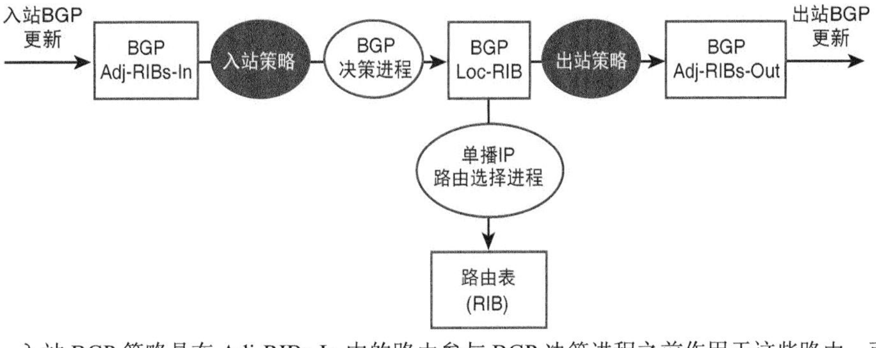

图 4-2 入站 BGP 策略是在 Adj-RIBs-In 中的路由参与 BGP 决策进程之前作用于这些路由，而出站 BGP 策略则在 Loc-RIB 中的路由进入 Adj-RIBs-Out（宣告给对等体）之前作用于这些路由

2 例 4-1 和例 4-2 是例 3-9 和例 3-13 的重复。

3 如果大家对第 2 章介绍过的 IOS BGP 决策进程还不熟悉，那么现在就是熟悉的好时候。只有真正理解了 BGP 决策进程，才能更好地理解本章路由策略示例展示的部署效果。

1. 优选权重最大的路由。如前所述，这是 IOS 专有功能。
2. 如果权重相同，则优选 LOCAL_PREF 值最大的路由。
3. 如果 LOCAL_PREF 值相等，则优选该路由器本地发起的路由，也就是说，优选学自 IGP 的路由或同一台路由器上的直连路由。
4. 如果LOCAL_PREF值相等且没有本地发起的路由，那么就优选AS_PATH最短的路由。
5. 如果 AS_PATH 长度相等，那么就优选 ORIGIN 代码最小的路径，IGP 小于 EGP，EGP 小于 Incomplete（不完全）。
6. 如果 ORIGIN 代码相同，那么就优选 MED（MULTI_EXIT_DISC）值最小的路由。仅当所有备选路由的 AS 号均相同时才比较 MED 值[4]。
7. 如果 MED 相同，那么就优选 EBGP 路由，次选联盟 EBGP 路由，最后选择 IBGP 路由。
8. 如果此时的路由仍相同，那么就优选到达 BGP NEXT_HOP 路径最短的路由，该路由是到达下一跳地址的路由中 IGP 度量最小的路由。
9. 如果此时的路由仍相同，且这些路由均来自同一个邻接 AS，并通过命令 **maximum-paths** 启用了 BGP 多路径功能，那么就在 Loc-RIB 中安装所有等价路由。
10. 如果没有启用多路径功能，那么就优选 BGP 路由器 ID 最小的路由。如果使用了路由反射机制（见第 5 章），那么就优选 ORIGINATOR_ID 最小的路由。
11. 如果此时的路由仍相同且使用了路由反射机制，那么就优选 CLUSTER_LIST 最短的路由。
12. 如果此时的路由仍相同，那么就优选 IP 地址最小的邻居宣告来的路由。

图 4-3 中的 AS500 正在向 AS100 和 AS200 中的对等体宣告前缀 10.1.1.0/24，这两台路由器都将该前缀宣告给了 AS300 中的 Eldora，Eldora 又将这两条路由安装到自己的 Adj-RIBs-In

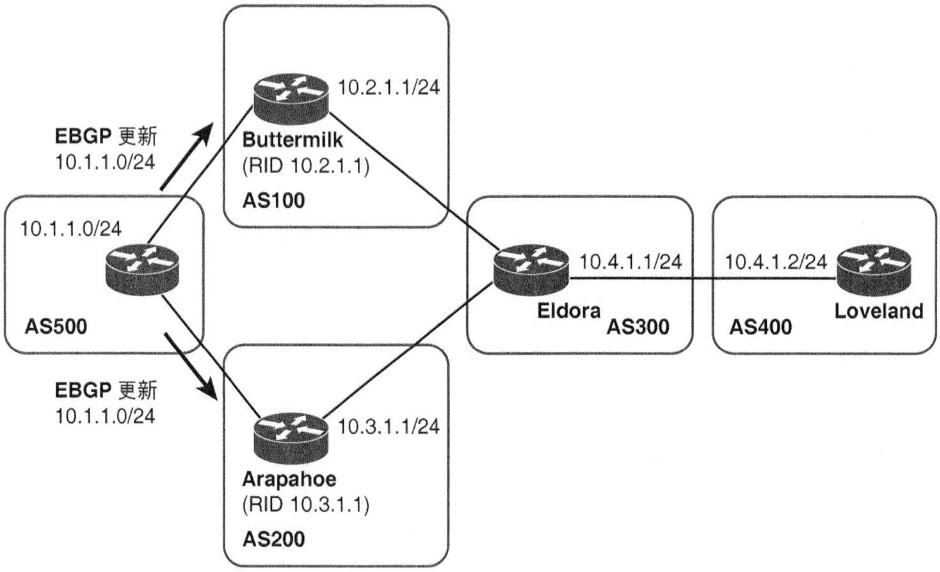

图 4-3 Eldora 经 AS100 和 AS200 去往 10.1.1.0/24 的路径相等

4 IOS 为默认 MED 行为提供了两种替代方案：**bgp deterministic-med** 和 **bgp alwayscompare-med**，有关这些替代方案的详细内容请参阅第 3 章。

中[5]，之后的决策进程需要评估这两条路由。这两条路由在第 10 步之前的所有属性均相等，由于 AS100 中的路由器（Buttermilk）的 RID 是 10.2.1.1，AS200 中的路由器（Arapahoe）是 10.3.1.1，因而决策进程将经由 AS100 的路由选定为“最佳”路由（见例 4-3），并安装到本地路由表中（见例 4-4）。

例 4-3 Eldora 的 BGP 决策进程发现去往 10.1.1.0 的两条路由在比较宣告路由器的 RID 之前均相等，最终选择 RID 较小（10.2.1.1）的对等体宣告的路由

```
Eldora#show ip bgp 10.1.1.0
BGP routing table entry for 10.1.1.0/24, version 2
Paths: (2 available, best #2, table Default-IP-Routing-Table)
  Advertised to update-groups:
      1
  200 500
    10.3.1.1 from 10.3.1.1 (10.3.1.1)
      Origin IGP, metric 0, localpref 100, valid, external
  100 500
    10.2.1.1 from 10.2.1.1 (10.2.1.1)
      Origin IGP, metric 0, localpref 100, valid, external, best
Eldora#
```

例 4-4 由于没有其他管理距离较小的协议或进程拥有去往 10.1.1.0/24 的路由，因而将 BGP Loc-RIB 中的 BGP 路由安装到路由表中

```
Eldora#show ip route
Codes: C - connected, S - static, R - RIP, M - mobile, B - BGP
       D - EIGRP, EX - EIGRP external, O - OSPF, IA - OSPF inter area
       N1 - OSPF NSSA external type 1, N2 - OSPF NSSA external type 2
       E1 - OSPF external type 1, E2 - OSPF external type 2
       i - IS-IS, su - IS-IS summary, L1 - IS-IS level-1, L2 - IS-IS level-2
       ia - IS-IS inter area, * - candidate default, U - per-user static route
       o - ODR, P - periodic downloaded static route

Gateway of last resort is not set

     10.0.0.0/24 is subnetted, 4 subnets
C       10.3.1.0 is directly connected, Serial1/1
C       10.2.1.0 is directly connected, Serial1/0
B       10.1.1.0 [20/0] via 10.2.1.1, 01:50:53
C       10.4.1.0 is directly connected, Serial1/2
Eldora#
```

由于已经将经由 Buttermilk（10.2.1.1）的路由选为最佳路由并在 Loc-RIB 中进行了标记，因而将该路由添加到 Adj-RIBs-Out 中并宣告给 Loveland（见例 4-5）。虽然根据 EBGP NEXT_HOP 规则，Loveland 的 BGP 表中该路由的下一跳是 Eldora（10.4.1.1），但需要注意的是，AS_PATH 穿越的是 AS100，而不是 AS200。

例 4-5 Eldora 仅向 Loveland 宣告来自 Buttermilk 的路由（AS_PATH 500, 100, 300）

```
Loveland#show ip bgp
BGP table version is 2, local router ID is 10.4.1.2
Status codes: s suppressed, d damped, h history, * valid, > best, i - internal,
              r RIB-failure, S Stale
Origin codes: i - IGP, e - EGP, ? - incomplete

   Network          Next Hop            Metric LocPrf Weight Path
*> 10.1.1.0/24      10.4.1.1                               0 300 100 500 i
Loveland#
```

5 该描述遵循 BGP 通用模型，不过如下节所述，实际的 IOS BGP 实现显得更加抽象。

路由器会在默认情况下建立 BGP 的行为基线，此时可以加入一些策略以观察这些默认行为的变化情况。例 4-6 给出了在 Eldora 上配置的一个非常简单的路由映射示例，将所有匹配路由的 ORIGIN 属性设置为 Incomplete，然后再将该路由映射作为入站策略应用到与 Buttermilk（邻居 10.2.1.1）之间的会话上。

例 4-6 Eldora 被配置为将接收自邻居 10.2.1.1 的所有路由的 ORIGIN 属性均设置为“Incomplete”

```
router bgp 300
 no synchronization
 bgp log-neighbor-changes
 neighbor 10.2.1.1 remote-as 100
 neighbor 10.2.1.1 route-map origin in
 neighbor 10.3.1.1 remote-as 200
 neighbor 10.4.1.2 remote-as 400
 no auto-summary
!
route-map origin permit 10
 set origin incomplete
!
```

根据 BGP 决策进程的第 5 步（比较 ORIGIN 属性），ORIGIN 代码 IGP 优于 Incomplete，通过将接收自 Buttermilk 的路由的 ORIGIN 代码更改为 Incomplete，就可以让来自 Arapahoe（邻居 10.3.1.1）的路由（其 ORIGIN 代码为 IGP）成为最佳路由（见例 4-7）。优于来自 Arapahoe 的路由以优选路由的方式进入 BGP 表，因而该路由将进入路由表（见例 4-8），并被宣告给 Loveland（见例 4-9）。

例 4-7 Eldora 选择邻居 10.3.1.1 宣告的路由（因为该路由的 ORIGIN 代码优于邻居 10.2.1.1 宣告的路由）

```
Eldora#show ip bgp
BGP table version is 2, local router ID is 10.4.1.1
Status codes: s suppressed, d damped, h history, * valid, > best, i - internal,
              r RIB-failure, S Stale
Origin codes: i - IGP, e - EGP, ? - incomplete

   Network          Next Hop            Metric LocPrf Weight Path
*> 10.1.1.0/24      10.3.1.1                 0             0 200 500 i
*                   10.2.1.1                 0             0 100 500 ?
Eldora#
```

例 4-8 来自 10.3.1.1 的路由进入 Eldora 的路由表

```
Eldora#show ip route
Codes: C - connected, S - static, R - RIP, M - mobile, B - BGP
       D - EIGRP, EX - EIGRP external, O - OSPF, IA - OSPF inter area
       N1 - OSPF NSSA external type 1, N2 - OSPF NSSA external type 2
       E1 - OSPF external type 1, E2 - OSPF external type 2
       i - IS-IS, su - IS-IS summary, L1 - IS-IS level-1, L2 - IS-IS level-2
       ia - IS-IS inter area, * - candidate default, U - per-user static route
       o - ODR, P - periodic downloaded static route

Gateway of last resort is not set

     10.0.0.0/24 is subnetted, 4 subnets
C       10.3.1.0 is directly connected, Serial1/1
C       10.2.1.0 is directly connected, Serial1/0
B       10.1.1.0 [20/0] via 10.3.1.1, 02:32:45
C       10.4.1.0 is directly connected, Serial1/2
Eldora#
```

例 4-9 来自 10.3.1.1 的路由进入 Eldora 的 Adj-RIBs-Out 并被宣告给 Loveland（从 AS_PATH 穿越 AS200 可以看出）

```
Loveland#show ip bgp
BGP table version is 4, local router ID is 10.4.1.2
Status codes: s suppressed, d damped, h history, * valid, > best, i - internal,
              r RIB-failure, S Stale
Origin codes: i - IGP, e - EGP, ? - incomplete

   Network          Next Hop            Metric LocPrf Weight Path
*> 10.1.1.0/24      10.4.1.1                               0 300 200 500 i
Loveland#
```

虽然例 4-10 也使用了相同的路由映射，但目前作为出站策略（从关键字 **out** 可以看出）应用于 Loveland 邻居，该策略更改了来自 Loc-RIB 的路由的 ORIGIN 属性并将其添加到 Adj-RIBs-Out 中，但仅限于将要宣告给 Loveland 的路由。

例 4-10 Eldora 被配置被将所有宣告给邻居 10.4.1.2 的路由的 ORIGIN 属性均设置为 Incomplete

```
router bgp 300
 no synchronization
 bgp log-neighbor-changes
 neighbor 10.2.1.



'Code of the Route to 10.1.1.0 is "IGP" in Eldora's BGP Table
```

从 Eldora 的 BGP 表（见例 4-11）可以看出，来自 Buttermilk（10.2.1.1）的路由又成为了最佳路由，这是因为出站策略并没有影响入站路由。虽然该路由也宣告给了 Loveland，但需要注意的是，虽然 Eldora 的 BGP 表中该路由的 ORIGIN 属性是 IGP，但是在 Loveland 的 BGP 表中（见例 4-12），该路由的 ORIGIN 属性却是 Incomplete。例中的 **show ip bgp** 命令显示了出站策略发生作用之前的 Loc-RIB 的内容。

例 4-11 Eldora 的 BGP 表中去往 10.1.1.0 的路由的 ORIGIN 属性为 IGP

```
Eldora#show ip bgp
BGP table version is 2, local router ID is 10.4.1.1
Status codes: s suppressed, d damped, h history, * valid, > best, i - internal,
              r RIB-failure, S Stale
Origin codes: i - IGP, e - EGP, ? - incomplete

   Network          Next Hop            Metric LocPrf Weight Path
*  10.1.1.0/24      10.3.1.1                 0             0 200 500 i
*>                  10.2.1.1                 0             0 100 500 i
Eldora#
```

例 4-12 Loveland 的 BGP 表中去往 10.1.1.0 的路由的 ORIGIN 属性为 Incomplete

```
Loveland#show ip bgp
BGP table version is 7, local router ID is 10.4.1.2
Status codes: s suppressed, d damped, h history, * valid, > best, i - internal,
              r RIB-failure, S Stale
Origin codes: i - IGP, e - EGP, ? - incomplete

   Network          Next Hop            Metric LocPrf Weight Path
*> 10.1.1.0/24      10.4.1.1                               0 300 100 500 ?
Loveland#
```

在接收端对等体的 BGP 表中检查出站策略的更改结果可能并不是一种最好的方法，虽然例 4-12 没有问题，但如果 Loveland 配置了一个入站路由策略，将来自 Eldora 的路由提交给决策进程之前再次以某种方式进行了修改，那么会怎么样呢？或者说如果 Loveland 从其他邻居收到了另一条去往相同目的端的路由，并且决策进程选择了该路由，而没有选择来自 Eldora 的路由，那么会怎么样呢？此时 Loveland 的 BGP 表中最终的表项内容可能与期望值不同，也可能根本就没有。

如果仅仅希望查看宣告给邻居的是哪些路由，那么就可以使用 **show ip bgp neighbor advertised-routes** 命令，例 4-13 显示了在 Eldora 上运行该命令的输出结果，可以看到 Eldora 宣告给 Loveland（10.4.1.2）的路由信息。不过需要注意的是，此时的 ORIGIN 代码是 IGP。从例 4-12 的输出结果可以看出，例 4-10 配置的策略工作正常，因而很明显该命令显示了策略生效之前宣告给邻居的路由信息。与此相似，此时的下一跳仍然是 10.2.1.1，并没有更改为 Eldora 的出站接口地址。

例 4-13 **show ip bgp neighbor advertised-routes** 命令的输出结果显示了将要宣告给指定邻居的路由信息，但没有显示出站策略的运用效果，此时在例 4-10 中配置的策略还没有将 ORIGIN 代码从 IGP 更改为 Incomplete

```
Eldora#show ip bgp neighbor 10.4.1.2 advertised-routes
BGP table version is 2, local router ID is 10.4.1.1
Status codes: s suppressed, d damped, h history, * valid, > best, i - internal,
              r RIB-failure, S Stale
Origin codes: i - IGP, e - EGP, ? - incomplete

   Network          Next Hop            Metric LocPrf Weight Path
*> 10.1.1.0/24      10.2.1.1                 0             0 100 500 i

Total number of prefixes 1
```

如果要确定应用于指定邻居的策略情况，可以使用 **show ip bgp neighbor policy** 命令（见例 4-14）。需要注意的是，由于本书的配置示例都比较简单，大家可以很容易地阅读这些配置文件并理解所配置的路由策略，但实际的 IOS BGP 配置通常包含很多邻居的很多策略，此时该命令对于辨认路由策略对来/去指定邻居的路由的影响情况就非常有用。

例 4-14 **show ip bgp neighbor policy** 命令可以显示应用于指定邻居的入站和出站策略

```
Eldora#show ip bgp neighbor 10.4.1.2 policy detail
 Neighbor: 10.4.1.2, Address-Family: IPv4 Unicast
 Locally configured policies:
  route-map origin out

 Neighbor: 10.4.1.2, Address-Family: IPv4 Unicast <detail>
 Locally configured policies:
  route-map origin out
route-map origin, permit, sequence 10
  Match clauses:
  Set clauses:
    origin incomplete
  Policy routing matches: 0 packets, 0 bytes

Eldora#
```

如果 **show ip bgp neighbor advertised-routes** 命令显示了宣告给邻居的路由，那么是否有命令可以显示从邻居宣告来的路由呢？即使例 4-15 中的命令（**show ip bgp neighbor received-routes**）显示的是非期望结果，但答案是肯定的，该命令的输出结果没有显示来自指定邻居的路由，但是说明了该邻居“inbound soft reconfiguration is not enabled”（未启用入站软重配置特性）。

例 4-15 如果启用了入站软重配特性，那么 **show ip bgp neighbor advertised-routes** 命令就可以显示从邻居接收到的路由

```
Eldora#show ip bgp neighbor 10.2.1.1 received-routes
% Inbound soft reconfiguration not enabled on 10.2.1.1
Eldora#
```

从例 4-13 和例 4-15 的输出结果可以看出，虽然图 4-2 的理论流程结构对于理解路由策略与进出 BGP 决策进程的信息流之间的作用方式很有用，但理解单个路由器厂商实现 BGP 的方式也同样非常重要，下一节将详细讨论 IOS 的 BGP 实现情况。

4.2 IOS BGP 实现

虽然图 4-1 和图 4-2 从通用流程上解释了入站/出站策略与信息流之间的作用方式，但并没有解释这些信息流的实际发生方式或管理方式，这些都取决于各个实现者具体的软件结构创建方式，不仅要遵循 BGP 标准，而且还要与其他 BGP 实现保持互操作，并尽可能提高运行效率。

例如，对于实际的 BGP 实现来说，一般不可能将 Adj-RIBs-In、Loc-RIB 以及 Adj-RIBs-Out 设置为三个完全独立的数据库，通常是在单个数据库中利用标记来说明数据库中各种信息的归属关系，甚至 Adj-RIBs-In 和 Adj-RIBs-Out 都可能只是一种临时性的队列，而不是永久性的数据库，这样能够极大地降低路由器在 BGP 方面的内存需求。

4.2.1 InQ 与 OutQ

大家已经在第 3 章的大量示例中看到了 IOS 的 BGP 表，这种 BGP 表实际上就是 IOS 的 Loc-RIB 实现。IOS 不使用 Adj-RIBs-In 和 Adj-RIBs-Out，而是使用被称为 InQ 和 OutQ 的队列（每个邻居一个），IOS 利用这些队列保存路由，直至宣告这些路由[6]。如例 4-16 所示，三个邻居的 InQ 和 OutQ 都是空队列，这就是 IOS BGP 处于稳定状态的典型形态，此时没有发送或收到任何路由。虽然大家偶尔会在 InQ 和 OutQ 中看到一些前缀，但只要输出结果中这些列的数值不为零，那么就表明网络处于某种不稳定状态。例如，例 4-17 显示了 Oregon Exchange 路由服务器的 **show ip bgp summary** 输出结果[7]。虽然该路由服务器连接了 43 个邻居并从这些邻居接收 Internet 全路由，但输出结果显示该路由器没有任何排队前缀。

例 4-16 IOS BGP 实现中的 InQ 和 OutQ 实际上就是 Adj-RIBs-In 和 Adj-RIBs-Out 的临时版本，也就是说，发送给邻居或从邻居接收到的路由都进行临时排队，而不是记录到入站或出站数据库中

```
Eldora#show ip bgp summary
BGP router identifier 10.4.1.1, local AS number 300
BGP table version is 2, main routing table version 2
```

（待续）

6 如果配置了 **neighbor soft-reconfiguration inbound** 语句，那么就会出现例外，因为此时会启用 Adj-RIBs-In 的 IOS 版本。有关该选项的使用方式将在下一节进行讨论。

7 通过 Telnet 方式登录 route-views.oregon-ix.net。

```
1 network entries using 120 bytes of memory
2 path entries using 104 bytes of memory
3/1 BGP path/bestpath attribute entries using 372 bytes of memory
2 BGP AS-PATH entries using 48 bytes of memory
0 BGP route-map cache entries using 0 bytes of memory
0 BGP filter-list cache entries using 0 bytes of memory
Bitfield cache entries: current 1 (at peak 1) using 32 bytes of memory
BGP using 676 total bytes of memory
BGP activity 1/0 prefixes, 2/0 paths, scan interval 60 secs

Neighbor        V    AS MsgRcvd MsgSent   TblVer  InQ OutQ Up/Down  State/PfxRcd
10.2.1.1        4   100       5       5        2    0    0 00:00:47        1
10.3.1.1        4   200       5       5        2    0    0 00:00:19        1
10.4.1.2        4   400       4       5        2    0    0 00:00:14        0
Eldora#
```

例 4-17　InQ 和 OutQ 在正常情况下应该均为空，除非网络处于不稳定状态。本例中的路由器虽然从 43 个邻居接收 Internet 全路由，但其 InQ 和 OutQ 队列仍然为空

```
route-views.oregon-ix.net>show ip bgp summary
BGP router identifier 198.32.162.100, local AS number 6447
BGP table version is 14911492, main routing table version 14911492
298165 network entries using 39357780 bytes of memory
8873171 path entries using 461404892 bytes of memory
1461075/54952 BGP path/bestpath attribute entries using 216239100 bytes of memory
1259136 BGP AS-PATH entries using 33839670 bytes of memory
24180 BGP community entries using 1717302 bytes of memory
26 BGP extended community entries using 882 bytes of memory
0 BGP route-map cache entries using 0 bytes of memory
0 BGP filter-list cache entries using 0 bytes of memory
BGP using 752559626 total bytes of memory
Dampening enabled. 2689 history paths, 13311 dampened paths
BGP activity 499245/195133 prefixes, 53977128/45082898 paths, scan interval 60 secs

Neighbor        V    AS MsgRcvd MsgSent   TblVer  InQ OutQ Up/Down  State/PfxRcd
4.69.184.193    4  3356 2026273   46235 14911493    0    0 1w6d       273991
12.0.1.63       4  7018 3606393   43403 14911493    0    0 4w5d       274811
64.71.255.61    4   812 4328756   71870 14911493    0    0 4d11h      275172
64.125.0.137    4  6461       0       0        0    0    0 never    Active
65.106.7.139    4  2828 2395239   71866 14911493    0    0 1w6d       277436
66.59.190.221   4  6539 2311776   71722 14911493    0    0 1w6d       275769
66.185.128.48   4  1668 2450491   68634 14911493    0    0 5d23h      276883
89.149.178.10   4  3257 3982094     449 14911493    0    0 5d22h      275085
114.31.199.1    4  4826  176045    4327 14911493    0    0 3d02h      278467
129.250.0.11    4  2914 6029121  141788 14911493    0    0 1w6d       275034
129.250.0.171   4  2914 6161875  141783 14911493    0    0 1d07h      275034
134.222.87.1    4   286 4665527     446 14911493    0    0 4w5d       275735
144.228.241.81  4  1239       0       0        0    0    0 never    Active
154.11.11.113   4   852 4194308   71820 14911493    0    0 5d23h      264445
154.11.98.225   4   852 3979914   71897 14911493    0    0 5d23h      264444
157.130.10.233  4   701 3488821  108254 14911493    0    0 1d07h      274310
164.128.32.11   4  3303 1445980   43403 14911493    0    0 4w5d       111574
192.203.116.253 4 22388  327289   43408 14911493    0    0 4w5d       12234
193.0.0.56      4  3333 7661277  141549 14911493    0    0 15:17:18   280499
193.251.245.6   4  5511 2799281   34566        0    0    0 1w3d     Active
194.85.4.55     4  3277 7214324   71914 14911493    0    0 15:17:20   279898
195.66.232.239  4  5459 2251224   43381 14911493    0    0 4w5d       184912
195.219.96.239  4  6453 3260525   43403 14911493    0    0 4w5d       274782
196.7.106.245   4  2905 2991282   71881 14911493    0    0 5d23h      274808
198.32.162.1    4  3582  147941  141794 14911493    0    0 4w5d            2
198.32.252.33   4 20080  130401   71868 14911493    0    0 11:29:54     5908
202.232.0.2     4  2497 3502275   43403 14911493    0    0 4w5d       275798
202.249.2.86    4  7500 2502215   71869 14911494    0    0 4d11h      280358
203.62.252.186  4  1221 2466972   43413 14911494    0    0 4w5d       279303
203.181.248.168 4  7660 2844825     450 14911494    0    0 2w5d       282005
205.189.32.44   4  6509  883836   21736 14911494    0    0 2w1d       12593
```

（待续）

```
206.24.210.100  4  3561 3635923   43427 14911494    0    0 4w5d        274670
207.45.223.244  4  6453 3098773   43403 14911494    0    0 4w5d        274484
207.46.32.34    4  8075 3822700  141794 14911494    0    0 4d11h       277726
207.172.6.1     4  6079 2952579   71868 14911494    0    0 1w6d        275205
207.172.6.20    4  6079 2425627   71868 14911494    0    0 4d11h       275205
208.51.134.254  4  3549 8534043     464 14911494    0    0 4w5d        275442
209.10.12.125   4  4513       0       0        0    0    0 never    Active
209.10.12.156   4  4513       0       0        0    0    0 never    Active
209.10.12.160   4  4513       0       0        0    0    0 never    Active
213.140.32.146  4 12956 8075293   71883 14911494    0    0 5d23h       275709
216.218.252.164 4  6939 4436507   71885 14911494    0    0 4d11h       276068
217.75.96.60    4 16150 4127817   43416 14911494    0    0 2w2d        274682
route-views.oregon-ix.net>
```

4.2.2 IOS BGP 进程

必须有专门的进程负责将信息移入和移出数据库并管理这些信息，如图 4-1 和图 4-2 所示，这些进程就是 BGP 决策进程和单播 IP 路由选择进程。

例 4-18 显示了 IOS BGP 实现的稳态进程信息。

- I/O（Input/Output，输入/输出）进程；
- Router（路由器）进程；
- Scanner（扫描器）进程；
- Event（事件）进程。

例 4-18 过滤并显示与 BGP 相关的所有进程信息的 **show processes cpu** 命令显示有四个处于运行状态的 BGP 进程

```
Eldora#show processes cpu | include BGP
 225          636         335        1898  0.08%  0.11%  0.12%  0 BGP Router
 226          120          75        1600  0.00%  0.04%  0.02%  0 BGP I/O
 227           92          10        9200  0.00%  0.07%  0.02%  0 BGP Scanner
 228            0           1           0  0.00%  0.00%  0.00%  0 BGP Event
Eldora#
```

图 4-4 解释了这些进程之间的关系。BGP 的 I/O 进程与路由器的 TCP 套接字进行连接，在输入侧，I/O 进程负责组装从 TCP 收到的 BGP 消息并将这些消息放入 InQ，在输出侧，I/O 进程负责从 OutQ 取出 BGP 消息并发送给 TCP。

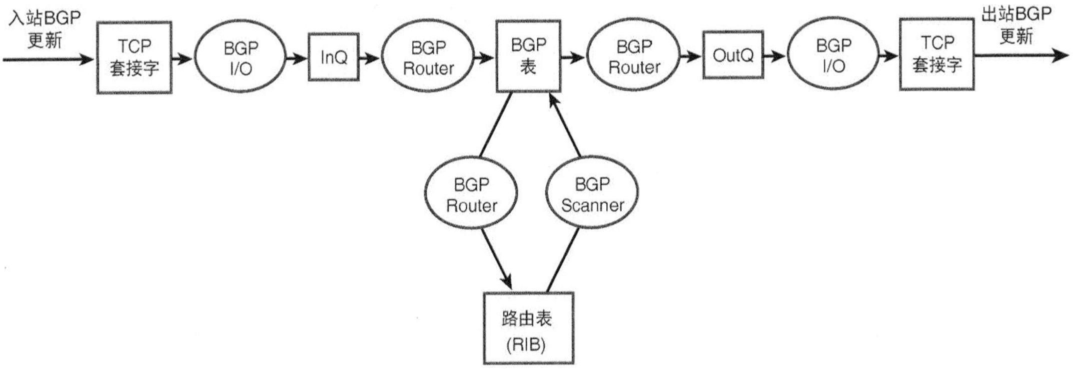

图 4-4 IOS BGP 进程、数据库和队列是图 4-2 所示概念组件的实际实现

注： 根据路由器运行的 IOS 版本情况，可能会看到除上述 4 种进程之外的其他进程，它们都是 BGP 的一部分，不过本节讨论的这些进程都是 BGP 的基础进程，对于理解 IOS BGP 至关重要。

BGP Router 进程负责执行图 4-2 所示的通用功能。在输入侧，Router 进程负责从 InQ 取出 BGP 消息并进行处理，如果是 Update 消息，那么就根据已配置的入站策略评估这些路由，然后再运行 BGP 决策进程并将相应的信息写入 BGP 表。在输出侧，Router 进程负责从 BGP 表取出路由，根据已配置的出站策略评估这些路由，然后再根据评估结果生成 Update 消息并将 Update 消息添加到 OutQ 中。

BGP Router 进程负责提取 BGP 表中出现添加、删除或变更操作的路由，并修改 RIB 中的相关信息。如果进程试图将路由添加到到 RIB 中但是未成功（例如，原因是 RIB 中存在其他去往相同目的端的路由，且该路由的管理距离较小），那么 Router 进程就会提示出现了 RIB-failure 问题（见例 4-2）。

此外，还必须设计相应的进程来监控可能会对 BGP 存储在数据库中的信息产生影响的变化情况。例如，RIB 中下一跳地址的可达性变化可能会让先前有效的 BGP 路由变得无效，反之亦然。负责监控这些变化情况的进程就是 BGP Scanner 进程。

Scanner 进程负责将 RIB 中的前缀与已配置的 **network**、**redistribute** 以及 **aggregate** 语句进行评估，将所有默认路径属性或已配置的路径属性添加到匹配前缀上，并将最终的 BGP 路由放入 BGP 表。

虽然监控下一跳以及本地配置的前缀注入情况是 Scanner 进程的主要工作，但 Scanner 进程还要负责路由阻尼机制（见第 5 章）的管理以及条件式路由宣告工作[8]。

启用 BGP 事件的调试功能之后，就可以观察 Scanner 进程的活动情况（见例 4-19），从这些调试消息可以看出不但要为单播 IPv4 运行扫描操作，而且还要为多播 IPv4、单播和多播 IPv6、单播 VPNv4 以及单播 ISO NSAP 运行扫描操作。所有这些地址类型都是多协议 BGP（见第 6 章）可以宣告的路由，例 4-19 以高亮方式重点显示了单播 IPv4 的扫描结果。

例 4-19 可以利用 **debug ip bgp events** 命令观察 Scanner 进程的活动情况

```
Eldora#debug ip bgp events
BGP events debugging is on
Eldora#
*Mar  9 07:33:20.943: BGP: Performing BGP general scanning
*Mar  9 07:33:20.947: BGP(0): scanning IPv4 Unicast routing tables
*Mar  9 07:33:20.947: BGP(IPv4 Unicast): Performing BGP Nexthop scanning for general
scan
*Mar  9 07:33:20.951: BGP(0): Future scanner version: 74, current scanner version: 73
*Mar  9 07:33:20.951: BGP(1): scanning IPv6 Unicast routing tables
*Mar  9 07:33:20.955: BGP(IPv6 Unicast): Performing BGP Nexthop scanning for general
scan
*Mar  9 07:33:20.955: BGP(1): Future scanner version: 75, current scanner version: 74
*Mar  9 07:33:20.959: BGP(2): scanning VPNv4 Unicast routing tables
*Mar  9 07:33:20.959: BGP(VPNv4 Unicast): Performing BGP Nexthop scanning for general
  scan
*Mar  9 07:33:20.959: BGP(2): Future scanner version: 75, current scanner version: 74
*Mar  9 07:33:20.959: BGP(4): scanning IPv4 Multicast routing tables
*Mar  9 07:33:20.959: BGP(IPv4 Multicast): Performing BGP Nexthop scanning for general
  scan
```

（待续）

8 是否宣告条件式路由取决于其他路由，条件式路由宣告有时会用在多归属环境。

```
*Mar  9 07:33:20.959: BGP(4): Future scanner version: 75, current scanner version: 74
*Mar  9 07:33:20.959: BGP(5): scanning IPv6 Multicast routing tables
*Mar  9 07:33:20.959: BGP(IPv6 Multicast): Performing BGP Nexthop scanning for general
  scan
*Mar  9 07:33:20.959: BGP(5): Future scanner version: 75, current scanner version: 74
*Mar  9 07:33:20.959: BGP(6): scanning NSAP Unicast routing tables
*Mar  9 07:33:20.959: BGP(NSAP Unicast): Performing BGP Nexthop scanning for general
  scan
*Mar  9 07:33:20.959: BGP(6): Future scanner version: 75, current scanner version: 74
*Mar  9 07:33:35.959: BGP: Import timer expired. Walking from 1 to 1
*Mar  9 07:33:50.967: BGP: Import timer expired. Walking from 1 to 1
*Mar  9 07:34:05.979: BGP: Import timer expired. Walking from 1 to 1
*Mar  9 07:34:20.983: BGP: Performing BGP general scanning
*Mar  9 07:34:20.983: BGP(0): scanning IPv4 Unicast routing tables
*Mar  9 07:34:20.987: BGP(IPv4 Unicast): Performing BGP Nexthop scanning for general
  scan
*Mar  9 07:34:20.987: BGP(0): Future scanner version: 75, current scanner version: 74
*Mar  9 07:34:20.991: BGP(1): scanning IPv6 Unicast routing tables
*Mar  9 07:34:20.991: BGP(IPv6 Unicast): Performing BGP Nexthop scanning for general
  scan
*Mar  9 07:34:20.991: BGP(1): Future scanner version: 76, current scanner version: 75
*Mar  9 07:34:20.995: BGP(2): scanning VPNv4 Unicast routing tables
*Mar  9 07:34:20.995: BGP(VPNv4 Unicast): Performing BGP Nexthop scanning for general
  scan
*Mar  9 07:34:20.999: BGP(2): Future scanner version: 76, current scanner version: 75
*Mar  9 07:34:21.003: BGP(4): scanning IPv4 Multicast routing tables
*Mar  9 07:34:21.003: BGP(IPv4 Multicast): Performing BGP Nexthop scanning for general
  scan
*Mar  9 07:34:21.003: BGP(4): Future scanner version: 76, current scanner version: 75
*Mar  9 07:34:21.007: BGP(5): scanning IPv6 Multicast routing tables
*Mar  9 07:34:21.007: BGP(IPv6 Multicast): Performing BGP Nexthop scanning for general
  scan
*Mar  9 07:34:21.011: BGP(5): Future scanner version: 76, current scanner version: 75
*Mar  9 07:34:21.011: BGP(6): scanning NSAP Unicast routing tables
*Mar  9 07:34:21.015: BGP(NSAP Unicast): Performing BGP Nexthop scanning for general
  scan
*Mar  9 07:34:21.015: BGP(6): Future scanner version: 76, current scanner version: 75
*Mar  9 07:34:36.035: BGP: Import timer expired. Walking from 1 to 1
*Mar  9 07:34:51.043: BGP: Import timer expired. Walking from 1 to 1
*Mar  9 07:35:06.043: BGP: Import timer expired. Walking from 1 to 1
  Eldora#
*Mar  9 07:35:21.047: BGP: Performing BGP general scanning
*Mar  9 07:35:21.051: BGP(0): scanning IPv4 Unicast routing tables
*Mar  9 07:35:21.051: BGP(IPv4 Unicast): Performing BGP Nexthop scanning for general
scan
*Mar  9 07:35:21.055: BGP(0): Future scanner version: 76, current scanner version: 75
*Mar  9 07:35:21.055: BGP(1): scanning IPv6 Unicast routing tables
*Mar  9 07:35:21.059: BGP(IPv6 Unicast): Performing BGP Nexthop scanning for general
  scan
*Mar  9 07:35:21.059: BGP(1): Future scanner version: 77, current scanner version: 76
*Mar  9 07:35:21.063: BGP(2): scanning VPNv4 Unicast routing tables
*Mar  9 07:35:21.063: BGP(VPNv4 Unicast): Performing BGP Nexthop scanning for general
  scan
*Mar  9 07:35:21.067: BGP(2): Future scanner version: 77, current scanner version: 76
*Mar  9 07:35:21.067: BGP(4): scanning IPv4 Multicast routing tables
*Mar  9 07:35:21.071: BGP(IPv4 Multicast): Performing BGP Nexthop scanning for general
  scan
*Mar  9 07:35:21.071: BGP(4): Future scanner version: 77, current scanner version: 76
*Mar  9 07:35:21.075: BGP(5): scanning IPv6 Multicast routing tables
*Mar  9 07:35:21.075: BGP(IPv6 Multicast): Performing BGP Nexthop scanning for general
  scan
*Mar  9 07:35:21.075: BGP(5): Future scanner version: 77, current scanner version: 76
*Mar  9 07:35:21.079: BGP(6): scanning NSAP Unicast routing tables
*Mar  9 07:35:21.079: BGP(NSAP Unicast): Performing BGP Nexthop scanning for general
  scan
*Mar  9 07:35:21.083: BGP(6): Future scanner version: 77, current scanner version: 76
*Mar  9 07:35:36.083: BGP: Import timer expired. Walking from 1 to 1
```

（待续）

```
*Mar  9 07:35:51.083: BGP: Import timer expired. Walking from 1 to 1
*Mar  9 07:36:06.087: BGP: Import timer expired. Walking from 1 to 1
*Mar  9 07:36:21.087: BGP: Performing BGP general scanning
*Mar  9 07:36:21.091: BGP(0): scanning IPv4 Unicast routing tables
*Mar  9 07:36:21.091: BGP(IPv4 Unicast): Performing BGP Nexthop scanning for general
  scan
*Mar  9 07:36:21.095: BGP(0): Future scanner version: 77, current scanner version: 76
*Mar  9 07:36:21.095: BGP(1): scanning IPv6 Unicast routing tables
*Mar  9 07:36:21.099: BGP(IPv6 Unicast): Performing BGP Nexthop scanning for general
  scan
*Mar  9 07:36:21.099: BGP(1): Future scanner version: 78, current scanner version: 77
*Mar  9 07:36:21.099: BGP(2): scanning VPNv4 Unicast routing tables
*Mar  9 07:36:21.099: BGP(VPNv4 Unicast): Performing BGP Nexthop scanning for general
  scan
*Mar  9 07:36:21.099: BGP(2): Future scanner version: 78, current scanner version: 77
*Mar  9 07:36:21.099: BGP(4): scanning IPv4 Multicast routing tables
*Mar  9 07:36:21.099: BGP(IPv4 Multicast): Performing BGP Nexthop scanning for general
  scan
*Mar  9 07:36:21.099: BGP(4): Future scanner version: 78, current scanner version: 77
*Mar  9 07:36:21.099: BGP(5): scanning IPv6 Multicast routing tables
*Mar  9 07:36:21.099: BGP(IPv6 Multicast): Performing BGP Nexthop scanning for general
  scan
*Mar  9 07:36:21.099: BGP(5): Future scanner version: 78, current scanner version: 77
*Mar  9 07:36:21.099: BGP(6): scanning NSAP Unicast routing tables
*Mar  9 07:36:21.099: BGP(NSAP Unicast): Performing BGP Nexthop scanning for general
  scan
*Mar  9 07:36:21.099: BGP(6): Future scanner version: 78, current scanner version: 77
*Mar  9 07:36:36.123: BGP: Import timer expired. Walking from 1 to 1
*Mar  9 07:36:51.127: BGP: Import timer expired. Walking from 1 to 1
```

从高亮显示的扫描结果可以看出，在常规扫描之后就开始扫描 IPv4 单播路由表（单播 IPv4 RIB），然后再扫描下一跳。此外还可以看到时间戳信息：Scanner 每 60 秒运行一次，可以利用 **bgp scan-time** 语句更改该默认时间，当然，如果没有正当理由，也没有完全理解更改默认时间所产生的可能影响，那么更改该默认时间将是一种很糟糕的主意。由于每 60 秒钟运行一次 Scanner 进程会导致 CPU 利用率的增加（有时可能是急剧增加），因而降低扫描间隔可以提升 BGP 的性能，但需要耗费更多的 CPU 资源。对于本节讨论的小型示例网络（只有单个单播 IPv4 前缀）来说，1 秒钟之内就可以完成一次完整的扫描操作。如果网络拥有成百上千条路由（见例 4-17 中的网络），那么一次完整的扫描操作可能就需要 30 或 40 秒钟。但是出于以下两个原因，路由数量对 CPU 的影响程度并不像想象得那么严重：首先，扫描时间指的是两次扫描操作的间隔时间，这样一来即使扫描花了 30 秒钟，在启动下一次扫描之前仍然有 60 秒钟的安静期；其次（也是更重要的原因），Scanner 是一种低优先级进程，因而即使 Scanner 进程会导致 CPU 利用率出现峰值，但其他更重要的进程依然能够在需要时抢占 Scanner 进程占用的 CPU 资源。

4.2.3 NHT、Event 以及 Open 进程

最新的 IOS 版本对 BGP 进程做了大量改进，可以将扫描时间减少 75%以上，其中的一个重要改进就是被称为 NHT（Next Hop Tracker，下一跳跟踪器）的轻量级扫描器，NHT 的主要目的是提升 BGP 的性能（见第 5 章），同时还能减轻 Scanner 进程在下一跳和最佳路径验证方面的工作，从而减少扫描时间。其他的改进措施还包括被称为 BGP Event（事件）的进程（见例 4-18），该进程可以让 **network** 语句和重分发操作实现事件驱动，也就是说，通过增加或删除 **network** 或 **redistribute** 语句来触发向 BGP 表增加或删除前缀，同时不需要等待 Scanner 进程以及 Scanner 进程执行扫描操作所花费的时间。

注：还有一种被称为 Import Scanner（导入扫描器）的 Scanner 形式，该进程负责将路由导入基于 MPLS 的单播 VPNv4（IPv4 Virtual Private Networks，IPv4 虚拟专用网）的 VRF（Virtual Routing and Forwarding，虚拟路由和转发）表，虽然 MPLS VPN 不在本书讨论范围之内，但关注 Import Scanner 进程的活动情况也很有意思（见例 4-19）。与常规的扫描进程不同，Import Scanner 进程每 15 秒钟运行一次：从例 4-19 可以看出，每隔 15 秒钟都有一条 VPNv4 扫描表项或者有一条说明 “Import timer expired”（导入时间超时）的表项。

例 4-18 还没有显示另一种 BGP 进程，因为该进程属于瞬态进程，而不是稳态进程。也就是说，该进程仅在需要时才会启动，并在结束后终止，这就是 BGP Open（打开）进程，只要路由器试图与邻居打开 BGP 会话，那么就会运行该进程。

从例 4-20 的 **show ip bgp summary** 命令输出结果可以看出，Eldora 的三个邻居均处于 Established 状态（为了突出重点内容，本例输出结果删除了该命令显示的一些常规标题信息），之后运行 **show processes cpu | include BGP** 命令，可以看出没有处于运行状态的 Open 进程。在这些初始显示内容后面，CLI 消息表明 Loveland（10.4.1.2）已经关闭了到 Eldora 的 BGP 会话，再次运行 **show ip bgp summary** 命令可以看出，Eldora 将该邻居的状态更改为 Active，此时再查看 BGP 进程，即可发现目前已经存在处于运行状态的 Open 进程。

例 4-20 关闭到 Loveland（10.4.1.2）的 BGP 会话会导致 Eldora 将邻居状态更改为 Active，并启动 BGP Open 进程以尝试打开到该邻居的新会话

```
Eldora#show ip bgp summary
Neighbor        V    AS MsgRcvd MsgSent   TblVer  InQ OutQ Up/Down  State/PfxRcd
10.2.1.1        4   100     446     446        2    0    0 07:16:31        1
10.3.1.1        4   200     446     446        2    0    0 07:16:31        1
10.4.1.2        4   400     382     387        2    0    0 00:00:44        0
Eldora#
Eldora#show processes cpu | include BGP
 225      10080      55200        182  0.00%  0.04%  0.02%   0 BGP Router
 226       7336       6116       1199  0.00%  0.27%  0.22%   0 BGP I/O
 227       9284       1757       5284  0.00%  0.04%  0.00%   0 BGP Scanner
 228          0          1          0  0.00%  0.00%  0.00%   0 BGP Event
Eldora#
Eldora#
*Mar 9 13:38:20.666: %BGP-5-ADJCHANGE: neighbor 10.4.1.2 Down Peer closed the session
Eldora#
Eldora#show ip bgp summary
Neighbor        V    AS MsgRcvd MsgSent TblVer  InQ OutQ Up/Down State/PfxRcd
10.2.1.1        4   100     447     447      2    0    0 07:17:08        1
10.3.1.1        4   200     447     447      2    0    0 07:17:08        1
10.4.1.2        4   400     383     388      0    0    0 00:00:13 Active
Eldora#
Eldora#
Eldora#show processes cpu | include BGP
217           4          1       4000  0.00%  0.00%  0.00%   0 BGP Open
225       10112      55280        182  0.00%  0.05%  0.02%   0 BGP Router
226        7372       6139       1200  0.00%  0.19%  0.20%   0 BGP I/O
227        9316       1760       5293  0.00%  0.07%  0.01%   0 BGP Scanner
228           0          1          0  0.00%  0.00%  0.00%   0 BGP Event
Eldora#
```

如果 Eldora 试图打开到另一个邻居的另一条会话（因为现有会话中断或者配置了一个新邻居），那么就会为该邻居启动一个独立的 Open 进程，也就是说，系统会为每个 IOS 试图打开 BGP 会话的邻居启动一个独立的 Open 进程。

4.2.4 表版本

由于不同的 BGP 进程都会更新 BGP 表、RIB 甚至可能是很多对等体，因而 BGP 必须通过相应的机制来跟踪收到的信息、前缀的最新版本以及需要利用最新前缀版本更新哪些内容，这些都是表版本号要处理的工作。例 4-21 在多处引用了表版本：从输出结果可以看出 BGP 的表版本号是 6，主路由表（RIB）的表版本号是 6，三个邻居（均处于 Established 状态）的表版本号也都是 6。此外还有一处位置显示了表版本：即 BGP 表中的每个前缀都有一个表版本，从例 4-22 可以看出，前缀 10.1.1.1（接收自 Buttermilk[10.2.1.1]和 Arapahoe[10.3.1.1]）的表版本号也是 6。

例 4-21 BGP 有一个表版本，主路由表（RIB）有一个表版本，每个处于 Established 状态的邻居也都有一个表版本，本例中的表版本号均为 6

```
Eldora#show ip bgp summary
BGP router identifier 10.4.1.1, local AS number 300
BGP table version is 6, main routing table version 6
1 network entries using 120 bytes of memory
2 path entries using 104 bytes of memory
3/1 BGP path/bestpath attribute entries using 372 bytes of memory
2 BGP AS-PATH entries using 48 bytes of memory
0 BGP route-map cache entries using 0 bytes of memory
0 BGP filter-list cache entries using 0 bytes of memory
Bitfield cache entries: current 1 (at peak 1) using 32 bytes of memory
BGP using 676 total bytes of memory
BGP activity 1/0 prefixes, 10/8 paths, scan interval 60 secs
Neighbor        V    AS MsgRcvd MsgSent   TblVer  InQ OutQ Up/Down  State/PfxRcd
10.2.1.1        4   100      44      46        6    0    0 00:08:57        1
10.3.1.1        4   200      38      37        6    0    0 00:12:05        1
10.4.1.2        4   400      35      43        6    0    0 00:03:16        0
```

例 4-22 BGP 表中的前缀 10.1.1.0/24 的表版本号为 6

```
Eldora#show ip bgp 10.1.1.0
BGP routing table entry for 10.1.1.0/24, version 6
Paths: (2 available, best #2, table Default-IP-Routing-Table)
Flag: 0x820
  Advertised to update-groups:
        1
  200 500
    10.3.1.1 from 10.3.1.1 (10.3.1.1)
      Origin IGP, metric 0, localpref 100, valid, external
    100 500
  10.2.1.1 from 10.2.1.1 (10.2.1.1)
    Origin IGP, metric 0, localpref 100, valid, external, best
```

从例 4-21 和例 4-22 的信息可能会所有的表版本引用的都是同一个表版本，例中的每个表版本号都是 6。但实际存在不同的表版本：

- 每个邻居都有一个表版本；
- 每个前缀都有一个表版本；
- RIB 有一个表版本；
- BGP 进程有一个表版本

例 4-21 和例 4-22 中的表版本号完全相同的原因是 BGP 处于收敛状态，也就是说，没有任何变动信息需要宣告给邻居或者在 RIB 中进行更新。

表版本是一个 32 比特数字（请注意，例 4-17 中的表版本号远远大于我们这里所说的简单示例网络），BGP 分配的新表版本号始终大于上一个已分配的表版本号。

表版本号的分配规则如下。

1. BGP 启动后，BGP 会将表版本号初始化为 1，并将该表版本号分配给 RIB 以及所有已建立的邻居。
2. 收到一个前缀后，BGP 表版本号就加 1，并将该表版本号分配给该前缀。因此，如果依次收到前缀 A、B 和 C，那么它们的表版本号将分别为 2、3 和 4，而 BGP 表版本号则为 4。BGP 表版本号始终是前缀表版本号中的最大值。
3. 如果 BGP 表中的前缀出现了变化（例如，有多条路径去往目的端且优选路径发生了变化），那么该前缀的表版本号将增加到当前 BGP 表版本号加 1，BGP 表版本号则进行相应的递增。假设第 2 步中前缀 A（其表版本号为 2）的最佳路径出现了变化，变化前的 BGP 表版本号为 4，那么前缀 A 的最表版本号将为 5，BGP 表版本号也将为 5，因为 BGP 表版本号始终是 BGP 表中所有前缀表版本中的最大值。
4. 如果从 BGP 表中撤销了一条前缀，那么 BGP 表版本号将递增。因此，如果 BGP 表版本号为 5，因某种原因撤销了前缀 B 和 C，那么 BGP 表版本号将变为 7（5+1+1）。
5. BGP Router 进程根据 BGP 表中的前缀更新 RIB 时，RIB 的表版本号将成为所有前缀（包括添加到 RIB 中的前缀、RIB 中发生变化的前缀以及从 RIB 中撤销的前缀）的表版本号中的最大值。如果 BGP 表中前缀的表版本号大于 RIB 表版本号，那么 BGP Router 进程就知道该前缀还未添加到 RIB 中。
6. 与此相似，前缀宣告给邻居后，该邻居的表版本号将增加到宣告给该邻居的所有前缀的表版本号中的最大值。这也是跟踪路由器宣告了哪些路由的一种手段，如果 BGP 表中某前缀的表版本号大于该邻居的表版本号，那么 BGP 就知道该前缀还未宣告给该邻居。

大家学习这些步骤时很容易产生混淆，下面将通过一个案例来加以讲解。图 4-5 中的 AS500、AS100 以及 AS200 都宣告了一条前缀，下面将解释这三条前缀以及本地注入的前缀 10.40.1.0/24 对 Eldora 的表版本的影响情况。

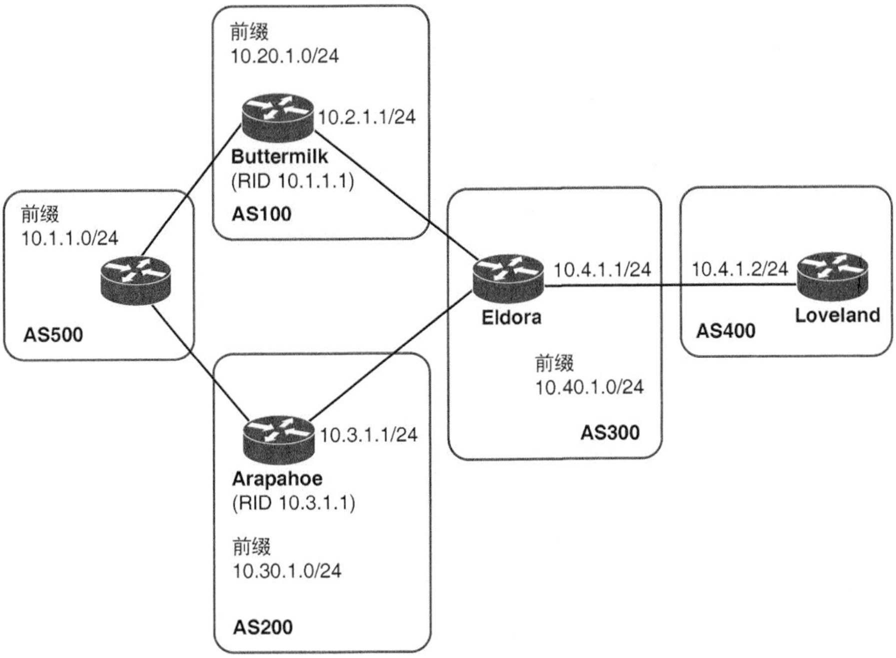

图 4-5 AS500、AS100 以及 AS200 宣告的前缀会影响 Eldora 的表版本号，与在 AS300 中本地注入的前缀一样

Eldora 的 BGP 进程刚刚启动（见例 4-23），可以看出这三个邻居均处于 Established 状态，但它们还没有向 Eldora 宣告任何前缀。此时 BGP 的表版本号为 1，并将该表版本号分配给了 RIB（主路由表）以及这三个邻居。

接下来，Buttermilk 向 Eldora 宣告了前缀 10.1.1.0（见例 4-24），Arapahoe 还没有宣告任何前缀。下一个可用的 BGP 表版本号为 2，因而将该表版本号分配给前缀 10.1.1.0。将该前缀添加到 RIB 中后，RIB 表版本号将变为 2；该前缀又被宣告给三个邻居，因而三个邻居的表版本号也变为 2。

此后 Arapahoe 向 Eldora 宣告了前缀 10.1.1.0/24，从例 4-25 可以看出，虽然已经从 Arapahoe 收到了前缀，但没有一个表版本号发生变化，这是一个很重要的发现：表版本号分配给的是前缀，而不是去往该前缀的路由。因此，即使 Buttermilk 和 Arapahoe 都宣告了去往 10.1.1.0/24 的路由，但 BGP 仅在第一次学到该前缀时才递增其表版本号。

例 4-23　Eldora 已经启动了 BGP，但是还没有邻居向其宣告前缀，也没有被注入本地前缀。此时 BGP 表、RIB 以及邻居的表版本号均被初始化为 1

```
Eldora#show ip bgp summary
BGP router identifier 10.4.1.1, local AS number 300
BGP table version is 1, main routing table version 1

Neighbor        V    AS MsgRcvd MsgSent   TblVer  InQ OutQ Up/Down  State/PfxRcd
10.2.1.1        4   100       4       4        1    0    0 00:00:12        0
10.3.1.1        4   200       4       4        1    0    0 00:00:12        0
10.4.1.2        4   400       4       4        1    0    0 00:00:16        0
Eldora#
```

例 4-24　Eldora 收到 Buttermilk 宣告的前缀 10.1.1.0/24；前缀 10.1.1.0/24 分配了表版本号 2，当该前缀添加到 RIB 并宣告给邻居之后，它们的表版本号也更改为 2

```
Eldora#show ip bgp summary
BGP router identifier 10.4.1.1, local AS number 300
BGP table version is 2, main routing table version 2
1 network entries using 120 bytes of memory
1 path entries using 52 bytes of memory
2/1 BGP path/bestpath attribute entries using 248 bytes of memory
1 BGP AS-PATH entries using 24 bytes of memory
0 BGP route-map cache entries using 0 bytes of memory
0 BGP filter-list cache entries using 0 bytes of memory
Bitfield cache entries: current 1 (at peak 1) using 32 bytes of memory
BGP using 476 total bytes of memory
BGP activity 1/0 prefixes, 1/0 paths, scan interval 60 secs

Neighbor        V    AS MsgRcvd MsgSent   TblVer  InQ OutQ Up/Down  State/PfxRcd
10.2.1.1        4   100       7       7        2    0    0 00:02:02        1
10.3.1.1        4   200       6       7        2    0    0 00:02:03        0
10.4.1.2        4   400       6       7        2    0    0 00:02:06        0
Eldora#
```

例 4-25　Eldora 从 Arapahoe 收到了前缀 10.1.1.0/24 的路由宣告；由于 Eldora 已经从 Buttermilk 收到了该前缀并分配了一个表版本号，因而 BGP 不再增加表版本号

```
Eldora#show ip bgp summary
BGP router identifier 10.4.1.1, local AS number 300
BGP table version is 2, main routing table version 2
1 network entries using 120 bytes of memory
2 path entries using 104 bytes of memory
3/1 BGP path/bestpath attribute entries using 372 bytes of memory
2 BGP AS-PATH entries using 48 bytes of memory
```

（待续）

```
0 BGP route-map cache entries using 0 bytes of memory
0 BGP filter-list cache entries using 0 bytes of memory
Bitfield cache entries: current 1 (at peak 1) using 32 bytes of memory
BGP using 676 total bytes of memory
BGP activity 1/0 prefixes, 2/0 paths, scan interval 60 secs

Neighbor        V    AS MsgRcvd MsgSent   TblVer  InQ OutQ Up/Down  State/PfxRcd
10.2.1.1        4   100       8       8        2    0    0 00:03:02        1
10.3.1.1        4   200       8       8        2    0    0 00:03:02        1
10.4.1.2        4   400       7       8        2    0    0 00:03:06        0
Eldora#
```

例 4-26 中的 Buttermilk 宣告了前缀 10.20.1.0/24，例 4-27 中的 Arapahoe 宣告了前缀 10.30.1.0/24，例 4-28 为 Eldora 配置了 **network** 语句以注入前缀 10.40.1.0/24。可以看出，Eldora 的 BGP 表版本号将随着前缀的学习（在前两个示例中通过接收到的路由宣告以及第三个示例中的本地配置方式）而增加，RIB 表版本号也将随着前缀的加入而增加，邻居的表版本号则随着前缀的宣告而增加。

例 4-26　Eldora 收到 Buttermilk 宣告的前缀 10.20.1.0/24

```
Eldora#show ip bgp summary
BGP router identifier 10.4.1.1, local AS number 300
BGP table version is 3, main routing table version 3
2 network entries using 240 bytes of memory
3 path entries using 156 bytes of memory
3/1 BGP path/bestpath attribute entries using 372 bytes of memory
2 BGP AS-PATH entries using 48 bytes of memory
0 BGP route-map cache entries using 0 bytes of memory
0 BGP filter-list cache entries using 0 bytes of memory
Bitfield cache entries: current 1 (at peak 1) using 32 bytes of memory
BGP using 848 total bytes of memory
BGP activity 2/0 prefixes, 3/0 paths, scan interval 60 secs

Neighbor        V    AS MsgRcvd MsgSent   TblVer  InQ OutQ Up/Down  State/PfxRcd
10.2.1.1        4   100      11      11        3    0    0 00:05:07        2
10.3.1.1        4   200      10      11        3    0    0 00:05:08        1
10.4.1.2        4   400       9      11        3    0    0 00:05:11        0
Eldora#
```

例 4-27　Eldora 收到 Arapahoe 宣告的前缀 10.20.1.0/24

```
Eldora#show ip bgp summary
BGP router identifier 10.4.1.1, local AS number 300
BGP table version is 4, main routing table version 4
3 network entries using 360 bytes of memory
4 path entries using 208 bytes of memory
3/2 BGP path/bestpath attribute entries using 372 bytes of memory
2 BGP AS-PATH entries using 48 bytes of memory
0 BGP route-map cache entries using 0 bytes of memory
0 BGP filter-list cache entries using 0 bytes of memory
Bitfield cache entries: current 1 (at peak 1) using 32 bytes of memory
BGP using 1020 total bytes of memory
BGP activity 3/0 prefixes, 4/0 paths, scan interval 60 secs

Neighbor        V    AS MsgRcvd MsgSent   TblVer  InQ OutQ Up/Down  State/PfxRcd
10.2.1.1        4   100      11      12        4    0    0 00:05:57        2
10.3.1.1        4   200      11      12        4    0    0 00:05:58        2
10.4.1.2        4   400      10      13        4    0    0 00:06:01        0
Eldora#
```

例 4-28　Eldora 的 BGP 表注入了前缀 10.40.1.0/24

```
Eldora#show ip bgp summary
BGP router identifier 10.4.1.1, local AS number 300
```

（待续）

```
BGP table version is 5, main routing table version 5
4 network entries using 480 bytes of memory
5 path entries using 260 bytes of memory
4/3 BGP path/bestpath attribute entries using 496 bytes of memory
2 BGP AS-PATH entries using 48 bytes of memory
0 BGP route-map cache entries using 0 bytes of memory
0 BGP filter-list cache entries using 0 bytes of memory
Bitfield cache entries: current 1 (at peak 1) using 32 bytes of memory
BGP using 1316 total bytes of memory
BGP activity 4/0 prefixes, 5/0 paths, scan interval 60 secs

Neighbor        V    AS MsgRcvd MsgSent   TblVer  InQ OutQ Up/Down  State/PfxRcd
10.2.1.1        4   100      14      16        5    0    0 00:08:05        2
10.3.1.1        4   200      14      16        5    0    0 00:08:05        2
10.4.1.2        4   400      12      16        5    0    0 00:08:09        0
Eldora#
```

到目前为止的案例都比较一致，没什么新意。只要收到新前缀，表版本号就会递增。例 4-29 属于信息性内容，例中显示了 Eldora 的 BGP 表中的四条前缀，每条前缀都有一个不同的表版本号，将这些表版本号与前面示例中的表版本号进行对比，可以看出每条前缀都保持了 BGP 第一次学到这些前缀时分配的表版本号，最后学到的前缀拥有最新的表版本号（5）（见例 4-28）。

例 4-29 Eldora 的 BGP 表中的前缀保持了第一次学到这些前缀时分配的表版本号

```
Eldora#show ip bgp 10.1.1.0
BGP routing table entry for 10.1.1.0/24, version 2
Paths: (2 available, best #2, table Default-IP-Routing-Table)
  Advertised to update-groups:
        1
  200 500
    10.3.1.1 from 10.3.1.1 (10.3.1.1)
      Origin IGP, metric 0, localpref 100, valid, external
  100 500
    10.2.1.1 from 10.2.1.1 (10.2.1.1)
      Origin IGP, metric 0, localpref 100, valid, external, best
Eldora#
Eldora#show ip bgp 10.20.1.0
BGP routing table entry for 10.20.1.0/24, version 3
Paths: (1 available, best #1, table Default-IP-Routing-Table)
  Advertised to update-groups:
        1
  100 500
    10.2.1.1 from 10.2.1.1 (10.2.1.1)
      Origin IGP, metric 0, localpref 100, valid, external, best
Eldora#
Eldora#show ip bgp 10.30.1.0
BGP routing table entry for 10.30.1.0/24, version 4
Paths: (1 available, best #1, table Default-IP-Routing-Table)
  Advertised to update-groups:
        1
  200 500
    10.3.1.1 from 10.3.1.1 (10.3.1.1)
      Origin IGP, metric 0, localpref 100, valid, external, best
Eldora#
Eldora#show ip bgp 10.40.1.0
BGP routing table entry for 10.40.1.0/24, version 5
Paths: (1 available, best #1, table Default-IP-Routing-Table)
  Advertised to update-groups:
        1
  Local
    0.0.0.0 from 0.0.0.0 (10.4.1.1)
      Origin IGP, metric 0, localpref 100, weight 32768, valid, sourced, local,
  best
Eldora#
```

从例 4-29 还可以看出，对于去往 10.1.1.0/24 的两条路由来说，优选的是经由 Buttermilk（10.2.1.1）的路径，这一点与例 4-3 相匹配，例中的 BGP 决策进程发现这两条路由在比较宣告对等体的路由器 ID 之前均相同。如果路由因某种原因出现了变化，路由器学到之后，BGP 决策进程优选的是经由 Arapahoe（10.3.1.1）的路由（而不是经由 Buttermilk 的路由），那么会怎么样呢？改变最佳路径优选结果的方式之一就是在 Buttermilk 上配置路由策略（与 4.1 节配置示例中给出的策略相似），将 10.1.1.0/24 的 ORIGIN 属性更改为 Incomplete。

例 4-30 给出了 Eldora 的运行结果，来自 Buttermilk 的路由的 ORIGIN 属性已经发生了变化，使得 Eldora 的 BGP 决策进程改变了原先优选的来自 Buttermilk 的路由（将该表项与例 4-29 中的 10.1.1.0/24 路由表项进行对比），该前缀有了一个新的表版本号（6），将去往该前缀的新路由添加到 RIB 并宣告给邻居之后，它们的表版本号将更改为这个最新的表版本号。

例 4-30　去往 10.1.1.0/24 的最佳路径选择结果发生变化后，Eldora 会为前缀分配一个新的表版本号

```
Eldora#show ip bgp 10.1.1.0
BGP routing table entry for 10.1.1.0/24, version 6
Paths: (2 available, best #1, table Default-IP-Routing-Table)
Flag: 0x820
  Advertised to update-groups:
        1
  200 500
    10.3.1.1 from 10.3.1.1 (10.3.1.1)
      Origin IGP, metric 0, localpref 100, valid, external, best
  100 500
    10.2.1.1 from 10.2.1.1 (10.2.1.1)
      Origin incomplete, metric 0, localpref 100, valid, external
Eldora#
Eldora#show ip bgp summary
BGP router identifier 10.4.1.1, local AS number 300
BGP table version is 6, main routing table version 6
4 network entries using 480 bytes of memory
5 path entries using 260 bytes of memory
5/3 BGP path/bestpath attribute entries using 620 bytes of memory
2 BGP AS-PATH entries using 48 bytes of memory
0 BGP route-map cache entries using 0 bytes of memory
0 BGP filter-list cache entries using 0 bytes of memory
Bitfield cache entries: current 1 (at peak 1) using 32 bytes of memory
BGP using 1440 total bytes of memory
BGP activity 4/0 prefixes, 5/0 paths, scan interval 60 secs

Neighbor        V    AS MsgRcvd MsgSent   TblVer  InQ OutQ Up/Down  State/PfxRcd
10.2.1.1        4   100      35      36        6    0    0 00:27:24        2
10.3.1.1        4   200      33      36        6    0    0 00:27:24        2
10.4.1.2        4   400      31      36        6    0    0 00:27:28        0
Eldora#
```

表版本可以为确定路由器的 BGP 是否处于收敛状态提供快速参考，如果 **show ip bgp** 的输出结果中的表版本号均相同，那么就表明该网络处于稳定状态。如果路由器拥有大量 BGP 对等体以及大量路由表（如 Internet 全路由），那么这种简易参考机制就非常有用。如果表版本号增长速度很快，而且 BGP Router 进程以及 I/O 进程占用的 CPU 资源很高，那么就表明该路由器正忙于学习新对等体宣告来的路由，或者（如果这种情况出现的时间很长）网络中存在不稳定因素。

监控表版本号也是网络基线工作的一部分。如果路由器从多个对等体获取 Internet 全路由（如例 4-17 中的 Oregon Internet Exchange 路由器），那么表版本号每分钟增加 100 左右是

正常现象。但是如果路由器仅从少数对等体获取几千条路由，那么表版本号出现这种增长速度可能就是网络出现不稳定因素的表征。需要注意的是，通过表版本号判断网络是否处于异常状态的基础是必须首先确定网络处于正常状态时的表版本号变化情况。

4.3 管理策略变更

作为 Internet 的路由协议，BGP 的设计目的是要处理比 IGP 大得多的路由数据库。BGP 管理成千上万条路由的方式之一就是在网络拓扑结构处于稳定状态时，BGP 也保持安静。距离向量 IGP 需要按照一定的周期向直连邻居发送路由更新，链路状态 IGP 需要通过泛洪本地生成的链路状态消息来周期性地刷新链路状态数据库。与此相反，BGP 在没有变化的情况下从来不向其邻居发送 Update 消息。

虽然这种静默处理方式能够实现 BGP 的扩展性，但却给路由策略带来了问题。回顾图 4-2 的网络结构图，在 BGP 决策进程评估入站路由之前对这些路由应用了入站策略，但是如果配置了一个新的入站策略，那么会怎么样呢？该入站策略在对等体发送新的 Update 消息之前根本就不会起作用。例如，假设在 Eldora 上配置了一个入站策略，负责更改来自 Buttermilk 的路由的 ORIGIN 值（见例 4-6），Buttermilk 向 Eldora 发送 Update 消息的最后时间就是 BGP 会话建立的最后时间，Eldora 的决策进程作用于这个时候收到的路由并安装到 Loc-RIB 中，此后配置的任何入站策略，在 Buttermilk 再次发送 BGP Update 消息之前都不会起作用。如果网络没有出现任何变化，那么 Buttermilk 就不会发送新的 Update 消息。

4.3.1 清除 BGP 会话

应用一个新配置的路由策略的方式之一就是利用 **clear ip bgp** 命令重置与指定邻居之间的 BGP 会话（见例 4-31），运行该命令之后，会向指定邻居发送一条 Cease（差错代码 6，详见表 2-5）Notification 消息，或者（取决于实现情况）发送一个携带 FIN 标记的 TCP 数据包，然后再关闭该 BGP 会话。此后邻居会发起会话重建请求，会话建立完成后，邻居就交换新的 Update 消息，此时所有的现存策略都会对这些路由进行评估。

例 4-31 利用 **clear ip bgp** 命令重置到 Buttermilk（10.2.1.1）的 BGP 会话

```
Eldora#clear ip bgp 10.2.1.1
Eldora#
*Feb 27 09:38:43.355: %BGP-5-ADJCHANGE: neighbor 10.2.1.1 Down User reset
*Feb 27 09:38:44.247: %BGP-5-ADJCHANGE: neighbor 10.2.1.1 Up
Eldora#
```

清除 BGP 会话对于入站策略和出站策略都适用，这是因为重置会话后两个邻居都会发送新的 Update 消息。如果配置了例 4-10 的出站策略，那么清除到 Loveland 的 BGP 会话之后，在将 Eldora 新 Update 消息中的路由发送给 Loveland 之前，就可以将出站策略应用于这些路由。

清除 BGP 会话时可以使用如下选项。

- 可以指定 IPv4 或 IPv6 邻居地址（见例 4-16），仅清除到该邻居的 BGP 会话。
- 可以指定自治系统号，以清除到该 AS 中的所有邻居的 BGP 会话。
- 可以使用关键字 **external**，以清除到所有 EBGP 邻居的 BGP 会话。

- 可以使用关键字 **in** 或 **out**，仅清除入站或出站会话。如果这两个关键字均不用，那么就重置双向会话。
- 可以使用星号（*）清除到所有邻居的所有 BGP 会话。
- 可以使用关键字 **peer-group** 来指定对等体组的名字，以清除到隶属该对等体组的所有邻居的所有 BGP 会话（有关对等体组的详细内容，请参见第 5 章）。
- 可以使用关键字 **prefix-filter** 来指定与出站路由过滤器相关联的前缀列表（有关出站路由过滤的详细内容请参见第 5 章）。
- 可以使用关键字组合 **ipv4**、**ipv6**、**unicast** 和 **multicast**，以清除到指定 AS 中的所有邻居的所有单播或多播会话（任一种 IP 版本）。

清除 BGP 会话的用处很多，不仅仅局限于让新配置的路由策略生效，来回关启 BGP 会话也是故障检测与排除流程的一部分。例如，需要观察邻居之间交换的消息时就可以这么做。但清除 BGP 会话的主要作用还是在早期网络中强制新路由策略生效。不过，清除 BGP 会话很明显属于一种破坏性操作，重建已清除的 BGP 会话可能需要几秒钟甚至几分钟时间（取决于需要更新的 BGP 路由的条数），会话重置的效果会在这段时间内传播到整个网络，首先作为撤销路由的消息，然后作为重新宣告路由的传播消息。

注：**clear ip bgp** 命令存在非常严重的副作用，通常不建议用于生产性网络，除非能够确信清除的每一个 BGP 会话都是期望的 BGP 会话。该命令通常用于实验环境，因为输入该命令比输入指定邻居的地址要快得多，而且通常也不关心被清除的每条会话。不过，如果使用该命令时过于随意，那么对实验环境来说也是非常危险的，作者对此深有体会，以前在实验室尝试了各种策略配置之后，通常就会在一两天之后重置 BGP 会话，输入命令 **clear ip bgp *** 已经成为作者的一种习惯，有一次在生产性网络中随手就敲了这个命令，结果造成了非常严重的后果，这是一个非常惨痛的教训。

4.3.2 软重配

需要有一种更好的机制在不中断 BGP 会话的情况下，让新路由策略能够评估或修改来自对等体的前缀，为此 Cisco 创建了软重配（Soft Reconfiguration）解决方案。软重配解决方案再次引入了图 4-1 中的 Adj-RIBs-In 概念，Adj-RIBs-In 已经被图 4-4 中的 IOS BGP 实现淘汰。软重配机制在将邻居宣告来的路由提交给入站策略或决策进程之前存储这些路由，路由器可以在不中断到邻居的 BGP 会话的情况下，在任意时间将新路由策略应用到这些路由上。

软重配机制的配置步骤如下。

- **第 1 步：** 利用 **neighbor soft-reconfiguration inbound** 语句为邻居启用 Adj-RIBs-In。
- **第 2 步：** 配置了新的入站策略之后，利用命令 **clear ip bgp soft** 应用该策略。

例 4-32 给出了 Eldora 支持软重配特性的配置示例。如果增加软重配特性的时候，就已经建立了与邻居之间的 BGP 会话，那么就必须利用 **clear ip bgp** *neighbor-address* 命令对会话进行硬重启，这样才能强制邻居发送 Update 消息，也才能在 Adj-RIBs-In 中安装该邻居的路由。不过该操作只要执行一次即可，在 Adj-RIBs-In 记录了该邻居的路由之后，如果入站策略发生变更，那么就可以使用例 4-33 显示的 **clear ip bgp soft in** 命令。将例 4-33 的输出结果与例 4-31 相对比可以看出，例 4-33 中的命令后面没有显示任何消息，表明该 BGP 会话已经中断，然后又重新恢复正常。

例 4-32 在 Eldora 的三个 BGP 邻居会话上配置软重配特性

```
router bgp 300
 no synchronization
 bgp log-neighbor-changes
 neighbor 10.2.1.1 remote-as 100
 neighbor 10.2.1.1 soft-reconfiguration inbound
 neighbor 10.2.1.1 route-map origin in
 neighbor 10.3.1.1 remote-as 200
 neighbor 10.3.1.1 soft-reconfiguration inbound
 neighbor 10.4.1.2 remote-as 400
 neighbor 10.4.1.2 soft-reconfiguration inbound
 no auto-summary
!
```

例 4-33 **clear ip bgp soft in** 命令使用本地存储的来自邻居的路由来应用入站策略，而不是执行 BGP 会话的硬重启操作，从而导致邻居再次发送路由

```
Eldora#clear ip bgp 10.2.1.1 soft in
Eldora#
```

前面列出的各种硬重启选项也同样适用于软重启，如指定重启的 IPv4 或 IPv6 邻居地址、指定重启到特定 AS 的所有会话、指定重启的 EBGP 会话、指定重启的 IPv4 和 IPv6 单播或多播会话等。

回顾例 4-15 可以看出，如果未启用软重配机制，那么就无法观察指定邻居宣告的路由。原因在于未启用软重配机制的情况下，IOS 在应用入站策略和决策进程之前将不记录邻居宣告的路由。例 4-34 中的 Eldora 已经启用了软重配机制，此时就可以看到 Buttermilk 宣告的路由，因为这些路由目前已经存储在本地的 Adj-RIBs-In 中。

例 4-34 启用了软重配机制后，**show ip bgp neighbor received-routes** 命令可以显示由指定邻居宣告并存储在 Adj-RIBs-In 中的路由

```
Eldora#show ip bgp neighbor 10.2.1.1 received-routes
BGP table version is 4, local router ID is 10.3.1.2
Status codes: s suppressed, d damped, h history, * valid, > best, i - internal,
              r RIB-failure, S Stale
Origin codes: i - IGP, e - EGP, ? - incomplete

   Network          Next Hop            Metric LocPrf Weight Path
*> 10.1.1.0/24      10.2.1.1                             0 100 500 i
*> 10.20.1.0/24     10.2.1.1                 0           0 100 i
*  10.30.1.0/24     10.2.1.1                             0 100 500 200 i

Total number of prefixes 3
Eldora#
```

此外，还可以利用 **clear ip bgp soft out** 命令执行软重启操作以应用出站策略，此时路由器会生成新的 Update 消息并发送给该命令覆盖的所有邻居，而不会来回关启 BGP 会话。请注意，由于支持出站软重启特性并不需要创建数据库，因而没有与 **neighbor soft-reconfiguration Inbound** 语句（见例 4-32）相对应的 **neighbor soft-reconfiguration outbound** 语句。如果邻居不支持软重配机制或不希望在路由器上配置软重配机制，那么就可以使用该特性。如果更改了入站策略，而不是对到邻居的会话执行硬重启操作，那么就可以连接该邻居并在去往该邻居（配置入站策略的邻居）的方向执行出站软重启操作，之后路由器就会向邻居发送一条携带新入站策略的新 Update 消息，使得该策略生效。

上述关于出站软重配机制的使用讨论中还存在一个问题：为何未配置路由器支持入站软重配机制呢，该配置选项是否可用呢？答案是支持入站软重配机制必须付出一定的代价，因为必须在路由器的内存中设置相应的 Adj-RIBs-In 数据库。对于前面讨论过的简单网络（或者网络中的路由器只有少数邻居，并且这些邻居都仅发送几十条或几百条路由）来说，入站软重配机制并不需要太多的内存资源。从例 4-35 可以看出，来自 Buttermilk 的一条前缀（应用了策略之后）只需要 52 字节存储容量，但是如果 Buttermilk 向 Eldora 发送了 Internet 全部路由（如本章前面所述，大约 612000 条路由），那么就大概需要 32MB 的容量来存储这些前缀（每条前缀 52 字节）。如果大量邻居都发送 Internet 全部路由（见例 4-17），那么支持入站软重配机制的内存需求量就将达到几百兆字节。因此，我们还需要创建另一种解决方案，既不会有硬重启的破坏性，也不会有软重配的昂贵内存开销，该解决方案就是路由刷新（route refresh）。

例 4-35 从邻居 10.2.1.1 的输出结果可以看出 配置了入站软重配机制，配置了入站策略，而且还保存了该邻居宣告的前缀

```
Eldora#show ip bgp neighbors 10.2.1.1
BGP neighbor is 10.2.1.1, remote AS 100, external link
  BGP version 4, remote router ID 10.2.1.1
  BGP state = Established, up for 00:02:22
  Last read 00:00:22, last write 00:00:22, hold time is 180, keepalive interval
  Is 60 seconds
  Neighbor capabilities:
    Route refresh: advertised and received(old & new)
    Address family IPv4 Unicast: advertised and received
  Message statistics:
    InQ depth is 0
    OutQ depth is 0
                         Sent       Rcvd
    Opens:                  1          1
    Notifications:          0          0
    Updates:                2          1
    Keepalives:             4          4
    Route Refresh:          0          0
    Total:                  7          6
  Default minimum time between advertisement runs is 30 seconds

 For address family: IPv4 Unicast
  BGP table version 3, neighbor version 3/0
  Output queue size: 0
  Index 1, Offset 0, Mask 0x2
  1 update-group member
  Inbound soft reconfiguration allowed
  Inbound path policy configured
  Route map for incoming advertisements is origin
                                 Sent       Rcvd
  Prefix activity:               ----       ----
    Prefixes Current:               1          1 (Consumes 104 bytes)
    Prefixes Total:                 2          1
    Implicit Withdraw:              1          0
    Explicit Withdraw:              0          0
    Used as bestpath:             n/a          0
    Used as multipath:            n/a          0
    Saved (soft-reconfig):        n/a          1 (Consumes 52 bytes)

                                 Outbound    Inbound
  Local Policy Denied Prefixes:  --------    -------
    Total:                              0          0
  Number of NLRIs in the update sent: max 1, min 1
```

（待续）

```
  Connections established 1; dropped 0
  Last reset never
Connection state is ESTAB, I/O status: 1, unread input bytes: 0
Connection is ECN Disabled, Mininum incoming TTL 0, Outgoing TTL 1
Local host: 10.2.1.2, Local port: 179
Foreign host: 10.2.1.1, Foreign port: 63432
Connection tableid (VRF): 0

Enqueued packets for retransmit: 0, input: 0 mis-ordered: 0 (0 bytes)

Event Timers (current time is 0x2CD80):
Timer          Starts    Wakeups            Next
Retrans             6          0             0x0
TimeWait            0          0             0x0
AckHold             6          2             0x0
SendWnd             0          0             0x0
KeepAlive           0          0             0x0
GiveUp              0          0             0x0
PmtuAger            0          0             0x0
DeadWait            0          0             0x0
Linger              0          0             0x0
ProcessQ            0          0             0x0

iss: 3959681864 snduna: 3959682084 sndnxt: 3959682084    sndwnd: 16165
irs: 2000181844 rcvnxt: 2000182020 rcvwnd:      16209 delrcvwnd:   175

SRTT: 169 ms, RTTO: 1189 ms, RTV: 1020 ms, KRTT: 0 ms
minRTT: 12 ms, maxRTT: 336 ms, ACK hold: 200 ms
Status Flags: passive open, gen tcbs
Option Flags: nagle
IP Precedence value : 6

Datagrams (max data segment is 1460 bytes):
Rcvd: 11 (out of order: 0), with data: 6, total data bytes: 175
Sent: 9 (retransmit: 0, fastretransmit: 0, partialack: 0, Second Congestion: 0),
  with data: 6, total data bytes: 219
 Packets received in fast path: 0, fast processed: 0, slow path: 0
 fast lock acquisition failures: 0, slow path: 0
Eldora#
```

4.3.3 路由刷新

硬重启和软重启的主要目标都是将新配置的入站策略应用于邻居宣告的所有前缀上，但目前讨论的这些解决方案都存在一些非常重要的问题。硬重启会对网络造成破坏，软重配机制则会耗用大量无法接受的内存资源。图 4-6 给出了一种更好的解决方案，此时配置了新入站策略的路由器可以要求邻居重新发送其前缀信息。

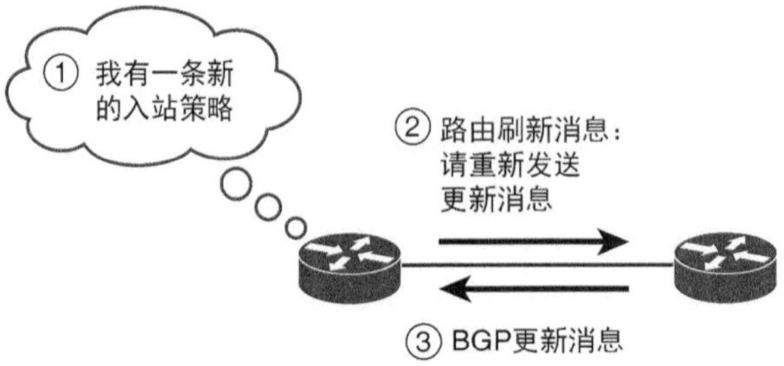

图 4-6 路由刷新定义了一种新的 BGP 消息类型，可以要求邻居重新发送前缀信息，无需在本地存储应用策略前的前缀

图 4-6 的流程可以通过路由刷新机制来实现。路由刷新机制会向邻居发送一条新的 BGP 消息（毫无疑问被称为路由刷新消息[类型代码 5]）。告诉邻居重新发送其前缀信息。请注意，必须运行相应的命令才能发送路由刷新消息。也就是说，不会自动检测策略变更情况来触发该消息。这里所用的命令与前面的软重配机制相同，都是 **clear ip bgp soft in**，区别在于邻居的配置中不包含 **neighbor soft-reconfiguration inbound** 语句。

例 4-7 给出了路由刷新消息的格式（BGP 报头后面包含了一组代码）。AFI（Address Family Identifier，地址簇标识符）和 SAFI（Subsequent Address Family Identifier，子地址簇标识符）允许该消息指定将要发送的前缀类型，如单播或多播 IPv4、单播或多播 IPv6。有关地址簇（可以区分多协议 BGP 宣告的不同地址类型）的详细内容，请参见第 6 章。

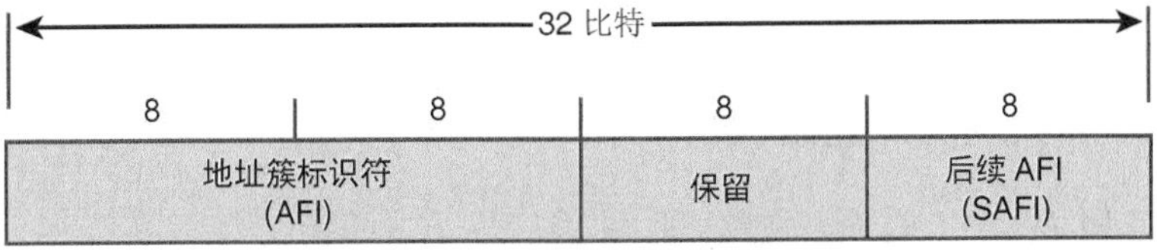

图 4-7 BGP 路由刷新消息格式

当然，路由器的邻居当中也可能会有部分邻居不支持路由刷新功能。此时就必须知道哪些邻居不支持该功能，从而可以为这些邻居采用其他可选方案（硬重启或软重配）来应用入站策略变更。因此，在打开邻居会话的过程中必须协商路由刷新能力，如果邻居支持该能力，那么就记录到邻居表中。

利用 **debug ip bgp in** 命令可以观察路由刷新能力的协商过程（见例 4-36），清除了到邻居 10.2.1.1 的 BGP 会话之后，就可以看到打开 BGP 会话过程中的能力协商过程。

例 4-36 在打开 BGP 会话的过程中协商路由刷新能力

```
Eldora#debug ip bgp in
BGP debugging is on for address family: IPv4 Unicast
Eldora#clear ip bgp 10.2.1.1
Eldora#
*Mar 29 13:42:04.619: BGPNSF state: 10.2.1.1 went from nsf_not_active to
  nsf_not_active
*Mar 29 13:42:04.619: BGP: 10.2.1.1 went from Established to Idle
*Mar 29 13:42:04.623: %BGP-5-ADJCHANGE: neighbor 10.2.1.1 Down User reset
*Mar 29 13:42:04.623: BGP: 10.2.1.1 closing
*Mar 29 13:42:04.627: BGP: 10.2.1.1 went from Idle to Active
*Mar 29 13:42:04.647: BGP: 10.2.1.1 open active, local address 10.2.1.2
*Mar 29 13:42:06.419: BGP: 10.2.1.1 went from Active to OpenSent
*Mar 29 13:42:06.419: BGP: 10.2.1.1 sending OPEN, version 4, my as: 300, holdtime
  180 seconds
*Mar 29 13:42:06.639: BGP: 10.2.1.1 rcv message type 1, length (excl. header) 26
*Mar 29 13:42:06.643: BGP: 10.2.1.1 rcv OPEN, version 4, holdtime 180 seconds
*Mar 29 13:42:06.643: BGP: 10.2.1.1 rcv OPEN w/ OPTION parameter len: 16
*Mar 29 13:42:06.647: BGP: 10.2.1.1 rcvd OPEN w/ optional parameter type 2
  (Capability) len 6
*Mar 29 13:42:06.647: BGP: 10.2.1.1 OPEN has CAPABILITY code: 1, length 4
*Mar 29 13:42:06.647: BGP: 10.2.1.1 OPEN has MP_EXT CAP for afi/safi: 1/1
*Mar 29 13:42:06.647: BGP: 10.2.1.1 rcvd OPEN w/ optional parameter type 2
  (Capability) len 2
*Mar 29 13:42:06.647: BGP: 10.2.1.1 OPEN has CAPABILITY code: 128, length 0
*Mar 29 13:42:06.647: BGP: 10.2.1.1 OPEN has ROUTE-REFRESH capability(old) for all
 address-families
*Mar 29 13:42:06.647: BGP: 10.2.1.1 rcvd OPEN w/ optional parameter type 2
(Capability) len 2
```

（待续）

```
*Mar 29 13:42:06.647: BGP: 10.2.1.1 OPEN has CAPABILITY code: 2, length 0
*Mar 29 13:42:06.647: BGP: 10.2.1.1 OPEN has ROUTE-REFRESH capability(new) for all
 address-families
BGP: 10.2.1.1 rcvd OPEN w/ remote AS 100
*Mar 29 13:42:06.647: BGP: 10.2.1.1 went from OpenSent to OpenConfirm
*Mar 29 13:42:06.647: BGP: 10.2.1.1 went from OpenConfirm to Established
*Mar 29 13:42:06.647: %BGP-5-ADJCHANGE: neighbor 10.2.1.1 Up
Eldora#
```

例 4-37 再次显示了例 4-35 中的邻居表，同时以高亮方式显示了两者的不同之处。可以看出在“Neighbor capabilities:”（邻居能力）下面显示了路由刷新的相关信息。请注意，软重配机制与路由刷新机制相互排斥。如果邻居的配置中包含了 **neighbor soft-reconfiguration inbound** 语句，那么即便该邻居支持路由刷新机制，也必须创建 Adj-RIBs-In 数据库；如果为邻居运行了 **clear ip bgp soft in** 命令，那么就要用到 Adj-RIBs-In 数据库，并且不会向邻居发送路由刷新消息。如果要在例 4-32 的配置中启用路由刷新机制，那么只要简单地删除 **neighbor soft-reconfiguration inbound** 语句即可。

例 4-37　邻居 10.2.1.1 的输出结果表明邻居支持路由刷新能力

```
Eldora#show ip bgp neighbors 10.2.1.1
  BGP neighbor is 10.2.1.1, remote AS 100, external link
  BGP version 4, remote router ID 10.2.1.1
  BGP state = Established, up for 00:02:22
  Last read 00:00:22, last write 00:00:22, hold time is 180, keepalive interval is
  60 seconds
  Neighbor capabilities:
    Route refresh: advertised and received(old & new)
    Address family IPv4 Unicast: advertised and received
  Message statistics:
    InQ depth is 0
    OutQ depth is 0
                         Sent       Rcvd
    Opens:                  1          1
    Notifications:          0          0
    Updates:                2          1
    Keepalives:             4          4
    Route Refresh:          0          0
    Total:                  7          6
  Default minimum time between advertisement runs is 30 seconds

 For address family: IPv4 Unicast
  BGP table version 3, neighbor version 3/0
  Output queue size: 0
  Index 1, Offset 0, Mask 0x2
  1 update-group member
  Inbound soft reconfiguration allowed
  Inbound path policy configured
  Route map for incoming advertisements is origin
                                 Sent       Rcvd
  Prefix activity:               ----       ----
    Prefixes Current:               1          1 (Consumes 104 bytes)
    Prefixes Total:                 2          1
    Implicit Withdraw:              1          0
    Explicit Withdraw:              0          0
    Used as bestpath:             n/a          0
    Used as multipath:            n/a          0
    Saved (soft-reconfig):        n/a          1 (Consumes 52 bytes)

                                   Outbound    Inbound
  Local Policy Denied Prefixes:    --------    -------
    Total:                                0          0
  Number of NLRIs in the update sent: max 1, min 1
```

（待续）

```
  Connections established 1; dropped 0
  Last reset never
Connection state is ESTAB, I/O status: 1, unread input bytes: 0
Connection is ECN Disabled, Mininum incoming TTL 0, Outgoing TTL 1
Local host: 10.2.1.2, Local port: 179
Foreign host: 10.2.1.1, Foreign port: 63432
Connection tableid (VRF): 0

Enqueued packets for retransmit: 0, input: 0 mis-ordered: 0 (0 bytes)

Event Timers (current time is 0x2CD80):
Timer          Starts    Wakeups            Next
Retrans             6          0             0x0
TimeWait            0          0             0x0
AckHold             6          2             0x0
SendWnd             0          0             0x0
KeepAlive           0          0             0x0
GiveUp              0          0             0x0
PmtuAger            0          0             0x0
DeadWait            0          0             0x0
Linger              0          0             0x0
ProcessQ            0          0             0x0

iss: 3959681864 snduna: 3959682084 sndnxt: 3959682084    sndwnd: 16165
irs: 2000181844 rcvnxt: 2000182020 rcvwnd:      16209 delrcvwnd:   175

SRTT: 169 ms, RTTO: 1189 ms, RTV: 1020 ms, KRTT: 0 ms
minRTT: 12 ms, maxRTT: 336 ms, ACK hold: 200 ms
Status Flags: passive open, gen tcbs
Option Flags: nagle
IP Precedence value : 6

Datagrams (max data segment is 1460 bytes):
Rcvd: 11 (out of order: 0), with data: 6, total data bytes: 175
Sent: 9 (retransmit: 0, fastretransmit: 0, partialack: 0, Second Congestion: 0),
  with data: 6, total data bytes: 219
 Packets received in fast path: 0, fast processed: 0, slow path: 0
 fast lock acquisition failures: 0, slow path: 0
Eldora#
```

例 4-38 给出了软重配机制与路由刷新机制之间的对比情况。在示例的开始位置，Eldora 的配置如例 4-32 所示，所有邻居都配置了 **neighbor soft-reconfiguration inbound** 语句。本例启用了 **debug ip bgp in** 和 **debug ip bgp updates** 以同时观察入站事件以及 BGP 更新情况，然后为邻居 10.2.1.1 运行了 **clear ip bgp soft in** 命令。虽然没有提到 Adj-RIBs-In 数据库的建立情况，但是从调试消息可以清楚地看出已经运行了软重配机制。

接下来从邻居 10.2.1.1 的配置中删除 **neighbor soft-reconfiguration inbound** 语句，从而禁用软重配机制并删除 Adj-RIBs-In 数据库，之后再运行 **clear ip bgp soft in** 命令。从调试消息可以看出目前已经向邻居发送了一条路由刷新消息（类型 5），并且该邻居响应了一条 BGP Update 消息。

例 4-38 利用调试功能观察邻居 10.2.1.1 在配置与未配置软重配入站特性的情况下对 **clear ip bgp soft in** 命令的响应情况，在后一种情况下，路由器对该命令的响应方式是向邻居发送一条 BGP 路由刷新信息，而邻居则以 BGP Update 消息作为该路由刷新消息的响应消息

```
Eldora#debug ip bgp in
BGP debugging is on for address family: IPv4 Unicast
Eldora#debug ip bgp updates
BGP updates debugging is on for address family: IPv4 Unicast
Eldora#
Eldora#clear ip bgp 10.2.1.1 soft in
```

（待续）

```
Eldora#
*Mar 29 13:53:52.351: BGP(0): start inbound soft reconfiguration for 10.2.1.1
*Mar 29 13:53:52.355: BGP(0): process 10.1.1.0/24, next hop 10.2.1.1, metric 0 from
  10.2.1.1
*Mar 29 13:53:52.355: BGP(0): No inbound policy. Prefix 10.1.1.0/24 accepted
  unconditionally
*Mar 29 13:53:52.359: BGP(0): complete inbound soft reconfiguration, ran for 8ms
Eldora#
Eldora#conf t
Enter configuration commands, one per line. End with CNTL/Z.
Eldora(config)#router bgp 300
Eldora(config-router)#no neighbor 10.2.1.1 soft-reconfiguration inbound
Eldora(config-router)#^Z
Eldora#
*Mar 29 13:54:36.811: %SYS-5-CONFIG_I: Configured from console by console
Eldora#
Eldora#clear ip bgp 10.2.1.1 soft in
Eldora#
*Mar 29 13:54:52.367: BGP: 10.2.1.1 sending REFRESH_REQ(5) for afi/safi: 1/1
*Mar 29 13:54:52.371: BGP: 10.2.1.1 send message type 5, length (incl. header) 23
*Mar 29 13:54:52.459: BGP(0): 10.2.1.1 rcvd UPDATE w/ attr: nexthop 10.2.1.1, origin
  i, metric 0, path 100 500
Eldora#
```

从这些示例可以看出，现代BGP网络完全不需要使用硬重启机制来插入新的入站路由策略，路由刷新是当前实现非破坏性入站策略变更管理的优选手段。与不支持路由刷新机制的传统邻居建立对等会话时，通过 **neighbor soft-reconfiguration inbound** 语句来启用Adj-RIBs-In仍然非常有用（即使此时可以访问邻居路由器并在面向变更入站策略的路由器方向执行 **clear ip bgp soft out** 命令，从而可以不使用Adj-RIBs-In）。

4.4 路由过滤技术

从Cisco路由器出现早期（可能是一开始）到现在，ACL（Access List，访问列表）已经应用了很多年。顾名思义，ACL 可以根据数据包头部中的源和/或目的地址来允许或拒绝数据包。虽然我们仍然使用术语“访问列表”来描述这个必不可少的策略工具，但是该名称已经不足以描述其使用方式，“数据包标识符”（Packet identifier）的描述可能更加准确：通过能力增强，ACL目前完全能够根据数据包头部的各种数值以及上层头部的大量数值组合来精确识别数据包。说得更确切些，ACL目前的应用范围已不仅仅局限于数据包过滤器，包括从服务分类到重分发在内的大量操作功能都要利用ACL来标识数据包。

对于路由过滤器来说也是如此。虽然可以利用路由过滤器来允许或拒绝路由的宣告或接受，但同样也可以利用路由过滤器为大量策略设置功能来识别路由。需要记住的关键概念是，路由过滤器标识的是路由，而不是数据包，是配置路由策略的基础工具。

本节将介绍IOS提供的各种路由过滤器并解释它们的一些常见应用，大家将在本章的后续内容以及后面的BGP章节的策略示例中看到路由过滤器的使用情况。

4.4.1 通过NLRI过滤路由

如果只需要识别少量路由或者待过滤的路由之间没有共同特征进行有效分类，那么通过路由的目的前缀（路由的 NLRI）来过滤路由就是一种最精确也是最好的路由过滤方法。如果仅利用过滤器简单地允许或拒绝路由的宣告（出）或接受（入），那么就可以在邻居上应用过滤器或者在重分发配置中应用过滤器。

IOS 为基于 NLRI 的路由过滤提供了两种有效工具：分发列表和前缀列表。其中，前缀列表是最新工具也是优选工具。它们提供的各种配置选项使其更加灵活，而且对路由器的性能影响也很小。下面将通过两个案例来解释这两种工具的使用方式，并说明现代 BGP 网络优选前缀列表（次选分发列表）的原因。

4.4.2 案例研究：使用分发列表

对于 BGP 来说，第一个也是最简单的路由过滤器就是由 **distribute-list** 命令定义的分发列表。使用该路由过滤器时，需要为每个邻居定义该路由过滤器，并指向一个访问列表，由访问列表定义该路由过滤器将要作用的前缀或 NLRI。

图 4-8 给出了本例以及后面两个案例将要用到的网络结构图。

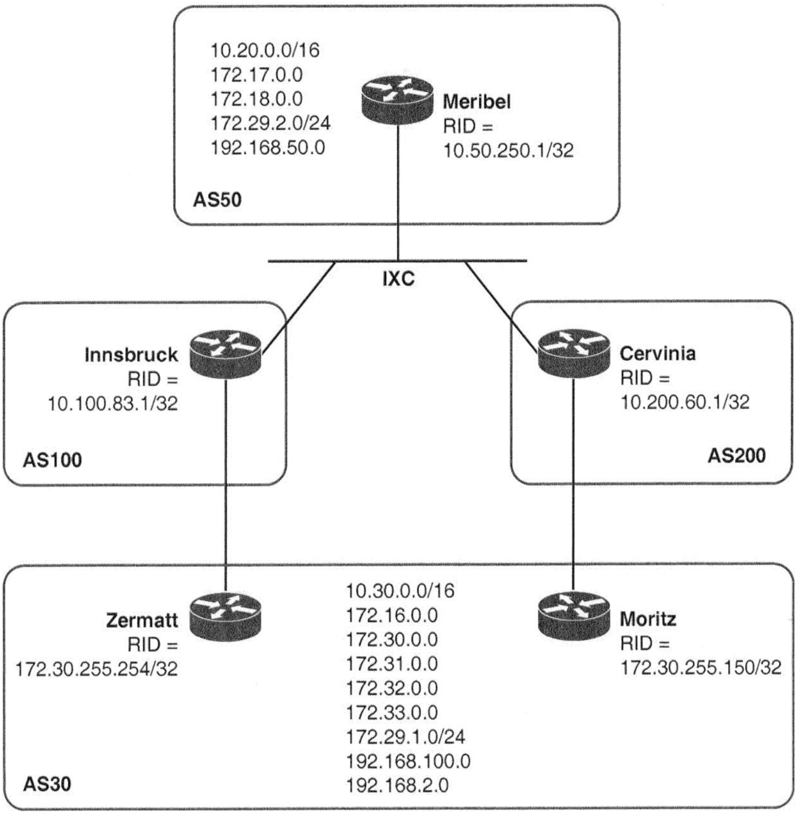

图 4-8 AS30 和 AS50 宣告了图中显示的前缀；AS30 在物理上实现多归属，而 AS50 通过独立的 BGP 会话（经由公共的 IXC）在逻辑上实现多归属

图 4-8 中的路由器的初始配置如例 4-39 所示。

例 4-39 图 4-8 中的路由器的初始配置

```
Zermatt
interface Loopback0
 ip address 172.30.255.254 255.255.255.255
 ip router isis
```

（待续）

```
!
router isis
 net 30.5678.1234.defa.00
 default-information originate
!
router bgp 30
 no synchronization
 bgp log-neighbor-changes
 network 10.30.0.0 mask 255.255.0.0
 network 172.16.0.0
 network 172.29.1.0 mask 255.255.255.0
 network 172.30.0.0
 network 172.31.0.0
 network 172.32.0.0
 network 172.33.0.0
 network 192.168.2.0
 network 192.168.100.0
 neighbor 10.100.83.1 remote-as 100
 neighbor 10.100.83.1 ebgp-multihop 2
 neighbor 10.100.83.1 update-source Loopback0
 neighbor 172.30.255.150 remote-as 30
 neighbor 172.30.255.150 update-source Loopback0
 neighbor 172.30.255.150 next-hop-self
 no auto-summary
!
ip route 10.100.83.1 255.255.255.255 Serial1/0
```

Moritz

```
interface Loopback0
 ip address 172.30.255.150 255.255.255.255
 ip router isis
!
router isis
 net 30.1234.5678.abcd.00
 default-information originate
!
router bgp 30
 no synchronization
 bgp log-neighbor-changes
 network 10.30.0.0 mask 255.255.0.0
 network 172.16.0.0
 network 172.29.1.0 mask 255.255.255.0
 network 172.30.0.0
 network 172.31.0.0
 network 172.32.0.0
 network 172.33.0.0
 network 192.168.2.0
 network 192.168.100.0
 neighbor 10.200.60.1 remote-as 200
 neighbor 10.200.60.1 ebgp-multihop 2
 neighbor 10.200.60.1 update-source Loopback0
 neighbor 172.30.255.254 remote-as 30
 neighbor 172.30.255.254 update-source Loopback0
 neighbor 172.30.255.254 next-hop-self
 no auto-summary
!
ip route 10.200.60.1 255.255.255.255 Serial1/0
```

Innsbruck

```
interface Loopback0
 ip address 10.100.83.1 255.255.255.255
!
!
router bgp 100
 no synchronization
```

（待续）

```
 bgp log-neighbor-changes
 network 10.100.0.0 mask 255.255.0.0
 neighbor 10.50.250.1 remote-as 50
 neighbor 10.50.250.1 ebgp-multihop 2
 neighbor 10.50.250.1 update-source Loopback0
 neighbor 10.200.60.1 remote-as 200
 neighbor 10.200.60.1 ebgp-multihop 2
 neighbor 10.200.60.1 update-source Loopback0
 neighbor 172.30.255.254 remote-as 30
 neighbor 172.30.255.254 ebgp-multihop 2
 neighbor 172.30.255.254 update-source Loopback0
 no auto-summary
!
ip route 10.50.250.1 255.255.255.255 FastEthernet0/0
ip route 10.200.60.1 255.255.255.255 FastEthernet0/0
ip route 172.30.255.254 255.255.255.255 Serial1/0
```

Cervina

```
interface Loopback0
 ip address 10.200.60.1 255.255.255.255
!
router bgp 200
 no synchronization
 bgp log-neighbor-changes
 network 10.200.0.0 mask 255.255.0.0
 neighbor 10.50.250.1 remote-as 50
 neighbor 10.50.250.1 ebgp-multihop 2
 neighbor 10.50.250.1 update-source Loopback0
 neighbor 10.100.83.1 remote-as 100
 neighbor 10.100.83.1 ebgp-multihop 2
 neighbor 10.100.83.1 update-source Loopback0
 neighbor 172.30.255.150 remote-as 30
 neighbor 172.30.255.150 ebgp-multihop 2
 neighbor 172.30.255.150 update-source Loopback0
 no auto-summary
!
ip route 10.50.250.1 255.255.255.255 FastEthernet0/0
ip route 10.100.83.1 255.255.255.255 FastEthernet0/0
ip route 172.30.255.150 255.255.255.255 Serial1/0
```

Meribel

```
interface Loopback0
 ip address 10.50.250.1 255.255.255.255
!
router bgp 50
 no synchronization
 bgp log-neighbor-changes
 network 10.20.0.0 mask 255.255.0.0
 network 172.17.0.0
 network 172.18.0.0
 network 172.29.2.0 mask 255.255.255.0
 network 192.168.50.0
 neighbor 10.100.83.1 remote-as 100
 neighbor 10.100.83.1 ebgp-multihop 2
 neighbor 10.100.83.1 update-source Loopback0
 neighbor 10.200.60.1 remote-as 200
 neighbor 10.200.60.1 ebgp-multihop 2
 neighbor 10.200.60.1 update-source Loopback0
no auto-summary
!
ip route 10.20.0.0 255.255.0.0 Null0
ip route 10.100.83.1 255.255.255.255 FastEthernet0/0
ip route 10.200.60.1 255.255.255.255 FastEthernet0/0
ip route 172.17.0.0 255.255.0.0 Null0
ip route 172.18.0.0 255.255.0.0 Null0
ip route 172.29.2.0 255.255.255.0 Null0
ip route 192.168.50.0 255.255.255.0 Null0
```

请注意，图 4-8 没有显示任何数据链路的 IP 地址，这是因为所有的 EBGP 会话均配置在路由器 ID（由路由器的环回接口定义）之间，因而数据链路的地址与本例无关。本例为 IXC（Internet Exchange，互联网交换中心）广播链路配置了 IP 地址，为所有串行链路使用的都是无编号 IP。这些初始配置中的重要信息就是静态路由，它们的作用是告诉路由器如何发现邻居的路由器 ID。请注意，由于 EBGP 端点并不是直连子网，因而例中使用了多跳 EBGP，**neighbor update-source** 命令可以确保 EBGP 会话的本地端源自环回接口。第 2 章曾经说过，如果愿意的话，可以在这种场景下使用 **neighbor disable connected-check** 语句，而不是 **neighbor ebgp-multihop** 语句。

Zermatt 和 Moritz 都向 AS30 宣告了一条默认路由（通过 IS-IS）。这两台路由器之间运行了一条 EBGP 会话，这样可以确保任一条外部链路出现故障的情况下，都能从另一台路由器学到这些外部前缀。例如，如果 Moritz 与 Cervinia 之间的链路出现了故障，Moritz 仍然能够从 Zermatt 学到外部路由。此后，如果 AS30 内的路由器通过默认路由将数据包转发给 Moritz，那么 Moritz 就会将该数据包转发给 Zermatt。

图 4-8 中的 AS30 利用双归属机制实现冗余性。但 AS30 不应该是一个转接 AS，也就是说，AS100 与 AS200 之间的流量都不应该穿越 AS30。从 Innsbruck 的 BGP 表（见例 4-40）可以看出该策略已经生效：Meribel（10.50.250.1）被显示为去往 AS50 中的前缀的最佳下一跳，Cervinia（10.200.60.1）也被显示为一个有效下一跳。Zermatt（172.30.255.254）没有被显示为任何 AS50 前缀的有效下一跳。也就是说，Innsbruck 不会将目的端位于 AS50 内部的数据包转发给 Meribel 并通过 AS30 进行转接。Cervinia 的 BGP 表也与此相似。

例 4-40 Innsbruck 的 BGP 表表明 Meribel 和 Cervinia 是去往 AS50 前缀的有效下一跳，Meribel 则是最佳路径

```
Innsbruck#show ip bgp
BGP table version is 27, local router ID is 10.100.83.1
Status codes: s suppressed, d damped, h history, * valid, > best, i - internal,
              r RIB-failure, S Stale
Origin codes: i - IGP, e - EGP, ? - incomplete

   Network          Next Hop            Metric LocPrf Weight Path
*> 10.20.0.0/16     10.50.250.1              0             0 50 i
*                   10.200.60.1                            0 200 50 i
*  10.30.0.0/16     10.50.250.1              0            50 200 30 i
*                   10.200.60.1                            0 200 30 i
*>                  172.30.255.254          10             0 30 i
*> 10.100.0.0/16     0.0.0.0                 0         32768 i
*  10.200.0.0/16     10.50.250.1                           0 50 200 i
*>                   10.200.60.1             0             0 200 i
*                    172.30.255.254                        0 30 200 i
* 172.16.0.0         10.50.250.1                           0 50 200 30 i
*                    10.200.60.1                           0 200 30 i
*>                   172.30.255.254         10             0 30 i
*> 172.17.0.0        10.50.250.1             0             0 50 i
*                    10.200.60.1                           0 200 50 i
*> 172.18.0.0        10.50.250.1             0             0 50 i
*                    10.200.60.1                           0 200 50 i
*  172.29.1.0/24     10.50.250.1                           0 50 200 30 i
*                    10.200.60.1                           0 200 30 i
*>                   172.30.255.254         10             0 30 i
*> 172.29.2.0/24     10.50.250.1             0             0 50 i
*                    10.200.60.1                           0 200 50 i
*  172.30.0.0        10.50.250.1                           0 50 200 30 I
*                    10.200.60.1                           0 200 30 i
```

（待续）

```
*>                  172.30.255.254          0            0 30 i
*  172.31.0.0       10.50.250.1                          0 50 200 30 i
*                   10.200.60.1                          0 200 30 i
*>                  172.30.255.254         10            0 30 i
*  172.32.0.0       10.50.250.1                          0 50 200 30 i
*                   10.200.60.1                          0 200 30 i
*>                  172.30.255.254         20            0 30 i
*  172.33.0.0       10.50.250.1                          0 50 200 30 i
*                   10.200.60.1                          0 200 30 i
*>                  172.30.255.254         10            0 30 i
*  192.168.2.0      10.50.250.1                          0 50 200 30 i
*                   10.200.60.1                          0 200 30 i
*>                  172.30.255.254         10            0 30 i
*> 192.168.50.0     10.50.250.1             0            0 50 i
*                   10.200.60.1                          0 200 50 i
*  192.168.100.0    10.50.250.1                          0 50 200 30 i
*                   10.200.60.1                          0 200 30 i
*>                  172.30.255.254         10            0 30 i
Innsbruck#
```

请注意，Innsbruck 不但可以通过 Zermatt 直达 AS30 中的前缀，而且 Meribel 和 Cervinia 也是有效下一跳。这一点非常好：如果 Innsbruck 与 Zermatt 之间的链路出现故障或者 Zermatt 自身出现故障，那么 Innsbruck 就可以将 AS50 和 AS200 用作去往 AS30 的转接路径。

不过，从 Innsbruck 的 BGP 表还可以看出另一个问题，那就是假定 AS30 不被用作转接 AS 是错误的：注意到去往 AS200 前缀 10.200.0.0/16 的路由有三个有效下一跳，其中之一就是 Zermatt。例 4-41 给出了更有说服力的证据。Innsbruck 到 IXC（因而到 Meribel 和 Cervinia）的链路被禁用了，等到 Innsbruck 的 BGP 表稳定之后，表中显示去往 AS50 前缀的下一跳就是 Zermatt。

例 4-41　Innsbruck 到 IXC 的接口被关闭后，其 BGP 表就将 Zermatt 视为去往 AS50 前缀的下一跳

```
Innsbruck#
*May 13 15:35:43.411: %LINK-5-CHANGED: Interface FastEthernet0/0, changed state to
  administratively down
*May 13 15:35:43.411: %ENTITY_ALARM-6-INFO: ASSERT INFO Fa0/0 Physical Port
  Administrative State Down
*May 13 15:35:44.411: %LINEPROTO-5-UPDOWN: Line protocol on Interface
  FastEthernet0/0, changed state to down
Innsbruck#
Innsbruck#show ip bgp
BGP table version is 17, local router ID is 10.100.83.1
Status codes: s suppressed, d damped, h history, * valid, > best, i - internal,
              r RIB-failure, S Stale
Origin codes: i - IGP, e - EGP, ? - incomplete

   Network          Next Hop            Metric LocPrf Weight Path
*> 10.20.0.0/16     172.30.255.254                         0 30 200 50 i
*> 10.30.0.0/16     172.30.255.254          10             0 30 i
*> 10.100.0.0/16    0.0.0.0                  0         32768 i
*> 10.200.0.0/16    172.30.255.254                         0 30 200 i
*> 172.16.0.0       172.30.255.254          10             0 30 i
*> 172.17.0.0       172.30.255.254                         0 30 200 50 i
*> 172.18.0.0       172.30.255.254                         0 30 200 50 i
*> 172.29.1.0/24    172.30.255.254          10             0 30 i
*> 172.29.2.0/24    172.30.255.254                         0 30 200 50 i
*> 172.30.0.0       172.30.255.254           0             0 30 i
*> 172.31.0.0       172.30.255.254          10             0 30 i
*> 172.32.0.0       172.30.255.254          20             0 30 i
*> 172.33.0.0       172.30.255.254          10             0 30 i
*> 192.168.2.0      172.30.255.254          10             0 30 i
*> 192.168.50.0     172.30.255.254                         0 30 200 50 i
*> 192.168.100.0    172.30.255.254          10             0 30 i
Innsbruck#
```

起初看起来有些令人惊讶。如果 Zermatt 是例 4-41 中的有效下一跳，那么为什么例 4-40 未将其列为有效下一跳呢？答案就在于简单的水平分割机制。如果 Innsbruck 的 IXC 连接处于激活状态，那么 Innsbruck 会将 AS50 路由宣告给 Zermatt，因而即使 Zermatt 从 Moritz 学到了去往相同前缀的路由，Zermatt 也不会将这些路由宣告给 Innsbruck。但是，如果 Innsbruck 的 IXC 链路处于中断状态，那么 Zermatt 就会向 Zermatt 发送一条 BGP Update 消息以撤销去往 AS50 前缀的路由。此后，Zermatt 就将学自 Moritz 的 AS50 路由宣告给 Innsbruck。

例 4-41 中的 BGP 表生效之后，Innsbruck 就会将去往 AS50 目的端的数据包转发给 Zermatt，此后这些数据包就变得无法预测。Zermatt 显示 Moritz 是去往 AS50 前缀的下一跳。如果 Zermatt 与 Moritz 之间有直连链路，那么数据包就会被转发给 Moritz，然后再转发给 Cervinia，此时 AS30 就成为一个转接 AS。另一方面，如果数据包必须穿越 Zermatt 与 Moritz 之间的内部路由器，那么这些内部路由器将没有去往 AS50 前缀的路由。因为这些内部路由器之间没有 IBGP 会话，也没有从 BGP 向 IGP 执行重分发操作。不过，这些内部路由器拥有 Zermatt 和 Moritz 宣告到 IS-IS 中的默认路由，因而如果 Zermatt 将数据包转发给已经选择了来自 Moritz 的默认路由的内部路由器，那么该路由器会将数据包转发给 Moritz，此时数据包仍然可以成功穿越 AS30。但是，如果内部路由器选择了来自 Zermatt 的默认路由，那么该内部路由器就会将数据包转发回 Zermatt，从而出现路由环路。

以上一切的底线就是图 4-8 中的 Innsbruck 或 Cervinia 都不应该将数据包转发给 AS30，除非数据包的目的地址属于 AS30 前缀。此时就应该使用出站路由过滤来确保 Zermatt 和 Moritz 向它们的 EBGP 对等体仅宣告 AS30 前缀。

从例 4-42 的配置信息可以看出，Zermatt 通过 **neighbor distribute-list** 语句实现了出站路由过滤器。该过滤器应用于邻居 Innsbruck（10.100.83.1），同时引用 ACL 1 来识别需要被过滤的前缀，并利用关键字 **out** 将该过滤器设置为出站过滤器。

注：*应用了路由过滤器之后，不要忘了对 BGP 会话执行软重启操作。*

例 4-42 Zermatt 通过 **neighbor distribute-list** 语句创建了出站路由过滤器，允许 AS30 前缀（拒绝其他前缀）宣告给 Innsbruck

```
router bgp 30
 no synchronization
 bgp log-neighbor-changes
 network 10.30.0.0 mask 255.255.0.0
 network 172.16.0.0
 network 172.29.1.0 mask 255.255.255.0
 network 172.30.0.0
 network 172.31.0.0
 network 172.32.0.0
 network 172.33.0.0
 network 192.168.2.0
 network 192.168.100.0
 neighbor 10.100.83.1 remote-as 100
 neighbor 10.100.83.1 ebgp-multihop 2
 neighbor 10.100.83.1 update-source Loopback0
 neighbor 10.100.83.1 distribute-list 1 out
 neighbor 172.30.255.150 remote-as 30
 neighbor 172.30.255.150 update-source Loopback0
 neighbor 172.30.255.150 next-hop-self
no auto-summary
!
access-list 1 permit 192.168.100.0
```

（待续）

```
access-list 1 permit 10.30.0.0
access-list 1 permit 192.168.2.0
access-list 1 permit 172.32.0.0
access-list 1 permit 172.33.0.0
access-list 1 permit 172.29.1.0
access-list 1 permit 172.31.0.0
access-list 1 permit 172.16.0.0
access-list 1 deny any
!
```

从例 4-43 的 Innsbruck BGP 表中可以看出 Zermatt 出站路由过滤器的应用效果。Innsbruck 的 IXC 接口仍然处于中断状态，因而没有从 Meribel 或 Cervinia 收到路由。除了自己的 AS100 前缀之外，目前 Innsbruck 的 BGP 表中存在的表项只有 Zermatt 的路由过滤器所允许的路由。

例 4-43 Innsbruck 不再从 Zermatt 收到去往 AS30 之外的前缀的路由

```
Innsbruck#show ip bgp
BGP table version is 1, local router ID is 10.100.83.1
Status codes: s suppressed, d damped, h history, * valid, > best, i - internal,
              r RIB-failure, S Stale
Origin codes: i - IGP, e - EGP, ? - incomplete

   Network          Next Hop            Metric LocPrf Weight Path
* 10.30.0.0/16     172.30.255.254          10             0 30 i
* 10.100.0.0/16    0.0.0.0                  0         32768 i
* 172.16.0.0       172.30.255.254          10             0 30 i
* 172.29.1.0/24    172.30.255.254          10             0 30 i
* 172.31.0.0       172.30.255.254          10             0 30 i
* 172.32.0.0       172.30.255.254          20             0 30 i
* 172.33.0.0       172.30.255.254          10             0 30 i
* 192.168.2.0      172.30.255.254          10             0 30 i
* 192.168.100.0    172.30.255.254          10             0 30 i
Innsbruck#
```

当然，关闭接口以验证路由过滤器是否正确工作对于生产性网络来说几乎是一件不现实的事情。更好的办法是使用 **show ip bgp neighbors advertised-routes** 命令（见例 4-44），但是该命令提供的信息可能并不完全确定。由于存在水平分割机制，因而在 Innsbruck 处于正常状态并将前缀宣告给 Zermatt 时（即使没有路由过滤器），该命令也不会显示 AS50 前缀。是否配置路由过滤器的差异在于，如果没有配置路由过滤器，那么就会在已宣告的路由列表中看到 AS200 前缀 10.200.0.0/16。没有其他替代方案可以同时了解网络在正常情况和异常情况下的运行效果。

例 4-44 **show ip bgp neighbors advertised-routes** 命令可以显示宣告给指定邻居的前缀信息

```
Zermatt#show ip bgp neighbors 10.100.83.1 advertised-routes
BGP table version is 25, local router ID is 172.30.255.254
Status codes: s suppressed, d damped, h history, * valid, > best, i - internal,
              r RIB-failure, S Stale
Origin codes: i - IGP, e - EGP, ? - incomplete

   Network          Next Hop            Metric LocPrf Weight Path
*> 10.30.0.0/16     172.30.255.100          10         32768 i
*> 172.16.0.0       172.30.255.100          10         32768 i
*> 172.29.1.0/24    172.30.255.100          10         32768 i
*> 172.31.0.0       172.30.255.100          10         32768 i
*> 172.32.0.0       172.30.255.100          20         32768 i
*> 172.33.0.0       172.30.255.100          10         32768 i
*> 192.168.2.0      172.30.255.100          10         32768 i
*> 192.168.100.0    172.30.255.100          10         32768 i

Total number of prefixes 8
Zermatt#
```

例4-40显示的另一个问题就是Innsbruck不仅将Meribel（10.50.250.1）列为AS50目的端的下一跳，而且还将Cervinia（10.200.60.1）也列为下一跳。Cervinia的BGP表中也存在两条相同表项，将Meribel和Innsbruck均列为去往AS50目的端的下一跳路由器。出现这两条表项的原因在于Innsbruck和Cervinia不仅与Meribel建立了对等会话，而且它们之间也建立了对等会话：Meribel将路由宣告给自己的两个EBGP对等体后，这些对等体又反过来将路由宣告给对方。虽然这些路由在BGP表中被标记为有效路由，但Cervinia并不是从Innsbruck到Meribel的有效下一跳，而且Innsbruck也不是从Cervinia到Meribel的有效下一跳，因为共享的IXC链路是去往Meribel的唯一链路。

如果Meribel撤销了一条路由，那么Innsbruck和Cervinia就不再将Meribel作为去往目的端的下一跳，并相互宣告该撤销路由。但是在从Meribel收到撤销路由与从Cervinia收到撤销路由之间的很短时间内，Innsbruck会将Cervinia显示为去往该路由的下一跳，而且Cervinia也将Innsbruck显示为去往该路由的下一跳，此时就会出现短暂的路由环路。

例4-45给出了Innsbruck为解决这个问题而配置的入站路由过滤器（在Cervinia上也配置了相似的过滤器），利用ACL 1拒绝AS50前缀并允许其他所有前缀，对Cervinia应用**distribute-list**命令，并且仅过滤从该邻居收到的路由。此外，也对Meribel应用了一个入站路由过滤器，利用ACL 2来确保不从该邻居接收AS200前缀，因而在经由Cervinia去往10.200.0.0/16的路由变得不可达时，Innsbruck与Meribel之间也不会出现路由环路。

例4-45　在Innsbruck上配置入站路由过滤器，拒绝从邻居Cervinia（10.200.60.1）接收AS50前缀以及从邻居Meribel（10.50.250.1）接收AS200前缀

```
router bgp 100
 no synchronization
 bgp log-neighbor-changes
 network 10.100.0.0 mask 255.255.0.0
 neighbor 10.50.250.1 remote-as 50
 neighbor 10.50.250.1 ebgp-multihop 2
 neighbor 10.50.250.1 update-source Loopback0
 neighbor 10.50.250.1 distribute-list 2 in
 neighbor 10.200.60.1 remote-as 200
 neighbor 10.200.60.1 ebgp-multihop 2
 neighbor 10.200.60.1 update-source Loopback0
 neighbor 10.200.60.1 distribute-list 1 in
 neighbor 172.30.255.254 remote-as 30
 neighbor 172.30.255.254 ebgp-multihop 2
 neighbor 172.30.255.254 update-source Loopback0
 no auto-summary
!
access-list 1 deny 10.20.0.0
access-list 1 deny 192.168.50.0
access-list 1 deny 172.29.2.0
access-list 1 deny 172.17.0.0
access-list 1 deny 172.18.0.0
access-list 1 permit any
access-list 2 deny 10.200.0.0
access-list 2 permit any
!
```

例4-46给出了入站路由过滤器对Innsbruck的BGP表的作用结果。与例4-40的BGP表相对比，可以看出Moritz目前已经是去往AS50目的端的唯一下一跳，Cervinia目前是去往AS200目的端的唯一下一跳。虽然Zermatt是去往AS30目的端的优选下一跳，但是在Zermatt变得不可达时，经由IXC链路的Cervinia仍然是去往AS30的可用下一跳。

例 4-46 Innsbruck 的 BGP 表不再将 Cervinia 列为 AS50 目的端的有效下一跳，也不再将 Moritz 列为 AS200 目的端的有效下一跳

```
Innsbruck#show ip bgp
BGP table version is 16, local router ID is 10.100.83.1
Status codes: s suppressed, d damped, h history, * valid, > best, i - internal,
              r RIB-failure, S Stale
Origin codes: i - IGP, e - EGP, ? - incomplete

   Network          Next Hop            Metric LocPrf Weight Path
*> 10.20.0.0/16     10.50.250.1              0             0 50 i
*  10.30.0.0/16     10.200.60.1              0           200 30 i
*>                  172.30.255.254          10             0 30 i
*> 10.100.0.0/16    0.0.0.0                  0         32768 i
*> 10.200.0.0/16    10.200.60.1              0             0 200 i
*  172.16.0.0       10.200.60.1                            0 200 30 i
*>                  172.30.255.254          10             0 30 i
*> 172.17.0.0       10.50.250.1              0             0 50 i
*> 172.18.0.0       10.50.250.1              0             0 50 i
*  172.29.1.0/24    10.200.60.1                            0 200 30 i
*>                  172.30.255.254          10             0 30 i
*> 172.29.2.0/24    10.50.250.1              0             0 50 i
*  172.31.0.0       10.200.60.1                            0 200 30 i
*>                  172.30.255.254          10             0 30 i
*  172.32.0.0       10.200.60.1                            0 200 30 i
*>                  172.30.255.254          20             0 30 i
*  172.33.0.0       10.200.60.1                            0 200 30 i
*>                  172.30.255.254          10             0 30 i
*  192.168.2.0      10.200.60.1                            0 200 30 i
*>                  172.30.255.254          10             0 30 i
*> 192.168.50.0     10.50.250.1              0             0 50 i
*  192.168.100.0    10.200.60.1                            0 200 30 i
*>                  172.30.255.254          10             0 30 i
Innsbruck#
```

4.4.3 使用扩展 ACL 的路由过滤器

随着前缀过滤需求复杂度的不断增加，利用 ACL 识别待过滤前缀在操作上的难度也变得越来越大：

- 利用网络掩码识别有类别边界内的前缀集很困难，也容易混淆；
- 利用访问列表识别连续的前缀区间很困难；
- 如果需要过滤的前缀集经常发生变化，那么编辑访问列表的操作难度将非常大。

使用访问列表作为路由过滤器的操作难度在于利用数据包识别工具来识别路由。例 4-45 中的标准 ACL（识别一个简单的单一前缀列表）非常直观，但是如果要执行更复杂的识别操作，那么就需要使用扩展访问列表。例如，扩展访问列表不仅可以识别单个 16 比特前缀 10.20.0.0/16，而且还能识别前 16 比特是 10.20 的所有更长前缀，相应的扩展访问列表如下：

```
access-list 100 permit ip 10.20.0.0 0.0.255.255 255.255.0.0 0.0.255.255
```

该 ACL 包含了 4 个 32 比特点分十进制地址。

- **10.20.0.0：**指定有意义的前缀编号。
- **0.0.255.255：**是一个通配符掩码，指定前 16 比特固定不变，后 16 比特（在通配符中标记为“不关心”比特）可以是任何值。
- **255.255.0.0：**指定前缀的 16 比特掩码，即最小前缀长度。

- **0.0.255.255**：是一个应用于地址掩码的通配符掩码，指定掩码的前 16 比特必须为全 1，后 16 比特可以为任意值。

如果希望拒绝长于 22 比特的所有前缀（这种常见操作的目的是强制不接受长前缀，应该对这些长前缀进行聚合），那么就可以配置如下扩展 ACL。

```
access-list 101 deny ip any 255.255.252.0 0.0.3.255
```

- **any**：匹配前缀掩码中的任意数字组合。
- **255.255.252.0**：是 22 比特地址掩码，表示关键字 **any** 应用于该前缀的前 22 比特。
- **0.0.3.255**：是通配符掩码，指定地址掩码的前 22 比特必须是前面的掩码，其余比特可以是任意值。

从这些示例可以看出，在路由过滤操作中使用 ACL 非常不直观。幸运的是，前缀列表提供了一种更好也更容易理解的 NLRI 过滤工具。

4.4.4 案例研究：使用前缀列表

例 4-47 给出了一个简单的前缀列表应用示例。该前缀列表执行的过滤功能与例 4-42 的 ACL 完全相同，从中可以看出 **ip prefix-list** 语句的一些优点。

- 前缀列表使用名称而不是数字，因而更容易标识各个过滤器[9]。
- 可以在前缀列表的开头增加 **ip prefix-list description** 语句，最多可以通过 80 个文本字符来帮助了解前缀列表的作用。
- 增加序列号（seq）来协助编辑前缀列表。
- 使用的是 CIDR 记法（在斜线后面指定前缀比特长度），而不是访问列表使用的前缀掩码记法。CIDR 记法不但输入简单，而且也更容易理解。
- 利用 **neighbor prefix-list** 语句将过滤器应用于 BGP 邻居，与 **neighbor distribute-list** 语句相似，需要指定过滤器的入站（**in**）或出站（**out**）方向。需要注意的是，虽然也可以利用 **neighbor distribute-list prefix-list** 语句来调用前缀列表，但使用该语句而不是更简单的 **neighbor prefix-list** 语句通常并无意义。

例 4-47 **ip prefix-list** 语句可以构建与例 4-42 中基于 ACL 的过滤器相等价的 NLRI 过滤器，利用 **neighbor prefix-list** 语句即可将该过滤器应用到邻居上

```
router bgp 30
 no synchronization
 bgp log-neighbor-changes
 network 10.30.0.0 mask 255.255.0.0
 network 172.16.0.0
 network 172.29.1.0 mask 255.255.255.0
 network 172.30.0.0
 network 172.31.0.0
 network 172.32.0.0
 network 172.33.0.0
 network 192.168.2.0
 network 192.168.100.0
 neighbor 10.100.83.1 remote-as 100
 neighbor 10.100.83.1 ebgp-multihop 2
```

（待续）

9 也可以使用命名式访问列表（named access list）进行路由过滤。

```
 neighbor 10.100.83.1 update-source Loopback0
 neighbor 10.100.83.1 prefix-list Innsbruck_Out out
 neighbor 172.30.255.150 remote-as 30
 neighbor 172.30.255.150 update-source Loopback0
 neighbor 172.30.255.150 next-hop-self
 no auto-summary
!
ip prefix-list Innsbruck-Out description Filter outgoing routes to neighbor
10.100.83.1
ip prefix-list Innsbruck_Out seq 5 permit 192.168.100.0/24
ip prefix-list Innsbruck_Out seq 10 permit 10.30.0.0/16
ip prefix-list Innsbruck_Out seq 15 permit 192.168.2.0/24
ip prefix-list Innsbruck_Out seq 20 permit 172.32.0.0/16
ip prefix-list Innsbruck_Out seq 25 permit 172.33.0.0/16
ip prefix-list Innsbruck_Out seq 30 permit 172.29.1.0/24
ip prefix-list Innsbruck_Out seq 35 permit 172.31.0.0/16
ip prefix-list Innsbruck_Out seq 40 permit 172.16.0.0/16
ip prefix-list Innsbruck_Out seq 45 deny 0.0.0.0/0 le 32
!
```

例 4-48 给出了过滤器的应用结果。从 **show ip bgp neighbors advertised-routes** 命令的输出结果可以看出，Zermatt 宣告给 Innsbruck 的路由只是 Innsbruck_Out 过滤器所允许的路由。

例 4-48 Zermatt 仅将例 4-47 配置的过滤器所允许的路由宣告给 Innsbruck

```
Zermatt#show ip bgp neighbors 10.100.83.1 advertised-routes
BGP table version is 17, local router ID is 172.30.255.254
Status codes: s suppressed, d damped, h history, * valid, > best, i - internal,
              r RIB-failure, S Stale
Origin codes: i - IGP, e - EGP, ? - incomplete

   Network          Next Hop            Metric LocPrf Weight Path
*> 10.30.0.0/16     172.30.255.100          10         32768 i
*> 172.16.0.0       172.30.255.100          10         32768 i
*> 172.29.1.0/24    172.30.255.100          10         32768 i
*> 172.31.0.0       172.30.255.100          10         32768 i
*> 172.32.0.0       172.30.255.100          20         32768 i
*> 172.33.0.0       172.30.255.100          10         32768 i
*> 192.168.2.0      172.30.255.100          10         32768 i
*> 192.168.100.0    172.30.255.100          10         32768 i

Total number of prefixes 8
Zermatt#
```

注： 除了前面所说的优点之外，前缀列表对 CPU 资源的耗用也相对较少，因而与实现相同功能的基于 ACL 的路由过滤器相比，前缀列表能够让路由器拥有更好的性能。如果路由器配置了大量策略，那么改善程度将非常明显。

与访问列表相似，前缀列表也按照从上到下的顺序依次执行。前缀列表默认会添加序列号，也就是说，输入前缀列表表项时不需要自己输入序列号。IOS 将第一条表项的序列号设置为 5，后续表项的序列号则依次递增 5。新表项都添加在前缀列表的最底部。如果希望在列表末尾的其他位置添加表项，那么就可以在输入表项时指定序列号，这样就可以将该表项添加到列表中的指定位置。

从例 4-49 可以看出，前缀列表增加了一条表项，但是未指定具体的序列号。**show ip prefix-list** 命令（对于观察指定前缀列表的配置信息来说非常有用）的输出结果表明该表项添加在前缀列表的末尾，序列号为 50（自动给出的下一个序列号）。不过，由于这一行前面的表项是“拒绝全部”，因而该表项没有任何用处。

例 4-49 如果向前缀列表增加新表项时未指定序列号，那么就会将该表项添加到末尾位置，序列号为之前的末尾序列号加 5

```
Zermatt#conf t
Enter configuration commands, one per line. End with CNTL/Z.
Zermatt(config)#ip prefix-list Innsbruck_Out permit 172.35.0.0/16
Zermatt(config)#^Z
Zermatt#
*May 24 16:01:33.279: %SYS-5-CONFIG_I: Configured from console by console
Zermatt#show ip prefix-list Innsbruck_Out
ip prefix-list Innsbruck_Out: 10 entries
   seq 5 permit 192.168.100.0/24
   seq 10 permit 10.30.0.0/16
   seq 15 permit 192.168.2.0/24
   seq 20 permit 172.32.0.0/16
   seq 25 permit 172.33.0.0/16
   seq 30 permit 172.29.1.0/24
   seq 35 permit 172.31.0.0/16
   seq 40 permit 172.16.0.0/16
   seq 45 deny 0.0.0.0/0 le 32
   seq 50 permit 172.35.0.0/16
Zermatt#
```

例 4-50 删除了错误表项之后重新以指定序列号 42 添加到前缀列表中。从 **show ip prefix-list** 命令的输出结果可以看出，目前该表项已经出现在末尾“拒绝全部”表项（序列号 45）之前。这样一来，就能正确允许拥有匹配前缀的路由。

例 4-50 从前缀列表中删除 172.16.0.0/16 表项之后重新以指定序列号 42 将其添加到前缀列表末尾“拒绝全部”的表项之前

```
Zermatt#conf t
Enter configuration commands, one per line. End with CNTL/Z.
Zermatt(config)#no ip prefix-list Innsbruck_Out permit 172.35.0.0/16
Zermatt(config)#ip prefix-list Innsbruck_Out seq 42 permit 172.35.0.0/16
Zermatt(config)#^Z
Zermatt#
*May 24 16:07:03.815: %SYS-5-CONFIG_I: Configured from console by console
Zermatt#show ip prefix-list Innsbruck_Out
ip prefix-list Innsbruck_Out: 10 entries
   seq 5 permit 192.168.100.0/24
   seq 10 permit 10.30.0.0/16
   seq 15 permit 192.168.2.0/24
   seq 20 permit 172.32.0.0/16
   seq 25 permit 172.33.0.0/16
   seq 30 permit 172.29.1.0/24
   seq 35 permit 172.31.0.0/16
   seq 40 permit 172.16.0.0/16
   seq 42 permit 172.35.0.0/16
   seq 45 deny 0.0.0.0/0 le 32
Zermatt#
```

例 4-47 中需要关注的配置信息就是最后一行“拒绝全部”。除了前缀和前缀长度 0.0.0.0/0 之外，还有关键字 **le** 和数字 32。关键字 **le** 的意思是“小于或等于”，数字指定的是前缀长度，因而整个语句的含义就是“匹配前缀长度小于或等于 32 的所有前缀”。

注：与 ACL 相似，前缀列表也隐含“拒绝全部”。如果向前缀列表发送前缀后没有发现匹配项，那么就拒绝该前缀。与 ACL 一样，一种好的做法就是在前缀列表的末尾显式配置“拒绝全部”，以提醒操作员该表项的存在。

如果向未定义的前缀列表发送前缀（也就是在 **neighbor prefix-list** 语句中引用一个未配置的前缀列表），那么将不会产生任何响应。

命名式前缀列表的一个问题就是前缀的名称拼写错误。作者在编制本章案例过程中就曾多次将 Innsbruck_Out 错写成 Innsbruck_out。如果前缀列表未能实现预期效果，那么排障工作的第一步就是仔细核对拼写问题。

如果没有关键字 **le**，那么就会精确匹配所指定的前缀和前缀长度。例 4-50 中最后一条表项之外的其他表项都要求精确匹配。例如，匹配第一条表项（seq 5）的路由就是拥有 24 比特前缀长度且这 24 比特为 192.168.100 的路由，去往 192.168.100.0 但前缀长度为 25 或 23 的路由则不匹配。

对于最后一条表项来说，如果没有关键字 **le**，那么该表项仅匹配默认路由 0.0.0.0/0。有了关键字 **le** 之后，该表项匹配的就是一个路由范围，而不再是精确匹配某一个前缀和前缀长度：此时的 0.0.0.0 仅表示占位符，前缀长度 0 则成为前缀长度范围的起始值，关键字 **le** 后面的 32 则是前缀长度范围的结束值。

因此，如果未指定前缀比特，且前缀长度范围为 0～32，那么该表项将匹配所有可能的 IPv4 前缀。

还有一个可以指定前缀范围而不是精确匹配的关键字：**ge**，表示“大于或等于”。使用关键字 **ge** 之后，表示该数值是前缀长度范围的起始值，而不像 **le** 那样指定的是结束值。下面就来分析如下前缀列表表项：

```
ip prefix-list Example-A seq 10 permit 192.168.5.0/24 ge 24
```

可以将该表项理解为“允许前 24 比特为 192.168.5 且前缀长度为 24 比特及以上的所有前缀”，即匹配前 24 比特为 192.168.5 的所有前缀。

再来看一条表项：

```
ip prefix-list Example-B seq 15 deny 172.16.0.0/16 ge 22
```

可以将该表项读作“拒绝前 16 比特为 172.16 且前缀长度为 22 比特及以下的所有前缀”，因而前缀 172.16.40.0/24 将匹配该表项，而 172.16.40.0/21 则不匹配该表项。

对于上述两个示例来说，前缀长度范围的结束值都被认为是 32，这是因为 IPv4 前缀的最大长度就是 32。在实际应用中，可以同时使用关键字 **ge** 和 **le** 来指定一个大于 0 且小于 32 的区间范围，例如：

```
ip prefix-list Example-C seq 20 permit 10.128.0.0/12 ge 16 le 24
```

该表项匹配前 12 比特为 10.128 且前缀长度至少为 16 比特但不大于 24 比特的所有前缀，因而 10.143.0.0/16 将匹配该表项，10.131.15.0/24 和 10.128.252.0/22 也匹配该表项，但 10.128.0.0/14 和 10.131.15.0/26 则不匹配该表项。

为了更好地解释前缀列表过滤前缀范围的实际应用，按照图 4-9 对测试网络的 AS50 进行了重新配置。此时 Meribel 宣告了一组隶属于聚合路由 10.20.0.0/16 的可变长度前缀。

从例 4-51 可以看出，路由器 Zermatt 配置了一个名为 Innsbruck_In 的前缀列表。该列表允许去往前 16 比特为 10.20 且前缀长度小于或等于 32 比特的所有前缀的路由，同时拒绝其他路由。将该前缀列表作为入站过滤器应用在从 Innsbruck 宣告来的路由上，过滤结果就是 Zermatt 仅向 Innsbruck 转发目的地址属于 AS50 前缀的数据包，而不转发去往 AS100 或 AS200 的数据包，除非这些数据包与指向 Innsbruck 环回接口的 Zermatt 的静态路由相匹配（对于多跳 EBGP 会话来说不必可少）。

利用 **show ip prefix-list** 命令可以显示路由器 Moritz 配置的名为 Cervinia 的前缀列表的配置信息（见例 4-52）。该列表允许去往 AS50 前缀且前缀长度大于或等于 24 比特的路由，因而不允许 10.20.32.0/22 和 10.20.48.0/22，也不允许去往其他自治系统中的前缀的任何路由。虽然例中没有明确显示，但可以看出该过滤器是作为入站过滤器应用在从 Cervinia 接收到的路由上的。

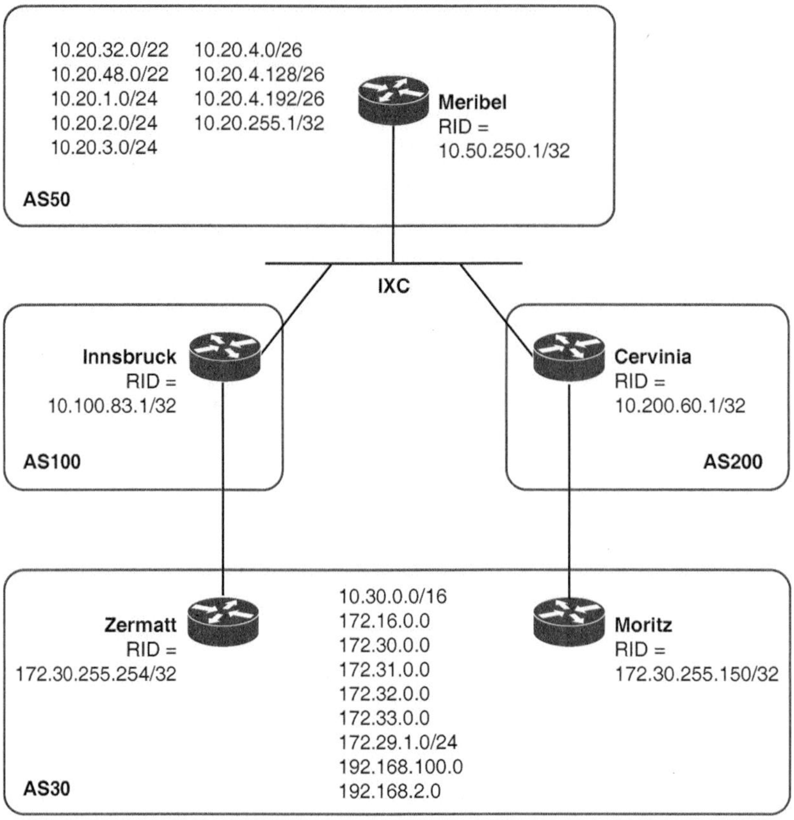

图 4-9 重新配置 AS50，让 Meribel 宣告一组不同的前缀，这些前缀均属于聚合路由 10.20.0.0/16

例 4-51 在路由器 Zermatt 连接 Innsbruck 的接口上将前缀列表 Innsbruck_In 配置为入站过滤器，该过滤器允许所有去往 AS50 前缀的路由，同时拒绝其他路由

```
router bgp 30
 no synchronization
 bgp log-neighbor-changes
 network 10.30.0.0 mask 255.255.0.0
 network 172.16.0.0
 network 172.29.1.0 mask 255.255.255.0
 network 172.30.0.0
 network 172.31.0.0
 network 172.32.0.0
 network 172.33.0.0
 network 192.168.2.0
 network 192.168.100.0
 neighbor 10.100.83.1 remote-as 100
 neighbor 10.100.83.1 ebgp-multihop 2
 neighbor 10.100.83.1 update-source Loopback0
 neighbor 10.100.83.1 prefix-list Innsbruck_In in
 neighbor 10.100.83.1 prefix-list Innsbruck_Out out
 neighbor 172.30.255.150 remote-as 30
 neighbor 172.30.255.150 update-source Loopback0
 neighbor 172.30.255.150 next-hop-self
```

（待续）

```
 no auto-summary
!
ip prefix-list Innsbruck_In description Incoming filter for neighbor 10.100.83.1
ip prefix-list Innsbruck_In seq 5 permit 10.20.0.0/16 le 32
ip prefix-list Innsbruck_In seq 10 deny 0.0.0.0/0 le 32
!
ip prefix-list Innsbruck-Out description Filter outgoing routes to neighbor
  10.100.83.1
ip prefix-list Innsbruck_Out seq 5 permit 192.168.100.0/24
ip prefix-list Innsbruck_Out seq 10 permit 10.30.0.0/16
ip prefix-list Innsbruck_Out seq 15 permit 192.168.2.0/24
ip prefix-list Innsbruck_Out seq 20 permit 172.32.0.0/16
ip prefix-list Innsbruck_Out seq 25 permit 172.33.0.0/16
ip prefix-list Innsbruck_Out seq 30 permit 172.29.1.0/24
ip prefix-list Innsbruck_Out seq 35 permit 172.31.0.0/16
ip prefix-list Innsbruck_Out seq 40 permit 172.16.0.0/16
ip prefix-list Innsbruck_Out seq 45 deny 0.0.0.0/0 le 32
```

例 4-52　前缀列表 Cervinia 仅允许去往 AS50 前缀且前缀长度大于等于 24 比特的路由

```
Moritz#show ip prefix-list Cervinia
ip prefix-list Cervinia: 2 entries
   seq 5 permit 10.20.0.0/16 ge 24
   seq 10 deny 0.0.0.0/0 le 32
Moritz#
```

例 4-53 修改了 Zermatt 的前缀列表 Innsbruck_In 的配置信息。与例 4-52 中的前缀列表 Cervinia 相似，该前缀列表仅允许去往 AS50 前缀且前缀长度大于或等于 24 比特的路由。但本例同时还指定前缀长度不得大于 30 比特，因而除了 10.20.32.0/22 和 10.20.48.0/22 之外，本前缀列表还会拒绝去往 10.20.255.1/32 的前缀。

例 4-53　修改例 4-51 中的 Zermatt 的前缀列表 Innsbruck_In 的配置，使其仅允许去往 AS50 前缀的部分路由

```
ip prefix-list Innsbruck_In description Incoming filter for neighbor 10.100.83.1
ip prefix-list Innsbruck_In seq 5 permit 10.20.0.0/16 ge 24 le 30
ip prefix-list Innsbruck_In seq 10 deny 0.0.0.0/0 le 32
```

修改后的前缀列表 Innsbruck_In 的应用效果如例 4-54 所示。**show ip bgp prefix-list** 命令的输出结果显示了 Zermatt 的 BGP 表受 Innsbruck_In 影响后的表项子集。请注意，由于过滤器 Innsbruck_In 允许的所有前缀也同样得到 Moritz 配置的过滤器 Cervinia 的允许，因而 Moritz 也被列为去往所有路由的有效下一跳。

例 4-54　**show ip bgp prefix-list** 命令显示了 Zermatt 的 BGP 表受指定前缀影响后的表项情况

```
Zermatt#show ip bgp prefix-list Innsbruck_In
BGP table version is 106, local router ID is 172.30.255.254
Status codes: s suppressed, d damped, h history, * valid, > best, i - internal,
              r RIB-failure, S Stale
Origin codes: i - IGP, e - EGP, ? - incomplete

   Network          Next Hop            Metric LocPrf Weight Path
* i10.20.1.0/24     172.30.255.150           0    100      0 200 50 ?
*>                  10.100.83.1                            0 100 50 ?
* i10.20.2.0/24     172.30.255.150           0    100      0 200 50 ?
*>                  10.100.83.1                            0 100 50 ?
* i10.20.3.0/24     172.30.255.150           0    100      0 200 50 ?
*>                  10.100.83.1                            0 100 50 ?
* i10.20.4.0/26     172.30.255.150           0    100      0 200 50 ?
*>                  10.100.83.1                            0 100 50 ?
```

（待续）

```
* i10.20.4.128/26   172.30.255.150          0     100        0 200 50 ?
*>                  10.100.83.1                              0 100 50 ?
* i10.20.4.192/26   172.30.255.150          0     100        0 200 50 ?
*>                  10.100.83.1                              0 100 50 ?
Zermatt#
```

配置了大量策略规则的 BGP 路由器（如位于对等互联点的 BGP 路由器）通常拥有很多前缀列表，而且这些前缀列表都可能很长。例 4-52 中的 **show ip prefix-list** 命令只能查看单个前缀列表，而 **show ip prefix-list Summary** 命令（见例 4-55）和 **show ip prefix-list detail** 命令（见例 4-56）却可以显示路由器上配置的所有前缀列表的信息，这两条命令可以显示路由器配置的前缀列表以及每个前缀列表的使用情况，使用选项 **detail** 之后还能显示每个前缀列表的每条表项信息。

例 4-55　**show p refix-list ummary** 命令可以显示路由器配置的所有前缀列表

```
Zermatt#show ip prefix-list summary
Prefix-list with the last deletion/insertion: Innsbruck_In
ip prefix-list Innsbruck_In:
   Description: Filter incoming routes from neighbor 10.100.83.1
   count: 2, range entries: 2, sequences: 5 - 10, refcount: 3
ip prefix-list Innsbruck_Out:
   Description: Filter outgoing routes to neighbor 10.100.83.1
   count: 9, range entries: 1, sequences: 5 - 45, refcount: 3
Zermatt#
```

这两条命令可以显示前缀列表的如下详细信息（这些信息对于前缀列表的管理以及故障排查来说都非常有用）：

- 待修改的最后一个前缀列表的标识；
- 每个前缀列表的描述信息（如果配置了）；
- 组成每个前缀列表的表项数量（count）；
- 利用关键字 **le** 或 **ge** 指定前缀范围（range count）而不是精确匹配前缀的每个前缀列表的表项数量；
- 每个前缀列表使用的序列号范围（sequences）；
- 使用了选项 **detail** 之后，可以显示前缀列表中的每个表项匹配的前缀数量（hit count）；可以利用命令 **clear ip prefix-list** 来清除 hit count（例如，可以在重新配置前缀列表之后清除该参数）；
- 对前缀列表进行加锁并列出在用表项的内部数据结构计数器（refcount）[10]。

例 4-56　**show p refix-list etail** 命令可以显示与 **show p refix-list ummary** 命令相同的信息，但同时还可以显示每个前缀列表中各个表项的细节信息

```
Zermatt#show ip prefix-list detail
Prefix-list with the last deletion/insertion: Innsbruck_In
ip prefix-list Innsbruck_In:
   Description: Filter incoming routes from neighbor 10.100.83.1
   count: 2, range entries: 2, sequences: 5 - 10, refcount: 3
   seq 5 permit 10.20.0.0/16 ge 24 le 30 (hit count: 0, refcount: 1)
   seq 10 deny 0.0.0.0/0 le 32 (hit count: 9, refcount: 1)
ip prefix-list Innsbruck_Out:
   Description: Filter outgoing routes to neighbor 10.100.83.1
```

（待续）

10 refcount 对于普通用户的故障排查操作几乎毫无用处，仅对从事 IOS 代码开发的 Cisco 专业人员有用。不过，如果在 BGP 配置中增加或删除对前缀列表的引用或者在重新配置之后清除前缀列表计数器，那么就会发现该计数器将发生变化。

```
    count: 9, range entries: 1, sequences: 5 - 45, refcount: 3
    seq 5 permit 192.168.100.0/24 (hit count: 1, refcount: 3)
    seq 10 permit 10.30.0.0/16 (hit count: 1, refcount: 1)
    seq 15 permit 192.168.2.0/24 (hit count: 1, refcount: 1)
    seq 20 permit 172.32.0.0/16 (hit count: 1, refcount: 3)
    seq 25 permit 172.33.0.0/16 (hit count: 1, refcount: 1)
    seq 30 permit 172.29.1.0/24 (hit count: 1, refcount: 3)
    seq 35 permit 172.31.0.0/16 (hit count: 1, refcount: 1)
    seq 40 permit 172.16.0.0/16 (hit count: 1, refcount: 1)
    seq 45 deny 0.0.0.0/0 le 32 (hit count: 15, refcount: 1)
Zermatt#
```

注： 虽然本节重点讨论利用前缀列表（而不是分发列表）过滤 NLRI 的方式，不过大家有时可能出于某种原因需要在 BGP 配置中同时使用前缀列表和分发列表。例如，某台路由器可能存在使用分发列表的旧配置，一方面不希望更改分发列表的配置而导致设备中断，但同时又希望在这台路由器上使用前缀列表来实现新的过滤器配置。

需要注意的是，不能为相同方向上的同一个邻居同时使用前缀列表和分发列表。也就是说，可以为该邻居的入站策略使用分发列表，为出站策略使用前缀列表（反之亦然），但不可以为同一个邻居的入站策略或出站策略同时使用前缀列表和分发列表。

4.4.5 使用 AS_PATH 过滤路由

本书从一开始就说过，BGP 在看待路由时采取的是“更高层级”的视图，根据经由 AS 的路径来跟踪路由，而不像 IGP 根据经由各个路由器的路径来跟踪路由。AS_PATH 属性是 BGP 用来跟踪 AS 间路径的主要机制。

因而人们常常根据 BGP 路由所经过的自治系统（而不是各个前缀）对 BGP 路由进行策略控制。例如，可能希望将策略应用于：

- 源自指定 AS 的所有路由；
- 穿越指定 AS 的所有路由；
- 由指定邻接 AS 宣告的所有路由；
- 穿越指定 AS 序列的所有路由。

AS_PATH 过滤器是一种可以根据 AS_PATH 属性（而不是 NLRI）识别 BGP 路由的强大工具。AS_PATH 过滤器的强大之处在于其可以使用被称为正则表达式的文本解析工具来匹配 AS_PATH 属性中的各种模式。

4.4.6 正则表达式

正则表达式（或简写为 regex）通常用于 Python、Perl、Expect、awk 以及 Tcl 等编程及脚本语言以及搜索引擎、UNIX 实用工具（如 egrep）等应用场合。正则表达式利用字符串（是元字符或文字）来查找文本中的匹配项，AS_PATH 访问列表则利用正则表达式在 BGP 更新的 AS_PATH 属性中查找匹配项。

注：本节内容参考 Jeffrey E. F. Friedl 在其《精通正则表达式》一书中的精彩内容[11]。虽然本书的第 1 章就已经描述了几乎全部与 Cisco IOS 软件工作相关的正则表达式内容，但仍然推荐大家阅读该书，这是因为大家在数据通信和数据处理行业中会发现大量应用都要用到正则表达式。与网络打交道久了之后，一般都要掌握 Python、Perl 或 Tcl 的脚本编写技巧，而且正则表达式是这些脚本的重要组成部分。Friedl 不但清晰透彻地解释了正则表达式的相关内容，而且行文也非常轻松幽默。

1. 文本与元字符

一个典型的 AS_PATH 过滤器可能如下所示：

```
ip as-path access-list 83 permit ^1_701_(_5646_|_1240_).*
```

第一部分与 ACL 相似，包括一个 ACL 编号（过滤器编号可以是 1～500 的任意数字）和一个关键字 **permit** 或 **deny**。关键字 **permit** 之后的字符串就是一个正则表达式。正则表达式由文本和元字符组成。文本就是文本字符，用来描述正则表达式所要匹配的内容。对本例来说，**1**、**701**、**5646** 和 **1240** 就是描述自治系统号的文本。

元字符是充当运算符的特殊正则表达式字符，作用是告诉正则表达式如何执行匹配操作。表 4-1 列出了 Cisco IOS 的可用元字符。接下来将详细描述如何使用这些元字符。

表 4-1 与 AS_PATH 访问列表相关的正则表达式元字符

元字符	匹配内容
.	匹配任意单字符（包括空格）
[]	匹配方括号内的任意字符
[^]	匹配除方括号内的字符之外的任意字符（^要位于文本序列之前）
-	（连字符）匹配被连字符分隔的两个文本之间的任何字符
?	匹配零或一个字符（或模式）实例
*	匹配零或多个字符（或模式）实例
+	匹配一个或多个字符（或模式）实例
^	匹配字符串的开始
$	匹配字符串的结束
|	匹配被该元字符隔开的两个文本之一
_	（下划线）匹配逗号、字符串的开始、字符串的结束或空格

2. 定界：匹配字符串的开始和结束

考虑如下 AS_PATH 过滤器：

```
ip as-path access-list 20 permit 850
```

该过滤器匹配所有包含字符串 850 的 AS_PATH，这样的 AS_PATH 匹配项如[850]、[23,5,850,150]和[3568,5850,310]。也就是说，无论该字符串是单独的字符串，还是属性中多个 AS 号中的一个或者是属性中更大 AS 号的一部分，都与该过滤器匹配。

但是，如果希望仅匹配只包含单个 AS 号 850 的 AS_PATH，那么就必须清楚地描述字符串的开始和结束位置。插入符（^）表示匹配字符串的开始，而美元符号（$）则表示匹配字

11 Jeffrey E. F. Friedl, Mastering Regular Expressions, Third Edition, O'Reilly Media, Sebastopol,CA, 2006. ISBN 0-596-52812-4.

符串的结束。因而语句 **ip as-path access-list 20 permit ^850$**的作用就是让正则表达式匹配字符串的开始，然后紧接着是字符串 850，再然后是字符串的结束。在实际应用中，通常利用这种方式来匹配源自直连邻接 AS850 的所有前缀。如果前缀穿越了其他 AS，或者 AS_PATH 中还存在除 850 之外的其他 AS 号，那么就不匹配这样的 AS_PATH。

也可以利用这两个元字符来匹配一个空 AS_PATH：

```
ip as-path access-list 21 permit ^$
```

该正则表达式的含义就是匹配字符串开始之后立即是字符串结束的字符串。如果字符串的开始与字符串的结束之间存在任何字符，那么都不匹配。该过滤器的作用是匹配源自本地 AS 的所有前缀（这些前缀的 AS_PATH 还未附加任何 ASN）。

3. 括号：匹配一组字符

括号可以指定一组字符，例如：

```
ip as-path access-list 22 permit ^85[0123459]$
```

该过滤器的含义是匹配 AS 号为 850、851、852、853、854、855 或 859 的 AS_PATH。

如果这些字符范围是连续的，那么就可以在括号中指定起始和结束字符：

```
ip as-path access-list 23 permit ^85[0-5]$
```

该过滤器与前一个过滤器的匹配相同的一组 AS 号（859 除外）。

4. 求反：匹配除某组字符外的所有内容

如果在括号中使用了插入符（^），那么就表示对括号内指定的区间求反，因而该正则表达式与该区间之外的所有内容相匹配。例如：

```
ip as-path access-list 24 permit ^85[^0-5]$
```

该过滤器看起来与前一个过滤器类似，区别在于在括号内增加了一个插入符（^）——表示“非 0～5”，因而该过滤器的含义是匹配 AS 号在 856～859 之间的 AS_PATH。

5. 通配符：匹配任意单个字符

点号（.）表示匹配任意单个字符。有趣的是，这里所说的单个字符也包括空格。考虑以下过滤器：

```
ip as-path access-list 24 permit ^85.
```

该过滤器的含义是匹配起始 AS 号位于 850～859 范围内的 AS_PATH。由于点号（.）也匹配空格，因而 AS 号 85 也属于匹配范围。

6. 求或：匹配多组字符中的一组

竖线（|）用来表示运算符 OR，也就是说，匹配竖线（|）两侧的任一侧文本，例如：

```
ip as-path access-list 25 permit ^(851 | 852)$
```

该过滤器的含义就是匹配拥有单个 AS 号（851 或 852）的 AS_PATH。此外，还可以利用 OR 函数来实现多种匹配可能，如：

```
ip as-path access-list 26 permit ^(851 | 852 | 6341 | 53)$
```

7. 可选字符：匹配某个可能在也可能不在的字符

问号（?）的作用是匹配 0 个或 1 个文本实例，例如：

```
ip as-path access-list 27 permit ^(850)?$
```

该过滤器的含义是匹配拥有单个 AS 号 850 或不包含任何 AS 号的 AS_PATH。请注意这里圆括号的使用，表示元字符应用于整个 AS 号。如果使用的是表达式 **850?**，那么则表示元字符仅应用于最后一个字符，也就是说，将匹配 85 或 850。

8. 重复：匹配若干重复字符

可以利用两个元字符来匹配重复文本：星号（*）的作用是匹配 0 个或多个文本实例，加号（+）的作用是匹配 1 个或多个文本实例。例如：

```
ip as-path access-list 28 permit ^(850)*$
```

该过滤器的含义是匹配不包含任何 AS 号或拥有一个或多个 AS 号 850 的 AS_PATH。也就是说，AS 路径可以是[850]、[850, 850]、[850, 850, 850]等[12]。

下面的过滤器类似，区别在于要求 AS_PATH 中至少有一个 AS 号 850：

```
ip as-path access-list 29 permit ^(850)+$
```

9. 边界：定界文本

如果需要指定一个文本字符串且必须分隔每个文本，那么就可以使用下划线（_）。例如，如果希望匹配指定 AS_PATH[5610, 148, 284, 13]，那么相应的过滤器应为：

```
ip as-path access-list 30 permit ^5610_148_284_13$
```

下划线的作用是匹配字符串的开始、字符串的结束、逗号或空格。请注意该过滤器与下面这个过滤器之间的区别：

```
ip as-path access-list 31 permit _5610_148_284_13_
```

由于第一个过滤器指定了字符串的开始与结束位置，因而仅匹配 AS_PATH[5610, 148, 284, 13]。而第二个过滤器虽然要求指定的 AS 号序列必须位于 AS_PATH 之内，但并没有要求该属性中仅包含这些 AS 号，因而 AS_PATH[5610, 148, 284, 13]、[23, 15, 5610, 148, 284, 13]和[5610, 148, 284, 13, 3005]都是匹配项。换句话说，第一个过滤器指定了从源端到目的端的所有 BGP 路由，而第二个过滤器则指定了包含该 AS 序列的所有路由。

下划线最常用的场景之一就是在任意长度的 AS_PATH 的开始或末尾指定 AS 号，例如：

```
ip as-path access-list 32 permit ^850_
ip as-path access-list 33 permit _850$
```

第一条语句匹配 AS 路径列表中的第一个 AS 号为 850 的所有 AS_PATH。也就是说，这些路由可以穿越任何其他 AS，但收到这些路由之前穿越的最后一个 AS 必须是 850。很明显，如果希望匹配指定邻接 AS 宣告的所有前缀，那么该语句将非常有用。

第二条语句完全相反，这些路由可以穿越任何其他 AS，但路径上最后一个 AS 号必须是 850。也就是说，该表项将过滤源自 AS850 的所有前缀。如果希望匹配源自指定 AS（无论是否是邻接 AS）的全部前缀，那么该语句将非常有用。

12 大家可能会对 AS_PATH 中出现多个相同 AS 号感到疑惑，这种情况出现在启用 AS 路径附加特性的场景下，具体将在本章的后面进行讨论。

10. 组合应用：一个复杂案例

只有组合使用各种元字符来匹配某些复杂的文本字符串时，才能真正体现正则表达式的强大能力。考虑如下过滤器：

```
ip as-path access-list 10 permit ^(550)+_[880|2304]?_1805_.*
```

该过滤器寻找的 AS_PATH 要求在接收到该路由之前的最后一个 AS 号为 550。550 之前的插入符（^）指定 550 是 AS 号列表中的第一个数值，550 之后的加号（+）的意思是至少要有一个 550 实例。可以有多个实例。考虑到一个以上的 550 实例，该过滤器已经考虑到 AS 550 正在进行路径附加的可能性。

在一个或多个 550 实例之后，可以有或没有 880 或 2304 的单个实例，接下来必须有一个 1805 实例。该正则表达式的最后一部分指定在 AS 号 1805 之后。AS_PATH 中可以包含任何 AS 号，也可以无其他 AS 号。

该过滤器匹配的就是源自任意 AS 但是需在穿越 1805 之后再穿越邻接 AS550 的路由，这些路由既可以直接在 AS1805 与 AS550 之间穿越，也可以在 AS1805 与 AS550 之间穿越 AS880 或 AS2304。

4.4.7 案例研究：使用 AS_PATH 过滤器

利用 **neighbor filter-list** 语句可以将 AS_PATH 过滤器（包含一条或多条 **ip as-path access-list** 表项）应用于指定邻居。与分发列表及前缀列表过滤器相似，也可以利用关键字 **in** 或 **out** 将 AS_PATH 过滤器应用于入站路由或出站路由。

从例 4-42 和例 4-47 可以看出，路由器 Zermatt 和 Moritz 都被配置为仅宣告去往 AS30 内部地址的路由，同时过滤其余所有路由，以避免 AS100 或 AS200 试图将 AS30 用作转接 AS。为了实现该过滤器，将 AS30 的所有地址均列在访问列表（见例 4-42）或前缀列表（见例 4-47）中。例 4-57 则给出了 Zermatt 利用 AS_PATH 访问列表实现前面示例相同结果的配置示例。

例 4-57 利用 AS_PATH 访问列表配置 Zermatt 仅宣告去往 AS30 内部地址的路由

```
router bgp 30
 no synchronization
 bgp log-neighbor-changes
 network 10.30.0.0 mask 255.255.0.0
 network 172.16.0.0
 network 172.29.1.0 mask 255.255.255.0
 network 172.30.0.0
 network 172.31.0.0
 network 172.32.0.0
 network 172.33.0.0
 network 192.168.2.0
 network 192.168.100.0
 neighbor 10.100.83.1 remote-as 100
 neighbor 10.100.83.1 ebgp-multihop 2
 neighbor 10.100.83.1 update-source Loopback0
 neighbor 10.100.83.1 prefix-list Innsbruck_In in
 neighbor 10.100.83.1 filter-list 1 out
 neighbor 172.30.255.150 remote-as 30
```

（待续）

```
 neighbor 172.30.255.150 update-source Loopback0
 neighbor 172.30.255.150 next-hop-self
 no auto-summary
!
ip as-path access-list 1 permit ^$
!
```

Moritz 配置了一个相同的 AS_PATH 访问列表。这里的正则表达式使用了两个元字符，第一个匹配字符串的开始，第二个匹配字符串的结束。元字符之间没有包含任何文本。该正则表达式匹配的是不包含 AS 号的 AS_PATH，因而例 4-58 的 Zermatt 的 BGP 表中只剩下去往 AS30 内部目的端且 AS_PATH 为空的路由，即源自 AS30 的路由，这些路由均匹配该 AS_PATH 语句而得到允许。与其他访问列表相似，AS_PATH 列表的末尾也隐含了“拒绝全部”。由于例中的其他路由均匹配该该隐含拒绝语句，因而不会宣告这些路由。

例 4-58 Zermatt 的 BGP 表中只有 AS_PATH 为空的路由是去往 AS30 地址的路由

```
Zermatt#show ip bgp
BGP table version is 28, local router ID is 172.30.255.254
Status codes: s suppressed, d damped, h history, * valid, > best, i - internal,
              r RIB-failure, S Stale
Origin codes: i - IGP, e - EGP, ? - incomplete

   Network          Next Hop            Metric LocPrf Weight Path
*>i10.20.0.0/16     172.30.255.150           0    100      0 200 50 i
* i10.30.0.0/16     172.30.255.150          10    100      0 i
*>                  172.30.255.100          10         32768 i
*>i10.100.0.0/16    172.30.255.150           0    100      0 200 100 i
*>i10.200.0.0/16    172.30.255.150           0    100      0 200 i
* i172.16.0.0       172.30.255.150          10    100      0 i
*>                  172.30.255.100          10         32768 i
*>i172.17.0.0       172.30.255.150           0    100      0 200 50 i
*>i172.18.0.0       172.30.255.150           0    100      0 200 50 i
* i172.29.1.0/24    172.30.255.150          10    100      0 i
*>                  172.30.255.100          10         32768 i
*>i172.29.2.0/24    172.30.255.150           0    100      0 200 50 i
*> 172.30.0.0       0.0.0.0                  0         32768 i
* i172.31.0.0       172.30.255.150          10    100      0 i
*>                  172.30.255.100          10         32768 i
* i172.32.0.0       172.30.255.150          20    100      0 i
*>                  172.30.255.100          20         32768 i
* i172.33.0.0       172.30.255.150          10    100      0 i
*>                  172.30.255.100          10         32768 i
* i192.168.2.0      172.30.255.150          10    100      0 i
*>                  172.30.255.100          10         32768 i
*>i192.168.50.0     172.30.255.150           0    100      0 200 50 i
* i192.168.100.0    172.30.255.150          10    100      0 i
*>                  172.30.255.100          10         32768 i
Zermatt#
```

需要注意的是，例 4-57 的配置仍然为入站过滤器使用了前缀列表。例 4-53 中的 Moritz 的入站过滤需求是允许来自 AS50 的前缀但拒绝其他前缀，因而前缀列表非常适合这类过滤需求。

例 4-45 中的 Innsbruck 被配置为拒绝由 Cervinia（邻居 10.200.60.1）宣告的 AS50 前缀以及由 Meribel（10.50.250.1）宣告的 AS200 前缀。这样做的目的是避免这两个邻居之一变得不可达而导致 BGP 重新收敛的过程中可能出现的穿越 IXC 形成的暂时性路由环路，此时利用分发列表来创建该入站过滤器。

例 4-59 给出了 Innsbruck 使用 AS_PATH 访问列表实现相同目标的配置示例。AS_PATH 过滤器 1 用于来自 Cervinia 的入站路由更新。该列表的第一条语句拒绝 AS_PATH 中包含 ASN50 的所有更新，“50”前后的元字符可以确保仅匹配该数值。如果没有这些元字符，那么该语句将不仅仅匹配“50”，还会匹配“500”、“5000”、“350”等。第二条语句的正则表达式的意思是“匹配任意字符，并且匹配该字符的零个或多个实例”。也就是说，该语句匹配所有字符。这就是 AS_PATH 访问列表“允许全部”的语句表达方式。这两行语句的运行结果就是 Innsbruck 不接受 Cervinia 宣告的任何 AS50 前缀，但是接受 Cervinia 宣告的其他前缀。

例 4-59　利用 AS_PATH 访问列表配置 Innsbruck 以接受来自 Meribel 且位于 AS50 内部的路由，同时拒绝 Cervinia 宣告的所有 AS50 前缀

```
router bgp 100
 no synchronization
 bgp log-neighbor-changes
 network 10.100.0.0 mask 255.255.0.0
 neighbor 10.50.250.1 remote-as 50
 neighbor 10.50.250.1 ebgp-multihop 2
 neighbor 10.50.250.1 update-source Loopback0
 neighbor 10.50.250.1 filter-list 2 in
 neighbor 10.200.60.1 remote-as 200
 neighbor 10.200.60.1 ebgp-multihop 2
 neighbor 10.200.60.1 update-source Loopback0
 neighbor 10.200.60.1 filter-list 1 in
 neighbor 172.30.255.254 remote-as 30
 neighbor 172.30.255.254 ebgp-multihop 2
 neighbor 172.30.255.254 update-source Loopback0
no auto-summary
!
ip as-path access-list 1 deny _50_
ip as-path access-list 1 permit .*
ip as-path access-list 2 permit ^50$
ip as-path access-list 2 deny .*
!
```

过滤器列表 2 应用于来自 Meribel 的入站路由更新。第一条 ACL 语句的正则表达式表示“匹配字符串的开始，然后是 50，再然后是字符串的结束”。也就是说，匹配仅包含 AS 号 50 的 AS_PATH，允许这些路由。Meribel 宣告的学自其他 AS 的路由的 AS_PATH 中都包含了除 ASN50 之外的其他 AS 号，第二行则拒绝了其他所有路由。

注：与常规的 ACL 相似，AS_PATH ACL 也包含隐含的“拒绝全部”。也就是说，如果路由到列表末尾都没有找到匹配项，那么默认操作就是该路由。与常规的 ACL 一样，一种好的做法就是在 AS_PATH ACL 的末尾显式配置“拒绝全部”或“允许全部”语句，以免对访问列表的总体行为产生任何疑惑。

图 4-10 给出了另一个示例拓扑结构：图中增加了 AS125。AS125 充当 AS200 与 AS50 之间的备份转接 AS。如果 Meribel 与 IXC 之间的链路出现了故障，那么进出 AS50 的流量都将穿越 AS125 和 AS200。正常情况下，如果穿越 IXC 的路径不可用，那么 BGP 仅选择经由 AS125 的路径（因为存在一个额外的 AS 跳）。

例 4-59 中的 Innsbruck 的 AS_PATH 过滤器 1 无法满足这个新网络的过滤需求，因为它会阻塞 Cervinia 宣告的包含 ASN50 的所有路由。例 4-60 修改了该 AS_PATH ACL 配置以满足新网络的过滤需求。此时该过滤器会阻塞携带指定 AS_PATH[200,50]的路由（即直接从 Meribel 宣告给 Cervinia 然后又从 Cervinia 宣告回 Innsbruck 的 AS50 路由）。此外，该过滤器还能防止路由环路，同时接受来自 Cervinia 的其他路由（包括穿越 Oberstforf 的路由）。

例 4-61 给出了另一个可选配置。此时接受 AS_PATH 为[200,125,50]的路由，然后拒绝包含 ASN 50 的其他路由，然后再接受其他路由。该配置方式有效的原因在于 AS_PATH ACL

也是按照从上到下的顺序处理各行语句的（与常规 ACL 一样）。

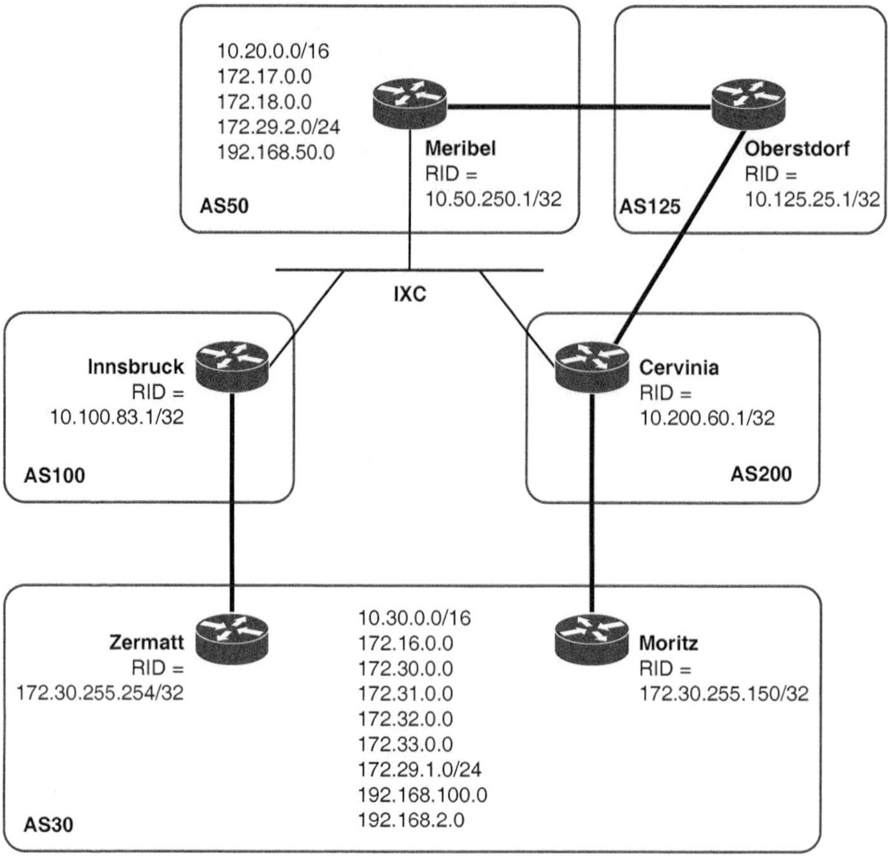

图 4-10 AS125 提供了去往 AS50 的备选路径

例 4-60 修改 Innsbruck 针对来自 Cervinia 的路由的入站过滤器以接受经由 AS125 的转接路径

```
!
ip as-path access-list 1 deny ^200_50$
ip as-path access-list 1 permit .*
```

例 4-61 另一种可选的 Innsbruck 配置 接受由 Cervinia 宣告的经由 AS125 的转接路径

```
!
ip as-path access-list 1 permit ^200_125_50$
ip as-path access-list 1 deny _50_
ip as-path access-list 1 permit .*
```

这两种配置对于图 4-10 所示的简单网络都没问题，但如果网络的拓扑结构变得更加复杂，那么这两种配置方式的差异就可能会非常明显。例如，如果还有经由 Cervinia 去往 AS50 的其他可选路径，那么例 4-60 的配置就会接受这些路由，而例 4-61 的配置就会拒绝除经由 AS125 之外的其他可选路径。

4.4.8 案例研究：利用路由映射设置策略

路由过滤器不但可以匹配路由的前缀（NLRI），而且还可以匹配路由的 AS_PATH 属性。

路由过滤器对匹配路由执行的操作很简单，就是接受（允许）或丢弃（拒绝）。可以将路由过滤器应用于从指定邻居接收到的路由或者宣告给指定邻居的路由。路由策略的运行结果是通过控制路由器是否能够通过某个邻居知晓路由来实现的。

同样，独立的路由过滤器是路由策略工具箱中的"大铁锤"。有时确实需要这样的大铁锤工具，但有时可能需要更灵活或更精确的工具。例如，如果希望同时匹配指定前缀和指定AS_PATH，那么该怎么办呢？如果希望完全阻塞指定路由，但又同时希望更改该路由的属性，那么该怎么办呢？

路由映射提供了非常好的灵活性和精确性，可以实现复杂的路由策略：

- 路由映射能够匹配很多不同的 BGP 路由属性；
- 路由映射不但能够接受或丢弃路由，而且还能设置或更改路由的属性；
- 路由映射可以组合多种匹配规则、设置多种属性并构建复杂的路由策略。

本书曾在第一卷的第 14 章介绍过路由映射，本章将说明路由映射在重分发和策略路由方面的使用方式。此时的路由映射主要用于构建复杂的 BGP 策略，不过原理完全相同。

与前缀列表相似，路由映射也使用名称，这样更容易在 IOS 配置中识别路由映射的组件，也更容易引用路由映射。路由映射包含一个或多条 **route-map** 语句，每条 **route-map** 语句都有一个序列号，从而简化了路由映射的编辑操作。此外，与 ACL 和前缀列表一样，每条 **route-map** 语句也都包含关键字 **permit** 或 **deny**，因而一个基本的名为 ASPEN 的路由映射语句可能为：

```
route-map ASPEN deny 10
```

路由映射语句本身与每条被引用的路由相匹配。为了控制匹配行为，需要向路由映射语句添加一个或多个 **match** 子句。例如：

```
route-map ASPEN deny 10
match ip address prefix-list MILLER
```

该语句拒绝所有 NLRI 匹配前缀列表（本例未显示）MILLER 的路由。从本质上来说，将前缀列表 MILLER 直接应用于邻居（而不是通过路由映射引用该前缀列表）也能获得相同的结果，但路由映射可以利用多个 **match** 子句更精确地匹配期望路由。例如：

```
route-map ASPEN deny 10
 match ip address prefix-list MILLER
 match local-preference 150
 match community WARREN
```

该路由映射语句匹配的路由满足：NLRI 匹配前缀列表 MILLER、LOCAL_PREF 值为 150 且 COMMUNITY 属性位于名为 WARREN 的团体列表中[13]。也就是说，如果在路由映射语句下面指定了多个 **match** 子句，那么路由必须匹配所有 **match** 子句，以便路由映射语句的 **permit** 或 **deny** 操作生效。

表 4-2 列出了可以在 BGP 策略中使用的 **match** 条件。

如果仅希望允许或拒绝识别出来的路由，那么就可以使用单独的 **match** 子句。请注意，使用 **set** 子句可以更改路由的特性。与 **match** 子句一样，可以有一个或多个 **set** 子句。例如：

```
route-map ASPEN permit 20
 match ip address prefix-list MILLER
 match local-preference 150
 match community WARREN
```

13 有关 COMMUNITY 属性及其使用方式的详细内容请参见第 5 章。

```
set metric +50
set local-preference 80
set comm-list WARREN delete
```

表 4-2 可以在路由映射中匹配的 BGP 路由属性及特性

match 关键字	匹配内容
as-path	AS_PATH 属性由相关联的 AS_PATH ACL 指定
ip address prefix-list	IPv4 NLRI 由相关联的前缀列表指定
ipv6 address prefix-list	IPv6 NLRI 由相关联的前缀列表指定
ip next-hop	IPv4 下一跳属性由相关联的 ACL 或前缀列表指定
ipv6 next-hop	IPv6 下一跳属性由相关联的 ACL 或前缀列表指定
local-preference	LOCAL_PREF 属性是指定值
Metric	MED 属性是指定值
route-type local	本地生成的路由（由配置了路由策略的路由器生成的路由）
source-protocol	在本地重分发到 BGP 中的路由的源协议
community	COMMUNITY 属性由相关联的团体列表名或数值指定
ext-community	扩展 COMMUNITY 属性由相关联的团体数值指定
tag	指定的路由标签值
policy-list	指定的策略列表名（有关策略列表的使用将在本章后面进行讨论）

虽然该路由映射语句可以匹配与前一个示例相同的路由，但是与前一个示例仅仅阻塞匹配路由相比，本路由映射语句能够将匹配路由的度量增加 50，将 LOCAL_PREF 属性值从 150 更改为 80，并且删除与团体列表 WARREN 相匹配的 COMMUNTY 属性。

请注意，本路由映射语句使用的操作是 **permit**，而不是上一个语句中的 **deny**。如果希望丢弃匹配路由，那么在丢弃之前更改这些路由的属性将毫无意义。

表 4-3 列出了可以利用 **set** 子句对 BGP 路由进行更改的内容。

表 4-3 可以在路由映射中设置或更改的 BGP 路由属性及特性

set 关键字	更改内容
as-path prepend	在 AS_PATH 的前面增加一个或多个指定 ASN（本章将在后面讨论 AS 路径附加特性）
as-path tag	将重分发到 BGP 中的路由的标签转换为 BGP 路由的 AS_PATH 属性
ip next-hop	将 NEXT_HOP 路由属性更改为指定的 IPv4 地址。可以指定地址列表，如果第一个地址不可达，那么就按序尝试其他地址，直至找到可达地址
ipv6 next-hop	与 **ip next-hop** 的功能相同，只是针对 IPv6 路由
ip next-hop peer-address	用于入站策略时，NEXT_HOP 将被更改为宣告邻居的 IPv4 地址。用于出站策略时，NEXT_HOP 将被更改为本地路由器的 IPv4 地址。在使用上与 **neighbor next-hop-self** 相似，但是该匹配子句能够对选定的路由（而不是宣告给邻居的全部路由）进行更精细化地应用
ipv6 next-hop peer-address	与 **ip next-hop peer-address** 的功能相同，只是针对 IPv6 路由
local-preference	以指定值添加 LOCAL_PREF 属性，或者将现有的 LOCAL_PREF 属性更改为指定值
metric	以指定值添加 MED 属性，或者将现有的 MED 属性更改为指定值，或者以指定量增加/减少现有的 MED 值
metric-type internal	为宣告给 EBGP 对等体的路由添加 MED 属性并将 MED 属性值设置为 IGP 下一跳的度量
origin	将 ORIGIN 属性设置为 **igp**、**egp** 或 **incomplete**
community	通过团体值或周知团体名添加 COMMUNITY 属性，或者在使用关键字 **none** 的时候删除所有 COMMUNITY 属性
comm-list delete	从路由中删除指定的 COMMUNITY 属性（如果有）
extcommunity	增加指定的扩展 COMMUNITY 属性

续表

set 关键字	更改内容
extmmunity cost	增加开销团体属性并将该属性设置为指定值
dampening	为匹配路由应用指定的抑制因素（有关路由抑制的详细内容请参见第 5 章）
traffic-index	为 BGP 策略记账指定类别（将在本章后面详细描述）
weight	将路由权重设置为指定值（将在下一节详细描述）

与访问列表相似，路由映射也按照从上到下的顺序依次执行。如果路由与 **route map** 语句的所有 **match** 子句都匹配，那么就执行已配置的所有 **set** 子句以及 **permit** 或 **deny** 操作，之后对该路由的处理也将终止。如果路由并不匹配 **route map** 语句的所有 **match** 子句，那么就接着看下一条语句。与访问列表一样，路由映射语句序列的末尾也有隐含的“拒绝全部”语句：如果路由与路由映射中的所有语句均不匹配，那么就丢弃该路由。

例 4-62 给出了路由器 Cervinia（见图 4-10）的路由映射 EXAMPLE 的配置示例。该路由映射作为入站映射用于 Cervinia 的所有 4 个 EBGP 邻居。第一条语句（序列号 10）匹配去往 172.29.1.0/24（由名为 ZERMATI 的前缀列表标识）的路由，同时还有一条 AS 路径匹配子句要求该路由的 AS_PATH 为[100,30]。也就是说，该路由必须是 Zermatt 宣告给 Innsbruck，然后再由 Innsbruck 直接宣告给 Cervinia 的路由。如果匹配了这两条子句，那么该路由的度量值将被设置为 500，权重将被设置为 25。

例 4-62　将路由映射 EXAMPLE（使用多条语句以及多个 **match** 子句和 **set** 子句）作为入站映射应用于 Cervinia 的所有邻居会话

```
router bgp 200
 no synchronization
 bgp log-neighbor-changes
 network 10.200.0.0 mask 255.255.0.0
 neighbor 10.50.250.1 remote-as 50
 neighbor 10.50.250.1 ebgp-multihop 2
 neighbor 10.50.250.1 update-source Loopback0
 neighbor 10.50.250.1 route-map EXAMPLE in
 neighbor 10.100.83.1 remote-as 100
 neighbor 10.100.83.1 ebgp-multihop 2
 neighbor 10.100.83.1 update-source Loopback0
 neighbor 10.100.83.1 route-map EXAMPLE in
 neighbor 10.125.25.1 remote-as 125
 neighbor 10.125.25.1 ebgp-multihop 2
 neighbor 10.125.25.1 update-source Loopback0
 neighbor 10.125.25.1 route-map EXAMPLE in
 neighbor 172.30.255.150 remote-as 30
 neighbor 172.30.255.150 ebgp-multihop 2
 neighbor 172.30.255.150 update-source Loopback0
 neighbor 172.30.255.150 route-map EXAMPLE in
 no auto-summary
!
ip as-path access-list 1 permit ^100_30$
!
ip prefix-list ZERMATT seq 5 permit 172.29.1.0/24
!
ip prefix-list ZERMATT-2 seq 5 permit 10.30.0.0/16
!
route-map EXAMPLE permit 10
 match ip address prefix-list ZERMATT
 match as-path 1
 set metric 500
 set weight 25
```

（待续）

```
!
route-map EXAMPLE permit 20
 match ip address prefix-list ZERMATT-2
 match as-path 1
 set metric 250
 set weight 75
!
route-map EXAMPLE permit 30
!
```

该路由映射的语句 20 匹配去往 10.30.0.0/16 的路由，同时要求该路由的 AS_PATH 为[100,30]（这两个路由映射语句均使用了（**AS-path ACL 1**）。匹配路由的度量值将被设置为 250，权重将被设置为 75。

语句 30 是一条简单的“允许全部”语句，没有匹配子句，因而该语句将匹配前两条语句未匹配的其他所有路由。如果未在路由映射中配置该语句，那么未匹配前两条语句的所有路由都将被隐含的“拒绝全部”所丢弃。

例 4-63 给出了此时 Cervinia 的 BGP 表信息。可以看出虽然有三条去往 172.29.1.0/24 和 10.30.0.0/16 的路由，但是只修改了 AS_PATH 为[100,30]的路由的度量和权重值。

例 4-63 将路由映射 EXAMPLE 应用于 Cervinia 后的 BGP 表结果

```
Cervinia#show ip bgp
BGP table version is 75, local router ID is 10.200.60.1
Status codes: s suppressed, d damped, h history, * valid, > best, i - internal,
              r RIB-failure, S Stale
Origin codes: i - IGP, e - EGP, ? - incomplete

   Network          Next Hop            Metric LocPrf Weight Path
*> 10.20.0.0/16     10.50.250.1              0             0 50 i
*                   10.100.83.1                            0 100 50 i
*                   10.125.25.1                            0 125 50 i
*  10.30.0.0/16     10.50.250.1                            0 50 100 30 i
*>                  10.100.83.1            250            75 100 30 i
*                   172.30.255.150          10             0 30 i
*  10.100.0.0/16    10.50.250.1                            0 50 100 i
*>                  10.100.83.1              0             0 100 i
*> 10.200.0.0/16    0.0.0.0                  0         32768 i
*  172.16.0.0       10.50.250.1                            0 50 100 30 i
*                   10.100.83.1                            0 100 30 i
*>                  172.30.255.150          10             0 30 i
*> 172.17.0.0       10.50.250.1              0             0 50 I
*                   10.100.83.1                            0 100 50 i
*                   10.125.25.1                            0 125 50 i
*> 172.18.0.0       10.50.250.1              0             0 50 i
*                   10.100.83.1                            0 100 50 i
*                   10.125.25.1                            0 125 50 i
*  172.29.1.0/24    10.50.250.1                            0 50 100 30 i
*>                  10.100.83.1            500            25 100 30 i
*                   172.30.255.150          10             0 30 i
*> 172.29.2.0/24    10.50.250.1              0             0 50 i
*                   10.100.83.1                            0 100 50 i
*                   10.125.25.1                            0 125 50 i
*  172.30.0.0       10.50.250.1                            0 50 100 30 i
*                   10.100.83.1                            0 100 30 i
*>                  172.30.255.150                         0 30 i
*  172.31.0.0       10.50.250.1                            0 50 100 30 i
*                   10.100.83.1                            0 100 30 i
*>                  172.30.255.150          10             0 30 i
*  172.32.0.0       10.50.250.1                            0 50 100 30 i
*                   10.100.83.1                            0 100 30 i
*>                  172.30.255.150          20             0 30 i
```

（待续）

```
*  172.33.0.0       10.50.250.1                          0 50 100 30 i
*                   10.100.83.1                          0 100 30 i
*>                  172.30.255.150          10           0 30 i
*  192.168.2.0      10.50.250.1                          0 50 100 30 i
*                   10.100.83.1                          0 100 30 i
*>                  172.30.255.150          10           0 30 i
*> 192.168.50.0     10.50.250.1              0           0 50 i
*                   10.100.83.1                          0 100 50 i
*                   10.125.25.1                          0 125 50 i
*  192.168.100.0    10.50.250.1                          0 50 100 30 i
*                   10.100.83.1                          0 100 30 i
*>                  172.30.255.150          10           0 30 i
Cervinia#
```

利用 **show route-map** 命令可以显示简单明了的路由映射汇总信息（见例 4-64）。从输出结果可以看出整个路由映射被分成多个独立的语句以及相应的 **match** 子句和 **set** 子句。

例 4-64 **show route-map** 命令显示了路由映射的汇总信息

```
Cervinia#show route-map
route-map EXAMPLE, permit, sequence 10
  Match clauses:
    ip address prefix-lists: ZERMATT
    as-path (as-path filter): 1
  Set clauses:
    metric 500
    weight 25
  Policy routing matches: 0 packets, 0 bytes
route-map EXAMPLE, permit, sequence 20
  Match clauses:
    ip address prefix-lists: ZERMATT-2
    as-path (as-path filter): 1
  Set clauses:
    metric 250
    weight 75
  Policy routing matches: 0 packets, 0 bytes
route-map EXAMPLE, permit, sequence 30
  Match clauses:
  Set clauses:
  Policy routing matches: 0 packets, 0 bytes
Cervinia#
```

4.4.9 过滤器处理

可以在需要的时候为每个邻居的每个方向都配置一个 NLRI 过滤器（前缀列表或分发列表，但不是两者）、一个 AS_PATH 过滤器以及一个路由映射（见例 4-65）。

例 4-65 可以为每个邻居的每个方向配置一个 NLRI 过滤器、一个 AS_PATH 过滤器以及一个路由映射

```
Oberstdorf#show run | section bgp
router bgp 125
 no synchronization
 bgp log-neighbor-changes
 network 10.125.25.1
 neighbor 10.50.250.1 remote-as 50
 neighbor 10.50.250.1 ebgp-multihop 2
 neighbor 10.50.250.1 update-source Loopback0
 neighbor 10.50.250.1 prefix-list Meribel in
 neighbor 10.50.250.1 prefix-list Cervinia out
 neighbor 10.50.250.1 route-map EX1 in
 neighbor 10.50.250.1 route-map EX2 out
```

（待续）

```
 neighbor 10.50.250.1 filter-list 1 in
 neighbor 10.50.250.1 filter-list 2 out
 neighbor 10.200.60.1 remote-as 200
 neighbor 10.200.60.1 ebgp-multihop 2
 neighbor 10.200.60.1 update-source Loopback0
 no auto-summary
Oberstdorf#
```

由于可以在单个邻居会话的相同方向配置多种类型的过滤器，因而大家经常会疑问“多种过滤器的处理次序是什么？”

是依次处理前缀列表、路由映射和 AS_PATH 过滤器吗？是依次处理 AS_PATH 过滤器、前缀列表和路由映射和吗？或者是其他什么顺序？过滤器的处理顺序与其应用于入站路由或出站路由有关系吗？

搜索 CCIE 学习组、网络书籍甚至是 Cisco 的 IOS 手册，大家几乎会看到与过滤器类型一样多的不同答案。这是因为实际的处理顺序与 IOS 的版本有关，过滤器在配置中的出现顺序也可能会随着 IOS 版本的变化而变化。

还有一个非常简单的答案，那就是不要关心处理顺序。如果单个邻居的同一方向配置了多个过滤器，那么在接受（入站）或宣告（出站）路由之前，该路由必须得到所有过滤器的允许。如果特定入站路由与例 4-65 中的前缀列表 Meribel、路由映射 EX1 或过滤器列表 1 相匹配，并且如果与这些匹配子句相关联的操作都是拒绝，那么该路由都将被丢弃，与这三个过滤器评估该路由的顺序毫无关系。最重要的是，如果该路由被路由映射匹配、修改和允许，但是被前缀列表或 AS_PATH 过滤器拒绝，那么该路由仍然会被丢弃。

除非能够确定自己永远只会为给定邻居配置单个 NLRI 过滤器或单个 AS_PATH 过滤器，否则围绕处理顺序而产生的混淆会使得在路由映射中配置 NLRI 过滤器和 AS_PATH 过滤器是一种更佳选择：

- 为邻居配置的路由策略要易于理解；
- 顺序化的路由映射语句使得策略编辑（无论什么时候）更加容易；
- 由于路由映射语句是按序处理的，因而可以控制 NLRI 过滤器及 AS_PATH 过滤器对路由的评估顺序。

4.5 影响 BGP 决策进程

前面已经解释了创建 BGP 路由策略的所有基础工具，下面将讨论路由策略的相关创建技术。BGP 路由策略是通过影响 BGP 决策进程来实现其意图的。当然，NLRI 和 AS_PATH 过滤器本身也能粗略地影响 BGP 决策进程，实现方式是控制路由器知道哪些路由以及路由器能够将决策进程应用于哪些路由。但是我们需要利用更精细化的路由策略通过更改路由属性来影响决策进程，而不是简单地允许或阻塞路由。

如第 2 章所述，IOS 的 BGP 决策进程如下。

1. 优选权重最大的路由。如前所述，这是 IOS 的专有功能。
2. 如果权重相同，那么就优选 LOCAL_PREF 值最大的路由。
3. 如果 LOCAL_PREF 值相等，那么就优选该路由器本地发起的路由。也就是说，优选学自 IGP 的路由或同一台路由器上的直连路由。

4. 如果 LOCAL_PREF 值相等且没有本地发起的路由，那么就优选 AS_PATH 最短的路由。
5. 如果 AS_PATH 长度相等，那么就优选 ORIGIN 代码最小的路径。IGP 小于 EGP，EGP 小于 Incomplete（不完全）。
6. 如果 ORIGIN 代码相同，那么就优选 MED（MULTI_EXIT_DISC）值最小的路由。仅当所有备选路由的 AS 号均相同时才比较 MED 值[14]。
7. 如果 MED 相同，那么就优选 EBGP 路由，次选联盟 EBGP 路由，最后选择 IBGP 路由。
8. 如果此时的路由仍相同，那么就优选到达 BGP NEXT_HOP 路径最短的路由，该路由是到达下一跳地址的路由中 IGP 度量最小的路由。
9. 如果此时的路由仍相同，且这些路由均来自同一个邻接 AS，并通过命令 **maximum-paths** 启用了 BGP 多路径功能，那么就在 Loc-RIB 中安装所有等价路由。
10. 如果没有启用多路径功能，那么就优选 BGP 路由器 ID 最小的路由。如果使用了路由反射机制（见第 5 章），那么就优选 ORIGINATOR_ID 最小的路由。
11. 如果此时的路由仍相同且使用了路由反射机制，那么就优选 CLUSTER_LIST 最短的路由。
12. 如果此时的路由仍相同，那么就优选 IP 地址最小的邻居宣告来的路由。

下面将通过 5 个案例来解释利用路由映射实现复杂路由策略的方法。这 5 个案例将分别解释如下场景中的路由优先级的影响方法：

- 单台路由器内（拥有多条去往相同目的端的 BGP 路由）；
- 本地 AS 内部；
- 邻接 AS 内部；
- 跨越邻接自治系统的 AS 内部；
- 单台路由器内部（拥有多条来自不同路由协议且去往相同目的端的 BGP 路由）。

4.5.1　案例研究：管理权重

管理权重不属于 BGP 标准规定的路径属性，是 Cisco 的专有 BGP 路径属性。有时人们甚至争论管理权重并不是一种真正的路径属性，这是因为路由从一台路由器宣告到另一台路由器时，管理权重并不会随之宣告出去，管理权重仅对单台路由器的 BGP 表中的路由有效。

从这些信息可以看出管理权重的使用限制：管理权重只影响单台路由器的 BGP 决策进程，这种影响并不会传递给其他路由器。

每条路由都会分配一个权重（取值范围为 0～65535）。对于去往同一目的地的多条路由来说，路由器会优选权重最大的路由（权重最大的胜出）。在默认情况下，源自本路由器的 BGP 路由的权重为 32768，学自其他邻居的 BGP 路由的权值为 0。下面就来分析例 4-63 中的处理过程。Cervinia 在本地生成的去往环回地址（10.200.0.0/16）的路由的权重为 32768，其余路由均学自 BGP 邻居，因而权重均为 0（由路由映射分配指定权重的两条路由除外）。由于权重越大的路由越优，因而这种默认行为可以在存在多条去往同一目的端的路由且其中有一条路由是本地生成的路由时，确保本地路由器优选自己的路由，次选邻居宣告的路由。这

14 IOS 为默认 MED 行为提供了两种替代方案：**bgp deterministic-med** 和 **bgp alwayscompare-med**，有关这些替代方案的详细内容请参阅第 3 章。

是有道理的：如果路由器向 BGP 注入了一条路由，那么从 BGP 的角度来看，这台路由器在关于如何到达该目的端方面应该是最权威的。

回顾本节开头的 BGP 决策进程，可以看出权重是众多路由属性中最先考虑的路径属性。也就是说，管理权重在 BGP 决策进程中是首要决定因素。

图 4-11 调整了 AS30 的连接关系。Zermatt 和 Moritz 均双归至 AS100 和 AS200，以提高

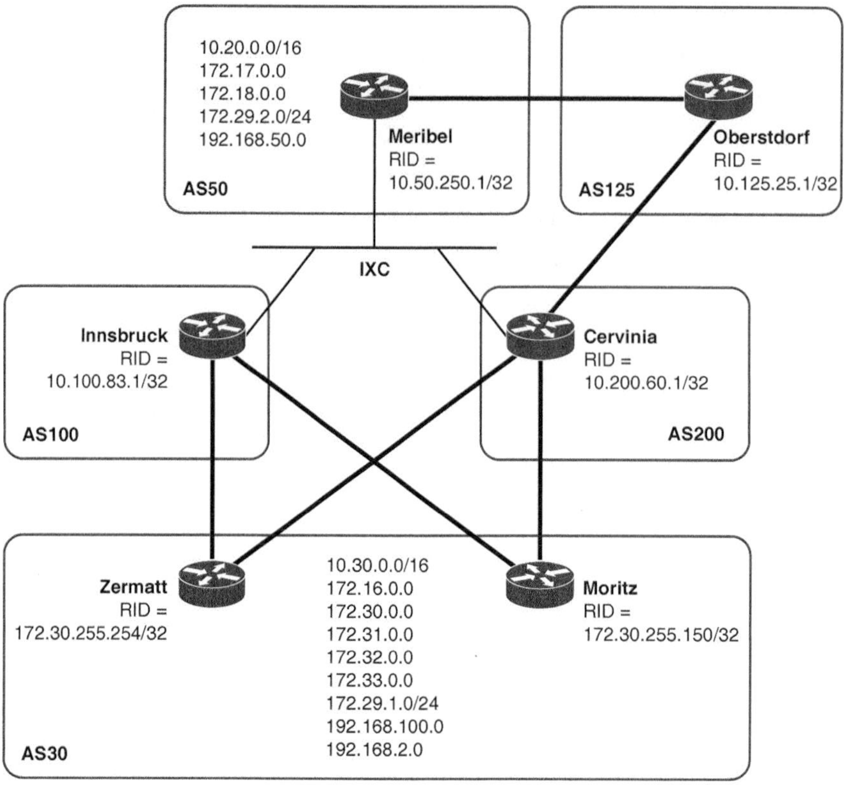

图 4-11 Zermatt 和 Moritz 都部署了多归属连接以提高冗余性

冗余性。每台路由器都从 Innsbruck 和 Cervinia 收到了去往 AS50 目的地址的路由。在多条去往同一目的端的多条路径中选择优选路径时，如果所有属性均相等，那么 BGP 决策进程将选择来自路由器 ID 最小的邻居的路由。这就意味着图 4-11 中的 Zermatt 和 Moritz 将经由 Innsbruck 到达 AS50 中的目的端，这是因为 Innsbruck 的路由器 ID 小于 Cervinia（如例 4-66 输出结果所示）。Zermatt 和 Moritz 的 BGP 表显示可以通过 Innsbruck（10.100.83.1）或 Cervinia（10.200.60.1）到达 AS50 中的目的端。由于 Innsbruck 的路由器 ID 小于 Cervinia，因而 Zermatt 和 Moritz 都将来自 Innsbruck 的路由标记为最佳路由。

例 4-66 Zermatt 和 Moritz 的 BGP 表显示它们均优选通过 Innsbruck（10.100.83.1）到达 AS50 路由

```
Zermatt#show ip bgp
BGP table version is 54, local router ID is 172.30.255.254
Status codes: s suppressed, d damped, h history, * valid, > best, i - internal,
              r RIB-failure, S Stale
Origin codes: i - IGP, e - EGP, ? - incomplete

   Network          Next Hop            Metric LocPrf Weight Path
```

（待续）

```
*> 10.20.0.0/16     10.100.83.1                              0 100 50 i
*                   10.200.60.1                              0 200 50 i
* i                 172.30.255.150       0     100           0 100 50 i
*> 10.30.0.0/16     172.30.255.100      10                32768 i
* i                 172.30.255.150      10     100           0 i
*  10.100.0.0/16    10.200.60.1                              0 200 100 i
*>                  10.100.83.1          0                   0 100 i
* i                 172.30.255.150       0     100           0 100 i
*  10.125.0.0/16    10.100.83.1                              0 100 200 125 i
*>                  10.200.60.1                              0 200 125 i
* i                 172.30.255.150       0     100           0 200 125 i
*  10.200.0.0/16    10.100.83.1                              0 100 200 i
*>                  10.200.60.1          0                   0 200 i
* i                 172.30.255.150       0     100           0 200 i
*> 172.16.0.0       172.30.255.100      10                32768 i
* i                 172.30.255.150      10     100           0 i
*> 172.17.0.0       10.100.83.1                              0 100 50 i
*                   10.200.60.1                              0 200 50 i
* i                 172.30.255.150       0     100           0 100 50 i
*> 172.18.0.0       10.100.83.1                              0 100 50 i
*                   10.200.60.1                              0 200 50 i
* i                 172.30.255.150       0     100           0 100 50 i
*> 172.29.1.0/24    172.30.255.100      10                32768 i
* i                 172.30.255.150      10     100           0 i
*> 172.29.2.0/24    10.100.83.1                              0 100 50 i
*                   10.200.60.1                              0 200 50 i
* i                 172.30.255.150       0     100           0 100 50 i
*> 172.30.0.0       0.0.0.0              0                32768 i
*> 172.31.0.0       172.30.255.100      10                32768 i
* I                 172.30.255.150      10     100           0 i
*> 172.32.0.0       172.30.255.100      20                32768 i
* i                 172.30.255.150      20     100           0 i
*> 172.33.0.0       172.30.255.100      10                32768 i
* i                 172.30.255.150      10     100           0 i
*> 192.168.2.0      172.30.255.100      10                32768 i
* i                 172.30.255.150      10     100           0 i
*> 192.168.50.0     10.100.83.1                              0 100 50 i
*                   10.200.60.1                              0 200 50 i
* i                 172.30.255.150       0     100           0 100 50 i
*> 192.168.100.0    172.30.255.100      10                32768 i
* i                 172.30.255.150      10      100          0 i
Zermatt#
```

```
Moritz#show ip bgp
BGP table version is 38, local router ID is 172.30.255.150
Status codes: s suppressed, d damped, h history, * valid, > best, i - internal,
              r RIB-failure, S Stale
Origin codes: i - IGP, e - EGP, ? - incomplete

   Network          Next Hop            Metric LocPrf Weight Path
* i10.20.0.0/16     172.30.255.254       0     100       0 200 50 i
*>                  10.100.83.1                          0 100 50 i
*                   10.200.60.1                          0 200 50 i
* i10.30.0.0/16     172.30.255.254      10     100       0 i
*>                  172.30.255.100      10            32768 i
*  10.100.0.0/16    10.200.60.1                          0 200 100 i
*>                  10.100.83.1          0               0 100 i
*  10.125.0.0/16    10.100.83.1                          0 100 200 125 i
* i                 172.30.255.254       0     100       0 200 125 i
*>                  10.200.60.1                          0 200 125 i
*  10.200.0.0/16    10.100.83.1                          0 100 200 i
* I                 172.30.255.254       0     100       0 200 i
*>                  10.200.60.1          0               0 200 i
* i172.16.0.0       172.30.255.254      10     100       0 i
*>                  172.30.255.100      10            32768 i
* i172.17.0.0       172.30.255.254       0     100       0 200 50 i
*>                  10.100.83.1                          0 100 50 i
```

（待续）

```
*                   10.200.60.1                                0 200 50 i
* i172.18.0.0       172.30.255.254           0    100          0 200 50 i
*>                  10.100.83.1                                0 100 50 i
*                   10.200.60.1                                0 200 50 i
* i172.29.1.0/24    172.30.255.254          10    100          0 i
*>                  172.30.255.100          10             32768 i
* i172.29.2.0/24    172.30.255.254           0    100          0 200 50 i
*>                  10.100.83.1                                0 100 50 i
*                   10.200.60.1                                0 200 50 i
*>i172.30.0.0       172.30.255.254           0    100          0 i
* i172.31.0.0       172.30.255.254          10    100          0 i
*>                  172.30.255.100          10             32768 i
* i172.32.0.0       172.30.255.254          20    100          0 i
*>                  172.30.255.100          20             32768 i
* i172.33.0.0       172.30.255.254          10    100          0 i
*>                  172.30.255.100          10             32768 i
* i192.168.2.0      172.30.255.254          10    100          0 i
*>                  172.30.255.100          10             32768 i
* i192.168.50.0     172.30.255.254           0    100          0 200 50 i
*>                  10.100.83.1                                0 100 50 i
*                   10.200.60.1                                0 200 50 i
* i192.168.100.0    172.30.255.254          10    100          0 i
*>                  172.30.255.100          10             32768 i
Moritz#
```

为了使流量更加均衡，Zermatt 应该使用与 Innsbruk 间的链路去往 AS50，仅将与 Cervinia 间的链路用作备份链路。与此相似，Moritz 应该使用与 Cervinia 间的链路去往 AS50，仅将与 Innsbruk 间的链路作为备份链路。从例 4-67 可以看出，Moritz 利用 **neighbor weight** 语句将 Cervinia（10.200.60.1）宣告的路由的权重均设置为 50000，将 Innsbruck（10.100.83.1）宣告的路由的权重均设置为 20000。Zermatt 的配置则正好相反。

例 4-67 Moritz 更改从 Innsbruck 和 Cervinia 接收到的路由的权重

```
Moritz#show run | section bgp
router bgp 30
 no synchronization
 bgp log-neighbor-changes
 network 10.30.0.0 mask 255.255.0.0
 network 172.16.0.0
 network 172.29.1.0 mask 255.255.255.0
 network 172.30.0.0
 network 172.31.0.0
 network 172.32.0.0
 network 172.33.0.0
 network 192.168.2.0
 network 192.168.100.0
 neighbor 10.100.83.1 remote-as 100
 neighbor 10.100.83.1 ebgp-multihop 2
 neighbor 10.100.83.1 update-source Loopback0
 neighbor 10.100.83.1 weight 20000
 neighbor 10.100.83.1 filter-list 1 out
 neighbor 10.200.60.1 remote-as 200
 neighbor 10.200.60.1 ebgp-multihop 2
 neighbor 10.200.60.1 update-source Loopback0
 neighbor 10.200.60.1 weight 50000
 neighbor 10.200.60.1 filter-list 1 out
 neighbor 172.30.255.254 remote-as 30
 neighbor 172.30.255.254 update-source Loopback0
 neighbor 172.30.255.254 next-hop-self
 no auto-summary
Moritz#
```

例 4-68 给出了相应的运行结果（对入站路由执行软重启操作之后）。将本例 Moritz 的 BGP 表中去往 AS50 前缀的路由与例 4-66 的 Moritz 的 BGP 表中去往相同前缀的路由相比，可以看出 Moritz 目前已将 Cervinia（10.200.60.1）选为最佳下一跳（因为其权重较大）。此外还能看到前面分配的权重 2000 和 5000，而对那些从邻居学到的路由来说，由于未配置 **neighbor weight** 语句，因而这些路由仍然使用默认权重值。

例 4-68　Mortiz 已经经由 Cervinia 的路由（权重为 5000），次选经由 Innsbruck 的路由（权重为 2000）

```
Moritz#show ip bgp
BGP table version is 35, local router ID is 172.30.255.150
Status codes: s suppressed, d damped, h history, * valid, > best, i - internal,
              r RIB-failure, S Stale
Origin codes: i - IGP, e - EGP, ? - incomplete

   Network          Next Hop            Metric LocPrf Weight Path
*  10.20.0.0/16     10.100.83.1                          20000 100 50 i
*>                  10.200.60.1                          50000 200 50 i
* i                 172.30.255.254           0    100      0 200 50 i
*> 10.30.0.0/16     172.30.255.100          10           32768 i
* i                 172.30.255.254          10    100      0 i
*  10.100.0.0/16    10.100.83.1              0           20000 100 i
*>                  10.200.60.1                          50000 200 50 100 i
* i                 172.30.255.254           0    100      0 100 i
*  10.125.0.0/16    10.100.83.1                          20000 100 200 125 i
*>                  10.200.60.1                          50000 200 125 i
* i                 172.30.255.254           0    100      0 200 125 i
*  10.200.0.0/16    10.100.83.1                          20000 100 200 i
*>                  10.200.60.1              0           50000 200 i
* i                 172.30.255.254           0    100      0 200 i
*> 172.16.0.0       172.30.255.100          10           32768 i
* i                 172.30.255.254          10    100      0 i
*  172.17.0.0       10.100.83.1                          20000 100 50 i
*>                  10.200.60.1                          50000 200 50 i
* i                 172.30.255.254           0    100      0 200 50 i
*  172.18.0.0       10.100.83.1                          20000 100 50 i
*>                  10.200.60.1                          50000 200 50 i
* i                 172.30.255.254           0    100      0 200 50 i
*> 172.29.1.0/24    172.30.255.100          10           32768 i
* i                 172.30.255.254          10    100      0 i
*  172.29.2.0/24    10.100.83.1                          20000 100 50 i
*>                  10.200.60.1                          50000 200 50 i
* i                 172.30.255.254           0    100      0 200 50 i
*>i172.30.0.0       172.30.255.254           0    100      0 i
*> 172.31.0.0       172.30.255.100          10           32768 i
* i                 172.30.255.254          10    100      0 i
*> 172.32.0.0       172.30.255.100          20           32768 i
* i                 172.30.255.254          20    100      0 i
*> 172.33.0.0       172.30.255.100          10           32768 i
* i                 172.30.255.254          10    100      0 i
*> 192.168.2.0      172.30.255.100          10           32768 i
* i                 172.30.255.254          10    100      0 i
* 192.168.50.0      10.100.83.1                          20000 100 50 i
*>                  10.200.60.1                          50000 200 50 i
* I                 172.30.255.254           0    100      0 200 50 i
*> 192.168.100.0    172.30.255.100          10           32768 i
* i                 172.30.255.254          10           100 0 i
Moritz#
```

如果学自特定邻居的所有路由的权重均相同，那么命令 **neighbor weight** 就非常有用。但有时必须为来自同一邻居的不同路由设置不同的权重，此时就需要利用路由映射为希望更改权重的路由提供更特殊的特性。

从例 4-68 可以看出，除了 Cervinia 宣告给 Moritz 的 AS50 路由之外，Cervinia 宣告的去往 AS125（10.125.0.0/16）、AS200（10.200.0.0/16）和 AS100（10.100.0.0/16）的路由的权重

也被设置为 5000，而 Innsbruck 宣告的相同路由的权重则被设置为 2000，因而经由 Cervinia 的路径优于经由 Innsbruck 的路由。对于 AS125 和 AS200 路由来说，这不是问题，Cervinia 始终是这些目的端的最佳下一跳。

但是对于 AS100 路由来说，给 Cervinia 路由分配更高的权重会导致选中该路径，即使 Moritz 与 Innsbruck 之间存在一条直达链路。虽然 Cervinia 路由的 AS_PATH 更长，但是对于 BGP 决策进程来说，权重大的路由比 AS_PATH 短的路由更优。

例 4-69 对 Moritz 的配置做了修改，使用路由映射指定权重。路由映射 Inns_Weight 用于去往 Innsbruck 的连接，路由映射 Cerv_Weight 用于去往 Cervinia 的连接。这两个路由映射均引用 AS-path ACL 2 来识别源自 AS50 的路由，区别在于 Inns_Weight 为匹配路由分配的权重是 2000，Cerv_Weight 为匹配路由分配的权重是 5000。

例 4-70 给出了相应的运行结果。此时 Cervinia 宣告的 AS50 前缀的权重已经变为 5000，Innsbruck 宣告的 AS50 前缀的权重已经变为 2000，因而 Moritz 将经由 Cervinia 的路由选定为最佳路由。但是与例 4-48 不同，此时并没有为去往 AS125、AS100 和 AS200 前缀的路由分配权重，因而 BGP 决策进程根据最短 AS_PATH 选择去往这些前缀的最佳路径。

例 4-69 利用路由映射（使用 AS_PATH 访问列表）重新配置 Moritz

```
router bgp 30
 no synchronization
 bgp log-neighbor-changes
 network 10.30.0.0 mask 255.255.0.0
 network 172.16.0.0
 network 172.29.1.0 mask 255.255.255.0
 network 172.30.0.0
 network 172.31.0.0
 network 172.32.0.0
 network 172.33.0.0
 network 192.168.2.0
 network 192.168.100.0
 neighbor 10.100.83.1 remote-as 100
 neighbor 10.100.83.1 ebgp-multihop 2
 neighbor 10.100.83.1 update-source Loopback0
 neighbor 10.100.83.1 route-map Inns_Weight in
 neighbor 10.100.83.1 filter-list 1 out
 neighbor 10.200.60.1 remote-as 200
 neighbor 10.200.60.1 ebgp-multihop 2
 neighbor 10.200.60.1 update-source Loopback0
 neighbor 10.200.60.1 route-map Cerv_Weight in
 neighbor 10.200.60.1 filter-list 1 out
 neighbor 172.30.255.254 remote-as 30
 neighbor 172.30.255.254 update-source Loopback0
 neighbor 172.30.255.254 next-hop-self
 no auto-summary
!
ip as-path access-list 2 permit _50$
!
route-map Inns_Weight permit 10
 match as-path 2
 set weight 20000
!
route-map Inns_Weight permit 100
!
route-map Cerv_Weight permit 10
 match as-path 2
 set weight 50000
!
route-map Cerv_Weight permit 100
!
```

例 4-70 利用路由映射（使用 AS_PATH 访问列表分配权重）重新配置 Moritz

```
Moritz#show ip bgp
BGP table version is 18, local router ID is 172.30.255.150
Status codes: s suppressed, d damped, h history, * valid, > best, i - internal,
              r RIB-failure, S Stale
Origin codes: i - IGP, e - EGP, ? - incomplete

   Network          Next Hop            Metric LocPrf Weight Path
*  10.20.0.0/16     10.100.83.1                        20000 100 50 i
*>                  10.200.60.1                        50000 200 50 i
* i                 172.30.255.254           0    100      0 100 50 i
*> 10.30.0.0/16     172.30.255.100          10         32768 i
* i                 172.30.255.254          10    100      0 i
*> 10.100.0.0/16    10.100.83.1              0             0 100 i
*                   10.200.60.1                            0 200 100 i
* i                 172.30.255.254           0    100      0 100 i
* 10.125.0.0/16     10.100.83.1                            0 100 200 125 i
*>                  10.200.60.1                            0 200 125 i
* i                 172.30.255.254           0    100      0 200 125 i
* 10.200.0.0/16     10.100.83.1                            0 100 200 i
*>                  10.200.60.1              0             0 200 i
* i                 172.30.255.254           0    100      0 200 i
*> 172.16.0.0       172.30.255.100          10         32768 i
* i                 172.30.255.254          10    100      0 i
*  172.17.0.0       10.100.83.1                        20000 100 50 i
*>                  10.200.60.1                        50000 200 50 i
* i                 172.30.255.254           0    100      0 100 50 i
*  172.18.0.0       10.100.83.1                        20000 100 50 i
*>                  10.200.60.1                        50000 200 50 i
* i                 172.30.255.254           0    100      0 100 50 i
*> 172.29.1.0/24    172.30.255.100          10         32768 i
* i                 172.30.255.254          10    100      0 i
* 172.29.2.0/24     10.100.83.1                        20000 100 50 i
*>                  10.200.60.1                        50000 200 50 i
* i                 172.30.255.254           0    100      0 100 50 i
*>i172.30.0.0       172.30.255.254           0    100      0 i
*> 172.31.0.0       172.30.255.100          10         32768 i
* i                 172.30.255.254          10    100      0 i
*> 172.32.0.0       172.30.255.100          20         32768 i
* i                 172.30.255.254          20    100      0 i
*> 172.33.0.0       172.30.255.100          10         32768 i
* i                 172.30.255.254          10    100      0 i
*> 192.168.2.0      172.30.255.100          10         32768 i
* i                 172.30.255.254          10    100      0 i
* 192.168.50.0      10.100.83.1                        20000 100 50 i
*>                  10.200.60.1                        50000 200 50 i
* i                 172.30.255.254           0    100      0 100 50 i
*> 192.168.100.0    172.30.255.100          10         32768 i
* i                 172.30.255.254          10    100      0 i
Moritz#
```

注：早期的 IOS 版本还有一条语句 **neighbor filter-list weight**。该语句与 **neighbor weight** 相似，但是与路由映射一样，该语句引用的是 AS_PATH ACL。本书第一版曾经介绍过该语句，但是 Cisco 从 IOS 12.1 开始废除了该语句，因而当前版本已经不再提供该语句，本书也就不再讨论该语句的使用方式。

利用路由映射设置权重时，只能匹配 AS_PATH，无法利用 **match ip address** 子句来匹配单个 IP 地址。与 **neighbor weight** 语句一样，也可以在同一个邻居配置中使用 **weight-setting** 路由映射。如果同时使用，那么路由映射的优先级要高于 **neighbor weight** 语句。

使用权重时需要注意的一点是，在没有完全弄清楚的情况下，更改 AS 中的单台路由器的 BGP 决策进程可能会产生不可预料的路由行为。虽然权重有自己的用途，但是对于绝大多数应用场合来说，BGP 决策进程在整个自治系统中都应该相同。

4.5.2 案例研究：使用 LOCAL_PREF 属性

如上节所述，如果希望影响单台路由器的出站路径选择，但又不希望影响其他路由器，那么管理权重就非常有用。但在很多情况下，设置路由策略以影响出站路径选择时，都希望将该策略应用于整个自治系统，此时就可以使用 LOCAL_PREF 属性。与管理权重不同，LOCAL_PREF 并不是局限于单台路由器，而是附加在路由上宣告给 IBGP 对等体。该属性不会在 EBGP 对等体之间进行传递，因而将其称为本地优先级，仅用于本地自治系统。

在用于设置路由策略的 BGP 路径属性中，LOCAL_PREF 可能是最常用的路径属性。

路由的 LOCAL_PREF 属性取值范围在 0～4294967295 之间。值越大，路由越优。在默认情况下，所有宣告给 IBGP 对等体的 LOCAL_PREF 属性值都是 100。利用 **ip default local-preference** 语句可以更改 LOCAL_PREF 属性的默认值，利用路由映射和命令 **set local-preference** 可以更改单条路由的 LOCAL_PREF 属性值。

图 4-12 在示例网络中增加了一台新路由器 Davos，并与 Zermatt 及 Moritz 建立了 IBGP 会话，而且这两台路由器均为 Davos 配置了 **neighbor next-hop-self** 语句。

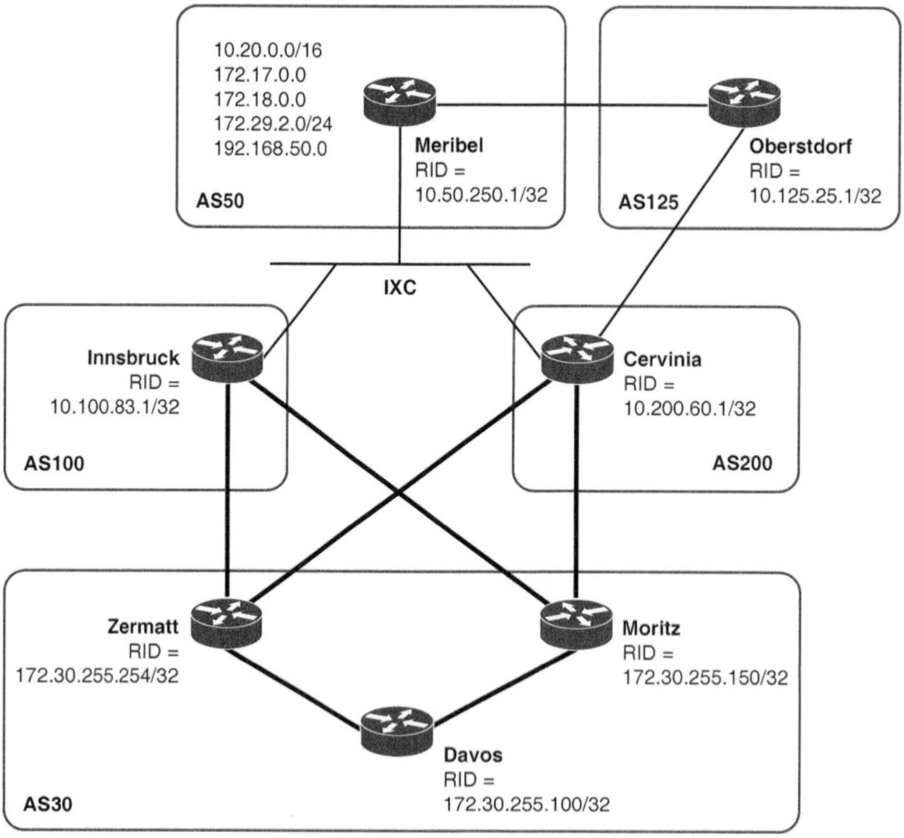

图 4-12 在 AS30 中增加路由器 Davos，并与 Zermatt 及 Moritz 建立 IBGP 会话

此时已经删除了在上一节创建的管理权重。Moritz（172.30.255.150）和 Zermatt（172.30.255.254）宣告了 AS30 之外的所有前缀，但权重和 AS_PATH 长度相同，ORIGIN 属性以及到达下一跳的路径长度也相同，因而 Davos 选择 Moritz（因为其路由器 ID 最小）作为所有 AS 外部路由的优选下一跳。

例 4-71 Davos 选择 Moritz（因为其路由器 ID 最小）作为所有 AS 外部路由的优选下一跳

```
Davos# show ip bgp
BGP table version is 26, local router ID is 172.32.1.1
Status codes: s suppressed, d damped, h history, * valid, > best, i - internal,
              r RIB-failure, S Stale
Origin codes: i - IGP, e - EGP, ? - incomplete

   Network          Next Hop            Metric LocPrf Weight Path
* i10.20.0.0/16     172.30.255.254           0    100      0 200 50 i
*>i                 172.30.255.150           0    100      0 200 50 i
r i10.30.0.0/16     172.30.255.254          10    100      0 i
r>i                 172.30.255.150          10    100      0 i
* i10.100.0.0/16    172.30.255.254           0    100      0 100 i
*>i                 172.30.255.150           0    100      0 100 i
* i10.125.0.0/16    172.30.255.254           0    100      0 200 125 i
*>i                 172.30.255.150           0    100      0 200 125 i
* i10.200.0.0/16    172.30.255.254           0    100      0 200 i
*>i                 172.30.255.150           0    100      0 200 i
r i172.16.0.0       172.30.255.254          10    100      0 i
r>i                 172.30.255.150          10    100      0 i
* i172.17.0.0       172.30.255.254           0    100      0 200 50 i
*>i                 172.30.255.150           0    100      0 200 50 i
* i172.18.0.0       172.30.255.254           0    100      0 200 50 i
*>i                 172.30.255.150           0    100      0 200 50 i
r i172.29.1.0/24    172.30.255.254          10    100      0 i
r>i                 172.30.255.150          10    100      0 i
* i172.29.2.0/24    172.30.255.254           0    100      0 200 50 i
*>i                 172.30.255.150           0    100      0 200 50 i
*>i172.30.0.0       172.30.255.254           0    100      0 i
r i172.31.0.0       172.30.255.254          10    100      0 i
r>i                 172.30.255.150          10    100      0 i
r i172.32.0.0       172.30.255.254          20    100      0 i
r>i                 172.30.255.150          20    100      0 i
r i172.33.0.0       172.30.255.254          10    100      0 i
r>i                 172.30.255.150          10    100      0 i
r i192.168.2.0      172.30.255.254          10    100      0 i
r>i                 172.30.255.150          10    100      0 i
* i192.168.50.0     172.30.255.254           0    100      0 200 50 i
*>i                 172.30.255.150           0    100      0 200 50 i
r i192.168.100.0    172.30.255.254          10    100      0 i
r>i                 172.30.255.150          10    100      0 i
Davos#
```

注： Davos 的 BGP 表中的所有 AS30 前缀均被标记为 RIB-failure (r)状态。这些前缀是从 Zermatt 和 Moritz 的 IGP 路由表中取出并通过 **network** 语句注入 BGP 的，然后再由这两台路由器将这些前缀通过 BGP 宣告给 Davos。但是由于 Davos 的 RIB 中已经存在去往这些前缀的 IGP 路由，因而将去往这些前缀的 BGP 路由标记为 RIB-failure (r)状态，不将它们添加到 RIB 中。

例 4-72 中的 Zermatt 增加了学自 IBGP 对等体的部分路由的 LOCAL_PREF 值，目的是在 Zermatt 于 Moritz 之间平衡来自 Davos（以及 AS30 内的其他路由器）的出站流量，而不是将出站流量都转发给 Moritz。路由映射 More-Pref 引用了一个名为 Set-Pref 的前缀列表，并将匹配路由的 LOCAL_PREF 值设置为 500。该策略被应用于来自邻居 Cervinia 和 Innsbruck 的入站路由。

例 4-72 Zermatt 将部分入站路由的 LOCAL_PREF 值设置为 500

```
router bgp 30
 no synchronization
 bgp log-neighbor-changes
 network 10.30.0.0 mask 255.255.0.0
 network 172.16.0.0
 network 172.29.1.0 mask 255.255.255.0
 network 172.30.0.0
 network 172.31.0.0
 network 172.32.0.0
 network 172.33.0.0
 network 192.168.2.0
 network 192.168.100.0
 neighbor 10.100.83.1 remote-as 100
 neighbor 10.100.83.1 ebgp-multihop 2
 neighbor 10.100.83.1 update-source Loopback0
 neighbor 10.100.83.1 route-map More-Pref in
 neighbor 10.100.83.1 filter-list 1 out
 neighbor 10.200.60.1 remote-as 200
 neighbor 10.200.60.1 ebgp-multihop 2
 neighbor 10.200.60.1 update-source Loopback0
 neighbor 10.200.60.1 route-map More-Pref in
 neighbor 172.30.255.100 remote-as 30
 neighbor 172.30.255.100 update-source Loopback0
 neighbor 172.30.255.100 next-hop-self
 neighbor 172.30.255.150 remote-as 30
 neighbor 172.30.255.150 update-source Loopback0
 neighbor 172.30.255.150 next-hop-self
 no auto-summary
!
ip prefix-list Set-Pref seq 5 permit 10.20.0.0/16
ip prefix-list Set-Pref seq 10 permit 172.17.0.0/16
ip prefix-list Set-Pref seq 15 permit 192.168.50.0/24
ip prefix-list Set-Pref seq 20 permit 10.100.0.0/16
!
route-map More-Pref permit 10
 match ip address prefix-list Set-Pref
 set local-preference 500
!
route-map More-Pref permit 100
!
```

从例 4-72 中的 Davos 的 BGP 表可以看出：经由 Zermatt（172.30.255.254）去往前缀列表 Set-Pref 中指定的 4 个前缀的路由的 LOCAL_PREF 值目前都是 500，并且 Davos 将这些路由均标记为优选路径。虽然这就是我们的目标，但仍然存在一个问题。这 4 条经由 Zermatt（172.30.255.254）的路由的替代路径已经不在 BGP 表中了。如果到 Zermatt 的链路出现故障，那么就无法从 Davos 到达这 4 条前缀。请注意，AS30 的外部前缀仍然有替代路由，只有这 4 条修改后的前缀失去了它们的备份路由。

例 4-73 匹配例 4-72 中的前缀列表 Set-Pref 的 4 条路由的 LOCAL_PREF 值被设置为 500，但这些经由 Zermatt(172.30.255.254)的路由的替代路径已经消失

```
Davos#show ip bgp
BGP table version is 135, local router ID is 172.32.1.1
Status codes: s suppressed, d damped, h history, * valid, > best, i - internal,
              r RIB-failure, S Stale
Origin codes: i - IGP, e - EGP, ? - incomplete

   Network          Next Hop            Metric LocPrf Weight Path
*>i10.20.0.0/16     172.30.255.254           0    500      0 100 50 i
*> 10.30.0.0/16     0.0.0.0                  0         32768 i
*>i10.100.0.0/16    172.30.255.254           0    500      0 100 i
```

（待续）

```
* i10.125.0.0/16    172.30.255.254          0    100      0 200 125 i
*>I                 172.30.255.150          0    100      0 200 125 i
* i10.200.0.0/16    172.30.255.254          0    100      0 200 i
*>i                 172.30.255.150          0    100      0 200 i
*> 172.16.0.0       0.0.0.0                 0         32768 i
*>i172.17.0.0       172.30.255.254          0    500      0 100 50 i
* i172.18.0.0       172.30.255.254          0    100      0 100 50 i
*>i                 172.30.255.150          0    100      0 100 50 i
*> 172.29.1.0/24    0.0.0.0                 0         32768 i
* i172.29.2.0/24    172.30.255.254          0    100      0 100 50 i
*>i                 172.30.255.150          0    100      0 100 50 i
*>i172.30.0.0       172.30.255.254          0    100      0 i
*> 172.31.0.0       0.0.0.0                 0         32768 i
r i172.32.0.0       172.30.255.254         20    100      0 i
r>i                 172.30.255.150         20    100      0 i
*> 172.33.0.0       0.0.0.0                 0         32768 i
*> 192.168.2.0      0.0.0.0                 0         32768 i
*>i192.168.50.0     172.30.255.254          0    500      0 100 50 i
*> 192.168.100.0    0.0.0.0                 0         32768 i
Davos#
```

分析 Moritz 的 BGP 表（见例 4-74）就可以看出问题，而且还能发现例 4-72 配置的策略产生了非期望结果。Zermatt 与 Moritz 和 Davos 之间都建立了 IBGP 会话，并且将 LOCAL_PREF 值修改后的路由宣告给了这两个内部邻居。由于 LOCAL_PREF 的优先级高于除权重外的其他所有路径属性，因而 Moritz 优选 LOCAL_PREF 值高的路由。这使得 Moritz 将去往这些目的端的数据包均往回经 Davos 和 Zermatt 发送出去，而没有选择经由 Innsbruck 或 Cervinia 的更直接路径。

例 4-74　出于 LOCAL_PREF 值的原因，Moritz 优选了经由 Zermatt 的路由，而没有选择经由 Innsbruck 或 Cervinia 的更直接路由

```
Moritz#show ip bgp
BGP table version is 28, local router ID is 172.30.255.150
Status codes: s suppressed, d damped, h history, * valid, > best, i - internal,
              r RIB-failure, S Stale
Origin codes: i - IGP, e - EGP, ? - incomplete

   Network          Next Hop            Metric LocPrf Weight Path
* 10.20.0.0/16      10.100.83.1                           0 100 50 i
*                   10.200.60.1                           0 200 50 i
*>i                 172.30.255.254          0    500      0 100 50 i
*>i10.30.0.0/16     172.30.255.100          0    100      0 i
*  10.100.0.0/16    10.100.83.1             0             0 100 i
*                   10.200.60.1                           0 200 100 i
*>i                 172.30.255.254          0    500      0 100 i
*  10.125.0.0/16    10.100.83.1                           0 100 200 125 i
*>                  10.200.60.1                           0 200 125 i
* i                 172.30.255.254          0    100      0 200 125 i
* 10.200.0.0/16     10.100.83.1                           0 100 200 i
*>                  10.200.60.1             0             0 200 i
* i                 172.30.255.254          0    100      0 200 i
*>i172.16.0.0       172.30.255.100          0    100      0 i
*  172.17.0.0       10.100.83.1                           0 100 50 i
*                   10.200.60.1                           0 200 50 i
*>i                 172.30.255.254          0    500      0 100 50 i
*> 172.18.0.0       10.100.83.1                           0 100 50 i
*                   10.200.60.1                           0 200 50 I
* i                 172.30.255.254          0    100      0 100 50 i
*>i172.29.1.0/24    172.30.255.100          0    100      0 i
*> 172.29.2.0/24    10.100.83.1                           0 100 50 i
*                   10.200.60.1                           0 200 50 i
* i                 172.30.255.254          0    100      0 100 50 i
```

（待续）

```
*>i172.30.0.0       172.30.255.254           0    100      0 i
*>i172.31.0.0       172.30.255.100           0    100      0 i
*> 172.32.0.0       172.30.255.100          20         32768 i
* i                 172.30.255.254          20    100      0 i
*>i172.33.0.0       172.30.255.100           0    100      0 i
*>i192.168.2.0      172.30.255.100           0    100      0 i
* 192.168.50.0      10.100.83.1                            0 100 50 i
*                   10.200.60.1                            0 200 50 i
*>i                 172.30.255.254           0    500      0 100 50 i
*>i192.168.100.0    172.30.255.100           0    100      0 i
Moritz#
```

需要记住的是，路由器不会将学自 IBGP 对等体的路由宣告给其他 IBGP 对等体。对于本例来说，由于 Moritz 将 Zermatt 宣告的路由选为去往所讨论的 4 个前缀的优选路径，因而 Moritz 不会将这些路由宣告给 Davos。从例 4-75 可以看出，Moritz 向 Davos 宣告了除 LOCAL_PREF 值修改了的 4 个前缀之外的所有 AS30 外部前缀。

例 4-75 **show ip bgp neighbor advertised-routes** 命令是输出结果表明 Moritz 没有向 Davos (172.30.255.100)宣告被例 4-72 中的策略修改了的 4 个前缀

```
Moritz#show ip bgp neighbor 172.30.255.100 advertised-routes
BGP table version is 27, local router ID is 172.30.255.150
Status codes: s suppressed, d damped, h history, * valid, > best, i - internal,
              r RIB-failure, S Stale
Origin codes: i - IGP, e - EGP, ? - incomplete

   Network          Next Hop            Metric LocPrf Weight Path
*> 10.125.0.0/16    10.200.60.1                            0 200 125 i
*> 10.200.0.0/16    10.200.60.1              0             0 200 i
*> 172.18.0.0       10.200.60.1                            0 200 50 i
*> 172.29.2.0/24    10.200.60.1                            0 200 50 i
*> 172.32.0.0       172.30.255.100          20         32768 i

Total number of prefixes 5
Moritz#
```

解决这个问题的方案很简单。不要将路由映射 More-Pref 配置为针对 Zermatt 的 EBGP 对等体的入站策略，而是将该路由映射配置为针对 Davos 的出站策略（见例 4-76）。由于学自 IBGP 对等体的路由不会被宣告给其他 IBGP 对等体，因而在内部邻居的出站方向设置策略而不是在外部邻居的入站方向设置策略，就能更好地控制希望影响的路由。对于本例来说，配置改变了 Dover 的优先级，而没有改变 Moritz 的优先级，从例 4-78 可以看出，此时 Moritz 的 BGP 表中的路由没有受到 Zermatt 的新 LOCAL_PREF 策略的任何影响。

例 4-76 将路由映射 More-Pref 用作针对 Davos 的出站策略，而不是针对 Innsbruck 和 Cervinia 的入站策略

```
Zermatt#show run | section bgp
router bgp 30
 no synchronization
 bgp log-neighbor-changes
 network 10.30.0.0 mask 255.255.0.0
 network 172.16.0.0
 network 172.29.1.0 mask 255.255.255.0
 network 172.30.0.0
 network 172.31.0.0
 network 172.32.0.0
 network 172.33.0.0
 network 192.168.2.0
 network 192.168.100.0
```

（待续）

```
 neighbor 10.100.83.1 remote-as 100
 neighbor 10.100.83.1 ebgp-multihop 2
 neighbor 10.100.83.1 update-source Loopback0
 neighbor 10.100.83.1 filter-list 1 out
 neighbor 10.200.60.1 remote-as 200
 neighbor 10.200.60.1 ebgp-multihop 2
 neighbor 10.200.60.1 update-source Loopback0
 neighbor 172.30.255.100 remote-as 30
 neighbor 172.30.255.100 update-source Loopback0
 neighbor 172.30.255.100 next-hop-self
 neighbor 172.30.255.100 route-map More-Pref out
 neighbor 172.30.255.150 remote-as 30
 neighbor 172.30.255.150 update-source Loopback0
 neighbor 172.30.255.150 next-hop-self
 no auto-summary
Zermatt#
```

例 4-77 给出了此时 Davos 的 BGP 表信息，可以看出在 Zermatt 策略配置中指定的 4 个前缀的 LOCAL_PREF 值均为 500，因而优选经由 Zermatt 的路由。需要注意的是，此时经由 Moritz 的替代路由仍然位于 BGP 表中，在 Zermatt 不可达时，仍然可以使用该备份路由。

例 4-77 Davos 的 BGP 表显示了期望结果：通过提高 LOCAL_PREF 值而将 Zermatt (172.30.255.254)选为指定前缀的优选路径，Moritz(172.30.255.150)则作为备份路径

```
Davos#show ip bgp
BGP table version is 149, local router ID is 172.32.1.1
Status codes: s suppressed, d damped, h history, * valid, > best, i - internal,
              r RIB-failure, S Stale
Origin codes: i - IGP, e - EGP, ? - incomplete

   Network          Next Hop            Metric LocPrf Weight Path
*>i10.20.0.0/16     172.30.255.254           0    500      0 100 50 i
* i                 172.30.255.150           0    100      0 100 50 i
*> 10.30.0.0/16     0.0.0.0                  0         32768 i
*>i10.100.0.0/16    172.30.255.254           0    500      0 100 i
* i                 172.30.255.150           0    100      0 100 i
* i10.125.0.0/16    172.30.255.254           0    100      0 200 125 i
*>i                 172.30.255.150           0    100      0 200 125 i
* i10.200.0.0/16    172.30.255.254           0    100      0 200 i
*>i                 172.30.255.150           0    100      0 200 i
*> 172.16.0.0       0.0.0.0                  0         32768 i
*>i172.17.0.0       172.30.255.254           0    500      0 100 50 i
* I                 172.30.255.150           0    100      0 100 50 i
* i172.18.0.0       172.30.255.254           0    100      0 100 50 i
*>i                 172.30.255.150           0    100      0 100 50 i
*> 172.29.1.0/24    0.0.0.0                  0         32768 i
* i172.29.2.0/24    172.30.255.254           0    100      0 100 50 i
*>i                 172.30.255.150           0    100      0 100 50 i
*>i172.30.0.0       172.30.255.254           0    100      0 i
*> 172.31.0.0       0.0.0.0                  0         32768 i
r i172.32.0.0       172.30.255.254          20    100      0 i
r>i                 172.30.255.150          20    100      0 i
*> 172.33.0.0       0.0.0.0                  0         32768 i
*> 192.168.2.0      0.0.0.0                  0         32768 i
*>i192.168.50.0     172.30.255.254           0    500      0 100 50 i
* i                 172.30.255.150           0    100      0 100 50 i
*> 192.168.100.0    0.0.0.0                  0         32768 i
Davos#
```

例 4-78 Moritz 的 BGP 表中的路由没有受到 Zermatt 新策略配置的任何影响

```
Moritz#show ip bgp
BGP table version is 28, local router ID is 172.30.255.150
Status codes: s suppressed, d damped, h history, * valid, > best, i - internal,
```

（待续）

```
              r RIB-failure, S Stale
Origin codes: i - IGP, e - EGP, ? - incomplete

   Network          Next Hop            Metric LocPrf Weight Path
* i10.20.0.0/16     172.30.255.254           0    100      0 100 50 i
*>                  10.100.83.1                            0 100 50 i
*                   10.200.60.1                            0 200 50 i
*>i10.30.0.0/16     172.30.255.100           0    100      0 i
* i10.100.0.0/16    172.30.255.254           0    100      0 100 i
*                   10.200.60.1                            0 200 100 i
*>                  10.100.83.1              0             0 100 i
* i10.125.0.0/16    172.30.255.254           0    100      0 200 125 i
*                   10.100.83.1                            0 100 200 125 i
*>                  10.200.60.1                            0 200 125 i
* i10.200.0.0/16    172.30.255.254           0    100      0 200 i
*                   10.100.83.1                            0 100 200 i
*>                  10.200.60.1              0             0 200 i
*>i172.16.0.0       172.30.255.100           0    100      0 i
* i172.17.0.0       172.30.255.254           0    100      0 100 50 i
*>                  10.100.83.1                            0 100 50 i
*                   10.200.60.1                            0 200 50 i
* i172.18.0.0       172.30.255.254           0    100      0 100 50 i
*                   10.100.83.1                            0 100 50 i
*>                  10.200.60.1                            0 200 50 i
*>i172.29.1.0/24    172.30.255.100           0    100      0 i
* i172.29.2.0/24    172.30.255.254           0    100      0 100 50 i
*                   10.100.83.1                            0 100 50 i
*>                  10.200.60.1                            0 200 50 i
*>i172.30.0.0       172.30.255.254           0    100      0 i
*>i172.31.0.0       172.30.255.100           0    100      0 i
* i172.32.0.0       172.30.255.254          20    100      0 i
*>                  172.30.255.100          20         32768 i
*>i172.33.0.0       172.30.255.100           0    100      0 i
*>i192.168.2.0      172.30.255.100           0    100      0 i
* i192.168.50.0     172.30.255.254           0    100      0 100 50 i
*>                  10.100.83.1                            0 100 50 i
*                   10.200.60.1                            0 200 50 i
*>i192.168.100.0    172.30.255.100           0    100      0 i
Moritz#
```

4.5.3 案例研究：使用 MULTI_EXIT_DISC 属性

如果希望影响入站路径选择而不是出站路径选择，那么该怎么做呢？也就是说，向邻接AS中的多个外部对等体宣告前缀时，希望告诉邻接AS应该优选哪条路由。一种实现方式就是在宣告前缀中附加MED属性。

MULTI_EXIT_DISC（即 MED）属性的作用是影响邻居自治系统中的路由决策。MED也被称为外部度量值，并在BGP表中标记为metric。与LOCAL_PREF相似，MED也是长为4个八位组的数值，取值范围也为0～4294967925。

MED是一个相对比较弱的属性，BGP决策进程在评价去往同一目的端的多条路由时，权重、LOCAL_PREF和AS_PATH长度以及ORIGIN属性都优先于MED。如果这些变量均相同，那么就选择MED值最小的路由。

注：虽然可能会有些混乱，但一定要记住，BGP决策进程优选LOCAL_PREF值最大的路由，但是却优选MED值最小的路由。MED的另一个术语是度量，而度量的另一个术语则是距离，因而只要记住“最高的优先级、最短的距离、最重的权重”即可。还可以记住LOCAL_PREF和权重是唯一越大越优的属性，其余属性则是越小越优。

在解释 MED 的配置方式之前，需要说明 MED 的相关规则以及 IOS 对待该属性的默认处理方式。

MED 是一种可选非传递性属性。BGP 发话路由器从外部对等体学到路由之后，可以将路由的 MED 传递给 IBGP 对等体。但路由器不能将源自邻接 AS 的 MED 传递给其他 AS 中的对等体，因而 MED 仅在邻居自治系统之间具有相关性。如果图 4-12 中的路由器 Innsbruck 向 Zermatt 宣告了携带特定 MED 值的路由 172.17.0.0，那么 Zermatt 就可以将该 MED 宣告给 Davos 和 Moritz。但是如果 Moritz 将该路由宣告给了 AS200 中的 Cervinia，那么就无法在路由中包含 MED，必须首先删除 MED 属性。

分析 BGP 路由在图 4-12 所示网络中的传递情况可以很好地观察 MED 的基本行为。例 4-79 利用 **show ip bgp 172.32.0.0** 命令显示了路由器 Moritz 的单个前缀 172.32.0.0 的 BGP 路由表项信息。可以看出存在两个表项，且这两个表项均是本地发起的路由。也就是说，前缀源自 AS30。第一条路由通过 IBGP 学自 Zermatt (172.30.255.254)，第二条路由则通过 **network** 语句来自 Moritz 自己的路由表（见例 4-83）。BGP 决策进程根据权重选择了第二条路由（如果权重不是决定因素，那么就会选择第二条路由，这是因为第二条路由源自本地，而第一条路由则学自 IBGP）。

例 4-79 Moritz 的 BGP 表中有前缀 172.32.0.0 的两条路由，它们的 MED（度量）均为 20

```
Moritz# show ip bgp 172.32.0.0
BGP routing table entry for 172.32.0.0/16, version 3
Paths: (2 available, best #2, table Default-IP-Routing-Table)
  Advertised to update-groups:
        1    2
  Local
    172.30.255.254 (metric 30) from 172.30.255.254 (172.30.255.254)
      Origin IGP, metric 20, localpref 100, valid, internal
  Local
    172.30.255.100 (metric 20) from 0.0.0.0 (172.30.255.150)
      Origin IGP, metric 20, localpref 100, weight 32768, valid, sourced, local,
  best
Moritz#
```

接下来例 4-80 显示了 Cervinia 的 BGP 表中的相同前缀（位于邻居 AS200 中）。表中存在四个表项，从 AS_PATH 值可以看出这 4 个表项均学自 EBGP（前一个示例是通过关键字 local 来判断的）。它们依次学自 Meribel（10.50.250.1）、Innsbruck（10.100.83.1）、Moritz（172.30.255.150）和 Zermatt（172.30.255.254）。由于最后两条路由的 AS_PATH 最短，因而 BGP 决策进程将优选最后两条路由。在这两条路由中，由于#3 表项的路由器 ID 较小（LOCAL_PREF、Origin ID 以及 MED 均相同），因而将#3 选为最佳路由。请注意，AS20 宣告的两条路由的 MED 值均为 20，而 AS50 和 AS100 宣告的路由均没有携带 MED。从这两条路由没有携带 MED 可以看出，该属性属于非传递性属性。

例 4-80 Cervinia 的 BGP 表中有前缀 172.32.0.0 的 4 条路由，但是只有来自 AS30 中的两台路由器的路由拥有 MED 值

```
Cervinia#show ip bgp 172.32.0.0
BGP routing table entry for 172.32.0.0/16, version 13
Paths: (4 available, best #3, table Default-IP-Routing-Table)
  Advertised to update-groups:
        1
  50 100 30
```

（待续）

```
    10.50.250.1 from 10.50.250.1 (172.18.1.1)
      Origin IGP, localpref 100, valid, external
  100 30
    10.100.83.1 from 10.100.83.1 (10.100.83.1)
      Origin IGP, localpref 100, valid, external
  30
    172.30.255.150 from 172.30.255.150 (172.30.255.150)
      Origin IGP, metric 20, localpref 100, valid, external, best
  30
    172.30.255.254 from 172.30.255.254 (172.30.255.254)
      Origin IGP, metric 20, localpref 100, valid, external
Cervinia#
```

观察AS50中的Meribel的BGP表中的前缀也可以看出MED的非传递特性（见例4-81）。该BGP表中存在前缀172.32.0.0的三条路由，分别通过EBGP学自Cervinia（10.200.61.1）、Innsbruck（10.100.83.1）和Oberstdorf（10.125.25.1）。第二条路由被选为最佳路由，此时路由器ID最小为决策因素。

例4-81　Meribel的BGP表中有前缀172.32.0.0的三条路由，但是都没有MED值

```
Meribel#show ip bgp 172.32.0.0
BGP routing table entry for 172.32.0.0/16, version 119
Paths: (3 available, best #2, table Default-IP-Routing-Table)
Flag: 0x820
  Advertised to update-groups:
        1
  200 30
    10.200.60.1 from 10.200.60.1 (10.200.60.1)
      Origin IGP, localpref 100, valid, external
  100 30
    10.100.83.1 from 10.100.83.1 (10.100.83.1)
      Origin IGP, localpref 100, valid, external, best
  125 200 30
    10.125.25.1 from 10.125.25.1 (10.125.25.1)
      Origin IGP, localpref 100, valid, external
Meribel#
```

请注意，Meribel的BGP表中的三条路由均没有MED值，包括Cervinia宣告的路由（例4-80中的该路由携带了MED值）。此外，这三条路由的AS_PATH在源端AS30的后面还至少有一个ASN，可以看出MED不会传递给AS30的邻居自治系统。

虽然前面的示例表明MED属性属于非传递性属性，但也引出了其他问题：MED值20最初是如何关联到前缀172.32.0.0的呢？AS30中的路由器都没有配置增加MED。如果查看例4-82中Moritz的完整BGP表，那么就会发现更多问题。在BGP表中的所有前缀中，只有172.32.0.0的两条表项拥有非零的MED值，其余表项要么MED值为0，要么根本就没有MED值。例如，对于10.20.0.0/16的三条表项来说，其中一个表项的MED值为0，其余两个表项都没有MED值。

例4-82　172.32.0.0是Moritz的BGP表中唯一拥有非零MED值的前缀，其他表项要么MED值为0，要么根本就没有MED值

```
Moritz#show ip bgp
BGP table version is 63, local router ID is 172.30.255.150
Status codes: s suppressed, d damped, h history, * valid, > best, i - internal,
              r RIB-failure, S Stale
Origin codes: i - IGP, e - EGP, ? - incomplete

   Network          Next Hop            Metric LocPrf Weight Path
*> 10.20.0.0/16     10.100.83.1                            0 100 50 i
```

（待续）

```
* i             172.30.255.254     0     100      0 100 50 i
*               10.200.60.1                       0 200 50 i
*>i10.30.0.0/16 172.30.255.100     0     100      0 i
*  10.100.0.0/16 10.200.60.1                      0 200 100 i
* i             172.30.255.254     0     100      0 100 i
*>              10.100.83.1        0              0 100 i
*  10.125.0.0/16 10.100.83.1                      0 100 200 125 i
* i             172.30.255.254     0     100      0 200 125 i
*>              10.200.60.1                       0 200 125 i
*  10.200.0.0/16 10.100.83.1                      0 100 200 i
* i             172.30.255.254     0     100      0 200 i
*>              10.200.60.1        0              0 200 i
*>i172.16.0.0   172.30.255.100     0     100      0 i
*> 172.17.0.0   10.100.83.1                       0 100 50 i
* i             172.30.255.254     0     100      0 100 50 i
*               10.200.60.1                       0 200 50 i
*> 172.18.0.0   10.100.83.1                       0 100 50 i
* i             172.30.255.254     0     100      0 100 50 i
*               10.200.60.1                       0 200 50 i
*>i172.29.1.0/24 172.30.255.100    0     100      0 i
*> 172.29.2.0/24 10.100.83.1                      0 100 50 i
* i             172.30.255.254     0     100      0 100 50 i
*               10.200.60.1                       0 200 50 i
*>i172.30.0.0   172.30.255.254     0     100    0 i
*>i172.31.0.0   172.30.255.100     0     100    0 i
* i172.32.0.0   172.30.255.254    20     100    0 i
*>              172.30.255.100    20        32768 i
*>i172.33.0.0   172.30.255.100     0     100    0 i
*>i192.168.2.0  172.30.255.100     0     100    0 i
*> 192.168.50.0 10.100.83.1                     0 100 50 i
* i             172.30.255.254                  0 100 0 100 50 i
*               10.200.60.1                     0 200 50 i
*>i192.168.100.0 172.30.255.100    0     100    0 i
Moritz#
```

如果要寻找这些问题的答案，就必须了解 IOS 对待 MED 的默认处理行为。

第一个问题就是分配给 172.32.0.0 的 MED 值 20。例 4-83 显示了 Moritz 的 BGP 配置信息。可以看到 Moritz 利用 **network** 语句将前缀注入 BGP。前面曾经说过，利用 **network** 语句注入前缀时，该前缀必须位于路由表中。分析例 4-84 中 Moritz 的路由表可以看出，**network** 语句中指定的所有前缀都在路由表中。此外这些前缀（172.30.0.0/16 除外）的下一跳都是 Davos（172.30.255.100），而 172.30.0.0/16 的下一跳是 Zermatt（172.30.255.254）。更重要的是分析前缀的学习方式：除 172.30.0.0/16 外的所有前缀均学自 IBGP。具体而言，这些前缀都是通过配置指向 Null0 的静态路由并利用 **network** 语句注入到 BGP 中的方式添加到 Davos 或 Zermatt 的路由表中的（见例 4-85），然后通过 IBGP 将这些路由宣告给 Moritz，172.30.0.0 则学自 IS-IS。最后来分析这些路由的度量。学自 IBGP 的路由的度量均为 0，而学自 IS-IS 的路由的度量为 20。IOS 利用 **network** 语句将前缀注入 BGP 时，会以相应的 IGP 度量值为该路由添加 MED 属性。由于 Davos 和 Zermatt 的静态路由的度量值为 0，因而这些路由携带的 MED 值也为 0。由于 Moritz 路由表中去往 172.30.0.0 的 IS-IS 路由的度量值为 20，因而将该路由注入 BGP 时，相应的 MED 值也将为 20。

例 4-83 Moritz 的 BGP 配置利用 **network** 语句从路由表中选择本地前缀（包括 172.32.0.0）

```
Moritz#show running-config | section bgp
router bgp 30
 no synchronization
 bgp log-neighbor-changes
 network 10.30.0.0 mask 255.255.0.0
```

（待续）

```
 network 172.16.0.0
 network 172.29.1.0 mask 255.255.255.0
 network 172.30.0.0
 network 172.31.0.0
 network 172.32.0.0
 network 172.33.0.0
 network 192.168.2.0
 network 192.168.100.0
 neighbor 10.100.83.1 remote-as 100
 neighbor 10.100.83.1 ebgp-multihop 2
 neighbor 10.100.83.1 update-source Loopback0
 neighbor 10.100.83.1 filter-list 1 out
 neighbor 10.200.60.1 remote as 200
 neighbor 10.200.60.1 ebgp-multihop 2
 neighbor 10.200.60.1 update-source Loopback0
 neighbor 10.200.60.1 filter-list 1 out
 neighbor 172.30.255.100 remote-as 30
 neighbor 172.30.255.100 update-source Loopback0
 neighbor 172.30.255.100 next-hop-self
 neighbor 172.30.255.254 remote-as 30
 neighbor 172.30.255.254 update-source Loopback0
 neighbor 172.30.255.254 next-hop-self
 no auto-summary
Moritz#
```

例 4-84 Moritz 的 BGP 配置中由 **network** 语句指定的所有前缀均学自 BGP 且度量值为 0（172.32.0.0 除外），前缀 172.32.0.0 学自 IS-IS 且度量值为 20

```
Moritz#show ip route
Codes: C - connected, S - static, R - RIP, M - mobile, B - BGP
       D - EIGRP, EX - EIGRP external, O - OSPF, IA - OSPF inter area
       N1 - OSPF NSSA external type 1, N2 - OSPF NSSA external type 2
       E1 - OSPF external type 1, E2 - OSPF external type 2
       i - IS-IS, su - IS-IS summary, L1 - IS-IS level-1, L2 - IS-IS level-2
       ia - IS-IS inter area, * - candidate default, U - per-user static route
       o - ODR, P - periodic downloaded static route

Gateway of last resort is 172.30.255.100 to network 0.0.0.0

B    172.17.0.0/16 [20/0] via 10.200.60.1, 00:02:11
B    172.16.0.0/16 [200/0] via 172.30.255.100, 05:15:15
B    172.18.0.0/16 [20/0] via 10.200.60.1, 00:02:11
     172.29.0.0/24 is subnetted, 2 subnets
B       172.29.1.0 [200/0] via 172.30.255.100, 05:15:15
B       172.29.2.0 [20/0] via 10.200.60.1, 00:02:11
B    172.31.0.0/16 [200/0] via 172.30.255.100, 05:15:15
     172.30.0.0/16 is variably subnetted, 4 subnets, 2 masks
i L2    172.30.255.100/32 [115/20] via 172.30.255.100, Serial1/1
B       172.30.0.0/16 [200/0] via 172.30.255.254, 05:15:15
i L2    172.30.255.254/32 [115/30] via 172.30.255.100, Serial1/1
C       172.30.255.150/32 is directly connected, Loopback0
i L2 172.32.0.0/16 [115/20] via 172.30.255.100, Serial1/1
B    172.33.0.0/16 [200/0] via 172.30.255.100, 05:15:16
     10.0.0.0/8 is variably subnetted, 7 subnets, 2 masks
B       10.30.0.0/16 [200/0] via 172.30.255.100, 05:15:16
B       10.20.0.0/16 [20/0] via 10.200.60.1, 00:02:12
S       10.100.83.1/32 is directly connected, Serial1/3
B       10.100.0.0/16 [20/0] via 10.100.83.1, 05:15:12
B       10.125.0.0/16 [20/0] via 10.200.60.1, 05:15:12
B       10.200.0.0/16 [20/0] via 10.200.60.1, 05:15:12
S       10.200.60.1/32 is directly connected, Serial1/0
B    192.168.50.0/24 [20/0] via 10.200.60.1, 00:02:12
B    192.168.2.0/24 [200/0] via 172.30.255.100, 05:15:16
B    192.168.100.0/24 [200/0] via 172.30.255.100, 05:15:16
i*L2 0.0.0.0/0 [115/20] via 172.30.255.100, Serial1/1
Moritz#
```

例 4-85 Moritz 的 **network** 语句指定的前缀（172.30.0.0 和 172.32.0.0 除外）均使用度量值为 0 静态路由添加到 Davos 的路由表中，然后再利用 IBGP 宣告这些路由。172.32.0.0 与接口 Loopback1 直连，通过 IS-IS 进行宣告

```
Davos#show ip route
Codes: C - connected, S - static, R - RIP, M - mobile, B - BGP
       D - EIGRP, EX - EIGRP external, O - OSPF, IA - OSPF inter area
       N1 - OSPF NSSA external type 1, N2 - OSPF NSSA external type 2
       E1 - OSPF external type 1, E2 - OSPF external type 2
       i - IS-IS, su - IS-IS summary, L1 - IS-IS level-1, L2 - IS-IS level-2
       ia - IS-IS inter area, * - candidate default, U - per-user static route
       o - ODR, P - periodic downloaded static route

Gateway of last resort is 172.30.255.254 to network 0.0.0.0

B    172.17.0.0/16 [200/0] via 172.30.255.254, 01:17:40
S    172.16.0.0/16 is directly connected, Null0
B    172.18.0.0/16 [200/0] via 172.30.255.150, 01:17:40
     172.29.0.0/24 is subnetted, 2 subnets
S       172.29.1.0 is directly connected, Null0
B       172.29.2.0 [200/0] via 172.30.255.150, 01:17:40
S    172.31.0.0/16 is directly connected, Null0
     172.30.0.0/16 is variably subnetted, 4 subnets, 2 masks
C       172.30.255.100/32 is directly connected, Loopback0
B       172.30.0.0/16 [200/0] via 172.30.255.254, 06:30:45
i L2    172.30.255.254/32 [115/20] via 172.30.255.254, Serial1/1
i L2    172.30.255.150/32 [115/20] via 172.30.255.150, Serial1/0
C    172.32.0.0/16 is directly connected, Loopback1
S    172.33.0.0/16 is directly connected, Null0
     10.0.0.0/16 is subnetted, 5 subnets
S       10.30.0.0 is directly connected, Null0
B       10.20.0.0 [200/0] via 172.30.255.254, 01:17:41
B       10.100.0.0 [200/0] via 172.30.255.254, 06:30:41
B       10.125.0.0 [200/0] via 172.30.255.150, 06:30:41
B       10.200.0.0 [200/0] via 172.30.255.150, 06:30:41
B    192.168.50.0/24 [200/0] via 172.30.255.254, 01:17:41
S    192.168.2.0/24 is directly connected, Null0
S    192.168.100.0/24 is directly connected, Null0
i*L2 0.0.0.0/0 [115/10] via 172.30.255.254, Serial1/1
               [115/10] via 172.30.255.150, Serial1/0
Davos#
```

上面解释了例 4-79 中的#2 表项。#1 表项也与此相似。与 Davos 通过 IS-IS 将前缀 172.32.0.0 宣告给 Moritz 一样，Davos 也通过 IS-IS 将该前缀宣告给 Zermatt。Zermatt 将该路由注入到 BGP 中，并利用 IS-IS 度量值 20 来添加 MED 值，然后该路由又通过 IBGP 宣告给 Moritz。这就是例 4-79 中的#1 表项的 MED 值为 20 的原因。

接下来的挑战就是分析 Moritz 的 BGP 表中（见例 4-82）某些表项有 MED 值而某些表项无 MED 值的原因。首先可能会假定某种基本规则不允许将 MED 从源端传递到一个 AS 跳之外。为了清楚起见，例 4-86 再次列出了例 4-82 中的 Moritz 的 BGP 表信息。10.20.0.0/16 的第一条表项似乎证实了该假定。分析 AS_PATH 可以看出，该路由源自 AS50，在由 Innsbruck（10.100.83.1）宣告给 AS30 中的 Moritz 之前已经穿越了 AS100。因此，如果将该前缀宣告给 AS100 之前在 AS50 中为该路由赋予了 MED 值，那么 Innsbruck 将该路由宣告给 EBGP 邻居之前必须删除该 MED 值。

例 4-86 Moritz 的 BGP 表中某些表项有 MED 值而某些表项无 MED 值

```
Moritz#show ip bgp
BGP table version is 63, local router ID is 172.30.255.150
Status codes: s suppressed, d damped, h history, * valid, > best, i - internal,
              r RIB-failure, S Stale
```

（待续）

```
Origin codes: i - IGP, e - EGP, ? - incomplete

   Network          Next Hop            Metric LocPrf Weight Path
*> 10.20.0.0/16     10.100.83.1                              0 100 50 i
* i                 172.30.255.254           0    100      0 100 50 i
*                   10.200.60.1                              0 200 50 i
*>i10.30.0.0/16     172.30.255.100           0    100      0 i
*  10.100.0.0/16    10.200.60.1                              0 200 100 i
* i                 172.30.255.254           0    100      0 100 i
*>                  10.100.83.1              0               0 100 i
*  10.125.0.0/16    10.100.83.1                              0 100 200 125 i
* i                 172.30.255.254           0    100      0 200 125 i
*>                  10.200.60.1                              0 200 125 i
*  10.200.0.0/16    10.100.83.1                              0 100 200 i
* i                 172.30.255.254           0    100      0 200 i
*>                  10.200.60.1              0               0 200 i
*>i172.16.0.0       172.30.255.100           0    100      0 i
*> 172.17.0.0       10.100.83.1                              0 100 50 i
* i                 172.30.255.254           0    100      0 100 50 i
*                   10.200.60.1                              0 200 50 i
*> 172.18.0.0       10.100.83.1                              0 100 50 i
* i                 172.30.255.254           0    100      0 100 50 i
*                   10.200.60.1                              0 200 50 i
*>i172.29.1.0/24    172.30.255.100           0    100      0 i
*> 172.29.2.0/24    10.100.83.1                              0 100 50 i

* i                 172.30.255.254           0    100      0 100 50 i
*                   10.200.60.1                              0 200 50 i
*>i172.30.0.0       172.30.255.254           0    100      0 i
*>i172.31.0.0       172.30.255.100           0    100      0 i
* i172.32.0.0       172.30.255.254          20    100      0 i
*>                  172.30.255.100          20         32768 i
*>i172.33.0.0       172.30.255.100           0    100      0 i
*>i192.168.2.0      172.30.255.100           0    100      0 i
*> 192.168.50.0     10.100.83.1                              0 100 50 i
* i                 172.30.255.254           0    100      0 100 50 i
*                   10.200.60.1                              0 200 50 i
*>i192.168.100.0    172.30.255.100           0    100      0 i
Moritz#
```

到目前为止还都说得通，但是接着分析 10.20.0.0/16 的第二条表项就出现了问题。该表项的 AS_PATH 与前一条表项相同：源自 AS50，然后穿越 AS100。之后该路由通过 Zermatt 宣告进了 AS30，并由 Zermatt 通过 IBGP 将该路由宣告给 Moritz。这一点通过下一跳是 172.30.255.254（Zermatt）即可知道，但出人意料的是，该路由携带了值为 0 的 MED 属性（虽然该路由从源端开始穿越了不止一个 AS 跳）。10.20.0.0/16 的第三条表项源自 AS50 且穿越了 AS200，然后通过 Cervinia（下一跳 10.200.61.1）宣告给了 Moritz，该表项没有 MED。这一点与预期一致，Cervinia 在宣告该路由之前需要删除 MED，

既然 10.20.0.0/16 的#1 和#3 表项都符合预期，那为什么#2 表项会有 MED 值呢？仔细分析 Davos 的 BGP 表（见例 4-87）即可找到答案：源自 AS30 外部的每条路由（从 AS_PATH 可以看出）都拥有 MED 值 0，无论这些路由到达 AS30 之前的路径穿越了多少个 AS，这一点都是正确的。最重要的是，Moritz 的 BGP 表中无 MED 的路由目前在 Davos 的表中都已经有了 MED。因而可以得出结论：如果 IOS 路由器从 EBGP 对等体收到了未携带 MED 的前缀，那么在将该路由宣告给 IBGP 对等体之前会以默认值 0 为该路由添加 MED 属性。这就解释了为何例 4-86 中的 10.20.0.0/16 的#2 表项有 MED 属性的原因：该路由是由 IBGP 对等体 Zermatt（172.30.255.254）宣告的，Zermatt 在将该路由宣告给 Moritz 之前为其添加了 MED 值。

例 4-87 Davos 的 BGP 表中所有源自外部的路由均有 MED 值

```
Davos#show ip bgp
BGP table version is 23, local router ID is 172.32.1.1
Status codes: s suppressed, d damped, h history, * valid, > best, i - internal,
              r RIB-failure, S Stale
Origin codes: i - IGP, e - EGP, ? - incomplete

   Network          Next Hop            Metric LocPrf Weight Path
*>i10.20.0.0/16     172.30.255.254           0    500      0 200 50 i
* i                 172.30.255.150           0    100      0 200 50 i
*> 10.30.0.0/16     0.0.0.0                  0         32768 i
*>i10.100.0.0/16    172.30.255.254           0    500      0 100 i
* i                 172.30.255.150           0    100      0 100 i
* i10.125.0.0/16    172.30.255.254           0    100      0 200 125 i
*>i                 172.30.255.150           0    100      0 200 125 i
* i10.200.0.0/16    172.30.255.254           0    100      0 200 i
*>i                 172.30.255.150           0    100      0 200 i
*> 172.16.0.0       0.0.0.0                  0         32768 i
*>i172.17.0.0       172.30.255.254           0    500      0 200 50 i
* i                 172.30.255.150           0    100      0 200 50 i
* i172.18.0.0       172.30.255.254           0    100      0 200 50 i
*>i                 172.30.255.150           0    100      0 200 50 i
*> 172.29.1.0/24    0.0.0.0                  0         32768 i
* i172.29.2.0/24    172.30.255.254           0    100      0 200 50 i
*>i                 172.30.255.150           0    100      0 200 50 i
*>i172.30.0.0       172.30.255.254           0    100      0 i
*> 172.31.0.0       0.0.0.0                  0         32768 i
r i172.32.0.0       172.30.255.254          20    100      0 i
r>i                 172.30.255.150          20    100      0 i
*> 172.33.0.0       0.0.0.0                  0         32768 i
*> 192.168.2.0      0.0.0.0                  0         32768 i
*>i192.168.50.0     172.30.255.254           0    500      0 200 50 i
* i                 172.30.255.150           0    100      0 200 50 i
*> 192.168.100.0    0.0.0.0                  0         32768 i
Davos#
```

通过以上分析即可了解 IOS 对 MED 的处理行为：

- 如果根据路由表中的IGP路由将指定前缀注入到BGP中，那么为该前缀分配的MED值等于 IGP 度量值；
- 如果将指定前缀从源端 AS 宣告到邻居 AS 中，那么将保留 MED，而且对邻居 AS 中的所有 IBGP 路由器来说均已知；
- 如果邻居 AS 将路由宣告给自己的邻居 AS，那么在宣告前必须删除该路由的 MED 属性；
- 如果路由器从EBGP对等体收到一条未携带MED属性的路由，那么就在自己的BGP表中将该路由标记为 as-is，且无 MED；
- 如果路由器的 BGP 表中有一条无 MED 的路由且要宣告给 IBGP 对等体，那么在宣告之前需要必须以默认值 0 为该路由添加 MED 属性。

利用这些规则，重新分析例 4-86 中的每条表项，就可以很容易地理解每条表项为何拥有或者没有 MED，以及这些 MED 为何是这些值的原因。

从历史的角度来看，IETF 的 BGP 规则在 MED 的默认处理方式上一直不是很明确，因而不同的设备商都有自己的默认处理方式[15]。例如，IOS 在将学自 EBGP 的路由宣告给 IBGP 对等体之前，会为这些路由分配 MED 值 0，而其他实现则为这类路由分配 MED 值 4294967295

15 RFC 4451 澄清了与 MED 有关的大量混乱信息，如果要与 MED 属性打交道，那么建议阅读 2006 年 3 月发布的 RFC 4451："BGP MULTI_EXIT_DISC (MED) Considerations"（Danny McPherson 和 Vijay Gill）。

(2^{31}-1)。这种混乱直接源于 BGP 规范的变化。早期的 BGP 规范要求为缺失的 MED 分配最大值，而最近的 BGP 规范则要求分配 0，这样就给多厂商网络环境带来了不一致行为。由于 0（也是最小的 MED 值）会让该 MED 成为最优 MED，而某些 BGP 实现将 4294967295 理解为“无穷大”，从而当做不可行度量。因此，在多厂商网络环境中使用 MED 时，必须理解所有 BGP 实现的默认行为，并将它们的默认行为调成一致。

IOS 提供了 **bgp bestpath med missing-as-worst** 语句来帮助调整默认的 MED 处理行为。如果 BGP 配置中包含了该语句，那么 IOS 在为缺失 MED 的路由添加 MED 属性时将 4294967295 作为默认值，而不是将 0 作为默认值。例 4-88 在 Moritz 的 BGP 配置中增加了该语句（对 Zermatt 做了相同修改），同时还给出了 Moritz BGP 表的运行结果。将该表与例 4-86 中的 BGP 表相比，可以看出缺失 MED 的路由（从 EBGP 对等体直接宣告给 Moritz 的路由或者宣告给 Zermatt 再由 Zermatt 通过 IBGP 传递给 Moritz 的路由）目前都拥有 MED 值 4294967295。此外，由 Davos 和 Zermatt 注入 BGP 的路由的 MED 值仍为默认值 0，由 Moritz 和 Zermatt 从 IS-IS 获得的路由 172.32.0.0 的 MED 值仍为 20。

例 4-88　在 Moritz 和 Zermatt 的配置中增加 **bgp bestpath med missing-as-worst** 语句之后的 Moritz 的 BGP 表信息

```
Moritz#show running-config | section bgp
router bgp 30
 no synchronization
 bgp log-neighbor-changes
 bgp bestpath med missing-as-worst
 network 10.30.0.0 mask 255.255.0.0
 network 172.16.0.0
 network 172.29.1.0 mask 255.255.255.0
 network 172.30.0.0
 network 172.31.0.0
 network 172.32.0.0
 network 172.33.0.0
 network 192.168.2.0
 network 192.168.100.0
 neighbor 10.100.83.1 remote-as 100
 neighbor 10.100.83.1 ebgp-multihop 2
 neighbor 10.100.83.1 update-source Loopback0
 neighbor 10.100.83.1 filter-list 1 out
 neighbor 10.200.60.1 remote-as 200
 neighbor 10.200.60.1 ebgp-multihop 2
 neighbor 10.200.60.1 update-source Loopback0
 neighbor 10.200.60.1 filter-list 1 out
 neighbor 172.30.255.100 remote-as 30
 neighbor 172.30.255.100 update-source Loopback0
 neighbor 172.30.255.100 next-hop-self
 neighbor 172.30.255.254 remote-as 30
 neighbor 172.30.255.254 update-source Loopback0
 neighbor 172.30.255.254 next-hop-self
 no auto-summary
Moritz#
Moritz#show ip bgp
BGP table version is 34, local router ID is 172.30.255.150
Status codes: s suppressed, d damped, h history, * valid, > best, i - internal,
              r RIB-failure, S Stale
Origin codes: i - IGP, e - EGP, ? - incomplete

   Network          Next Hop            Metric LocPrf Weight Path
*> 10.20.0.0/16     10.100.83.1      4294967295             0 100 50 i
*                   10.200.60.1      4294967295             0 200 50 i
* i                 172.30.255.254   4294967295    100      0 100 50 i
```

（待续）

```
*>i10.30.0.0/16     172.30.255.100          0    100      0 i
*> 10.100.0.0/16    10.100.83.1             0             0 100 i
*                   10.200.60.1    4294967295             0 200 100 i
* i                 172.30.255.254          0    100      0 100 i
* 10.125.0.0/16     10.100.83.1    4294967295             0 100 200 125 i
*>                  10.200.60.1    4294967295             0 200 125 i
* i                 172.30.255.254 4294967295    100      0 200 125 i
* 10.200.0.0/16     10.100.83.1    4294967295             0 100 200 i
*>                  10.200.60.1             0             0 200 i
* i                 172.30.255.254          0    100      0 200 i
*>i172.16.0.0       172.30.255.100          0    100      0 i
*> 172.17.0.0       10.100.83.1    4294967295             0 100 50 i
*                   10.200.60.1    4294967295             0 200 50 i
* i                 172.30.255.254 4294967295    100      0 100 50 i
*> 172.18.0.0       10.100.83.1    4294967295             0 100 50 i
*                   10.200.60.1    4294967295             0 200 50 i
* i                 172.30.255.254  4294967295   100      0 100 50 i
*>i172.29.1.0/24    172.30.255.100          0    100      0 i
*> 172.29.2.0/24    10.100.83.1     4294967295            0 100 50 i
*                   10.200.60.1     4294967295            0 200 50 i
* i                 172.30.255.254  4294967295   100      0 100 50 i
*>i172.30.0.0       172.30.255.254          0    100      0 i
*>i172.31.0.0       172.30.255.100          0    100      0 i
*> 172.32.0.0       172.30.255.100         20         32768 i
* I                 172.30.255.254         20    100      0 i
*>i172.33.0.0       172.30.255.100          0    100      0 i
*>i192.168.2.0      172.30.255.100          0    100      0 i
*> 192.168.50.0     10.100.83.1     4294967295            0 100 50 i
*                   10.200.60.1     4294967295            0 200 50 i
* i                 172.30.255.254  4294967295   100      0 100 50 i
*>i192.168.100.0    172.30.255.100          0    100      0 i
Moritz#
```

可以通过路由映射或以下两种 **set** 子句之一为指定路由添加 MED 属性。

- **set metric** 子句可以将度量设置为 0～4294967295 之间的任意值，如果希望手工控制 MED 值，那么就可以使用该子句。
- **set metric-type internal** 子句可以将 MED 与该路由的下一跳的 IGP 度量关联起来。也就是说，不是手工设置 MED 值，而是由路由器自动将 MED 值设置为去往该前缀的下一跳的路由的 IGP 度量。多台路由器向邻居 AS 宣告给定前缀时（使用该子句可以确保最靠近该前缀的下一跳的路由器宣告的 MED 值最小），邻居 AS 也要向最靠近目的端的 AS 边界路由器发送数据包。如果去往该前缀的下一跳的 IGP 度量发生了变化，那么 MED 也会随之变化，以减轻因去往下一跳的 IGP 路由出现翻动而带来的不稳定性（虽然 BGP 每隔 10 分钟才会重新宣告 MED 发生变化的路由）。

前面已经在例 4-62 介绍了利用路由映射为选定路由设置度量值的配置方式，但是该例仅仅解释了 **match** 和 **set** 子句的使用方式，并没有给出相应的操作结果。下面将详细讨论 MED 配置产生的操作结果。

例 4-89 是例 4-80 的重复。可以看出路由器 Cervinia（见图 4-12）的 BGP 表中有 4 条关于 172.32.0.0 的表项，其中 AS_PATH 最短的两条表项的 LOCAL_PREF、ORIGIN 以及 MED 均相同。此时将#3 表项选为最佳路由，原因是该路由的下一跳（Moritz, 172.30.255.150）的路由器 ID 在数值上小于#4 表项的下一跳（Zermatt, 172.30.255.254）的路由器 ID。修改图 4-12 中的 Zermatt 配置，使其向 Cervinia 宣告去往 172.32.0.0 的路由之前为该路由附加 MED 值 10。由于 BGP 决策进程会在路由器 ID 之前首先评估 MED，而且 MED 值 10 小于#3 表项的 MED 值 20，因而 Cervinia 会将最佳路径决策结果更改为#4 表项。

例 4-89 Cervinia 拥有 172.32.0.0 的 4 条表项，#3 表项被选为最佳路由，原因是：（a）该表项是 AS_PATH 最短的两条表项之一；（b）在这两条表项中，该表项的下一跳的路由器 ID 在数值上较小

```
Cervinia#show ip bgp 172.32.0.0
BGP routing table entry for 172.32.0.0/16, version 13
Paths: (4 available, best #3, table Default-IP-Routing-Table)
  Advertised to update-groups:
        1
  50 100 30
    10.50.250.1 from 10.50.250.1 (172.18.1.1)
      Origin IGP, localpref 100, valid, external
  100 30
    10.100.83.1 from 10.100.83.1 (10.100.83.1)
      Origin IGP, localpref 100, valid, external
  30
    172.30.255.150 from 172.30.255.150 (172.30.255.150)
      Origin IGP, metric 20, localpref 100, valid, external, best
  30
    172.30.255.254 from 172.30.255.254 (172.30.255.254)
      Origin IGP, metric 20, localpref 100, valid, external
Cervinia#
```

例 4-90 给出了 Zermatt 的 MED 策略配置示例。名为 Example_4_90 的路由映射利用 access-list 1 匹配单个前缀 172.32.0.0，并将其度量设置为 10，然后将该路由映射配置为应用于邻居 10.200.60.1 的出站策略。执行了 **clear ip bgp soft 10.200.60.1 out** 命令之后，就可以在 Cervinia 的 BGP 表中观察该前缀表项的策略执行效果（见例 4-91）。可以看出 Cervinia 已经将最佳路由的选择结果更改为#4 表项（指向 Zermatt），因为目前#4 表项的 MED 值已经小于#3 表项（指向 Moritz）。

例 4-90 路由映射 Example_4_90 更改了前缀 172.32.0.0 的 MED 值，并作为出站策略应用于邻居 Cervinia（10.200.60.1）

```
router bgp 30
 no synchronization
 bgp log-neighbor-changes
 network 10.30.0.0 mask 255.255.0.0
 network 172.16.0.0
 network 172.29.1.0 mask 255.255.255.0
 network 172.30.0.0
 network 172.31.0.0
 network 172.32.0.0
 network 172.33.0.0
 network 192.168.2.0
 network 192.168.100.0
 neighbor 10.100.83.1 remote-as 100
 neighbor 10.100.83.1 ebgp-multihop 2
 neighbor 10.100.83.1 update-source Loopback0
 neighbor 10.100.83.1 filter-list 1 out
 neighbor 10.200.60.1 remote-as 200
 neighbor 10.200.60.1 ebgp-multihop 2
 neighbor 10.200.60.1 update-source Loopback0
 neighbor 10.200.60.1 route-map Example_4_90 out
 neighbor 172.30.255.100 remote-as 30
 neighbor 172.30.255.100 update-source Loopback0
 neighbor 172.30.255.100 next-hop-self
 neighbor 172.30.255.100 route-map More-Pref out
 neighbor 172.30.255.150 remote-as 30
 neighbor 172.30.255.150 update-source Loopback0
 neighbor 172.30.255.150 next-hop-self
```

（待续）

```
 no auto-summary
!
access-list 1 permit 172.32.0.0
access-list 1 deny any
!
route-map Example_4_90 permit 10
 match ip address 1
 set metric 10
!
```

例 4-91 去往 172.32.0.0 的#4 表项（指向 Zermatt）已被 Cervinia 选为最佳路由（因为其 MED 值较小）

```
Cervinia#show ip bgp 172.32.0
BGP routing table entry for 172.32.0.0/16, version 25
Paths: (4 available, best #4, table Default-IP-Routing-Table)
Flag: 0x4800
  Advertised to update-groups:
        1
  50 100 30
    10.50.250.1 from 10.50.250.1 (172.18.1.1)
      Origin IGP, localpref 100, valid, external
  100 30
    10.100.83.1 from 10.100.83.1 (10.100.83.1)
      Origin IGP, localpref 100, valid, external
  30
    172.30.255.150 from 172.30.255.150 (172.30.255.150)
      Origin IGP, metric 20, localpref 100, valid, external
  30
    172.30.255.254 from 172.30.255.254 (172.30.255.254)
      Origin IGP, metric 10, localpref 100, valid, external, best
Cervinia#
```

如果不同邻居自治系统中的两台路由器都向本地 AS 宣告同一个前缀的路由且这两条路由均携带 MED 属性，那么会怎么样呢？举例来说，图 4-12 中的 Innsbruck 和 Cervinia 都向它们在 AS30 中的对等体宣告前缀 10.20.0.0/16（源自 AS50），Innsbruck 将 MED 设置为 200，而 Cervinia 将 MED 设置为 100。AS30 中的 Zermatt 和 Moritz 应该选择经由 Cervinia 的路由（因为其 MED 较小）。虽然没有给出 Innsbruck 和 Cervinia 的 MED 策略配置信息，但例 4-92 给出了策略执行结果。可以看出来自 Cervinia（10.200.60.1）的路由的 MED 值为 100，来自 Innsbruck（10.100.83.1）的路由的 MED 值为 200。不过，例 4-92 同时显示了让人有些迷惑不解的信息：来自 Innsbruck 的#2 表项被标记为最佳路由（虽然其 MED 值比来自 Cervinia 的#1 表项的 MED 值大）。

例 4-92 虽然经由 Cervinia（10.200.60.1）的路由的 MED 值较小，但 Zermatt 仍然选择了经由 Innsbruck（10.100.83.1）的路由去往 10.20.0.0

```
Zermatt#show ip bgp 10.20.0.0
BGP routing table entry for 10.20.0.0/16, version 2
Paths: (3 available, best #2, table Default-IP-Routing-Table)
  Advertised to update-groups:
        1    2    3
  200 50
    10.200.60.1 from 10.200.60.1 (10.200.60.1)
      Origin IGP, metric 100, localpref 100, valid, external
  100 50
    10.100.83.1 from 10.100.83.1 (10.100.83.1)
      Origin IGP, metric 200, localpref 100, valid, external, best
  100 50
    172.30.255.150 (metric 30) from 172.30.255.150 (172.30.255.150)
      Origin IGP, metric 200, localpref 100, valid, internal
Zermatt#
```

出现例 4-92 操作结果的原因是默认处理行为：如果不同自治系统中的外部对等体都宣告了相同路由，那么就会忽略这些路由的 MED 值。因而对于本例来说，BGP 决策进程会忽略 MED 的比选步骤，根据下一跳的路由器 ID 最小原则来选择最佳路由（决策进程在前面已经拒绝了#3 表项，EBGP 或外部路由优于 IBGP 或内部路由）。

正常情况下这是正确的默认处理行为：通常不希望接受来自多个不受自己控制的管理机构“有竞争性的”MED 值。但是该规则偶尔也会有例外。例如，服务提供商可能有一个拥有多个 ASN 的客户，该客户可能希望影响这些 ASN 的入站路径选择。被宣告前缀可能属于其他更下游 ASN（如本例的 10.20.0.0/16），也可能位于该客户的某个自治系统中但是却能够通过“后门路由”到达所有 ASN。

IOS 为这类场景提供了一种配置选项。**bgp always-compare-med** 语句强制要求路由器在 BGP 决策进程中包含 MED 比选步骤，即使这些前缀是由不同 ASN 宣告的。例 4-93 给出了该配置选项的操作结果。在 Zermatt 的 BGP 配置中增加该语句并重启了 AS100 与 AS200 间的会话之后，再次观察 Zermatt 的 BGP 表中关于 10.20.0.0/16 的路由表项，可以看出来自 Cervinia 的路由表项已被标记为最佳路径（因为其 MED 值较小）。

例 4-93　Zermatt 选择经由 Cervinia（10.200.60.1）的路由去往 10.20.0.0（因为其 MED 较小）

```
Zermatt(config-router)#bgp always-compare-med
Zermatt(config-router)#^Z
Zermatt#
*Mar 5 15:57:34.215: %SYS-5-CONFIG_I: Configured from console by console
Zermatt#
Zermatt#clear ip bgp 100
*Mar 5 15:57:51.583: %BGP-5-ADJCHANGE: neighbor 10.100.83.1 Down User reset
*Mar 5 15:57:53.171: %BGP-5-ADJCHANGE: neighbor 10.100.83.1 Up
Zermatt#clear ip bgp 200
*Mar 5 15:58:08.635: %BGP-5-ADJCHANGE: neighbor 10.200.60.1 Down User reset
*Mar 5 15:58:09.267: %BGP-5-ADJCHANGE: neighbor 10.200.60.1 Up
Zermatt#
Zermatt#show ip bgp 10.20.0.0
BGP routing table entry for 10.20.0.0/16, version 52
Paths: (3 available, best #1, table Default-IP-Routing-Table)
Flag: 0x820
  Advertised to update-groups:
        1    2
  200 50
    10.200.60.1 from 10.200.60.1 (10.200.60.1)
      Origin IGP, metric 100, localpref 100, valid, external, best
  100 50
    10.100.83.1 from 10.100.83.1 (10.100.83.1)
      Origin IGP, metric 200, localpref 100, valid, external
  100 50
    172.30.255.150 (metric 30) from 172.30.255.150 (172.30.255.150)
      Origin IGP, metric 200, localpref 100, valid, internal
Zermatt#
```

在结束 MED 话题之前，还需要分析两个 IOS BGP 默认行为。第一个默认行为就是如何在 BGP 表中评价去往同一目的端的多条路由。IOS 按照“自上而下”的顺序评价这些路由，每次两条。也就是说，如果有 4 条表项，那么首先评价#1 和#2 表项，并根据 BGP 决策进程从这两条表项中选出最佳路由。然后再将选出的路由与#3 表项进行对比，再从中选出最佳路由。最后再将选出的路由与#4 表项进行对比，再由决策进程从这两条表项中选出最佳路由，最终选出的“胜出者”就成为最后的最佳路由。

另一个需要考虑的 IOS BGP 默认行为就是如何记录收到的去往相同前缀的路由。路由器收到每条路由之后，都会在该前缀的路由表项列表的“顶部”增加一条表项。以例 4-93 中前缀 10.20.0.0/6 的三条表项为例，来自 10.200.60.1 的#1 表项是最新表项，来自 172.30.255.150 的#3 表项是最早表项。如果收到了其他去往 10.20.0.0/16 的路由，那么该表项就会成为#1 表项，其余表项则依次向下递增 1。最早收到的路由始终位于列表的底部。

这两种默认处理行为都会给 BGP 选择最佳路径的方式带来一些不一致问题，下面以图 4-12 为例加以说明。首先删除路由器 Zermatt 在前一个示例中配置的 **bgp always-compare-med** 语句。如前所述，通常只有很少的场合需要对来自不同自治系统的路由的 MED 值进行比选。对于本例来说，路由器 Innsbruck 和 Cervinia 被配置为向去往 AS50 前缀 172.17.0.0 的路由添加 MED 属性，但 MED 值则与该路由被宣告给的邻居有关：

- Innsbruck 和 Cervinia 将 172.17.0.0 宣告 Zermatt 时，添加的 MED 值为 50；
- Innsbruck 将 172.17.0.0 宣告 Moritz 时，添加的 MED 值为 100；
- Cervinia 将 172.17.0.0 宣告 Moritz 时，添加的 MED 值为 200。

例 4-94 显示了 Moritz 的 BGP 表中关于 172.17.0.0 的三条路由表项信息：

- #1 表项是经由 Cervinia 的路由，MED 值为 200，由于该表项位于列表顶部，因而是最后学到的表项；
- #2 表项是通过 Zermatt 经由 Innsbruck 的路由，MED 值为 50；
- #3 表项是直接经由 Innsbruck 的路由，MED 值为 100。

#3 表项被标记为最佳路由，选择过程如下。

- 自上而下运行列表，首先对比#1 表项与#2 表项。这两条路由是由不同自治系统宣告的，因而不需要比较 MED。由于#1 表项是由外部（EBGP）邻居宣告的，而#2 表项是由内部（IBGP）邻居宣告的，因而#1 表项被选为最佳路由。
- 接着对比#1 表项与#3 表项。这两条路由也是由不同自治系统宣告的，因而不需要比较 MED。由于这两条路由都是由外部邻居宣告的，因而比较下一跳的路由器 ID，数值较小者为优，因而#3 表项被选为最佳路由。
- 由于没有更多的表项进行对比，因而#3 表项被选为最佳路由。

例 4-94 按照接收顺序向 Moritz 的 BGP 表添加去往 172.17.0.0 的路由，并按照自上而下的顺序由 BGP 决策进程进行评价

```
Moritz#show ip bgp 172.17.0.0
BGP routing table entry for 172.17.0.0/16, version 8
Paths: (3 available, best #3, table Default-IP-Routing-Table)
Flag: 0x820
  Advertised to update-groups:
        1
  200 50
    10.200.60.1 from 10.200.60.1 (10.200.60.1)
      Origin IGP, metric 200, localpref 100, valid, external
  100 50
    172.30.255.254 (metric 30) from 172.30.255.254 (172.30.255.254)
      Origin IGP, metric 50, localpref 100, valid, internal
  100 50
    10.100.83.1 from 10.100.83.1 (10.100.83.1)
      Origin IGP, metric 100, localpref 100, valid, external, best
Moritz#
```

例 4-95 重置了 Moritz 到 Innsbruck 的会话。会话中断后经由 Innsbruck 的路由也将丢失，但是会话恢复之后将重新获得该路由。不过此时该路由已成为最新路由，因而被列为#1 表项，使得选择最佳路由的表项处理顺序也相应地出现了变化。

- 仍然自上而下运行列表，首先对比#1 表项与#2 表项。这两条路由是由不同自治系统宣告的，因而不需要比较 MED。由于这两条路由都是由外部邻居宣告的，因而在决策进程的这一步也相同。由于#1 表项的路由器 ID 是这两条路由中的较小者，因而#1 表项被选为最佳路由。
- 接着对比#1 表项与#3 表项。由于这两条路由都是由同一个自治系统宣告的，因而比较 MED。由于#3 表项的 MED 值较小，因而#3 表项被选为最佳路由。
- 由于没有更多的表项进行对比，因而#3 表项被选为最佳路由。

例 4-95 重置到 Innsbruck 的会话会导致经由 Innsbruck 的路由出现丢失到再次学到的情况，再次学到的该路由会被添加到列表顶部，从而改变了最佳路由的选择过程

```
Moritz#clear ip bgp 10.100.83.1
Moritz#
*Mar 6 13:26:36.335: %BGP-5-ADJCHANGE: neighbor 10.100.83.1 Down User reset
*Mar 6 13:26:37.267: %BGP-5-ADJCHANGE: neighbor 10.100.83.1 Up
Moritz#
Moritz#show ip bgp 172.17.0.0
BGP routing table entry for 172.17.0.0/16, version 29
Paths: (3 available, best #3, table Default-IP-Routing-Table)
Flag: 0x820
  Not advertised to any peer
  100 50
    10.100.83.1 from 10.100.83.1 (10.100.83.1)
      Origin IGP, metric 100, localpref 100, valid, external
  200 50
    10.200.60.1 from 10.200.60.1 (10.200.60.1)
      Origin IGP, metric 200, localpref 100, valid, external
  100 50
    172.30.255.254 (metric 30) from 172.30.255.254 (172.30.255.254)
      Origin IGP, metric 50, localpref 100, valid, internal, best
Moritz#
```

表项顺序不同，最佳路由的选择结果也可能不同。而表项顺序取决于路由器第一次收到路由的顺序，因而最佳路径选择进程得到的结果并不恒定。也就是说，最佳路径选择是非确定性进程。

IOS 提供了一种可以让最佳路径选择成为确定性进程的配置选项。在 BGP 配置中增加 **bgp deterministic-med** 语句之后，进入 BGP 表的表项就会按照宣告 ASN 进行分组，而不再是简单地按照新旧次序进行排列，先从每个组中选出最佳表项，然后再对比这些表项。这种表项组合方式可以避免例 4-95 提到的应用场景，即先在 AS100 与 AS200 的表项之间比选，然后再将胜出方与 AS100 的另一个表项进行比选。按照该配置选项，就可以首先在来自同一个自治系统的表项之间进行比选（此时的比选规则是 MED），然后再在来自不同自治系统的表项之间进行比选（此时不再比较 MED）。

例 4-96 给出了该配置选项的使用方式。在 Moritz 的 BGP 配置中增加了 **bgp deterministic-med** 语句并利用 **clear ip bgp** *命令重置了所有 BGP 会话。将例 4-96 中的表项与例 4-94 中的表项进行对比可以看出：表项顺序相同，但比选结果不同。此时的选择进程如下。

- #2 表项与#3 表项均来自 AS100，因而进行比选。由于#2 表项的 MED 值较小，因而被选为最佳路由。也就是说，首先从 AS100 宣告的表项中选出最佳表项。

- 将#1 表项（来自 AS200）与#2 表项（AS100 的最佳表项）进行比选。由于这两条表项来自不同的自治系统，因而不再比较 MED 值。由于#1 表项学自外部对等体，而#2 表项学自内部对等体，因而#1 表项被选为最佳路由。
- 由于没有更多的 AS 组进行比选，因而#1 表项被确定为最佳路由。

例 4-96 在 Moritz 的 BGP 配置中增加了 **bgp deterministic-med** 语句并重置了所有 BGP 会话之后，虽然 172.17.0.0 的路由表项看起来与例 4-94 相同，但最终选择的最佳表项却不同

```
Moritz#show ip bgp 172.17.0.0
BGP routing table entry for 172.17.0.0/16, version 4
Paths: (3 available, best #1, table Default-IP-Routing-Table)
  Advertised to update-groups:
        1
  200 50
    10.200.60.1 from 10.200.60.1 (10.200.60.1)
      Origin IGP, metric 200, localpref 100, valid, external, best
  100 50
    172.30.255.254 (metric 30) from 172.30.255.254 (172.30.255.254)
      Origin IGP, metric 50, localpref 100, valid, internal
  100 50
    10.100.83.1 from 10.100.83.1 (10.100.83.1)
      Origin IGP, metric 100, localpref 100, valid, external
```

如例 4-97 所示，再次重置来自 10.100.83.1 的表项（与例 4-95 相似）。重新建立 BGP 会话后该表项将成为最新表项，但是与例 4-95 不同，该新表项并没有被添加到列表顶部，而是再次被添加到 AS100 组中。因而整体的最佳路由选择进程并没有发生变化，#1 表项再次被确定为最佳路由。

例 4-97 配置了 **bgp deterministic-med** 语句之后，新表项会被添加到相应的 ASN 组中，而不是添加到列表顶部

```
Moritz#clear ip bgp 10.100.83.1
Moritz#
*Mar  6 13:32:52.375: %BGP-5-ADJCHANGE: neighbor 10.100.83.1 Down User reset
*Mar  6 13:32:53.103: %BGP-5-ADJCHANGE: neighbor 10.100.83.1 Up
Moritz#show ip bgp 172.17.0.0
BGP routing table entry for 172.17.0.0/16, version 4
Paths: (3 available, best #1, table Default-IP-Routing-Table)
  Advertised to update-groups:
        1
  200 50
    10.200.60.1 from 10.200.60.1 (10.200.60.1)
      Origin IGP, metric 200, localpref 100, valid, external, best
  100 50
    172.30.255.254 (metric 30) from 172.30.255.254 (172.30.255.254)
      Origin IGP, metric 50, localpref 100, valid, internal
  100 50
    10.100.83.1 from 10.100.83.1 (10.100.83.1)
      Origin IGP, metric 100, localpref 100, valid, external
Moritz#
```

虽然 IOS 没有默认启用 **bgp always-compare-med** 语句，但现代最佳实践建议启用该语句，以确保从多个 AS 学到相同前缀时能够拥有一致、可预测的 BGP 路径选择行为。对于大多数情况来说，这种场景适用于服务提供商网络或多归属的末梢自治系统。如果要在自己的 AS 中使用该配置选项，那么就必须在 AS 内的所有 BGP 路由器上都使用该选项，否则将会出现不可预测甚至是矛盾的路由选择行为。

需要注意的是，**bgp always-compare-med** 语句也能增强路径选择的确定性行为。如果使用了该语句，那么就不需要再使用 **bgp deterministic-med** 语句。当然，这两条语句之间也有区别，前者仅用于希望比较来自不同 AS 的路由的 MED 值的场景。

对于 MED 来说，最后需要说明的一点就是，通常不希望邻居自治系统发送它们的 MED 设置情况，从而影响自己 AS 的 BGP 决策进程。为此可以在所有 EBGP 会话上配置一条入站策略，将接收到的路由的 MED 值均改写为相同值。如果所有路由的 MED 值均相等，那么就不会影响自己的 BGP 决策进程。通常都将 MED 的重置值设为 0 或 4294967295，如果希望给"无 MED"规则留出有限的例外情况，那么优选后一种取值，也就是说，将所有 MED 值均重置为最大值，就有可能接受 MED 值较小的路由并实施某些指定操作。

4.5.4　案例研究：附加 AS_PATH

MULTI_EXIT_DISC 属性能够影响来自邻居自治系统的入站流量，但无法影响更远端的自治系统的路由决策。

图 4-13 再次给出了图 4-8 的拓扑结构。分析例 4-98 中的 Meribel 的 BGP 表后可以发现，路由器 Meribel 拥有两条去往 AS30 中同一目的地的等价路径。由于这两条路径除路由器 ID 之外的其他属性均相同，因而 Meribel 的 BGP 决策进程选择路由器 ID 较小的 Innsbruck 作为去往 AS30 的全部流量的下一跳路由器。如此一来，AS50 去往 AS30 的流量根本就不会经过 Cervinia-Moritz 链路，导致该可用带宽的利用率极低。

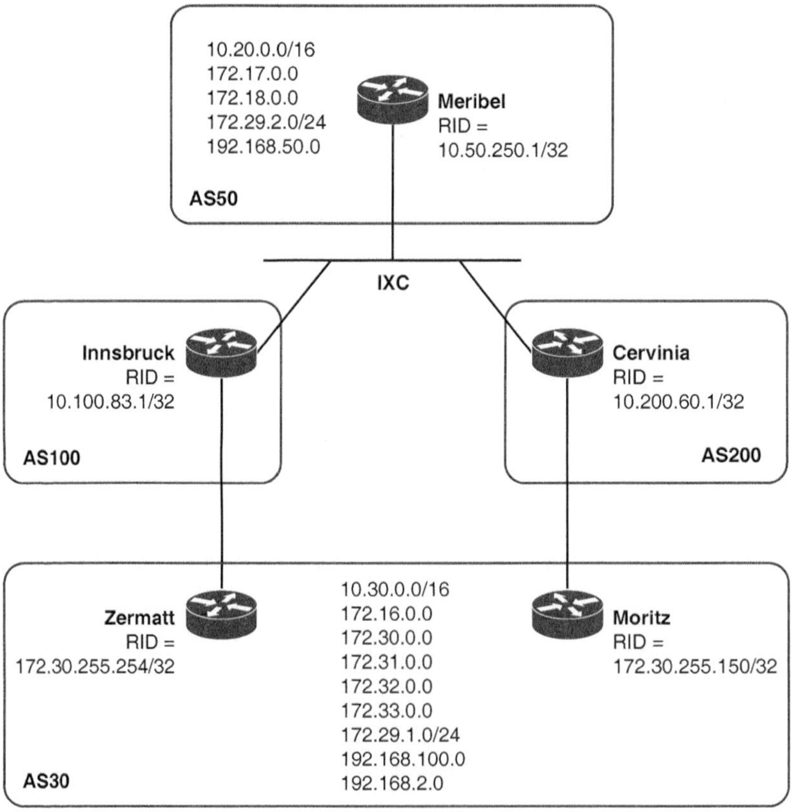

图 4-13　AS50 与 AS30 之间存在两条等价路径

由于 AS30 与 AS50 不是直接相连的邻居自治系统，因而 AS30 无法利用 MED 来影响 AS50 的路由决策。但是通过使用 **set as-path prepend** 子句的路由映射修改所宣告路由的 AS_PATH 属性之后，AS30 就可以影响 AS50 的路由决策了。该子句可以在路由宣告给 EBGP 对等体的时候向路由的 AS_PATH 属性附加额外的 ASN，使得该路径劣于同一 AS 中其他路由器宣告的去往相同前缀的路由。

本例利用 AS_PATH 预附加特性，使得：

- Meribel 优选 Innsbruck-Zermatt 路径到达以下前缀：
  - 10.30.0.0/16
  - 172.16.0.0
  - 172.30.0.0
  - 172.32.0.0
  - 192.168.100.0
- Meribel 优选 Cervinia-Moritz 路径到达以下前缀：
  - 172.31.0.0
  - 172.33.0.0
  - 172.29.1.0/24
  - 192.168.2.0

例 4-98 Meribel 的 BGP 显示去往 AS30 中的目的地存在两条路径；由于 Innsbruck 的路由器 ID（10.100.83.1）小于 Cervinia 的路由器 ID（10.200.60.1），因而被选为所有流量的最佳路径

```
Meribel#show ip bgp
BGP table version is 52, local router ID is 172.18.1.1
Status codes: s suppressed, d damped, h history, * valid, > best, i - internal,
              r RIB-failure, S Stale
Origin codes: i - IGP, e - EGP, ? - incomplete

   Network          Next Hop            Metric LocPrf Weight Path
*> 10.20.0.0/16     0.0.0.0                  0         32768 i
*> 10.30.0.0/16     10.100.83.1                            0 100 30 i
*                   10.200.60.1                            0 200 100 30 i
*> 10.100.0.0/16    10.100.83.1              0             0 100 i
*                   10.200.60.1                            0 200 100 i
* 10.200.0.0/16     10.100.83.1                            0 100 200 i
*>                  10.200.60.1              0             0 200 i
*  172.16.0.0       10.100.83.1                            0 100 30 i
*>                  10.200.60.1                            0 200 30 i
*> 172.17.0.0       0.0.0.0                  0         32768 i
*> 172.18.0.0       0.0.0.0                  0         32768 i
*> 172.29.1.0/24    10.100.83.1                            0 100 30 i
*                   10.200.60.1                            0 200 100 30 i
*> 172.29.2.0/24    0.0.0.0                  0         32768 i
*>  172.30.0.0      10.100.83.1                            0 100 30 i
*                   10.200.60.1                            0 200 30 i
*> 172.31.0.0       10.100.83.1                            0 100 30 i
*                   10.200.60.1                            0 200 30 i
*> 172.32.0.0       10.100.83.1                            0 100 30 i
*                   10.200.60.1                            0 200 30 i
*> 172.33.0.0       10.100.83.1                            0 100 30 i
*                   10.200.60.1                            0 200 30 i
*> 192.168.2.0      10.100.83.1                            0 100 30 i
*                   10.200.60.1                            0 200 30 i
*> 192.168.50.0     0.0.0.0                  0         32768 i
*>  192.168.100.0   10.100.83.1                            0 100 30 i
*                   10.200.60.1                            0 200 30 i
Meribel#
```

例 4-99 在 Zermatt 和 Moritz 的 BGP 配置中增加了名为 PATH 的路由映射。该路由映射利用 access-list 3 来识别需要附加 ASN 的路由的前缀，由路由映射将额外的 ASN 30 添加到识别出来的路由的 AS_PATH 上，因而出站 AS_PATH 变为[30,30]而不是[30]，然后再将该路由映射作为出站策略应用于相关的 EBGP 邻居。

例 4-99 Zermatt 和 Moritz 向宣告给 EBGP 对等体的选定路由添加 ASN 30

```
Zermatt:
router bgp 30
 no synchronization
 bgp log-neighbor-changes
 network 10.30.0.0 mask 255.255.0.0
 network 172.16.0.0
 network 172.29.1.0 mask 255.255.255.0
 network 172.30.0.0
 network 172.31.0.0
 network 172.32.0.0
 network 172.33.0.0
 network 192.168.2.0
 network 192.168.100.0
 neighbor 10.100.83.1 remote-as 100
 neighbor 10.100.83.1 ebgp-multihop 2
 neighbor 10.100.83.1 update-source Loopback0
 neighbor 10.100.83.1 route-map PATH out
 neighbor 10.100.83.1 filter-list 1 out
 neighbor 172.30.255.100 remote-as 30
 neighbor 172.30.255.100 update-source Loopback0
 neighbor 172.30.255.100 next-hop-self
 neighbor 172.30.255.100 route-map More-Pref out
 neighbor 172.30.255.150 remote-as 30
 neighbor 172.30.255.150 update-source Loopback0
 neighbor 172.30.255.150 next-hop-self
 no auto-summary
!
access-list 3 permit 192.168.2.0
access-list 3 permit 172.33.0.0
access-list 3 permit 172.29.1.0
access-list 3 permit 172.31.0.0
!
route-map PATH permit 10
 match ip address 3
 set as-path prepend 30
!
route-map PATH permit 20
!
```

```
Moritz:
router bgp 30
 no synchronization
 bgp log-neighbor-changes
 network 10.30.0.0 mask 255.255.0.0
 network 172.16.0.0
 network 172.29.1.0 mask 255.255.255.0
 network 172.30.0.0
 network 172.31.0.0
 network 172.32.0.0
 network 172.33.0.0
 network 192.168.2.0
 network 192.168.100.0
 neighbor 10.200.60.1 remote-as 200
 neighbor 10.200.60.1 ebgp-multihop 2
 neighbor 10.200.60.1 update-source Loopback0
 neighbor 10.200.60.1 route-map PATH out
 neighbor 10.200.60.1 filter-list 1 out
```

（待续）

```
 neighbor 172.30.255.100 remote-as 30
 neighbor 172.30.255.100 update-source Loopback0
 neighbor 172.30.255.100 next-hop-self
 neighbor 172.30.255.254 remote-as 30
 neighbor 172.30.255.254 update-source Loopback0
 neighbor 172.30.255.254 next-hop-self
 no auto-summary
!
access-list 3 permit 192.168.100.0
access-list 3 permit 10.30.0.0
access-list 3 permit 172.32.0.0
access-list 3 permit 172.30.0.0
access-list 3 permit 172.16.0.0
!
route-map PATH permit 10
 match ip address 3
 set as-path prepend 30
!
route-map PATH permit 20
!
```

需要记住的是，每台路由器（Zermatt 和 Moritz）都要向希望成为 Meribel 次优路由的路由附加 ASN。也就是说，Zermatt 需要向应该经由 Moritz 的路由附加 ASN，Moritz 需要向应该经由 Zermatt 的路由附加 ASN。

例 4-100 给出了 Meribel 的 BGP 表运行结果。可以看出附加后的 AS_PATH 以及 Meribel 选择了 AS_PATH 最短的路由进入 AS30。

例 4-100　Meribel 的 BGP 表显示了来自 Zermatt 和 Moritz 的路由的 AS_PATH 附加情况，Meribel 选择了 AS_PATH 较短的路径

```
Meribel#show ip bgp
BGP table version is 17, local router ID is 172.18.1.1
Status codes: s suppressed, d damped, h history, * valid, > best, i - internal,
              r RIB-failure, S Stale
Origin codes: i - IGP, e - EGP, ? - incomplete

   Network          Next Hop            Metric LocPrf Weight Path
*> 10.20.0.0/16     0.0.0.0                  0         32768 i
*> 10.30.0.0/16     10.100.83.1                            0 100 30 i
*                   10.200.60.1                            0 200 30 30 i
*> 10.100.0.0/16    10.100.83.1              0             0 100 i
*> 10.200.0.0/16    10.200.60.1              0             0 200 i
*> 172.16.0.0       10.100.83.1                            0 100 30 i
*                   10.200.60.1                            0 200 30 30 i
*> 172.17.0.0       0.0.0.0                  0         32768 i
*> 172.18.0.0       0.0.0.0                  0         32768 i
*  172.29.1.0/24    10.100.83.1                            0 100 30 30 i
*>                  10.200.60.1                            0 200 30 i
*> 172.29.2.0/24    0.0.0.0                  0         32768 i
*> 172.30.0.0       10.100.83.1                            0 100 30 i
*                   10.200.60.1                            0 200 30 30 i
*  172.31.0.0       10.100.83.1                            0 100 30 30 i
*>                  10.200.60.1                            0 200 30 i
*> 172.32.0.0       10.100.83.1                            0 100 30 i
*                   10.200.60.1                            0 200 30 30 i
*  172.33.0.0       10.100.83.1                            0 100 30 30 i
*>                  10.200.60.1                            0 200 30 i
*  192.168.2.0      10.100.83.1                            0 100 30 30 i
*>                  10.200.60.1                            0 200 30 i
*> 192.168.50.0     0.0.0.0                  0         32768 i
*> 192.168.100.0    10.100.83.1                            0 100 30 i
*                   10.200.60.1                            0 200 30 30 i
Meribel#
```

使用 AS_PATH 预附加策略时必须特别谨慎，如果不能完全理解所做配置的影响结果，那么就有可能会出现无法预料或者中断的路由选择结果。例如，假设在 Moeritz 的配置中使用了 **set as-path prepend 30 30** 子句，该命令会给 AS_PATH 增加两个（而不是一个）ASN 30 实例。下面分析对去往 10.30.0.0 的路由的影响结果。图 4-13 中的 Cervina 从 Moritz 收到了一条携带 AS_PATH [30,30,30]的路由，同时还从 Meribel 收到了一条去往相同目的端且携带 AS_PATH [50,100,30]的路由。由于这两条路由的 AS_PATH 长度相同，因而 Cervinia 选择路由器 ID 最小的路由：来自 Meribel 的路由。原来的目的是希望仅影响 AS50 的路由选择，但目前的配置方式却会导致 AS200 选择长路径去往目的端。

还需要注意的一点就是，应该始终使用附加路由器的 AS 号执行 AS_PATH 附加操作。如果使用了其他 AS 号，而且被宣告路由遇到了使用该 AS 号的 AS，那么这个 AS 将不接受该路由。虽然在附加 ASN 时使用自己的 ASN 似乎是常识问题，但是有记录显示某些自治系统仍然使用了其他 ASN。IOS 提供了配置选项 **bgp enforce-first-as**，允许网络运营商创建一定的规则：不接受邻居 AS 发送的路由，除非 AS_PATH 上的最后一个 ASN 是该邻居的 ASN。如果邻居在宣告路由上附加的 ASN 不是自己的 ASN，那么该配置选项就会导致这些路由被拒绝。最近的 IOS 版本默认启用 **bgp enforce-first-as**。

AS_PATH 预附加操作通常是一种反复试验操作，将不同数量的自身 ASN 附加到 AS_PATH 中可能会产生不同的结果。如果上游 AS 过滤了附加后的路由，那么就可能根本不会产生任何影响。不过需要注意的是，公众 Internet 的跨度通常很少超过 6～8 个 AS 跳。也就是说，Internet 任意两点之间穿越的独立自治系统数量通常都不会超过 6 个或 8 个，因而将自身 ASN 的多个实例附加到路由上可以说是一种资源浪费，而且令 Internet 上的其他运营商感到厌烦。

如果访问公共可接入的路由服务器[16]并输入命令 **show ip bgp paths**，那么肯定会发现某些路由中的 ASN 重复了 10 次以上。这些都是没有理解 AS_PATH 附加特性使用方式的结果，甚至完全是过失行为。如果网络为其他自治系统提供穿透服务，那么就可以利用 IOS 语句 **bgp maxas-limit** 来部署设置 AS_PATH 最大长度的路由策略。

4.5.5 案例研究：管理距离与后门路由

IOS 提供的另一种在单台路由器上控制路由优先级的专用工具就是管理距离。管理权重的作用是影响学自不同 BGP 对等体但去往相同目的端的多条路由的优先级，而管理距离的作用则是影响学自不同路由协议但去往相同目的端的多条路由的优先级。也就是说，管理权重的控制效果体现在 BGP 表中，而管理距离的控制效果体现在 IP 路由表中。

通常根据学到指定路由的协议或源端为路由分配管理距离，距离越短，路由越优。表 4-4 列出了不同协议的默认管理距离。可以看出在一个 AS 内，如果路由器从 RIP 和 OSPF 学到了去往相同目的端的不同路由，那么将优选 OSPF 路由，因为 OSPF 的管理距离（110）小于 RIP 路由的管理距离（120）。

EBGP 的默认管理距离为 20，小于所有 IGP 的管理距离。这一点对于图 4-13 所示的网络来说似乎是一个问题。Zermatt 将 AS30 的某个内部地址宣告给 Innsbruck 时，该地址将通过 IXC 传递给 Cervinia，然后又传递回 Moritz。由于 Moritz 是通过 EBGP 学到该路由的，因而将优选

16 在网络上搜索“public route servers”或“looking glass”，就能找到很多公共可接入的路由服务器。

该路由去往目的端，次选 IGP 路由去往 AS 内的同一目的端（因为 IGP 路由的管理距离较大）。事实上，由于存在基本的 BGP 环路避免机制，因而根本就不会出现这种情况。即 Moritz 在来自 Cervinia 的路由的 AS_PATH 中发现 ASN 30 之后，就会直接丢弃该路由。

表 4-4　　Cisco 默认管理距离[17]

路由源	管理权值
直连接口	0
静态路由	1
EIGRP 汇总路由	5
外部 BGP	20
EIGRP	90
IGRP	100
OSPF	110
IS-IS	115
RIP	120
EGP	140
ODR（On Demand Routing，按需路由）	160
外部 EIGRP	170
内部 BGP	200
本地 BGP	200
未知	255

另一方面，IBGP 不会向 AS_PATH 添加 AS 号，因而学自 IGP 然后又被传递给 AS 内的 IBGP 对等体的路由可能会产生路由环路或黑洞路由。因此，将 IBGP 路由的距离设置为 200，高于所有 IGP 路由。对于去往同一目的端的路由来说，学自 IGP 的路由始终优于 IBGP 路由。

本地 BGP 路由指的是利用 BGP **network** 命令而源自本地路由器的路由。与 IBGP 路由一样，这些路由的默认管理距离也为 200，因而这些路由并不优于 IGP 路由。

本书在第一卷的第 13 章曾经讨论过一个控制 IGP 路由默认距离的方法。如果希望更改 BGP 路由的默认距离，那么就需要使用 **distance bgp** 语句。该语句可以分别设置 EBGP、IBGP 和本地 BGP 路由的距离。例 4-101 将 IBGP 的管理距离更改为 95，使得 IBGP 路由优于去往同一目的端的所有 IGP 路由（EIGRP 路由除外）。

例 4-101　将 IBGP 的管理距离更改为 95，使得 IBGP 路由优于所有 IGP 路由（EIGRP 路由除外）

```
router bgp 30
 neighbor 10.200.60.1 remote-as 200
 neighbor 10.200.60.1 ebgp-multihop 2
 neighbor 10.200.60.1 update-source Loopback0
 distance bgp 20 95 200
```

与 IGP 不同，通常没有什么好理由需要更改所有 BGP 路由的默认距离（控制管理距离是从一种 IGP 迁移到另一种 IGP 的可接受方式），但是也有一些需要更改部分 BGP 路由默认距离的应用场合。图 4-14 中的网络在路由器 Meribel 和 Lillehammer 之间配置了一条专用链路。同时在链路运行 RIP，通常将该链路称为后门。也就是说，AS50 与 AS75 之间的某些流量需要通过该专用后门路由（而不是公用 IXC）进行传递。可能是 AS50 和 AS75 具有商业合作关系，希望双方的通信通过专用链路进行疏导，而不是通过公用 Internet 进行疏导。

17 如果静态路由引用的是接口而不是下一跳地址，那么就认为该目的端是一个直连网络，管理距离为 0。

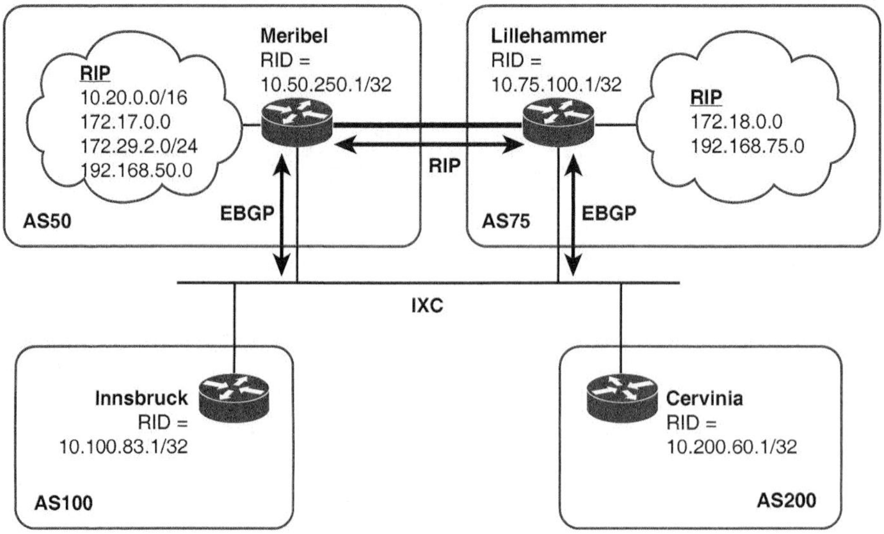

图 4-14　AS50 和 AS75 之间拥有一条专用后门链路，允许这两个自治系统的 IGP 进程进行直接通信，而不是通过 IXC 会话进行通信

AS50 内的 172.17.0.0 与 AS75 内的 172.18.0.0 之间的流量应使用后门链路，仅当后门路由失效时才使用 IXC 路由。问题的关键是管理距离。例如，Lillehammer 从 Meribel 学习去往 172.17.0.0 的路由，一种是通过 RIP 在后门链路上学到该路由，另一种是通过 BGP 在 IXC 链路上学到该路由。EBGP 的距离是 20，RIP 的距离是 120，因而优选 EBGP 路由（见例 4-102）。

例 4-102　Lillehammer 通过 RIP 和 EBGP 学到去往 172.17.0.0 的路由，由于 EBGP 的管理距离为 20，因而优选 EBGP 路由

```
Lillehammer#show ip route
Codes: C - connected, S - static, I - IGRP, R - RIP, M - mobile, B - BGP
       D - EIGRP, EX - EIGRP external, O - OSPF, IA - OSPF inter area
       N1 - OSPF NSSA external type 1, N2 - OSPF NSSA external type 2
       E1 - OSPF external type 1, E2 - OSPF external type 2, E - EGP
       i - IS-IS, L1 - IS-IS level-1, L2 - IS-IS level-2, * - candidate default
       U - per-user static route, o - ODR
       T - traffic engineered route

Gateway of last resort is not set

C    192.168.75.0/24 is directly connected, Ethernet2
B    172.17.0.0/16 [20/1] via 10.50.250.1, 00:01:24
B    172.16.0.0/16 [20/0] via 10.100.83.1, 00:01:22
C    172.18.0.0/16 is directly connected, Ethernet1
     172.29.0.0/16 is variably subnetted, 2 subnets, 2 masks
B       172.29.1.0/24 [20/0] via 10.100.83.1, 00:01:22
B       172.29.0.0/16 [20/1] via 10.50.250.1, 00:01:24
B    172.31.0.0/16 [20/0] via 10.100.83.1, 00:01:22
     192.168.4.0/29 is subnetted, 1 subnets
C       192.168.4.0 is directly connected, Ethernet0
     10.0.0.0/8 is variably subnetted, 7 subnets, 2 masks
B       10.30.0.0/16 [20/0] via 10.100.83.1, 00:01:22
B       10.20.0.0/16 [20/0] via 10.50.250.1, 00:01:24
C       10.21.0.0/16 is directly connected, Serial1.507
C       10.75.100.1/32 is directly connected, Loopback0
S       10.100.83.1/32 is directly connected, Ethernet0
S       10.50.250.1/32 is directly connected, Ethernet0
S       10.200.60.1/32 is directly connected, Ethernet0
B    192.168.50.0/24 [20/1] via 10.50.250.1, 00:01:27
B    192.168.100.0/24 [20/0] via 10.100.83.1, 00:01:25
Lillehammer#
```

一种解决方案就是使用 BGP **network** 命令（见例 4-103）。

例 4-103 Lillehammer 和 Meribel 使用 **network** 命令将学自 EBGP 的路由作为本地 BGP 路由

```
Lillehammer:
router rip
 redistribute bgp 75
 network 10.0.0.0
 network 172.18.0.0
 network 192.168.75.0
!
router bgp 75
 network 172.17.0.0
 network 172.18.0.0
 network 192.168.75.0
 neighbor 10.50.250.1 remote-as 50
 neighbor 10.50.250.1 ebgp-multihop 2
 neighbor 10.50.250.1 update-source Loopback0
 neighbor 10.100.83.1 remote-as 100
 neighbor 10.100.83.1 ebgp-multihop 2
 neighbor 10.100.83.1 update-source Loopback0
 neighbor 10.200.60.1 remote-as 200
 neighbor 10.200.60.1 ebgp-multihop 2
 neighbor 10.200.60.1 update-source Loopback0
```

```
Meribel:
router rip
 redistribute bgp 50 metric 1
 network 10.0.0.0
!
router bgp 50
 network 172.18.0.0
 redistribute rip
 neighbor 10.75.100.1 remote-as 75
 neighbor 10.75.100.1 ebgp-multihop 2
 neighbor 10.75.100.1 update-source Loopback0
 neighbor 10.100.83.1 remote-as 100
 neighbor 10.100.83.1 ebgp-multihop 2
 neighbor 10.100.83.1 update-source Loopback0
 neighbor 10.200.60.1 remote-as 200
 neighbor 10.200.60.1 ebgp-multihop 2
 neighbor 10.200.60.1 update-source Loopback0
 no auto-summary
```

例 4-103 通过 **network** 语句让学自 EBGP 的路由成为本地 BGP 路由。例如，网络 172.17.0.0 通过 EBGP 宣告给了 Lillehammer 并进入了路由表，即使 172.17.0.0 不是本地路由，但仍将 **network 172.17.0.0** 语句添加到 Lillehammer 的 BGP 配置中。由于该地址位于路由表中，因而 **network** 语句与其匹配，并将该路由设置为本地路由。

虽然这个逻辑看起来有些奇怪，但是却十分有效。172.17.0.0 最初是一条 EBGP 路由，后来被 **network** 语句改成了一条本地 BGP 路由。由于 Lillehammer 已经将 172.17.0.0 视为本地路由，因而分配了管理距离 200。由于去往 172.17.0.0 的 RIP 路由的管理距离较小，因而成为优选路由（见例 4-104）。

例 4-104 通过让 Lillehammer 将去往 172.17.0.0 的 EBGP 路由视为管理距离为 200 的本地 BGP 路由，使得去往该网络的 RIP 路由成为优选路由

```
Lillehammer#show ip route
Codes: C - connected, S - static, I - IGRP, R - RIP, M - mobile, B - BGP
       D - EIGRP, EX - EIGRP external, O - OSPF, IA - OSPF inter area
```

（待续）

```
       N1 - OSPF NSSA external type 1, N2 - OSPF NSSA external type 2
       E1 - OSPF external type 1, E2 - OSPF external type 2, E - EGP
       i - IS-IS, L1 - IS-IS level-1, L2 - IS-IS level-2, * - candidate default
       U - per-user static route, o - ODR
       T - traffic engineered route

Gateway of last resort is not set

C    192.168.75.0/24 is directly connected, Ethernet2
R    172.17.0.0/16 [120/2] via 10.21.1.1, 00:00:06, Serial1.507
B    172.16.0.0/16 [20/0] via 10.200.60.1, 00:00:36
C    172.18.0.0/16 is directly connected, Ethernet1
     172.29.0.0/16 is variably subnetted, 2 subnets, 2 masks
B       172.29.1.0/24 [20/0] via 10.200.60.1, 00:00:36
B       172.29.0.0/16 [20/1] via 10.50.250.1, 00:00:24
B    172.31.0.0/16 [20/0] via 10.200.60.1, 00:00:36
     192.168.4.0/29 is subnetted, 1 subnets
C       192.168.4.0 is directly connected, Ethernet0
     10.0.0.0/8 is variably subnetted, 7 subnets, 2 masks
B       10.30.0.0/16 [20/0] via 10.200.60.1, 00:00:36
B       10.20.0.0/16 [20/0] via 10.50.250.1, 00:00:24
C       10.21.0.0/16 is directly connected, Serial1.507
C       10.75.100.1/32 is directly connected, Loopback0
S       10.100.83.1/32 is directly connected, Ethernet0
S       10.50.250.1/32 is directly connected, Ethernet0
S       10.200.60.1/32 is directly connected, Ethernet0
B    192.168.50.0/24 [20/1] via 10.50.250.1, 00:00:25
B    192.168.100.0/24 [20/0] via 10.200.60.1, 00:00:37
Lillehammer#
```

虽然本例正确控制了管理距离，但仍然有一个问题。利用 **network** 命令将 EBGP 路由转换为本地路由之后，本地 BGP 路由器就可以在 EBGP 更新中宣告该路由。例如，Lillehammer 在 EBGP 更新中通过 IXC 向对等体宣告 172.17.0.0。由于 Meribel 的 BGP 进程通过重分发学到去往 172.17.0.0 的路由，因而宣告该路由时携带值为 Incomplete（不完全）的 ORIGIN 属性。不过由于配置了 **network** 语句，因而 Lillehammer 宣告该路由时携带的 ORIGIN 属性为 IGP，因而 Cervinia 和 Innsbruck 选择 Lillehammer 作为去往 172.17.0.0 的最佳下一跳（见例 4-105），去往 172.17.0.0 的外部流量均被转发给 Lillehammer，再由 Lillehammer 通过后门链路转发这些流量。实际上仅希望 172.17.0.0 与 172.18.0.0 之间的流量通过后门链路进行转发，其他流量还是应该使用 IXC 进行转发。

例 4-105 Cervinia 的 BGP 表显示 Lillehammer（10.75.100.1）为去往网络 172.17.0.0 的最佳下一跳，导致 Lillehammer 与 Meribel 之间的后门链路成为所有去往 172.17.0.0 的外部流量的转接链路

```
Cervinia#show ip bgp 172.17.0.0
BGP routing table entry for 172.17.0.0/16, version 474
Paths: (3 available, best #2, advertised over EBGP)
  100 75
    10.100.83.1 from 10.100.83.1
      Origin IGP, localpref 100, valid, external
  75
    10.75.100.1 from 10.75.100.1 (192.168.75.1)
      Origin IGP, metric 2, localpref 100, valid, external, best
  50
    10.50.250.1 from 10.50.250.1
      Origin incomplete, metric 1, localpref 100, valid, external
Cervinia#
```

例 4-106 给出了利用 **network backdoor** 语句（Cisco 提供的另一种专有工具）解决该问题的配置方法。

例 4-106 在 Lillehammer 和 Meribel 上配置 **network backdoor** 语句以限制外部流量流经后门链路

```
Lillehammer:
router rip
 redistribute bgp 75
 network 10.0.0.0
 network 172.18.0.0
 network 192.168.75.0
!
router bgp 75
 network 172.17.0.0 backdoor
 network 172.18.0.0
 network 192.168.75.0
 neighbor 10.50.250.1 remote-as 50
 neighbor 10.50.250.1 ebgp-multihop 2
 neighbor 10.50.250.1 update-source Loopback0
 neighbor 10.100.83.1 remote-as 100
 neighbor 10.100.83.1 ebgp-multihop 2
 neighbor 10.100.83.1 update-source Loopback0
 neighbor 10.200.60.1 remote-as 200
 neighbor 10.200.60.1 ebgp-multihop 2
 neighbor 10.200.60.1 update-source Loopback0
```

```
Meribel:
router rip
 redistribute bgp 50 metric 1
 network 10.0.0.0
!
router bgp 50
 network 172.18.0.0 backdoor
 redistribute rip
 neighbor 10.75.100.1 remote-as 75
 neighbor 10.75.100.1 ebgp-multihop 2
 neighbor 10.75.100.1 update-source Loopback0
 neighbor 10.100.83.1 remote-as 100
 neighbor 10.100.83.1 ebgp-multihop 2
 neighbor 10.100.83.1 update-source Loopback0
 neighbor 10.200.60.1 remote-as 200
 neighbor 10.200.60.1 ebgp-multihop 2
 neighbor 10.200.60.1 update-source Loopback0
no auto-summary
```

network backdoor 语句与 **network** 语句的效果相同：将 EBGP 路由视为本地 BGP 路由，同时将管理距离更改为 200。区别在于 **network backdoor** 语句指定的地址未宣告给 EBGP 对等体。对于网络 172.17.0.0 来说，新配置在 Lillehammer 中生成了相同的路由表（见例 4-104），但 Cervinia 的 BGP 表中已不再包含从 Lillehammer 学到的去往该网络的路由。

4.6 控制复杂的路由映射

本章案例中的策略都比较简单，为了便于读者了解 BGP 路由策略的可用工具和各种配置组件，所用案例都比较容易理解。如果管理的是末梢网络，那么有可能连本章学到的这些简单 BGP 策略都可能用不上。但是如果管理的是中型或大型服务提供商网络，那么相应的 BGP 策略配置复杂度将远远超过本章学到的这些案例。

随着 BGP 路由策略复杂度的增加，经常碰到的一个特征就是路由策略的组件常常会出现大量重复。IOS 提供了相应的工具将策略配置中的重复部分或“可重用”部分配置成独立的对象，并提供了创建前往策略配置中其他部分的条件转移工具。结合 COMMUNITY 属性以及对等体组或对等体模板（详见下一章）等“归类”工具，不但可以创建复杂的 BGP 路由策略，而且还能有效组织并控制这些路由策略。

4.6.1 continue 子句

continue 子句允许创建去往路由映射中其他部分的条件转移，类似于编程语言中的 **if-then-else**。例如，利用 **continue** 子句可以按照路由映射的一定顺序（由路由映射的序列号定义），在满足特定匹配条件的情况下，直接跳转到该路由映射的其他序列并从该序列继续进行处理。如果不满足匹配条件，那么就继续按照正常顺序处理路由映射。

正常情况下，路由映射是按照自上而下的顺序依次进行处理的。如果前缀匹配，那么就执行指定操作，路由映射的处理过程也将立即结束。如果前缀与给定序列不匹配，那么就进入下一个序列继续处理，直至找到匹配序列或者在路由映射的末尾执行默认操作。

利用 **continue** 子句，可以匹配前缀并执行相应的操作，此后不是停止处理，而是将该前缀发送给路由映射的其他部分执行后续处理。

continue 子句特别适用如下场景：存在很多不同的匹配条件，对每种匹配条件都定义了不同的 **set** 操作，而且还希望对不同的匹配前缀都执行相同操作。例 4-107 解释了 **continue** 子句的使用方式。

- Sequence 10 指定如果前缀匹配 ACL 1，那么就跳转至 Sequence 100（向该路由增加 no-export 团体属性）。如果前缀不匹配 AC 1，那么就跳转至 Sequence 20。
- 虽然 Sequence 20 使用不同的 ACL 来匹配不同的前缀集，但仍然向 Sequence 100 发送肯定匹配。
- 虽然 Sequence 30 使用其他 ACL 将匹配前缀发送给 Sequence 100，但此时还要将匹配路由的 LOCAL_PREF 值设置为 150。
- Sequence 40 使用 AS_PATH 过滤器 as-path 18 来查找匹配前缀，将匹配前缀的 MED 值设置为 200，将 ORIGIN 类型设置为 Incomplete，然后跳转至 Sequence 150（将该路由的 AS_PATH 附加三个 ASN 30）。
- Sequence 50 没有匹配语句，因而到现在为止还未匹配的所有路由都将附加一个 ASN 30，然后再跳转至 Sequence 200（将 COMMUNITY 属性设置为 1311135）。

例 4-107 **continue** 子句可以从路由映射的一个序列转移到另一个序列

```
route-map Ex-4-107 permit 10
 match ip address 1
 continue 100
!
route-map Ex-4-107 permit 20
 match ip address 2
 continue 100
!
route-map Ex-4-107 permit 30
 match ip address 3
 continue 100
 set local-preference 150
!
route-map Ex-4-107 permit 40
 match as-path 18
```

（待续）

```
 continue 150
 set metric 200
 set origin incomplete
!
route-map Ex-4-107 permit 50
 continue 200
 set as-path prepend 30
!
route-map Ex-4-107 permit 100
 set community no-export
!
route-map Ex-4-107 permit 150
 set as-path prepend 30 30 30
!
route-map Ex-4-107 permit 200
 set community 1311135
!
```

虽然可以在例 4-107 中直接观察已配置的路由映射，但是也可以使用 **show route-map** 命令观察路由映射（见例 4-108）。该命令的好处在于不但能够以一种简单易读的形式显示构成路由映射每个序列的子句，而且还能显示与每个序列相匹配的路由条数。这样就能快速解读路由映射以开展故障检测与排除操作，或者能够在修改路由映射之前清晰地解读路由映射。

例 4-108 **show route-map** 命令的输出结果对于观察大型路由映射的结构以及功能非常有用，而且还能显示每个序列的匹配统计结果，这些统计数据对于排查未按照预期方式运行的路由映射的故障非常有用

```
Moritz#show route-map Ex-4-107
route-map Ex-4-107, permit, sequence 10
  Match clauses:
    ip address (access-lists): 1
  Continue: sequence 100
  Set clauses:
  Policy routing matches: 0 packets, 0 bytes
route-map Ex-4-107, permit, sequence 20
  Match clauses:
    ip address (access-lists): 2
  Continue: sequence 100
  Set clauses:
  Policy routing matches: 0 packets, 0 bytes
route-map Ex-4-107, permit, sequence 30
  Match clauses:
    ip address (access-lists): 3
  Continue: sequence 100
  Set clauses:
    local-preference 150
  Policy routing matches: 0 packets, 0 bytes
route-map Ex-4-107, permit, sequence 40
  Match clauses:
    as-path (as-path filter): 18
  Continue: sequence 150
  Set clauses:
    metric 200
    origin incomplete
  Policy routing matches: 0 packets, 0 bytes
route-map Ex-4-107, permit, sequence 50
  Match clauses:
  Continue: sequence 200
  Set clauses:
    as-path prepend 30
  Policy routing matches: 0 packets, 0 bytes
route-map Ex-4-107, permit, sequence 100
```

（待续）

```
  Match clauses:
  Set clauses:
    community no-export
  Policy routing matches: 0 packets, 0 bytes
route-map Ex-4-107, permit, sequence 150
  Match clauses:
  Set clauses:
    as-path prepend 30 30 30
  Policy routing matches: 0 packets, 0 bytes
route-map Ex-4-107, permit, sequence 200
  Match clauses:
  Set clauses:
    community 1311135
  Policy routing matches: 0 packets, 0 bytes
Moritz#
```

4.6.2 策略列表

路由映射中的每个序列都被视为一条 **if-then** 语句：如果满足匹配条件，那么就执行该操作。

可以将路由映射中的一串序列理解为通过 **else** 语句连在一起："如果 Sequence 10 匹配，那么就执行该操作。否则跳转至语句 20"。如前所述，路由映射是按照序列顺序依次执行的，除非使用 **continue** 子句直接跳转至路由映射的其他部分；

如果路由映射序列中存在多条 **match** 或 **set** 子句，那么就可以视为一组布尔 AND 条件："如果同时匹配 A、B 和 C，那么就设置 X、Y 和 Z"。

通常都在路由映射的多个序列中使用一个或多个相同的 **match** 子句作为匹配条件的一部分，例如：

- **Sequence 10: If A AND B AND C match, set X; else**
- **Sequence 20: If A AND B AND D match, set Y; else**
- **Sequence 30: If A AND B AND E match, set Z**

为了便于解释，例 4-109 中的路由映射包含 4 个序列，每个序列的匹配条件都指定匹配团体列表 20 和 AS_PATH 列表 5，第三个匹配条件是 LOCAL_PREF 值（每个序列均不相同），每个序列设置不同的团体属性。因而这个路由映射的作用是匹配 AS_PATH 及团体属性相同但 LOCAL_PREF 属性不同的路由，然后再根据匹配结果添加不同的团体属性。

例 4-109 路由映射通常在多个序列中包含很多相同的 **match** 子句

```
route-map Ex-4-109 permit 10
 match local-preference 50
 match as-path 5
 match community 20
 set community 2 additive
!
route-map Ex-4-109 permit 20
 match local-preference 100
 match as-path 5
 match community 20
 set community 4 additive
!
route-map Ex-4-109 permit 30
 match local-preference 150
 match as-path 5
 match community 20
 set community 6 additive
```

（待续）

```
!
route-map Ex-4-109 permit 40
 match local-preference 200
 match as-path 5
 match community 20
 set community 8 additive
!
```

对于非常冗长的路由映射来说，匹配条件中重复出现相同的 **match** 语句是很平常的一件事情。策略列表可以提取这些“可重用”的匹配条件并放在一边，之后路由映射就可以引用这些策略列表，而不是重复这些特定的匹配条件。策略列表的好处如下。

- 如果有多个共享的匹配子句，那么就可以在策略列表中输入这些匹配子句，然后再在相关的路由映射序列中引用这些策略列表，而不用每次都重复输入这些匹配子句，从而能够大大节约配置工作量、降低输入错误的概率。
- 如果必须更改匹配子句集的部分内容，那么就可以在策略列表中一次性修改完毕，而不用在整个路由映射中搜索需要修改的内容并修改匹配子句的每个实例。
- 由于策略列表使用的是名称，因而很容易在冗长的路由映射中定位那些使用了共享匹配子句集的序列。

使用 **ip policy-map** 语句即可配置策略列表。与路由映射相似，策略列表也通过任意名称进行标识并含有允许或拒绝语句。策略列表仅支持 **match** 子句，不支持 **set** 子句。

例 4-110 显示的路由映射引用了一个名为 PARTNER 的策略列表。该路由映射执行的功能与例 4-109 相同，只是将 AS_PATH 和团体匹配子句移到了策略列表中，每个序列仍然匹配单个 LOCAL_PREF 值以及策略列表的两个子句。

例 4-110 利用策略列表指定路由映射中多次重复出现的 **match** 子句

```
ip policy-list PARTNER permit
 match as-path 5
 match community 20
!
route-map Ex-4-110 permit 10
 match local-preference 50
 match policy-list PARTNER
 set community 2 additive
!
route-map Ex-4-110 permit 20
 match local-preference 100
 match policy-list PARTNER
 set community 4 additive
!
route-map Ex-4-110 permit 30
 match local-preference 150
 match policy-list PARTNER
 set community 6 additive
!
route-map Ex-4-110 permit 40
 match local-preference 200
 match policy-list PARTNER
 set community 8 additive
!
```

例 4-110 中的路由映射可能会被用来识别 IBGP 对等体宣告的路由（因而拥有不同的 LOCAL_PREF 值），但最终属于同一个特定 AS（如商业合作伙伴）（因而 AS_PATH 属性以及 COMMUNITY 属性相同），通过 **set** 子句添加的 COMMUNITY 属性有可能会被下游其他策略用到。

如前所述，使用策略列表可以简化路由匹配参数的修改工作。例如，如果某个商业合作伙伴更改了团体属性（利用该属性来标记路由），那么只要在策略列表中更改对团体列表 20 的单个引用即可，而不用在整个路由映射中寻找所有相关引用。可以说，更改策略列表与更改团体列表或者被引用的 AS_PATH 列表本身一样简单，但区别在于策略列表与其所有匹配的子句相关。请注意，例 4-110 中的团体列表 20 或 AS_PATH 列表 5 可能会被路由映射的其他部分所引用，不在策略列表上下文的范围之内，此时就无法在不中断其他引用的情况下修改团体列表或 AS_PATH 列表。

4.7 展望

本章深入讨论了在 BGP 网络中配置路由策略的大量可用工具。虽然 BGP 本身并不是一个特别复杂的协议，但其支持的路由策略却非常复杂，使得 BGP 网络也变得非常复杂，特别是服务提供商等大型转接 AS 的 BGP 网络尤为复杂。

随着 BGP 网络规模的增大，必须借助相应的工具来控制和扩展网络。第 5 章将详细讨论 BGP 的各种扩展能力。

4.8 复习题

1. BGP RIB 包括哪三个部分，有何区别？
2. 如果 BGP 表将特定表项标记为 RIB-failure，那么有何含义？
3. BGP 决策进程的作用是什么？
4. 将路由策略应用于邻居配置时，关键字 **in** 和 **out** 的区别是什么？
5. 什么是 InQ 和 OutQ？
6. 请列出 IOS BGP 的稳态进程和暂态进程，并分别加以描述。
7. 如果在例 4-17 的路由器上运行 **show processes cpu | include BGP** 命令，是否有进程为 BGP Open 进程？如果有，那么有多少个 Open 进程？原因是什么？
8. 什么是表版本？
9. 参考图 4-5，且假设表版本如例 4-30 所示。如果在 Loveland 上运行命令 **clear ip bgp 10.4.1.1**，那么表版本会出现什么变化？如果接着在 Buttermilk 上运行 **clear ip bgp 10.2.1.2** 命令，那么表版本会出现什么变化？原因是什么？如果继续在 Arapahoe 上运行 **clear ip bgp 10.3.1.2** 命令，那么表版本会出现什么变化？原因是什么？
10. 分析例 4-17 中的 BGP、RIB 以及邻居表版本信息，请根据显示结果解释 BGP 与邻居表版本之间的差异原因。为了更好地理解这些问题，请通过 Telnet 方式登录以下运行了 IOS 的公共路由服务器并运行几次 **show ip bgp summary** 命令：
    - Oregon IX（route-views.orego-ix.net）
    - Time Warner Telecom（ute-server.twtelecom.net）
    - AT&T（ute-server.ip.att.net）
    - Tiscali（ute-server.ip.tiscali.net）
    - SingTel/Optus（ute-views.optus.net.au）

11. 在 **clear ip bgp** 命令中使用关键字 **soft** 的好处是什么？
12. **neighbor soft-reconfiguration inbound** 语句的作用是什么？
13. 什么是路由刷新？
14. 哪两种工具可以被用作基于 NLRI 的路由过滤器？通常优选哪种工具？
15. 什么情况下需要利用 AS_PATH 而不是 NLRI 来过滤路由？
16. 何时使用路由映射而不是路由过滤器？
17. 何时在路由策略中使用管理权重？
18. 什么是默认管理权重值？如何评估管理权重？
19. 何时在路由策略中使用 LOCAL_PREF？
20. 什么是默认的 LOCAL_PREF 值？如何评估 LOCAL_PREF？
21. 何时在路由策略中使用 MED？
22. 如何评估 MED？
23. **bgp bestpath med missing-as-worst** 语句的作用是什么？何时使用该语句？
24. **set metric-type internal** 语句与 **set metric** 语句之间有何区别？
25. **bgp always-compare-med** 语句的作用是什么？
26. **bgp deterministic-med** 语句的作用是什么？
27. AS_PATH 预附加特性的作用是什么？
28. 什么是 **continue** 子句？
29. 什么是策略列表？

4.9 配置练习题

表 4-5 列出了配置练习题 1～13 将要用到的自治系统、路由器、接口以及地址等信息。表中列出了所有路由器的接口情况。为了符合可用资源情况，解决方案的物理接口可能会发生变化。对于每道练习题来说，如果表中显示该路由器有环回接口，那么该接口就是所有 IBGP 连接的源端。除非练习题有明确约定，否则 EBGP 连接始终位于物理接口地址之间。此外，所有的邻居描述均被配置为路由器的名称。

表 4-5　　配置练习题用到的自治系统、路由器、接口以及地址信息

自治系统	路由器	接口	IP 地址/掩码
10	R1	Loopback 0	192.168.255.1/32
		Loopback 1	172.16.0.1/24
		FastEthernet 1/0	10.0.0.1/30
		FastEthernet 2/0	10.0.0.13/30
		FastEthernet 2/1	10.0.0.25/30
		GigabitEthernet 4/0	10.0.0.21/30
	R2	Loopback 0	192.168.255.2/32
		Loopback 1	172.16.4.129/25
		FastEthernet 1/0	10.0.0.2/30
		FastEthernet 2/0	10.0.0.17/30
		FastEthernet 2/1	10.0.0.38/30
		GigabitEthernet 4/0	10.0.0.5/30

续表

自治系统	路由器	接口	IP 地址/掩码
10	R3	Loopback 0	192.168.255.3/32
		Loopback 1	10.10.0.1/20
		FastEthernet 1/0	10.0.0.9/30
		FastEthernet 1/1	10.0.0.61/30
		FastEthernet 2/0	10.0.0.14/30
		GigabitEthernet 4/0	10.0.0.6/30
	R4	Loopback 0	192.168.255.4/32
		Loopback 1	10.10.64.1/18
		Loopback 2	10.11.0.1/16
		FastEthernet 1/0	10.0.0.10/30
		FastEthernet 1/1	10.0.0.57/30
		FastEthernet 2/0	10.0.0.18/30
		GigabitEthernet 4/0	10.0.0.22/30
20	R5	Loopback 0	192.168.255.5/32
		Loopback 1	172.17.20.1/24
		FastEthernet 1/0	10.0.0.29/30
		FastEthernet 2/1	10.0.0.26/30
	R6	Loopback 0	192.168.255.6/32
		Loopback 1	172.17.21.65/26
		FastEthernet 1/1	10.0.0.34/30
		FastEthernet 2/1	10.0.0.37/30
	R7	Loopback 0	192.168.255.7/32
		Loopback 1	172.17.21.193/28
		Loopback 2	10.20.0.1/16
		Loopback 3	10.0.0.1/6
		FastEthernet 1/0	10.0.0.30/30
		FastEthernet 1/1	10.0.0.33/30
30	R12	Loopback 0	192.168.255.12/32
		Loopback 1	10.30.0.1/16
		FastEthernet 1/1	10.0.0.50/30
		FastEthernet 2/1	10.0.0.53/30
	R13	Loopback 0	192.168.255.13/32
		Loopback 1	10.31.128.1/17
		FastEthernet 2/0	10.0.0.45/30
		FastEthernet 2/1	10.0.0.42/30
30	R14	Loopback 0	192.168.255.14/32
		Loopback 1	30.0.0.1/8
		Loopback 2	31.128.0.1/10
		FastEthernet 1/0	10.0.0.49/30
		FastEthernet 2/0	10.0.0.46/30
40	R8	Loopback 0	192.168.255.8/32
		Loopback 1	10.40.0.1/16
		Loopback 2	40.0.0.1/7
		FastEthernet 1/0	10.0.0.65/30
		FastEthernet 1/1	10.0.0.62/30
		FastEthernet 2/0	10.0.0.69/30

续表

自治系统	路由器	接口	IP 地址/掩码
50	R10	Loopback 0	192.168.255.10/32
		Loopback 1	10.50.0.1/16
		Loopback 2	50.0.0.1/11
		FastEthernet 1/0	10.0.0.73/30
		FastEthernet 2/0	10.0.0.70/30
60	R9	Loopback 0	192.168.255.9/32
		Loopback 1	10.60.0.1/16
		Loopback 2	60.0.0.1/9
		FastEthernet 1/0	10.0.0.66/30
		FastEthernet 1/1	10.0.0.58/30
		FastEthernet 2/0	10.0.0.77/30
70	R11	Loopback 0	192.168.255.11/32
		Loopback 1	10.70.0.0/16
		Loopback 2	70.0.0.1/14
		FastEthernet 1/0	10.0.0.74/30
		FastEthernet 1/1	10.0.0.54/30
		FastEthernet 2/0	10.0.0.78/30

注：用于建立 IBGP 会话的 Loopback 0 以深灰色高亮显示，后续练习题注入 BGP 的子网是 Loopback 1 及以上端口，均以浅灰色高亮显示。

1. 将 IS-IS 配置为 AS10 的 IGP，所有路由器都运行 Level 2 IS-IS，所有路由器的 NET 均采用 49.0001.0000.0000.000X.00 格式，其中的 X 是路由器号码。不应该将 AS10 的内部路由宣告到 AS 之外，应该将所有点到点链路（在这些链路上与其他自治系统中的路由器运行 EBGP）都宣告到 IS-IS 中以实现下一跳可达性。
2. 将 OSPF 配置为 AS20 的 IGP，OPSF area 0 跨越整个 AS。不应该将 AS20 的内部路由宣告到 AS 之外，应该将所有点到点链路（在这些链路上与其他自治系统中的路由器运行 EBGP）都宣告到 OSPF 中以实现下一跳可达性。
3. 将 EIGRP 配置为 AS30 的 IGP，不应该将 AS30 的内部路由宣告到 AS 之外，应该将所有点到点链路（在这些链路上与其他自治系统中的路由器运行 EBGP）都宣告到 EIGRP 中以实现下一跳可达性。
4. 在自治系统 10、20 以及 30 内的所有路由器之间运行全网状 IBGP。
5. 在所有自治系统的所有边缘路由器之间运行 EBGP 会话，然后在 AS 中的所有 EBGP 发话路由器的 Loopback 1、2 或 3 上注入表 4-5 配置的所有子网。
6. AS20 不是转接 AS，在路由器 R5 和 R6 上仅使用分发列表以及简单或扩展 ACL，过滤出站 BGP 更新以限制这些更新仅发送给 AS 的本地子网。然后再 R5 和 R6 上通过适当的 **show** 命令，确认已经正确应用了该过滤机制。利用软出站重启机制以非中断方式应用这些新策略。
7. 为了实现 AS20 出站流量的负载均衡，AS20 中的内部路由器应该将 R5 优选为以下子网的出口点：

   10.50.0.0/16, 50.0.0.0/11, 10.70.0.0/16, 70.0.0.0/14, 10.30.0.0/16, 10.31.128.0/17

将 R6 优选为以下子网的出口点：

10.40.0.0/16, 40.0.0.0/7, 10.60.0.0/16, 60.0.0.0/9, 30.0.0.0/8, 31.128.0.0/10

此外，在其中一台路由器出现故障的情况下，每台路由器都要为 AS 的所有子网提供一条出口路由。请配置这两台边界路由器以实现该出站流量策略。

8. AS20 正试图影响 AS10 经路由器 R5 来路由回到子网 172.17.20.0/24、172.17.21.192/28 和 10.20.0.0/16 的流量，经路由器 R6 来路由回到子网 172.17.21.64/26 和 20.0.0.0/6 的流量。请在不使用 AS 附加特性的情况下，实现上述策略。
9. AS20 的策略要求不经由 AS60 路由任何流量，在路由器 R5 和 R6 上配置策略以排除 AS_PATH 中包含 AS60 的所有路由，不过，需要确保能够到达源自 AS60 的子网。不要修改配置练习题 6 中配置的分发列表和 ACL。
10. AS10 中的内部路由器都应该将 R3 优选为去往 AS70 子网的流量的出口点，配置 R3 以实现该策略。
11. 配置 R3 和 R4，让去往 AS10 子网 172.16.0.0/24 和 10.10.0.0/20 的返回流量始终优选 R3，让去往子网 172.16.4.128/25、10.10.64.0/18 和 10.11.0.0/16 的返回流量始终优选 R4。
12. AS30 是转接 AS，其策略要求不接受长度小于 8 或大于 24 比特的前缀，请在路由器 R2 和 R3 上利用前缀列表实现该策略。
13. AS70 策略要求：
    - 去往 AS10 子网的流量应该通过至 R12（位于 AS30 中）的链路转接到目的端；
    - 去往 AS20 子网的流量应该通过至 AS50 或 AS60 的链路转接到目的端。

    请配置 AS70 中的 R11 以实现上述策略。

4.10 故障检测及排除练习题

1. 对于图 4-5 显示的简单网络来说，R1 和 R2 之间建立了基本的 EBGP 会话。R2 向 R1 宣告了一些路由，但是由于在 R1 上应用了 NLRI 过滤机制，因而仅允许子网 172.17.0.0/16（如例 4-111 所示）。管理员需要知道从 R2 收到的所有子网，因而运行命令 **show ip bgp neighbor 10.0.0.2 received-routes**，但是并没起作用，返回的消息如例 4-112 所示。请问收到该消息的原因是什么？应该在哪台路由器上运行什么命令才能解决这个问题？

图 4-15 故障检测及排除练习题 1 的网络拓扑结构

例 4-111 R1 上应用的 NLRI 过滤机制仅允许子网 172.17.0.0/16

```
R1#show run | sec bgp
router bgp 10
 bgp log-neighbor-changes
 neighbor 10.0.0.2 remote-as 20
 neighbor 10.0.0.2 route-map R2_Inbound in
```

（待续）

```
R1#show route-map R2_Inbound
route-map R2_Inbound, permit, sequence 10
  Match clauses:
    ip address prefix-lists: allow_from_R2
  Set clauses:
  Policy routing matches: 0 packets, 0 bytes


R1#show ip prefix-list allow_from_R2
ip prefix-list allow_from_R2: 1 entries
   seq 5 permit 172.17.0.0/16


R1#sh ip bgp
BGP table version is 2, local router ID is 10.0.0.1
Status codes: s suppressed, d damped, h history, * valid, > best, i - internal,
              r RIB-failure, S Stale, m multipath, b backup-path, f RT-Filter,
              x best-external, a additional-path, c RIB-compressed,
Origin codes: i - IGP, e - EGP, ? - incomplete
RPKI validation codes: V valid, I invalid, N Not found

    Network          Next Hop            Metric LocPrf Weight Path
*> 172.17.0.0       10.0.0.2                 0             0 20 i


R1#sh ip bgp summary
BGP router identifier 10.0.0.1, local AS number 10
BGP table version is 2, main routing table version 2
1 network entries using 148 bytes of memory
1 path entries using 64 bytes of memory
1/1 BGP path/bestpath attribute entries using 136 bytes of memory
1 BGP AS-PATH entries using 24 bytes of memory
0 BGP route-map cache entries using 0 bytes of memory
0 BGP filter-list cache entries using 0 bytes of memory
BGP using 372 total bytes of memory
BGP activity 3/2 prefixes, 3/2 paths, scan interval 60 secs

Neighbor        V           AS MsgRcvd MsgSent   TblVer  InQ OutQ Up/Down  State/
  PfxRcd
10.0.0.2        4           20      12      11        2    0    0 00:07:14        1
R1#
```

例 4-112 **show ip bgp neighbor 10.0.0.2 received-routes** 命令的输出结果

```
R1#
R1#show ip bgp neighbors 10.0.0.2 received-routes
% Inbound soft reconfiguration not enabled on 10.0.0.2
R1#
```

2. AS20 中的 R2 以及 AS30 中的 R3（见图 4-16）虽然位于不同的自治系统中，但属于同一家企业。位于 AS10 中的 R1 是一台上游路由器，而位于 AS40 中的 R4 是一台下游路由器，只能通过 AS20 或 AS30 进行访问。该企业的策略规则要求所有上游路由器都必须使用 R1-R3 链路传送下行流量，同时将 R1-R2 链路作为备份链路。为了实现该策略，网络管理员修改了 R2 和 R3 发送给 R1 的出站路由更新的 MED。但是该策略配置并未起作用，虽然从 R2 收到的路由的 MED 值小于从 R3 收到的相同路由的 MED 值，但流量使用的仍然是 R1-R2 链路。请问该策略配置有何问题？如果仍然希望通过不同的 MED 值来影响流量的走向，那么解决方案是什么？

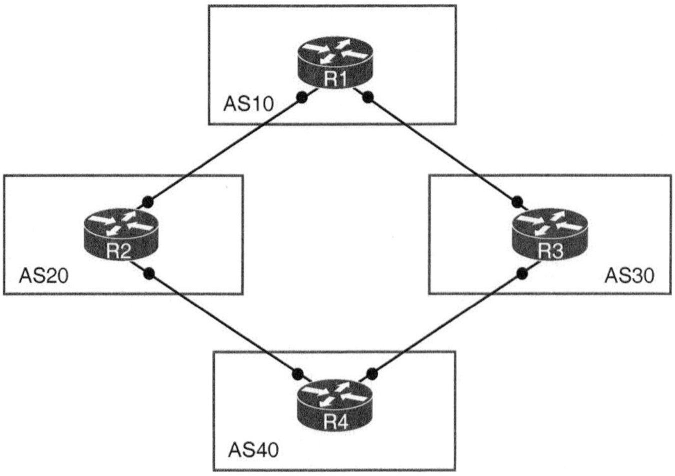

图 4-16　故障检测及排除练习题 2 的网络拓扑结构

例 4-113 给出了 R2 和 R3 的配置信息以及 R1 的相关输出结果。

例 4-113　MED 配置前后

```
Before MED Configuration
R1#sh ip bgp
BGP table version is 2, local router ID is 10.0.0.5
Status codes: s suppressed, d damped, h history, * valid, > best, i - internal,
              r RIB-failure, S Stale, m multipath, b backup-path, f RT-Filter,
              x best-external, a additional-path, c RIB-compressed,
Origin codes: i - IGP, e - EGP, ? - incomplete
RPKI validation codes: V valid, I invalid, N Not found

     Network          Next Hop            Metric LocPrf Weight Path
*    172.16.10.0/24   10.0.0.6                               0 30 40 i
*>                    10.0.0.2                               0 20 40 i
R1#
```

```
After MED Configuration
R2#sh run | sec bgp
router bgp 20
 bgp log-neighbor-changes
 neighbor 10.0.0.1 remote-as 10
 neighbor 10.0.0.1 route-map SET_MED_UPSTREAM out
 neighbor 10.0.0.10 remote-as 40
R2#
R2#sh route-map SET_MED_UPSTREAM
route-map SET_MED_UPSTREAM, permit, sequence 10
  Match clauses:
  Set clauses:
    metric 100
  Policy routing matches: 0 packets, 0 bytes
R2#
```

```
R3#sh run | sec bgp
router bgp 30
 bgp log-neighbor-changes
 neighbor 10.0.0.5 remote-as 10
 neighbor 10.0.0.5 route-map SET_MED_UPSTREAM out
 neighbor 10.0.0.14 remote-as 40
R3#
R3#sh route-map SET_MED_UPSTREAM
route-map SET_MED_UPSTREAM, permit, sequence 10
  Match clauses:
```

（待续）

```
  Set clauses:
    metric 50
  Policy routing matches: 0 packets, 0 bytes
R3#
```

```
R1#sh ip bgp
BGP table version is 3, local router ID is 10.0.0.5
Status codes: s suppressed, d damped, h history, * valid, > best, i - internal,
              r RIB-failure, S Stale, m multipath, b backup-path, f RT-Filter,
              x best-external, a additional-path, c RIB-compressed,
Origin codes: i - IGP, e - EGP, ? - incomplete
RPKI validation codes: V valid, I invalid, N Not found

     Network          Next Hop            Metric LocPrf Weight Path
*    172.16.10.0/24   10.0.0.6                50             0 30 40 i
*>                    10.0.0.2               100             0 20 40 i
R1#
```

3. 三个 AS 的互联关系如图 4-17 所示。AS30 的网络管理员需要加强路由策略，要求从 AS20 到 AS30 的所有入站流量均使用高带宽的 R3-R5 链路，仅在该主用链路失效时才使用 R2-R4 链路。为了实现该策略，管理员决定采用 AS 附加特性，但是在配置了 AS 附加特性之后，流量仍然优选 R2-R4 链路，原因是什么？
R2、R3、R4 以及 R5 的 BGP 配置信息如例 4-114 所示。

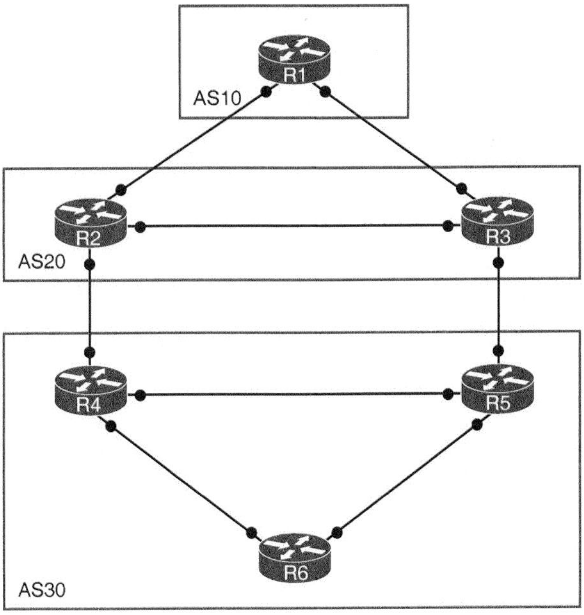

图 4-17 故障检测及排除练习题 3 的网络拓扑结构

例 4-114 AS 附加特性配置前后

```
Before AS Prepending is Applied
R2#sh ip bgp
BGP table version is 10, local router ID is 192.168.255.2
Status codes: s suppressed, d damped, h history, * valid, > best, i - internal,
              r RIB-failure, S Stale, m multipath, b backup-path, f RT-Filter,
              x best-external, a additional-path, c RIB-compressed,
Origin codes: i - IGP, e - EGP, ? - incomplete
RPKI validation codes: V valid, I invalid, N Not found

     Network          Next Hop            Metric LocPrf Weight Path
```

（待续）

```
 *>  172.16.60.0/24   10.0.0.14                11    200         0 30 i
 *>  172.17.0.0       10.0.0.14                11    200         0 30 i
 * i 192.168.255.1/32 10.0.0.5                  0    100         0 10 i
 *>                   10.0.0.1                  0                0 10 i
 *>  192.168.255.2/32 0.0.0.0                   0            32768 i
 r>i 192.168.255.3/32 192.168.255.3             0    100         0 i
 *>  192.168.255.4/32 10.0.0.14                 0    200         0 30 i
 *>  192.168.255.5/32 10.0.0.14                      200         0 30 i
 *>  192.168.255.6/32 10.0.0.14                      200         0 30 i
R2#
```

```
R3#sh ip bgp
BGP table version is 9, local router ID is 192.168.255.3
Status codes: s suppressed, d damped, h history, * valid, > best, i - internal,
              r RIB-failure, S Stale, m multipath, b backup-path, f RT-Filter,
              x best-external, a additional-path, c RIB-compressed,
Origin codes: i - IGP, e - EGP, ? - incomplete
RPKI validation codes: V valid, I invalid, N Not found

     Network          Next Hop            Metric LocPrf Weight Path
 *>i 172.16.60.0/24   10.0.0.14               11    200      0 30 i
 *                    10.0.0.18               11             0 30 i
 *>i 172.17.0.0       10.0.0.14               11    200      0 30 i
 *                    10.0.0.18               11             0 30 i
 * i 192.168.255.1/32 10.0.0.1                 0    100      0 10 i
 *>                   10.0.0.5                 0             0 10 i
 r>i 192.168.255.2/32 192.168.255.2            0    100      0 i
 *>  192.168.255.3/32 0.0.0.0                  0         32768 i
 *>i 192.168.255.4/32 10.0.0.14                0    200      0 30 i
 *                    10.0.0.18                              0 30 i
 *>i 192.168.255.5/32 10.0.0.14                0    200      0 30 i
 *                    10.0.0.18                0             0 30 i
 *>i 192.168.255.6/32 10.0.0.14                0    200      0 30 i
 *                    10.0.0.18                              0 30 i
R3#
```

```
R1#traceroute 172.16.60.6 so 192.168.255.1
Type escape sequence to abort.
Tracing the route to 172.16.60.6
VRF info: (vrf in name/id, vrf out name/id)
  1 10.0.0.2 6 msec 6 msec 5 msec
  2 10.0.0.14 6 msec 6 msec 5 msec
  3 10.0.0.26 6 msec 6 msec 6 msec
AS Prepending Configuration
```

```
AS Prepending Configuration
R4#sh run | sec bgp
router bgp 30
 bgp router-id 192.168.255.4
 bgp log-neighbor-changes
 network 172.16.60.0 mask 255.255.255.0
 network 172.17.0.0
 network 192.168.255.4 mask 255.255.255.255
 neighbor 10.0.0.13 remote-as 20
 neighbor 10.0.0.13 route-map AS_PREPENDING out
 neighbor 192.168.255.5 remote-as 30
 neighbor 192.168.255.5 update-source Loopback0
 neighbor 192.168.255.6 remote-as 30
 neighbor 192.168.255.6 update-source Loopback0
R4#
R4#sh route-map AS_PREPENDING
route-map AS_PREPENDING, permit, sequence 10
  Match clauses:
  Set clauses:
    as-path prepend 30 30
```

（待续）

```
  Policy routing matches: 0 packets, 0 bytes
R4#
```

After AS Prepending Is Configured

```
R2#sh ip bgp
BGP table version is 10, local router ID is 192.168.255.2
Status codes: s suppressed, d damped, h history, * valid, > best, i - internal,
              r RIB-failure, S Stale, m multipath, b backup-path, f RT-Filter,
              x best-external, a additional-path, c RIB-compressed,
Origin codes: i - IGP, e - EGP, ? - incomplete
RPKI validation codes: V valid, I invalid, N Not found

     Network          Next Hop            Metric LocPrf Weight Path
 *>  172.16.60.0/24   10.0.0.14               11    200      0 30 i
 *>  172.17.0.0       10.0.0.14               11    200      0 30 i
 * i 192.168.255.1/32 10.0.0.5                 0    100      0 10 i
 *>                   10.0.0.1                 0             0 10 i
 *>  192.168.255.2/32 0.0.0.0                  0         32768 i
 r>i 192.168.255.3/32 192.168.255.3            0    100      0 i
 *>  192.168.255.4/32 10.0.0.14                0    200      0 30 i
 *>  192.168.255.5/32 10.0.0.14                     200      0 30 i
 *>  192.168.255.6/32 10.0.0.14                     200      0 30 i
R2#
```

```
R3#sh ip bgp
BGP table version is 9, local router ID is 192.168.255.3
Status codes: s suppressed, d damped, h history, * valid, > best, i - internal,
              r RIB-failure, S Stale, m multipath, b backup-path, f RT-Filter,
              x best-external, a additional-path, c RIB-compressed,
Origin codes: i - IGP, e - EGP, ? - incomplete
RPKI validation codes: V valid, I invalid, N Not found

     Network          Next Hop            Metric LocPrf Weight Path
 *>i 172.16.60.0/24   10.0.0.14               11    200      0 30 i
 *                    10.0.0.18               11             0 30 i
 *>i 172.17.0.0       10.0.0.14               11    200      0 30 i
 *                    10.0.0.18               11             0 30 i
 * i 192.168.255.1/32 10.0.0.1                 0    100      0 10 i
 *>                   10.0.0.5                 0             0 10 i
 r>i 192.168.255.2/32 192.168.255.2            0    100      0 i
 *>  192.168.255.3/32 0.0.0.0                  0         32768 i
 *>i 192.168.255.4/32 10.0.0.14                0    200      0 30 i
 *                    10.0.0.18                              0 30 i
 *>i 192.168.255.5/32 10.0.0.14                0    200      0 30 i
 *                    10.0.0.18                0             0 30 i
 *>i 192.168.255.6/32 10.0.0.14                0    200      0 30 i
 *                    10.0.0.18                              0 30 i
R3#
```

BGP Configuration on R2 and R3

```
R2#sh run | sec bgp
router bgp 20
 bgp router-id 192.168.255.2
 bgp log-neighbor-changes
 network 192.168.255.2 mask 255.255.255.255
 neighbor 10.0.0.1 remote-as 10
 neighbor 10.0.0.14 remote-as 30
 neighbor 10.0.0.14 route-map SET_LOCAL_PREF in
 neighbor 192.168.255.3 remote-as 20
 neighbor 192.168.255.3 update-source Loopback0
R2#
R2#sh route-map SET_LOCAL_PREF
route-map SET_LOCAL_PREF, permit, sequence 10
  Match clauses:
  Set clauses:
```

（待续）

```
    local-preference 200
  Policy routing matches: 0 packets, 0 bytes
R2#
```

```
R3#sh run | sec bgp
router bgp 20
 bgp router-id 192.168.255.3
 bgp log-neighbor-changes
 network 192.168.255.3 mask 255.255.255.255
  neighbor 10.0.0.5 remote-as 10
 neighbor 10.0.0.18 remote-as 30
 neighbor 192.168.255.2 remote-as 20
 neighbor 192.168.255.2 update-source Loopback0
R3#
```

第 5 章

扩展 BGP

BGP 在设计之初就不但支持复杂的路由策略（如前一章所述），而且还支持大型网络。Internet 是一种通过 EBGP 互连起来的网状自治系统，实质上就是一个极其庞大的 BGP 网络。

从本质上来说，大型网络的问题在于它们需要支持大量可达终端系统，因而存在大量可达地址。随着网络规模的不断增大，网络的日常操作也随之增多：

- 增加或删除终端系统的地址；
- 增加或删除链路；
- 增加或删除路由器；
- 更改路由属性；
- 更改路由策略；
- 由于日常维护操作导致网络组件经常出现变更；
- 由于物理故障或软件故障导致网络组件经常出现变更；
- 网络链路出现偶发性的故障或翻动。

这些操作至少会对部分网络的可达性信息造成影响，此时就需要由路由协议去计算这些变更产生的影响、更新本地 RIB 并向邻居告知这些变更信息。对于像 Internet 这样存在数以万计的 ASN 以及几十万条前缀的网络来说，时刻都在经历着各种状态变化，这就意味着连接 Internet 的路由器（特别是转接 AS 中的路由器）的 BGP 始终处于忙碌之中。

BGP 的固有特性可以帮助 BGP 应对大型网络的众多信息：BGP 的协议算法很简单，而且 BGP 的定时器间隔允许在一台路由器上“收集”这些信息，然后再批量传送给邻居。但 BGP 也存在运行速度慢的问题，需要花费数分钟甚至数小时时间才能将路由变化信息传递到整个 Internet。

通常将协议、设备或软件能够适应网络规模的增长的能力称为扩展性。BGP 不仅能够满足只有几台路由器的网络（如本书给出的各种示例网络）的需要，而且还能满足像 Internet 这样规模庞大的大型网络的需要。虽然 BGP 协议的运行速度随着 Internet 规模的增大而变缓，但目前的网络规模还没有大到让 BGP 彻底停止工作的程度[1]。

就像 BGP 提供了大量可以协助定义路由策略的工具一样（如第 4 章所述），BGP 也提供了大量工具和能力来帮助 BGP 满足大型网络的扩展需要，可以将这些工具大致分为以下三类。

- **在单台路由器上扩展 BGP 配置：**从前述章节的示例可以看出，随着复杂度的增加，BGP 的配置以及相应的路由策略也变得越来越长，但这些配置仅仅只是简单的小型

1 RTF（Internet Research Task Force，Internet 研究任务组）的 RRG（Routing Research Group，路由研究组）专门研究 BGP 达到能力上限的可能性并寻找可能的架构与协议解决方案。

示例网络，对于大型转接服务提供商来说，它们的 BGP 及策略配置将长达数页。

- **在单台路由器上扩展 BGP 进程**：随着 BGP 需要处理的 RIB 规模以及邻居数量的增多，这类工具可以大大提升协议的运行效率。
- **扩展 BGP 网络**：这类工具可以帮助构建管理性更好、效率也更高的 BGP 架构。

上述分类方式比较“粗略”，因为部分工具的优点存在一定的交叉性。例如，路由反射器不但能够简化 BGP 的架构，而且还能简化 BGP 的配置。

本章将详细讨论这三类 BGP 扩展技术，不过前面已经讨论了很多 BGP 扩展特性，如第 3 章中讨论的路由聚合就是一种能够同时扩展 BGP 进程和 BGP 网络的重要技术。本章在介绍这三部分内容时，将扼要重述前面章节中已经讨论过的很多扩展特性。

5.1 扩展配置

前面已经介绍了一些能够控制或者更有效地管理 BGP 或 BGP 策略配置的 IOS 特性。

- 正则表达式，允许在 AS_PATH 过滤器中执行复杂的字符串匹配操作，而不需要写出很长的特定 AS_PATH 名单进行匹配操作。
- 前缀列表中的关键字 **ge** 和 **le**，允许指定前缀范围，而不需要列出很长的各个前缀列表。
- 前缀列表，比过去与分发列表相关联的扩展访问列表更简单。
- 前缀列表和路由映射中的序列号，使得编辑操作更简单。
- 前缀列表和路由映射中的文本描述。
- 路由映射中的 **continue** 子句可以跳转到路由映射的其他部分。
- 策略列表可以将路由映射中多次用到的匹配参数组合在一起。

其他在前面章节中曾经遇到过的扩展工具还包括对等体组或对等体模板以及 COMMUNITY 属性。

5.1.1 对等体组

前面章节中讨论的 BGP 案例一般都包含两个或三个对等体，如果路由器拥有两百或三百个对等体，那么会怎么样呢？这类路由器通常是服务提供商网络的接入路由器或边界路由器，也可能是公共对等点的路由器。

例如，假设某接入路由器有 200 个 EBGP 对等体，那么每个邻居配置都至少包含以下信息：

- **neighbor remote-as** 语句；
- **neighbor password** 语句；
- 指定入站路由策略的语句；
- 指定出站路由策略的语句。

那就意味着配置 200 个外部对等体至少需要 800 条语句。而且通常还包括一些 **network** 语句以及 **neighbor ebgp multi-hop** 语句，使得整个配置语句的数量大大增加。

再比如，假设某路由器拥有 100 个 IBGP 对等体（对于本章后面将要讨论的路由反射器来说非常普遍），每个邻居配置都至少包含以下信息：

- **neighbor remote-as** 语句；
- **neighbor update-source** 语句；
- **neighbor next-hop-self** 语句（除非该路由器是路由反射器）；
- **neighbor password** 语句。

这些基本的配置语句加起来就是 400 条语句，如此才能支持 100 个 IBGP 邻居。

如果需要将相同的配置参数和路由策略应用到多个 BGP 对等体上，那么将这些对等体指派为单个对等体组的成员，就能极大地简化路由器的 BGP 配置。因为只要为单个对等体组定义大多数配置选项以及路由策略即可，无需为每个邻居分别定义这些内容。对等体组仅与所定义的路由器有关，并不与路由器的对等体进行通信。创建对等体组的步骤如下。

- **第 1 步：**指定对等体组名称。
- **第 2 步：**指定适用于对等体组全部成员的路由策略和配置选项。
- **第 3 步：**指定属于本对等体组的邻居。

例 5-1 给出了创建一个名为 CLIENTS 的对等体组的配置信息。**neighbor CLIENTS peer-group** 语句创建了对等体组，后面的 4 条语句定义了适用于本对等体组全部成员的路由策略及配置选项，然后与以往一样利用 **neighbor remote-as** 指定 EBGP 邻居，最后再增加一条语句将该邻居指定为对等体组 CLIENTS 的成员。

例 5-1　创建一个名为 CLIENTS 的对等体组并将邻居添加到对等体组中

```
router bgp 100
 network 10.1.11.0 mask 255.255.255.0
 network 10.1.12.0 mask 255.255.255.0
 neighbor CLIENTS peer-group
 neighbor CLIENTS ebgp-multihop 2
 neighbor CLIENTS update-source Loopback2
 neighbor CLIENTS filter-list 2 in
 neighbor CLIENTS filter-list 1 out
 neighbor 10.1.255.2 remote-as 200
 neighbor 10.1.255.2 peer-group CLIENTS
 neighbor 10.1.255.3 remote-as 300
 neighbor 10.1.255.3 peer-group CLIENTS
 neighbor 10.1.255.4 remote-as 400
 neighbor 10.1.255.4 peer-group CLIENTS
 neighbor 10.1.255.5 remote-as 500
 neighbor 10.1.255.5 peer-group CLIENTS
 neighbor 10.1.255.6 remote-as 600
 neighbor 10.1.255.6 peer-group CLIENTS
 no auto-summary
!
ip as-path access-list 1 permit ^$
ip as-path access-list 2 permit ^[2-6]00$
```

通过合并共享的配置选项和路由策略，对等体组可以极大地缩减 BGP 的配置文件，配置也更容易理解。可以在一处地方定义所有配置选项，唯一需要知道的就是哪些邻居属于哪个对等体组。

如果对等体组的所有成员都属于同一个 AS，那么在对等体组配置下指定公共 AS 还可以进一步缩减配置文件。虽然所有的成员都可能是同一个远程 AS 的 EBGP 对等体，但大多数情况下，同一个 AS 中的大量对等体都是 IBGP 对等体。

例 5-2 给出了在对等体组 LOCAL 下添加两台新路由器的配置示例。该例在对等体组的配置下指定了公共 AS 号，就像公共的出站路由策略一样。

例 5-2 在前面的配置中添加一个名为 LOCAL 的对等体组，并向该对等体组添加两个 IBGP 对等体

```
router bgp 100
 no synchronization
 network 10.1.11.0 mask 255.255.255.0
 network 10.1.12.0 mask 255.255.255.0
 neighbor CLIENTS peer-group
 neighbor CLIENTS ebgp-multihop 2
 neighbor CLIENTS update-source Loopback2
 neighbor CLIENTS filter-list 2 in
 neighbor CLIENTS filter-list 1 out
 neighbor LOCAL peer-group
 neighbor LOCAL remote-as 100
 neighbor LOCAL next-hop-self
 neighbor LOCAL filter-list 3 out
 neighbor 10.1.255.2 remote-as 200
 neighbor 10.1.255.2 peer-group CLIENTS
 neighbor 10.1.255.3 remote-as 300
 neighbor 10.1.255.3 peer-group CLIENTS
 neighbor 10.1.255.4 remote-as 400
 neighbor 10.1.255.4 peer-group CLIENTS
 neighbor 10.1.255.5 remote-as 500
 neighbor 10.1.255.5 peer-group CLIENTS
 neighbor 10.1.255.6 remote-as 600
 neighbor 10.1.255.6 peer-group CLIENTS
 neighbor 10.1.255.7 peer-group LOCAL
 neighbor 10.1.255.8 peer-group LOCAL
 no auto-summary
!
ip as-path access-list 1 permit ^$
ip as-path access-list 2 permit ^[2-6]00$
ip as-path access-list 3 permit ^[246]00$
```

如果配置语句之间有冲突，那么用于特定邻居的配置语句的优先级将高于该邻居所属对等体组的配置语句。例如，为单个对等体组成员定义的入站路由策略的优先级高于为该对等体组定义的入站路由策略。假设例 5-2 中的路由器应该仅接受 EBGP 对等体邻居 10.1.255.4 发送的子网 10.1.5.0/24，但同时仍然应用对等体组的其他策略及配置选项，那么相应的配置信息如例 5-3 所示。

例 5-3 为对等体组中的单个邻居应用路由策略

```
router bgp 100
 no synchronization
 network 10.1.11.0 mask 255.255.255.0
 network 10.1.12.0 mask 255.255.255.0
 neighbor CLIENTS peer-group
 neighbor CLIENTS ebgp-multihop 2
 neighbor CLIENTS update-source Loopback2
 neighbor CLIENTS filter-list 2 in
 neighbor CLIENTS filter-list 1 out
 neighbor LOCAL peer-group
 neighbor LOCAL remote-as 100
 neighbor LOCAL next-hop-self
 neighbor LOCAL filter-list 3 out
 neighbor 10.1.255.2 remote-as 200
 neighbor 10.1.255.2 peer-group CLIENTS
 neighbor 10.1.255.3 remote-as 300
 neighbor 10.1.255.3 peer-group CLIENTS
 neighbor 10.1.255.4 remote-as 400
 neighbor 10.1.255.4 peer-group CLIENTS
 neighbor 10.1.255.4 distribute-list 10 in
```

（待续）

```
 neighbor 10.1.255.5 remote-as 500
 neighbor 10.1.255.5 peer-group CLIENTS
 neighbor 10.1.255.6 remote-as 600
 neighbor 10.1.255.6 peer-group CLIENTS
 neighbor 10.1.255.7 peer-group LOCAL
 neighbor 10.1.255.8 peer-group LOCAL
 no auto-summary
!
ip as-path access-list 1 permit ^$
ip as-path access-list 2 permit ^[2-6]00$
ip as-path access-list 3 permit ^[246]00$
access-list 10 permit 10.1.5.0
```

本例为邻居 10.1.255.4 增加了分发列表 distribute-list 10。虽然配置将该邻居配置为对等体组 CLIENTS 的成员，但是分发列表为该对等体（但仅限于该对等体）改写了入站过滤器列表 filter-list 2。

利用命令 **show ip bgp peer-groups** 可以显示路由器上定义的对等体组的详细信息（见例 5-4）。此外还可以利用该命令观察单个对等体组的详细信息，只要在命令的末尾指定特定对等体组的名称即可。

例 5-4　**show ip bgp peer-groups** 命令可以显示路由器的对等体组的详细信息

```
Colorado#show ip bgp peer-group
BGP neighbor is CLIENTS, peer-group leader
 Index 1, Offset 0, Mask 0x2
  BGP version 4
  Minimum time between advertisement runs is 5 seconds
  Incoming update AS path filter list is 2
  Outgoing update AS path filter list is 1

BGP neighbor is LOCAL, peer-group leader, remote AS 100
 Index 0, Offset 0, Mask 0x0
  NEXT_HOP is always this router
  BGP version 4
  Minimum time between advertisement runs is 5 seconds
  Outgoing update AS path filter list is 3
Colorado#
```

减少路由器与大量 BGP 邻居的配置语句只是对等体组的好处之一，另一个好处在于共享 BGP 会话的配置管理。如果必须更改密码或 BGP 定时器，那么在对等体组下更改一条语句比在每个邻居下使用相同语句进行更改要容易得多。

对等体组的另一个好处（也是创建对等体组的初始原因）是增强 BGP 进程（而不是 BGP 配置）的扩展性。将出站路由策略应用于对等体组之后，该对等体组的所有成员都会加入到更新组（update group）中，之后生成的更新都是针对该对等体组，而不仅仅针对单个邻居。假如某路由器需要将 150000 条前缀宣告为 NLRI 且拥有 100 个邻居，如果需要为每个邻居独立生成更新，那么该路由器就得生成 15000000 条 NLRI（因为该路由器需要为每个邻居单独扫描路由表）。但如果这 100 个邻居均是同一个更新组的成员，那么该路由器只要生成 150000 条 NLRI 接口（因为该路由器只要为对等体组扫描一次路由表即可）。

Cisco 从 IOS 12.0(24)S 开始引入了称为动态更新对等体组（Dynamic Update Peer Groups）的机制。该机制利用相同的出站策略自动组合对等体，目的是控制前面所说的扫描路由表的次数。对于传统的对等体组来说，对等体组的所有成员都必须共享相同的出站策略。因而如果某些对等体需要配置不完全相同的出站策略，那么就必须归属不同的对等体组。虽然这么做仍然能够缩减配置长度，但大型 BGP 配置通常会包含很多小的对等体组。使用动态更新对等体组可以在无需任何配置的情况下，为共享相同出站策略的对等体自动组合更新。

分析邻居会话的细节信息就可以发现与该会话相关联的动态更新对等体组，例 5-5 中的邻居属于 update-group 2。

例 5-5 到邻居 172.30.255.100 的 BGP 会话有两个动态更新对等体组成员

```
Zermatt#show ip bgp nei 172.30.255.100
BGP neighbor is 172.30.255.100, remote AS 30, internal link
  BGP version 4, remote router ID 172.32.1.1
  BGP state = Established, up for 00:05:19
  Last read 00:00:19, last write 00:00:19, hold time is 180, keepalive interval
  is 60 seconds
  Neighbor capabilities:
    Route refresh: advertised and received(old & new)
    Address family IPv4 Unicast: advertised and received
  Message statistics:
    InQ depth is 0
    OutQ depth is 0
                        Sent       Rcvd
    Opens:                 1          1
    Notifications:         0          0
    Updates:               4          1
    Keepalives:            7          7
    Route Refresh:         0          0
    Total:                12          9
  Default minimum time between advertisement runs is 0 seconds

 For address family: IPv4 Unicast
  BGP table version 12, neighbor version 12/0
  Output queue size: 0
  Index 2, Offset 0, Mask 0x4
  2 update-group member
  NEXT_HOP is always this router
  Outbound path policy configured
  Route map for outgoing advertisements is More-Pref
                                 Sent       Rcvd
  Prefix activity:               ----       ----
    Prefixes Current:               3          7 (Consumes 364 bytes)
    Prefixes Total:                 4          7
    Implicit Withdraw:              1          0
    Explicit Withdraw:              0          0
    Used as bestpath:             n/a          7
    Used as multipath:            n/a          0

                                   Outbound    Inbound
  Local Policy Denied Prefixes:    --------    -------
    Bestpath from this peer:              7        n/a
    Total:                                7          0
  Number of NLRIs in the update sent: max 1, min 1

  Connections established 1; dropped 0
  Last reset never
Connection state is ESTAB, I/O status: 1, unread input bytes: 0
Connection is ECN Disabled, Mininum incoming TTL 0, Outgoing TTL 255
Local host: 172.30.255.254, Local port: 15538
Foreign host: 172.30.255.100, Foreign port: 179
Connection tableid (VRF): 0

Enqueued packets for retransmit: 0, input: 0 mis-ordered: 0 (0 bytes)

Event Timers (current time is 0x5FB3C):
Timer          Starts    Wakeups            Next
Retrans            12          0             0x0
TimeWait            0          0             0x0
AckHold             8          1             0x0
SendWnd             0          0             0x0
```

（待续）

```
KeepAlive            0          0            0x0
GiveUp               0          0            0x0
PmtuAger             0          0            0x0
DeadWait             0          0            0x0
Linger               0          0            0x0
ProcessQ             0          0            0x0

iss: 2140615087 snduna: 2140615494 sndnxt: 2140615494    sndwnd: 15978
irs: 2160134940 rcvnxt: 2160135194 rcvwnd:      16131 delrcvwnd:   253

SRTT: 239 ms, RTTO: 712 ms, RTV: 473 ms, KRTT: 0 ms
minRTT: 20 ms, maxRTT: 300 ms, ACK hold: 200 ms
Status Flags: active open
Option Flags: nagle
IP Precedence value : 6

Datagrams (max data segment is 536 bytes):
Rcvd: 19 (out of order: 0), with data: 8, total data bytes: 253
Sent: 14 (retransmit: 0, fastretransmit: 0, partialack: 0, Second Congestion: 0),
  with data: 11, total data bytes: 406
 Packets received in fast path: 0, fast processed: 0, slow path: 0
 fast lock acquisition failures: 0, slow path: 0
Zermatt#
```

此外，也可以利用 **show ip bgp update-group** 命令观察指定路由器所拥有的更新组（见例 5-6）。该命令的输出结果可以显示路由器上的更新组数量（本例为 4 个）以及每个组的成员数量等信息。

例 5-6　**show ip bgp update-group** 命令的输出结果显示了动态更新对等体组信息

```
Zermatt#show ip bgp update-group
BGP version 4 update-group 1, internal, Address Family: IPv4 Unicast
  BGP Update version : 12/0, messages 0
  NEXT_HOP is always this router
  Update messages formatted 4, replicated 0
  Number of NLRIs in the update sent: max 1, min 1
  Minimum time between advertisement runs is 0 seconds
  Has 1 member (* indicates the members currently being sent updates):
   172.30.255.150

BGP version 4 update-group 2, internal, Address Family: IPv4 Unicast
  BGP Update version : 12/0, messages 0
  NEXT_HOP is always this router
  Route map for outgoing advertisements is More-Pref
  Update messages formatted 4, replicated 0
  Number of NLRIs in the update sent: max 1, min 1
  Minimum time between advertisement runs is 0 seconds
  Has 1 member (* indicates the members currently being sent updates):
   172.30.255.100

BGP version 4 update-group 3, external, Address Family: IPv4 Unicast
  BGP Update version : 12/0, messages 0
  Update messages formatted 5, replicated 0
  Number of NLRIs in the update sent: max 7, min 0
  Minimum time between advertisement runs is 30 seconds
  Has 1 member (* indicates the members currently being sent updates):
   10.200.60.1

BGP version 4 update-group 4, external, Address Family: IPv4 Unicast
  BGP Update version : 12/0, messages 0
  Outgoing update AS path filter list is 1
  Update messages formatted 3, replicated 0
  Number of NLRIs in the update sent: max 7, min 1
  Minimum time between advertisement runs is 30 seconds
  Has 1 member (* indicates the members currently being sent updates):
   10.100.83.1

Zermatt#
```

show ip bgp update-group summary 命令可以从不同的角度显示每个更新组的信息（见例 5-7）。重点关注每个组的消息活动情况。

例 5-7 **show ip bgp update-group summary** 命令的输出结果；重点关注动态更新对等体组的消息活动情况

```
Zermatt#show ip bgp update-group summary
Summary for Update-group 1, Address Family IPv4 Unicast
BGP router identifier 172.30.255.254, local AS number 30
BGP table version is 14, main routing table version 14
10 network entries using 1200 bytes of memory
13 path entries using 676 bytes of memory
8/4 BGP path/bestpath attribute entries using 992 bytes of memory
2 BGP AS-PATH entries using 48 bytes of memory
0 BGP route-map cache entries using 0 bytes of memory
4 BGP filter-list cache entries using 48 bytes of memory
Bitfield cache entries: current 3 (at peak 4) using 96 bytes of memory
BGP using 3060 total bytes of memory
BGP activity 10/0 prefixes, 17/4 paths, scan interval 60 secs

Neighbor        V    AS MsgRcvd MsgSent   TblVer  InQ OutQ Up/Down  State/PfxRcd
172.30.255.150  4    30      43      42       14    0    0 00:33:53        2

Summary for Update-group 2, Address Family IPv4 Unicast
BGP router identifier 172.30.255.254, local AS number 30
BGP table version is 14, main routing table version 14
10 network entries using 1200 bytes of memory
13 path entries using 676 bytes of memory
8/4 BGP path/bestpath attribute entries using 992 bytes of memory
2 BGP AS-PATH entries using 48 bytes of memory
0 BGP route-map cache entries using 0 bytes of memory
4 BGP filter-list cache entries using 48 bytes of memory
Bitfield cache entries: current 3 (at peak 4) using 96 bytes of memory
BGP using 3060 total bytes of memory
BGP activity 10/0 prefixes, 17/4 paths, scan interval 60 secs

Neighbor        V    AS MsgRcvd MsgSent   TblVer  InQ OutQ Up/Down  State/PfxRcd
172.30.255.100  4    30      37      42       14    0    0 00:33:56        7

Summary for Update-group 3, Address Family IPv4 Unicast
BGP router identifier 172.30.255.254, local AS number 30
BGP table version is 14, main routing table version 14
10 network entries using 1200 bytes of memory
13 path entries using 676 bytes of memory
8/4 BGP path/bestpath attribute entries using 992 bytes of memory
2 BGP AS-PATH entries using 48 bytes of memory
0 BGP route-map cache entries using 0 bytes of memory
4 BGP filter-list cache entries using 48 bytes of memory
Bitfield cache entries: current 3 (at peak 4) using 96 bytes of memory
BGP using 3060 total bytes of memory
BGP activity 10/0 prefixes, 17/4 paths, scan interval 60 secs

Neighbor        V    AS MsgRcvd MsgSent   TblVer  InQ OutQ Up/Down  State/PfxRcd
10.200.60.1     4   200      39      43       14    0    0 00:33:55        1

Summary for Update-group 4, Address Family IPv4 Unicast
BGP router identifier 172.30.255.254, local AS number 30
BGP table version is 14, main routing table version 14
10 network entries using 1200 bytes of memory
13 path entries using 676 bytes of memory
8/4 BGP path/bestpath attribute entries using 992 bytes of memory
2 BGP AS-PATH entries using 48 bytes of memory
0 BGP route-map cache entries using 0 bytes of memory
4 BGP filter-list cache entries using 48 bytes of memory
Bitfield cache entries: current 3 (at peak 4) using 96 bytes of memory
```

（待续）

```
BGP using 3060 total bytes of memory
BGP activity 10/0 prefixes, 17/4 paths, scan interval 60 secs

Neighbor        V    AS MsgRcvd MsgSent   TblVer  InQ OutQ Up/Down  State/PfxRcd
10.100.83.1     4   100      41      39       14    0    0 00:33:58        1

Zermatt#
```

与希望通过对等体组提升性能不同，动态更新对等体组的作用只是缩减配置长度并改善配置管理能力。虽然对等体组在过去很多年中发挥了非常重要的作用，但创建对等体组的主要目的就是为邻居组应用共享的路由策略。目前对等体组已逐渐被更加灵活的对等体模板（peer template）所取代，对等体模板可以直接解决 BGP 的配置管理问题。

5.1.2 对等体模板

创建对等体模板的主要目的就是整合多个对等体共享的配置选项以简化 BGP 的配置过程。对等体模板与动态更新对等体组一样均从 IOS 12.0(24)S 开始引入。可以认为这两种功能特性协同工作以替代传统的对等体组特性：动态更新对等体组可以提升组合更新时的性能，而对等体模板则可以提升组合对等体配置时的灵活性

注：对等体组与对等体模板是两种互斥的功能特性，可以配置任一种功能特性，但同一个邻居不能同时归属对等体组合对等体模板。虽然 IOS 仍然支持对等体组，但应该在最新的 IOS 配置中使用更新的对等体模板。

对等体模板的一个重大改进就是引入了继承的概念。对等体组的成员必须共享相同的组特性，而对等体模板则可以从其他模板继承组特性。例如，假设希望路由器上的所有 BGP 会话均配置 30 秒的保持激活定时器和 90 秒的抑制定时器，而且所有会话均源自接口 Loopback 0。对于传统的对等体组配置来说，需要为 EBGP 和 IBGP 会话配置单独的选项，也就是在对等体组配置模式下，必须在 EBGP 组以及 IBGP 组下分别配置这些定时器以及 update-source，即使这两种场景的值完全相同。有了对等体模板之后，就可以为所有 BGP 会话的公共选项配置一个高层级模板，然后再由 EBGP 模板和 IBGP 模板从该高层级模板继承相应的组特性。

图 5-1 给出了一个继承示例。利用路由器上所有 BGP 会话将要使用的 **timers** 以及 **update-source** 语句配置了一个名为 BGP 的对等体模板。名为 IBGP 和 EBGP 的两个模板除了各自模板的配置语句之外，均继承了模板 BGP 的特性。此后还有两个名为 IBGP1 和 IBGP2 的模板继承了 IBGP 模板的配置语句。上述模板均为自己的组成员配置了单独的密码。

模板 IBGP1 和 IBGP2 直接继承了模板 IBGP 的语句，同时还通过 IBGP 间接继承了 BGP 的语句。如果存在冲突，那么直接继承的语句将优于间接继承的语句。

对等体模板包括以下两种类型：

- 会话模板；
- 策略模板。

每个邻居都可以关联一个会话模板和一个策略模板，与对等体组相比是一个很大的进步，对等体组中的会话配置和策略配置无法做到差异化：如果一组邻居拥有相同的会话配置但策略配置不同，那么这些邻居就必须位于不同的对等体组中。结合继承特性，对等体模板在组合路由器的对等体方面提供了更大的灵活性。

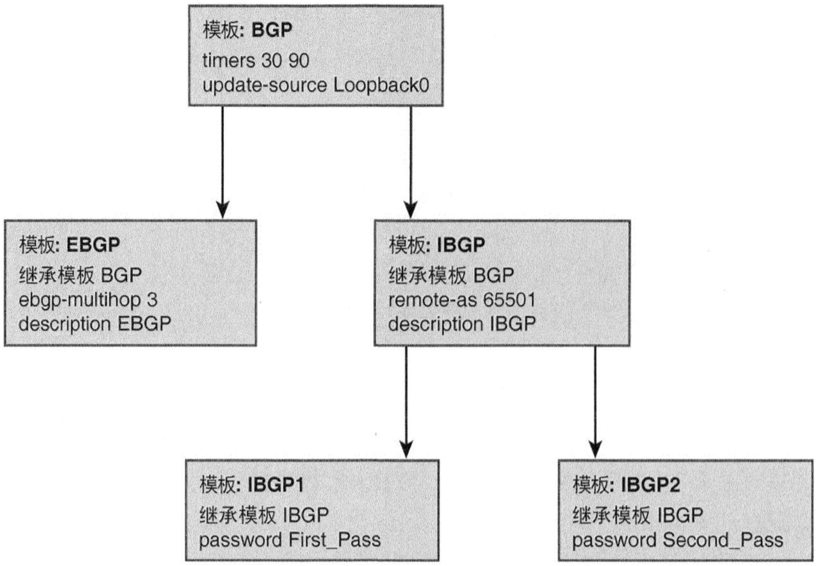

图 5-1 继承机制允许对等体模板继承其他对等体模板中的指定配置

1. 会话模板

会话模板可以组合配置 BGP 会话的语句，利用 **template peer-session** 语句并指定模板名就可以启动一个会话模板，然后再在模板中添加希望在模板中使用的配置语句，包括[2]：

allowas-in
bmp-activate
cluster-id
default
local-as
password
path-attribute
remote-as
shutdown
timers
description
disable-connected-check
ebgp-multihop
fall-over
translate-update
transport
ttl-security
update-source
version

在会话模板中添加了所有需要的语句之后，需要在末尾使用 **exit-peer-session** 语句以结束配置。例 5-8 给出了一个简单的会话模板示例。

例 5-8 通过用 **template peer-session** 语句创建会话模板在会话模板中添加了所有需要的语句之后，需要在末尾使用 **exit-peer-session** 语句以结束配置

```
Montana(config)#router bgp 600
Montana(config-router)#template peer-session Example_5_8
Montana(config-router-stmp)#password L00ky
Montana(config-router-stmp)#update-source lo0
Montana(config-router-stmp)#remote-as 400
Montana(config-router-stmp)#ebgp-multihop 3
Montana(config-router-stmp)#exit-peer-session
Montana(config-router)#
```

2 本书中的各类可用选项均取决于所用的 IOS 版本。

此后就可以利用 **neighbor inherit peer-session** 语句将定义好的会话模板应用于对等体。也允许通过 **inherit peer-session** 语句由其他模板直接继承该模板。

例 5-9 给出了一个利用会话模板的完整 BGP 配置示例。本例创建了一个名为 bgg_top 的模板，指定 BGP 会话源自接口 Loopback0，且 BGP 会话的保持激活时间为 30 秒、抑制时间为 90 秒。另一个名为 ibgp 的模板指定了所有 IBGP 会话共享的参数：远程 AS 是 100（与本地 AS 相同）、所有 IBGP 会话使用的密码以及模板 bgp_top 继承的参数。第三个名为 ebgp 的模板则启用了 TTL 安全机制（跳数为 2），同时也继承了模板 bgp_top。

每个邻居均被配置为继承模板 ibgp 或 ebgp。对于 IBGP 邻居来说，模板包含了该路由器创建会话所需的所有参数。每个 EBGP 邻居都位于不同的 AS 中并使用不同的密码，因而除了模板参数之外，还需要为每个 EBGP 邻居单独配置这些参数。

例 5-9 本例创建了三个会话模板，模板 bgp_top 定义了由名为 ibgp 和 ebgp 的会话模板所继承的参数，然后再将模板 ibgp 或 ebgp 应用于指定邻居

```
router bgp 100
 template peer-session bgp_top
  update-source Loopback0
  timers 30 90

 exit-peer-session
 !
 template peer-session ibgp
  remote-as 100
  password 7 1324243C345D547A
  inherit peer-session bgp_top
 exit-peer-session
 !
 template peer-session ebgp
  ttl-security hops 2
  inherit peer-session bgp_top
 exit-peer-session
 !
 no synchronization
 bgp log-neighbor-changes
 neighbor 192.168.255.2 inherit peer-session ibgp
 neighbor 192.168.255.3 inherit peer-session ibgp
 neighbor 192.168.255.4 remote-as 200
 neighbor 192.168.255.4 inherit peer-session ebgp
 neighbor 192.168.255.4 password 7 04695F393F205F5D
 neighbor 192.168.255.5 remote-as 300
 neighbor 192.168.255.5 inherit peer-session ebgp
 neighbor 192.168.255.5 password 7 1337422D3B0D1739
 neighbor 192.168.255.6 remote-as 400
 neighbor 192.168.255.6 inherit peer-session ebgp
 neighbor 192.168.255.6 password 7 142544343C053938
 no auto-summary
!
```

命令 **show ip bgp template peer-session** 对于理解已配置的会话模板之间的相互作用非常有用。可以根据名称指定希望查看的模板，也可以不指定任何名称以查看所有会话模板（见例 5-10）。输出结果显示了例 5-9 配置的三个模板、每个模板配置的参数（本地配置的命令）以及模板继承的参数和被其他模板继承的参数。为本地配置的命令一起分配了一个十六进制策略编号，其他模板就可以在显示它们继承了哪些策略时引用该编号。如果模板未继承任何策略，那么该十六进制编号就为 0x0。

例 5-10 命令 **show ip bgp template peer-session** 可以显示会话模板的信息

```
Colorado#show ip bgp template peer-session
Template:bgp_top, index:1
Local policies:0xA0, Inherited polices:0x0
 *Inherited by Template ibgp, index= 2
 *Inherited by Template ebgp, index= 3
Locally configured session commands:
 update-source Loopback0
 timers 30 90
Inherited session commands:

Template:ibgp, index:2
Local policies:0x11, Inherited polices:0xA0
This template inherits:
  bgp_top index:1 flags:0x0
Locally configured session commands:
 remote-as 100
Inherited session commands:
 update-source Loopback0
 timers 30 90

Template:ebgp, index:3
Local policies:0x800, Inherited polices:0xA0
This template inherits:
  bgp_top index:1 flags:0x0
Locally configured session commands:
 ttl-security hops 2
Inherited session commands:
 update-source Loopback0
 timers 30 90
```

请注意，例 5-10 中引用的每个模板都有一个索引。该索引显示了模板的处理顺序（从最小索引号到最大索引号依次进行处理）。因此，如果存在冲突，那么拥有较大索引号的模板中的语句将优于索引号较小的模板中的相同语句。例如，如果 TemplateOne 指定了一个密码，后来 TemplateTwo 继承了 TemplateOne 并指定一个不同的密码，那么 TemplateTwo 将 TemplateOne 的密码。

会话模板中的继承是线性的。也就是说，只能向邻居应用一个会话模板，会话模板也只能直接继承一个其他的会话模板。如果将继承的模板串起来，那么邻居就能直接继承一个会话模板，间接继承最多 7 其他会话模板（见图 5-2）。

2. 策略模板

顾名思义，策略模板就是将应用于多个邻居的策略配置组合在一起的模板。利用 **template peer-policy** 语句并指定模板名就可以启动一个策略模板，然后再在模板中添加希望在模板中使用的配置语句，包括[3]：

accept-route-policy-rt
additional-paths
advertise
advertise-map
advertisement-interval
allowas-in
allow-policy
maximum-prefix
next-hop-self
next-hop-unchanged
prefix-list
prefix-length-size
remove-private-as
route-map

3 同样，这些可用选项均取决于所用的 IOS 版本。

as-override
capability
capability orf prefix-list
default
default-originate
distribute-list
dmzlink-bw
filter-list
inter-as-hybrid
interval-vpn-client
route-reflector-client
send-community
send-label
slow-peer
soft-reconfiguration
soo
transltate-topology
unsuppress-map
validation
weight

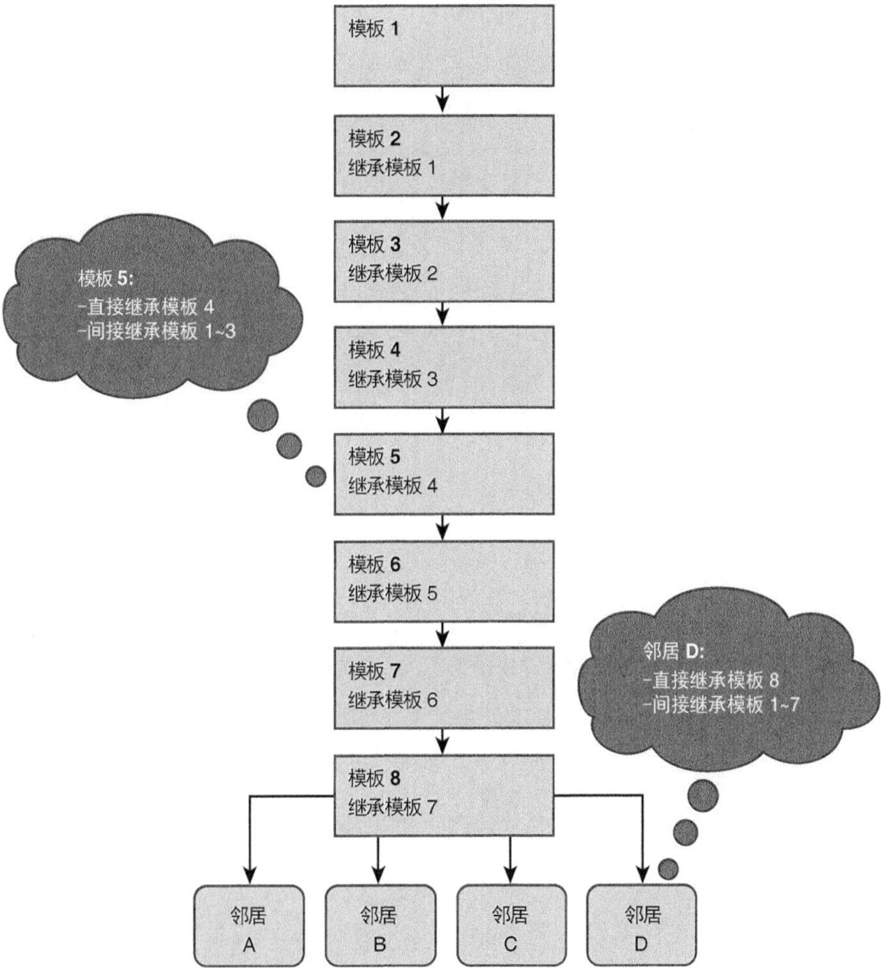

图 5-2 邻居可以直接继承一个会话模板、间接继承最多 7 个会话模板，一共 8 个会话模板。任何邻居以及任何会话模板都不能直接继承一个以上的会话模板

在会话模板中添加了所有需要的语句之后，需要在末尾使用 **exit-peer-policy** 语句以结束配置。

与线性继承的会话模板不同，策略模板可以直接继承或间接继承最多 7 个其他对等体模板；与会话模板相似，每个邻居只能应用一个策略模板。从图 5-3 可以看出，这些规则为创建正确的策略提供了极大的灵活性，而且能够为每个邻居组合不同的策略。

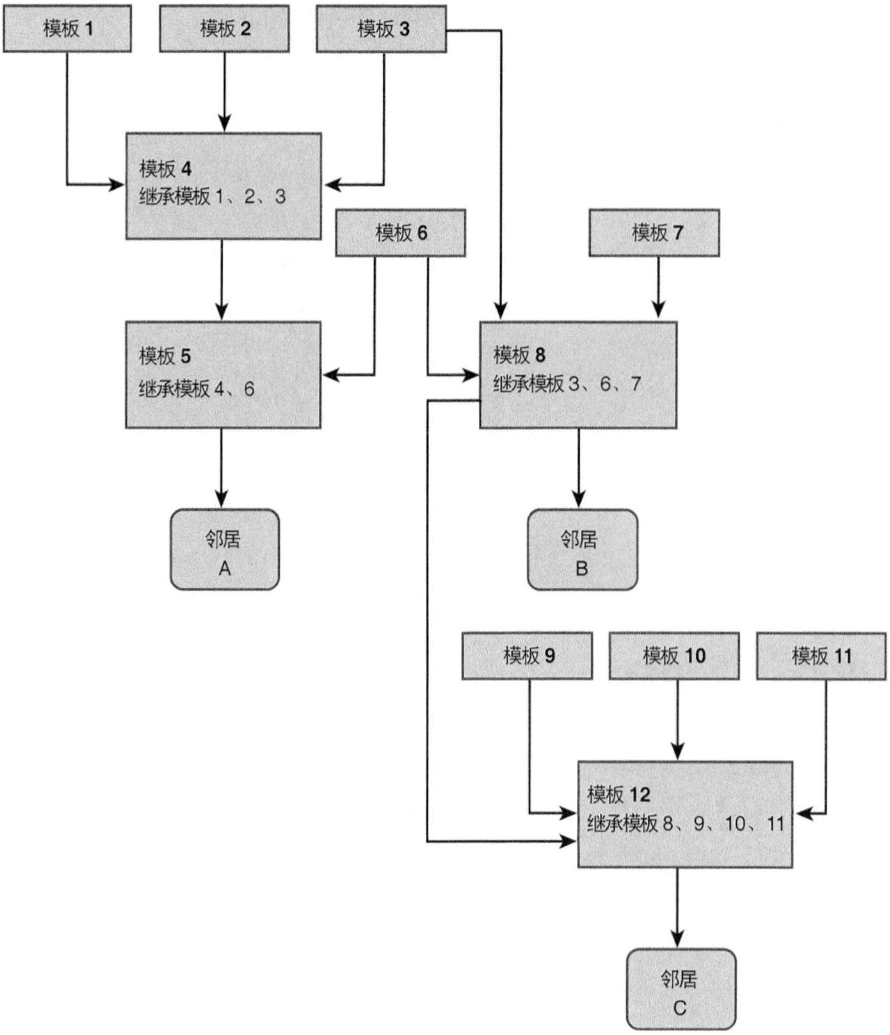

图 5-3 一个邻居可以直接继承一个对等体模板，一个对等体模板可以直接或间接继承最多 7 个其他对等体模板

例 5-11 显示了例 5-9 增加策略模板后的配置信息。例中定义了多个策略模板，其中 EBGP_Standard 和 EBGP_Premium 模板继承了一个以上的模板。

例 5-11 本例创建了 7 个策略模板，与会话模板不同，策略模板可以继承多个策略模板

```
router bgp 100
 template peer-policy All_Peers
  soft-reconfiguration inbound
 exit-peer-policy
 !
 template peer-policy IBGP_Policy
  route-map internal_peers in
  route-map out_peers out
  route-reflector-client
  next-hop-self
  inherit peer-policy All_Peers 10
 exit-peer-policy
 !
 template peer-policy EBGP_Out
```

（待续）

```
 route-map external_peers out
 inherit peer-policy All_Peers 10
exit-peer-policy
!
template peer-policy EBGP_In
 prefix-list customers in
 remove-private-as
 maximum-prefix 30000
 inherit peer-policy All_Peers 10
exit-peer-policy
!
template peer-policy Premium
 route-map Premium_Customer in
exit-peer-policy
!
template peer-policy EBGP_Standard
 inherit peer-policy EBGP_In 20
 inherit peer-policy EBGP_Out 10
exit-peer-policy
!
template peer-policy EBGP_Premium
 inherit peer-policy Premium 30
 inherit peer-policy EBGP_In 20
 inherit peer-policy EBGP_Out 10
exit-peer-policy
!
template peer-session bgp_top
 update-source Loopback0
 timers 30 90
exit-peer-session
!
template peer-session ibgp
 remote-as 100
 password 7 1324243C345D547A
 inherit peer-session bgp_top
exit-peer-session
!
template peer-session ebgp
 ttl-security hops 2
 inherit peer-session bgp_top
exit-peer-session
!
no synchronization
bgp log-neighbor-changes
neighbor 192.168.255.2 inherit peer-session ibgp
neighbor 192.168.255.2 inherit peer-policy IBGP_Policy
neighbor 192.168.255.3 inherit peer-session ibgp
neighbor 192.168.255.3 inherit peer-policy IBGP_Policy
neighbor 192.168.255.4 remote-as 200
neighbor 192.168.255.4 inherit peer-session ebgp
neighbor 192.168.255.4 password 7 04695F393F205F5D
neighbor 192.168.255.4 inherit peer-policy EBGP_Standard
neighbor 192.168.255.5 remote-as 300
neighbor 192.168.255.5 inherit peer-session ebgp
neighbor 192.168.255.5 password 7 1337422D3B0D1739
neighbor 192.168.255.5 inherit peer-policy EBGP_Standard
neighbor 192.168.255.6 remote-as 400
neighbor 192.168.255.6 inherit peer-session ebgp
neighbor 192.168.255.6 password 7 142544343C053938
neighbor 192.168.255.6 inherit peer-policy EBGP_Premium
no auto-summary
!
```

可以看出例中的继承语句也有序列号，该序列号不但指定了语句的处理顺序，而且在需要在两条现有语句中插入一条新继承语句时方便进行模板的编辑操作。与会话模板一样，如果存在冲突语句，那么拥有较大编号的模板中的语句将优于编号较小的模板中的相同语句。

序列化继承模板的处理方式与序列化路由映射的处理方式之间存在很大的不同之处：路由与路由映射中的某条语句匹配之后就停止匹配处理并执行设定好的操作，而继承的模板则必须全部从头至尾处理完毕，此时的序列号仅仅表示处理顺序。

与对应的 **session-policy** 命令相似，也可以使用命令 **show ip bgp template peer-policy** 来分析策略模板并进行相应的故障检测与排除操作（见例 5-12）。对于每个模板来说，不但显示了本地配置的策略，而且还显示了该模板继承的模板以及继承了该模板的模板信息。

例 5-12 **show ip bgp template peer-policy** 命令显示了策略模板的信息

```
Colorado#show ip bgp template peer-policy
Template:All_Peers, index:1.
Local policies:0x10000, Inherited polices:0x0
 *Inherited by Template IBGP_Policy, index:2
 *Inherited by Template EBGP_Out, index:3
 *Inherited by Template EBGP_In, index:4
Locally configured policies:
  soft-reconfiguration inbound
Inherited policies:

Template:IBGP_Policy, index:2.
Local policies:0x4203, Inherited polices:0x10000
This template inherits:
  All_Peers, index:1, seq_no:10, flags:0x4203
Locally configured policies:
  route-map internal_peers in
  route-map out_peers out
  route-reflector-client
  next-hop-self
Inherited policies:
  soft-reconfiguration inbound

Template:EBGP_Out, index:3.
Local policies:0x2, Inherited polices:0x10000
This template inherits:
  All_Peers, index:1, seq_no:10, flags:0x2
 *Inherited by Template EBGP_Standard, index:7
 *Inherited by Template EBGP_Premium, index:8
Locally configured policies:
  route-map external_peers out
Inherited policies:
  soft-reconfiguration inbound

Template:EBGP_In, index:4.
Local policies:0xA0040, Inherited polices:0x10000
This template inherits:
  All_Peers, index:1, seq_no:10, flags:0xA0040
 *Inherited by Template EBGP_Standard, index:7
 *Inherited by Template EBGP_Premium, index:8
Locally configured policies:
  prefix-list customers in
  maximum-prefix 30000
  remove-private-as
Inherited policies:
  soft-reconfiguration inbound

Template:Premium, index:5.
Local policies:0x1, Inherited polices:0x0
 *Inherited by Template EBGP_Premium, index:8
Locally configured policies:
  route-map Premium_Customer in
Inherited policies:

Template:EBGP_Standard, index:7.
```

（待续）

```
Local policies:0x0, Inherited polices:0xB0042
This template inherits:
  EBGP_In, index:4, seq_no:20, flags:0x0
  EBGP_Out, index:3, seq_no:10, flags:0xB0040
Locally configured policies:
Inherited policies:
  prefix-list customers in
  route-map external_peers out
  soft-reconfiguration inbound
  maximum-prefix 30000
  remove-private-as

Template:EBGP_Premium, index:8.
Local policies:0x0, Inherited polices:0xB0043
This template inherits:
  Premium, index:5, seq_no:30, flags:0x0
  EBGP_In, index:4, seq_no:20, flags:0x1
  EBGP_Out, index:3, seq_no:10, flags:0xB0041
Locally configured policies:
Inherited policies:
  prefix-list customers in
  route-map Premium_Customer in
  route-map external_peers out
  soft-reconfiguration inbound
  maximum-prefix 30000
  remove-private-as

Colorado#
```

虽然仅仅只有 5 个对等体，但 5-12 显示的 BGP 配置可能就已经显得比较长了。但无论什么时候，只要存在共享的会话参数或者共享的策略条件，使用对等体模板对于 BGP 配置的管理（解析策略以及在需要时轻松修改策略）来说始终非常有用。如果路由器拥有大量 EBGP 或 IBGP 对等体，那么对等体模板就能极好地整合重复性的配置语句。使用对等体模板还是分别配置每个邻居的决定因素取决于主观判断。如果路由器只有一个或两个邻居，而且策略很简单也很少会更改，那么直接配置邻居可能就很好。但是如果路由器拥有两个或三个以上的 BGP 对等体，策略也不是很简单或者需要经常性地修改策略或会话参数（或者这三个要素的任何组合），那么就应该使用对等体模板。强烈建议大家在 BGP 配置中习惯于使用对等体模板。介绍完对等体模板的使用方式之后，本书后续的 BGP 案例将频繁使用这些对等体模板。

5.1.3 COMMUNITY 属性

对等体模板以及早期的对等体组可以将公共路由策略应用于一组邻居，团体属性则可以将路由策略应用于一组路由。COMMUNITY 是一种 BGP 路由属性，因而与路由相关联，BGP 发话路由器在宣告路由时将相互传递该属性。

团体属性的优势（使用路由映射）在于可以在网络中的某些位置（本地自治系统或者其他自治系统）为指定路由分配一个或多个团体属性，然后再在网络的其他位置将策略应用于属于指定团体的所有路由。通常在拥有大量 BGP 对等体的自治系统中使用 COMMUNITY 属性。将策略应用于团体属性而不是路由的最大好处就在于，不需要在每次宣告到 AS 中的路由发生变化后都去更改策略配置。

COMMUNITY 属性是一个 32 比特数值，配置步骤如下。

- **第 1 步：** 利用路由映射来标识将要设置团体属性的路由。

- **第 2 步**：利用 **set community** 语句设置 COMMUNITY 值。
- **第 3 步**：利用 **neighbor send-community**（或者在策略模板是使用 **send-community** 语句）指定需要将 COMMUNITY 发送给哪些邻居。请注意，如果没有该语句，那么路由器就不会将 COMMUNTY 属性转发给邻居。

COMMUNITY 属性值的设置方式如下：

- 1～4294967200 之间的十进制数值；
- AA:NN 格式，其中的 AA 是一个 1 ～65535 的 16 比特十进制 AS 号，NN 则是一个 1～65440 的任意 16 比特十进制数值。

也可以采用十六进制数值指定 COMMUNITY 属性值，不过现代网络中已经很少这种格式了。

下面这些语句均可以指定 COMMUNITY 属性值 400:50（AS400，编号 50）：

set community 400:50

set community 26214450

set community 0x1900032

这三条语句指定的都是相同的 32 比特数值，IOS 同时接受这三种格式。不过，IOS 默认以十进制格式显示 COMMUNITY 数值。如果要以 AA:NN 格式显示 COMMUNITY 值，那么就需要在全局配置模式下使用命令 **ip bgp-community new-format** 来更改默认显示格式。选择何种格式取决于使用 COMMUNITY 属性的方式。如果只是在自治系统内标记路由以应用一些路由策略，那么十进制格式（使用较小的数值）就足够了。但是如果网络中拥有来自多个自治系统的路由或者需要将 COMMUNITY 属性发送给其他自治系统，那么最好选用 AA:NN 格式，因为这种格式更容易标识源端 AS。

1. 周知 COMMUNITY 属性

可以在 IOS 中以名称方式（而不是编号方式）指定那些保留的周知团体属性值（见表 5-1）。本节将解释周知 COMMUNITY 属性的使用方式。

表 5-1　　周知 COMMUNITY 属性

属性名称	十六进制数值	AA:NN 数值	描述
INTERNET	0x0	0:0	将该路由宣告给所有对等体（即宣告给 Internet），被用作 permit all（允许全部）团体，是所有前缀的默认团体属性，该团体属性是 Cisco 专有属性
NO_EXPORT	0FFFFFF01	65535:65281	不宣告给任何 EBGP 对等体，也就是说，可以在 AS（或联盟）内宣告该前缀，但是不能宣告给外部 AS
NO_ADVERTISE	0xFFFFFF02	65535:65282	不宣告给任何 EBGP 或 IBGP 对等体
LOCAL_AS	0xFFFFFF03	65535:65283	与 NO_EXPORT 相同但应用于子联盟（详见本章后面内容），也就是说，可以将该前缀宣告给本地 AS 或 Sub-AS 内的任何对等体，但是不能宣告给 EBGP 对等体或联盟 EBGP 对等体。RFC 1997 将该周知团体属性称为 NO_EXPORT_SUBCONFED

图 5-4 给出了本节将要使用的示例网络。AS100 与其他 7 个自治系统互连，同时还给出了每个 AS 宣告的三条前缀。

AS500 的路由策略要求应该将前缀 10.5.2.0/24 宣告给 AS100，但 AS100 不应该将该前缀宣告给其他 AS。为了实现该路由策略，可以使用 NO_EXPORT 团体属性。该属性允许将路由宣告给邻居 AS 但不允许该 AS 将路由宣告给其他 AS。也就是说，可以将该路由宣告给 IBGP 对等体，但不能宣告给 EBGP 对等体。例 5-13 显示了 California 的 BGP 及策略配置信息。

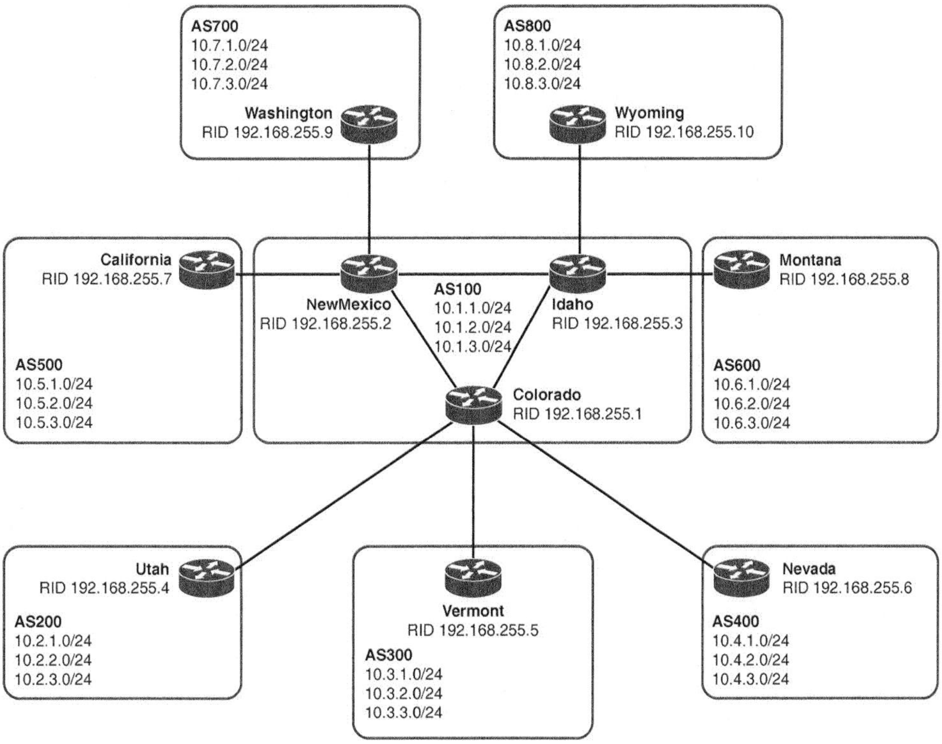

图 5-4　解释 COMMUNITY 属性使用方式的示例网络

例 5-13　路由器 California 将前缀 10.5.2.0/24 宣告给 NewMexico 之前向该前缀添加 NO_EXPORT 团体属性

```
router bgp 500
 no synchronization
 bgp log-neighbor-changes
 network 10.5.1.0 mask 255.255.255.0
 network 10.5.2.0 mask 255.255.255.0
 network 10.5.3.0 mask 255.255.255.0
 neighbor 10.0.0.37 remote-as 100
 neighbor 10.0.0.37 password 7 097E193629040401
 neighbor 10.0.0.37 send-community
 neighbor 10.0.0.37 route-map Exp-Policy out
 no auto-summary
!
ip prefix-list No-Exp seq 5 permit 10.5.2.0/24
!
route-map Exp-Policy permit 10
 match ip address prefix-list No-Exp
 set community no-export
!
route-map Exp-Policy permit 20
!
```

可以看出为邻居 NewMexico（10.0.0.37）配置了 **send-community** 语句，目的是让其转发团体属性。同时还增加了一个名为 Exp-Policy 的出站路由策略。该策略为匹配路由设置 NO_EXPORT 团体属性，并利用前缀列表精确匹配前缀 10.5.2.0/24。例 5-14 显示了 NewMexico 的配置信息。可以看出为 IBGP 对等体配置了 **send-community** 语句，除了要指定将团体属性发送给哪些邻居之外，不需要再增加其他配置。

注： 由于 California 只有一个邻居，策略模板可能无法带来什么好处，因而本例直接将 **send-community** 语句添加到邻居配置中。由于 NewMexico 拥有多个邻居，因而使用策略模板来添加 **send-community** 语句是一种比较好的配置选择。

例 5-14 NewMexico 被配置为将团体属性发送给 IBGP 对等体

```
router bgp 100
 template peer-policy IBGP
  next-hop-self
  send-community
 exit-peer-policy
 !
 template peer-session bgp_top
  update-source Loopback0
  timers 30 90
 exit-peer-session
 !
 template peer-session ibgp
  remote-as 100
  password 7 002520283B0A5B56
  inherit peer-session bgp_top
 exit-peer-session
 !
 no synchronization
 bgp log-neighbor-changes
 network 10.1.2.0 mask 255.255.255.0
 neighbor 10.0.0.34 remote-as 700
 neighbor 10.0.0.34 password 7 113B403A2713181F
 neighbor 10.0.0.38 remote-as 500
 neighbor 10.0.0.38 password 7 08131B7139181604
 neighbor 192.168.255.1 inherit peer-session ibgp
 neighbor 192.168.255.1 inherit peer-policy IBGP
 neighbor 192.168.255.3 inherit peer-session ibgp
 neighbor 192.168.255.3 inherit peer-policy IBGP
 no auto-summary
!
```

例 5-15 给出了例 5-13 中 California 的配置结果。Colorado 的 BGP 表包含了去往 10.5.2.0/24 的路由，表明 NewMexico 已经收到来自 California 的路由并将其宣告给了 IBGP 对等体。但 Vermont 的 BGP 表中并没有该路由，这是因为 California 已经设置了 NO_EXPORT 属性，从而不允许将该路由宣告给 EBGP 对等体。不需要为 California 的 EBGP 邻居配置 **send-community** 语句，因为 COMMUNITY 在路由宣告之前生效。

例 5-15 去往 10.5.2.0/24 的路由设置了 NO_EXPORT 属性，因而 Colorado 没有将该路由宣告给 EBGP 对等体（如 Vermont）

```
Colorado#show ip bgp 10.5.2.0
BGP routing table entry for 10.5.2.0/24, version 14
Paths: (1 available, best #1, table Default-IP-Routing-Table, not advertised to EBGP
  peer)
Flag: 0x820
  Not advertised to any peer
  500
    192.168.255.2 (metric 65) from 192.168.255.2 (192.168.255.2)
      Origin IGP, metric 0, localpref 100, valid, internal, best
      Community: no-export
Colorado#
```

```
Vermont#show ip bgp 10.5.2.0
% Network not in table
Vermont#
```

当然，如果其他 AS 能够告诉指定 AS 如何操作，那么该 AS 就不可能是真正自治的系统。假设 AS100 希望覆盖 California 设置的 NO_EXPORT 属性并将 10.5.2.0/24 宣告给 EBGP 对等体，例 5-16 给出了 NewMexico 实现该路由策略的配置示例。例中创建了一个名为 EBGP 的策略模板，该策略模板将名为 Clear-Comm 的路由映射引用为入站策略，由路由映射匹配前 8 个比特与 10.0.0.0/8 相匹配的所有前缀，并为这些前缀应用 **set community none** 语句，然后再将该策略模板应用于 NewMexico 的两个 EBGP 对等体。

例 5-16　NewMexico 被配置为删除 EBGP 对等体宣告来的团体属性

```
router bgp 100
 template peer-policy IBGP
  next-hop-self
  send-community
 exit-peer-policy
 !
template peer-policy EBGP
  route-map Clear-Comm in
 exit-peer-policy
 !
 template peer-session bgp_top
  update-source Loopback0
  timers 30 90
 exit-peer-session
 !
 template peer-session ibgp
  remote-as 100
  password 7 002520283B0A5B56
  inherit peer-session bgp_top
 exit-peer-session
 !
 no synchronization
 bgp log-neighbor-changes
 network 10.1.2.0 mask 255.255.255.0
 neighbor 10.0.0.34 remote-as 700
 neighbor 10.0.0.34 password 7 113B403A2713181F
 neighbor 10.0.0.34 inherit peer-policy EBGP
 neighbor 10.0.0.38 remote-as 500
 neighbor 10.0.0.38 password 7 08131B7139181604
 neighbor 10.0.0.38 inherit peer-policy EBGP
 neighbor 192.168.255.1 inherit peer-session ibgp
 neighbor 192.168.255.1 inherit peer-policy IBGP
 neighbor 192.168.255.3 inherit peer-session ibgp
 neighbor 192.168.255.3 inherit peer-policy IBGP
 no auto-summary
!
ip prefix-list No-Comm seq 5 permit 10.0.0.0/8 le 32
!
route-map Clear-Comm permit 10
 match ip address prefix-list No-Comm
 set community none
!
route-map Clear-Comm permit 20
!
```

请注意，**set community none** 语句并不设置任何 COMMUNITY 属性，而是删除现有的 COMMUNITY 属性。例 5-17 给出了 Colorado 和 Vermont 的运行结果。

例 5-17　由于去往 10.5.2.0/24 的路由已无 NO_EXPORT 属性，因而 Colorado 将该路由宣告给了 EBGP 对等体

```
Colorado#show ip bgp 10.5.2.0
BGP routing table entry for 10.5.2.0/24, version 90
Paths: (1 available, best #1, table Default-IP-Routing-Table)
```

（待续）

```
Flag: 0x820
  Not advertised to any peer
  500
    192.168.255.2 (metric 65) from 192.168.255.2 (192.168.255.2)
      Origin IGP, metric 0, localpref 100, valid, internal, best
Colorado#
```

```
Vermont#show ip bgp 10.5.2.0
BGP routing table entry for 10.5.2.0/24, version 200
Paths: (1 available, best #1, table Default-IP-Routing-Table)
Flag: 0x820
  Not advertised to any peer
  100 500
    10.0.0.6 from 10.0.0.6 (192.168.255.1)
      Origin IGP, localpref 100, valid, external, best
Vermont#
```

NO_ADVERTISE 团体属性触发的操作与 NO_EXPORT 相同，只是 NO_ADVERTISE 属性要求接收路由器不将路由宣告给 EBGP 或 IBGP 对等体。假如图 5-4 中的 NewMexico 希望将 AS500 的前缀 10.5.1.0/24 和 10.5.3.0/24 宣告给 IBGP 对等体，但是又不希望其 IBGP 对等体将这些路由再宣告给它们的 IBGP 或 EBGP 对等体，例 5-18 给出了 NewMexico 的配置方式。可以看出由名为 No-Adv 的路由映射匹配这两条前缀，并为它们设置 NO_ADVERTISE 属性，然后再在策略模板 IBGP 中将该路由映射应用为出站策略。

例 5-18 NewMexico 将前缀 10.5.1.0/24 和 10.5.3.0/24 宣告给 IBGP 对等体之前为这些前缀设置 NO_ADVERTISE 团体属性

```
router bgp 100
 template peer-policy IBGP
  route-map No-Adv out
  next-hop-self
  send-community
 exit-peer-policy
 !
 template peer-policy EBGP
  route-map Clear-Comm in
 exit-peer-policy
 !
 template peer-session bgp_top
  update-source Loopback0
  timers 30 90
 exit-peer-session
 !
 template peer-session ibgp
  remote-as 100
  password 7 002520283B0A5B56
  inherit peer-session bgp_top
 exit-peer-session
 !
 no synchronization
 bgp log-neighbor-changes
 network 10.1.2.0 mask 255.255.255.0
 neighbor 10.0.0.34 remote-as 700
 neighbor 10.0.0.34 password 7 113B403A2713181F
 neighbor 10.0.0.34 inherit peer-policy EBGP
 neighbor 10.0.0.38 remote-as 500
 neighbor 10.0.0.38 password 7 08131B7139181604
 neighbor 10.0.0.38 inherit peer-policy EBGP
 neighbor 192.168.255.1 inherit peer-session ibgp
 neighbor 192.168.255.1 inherit peer-policy IBGP
 neighbor 192.168.255.3 inherit peer-session ibgp
 neighbor 192.168.255.3 inherit peer-policy IBGP
```

（待续）

```
 no auto-summary
!
ip prefix-list No-Adv seq 5 permit 10.5.1.0/24
ip prefix-list No-Adv seq 10 permit 10.5.3.0/24
!
ip prefix-list No-Comm seq 5 permit 10.0.0.0/8 le 32
!
route-map Clear-Comm permit 10
 match ip address prefix-list No-Comm
 set community none
!
route-map Clear-Comm permit 20
!
route-map No-Adv permit 10
 match ip address prefix-list No-Adv
 set community no-advertise
!
route-map No-Adv permit 20
!
```

前面曾经说过，California 被配置为宣告携带 NO_EXPORT 团体属性的 10.5.2.0/24 以及其他两个未携带团体属性的 AS500 子网。NewMexico 目前完全颠倒了该策略。前缀 10.5.2.0/24 没有团体属性，而前缀 10.5.1.0/24 和 10.5.3.0/24 却拥有 NO_ADVERTISE 属性（阻止将这两个前缀宣告到 AS100 之外）。例 5-19 给出了相应的运行结果。

例 5-19　Colorado 知道 AS500 中的三条前缀，但是仅将 10.5.2.0/24 宣告给 Vermont

```
Colorado#show ip bgp regexp 500
BGP table version is 133, local router ID is 192.168.255.1
Status codes: s suppressed, d damped, h history, * valid, > best, i - internal,
              r RIB-failure, S Stale
Origin codes: i - IGP, e - EGP, ? - incomplete

   Network          Next Hop            Metric LocPrf Weight Path
*>i10.5.1.0/24      192.168.255.2            0    100      0 500 i
*>i10.5.2.0/24      192.168.255.2            0    100      0 500 i
*>i10.5.3.0/24      192.168.255.2            0    100      0 500 i
Colorado#
```

```
Vermont#show ip bgp regexp 500
BGP table version is 125, local router ID is 192.168.255.5
Status codes: s suppressed, d damped, h history, * valid, > best, i - internal,
              r RIB-failure, S Stale
Origin codes: i - IGP, e - EGP, ? - incomplete

   Network          Next Hop             Metric LocPrf Weight Path
*> 10.5.2.0/24      10.0.0.6                                 0 100 500 i
Vermont#
```

注： 例 5-19 给出了 **show ip bgp** 命令的另一种使用方式，即通过正则表达式来显示 AS_PATH 中存在 500 的所有路由。

2. 任意 COMMMUNITY 属性

虽然也经常用到周知 COMMUNITY 属性，但最常见的还是在各个自治系统中为特定应用使用自定义的 COMMUNITY 属性，以增强 AS 的路由策略。与周知 COMMUNITY 属性一样，也利用 **set community** 语句来指定本地定义的这些任意 COMMUNITY 属性。但此时指定的不是名称而是数值，可以按照本节开头描述的那样指定一个简单的十进制数值或者使用 AA:NN 格式。

图 5-5 中的 AS100 是 7 个自治系统（分别被指派为客户 A 到客户 G）的转接 AS。与前面的示例一样，每个自治系统都向 AS100 宣告三条前缀，本例希望配置如下路由策略：第三个八位组为 1 的前缀的 LOCAL_PREF 为 50，第三个八位组为 2 的前缀的 LOCAL_PREF 为 100，第三个八位组为 3 的前缀的 LOCAL_PREF 为 150。

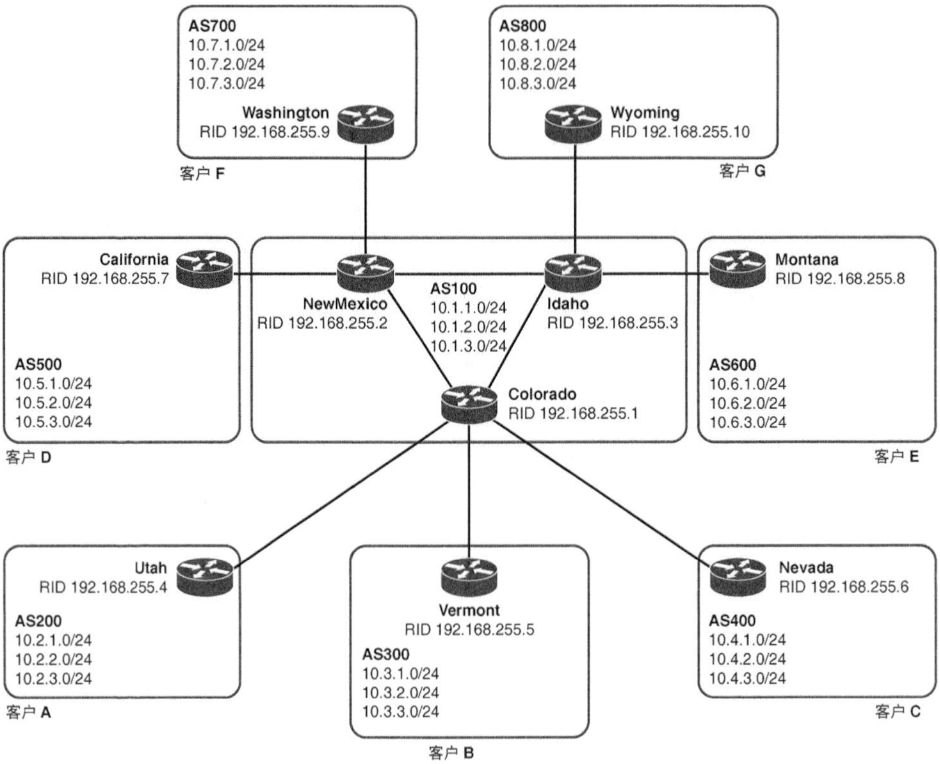

图 5-5　与 AS100 对等的自治系统被指派为客户 A 到客户 G，利用团体属性将每个 AS 宣告的前缀进行分类

例 5-20 给出了图 5-5 中的 Utah 的配置信息，由名为 pref-comm 的路由映射引用前缀列表来识别这三条本地前缀并分配相应地团体属性值。虽然可以使用任意团体属性值，但本例分配的数值是 50、100 及 150，目的是与最终分配给路由的 LOCAL_PREF 值相对应。然后将该路由映射作为出站策略应用于邻居配置，利用 **neighbor send-community** 语句让路由器为宣告给邻居的路由携带这些团体属性。其他 6 个客户自治系统中的路由器配置与此相似。请注意，本例没有使用策略模板，原因是只有一个邻居，此时使用策略模板并不能带来任何好处。

例 5-20　配置图 5-5 中的路由器 Utah，让其分别为 10.2.1.0/24、10.2.2.0/24 以及 10.2.3.0/24 增加团体属性值 50、100 以及 150

```
router bgp 200
 no synchronization
 bgp log-neighbor-changes
 network 10.2.1.0 mask 255.255.255.0
 network 10.2.2.0 mask 255.255.255.0
 network 10.2.3.0 mask 255.255.255.0
 timers bgp 30 90
```

（待续）

```
 neighbor 10.0.0.2 remote-as 100
 neighbor 10.0.0.2 password 7 107C5D2635160118
 neighbor 10.0.0.2 send-community
 neighbor 10.0.0.2 route-map pref-comm out
 no auto-summary
!
ip prefix-list 1 seq 5 permit 10.2.1.0/24
!
ip prefix-list 2 seq 5 permit 10.2.2.0/24
!
ip prefix-list 3 seq 5 permit 10.2.3.0/24
!
route-map pref-comm permit 5
 match ip address prefix-list 1
 set community 50
!
route-map pref-comm permit 10
 match ip address prefix-list 2
 set community 100
!
route-map pref-comm permit 15
 match ip address prefix-list 3
 set community 150
!
route-map pref-comm permit 20
!
```

注：在开始本示例之前已经删除了前面示例中的所有 COMMUNITY 配置以及相应的策略配置。

命令 **show ip bgp community** 可以显示携带指定团体属性的路由（见例 5-21）。该命令显示了 Colorado 携带团体属性值 50、100 和 150 的路由信息，可以看出每条命令后面都显示了 7 条前缀（每个客户自治系统一条前缀），并且第三个八位组为 1 的前缀属于团体属性 50，第三个八位组为 2 的前缀属于团体属性 100，第三个八位组为 3 的前缀属于团体属性 150。

例 5-21 利用命令 **show ip bgp community** 可以观察 Colorado 上的哪些前缀分别属于团体属性 50、100 以及 150

```
Colorado#show ip bgp community 50
BGP table version is 85, local router ID is 192.168.255.1
Status codes: s suppressed, d damped, h history, * valid, > best, i - internal,
              r RIB-failure, S Stale
Origin codes: i - IGP, e - EGP, ? - incomplete

   Network          Next Hop            Metric LocPrf Weight Path
*> 10.2.1.0/24      10.0.0.1                 0             0 200 i
*> 10.3.1.0/24      10.0.0.5                 0             0 300 i
*> 10.4.1.0/24      10.0.0.9                 0             0 400 i
*>i10.5.1.0/24      192.168.255.2            0    100      0 500 i
*>i10.6.1.0/24      192.168.255.3            0    100      0 600 i
*>i10.7.1.0/24      192.168.255.2            0    100      0 700 i
*>i10.8.1.0/24      192.168.255.3            0    100      0 800 i
Colorado#
Colorado#show ip bgp community 100
BGP table version is 85, local router ID is 192.168.255.1
Status codes: s suppressed, d damped, h history, * valid, > best, i - internal,
              r RIB-failure, S Stale
Origin codes: i - IGP, e - EGP, ? - incomplete

   Network          Next Hop            Metric LocPrf Weight Path
*> 10.2.2.0/24      10.0.0.1                 0             0 200 i
```

（待续）

```
*> 10.3.2.0/24      10.0.0.5                 0             0 300 i
*> 10.4.2.0/24      10.0.0.9                 0             0 400 i
*>i10.5.2.0/24      192.168.255.2            0    100      0 500 i
*>i10.6.2.0/24      192.168.255.3            0    100      0 600 i
*>i10.7.2.0/24      192.168.255.2            0    100      0 700 i
*>i10.8.2.0/24      192.168.255.3            0    100      0 800 i
Colorado#
Colorado#show ip bgp community 150
BGP table version is 85, local router ID is 192.168.255.1
Status codes: s suppressed, d damped, h history, * valid, > best, i - internal,
              r RIB-failure, S Stale
Origin codes: i - IGP, e - EGP, ? - incomplete

   Network          Next Hop            Metric LocPrf Weight Path
*> 10.2.3.0/24      10.0.0.1                 0             0 200 i
*> 10.3.3.0/24      10.0.0.5                 0             0 300 i
*> 10.4.3.0/24      10.0.0.9                 0             0 400 i
*>i10.5.3.0/24      192.168.255.2            0    100      0 500 i
*>i10.6.3.0/24      192.168.255.3            0    100      0 600 i
*>i10.7.3.0/24      192.168.255.2            0    100      0 700 i
*>i10.8.3.0/24      192.168.255.3            0    100      0 800 i
Colorado#
```

下一步就是在AS100中根据客户前缀所属的团体属性分配LOCAL_PREF属性值。例5-22给出了Colorado的配置示例，图5-5中的路由器NewMexico以及Idaho的配置与此相似。例中使用了三个团体列表（community list），通过路由的团体属性来标识路由。团体列表（如前缀列表和AS_PATH列表）是一种特殊形式的访问列表：团体列表可能有多行语句，每行都有一个permit（允许）或deny（拒绝）操作，团体列表由数字1～99进行标识，并且末尾隐含了“拒绝全部”语句。对于例5-22来说，名为pref-set的路由映射引用了三个单行团体列表并为匹配路由分配了LOCAL_PREF属性值50、100或150，名为EBGP的对等体模板则将该路由映射用作入站策略，应用于Colorado的三个外部对等体。

注： 本节所说的团体列表都是标准团体列表。标准团体列表的编号为1~99或者是命名式列表（在名称前使用关键字**standard**）。后面将在“扩展团体列表”小节解释扩展团体列表的使用方式，其编号为100~500或者是命名式列表（在名称前使用关键字**expanded**）。每条标准团体列表只能指定一个团体属性编号或者周知团体名称，而扩展团体列表可以使用正则表达式来指定一组团体属性。

例5-22 利用标准团体列表来识别携带指定团体属性值的路由

```
router bgp 100
 template peer-policy IBGP
  next-hop-self
  send-community
 exit-peer-policy
 !
 template peer-policy EBGP
  route-map pref-set in
 exit-peer-policy
 !
 template peer-session bgp_top
  update-source Loopback0
  timers 30 90
 exit-peer-session
 !
 template peer-session ibgp
  remote-as 100
```

（待续）

```
  password 7 1324243C345D547A
  inherit peer-session bgp_top
 exit-peer-session
 !
 no synchronization
 bgp log-neighbor-changes
 network 10.1.1.0 mask 255.255.255.0
 neighbor 10.0.0.1 remote-as 200
 neighbor 10.0.0.1 password 7 073D75737E080A16
 neighbor 10.0.0.1 inherit peer-policy EBGP
 neighbor 10.0.0.5 remote-as 300
 neighbor 10.0.0.5 password 7 023451643B071C32
 neighbor 10.0.0.5 inherit peer-policy EBGP
 neighbor 10.0.0.9 remote-as 400
 neighbor 10.0.0.9 password 7 00364539345A1815
 neighbor 10.0.0.9 inherit peer-policy EBGP
 neighbor 192.168.255.2 inherit peer-session ibgp
 neighbor 192.168.255.2 inherit peer-policy IBGP
 neighbor 192.168.255.3 inherit peer-session ibgp
 neighbor 192.168.255.3 inherit peer-policy IBGP
 no auto-summary
!
ip community-list 1 permit 50
ip community-list 2 permit 100
ip community-list 3 permit 150
!
!
route-map pref-set permit 5
 match community 1
 set local-preference 50
!
route-map pref-set permit 10
 match community 2
 set local-preference 100
!
route-map pref-set permit 15
 match community 3
 set local-preference 150
!
route-map pref-set permit 20
!
```

例 5-23 给出了该策略的运行结果。请注意，AS100 三条本地前缀 10.1.0.0/16 的 LOCAL_PREF 值仍然为默认值。因为它们与所有团体列表均不匹配，而 7 个自治系统的三条前缀则按照配置好的策略设置相应的 LOCAL_PREF 值。

例 5-23　从 Colorado BGP 表中的路由的 LOCAL_PREF 值可以看出例 5-22 配置的路由策略的运行效果

```
Colorado#show ip bgp
BGP table version is 53, local router ID is 192.168.255.1
Status codes: s suppressed, d damped, h history, * valid, > best, i - internal,
              r RIB-failure, S Stale
Origin codes: i - IGP, e - EGP, ? - incomplete

   Network          Next Hop            Metric LocPrf Weight Path
*> 10.1.1.0/24      0.0.0.0                  0         32768 i
*>i10.1.2.0/24      192.168.255.2            0    100      0 i
*>i10.1.3.0/24      192.168.255.3            0    100      0 i
*> 10.2.1.0/24      10.0.0.1                 0     50      0 200 i
*> 10.2.2.0/24      10.0.0.1                 0    100      0 200 i
*> 10.2.3.0/24      10.0.0.1                 0    150      0 200 i
*> 10.3.1.0/24      10.0.0.5                 0     50      0 300 i
*> 10.3.2.0/24      10.0.0.5                 0    100      0 300 i
*> 10.3.3.0/24      10.0.0.5                 0    150      0 300 i
```

（待续）

```
*> 10.4.1.0/24       10.0.0.9                 0     50      0 400 i
*> 10.4.2.0/24       10.0.0.9                 0    100      0 400 i
*> 10.4.3.0/24       10.0.0.9                 0    150      0 400 i
*>i10.5.1.0/24       192.168.255.2            0     50      0 500 i
*>i10.5.2.0/24       192.168.255.2            0    100      0 500 i
*>i10.5.3.0/24       192.168.255.2            0    150      0 500 i
*>i10.6.1.0/24       192.168.255.3            0     50      0 600 i
*>i10.6.2.0/24       192.168.255.3            0    100      0 600 i
*>i10.6.3.0/24       192.168.255.3            0    150      0 600 i
*>i10.7.1.0/24       192.168.255.2            0     50      0 700 i
*>i10.7.2.0/24       192.168.255.2            0    100      0 700 i
*>i10.7.3.0/24       192.168.255.2            0    150      0 700 i
*>i10.8.1.0/24       192.168.255.3            0     50      0 800 i
*>i10.8.2.0/24       192.168.255.3            0    100      0 800 i
*>i10.8.3.0/24       192.168.255.3            0    150      0 800 i
Colorado#
```

例5-24和例5-25也显示了该策略的运行效果。虽然这两种情况下显示的列表信息均相同，但使用的命令却不尽相同（取决于希望查看的信息）。**show ip bgp community**命令显示的是携带指定团体属性的前缀（将例5-24中的LOCAL_PREF值与例5-21进行对比），而**show ip bgp community-list**命令显示的则是与指定团体列表相匹配的前缀。

例5-24 从携带**show ip bgp community**命令中指定团体属性值的前缀中可以看出例5-22策略设置的LOCAL_PREF值

```
Colorado#show ip bgp community 50
BGP table version is 53, local router ID is 192.168.255.1
Status codes: s suppressed, d damped, h history, * valid, > best, i - internal,
              r RIB-failure, S Stale
Origin codes: i - IGP, e - EGP, ? - incomplete

   Network          Next Hop            Metric LocPrf Weight Path
*> 10.2.1.0/24       10.0.0.1                 0     50      0 200 i
*> 10.3.1.0/24       10.0.0.5                 0     50      0 300 i
*> 10.4.1.0/24       10.0.0.9                 0     50      0 400 i
*>i10.5.1.0/24       192.168.255.2            0     50      0 500 i
*>i10.6.1.0/24       192.168.255.3            0     50      0 600 i
*>i10.7.1.0/24       192.168.255.2            0     50      0 700 i
*>i10.8.1.0/24       192.168.255.3            0     50      0 800 i
Colorado#
Colorado#show ip bgp community 100
BGP table version is 53, local router ID is 192.168.255.1
Status codes: s suppressed, d damped, h history, * valid, > best, i - internal,
              r RIB-failure, S Stale
Origin codes: i - IGP, e - EGP, ? - incomplete

   Network          Next Hop            Metric LocPrf Weight Path
*> 10.2.2.0/24       10.0.0.1                 0    100      0 200 i
*> 10.3.2.0/24       10.0.0.5                 0    100      0 300 i
*> 10.4.2.0/24       10.0.0.9                 0    100      0 400 i
*>i10.5.2.0/24       192.168.255.2            0    100      0 500 i
*>i10.6.2.0/24       192.168.255.3            0    100      0 600 i
*>i10.7.2.0/24       192.168.255.2            0    100      0 700 i
*>i10.8.2.0/24       192.168.255.3            0    100      0 800 i
Colorado#
Colorado#show ip bgp community 150
BGP table version is 53, local router ID is 192.168.255.1
Status codes: s suppressed, d damped, h history, * valid, > best, i - internal,
              r RIB-failure, S Stale
Origin codes: i - IGP, e - EGP, ? - incomplete

   Network          Next Hop            Metric LocPrf Weight Path
*> 10.2.3.0/24       10.0.0.1                 0    150      0 200 i
*> 10.3.3.0/24       10.0.0.5                 0    150      0 300 i
*> 10.4.3.0/24       10.0.0.9                 0    150      0 400 i
*>i10.5.3.0/24       192.168.255.2            0    150      0 500 i
```

（待续）

```
*>i10.6.3.0/24      192.168.255.3           0     150       0 600 i
*>i10.7.3.0/24      192.168.255.2           0     150       0 700 i
*>i10.8.3.0/24      192.168.255.3           0     150       0 800 i
Colorado#
```

例 5-25 **show ip bgp community-list** 命令显示了与团体列表相匹配的路由，同样也可以看到例 5-22 设置的 LOCAL_PREF 值

```
Colorado#show ip bgp community-list 1
BGP table version is 53, local router ID is 192.168.255.1
Status codes: s suppressed, d damped, h history, * valid, > best, i - internal,
              r RIB-failure, S Stale
Origin codes: i - IGP, e - EGP, ? - incomplete

   Network          Next Hop            Metric LocPrf Weight Path
*> 10.2.1.0/24      10.0.0.1                 0     50      0 200 i
*> 10.3.1.0/24      10.0.0.5                 0     50      0 300 i
*> 10.4.1.0/24      10.0.0.9                 0     50      0 400 i
*>i10.5.1.0/24      192.168.255.2            0     50      0 500 i
*>i10.6.1.0/24      192.168.255.3            0     50      0 600 i
*>i10.7.1.0/24      192.168.255.2            0     50      0 700 i
*>i10.8.1.0/24      192.168.255.3            0     50      0 800 i
Colorado#
Colorado#show ip bgp community-list 2
BGP table version is 53, local router ID is 192.168.255.1
Status codes: s suppressed, d damped, h history, * valid, > best, i - internal,
              r RIB-failure, S Stale
Origin codes: i - IGP, e - EGP, ? - incomplete

   Network          Next Hop            Metric LocPrf Weight Path
*> 10.2.2.0/24      10.0.0.1                 0    100      0 200 i
*> 10.3.2.0/24      10.0.0.5                 0    100      0 300 i
*> 10.4.2.0/24      10.0.0.9                 0    100      0 400 i
*>i10.5.2.0/24      192.168.255.2            0    100      0 500 i
*>i10.6.2.0/24      192.168.255.3            0    100      0 600 i
*>i10.7.2.0/24      192.168.255.2            0    100      0 700 i
*>i10.8.2.0/24      192.168.255.3            0    100      0 800 i
Colorado#
Colorado#show ip bgp community-list 3
BGP table version is 53, local router ID is 192.168.255.1
Status codes: s suppressed, d damped, h history, * valid, > best, i - internal,
              r RIB-failure, S Stale
Origin codes: i - IGP, e - EGP, ? - incomplete

   Network          Next Hop            Metric LocPrf Weight Path
*> 10.2.3.0/24      10.0.0.1                 0    150      0 200 i
*> 10.3.3.0/24      10.0.0.5                 0    150      0 300 i
*> 10.4.3.0/24      10.0.0.9                 0    150      0 400 i
*>i10.5.3.0/24      192.168.255.2            0    150      0 500 i
*>i10.6.3.0/24      192.168.255.3            0    150      0 600 i
*>i10.7.3.0/24      192.168.255.2            0    150      0 700 i
*>i10.8.3.0/24      192.168.255.3            0    150      0 800 i
Colorado#
```

前面曾经说过，如果有多条去往相同目的端的路径，那么 LOCAL_PREF 属性就可以为出站流量设置优先级。因而大家在分析本例时可能会产生疑问，为什么这 7 个客户自治系统都只有一条链路进入时仍然要设置 LOCAL_PREF 属性呢？确实如此，如果图 5-5 就是实际的应用场景，那么设置 LOCAL_PREF 属性确实没有什么意义。

本例的主要意义在于分析如何利用团体属性来设置策略，而不是解释 LOCAL_PREF 的应用，因而示例网络显得非常简单。

图 5-6 将上述示例中的概念应用到实际网络中。客户 AS 有三条链路去往服务提供商网络，并通过每条链路向提供商宣告三条前缀。虽然去往客户网络的入站流量通过这三条链路中的任意链路都能到达三条前缀，但应该优先使用最靠近每条前缀的链路。因而根据每条链路距离这些前缀的距离为这些链路设置相应的 LOCAL_PREF 属性。

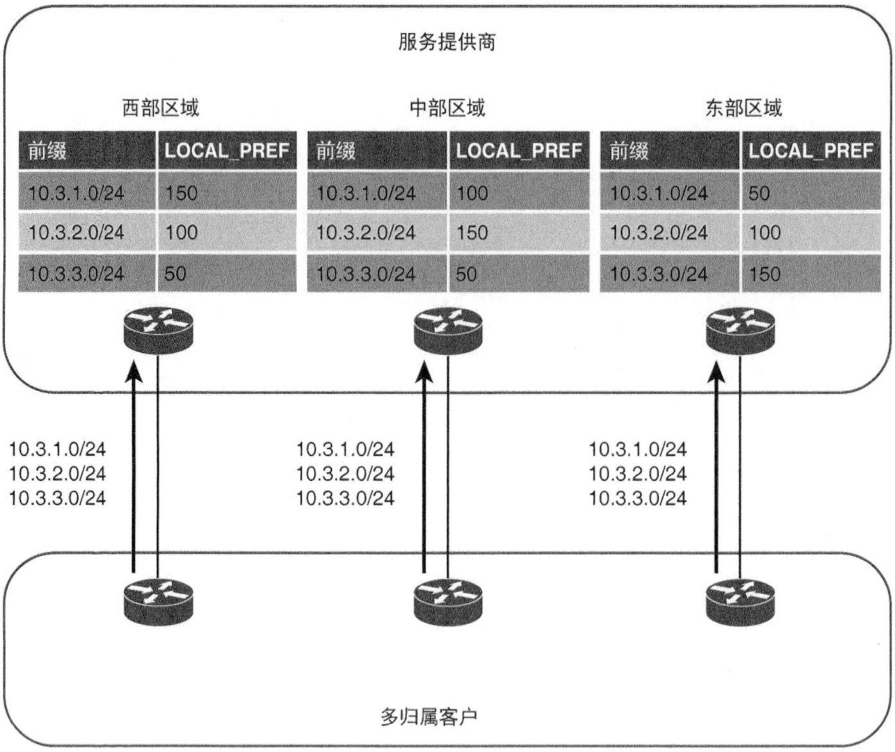

图 5-6 如果服务提供商有多条地理分布不同的链路连接客户，那么就可以利用 LOCAL_PREF 为每条客户前缀指定相应的优选路径。将这类策略应用于多个客户时，团体属性非常有用

假设该服务提供商有 10000 个多归属客户，那么只要发布一组团体属性值，由客户将这些团体属性附加到它们宣告的路由上，那么客户就能轻松地为来自提供商的入站流量设置优先级，提供商也能轻松地为所有客户设置公用策略。

3. 使用 AA:NN 格式

前面在介绍团体属性时曾经说过，可以用简单的十进制格式或 AA:NN 格式来指定并显示 32 比特的团体属性，即：

- 1～4294967200 之间的十进制数值；
- AA:NN 格式，其中的 AA 是一个 1～65535 的 16 比特十进制 AS 号，NN 则是一个 1～65440 的任意 16 比特十进制数值。

IOS 默认以十进制格式显示团体属性数值。如果要改成以 AA:NN 格式显示团体属性值，那么就要使用命令 **ip bgp new-format**[4]。例 5-26 显示了前面配置示例中的前缀 10.7.3.0/24。可以看出团体属性值 150 位于最后一行。输入 **ip bgp new-format** 命令之后，再次显示该前缀，可以看出此时显示的团体属性值为 0:150。

例 5-26 输入 **ip bgp new-format** 命令让 IOS 以 AA:NN 格式显示团体属性值

```
Colorado#show ip bgp 10.7.3.0
BGP routing table entry for 10.7.3.0/24, version 38
Paths: (1 available, best #1, table Default-IP-Routing-Table)
```

（待续）

4 实际上该格式并不是新格式，如果真有新格式，那么 IOS 命令就很难找到其他合适的单词了。

```
  Advertised to update-groups:
        2
  700
    192.168.255.2 (metric 65) from 192.168.255.2 (192.168.255.2)
      Origin IGP, metric 0, localpref 150, valid, internal, best
      Community: 150
Colorado#conf t
Enter configuration commands, one per line. End with CNTL/Z.
Colorado(config)#ip bgp new-format
Colorado(config)#^Z
Colorado#
Colorado#show ip bgp 10.7.3.0
BGP routing table entry for 10.7.3.0/24, version 38
Paths: (1 available, best #1, table Default-IP-Routing-Table)
  Advertised to update-groups:
        2
  700
    192.168.255.2 (metric 65) from 192.168.255.2 (192.168.255.2)
      Origin IGP, metric 0, localpref 150, valid, internal, best
      Community: 0:150
Colorado#
```

如果要为多个自治系统宣告的多条前缀设置多种策略，那么 AA:NN 格式将能提供更好的灵活性。因为不但可以在 NN 值中定义任意含义，而且还能利用 AA 值为选定的自治系统设置策略。

4. 扩展团体列表

前面在“任意 COMMUNITY 属性”一节中解释了 AS 利用团体属性将一定的路由优先级传递给其他 AS 的配置方式，本节将讨论 AS 利用团体属性增强自身策略的配置方式。

前面讨论的团体列表都是标准团体列表，每行可以指定一个团体（以名称或 AA:NN 格式），标准团体列表可以是编号式列表（1～99）或命名式列表（在名称前使用关键字 **standard**）。扩展团体列表可以在一行内利用正则表达式来灵活第匹配一组团体属性。扩展团体列表也可以是编号式列表（100～500）或命名式列表（在名称前使用关键字 **expanded**）。

图 5-7 对图 5-5 中的自治系统做了一些处理，网络本身并没有什么不同，只是连接 AS100 的部分自治系统的角色发生了一些变化。AS100 的对等关系发生变化后，配置的策略也不再相同，从而对穿越该 AS 的路由宣告应用的策略也产生了影响。

图 5-7 中邻居 AS 的角色以及 AS100 为这些角色应用的策略如下。

- **转接伙伴（Transit Partner）：** 与 AS100 签订了转接协议，因而来自转接伙伴的流量可以穿越 AS100 到达其他转接伙伴，但不会将 AS100 的内部前缀宣告给任何转接伙伴。来自转接伙伴的流量可能源自其内部前缀，也可能源自该转接伙伴所连接的其他 AS（图 5-7 未显示这种情况）。
- **客户（Customer）：** 可以到达 AS100 的内部前缀，也可以穿透 AS100 到达任意转接伙伴宣告的任意前缀，因而需要将客户前缀宣告给转接伙伴，同时也要将转接伙伴宣告的前缀（转接伙伴的内部前缀或者是其他未显示的上游 AS 的前缀）宣告给客户，但客户无法通过 AS100 到达其他客户或对等伙伴。
- **对等伙伴（Peering Partner）：** 可以到达 AS100 的内部前缀，AS100 也能到达对等伙伴的内部前缀，但对等伙伴无法通过 AS100 到达客户、转接伙伴或其他对等伙伴，AS100 也不能穿透对等伙伴到达该对等伙伴所连接的其他 AS 中的目的端。

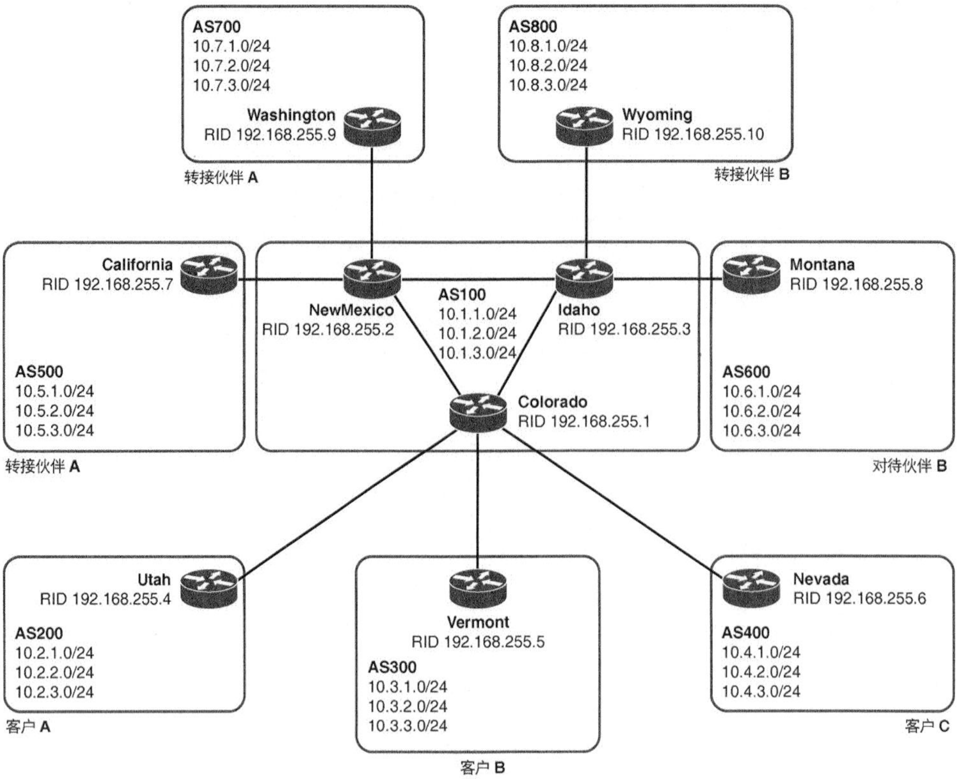

图 5-7 更改了图 5-5 中部分邻居 AS 的角色之后，需要配置不同的路由策略

请注意，这些规则仅针对本案例进行设计，并没有论证它们是否适用于任何现实世界中的应用场景。大家在阅读这些规则描述时可能会感到有点儿难以理解，可以将这些规则分解成一些简单的路由策略和配置步骤。

首先确定如何分配团体属性。本例使用 AA:NN 格式，其中的 NN 根据以下规则进行分配：

- 转接伙伴=AA:1
- 对等伙伴==AA:2
- 客户=AA:3

例 5-27 给出了 AS100 中的三台路由器的配置信息。首先需要注意的是配置中增加的 **ip bgp new-format** 语句，其目的是以 AA:NN 格式显示团体属性值。如果没有包含该语句，虽然也可以配置路由映射按照 AA:NN 格式设置团体属性，但是在查看配置文件时，团体属性显示的却是十进制数值。

例 5-27 配置 AS100 中的三台路由器为来自邻居自治系统的入站前缀分配团体属性

```
Colorado
router bgp 100
 template peer-policy IBGP
  next-hop-self
  send-community
 exit-peer-policy
 !
 template peer-session bgp_top
```

（待续）

```
  update-source Loopback0
 exit-peer-session
 !
 template peer-session ibgp
  remote-as 100
  password 7 1324243C345D547A
  inherit peer-session bgp_top
 exit-peer-session
 !
 no synchronization
 bgp log-neighbor-changes
 network 10.1.1.0 mask 255.255.255.0
 neighbor 10.0.0.1 remote-as 200
 neighbor 10.0.0.1 password 7 073D75737E080A16
 neighbor 10.0.0.1 route-map comm-200 in
 neighbor 10.0.0.5 remote-as 300
 neighbor 10.0.0.5 password 7 023451643B071C32
 neighbor 10.0.0.5 route-map comm-300 in
 neighbor 10.0.0.9 remote-as 400
 neighbor 10.0.0.9 password 7 00364539345A1815
 neighbor 10.0.0.9 route-map comm-400 in
 neighbor 192.168.255.2 inherit peer-session ibgp
 neighbor 192.168.255.2 inherit peer-policy IBGP
 neighbor 192.168.255.3 inherit peer-session ibgp
 neighbor 192.168.255.3 inherit peer-policy IBGP
 no auto-summary
!
ip bgp-community new-format
!
route-map comm-300 permit 10
 set community 300:3
!
route-map comm-200 permit 10
 set community 200:3
!
route-map comm-400 permit 10
 set community 400:3
!
```

```
NewMexico
router bgp 100
 template peer-policy IBGP
  next-hop-self
  send-community
 exit-peer-policy
 !
 template peer-session bgp_top
  update-source Loopback0
  timers 30 90
 exit-peer-session
 !
 template peer-session ibgp
  remote-as 100
  password 7 002520283B0A5B56
  inherit peer-session bgp_top
 exit-peer-session
 !
 no synchronization
 bgp log-neighbor-changes
 network 10.1.2.0 mask 255.255.255.0
 neighbor 10.0.0.34 remote-as 700
 neighbor 10.0.0.34 password 7 113B403A2713181F
 neighbor 10.0.0.34 route-map comm-700 in
 neighbor 10.0.0.38 remote-as 500
 neighbor 10.0.0.38 password 7 08131B7139181604
 neighbor 10.0.0.38 route-map comm-500 in
 neighbor 192.168.255.1 inherit peer-session ibgp
```

（待续）

```
 neighbor 192.168.255.1 inherit peer-policy IBGP
 neighbor 192.168.255.3 inherit peer-session ibgp
 neighbor 192.168.255.3 inherit peer-policy IBGP
 no auto-summary
!
ip bgp-community new-format
!
ip as-path access-list 1 permit ^500$
!
route-map comm-500 permit 10
match as-path 1
 set community 500:2
!
route-map comm-500 deny 20
!
route-map comm-700 permit 10
 set community 700:1
!
```

```
Idaho
router bgp 100
 template peer-policy IBGP
  next-hop-self
  send-community
 exit-peer-policy
 !
 template peer-session bgp_top
  update-source Loopback0
  timers 30 90
 exit-peer-session
 !
 template peer-session ibgp
  remote-as 100
  password 7 0132352A645A565F
 inherit peer-session bgp_top
 exit-peer-session
 !
 no synchronization
 bgp log-neighbor-changes
 network 10.1.3.0 mask 255.255.255.0
 neighbor 10.0.0.26 remote-as 600
 neighbor 10.0.0.26 password 7 02345C643B071C32
 neighbor 10.0.0.26 route-map comm-600 in
 neighbor 10.0.0.30 remote-as 800
 neighbor 10.0.0.30 password 7 06345E71737E080A16
 neighbor 10.0.0.30 route-map comm-800 in
 neighbor 192.168.255.1 inherit peer-session ibgp
 neighbor 192.168.255.1 inherit peer-policy IBGP
 neighbor 192.168.255.2 inherit peer-session ibgp
 neighbor 192.168.255.2 inherit peer-policy IBGP
 no auto-summary
!
ip bgp-community new-format
!
ip as-path access-list 1 permit ^600$
!
route-map comm-600 permit 10

 match as-path 1
 set community 600:2
!
route-map comm-600 deny 20
!
route-map comm-800 permit 10
 set community 800:1
!
```

本例为每个外部邻居都应用了一个单独的路由映射作为该邻居的入站策略，同时还为接收自该邻居的所有前缀都设置了团体属性。虽然该路由映射很简单（只是标记邻居发送的所有信息），但相关配置看起来仍然很笨拙，特别是在讨论配置扩展性的章节中。由于更现实的配置实践可能使用十进制团体配置方式，因而可以为各种类型的邻居都使用相同的路由映射。例如，路由器 Colorado 可以为所有的三个外部邻居仅配置一个 customer 路由映射，设置相同的团体属性值，而不用为每个邻居都配置一个独立的路由映射（见例 5-27）。

但是路由器无法检测外部对等体宣告的前缀的 AS 号，然后再将该 AS 号添加到 AA:NN 格式的团体属性值中。考虑到本例的目的是解释扩展团体列表和 AA:NN 格式的使用方式，因而可以不用太关心实际配置。

除了设置对等伙伴的团体属性型之外，对等伙伴 NewMexico 和 Idaho 的路由映射还利用 AS_PATH 访问列表来匹配源自邻居 AS 的路由（即 AS_APTH 仅包含邻居 AS 号）并拒绝所有其他路由。这就增强了策略部分，要求 AS100 可以到达对等伙伴 AS 中的前缀，但无法利用该对等伙伴到达该伙伴 AS 之外的任何前缀。

例 5-28 给出了 Colorado 在例 5-27 所示配置下的运行结果。在 **show ip bgp community** 命令中指定了期望的团体属性值之后，验证了每个前缀都拥有正确的团体属性值。

例 5-28　验证来自每个邻居 AS 的前缀都拥有正确的团体属性值

```
Colorado#show ip bgp community 700:1
BGP table version is 53, local router ID is 192.168.255.1
Status codes: s suppressed, d damped, h history, * valid, > best, i - internal,
              r RIB-failure, S Stale
Origin codes: i - IGP, e - EGP, ? - incomplete

   Network          Next Hop            Metric LocPrf Weight Path
*>i10.7.1.0/24      192.168.255.2            0    100      0 700 i
*>i10.7.2.0/24      192.168.255.2            0    100      0 700 i
*>i10.7.3.0/24      192.168.255.2            0    100      0 700 i
Colorado#show ip bgp community 800:1
BGP table version is 53, local router ID is 192.168.255.1
Status codes: s suppressed, d damped, h history, * valid, > best, i - internal,
              r RIB-failure, S Stale
Origin codes: i - IGP, e - EGP, ? - incomplete

   Network          Next Hop            Metric LocPrf Weight Path
*>i10.8.1.0/24      192.168.255.3            0    100      0 800 i
*>i10.8.2.0/24      192.168.255.3            0    100      0 800 i
*>i10.8.3.0/24      192.168.255.3            0    100      0 800 i
Colorado#show ip bgp community 500:2
BGP table version is 53, local router ID is 192.168.255.1
Status codes: s suppressed, d damped, h history, * valid, > best, i - internal,
              r RIB-failure, S Stale
Origin codes: i - IGP, e - EGP, ? - incomplete

   Network          Next Hop            Metric LocPrf Weight Path
*>i10.5.1.0/24      192.168.255.2            0    100      0 500 i
*>i10.5.2.0/24      192.168.255.2            0    100      0 500 i
*>i10.5.3.0/24      192.168.255.2            0    100      0 500 i
Colorado#show ip bgp community 600:2
BGP table version is 53, local router ID is 192.168.255.1
Status codes: s suppressed, d damped, h history, * valid, > best, i - internal,
              r RIB-failure, S Stale
Origin codes: i - IGP, e - EGP, ? - incomplete

   Network          Next Hop            Metric LocPrf Weight Path
*>i10.6.1.0/24      192.168.255.3            0    100      0 600 i
```

（待续）

```
*>i10.6.2.0/24      192.168.255.3            0    100      0 600 i
*>i10.6.3.0/24      192.168.255.3            0    100      0 600 i
Colorado#show ip bgp community 200:3
BGP table version is 53, local router ID is 192.168.255.1
Status codes: s suppressed, d damped, h history, * valid, > best, i - internal,
              r RIB-failure, S Stale
Origin codes: i - IGP, e - EGP, ? - incomplete

   Network          Next Hop            Metric LocPrf Weight Path
*> 10.2.1.0/24      10.0.0.1                 0             0 200 i
*> 10.2.2.0/24      10.0.0.1                 0             0 200 i
*> 10.2.3.0/24      10.0.0.1                 0             0 200 i
Colorado#show ip bgp community 300:3
BGP table version is 53, local router ID is 192.168.255.1
Status codes: s suppressed, d damped, h history, * valid, > best, i - internal,
              r RIB-failure, S Stale
Origin codes: i - IGP, e - EGP, ? - incomplete

   Network          Next Hop            Metric LocPrf Weight Path
*> 10.3.1.0/24      10.0.0.5                 0             0 300 i
*> 10.3.2.0/24      10.0.0.5                 0             0 300 i
*> 10.3.3.0/24      10.0.0.5                 0             0 300 i
Colorado#show ip bgp community 400:3
BGP table version is 53, local router ID is 192.168.255.1
Status codes: s suppressed, d damped, h history, * valid, > best, i - internal,
              r RIB-failure, S Stale
Origin codes: i - IGP, e - EGP, ? - incomplete

   Network          Next Hop            Metric LocPrf Weight Path
*> 10.4.1.0/24      10.0.0.9                 0             0 400 i
*> 10.4.2.0/24      10.0.0.9                 0             0 400 i
*> 10.4.3.0/24      10.0.0.9                 0             0 400 i
Colorado#
```

下一步就是配置出站策略。我们将配置客户策略，要求客户能够到达 AS100 内的前缀以及转接伙伴宣告的所有前缀，但无法到达对等伙伴。例 5-29 给出了 Colorado 的配置示例。路由映射 Customers（被配置为应用于 Colorado 三个外部邻居的出站策略）首先利用 AS_PATH 访问列表 access-list 1 允许所有携带空 AS_PATH 列表的路由，即允许源自 AS100 内部的所有前缀。然后利用名为 Transit 的扩展团体列表允许所有携带 AA 为自治系统号且 NN 为 1 的团体属性的路由，即允许转接伙伴宣告的所有前缀。最后，该路由映射拒绝所有其他前缀。

例 5-29 Colorado 配置了一个名为 Customers 的出站策略

```
router bgp 100
 template peer-policy IBGP
  next-hop-self
  send-community
 exit-peer-policy
 !
 template peer-session bgp_top
  update-source Loopback0
  timers 30 90
 exit-peer-session
 !
 template peer-session ibgp
  remote-as 100
  password 7 1324243C345D547A
  inherit peer-session bgp_top
 exit-peer-session
 !
 no synchronization
```

（待续）

```
 bgp log-neighbor-changes
 network 10.1.1.0 mask 255.255.255.0
 neighbor 10.0.0.1 remote-as 200
 neighbor 10.0.0.1 password 7 073D75737E080A16
 neighbor 10.0.0.1 route-map comm-200 in
 neighbor 10.0.0.1 route-map Customers out
 neighbor 10.0.0.5 remote-as 300
 neighbor 10.0.0.5 password 7 023451643B071C32
 neighbor 10.0.0.5 route-map comm-300 in
 neighbor 10.0.0.5 route-map Customers out
 neighbor 10.0.0.9 remote-as 400
 neighbor 10.0.0.9 password 7 00364539345A1815
 neighbor 10.0.0.9 route-map comm-400 in
 neighbor 10.0.0.9 route-map Customers out
 neighbor 192.168.255.2 inherit peer-session ibgp
 neighbor 192.168.255.2 inherit peer-policy IBGP
 neighbor 192.168.255.3 inherit peer-session ibgp
 neighbor 192.168.255.3 inherit peer-policy IBGP
 no auto-summary
!
ip bgp-community new-format
!
ip community-list expanded Transit permit .*:1
ip as-path access-list 1 permit ^$
!
route-map comm-300 permit 10
 set community 300:3
!
route-map comm-200 permit 10
 set community 200:3
!
route-map comm-400 permit 10
 set community 400:3
!
route-map Customers permit 10
 match as-path 1
!
route-map Customers permit 20
 match community Transit
!
route-map Customers deny 30
```

例 5-30 给出了 AS300 中的路由器 Vermont 的运行结果。可以看出 AS100、700 和 800 的前缀都在 BGP 表中，而 AS500 或 AS600 的对等伙伴的前缀均不在 BGP 表中。

例 5-30　AS300 中的路由器 Vermont 的 BGP 表显示了例 5-29 配置的出站策略的运行效果，Utah 和 Nevada（未在例中显示）的 BGP 表包含了相同的外部前缀

```
Vermont#show ip bgp
BGP table version is 213, local router ID is 192.168.255.5
Status codes: s suppressed, d damped, h history, * valid, > best, i - internal,
              r RIB-failure, S Stale
Origin codes: i - IGP, e - EGP, ? - incomplete

   Network          Next Hop            Metric LocPrf Weight Path
*> 10.1.1.0/24      10.0.0.6                 0             0 100 i
*> 10.1.2.0/24      10.0.0.6                               0 100 i
*> 10.1.3.0/24      10.0.0.6                               0 100 i
*> 10.3.1.0/24      0.0.0.0                  0         32768 i
*> 10.3.2.0/24      0.0.0.0                  0         32768 i
*> 10.3.3.0/24      0.0.0.0                  0         32768 i
*> 10.7.1.0/24      10.0.0.6                               0 100 700 i
*> 10.7.2.0/24      10.0.0.6                               0 100 700 i
*> 10.7.3.0/24      10.0.0.6                               0 100 700 i
*> 10.8.1.0/24      10.0.0.6                               0 100 800 i
*> 10.8.2.0/24      10.0.0.6                               0 100 800 i
*> 10.8.3.0/24      10.0.0.6                               0 100 800 i
Vermont#
```

例 5-31 给出了为对等伙伴和转接伙伴增加出站策略之后的 NewMexico 和 Idaho 的配置信息。与 Colorado 相似，这些路由器的配置中也使用了扩展团体列表，不过出于示范目的，这里的扩展团体列表均以编号（取值范围为 100～500）进行标识，而没有使用名称以及关键字 **expanded**。

这两台路由器的 Peering_Partner 策略均利用团体列表 200 来匹配携带采用 AA:NN 格式且 NN 值为 1、2 或 3 的团体属性的路由，然后拒绝所有匹配路由，允许其他路由。从对等伙伴的运行结果（见例 5-32）可以看出，BGP 表中没有来自任何客户 AS、转接 AS 以及反向对等 AS 的前缀，只有 AS600 的本地前缀以及来自 AS100 的前缀，因而该规则使得对等伙伴只能到达 AS100 前缀。

例 5-31 图 5-7 中的 NewMexico 和 Idaho 的 Peering_Partner 和 Transit_Partner 策略配置

```
NewMexico
router bgp 100
 template peer-policy IBGP
  next-hop-self
  send-community
 exit-peer-policy
 !
 template peer-session bgp_top
  update-source Loopback0
  timers 30 90
 exit-peer-session
 !
 template peer-session ibgp
  remote-as 100
  password 7 002520283B0A5B56
  inherit peer-session bgp_top
 exit-peer-session
 !
 no synchronization
 bgp log-neighbor-changes
 network 10.1.2.0 mask 255.255.255.0
 neighbor 10.0.0.34 remote-as 700
 neighbor 10.0.0.34 password 7 113B403A2713181F
 neighbor 10.0.0.34 route-map comm-700 in
 neighbor 10.0.0.34 route-map Transit_Partner out
 neighbor 10.0.0.38 remote-as 500
 neighbor 10.0.0.38 password 7 08131B7139181604
 neighbor 10.0.0.38 route-map comm-500 in
 neighbor 10.0.0.38 route-map Peering_Partner out
 neighbor 192.168.255.1 inherit peer-session ibgp
 neighbor 192.168.255.1 inherit peer-policy IBGP
 neighbor 192.168.255.3 inherit peer-session ibgp
 neighbor 192.168.255.3 inherit peer-policy IBGP
 no auto-summary
!
ip bgp-community new-format
!
ip community-list 200 permit .*:1
ip community-list 200 permit .*:2
ip community-list 200 permit .*:3
ip community-list 250 permit .*:1
ip community-list 250 permit .*:3
ip as-path access-list 1 permit ^500$
!
!
route-map comm-500 permit 10
 match as-path 1
 set community 500:2
!
route-map comm-500 deny 20
!
```

（待续）

```
route-map comm-700 permit 10
 set community 700:1
!
route-map Transit_Partner permit 10
 match community 250
!
route-map Transit_Partner deny 20
!
route-map Peering_Partner deny 10
 match community 200
!
route-map Peering_Partner permit 20
!
```

```
Idaho
router bgp 100
 template peer-policy IBGP
  next-hop-self
  send-community
 exit-peer-policy
 !
 template peer-session bgp_top
  update-source Loopback0
  timers 30 90
 exit-peer-session
 !
 template peer-session ibgp
  remote-as 100
  password 7 0132352A645A565F
  inherit peer-session bgp_top
 exit-peer-session
 !
 no synchronization
 bgp log-neighbor-changes
 network 10.1.3.0 mask 255.255.255.0
 neighbor 10.0.0.26 remote-as 600
 neighbor 10.0.0.26 password 7 02345C643B071C32
 neighbor 10.0.0.26 route-map comm-600 in
 neighbor 10.0.0.26 route-map Peering_Partner out
 neighbor 10.0.0.30 remote-as 800
 neighbor 10.0.0.30 password 7 06345E71737E080A16
 neighbor 10.0.0.30 route-map comm-800 in
 neighbor 10.0.0.30 route-map Transit_Partner out
 neighbor 192.168.255.1 inherit peer-session ibgp
 neighbor 192.168.255.1 inherit peer-policy IBGP
 neighbor 192.168.255.2 inherit peer-session ibgp
 neighbor 192.168.255.2 inherit peer-policy IBGP
 no auto-summary
!
ip bgp-community new-format
!
ip community-list 200 permit .*:1
ip community-list 200 permit .*:2
ip community-list 200 permit .*:3
ip community-list 250 permit .*:1
ip community-list 250 permit .*:3
ip as-path access-list 1 permit ^600$
!
route-map comm-600 permit 10
 match as-path 1
 set community 600:2
!
route-map comm-600 deny 20
!
route-map comm-800 permit 10
 set community 800:1
!
```

（待续）

```
route-map Peering_Partner deny 10
 match community 200
!
route-map Peering_Partner permit 20
!
route-map Transit_Partner permit 10
 match community 250
!
route-map Transit_Partner deny 20
!
```

例 5-32 从 California 和 Montana 的 BGP 表可以看出在路由器 NewMexico 和 Idaho 上配置的策略 Peering_Partner 的运行效果

```
California#show ip bgp
BGP table version is 253, local router ID is 192.168.255.7
Status codes: s suppressed, d damped, h history, * valid, > best, i - internal,
              r RIB-failure, S Stale
Origin codes: i - IGP, e - EGP, ? - incomplete

   Network          Next Hop            Metric LocPrf Weight Path
*> 10.1.1.0/24      10.0.0.37                              0 100 i
*> 10.1.2.0/24      10.0.0.37                0             0 100 i
*> 10.1.3.0/24      10.0.0.37                              0 100 i
*> 10.5.1.0/24      0.0.0.0                  0         32768 i
*> 10.5.2.0/24      0.0.0.0                  0         32768 i
*> 10.5.3.0/24      0.0.0.0                  0         32768 i
California#
```

```
Montana#show ip bgp
BGP table version is 233, local router ID is 192.168.255.8
Status codes: s suppressed, d damped, h history, * valid, > best, i - internal,
              r RIB-failure, S Stale
Origin codes: i - IGP, e - EGP, ? - incomplete

   Network          Next Hop            Metric LocPrf Weight Path
*> 10.1.1.0/24      10.0.0.25                              0 100 i
*> 10.1.2.0/24      10.0.0.25                              0 100 i
*> 10.1.3.0/24      10.0.0.25                0             0 100 i
*> 10.6.1.0/24      0.0.0.0                  0         32768 i
*> 10.6.2.0/24      0.0.0.0                  0         32768 i
*> 10.6.3.0/24      0.0.0.0                  0         32768 i
Montana#
```

在 NewMexico 和 Idaho 上配置的策略 Transit_Partner（见例 5-31）利用扩展团体列表 250 来识别属于客户（AA:3）和转接伙伴（AA:1）团体属性的路由，路由映射允许这些路由并拒绝其他路由，因而结果（见例 5-33）就是允许转接伙伴路由器看到所有客户路由以及来自反向转接对等体的路由，但看不到其他路由。可以看出这两台路由器都不知道来自对等伙伴 AS 的前缀或 AS100 的内部前缀。

例 5-33 从 Washington 和 Wyoming 的 BGP 表可以看出在路由器 NewMexico 和 Idaho 上配置的策略 Transit_Partner 的运行效果

```
Washington#show ip bgp
BGP table version is 250, local router ID is 192.168.255.9
Status codes: s suppressed, d damped, h history, * valid, > best, i - internal,
              r RIB-failure, S Stale
Origin codes: i - IGP, e - EGP, ? - incomplete

   Network          Next Hop            Metric LocPrf Weight Path
*> 10.2.1.0/24      10.0.0.33                              0 100 200 i
*> 10.2.2.0/24      10.0.0.33                              0 100 200 i
*> 10.2.3.0/24      10.0.0.33                              0 100 200 i
```

（待续）

```
*> 10.3.1.0/24      10.0.0.33                              0 100 300 i
*> 10.3.2.0/24      10.0.0.33                              0 100 300 i
*> 10.3.3.0/24      10.0.0.33                              0 100 300 i
*> 10.4.1.0/24      10.0.0.33                              0 100 400 i
*> 10.4.2.0/24      10.0.0.33                              0 100 400 i
*> 10.4.3.0/24      10.0.0.33                              0 100 400 i
*> 10.7.1.0/24      0.0.0.0                  0         32768 i
*> 10.7.2.0/24      0.0.0.0                  0         32768 i
*> 10.7.3.0/24      0.0.0.0                  0         32768 i
*> 10.8.1.0/24      10.0.0.33                              0 100 800 i
*> 10.8.2.0/24      10.0.0.33                              0 100 800 i
*> 10.8.3.0/24      10.0.0.33                              0 100 800 i

Washington#
```

```
Wyoming#show ip bgp
BGP table version is 254, local router ID is 192.168.255.10
Status codes: s suppressed, d damped, h history, * valid, > best, i - internal,
              r RIB-failure, S Stale
Origin codes: i - IGP, e - EGP, ? - incomplete

   Network          Next Hop            Metric LocPrf Weight Path
*> 10.2.1.0/24      10.0.0.29                              0 100 200 i
*> 10.2.2.0/24      10.0.0.29                              0 100 200 i
*> 10.2.3.0/24      10.0.0.29                              0 100 200 i
*> 10.3.1.0/24      10.0.0.29                              0 100 300 i
*> 10.3.2.0/24      10.0.0.29                              0 100 300 i
*> 10.3.3.0/24      10.0.0.29                              0 100 300 i
*> 10.4.1.0/24      10.0.0.29                              0 100 400 i
*> 10.4.2.0/24      10.0.0.29                              0 100 400 i
*> 10.4.3.0/24      10.0.0.29                              0 100 400 i
*> 10.7.1.0/24      10.0.0.29                              0 100 700 i
*> 10.7.2.0/24      10.0.0.29                              0 100 700 i
*> 10.7.3.0/24      10.0.0.29                              0 100 700 i
*> 10.8.1.0/24      0.0.0.0                  0         32768 i
*> 10.8.2.0/24      0.0.0.0                  0         32768 i
*> 10.8.3.0/24      0.0.0.0                  0         32768 i
Wyoming#
```

5. 增加和删除 COMMUNITY 属性

本节将讨论团体属性的增加和删除问题。假设 AS400 中的前缀 10.4.2.0/24 对于转接伙伴 AS700 和 AS800 具有某种特殊意义，AS700 希望该前缀属于团体 1:1，AS800 希望该前缀属于团体 400:800（见图 5-8）。假设你是 AS100，无需知道为团体属性应用了哪些策略，只需要确保这些特殊团体属性能够穿透我们的 AS 即可（我想不出什么更好的故事来描述这类场景，只是希望解释团体属性的删除和增加操作）。

例 5-34 给出了 Nevada 的配置示例，利用名为 pass-through 的路由映射来识别前缀 10.4.2.0/24（使用前缀列表 5），然后再为该路由设置团体属性值 1:1 和 400:800。对于该配置来说，大家在前面案例中唯一没有看到过的就是 **set community** 语句可以设置一个以上的团体属性值。

例 5-35 给出了 Colorado 的运行结果，但却不是期望结果，因为 BGP 表中没有列出任何携带团体属性值 1:1 或 400:800 的前缀。而且从 10.4.2.0/24 的 BGP 表项可以看出，该路由仅仅携带了在前面例 5-27 配置的团体属性 400:3。

原来该结果是正确的，回顾一下例 5-27 或例 5-29 中的 Colorado 的配置文件，可以看出路由映射 comm-400 为所有从邻居 Nevada（10.0.0.9）收到的前缀设置了团体属性 400:3。但是如果使用了 **set community** 语句，那么就会删除匹配 BGP 路由所携带的所有团体属性值。换句话说，**set community** 语句的默认操作就是将匹配路由的团体属性更改为该语句指定的任意值。

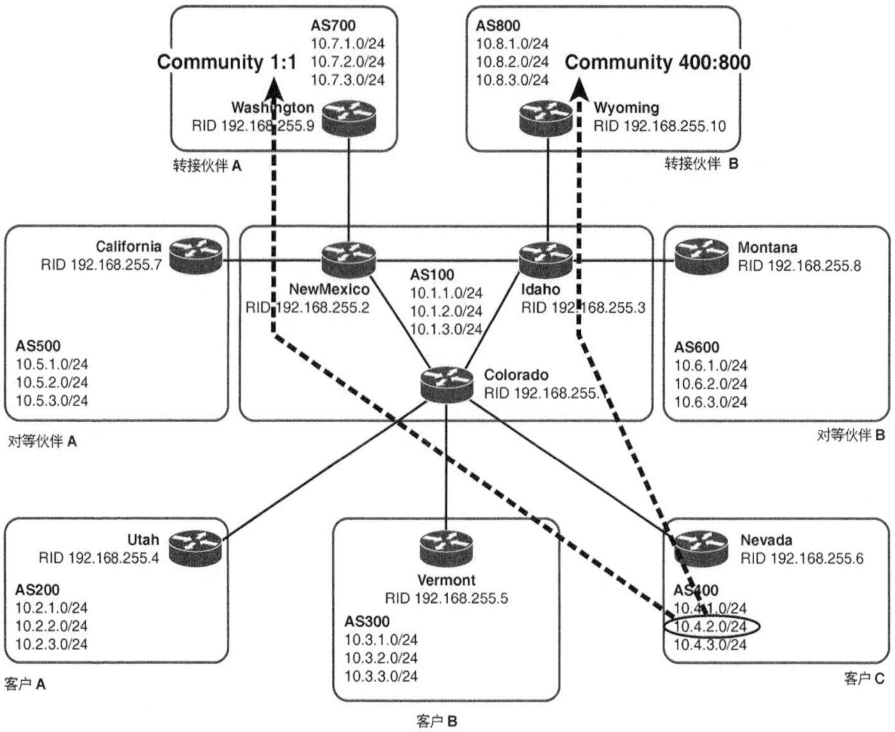

图 5-8 客户 C 向其前缀 10.4.2.0/24 添加团体属性值 1:1 和 400:800，并且希望转接伙伴 A 看到 1:1，而转接伙伴 B 看到 400:800

例 5-34 路由器 Nevada 被配置为向前缀 10.4.2.0/24 添加团体属性值 1:1 和 400:800

```
router bgp 400
 no synchronization
 bgp log-neighbor-changes
 network 10.4.1.0 mask 255.255.255.0
 network 10.4.2.0 mask 255.255.255.0
 network 10.4.3.0 mask 255.255.255.0
 timers bgp 30 90
 neighbor 10.0.0.10 remote-as 100
 neighbor 10.0.0.10 password 7 08131A7139181604
 neighbor 10.0.0.10 send-community
 neighbor 10.0.0.10 route-map pass-through out
 no auto-summary
!
ip bgp-community new-format
!
ip prefix-list 5 seq 5 permit 10.4.2.0/24
!
route-map pass-through permit 10
 match ip address prefix-list 5
 set community 1:1 400:800
!
route-map pass-through permit 20
!
```

例 5-35 Colorado 的 BGP 表未显示任何携带团体属性值 1:1 和 400:800 的前缀，而且前缀 10.4.2.0/24 仅携带团体属性值 400:3

```
Colorado#show ip bgp community 1:1

Colorado#show ip bgp community 400:800
```

（待续）

```
Colorado#show ip bgp 10.4.2.0/24
BGP routing table entry for 10.4.2.0/24, version 10
Paths: (1 available, best #1, table Default-IP-Routing-Table)
Flag: 0x820
  Advertised to update-groups:
        1
  400
    10.0.0.9 from 10.0.0.9 (192.168.255.6)
      Origin IGP, metric 0, localpref 100, valid, external, best
      Community: 400:3
Colorado#
```

本例希望保留入站前缀携带的团体属性，仅仅增加团体属性 400:3，使得 AS100 仍然能够应用前面案例中定义的各种 AS 内部策略。因而需要使用关键字 **additive**，让 **set community** 语句将指定的团体属性增加到现有团体属性中，而不是替换现有团体属性。

例 5-36 更改了路由映射 comm-400 以包含关键字 **additive**。由于没有更改 Colorado 的其他配置，因而仅显示了路由映射的配置信息（如果希望查看 Colorado 的配置信息，请参考例 5-29）。

例 5-36 更改例 5-29 中的 Colorado 的路由映射 comm-400 以使用 **set community additive** 语句，从而将团体属性 400:3 添加到现有团体属性中，而不是替换现有团体属性

```
!
route-map comm-400 permit 10
 set community 400:3 additive
!
```

例 5-37 给出了相应的运行结果。可以看出目前 Colorado 的 BGP 表中已经显示前缀 10.4.2.0/24 拥有团体属性 1:1、400:3 以及 400:800。

例 5-37 前缀 10.4.2.0/24 目前已携带所有的三个团体属性

```
Colorado#show ip bgp 10.4.2.0
BGP routing table entry for 10.4.2.0/24, version 10
Paths: (1 available, best #1, table Default-IP-Routing-Table)
  Advertised to update-groups:
        1    2
  400
    10.0.0.9 from 10.0.0.9 (192.168.255.6)
      Origin IGP, metric 0, localpref 100, valid, external, best
      Community: 1:1 400:3 400:800
Colorado#
```

由于已经通过路由器 Nevada 验证了 10.4.2.0/24 携带的两个团体属性保留在了 AS100 中，因而下一步需要确定 AS700 收到的路由仅携带团体属性 1:1，且 AS800 收到的路由仅携带团体属性 400:800。对于 AS100 的边界路由器 NewMexico 和 Idaho 来说，挑战在于为外部邻居 Washington 和 Wyoming 的对等体配置添加语句 **neighbor send-community** 时，所有宣告给这些邻居的前缀都将拥有前面示例中配置的团体属性，但这些仅对 AS100 的内部策略有意义。因而 NewMexico 和 Idaho 需要进行其他额外配置，以删除那些不希望传输的团体属性。

首先，分别在 NewMexico 和 Idaho 的 BGP 配置中增加语句 **neighbor 10.0.0.34 send-community** 和 **neighbor 10.0.0.30 send-community**。由于前面已经多次用到了这些语句，因而无需再次显示这些 BGP 配置。这些语句的作用是告诉 NewMexico 和 Idaho 允许发送给 Washington（10.0.0.34）和 Wyoming（10.0.0.30）的路由携带团体属性。例 5-38 验证了我们目前希望看到的运行结果：发送给 Washington 和 Wyoming 的所有前缀均携带了团体属性（因为之前在 AS100 中部署了相应的策略）。

例 5-38 为 NewMexico 和 Idaho 的 BGP 配置增加了 **neighbor send-community** 语句之后，对于添加到 AS100 前缀的所有团体属性（用于内部路由策略）来说，将这些路由发送给 Washington 和 Wyoming 后，这些团体属性仍然保留在这些路由中

```
Washington#show ip bgp community
BGP table version is 100, local router ID is 192.168.255.9
Status codes: s suppressed, d damped, h history, * valid, > best, i - internal,
              r RIB-failure, S Stale
Origin codes: i - IGP, e - EGP, ? - incomplete

   Network          Next Hop            Metric LocPrf Weight Path
*> 10.2.1.0/24      10.0.0.33                              0 100 200 i
*> 10.2.2.0/24      10.0.0.33                              0 100 200 i
*> 10.2.3.0/24      10.0.0.33                              0 100 200 i
*> 10.3.1.0/24      10.0.0.33                              0 100 300 i
*> 10.3.2.0/24      10.0.0.33                              0 100 300 i
*> 10.3.3.0/24      10.0.0.33                              0 100 300 i
*> 10.4.1.0/24      10.0.0.33                              0 100 400 i
*> 10.4.2.0/24      10.0.0.33                              0 100 400 i
*> 10.4.3.0/24      10.0.0.33                              0 100 400 i
*> 10.8.1.0/24      10.0.0.33                              0 100 800 i
*> 10.8.2.0/24      10.0.0.33                              0 100 800 i
*> 10.8.3.0/24      10.0.0.33                              0 100 800 i
Washington#
```

```
Wyoming#show ip bgp community
BGP table version is 100, local router ID is 192.168.255.10
Status codes: s suppressed, d damped, h history, * valid, > best, i - internal,
              r RIB-failure, S Stale
Origin codes: i - IGP, e - EGP, ? - incomplete

   Network          Next Hop            Metric LocPrf Weight Path
*> 10.2.1.0/24      10.0.0.29                              0 100 200 i
*> 10.2.2.0/24      10.0.0.29                              0 100 200 i
*> 10.2.3.0/24      10.0.0.29                              0 100 200 i
*> 10.3.1.0/24      10.0.0.29                              0 100 300 i
*> 10.3.2.0/24      10.0.0.29                              0 100 300 i
*> 10.3.3.0/24      10.0.0.29                              0 100 300 i
*> 10.4.1.0/24      10.0.0.29                              0 100 400 i
*> 10.4.2.0/24      10.0.0.29                              0 100 400 i
*> 10.4.3.0/24      10.0.0.29                              0 100 400 i
*> 10.7.1.0/24      10.0.0.29                              0 100 700 i
*> 10.7.2.0/24      10.0.0.29                              0 100 700 i
*> 10.7.3.0/24      10.0.0.29                              0 100 700 i
Wyoming#
```

有两种办法可以删除路由携带的团体属性。第一种办法就是在路由映射（引用团体列表）中使用语句 **set comm-list delete**。例 5-39 给出了修改使用该语句后的 NewMexico 的配置信息（此前的最后配置详见例 5-31）。除了前面增加的语句 **neighbor 10.0.0.34 send-community** 之外，其余 BGP 配置均保持不变，仍然使用出站策略 Transit_Partner，因而前面定义的策略依然生效，不过修改后的配置根据需要删除了团体属性。

例 5-39 修改 NewMexico 的路由映射 Transit_Partner 的配置以使用 **set comm-list delete** 语句，从而在将路由宣告给邻居 Washington（10.0.0.34）之前删除非期望的团体属性

```
router bgp 100
 template peer-policy IBGP
  next-hop-self
  send-community
 exit-peer-policy
 !
```

（待续）

```
 template peer-session bgp_top
  update-source Loopback0
  timers 30 90
 exit-peer-session
 !
 template peer-session ibgp
  remote-as 100
  password 7 002520283B0A5B56
  inherit peer-session bgp_top
 exit-peer-session
 !
 no synchronization
 bgp log-neighbor-changes
 network 10.1.2.0 mask 255.255.255.0
 neighbor 10.0.0.34 remote-as 700
 neighbor 10.0.0.34 send-community
 neighbor 10.0.0.34 password 7 113B403A2713181F
 neighbor 10.0.0.34 route-map comm-700 in
 neighbor 10.0.0.34 route-map Transit_Partner out
 neighbor 10.0.0.38 remote-as 500
 neighbor 10.0.0.38 password 7 08131B7139181604
 neighbor 10.0.0.38 route-map comm-500 in
 neighbor 10.0.0.38 route-map Peering_Partner out
 neighbor 192.168.255.1 inherit peer-session ibgp
 neighbor 192.168.255.1 inherit peer-policy IBGP
 neighbor 192.168.255.3 inherit peer-session ibgp
 neighbor 192.168.255.3 inherit peer-policy IBGP
 no auto-summary
!
ip bgp-community new-format
!
ip community-list 200 permit .*:1
ip community-list 200 permit .*:2
ip community-list 200 permit .*:3
ip community-list 250 permit .*:1
ip community-list 250 permit .*:3
ip community-list 275 permit 1:1
ip community-list 300 deny 1:1
ip community-list 300 permit .*:.*
ip community-list 350 permit .*:.*

ip as-path access-list 1 permit ^500$
!
!
route-map comm-500 permit 10
 match as-path 1
 set community 500:2
!
route-map comm-500 deny 20
!
route-map comm-700 permit 10
 set community 700:1
!
route-map Transit_Partner permit 5
 match community 275
 set comm-list 300 delete
!
route-map Transit_Partner permit 10
 match community 250
 set comm-list 350 delete
!
route-map Transit_Partner deny 20
!

route-map Peering_Partner deny 10
 match community 200
!
route-map Peering_Partner permit 20
!
```

路由映射 Transit_Partner 以序列号 5 增加了一段新配置，目的是确保这段配置能够出现在其他配置段落之前，该段配置匹配携带团体属性 1:1 的所有路由（由团体列表 275 指定）。然后再使用 **set comm-list delete** 语句引用扩展团体列表 300，以拒绝团体属性 1:1（即不删除该团体属性），同时允许其他团体属性（即删除这些团体属性）。删除了匹配路由的指定团体属性之后，再将这些匹配路由宣告出去。

路由映射的段落 10 也做了一定的修改，在段落之前仅允许携带的团体属性与扩展团体列表 250 相匹配的路由，而目前这些匹配路由已不携带任何团体属性（由团体列表 350 指定）。请注意，这并不是实现该策略效果的唯一方法，**set comm-list delete** 语句也可以不引用团体列表 350，而引用团体列表 250。此时需要在该团体列表中增加一行以允许团体属性 400:800，从而确保删除该团体属性。这两种配置选项的决策因素是希望删除所有团体属性（包括那些可能出现在未来配置修改中的属性）还是希望删除指定的团体属性列表且仅删除这些属性。

例 5-40 利用三条命令来验证修改后的策略运行情况。首先利用 **show ip bgp** 命令验证 Washington 仍在接收由前面示例配置的策略所指定的相同前缀，其输出结果与例 5-33 相同，因而可以确定这些策略没有发生变化。其次，**show ip bgp community** 命令显示 Washington 的 BGP 表中唯一的前缀是 10.4.2.0/24。请与例 5-38 中相同命令的输出结果进行对比。最后，**show ip bgp 10.4.2.0** 命令证实该路由仍然携带团体属性 1:1，但已经删除了团体属性 400:3 和 400:800。请与例 5-37 的输出结果进行对比。

例 5-40　检查 Washington 的 BGP 表可以证实：仍然可以从 NewMexico 接收正确的前缀，10.4.2.0/24 是唯一携带一个或多个团体属性的前缀，该前缀携带的唯一团体属性是 1:1

```
Washington#show ip bgp
BGP table version is 172, local router ID is 192.168.255.9
Status codes: s suppressed, d damped, h history, * valid, > best, i - internal,
              r RIB-failure, S Stale
Origin codes: i - IGP, e - EGP, ? - incomplete

   Network          Next Hop            Metric LocPrf Weight Path
*> 10.2.1.0/24      10.0.0.33                              0 100 200 i
*> 10.2.2.0/24      10.0.0.33                              0 100 200 i
*> 10.2.3.0/24      10.0.0.33                              0 100 200 i
*> 10.3.1.0/24      10.0.0.33                              0 100 300 i
*> 10.3.2.0/24      10.0.0.33                              0 100 300 i
*> 10.3.3.0/24      10.0.0.33                              0 100 300 i
*> 10.4.1.0/24      10.0.0.33                              0 100 400 i
*> 10.4.2.0/24      10.0.0.33                              0 100 400 i
*> 10.4.3.0/24      10.0.0.33                              0 100 400 i
*> 10.7.1.0/24      0.0.0.0                  0         32768 i
*> 10.7.2.0/24      0.0.0.0                  0         32768 i
*> 10.7.3.0/24      0.0.0.0                  0         32768 i
*> 10.8.1.0/24      10.0.0.33                              0 100 800 i
*> 10.8.2.0/24      10.0.0.33                              0 100 800 i
*> 10.8.3.0/24      10.0.0.33                              0 100 800 i
Washington#
Washington#show ip bgp community
BGP table version is 172, local router ID is 192.168.255.9
Status codes: s suppressed, d damped, h history, * valid, > best, i - internal,
              r RIB-failure, S Stale
Origin codes: i - IGP, e - EGP, ? - incomplete

   Network          Next Hop            Metric LocPrf Weight Path
*> 10.4.2.0/24      10.0.0.33                              0 100 400 i
Washington#
Washington#show ip bgp 10.4.2.0
```

（待续）

```
BGP routing table entry for 10.4.2.0/24, version 169
Paths: (1 available, best #1, table Default-IP-Routing-Table)
  Not advertised to any peer
  100 400
    10.0.0.33 from 10.0.0.33 (192.168.255.2)
      Origin IGP, localpref 100, valid, external, best
      Community: 1:1
Washington#
```

可以有多种方法删除路由的团体属性。除了 **set comm-list delete** 语句之外，还可以使用 **set community none** 语句删除匹配路由的所有团体属性。

例 5-41 给出了 Idaho 使用第二条语句的配置示例。路由映射 Transit_Peer 的第一段与 New Mexico 的配置相似，不过这里匹配并允许的是团体属性 400:800 而不是 1:1。真正的区别在于第二段，这里不再使用 **set comm-list delete** 语句来引用团体列表（指定希望删除的团体属性），而是使用 **set community none** 语句删除所有匹配路由的所有团体属性。

例 5-41　图 5-7 中 NewMexico 和 Idaho 的 Peering_Partner 和 Transit_Partner 策略配置

```
router bgp 100
 template peer-policy IBGP
  next-hop-self
  send-community
 exit-peer-policy
 !
 template peer-session bgp_top
  update-source Loopback0
  timers 30 90
 exit-peer-session
 !
 template peer-session ibgp
  remote-as 100
  password 7 0132352A645A565F
  inherit peer-session bgp_top
 exit-peer-session
 !
 no synchronization
 bgp log-neighbor-changes
 network 10.1.3.0 mask 255.255.255.0
 neighbor 10.0.0.26 remote-as 600
 neighbor 10.0.0.26 password 7 02345C643B071C32
 neighbor 10.0.0.26 route-map comm-600 in
 neighbor 10.0.0.26 route-map Peering_Partner out
 neighbor 10.0.0.30 remote-as 800
 neighbor 10.0.0.30 password 7 06345E71737E080A16
 neighbor 10.0.0.30 send-community
 neighbor 10.0.0.30 route-map comm-800 in
 neighbor 10.0.0.30 route-map Transit_Partner out
 neighbor 192.168.255.1 inherit peer-session ibgp
 neighbor 192.168.255.1 inherit peer-policy IBGP
 neighbor 192.168.255.2 inherit peer-session ibgp
 neighbor 192.168.255.2 inherit peer-policy IBGP
 no auto-summary
!
ip bgp-community new-format
!
ip community-list 200 permit .*:1
ip community-list 200 permit .*:2
ip community-list 200 permit .*:3
ip community-list 250 permit .*:1
ip community-list 250 permit .*:3
ip community-list 275 permit 400:800
ip community-list 300 deny 400:800
ip community-list 300 permit .*:.*
```

（待续）

```
ip as-path access-list 1 permit ^600$
!
route-map comm-600 permit 10
 match as-path 1
 set community 600:2
!
route-map comm-600 deny 20
!
route-map comm-800 permit 10
 set community 800:1
!
route-map Peering_Partner deny 10
match community 200
!
route-map Peering_Partner permit 20
!
route-map Transit_Partner permit 5
 match community 275
 set comm-list 300 delete
!
route-map Transit_Partner permit 10
 match community 250
 set community none
!
route-map Transit_Partner deny 20
!
```

使用 **set comm-list delete** 语句或 **set community none** 语句取决于需要删除特定团体属性还是所有团体属性。

例 5-42 验证了路由器 Wyoming 的运行结果：可以看出已经收到了期望路由，前缀 10.4.2.0/24 是唯一携带一个或多个团体属性的路由，而且该路由仅携带了团体属性 400:800。

例 5-42 检查 Washington 的 BGP 表可以证实：仍然可以从 Idaho 接收正确的前缀，10.4.2.0/24 是唯一携带一个或多个团体属性的前缀，该前缀携带的唯一团体属性是 400:800

```
Wyoming#show ip bgp
BGP table version is 142, local router ID is 192.168.255.10
Status codes: s suppressed, d damped, h history, * valid, > best, i - internal,
              r RIB-failure, S Stale
Origin codes: i - IGP, e - EGP, ? - incomplete

   Network          Next Hop            Metric LocPrf Weight Path
*> 10.2.1.0/24      10.0.0.29                              0 100 200 i
*> 10.2.2.0/24      10.0.0.29                              0 100 200 i
*> 10.2.3.0/24      10.0.0.29                              0 100 200 i
*> 10.3.1.0/24      10.0.0.29                              0 100 300 i
*> 10.3.2.0/24      10.0.0.29                              0 100 300 i
*> 10.3.3.0/24      10.0.0.29                              0 100 300 i
*> 10.4.1.0/24      10.0.0.29                              0 100 400 i
*> 10.4.2.0/24      10.0.0.29                              0 100 400 i
*> 10.4.3.0/24      10.0.0.29                              0 100 400 i
*> 10.7.1.0/24      10.0.0.29                              0 100 700 i
*> 10.7.2.0/24      10.0.0.29                              0 100 700 i
*> 10.7.3.0/24      10.0.0.29                              0 100 700 i
*> 10.8.1.0/24      0.0.0.0                  0         32768 i
*> 10.8.2.0/24      0.0.0.0                  0         32768 i
*> 10.8.3.0/24      0.0.0.0                  0         32768 i
Wyoming#
Wyoming#show ip bgp community
BGP table version is 142, local router ID is 192.168.255.10
Status codes: s suppressed, d damped, h history, * valid, > best, i - internal,
              r RIB-failure, S Stale
Origin codes: i - IGP, e - EGP, ? - incomplete
```

（待续）

```
   Network          Next Hop            Metric LocPrf Weight Path
*> 10.4.2.0/24      10.0.0.29                           0 100 400 i
Wyoming#
Wyoming#show ip bgp 10.4.2.0
BGP routing table entry for 10.4.2.0/24, version 139
Paths: (1 available, best #1, table Default-IP-Routing-Table)
  Not advertised to any peer
  100 400
    10.0.0.29 from 10.0.0.29 (192.168.255.3)
      Origin IGP, localpref 100, valid, external, best
      Community: 400:800
Wyoming#
```

6. 扩展团体属性

虽然到目前为止学到的 32 比特团体属性似乎可以扩展到任何应用，甚至还能穿越 AS 边界，但最新的网络技术发现标准团体属性不但扩展性不足，而且还无法满足新应用的灵活性需求。因而除了标准的团体属性之外，目前还存在扩展团体属性。由 RFC 4360 定义的 IPv4 网络的扩展团体属性为 64 比特（8 字节）。由 RFC 5701 定义的 IPv6 网络的扩展团体属性为 160 比特（20 字节）。与标准团体属性相比，扩展团体属性的优势如下：

- 更长的长度使得团体属性的扩展性更好，不用担心团体属性之间出现交叠；
- 扩展团体属性包含一个类型字段，因而能够适应各种不同的用途。

扩展团体属性的驱动力主要源于服务提供商网络以及大型企业网中的 MPLS（Multi-Protocol Label Switching，多协议标记交换）多业务网络。虽然 MPLS 骨干网已经超出了本书写作范围（全面讨论 MPLS 可能需要与本卷图书相当的页数），但为了说清楚扩展团体属性，有必要简单描述一下 MPLS。

MPLS 的主要目的是为路由器（以及其他设备）提供与 ATM 速度相当的交换与转发速度，其实现方式是将数据帧或数据包封装在 32 比特 MPLS 报头之后。MPLS 报头包含一个被称为标签的定长非层次化地址。标签在概念上类似于 ATM VPI/VCI 和帧中继 DLCI 地址。MPLS 的设计理念是消除 IP 的最长路由查找操作，从而能够极大地提升数据包的交换速度。不过随着硅芯片的运行速度越来越快、路由器架构的不断改善以及最长匹配地址算法越来越精准，新一代路由器在不使用 MPLS 的情况下的交换和转发速度就已经超过了 ATM 交换机。

MPLS 在 21 世纪前 10 年改变服务提供商行业的主要能力就在于能够将任何类型的 L2 或 L3 数据单元封装到公共报头后面，然后再通过共享的 MPLS 骨干网交换这些 MPLS 数据包。而且 MPLS 报头支持“堆栈”功能，可以增加多个报头，因而能够在隧道中创建可扩展的隧道，其结果就是可以通过路由器（而不是专用交换机）创建类似于 ATM 或帧中继的虚电路网络。

因此服务提供商可以将原先需要多个独立骨干网提供的服务（如 IP 数据、电话以及视频）整合到一个共享的基础设施上，从而节省大量建设和维护成本，并且能够快速推出各种新业务以应对各方竞争。几乎是在一夜之间，有线电视公司开始提供电话业务，本地电话公司开始提供娱乐业务，而且都在提供互联网接入服务。这些公司都开始利用自己虚拟的点到点和点到多点连接服务（如 VPLS[Virtual Private LAN Service，虚拟专用 LAN 服务]以及二层或三层 VPN[Virtual Private Network，虚拟专用网]）排挤传统的商业数据通信公司。

正是后面的这些服务（VPLS、L2VPN 以及 L3VPN）催生了扩展团体属性的需求。图 5-9 给出的 MPLS 网络连接了三个 L3VPN 客户，而且每个客户都有 3 个或 4 个站点。从 VPN 的缩写就可以看出它们的基本特性（反着读）。

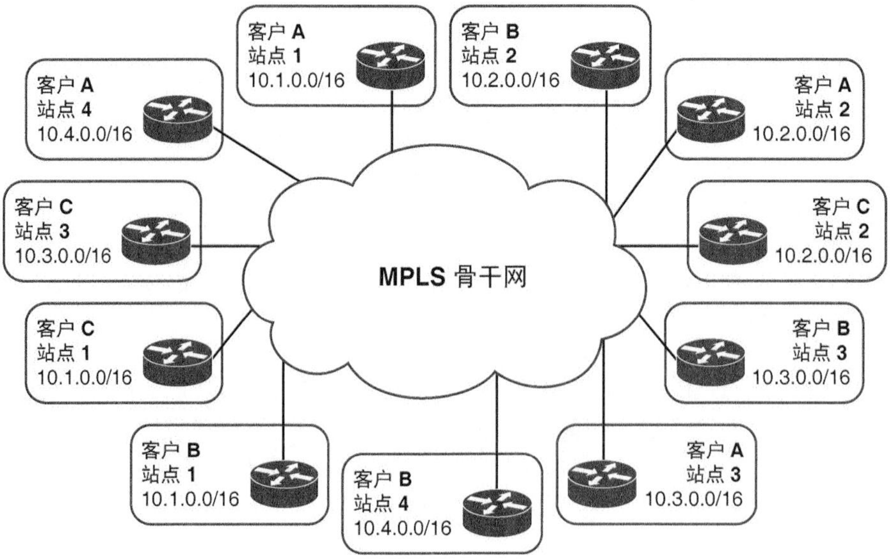

图 5-9 MPLS 网络可以通过共享基础设施提供虚拟的专用网络连接

- **Network（网络）：** VPN 连接了两个或多个设备或站点。
- **Private（专用）：** 所有的客户都“看不见”其他客户，客户 A 的站点只能看到客户 A 的其他站点，客户 B 的站点也只能看到客户 B 的其他站点，以此类推。这种隔离特性也进一步扩展了地址空间，不同的客户可以使用相同的地址空间（如图 5-9 所示）。
- **Virtual（虚拟）：** MPLS 网络中的客户没有物理隔离，由 MPLS 骨干网保证可达性信息并负责将流量传送给正确的客户。

为每个 VPN 保持独立和专用的可达性信息的关键就是在每台边缘路由器上维护独立的路由表（见图 5-10），图中的 L3VPN 路由表被称为 VRF（Virtual Routing and Forwarding，虚拟路由转发）表。每个 VRF 表中的前缀的下一跳都是 MPLS 隧道（称为 LSP[Label Switched Path，标签交换路径]）或本地连接的客户路由（由于我们关心的是信息进入 VRF 表的方式，而不是 VRF 表的结构，因而这里隐藏了 VRF 的很多细节信息）。

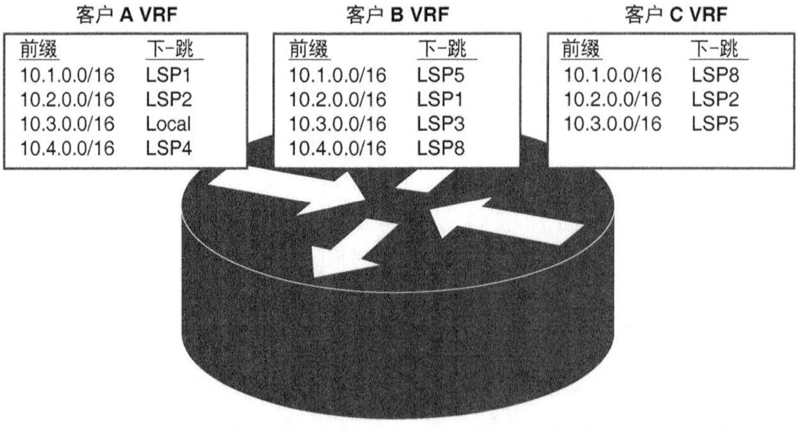

图 5-10 利用被称为 VRF 的 VPN 专用路由表来维护独立的可达性信息

图 5-11 显示了单个 BGP 实例正通过骨干网宣告可达性信息。但是如果由同一个 BGP 实例宣告所有 VRF 的所有 NLRI，那么就会出现以下两个问题。

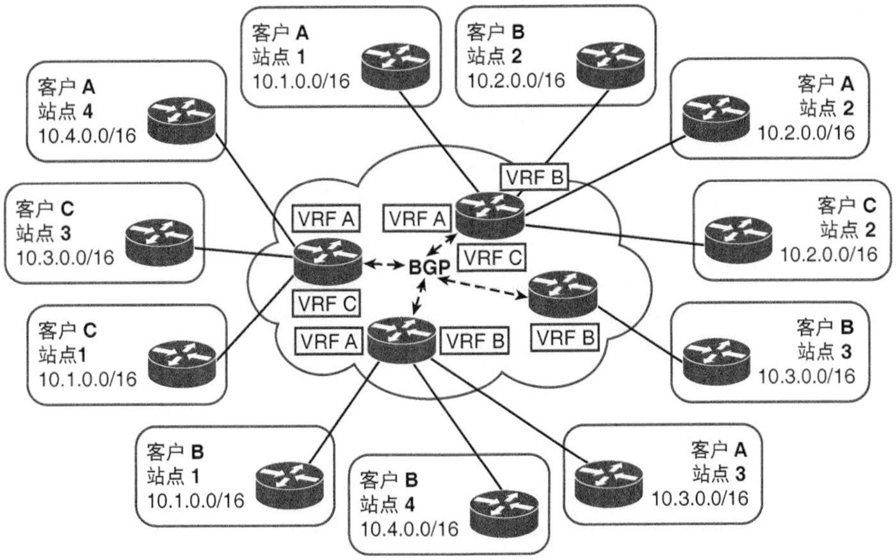

图 5-11　可以利用共享的 BGP 实例通过 MPLS 骨干网宣告各个 VRF 中的可达性信息

- 如果不同 VRF 的前缀可以交叠（见图 5-9），那么 BGP 如何区分这些前缀呢？例如，BGP 如何区分属于客户 A 的 10.1.0.0/16、属于客户 B 的 10.1.0.0/16 以及属于客户 C 的 10.1.0.0/16 呢？
- 从BGP Update消息收到NLRI之后，接收路由器如何知道这些前缀属于哪个VRF呢？

解决第一个问题的方法是给每个 VPN 的前缀都附加一个 8 字节的 VPN 专用 RD（Route Distinguisher，路由区分符）（见图 5-12），形成 12 字节 VPN-IPv4 地址或 24 字节 VPN-IPv6 地址属于一个新的地址簇，从而可以由多协议 BGP（见第 6 章）宣告这些地址。

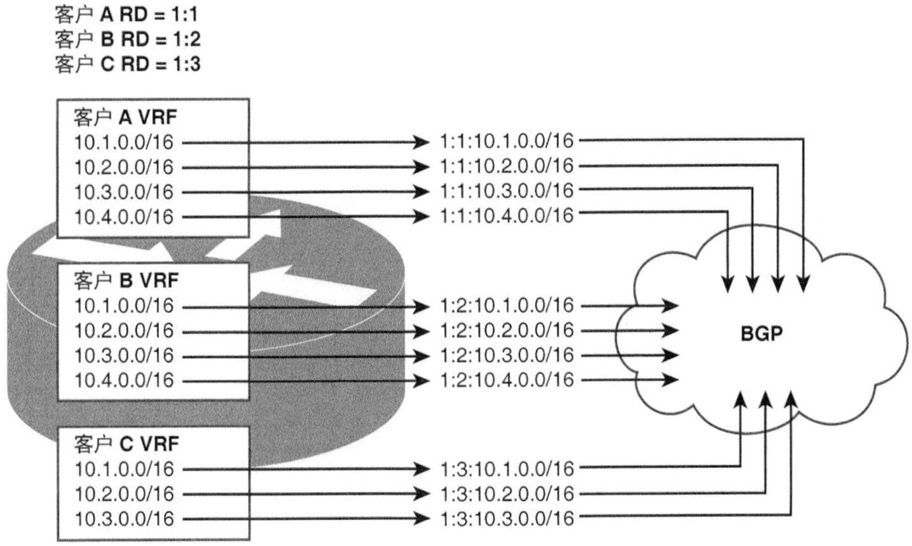

图 5-12　在将前缀宣告到 BGP 中之前需要为 IPv4 或 IPv6 VPN 地址附加 VPN 专用的 RD，使得不同 VRF 中相互交叠的地址能够在 BGP 表中保持唯一性

解决第二个问题的方法是为路由附加一个特殊的团体属性——RT（Route Target，路由目标），其作用是告诉接收路由器应该将接收到的路由放到哪个 VRF 中（见图 5-13）。虽然路由区分符可能也能实现相同的目的，但团体属性却是更好的选择。因为团体属性的设计目的

就是应用策略，而且可以在需要时应用更复杂的策略，而不仅仅是挑选前缀进入 VRF。

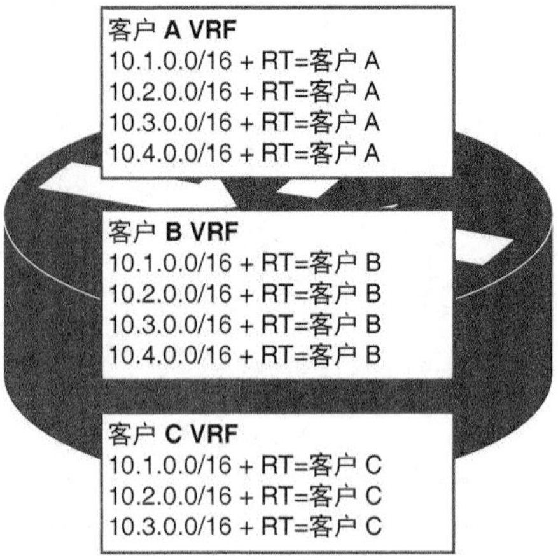

图 5-13 将称为 RT 的扩展团体属性附加到 VPN-IPv4 或 VPN-IPv6 NLRI 上，以告诉接收路由器应该将 BGP 路由放到哪个 VRF 中

如前所述，扩展团体属性的大长度以及灵活格式使其更适合大型 MPLS VPN 网络等应用场景，此时需要通过 MPLS 骨干网宣告大量前缀。

图 5-14 给出了 IPv4 和 IPv6 扩展团体 p 属性的格式。可以看出区分扩展团体属性与标准团体属性的格式关键就是类型（Type）字段。类型字段指定了值（Value）字段的格式，此外还有子类型（Subtype）字段，子类型字段的格式取决于类型字段。类型字段包括两种标记。

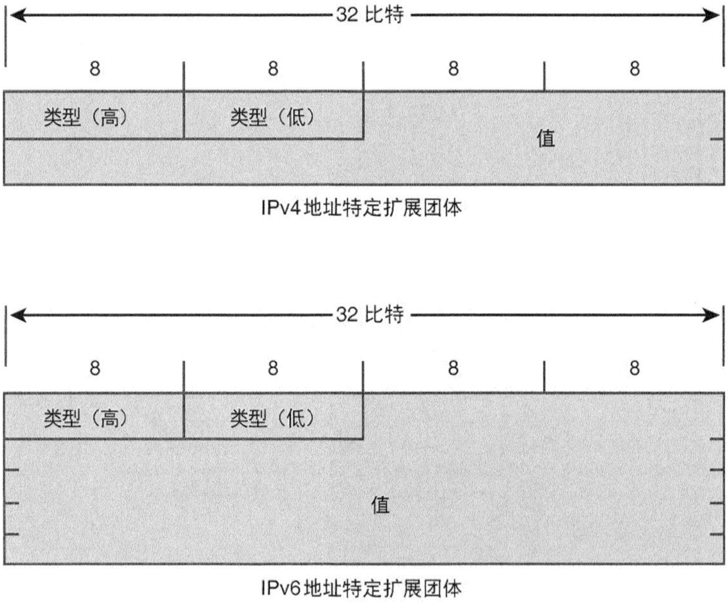

图 5-14 IPv4 和 IPv6 扩展团体属性的基本格式

- **I（IANA-Assignable，IANA 可分配的）**：该标记将 IANA 可分配类型指定为“先到先服务”（I=0）或者作为类型字段的一部分保留用作 IANA 可分配类型（I=1）。
- **T（Transitive，传递的）**：该标记指定团体属性是否可以穿透 AS 边界（T=0 表示是，T=1 表示否）。
- **其余 6 个比特**：指示团体属性的结构，与类型相关。

目前已经定义了以下 5 种格式的扩展团体属性：

- 2 个八位组的 AS 特定扩展团体（Two-Octet AS-Specific Extended Community）；
- 4 个八位组的 AS 特定扩展团体（Four-Octet AS-Specific Extended Community；
- IPv4 地址特定扩展团体（IPv4-Address-Specific Extended Community）；
- IPv6 地址特定扩展团体（IPv6-Address-Specific Extended Community）；
- 不明确的扩展团体（Opaque Extended Community）。

图 5-15 给出了最常见的三种扩展团体属性的基本格式。IPv6 地址特定扩展团体以及 4 个八位组的 AS 特定扩展团体则与各自对应的 IPv4 或 2 个八位组的 AS 扩展团体属性相似，不过需要将全局管理者（Global Administrator）字段调整为合适的长度。

AS 特定以及地址特定团体属性主要用于 L3VPN。设计人员可以利用这些属性提供的灵活性适应 VPN 网络的范围。如果网络跨越了多个自治系统，那么 RT 就可以使用 AS 特定格式以引用源 AS，如 65501:23 等形式的 AS 特定 RT，或者如 192.168.15.20:65 等形式的 IPv4 地址特定扩展团体属性。第一个示例的全局管理者字段是 2 字节的 AS 号，本地管理者字段是本地 AS 选择的 4 字节任意数值，对于本地 AS 有意义。第二个示例的全局管理者字段是 IPv4 地址，本地管理者字段则是本地管理机构选择的 2 字节任意数值。对于小规模的 L3VPN 实现来说，设计人员有时可能会省略 ASN 或 IP 地址，使用如 1:3 的简单形式。

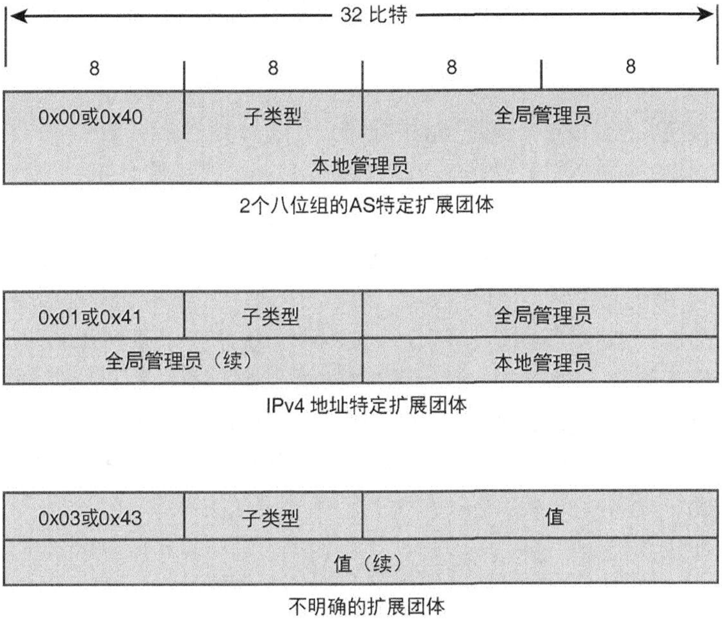

图 5-15 不同扩展团体类型的格式

4 个八位组的 AS 特定扩展团体属性的唯一区别在于使用的是最新的 4 字节 ASN。与此相似，IPv6 地址特定 RT 的唯一区别就在于使用的是 IPv6 地址而不是 IPv4 地址。最后一种格式（不明确的扩展团体属性）主要用于需要在值字段使用更通用结构的场合。

有关扩展团体属性的内容还有很多，但这些内容基本上都超出了本书的写作范围。本节的主要目的是说明扩展团体属性与标准团体属性之间的差异以及使用这些扩展团体属性的场景。如果希望了解有关扩展团体属性的更多信息，可以参阅 RFC 7153，而且绝大多数 MPLS VPN 书籍也都会描述这些属性的使用方式。

5.2 扩展BGP功能

除了上一节讨论的控制负责的BGP配置之外，还需要有相应的机制扩展并调节单个路由器上运行的BGP进程。BGP的任务是处理大量路由（远远超出OSPF或IS-IS的能力）并处理这些路由携带的复杂路由策略，因而需要确保给定路由器上的BGP进程运行平稳，而且不会耗尽路由器的可用处理资源和内存资源。

前面介绍过的动态更新对等体组就是一种扩展BGP进程的机制，下面将详细讨论各种可用的BGP进程扩展工具。

5.2.1 路由翻动抑制

大家都知道BGP（“互联网的语言”）的设计目的就是处理成千上万条路由。但问题是路由数量如此之多，导致存在少量不稳定路由的概率也随着增加。也就是说这些路由会出现“翻动”现象，在短时间内不停地启用、停用。路由每次停用的时候，BGP都必须撤销该路由并寻找其他可选路径（如果存在的话）。路由每次恢复启用的时候，BGP都必须向邻居更新该路由重新可用的信息。这个问题在讨论路由聚合的时候曾经说过，路由聚合会将有问题的路由隐藏在聚合路由之下，相应的路由翻动也只有本地影响，但不稳定路由也有可能会暴露在范围更广的网络甚至是Internet上。

定义在RFC 2439中的RFD（Route Flap Dampening，路由翻动抑制）是一种可以对翻动路由分配罚值的机制。一旦路由累积了足够的罚值，就会在一定时间段内抑制该路由，也就是不再宣告该路由。默认情况下，路由每次翻动分配的罚值都是1000。当路由的罚值累积超过2000后，就会被抑制，直至罚值降至750以下。罚值的上限和下限阈值分别称为抑制门限和重用门限（见图5-16）。累积的罚值每5秒钟减少一次，并以某种速率（如15分钟）降至一半，通常将该速率称为半衰期（half-life），是一种指数函数。如果罚值是3000，那么经过15分钟后将减小到1500；如果罚值是300，那么15分钟后将减小到150。此外，路由还有一个最长抑制时间，称为最大抑制门限。在默认情况下该门限值为4倍半衰期，即60分钟。最大抑制门限可以确保快速翻动的路由（即短时间就累积了大量罚值）不会被判“无期徒刑”，不至于永远得不到宣告。

注：某些文档可能会将本节讨论内容称为damping或dampening。IETF和RIR文档通常使用damping，而Cisco文档通常使用dampening，我倾向于这两个术语可以互换，通常不刻意区分它们。由于本书是Cisco Press的出版物，因而本书主要使用dampening一词，除非引用的某些文档使用的就是damping。

可以在BGP进程配置下利用 **bgp dampening** 命令启用路由抑制机制。如果希望更改默认值，那么就可以使用 **bgp dampening** *half-life reuse suppress max-suppress* 语句。

图5-17中的路由器Colorado多归属到其他5个自治系统。如果远程自治系统宣告的路由出现翻动现象，那么Colorado就必须将路由变化情况宣告给所有的EBGP对等体。虽然这对于本例给出的拓扑结构不会造成严重负担，但如果Colorado拥有150个EBGP对等体（而

不是图中所示的 5 个 EBGP 对等体），那么任何一次普通的路由翻动都会给中心路由器造成非常严重的处理负担。

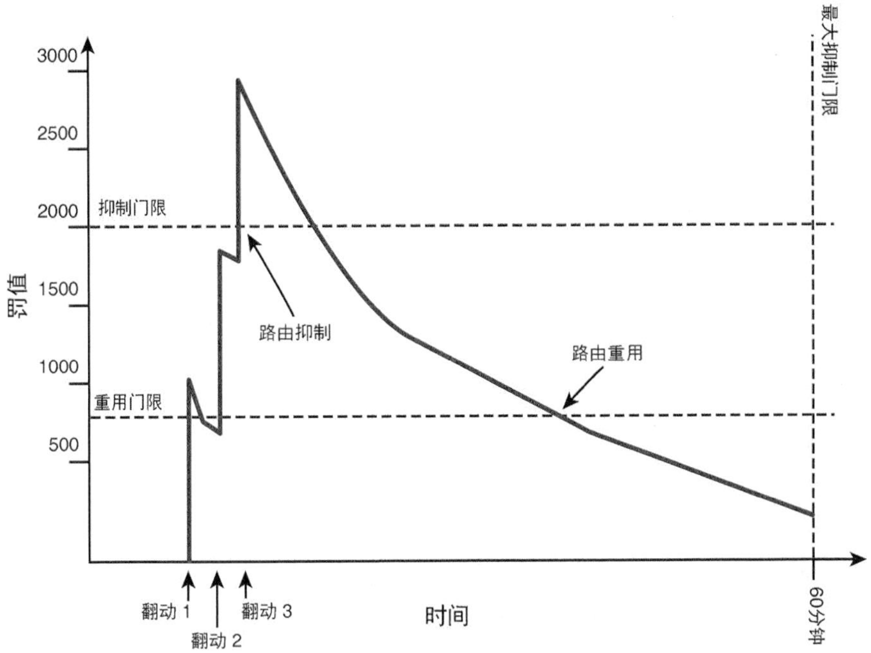

图 5-16　路由翻动抑制会为不稳定路由分配罚值，如果累积的罚值超过了预设门限，那么就会抑制该路由

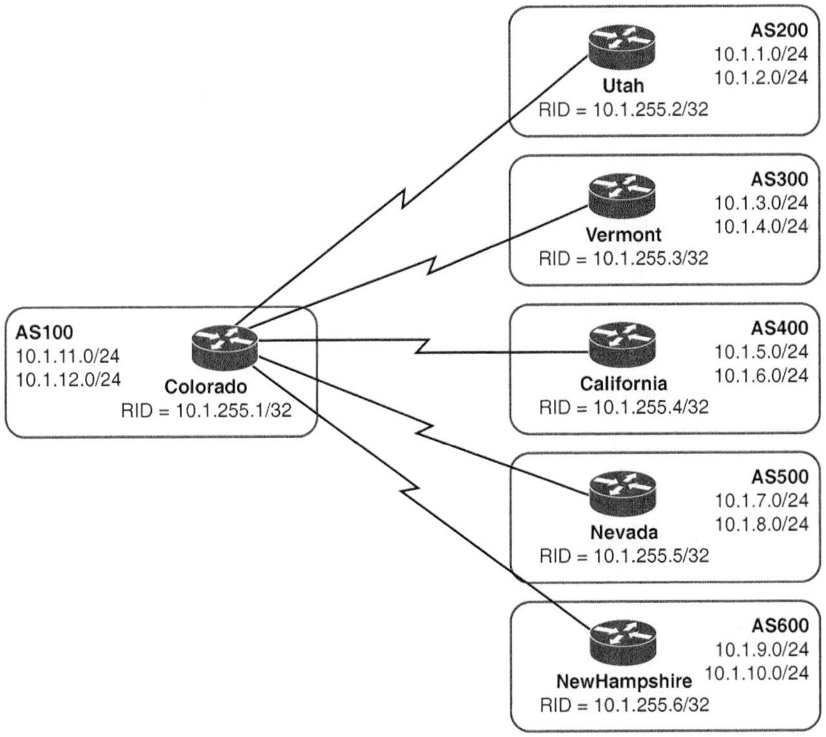

图 5-17　任意“分支”自治系统中的路由出现翻动现象，“中心”路由器 Colorado 都要向所有 EBGP 对等体宣告该路由的变化情况

例 5-43 给出了 Colorado 的 BGP 配置信息。

例 5-43 让 Colorado 在出现路由翻动时向其 EBGP 对等体发送更新消息

```
router bgp 100
 bgp dampening
 network 10.1.11.0 mask 255.255.255.0
 network 10.1.12.0 mask 255.255.255.0
 neighbor 10.1.255.2 remote-as 200
 neighbor 10.1.255.2 ebgp-multihop 2
 neighbor 10.1.255.2 update-source Loopback2
 neighbor 10.1.255.3 remote-as 300
 neighbor 10.1.255.3 ebgp-multihop 2
 neighbor 10.1.255.3 update-source Loopback2
 neighbor 10.1.255.4 remote-as 400
 neighbor 10.1.255.4 ebgp-multihop 2
 neighbor 10.1.255.4 update-source Loopback2
 neighbor 10.1.255.5 remote-as 500
 neighbor 10.1.255.5 ebgp-multihop 2
 neighbor 10.1.255.5 update-source Loopback2
 neighbor 10.1.255.6 remote-as 600
 neighbor 10.1.255.6 ebgp-multihop 2
 neighbor 10.1.255.6 update-source Loopback2
 no auto-summary
```

例 5-44 给出了 Colorado 的 BGP 表信息。请注意，10.1.4.0/24 标记了符号 **d**，表示该路由已被抑制或抑制。10.1.7.0/24 标记了符号 **h**，表示曾经出现过路由翻动。也就是说，虽然该路由的罚值没有大到被抑制的程度，但是仍然有罚值。

例 5-44 路由 10.1.4.0/24 和 10.1.7.0/24 都有罚值，第一条路由的罚值累计超过了 2000，因而被抑制

```
Colorado#show ip bgp
BGP table version is 756, local router ID is 10.1.255.1
Status codes: s suppressed, d damped, h history, * valid, > best, i - internal
Origin codes: i - IGP, e - EGP, ? - incomplete
   Network          Next Hop            Metric LocPrf Weight Path
*> 10.1.1.0/24      10.1.255.2               0             0 200 i
*> 10.1.2.0/24      10.1.255.2               0             0 200 i
*> 10.1.3.0/24      10.1.255.3               0             0 300 i
*d 10.1.4.0/24      10.1.255.3               0             0 300 i
*> 10.1.5.0/24      10.1.255.4               0             0 400 i
*> 10.1.6.0/24      10.1.255.4               0             0 400 i
h 10.1.7.0/24       10.1.255.5               0             0 500 i
*> 10.1.8.0/24      10.1.255.5               0             0 500 i
*> 10.1.9.0/24      10.1.255.6               0             0 600 i
*> 10.1.10.0/24     10.1.255.6               0             0 600 i
*> 10.1.11.0/24     0.0.0.0                  0         32768 i
*> 10.1.12.0/24     0.0.0.0                  0         32768 i
```

由于例 5-44 中的 BGP 表的路由条目不是很多，因而可以很容易看出不稳定路由，但是如果 BGP 路由条目达到几十万条，那么会如何呢？通过查看标记 **d** 或 **h** 来寻找不稳定路由的方法是行不通的，此时使用命令 **show ip bgp flap-statistics** 和 **show ip bgp dampened-paths** 就比较简单。顾名思义，第一条命令显示所有出现翻动现象的路由以及翻动的次数，第二条命令仅显示已被抑制的路由。例 5-45 显示了这些命令在路由器 Colorado 上的运行结果。对于被抑制的路由来说，两条命令的输出结果都表示了何时会再次宣告这些路由，这个时间就是暂时不再为这些路由继续分配罚值的时间。请注意，只有配置了 BGP 抑制特性之后，才能记录路由翻动的统计信息。也就是说，无法利用命令 **show ip bgp flap-statistics** 检查未运行抑制进程的路由器的不稳定路由。

例 5-45 不但显示了路由的统计信息，而且还显示了路由的累积罚值。从例 5-46 可以看出，去往 10.1.4.0/24 的路由的罚值为 1815。虽然半衰期衰退进程已经将罚值降到了抑制门限 2000 以下，但仍未达到重用门限 750，还需要 19 分 10 秒才能达到重用门限。

例 5-45 只能显示 BGP 表中出现翻动的路由或已被抑制的路由

```
Colorado#show ip bgp flap-statistics
BGP table version is 756, local router ID is 10.1.255.1
Status codes: s suppressed, d damped, h history, * valid, > best, i - internal
Origin codes: i - IGP, e - EGP, ? - incomplete

   Network          From            Flaps Duration Reuse Path
*d 10.1.4.0/24      10.1.255.3      3     00:15:52 00:19:40 300
 h 10.1.7.0/24      10.1.255.5      2     00:20:49          500

Colorado#show ip bgp dampened-paths
BGP table version is 757, local router ID is 10.1.255.1
Status codes: s suppressed, d damped, h history, * valid, > best, i - internal
Origin codes: i - IGP, e - EGP, ? - incomplete

   Network          From              Reuse    Path
*d 10.1.4.0/24      10.1.255.3        00:19:2 300 i
```

例 5-46 在命令 **show ip bgp** 中指定不稳定路由之后就会显示该路由的罚值

```
Colorado#show ip bgp 10.1.4.0
BGP routing table entry for 10.1.4.0/24, version 755
Paths: (1 available, no best path, advertised over EBGP)
  300, (suppressed due to dampening)
    10.1.255.3 from 10.1.255.3
      Origin IGP, metric 0, localpref 100, valid, external
      Dampinfo: penalty 1815, flapped 3 times in 00:16:28, reuse in 00:19:10
Colorado#
```

有时可能希望在抑制路由到达重用门限之前就再次使用该路由。例如，AS30 的管理员可能会保证已经找出了子网 10.1.4.0/24 翻动的原因并解决了这个问题，因而希望恢复流量。此时就可以使用以下两条命令：**clear ip bgp flap-statistics** 和 **clear ip bgp dampening**。这两条命令在清除指定路由或全部路由（取决于是否在命令中指定路由）的罚值方面的效果完全一致，只是第二条命令仅清除被抑制路由的罚值。命令 **clear ip bgp flap-statistics** 还可以通过路由的 AS 路径来标识一组路由（或者指定过滤器列表，或者使用正则表达式）。例如，命令 **clear ip bgp flap-statistics regexp_30_**将清除 AS_PATH 属性中包含 ASN 30 的所有路由的翻动统计信息。如果 AS30 是转接 AS 且某条故障链路导致经 AS30 可以到达所有目的地的路由都累积罚值时，这条命令就非常有用。

RFD 最初在 1992 年提出，后来由 1998 年发布的 RFC 2439 进行规范。当时最典型的翻动场景就是不可靠的铜缆或无线链路导致路由出现经常性地振荡。分析 20 世纪 90 年代早期创建的协议就可以发现，大多数协议都将这种场景纳入考虑范围。RFD 看起来是解决 BGP 不稳定性明显根源的一个常识性解决方案。在 20 世纪 90 年代末期到 21 世纪早期，RFD 都是解决 BGP 网络稳定性和扩展性的最佳实践之一，本卷第一版就曾经解释了这一点。

但是 2002 年 8 月发布了一项重大研究成果[5]，RFD 实际上会给大型 BGP 网络（包括公共 Internet）带来负面影响，这一点与我们的常识完全相反。这项研究成果随后提交给了 NANOG、

5 Z.M. Mao, R. Govidan, G. Varghese 以及 R.H. Katz 于 2002 年 8 月在 SIGCOMM 会议论文中发布的“Route Flap Damping Exacerbates Internet Routing Convergence”。

RIPE 以及其他网络运营商组织[6]。几年后 BGP 最佳实践得出结论，认为 RFD 有害，建议不再使用 RFD[7]。

回顾一下 Networking 101（网络基础知识）或者本书第一卷就可以知道，距离矢量协议的基本特征就是通过对本地信息进行分布式计算来确定最佳路径。这就意味着拓扑结构的变化会触发整个距离矢量网络在路由协议试图更新路由信息时进行一连串的路由计算。由于 BGP 需要确定的是 AS 路径而不是路由器之间的距离，因而将 BGP 称为路径矢量，但分布式计算行为则完全相同。

路由失效后，与 RIP 等距离矢量协议依靠邻居发送的新路由更新来遵照替代路由不同，BGP 会在 BGP 表中跟踪所有有效路由，并通过 BGP 选择进程来选择最佳路由。

图 5-18 显示了 BGP 的例行操作会放大路由翻动事件对网状拓扑结构造成的影响。AS5 在 t_0 时刻有三条去往 AS1 的有效路由：[5,2,1]、[5,3,2,1]和[5,4,3,2,1]，但宣告的是 AS_PATH 最短的路由[5,2,1]。

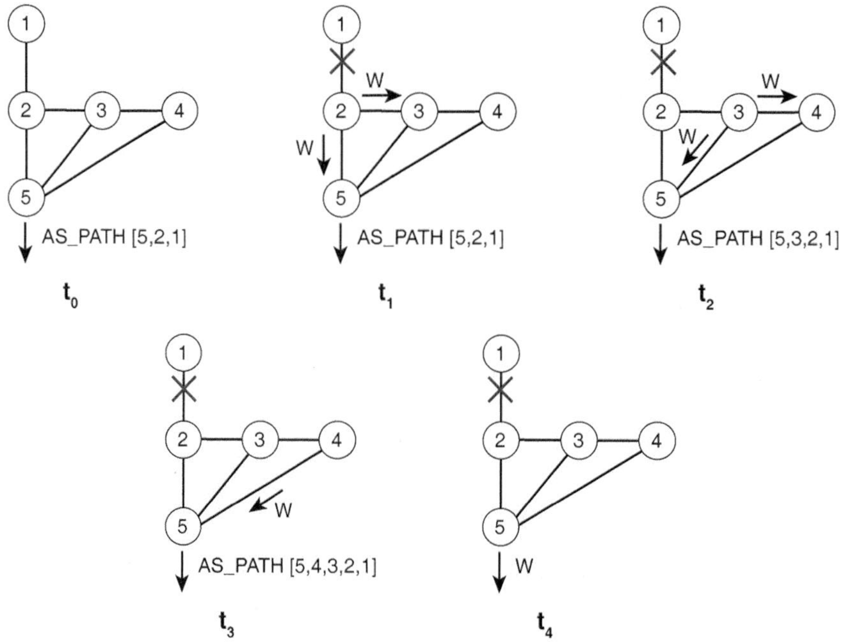

图 5-18 BGP 的路径查找行为会放大路由翻动的下游效应

到了 t_1 时刻，去往 AS1 的连接出现了故障，AS2 向其邻居 AS5 和 AS3 发送一条撤销消息。到了 t_2 时刻，AS5 从 BGP 表中选择了下一条去往 AS1 的最佳路径并发送路由更新消息，将路由更改为 AS_PATH [5,3,2,1]，AS3 在这个过程中也向两个邻居发送了路由撤销消息。到了 t_3 时刻，AS5 再次发送了一条更新消息(因为收到了 AS3 发送的撤销消息)，将 AS_PATH 更改为[5,3,2,1]，AS4 在这个过程中也发送了路由撤销消息。最后，到了 t_4 时刻，由于从 AS4 收到了撤销消息，因而 AS5 的 BGP 表中已经没有去往 AS1 的有效路由表项，因而发送路由撤销消息。

从这个例子可以看出，AS1 发生的单个事件会导致 AS5 出现一连串事件（发送两条更新消息和一条撤销消息）。如果去往 AS1 的路径恢复正常，那么与该 AS 相关联的路由将累积

6 R. Bush, T. Griffin 和 Z.M. Mao 于 2002 年 9 月和 2002 年 10 月分别向 RIPE 43 和 NANOG 提交了研究成果“Route Flap Damping: Harmful?”。

7 如 2006 年 5 月的 RIPE-378 “RIPE Routing Working Group Recommendations on Route-Flap Damping”。

非常高的罚值，使得不应该被抑制的路由仍然处于抑制状态。BGP 的拓扑结构越庞大，这种放大效应的搜索空间就越大。RIPE 的一项研究表明，公共 Internet 中的一次路由翻动事件会导致几个 AS 跳之外出现 41 次事件。

以下因素都会对这种效应产生影响：

- 常规的传播时延（见图 5-18）；
- 不同路由器设备商的 MRAI（Minimum Route Advertisement Intervals，最小路由宣告间隔）不同；
- 路由器的处理速度不同；
- 路由器的负荷不同。

除了可能存在的抑制不该抑制的路由之外，RFD 的最初动机（通过抑制不良路由来减轻不必要的 CPU 和缓存负荷来增强网络的稳定性）对于当今更加强大的 CPU、更优的 BGP 实现以及更好的路由器设计来说毫无吸引力。

那么，路由翻动抑制对于现代网络还有意义吗？即便是 RIPE（曾经在 2006 年告诫大家不要使用 RFD），也在后来修改了 BGP 最佳实践，认为 RFD 可能仍然有用，只不过应该设置不应该抑制偶尔出现翻动现象的路由[8]。RIPE 建议使用 RFD 时的配置参数如下：

- 抑制门限=6000；
- 最大抑制门限=50000。

5.2.2 ORF

虽然 RFD 特性能够帮助 BGP 扩展时面临的网络不稳定性问题，但 ORF（Outbound Route Filtering，出站路由过滤）特性却通过部署更有效的入站路由过滤机制来增强 BGP 的扩展能力。

由 RFC 5291 定义的 ORF 是 BGP 的一种功能特性，允许 BGP 发话路由器在收到 BGP 对等体宣告的路由时部署入站路由过滤机制，实现方式是在对等体上部署过滤器作为出站路由过滤器。

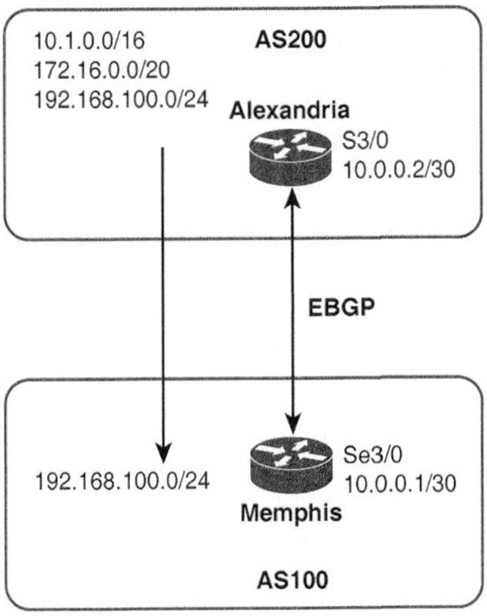

图 5-19 路由器 Memphis 和 Alexandria 的 BGP 配置

8 2013 年 RIPE-580 “RIPE Routing Working Group Recommendations on Route Flap Damping”。

为了理解 ORF 的实现方式以及该功能特性的价值，下面将以图 5-19 为例加以说明。路由器 Memphis 和 Alexandria 是 EBGP 对等体。路由器 Memphis 位于 AS100 中，路由器 Alexandria 位于 AS200 中。Alexandria 向 Memphis 发送了三条路由：10.1.0.0/16、172.16.0.0/20 和 192.168.100.0/24。Memphis 则部署了一个前缀列表以过滤前两个子网，仅允许第三个子网。例 5-47 和例 5-48 分别给出了这两台路由器的 BGP 配置示例以及 BGP 表信息。

例 5-47 图 5-19 中的路由器 Memphis 和 Alexandria 的 BGP 配置

```
Memphis
router bgp 100
 no bgp default ipv4-unicast
 bgp log-neighbor-changes
 neighbor 10.0.0.2 remote-as 200
 !
 address-family ipv4
  neighbor 10.0.0.2 activate
  neighbor 10.0.0.2 prefix-list INBOUND_FILTER in
  no auto-summary
  no synchronization
 exit-address-family
!
ip prefix-list INBOUND_FILTER seq 5 permit 192.168.100.0/24
```

```
Alexandria
router bgp 200
 no bgp default ipv4-unicast
 bgp log-neighbor-changes
 neighbor 10.0.0.1 remote-as 100
 !
 address-family ipv4
  neighbor 10.0.0.1 activate
  no auto-summary
  no synchronization
  network 10.1.0.0 mask 255.255.0.0
  network 172.16.0.0 mask 255.255.240.0
  network 192.168.100.0
 exit-address-family
```

例 5-48 路由器 Memphis 和 Alexandria 的 BGP 表

```
Memphis#show ip bgp
BGP table version is 6, local router ID is 10.0.0.1
Status codes: s suppressed, d damped, h history, * valid, > best, i - internal,
              r RIB-failure, S Stale
Origin codes: i - IGP, e - EGP, ? - incomplete

   Network          Next Hop            Metric LocPrf Weight Path
*> 192.168.100.0    10.0.0.2                 0             0 200 i
```

```
Alexandria#show ip bgp
BGP table version is 4, local router ID is 10.0.0.2
Status codes: s suppressed, d damped, h history, * valid, > best, i - internal,
              r RIB-failure, S Stale
Origin codes: i - IGP, e - EGP, ? - incomplete

   Network          Next Hop            Metric LocPrf Weight Path
*> 10.1.0.0/16      0.0.0.0                  0         32768 i
*> 172.16.0.0/20    0.0.0.0                  0         32768 i
*> 192.168.100.0    0.0.0.0                  0         32768 i
```

大家可能对例 5-47 中的部分配置信息很熟悉了。这两台路由器开头配置的 **address-family ipv4** 语句是 MBGP（Multi-Protocol BGP，多协议 BGP）配置语句，目的是让 BGP 宣告除单播 IPv4 之外的其他地址簇，如 IPv6 以及多播路由等。不过，由于本节仅配置 IPv4 地址簇，因而配置 ORF 时需要这种新的配置格式（有关 MBGP 的详细内容，请参见第 6 章）。

例 5-49 在两台路由器上都运行了 **debug ip bgp updates** 命令，目的是查看 Alexandria 生成和发送的路由更新以及 Memphis 的入站过滤情况。从调试结果可以看出，Alexandria 消耗了一定的处理器和内存资源来生成包含三条路由的更新消息，然后通过 WAN 链路将 UPDATE 消息发送给 Memphis 时也消耗了一定的链路带宽。最后，Memphis 也消耗了一定的处理器和内存资源将这三条路由发送给路由过滤器（前缀列表 INBOUND_FILTER），丢弃两条路由，仅允许一条路由。假设 Alexandria 向 Memphis 发送了 Internet 全路由表，而 Memphis 必须丢弃绝大多数路由而仅接受少量选定路由，那么从资源消耗来看，这种过滤机制的效率就显得很低下。

例 5-49　Alexandria 发送 BGP 消息，Memphis 在入站侧进行路由过滤

```
Memphis#
*Sep 30 05:30:28.467: %BGP-5-ADJCHANGE: neighbor 10.0.0.2 Up
Memphis#
*Sep 30 05:30:28.651: BGP(0): 10.0.0.2 rcvd UPDATE w/ attr: nexthop 10.0.0.2, origin
  i, metric 0, path 200
*Sep 30 05:30:28.651: BGP(0): 10.0.0.2 rcvd 192.168.100.0/24
*Sep 30 05:30:28.655: BGP(0): 10.0.0.2 rcvd 172.16.0.0/20 -- DENIED due to:
  distribute/prefix-list;
*Sep 30 05:30:28.655: BGP(0): 10.0.0.2 rcvd 10.1.0.0/16 -- DENIED due to:
distribute/prefix-list;
*Sep 30 05:30:28.663: BGP(0): Revise route installing 1 of 1 routes for
  192.168.100.0/24 -> 10.0.0.2(main) to main IP table
Memphis#
```

```
Alexandria#
*Sep 30 05:30:28.563: %BGP-5-ADJCHANGE: neighbor 10.0.0.1 Up
Alexandria#
*Sep 30 05:30:28.567: BGP(0): 10.0.0.1 send UPDATE (format) 192.168.100.0/24, next
  10.0.0.2, metric 0, path Local
*Sep 30 05:30:28.571: BGP(0): 10.0.0.1 send UPDATE (prepend, chgflags: 0x820)
  172.16.0.0/20, next 10.0.0.2, metric 0, path Local
*Sep 30 05:30:28.571: BGP(0): 10.0.0.1 send UPDATE (prepend, chgflags: 0x820)
  10.1.0.0/16, next 10.0.0.2, metric 0, path Local
Alexandria#
```

如果 Alexandria 不是发送一堆仅仅要被丢弃的路由，那么会怎样呢？Memphis 就必须有能力告诉 Alexandria “我仅接受这些路由，因而不要发其他路由打扰我”，而这就是 ORF 的作用。

ORF 允许 Memphis 将其用作入站路由过滤器的前缀列表发送给 Alexandria，使得 Alexandria 可以将该过滤器用作面向 Memphis 的出站路由过滤器，从而可以在源端（Alexandria）根据目的端（Memphis）的要求过滤路由。

如果要配置 ORF，那么就需要在两台路由器上都配置如下语句：

neighbor {*IP_Address*} **capability orf** *prefix-list* [**both** | **receive** | **send**]

在 BGP 地址簇配置模式下运行该语句，可以让路由器向命令中配置的邻居宣告 ORF 能力。ORF 可以工作在接收模式（即 BGP 发话路由器宣布其“愿意”接受对等体的 ORF）或发送模式（即 BGP 发话路由器宣布其将向对等体发送 ORF）或者同时两者模式（即同时启用发送和接收模式）下。

例 5-50 给出了启用 ORF 之后的 BGP 配置示例。由于 Memphis 是要向对等体发送 ORF 的 BGP 发话路由器，因而将 Memphis 配置为发送模式，而将 Alexandria 配置为接收模式。

例 5-50　启用 ORF 之后 Memphis 和 Alexandria 的 BGP 配置

```
Memphis
router bgp 100
```

（待续）

```
 no bgp default ipv4-unicast
 bgp log-neighbor-changes
 neighbor 10.0.0.2 remote-as 200
 !
 address-family ipv4
  neighbor 10.0.0.2 activate
  neighbor 10.0.0.2 capability orf prefix-list send
  neighbor 10.0.0.2 prefix-list INBOUND_FILTER in
  no auto-summary
  no synchronization
exit-address-family
Alexandria
router bgp 200
 no bgp default ipv4-unicast
 bgp log-neighbor-changes
 neighbor 10.0.0.1 remote-as 100
 !
 address-family ipv4
  neighbor 10.0.0.1 activate
  neighbor 10.0.0.1 capability orf prefix-list receive
  no auto-summary
  no synchronization
  network 10.1.0.0 mask 255.255.0.0
  network 172.16.0.0 mask 255.255.240.0
  network 192.168.100.0
 exit-address-family
```

利用 **clear ip bgp 10.0.0.2 in prefix-filter** 命令对 Memphis 执行软重启之后的调试输出结果如例 5-51 所示。可以看出 Alexandria 因为路由过滤器的缘故仅向外发送单条路由。

例 5-51 配置 ORF 能力之后的调试输出结果

```
Memphis#clear ip bgp 10.0.0.2 in prefix-filter
Memphis#
*Sep 30 06:47:50.515: BGP(0): 10.0.0.2 rcvd UPDATE w/ attr: nexthop 10.0.0.2, origin
  i, metric 0, path 200
*Sep 30 06:47:50.519: BGP(0): 10.0.0.2 rcvd 192.168.100.0/24...duplicate ignored
  Memphis#
```

```
Alexandria#
*Sep 30 06:47:50.343: BGP(0): 10.0.0.1 send UPDATE (format) 192.168.100.0/24, next
  10.0.0.2, metric 0, path Local
```

为了验证新配置，例 5-52 给出了这两台路由器的 **show ip bgp neighbor** 命令输出结果。可以看出都宣称具备了 ORF 能力。接着在 Alexandria 上运行 **show ip bgp neighbor 10.0.0.1 received prefix-filter** 命令，可以看出 R2 已经从 Memphis 收到 ORF。

例 5-52 ORF 配置验证

```
Memphis#show ip bgp neighbors 10.0.0.2
BGP neighbor is 10.0.0.2, remote AS 200, external link
  BGP version 4, remote router ID 192.168.100.1
  BGP state = Established, up for 00:13:22
  Last read 00:00:21, last write 00:00:21, hold time is 180, keepalive interval is
  60 seconds
  Neighbor capabilities:
    Route refresh: advertised and received(old & new)
    Address family IPv4 Unicast: advertised and received
  Message statistics:
    InQ depth is 0
    OutQ depth is 0
```

（待续）

```
                         Sent       Rcvd
    Opens:                  6          6
    Notifications:          0          0
    Updates:                0         10
    Keepalives:           122        122
    Route Refresh:          3          0
    Total:                135        138
  Default minimum time between advertisement runs is 30 seconds

 For address family: IPv4 Unicast
  BGP table version 8, neighbor version 8/0
  Output queue size: 0
  Index 1, Offset 0, Mask 0x2
  1 update-group member
  AF-dependant capabilities:
    Outbound Route Filter (ORF) type (128) Prefix-list:
      Send-mode: advertised
      Receive-mode: received
    Outbound Route Filter (ORF): sent;
    Incoming update prefix filter list is INBOUND_FILTER
                                 Sent       Rcvd
  Prefix activity:               ----       ----
    Prefixes Current:               0          1 (Consumes 52 bytes)
    Prefixes Total:                 0          3
    Implicit Withdraw:              0          2
    Explicit Withdraw:              0          0
    Used as bestpath:             n/a          1
    Used as multipath:            n/a          0

                                   Outbound    Inbound
  Local Policy Denied Prefixes:    --------    -------
    Suppressed duplicate:                 0          2
    Bestpath from this peer:              1        n/a
    Total:                                1          2
  Number of NLRIs in the update sent: max 0, min 0

  Connections established 6; dropped 5
  Last reset 00:13:30, due to Peer closed the session
Connection state is ESTAB, I/O status: 1, unread input bytes: 0
Connection is ECN Disabled, Mininum incoming TTL 0, Outgoing TTL 1
Local host: 10.0.0.1, Local port: 179
Foreign host: 10.0.0.2, Foreign port: 15127
Connection tableid (VRF): 0

Enqueued packets for retransmit: 0, input: 0 mis-ordered: 0 (0 bytes)

Event Timers (current time is 0x6A4F6C):
Timer          Starts    Wakeups            Next
Retrans            17          0             0x0
TimeWait            0          0             0x0
AckHold            19          4             0x0
SendWnd             0          0             0x0
KeepAlive           0          0             0x0
GiveUp              0          0             0x0
PmtuAger            0          0             0x0
DeadWait            0          0             0x0
Linger              0          0             0x0
ProcessQ            0          0             0x0

iss: 2353748554 snduna: 2353749042 sndnxt: 2353749042 sndwnd: 15897
irs: 2372261415 rcvnxt: 2372261932 rcvwnd: 15868  delrcvwnd:    516

SRTT: 290 ms, RTTO: 564 ms, RTV: 274 ms, KRTT: 0 ms
minRTT: 172 ms, maxRTT: 348 ms, ACK hold: 200 ms
Status Flags: passive open, gen tcbs
Option Flags: nagle
IP Precedence value : 6
```

（待续）

```
Datagrams (max data segment is 1460 bytes):
Rcvd: 34 (out of order: 0), with data: 20, total data bytes: 516
Sent: 25 (retransmit: 0, fastretransmit: 0, partialack: 0, Second Congestion: 0)
  ,
  with data: 20, total data bytes: 487
 Packets received in fast path: 0, fast processed: 0, slow path: 0
 Packets send in fast path: 0
 fast lock acquisition failures: 0, slow path: 0
Memphis#
```

```
Alexandria#show ip bgp neighbors 10.0.0.1
BGP neighbor is 10.0.0.1, remote AS 100, external link
  BGP version 4, remote router ID 10.0.0.1
  BGP state = Established, up for 00:15:36
  Last read 00:00:36, last write 00:00:36, hold time is 180, keepalive interval
  is
  60 seconds
  Neighbor capabilities:
    Route refresh: advertised and received(old & new)
    Address family IPv4 Unicast: advertised and received
  Message statistics:
    InQ depth is 0
    OutQ depth is 0
                         Sent       Rcvd
    Opens:                  6          6
    Notifications:          0          0
    Updates:               10          0
    Keepalives:           124        124
    Route Refresh:          0          6
    Total:                140        137
  Default minimum time between advertisement runs is 30 seconds

 For address family: IPv4 Unicast
  BGP table version 4, neighbor version 4/0
  Output queue size: 0
  Index 1, Offset 0, Mask 0x2
  1 update-group member
  AF-dependant capabilities:
    Outbound Route Filter (ORF) type (128) Prefix-list:
      Send-mode: received
      Receive-mode: advertised
  Outbound Route Filter (ORF): received (1 entries)
                                  Sent       Rcvd
  Prefix activity:                ----       ----
    Prefixes Current:                1          0
    Prefixes Total:                  3          0
    Implicit Withdraw:               2          0
    Explicit Withdraw:               0          0
    Used as bestpath:              n/a          0
    Used as multipath:             n/a          0

                                    Outbound    Inbound
  Local Policy Denied Prefixes:     --------    -------
    ORF prefix-list:                       6        n/a
    Total:                                 6          0
  Number of NLRIs in the update sent: max 3, min 1

  Connections established 6; dropped 5
  Last reset 00:15:43, due to User reset
Connection state is ESTAB, I/O status: 1, unread input bytes: 0
Connection is ECN Disabled, Mininum incoming TTL 0, Outgoing TTL 1
Local host: 10.0.0.2, Local port: 15127
Foreign host: 10.0.0.1, Foreign port: 179
Connection tableid (VRF): 0

Enqueued packets for retransmit: 0, input: 0 mis-ordered: 0 (0 bytes)
```

（待续）

```
Event Timers (current time is 0x6C5664):
Timer          Starts    Wakeups          Next
Retrans            22          0           0x0
TimeWait            0          0           0x0
AckHold            18         14           0x0
SendWnd             0          0           0x0
KeepAlive           0          0           0x0
GiveUp              0          0           0x0
PmtuAger            0          0           0x0
DeadWait            0          0           0x0
Linger              0          0           0x0
ProcessQ            0          0           0x0

iss: 2372261415 snduna: 2372261970 sndnxt: 2372261970     sndwnd: 15830
irs: 2353748554 rcvnxt: 2353749080 rcvwnd:      15859 delrcvwnd:    525

SRTT: 297 ms, RTTO: 424 ms, RTV: 127 ms, KRTT: 0 ms
minRTT: 124 ms, maxRTT: 412 ms, ACK hold: 200 ms
Status Flags: active open
Option Flags: nagle
IP Precedence value : 6

Datagrams (max data segment is 1460 bytes):
Rcvd: 27 (out of order: 0), with data: 22, total data bytes: 525
Sent: 38 (retransmit: 0, fastretransmit: 0, partialack: 0, Second Congestion: 0)
   ,
   with data: 22, total data bytes: 554
 Packets received in fast path: 0, fast processed: 0, slow path: 0
 Packets send in fast path: 0
 fast lock acquisition failures: 0, slow path: 0
Alexandria#
Alexandria#show ip bgp neighbors 10.0.0.1 received prefix-filter
Address family: IPv4 Unicast
ip prefix-list 10.0.0.1: 1 entries
   seq 5 permit 192.168.100.0/24
Alexandria#
```

解释了 ORF 的配置以及对路由更新的影响效果之后，下面再回过头来看一下背景信息。

Cisco 对配置 ORF 功能特性的限制要求如下：

- ORF 支持 IPv4 和 IPv6 单播路由，不支持 IP 多播路由；
- ORF 仅支持 IP 前缀列表，不支持分发列表和 ACL；
- 必须为每个地址簇单独配置 ORF，不能在全局 BGP 进程下配置 ORF；
- ORF 仅支持 EBGP 会话，不支持 IBGP 会话。

BGP 发话路由器可以在 BGP OPEN 消息中使用可选参数字段(Optional Parameters Field)与对等体协商 ORF 能力。第 2 章曾经说过，可选参数字段包括以下子字段：

- 参数类型（Parameter Type）；
- 参数长度（Parameter Length）；
- 参数值（Parameter Value）。

对于所有能力（包括 ORF 能力）来说，参数类型字段始终为 2。长度字段指定后面值字段的长度（以八位组为单位），而值字段可以进一步划分为以下三个子字段：

- 能力编码（Capability Code）；
- 能力长度（Capability Length）；
- 能力值（Capability Value）。

图 5-20 解释了上述能力参数。对于 ORF 能力来说，能力编码为 3。能力长度字段指定后面值字段的长度（以八位组为单位）。能力值字段由指示下列信息的条目组成：如启用了

ORF 的 AFI/SAFI（Address Family Identifier/ Subsequent Address Family Identifier，地址族标识符/并发的地址族标识符）、BGP 发话路由器配置的模式（即本节前面所说的接收模式、发送模式或两种模式）。

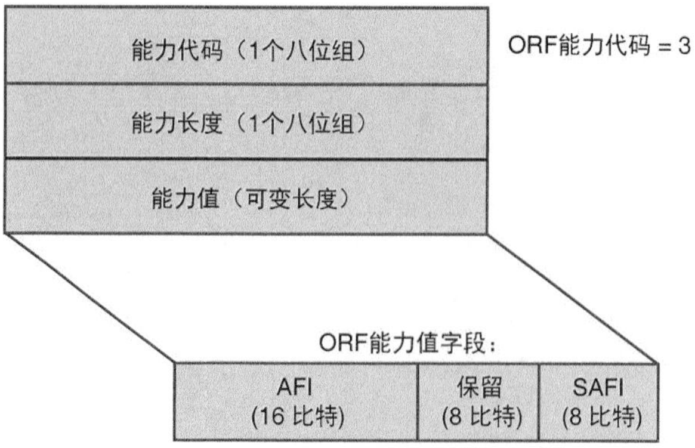

图 5-20 BGP OPEN 消息中的 ORF 能力字段

邻居之间完成能力协商之后，就在 BGP ROUTE-REFRESH（路由刷新）消息中携带 ORF 条目。该 BGP 消息属于类型 5 消息（如第 4 章所述）。

携带一个或多个 ORF 条目的 ROUTE-REFRESH 消息包括以下字段信息：

- AFI（如 IPv4 或 IPv6）；
- SAFI（如单播或多播）；
- When-to-refresh（何时刷新）（立即、延迟）；
- ORT 类型（数值）；
- 操作（增加、删除、删除全部）；
- 匹配（允许、拒绝）；
- 特定类型字段。

5.2.3 NHT

本章解释了 BGP 作为大型网络（如 Internet）优选协议的主要能力：扩展性。如本章开头所述，BGP 是一种稳定的路由协议，可以处理大型网络的路由信息，支持大量可达终端系统。

但这种扩展性也是有代价的。BGP 是一种“慢”协议，不仅检测路由器故障的速度慢，而且故障后收敛到稳定状态的速度也很慢，反过来也就意味着 BGP 更新在全网的传播速度也很慢。NHT（Next-Hop Tracking，下一跳跟踪）就是一种改善 BGP 慢特性的几种机制之一，不但能够加快故障检测速度，而且还能加快路由器和网络的路由收敛速度。

为了更好地解释 NHT 加快 BGP 故障检测与收敛速度的方式，首先看一下 BGP 在无 NHT 时的故障检测与路由收敛方式。以图 5-21 的拓扑结构为例。路由器 Sharqia 和 Sinai 是 AS100 的边缘路由器，从其他自治系统的 EBGP 对等体接收相同的路由。AS100 中的路由器利用路由器的 Loopback 地址构建了全网状的 IBGP 连接，因而路由器 Cario 从 Sharqia 和 Sinai 收到了相同的外部路由。此外，Sharqia 和 Sinai 都将下一跳可达性配置为 Next-hop-self。最后，对于 Cairo 来说，Sharqia 宣告的路由优于 Sinai 宣告的路由（因为 Sharqia 的 BGP RID 较小），并将其安装到 Cario 的 BGP 表和路由表中。

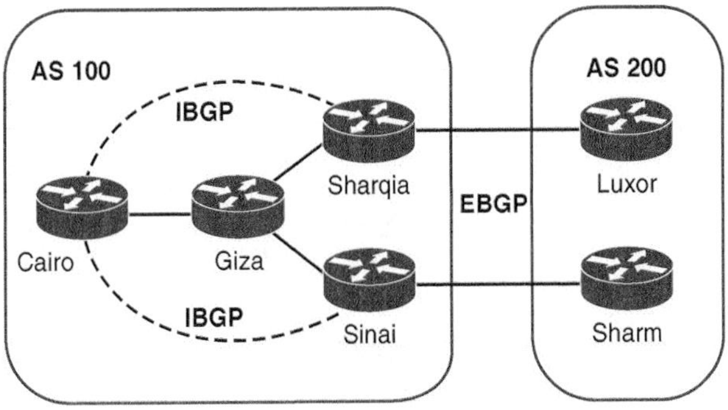

图 5-21 NHT 示例拓扑结构

如果 Sharqia 因某种原因出现故障或者 Loopback 地址变得不可达，那么会怎么样呢？此时将有两种机制起作用：BGP 保持激活和保持时间间隔以及 BGP Scanner（扫描器）进程。

对于第一种场景来说，故障检测与收敛过程依赖 BGP 定时器。默认的 BGP 保持激活定时器是 60 秒，保持时间为 180 秒。Cario 在接收不到 Sharqia 发送的保持激活消息的情况下降等待 180 秒，此后将宣布 Sharqia 中断并拆除 IBGP 会话。拆除了 IBGP 会话之后，Cario 就会从 BGP 表中撤销所有学自 Sharqia 的路由。接下来将运行 BGP 最佳路径选择算法并将经由 Sinai 的路径安装为新的最佳路由，然后再相应地更新 IP 路由表。

在讨论第二种场景之前，首先回顾一下第 4 章的相关内容。IOS Scanner 进程会周期性地扫描 BGP 表中的所有前缀以验证每条路由的下一跳的可达性。如果路由的下一跳不可达，那么就在 BGP 表中将该路由标记为无效路由，不参与 BGP 最佳路由算法的计算。BGP Scanner 进程的间隔为 60 秒，该时间指的是一次扫描结束与下一次扫描开始之间的间隔时间，并不考虑实际扫描所花费的时间。

对于第二种场景来说（如果 BGP 定时器被设置为默认值，那么与第一种场景很相似），如果 AS100 中的 IGP 调整正确，那么 IGP 的收敛时间通常不到一秒钟或者在几秒钟之内，因而 Cario 的 IGP 能够比 BGP 提前很长时间检测到 Sharqia 不再可达。由于还未拆除 IBGP 会话，因而从 Sharqia 收到的路由仍在路由表中，但是等到 BGP Scanner 进程下一次扫描 BGP 表时，会将所有使用 Sharqia 作为下一跳的路由均标记为无效路由。接着会再次运行 BGP 最佳路径算法并安装经由 Sinai 的路由，等到保持时间超时以及与 Sharqia 之间的会话拆除后，就从 BGP 表中删除经由 Sharqia 的无效路由。

第一种场景中的 Cario 需要至少等待 180 秒钟才能检测到故障问题，而第二种场景中的 Cario 则至少等待 60 秒钟就能检测到故障问题。第二种场景（更优场景）不需要等待 Scanner 间隔超时，然后由 Scanner 进程扫描整个 BGP 表，在进程中验证每条路由的下一跳可达性，NHT 将这种验证进程变成事件驱动型进程。也就是说，由于 RIB 的变化而影响一条或多条 BGP 路由的下一跳可达性或度量的，都要在可调节的时间间隔内报告被 BGP（默认开启该功能特性）。

其工作方式如下：BGP 在 BGP 表中编译一份所有下一跳 IP 地址的列表，并将该列表注册到 IP RIB Update IOS 进程。只要注册的下一跳 IP 地址出现了变化，IP RIB Update 进程就会通知 BGP 该下一跳 IP 地址已经出现了变化。默认是在 5 秒钟间隔之后出现该操作，也可以利用以下语句更改该时间间隔：

```
bgp nexthop trigger delay {sec}
```

在有限的时间间隔之后通知 BGP 这些变化信息的原因是 IGP 可以在网络中的所有节点达到稳定状态。如果将触发时延设置为 0 秒，那么 IGP 出现变化后就会立即告知 BGP，不存在任何时延。但最佳实践是将该时延设置得略大于 IGP 收敛时间。

虽然基本不可能会用到，但也可以利用 **bgp router mode** 命令禁用 NHT 特性：

```
no bgp nexthop trigger enable
```

如果网络中的IGP不稳定，而且会反过来影响BGP的稳定性，那么就有可能会禁用NHT。不过对于这种场景来说，解决方案应该是分析并解决 IGP 的不稳定性问题，而不是禁用 NHT。

下一跳 IP 出现变化的方式有两种：度量出现变化或下一跳不可达。对于第一种情况来说，会启动 BGP Router 进程并运行最佳路径算法以计算新的最佳路径（如果有的话）。对于第二种情况来说，BGP Scanner 进程会在 BGP 表中将下一跳不可达的路由标记为无效路由，接着 BGP Router 进程再运行 BGP 最佳路径算法以计算新的最佳路径。

需要注意的是，NHT 不仅能够在影响下一跳的事件发生后加快 BGP 的收敛速度，而且还能在 IGP 收敛期间以及 BGP 完成收敛之前避免出现流量黑洞。下面以图 5-20 为例进一步解释这个问题。如前所述，AS100 建立了全网状的 IBGP 会话，因而路由器 Giza 能够知道 Sharqia 和 Sinai 宣告到 AS 中的所有外部路由。假设 Giza 与 Sharqia 之间的链路出现了故障，Giza 几乎立即知道 Sharqia 不可达（因为它们直连）。其他路由器（包括 Cairo）则随着 IGP 的收敛而很快得到该链路故障。但是在 BGP 收敛（基于定时器或者 BGP Scanner 进程检测，无论哪种情况先发生）之前，Cario 都认为 Sharqia 仍然处于正常状态，而且认为 Sharqia 宣告的路由也仍然有效，因而 Cario 一直向 Sharqia 的 Loopback 地址发送数据包，直至 BGP 收敛完成。在 IGP 收敛与 BGP 收敛之间的时间里，Cario 发送给 Sharqia 的所有流量都会被 Giza 丢弃，当然，这是在未启用 NHT 功能特性的情况下。

前面曾经说过，Sharqia 和 Sinai 利用 next-hop-self 将通过 EBGP 会话学到的路由的下一跳修改为自己的 Loopback 地址。由于 IGP 会宣告这些 Loopback 地址，因而 NHT 会跟踪并报告影响这些 Loopback 地址的所有故障。下面分析图 5-22。图中的 Sharqia 和 Sinai 保持不变，但去往 Sharqia 的 EBGP 邻居的上行链路出现了故障。由于 IGP 并不跟踪该链路，因而 NHT 不会以任何方式影响 IGP 的收敛。本例中的 Sharqia 会等待保持激活定时器超时，然后拆除与 Luxor 之间的 EBGP 会话，最后再向 IBGP 邻居发送 UPDATE 消息，以撤销之前从 Luxor 学到的路由。

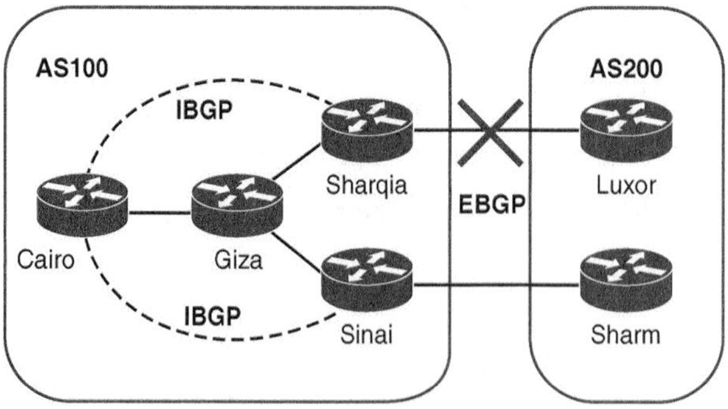

图 5-22　Sharqia 与 Luxor 之间的链路出现故障

该问题的解决措施之一就是在连接 Sharqia 和 Luxor 的接口上让 IGP 运行在被动模式下（如第 3 章所述），而不是在 Sharqia 和 Sinai 上使用 next-hop-self 语句。

为了展示 NHT 功能特性的价值，下面就以图 5-22 为例测试图中网络的收敛情况。首先是无 NHT 功能特性时的收敛情况，然后是启用 NHT 功能特性时的收敛情况。例 5-53 显示了图 5-22 中路由器的相关配置。为了简化起见，仅显示 BGP 配置信息。AS100 和 AS200 都将 OSPF 配置为 IGP，但每个 AS 均位于不同的 OSPF 域中，AS100 和 AS200 都建立了全网状的 IBGP 会话。路由器 Sharqia 与 Luxor 之间以及 Sinai 与 Sharm 之间都建立了 EBGP 会话。网络 172.16.0.0/20、10.10.10.0/24 以及 10.20.20.0/25 均由内部路由器注入到 AS200 中，而且 Luxor 和 Sharm 均通过与 AS100 之间的 EBGP 会话宣告了这些网络。从 Cario 的配置可以看出，NHT 特性被 **no bgp nexthop trigger enable** 命令禁用了。例 5-54 给出了 Cario 的 BGP 表以及 IP 路由表信息。可以看出 Cario 将 AS200 的这三个内部子网都安装到自己的 BGP 表和 IP 路由表中了，而且这三个子网的下一跳是 Sharqia（192.168.255.3）。

例 5-53　图 5-22 中的路由器的 BGP 配置信息

```
Cairo
router bgp 100
 no synchronization
 bgp log-neighbor-changes
 no bgp nexthop trigger enable
 network 192.168.255.1 mask 255.255.255.255
 neighbor 192.168.255.2 remote-as 100
 neighbor 192.168.255.2 update-source Loopback0
 neighbor 192.168.255.3 remote-as 100
 neighbor 192.168.255.3 update-source Loopback0
 neighbor 192.168.255.4 remote-as 100
 neighbor 192.168.255.4 update-source Loopback0
 no auto-summary
```

```
Giza
router bgp 100
 no synchronization
 bgp log-neighbor-changes
 network 192.168.255.2 mask 255.255.255.255
 neighbor 192.168.255.1 remote-as 100
 neighbor 192.168.255.1 update-source Loopback0
 neighbor 192.168.255.3 remote-as 100
 neighbor 192.168.255.3 update-source Loopback0
 neighbor 192.168.255.4 remote-as 100
 neighbor 192.168.255.4 update-source Loopback0
 no auto-summary
```

```
Sharqia
router bgp 100
 no synchronization
 bgp log-neighbor-changes
 network 192.168.255.3 mask 255.255.255.255
 neighbor 10.0.0.14 remote-as 200
 neighbor 192.168.255.1 remote-as 100
 neighbor 192.168.255.1 update-source Loopback0
 neighbor 192.168.255.1 next-hop-self
 neighbor 192.168.255.2 remote-as 100
 neighbor 192.168.255.2 update-source Loopback0
 neighbor 192.168.255.2 next-hop-self
 neighbor 192.168.255.4 remote-as 100
 neighbor 192.168.255.4 update-source Loopback0
 neighbor 192.168.255.4 next-hop-self
 no auto-summary
```

（待续）

```
Sinai
router bgp 100
 no synchronization
 bgp log-neighbor-changes
 network 192.168.255.4 mask 255.255.255.255
 neighbor 10.0.0.18 remote-as 200
 neighbor 192.168.255.1 remote-as 100
 neighbor 192.168.255.1 update-source Loopback0
 neighbor 192.168.255.1 next-hop-self
 neighbor 192.168.255.2 remote-as 100
 neighbor 192.168.255.2 update-source Loopback0
 neighbor 192.168.255.2 next-hop-self
 neighbor 192.168.255.3 remote-as 100
 neighbor 192.168.255.3 update-source Loopback0
 neighbor 192.168.255.3 next-hop-self
 no auto-summary
```

```
Luxor
router bgp 200
 no synchronization
 bgp log-neighbor-changes
 network 192.168.255.5 mask 255.255.255.255
 neighbor 10.0.0.13 remote-as 100
 neighbor 192.168.255.6 remote-as 200
 neighbor 192.168.255.6 update-source Loopback0
 neighbor 192.168.255.6 next-hop-self
 neighbor 192.168.255.7 remote-as 200
 neighbor 192.168.255.7 update-source Loopback0
 neighbor 192.168.255.7 next-hop-self
 no auto-summary
```

```
Sharm
router bgp 200
 no synchronization
 bgp log-neighbor-changes
 network 192.168.255.6 mask 255.255.255.255
 neighbor 10.0.0.17 remote-as 100
 neighbor 192.168.255.5 remote-as 200
 neighbor 192.168.255.5 update-source Loopback0
 neighbor 192.168.255.5 next-hop-self
 neighbor 192.168.255.7 remote-as 200
 neighbor 192.168.255.7 update-source Loopback0
 neighbor 192.168.255.7 next-hop-self
 no auto-summary
```

例 5-54 Cario 的 BGP 表以及 IP 路由表信息

```
Cairo#show ip bgp
BGP table version is 66, local router ID is 192.168.255.1
Status codes: s suppressed, d damped, h history, * valid, > best, i - internal,
              r RIB-failure, S Stale
Origin codes: i - IGP, e - EGP, ? - incomplete

   Network          Next Hop            Metric LocPrf Weight Path
*>i10.10.10.0/24    192.168.255.3            0    100      0 200 i
* i                 192.168.255.4            0    100      0 200 i
*>i10.20.20.0/25    192.168.255.3            0    100      0 200 i
* i                 192.168.255.4            0    100      0 200 i
*>i172.16.0.0/20    192.168.255.3            0    100      0 200 i
* i                 192.168.255.4            0    100      0 200 i
*> 192.168.255.1/32 0.0.0.0                  0         32768 i
r>i192.168.255.2/32 192.168.255.2            0    100      0 i
r>i192.168.255.3/32 192.168.255.3            0    100      0 i
r>i192.168.255.4/32 192.168.255.4            0    100      0 i
*>i192.168.255.5/32 192.168.255.3            0    100      0 200 i
* i                 192.168.255.4            0    100      0 200 i
```

（待续）

```
*>i192.168.255.6/32 192.168.255.3          0    100      0 200 i
* i                 192.168.255.4          0    100      0 200 i
*>i192.168.255.7/32 192.168.255.3          0    100      0 200 i
* i                 192.168.255.4          0    100      0 200 i
Cairo#

Cairo#show ip route
Codes: C - connected, S - static, R - RIP, M - mobile, B - BGP
       D - EIGRP, EX - EIGRP external, O - OSPF, IA - OSPF inter area
       N1 - OSPF NSSA external type 1, N2 - OSPF NSSA external type 2
       E1 - OSPF external type 1, E2 - OSPF external type 2
       i - IS-IS, su - IS-IS summary, L1 - IS-IS level-1, L2 - IS-IS level-2
       ia - IS-IS inter area, * - candidate default, U - per-user static route
       o - ODR, P - periodic downloaded static route

Gateway of last resort is not set

     172.16.0.0/20 is subnetted, 1 subnets
B       172.16.0.0 [200/0] via 192.168.255.3, 00:17:17
     10.0.0.0/8 is variably subnetted, 5 subnets, 3 masks
O       10.0.0.8/30 [110/2] via 10.0.0.2, 01:58:14, FastEthernet1/0
B       10.20.20.0/25 [200/0] via 192.168.255.3, 00:17:17
B       10.10.10.0/24 [200/0] via 192.168.255.3, 00:17:17
C       10.0.0.0/30 is directly connected, FastEthernet1/0
O       10.0.0.4/30 [110/2] via 10.0.0.2, 01:58:24, FastEthernet1/0
     192.168.255.0/32 is subnetted, 7 subnets
B       192.168.255.7 [200/0] via 192.168.255.3, 00:17:17
B       192.168.255.6 [200/0] via 192.168.255.3, 00:17:49
B       192.168.255.5 [200/0] via 192.168.255.3, 00:17:49
O       192.168.255.4 [110/3] via 10.0.0.2, 01:55:50, FastEthernet1/0
O       192.168.255.3 [110/3] via 10.0.0.2, 00:17:52, FastEthernet1/0
O       192.168.255.2 [110/2] via 10.0.0.2, 01:58:24, FastEthernet1/0
C       192.168.255.1 is directly connected, Loopback0
Cairo#
```

通过关闭 Sharqia 的 Loopback0 接口（是 Sharqia 用作 IBGP 会话的接口）来模拟故障行为。由于看到的并不是出现故障的 BGP 会话，而是 BGP 表中被标记为无效路由的路由，因而在 Cario 上运行命令 **debug ip bgp rib-filter**。例 5-55 给出了关闭 Loopback0 接口之后的日志消息。

例 5-55 禁用 NHT 特性时的 AS 内故障检测

```
Sharqia#conf t
Enter configuration commands, one per line. End with CNTL/Z.
Sharqia(config)#interface loopback 0
Sharqia(config-if)#shut
Sharqia(config-if)#
Oct  5 07:30:10.675: %LINK-5-CHANGED: Interface Loopback0, changed state to
  administratively down
Oct  5 07:30:11.675: %LINEPROTO-5-UPDOWN: Line protocol on Interface Loopback0,
  changed state to down
Sharqia(config-if)#
Oct  5 07:32:24.643: %BGP-5-ADJCHANGE: neighbor 192.168.255.2 Down BGP Notification
  sent
Sharqia(config-if)#
Oct  5 07:32:24.643: %BGP-3-NOTIFICATION: sent to neighbor 192.168.255.2 4/0 (hold
  time expired) 0 bytes
Sharqia(config-if)#
Oct  5 07:32:33.047: %BGP-5-ADJCHANGE: neighbor 192.168.255.4 Down BGP Notification
  sent
Sharqia(config-if)#
Oct  5 07:32:33.047: %BGP-3-NOTIFICATION: sent to neighbor 192.168.255.4 4/0 (hold
  time expired) 0 bytes
Sharqia(config-if)#
Oct  5 07:32:36.171: %BGP-5-ADJCHANGE: neighbor 192.168.255.1 Down BGP Notification
```

（待续）

```
  sent
Sharqia(config-if)#
Oct  5 07:32:36.171: %BGP-3-NOTIFICATION: sent to neighbor 192.168.255.1 4/0 (hold
  time expired) 0 bytes
Sharqia(config-if)#

Cairo#debug ip bgp rib-filter
BGP Rib filter debugging is on
Cairo#
Oct  5 07:29:58.463: BGP- ATF: Debuging is OFF
Oct  5 07:29:58.467: BGP- ATF: Debuging is ON
Cairo#
Oct  5 07:30:14.279: BGP- ATF: EVENT 192.168.255.3/32 RIB update DOWN
Cairo#
Cairo#
Cairo#sh ip bgp summary
BGP router identifier 192.168.255.1, local AS number 100
BGP table version is 112, main routing table version 112
9 network entries using 1080 bytes of memory
15 path entries using 780 bytes of memory
4/3 BGP path/bestpath attribute entries using 496 bytes of memory
1 BGP AS-PATH entries using 24 bytes of memory
0 BGP route-map cache entries using 0 bytes of memory
0 BGP filter-list cache entries using 0 bytes of memory
Bitfield cache entries: current 1 (at peak 1) using 32 bytes of memory
BGP using 2412 total bytes of memory
BGP activity 32/23 prefixes, 76/61 paths, scan interval 60 secs

Neighbor        V    AS MsgRcvd MsgSent   TblVer  InQ OutQ Up/Down  State/PfxRcd
192.168.255.2   4   100     160     160      112    0    0 02:03:08        1
192.168.255.3   4   100     135     108      112    0    0 00:02:28        6
192.168.255.4   4   100     173     164      112    0    0 02:03:08        7
Cairo#
Cairo#
Cairo#sh ip bgp
BGP table version is 112, local router ID is 192.168.255.1
Status codes: s suppressed, d damped, h history, * valid, > best, i - internal,
              r RIB-failure, S Stale
Origin codes: i - IGP, e - EGP, ? - incomplete

   Network          Next Hop            Metric LocPrf Weight Path
*>i10.10.10.0/24    192.168.255.3            0    100      0 200 i
* i                 192.168.255.4            0    100      0 200 i
*>i10.20.20.0/25    192.168.255.3            0    100      0 200 i
* i                 192.168.255.4            0    100      0 200 i
*>i172.16.0.0/20    192.168.255.3            0    100      0 200 i
* i                 192.168.255.4            0    100      0 200 i
*> 192.168.255.1/32 0.0.0.0                  0         32768 i
r>i192.168.255.2/32 192.168.255.2            0    100      0 i
r>i192.168.255.4/32 192.168.255.4            0    100      0 i
*>i192.168.255.5/32 192.168.255.3            0    100      0 200 i
* i                 192.168.255.4            0    100      0 200 i
*>i192.168.255.6/32 192.168.255.3            0    100      0 200 i
* i                 192.168.255.4            0    100      0 200 i
*>i192.168.255.7/32 192.168.255.3            0    100      0 200 i
* i                 192.168.255.4            0    100      0 200 i
Cairo#
Oct  5 07:31:11.875: BGP- ATF: EVENT 10.10.10.0/24 RIB update MODIFY
Oct  5 07:31:11.879: BGP- ATF: EVENT 10.20.20.0/25 RIB update MODIFY
Oct  5 07:31:11.879: BGP- ATF: EVENT 172.16.0.0/20 RIB update MODIFY
Oct  5 07:31:11.883: BGP- ATF: EVENT 192.168.255.5/32 RIB update MODIFY
Oct  5 07:31:11.883: BGP- ATF: EVENT 192.168.255.6/32 RIB update MODIFY
Oct  5 07:31:11.887: BGP- ATF: EVENT 192.168.255.7/32 RIB update MODIFY
Cairo#


Cairo#
```

（待续）

```
Oct 5 07:32:35.979: %BGP-3-NOTIFICATION: received from neighbor 192.168.255.3 4/0
  (hold time expired) 0 bytes
Cairo#
Oct 5 07:32:35.979: %BGP-5-ADJCHANGE: neighbor 192.168.255.3 Down BGP Notification
  received
Cairo#
Cairo#sh ip bgp summary
BGP router identifier 192.168.255.1, local AS number 100
BGP table version is 118, main routing table version 118
9 network entries using 1080 bytes of memory
9 path entries using 468 bytes of memory
4/3 BGP path/bestpath attribute entries using 496 bytes of memory
1 BGP AS-PATH entries using 24 bytes of memory
0 BGP route-map cache entries using 0 bytes of memory
0 BGP filter-list cache entries using 0 bytes of memory
Bitfield cache entries: current 1 (at peak 1) using 32 bytes of memory
BGP using 2100 total bytes of memory
BGP activity 32/23 prefixes, 76/67 paths, scan interval 60 secs

   Neighbor      V    AS MsgRcvd MsgSent    TblVer  InQ OutQ Up/Down  State/PfxRcd
192.168.255.2   4   100     164     164       118    0    0 02:07:36        1
192.168.255.3   4   100     138     110         0    0    0 00:02:55 Active
192.168.255.4   4   100     177     168       118    0    0 02:07:36        7
Cairo#
Cairo#
Cairo#sh ip bgp
BGP table version is 118, local router ID is 192.168.255.1
Status codes: s suppressed, d damped, h history, * valid, > best, i - internal,
              r RIB-failure, S Stale
Origin codes: i - IGP, e - EGP, ? - incomplete

   Network          Next Hop            Metric LocPrf Weight Path
*>i10.10.10.0/24    192.168.255.4            0    100      0 200 i
*>i10.20.20.0/25    192.168.255.4            0    100      0 200 i
*>i172.16.0.0/20    192.168.255.4            0    100      0 200 i
*> 192.168.255.1/32 0.0.0.0                  0         32768 i
r>i192.168.255.2/32 192.168.255.2            0    100      0 i
r>i192.168.255.4/32 192.168.255.4            0    100      0 i
*>i192.168.255.5/32 192.168.255.4            0    100      0 200 i
*>i192.168.255.6/32 192.168.255.4            0    100      0 200 i
*>i192.168.255.7/32 192.168.255.4            0    100      0 200 i
Cairo#
```

在关闭 Sharqia 的 Loopback0 接口之后且在保持时间超时之前，在 Cario 上运行了命令 **show ip bgp summary** 和 **show ip bgp**。这两条命令的输出结果都显示 Sharqia 仍然被 Cario 列为优选的健康邻居，BGP 表也将经由 Sharqia 的路由列为有效且最佳路由。大概 3 分钟之后（保持时间超时），才宣告 Sharqia 已经断开，并从 BGP 表中撤销所有经由该路由器的路由。

例 5-56 仅显示了 Cario 的 BGP 配置信息。请注意 **no bgp nexthop trigger enable** 已经消失。由于系统默认启用 NHT 特性，因而配置中没有出现该语句，而且也没有出现该语句的否定形式，表明已经启用了该功能特性。此外，还利用命令 **bgp nexthop trigger delay 0** 将触发时延减少到 0 秒，从而可以立即检测故障。

例 5-56　Cario 的 BGP 配置表明已经启用了 NHT 特性并将触发时延减至 0 秒

```
Cairo
router bgp 100
 no synchronization
 bgp log-neighbor-changes
 bgp nexthop trigger delay 0
 network 192.168.255.1 mask 255.255.255.255
 neighbor 192.168.255.2 remote-as 100
```

（待续）

```
neighbor 192.168.255.2 update-source Loopback0
neighbor 192.168.255.3 remote-as 100
neighbor 192.168.255.3 update-source Loopback0
neighbor 192.168.255.4 remote-as 100
neighbor 192.168.255.4 update-source Loopback0
no auto-summary
```

现在考虑相同的故障场景，即关闭 Sharqia 的 Loopback0 接口。例 5-57 给出了 Sharqia 和 Cario 的配置命令以及相应的输出结果信息。请注意日志消息中的时间戳，从中可以看出启用了 NHT 特性之后 BGP 表的更新速度。此外，在保持定时器超时以及从 BGP 表中删除路由之前，BGP 最佳路径算法就已经运行，并将经由 Sinai 的路由选为最佳路由。

例 5-57 启用了 NHT 特性之后的故障场景

```
Sharqia(config)#interface loopback 0
Sharqia(config-if)#shut
Sharqia(config-if)#
Oct 5 07:39:03.019: %LINK-5-CHANGED: Interface Loopback0, changed state to
  administratively down
Oct 5 07:39:04.019: %LINEPROTO-5-UPDOWN: Line protocol on Interface Loopback0,
  changed state to down
Sharqia(config-if)#
```

```
Cairo#debug ip bgp rib-filter
BGP Rib filter debugging is on
Cairo#
Oct  5 07:38:55.595: BGP- ATF: Debuging is OFF
Oct  5 07:38:55.599: BGP- ATF: Debuging is ON
Cairo#
Oct  5 07:39:06.719: BGP- ATF: EVENT 192.168.255.3/32 RIB update DOWN
Oct  5 07:39:06.719: BGP- ATF: T 192.168.255.3/32 (0) c=0x6746C3A4 Query pending
Oct  5 07:39:06.723: BGP- ATF: R 192.168.255.3/32 (0) -> Fa1/0 10.0.0.2 Deleting
Oct  5 07:39:06.723: BGP- ATF: EVENT Query 192.168.255.3/32 (0) did not find route
Oct  5 07:39:06.727: BGP- ATF: Notifying 192.168.255.3/32 (0)
Oct  5 07:39:06.727: BGP- ATF: T 192.168.255.3/32 (0) c=0x6746C3A4 Adding to client
  notification queue
Oct  5 07:39:06.731: BGP- ATF: EVENT 192.168.255.4/32 (0) Track start
Oct  5 07:39:06.731: BGP- ATF: 192.168.255.4/32 (0) Adding track
Oct  5 07:39:06.735: BGP- ATF: EVENT Query 192.168.255.4/32 (0) found route
Oct  5 07:39:06.735: BGP- ATF: 192.168.255.4/32 (0) Adding route
Oct  5 07:39:06.735: BGP- ATF: R 192.168.255.4/32 (0) -> Updating route
Oct  5 07:39:06.739: BGP- ATF: R 192.168.255.4/32 (0) -> Fa1/0 10.0.0.2 Notifying
Oct  5 07:39:06.739: BGP- ATF: T 192.168.255.4/32 (0) c=0x6746C3CC Adding to client
  notification queue
Oct  5 07:39:06.743: BGP- ATF: EVENT 192.168.255.2/32 (0) Track start
Oct  5 07:39:06.743: BGP- ATF: 192.168.255.2/32 (0) Adding track
Oct  5 07:39:06.743: BGP- ATF: EVENT Query 192.168.255.2/32 (0) found route
Oct  5 07:39:06.747: BGP- ATF: 192.168.255.2/32 (0) Adding route
Oct  5 07:39:06.747: BGP- ATF: R 192.168.255.2/32 (0) -> Updating route
Oct  5 07:39:06.747: BGP- ATF: R 192.168.255.2/32 (0) -> Fa1/0 10.0.0.2 Notifying
Oct  5 07:39:06.751: BGP- ATF: T 192.168.255.2/32 (0) c=0x6746C3B8 Adding to client
  notification queue
Oct  5 07:39:06.767: BGP- ATF: EVENT 10.10.10.0/24 RIB update MODIFY
Oct  5 07:39:06.767: BGP- ATF: EVENT 10.20.20.0/25 RIB update MODIFY
Oct  5 07:39:06.771: BGP- ATF: EVENT 172.16.0.0/20 RIB update MODIFY
Oct  5 07:39:06.771: BGP- ATF: EVENT 192.168.255.5/32 RIB update MODIFY
Oct  5 07:39:06.775: BGP- ATF: EVENT 192.168.255.6/32 RIB update MODIFY
Oct  5 07:39:06.775: BGP- ATF: EVENT 192.168.255.7/32 RIB update MODIFY
Cairo#
Cairo#show ip bgp summary
BGP router identifier 192.168.255.1, local AS number 100
BGP table version is 133, main routing table version 133
9 network entries using 1080 bytes of memory
15 path entries using 780 bytes of memory
```

（待续）

```
4/3 BGP path/bestpath attribute entries using 496 bytes of memory
1 BGP AS-PATH entries using 24 bytes of memory
0 BGP route-map cache entries using 0 bytes of memory
0 BGP filter-list cache entries using 0 bytes of memory
Bitfield cache entries: current 1 (at peak 1) using 32 bytes of memory
BGP using 2412 total bytes of memory
BGP activity 33/24 prefixes, 83/68 paths, scan interval 60 secs

Neighbor        V    AS MsgRcvd MsgSent   TblVer  InQ OutQ Up/Down  State/PfxRcd
192.168.255.2   4   100     169     169      133    0    0 02:12:50        1
192.168.255.3   4   100     148     117      133    0    0 00:02:28        6
192.168.255.4   4   100     182     173      133    0    0 02:12:50        7
Cairo#show ip bgp
BGP table version is 133, local router ID is 192.168.255.1
Status codes: s suppressed, d damped, h history, * valid, > best, i - internal,
              r RIB-failure, S Stale
Origin codes: i - IGP, e - EGP, ? - incomplete

   Network          Next Hop            Metric LocPrf Weight Path
* i10.10.10.0/24    192.168.255.3            0    100      0 200 i
*>i                 192.168.255.4            0    100      0 200 i
* i10.20.20.0/25    192.168.255.3            0    100      0 200 i
*>i                 192.168.255.4            0    100      0 200 i
* i172.16.0.0/20    192.168.255.3            0    100      0 200 i
*>i                 192.168.255.4            0    100      0 200 i
*> 192.168.255.1/32 0.0.0.0                  0         32768 i
r>i192.168.255.2/32 192.168.255.2            0    100      0 i
r>i192.168.255.4/32 192.168.255.4            0    100      0 i
* i192.168.255.5/32 192.168.255.3            0    100      0 200 i
*>i                 192.168.255.4            0    100      0 200 i
* i192.168.255.6/32 192.168.255.3            0    100      0 200 i
*>i                 192.168.255.4            0    100      0 200 i
* i192.168.255.7/32 192.168.255.3            0    100      0 200 i
*>i                 192.168.255.4            0    100      0 200 i
Cairo#
Cairo#
Oct 5 07:41:17.871: %BGP-3-NOTIFICATION: received from neighbor 192.168.255.3 4/0
  (hold time expired) 0 bytes
Cairo#
Oct 5 07:41:17.871: %BGP-5-ADJCHANGE: neighbor 192.168.255.3 Down BGP Notification
  received
Cairo#
```

目前大家应该已经注意到NHT特性取决于由IGP更新的本地RIB，意味着NHT仅适用于相互之间运行了IGP的IBGP对等体。由于EBGP对等体之间并不运行IGP，因而NHT不起作用。必须使用其他功能特性加快故障收敛以及随后的收敛速度。其中的功能特性之一就是快速外部切换（Fast External Fallover），也称为快速会话去活（Fast Session Deactivation）。下面就来详细说明该功能特性。

5.2.4 快速外部切换

快速外部切换也称为快速会话去活，可以增强影响EBGP会话的故障检测能力。讨论该功能特性之前，需要介绍一些背景知识。如果两个EBGP对等体之间的链路发生了故障，那么这两个对等体在宣告对等体断开并拆除EBGP会话之前，需要等待保持定时器（默认180秒）超时。快速外部切换特性可以不用等待保持定时器超时，其做法是：跟踪运行对等会话的接口状态，如果该接口中断，那么就立即中断该EBGP对等会话。Cisco IOS默认启用该功能特性。

图5-23中的路由器Memphis和Alexandria是EBGP对等体。Memphis和Alexandria分别位于AS100和AS200中，它们之间的EBGP会话处于Up状态，并且默认启用了快速外部切换特性。

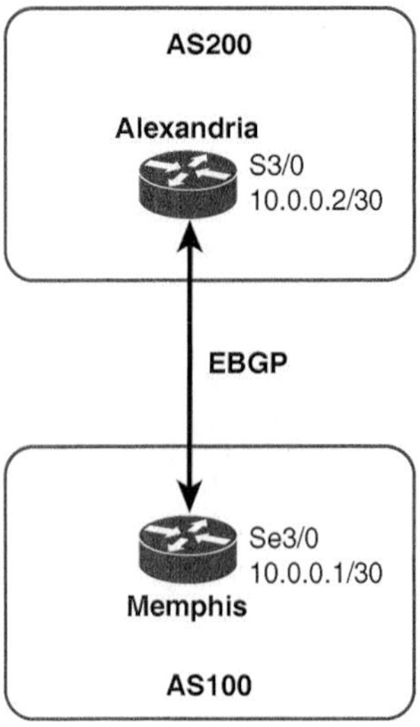

图 5-23 快速外部切换示例拓扑结构

例 5-58 中的 Cario 关闭了接口 Serial3/0，相应的 BGP 会话也将立即中断。

例 5-58 启用了默认快速外部切换特性之后的接口故障

```
Cairo(config)#interface Serial 3/0
Cairo(config-if)#shut
Cairo(config-if)#
*Oct  3 07:21:16.322: %BGP-5-ADJCHANGE: neighbor 10.0.0.2 Down Interface flap
Cairo(config-if)#
*Oct  3 07:21:18.282: %LINK-5-CHANGED: Interface Serial3/0, changed state to
  administratively down
Cairo(config-if)#
*Oct  3 07:21:18.282: %ENTITY_ALARM-6-INFO: ASSERT INFO Se3/0 Physical Port
  Administrative State Down
*Oct 3 07:21:19.282: %LINEPROTO-5-UPDOWN: Line protocol on Interface Serial3/0,
  changed state to down
Cairo(config-if)#
```

```
Alexandria#
*Oct 3 07:21:47.270: %LINEPROTO-5-UPDOWN: Line protocol on Interface Serial3/0,
  changed state to down
*Oct 3 07:21:47.286: %BGP-5-ADJCHANGE: neighbor 10.0.0.1 Down Interface flap
Alexandria#
```

利用 **no bgp fast-external-fallover** 命令可以在 BGP 进程下面禁用快速外部切换特性（见例 5-59）。

例 5-59 禁用快速外部切换特性

```
Cairo
router bgp 100
 no bgp fast-external-fallover
 no bgp default ipv4-unicast
 bgp log-neighbor-changes
 neighbor 10.0.0.2 remote-as 200
 !
 address-family ipv4
  neighbor 10.0.0.2 activate
  no auto-summary
  no synchronization
 exit-address-family
```

（待续）

```
Alexandria
router bgp 200
 no bgp fast-external-fallover
 no bgp default ipv4-unicast
 bgp log-neighbor-changes
 neighbor 10.0.0.1 remote-as 100
 !
 address-family ipv4
  neighbor 10.0.0.1 activate
  no auto-summary
  no synchronization
exit-address-family
```

禁用了快速外部切换特性之后，通过关闭 Cario 的接口 Serial3/0 来重复相同的故障场景（见例 5-60）。可以看出 EBGP 会话大概在 3 分钟之后才中断，而且接收到的日志消息很清楚地表明“hold time expired（保持时间超时）”。

例 5-60 禁用快速外部切换特性之后的接口故障

```
Cairo(config)#interface Serial 3/0
Cairo(config-if)#shut
Cairo(config-if)#
*Oct 3 07:27:31.874: %LINK-5-CHANGED: Interface Serial3/0, changed state to
  administratively down
Cairo(config-if)#
*Oct 3 07:27:31.874: %ENTITY_ALARM-6-INFO: ASSERT INFO Se3/0 Physical Port
  Administrative State Down
*Oct 3 07:27:32.874: %LINEPROTO-5-UPDOWN: Line protocol on Interface Serial3/0,
  changed state to down
Cairo(config-if)#
*Oct 3 07:29:49.026: %BGP-5-ADJCHANGE: neighbor 10.0.0.2 Down BGP Notification s
  ent
Cairo(config-if)#
*Oct 3 07:29:49.026: %BGP-3-NOTIFICATION: sent to neighbor 10.0.0.2 4/0
  (hold time expired) 0 bytes

Alexandria#
*Oct 3 07:27:57.278: %LINEPROTO-5-UPDOWN: Line protocol on Interface Serial3/0,
  changed state to down
Alexandria#
*Oct 3 07:29:49.298: %BGP-5-ADJCHANGE: neighbor 10.0.0.1 Down BGP Notification s
  ent
Alexandria#
*Oct 3 07:29:49.298: %BGP-3-NOTIFICATION: sent to neighbor 10.0.0.1 4/0
  (hold time expired) 0 bytes
```

如前面的案例所述，可以在通用 BGP 进程下面为所有邻居配置快速外部切换特性，也可以利用以下语句为每个邻居配置该特性：

neighbor {*ip-address*} **fall-over**

此外，还可以利用以下语句为每个接口配置该特性：

ip bgp fast-external-fallover [permit | deny]

5.2.5 BFD

在讨论 BGP 利用 BFD（Bidirectional Forwarding Detection，双向转发检测）快速检测故障并大大提升收敛速度的方式之前，下面将首先介绍 BFD 的一些背景信息。

BFD 表示双向转发检测，是 RFC 5880 定义的一种标准协议，而 IPv4 和 IPv6 使用 BFD 的方式则由 RFC 5881 定义。

BFD是一种简单的、独立的[9]、可以检测两个系统间故障的Hello协议。从基本层面来说，BFD的操作包括两个周期性来回发送BFD包的系统，只要存在双向通信，就认为两个系统之间的路径处于运行状态。如果某个系统在指定时间段内收不到BFD包，那么就宣称对端系统处于中断状态。

BFD是一种基于会话的协议，因而不依赖于邻居发现。使用BFD的两个系统需要执行三向握手过程并最终成为BFD邻居，建立了BFD邻居关系并且对等体的"活跃性"受BFD协议的管理之后，其他协议（通常称为"客户端"协议，如BGP）就可以利用BFD服务确定邻居是否处于Up或Down状态。

到目前为止，BFD看起来与绝大多数路由协议的Hello机制相似（如果不完全相同的话），那么BFD有何特别之处呢？

下面列出了BFD协议区别于其他协议的主要特性：

- BFD可以在低至150毫秒时间内提供故障检测能力；
- BFD始终运行在单播模式下；
- BFD始终运行在点到点模式下；
- BFD可以运行在任何介质上；
- BFD支持任何数据路径，包括单跳、多跳、物理或虚拟路径；
- BFD可以运行在任何协议层，BFD包可以作为网络或路径上运行的任何封装协议的净荷；
- BFD的开销很低；
- 与路由协议的Hello机制完全部署在控制平面不同，BFD的大多数组件都部署在系统的转发引擎中，因而能够有效地支持平滑重启（graceful-restart），而且对于直接影响系统控制引擎的其他故障也非常有效；
- BFD可以运行在单项链路上，只要有能够让BFD包返回的路径即可；
- 如果两个系统之间存在多条路径，那么就可以在两个系统间的每条路径上都建议一个BFD会话；
- 必须以UDP包传送BFD Control（控制）包，目的端口为3784，源端口为49152～65535；
- 必须以UDP包传送BFD Echo（回显）包，目的端口为3784（有关回显功能的详细描述请见下节）。

收到客户端协议的请求之后就会立即建立BFD会话，与邻居建立BFD会话的系统的IP地址也由客户端系统确定。如前所述，BFD并不发现邻居，但是可能会与其他协议（如OSPF Hello）发现的邻居建立对等会话。

BFD可以运行在异步模式或按需模式下。异步模式下的两个系统会持续交换BFD包以建立活跃性，而按需模式仅在需要验证与邻居之间的连接性时才偶尔发送BFD包。

最后，BFD回显功能允许系统为对端系统发送一连串BFD包，并通过返回第一个系统的转发路径回送这些BFD包。该功能的好处是在远端系统上实现基于硬件的数据包快速交换能力，而且完全不依赖远端系统的CPU。回显功能可用于异步模式，也可用于按需模式。

Cisco对BFD操作的要求如下：

- 必须在运行BFD的路由器上启用Cisco CEF和IP路由；

---

9 也就是说，路由器上的多种路由协议和转发协议都可以使用BFD。

- 运行 BFD 之前，必须在路由器上至少激活一个客户端路由协议；
- 运行 BFD 的路由器的硬件平台以及 IOS 版本决定了支持哪些路由协议作为 BFD 的客户端协议、是否支持 IPv6 网络、是否支持按需模式和回显功能以及是否支持多跳 BFD 会话。

如果要在 Cisco IOS 上配置 BFD，那么就可以利用下面的接口级命令按接口启用 BFD：

```
bfd interval {milliseconds} min_rx {milliseconds} multiplier {multiplier-value}
```

命令中的参数含义如下。

- **interval** {*milliseconds*}：是向接口上的 BFD 对等体发送 BFD 控制包的速率（以毫秒为单位），取值范围为 50～999（含）。
- **min_rx** {*milliseconds*}：是从接口上的 BFD 对等体接收 BFD 控制包的期望速率（以毫秒为单位），取值范围为 50～999（含）。
- **multiplier** {*multiplier-value*}：表示未从对等体收到的连续 BFD 控制包的数量，到达该数值之后就认为对等体已经断开，取值范围为 3～50（含）。

默认启用 BFD 的回显功能。如果没有启用该功能或者禁用了该功能，那么就可以在接口配置模式下利用以下命令启用回显功能：

```
bfd echo
```

如前所述，回显功能的好处是通过远端 BFD 对等体的硬件来实现快速交换路径，不会给 CPU 造成额外负担。因而使用该功能之后，能够以非常低的速率发送和接收周期性的 BFD 控制包。由于目前的回显功能是快速检测故障的主要机制，因而在这种情况下 Cisco 可以利用以下命令配置“慢定时器”：

```
bfd slow-timers [milliseconds]
```

配置了该语句之后，BFD 控制包的发送速率以及期望的接收速率就与该语句中配置的数值相同，而之前在 **bfd interval** 语句中配置的更快速率则被用于回显功能。慢定时器的取值范围是 1000～30000 毫秒。如果未配置，那么默认值为 1000 毫秒。如果启用了回显功能（默认启用）但未配置 **bfd slow-timers** 语句，那么会怎么样呢？此时将每隔 1000 毫秒发送一次 BFD 控制包，并以 **bfd interval** 语句中指定的速率发送回显包。

了解了 BFD 的基本概念、作用以及配置方式之后，下面将解释 BGP 成为 BFD 的客户端协议并加快故障检测速度的实现方式。

利用下列路由器模式语句即可让指定邻居的 BGP 跟踪 BFD 会话的状态：

```
neighbor {ip-address} fall-over bfd
```

执行该语句之后，就可以与语句中指定的邻居 IP 地址发起 BFD 会话，并在 BFD/BGP 邻居之间交换 BFD 控制包。

如果要验证 BFD 的配置信息并确认 BFD 会话处于 Up 状态，可以使用下列命令：

```
show bfd neighbors [details]
```

图 5-24 再次以路由器 Alexandria 和 Memphis 为例解释了前面讨论过的概念及配置方式。路由器 Alexandria 和 Memphis 是 EBGP 对等体，这两台路由器的配置信息如例 5-61 所示。

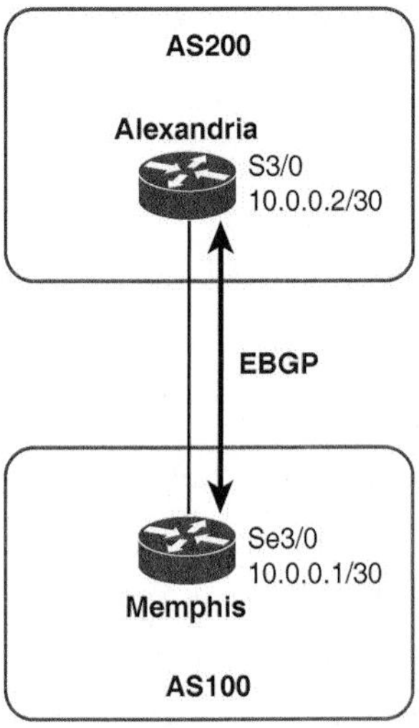

图 5-24 BFD 示例拓扑结构

例 5-61 路由器 Memphis 与 Alexandria 之间的 EBGP 对等坏话配置

```
Memphis
!
interface Serial2/0
 ip address 10.0.0.1 255.255.255.252
end
!
router bgp 100
 bgp log-neighbor-changes
 neighbor 10.0.0.2 remote-as 200
!
```

```
Alexandria
!
interface Serial2/0
 ip address 10.0.0.2 255.255.255.252
end
!
router bgp 200
 bgp log-neighbor-changes
 neighbor 10.0.0.1 remote-as 100
!
```

例 5-62 为这两台路由器的接口 Serial2/0 配置了基本的 BFD 特性。命令 **show bfd neighbors details** 可以检查 Memphis 与 Alexandria 之间的 BFD 邻居关系的状态。不出所料，该命令无输出结果。前面曾经说过，只有收到客户端协议（即本案例中的 BGP）的请求之后，才会发起 BFD 会话。

例 5-62 基本的接口级 BFD 配置

```
Memphis
!
interface Serial2/0
 ip address 10.0.0.1 255.255.255.252
 bfd interval 500 min_rx 500 multiplier 5
end
!

Alexandria
!
interface Serial2/0
```

（待续）

```
 ip address 10.0.0.2 255.255.255.252
 bfd interval 500 min_rx 500 multiplier 5
end
!

Memphis#show bfd neighbors details
Memphis#

Alexandria#show bfd neighbors details
Alexandria#
```

例 5-63 利用 **neighbor** *{IP-Address}* **fall-over bfd** 命令让 BGP 请求 BFD 在 Memphis 与 Alexandria 之间发起会话，然后跟踪该 BFD 会话并确认了两端邻居的活跃性。此后再次运行 **show bfd neighbors details** 命令，此时显示 BFD 邻居关系处于 Up 且激活状态。

例 5-63 配置 BGP 发起 BFD 会话

```
Memphis
!
router bgp 100
 bgp log-neighbor-changes
 neighbor 10.0.0.2 remote-as 200
 neighbor 10.0.0.2 fall-over bfd
!
```

```
Alexandria
!
router bgp 200
 bgp log-neighbor-changes
 neighbor 10.0.0.1 remote-as 100
 neighbor 10.0.0.1 fall-over bfd
!
```

```
Memphis#show bfd neighbors details

IPv4 Sessions
NeighAddr                          LD/RD         RH/RS        State       Int
10.0.0.2                            1/1          Up           Up          Se2/0
Session state is UP and using echo function with 500 ms interval.
Session Host: Software
OurAddr: 10.0.0.1
Handle: 1
Local Diag: 0, Demand mode: 0, Poll bit: 0
MinTxInt: 1000000, MinRxInt: 1000000, Multiplier: 5
Received MinRxInt: 1000000, Received Multiplier: 5
Holddown (hits): 0(0), Hello (hits): 1000(254)
Rx Count: 237, Rx Interval (ms) min/max/avg: 1/2800/925 last: 321 ms ago
Tx Count: 255, Tx Interval (ms) min/max/avg: 4/2783/936 last: 17 ms ago
Elapsed time watermarks: 0 0 (last: 0)
Registered protocols: BGP
Uptime: 00:03:38
Last packet: Version: 1                  - Diagnostic: 0
             State bit: Up               - Demand bit: 0
             Poll bit: 0                 - Final bit: 0
             C bit: 0
             Multiplier: 5               - Length: 24
             My Discr.: 1                - Your Discr.: 1
             Min tx interval: 1000000    - Min rx interval: 1000000
             Min Echo interval: 500000
Memphis#
```

```
Alexandria#show bfd neighbors details

IPv4 Sessions
NeighAddr                          LD/RD         RH/RS        State       Int
10.0.0.1                            1/1          Up           Up          Se2/0
```

（待续）

```
Session state is UP and using echo function with 500 ms interval.
Session Host: Software
OurAddr: 10.0.0.2
Handle: 1
Local Diag: 0, Demand mode: 0, Poll bit: 0
MinTxInt: 1000000, MinRxInt: 1000000, Multiplier: 5
Received MinRxInt: 1000000, Received Multiplier: 5
Holddown (hits): 0(0), Hello (hits): 1000(316)
Rx Count: 310, Rx Interval (ms) min/max/avg: 1/2906/941 last: 1655 ms ago
Tx Count: 318, Tx Interval (ms) min/max/avg: 4/2785/922 last: 13 ms ago
Elapsed time watermarks: 0 0 (last: 0)
Registered protocols: BGP
Uptime: 00:04:52
Last packet: Version: 1                  - Diagnostic: 0
             State bit: Up               - Demand bit: 0
             Poll bit: 0                 - Final bit: 0
             C bit: 0
             Multiplier: 5               - Length: 24
             My Discr.: 1                - Your Discr.: 1
             Min tx interval: 1000000    - Min rx interval: 1000000
             Min Echo interval: 500000
Alexandria#
```

需要注意例 5-63 输出结果中的如下信息：回显功能已被启用且使用在接口级命令 **bfd interval 500 min_rx 500 multiplier 5** 中配置的间隔值。其次，BFD 控制包的间隔值（从输出结果中的 MinTxInt 和 MinRxInt 可以看出）是 1000 毫秒（该 IOS 版本显示的间隔值单位为毫秒）。前面曾经说过，如果启用了回显功能（默认启用）但未配置慢定时器，那么就以默认间隔 1000 毫秒交换 BFD 控制包。此外，输出结果中的“Registered Protocols: BGP”显示了目前正在使用 BFD 协议的协议。

前面输出结果中一个有意思的信息就是字段 Demand（按需）比特：0。如果该比特为 0，那么 BFD 就运行在异步模式下；如果该比特为 1，那么 BFD 就运行在按需模式下。虽然 Cisco IOS 并没有语句显式启用按需模式，但是该比特也能显示路由器正在运行的 BFD 模式。

例 5-64 利用命令 **bfd slow-timers** {*msec*}将慢定时器配置为 20000 毫秒。请注意 MinTxInt 和 MinRxInt 值为匹配慢定时器而发生的变化。

例 5-64　配置 BFD 慢定时器

```
Memphis(config)#bfd slow-timers 20000
Memphis#
Memphis#show bfd neighbors details

IPv4 Sessions
NeighAddr                          LD/RD         RH/RS     State     Int
10.0.0.2                            1/1          Up        Up        Se2/0
Session state is UP and using echo function with 500 ms interval.
Session Host: Software
OurAddr: 10.0.0.1
Handle: 1
Local Diag: 0, Demand mode: 0, Poll bit: 0
MinTxInt: 20000000, MinRxInt: 20000000, Multiplier: 5
Received MinRxInt: 1000000, Received Multiplier: 5
Holddown (hits): 0(0), Hello (hits): 20000(869)
Rx Count: 853, Rx Interval (ms) min/max/avg: 1/21147/1595 last: 3268 ms ago
Tx Count: 872, Tx Interval (ms) min/max/avg: 4/19871/1583 last: 2162 ms ago
Elapsed time watermarks: 0 0 (last: 0)
Registered protocols: BGP
Uptime: 00:22:42
Last packet: Version: 1                  - Diagnostic: 0
             State bit: Up               - Demand bit: 0
```

（待续）

```
             Poll bit: 0                  - Final bit: 0
             C bit: 0
             Multiplier: 5                - Length: 24
             My Discr.: 1                 - Your Discr.: 1
             Min tx interval: 1000000     - Min rx interval: 1000000
             Min Echo interval: 500000
Memphis#
```

```
Alexandria(config)#bfd slow-timers 20000
Alexandria#
Alexandria#show bfd neighbors details

IPv4 Sessions
NeighAddr                              LD/RD         RH/RS     State    Int
10.0.0.1                                1/1          Up        Up       Se2/0
Session state is UP and using echo function with 500 ms interval.
Session Host: Software
OurAddr: 10.0.0.2
Handle: 1
Local Diag: 0, Demand mode: 0, Poll bit: 0
MinTxInt: 20000000, MinRxInt: 20000000, Multiplier: 5
Received MinRxInt: 20000000, Received Multiplier: 5
Holddown (hits): 0(0), Hello (hits): 20000(851)
Rx Count: 852, Rx Interval (ms) min/max/avg: 1/19869/1617 last: 14712 ms ago
Tx Count: 856, Tx Interval (ms) min/max/avg: 4/21121/1610 last: 14362 ms ago
Elapsed time watermarks: 0 0 (last: 0)
Registered protocols: BGP
Uptime: 00:23:11
Last packet: Version: 1                  - Diagnostic: 0
             State bit: Up                - Demand bit: 0
             Poll bit: 0                  - Final bit: 0
             C bit: 0
             Multiplier: 5                - Length: 24
             My Discr.: 1                 - Your Discr.: 1
             Min tx interval: 20000000    - Min rx interval: 20000000
             Min Echo interval: 500000
Alexandria#
```

配置BGP使用BFD会话的语句与上一节讨论的快速外部切换特性相似。此时就会产生疑问，两者之间有何区别以及为何要使用 BFD。以图 5-25 为例，图中的路由器 Aswan 与 Suez 没有直连，而是通过 IXP 建立了 EBGP 会话，经由 IXP 的连接类似于通过一台交换机连接这两台路由器。如果 Suez 出现了故障或者 Suez 连接网络的接口出现了故障，那么会怎么样呢？由于这两台路由器之间没有运行 IGP，因而无法使用 NHT。由于 Aswan 连接网络的接口仍然处于 Up 状态，因而 Aswan 未检测到任何故障，快速外部切换也就不会起作用。对于这类场景来说，BFD 就是快速故障检测的最佳解决方案（有时也可能是唯一的解决方案），如果不使用 BFD，那么 Aswan 就必须等到 BGP 保持时间超时（默认为 180 秒），才能检测到 BGP 对等体的故障情况。

为了测试图 5-25 拓扑结构中的 BFD 的故障检测能力，我们关闭了路由器 Aswan 连接网络的接口 Serial2/0（见例 5-65）。从时间戳可以看出 Suez 大约等待了 3 分钟才检测到 Aswan 已经断开或不可达。接着在这两台路由器之间的 BGP 会话上配置了 BFD 特性并进行相同的测试（见例 5-66），可以看出此时几乎立即完成了收敛过程（interval 值为 300 毫秒，multiplier 值为 3）。

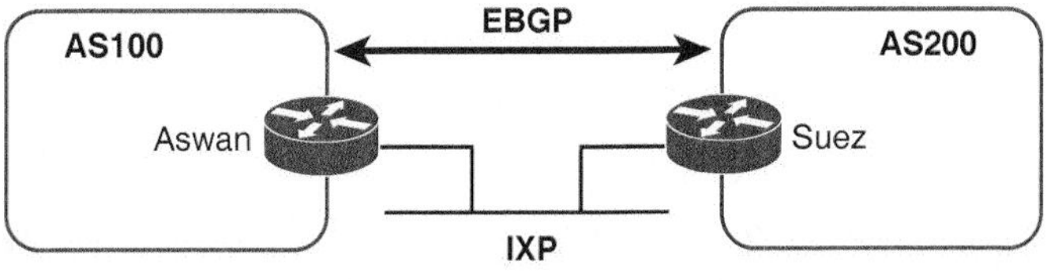

图 5-25　如果 IXP 是一台交换机，那么就需要在 Aswan 与 Suez 之间使用 BFD 来检测电源层故障

例 5-65 Aswan 去往 Suez 的接口出现故障（未配置 BFD 时）

```
Aswan(config)#interface e0/0
Aswan(config-if)#shut
Aswan(config-if)#
*Oct  4 11:48:47.764: %BGP-5-ADJCHANGE: neighbor 192.168.100.2 Down Interface flap
*Oct  4 11:48:47.771: %BGP_SESSION-5-ADJCHANGE: neighbor 192.168.100.2 IPv4 Unicast
  topology base removed from session Interface flap
Aswan(config-if)#
*Oct  4 11:48:49.723: %LINK-5-CHANGED: Interface Ethernet0/0, changed state to
  administratively down
*Oct  4 11:48:50.792: %LINEPROTO-5-UPDOWN: Line protocol on Interface Ethernet0/0,
  changed state to down
Aswan(config-if)#
------------------------------------------------------------------------------------
Suez#
*Oct  4 11:51:38.217: %BGP-5-ADJCHANGE: neighbor 192.168.100.1 Down BGP Notification
  sent
*Oct  4 11:51:38.217: %BGP-3-NOTIFICATION: sent to neighbor 192.168.100.1 4/0
  (hold time expired) 0 bytes
Suez#
*Oct  4 11:51:38.254: %BGP_SESSION-5-ADJCHANGE: neighbor 192.168.100.1 IPv4 Unicast
  topology base removed from session BGP Notification sent
Suez#
```

例 5-66 Aswan 去往 Suez 的接口出现故障（配置 BFD 后）

```
Aswan#sh bfd neighbors

IPv4 Sessions
NeighAddr                              LD/RD        RH/RS        State        Int
192.168.100.2                           1/1         Up           Up           Et0/0
Aswan#
------------------------------------------------------------------------------------
Suez#show bfd neighbors

IPv4 Sessions
NeighAddr                              LD/RD        RH/RS        State        Int
192.168.100.1                           1/1         Up           Up           Et0/0
Suez#
------------------------------------------------------------------------------------
Aswan(config)#interface Ethernet0/0
Aswan(config-if)#shut
Aswan(config-if)#
*Oct  4 11:58:21.484: %BGP-5-ADJCHANGE: neighbor 192.168.100.2 Down Interface flap
*Oct  4 11:58:21.485: %BGP_SESSION-5-ADJCHANGE: neighbor 192.168.100.2 IPv4 Unicast
  topology base removed from session Interface flap
*Oct  4 11:58:23.619: %LINK-5-CHANGED: Interface Ethernet0/0, changed state to
  administratively down
*Oct  4 11:58:24.625: %LINEPROTO-5-UPDOWN: Line protocol on Interface Ethernet0/0,
  changed state to down
Aswan(config-if)#
------------------------------------------------------------------------------------
Suez#
*Oct  4 11:58:22.361: %BGP-5-ADJCHANGE: neighbor 192.168.100.1 Down BFD adjacency
  down
*Oct  4 11:58:22.361: %BGP_SESSION-5-ADJCHANGE: neighbor 192.168.100.1 IPv4 Unicast
  topology base removed from session BFD adjacency down
Suez#
```

应用本节所说的各种配置命令的一种可选方式就是使用 BFD 模板，这一点在概念上与本章前面讨论过的会话模板以及策略模板相似（可以在模板中组合所有命令）。然后再将模板应用于多个接口（单跳）或多个 BGP 邻居（多跳），使得配置文件较为简单且易于管理。除了简化配置和易于管理之外，某些 BFD 配置还只能应用在 BFD 模板中，如抑制和认证。可以利用 BFD 模板配置单跳或多跳 BFD 会话，两者的配置方式有所不同。

配置单跳 BFD 模板的步骤如下。

- 利用全局配置命令 **bfd-template single-hop** {*template-name*}创建 BFD 模板并进入 BFD 配置模式。
- 利用 **interval min-tx** {*milliseconds*} **min-rx** {*milliseconds*} **multiplier** {**multiplier-value**} 命令配置 BFD 定时器。
- 作为可选项，可以利用 **bfd echo** 命令启用回显功能。
- 作为可选项，可以利用 **dampening** [*half-life-period reuse-threshold suppress-threshold max-suppress-time*]命令配置 BFD 抑制特性。
- 作为可选项，可以配置 BFD 认证机制，那么就需要配置密钥链，然后再应用命令 **authentication** {*authentication-type*} **keychain** {*keychain-name*}。
- 利用接口模式命令 **bfd template** {*template-name*}将 BFD 模板应用到指定接口。
- 利用 **neighbor** {*IP-Address*} **fall-over bfd** 命令让 BGP 为相应的邻居会话使用 BFD。

配置多跳 BFD 模板的步骤如下。

- 利用全局配置命令 **bfd-template multi-hop** {*template-name*}创建 BFD 模板并进入 BFD 配置模式。
- 利用 **interval min-tx** {*milliseconds*} **min-rx** {*milliseconds*} **multiplier** **{multiplier-value}** 命令配置 BFD 定时器。
- 作为可选项，可以利用 **dampening** [*half-life-period reuse-threshold suppress-threshold max-suppress-time*]命令配置 BFD 抑制特性。
- 作为可选项，可以配置 BFD 认证机制，那么就需要配置密钥链，然后再应用命令 **authentication** {*authentication-type*} **keychain** {*keychain-name*}。
- 利用全局配置命令 **bfd map ipv4** {*destination/length*} {*source/length*} {*template-name*} 以唯一第地址对创建一个与第 1 步模板中配置的参数相关联的 BFD 映射。
- 利用接口模式命令 **bfd template** {*template-name*}将 BFD 模板应用到指定接口。
- 利用命令 **neighbor** {*IP-Address*} **fall-over bfd multi-hop** 让 BGP 为相应的邻居会话使用 BFD。

从上述配置步骤列表可以看出，BFD 模板的配置过程较为直观。如果使用模板配置 BFD，那么 BFD 和 BGP 都将遵照本节所描述的行为。

5.2.6 BGP PIC

前面讨论的 NHT、快速外部切换以及 BFD 等技术的主要目的都是加快故障检测速度，但是检测到故障行为之后，还需要执行以下操作：

- 从 BGP 表、RIB 以及 FIB 中撤销故障路由；
- 向邻居发送更新消息以撤销故障路由；
- 运行最佳路径算法以选择新的最佳路径；
- 在 BGP 表、RIB 以及 FIB 中安装新的最佳路径；
- 通过 Update 消息向 BGP 邻居宣告新的最佳路径。

因而 BGP 的收敛速度主要取决于路由器运行最佳路径算法以找到去往目的端的可选路径的速度，反过来就取决于 BGP 表的规模（或者说表中的前缀数量）。

由于 BGP 收敛速度的瓶颈就是 BGP 表中的前缀数量，因而为了加快收敛速度，就必须消除这种相关性，这就是 PIC（Prefix Independent Convergence，前缀无关收敛）特性所完成的工作。截至本书出版之时，PIC 仍处于 IETF 的 Internet 草案阶段。

PIC 的工作方式如下：如果有多条路径去往同一个前缀，那么 BGP 在运行最佳路径算法时，不是仅寻找最佳路径，而是寻找最佳路径和次优路径，并同时安装到 BGP、RIB 和 CEF 表中。如果检测到主用路径出现故障，那么就立即在这三个表中以备选/可用路径替换主用路径，而不用首先执行 BGP 表查找或运行最佳路径算法，在概念上与 EIGRP 的可行后继路由的功能相似，从而消除了对 BGP 表规模的依赖性，极大地提升了 BGP 的收敛速度。可以看出，BGP PIC 是一种完全的数据平面功能特性，运行在 RIB 和 CEF 级别。

BGP PIC 是本节刚开始列出的众多功能特性（包括 NHT、快速外部切花和 BFD）的一种补充。这些功能特性负责检测故障，而 BGP PIC 则负责收敛到备选路径。但 BGP PIC 的功能与故障类型有关。如果链路/节点故障发生在 AS 内部，那么就由 NHT 特性检测故障，IGP 更新 RIB，再由 RIB 更新 FIB；如果直连链路或节点出现故障，那么就由快速外部切换或 BFD 特性检测故障，CEF 会直接监控这些特性并直接更新 FIB。从上述讨论可以看出，必须存在可选路径，如果只有一条路径去往目的端，那么 BGP PIC 特性将不起作用。

考虑图 5-26 的拓扑结构。AS100 和 AS200 中的路由器都建立了全网状的 IBGP 会话，子网 10.20.30.0/24 位于 AS200 中的路由器 Arish 之后，并通过该 AS 的 IGP 宣告给路由器 Luxor 和 Sharm，再由 Luxor 和 Sharm 将该子网注入 BGP，然后通过 EBGP 将该子网宣告给 Sharqia 和 Sinai。Sharqia 去往子网 10.20.30.0/24 的最佳路径是经由 EBGP 对等体 Luxor。与此相似，Sinai 去往同一个子网的最佳路径是经由 EBGP 对等体 Sharm。由于 AS100 建立了全网状的 IBGP 会话，因而 Cairo 收到了两条关于前缀 10.20.30.0/24 路由宣告，一条来自 Sharqia，另一条来自 Sinai。

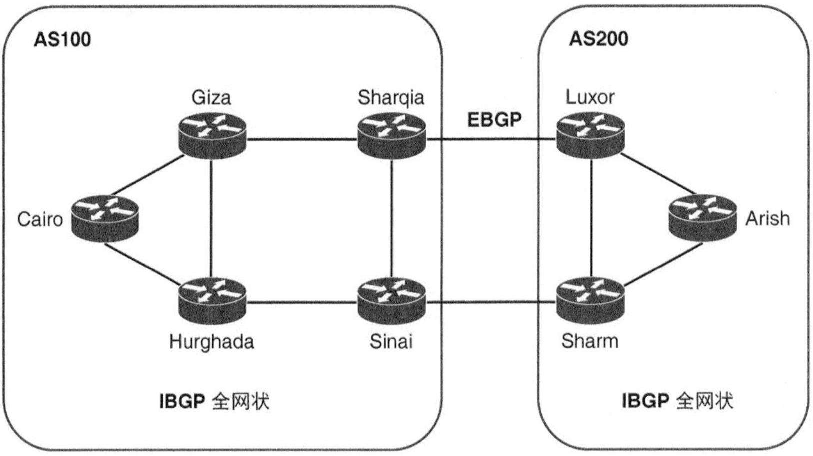

图 5-26 BGP PIC 的示例网络

启用了 BGP PIC 特性并运行了 BGP 最佳路径算法之后，就能选出最佳路径和一条次优路径，并将这两条路径都安装到 Cairo 的 BGP、RIB 以及 FIB 表中。如果故障影响了 Sharqia 或者去往 Sharqia 的路径，那么就直接在 Cairo 的 RIB 和 FIB 表中安装去往经由 Sinai 去往 10.20.30.0/24 的路径，而不需要首先运行 BGP 最佳路径算法。

在 BGP 地址簇配置模式下可以利用 **bgp additional-paths install** 命令启用 BGP PIC 特性（有关地址簇配置的详细信息，请参见第 6 章），例 5-67 给出了 Cairo 的配置信息。为了简化起见，例中没有显示图 5-26 中的其他路由器的配置信息，因为这些路由器到 BGP 配置无任何新奇之处。

例 5-67 Cario 的 BGP 配置显示了语句 **bgp additional-paths install**

```
router bgp 100
 bgp log-neighbor-changes
 neighbor 192.168.255.2 remote-as 100
 neighbor 192.168.255.2 update-source Loopback0
 neighbor 192.168.255.3 remote-as 100
 neighbor 192.168.255.3 update-source Loopback0
 neighbor 192.168.255.4 remote-as 100
 neighbor 192.168.255.4 update-source Loopback0
 neighbor 192.168.255.5 remote-as 100
 neighbor 192.168.255.5 update-source Loopback0
 !
 address-family ipv4
  bgp additional-paths install
  neighbor 192.168.255.2 activate
  neighbor 192.168.255.3 activate
  neighbor 192.168.255.4 activate
  neighbor 192.168.255.5 activate
 exit-address-family
```

与 BGP PIC 相关的一个重要配置语句就是在 BGP 地址簇配置模式下的 **no bgp recursion host** 语句。由于默认启用该机制，因而例 5-66 的配置信息中未显示该语句。

为了理解使用 BGP PIC 特性时禁用 BGP 递归机制的原因，就必须理解 CEF 在处理 BGP 下一跳时的默认行为。在默认情况下，如果 BGP 前缀的下一跳出现了故障，那么 CEF 就会在 FIB 表中执行“递归”查找以寻找到达前缀（如 10.10.10.0/24，如果 10.10.10.100/32 出现了故障）的次最长匹配路径。如果启用了 BGP PIC 特性，那么就不需要 CEF 执行该操作。因为已经存在可选路径，不仅不需要，而且还会减慢 BGP PIC 的速度，因而启用了 BGP PIC 之后，就默认为下列下一跳禁用 CEF 递归机制：

- 携带/32 掩码的下一跳；
- 直连下一跳。

请注意，禁用 CEF 递归并不是 BGP PIC 特性的前提条件，可以在 BGP 地址簇模式下利用命令 **bgp recursion host** 启用 CEF 递归。但通常建议禁用 CEF 递归，以免给 BGP PIC 功能带来负面影响。

如果要验证 BGP 表是否已经安装了备用/可选/修复路径，可以使用 **show ip bgp** 命令及其变体。如果要验证 RIB 是否安装了备用路径，可以使用 **show ip route repair-paths** 命令及其变体。最后，如果要验证 FIB 是否安装了备用路径，可以使用命令 **show ip cef** {*ip-address*} {*mask*} **detail**。例 5-68 给出了这三条的输出结果示例。

例 5-68 验证 BGP、RIB 以及 FIB 表中已经安装了备用路径

```
Cairo#sh ip bgp
BGP table version is 12, local router ID is 192.168.255.1
Status codes: s suppressed, d damped, h history, * valid, > best, i - internal,
              r RIB-failure, S Stale, m multipath, b backup-path, f RT-Filter,
              x best-external, a additional-path, c RIB-compressed,
Origin codes: i - IGP, e - EGP, ? - incomplete
RPKI validation codes: V valid, I invalid, N Not found

     Network          Next Hop            Metric LocPrf Weight Path
*>i 10.20.30.0/24    192.168.255.4           11    100      0 200 i
*bi                  192.168.255.5           11    100      0 200 i
Cairo#
```

（待续）

```
Cairo#sh ip bgp 10.20.30.0 255.255.255.0
BGP routing table entry for 10.20.30.0/24, version 12
Paths: (2 available, best #1, table default)
  Additional-path-install
  Not advertised to any peer
  Refresh Epoch 1
  200
    192.168.255.4 (metric 21) from 192.168.255.4 (192.168.255.4)
      Origin IGP, metric 11, localpref 100, valid, internal, best
  Refresh Epoch 1
  200
    192.168.255.5 (metric 21) from 192.168.255.5 (192.168.255.5)
      Origin IGP, metric 11, localpref 100, valid, internal, backup/repair
Cairo#
Cairo#sh ip route repair-paths
Codes: L - local, C - connected, S - static, R - RIP, M - mobile, B - BGP
       D - EIGRP, EX - EIGRP external, O - OSPF, IA - OSPF inter area
       N1 - OSPF NSSA external type 1, N2 - OSPF NSSA external type 2
       E1 - OSPF external type 1, E2 - OSPF external type 2
       i - IS-IS, su - IS-IS summary, L1 - IS-IS level-1, L2 - IS-IS level-2
       ia - IS-IS inter area, * - candidate default, U - per-user static route
       o - ODR, P - periodic downloaded static route, H - NHRP, l - LISP
       + - replicated route, % - next hop override

Gateway of last resort is not set

      10.0.0.0/8 is variably subnetted, 9 subnets, 3 masks
C        10.0.0.0/30 is directly connected, Ethernet0/0
L        10.0.0.1/32 is directly connected, Ethernet0/0
C        10.0.0.4/30 is directly connected, Ethernet0/1
L        10.0.0.5/32 is directly connected, Ethernet0/1
O        10.0.0.8/30 [110/20] via 10.0.0.6, 01:08:03, Ethernet0/1
                     [110/20] via 10.0.0.2, 01:08:03, Ethernet0/0
O        10.0.0.12/30 [110/20] via 10.0.0.2, 01:08:03, Ethernet0/0
O        10.0.0.16/30 [110/20] via 10.0.0.6, 01:08:03, Ethernet0/1
O        10.0.0.20/30 [110/30] via 10.0.0.6, 01:08:03, Ethernet0/1
                      [110/30] via 10.0.0.2, 01:08:03, Ethernet0/0
B        10.20.30.0/24 [200/11] via 192.168.255.4, 00:32:58
                       [RPR][200/11] via 192.168.255.5, 00:32:58
      192.168.255.0/32 is subnetted, 5 subnets
C        192.168.255.1 is directly connected, Loopback0
O        192.168.255.2 [110/11] via 10.0.0.2, 01:08:13, Ethernet0/0
O        192.168.255.3 [110/11] via 10.0.0.6, 01:08:03, Ethernet0/1
O        192.168.255.4 [110/21] via 10.0.0.2, 01:08:03, Ethernet0/0
O        192.168.255.5 [110/21] via 10.0.0.6, 01:08:03, Ethernet0/1
Cairo#
Cairo#sh ip route repair-paths 10.20.30.0 255.255.255.0
Routing entry for 10.20.30.0/24
  Known via "bgp 100", distance 200, metric 11
  Tag 200, type internal
  Last update from 192.168.255.4 00:33:19 ago
  Routing Descriptor Blocks:
  * 192.168.255.4, from 192.168.255.4, 00:33:19 ago
      Route metric is 11, traffic share count is 1
      AS Hops 1
      Route tag 200
      MPLS label: none
    [RPR]192.168.255.5, from 192.168.255.5, 00:33:19 ago
      Route metric is 11, traffic share count is 1
      AS Hops 1
      Route tag 200
      MPLS label: none
Cairo#
Cairo#sh ip cef 10.20.30.0 255.255.255.0 detail
10.20.30.0/24, epoch 0, flags rib only nolabel, rib defined all labels
  recursive via 192.168.255.4
    nexthop 10.0.0.2 Ethernet0/0
  recursive via 192.168.255.5, repair
    nexthop 10.0.0.6 Ethernet0/1
Cairo#
```

输出结果将 BGP 表中的备用/可选路径标记为 b 或 backup/repair，将 RIB 表中的备用路由标记为 RPR，将 FIB（CEF）表中的备用路由标记为 repair。

1. ADD-PATH 能力

前面还没有完全讨论清楚 BGP PIC 的问题，还需要考虑一些注意事项。前面曾经说过，BGP 发话路由器收到去往目的端的可选路由之后，会将这些路由都安装到 BGP 表中。但是运行了 BGP 最佳路径算法之后，仅将其中的一条路径选为最佳路径，并且仅将该路径安装到路由表中，也仅在该路由器的出站 BGP 更新中宣告这条路径。BGP PIC 特性虽然在配置了该特性的路由本地改变了这种默认行为，但并没有改变出站 BGP 更新的默认行为。即使路由器上启用了 BGP PIC 特性，也仅向该路由器的 BGP 邻居宣告最佳路径。

图 5-27 在 Sharqia 于 Sharm 之间增加了一条新链路，并在这两台路由器之间配置了 EBGP 对等会话。此外还在路由器 Sharqia 上配置了语句 **bgp additional-paths install**（见例 5-69）。从 Sharqia 的 BGP、RIB 以及 FIB 表可以看出（见例 5-70）经由 EBGP 邻居 Luxor 的路径已经被安装为主用最佳路径，而经由 EBGP 邻居 Sharm 的路径则被安装为备用/可选路径。虽然 Sharqia 的表中也安装了经由 IBGP 对等体 Sinai 的路径，但并没有将该路径标记为备用/可选路径。

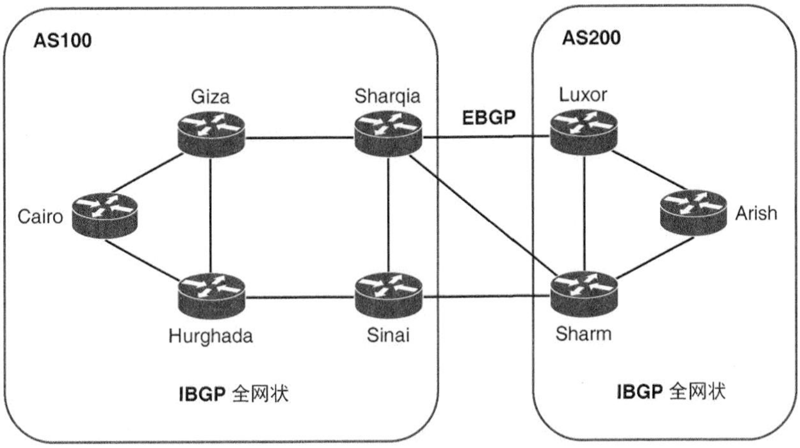

图 5-27 在路由器 Sharqia 与 Sharm 之间增加了一条新链路

例 5-69 Sharqia 的 BGP 配置（与 Sharm 之间增加了一条链路且启用了 BGP PIC）

```
router bgp 100
 bgp log-neighbor-changes
 neighbor 10.0.0.26 remote-as 200
 neighbor 10.0.0.46 remote-as 200
 neighbor 192.168.255.1 remote-as 100
 neighbor 192.168.255.1 update-source Loopback0
 neighbor 192.168.255.2 remote-as 100
 neighbor 192.168.255.2 update-source Loopback0
 neighbor 192.168.255.3 remote-as 100
 neighbor 192.168.255.3 update-source Loopback0
 neighbor 192.168.255.5 remote-as 100
 neighbor 192.168.255.5 update-source Loopback0
 !
 address-family ipv4
  bgp additional-paths install
  neighbor 10.0.0.26 activate
  neighbor 10.0.0.46 activate
```

（待续）

```
  neighbor 192.168.255.1 activate
  neighbor 192.168.255.1 next-hop-self
  neighbor 192.168.255.2 activate
  neighbor 192.168.255.2 next-hop-self
  neighbor 192.168.255.3 activate
  neighbor 192.168.255.3 next-hop-self
  neighbor 192.168.255.5 activate
  neighbor 192.168.255.5 next-hop-self
 exit-address-family
```

例 5-70　从 Sharqia 的 BGP、RIB 以及 FIB 表可以看出，这三个表中均安装了备用/可选路径

```
Sharqia#sh ip bgp
BGP table version is 5, local router ID is 192.168.255.4
Status codes: s suppressed, d damped, h history, * valid, > best, i - internal,
              r RIB-failure, S Stale, m multipath, b backup-path, f RT-Filter,
              x best-external, a additional-path, c RIB-compressed,
Origin codes: i - IGP, e - EGP, ? - incomplete
RPKI validation codes: V valid, I invalid, N Not found

     Network          Next Hop            Metric LocPrf Weight Path
*b 10.20.30.0/24      10.0.0.46               11             0 200 i
* i                   192.168.255.5           11    100      0 200 i
*>                    10.0.0.26               11             0 200 i
Sharqia#
Sharqia#sh ip route repair-paths 10.20.30.0 255.255.255.0
Routing entry for 10.20.30.0/24
  Known via "bgp 100", distance 20, metric 11
  Tag 200, type external
  Last update from 10.0.0.26 00:10:14 ago
  Routing Descriptor Blocks:
  * 10.0.0.26, from 10.0.0.26, 00:10:14 ago, recursive-via-conn
      Route metric is 11, traffic share count is 1
      AS Hops 1
      Route tag 200
      MPLS label: none
    [RPR]10.0.0.46, from 10.0.0.46, 00:10:14 ago, recursive-via-conn
      Route metric is 11, traffic share count is 1
      AS Hops 1
      Route tag 200
      MPLS label: none
Sharqia#
Sharqia#sh ip cef 10.20.30.0 255.255.255.0 detail
10.20.30.0/24, epoch 0, flags rib only nolabel, rib defined all labels
  recursive via 10.0.0.26
    attached to Ethernet1/1
  recursive via 10.0.0.46, repair
    attached to Ethernet1/2
Sharqia#
```

利用命令 **show ip bgp 192.168.255.1 neighbor advertised-routes** 可以查看 Sharqia 宣告给 Cario 的信息（见例 5-71）。可以看出虽然 Sharqia 的表中将经由 Sharm 的路径安装为备用路径，但 Sharqia 并没有将该路径宣告给 Cario。例 5-72 给出了 Cario 的 BGP、RIB 以及 FIB 表信息。可以看出 Cario 仍然将经由 IBGP 对等体 Sinai 的路径用作备用路径，因为 Cario 没有收到路径 Sharqia-Sharm。

例 5-71　从 Sharqia 宣告给 Cario 的路由可以看出 Sharqia 仅将最佳路由宣告给了 Cario

```
Sharqia#sh ip bgp neighbors 192.168.255.1 advertised-routes
BGP table version is 5, local router ID is 192.168.255.4
Status codes: s suppressed, d damped, h history, * valid, > best, i - internal,
              r RIB-failure, S Stale, m multipath, b backup-path, f RT-Filter,
```

（待续）

```
              x best-external, a additional-path, c RIB-compressed,
Origin codes: i - IGP, e - EGP, ? - incomplete
RPKI validation codes: V valid, I invalid, N Not found

     Network          Next Hop            Metric LocPrf Weight Path
*> 10.20.30.0/24      10.0.0.26               11             0 200 i

Total number of prefixes 1
Sharqia#
```

例 5-72 从 Cario 的 BGP、RIB 以及 FIB 表可以看出，Sharqia 没有将其备用/可选路径 Sharqia-Sharm 宣告给 Cario

```
Cairo#show ip bgp
BGP table version is 2, local router ID is 192.168.255.1
Status codes: s suppressed, d damped, h history, * valid, > best, i - internal,
              r RIB-failure, S Stale, m multipath, b backup-path, f RT-Filter,
              x best-external, a additional-path, c RIB-compressed,
Origin codes: i - IGP, e - EGP, ? - incomplete
RPKI validation codes: V valid, I invalid, N Not found

     Network          Next Hop            Metric LocPrf Weight Path
*bi 10.20.30.0/24     192.168.255.5           11    100      0 200 i
*>i                   192.168.255.4           11    100      0 200 i
Cairo#
Cairo#sh ip route repair-paths 10.20.30.0 255.255.255.0
Routing entry for 10.20.30.0/24
  Known via "bgp 100", distance 200, metric 11
  Tag 200, type internal
  Last update from 192.168.255.4 00:19:29 ago
  Routing Descriptor Blocks:
  * 192.168.255.4, from 192.168.255.4, 00:19:29 ago
      Route metric is 11, traffic share count is 1
      AS Hops 1
      Route tag 200
      MPLS label: none
   [RPR]192.168.255.5, from 192.168.255.5, 00:19:29 ago
      Route metric is 11, traffic share count is 1
      AS Hops 1
      Route tag 200
      MPLS label: none
Cairo#
Cairo#show ip cef 10.20.30.0 255.255.255.0 detail
10.20.30.0/24, epoch 0, flags rib only nolabel, rib defined all labels
  recursive via 192.168.255.4
    nexthop 10.0.0.2 Ethernet0/0
  recursive via 192.168.255.5, repair
    nexthop 10.0.0.6 Ethernet0/1
Cairo#
```

从前面的示例可以看出，BGP PIC 特性会影响配置该特性的路由器的行为，但仅限于该路由器本身，而且不会影响该路由器的出站更新。这一点对于其他拓扑结构来说还有进一步的含义。例如，考虑图 5-28 所示的拓扑结构，该拓扑结构与前面的图 5-27 相似，包含 AS100 和 AS200，子网 10.20.30.0/24 位于路由器 Arish 之后，并通过该 AS 的 IGP 宣告给路由器 Luxor 和 Sharm，再由 Luxor 和 Sharm 将该子网注入 BGP，然后通过 EBGP 将该子网宣告给 AS100 中的 Sharqia 和 Sinai。区别在于路由器 Giza 和 Hurghada 目前都是路由反射器（有关路由反射器的详细内容将在本章后面进行讨论。如果大家对本案例感到迷惑，可以提前阅读这部分内容）。路由器 Sharqia 和 Sinai 分别优选经由 Luxor 和 Sharm 的 EBGP 路径去往子网 10.20.30.0/24。Sharqia 和 Sharm 都向两台路由器反射器宣告它们去往该子网的最佳路径，目前每台 RR（Route Reflector，路由反射器）都有两条去往该子网的路径，一条经由 Sharqia，另一条经由 Sharm。

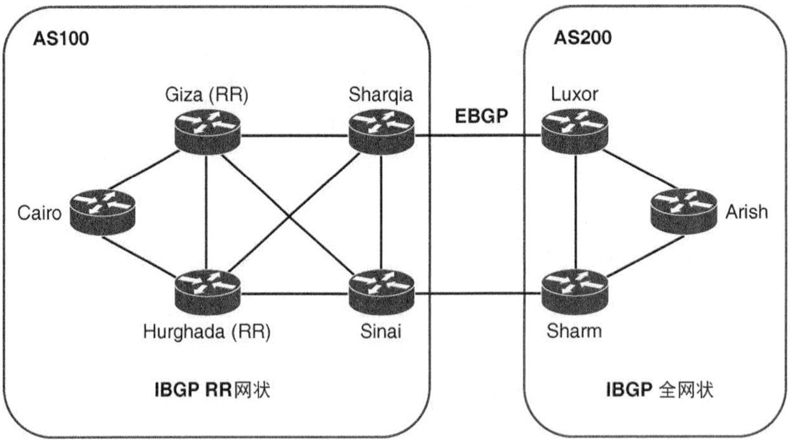

图 5-28　修改图 5-27 的拓扑结构，将路由器 Giza 和 Hurghada 配置为路由反射器

如果所有属性均为默认值，那么这两台 RR 将优选经由 Sharqia 的路由，因为其 BGP RID 较小。因而仅将经由 Sharqia 的路径安装到 RR 的路由表中并宣告给 Cario。Cario 根本就不知道经由 Sinai 的路由，因而 BGP PIC 特性对于本场景来说毫无意义。

进一步考虑图 5-29。图中的路由器 Thebes、Gesa 和 Hermopolis 都是 AS100 的边界路由器，而 Amarna 是 AS200 的边界路由器。Gesa 从上游 EBGP 对等体（图中未显示）收到了关于子网 10.20.30.0/40 的路由宣告，并且 Hermopolis 也从上游 EBGP 对等体收到了相同前缀的路由宣告，这两台路由器将去往该相同目的前缀的两条路由都宣告给了 Thebes，因而 Thebes 的 BGP 表中存在两条 10.20.30.0/24 去往子网的路由。Thebes 运行 BGP 最佳路径算法，选择去往子网 10.20.30.0/24 的最佳路径，并且仅将最佳路径宣告给 EBGP 对等体 Amarna。因此，如果当前去往 10.20.30.0/24 的路径出现了故障，那么 Amarna 上的 BGP PIC 特性将不起作用。

从前面的案例可以清楚地看出 BGP PIC 特性在去往相同目的端存在多条 BGP 路径的场景中发挥作用的前提条件。进一步而言，BGP 发话路由器仅向 BGP 对等体宣告最佳路由（适用与 IBGP 和 EBGP 会话相关的规则），而且常规的 BGP 操作也表明：如果 BGP 发话路由器通过同一个会话收到了去往相同前缀的两个连续路由宣告，而且这两个路由宣告经由不同的路由/路径，那么就保持较新的宣告并撤销较旧的宣告，称为隐式撤销。例如，如果 Thebes 和 Gesa 是 BGP 对等体，Thebes 向 Gesa 发送了一条经由 1.1.1.1 去往 10.0.0.0/8 的 UPDATE 消息，然后又向 Gesa 发送了一条关于 10.0.0.0/8 的 UPDATE 消息，但此时经由 2.2.2.2，因而 Gesa 将从 BGP 表中撤销第一条路由（10.0.0.0/8 via 1.1.1.1），并安装经由 2.2.2.2 的新路由。

为了克服仅宣告最佳路径的限制以及隐式撤销的功能，从而允许 BGP 发话路由器能够不仅仅宣告去往前缀的最佳路径，允许接收端能够保留从同一个会话收到的两条或多条去往相同目的端的不同路径，需要引入一种新的 BGP 能力——ADD-PATH 能力（能力号为 69）。该能力允许 BGP 发话路由器在 OPEN 消息中向其对等体表明自己可以为每个目的前缀发送和接收一条以上的路径。IETF 草案 draft-ietf-idr-addpaths-10 在 BGP UPDATE 消息中定义了一个新的 4 个八位组字段（称为路径标识符）来构建 ADD-PATH 能力。路径标识符是由宣告路由器指定的一个唯一值，可以表示目的前缀以及相关联的路径/路由，因而去往相同目的端的两个不同路径的两条更新消息可以拥有两个不同的路径标识符。

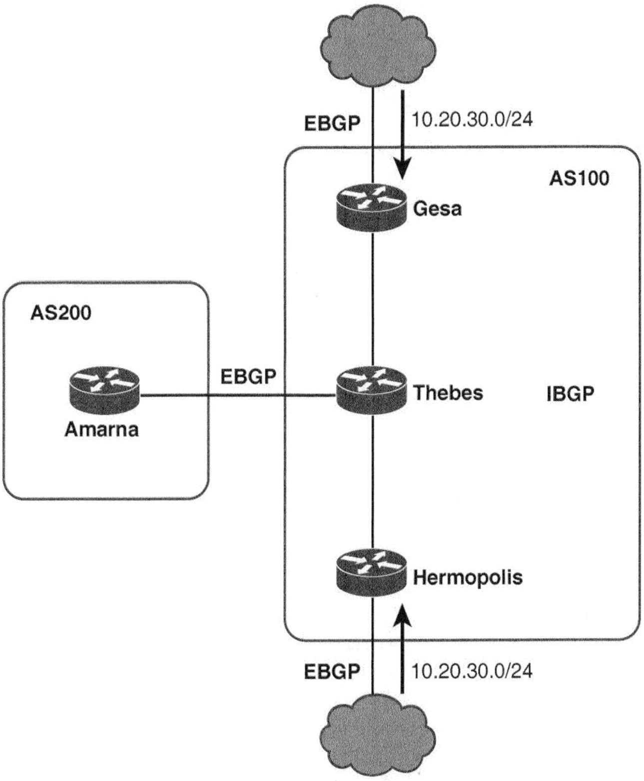

图 5-29 AS100 从两个不同邻居自治系统收到了去往相同目的端的两条路由

可以利用 **bgp additional-paths {send[receive]|receive}**语句按地址簇配置 ADD-PATH 能力，也可以利用 **neighbor** {*ip-address*} **additional-paths {send[receive]|receive}**语句按邻居配置（在 BGP 地址簇配置模式下）ADD-PATH 能力。邻居级命令的优先级高于地址簇命令，关键字 **send** 和 **receive** 表示 BGP 发话路由器是否只能发送或接收或收发额外邻居。

配置了 ADD-PATH 能力之后，可以通过下列命令将合格的路由定义为要宣告的“候选”路由：

- **bgp additional-paths select group-best**
- **bgp additional-paths select best {number}**
- **bgp additional-paths select all**

第一条命令仅为每个 AS 选择一条最佳路径，因而候选路由列表就是每个 AS 的最佳路径列表。例如，对于指定前缀来说，路由器从 AS1 收到路径 P11 和 P12，从 AS2 收到路径 P21 和 P22，从 AS3 收到路径 P31 和 P32。为每个 AS 运行了最佳路径算法之后，发现来自 AS1 的路径 P11 是最佳路径，来自 AS2 的路径 P21 是最佳路径，来自 AS3 的路径 P31 是最佳路径，因而配置第一条命令之后得到的结果就是：候选路由列表为 P11、P12 和 P13。

第二条命令只是简单地选择指定数量的最佳路径作为要宣告的候选路径。例如，如果命令中**{number}**的为 3，那么候选路径列表就包括最佳路径、第二最佳路径和第三最佳路径，关键字 **number** 可以为 2 或 3。

第三条命令的作用是将所有有效路径都纳入候选路径列表中。

配置了候选路径列表之后，可以利用 **neighbor** {*ip-address*} **advertise additional-paths [best number][group-best][all]**命令向指定邻居宣告在上一步定义的候选路由的子集。

如图 5-27 所示，路由器 Cario 和 Sharqia 被配置为相互协商 ADD-PATH 能力。Cario 被配置为接收额外路径，而 Sharqia 则被配置为发送额外路径。然后再配置 Sharqia 向 Cario 发送最佳路径和第二最佳路径。相应的配置如例 5-73 所示。

例 5-73 将图 5-27 中的路由器 Cario 和 Sharqia 配置为支持 ADD-PATH 能力

```
Cairo
router bgp 100
 bgp log-neighbor-changes
 neighbor 192.168.255.2 remote-as 100
 neighbor 192.168.255.2 update-source Loopback0
 neighbor 192.168.255.3 remote-as 100
 neighbor 192.168.255.3 update-source Loopback0
 neighbor 192.168.255.4 remote-as 100
 neighbor 192.168.255.4 update-source Loopback0
 neighbor 192.168.255.5 remote-as 100
 neighbor 192.168.255.5 update-source Loopback0
 !
 address-family ipv4
  bgp additional-paths receive
  bgp additional-paths install
  neighbor 192.168.255.2 activate
  neighbor 192.168.255.3 activate
  neighbor 192.168.255.4 activate
  neighbor 192.168.255.5 activate
 exit-address-family
```

```
Sharqia
router bgp 100
 bgp log-neighbor-changes
 neighbor 10.0.0.26 remote-as 200
 neighbor 10.0.0.46 remote-as 200
 neighbor 192.168.255.1 remote-as 100
 neighbor 192.168.255.1 update-source Loopback0
 neighbor 192.168.255.2 remote-as 100
 neighbor 192.168.255.2 update-source Loopback0
 neighbor 192.168.255.3 remote-as 100
 neighbor 192.168.255.3 update-source Loopback0
 neighbor 192.168.255.5 remote-as 100
 neighbor 192.168.255.5 update-source Loopback0
 !
 address-family ipv4
  bgp additional-paths select best 2
  bgp additional-paths send
  bgp additional-paths install
  neighbor 10.0.0.26 activate
  neighbor 10.0.0.46 activate
  neighbor 192.168.255.1 activate
  neighbor 192.168.255.1 next-hop-self
  neighbor 192.168.255.1 advertise additional-paths best 2
  neighbor 192.168.255.2 activate
  neighbor 192.168.255.2 next-hop-self
  neighbor 192.168.255.3 activate
  neighbor 192.168.255.3 next-hop-self
  neighbor 192.168.255.5 activate
  neighbor 192.168.255.5 next-hop-self
 exit-address-family
```

例 5-74 给出了在路由器 Sharqia 上运行 **show ip bgp neighbors 192.168.255.1 advertised-routes** 命令以及在 Cario 上运行 **show ip bgp 10.20.30.0 255.255.255.0** 命令后的输出结果。可以看出 Sharqia 已经将学自两个 EBGP 对等体的两条路由都宣告给了 Cario，而 Cario 的 BGP 表中则有三条去往 10.20.30.0/24 的路由。

注： 邻居增加了 ADD-PATH（额外路径）能力之后，需要重启会话以协商新能力。因而必须注意这种中断行为，只应该在维护窗口内配置现有邻居。

例 5-74 从路由器 Cario 和 Sharqia 的输出结果可以看出 ADD-PATH 的配置效果

```
Cairo#show ip bgp
BGP table version is 11, local router ID is 192.168.255.1
Status codes: s suppressed, d damped, h history, * valid, > best, i - internal,
              r RIB-failure, S Stale, m multipath, b backup-path, f RT-Filter,
              x best-external, a additional-path, c RIB-compressed,
Origin codes: i - IGP, e - EGP, ? - incomplete
RPKI validation codes: V valid, I invalid, N Not found

     Network          Next Hop            Metric LocPrf Weight Path
*bi 10.20.30.0/24     192.168.255.5           11    100      0 200 i
* i                   192.168.255.4           11    100      0 200 i
*>i                   192.168.255.4           11    100      0 200 i
Cairo#
Cairo#show ip bgp 10.20.30.0 255.255.255.0
BGP routing table entry for 10.20.30.0/24, version 11
Paths: (3 available, best #3, table default)
  Additional-path-install
  Not advertised to any peer
  Refresh Epoch 2
  200
    192.168.255.5 (metric 21) from 192.168.255.5 (192.168.255.5)
      Origin IGP, metric 11, localpref 100, valid, internal, backup/repair
      rx pathid: 0, tx pathid: 0
  Refresh Epoch 1
  200
    192.168.255.4 (metric 21) from 192.168.255.4 (192.168.255.4)
      Origin IGP, metric 11, localpref 100, valid, internal
      rx pathid: 0x1, tx pathid: 0
  Refresh Epoch 1
  200
    192.168.255.4 (metric 21) from 192.168.255.4 (192.168.255.4)
      Origin IGP, metric 11, localpref 100, valid, internal, best
      rx pathid: 0x0, tx pathid: 0x0
Cairo#
Cairo#show ip route repair-paths 10.20.30.0
Routing entry for 10.20.30.0/24
  Known via "bgp 100", distance 200, metric 11
  Tag 200, type internal
  Last update from 192.168.255.4 00:04:49 ago
  Routing Descriptor Blocks:
  * 192.168.255.4, from 192.168.255.4, 00:04:49 ago
      Route metric is 11, traffic share count is 1
      AS Hops 1
      Route tag 200
      MPLS label: none
    [RPR]192.168.255.5, from 192.168.255.5, 00:04:49 ago
      Route metric is 11, traffic share count is 1
      AS Hops 1
      Route tag 200
      MPLS label: none
Cairo#
Cairo#sh ip cef 10.20.30.0 255.255.255.0 detail
10.20.30.0/24, epoch 0, flags rib only nolabel, rib defined all labels
  recursive via 192.168.255.4
    nexthop 10.0.0.2 Ethernet0/0
  recursive via 192.168.255.5, repair
    nexthop 10.0.0.6 Ethernet0/1
Cairo #


Sharqia#show ip bgp neighbors 192.168.255.1 advertised-routes
BGP table version is 8, local router ID is 192.168.255.4
Status codes: s suppressed, d damped, h history, * valid, > best, i - internal,
              r RIB-failure, S Stale, m multipath, b backup-path, f RT-Filter,
              x best-external, a additional-path, c RIB-compressed,
```

（待续）

```
Origin codes: i - IGP, e - EGP, ? - incomplete
RPKI validation codes: V valid, I invalid, N Not found

   Network          Next Hop            Metric LocPrf Weight Path
*> 10.20.30.0/24    10.0.0.46               11             0 200 i
*b a10.20.30.0/24   10.0.0.26               11             0 200 i

Total number of prefixes 2
Sharqia#
```

需要注意上述输出结果中的两条信息：首先是 **show ip bgp 10.20.30.0 255.255.255.0** 输出结果中的路径 ID 字段。前面曾经说过，路径 ID 字段是一个 4 字节值，由发送额外路径的宣告路由器分配该字段值以标识同一个前缀的不同路由。其次是 Sharqia 的 BGP 表中子网 10.20.30.0/24 旁边的 a，表示该路由是要宣告给各个邻居的额外路径。

5.2.7 GR

增强 BGP 扩展能力的另一个功能特性是 GR（Graceful Restart，平滑重启）。与前面描述过的很多功能特性相似，GR 也是两台 BGP 发话路由器在 BGP 会话建立过程中进行协商的一种能力（在 OPEN 消息中包含 GR 能力）。GR 的能力代码是 64，BGP GR 由 RFC 4727 进行定义，是 NSF（Non-Stop Forwarding，不间断转发）的一个关键能力。

为了更好地理解 GR 的实现方式，下面首先回顾一下运行 BGP 的路由器出现故障或 BGP 进程出现问题之后的常规操作情况。BGP 邻居将检测到该故障，故障检测的速度取决于对等体是否直连、会话是 IBGP 会话还是 EBGP 会话以及在路由平台上启用了哪些功能特性。宣告邻居中断之后，就会撤销 BGP、RIB 以及 FIB 表中从该邻居收到的路由，然后再向其他邻居发送 UPDATE 消息以撤销这些路由。该操作过程也取决于启用了哪些功能特性以及是否存在可选路由。邻居可能需要首先运行最佳路径算法并在 BGP、RIP 以及 FIB 表中安装新路由，然后才能重新将这些路由转发给受影响的前缀。如果日常维护需要重启路由器，那么就会产生不稳定因素。

如果需要有意重启路由器，那么就可以利用平滑重启特性告诉邻居“我离开了，但是我很快就会回来”。这样一来，邻居就可以等待该路由器恢复正常，而不用宣称该路由器已经中断并检查造成该故障的原因。

由于 GR 特性针对拥有双 RP（Route Processor，路由处理器）的系统，因而需要首先分析双 RP 路由器处理主用 RP 故障的方式（切换到备用 RP）。在正常运行状态或者刚刚出现故障之后，路由器会从邻居收到 BGP 路由、运行最佳路径算法，然后再以最佳路径（假设不存在管理距离更优的其他路由协议拥有到达同一前缀的路径）更新 RIB。更新完 RIB 之后，CEF 将更新 FIB 以及邻接表。对于双 RP 路由器来说，CEF 将同时更新主用 RP 和备用 RP，因而两个 RP 都拥有相同的 CEF 转发表。由于 BGP 仅运行在主用 RP 上（不运行在备用 RP 上），因而对于备用 RP 来说仅更新其转发表。

主用 RP 失效后，如果未启用 GR 特性，那么故障 RP 上的 BGP 会话将被拆除，从而切换到备用 RP 上，然后在新的主用 RP 上重新建立 BGP 会话，最后路由器还要经历前面所说的相同的收敛进程。

GR 特性在前面所说的事件顺序中是如何减轻故障给转发带来的负面影响呢？BGP GR 特性将路由器分为两类：GR-capable（有 GR 能力的）路由器和 GR-aware（可感知 GR 的）

路由器。GR-capable 路由器就是具备双 RP（分别充当主用 RP 和备用 RP）的路由器。如果发生了主用 RP 到备用 RP 的切换过程，那么启用了 GR 特性的 GR-capable 路由器就会在转发平面利用 CEF 继续转发流量，即使 BGP 进程出现中断并重启（翻动）。GR-aware 路由器指的是不需要配置双 RP 的路由器，但这类路由器能够理解和协商 GR 能力，并且能够继续将流量转发给发生 RP 切换的 GR-capable 路由器。

GR 的实现方式是什么呢？如前所述，在正常情况下，CEF 会同时更新两个 RP，因而备用 RP 也拥有主用 RP 出现故障时的最新 FIB 和邻接表，而且采用 dCEF（distributed CEF，分布式 CEF）并在线卡上执行转发操作的路由器还会将线卡的转发表更新到故障发生时的最新信息。在主用 RP 出现故障并发起向备用 RP 的切换过程中，GR-aware 邻居（RFC 将其称为收话路由器[Receiving Speaker]）会检测到 GR-capable 邻居（RFC 将其称为重启路由器[Restarting Speaker]）出现中断。此时在能力协商过程中在 OPEN 消息中指定的“重启定时器”将定义收话路由器等待重启路由器重新建立 BGP 会话的时长。如果到定时器超时的时候重启路由器仍未重建 BGP 会话，那么就认为该邻居未恢复正常，从而执行常规的收敛进程。在此期间，重启路由器将维持转发能力，收话路由器也将维持从重启路由器收到的路由并持续将流量转发给重启路由器。虽然此时使用的是旧 CEF 来转发流量，但这些表项已被重启路由器中的 RIB 标记为 stale（陈旧的）路由。

重启过程完成并在新的主用 RP 上重建了 BGP 会话之后，重启路由器就会从对等体收到路由更新并删除所有陈旧的路由表项（用新收到的路由替换这些陈旧的路由）。

GR 特性的配置方式如下：

- 在全局使用路由器模式命令 **bgp graceful-restart [restart-time** *seconds* **| stalepath-time** *seconds***][all]**；
- 对单个邻居或对等体组使用命令 **neighbor {***IP-Address***} ha-modegraceful-restart**；
- 在会话模板内使用命令 **ha-mode graceful-restart**。

第一条命令中的重启定时器（restart-timer）的默认值为 120 秒，陈旧路径定时器（stalepath-timer）的默认值为 360 秒。前面曾经说过，重启定时器定义的是收话路由器等待重启路由器重新建立 BGP 会话的时长，而陈旧路径定时器定义的是收话路由器因为未收到重启路由器发送的更新路由而丢弃陈旧路由表项之前保留这些陈旧路由的最大时长。

目前常用的高可用性特性之一就是 NSR（Non-Stop Routing，不间断路由）。NSR 与 NSF 不同，顾名思义，NSR 能力指的就是在 RP 切换过程中执行“连续地”或“不间断地”路由操作（而不是转发）。该特性在本质上就是路由器让备用 RP 保持最新路由信息的能力，因而可以在主用 RP 出现故障后立即“接手”BGP 会话。此时 NSR-capable 路由器的 BGP 对等体将感知不到正在进行 RP 切换的路由器有任何故障。与 GR/NSF 一样，NSR 也不是基于标准的功能特性，因为 BGP 对等体之间不需要进行任何交互。如果 BGP 路由器不感知 GR/NSF，那么 NSR 将更加方便，但 NSR 会显著增大路由器的资源消耗，因为主用 RP 和备用 RP 都需要维护完全更新的路由信息。

5.2.8 最大前缀

如本章一直强调的那样，BGP 成为大规模网络（如 Internet）更加选择的主要能力就是扩展性。根据本章讨论过的内容可以知道，扩展性指的就是按照稳定、一致且可预测的方式执行各种功能，同时在本地维护大量路由并从对等体接收大量路由。不过任何事情都有其极限，包括运行 BGP 的路由器能够接收、处理、存储和维护的路由数量。如果路由器一直不间断地从 BGP 邻居接收路由（可能发送对等体出现了某些错误），那么接收路由器就会耗尽所有资源并最终崩溃。

因而需要一定的功能特性控制从任意 BGP 对等体收到的路由数量，一旦接收到的路由数量超出了指定门限，那么该功能特性就会触发一定的保护措施，这就是 BGP 最大前缀（Maximum-Prefixes）特性所完成的功能。

BGP 最大前缀特性的另一种应用场景就是服务提供商网络边缘，如果与客户签订的协议中要求客户发送的前缀数量不能超出规定数量，那么就可以利用最大前缀来执行该策略。如果客户网络因某些配置错误而试图向提供商网络泛洪大量未经授权的前缀，那么就可以由最大前缀特征阻塞这些前缀，或者由 SP 对客户进行示警。

为了有效地部署该功能特性，网络运营商必须首先建立正常运行状态下从每个邻居接收到的路由数量基线以及正常运行状态下给定时间段内的路由数量的平均变化基线。例如，网络运营商应该知道其网络中的路由器 R1 从 EBGP 邻居 R10 收到了 Internet 全路由表，因而路由条数不应该超过575000条，但是由于正常运行状态下该数量可能会在一星期内增加或减少2000条路由，因而为了保险起见，最好假设从 R10 收到的最大前缀数量（应该）不超过 580000 条路由。

最大前缀特性的概念和配置都非常简单，负责监控从邻居收到的路由条数，如果收到的路由条数接近预先配置的最大数量，那么就会执行以下三种操作之一。

- 如果路由器从 BGP 对等体收到预先配置的最大路由条数（称为门限）的指定比例，那么就会生成一条告警日志消息，此后如果接收到的路由条数超出了预先配置的最大值，那么就会重置 BGP 会话。
- 与前面描述的操作完全相同，唯一的区别在于路由器在预先配置的时间间隔后与出现问题的 BGP 对等体重新建立 BGP 会话。
- 如果路由器从邻居收到预先配置的最大路由条数的指定比例，那么就会生成一条日志消息，然后每收到一条前缀就会生成一条日志消息，但不会对安装在 BGP 表中的路由采取任何进一步操作。

虽然最大前缀特性主要用于 EBGP 对等体，但完全支持各种类型的 BGP 邻居。

利用以下语句可以逐个邻居的启用最大前缀特性：

```
neighbor {IP-Address} maximum-prefix {maximum} [threshold] [restart restart-
  interval] [warning-only]
```

参数 *maximum* 的作用是指定将要采取进一步操作（重置对等会话或生成一条日志消息）的最大路由条数，可选项 *threshold* 表示路由器生成日志消息所要达到的最大路由数比例，如果使用了可选关键字 **warning-only**，那么达到最大路由条数后并不重置 BGP 会话，而是生成一条告警日志消息。

可选参数 *restart-interval* 的作用是指定时间间隔（以分钟为单位），该时间间隔后就与出现问题的对等体重新建立对等会话。如果未使用该可选参数，那么就需要运行 **clear ip bgp** {*ip-address*}，以便与邻居重新建立对等会话。

图 5-30 所示的简单拓扑结构包含了前面曾经遇到过的两台路由器 Memphis 和 Alexandria，这两台路由器之间建立了一条 BGP 会话，从例 5-75 可以看出，Memphis 被配置为最多可以从 Alexandria 接收 10 条路由，如果达到最大允许路由条数的 70%（7 条路由），

那么就会生成一条告警日志消息。此外，2 分钟的时间间隔到期后（在对等会话因故障而被拆除之后），Memphis 将与 Alexandria 重建 BGP 会话。

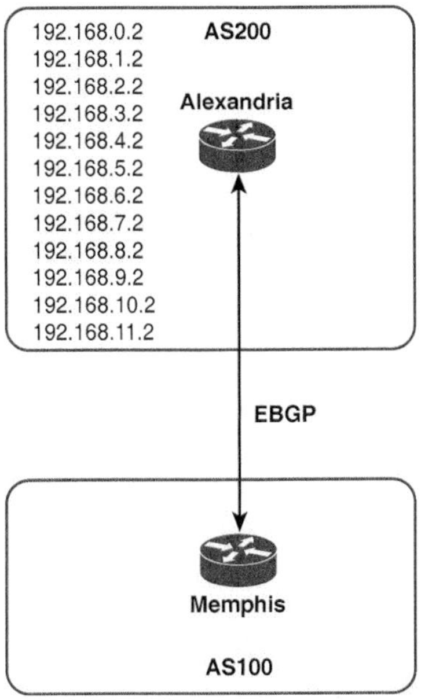

图 5-30 Memphis 被配置为最多只能从 Alexandria 接收 10 条前缀

例 5-75 R1 的 BGP 配置显示了最大前缀特性的配置情况

```
Memphis
router bgp 100
 bgp log-neighbor-changes
 neighbor 10.0.0.2 remote-as 200
 neighbor 10.0.0.2 maximum-prefix 10 70 restart 2
```

```
Alexandria
router bgp 200
 bgp log-neighbor-changes
 neighbor 10.0.0.1 remote-as 100
```

例 5-76 给出了 Memphis 的 **show ip bgp neighbors** {*IP-Address*}命令输出结果，请注意最大前缀特性的配置情况。

例 5-76 Memphis 和 Alexandria 的 **show ip bgp neighbors** {*IP-Address*}命令输出结果

```
Memphis#show ip bgp neighbors
*Oct  5 00:44:41.888: %BGP-5-ADJCHANGE: neighbor 10.0.0.2 Up
R1#sh ip bgp neighbors 10.0.0.2
BGP neighbor is 10.0.0.2, remote AS 200, external link
  BGP version 4, remote router ID 10.0.0.2
  BGP state = Established, up for 00:00:10
  Last read 00:00:10, last write 00:00:10, hold time is 180, keepalive interval is
  60 seconds
  Neighbor sessions:
    1 active, is not multisession capable (disabled)
  Neighbor capabilities:
    Route refresh: advertised and received(new)
    Four-octets ASN Capability: advertised and received
    Address family IPv4 Unicast: advertised and received
```

（待续）

```
    Enhanced Refresh Capability: advertised and received
    Multisession Capability:
    Stateful switchover support enabled: NO for session 1
  Message statistics:
    InQ depth is 0
    OutQ depth is 0

                         Sent       Rcvd
    Opens:                  1          1
    Notifications:          0          0
    Updates:                0          0
    Keepalives:             1          1
    Route Refresh:          0          0
    Total:                  2          2
  Default minimum time between advertisement runs is 30 seconds

 For address family: IPv4 Unicast
  Session: 10.0.0.2
  BGP table version 1, neighbor version 1/0
  Output queue size : 0
  Index 1, Advertise bit 0
  1 update-group member
  Slow-peer detection is disabled
  Slow-peer split-update-group dynamic is disabled
                                    Sent       Rcvd
  Prefix activity:                  ----       ----
    Prefixes Current:                  0          0
    Prefixes Total:                    0          0
    Implicit Withdraw:                 0          0
    Explicit Withdraw:                 0          0
    Used as bestpath:                n/a          0
    Used as multipath:               n/a          0

                                      Outbound    Inbound
  Local Policy Denied Prefixes:       --------    -------
    Total:                                   0          0
  Maximum prefixes allowed 10
  Threshold for warning message 70%, restart interval 2 min
  Number of NLRIs in the update sent: max 0, min 0
  Last detected as dynamic slow peer: never
  Dynamic slow peer recovered: never
  Refresh Epoch: 1
  Last Sent Refresh Start-of-rib: never
  Last Sent Refresh End-of-rib: never
  Last Received Refresh Start-of-rib: never
  Last Received Refresh End-of-rib: never
                                          Sent       Rcvd
       Refresh activity:                  ----       ----
         Refresh Start-of-RIB              0          0
         Refresh End-of-RIB                0          0

  Address tracking is enabled, the RIB does have a route to 10.0.0.2
  Connections established 1; dropped 0
  Last reset never
  Transport(tcp) path-mtu-discovery is enabled
  Graceful-Restart is disabled

Connection state is ESTAB, I/O status: 1, unread input bytes: 0
Connection is ECN Disabled, Mininum incoming TTL 0, Outgoing TTL 1
Local host: 10.0.0.1, Local port: 179
Foreign host: 10.0.0.2, Foreign port: 53837
Connection tableid (VRF): 0
Maximum output segment queue size: 50

Enqueued packets for retransmit: 0, input: 0 mis-ordered: 0 (0 bytes)

Event Timers (current time is 0x2DE7EF):
```

（待续）

```
Timer          Starts    Wakeups          Next
Retrans             2          0           0x0
TimeWait            0          0           0x0
AckHold             2          1           0x0
SendWnd             0          0           0x0
KeepAlive           0          0           0x0
GiveUp              0          0           0x0
PmtuAger            0          0           0x0
DeadWait            0          0           0x0
Linger              0          0           0x0
ProcessQ            0          0           0x0

iss: 3174016070 snduna: 3174016147 sndnxt: 3174016147
irs: 1483981710 rcvnxt: 1483981787

sndwnd:  16308  scale:      0 maxrcvwnd:  16384
rcvwnd:  16308  scale:      0 delrcvwnd:     76

SRTT: 234 ms, RTTO: 2984 ms, RTV: 2750 ms, KRTT: 0 ms
minRTT: 12 ms, maxRTT: 1000 ms, ACK hold: 200 ms
Status Flags: passive open, gen tcbs
Option Flags: nagle, path mtu capable
IP Precedence value : 6

Datagrams (max data segment is 1460 bytes):
Rcvd: 5 (out of order: 0), with data: 2, total data bytes: 76
Sent: 5 (retransmit: 0, fastretransmit: 0, partialack: 0, Second Congestion: 0),
  with data: 2, total data bytes: 76

 Packets received in fast path: 0, fast processed: 0, slow path: 0
 fast lock acquisition failures: 0, slow path: 0
TCP Semaphore      0xB2897C3C FREE
Memphis#
```

为了查看最大前缀特性的配置效果，可以在 Memphis 上运行命令 **debug ip bgp updates**（见例 5-77）。可以看出 Alexandria 将 7 条前缀注入了 BGP，而 7 条前缀正是预先配置的门限值。Memphis 收到了路由更新，而且日志消息也没有显示任何差错。此后，Alexandria 又注入了 1 条前缀（刚刚超过门限值），可以看出 Memphis 上出现了一条日志消息，警告已经收到了 8 条前缀（允许的前缀数量最多为 10 条）。最后，Alexandria 又注入了 3 条前缀，此时又出现了一条警告已经收到的前缀数量的新日志消息。收到第 11 条前缀之后（比预先配置的最大值大 1），Memphis 将向 Alexandria 发送一条 Notification（通告）消息并重置该 BGP 会话。

Memphis 重置了与 Alexandria 之间的 BGP 会话之后，查看 **show ip bgp neighbors** 命令的输出结果可以发现，高亮部分显示了 BGP 会话重置的原因是“due to Peer over prefix limit of session 1”（因为对等体超过了会话 1 的前缀限制）。

例 5-77 Memphis 的日志消息随着 Alexandria 向 BGP 注入前缀而变化

```
Memphis#debug ip bgp updates
BGP updates debugging is on for address family: IPv4 Unicast


Oct 11 05:48:15.628: BGP(0): 10.0.0.2 rcvd UPDATE w/ attr: nexthop 10.0.0.2, origin
  i, metric 0, merged path 200, AS_PATH
Oct 11 05:48:15.629: BGP(0): 10.0.0.2 rcvd 192.168.0.2/32
Oct 11 05:48:15.630: BGP(0): 10.0.0.2 rcvd 192.168.1.2/32
Oct 11 05:48:15.632: BGP(0): 10.0.0.2 rcvd 192.168.2.2/32
Oct 11 05:48:15.632: BGP(0): 10.0.0.2 rcvd 192.168.3.2/32
Oct 11 05:48:15.632: BGP(0): Revise route installing 1 of 1 routes for
  192.168.0.2/32 -> 10.0.0.2(global) to main IP table
Oct 11 05:48:15.633: BGP(0): Revise route installing 1 of 1 routes for
```

（待续）

```
  192.168.1.2/32 -> 10.0.0.2(global) to main IP table
Memphis#
Oct 11 05:48:15.633: BGP(0): Revise route installing 1 of 1 routes for
  192.168.2.2/32 -> 10.0.0.2(global) to main IP table
Oct 11 05:48:15.634: BGP(0): Revise route installing 1 of 1 routes for
  192.168.3.2/32 -> 10.0.0.2(global) to main IP table
Memphis#
Oct 11 05:48:45.560: BGP(0): 10.0.0.2 rcvd UPDATE w/ attr: nexthop 10.0.0.2, origin
  i, metric 0, merged path 200, AS_PATH
Oct 11 05:48:45.564: BGP(0): 10.0.0.2 rcvd 192.168.4.2/32
Oct 11 05:48:45.564: BGP(0): 10.0.0.2 rcvd 192.168.5.2/32
Oct 11 05:48:45.565: BGP(0): 10.0.0.2 rcvd 192.168.6.2/32
Oct 11 05:48:45.566: BGP(0): Revise route installing 1 of 1 routes for
  192.168.4.2/32 -> 10.0.0.2(global) to main IP table
Oct 11 05:48:45.567: BGP(0): Revise route installing 1 of 1 routes for
  192.168.5.2/32 -> 10.0.0.2(global) to main IP table
Oct 11 05:48:45.567: BGP(0): Revise route installing 1 of 1 routes for
  192.168.6.2/32 -> 10.0.0.2(global) to main IP table

-- Log messages after the eighth route is injected by R2 --

Memphis#
Oct 11 05:53:18.291: BGP(0): 10.0.0.2 rcvd UPDATE w/ attr: nexthop 10.0.0.2, origin
  i, metric 0, merged path 200, AS_PATH
Oct 11 05:53:18.291: BGP(0): 10.0.0.2 rcvd 192.168.7.2/32
Oct 11 05:53:18.292: %BGP-4-MAXPFX: Number of prefixes received from 10.0.0.2
(afi 0) reaches 8, max 10
Oct 11 05:53:18.293: BGP(0): Revise route installing 1 of 1 routes for
  192.168.7.2/32 -> 10.0.0.2(global) to main IP table

-- Log messages after three more routes are injected by R2 (total 11 routes to
  exceed maximum value) --

Memphis#
Oct 11 06:04:58.755: BGP(0): 10.0.0.2 rcvd UPDATE w/ attr: nexthop 10.0.0.2, origin
  i, metric 0, merged path 200, AS_PATH
Oct 11 06:04:58.761: BGP(0): 10.0.0.2 rcvd 192.168.8.2/32
Oct 11 06:04:58.761: %BGP-4-MAXPFX: Number of prefixes received from 10.0.0.2 (afi
  0) reaches 9, max 10
Oct 11 06:04:58.762: BGP(0): Revise route installing 1 of 1 routes for
  192.168.8.2/32 -> 10.0.0.2(global) to main IP table
Oct 11 06:05:30.219: BGP(0): 10.0.0.2 rcvd UPDATE w/ attr: nexthop 10.0.0.2, origin
  i, metric 0, merged path 200, AS_PATH
Oct 11 06:05:30.220: BGP(0): 10.0.0.2 rcvd 192.168.9.2/32
Oct 11 06:05:30.220: %BGP-4-MAXPFX: Number of prefixes received from 10.0.0.2 (afi
  0) reaches 10, max 10
Oct 11 06:05:30.225: BGP(0): Revise route installing 1 of 1 routes for
  192.168.9.2/32 -> 10.0.0.2(global) to main IP table
Oct 11 06:06:57.499: BGP(0): 10.0.0.2 rcvd UPDATE w/ attr: nexthop 10.0.0.2, origin
  i, metric 0, merged path 200, AS_PATH
Oct 11 06:06:57.499: BGP(0): 10.0.0.2 rcvd 192.168.10.2/32
Oct 11 06:06:57.499: %BGP-3-MAXPFXEXCEED: Number of prefixes received from 10.0.0.2
(afi 0): 11 exceeds limit 10
Oct 11 06:06:57.500: %BGP-5-NBR_RESET: Neighbor 10.0.0.2 reset (Peer over prefix
limit)
Oct 11 06:06:57.500: %BGP-3-NOTIFICATION: sent to neighbor 10.0.0.2 3/1 (update
malformed) 0 bytes
Oct 11 06:06:57.500: %BGP-4-MSGDUMP: unsupported or mal-formatted message received
from 10.0.0.2:
FFFF FFFF FFFF FFFF FFFF FFFF FFFF FFFF 0037 0200 0000 1B40 0101 0040 0206 0201
0000 00C8 4003 040A 0000 0280 0404 0000 0000 20C0 A80A 02
Oct 11 06:06:57.504: BGP(0): no valid path for 192.168.0.2/32
Oct 11 06:06:57.504: BGP(0): no valid path for 192.168.1.2/32
Oct 11 06:06:57.504: BGP(0): no valid path for 192.168.2.2/32
Oct 11 06:06:57.505: BGP(0): no valid path for 192.168.3.2/32
```

（待续）

```
Oct 11 06:06:57.505: BGP(0): no valid path for 192.168.4.2/32
Oct 11 06:06:57.505: BGP(0): no valid path for 192.168.5.2/32
Oct 11 06:06:57.506: BGP(0): no valid path for 192.168.6.2/32
Oct 11 06:06:57.506: BGP(0): no valid path for 192.168.7.2/32
Oct 11 06:06:57.506: BGP(0): no valid path for 192.168.8.2/32
Oct 11 06:06:57.507: BGP(0): no valid path for 192.168.9.2/32
Oct 11 06:06:57.513: %BGP-5-ADJCHANGE: neighbor 10.0.0.2 Down BGP Notification sent
Oct 11 06:06:57.514: %BGP_SESSION-5-ADJCHANGE: neighbor 10.0.0.2 IPv4 Unicast
 topology base removed from session BGP Notification sent


Memphis#show ip bgp neighbors 10.0.0.2
BGP neighbor is 10.0.0.2, remote AS 200, external link
  BGP version 4, remote router ID 0.0.0.0
  BGP state = Idle
  Neighbor sessions:
    0 active, is not multisession capable (disabled)
    Stateful switchover support enabled: NO
  Default minimum time between advertisement runs is 30 seconds

 For address family: IPv4 Unicast
  BGP table version 21, neighbor version 1/21
  Output queue size : 0
  Index 0, Advertise bit 0
  Address family not supported notification sent
  Slow-peer detection is disabled
  Slow-peer split-update-group dynamic is disabled
  Peer had exceeded the max. no. of prefixes configured.
  Maximum prefixes allowed 10
  Threshold for warning message 70%, restart interval 2 min
  Reduce the no. of prefix from 10.0.0.2, will restart in 00:00:51
  Number of NLRIs in the update sent: max 0, min 0
  Last detected as dynamic slow peer: never
  Dynamic slow peer recovered: never
  Refresh Epoch: 1
  Last Sent Refresh Start-of-rib: never
  Last Sent Refresh End-of-rib: never
  Last Received Refresh Start-of-rib: never
  Last Received Refresh End-of-rib: never
                                    Sent       Rcvd
        Refresh activity:           ----       ----
          Refresh Start-of-RIB       0          0
          Refresh End-of-RIB         0          0

  Address tracking is enabled, the RIB does have a route to 10.0.0.2
  Connections established 1; dropped 1
  Last reset 00:01:08, due to Peer over prefix limit of session 1
  Transport(tcp) path-mtu-discovery is enabled
  Graceful-Restart is disabled
  No active TCP connection
Memphis#
```

例 5-77 的输出结果中建议网络运维人员“Reduce the no. of prefix from 10.0.0.2（减少从 10.0.0.2 收到的前缀数量）”，因为 Memphis “will restart in 00:00:51（将在 00:00:51 重启）”。为了更好地理解这条消息背后的原因，可以继续观察 Memphis 重置了与 Alexandria 之间的 TCP 会话之后的日志消息（见例 5-78）。可以看出在预先配置的重启定时器 2 分钟之后，Memphis 将重新建立与 Alexandria 之间的 BGP 会话并再次开始接收路由更新。如果没有修改 Alexandria 的配置而减少注入 BGP 的前缀数量，那么 Memphis 收到的前缀数量超过预先配置的最大前缀值之后将再次重置与 Alexandria 之间的会话。2 分钟之后将再次重建会话，此后将一直重复该操作过程，直至修改 Alexandria 的配置以减小前缀数量。

例 5-78 大约 2 分钟之后，Memphis 重启与 Alexandria 之间的 BGP 会话

```
Memphis#
Oct 11 06:09:06.035: %BGP-5-ADJCHANGE: neighbor 10.0.0.2 Up
Oct 11 06:09:06.840: BGP(0): 10.0.0.2 rcvd UPDATE w/ attr: nexthop 10.0.0.2,
  origin i, metric 0, merged path 200, AS_PATH
Oct 11 06:09:06.841: BGP(0): 10.0.0.2 rcvd 192.168.0.2/32
Oct 11 06:09:06.846: BGP(0): 10.0.0.2 rcvd 192.168.1.2/32
Oct 11 06:09:06.846: BGP(0): 10.0.0.2 rcvd 192.168.2.2/32
Oct 11 06:09:06.847: BGP(0): 10.0.0.2 rcvd 192.168.3.2/32
Oct 11 06:09:06.847: BGP(0): 10.0.0.2 rcvd 192.168.4.2/32
Oct 11 06:09:06.848: BGP(0): 10.0.0.2 rcvd 192.168.5.2/32
Oct 11 06:09:06.848: BGP(0): 10.0.0.2 rcvd 192.168.6.2/32
Oct 11 06:09:06.849: BGP(0): 10.0.0.2 rcvd 192.168.7.2/32
Oct 11 06:09:06.854: %BGP-4-MAXPFX: Number of prefixes received from 10.0.0.2
  (afi 0) reaches 8, max 10
Oct 11 06:09:06.855: BGP(0): 10.0.0.2 rcvd 192.168.8.2/32
Oct 11 06:09:06.856: BGP(0): 10.0.0.2 rcvd 192.168.9.2/32
Oct 11 06:09:06.856: BGP(0): 10.0.0.2 rcvd 192.168.10.2/32
Oct 11 06:09:06.856: %BGP-3-MAXPFXEXCEED: Number of prefixes received from 10.0.0.2
  (afi 0): 11 exceeds limit 10

-- Output truncated for brevity --
```

需要注意的是，门限的默认值是 75%。如果未在命令中明确配置门限值，那么就会在这个值生成日志消息。如前所述，如果在最大前缀配置命令中增加了关键字 **warning-only**，那么超过门限值之后就会生成日志消息，此后每收到一条前缀就会生成一条日志消息，Memphis 不会采取其他操作，BGP 会话仍保持 Up 状态，并将前缀安装到 Memphis 的 BGP 表中。例 5-79 修改了 Memphis 的配置，将关键字 **restart** {*interval*}替换成 **warning-only**。例 5-80 则显示了 Alexandria 逐条注入前缀（一共 12 条）的情况下 Memphis 的日志消息。最后，例 5-81 中的 BGP 表显示 12 条前缀均安装在 Memphis 的 BGP 表中，并且都是有效且最佳路由。

例 5-79 将关键字 **restart** {*interval*}替换成 **warning-only** 之后的 Memphis 配置信息

```
router bgp 100
 bgp log-neighbor-changes
 neighbor 10.0.0.2 remote-as 200
 neighbor 10.0.0.2 maximum-prefix 10 70 warning-only
```

例 5-80 Alexandria 逐条注入前缀（一共 12 条）的情况下 Memphis 的日志消息

```
Memphis#
Oct 11 07:46:25.474: BGP(0): 10.0.0.2 rcvd UPDATE w/ attr: nexthop 10.0.0.2, origin
  i, metric 0, merged path 200, AS_PATH
Oct 11 07:46:25.475: BGP(0): 10.0.0.2 rcvd 192.168.0.2/32
Oct 11 07:46:25.475: BGP(0): Revise route installing 1 of 1 routes for
  192.168.0.2/32 -> 10.0.0.2(global) to main IP table
Oct 11 07:46:55.774: BGP(0): 10.0.0.2 rcvd UPDATE w/ attr: nexthop 10.0.0.2, origin
  i, metric 0, merged path 200, AS_PATH
Oct 11 07:46:55.775: BGP(0): 10.0.0.2 rcvd 192.168.1.2/32
Oct 11 07:46:55.775: BGP(0): Revise route installing 1 of 1 routes for
  192.168.1.2/32 -> 10.0.0.2(global) to main IP table
Oct 11 07:47:26.842: BGP(0): 10.0.0.2 rcvd UPDATE w/ attr: nexthop 10.0.0.2, origin
  i, metric 0, merged path 200, AS_PATH
Oct 11 07:47:26.843: BGP(0): 10.0.0.2 rcvd 192.168.2.2/32
Oct 11 07:47:26.850: BGP(0): Revise route installing 1 of 1 routes for
192.168.2.2/32 -> 10.0.0.2(global) to main IP table
Oct 11 07:47:58.421: BGP(0): 10.0.0.2 rcvd UPDATE w/ attr: nexthop 10.0.0.2, origin
  i, metric 0, merged path 200, AS_PATH
Oct 11 07:47:58.422: BGP(0): 10.0.0.2 rcvd 192.168.3.2/32
```

（待续）

```
Oct 11 07:47:58.422: BGP(0): Revise route installing 1 of 1 routes for
  192.168.3.2/32 -> 10.0.0.2(global) to main IP table
Oct 11 07:48:29.540: BGP(0): 10.0.0.2 rcvd UPDATE w/ attr: nexthop 10.0.0.2, origin
  i, metric 0, merged path 200, AS_PATH
Oct 11 07:48:29.546: BGP(0): 10.0.0.2 rcvd 192.168.4.2/32
Oct 11 07:48:29.547: BGP(0): Revise route installing 1 of 1 routes for
  192.168.4.2/32 -> 10.0.0.2(global) to main IP table
Oct 11 07:49:00.086: BGP(0): 10.0.0.2 rcvd UPDATE w/ attr: nexthop 10.0.0.2, origin
  i, metric 0, merged path 200, AS_PATH
Oct 11 07:49:00.087: BGP(0): 10.0.0.2 rcvd 192.168.5.2/32
Oct 11 07:49:00.087: BGP(0): Revise route installing 1 of 1 routes for
  192.168.5.2/32 -> 10.0.0.2(global) to main IP table
Oct 11 07:49:31.623: BGP(0): 10.0.0.2 rcvd UPDATE w/ attr: nexthop 10.0.0.2, origin
  i, metric 0, merged path 200, AS_PATH
Oct 11 07:49:31.623: BGP(0): 10.0.0.2 rcvd 192.168.6.2/32
Oct 11 07:49:31.624: BGP(0): Revise route installing 1 of 1 routes for
  192.168.6.2/32 -> 10.0.0.2(global) to main IP table
Oct 11 07:50:01.828: BGP(0): 10.0.0.2 rcvd UPDATE w/ attr: nexthop 10.0.0.2, origin
  i, metric 0, merged path 200, AS_PATH
Oct 11 07:50:01.831: BGP(0): 10.0.0.2 rcvd 192.168.7.2/32
Oct 11 07:50:01.831: %BGP-4-MAXPFX: Number of prefixes received from 10.0.0.2
(afi 0) reaches 8, max 10
Oct 11 07:50:01.832: BGP(0): Revise route installing 1 of 1 routes for
  192.168.7.2/32 -> 10.0.0.2(global) to main IP table
Oct 11 07:50:33.393: BGP(0): 10.0.0.2 rcvd UPDATE w/ attr: nexthop 10.0.0.2, origin
  i, metric 0, merged path 200, AS_PATH
Oct 11 07:50:33.393: BGP(0): 10.0.0.2 rcvd 192.168.8.2/32
Oct 11 07:50:33.393: %BGP-4-MAXPFX: Number of prefixes received from 10.0.0.2
(afi 0) reaches 9, max 10
Oct 11 07:50:33.394: BGP(0): Revise route installing 1 of 1 routes for
  192.168.8.2/32 -> 10.0.0.2(global) to main IP table
Oct 11 07:51:04.338: BGP(0): 10.0.0.2 rcvd UPDATE w/ attr: nexthop 10.0.0.2, origin
  i, metric 0, merged path 200, AS_PATH
Oct 11 07:51:04.338: BGP(0): 10.0.0.2 rcvd 192.168.9.2/32
Oct 11 07:51:04.339: %BGP-4-MAXPFX: Number of prefixes received from 10.0.0.2
(afi 0) reaches 10, max 10
Oct 11 07:51:04.339: BGP(0): Revise route installing 1 of 1 routes for
  192.168.9.2/32 -> 10.0.0.2(global) to main IP table
Oct 11 07:51:36.023: BGP(0): 10.0.0.2 rcvd UPDATE w/ attr: nexthop 10.0.0.2, origin
  i, metric 0, merged path 200, AS_PATH
Oct 11 07:51:36.023: BGP(0): 10.0.0.2 rcvd 192.168.10.2/32
Oct 11 07:51:36.024: %BGP-3-MAXPFXEXCEED: Number of prefixes received from 10.0.0.2
 (afi 0): 11 exceeds limit 10
Oct 11 07:51:36.025: BGP(0): Revise route installing 1 of 1 routes for
  192.168.10.2/32 -> 10.0.0.2(global) to main IP table
Oct 11 07:53:36.464: BGP(0): 10.0.0.2 rcvd UPDATE w/ attr: nexthop 10.0.0.2, origin
  i, metric 0, merged path 200, AS_PATH
Oct 11 07:53:36.465: BGP(0): 10.0.0.2 rcvd 192.168.11.2/32
Oct 11 07:53:36.465: %BGP-3-MAXPFXEXCEED: Number of prefixes received from 10.0.0.2
 (afi 0): 12 exceeds limit 10
Oct 11 07:53:36.466: BGP(0): Revise route installing 1 of 1 routes for
  192.168.11.2/32 -> 10.0.0.2(global) to main IP table
```

例 5-81 Memphis 的 BGP 表显示 12 条前缀都是有效且最佳路由

```
Memphis#show ip bgp
BGP table version is 87, local router ID is 10.0.0.1
Status codes: s suppressed, d damped, h history, * valid, > best, i - internal,
              r RIB-failure, S Stale, m multipath, b backup-path, f RT-Filter,
              x best-external, a additional-path, c RIB-compressed,
Origin codes: i - IGP, e - EGP, ? - incomplete
RPKI validation codes: V valid, I invalid, N Not found

     Network          Next Hop            Metric LocPrf Weight Path
*>   192.168.0.2/32   10.0.0.2                 0             0 200 i
*>   192.168.1.2/32   10.0.0.2                 0             0 200 i
```

（待续）

```
*>   192.168.2.2/32   10.0.0.2             0            0 200 i
*>   192.168.3.2/32   10.0.0.2             0            0 200 i
*>   192.168.4.2/32   10.0.0.2             0            0 200 i
*>   192.168.5.2/32   10.0.0.2             0            0 200 i
*>   192.168.6.2/32   10.0.0.2             0            0 200 i
*>   192.168.7.2/32   10.0.0.2             0            0 200 i
*>   192.168.8.2/32   10.0.0.2             0            0 200 i
*>   192.168.9.2/32   10.0.0.2             0            0 200 i
*>   192.168.10.2/32  10.0.0.2             0            0 200 i
*>   192.168.11.2/32  10.0.0.2             0            0 200 i
Memphis#
```

5.2.9 调节 BGP CPU

由于路由器和交换机的 CPU 都是共享资源，因而理解 BGP 对 CPU 的使用情况非常重要。如果 CPU 资源完全被某种协议的某个进程或一组进程完全占用，那么就会反过来影响其他进程。CPU 资源主要用来运行系统进程和协议进程，同时还要用来转发那些无法在硬件进行转发的某些流量（将流量转交给 CPU），因而由于某种进程引起的 CPU 不可用性就会给其他进程以及流量转发带来负面影响。而且在某些情况下，高 CPU 利用率还会导致路由器的崩溃。为了保证 BGP 的真正扩展性，就应该让 BGP 的进程以及控制流量（由 CPU 处理）不会“独占”CPU，以免路由器无法处理其他任务。

在讨论 BGP 进程、BGP 进程对 CPU 的影响以及如何调节 BGP 的 CPU 使用情况之前，首先快速了解一下读取 CPU 利用率的 IOS 工具。

最重要的工具就是命令 **show processes cpu**。该命令可以携带多种参数，每种参数得到的输出结果差异也很大。不过有关该命令每种选项的讨论已经超出了本书写作范围，因而下面仅讨论其中最常见的一种选项，即 **sorted** 选项。该选项的作用是按照 CPU 使用百分比进行降序排列（见例 5-82）。

例 5-82 **show processes cpu sorted** 命令的输出结果

```
route-views.optus.net.au>show process cpu sorted
CPU utilization for five seconds: 14%/0%; one minute: 5%; five minutes: 4%
 PID Runtime(ms)     Invoked      uSecs   5Sec   1Min   5Min TTY Process
   4   518382764    28159777      18408 13.59%  1.77%  1.23%   0 Check heaps
 223     6104264      771384       7913  0.23%  0.02%  0.00%   0 Per-minute Jobs
  88    82283708  1174085919         70  0.23%  0.15%  0.16%   0 IP Input
 138      112024  2425182127          0  0.15%  0.10%  0.09%   0 HQF Input Shaper
  59        3740     9137110          0  0.07%  0.00%  0.00%   0 HC Counter Timer
 128       36668    95900968          0  0.07%  0.01%  0.00%   0 TCP Timer
 142     5265420   177121717         29  0.07%  0.01%  0.00%   0 BGP I/O
 137      124328  2425182041          0  0.07%  0.11%  0.10%   0 HQF Shaper Backg
 236    61650456   219313514        281  0.07%  0.05%  0.07%   0 BGP Router
```

输出结果中各字段的信息如下。

- **CPU utilization for 5 seconds: 2%/0%; 1 minute: 2%; 5 minutes: 2%：** 分别表示所有进程在最后 5 秒钟、1 分钟和 5 分钟内的平均 CPU 使用率。5 秒钟使用率显示了两个数值，第一个数值是所有活跃进程的使用率，第二个数值是 CPU 中断使用率。
- **PID：** 表示进程 ID。
- **Runtime(ms)：** 表示路由器启动后该进程使用的全部 CPU 时间（以毫秒为单位）。
- **Invoked：** 表示该进程被调用的次数。
- **uSecs：** 进程每次被调用后使用的 CPU 时间（以毫秒为单位）。

- **5Sec/1Min/5Min：** 分别表示最后 5 秒钟、1 分钟和 5 分钟内的平均 CPU 使用率。
- **Process：** 表示进程名称。

如前所述，该命令输出结果的第一行显示了 5 秒钟内的 CPU 平均使用率（所有进程加在一起）以及中断 CPU 的使用率（指的是为处理硬件无法处理而转交给 CPU 进行处理的 CPU 使用的）。这是一条非常重要的信息，因为可以看出活跃进程占用的 CPU 使用率以及为转发流量（指无法在硬件中通过 CEF 进行转发的流量）而占用的 CPU 使用率

理解了高 CPU 使用率对路由器功能的影响情况以及命令 **show processes cpu sorted** 的输出结果之后，接下来再继续讨论 BGP。UCLA 和 Sprint 曾经联合研究了 BGP 进程的 CPU 使用率情况（针对 Sprint 的 Tier-1 网络中的路由器），发现 BGP 进程最多将使用 60%的 CPU 资源，计算方式是将路由器启动后每种 BGP 进程所消耗的 CPU 毫秒数加在一起（即 **show processes cpu** 命令输出结果中 Runtime(ms)列下面的数值），然后计算该数值在整个 CPU 消耗中的百分比。

第 4 章曾经说过，IOS 中的 BGP 包含以下 4 个基本进程（不同版本的 IOS 可能有更多的活跃 BGP 进程）。

- **Open 进程：** 这是一种暂态 BGP 进程，负责邻居建立操作，仅在新邻居出现后处于激活状态。
- **I/O 进程：** 与路由器的 TCP 套接字交互，在输入侧填充 InQ，在输出侧从 OutQ 取出 BGP 消息进行传送，只要收发 BGP 消息，该进程就要使用 CPU。
- **Router 进程：** 该进程负责执行大多数 BGP 核心功能。在输入侧，Router 进程负责从 InQ 读取消息、根据入站策略评估入站路由、运行最佳路径算法、更新 BGP 表并与 RIB 更新进程进行交互，从而将路由安装到路由表中。在输出侧，Router 进程根据出站策略评估 BGP 表中的路由、生成 UPDATE 消息并将它们添加到 OutQ 中。此外，该进程还负责处理路由“翻动”问题（将在本节后面进行讨论）。Router 进程每秒钟运行一次，并且在增加、删除或者软配置邻居时都会运行该进程。
- **Scanner 进程：** 该进程扫描 BGP 表以确定路由的下一跳可达，同时负责处理 **network**、**redistribute** 以及 **aggregate** 语句并将结果添加到 BGP 表中。此外，该进程还负责处理路由抑制以及条件路由宣告。Scanner 进程每 60 秒运行一次。

例 5-83 给出了携带输出过滤（仅显示 BGP 进程）的 **show processes cpu sorted** 命令输出结果。

例 5-83 BGP 进程

```
route-views.optus.net.au>show processes cpu sorted | i utilization|Runtime|BGP
CPU utilization for five seconds: 31%/0%; one minute: 6%; five minutes: 5%
 PID Runtime(ms)     Invoked      uSecs    5Sec   1Min    5Min TTY Process
 172  1041018716     5620906     185210 28.63%  3.59%   2.53%   0 BGP Scanner
 236    61651656   219322619        281  0.23%  0.09%   0.08%   0 BGP Router
 142     5265568   177128939         29  0.07%  0.01%   0.00%   0 BGP I/O
   3           0           1          0  0.00%  0.00%   0.00%   0 BGP Open
 141        5648    44506740          0  0.00%  0.00%   0.00%   0 BGP Scheduler
 230     1674320    16109430        103  0.00%  0.00%   0.00%   0 BGP Task
 231        5988          33     181454  0.00%  0.00%   0.00%   0 BGP Event
```

在正常运行条件下，CPU 的主要使用者是 BGP Scanner 进程和 Router 进程，而 I/O 进程、Open 进程以及其他进程消耗的 CPU 时间并不多，因而下面主要讨论 Scanner 和 Router 进程。

从前面列出的进程列表可以看出，BGP Scanner 进程每 60 秒钟运行一次，每次运行的时候都要扫描 BGP 表和 IP 路由表，每次扫描都在前一次扫描结束后的 60 秒之后，与每次扫描

所花费的时长无关。因而 Scanner 进程使用大量 CPU 的原因是每隔 60 秒钟就发生一次，而持续时间与 BGP 表以及路由表的规模有关。BGP 和 IP 路由表的规模越大，高 CPU 使用率状况的持续时间也就越长，Scanner 进程独占 CPU 并阻塞低优先级进程运行的时间也就越长。

BGP Router 进程每秒钟运行一次，而且在建立了新对等体、删除或者软重配了对等体之后，都要运行 Router 进程。Router 进程负责 BGP 协议的核心功能，处理更新、选择最佳路径并将最佳路径安装到 IP 路由表中。网络处于稳定状态期的时候，邻居的状态都不会发生变化，此时 Router 进程导致的高 CPU 使用率并不是周期性状态（与 Scanner 进程相似）。但是，如果因故障或者建立新邻居而导致的 BGP 收敛过程将会严重依赖 Router 进程的性能，因而 Router 进程的优先级为中优先级，而 Scanner 进程为低优先级。例 5-84 给出了 **show processes** 命令的输出结果（过滤仅显示 BGP 进程），请注意 Q 列信息，该列表示的是进程优先级，可以看出 Scanner 进程的优先级为 L（低），其余进程（包括 Router 进程）的优先级为 M（中）。

例 5-84　BGP 进程优先级

```
route-views.optus.net.au>show process | i utilization|Runtime|BGP
CPU utilization for five seconds: 0%/0%; one minute: 4%; five minutes: 5%
 PID QTy       PC Runtime (ms)     Invoked   uSecs    Stacks TTY Process
   3 ME  615299CC            0           1       0 4000/6000   0 BGP Open
 141 Mwe 609F82EC         5648    44511524       0 7236/9000   0 BGP Scheduler
 142 Mwe 60A03460      5265936   177146028      29 6892/9000   0 BGP I/O
 172 Lwe 609EEAF8   1041137460     5621562  185206 6832/9000   0 BGP Scanner
 230 Mwe 60A5892C      1674496    16111145     103 4444/6000   0 BGP Task
 231 Mwe 60A1A20C         5988          33  181454 4712/6000   0 BGP Event
 236 Mwe 60A06880     61655956   219344334     281 6044/9000   0 BGP Router
route-views.optus.net.au>
```

根据前面的讨论结果可以看出，Scanner 和 Router 进程的 CPU 使用率主要取决于 BGP 表中的 BGP 路由条数以及 BGP 对等体的数量。这一点对于稳定状态（如添加少量路由）来说完全正确，此时的 BGP 处于收敛状态，网络中仅存在少量变化。利用以下机制即可调节 BGP 进程的 CPU 使用率。

- **更新组（Update Group）**：本章在前面曾经说过，Cisco IOS 可以在无需管理员配置的情况下自动部署更新组，这样就可以避免 BGP Scanner 进程为每个邻居都要扫描一次 BGP 表。拥有相同出站策略的所有邻居都进入同一个更新组，将组中的特定邻居选为组长（Group Leader），只要对每个更新组的组长的 BGP 表进行扫描即可。为组长生成更新消息之后，组长会将这些更新消息复制给组中的每个成员，而不用为每个组成员都扫描 BGP 表并生成更新消息。利用 **show bgp ipv4 unicast update-group** [*update-group-number*]和 **show ip bgp replication** [*update-group-number*]命令即可看到更新组的应用效率。
- **优化 BGP 表中的路由条数**：由于该问题直接且严重影响路由器的内存资源，因而将在 5.2.10 节进行详细讨论。
- **提高 BGP 底层传输层（即 TCP）的效率**：这一点将在 5.2.11 节中详细讨论。

5.2.10　调节 BGP 内存

调节（并优化）BGP 的路由器内存使用率与调节 CPU 使用率的关系非常密切，导致 CPU 高使用率的原因很可能也是导致内存高使用率的原因。内存调节的概念比较简单，但实现起来比较复杂，之所以说调节 BGP 内存使用率在概念上比较简单，是因为 BGP 表中的 BGP 路由条数越多，所需要的内存就越多。在所有因素当中，BGP 表的规模是对内存使用率影响最大的因素。但与此同时，调节 BGP 更优地使用内存所包含的概念却又非常复杂，因为设计 BGP 网络时所作的每一个决策以及输入的每一个命令行都可能会给内存使用率带来正面或负面影响。

与上一节相似，本节也将首先了解能够查看 Cisco IOS 的 BGP 内存使用率的工具。例 5-85 给出了 **show ip bgp summary** 命令的输出结果，显示了每个邻居收到的路由条数。**show ip route summary** 命令显示了 RIB 中安装的路由的汇总信息以及 RIB 中这些路由使用的内存情况。最后，**show processes memory sorted** 显示了每个 BGP 进程的内存使用情况。主要关注点是 BGP Router 进程，因为该进程在运行完最佳路径算法之后负责将 RIB 中的路由安装到路由器的 BGP 表中。

例 5-85　监控内存使用情况的 **show** 命令

```
ns-route-server>show ip bgp summary
BGP router identifier 24.137.100.8, local AS number 11260
BGP table version is 1806994765, main routing table version 1806994765
552273 network entries using 66825033 bytes of memory
883996 path entries using 45967792 bytes of memory
157059/91213 BGP path/bestpath attribute entries using 11936484 bytes of memory
109427 BGP AS-PATH entries using 2822216 bytes of memory
1887 BGP community entries using 126342 bytes of memory
6 BGP extended community entries using 144 bytes of memory
0 BGP route-map cache entries using 0 bytes of memory
0 BGP filter-list cache entries using 0 bytes of memory
BGP using 127678011 total bytes of memory
Dampening enabled. 0 history paths, 0 dampened paths
BGP activity 46497518/45919837 prefixes, 643957540/643048108 paths, scan interval 60
  secs

Neighbor        V    AS MsgRcvd MsgSent   TblVer InQ OutQ Up/Down State/PfxRcd
24.137.100.1    4 11260 45522633 274190 1806994770    0    0 24w4d      489209
24.137.100.2    4 11260 77842109 263087 1806994770    0    0 23w4d      394333
24.137.100.3    4 11260   126361  137999 1806994770  0    0 12w2d         192
24.137.100.4    4 11260   237658  259964 1806994770  0    0 23w2d         226
ns-route-server>
ns-route-server>show ip route summary
IP routing table name is default (0x0)
IP routing table maximum-paths is 32
Route Source    Networks     Subnets     Replicates Overhead   Memory (bytes)
connected       0             5          0          296        860
static          0            38          0          2048       6536
ospf 1          39         4874          0          261404     864688
  Intra-area: 60 Inter-area: 258 External-1: 4544 External-2: 51
  NSSA External-1: 0 NSSA External-2: 0
bgp 11260       172210       379891      0            28709252   94961372
  External: 0 Internal: 552101 Local: 0
internal        6366                                           22828740
Total           178615       384808      0            28973000   118662196
ns-route-server>
ns-route-server>show processes memory sorted | i PID|BGP
 PID TTY  Allocated       Freed     Holding     Getbufs     Retbufs Process
 224   0 2045549580 3094957712  374062504        3120           0 BGP Router
 226   0      23864  399678964      33076           0           0 BGP Scanner
 225   0 1524686480   96218952       9988      369048         260 BGP I/O
 223   0  421781356       5520       9988           0           0 BGP Scheduler
 227   0          0      67432       6992           0           0 BGP Event
ns-route-server>
```

请注意例 5-84 中 **show ip bgp summary** 命令输出结果中高亮显示的信息。可以看出 BGP 的三种组件都是以字节为单位分配内存的。

- **前缀：**在第一个高亮显示行中标识为 network entries。

- **路径**：在第二个高亮显示行中标识为 path entries。
- **属性**：由输出结果中的后面四个高亮显示行标识。

从输出结果的最后一行（在邻居列表之前）可以看出，上述三种组件消耗的内存总量是 127678011 字节，后面显示的是邻居列表以及从每个邻居收到的前缀数量（如名为 State/PfxRcd 的最后一列所示）。

了解了路由器上各种 BGP 组件的内存消耗情况之后，接下来应该了解哪些可用选项能够减轻这些负面影响。首先考虑的就是 BGP 表拥有大量前缀的问题（如 Internet 全路由表），此时可以针对待优化的网络考虑以下措施（如果适当且可行）。

- **聚合**：该措施对于未使用的网络来说很容易部署，但是对于在用网络来说，如果 IP 编制方案设计有问题的话，那么就可能很难使用该方案。
- **过滤**：将 AS 不需要或不使用的路由过滤掉。
- 考虑从上游自治系统接收部分路由表和默认路由，而不是接收 Internet 全路由表。

接下来需要考虑的问题就是路径或路由的数量，可以考虑以下措施来减少 BGP 表中的路径数量（如果适当且可行）。

- 减少 BGP 邻居/对等会话的数量，但这种方式的代价是降低了冗余性。
- 使用路由反射器而不是全网状 IBGP，但这种方式的代价是降低了冗余性并且难以使用部分功能（如本章前面讨论的 BGP PIC），这是因为 RR 默认仅反射最佳路由。

最后需要考虑的 BGP 消耗内存的问题就是路由所携带的路径属性列表，此时只要简单地尽可能减少路径属性的数量即可。

- 将入站更新中本 AS 用不到或者对本网络没有任何意义的（扩展）团体属性过滤掉。
- 尽量限制在本 AS 内分配的团体属性数量，尽可能地少用团体属性。

第 4 章曾经说过，路由器会为一个或多个 BGP 邻居部署软重配功能特性，对于来自邻居的所有入站路由来说，在入站策略应用于这些路由之前，该功能特性会维护一份路由拷贝。如果更改了该邻居的入站策略，那么由于路由器已经有了该邻居的路由拷贝，因而不需要重置 BGP 会话以应用新策略，路由器只要将新策略应用到这些存储的路由上即可。这种方式很方便，可以在不中断会话的情况下更改策略。但是，为每个邻居维护两份路由（一份是应用入站策略之前的路由，另一份是应用了入站策略之后的路由[BGP 表]）比不使用该功能特性至少要消耗两倍内存。

通常建议使用路由刷新特性来代替软重配特性，但此时 BGP 会话涉及的两台路由器都必须支持该能力。截至本书写作之时，路由刷新已经出现了 15 年多，因而网络中出现不支持该特性的路由器的概率应该非常小。除非明确要求路由器在过滤路由之前维护一份邻居发送的路由拷贝，否则一般不使用软重启特性，要不然会对路由器的内存资源造成严重影响，特别是路由器拥有大量 BGP 邻居并且从所有或部分邻居接收 Internet 全路由表的应用场景。

本节的最后将讨论多种不同的路由发射器设计方案及其对路由器内存资源的消耗情况，包括与路由反射器建立对等关系的内部路由器以及路由反射器本身。

有关路由反射的详细内容将在本章的后续章节进行讨论，目前需要知道的就是 RR 解决了 AS 内部必须建立全网状 IBGP 连接的需求，部分或所有路由器只要与一台或多台 RR 建立对等会话即可。仅与路由反射器进行对等的路由器就称为 RR 客户端，其他路由器（包括路由反射器和非客户端的 IBGP 对等体）仍然需要建立全网状连接。RR 减轻了 IBGP 全网状连接需求的方式是修改了 AS 内部的路由转发规则。RR 从 RR 客户端收到路由之后，就由 RR 将该路由转发给其他客户端以及其他 RR 和非客户端 IBGP 对等体。这一点与“经典的”路由转发规则（不能将从 IBGP 对等体收到的路由转发给其他 IBGP 对等体）相矛盾。这种配置方式可以极大地减少 AS 内部所需的 BGP 会话数量。

由于本节并不讨论路由反射的细节信息以及 RR 网络设计的高级技术，因而下面仅考虑图 5-31 所示的简单网络。本例并不是一个实际的路由反射部署方案，仅仅是一个案例研究，目的是解释路由反射网络设计方式对于路由器内存消耗的影响情况。图中的 R1 是连接路由反射器 RR1 的边缘路由器，R2 和 R3 是连接 RR1 的 AS 内部路由器，由于存在 RR1，因而不需要建立全网状 IBGP 连接。R1 通过 EBGP 会话收到子网 S1，R2 和 R3 分别将子网 S2 和 S3 注入 BGP。RR 将 S1 发射给 R2 和 R3，将 S2 反射给 R1 和 R3，将 S3 反射给 R1 和 R2。到目前为止，一切都很好。

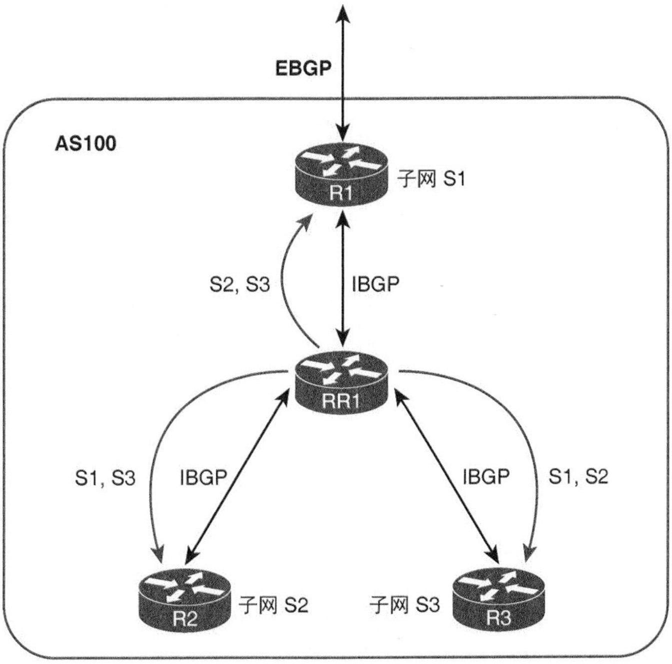

图 5-31　调节 BGP 内存的示例网络

现在考虑如果 RR1 失效了会怎么样？R1 将失去到达 AS 内的子网以及 R2 的可达性，R3 也将无法到达内部或外部子网（除非 IGP 宣告了 S2 和 S3，那么此时 R2 和 R3 只是失去了到达外部子网的可达性）。从冗余性的角度来考虑，图 5-32 增加了 RR2，根据 RR 设计规则，所有的 RR 客户端都必须与所有的路由反射器进行对等，否则就无法收到全部路由。对与本例来说，两台 RR 都从它们的客户端收到了子网 S1、S2 和 S3，因而路由器 R1、R2 和 R3 都从新增加的路由反射器 RR2 收到了第二份路由拷贝，每个 RR 客户端收到的 BGP 路由数量是原先只有单台 RR 时的两倍。假设 R1 正在接收 Internet 全路由表，由于 R1 仅通过 EBGP 会话收到一次路由，因而出于冗余性考虑而增加一台 RR 之后对于 R1 没有太多影响，但是 R2 和 R3 目前收到了两份 Internet 全路由表，因而需要两倍左右的内存资源。前面曾经说过，这种路由冗余方式仅在启用了 BGP PIC 等特性时才是一种好注意，否则第二台路由反射器并不会给稳定运行状态（即不出现故障）带来任何价值。

如果只有单台 RR，那么有什么解决方案能够实现高可用的 RR 设计方案呢？一种解决方案就是在虚拟路由器（如基于 IOS XE 的 CSR 1000v 或基于 IOS XR 的 XRv）上部署 RR 功能，这些路由器是在虚拟机上以软件方式实现的，这种解决方案仅适用于 RR 只负责在控制平面反射路由，而不参与数据平面的流量转发操作。虽然这类虚拟平台可以提供巨大的处理能力和丰富的内存资源，但是在转发硬件的复杂度和端口密度上难以满足大型 ISP 网络的需求。这些虚拟平台除了可以提供大量的 CPU 和内存资源之外，还能够以一种完全透明的方式为网络层轻松地提供冗余机制。

在某些场合下，设计多台路由反射器可能会给网络带来环路问题，为此引入了两个新属性：Originator-id 和 Cluster-id。

路由反射器从客户端收到路由之后，如果表中没有这条路由，那么就会给这条路由附加 Originator-id 属性，该属性的值就是向 RR 发送更新的 RR 客户端的 BGP router-id。第二个属性是 Cluster-id，该属性的值默认为路由反射器的 BGP router-id，网络设计人员可以利用该属性将 AS 划分成多个较小的簇（cluster），每个簇都有自己的路由反射器和客户端，每个非 RR 或非 RR 客户端的独立 BGP 发话路由器都是一个单路由器簇（one-router cluster），每个簇的 RR 以及独立的 IBGP 发话路由器都必须建立全网状连接。

如果 BGP 发话路由器收到的路由更新的 Originator-id 字段中有该发话路由器的 BGP router-id，那么就丢弃该更新。如果 RR 收到的路由更新的 Cluster-id 字段中有自己的 Cluster-id（配置值或默认值），那么就会丢弃该更新。

接下来考虑拥有 4 台 RR 的图 5-32，现在的问题是 4 台 RR 都应该位于同一个簇中吗？每台 RR 都应该位于不同的簇中吗？或者将每两台 RR 组合到一个簇中吗？我们并不准备从"最佳设计"的角度来回答这个问题，而是分析同一个 AS 中的 RR 具有相同 Cluster-id 与不同 Cluster-id 时对路由器内存的影响情况。

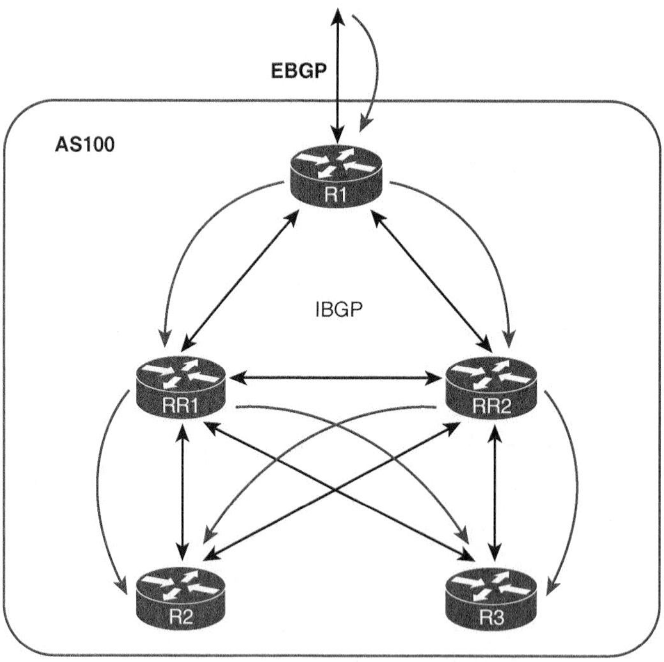

图 5-32 向拓扑结构添加第二台路由反射器

首先分析对客户端路由器的内存影响情况。簇化的目的是标识并组合 RR 及其相关联的客户端，簇中的客户端只要与簇中的所有 RR 建立 BGP 会话即可，不需要连接其他簇中的 RR。从前面的讨论情况可以知道，客户端连接的 RR 数量越多，冗余性也就越高，但每台路由器需要的内存资源也越多，因而簇中的 RR 数量越多，簇中每个客户端所需的内存资源也就越多。

对 RR 本身的内存有什么影响呢？如前所述，如果 RR 收到的路由更新中携带了自己的 Cluster-id，那么就会丢弃该更新。因而在极端情况下，如果图 5-33 中的 RR 都拥有不同的 Cluster-id，那么每个 RR 都会接收并保留其他所有 RR 发送的路由更新，对于另一种极端情况来说，如果图 5-33 中的 4 台 RR 的 Cluster-id 都相同，那么每台 RR 都只会保留其 RR 客户端发送的路由的一份拷贝，而丢弃其他 RR 发送的所有更新。

前面曾经提到，在需要更多内存资源的场合，可能同样需要更多的 CPU 资源，这是因为此时的路由更新更多、BGP 表的规模更大、Scanner 进程扫描的量越大，而且 Router 进程的处理需求也越多。

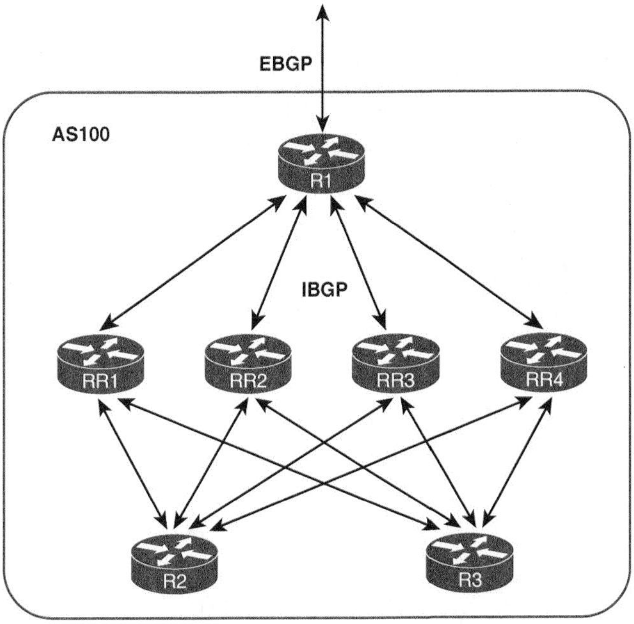

图 5-33 向示例拓扑结构添加两台以上的路由反射器

限制 RR 内存（以及 COU）需求的最后一种技术是选择性地 RIB 下载技术（Selective RIB download），该技术适用于不在数据平面转发流量的 RR。由于 RR 仅在控制平面起作用并转发所有流量，因而不需要将 BGP 表中的路由安装到 RIB 或 FIB 中。因此，可以将这些路由保存在 BGP 表中（使用 **table-map** 命令），不将这些路由安装到 RIB 中，最终也不安装到 FIB 中。

5.2.11 BGP 传输优化

BGP 的扩展能力意味着 BGP 需要以一种稳定的方式处理大量 BGP 对等体，这些 BGP 对等体会为大量路由发送大量路由更新，最终出现拥有大量前缀、去往这些前缀的路由或路径以及所携带的各种属性的庞大 BGP 表，因而需要优化 BGP 操作的方方面面，包括 BGP 对等体的建立、路由更新的交换、路由收敛和稳态操作以及故障检测和故障后的收敛等操作，本节主要讨论 BGP 操作的传输层优化问题。

传输优化包括以下三个要素。

- TCP 优化：MSS（Maximum Segment Size，最大报文段尺寸）和 TCP 窗口大小。
- BGP 更新的生成优化。
- 响应 BGP 更新时 TCP ACK 消息的接收优化。

1. TCP 优化

BGP 邻居之间会建立一条 TCP 客户端-服务器连接，为了建立 BGP 会话，两台路由器需要完成标准的 TCP 协商进程，其中的一台 BGP 发话路由器充当 TCP 客户端，向另一台 BGP 发话路由器（充当 TCP 服务器）发起 TCP 连接，客户端通过向服务器发送 SYN 消息尝试在 TCP 端口 179 打开会话，服务器则发送 SYN ACK 消息作为响应。最后，客户端再响应一条 ACK 消息，此时就建立了 TCP 会话，BGP 发话路由器开始交换 OPEN 消息，直至两个对等体之间建立邻居关系并进入 Established 状态（假设 BGP 发话路由器没有遇到任何问题）。

此时可以通过调节参数 MSS 以及 TCP 窗口大小来优化 TCP 的性能。

参数 MSS 的作用是确定两个 TCP 端点之间发送的 TCP 报文段的最大尺寸，是在 SYN 消息交换过程中“协商”确定的。由于 MSS 值决定了能够将多少数据“打包”到单个 TCP 报文段中，因而该数值非常重要。MSS 值越大，能够封装到一个 TCP 报文段中的路由数就越多，因而就能在越少的 UPDATE 消息中发送更多的路由。TCP MSS 与 MTU（Maximum Transmission Unit，最大传输单元）密切相关，MTU 决定了从一个 IP 节点发送到另一个 IP 节点的 IP 包在不分段的情况下的最大尺寸，而 TCP MSS 值就等于 MTU 值减去 20 字节的 IP 报头再减去 20 字节的 TCP 报头。例如，以太网 MTU 为 1500 字节，那么 TCP MSS 最大就是 1460 字节。

RFC 1911 定义了 PMTUD（Path MTU Discovery，路径 MTU 发现）特性。该特性可以动态发现两个 IP 节点之间路径上的 MTU，其工作方式如下：启用了 PMTUD 特性的节点会向目的 IP 节点发送一个携带 DF（Don’t Fragment，不分段）比特置位的数据包。该数据包经 L2 链路传送到下一跳，然后被交换到出接口去往第二跳。如果第二跳的接收接口的 MTU 小于该数据包的 MTU，那么就会丢弃该数据包并向数据包的源端回送一条 ICMP 目的地不可达消息（携带的代码表示“需要分段但 DF 置位”，该消息也被称为“数据报过大”消息）。该 ICMP 消息还包含了丢弃该数据包的路由器的接收接口的较小 MTU 值，然后源端路由器会根据新的较小 MTU 生成一个新数据包并再次发送给目的 IP 节点。此后将一直重复该过程，直至启用了 PMTUD 特性的源端路由器确定了去往目的 IP 节点的路径上的最小 MTU，并将该 MTU 值作为自己的 MTU，然后再根据该数值确定 TCP MSS。

不过为何要如此麻烦来发现 MTU 呢？这是因为如果 IP 包设置了 DF 比特且数据包大小超过了链路 MTU，那么该数据包就会被丢弃。作为一种可选方式，如果没有设置 DF 比特且数据包大小超过了链路 MTU，那么该数据包就会被分段。将 IP 包分段成多个较小的符合 MTU 要求的数据包会在分段重组过程中带来处理开销，由于新形成的每个分段数据包都有新的报头，因而增加了更多的开销。重组失序的分段数据包是一个挑战，分段可能会在传输过程中丢失，此时就要求重新发送整个原始数据包，而这些仅仅是分段带来的负面效应之一，因而 PMTUD 特性能够极大地提高 TCP 传输的有效性。

可以在 Cisco IOS 上为整个 BGP 进程配置 PMTUD 特性，也可以为每个邻居单独配置 PMTUD 特性，系统默认启用 PMTUD，因而配置中不会显示相应的启用命令，但是如果在全局 BGP 进程内禁用了该特性，那么就会出现以下配置语句：

```
no bgp transport path-mtu-discovery
```

如果要再次启用 PMTUD 特性，那么就可以使用上述语句的无 no 形式。作为可选方式，可以在地址簇配置模式下利用下列语句为指定邻居启用或禁用 PMTUD 特性（有关地址簇配置模式的详细内容将在第 6 章进行讨论）：

```
neighbor {ip-address} transport path-mtu-discovery {enable|disable}
```

例 5-86 给出了 **show ip bgp neighbor** 命令的输出结果，从高亮显示部分可以看出，已经启用了 PMTUD 特性。

例 5-86 **show ip bgp neighbor** 命令的输出结果表明已经启用了 PMTUD 特性

```
route-views>sh ip bgp neighbor 12.0.1.63
BGP neighbor is 12.0.1.63, remote AS 7018, external link
 Description: ATT
  BGP version 4, remote router ID 12.0.1.63
  BGP state = Established, up for 2w5d
  Last read 00:00:00, last write 00:00:19, hold time is 180, keepalive interval is
  60 seconds
  Neighbor sessions:
    1 active, is not multisession capable (disabled)
  Neighbor capabilities:
    Route refresh: advertised and received(new)
    Four-octets ASN Capability: advertised and received
    Address family IPv4 Unicast: advertised and received
    Graceful Restart Capability: received
      Remote Restart timer is 120 seconds
      Address families advertised by peer:
        none
    Enhanced Refresh Capability: advertised
    Multisession Capability:
    Stateful switchover support enabled: NO for session 1
  Message statistics:
    InQ depth is 0
    OutQ depth is 0

                         Sent       Rcvd
    Opens:                  1          1
    Notifications:          0          0
    Updates:                1    6201206
    Keepalives:         31620      31919
    Route Refresh:          1          0
    Total:              31623    6233126
  Default minimum time between advertisement runs is 30 seconds
  BGP Monitoring(BMP) activated for servers: server 1

 For address family: IPv4 Unicast
  Session: 12.0.1.63
  BGP table version 98074172, neighbor version 98074033/98074172
  Output queue size : 0
  Index 1, Advertise bit 0
  1 update-group member
  Outbound path policy configured
  Route map for outgoing advertisements is nothing
  Slow-peer detection is disabled
  Slow-peer split-update-group dynamic is disabled
```

（待续）

```
  Interface associated: (none)
                                  Sent       Rcvd
  Prefix activity:                ----       ----
    Prefixes Current:                0     550318 (Consumes 66038040 bytes)
    Prefixes Total:                  0   15071611
    Implicit Withdraw:               0   12382592
    Explicit Withdraw:               0    2138708
    Used as bestpath:              n/a      22847
    Used as multipath:             n/a          0

                                    Outbound    Inbound
  Local Policy Denied Prefixes:     --------    -------
    Other Policies:                424685515        n/a
    Total:                         424685515          0
  Number of NLRIs in the update sent: max 0, min 0
  Last detected as dynamic slow peer: never
  Dynamic slow peer recovered: never
  Refresh Epoch: 1
  Last Sent Refresh Start-of-rib: never
  Last Sent Refresh End-of-rib: never
  Last Received Refresh Start-of-rib: never
  Last Received Refresh End-of-rib: never
                                        Sent       Rcvd
        Refresh activity:               ----       ----
          Refresh Start-of-RIB          0          0
          Refresh End-of-RIB            0          0

  Address tracking is enabled, the RIB does have a route to 12.0.1.63
  Connections established 21; dropped 20
  Last reset 2w6d, due to Active open failed
  External BGP neighbor may be up to 255 hops away.
  Transport(tcp) path-mtu-discovery is enabled
  Graceful-Restart is disabled
  SSO is disabled
Connection state is ESTAB, I/O status: 1, unread input bytes: 0
Connection is ECN Disabled, Mininum incoming TTL 0, Outgoing TTL 255
Local host: 128.223.51.103, Local port: 54289
Foreign host: 12.0.1.63, Foreign port: 179
Connection tableid (VRF): 0
Maximum output segment queue size: 50

Enqueued packets for retransmit: 0, input: 0 mis-ordered: 0 (0 bytes)

Event Timers (current time is 0x2889CE7FA):
Timer          Starts    Wakeups            Next
Retrans         31673         50             0x0
TimeWait            0          0             0x0
AckHold       3299983    2992400             0x0
SendWnd             0          0             0x0
KeepAlive           0          0             0x0
GiveUp              0          0             0x0
PmtuAger            1          1             0x0
DeadWait            0          0             0x0
Linger              0          0             0x0
ProcessQ            0          0             0x0

iss:  668100903 snduna:  668701787 sndnxt: 668701787
irs: 3315518154 rcvnxt: 3788467185

sndwnd:  16384  scale:     0 maxrcvwnd:  16384
rcvwnd:  16230  scale:     0 delrcvwnd:    154

SRTT: 1000 ms, RTTO: 1003 ms, RTV: 3 ms, KRTT: 0 ms
minRTT: 82 ms, maxRTT: 7050 ms, ACK hold: 200 ms
uptime: 1724762752 ms, Sent idletime: 97 ms, Receive idletime: 339 ms
Status Flags: active open
```

（待续）

```
Option Flags: nagle, path mtu capable
IP Precedence value : 6

Datagrams (max data segment is 1400 bytes):
Rcvd: 3354726 (out of order: 84), with data: 3333101, total data bytes: 472949030
Sent: 3363751 (retransmit: 50, fastretransmit: 0, partialack: 0, Second Congestion:
  0), with data: 31623, total data bytes: 600883

 Packets received in fast path: 0, fast processed: 0, slow path: 0
 fast lock acquisition failures: 0, slow path: 0
TCP Semaphore 0x7F63FD3D8C90 FREE
route-views>
```

影响 TCP 性能的第二个参数就是 TCP 窗口大小，该数值指的是在收到对等体的 ACK 消息之前 TCP 发送的数据量。对于 Cisco IOS 来说，该数值为 16KB，而且可以对 TCP 进行配置，但是这并不会影响 BGP 使用的 TCP 窗口大小。即使 Cisco IOS 不能配置该数值，该数值也非常重要，因为该数值直接影响了路由器向大量 BGP 对等体发送 UPDATE 消息之后收到的 ACK 消息数量，后面还将进一步讨论这个问题。

2. BGP 更新的生成优化

本章在前面的时候讨论了动态更新组的概念，可以极大地提高 BGP 发话路由器的更新生成效率，Cisco IOS 还针对 UPDATE 消息的传输效率提供了以下两种优化措施。

- 每个 BGP 更新组都有一个“消息缓存”，根据消息的属性组合情况存储将要发送给本组路由器的更新消息，而不是从 BGP 表中取出就发送这些更新。消息缓存的大小是“自适应的”，可以根据更新组的对等体数量调整每个更新组的缓存大小，这样一来，拥有大量成员的更新组就能同样获得很大的缓存大小。此外，缓存大小还可以根据平台的内存资源可用性进行增加，尽可能地有效利用可用资源来加快更新消息的传输过程，这是一种不需要操作人员进行任何配置的功能特性。
- BGP 路由器从它们的对等体收到 UPDATE 消息之后，就在可配置的时间间隔内进入只读模式，等到该时间间隔到期后（不是之前），就会执行最佳路径算法以选择 BGP 最佳路径，并在 UPDATE 消息中向 BGP 邻居宣告这些最佳路径。如果没有这种优化措施，那么就会在收到全部 UPDATE 消息之前过早地运行最佳路径算法，然后还要发送一些 UPDATE 消息以否定早先针对相同前缀的路由更新，该操作被称为隐式撤销。

3. TCP ACK 消息的接收优化

前面已经优化了 TCP 以及 BGP 更新消息的生成操作，接下来将讨论路由器从邻居（曾经给这些邻居发送了 UPDATE 消息）收到 ACK 消息之后的优化操作。对于只有两三个邻居的 BGP 发话路由器来说，这不是什么大问题，但是如果邻居的数量非常多（就像路由反射器一样），那么这个问题就非常严重了。

给邻居发送两条 UPDATE 消息之后就会收到一条 TCP ACK 消息，如果 ACK 消息丢失了，那么由该 ACK 消息确认的 UPDATE 消息就必须进行重传，从而严重影响了更新进程的效率，导致某些对等体被标记为“慢对等体”并最终被更新组删除。为了避免 ACK 消息的丢失，这些消息都在接收这些消息的入站接口上进行排队。当然，这里讨论的结果适用于所有 TCP 消息（无论收发），而不仅限于 BGP 消息。对于 Cisco 路由器来说，TCP 消息在到达路由器的处理器之前会遇到以下三种队列。

- **输入保持队列（Input hold queue）**：这是接口上输入排队的第一层，由语句 **hold-queue** {*value*} **in** 进行设置，可以通过 **show interfaces** 命令进行查看。在最坏的情况下，所有的邻居都同时发送 ACK 消息，那么接收到的 ACK 消息数量就可以利用 TCP 窗口大小、MSS 值以及该 BGP 发话路由器拥有的邻居数量来确定。
- **选择性数据包丢弃余量（Selective Packet Discard Headroom）**：该队列实际上并不是一个独立的队列，而是前面讨论的输入保持队列的扩展队列，该扩展队列仅在保持队列满的情况下为高优先级数据包（如 BGP 控制包）偶然使用。可以利用语句 **ip spd headroom** {*value*}设置该队列，并且可以通过命令 **show ip spd** 进行验证。
- **系统缓存（System buffers）**：该队列是将 BGP 控制包发送给处理器之前的最后一级队列，可以利用语句 **buffer small permanent** {*value*}设置该队列，并且可以通过命令 **show buffers** 进行查看。

5.3 扩展 BGP 网络

前面已经讨论了扩展单台路由器的 BGP 配置及 BGP 进程的功能特性和相关技术，本章的最后一部分将讨论扩展整个 BGP 网络的方式和方法。

5.3.1 私有 AS 号

第 2 章曾经介绍过私有 AS 号，而且大家也在本书的很多地方见到过私有 AS 号，因而本节仅简要描述大家已经知道的信息。

私有 AS 号定义在 RFC 1930 中，取值范围为 64512～65534。私有 AS 号的作用于 RFC 1918 定义的私有 IPv4 地址相同：预留一部分 ASN 池，这些 ASN 并不要求在公共域中唯一，因而可以在私有网络中重复使用，从而降低公有可分配 AS 号池的耗尽速度。

私有 AS 号最常见的三种使用方式如下。

- 服务提供商可以为末梢客户（即不连接其他服务提供商的客户）分配一个私有 ASN，SP 从末梢客户收到路由之后，在将这些路由宣告到公共 Internet 之前，会将这些私有 ASN 号从这些路由的 AS_PATH 中过滤掉。
- 为联盟中的子自治系统分配私有 ASN，同样，将路由宣告到联盟之外时，需要将这些私有 ASN 从路由的 AS_PATH 中过滤掉。
- 与私有 IPv4 地址相似，也经常在文档中将私有 ASN 作为通用号码使用，以免意外地使用了某些实际已分配的号码，从而导致异议。虽然本书有时为了简便，也经常在案例中使用 1、2、3...100、200、300...等 ASN，但是在有意义的案例中仍然使用了私有 ASN。

与私有 IPv4 地址相似，不能将私有 AS 号宣告到公共 Internet 或者私有 AS 号在前缀的 AS_PATH 中不唯一的网络中。IOS 默认并不删除 AS_PATH 中的私有 ASN，如果要删除私有 ASN，可以使用语句 **neighbor remove-private-as**（如下例所示）。

图 5-34 显示的拓扑结构与本章前面的案例相似，唯一的区别在于：与 AS100 对等的五个自治系统目前使用的都是私有 AS 号。我们希望 AS100 将其私有 AS 邻居的前缀宣告给 AS700 和 AS800，考虑服务提供商及其客户。

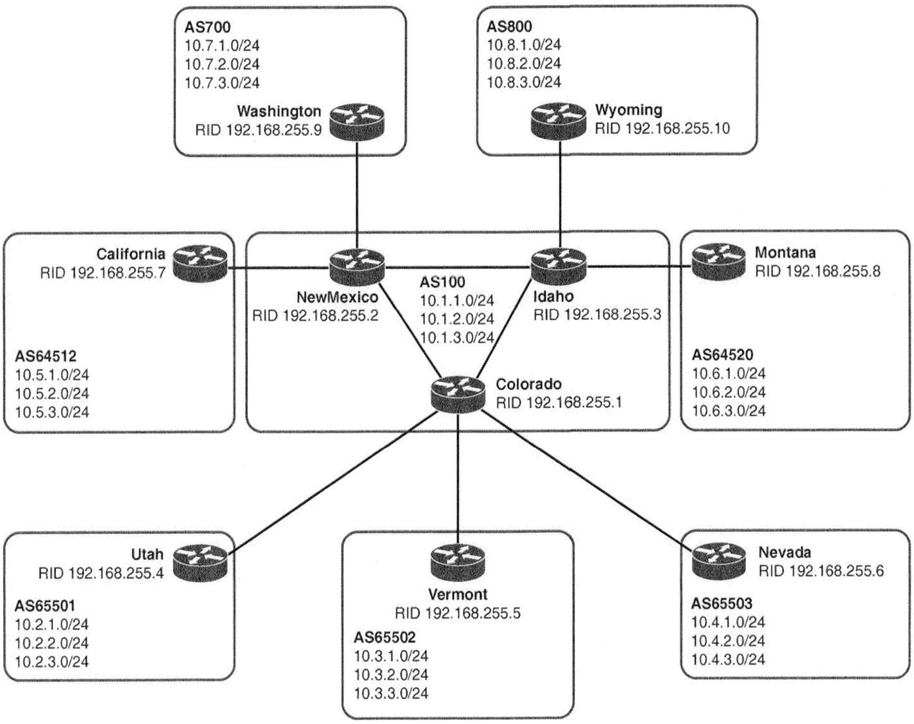

图 5-34　AS100 的 5 个对等自治系统均使用了私有 AS 号，现在需要将这些自治系统中的前缀宣告给 AS700 和 AS800，但是私有 ASN 又不允许进行宣告

路由器 NewMexico 的 BGP 配置如例 5-87 所示，删除了前面案例中配置的路由策略，目前的配置非常简单直观，邻居 California 的配置也是如此（没有显示）。NewMexico 的 BGP 配置语句以 **router bgp 64512** 开头，可以看出使用私有 AS 号并没有任何特别之处。

例 5-87　图 5-34 中的路由器 NewMexico 的 BGP 配置

```
router bgp 100
 template peer-policy IBGP
  next-hop-self
  send-community
 exit-peer-policy
 !
 template peer-policy EBGP
  route-map pref-set in
 exit-peer-policy
 !
 template peer-session bgp_top
  update-source Loopback0
  timers 30 90
 exit-peer-session
 !
 template peer-session ibgp
  remote-as 100
  password 7 002520283B0A5B56
  inherit peer-session bgp_top
 exit-peer-session
 !
 no synchronization
 bgp log-neighbor-changes
 network 10.1.2.0 mask 255.255.255.0
 neighbor 10.0.0.34 remote-as 700
```

（待续）

```
 neighbor 10.0.0.34 password 7 113B403A2713181F
 neighbor 10.0.0.38 remote-as 64512
 neighbor 10.0.0.38 password 7 08131B7139181604
 neighbor 192.168.255.1 inherit peer-session ibgp
 neighbor 192.168.255.1 inherit peer-policy IBGP
 neighbor 192.168.255.3 inherit peer-session ibgp
 neighbor 192.168.255.3 inherit peer-policy IBGP
 no auto-summary
!
```

例 5-88 给出了路由器 Washington 的 BGP 表信息，可以看出来自私有自治系统的前缀的 AS_PATH 中仍然包含了私有 ASN，如果图 5-34 中的 AS700 和 AS800 表示公共邻居（如服务提供商的上游 Internet 对等体），那么就必须删除这些私有 ASN。

例 5-88　NewMexico 将私有自治系统的前缀宣告给 Washington 时，这些私有 ASN 仍然位于前缀的 AS_PATH 中

```
Washington#show ip bgp
BGP table version is 55, local router ID is 192.168.255.9
Status codes: s suppressed, d damped, h history, * valid, > best, i - internal,
              r RIB-failure, S Stale
Origin codes: i - IGP, e - EGP, ? - incomplete

   Network          Next Hop            Metric LocPrf Weight Path
*> 10.1.1.0/24      10.0.0.33                              0 100 i
*> 10.1.2.0/24      10.0.0.33                0             0 100 i
*> 10.1.3.0/24      10.0.0.33                              0 100 i
*> 10.2.1.0/24      10.0.0.33                              0 100 65501 i
*> 10.2.2.0/24      10.0.0.33                              0 100 65501 i
*> 10.2.3.0/24      10.0.0.33                              0 100 65501 i
*> 10.3.1.0/24      10.0.0.33                              0 100 65502 i
*> 10.3.2.0/24      10.0.0.33                              0 100 65502 i
*> 10.3.3.0/24      10.0.0.33                              0 100 65502 i
*> 10.4.1.0/24      10.0.0.33                              0 100 65503 i
*> 10.4.2.0/24      10.0.0.33                              0 100 65503 i
*> 10.4.3.0/24      10.0.0.33                              0 100 65503 i
*> 10.5.1.0/24      10.0.0.33                              0 100 64512 i
*> 10.5.2.0/24      10.0.0.33                              0 100 64512 i
*> 10.5.3.0/24      10.0.0.33                              0 100 64512 i
*> 10.6.1.0/24      10.0.0.33                              0 100 64520 i
*> 10.6.2.0/24      10.0.0.33                              0 100 64520 i
*> 10.6.3.0/24      10.0.0.33                              0 100 64520 i
*> 10.7.1.0/24      0.0.0.0                  0         32768 i
*> 10.7.2.0/24      0.0.0.0                  0         32768 i
*> 10.7.3.0/24      0.0.0.0                  0         32768 i
*> 10.8.1.0/24      10.0.0.33                              0 100 800 i
*> 10.8.2.0/24      10.0.0.33                              0 100 800 i
*> 10.8.3.0/24      10.0.0.33                              0 100 800 i
Washington#
```

NewMexico 为邻居 Washington 的配置增加了语句 **neighbor remove-private-as**（见例 5-89）。从例 5-90 可以看出，Washington 的 BGP 表中的前缀已经删除了私有 ASN。

例 5-89　为邻居 Washington 的配置增加了语句 **neighbor remove-private-as**

```
router bgp 100
 template peer-policy IBGP
  next-hop-self
  send-community
 exit-peer-policy
 !
 template peer-policy EBGP
  route-map pref-set in
```

（待续）

```
 exit-peer-policy
 !
 template peer-session bgp_top
  update-source Loopback0
  timers 30 90
 exit-peer-session
 !
 template peer-session ibgp
  remote-as 100
  password 7 002520283B0A5B56
  inherit peer-session bgp_top
 exit-peer-session
 !
 no synchronization
 bgp log-neighbor-changes
 network 10.1.2.0 mask 255.255.255.0
 neighbor 10.0.0.34 remote-as 700
 neighbor 10.0.0.34 password 7 113B403A2713181F
 neighbor 10.0.0.34 remove-private-as
 neighbor 10.0.0.38 remote-as 64512
 neighbor 10.0.0.38 password 7 08131B7139181604
 neighbor 192.168.255.1 inherit peer-session ibgp
 neighbor 192.168.255.1 inherit peer-policy IBGP
 neighbor 192.168.255.3 inherit peer-session ibgp
 neighbor 192.168.255.3 inherit peer-policy IBGP
 no auto-summary
!
```

例 5-90 Washington 的 BGP 表显示 AS100 宣告的前缀已经删除了私有 ASN

```
Washington#show ip bgp
BGP table version is 97, local router ID is 192.168.255.9
Status codes: s suppressed, d damped, h history, * valid, > best, i - internal,
              r RIB-failure, S Stale
Origin codes: i - IGP, e - EGP, ? - incomplete

   Network          Next Hop            Metric LocPrf Weight Path
*> 10.1.1.0/24      10.0.0.33                              0 100 i
*> 10.1.2.0/24      10.0.0.33                0             0 100 i
*> 10.1.3.0/24      10.0.0.33                              0 100 i
*> 10.2.1.0/24      10.0.0.33                              0 100 i
*> 10.2.2.0/24      10.0.0.33                              0 100 i
*> 10.2.3.0/24      10.0.0.33                              0 100 i
*> 10.3.1.0/24      10.0.0.33                              0 100 i
*> 10.3.2.0/24      10.0.0.33                              0 100 i
*> 10.3.3.0/24      10.0.0.33                              0 100 i
*> 10.4.1.0/24      10.0.0.33                              0 100 i
*> 10.4.2.0/24      10.0.0.33                              0 100 i
*> 10.4.3.0/24      10.0.0.33                              0 100 i
*> 10.5.1.0/24      10.0.0.33                              0 100 i
*> 10.5.2.0/24      10.0.0.33                              0 100 i
*> 10.5.3.0/24      10.0.0.33                              0 100 i
*> 10.6.1.0/24      10.0.0.33                              0 100 i
*> 10.6.2.0/24      10.0.0.33                              0 100 i
*> 10.6.3.0/24      10.0.0.33                              0 100 i
*> 10.7.1.0/24      0.0.0.0                  0         32768 i
*> 10.7.2.0/24      0.0.0.0                  0         32768 i
*> 10.7.3.0/24      0.0.0.0                  0         32768 i
*> 10.8.1.0/24      10.0.0.33                              0 100 800 i
*> 10.8.2.0/24      10.0.0.33                              0 100 800 i
*> 10.8.3.0/24      10.0.0.33                              0 100 800 i
Washington#
```

向上游宣告前缀之前从 AS_PATH 中删除私有 ASN 的效果与路由聚合相似，确定的最佳路径将 AS100 作为 AS_PATH 列表中的最后一个 ASN，将数据包转发给 AS100 之后，AS100 知道如何找到连接私有 AS 的路径。

5.3.2 4字节AS号

AS号与IP地址的另一个相似之处在于，虽然使用了私有ASN，但2字节的公有唯一的ASN也逐渐被耗尽。解决ASN资源耗尽的方案也与IP地址相似：与使用具有更大地址空间的IPv6来逐渐代替IPv4一样，也使用4字节（32比特）的自治系统号来提供更新、更大的AS号池。16比特ASN池包含65535个ASN，而4字节ASN池则包含43亿多个ASN。RFC 6793定义了BGP对4字节ASN的支持要求。

对于支持4字节ASN的IOS版本来说，除了在语句**router bgp**中指定ASN之外，没有任何特殊配置，支持4字节ASN的路由器也同样支持2字节ASN。

在4字节环境中指定ASN时可以采用以下两种格式。

- **ASPlain格式：**就是32比特取值范围内的一个简单数字。
- 2字节ASN：1～65535。
- 4字节ASN：65536～4294967295。
- **ASDot格式：**该格式将4字节ASN显示为两个16比特数字，因而对于大数来说更容易读。
- 2字节ASN：1～65535。
- 4字节ASN：1.0～65535.65535。

如果希望以ASDot格式显示ASN，那么只要在BGP配置中增加语句**bgp asnotation dot**即可。

与2字节ASN相似，4字节ASN也支持私有ASN空间。虽然2字节私有ASN空间为64512～65535，但4字节私有ASN空间却为4200000000～4294967294（ASDot格式为64086.59904～65535.65534）。

5.3.3 IBGP与N平方问题

AS内最迫切的扩展性问题就是必须建立IBGP全网状连接以确保AS内的每台BGP发话路由器与其他BGP发话路由器之间都有直接会话（除非将EBGP路由重分发到IGP中，在绝大多数场合这都是很糟糕的做法）。如果内部节点比较少，那么问题并不明显，但是随着IBGP发话路由器的数量不断增多，就会带来很多扩展性挑战，包括配置大小以及路由器为维护大量IBGP对等关系而付出的管理工作量以及路由器负荷。

这就是N平方问题：随着全网状节点数量n的增长，节点间的连接数量按照以下公式呈现指数性增长：

$$连接数量=(n^2-n)/2$$

因此，如果AS中的IBGP节点数量为6，那么就需要15条IBGP会话（见图5-35）。如果有10个节点，那么就需要45条IBGP会话，20个节点则需要190条会话，可以很容易地看出增长速度太快对于配置以及BGP进程来说都是一个必须解决的问题。

对于每个节点都需要连接其他节点的拓扑结构（如全网状帧中继骨干网、OPSF或共享一个多接入网络的IS-IS）来说，都会存在N平方问题。

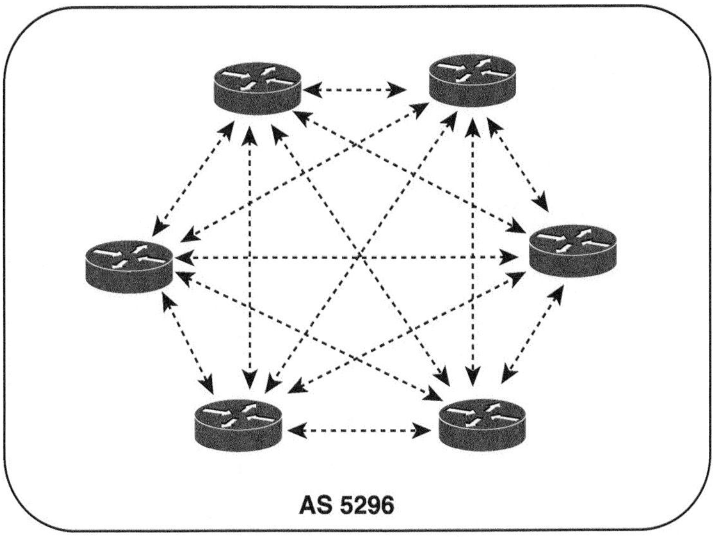

图 5-35 全网状 IBGP 对等体

IBGP 拓扑结构中的 N 平方问题存在两种解决方案：联盟和路由反射器。它们解决问题的方式不同，联盟将 AS 细分成多个较小的子自治系统，从而允许在子自治系统间使用较为简单的特殊 EBGP 版本。路由反射器则通过两种新的路由属性来减轻 IBGP 的全网状需求，本章将在后面的两个小节中分别讨论联盟和路由反射器，包括各自的优缺点以及联合使用以创建大型单个自治系统的方式，这也是本章最后两个小节的主要内容。

5.3.4 联盟

联盟指的是一个已经划分成一组子自治系统（称为成员 AS）的 AS（见图 5-36），联盟中的 BGP 发话路由器与同一个成员 AS 中的对等体建立 IBGP 连接，同时通过一种被称为联盟 EBGP 的特殊 EBGP 版本与其他成员 AS 的对等体进行通信。联盟会被分配一个联盟 ID，联盟外部的对等体则将该联盟 ID 视为整个联盟的 AS 号，外部对等体无法看到联盟的内部结构，它们只能看到单个自治系统。图 5-36 中的 AS 9184 就是联盟 ID。

大家对于细分实体以实现更佳管理性的概念已经很熟悉了，IP 子网就是 IP 网络的细分，VLSM 则进一步细分子网。与此相似，自治系统就是大型互连网络（如 Internet）的细分，联盟则是自治系统的细分。

第 3 章的“AS_SET”一节描述了两种 AS_PATH 属性：AS_SEQUENCE 和 AS_SET，联盟则增加了另外两种 AS_PATH 属性。

- **AS_CONFED_SEQUENCE：** 这是去往目的端的路径上的有序 AS 号列表，其使用方式与 AS_SEQUENCE 完全相同，只是列表中的 AS 号属于本地联盟中的自治系统。
- **AS_CONFED_SET：** 这是去往目的端的路径上的无序 AS 号列表，其使用方式与 AS_SET 完全相同，只是列表中的 AS 号属于本地联盟中的自治系统。

由于成员自治系统之间的 UPDATE 消息使用了这些 AS_PATH 属性，因而可以防止出现路由环路。从成员 AS 中的 BGP 路由器的角度来看，其他成员自治系统中的所有对等体都是外部邻居。向联盟的外部对等体发送了 UPDATE 消息时，需要从 AS_PATH 中剥离

AS_CONFED_SEQUENCE 和 AS_CONFED_SET 信息，同时将联盟 ID 附加到 AS_PATH 上。因而外部对等体将整个联盟视为单个 AS，而不是一组自治系统的集合。从图 5-37 可以看出，一种好的实践方式是为联盟中的成员 AS 使用保留空间 64512～65535 中的 AS 号。

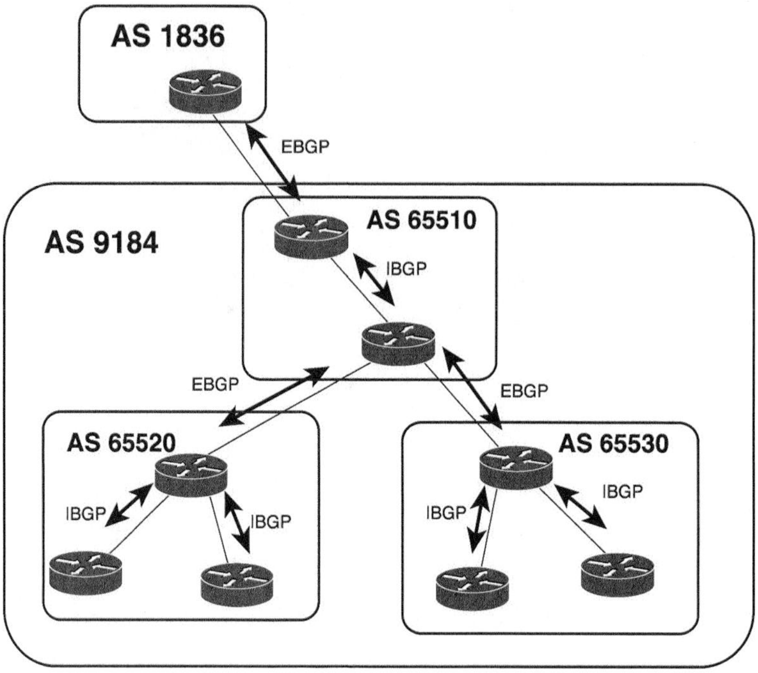

图 5-36　典型联盟示意图

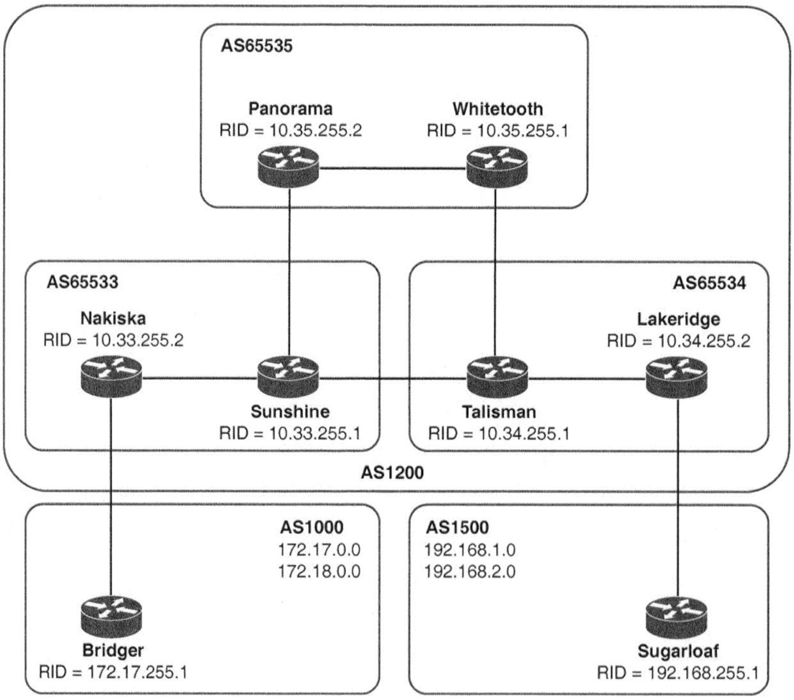

图 5-37　AS1200 是 BGP 联盟，虽然该联盟包含了多个子自治系统，但邻居自治系统却仅将联盟视为 1200

BGP 决策进程选择路由的方式一样，区别在于联盟外部的 EBGP 路由优于成员自治系统的 EBGP 路由，成员自治系统的 EBGP 路由优于 IBGP 路由。联盟与标准自治系统之间的另一个区别在于某些属性的处理方式不同，NEXT_HOP 和 MED 等属性可以不加改变的宣告给联盟内的其他成员 AS 中的 EBGP 对等体，而且也可以发送 LOCAL_PREF 属性。

联盟内的所有路由器都必须支持联盟功能，因为所有的路由器都必须能够识别 AS_PATH 属性中的 AS_CONFED_SEQUENCE 和 AS_CONFED_SET 属性，但是由于将路由宣告到联盟外部时会删除这些 AS_PATH 属性，因而其他自治系统中的路由器不需要支持联盟功能。

对于大型自治系统来说，可以联合使用联盟和路由反射器（详见下一节）。为了更好地控制 IBGP 对等体，可以在一个或多个成员 AS 中配置一个或多个 RR 簇。

图 5-37 给出了一个联盟示例。AS1200 被划分成三个联盟子自治系统：AS65533、AS65534 和 AS65535。从外部自治系统（如 AS1000 和 AS1500）的角度来看，该联盟只是单个自治系统 AS1200，这些外部自治系统并不知道联盟的成员 AS 信息。

Panorama 和 Sunshine 之间、Sunshine 与 Talisman 之间以及 Talisman 与 Whitetooth 之间都运行了联盟 EBGP。例 5-91 给出了 Talisman 的配置信息。

例 5-91 将 Talisman 配置为联盟路由器

```
router ospf 65534
 network 10.34.0.0 0.0.255.255 area 65534
 network 10.255.0.0 0.0.255.255 area 0
!
router bgp 65534
 no synchronization
 bgp confederation identifier 1200
 bgp confederation peers 65533 65535
 neighbor Confed peer-group
 neighbor Confed ebgp-multihop 2
 neighbor Confed update-source Loopback
 neighbor Confed next-hop-self
 neighbor MyGroup peer-group
 neighbor MyGroup remote-as 65534
 neighbor MyGroup update-source Loopback0
 neighbor 10.33.255.1 remote-as 65533
 neighbor 10.33.255.1 peer-group Confed
 neighbor 10.34.255.2 peer-group MyGroup
 neighbor 10.35.255.1 remote-as 65535
 neighbor 10.35.255.1 peer-group Confed
```

Talisman 被配置为联盟路由器，因而其本地 AS 是 65534。Talisman 与 Whitetooth 和 Sunshine 之间建立的对等连接与其他 EBGP 会话一样，与 Lakeridge 之间的对等连接为 IBGP。**bgp confederation identifier** 命令的作用是告诉路由器它是联盟的成员以及联盟 ID，**bgp confederation peers** 命令的作用是告诉 BGP 进程该 EBGP 连接是联盟 EBGP，而不是常规的 EBGP。

联盟可以仅运行 BGP，可以在整个联盟范围内运行一个相同的 IGP，也可以在每个成员 AS 内运行不同的 IGP。OSPF 可以在联盟内实现本地通信并告诉 BGP 进程找到不同邻居的方式。从例 5-90 的配置信息可以看出，所有路由器都没有在 OSPF 与 BGP 之间重分发路由，后面的配置示例将不再显示 OSPF 配置信息。

例 5-92 给出了 Lakeridge 和 Sugarloaf 的配置信息。

例 5-92 联盟路由器 Lakeridge 与外部路由器 Sugarloaf 之间的 EBGP 配置

```
Lakeridge
router bgp 65534
 no synchronization
 bgp confederation identifier 1200
 neighbor 10.34.255.1 remote-as 65534
 neighbor 10.34.255.1 update-source Loopback0
 neighbor 10.34.255.1 next-hop-self
 neighbor 192.168.255.1 remote-as 1500
 neighbor 192.168.255.1 ebgp-multihop 2
 neighbor 192.168.255.1 update-source Loopback0

Sugarloaf
router bgp 1500
 network 192.168.1.0
 network 192.168.2.0
 neighbor 10.34.255.2 remote-as 1200
 neighbor 10.34.255.2 ebgp-multihop 2
 neighbor 10.34.255.2 update-source Loopback0
```

Lakeridge 没有使用 **bgp confederation peers** 命令，这是因为 Lakeridge 没有运行联盟 EBGP，但 Lakeridge 与 Sugarlo 之间有一个常规的 EBGP 连接。从 Sugarloaf 的角度来看，Lakeridge 位于 AS1200 中，而不是位于 AS65534 中，由于 Sugarloaf 不在联盟之内，因而 Sugarloaf 不知道成员 AS 的信息。

联盟 EBGP 是常规 BGP 与 IBGP 之间的混合体，具体而言，联盟内部遵循以下规则。

- 联盟外部的路由的 NEXT_HOP 属性在整个联盟内部保持不变。
- 宣告到联盟内部的路由的 MULTI_EXIT_DISC 属性在整个联盟内部保持不变。
- 路由的 LOCAL_PREF 属性在整个联盟内部保持不变，而不仅仅在分配该属性的成员 AS 内部保持不变。
- 虽然成员 AS 的 AS 号会在联盟内添加到 AS_PATH 中，但不会宣告到联盟外部。在默认情况下，成员 AS 号以 AS_PATH 属性类型 4（AS_CONFED_SEQUENCE）列在 AS_PATH 中，如果在联盟内使用了命令 **aggregate-address**，那么关键字 **as-set** 会让聚合点之后的成员 AS 号以 AS_PATH 属性类型 3（AS_CONFED_SET）列在 AS_PATH 中。
- AS_PATH 中的联盟 AS 号可以用来避免环路，但是在联盟内选择最短 AS_PATH 时不予考虑。

由于上述多数特性均来自外部，因而联盟看起来就是单个自治系统，下面将通过案例来说明这些特性。

如图 5-37 所示，AS1000 中的路由从 Bridger 宣告给 Nakiska，携带的 NEXT_HOP 属性为 172.17.255.1。该路由通过 IBGP 从 Nakiska 宣告到 Sunshine 的时候，NEXT_HOP 属性保持不变。如果 Sunshine 通过普通的 EBGP 连接与 Talisman 相连，那么 Sunshine 在将路由宣告给 Talisman 之前会将 NEXT_HOP 属性更改为 10.33.255.1。但是由于该连接为联盟 EBGP 连接，因而保留了原始的 NEXT_HOP 属性。因此，Lakeridge 拥有下一跳地址为 172.17.255.1 的 172.17.0.0 和 172.18.0.0 路由表项。由于 Lakeridge 到 Sugarloaf 的连接为普通的 EBGP 连接，因而宣告给 Sugarloaf 的路由的 NEXT_HOP 属性为 10.34.255.2。

图 5-37 的 BGP 联盟中一直都在使用 **neighbor next-hop-self** 命令，因而通过 IGP 可以知道所有的下一跳地址，大家可以在 Talisman 和 Lakeridge 的配置中观察这些命令。

Bridger 被配置为以 MED 值 50 宣告其路由，Nakiska 被配置为将相同路由的 LOCAL_PREF 属性设置为 200（见例 5-93）。对于普通的 EBGP 会话来说，Sunshine 不会宣告源自 AS1000 的 MED 属性或者应该仅在 AS65535 中有意义的 LOCAL_PREF 属性，由于联盟从外部看起来就是单个自治系统，因而这些值在整个联盟内部必须保持一致。

例 5-93 Lakeridge 上来自 AS1000 的路由的 MED 值为 50，LOCAL_PREF 值为 200，这些值从 Sunshine 穿越联盟 EBGP 时保持不变

```
Lakeridge#show ip bgp
BGP table version is 28, local router ID is 10.34.255.2
Status codes: s suppressed, * valid, > best, i - internal
Origin codes: i - IGP, e - EGP, ? - incomplete

   Network          Next Hop            Metric LocPrf Weight Path
*>i172.17.0.0      10.33.255.1             50    200      0 (65533) 1000 i
*>i172.18.0.0      10.33.255.1             50    200      0 (65533) 1000 i
*> 192.168.1.0     192.168.255.1            0             0 1500 i
*> 192.168.2.0     192.168.255.1            0             0 1500 i
Lakeridge#
```

从例 5-93 还可以看出，AS65533 包含在去往 AS1000 网络的 AS_PATH 中，AS_PATH 出现该 AS 号的原因有二：首先，该 AS 号并没有宣告到联盟外部（见例 5-94）；其次，该 AS 号仅在联盟内部用作环路避免，而没有用于路径选择。

例 5-94 Sugarloaf 将图 5-37 中的联盟视为单个自治系统，看不到成员自治系统；AS_CONFED_SEQUENCE（如例 5-93 中括号所示）则被联盟 ID 1200 所替换

```
Sugarloaf#show ip bgp
BGP table version is 32, local router ID is 192.168.255.1
Status codes: s suppressed, d damped, h history, * valid, > best, i - internal
Origin codes: i - IGP, e - EGP, ? - incomplete

   Network          Next Hop            Metric LocPrf Weight Path
*> 172.17.0.0       10.34.255.2                           0 1200 1000 i
*> 172.18.0.0       10.34.255.2                           0 1200 1000 i
*> 192.168.1.0      0.0.0.0                  0         32768 i
*> 192.168.2.0      0.0.0.0                  0         32768 i
Sugarloaf#
```

从例 5-94 显示的 Whitetooth 和 Panorama 的 BGP 表可以看出成员 AS 号并不会影响路径选择进程，这两台路由器都拥有两条路径去往 AS1000 额 AS1500 中的目的端——一条经由 IBGP 邻居，另一条则经由联盟 EBGP 邻居。例如，Whitetooth 拥有两条去往网络 172.17.0.0 的路径，其中一条路径的 AS_PATH 是（65534, 65533, 1000），另一条路径的 AS_PATH 是（65533, 1000）。很明显，后一条路径的 AS_PATH 较短，但成员 AS 号会被忽略，因而这两条路径看起来完全等价：（1000）。如果其他条件均相同，那么 BGP 决策进程就会优选普通 EBGP 路由，次选联盟 EBGP 路由，再次选 IBGP 路由。例 5-95 在联盟 EBGP 路由与 IBGP 路由之间进行选择，可以看出这两台路由器的 BGP 表为所有实例选择的都是联盟 EBGP 路由。

例 5-95 在 AS 联盟中选择最短 AS_PATH 时没有考虑 AS_CONFED_SEQUENCE（如 Whitetooth 和 Panorama 的 BGP 表括号所示）

```
Whitetooth#show ip bgp
BGP table version is 9, local router ID is 10.35.255.1
Status codes: s suppressed, d damped, h history, * valid, > best, i - internal
```

（待续）

```
Origin codes: i - IGP, e - EGP, ? - incomplete

   Network          Next Hop            Metric LocPrf Weight Path
*> 172.17.0.0       10.34.255.1             50    200      0 (65534 65533) 1000 i
* i                 10.33.255.1             50    200      0 (65533) 1000 i
*> 172.18.0.0       10.34.255.1             50    200      0 (65534 65533) 1000 i
* i                 10.33.255.1             50    200      0 (65533) 1000 i
*> 192.168.1.0      10.34.255.1              0    100      0 (65534) 1500 i
* i                 10.33.255.1              0    100      0 (65533 65534) 1500 i
*> 192.168.2.0      10.34.255.1              0    100      0 (65534) 1500 i
* i                 10.33.255.1              0    100      0 (65533 65534) 1500 i
Whitetooth#
```

```
Panorama#show ip bgp
BGP table version is 5, local router ID is 10.35.255.2
Status codes: s suppressed, d damped, h history, * valid, > best, i - internal
Origin codes: i - IGP, e - EGP, ? - incomplete

   Network          Next Hop            Metric LocPrf Weight Path
* i172.17.0.0       10.34.255.1             50    200      0 (65534 65533) 1000 i
*>                  10.33.255.1             50    200      0 (65533) 1000 i
* i172.18.0.0       10.34.255.1             50    200      0 (65534 65533) 1000 i
*>                  10.33.255.1             50    200      0 (65533) 1000 i
* i192.168.1.0      10.34.255.1              0    100      0 (65534) 1500 i
*>                  10.33.255.1              0    100      0 (65533 65534) 1500 i
* i192.168.2.0      10.34.255.1              0    100      0 (65534) 1500 i
*>                  10.33.255.1              0    100      0 (65533 65534) 1500 i
Panorama#
```

对于图 5-37 的拓扑结构来说，忽略成员 AS 号没有任何问题，但是对于图 5-38 的拓扑结构来说，两者的区别在于相互调换了 AS65534 和 AS65535 中的 BGP 路由器 ID。虽然这种变化看起来似乎没有什么问题，下面将分析这种变化对 Sunshine 的 BGP 决策进程的影响。

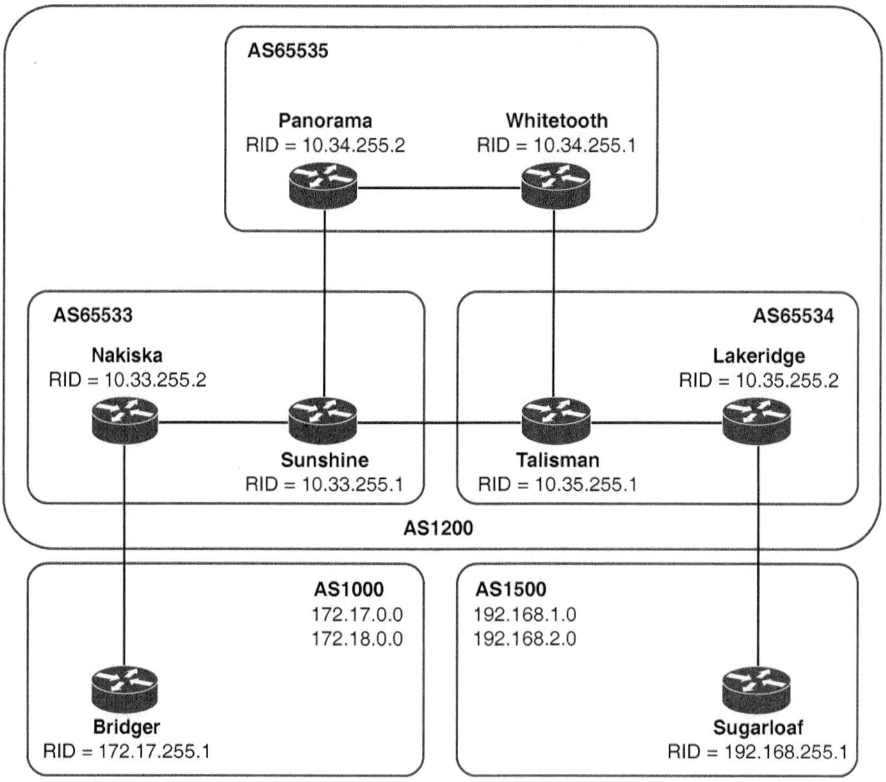

图 5-38 互换了 AS65534 和 AS65535 中的路由器 ID

Talisman 和 Panorama 都宣告了去往 AS1500 网络的路由，由于忽略成员 AS 号，因而这些路由的 AS_PATH 长度都相同，而且这两个邻居都是联盟 EBGP 对等体。由于 Talisman 和 Panorama 都是使用了 **eighbor next-hop-self** 命令，因而去往这两条路由的下一跳地址的 IGP 路径均相同，此时的决策因素就是最小的邻居路由器 ID，即 Panorama，因而 Sunshine 选择的是经由 Panorama 穿越 AS65535 的路径，而没有选择更直接的经由 Talisman 的路径（见例 5-96）。

几乎没有什么补救措施可以解决图 5-38 中的问题。如果试图过滤路由或者控制管理权重，那么就会极大地增加配置复杂度，那样就会使得当初创建联盟的原因变得毫无意义。此外，试图通过 LOCAL_PREF 或 MED 属性来控制路由选择也充满了危险性，因为这些属性会在整个联盟范围内进行宣告。如果拓扑结构中存在环路，那么这些属性可能会在意想不到的位置影响路由选择结果。

为了确保不会出现图 5-38 所示的问题，就必须对联盟进行仔细设计。一种常见的设计技术来源于 OSPF，OSPF 要求所有的区域都必须通过单个骨干区域进行互连，从而消除了区域间环路的可能性。

例 5-96　由于 Panorama 的路由器 ID 较小，因而 Sunshine 选择了次优路径去往 AS1500 中的网络

```
Sunshine#show ip bgp
BGP table version is 17, local router ID is 10.33.255.1
Status codes: s suppressed, d damped, h history, * valid, > best, i - internal
Origin codes: i - IGP, e - EGP, ? - incomplete

   Network          Next Hop            Metric LocPrf Weight Path
*>i172.17.0.0       10.33.255.2             50    200      0 1000 i
*>i172.18.0.0       10.33.255.2             50    200      0 1000 i
*> 192.168.1.0      10.34.255.2              0    100      0 (65535 65534) 1500 i
*                   10.35.255.1              0    100      0 (65534) 1500 i
*> 192.168.2.0      10.34.255.2              0    100      0 (65535 65534) 1500 i
*                   10.35.255.1              0    100      0 (65534) 1500 i
Sunshine#
```

图 5-39 中的路由器与前面的案例相同，但重新设计了成员自治系统。此时的 AS65000 是骨干自治系统，其余的自治系统都必须通过该骨干自治系统进行互连，因而从任意非骨干 AS 到其他非骨干 AS 的路径的距离都相同。虽然 AS65000 与 AS65535 之间的连接仍然存在冗余连接的可能，但非骨干 AS 之间则没有冗余连接。BGP 的环路避免机制可以避免出现次优的 AS 间路径。

无环路拓扑结构（如图 5-39 所示的拓扑结构）的另一个优点是可以在成员 AS 之间使用 MED 属性。为了解释这种拓扑结构可以安全使用 MED 属性的原因，下面首先分析图 5-40 所示的拓扑结构。该拓扑结构与图 5-37 中的联盟类似，区别在于 AS65534 有冗余连接去往 AS65535。假设使用了 MED，使得 AS65535 为去往 AS1500 的流量优选 Whitetooth/Lakeridge 链路，次选 Panorama/Talisman 链路。虽然可以在这两个自治系统之间得到正确结果，但问题在于 MED 也会从 AS65534 转发到 AS65533。根据后一个 AS 配置的 MED 处理方式以及 Talisman 发送的 MED 情况，AS65533 仍然可能会选择次优路由。

图 5-39 中的 AS65000 可以安全地将 MED 发送给 AS65535，AS65535 去往其他非骨干 AS 的唯一路径就是经由骨干 AS。由于 Sunshine 或 Talisman 都不会接受 AS_PATH 中包含 65000 的路由，因而其他成员 AS 根本就看不到这些路由器发送给 AS65535 的 MED 属性。

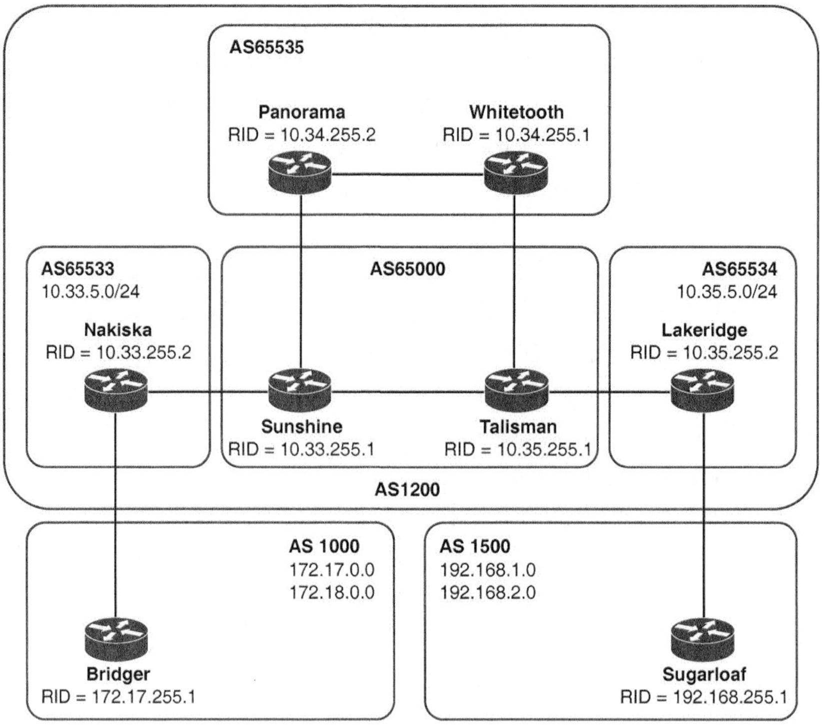

图 5-39 AS65000 是联盟中的骨干 AS，其余 AS 均通过该 AS 进行互联，使得所有非骨干 AS 间的 AS_PATH 的长度均相同

图 5-40 中的 Panorama 和 Whitetooth 默认优选联盟 EBGP 路由，次选 IBGP 路由，因而

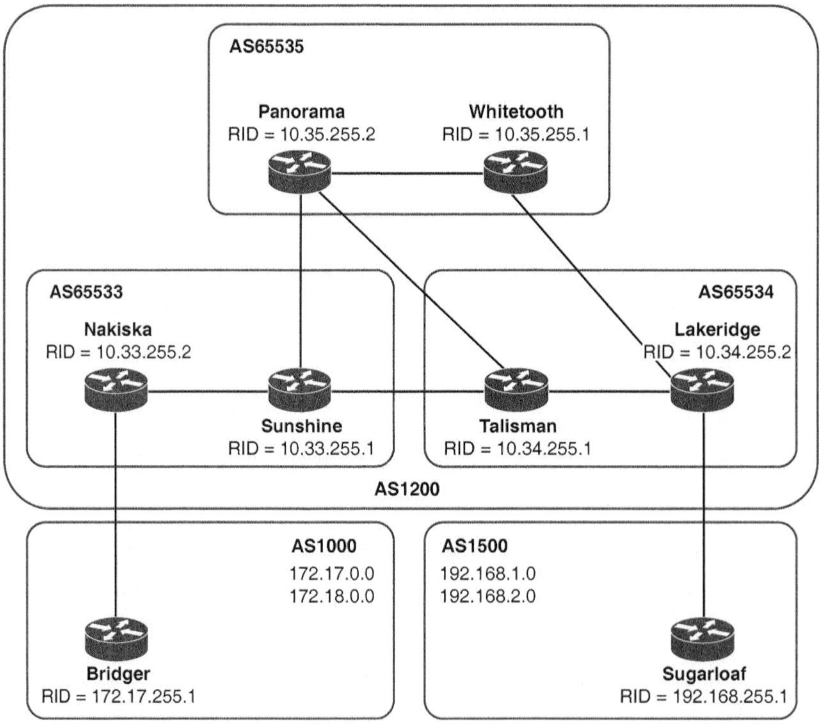

图 5-40 在联盟内部转发 MED 属性；如果 AS65534 希望利用 MED 来影响 AS65535 的偏好，那么 AS65533 也会收到 MED 属性

Panorama 将所有去向 AS1000 和 AS1500 网络的流量都发送给 Sunshine，Whitetooth 则将所有去向相同目的端的流量都发送给 Talisman。由于可以使用 MED 属性，因而 AS65535 通过 Panorama/Sunshine 链路发送去往 AS1000 网络的所有流量，并通过 Whitetooth/Talisman 链路发送去往 AS1500 网络的所有流量。例 5-97 给出了 Sunshine 和 Talisman 的配置信息。

Sunshine 将 AS_PATH 中包含 1000 的所有路由的 MED 均设置为 100，将 AS_PATH 中包含 1500 的所有路由的 MED 均设置为 200，Talisman 则恰恰相反。例 5-98 给出了 Panorama 在配置前后的 BGP 表信息，第一个 BGP 表中的路由器为所有目的端优选联盟 EBGP 路径，对于第二个 BGP 表来说，由于已经更改了 MED 属性，因而 Panorama 通过连接 Whitetooth 的 IBGP 链路发送所有去往 AS1500 网络的流量，由 Whitetooth 通过其优选的联盟 EBGP 链路转发流量。

例 5-97 将 Sunshine 和 Talisman 配置为向 AS65535 发送 MED 属性

```
Sunshine
router bgp 65000
 no synchronization
 bgp confederation identifier 1200
 bgp confederation peers 65533 65535
 neighbor 10.33.255.2 remote-as 65533
 neighbor 10.33.255.2 ebgp-multihop 2
 neighbor 10.33.255.2 update-source Loopback0
 neighbor 10.34.255.2 remote-as 65534
 neighbor 10.34.255.2 ebgp-multihop 2
 neighbor 10.34.255.2 update-source Loopback0
 neighbor 10.34.255.2 next-hop-self
 neighbor 10.34.255.2 route-map SETMED out
 neighbor 10.35.255.1 remote-as 65000
 neighbor 10.35.255.1 update-source Loopback0
!
ip as-path access-list 1 permit _1000_
ip as-path access-list 2 permit _1500_
!
route-map SETMED permit 10
 match as-path 1
 set metric 100
!
route-map SETMED permit 20
 match as-path 2
 set metric 200
!
route-map SETMED permit 30

Talisman
router bgp 65000
 no synchronization
 bgp confederation identifier 1200
 bgp confederation peers 65534 65535
 neighbor 10.33.255.1 remote-as 65000
 neighbor 10.34.255.1 remote-as 65535
 neighbor 10.34.255.1 ebgp-multihop 2
 neighbor 10.34.255.1 update-source Loopback0
 neighbor 10.34.255.1 next-hop-self
 neighbor 10.34.255.1 route-map SETMED out
 neighbor 10.35.255.2 remote-as 65534
 neighbor 10.35.255.2 ebgp-multihop 2
```

（待续）

```
 neighbor 10.35.255.2 update-source Loopback0
!
ip as-path access-list 1 permit _1500_
ip as-path access-list 2 permit _1000_
!
route-map SETMED permit 10
 match as-path 1
 set metric 100
!
route-map SETMED permit 20
 match as-path 2
 set metric 200
!
route-map SETMED permit 30
```

例 5-98 将 AS65000 中的路由器配置为发送 MED 属性前后的 Panorama BGP 表信息

```
Panorama#show ip bgp
BGP table version is 34, local router ID is 10.35.2.1
Status codes: s suppressed, d damped, h history, * valid, > best, i - internal
Origin codes: i - IGP, e - EGP, ? - incomplete

   Network          Next Hop            Metric LocPrf Weight Path
* i172.17.0.0       10.35.255.1              0    100      0 (65000 65533) 1000 i
*>                  10.33.255.1              0    100      0 (65000 65533) 1000 i
* i172.18.0.0       10.35.255.1              0    100      0 (65000 65533) 1000 i
*>                  10.33.255.1              0    100      0 (65000 65533) 1000 i
* i192.168.1.0      10.35.255.1              0    100      0 (65000 65534) 1500 i
*>                  10.33.255.1              0    100      0 (65000 65534) 1500 i
* i192.168.2.0      10.35.255.1              0    100      0 (65000 65534) 1500 i
*>                  10.33.255.1              0    100      0 (65000 65534) 1500 i
Panorama#

Panorama#show ip bgp
BGP table version is 47, local router ID is 10.35.2.1
Status codes: s suppressed, d damped, h history, * valid, > best, i - internal
Origin codes: i - IGP, e - EGP, ? - incomplete

   Network          Next Hop            Metric LocPrf Weight Path
* i172.17.0.0       10.35.255.1            200    100      0 (65000 65533) 1000 i
*>                  10.33.255.1            200    100      0 (65000 65533) 1000 i
* i172.18.0.0       10.35.255.1            200    100      0 (65000 65533) 1000 i
*>                  10.33.255.1            200    100      0 (65000 65533) 1000 i
*>i192.168.1.0      10.35.255.1            100    100      0 (65000 65534) 1500 i
*                   10.33.255.1            200    100      0 (65000 65534) 1500 i
*>i192.168.2.0      10.35.255.1            100    100      0 (65000 65534) 1500 i
*                   10.33.255.1            200    100      0 (65000 65534) 1500 i
Panorama#
```

图 5-41 给联盟增加了两个本地子网：AS65533 中的 10.33.5.0/24 和 AS65535 中的 10.35.5.0/24。重新配置 Sunshine 和 Talisman，为这两个子网应用与外部网络相同的路由策略。也就是说，设置 MED 属性，让 AS65535 经由 Panorama/Sunshine 链路发送去往 10.33.5.0/24 的流量，并经由 Whitetooth/Talisman 链路发送去往 10.35.5.0/24 的流量。

从 Panorama 的 BGP 表（见例 5-99）可以看出，路由策略并没有实现期望效果。虽然正确配置了 MED 属性，但是路由器为这两个子网去往 10.35.5.0/24 的流量优选的仍然是联盟 EBGP 路径，而不是 IBGP 路径（MED 较小）。出现这种行为的原因是 BGP 决策进程没有考虑联盟内部路由（从 AS_PATH 中没有外部 AS 号即可看出）的 MED 属性。

语句 **bgp deterministic-med** 的作用是让 BGP 决策进程在选择去往联盟内部目的端的最佳路径时比较 MED 属性。例 5-100 给出了 Panorama 使用语句 **bgp deterministic-med** 时的配置信息。

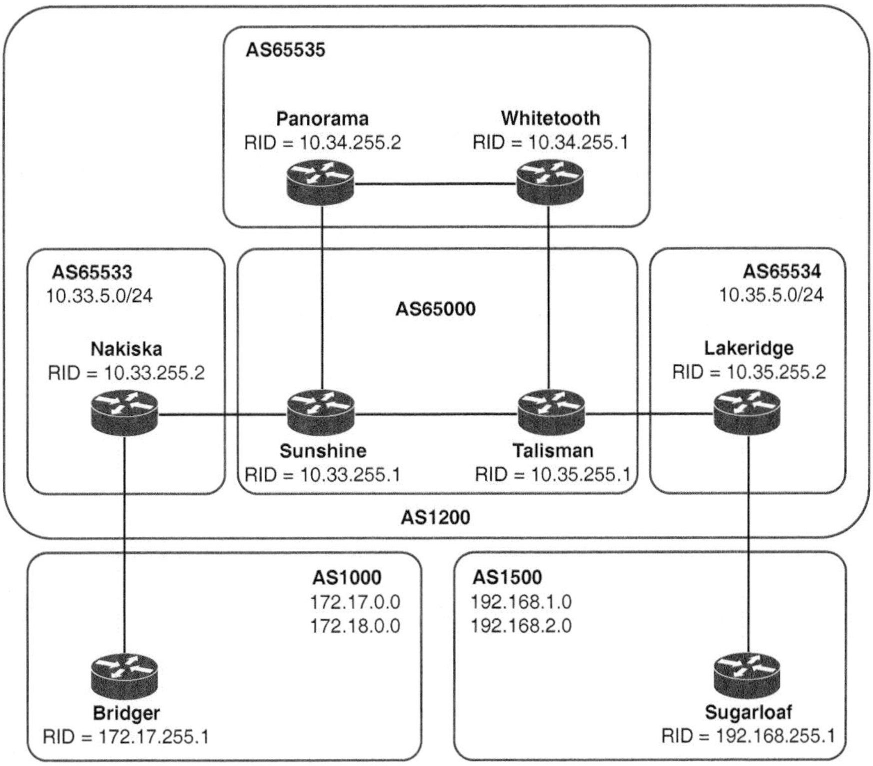

图 5-41 为 AS65533 和 AS65535 增加本地子网

例 5-99 虽然 Panorama 根据最小 MED 来选择去往联盟外部目的端的路径，但是选择联盟内部路径时却不考虑 MED

```
Panorama#show ip bgp
BGP table version is 127, local router ID is 10.35.2.1
Status codes: s suppressed, d damped, h history, * valid, > best, i - internal
Origin codes: i - IGP, e - EGP, ? - incomplete

   Network          Next Hop            Metric LocPrf Weight Path
* i10.33.5.0/24     10.35.255.1            200    100      0 (65000 65533) i
*>                  10.33.255.1            100    100      0 (65000 65533) i
*> 10.35.5.0/24     10.33.255.1            200    100      0 (65000 65534) i
* i                 10.35.255.1            100    100      0 (65000 65534) i
*> 172.17.0.0       10.33.255.1            100    100      0 (65000 65533) 1000 i
*> 172.18.0.0       10.33.255.1            100    100      0 (65000 65533) 1000 i
*>i192.168.1.0      10.35.255.1            100    100      0 (65000 65534) 1500 i
*                   10.33.255.1            200    100      0 (65000 65534) 1500 i
*>i192.168.2.0      10.35.255.1            100    100      0 (65000 65534) 1500 i
*                   10.33.255.1            200    100      0 (65000 65534) 1500 i
Panorama#
```

例 5-100 配置 Panorama 在选择去往联盟内部目的端的最佳路径时比较 MED 属性

```
router bgp 65535
 no synchronization
 bgp confederation identifier 1200
 bgp confederation peers 65000
 bgp deterministic-med
 neighbor 10.33.255.1 remote-as 65000
 neighbor 10.33.255.1 ebgp-multihop 2
 neighbor 10.33.255.1 update-source Loopback0
 neighbor 10.34.255.1 remote-as 65535
 neighbor 10.34.255.1 update-source Loopback0
```

例 5-101 给出了 Panorama 使用语句 **bgp deterministic-med** 后的运行结果。可以看出 Panorama 目前使用的是 MED 最小的路径，而不管该路径是成员 AS 的内部路径还是外部路径。利用语句 **bgp always-compare-med**（如前面的案例所述）也可得到相似的结果。但是与 **bgp deterministic-med** 不同的是，**bgp always-compare-med** 始终对比去往相同目的端的路径的 MED 属性，而不管这些 MED 是否宣告自同一个 AS。对于基于骨干 AS 的联盟拓扑结构（如图 5-39 所示的联盟）来说，由于所有 AS 都没有路径去往多个邻居 AS，因而就不会有这方面的问题。

例 5-101 Panorama 在选择联盟内部和联盟外部路由时均考虑 MED

```
Panorama#show ip bgp
BGP table version is 10, local router ID is 10.35.2.1
Status codes: s suppressed, d damped, h history, * valid, > best, i - internal
Origin codes: i - IGP, e - EGP, ? - incomplete

   Network          Next Hop            Metric LocPrf Weight Path
*> 10.33.5.0/24     10.33.255.1            100    100      0 (65000 65533) i
* i                 10.35.255.1            200    100      0 (65000 65533) i
*>i10.35.5.0/24     10.35.255.1            100    100      0 (65000 65534) i
*                   10.33.255.1            200    100      0 (65000 65534) i
*> 172.17.0.0       10.33.255.1            100    100      0 (65000 65533) 1000 i
*> 172.18.0.0       10.33.255.1            100    100      0 (65000 65533) 1000 i
*>i192.168.1.0      10.35.255.1            100    100      0 (65000 65534) 1500 i
*                   10.33.255.1            200    100      0 (65000 65534) 1500 i
*>i192.168.2.0      10.35.255.1            100    100      0 (65000 65534) 1500 i
*                   10.33.255.1            200    100      0 (65000 65534) 1500 i
Panorama#
```

此外，还可以使用语句 **bgp bestpath med confed** 来实现相同的目的。该语句与 **bgp deterministic-med** 的效果相同，区别在于：如果某条路由的 AS_PATH 中有一个外部 AS 号，而其他去往相同目的端的路由的 AS_PATH 中只有联盟 AS 号，那么路由器就会选择 MED 最小的联盟内部路由，而忽略携带外部 AS 号的路径。但这种情况非常少见，如果存在两条去往相同目的端的路由，其中一条路由指示该目的端位于联盟内部，而另一条路径则指示该目的端位于联盟外部，那么就表明配置可能有误或者方案设计不合理。

5.3.5 路由反射器

路由反射器是大规模自治系统中减少 IBGP 对等连接数量的另一种有效方法，与联盟相比，路由反射器的好处如下：

- 联盟中的所有路由器都必须理解和支持联盟功能，而路由反射技术只需要路由反射器理解路由反射机制即可，客户路由器将与 RR 之间的连接仅仅视为普通的 IBGP 连接；
- 无论是配置命令还是拓扑结构，路由反射实现起来都更为简单一些。

不过，大家可能希望利用各种可用的 EBGP 控制机制来管理大规模 AS，此时联盟会是一种更好的选择。幸运的是，大家可以同时使用这两种扩展技术。

路由反射器定义在 RFC 4456 中，工作方式是缓解 IBGP 对等体不能宣告学自其他 IBGP 对等体的路由的规则。例如，图 5-42 中的路由反射器从所有的客户路由器学习路由，与其他 IBGP 路由器不同，RR 可以将这些路由宣告给其他客户对等体以及非客户对等体。也就是说，RR 可以将 IBGP 客户路由器的路由宣告给其他客户路由器。为了避免可能的路由环路或路由错误，IOS 路由反射器无法更改从客户路由器收到的路由的属性。

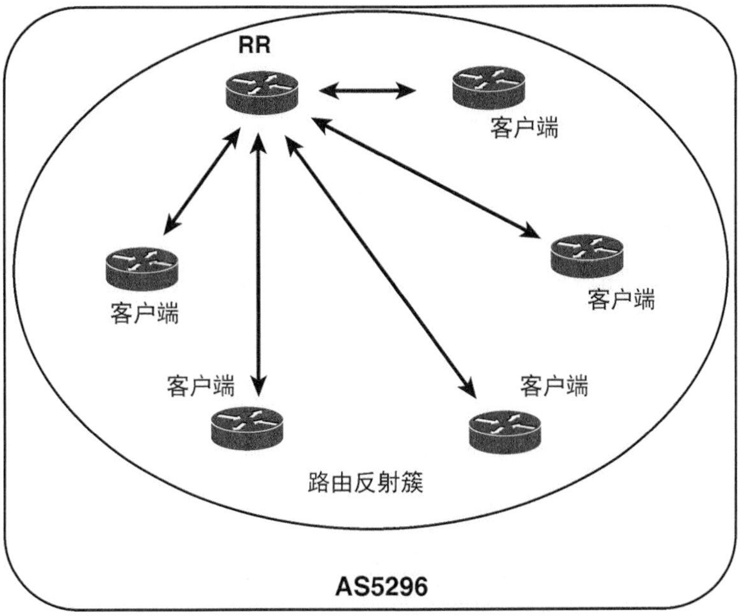

图 5-42 路由反射簇中的 IBGP 客户路由器只能与路由反射器建立对等连接，从而减少了所需的 IBGP 连接数量

路由反射器及其客户路由器（也可能是多台路由反射器共享相同的客户路由器）就称为路由反射簇。路由反射簇中的客户路由器可以与所有外部邻居建立对等连接，但是能与内部邻居进行对等连接的只能是本簇中路由反射器或簇中的其他客户路由器。不过，RR 可以与簇中的内部邻居以及簇外的外部邻居进行对等连接，并将它们的路由反射给客户路由器（见图 5-43）。

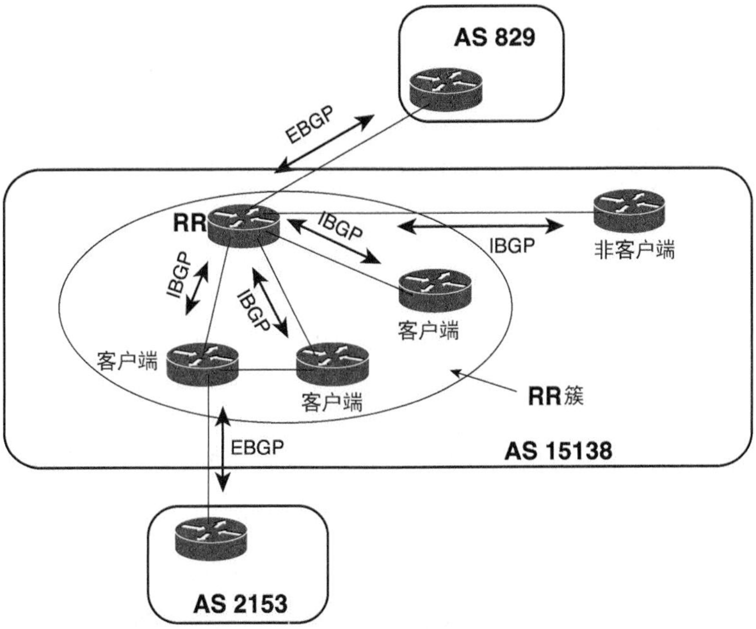

图 5-43 路由反射簇的对等关系

如果 RR 收到多条去往相同目的端的路由，那么就会利用常规的 BGP 决策进程来选择最佳路径。RR 利用 RFC 4456 定义的三条规则来确定路由的宣告方式（取决于学到路由的方式）：

- 如果路由学自非客户 IBGP 对等体，那么只能将其宣告给客户路由器；
- 如果路由学自客户路由器，那么就可以将其宣告给所有非客户路由器和客户路由器（发起该路由的客户路由器除外）；
- 如果路由学自 EBGP 对等体，那么就可以宣告给所有客户路由器和非客户路由器。

路由反射器功能仅要求路由反射器支持即可。从客户路由器的角度来看，它们只是与内部邻居进行对等连接。这是路由反射器极具吸引力的功能特性，因为即使仅实现了基本 BGP 功能的路由器也能够成为路由反射簇中的客户路由器，客户路由器并不知道它们是客户路由器。

路由反射器的概念类似于路由服务器。这两类设备的主要目的都是减少对等会话的需求数量，实现方式都是为多个邻居提供单个对等连接点，此后邻居依靠一台设备学习路由即可。路由反射器与路由服务器的区别在于路由反射器也是路由器，而路由服务器则不是路由器。

由于每台 RR 都仅将最佳路由反射给客户路由器，因而路由反射器还能帮助扩展客户路由器的 BGP 表。

由于客户路由器并不知道它们是客户路由器，因而路由反射器也可以是其他路由反射器的客户路由器，为此可以构造嵌套式的路由反射簇（见图 5-44）。

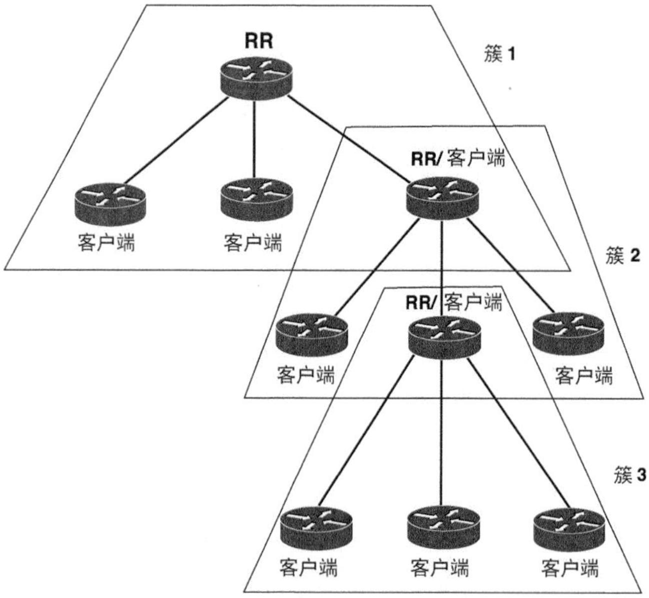

图 5-44 路由反射器可以是其他路由反射器的客户路由器

虽然客户路由器无法与簇外路由器进行对等连接，但是它们之间却可以进行对等连接，因而路由反射簇可以全网状连接（见图 5-45）。如果客户路由器建立了全网状连接，那么就应该将路由反射器配置为不在客户路由器之间反射路由，而仅仅将客户对等体的路由反射给非客户对等体以及将非客户对等体的路由反射给客户对等体。

前面曾经在 3.2.2 节中说过，BGP 不能将学自内部对等体的路由转发给其他内部对等体，这是因为 AS_PATH 属性在 AS 内部不变，从而会导致路由环路。不过，路由反射器作为 BGP 路由器却可以放松该规则的限制，为了避免出现路由环路，路由反射器使用了两种 BGP 路径属性：ORIGINATOR_ID 和 CLUSTER_LIST。

ORIGINATOR_ID 是一种由路由反射器创建的可选非传递性属性（类型代码 9），ORIGINATOR_ID 就是本地自治系统中发起路由的路由器 ID。路由反射器不会将路由宣告回该路由的源端，不过，如果路由源端收到的路由更新中有自己的 RID，那么就会忽略该更新，因而 ORIGINATOR_ID 可以防止在单个 RR 簇内出现路由环路。

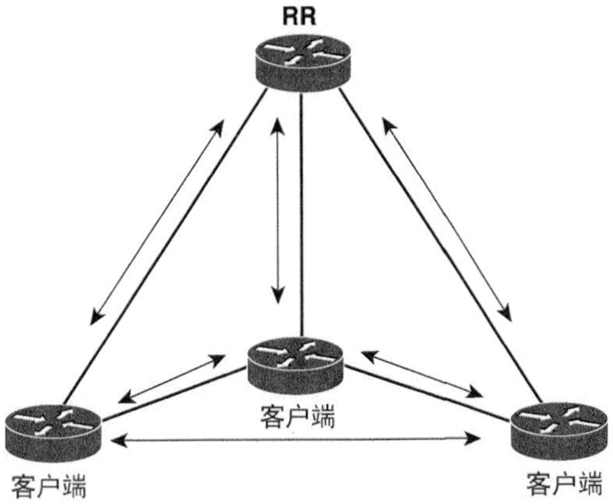

图 5-45　路由反射簇可以实现全网状连接

AS 内的每个簇都必须通过唯一的长为 4 个八位组的簇 ID 进行标识。如果簇内只有单台路由反射器，那么簇 ID 就是路由反射器的路由器 ID。这一点对于本例来说无需任何特殊配置。将路由器配置为 RR 之后，就会自动将 RID 用作簇 ID，除非明确配置使用其他号码。如果簇内拥有多台路由反射器，那么就必须手动为每台 RR 配置簇 ID。

CLUSTER_LIST 是一种可选非传递性属性（类型代码 10），其跟踪簇 ID 的方式与 AS_PATH 属性跟踪 AS 号的方式相同。RR 将来自客户路由器的路由反射给非客户对等体后，就会将簇 ID 附加到 CLUSTER_LIST 上。如果 CLUSTER_LIST 为空，那么 RR 就会创建一个。RR 收到更新后，会检查 CLUSTER_LIST。如果发现自己的簇 ID 位于 CLUSTER_LIST 列表中，那么就知道出现了路由环路，从而忽略该更新。很明显，该环路避免功能与 AS_PATH 完全一样，CLUSTER_LIST 可以防止在多个 RR 簇之间出现环路。

与单台路由服务器相似，单台 RR 也给系统带来了单点故障问题。如果 RR 出现了故障，那么客户路由器就会失去它们唯一的 NLRI 源，因而为了冗余性考虑，客户路由器可以连接多台 RR。一种实现方式就是在簇内配置冗余 RR（见图 5-46），客户路由器与每台 RR 都有物理连接并与这些 RR 均建立对等连接。如果其中的一台 RR 出现了故障，那么客户路由器与另一台 RR 之间仍有连接，因而不会失去可达性信息。

注： 由于 IBGP 会话可以穿越多个路由器跳，因而客户路由器仅与某台 RR 有物理链路的情况下，也能与多台 RR 建立对等连接。实现方式是让冗余 IBGP 会话穿越第一台 RR 到达冗余 RR，但是这样做的话就失去了冗余性的目的，因为此时的客户路由器仍然面临着与其有物理连接的 RR 的单点故障问题。

不过在某些情况下，在簇内部署冗余 RR 时，簇内的不稳定性可能会导致次优路由甚至是路由环路。一种可选方式就是让每台 RR 定义自己的簇，并让相同的客户路由器与每台 RR 均建立对等连接（见图 5-47）。同样，这种解决方案的关键在于客户路由器并不知道它们是客户路由器，因而它们认为自己只是拥有两个 IBGP 对等体而已。

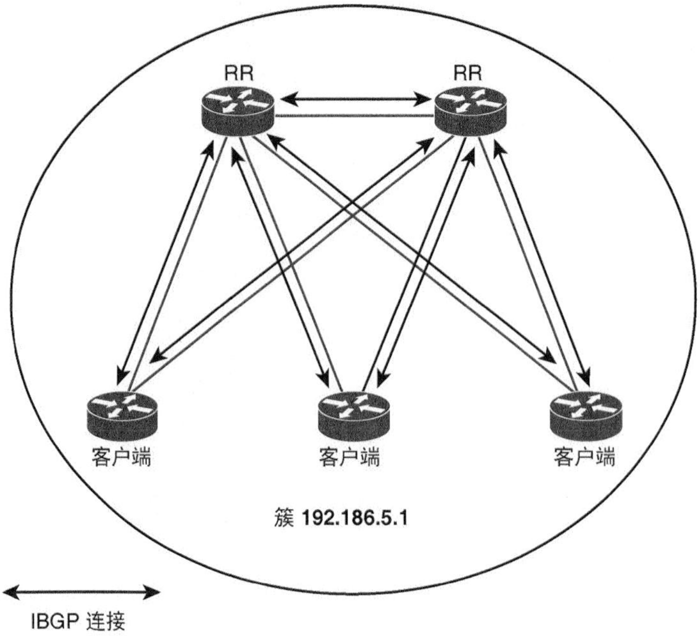

图 5-46 从冗余性的角度考虑，客户路由器可以有多台路由反射器

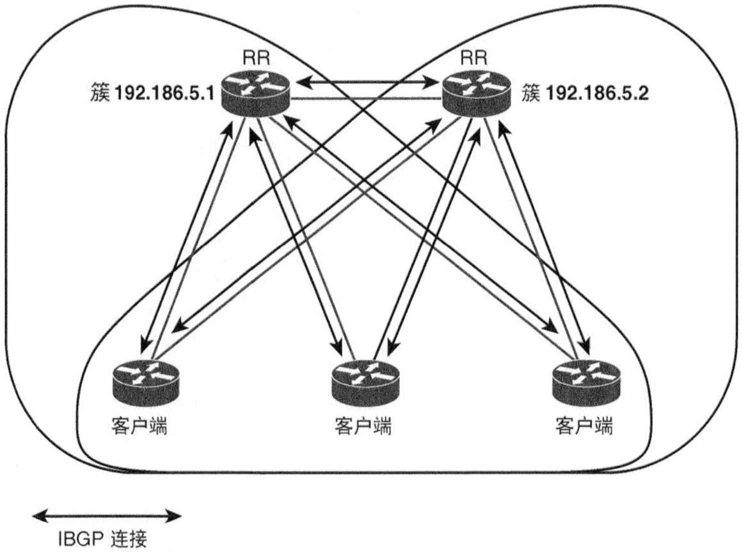

图 5-47 将客户路由器与多台 RR 进行对等即可实现路由反射器的冗余性

单台路由器也可以充当多个簇的 RR（见图 5-48），只要配置每个邻居的簇 ID 即可。

单个自治系统可以拥有多个簇。图 5-49 中的 AS 包含了两个簇，每个簇都配置了冗余的路由反射器，而且簇与簇之间拥有冗余的互连链路。

上面的这些案例表明路由反射器可以在设计可扩展的 BGP 拓扑结构时提供极大的灵活性，这也是 RR 得到普遍应用的主要因素之一。RR 能够得到普遍应用的另一个重要因素就是配置简单。下面就来看一些实际的配置案例。

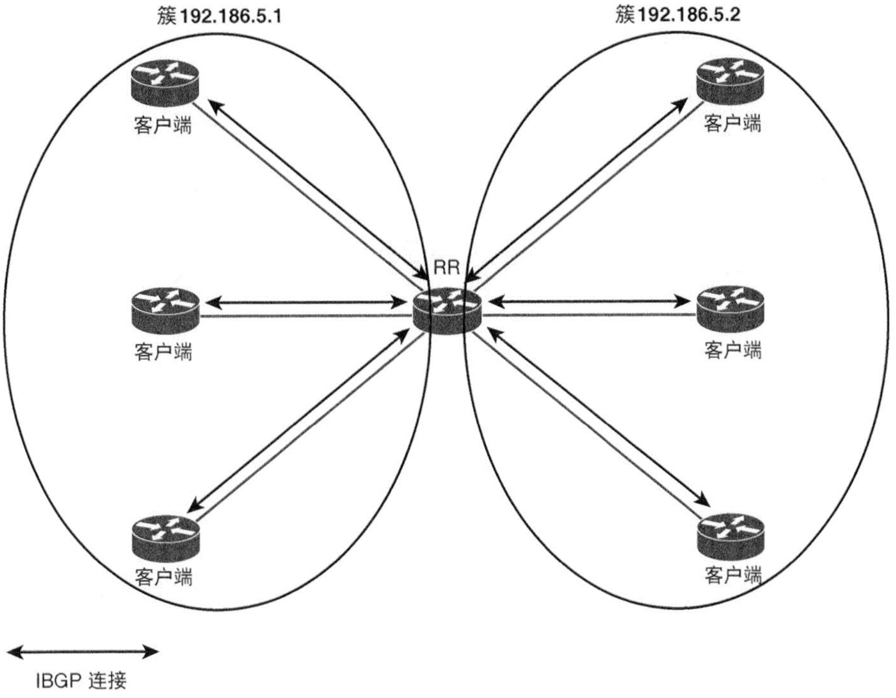

图 5-48 单台路由器可以充当多个簇的 RR

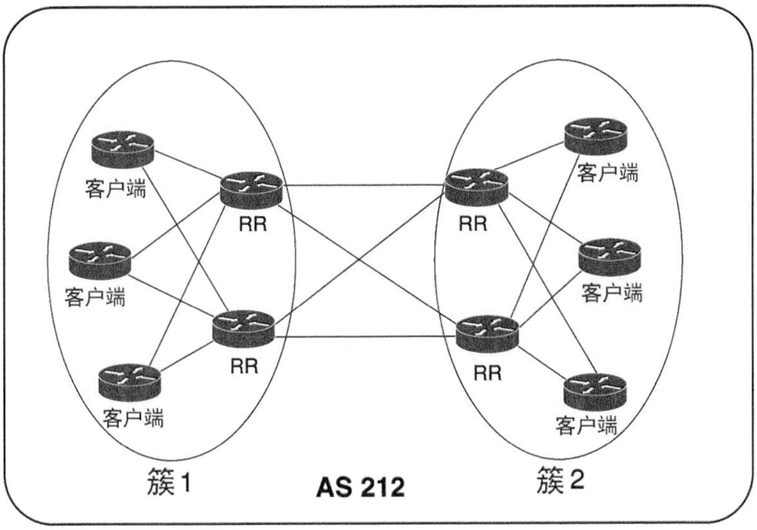

图 5-49 可以在单个自治系统中创建多个路由反射簇

图 5-50 对图 5-39 中的 AS65533 做了一些改动，Frotress 是一台路由器反射器，Nakiska 和 Marmot 都是客户路由器。

例 5-102 给出了这三台路由器的配置情况。

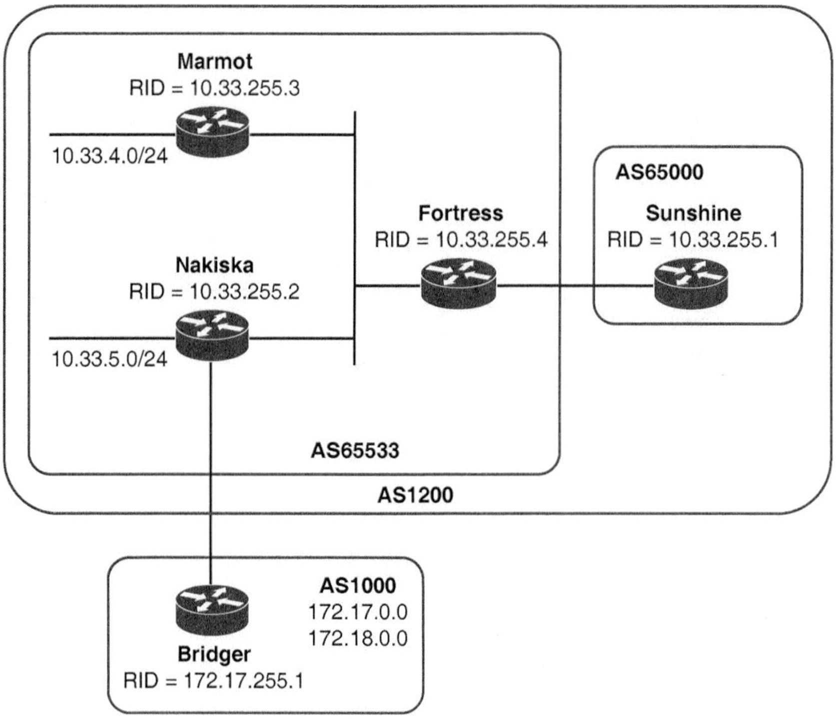

图 5-50 带有路由反射器的拓扑结构：Frotress 是路由器反射器，Nakiska 和 Marmot 是客户路由器

例 5-102 将 Frotress 配置成路由器反射器，将 Nakiska 和 Marmot 配置成客户路由器

```
Fortress
router bgp 65533
 no synchronization
 bgp confederation identifier 1200
 bgp confederation peers 65000
 neighbor 10.33.255.1 remote-as 65000
 neighbor 10.33.255.1 ebgp-multihop 2
 neighbor 10.33.255.1 update-source Loopback0
 neighbor 10.33.255.2 remote-as 65533
 neighbor 10.33.255.2 update-source Loopback0
 neighbor 10.33.255.2 route-reflector-client
 neighbor 10.33.255.2 next-hop-self
 neighbor 10.33.255.3 remote-as 65533
 neighbor 10.33.255.3 update-source Loopback0
 neighbor 10.33.255.3 route-reflector-client
 neighbor 10.33.255.3 next-hop-self
```

```
Nakiska
router bgp 65533
 no synchronization
 bgp confederation identifier 1200
 network 10.33.5.0 mask 255.255.255.0
 neighbor 10.33.255.4 remote-as 65533
 neighbor 10.33.255.4 update-source Loopback0
 neighbor 10.33.255.4 next-hop-self
 neighbor 172.17.255.1 remote-as 1000
 neighbor 172.17.255.1 ebgp-multihop 2
 neighbor 172.17.255.1 update-source Loopback0
```

（待续）

```
Marmot
 router bgp 65533
 no synchronization
 bgp confederation identifier 1200
 network 10.33.4.0 mask 255.255.255.0
 neighbor 10.33.255.4 remote-as 65533
 neighbor 10.33.255.4 update-source Loopback0
 neighbor 10.33.255.4 next-hop-self
```

Nakiska 和 Marmot 都是标准的 IBGP 配置，只是仅与 RR 建立对等连接，相互之间并没有建立对等连接。此外，Nakiska 还与路由反射簇之外的 Bridger 建立了对等连接。为 Fortress 增加的唯一命令就是为其每个客户路由器配置的语句 **neighbor route-reflector-client**（使 Fortress 成为路由反射器）。该语句的作用是实现路由反射所需的松散的 IBGP 规则，即也就是将学自客户路由器的 IBGP 路由宣告给其他客户路由器以及簇外的 IBGP 对等体，同时将学自簇外 IBGP 对等体的 IBGP 路由宣告给客户路由器。

例 5-103 显示了 Marmot BGP 表中的路由项 10.33.5.0/24，最后一行显示了由 RR 增加的 ORIGINATOR_ID 和 CLUSTER_LIST 属性。由 RR 增加的 ORIGINATOR_ID 属性表示了宣告该路由的客户路由器，去往 10.33.5.0/24 的路由的源端是 Nakiska（10.33.255.2）。该属性可以确保路由不会在簇内形成环路。如果 Fortress 在路由更新中收到该 NLRI，那么就会在该属性中认出 Nakiska 的路由器 ID，从而忽略该路由。由于该属性是可选非传递性属性，因而路由器无需支持和理解该属性就能加入路由反射簇，只是会丧失环路预防等功能。

例 5-103　从 Marmot 关于子网 10.33.5.0/24 的 BGP 表项可以看出，ORIGINATOR_ID 和 CLUSTER_LIST 属性都是由路由反射器增加的

```
Marmot#show ip bgp 10.33.5.0
BGP routing table entry for 10.33.5.0 255.255.255.0, version 16
Paths: (1 available, best #1)
  Local
    10.33.255.2 (metric 11) from 10.33.255.4 (10.33.255.2)
      Origin IGP, metric 0, localpref 100, valid, internal, best
      Originator : 10.33.255.2, Cluster list: 10.33.255.4
Marmot#
```

与 ORIGINATOR_ID 相似，CLUSTER_LIST 也是一种环路预防机制，长为 4 个八位组的簇 ID 用于标识路由反射簇，由 RR 将簇 ID 加入到 CLUSTER_LIST 中，如果 RR 在收到的更新消息的 CLUSTER_LIST 中发现自己的簇 ID，那么就知道出现了路由环路，从而忽略该路由。该功能对于穿越多个路由反射簇的路径来说非常重要。图 5-50 中的路由的 CLUSTER_LIST 是 10.33.255.4，即 Fortess 的路由器 ID。RR 默认会将自己的 BGP RID 加入 CLUSTER_LIST 中，如果要在 CLUSTER_LIST 中指定除 RR RID 之外的簇 ID，那么就可以使用命令 **bgp cluster-id**，可以在该命令中指定 1～4294967295 之间（也可以使用点分十进制格式）的簇 ID。

如果希望在一个簇中配置多台路由反射器，那么就需要使用命令 **bgp cluster-id**，以确保所有 RR 都将自己标识为同一个簇的成员。可以按照十进制或点分十进制格式指定簇 ID。图 5-51 增加了路由器 Norquay，并将其配置为第二台 RR，从而为该簇增加了冗余能力。

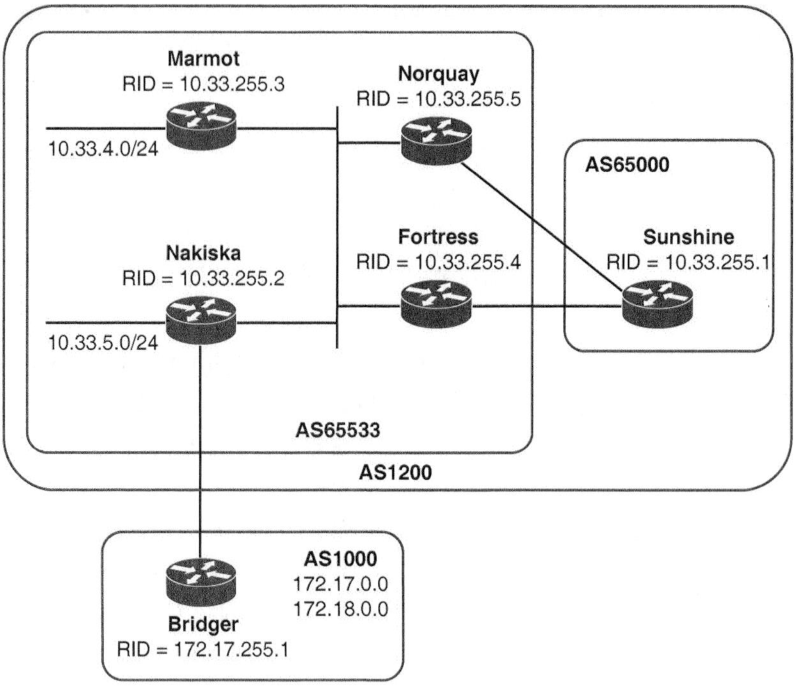

图 5-51 在路由反射簇中增加 Norquay 以增强冗余能力

例 5-104 给出了 Fortress 和 Norquay 的配置信息。

例 5-104 将 Fortress 和 Norquay 配置为路由反射器

```
Fortress
router bgp 65533
 no synchronization
 bgp cluster-id 33
 bgp confederation identifier 1200
 bgp confederation peers 65000
neighbor 10.33.255.1 remote-as 65000
 neighbor 10.33.255.1 ebgp-multihop 2
 neighbor 10.33.255.1 update-source Loopback0
 neighbor 10.33.255.2 remote-as 65533
 neighbor 10.33.255.2 update-source Loopback0
 neighbor 10.33.255.2 route-reflector-client
 neighbor 10.33.255.2 next-hop-self
 neighbor 10.33.255.3 remote-as 65533
 neighbor 10.33.255.3 update-source Loopback0
 neighbor 10.33.255.3 route-reflector-client
 neighbor 10.33.255.3 next-hop-self
 neighbor 10.33.255.5 remote-as 65533
 neighbor 10.33.255.5 update-source Loopback0
 neighbor 10.33.255.5 next-hop-self
Norquay
router bgp 65533
 no synchronization
 bgp cluster-id 33
 bgp confederation identifier 1200
 bgp confederation peers 65000
 neighbor 10.33.255.1 remote-as 65000
 neighbor 10.33.255.1 ebgp-multihop 2
 neighbor 10.33.255.1 update-source Loopback0
 neighbor 10.33.255.2 remote-as 65533
 neighbor 10.33.255.2 route-reflector-client
```

（待续）

```
 neighbor 10.33.255.2 update-source Loopback0
 neighbor 10.33.255.2 next-hop-self
 neighbor 10.33.255.3 remote-as 65533
 neighbor 10.33.255.3 route-reflector-client
 neighbor 10.33.255.3 update-source Loopback0
 neighbor 10.33.255.3 next-hop-self
 neighbor 10.33.255.4 remote-as 65533
 neighbor 10.33.255.4 update-source Loopback0
 neighbor 10.33.255.4 next-hop-self
```

两台 RR 的簇 ID 均被配置为 33，它们之间通过标准的 IBGP 建立对等关系，并利用语句 **neighbor route-reflector-client** 与路由反射客户建立对等关系，因而这两台 RR 可以将路由反射给客户，但 IBGP 规则却阻止它们相互宣告 IBGP 路由。

客户路由器的唯一配置变化就是为 Norquay 增加 IBGP 配置（见例 5-105）。

例 5-105 客户路由器 Nakiska 和 Marmot 与 Fortress 和 Norquay 建立对等关系

```
Nakiska
router bgp 65533
 no synchronization
 bgp confederation identifier 1200
 network 10.33.5.0 mask 255.255.255.0
 neighbor 10.33.255.4 remote-as 65533
 neighbor 10.33.255.4 update-source Loopback0
 neighbor 10.33.255.4 next-hop-self
 neighbor 10.33.255.5 remote-as 65533
 neighbor 10.33.255.5 update-source Loopback0
 neighbor 10.33.255.5 next-hop-self
 neighbor 172.17.255.1 remote-as 1000
 neighbor 172.17.255.1 ebgp-multihop 2
 neighbor 172.17.255.1 update-source Loopback0
```

```
Marmot
 router bgp 65533
 no synchronization
 bgp confederation identifier 1200
 network 10.33.4.0 mask 255.255.255.0
 neighbor 10.33.255.4 remote-as 65533
 neighbor 10.33.255.4 update-source Loopback0
 neighbor 10.33.255.4 next-hop-self
 neighbor 10.33.255.5 remote-as 65533
 neighbor 10.33.255.5 update-source Loopback0
 neighbor 10.33.255.5 next-hop-self
```

例 5-106 显示了 Marmot BGP 表中子网 10.33.5.0/24 的路由信息。例 5-103 只有单条路径去往目的地。目前已经有了两条路径，而且这两条路径完全等价。由于路由器没有被命令 **maximum-paths** 配置为同时使用这两条路径，因而路由器将选择来自 10.33.255.4（最小的下一跳地址）路由。

例 5-106 Marmot 接收来自 RR（Fortress 和 Norquay）的路由

```
Marmot#show ip bgp 10.33.5.0
BGP routing table entry for 10.33.5.0 255.255.255.0, version 2
Paths: (2 available, best #1)
  Local
    10.33.255.2 (metric 11) from 10.33.255.4 (10.33.255.2)
      Origin IGP, metric 0, localpref 100, valid, internal, best
      Originator : 10.33.255.2, Cluster list: 0.0.0.33
  Local
    10.33.255.2 (metric 11) from 10.33.255.5 (10.33.255.2)
      Origin IGP, metric 0, localpref 100, valid, internal
      Originator : 10.33.255.2, Cluster list: 0.0.0.33
Marmot#
```

例 5-105 中的路由反射器由于共享相同的簇 ID，因而它们属于同一个簇。不过路由反射器也可以属于不同的簇，而且不需要更改例 5-104 中的客户路由器配置。目前很多路由反射设计方案都使用这种配置方式，即客户路由器与多个簇中的冗余路由反射器进行对等，而不是与同一个簇中的路由反射器进行对等。

虽然路由反射客户可以拥有 EBGP 连接（如图 5-51 中的 Nakiska），但客户路由器通常不应该拥有 IBGP 邻居（RR 除外），这就意味着必须通过路由反射器建立簇间连接，而不能在客户路由器之间建立簇间连接，因为客户路由器不会检查收到的路由的 CLUSTER_LIST 属性，因而客户路由器无法检测簇间环路。RR 之间通过标准的 IBGP 建立对等关系，并遵循所有的 IBGP 规则，RR 之间传递的唯一额外信息就是预防环路的 CLUSTER_LIST 属性。AS 内的路由反射器不但要与该 AS 内的其他所有路由反射器建立全网状连接，而且还要与 AS 内不属于路由反射簇的其他路由器建立全网状连接（见图 5-52）。

对于客户只能与其 RR 建立对等关系的规则来说，存在两种例外情况，第一种是客户本身又是另一个簇的路由反射器，这种情况就形成了路由反射器“嵌套”，也就是创建了层次化的路由反射簇（见图 5-44）。

第二种例外情况是客户路由器之间拥有全网状 IBGP 连接，全网状连接的客户路由器（见图 5-45）可有提高网络的健壮性，如果采用了这种设计方案，那么就需要使用 **no bgp client-to-client reflection** 命令来配置路由反射器，这样一来，全网状连接的客户路由器就可以按照普通的 IBGP 规则交换路由，而且 RR 也不再将路由从一个客户反射给了一个客户，但 RR 仍然需要将来自客户的路由反射给簇外的对等体，并将来自簇外对等体的路由反射给客户路由器。

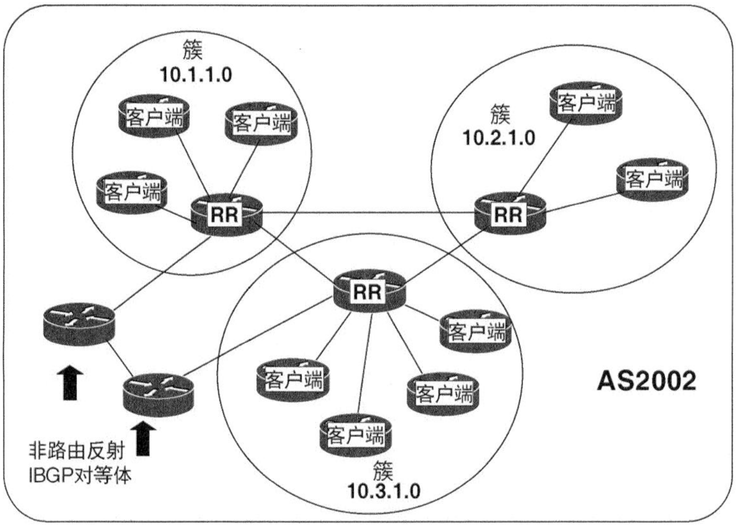

图 5-52 路由反射簇之间的互连链路必须位于路由反射器之间，而不能位于客户路由器之间

5.4 展望

如第 1 章所述，BGP 是一种比较简单的协议，让 BGP 的配置及网络变得复杂的原因是与 BGP 相关联的策略以及扩展能力。目前大家已经掌握了创建 BGP 策略以及管理高复杂配置和拓扑结构的各种可用工具，包括 BGP 进程的扩展技术。不过 BGP 的相关技术还不仅限

于此，第 6 章还将讨论 BGP 承载多种地址簇的配置技术，虽然重点是 IPv6，但后面的章节还将继续讨论多播网络环境中的多协议 BGP 技术。

5.5 复习题

1. 可扩展性在网络互连环境下指的是什么意思？
2. BGP 的三种扩展方式是什么？
3. 什么是对等体组？
4. 如果对等体组被配置为使用更新源 Loopback0，而隶属该对等体组的邻居被配置为使用更新源 Loopback3，那么该邻居将使用什么更新源？
5. 什么是动态更新对等体组？动态更新对等体组是如何改变传统对等体组使用方式的？
6. 什么是对等体模板？对等体模板包括哪两种类型？
7. 可以将对等体模板和对等体组应用到同一个邻居上吗？
8. 对等体模板中的继承机制指的是什么？
9. 什么是 BGP 团体属性？
10. 如何在 IOS 配置中表示团体属性？
11. 什么是周知团体属性？
12. 向识别出来的路由增加团体属性后的默认操作是什么？可以改变这种默认操作吗？
13. 标准团体列表与扩展团体列表有何区别？
14. 标准团体属性与扩展团体属性有何区别？
15. 路由抑制中的半衰期指的是什么？
16. IOS 为路由翻动（路由不停的启用或停用）应用的默认惩罚是什么？
17. 为什么路由翻动抑制有时会被认为对大型网状连接的网络不利？
18. 什么是出站路由过滤？
19. NHT 是如何改善 BGP 收敛时间的？
20. 快速外部切换机制是如何改善 BGP 收敛时间的？
21. 什么是 BFD？BFD 是如何提升 BGP 性能的？
22. BFD 的两种运行模式是什么？
23. 什么是 BFD 的回显功能？
24. PIC 是如何提升 BGP 性能的？
25. 什么是优雅重启？
26. 路由器运行 GR 必须满足哪些条件？
27. 最大前缀特性是如何提升 BGP 网络的稳定性和安全性的？
28. 哪些 AS 号被预留用作私有用途？
29. 4 字节 AS 号的两种格式分别是什么？
30. 什么是 BGP 联盟？
31. 联盟 EBGP 规则与普通 EBGP 规则的区别是什么？
32. 语句 **bgp deterministic med** 有何作用？
33. 什么是路由反射器？什么是路由反射客户？什么是路由反射簇？

34．什么是簇 ID？

35．路径属性 ORIGINATOR_ID 和 CLUSTER_LIST 的作用是什么？

36．可以在联盟内使用路由反射器吗？

5.6 配置练习题

表 5-2 列出了配置练习题 1～10 将要用到的自治系统、路由器、接口以及地址等信息，表中列出了所有路由器的接口情况。对于每道练习题来说，如果表中显示该路由器有环回接口，那么该接口就是所有 EBGP 和 IBGP 连接的源端。所有的邻居描述均被配置为路由器的名称，所有 IBGP 会话均使用密码 Chapter5_Exercises，所有自治系统的 IGP 都是 OSPF。所有路由器初始的可达性配置如例 5-106 所示。

表 5-2 配置练习题 1～10 用到的自治系统、路由器、接口以及地址信息

自治系统	联盟成员 AS	路由器	接口	IPv4 地址/掩码
100	65000	RR1	Ethernet 0/0	10.0.0.1/30
			Ethernet 0/1	10.0.0.5/30
			Ethernet 0/2	10.0.0.9/30
			Ethernet 1/0	10.0.0.25/30
			Loopback 0	192.168.255.100/32
100	65000	RR2	Ethernet 0/0	10.0.0.2/30
			Ethernet 0/1	10.0.0.13/30
			Ethernet 0/2	10.0.0.17/30
			Loopback 0	192.168.255.200/32
			Loopback 1	172.10.10.0/24
			Loopback 2	172.10.20.0/24
			Loopback 3	172.10.30.0/24
			Loopback 4	172.10.40.0/24
		R1	Ethernet 0/0	10.0.0.6/30
			Ethernet 0/1	10.0.0.14/30
			Ethernet 1/0	10.0.0.21/30
			Loopback 0	192.168.255.1/32
		R2	Ethernet 0/0	10.0.0.10/30
			Ethernet 0/1	10.0.0.18/30
			Ethernet 0/2	10.0.0.29/30
			Ethernet 0/3	10.0.0.33/30
			Loopback 0	192.168.255.2/32
	65001	R3	Ethernet 0/2	10.0.0.30/30
			Ethernet 1/0	10.0.0.37/30
			Loopback 0	192.168.255.3/32
	65002	R4	Ethernet 0/3	10.0.0.34/30
			Ethernet 1/0	10.0.0.41/30
			Loopback 0	192.168.255.4/32
200		R5	Ethernet 1/0	10.0.0.22/30
			Loopback 0	192.168.255.5/32

续表

自治系统	联盟成员 AS	路由器	接口	IPv4 地址/掩码
200		R5	Loopback 1	172.20.10.0/24
			Loopback 2	172.20.20.0/24
			Loopback 3	172.20.30.0/24
			Loopback 4	172.20.40.0/24
300		R6	Ethernet 1/0	10.0.0.26/30
			Loopback 0	192.168.255.6/32
			Loopback 1	172.30.10.0/24
			Loopback 2	172.30.20.0/24
			Loopback 3	172.30.30.0/24
			Loopback 4	172.30.40.0/24
400		R7	Ethernet 0/1	10.0.0.45/30
			Ethernet 1/0	10.0.0.38/30
			Loopback 0	192.168.255.7/32
		R8	Ethernet 0/0	10.0.0.49/30
			Ethernet 1/0	10.0.0.42/30
			Loopback 0	192.168.255.8/32
		R9	Ethernet 0/0	10.0.0.50/30
			Ethernet 1/0	10.0.0.46/30
			Loopback 0	192.168.255.9/32
			Loopback 1	172.40.10.0/24
			Loopback 2	172.40.20.0/24
			Loopback 3	172.40.30.0/24
			Loopback 4	172.40.40.0/24

1. AS65000 有两台路由反射器 RR1 和 RR2，路由器 R1 和 R2 只与 RR 建立 IBGP 会话，这 4 台路由器构成了单个 RR 簇。请在 R1、R2、RR1 以及 RR2 利用会话和策略模板以及簇 ID1234 配置 AS65000 中的所有路由器。
2. 自治系统 65000、65001 和 65002 都是 AS100 中的联盟成员 AS，请配置 AS100 中的所有路由器以实现该设计方案，并在 R2 上利用会话模板完成与路由器 R3 和 R4 相关的配置。
3. 请在所有可用的地方使用会话和策略模板在 AS400 中配置全网状 IBGP 会话。
4. 请在以下路由器之间配置 EBGP 会话：
   - AS100 中的 R1 与 AS200 中的 R5；
   - AS100 中的 RR1 与 AS300 中的 R6；
   - AS100 中的 R3 与 AS400 中的 R7；
   - AS100 中的 R4 与 AS400 中的 R8。
5. 将以下子网注入到 BGP 中：
   - 在 AS100 的 RR2 上注入子网 172.10.10.0/24、172.10.20.0/24、172.10.30.0/24 以及 172.10.40.0/24；
   - 在 AS200 的路由器 R5 上注入子网 172.20.10.0/24、172.20.20.0/24、172.20.30.0/24 以及 172.20.40.0/24；
   - 在 AS300 的路由器 R6 上注入子网 172.30.10.0/24、172.30.20.0/24、172.30.30.0/24 以及 172.30.40.0/24；

- 在 AS400 的路由器 R9 上注入子网 172.40.10.0/24、172.40.20.0/24、172.40.30.0/24 以及 172.40.40.0/24。

请确认子网 S1～S15 对于所有自治系统中的所有路由器来说均可达。

6. 在路由器 R3 和 R4 上使用不同的 MED 值，确保从 AS400 到 AS100 的入站流量均使用 R4-R8 链路。然后在路由器 R3 和 R4 上使用不同 LOCAL_PREF 值，确保从 AS100 到 AS400 的出站流量均使用 R4-R8 链路。
7. AS200 和 AS300 是连至转接 AS100 的两个客户，允许这两个客户 AS 到达 AS400 以及 AS100 的内部子网，但是不允许这两个客户之间进行相互通信。允许 AS400 到达这两个客户 AS（AS200 和 AS300），但是不允许访问 AS100 或其他转接 AS 中的 ISP 提供的内部服务。请在 AS100 的路由器上利用团体标记和过滤机制实现上述策略，要求配置具备足够的扩展能力，只要通过最少的配置即可为新客户和转接 AS 应用这些策略。
8. 请利用以下参数在 RR1 上仅为子网 172.30.40.0/24 配置路由翻动抑制机制：
   - 半衰期=20 分钟；
   - 重用门限=1500；
   - 抑制门限=10000；
   - 最大抑制门限=60 分钟。
9. 请利用以下参数在 R1 与 R5 之间配置 BFD。
   - 控制包的 BFD 间隔：2000 毫秒。
   - BFD 回显功能间隔：100 毫秒。
   - BGP 回显接收速率：100 毫秒。
   - 宣称邻居不可达之前丢失的邻居发送的 BFD 回显包数量：5 个。

   配置这两台路由器的 BGP 在链路上使用 BFD 实现快速链路故障检测。
10. 请在 AS100 的所有内部路由器上将 NHT 特性的触发时延配置为 0，从而允许 IGP 立即检测并报告路由故障。

5.7 故障检测及排除练习题

1. AS100 需要向路由 172.20.20.0/24 添加团体属性 123:123，从而为该路由部署一个新策略，为此需要修改 R1 的 BGP 配置（如下例所示）。修改完成之后，AS300 中的客户在不应该遵循配置练习题 7 描述的策略的情况下开始拥有该路由的可达性，这是为什么？请纠正该配置问题以遵守配置练习题 7 所描述的可达性规则。

```
R1
!
ip prefix-list ROUTE_172_20_20_0 seq 5 permit 172.20.20.0/24
!
route-map SET_COMM_CUST permit 10
 set community 200:2000
 continue 20
!
route-map SET_COMM_CUST permit 20
 match ip address prefix-list ROUTE_172_20_20_0
 set community 123:123
!
```

R6 的可达性结果：

```
R6#sh ip bgp
BGP table version is 106, local router ID is 192.168.255.6
Status codes: s suppressed, d damped, h history, * valid, > best, i - internal,
              r RIB-failure, S Stale, m multipath, b backup-path, f RT-Filter,
              x best-external, a additional-path, c RIB-compressed,
Origin codes: i - IGP, e - EGP, ? - incomplete
RPKI validation codes: V valid, I invalid, N Not found

     Network          Next Hop            Metric LocPrf Weight Path
*>   172.10.10.0/24   10.0.0.25                              0 100 i
*>   172.10.20.0/24   10.0.0.25                              0 100 i
*>   172.10.30.0/24   10.0.0.25                              0 100 i
*>   172.10.40.0/24   10.0.0.25                              0 100 i
*>   172.20.20.0/24   10.0.0.25                              0 100 200 i
*>   172.30.10.0/24   0.0.0.0                  0         32768 i
*>   172.30.20.0/24   0.0.0.0                  0         32768 i
*>   172.30.30.0/24   0.0.0.0                  0         32768 i
*>   172.30.40.0/24   0.0.0.0                  0         32768 i
*>   172.40.10.0/24   10.0.0.25                              0 100 400 i
*>   172.40.20.0/24   10.0.0.25                              0 100 400 i
*>   172.40.30.0/24   10.0.0.25                              0 100 400 i
*>   172.40.40.0/24   10.0.0.25                              0 100 400 i
R6#
```

2. R4 不断重置与 R7 之间的 BGP 会话，并在 3 分钟后再次重建该会话。R4 的 BGP 配置如下例所示，请问导致该 BGP 会话出现翻动的原因是什么？

```
R4
router bgp 65001
 bgp log-neighbor-changes
 bgp confederation identifier 100
 bgp confederation peers 65000 65002
 neighbor 10.0.0.42 remote-as 400
 neighbor 10.0.0.42 password Chapter5_Exercises
 neighbor 10.0.0.42 route-map SET_LOCAL_PREF in
 neighbor 10.0.0.42 route-map SET_MED out
 neighbor 10.0.0.42 maximum-prefix 3 restart 3
 neighbor 192.168.255.2 remote-as 65000
 neighbor 192.168.255.2 password Chapter5_Exercises
 neighbor 192.168.255.2 ebgp-multihop 2
 neighbor 192.168.255.2 update-source Loopback0
 neighbor 192.168.255.2 next-hop-self
 neighbor 192.168.255.2 send-community both
```

第 6 章

多协议 BGP

前面的章节解释了 BGP（从基本功能来说，BGP 是一种简单协议）利用路径属性以及各种配置选项支持复杂路由策略的方式，而且还讨论了 BGP 的各种扩展功能特性，使得 BGP 可以成为许多大型网络（包括 Internet）的核心路由协议。到目前为止讲述的案例都是 IPv4 路由案例，本章将说明 BGP 路由其他协议的扩展方式，具体而言，就是扩展 BGP 以携带除 IPv4 之外的地址簇的 NLRI。

BGP 经过扩展之后可携带额外的地址簇，使其成为多协议 BGP（Multiprotocol BGP），可以缩写成 MBGP、M-BGP 或 MP-BGP。本书将使用 MBGP 的缩写形式（因为这种缩写方式字母最少，而且作者也比较懒）。虽然我们仅在配置 BGP 以支持其他地址簇的时候才称呼其为 MBGP，但 IOS 的 BGP 实现始终都具备多协议能力。

现代大型网络为了满足大量业务的需求，通常都需要支持除单播 IPv4 之外的其他协议，如支持多播 IPv4、单播和多播 IPv6 以及 MPLS（Multiprotocol Label Switching，多协议标签交换）基础设施上的各种 VPN（Virtual Private Network，虚拟专用网）选项。MBGP 的好处就是可以利用单一集成的核心路由协议路由这些不同的协议，甚至可以利用 MBGP 通过携带路由信息的相同报文捎带 MPLS 标签映射信息（RFC 3107）。因而从这种角度来看，也可以将 MBGP 理解为利用 BGP 扩展网络的一种方式。

本章将介绍 MBGP 的基本概念以及在域间 IPv6 单播路由的使用方式，第 9 章将讨论 MBGP 在域间多播路由的使用方式。

6.1 BGP 的多协议扩展

RFC 4760 定义了以下两种新属性以扩展 BGP 的多协议支持能力：

- MP_REACH_NLRI（Multiprotocol Reachable NLRI，多协议可达 NLRI）（类型 14）；
- MP_UNREACH_NLRI（Multiprotocol Unreachable NLRI，多协议不可达 NLRI）（类型 15）。

这两种属性都是可选非传递性属性，第 2 章曾经说过，BGP 发话路由器不要求支持这类属性，而且不支持这些属性的 BGP 发话路由器也不会将这些属性传递给对等体。

由 BGP Update 消息携带的 MP_REACH_NLRI 属性负责宣告可达路由（见图 6-1），该属性可以标识所宣告的协议和协议中的地址类型以及路由的下一跳和 NLRI 本身。

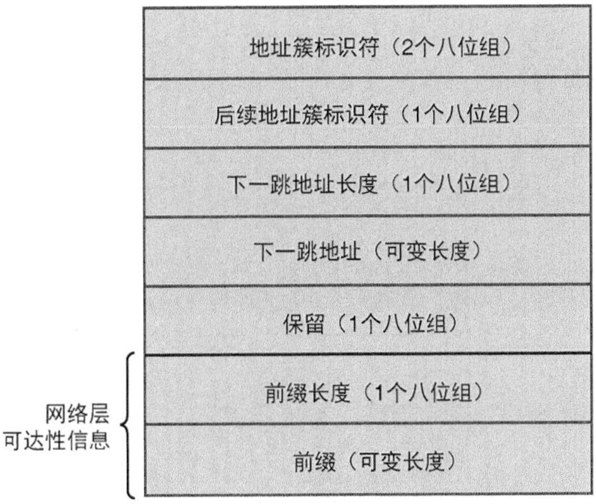

图 6-1 MP_REACH_NLRI 格式

- AFI（Address Family Identifier，**地址簇标识符**）：该字段指定 NLRI 前缀所属的协议。AFI 号的列表很长，包括 IPX、AppleTalk 和 Decnet IV 等，不过与本书讨论内容相关的只有 IPv4 和 IPv6（毕竟本书的书名就是 TCP/IP 路由技术）。IPv4 是 AFI 1，IPv6 是 AFI 2。
- SAFI（Subsequent Address Family Identifier，**后续地址簇标识符**）：该字段指定主协议下的功能性地址类型，本书感兴趣的 SAFI 就是单播 NLRI（SAFI 1）和多播 NLRI（SAFI 2）[1]。不过，很多其他 IPv4 和 IPv6 SAFI 都超出了本书写作范围，如基于标签的 MPLS NLRI、基于 MPLS 的 VPN 以及各种隧道等。
- **下一跳地址长度**：该字段指定下一个字段中的协议下一跳地址的长度（以八位组为单位）。由于该字段本身长度为 1 个八位组，因而可以指定的下一跳地址的最大长度为 256 字节。这已经远远超出了所有地址的长度，IPv4 地址和 IPv6 地址的长度分别为 4 字节和 16 字节。如下一节所述，有时下一跳字段可能会同时包含一个全局和链路本地 IPv6 地址，此时的地址长度值将为 32 字节。
- **下一跳地址**：该字段是所宣告的 NLRI 的下一跳的网络层地址，遵从指定的 AFI 和 SAFI 的地址格式。
- NLRI（Network Layer Reachability Information，**网络层可达性信息**）：该字段是前缀和前缀长度（以比特为单位），遵从指定的 AFI 和 SAFI 的地址格式。对于 IP 来说，前缀/长度组合在一起被理解为 IPv4 或 IPv6 前缀的 CIDR 记法。该字段包括长度为 0 的地址，表示“所有地址”（默认路由）。

图 6-2 给出了 MP_UNREACH_NLRI 的格式。可以看出其中的字段信息与 MP_REACH_NLRI 的字段信息非常相似，区别在于撤销路由时不需要指定下一跳地址。

一个重要的 MBGP 支持功能就是 BGP 能力选项（定义在 RFC 5492[2]中），该选项为 BGP 发话路由器提供了在 Open 消息中描述其支持哪些可选能力的能力。如果邻居在邻接关系建立过程中收到了携带能力参数的 Open 消息，那么或者接受消息中描述的能力，或者发送一

1 本书第一版还曾经列出了 SAFI 3，用于指定单播和多播反向路径转发，目前该 SFAI 也被废止。

2 J. Scudder 和 R. Chandra, “Capabilities Advertisement with BGP-4,” RFC 5492, 2009 年 2 月

条差错子代码为 7 的通告消息，说明自己不支持其中的一种或多种能力。仅当邻居理解这些能力但是不支持这些能力时，才会发送这种 Unsupported Capability（能力不支持）通告消息，而且没有该能力就无法打开会话。如果路由器不理解消息中描述的能力，那么就不会发出这种通告消息。

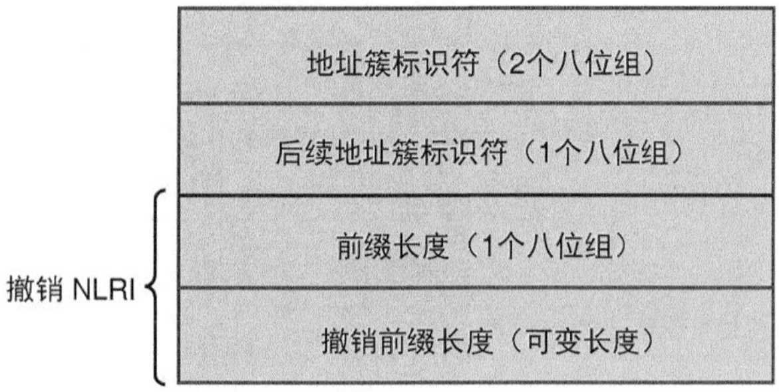

图 6-2 MP_UNREACH_NLRI 格式

图 6-3 给出了能力参数的格式以及利用该参数表示支持 MBGP 能力时的设置情况。MBGP 的能力代码是 1，能力长度字段被设置为 4，表示能力值的长度（以八位组为单位），能力值字段则指定所要宣告的地址簇的 AFI 和 SAFI（支持 MBGP 能力时）。

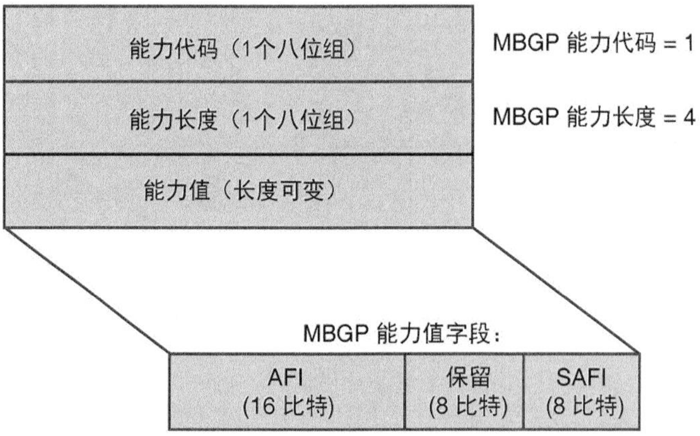

图 6-3 BGP 能力选项以及 MBGP 规范

6.2 MBGP 支持 IPv6 地址簇

RFC 2545[3]定义了 MBGP 支持 IPv6 地址簇的相关规范。该 RFC 的长度只有 5 页，而且很多还都是 IETF 的模板内容，主要解释的是 IPv6 和 BGP 核心概念中的一些冲突内容。

例如，IPv6 使用了比 IPv4 更精准的有范围的单播地址概念，两种协议都定义了全局唯一的单播地址范围(也就是说，某个接口上使用的地址在全世界范围内都不能用于其他接口)，因而需要一种层级化的地址管理机构来确保地址的唯一性。

3 P. Marques 和 F. Dupont, "Use of BGP-4 Multiprotocol Extensions for IPv6 Inter-Domain Routing," RFC 2545, 1999 年 3 月

IPv4 还定义了私有用途的地址，通常称为 RFC 1918 地址（本书的案例大多使用这种地址），可以将这些地址粗略地对应到站点本地范围（虽然 IPv4 并没有定义范围）。IPv6 定义了站点本地地址范围，目的是按照 IPv4 私有地址的方式使用这些地址：这些地址在单个网络站点内必须唯一，但是可以在该范围之外重复使用。站点本地范围的问题是“站点”的定义很模糊：站点的边界由什么定义呢？这种不精确的范围导致 IETF 后来废弃了 IPv6 站点本地地址范围，并用 ULA（Unique Local Address，唯一本地地址）格式代替了这种站点本地地址。虽然 ULA 格式的目的也是按照 IPv4 私有地址的方式进行使用（在单个站点内），但 ULA 避开了“站点”定义的困难，而是提供了一种合理预期，即 ULA 的地址范围是全局范围，全局唯一性则通过在地址注册机构注册 ULA 或者使用伪随机方式生成的前缀来保证。

IPv6 还定义了链路本地地址范围，虽然 IPv4 也有一个链路本地范围（169.254.1.0～169.254.254.255），但是与 IPv6 范围的协议功能相比并不完整。顾名思义，链路本地地址要求在单条链路范围内保持唯一性，这里所说的链路可能是点到点链路、多路接入广播链路（如 Ethernet）或者逻辑链路（如 VLAN）。该地址的范围边界是一个或多个不允许利用链路本地地址转发数据包的直连路由器接口的集合（除非该链路不连接任何更大的网络）。链路本地 IPv6 单播地址的前缀始终是 FE80::/64。

IPv6 假定连接在同一条链路上的设备均使用链路本地地址进行通信，而且 ICMPv6 重定向和邻居发现协议等功能也使用链路本地地址。这一点与 BGP 相冲突，如果邻接关系穿越了多条链路（如多跳 EBGP 或很多 IBGP 邻接关系），那么 BGP 就需要使用全局下一跳地址。如果 BGP 发话路由器收到的路由携带的下一跳地址不可达，那么就会拒绝该路由。

IPv6 MBGP 利用以下两条规则来适应这些冲突：

- 如果 IPv6 路由所要宣告给的对等体连到了与该路由全局下一跳地址所属的同一个子网，那么宣告该路由的接口的链路本地地址就包含在 MP_REACH_NLRI 的下一跳地址字段中，下一跳地址长度字段则为 32 字节（两个 128 比特 IPv6 地址）；
- 在其他情况下，下一跳地址字段中仅包含全局下一跳地址，并且下一跳地址长度字段值为 16 字节（单个 128 比特 IPv6 地址）。

BGP 宣告 IPv6 路由的 TCP 会话可以是 IPv4 或 IPv6 会话，有关这两种 TCP 连接选项的优劣将在后面的配置案例中进行讨论。

6.3 配置 IPv6 MBGP

本节假定大家已具备 IPv6 的基本知识，特别是 IPv6 单播地址格式以及在 IOS 接口上配置 IPv6 地址的方式。本节示例虽然也会给出 IPv6 地址的配置方式，但仅对 IPv6 地址格式做粗略介绍。如果大家还不太熟悉 IPv6 的基本知识，那么就需要阅读本书第一卷或者其他相关读物。

图 6-4 给出了本节示例将要用到的拓扑结构，该图与图 5-4 很像，区别在于此时每个非转接 AS 都在宣告 IPv6 前缀。

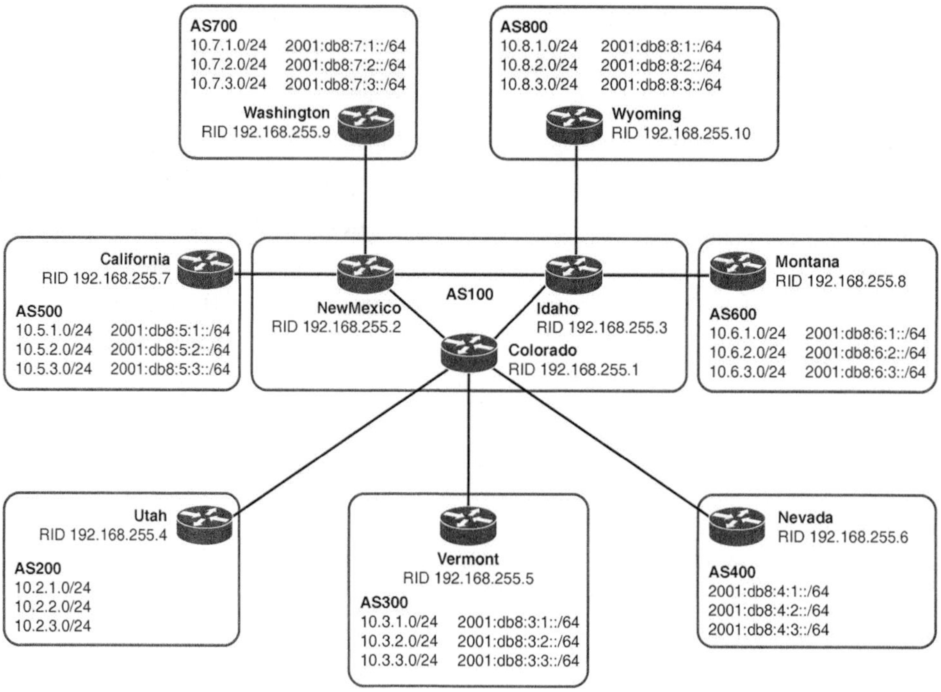

图 6-4 每个非转接 AS 都宣告 3 条 IPv4 前缀和 3 条 IPv6 前缀

6.3.1 IPv4 TCP 会话上的 IPv4 和 IPv6 前缀

第一个示例就是在 AS500 的 California 和 AS100 的 NewMexico 之间配置 MBGP，图 6-5 给出了这两台路由器之间关系的详细信息，包括互连链路使用的接口地址。

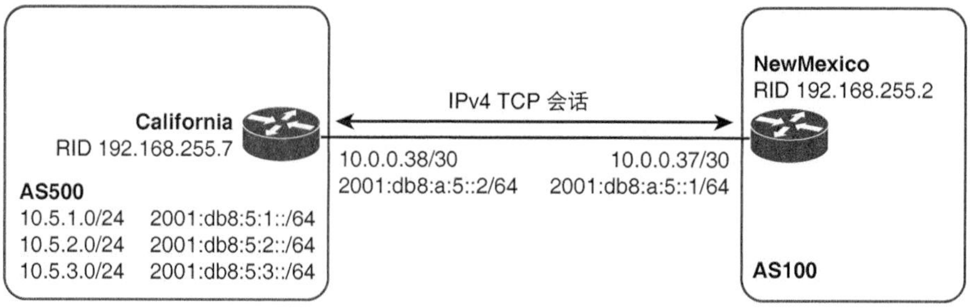

图 6-5 连接图 6-4 中的 AS100 与 AS500 的路由器详细信息，包括接口地址以及建立的 BGP 会话的类型

例 6-1 显示了增加多协议 BGP 配置之前的初始配置信息，大家对其中的 IPv4 接口地址和 BGP 配置信息已经很熟悉了。新的配置语句是 **ipv6 unicast-routing**，该语句是所有 IOS 配置中启用 IPv6 单播路由的必需语句。接下来增加的内容就是在连接两台路由器的串行接口上配置 IPv6 地址，其配置语法与 IPv4 地址的配置相似，区别在于使用了关键字 **ipv6** 并指定 IPv6 地址（使用的是 CIDR 式前缀长度记法，而不是地址掩码记法）。可以看出 California 配置了 3 条 IPv6 静态路由（指向 Null0），这一点与 3 条 IPv4 静态路由相似，这 6 条路由表示将要注入到 NewMexico BGP 的前缀。BGP 配置已经使用了语句 **neighbor remote-as**，从而在两个 IPv4 接口地址之间建立了邻接关系，并通过 **network** 语句将这三个静态配置的 IPv4 前缀注入到 BGP 中。

例 6-1 图 6-4 中的路由器 California 与 NewMexico 的配置

```
! California
ipv6 unicast-routing
!
interface Loopback0
 ip address 192.168.255.7 255.255.255.255
!
interface Serial1/0
 ip address 10.0.0.38 255.255.255.252
 ipv6 address 2001:DB8:A:5::2/64
!
router bgp 500
 no synchronization
 bgp log-neighbor-changes
 network 10.5.1.0 mask 255.255.255.0
 network 10.5.2.0 mask 255.255.255.0
 network 10.5.3.0 mask 255.255.255.0
 neighbor 10.0.0.37 remote-as 100
 no auto-summary
!
ip route 10.5.1.0 255.255.255.0 Null0
ip route 10.5.2.0 255.255.255.0 Null0
ip route 10.5.3.0 255.255.255.0 Null0
!
ipv6 route 2001:DB8:5:1::/64 Null0
ipv6 route 2001:DB8:5:2::/64 Null0
ipv6 route 2001:DB8:5:3::/64 Null0
!
```

```
! NewMexico
ipv6 unicast-routing
!
interface Loopback0
 ip address 192.168.255.2 255.255.255.255
!
interface Serial1/2
 ip address 10.0.0.37 255.255.255.252
 ipv6 address 2001:DB8:A:5::1/64
!
router bgp 100
 no synchronization
 bgp log-neighbor-changes
 neighbor 10.0.0.38 remote-as 500
 no auto-summary
!
```

注：大家通过前面的配置练习已经掌握了指向 Null 接口的静态路由的使用方式。静态路由表示 BGP 用来发现本地 AS 边缘路由器的汇总前缀，此后数据包再通过 IGP 路由到更精确的目的端（虽然这些示例并没有显示 AS 内的 IGP 配置）。IPv6 静态路由以及注入到 BGP 的配置方式与 IPv4 相同，本例的 BGP 和本地 IGP 之间的配置非常清晰，没有在这两种协议之间进行路由重分发。

例 6-2 路由器 California 宣告的 IPv4 前缀进入了 NewMexico 的 IPv4 单播路由表中

```
NewMexico#show ip route 10.5.1.0
Routing entry for 10.5.1.0/24
  Known via "bgp 100", distance 20, metric 0
  Tag 500, type external
  Last update from 10.0.0.38 00:30:34 ago
  Routing Descriptor Blocks:
  * 10.0.0.38, from 10.0.0.38, 00:30:34 ago
      Route metric is 0, traffic share count is 1
      AS Hops 1
      Route tag 500
```

为了在 BGP 配置中支持 IPv6，需要在 **router bgp** 层级下使用语句 **address-family ipv6**。从例 6-3 可以看出，该语句的作用是让 CLI 进入(config-router-af)模式，可以在该模式下添加针对 IPv6 地址簇的语句，由语句 **neighbor activate** 指定邻居 10.0.0.37（已经通过 **neighbor remote-as** 语句建立了邻居关系）是交换属于该地址簇的前缀的活跃邻居。对于本例来说，**network** 语句将 3 条 IPv6 前缀注入到 BGP 中，这些语句与 IPv4 的 **network** 语句非常相似，区别在于指定的是 IPv6 前缀。最后再利用语句 **exit-address-family** 让 CLI 退出当前配置模式。例 6-3 给出了相应的 BGP 配置的增加内容。

例 6-3 为 California 的 BGP 配置增加 IPv6 地址簇的支持能力

```
California(config)#router bgp 500
California(config-router)#address-family ipv6
California(config-router-af)#neighbor 10.0.0.37 activate
California(config-router-af)#network 2001:db8:5:1::/64
California(config-router-af)#network 2001:db8:5:2::/64
California(config-router-af)#network 2001:db8:5:3::/64
California(config-router-af)#exit-address-family
California(config-router)#^Z
California#
*Apr 28 23:04:46.182: %SYS-5-CONFIG_I: Configured from console by console
California#
California#show run | begin bgp
router bgp 500
 no synchronization
 bgp log-neighbor-changes
 network 10.5.1.0 mask 255.255.255.0
 network 10.5.2.0 mask 255.255.255.0
 network 10.5.3.0 mask 255.255.255.0
 neighbor 10.0.0.37 remote-as 100
 no auto-summary
 !
 address- ipv6
 neighbor 10.0.0.37 activate
 network 2001:DB8:5:1::/64
 network 2001:DB8:5:2::/64
 network 2001 family:DB8:5:3::/64
 exit-address-family
!
```

例 6-4 给出了 NewMexico 的对等 BGP 配置信息。由于 NewMexico 没有注入前缀，因而其 IPv6 地址簇的配置显得较为简单，只是激活了 IPv6 地址簇并指定了 IPv6 地址簇的活跃 BGP 邻居。

例 6-4 NewMexico 的 MBGP 配置

```
router bgp 100
 no synchronization
 bgp log-neighbor-changes
 neighbor 10.0.0.38 remote-as 500
 no auto-summary
 !
 address-family ipv6
 neighbor 10.0.0.38 activate
 exit-address-family
!
```

但是有一个问题，从例 6-5 可以看出，**show ipv6 route** 命令的输出结果显示 NewMexico 的 IPv6 路由表中并没有 IPv6 路由。从前面已经介绍过的 BGP 知识来看，这里可能出现了问题或者至少存在错误嫌疑，需要做进一步排查以识别该问题。

例 6-5 AS500 的三条 IPv6 前缀都没有出现在 NewMexico 的 IPv6 路由表中

```
NewMexico#show ipv6 route 2001:db8:5:1::/64
% Route not found
NewMexico#show ipv6 route 2001:db8:5:2::/64
% Route not found
NewMexico#show ipv6 route 2001:db8:5:3::/64
% Route not found
NewMexico#
```

第一步首先确定 NewMexico 是否收到了 California 发送的 IPv6 路由更新。**debug bgp ipv6 unicast updates in** 命令可以显示所有 IPv6 更新(如例 6-6 所示)，然后再使用软重配命令向 California（位于 AS500 中）发送一条 RouteRrefresh（路由刷新）消息，让 California 发送路由更新。

例 6-6 调试结果表明 California 发送的 IPv6 更新携带的下一跳地址无效

```
NewMexico#debug bgp ipv6 unicast updates in
BGP updates debugging is on (inbound) for address family: IPv6 Unicast
NewMexico#
NewMexico#clear bgp ipv6 unicast 500 soft in
NewMexico#
*Apr 29 02:42:42.121: BGP: 10.0.0.38 Advertised Nexthop ::FFFF:10.0.0.38: Non-local
  or Nexthop and peer Not on same interface
*Apr 29 02:42:42.125: BGP(1): 10.0.0.38 rcv UPDATE w/ attr: nexthop ::FFFF:10.0.0.38
  (FE80::C806:16FF:FE8A:0), origin i, metric 0, originator 0.0.0.0, path 500,
  community , extended community
*Apr 29 02:42:42.137: BGP(1): 10.0.0.38 rcv UPDATE about 2001:DB8:5:3::/64 -- DENIED
  due to: non-connected MP_REACH NEXTHOP;
*Apr 29 02:42:42.137: BGP(1): 10.0.0.38 rcv UPDATE about 2001:DB8:5:2::/64 -- DENIED
  due to: non-connected MP_REACH NEXTHOP;
*Apr 29 02:42:42.141: BGP(1): 10.0.0.38 rcv UPDATE about 2001:DB8:5:1::/64 -- DENIED
  due to: non-connected MP_REACH NEXTHOP;
NewMexico#
```

最后三条调试消息表明 NewMexico 收到了这三条 IPv6 前缀，但是由于无法连接下一跳地址，因而均被拒绝了。查看这三条消息的前一条消息，可以看出从 California（10.0.0.38）收到的路由更新携带的下一跳地址（::ffff:10.0.0.38.4[4]）很不寻常，该地址是 IPv4 映射的 IPv6 地址[5]，目的是在 IPv6 地址格式内表示 IPv4 地址，通常用于过渡服务（如 NAT64）（详见第 11 章）。由于 BGP 通过 IPv4 TCP 会话宣告路由，因而使用宣告接口的 IPv4 地址并通过 IPv4 映射的 IPv6 地址格式将该地址填充到 IPv6 下一跳地址字段中，而 NewMexico 的接收端的 BGP 进程无法将该地址识别为有效的下一跳地址，从而拒绝了这些路由。

这里需要配置一条策略，将默认的下一跳地址更改为宣告接口的 IPv6 地址。例 6-7 创建了一个名为 v6-Next-Hop 的路由映射，使用名为 v6-Route 的 IPv6 前缀列表来标识属于 AS500 的 IPv6 前缀。可以看出 IPv6 前缀列表的语法格式与 IPv4 前缀列表相同，区别在于识别的是 IPv6 前缀。路由映射 v6-Next-Hop 将路由（其前缀与前缀列表相匹配）的下一跳地址更改为 2001:db8:a:5::2（California 连接 NewMexico 的接口的 IPv6 地址），然后在 BGP IPv6 地址簇配置模式下利用 **neighbor** 语句将该路由映射用作出站策略。请注意，仅在此处应用该路由映射，而没有将其应用于默认的 IPv4 地址簇配置模式下的原因是，该路由映射与 California 宣告的 IPv4 前缀无关。

4 请注意，下一跳地址字段中也包含了链路本地地址，以遵循 6.2 节讨论的规则。

5 详见 RFC 4291, Section 2.5.5.2。

例 6-7 配置策略将宣告给 NewMexico 的本地 IPv6 前缀的下一跳地址更改为 IPv6 接口地址 2001:db8:a:5::2

```
router bgp 500
 no synchronization
 bgp log-neighbor-changes
 network 10.5.1.0 mask 255.255.255.0
 network 10.5.2.0 mask 255.255.255.0
 network 10.5.3.0 mask 255.255.255.0
 neighbor 10.0.0.37 remote-as 100
 no auto-summary
 !
 address-family ipv6
 neighbor 10.0.0.37 activate
 neighbor 10.0.0.37 route-map v6-Next-Hop out
 network 2001:DB8:5:1::/64
 network 2001:DB8:5:2::/64
 network 2001:DB8:5:3::/64
 exit-address-family
!
ipv6 prefix-list v6-Routes seq 5 permit 2001:DB8:5::/48 le 64
!
route-map v6-Next-Hop permit 10
 match ipv6 address prefix-list v6-Routes
 set ipv6 next-hop 2001:DB8:A:5::2
!
```

从 NewMexico 的调试消息（见例 6-8）可以看出，从 California 收到的路由目前已拥有期望的下一跳地址，不过调试消息表明这些路由仍被拒绝。根据调试消息的显示结果，下一跳地址不在同一个接口上。这一点看起来不太寻常，因为从例 6-1 的配置信息以及图 6-5 可以很明显地看出，IPv6 地址 2001:db8:a:5::2 就在发送 BGP 更新的接口上。但是，传送 BGP 更新的 IPv4 TCP 会话位于 IPv4 子网 10.0.0.3/30 上，而下一跳地址位于 IPv6 子网 2001:db8:a:5::/64 上，因而下一跳地址不在建立 EBGP 会话的同一个子网上。

例 6-8 虽然 California 以下一跳地址 2001:db8:a:5::2 宣告了 IPv6 前缀，但路由仍被拒绝

```
NewMexico#
*Apr 29 03:31:46.281: BGP: 10.0.0.38 Advertised Nexthop 2001:DB8:A:5::2: Non-local
  or Nexthop and peer Not on same interface
*Apr 29 03:31:46.285: BGP(1): 10.0.0.38 rcv UPDATE w/ attr: nexthop 2001:DB8:A:5::2
  (FE80::C806:16FF:FE8A:0), origin i, metric 0, originator 0.0.0.0, path 500,
  community , extended community
*Apr 29 03:31:46.293: BGP(1): 10.0.0.38 rcv UPDATE about 2001:DB8:5:3::/64 -- DENIED
  due to: non-connected MP_REACH NEXTHOP;
*Apr 29 03:31:46.293: BGP(1): 10.0.0.38 rcv UPDATE about 2001:DB8:5:2::/64 -- DENIED
  due to: non-connected MP_REACH NEXTHOP;
*Apr 29 03:31:46.293: BGP(1): 10.0.0.38 rcv UPDATE about 2001:DB8:5:1::/64 -- DENIED
  due to: non-connected MP_REACH NEXTHOP;
```

大家已经知道该如何解决这个问题，虽然 EBGP 默认希望下一跳地址应该直连（一条之外），但是可以利用语句更改该默认行为。例 6-9 修改了 NewMexico 的 EBGP 配置，让其接受两跳之外的下一跳地址。

例 6-9 将 NewMexico 配置为接受最多两跳之外的 EBGP 下一跳地址

```
router bgp 100
 no synchronization
 bgp log-neighbor-changes
 neighbor 10.0.0.38 remote-as 500
 neighbor 10.0.0.38 ebgp-multihop 2
```

（待续）

```
 no auto-summary
 !
 address-family ipv6
 neighbor 10.0.0.38 activate
 exit-address-family
!
```

例 6-10 给出了相应的运行结果，调试消息表明目前已接受了这三条前缀并将其安装在 NewMexico 的 IPv6 路由表中，并且还检查了其中的一条路由，显示已正确安装。

例 6-10　修正了下一跳地址和 EBGP 多跳配置之后，NewMexico 的 IPv6 路由表就正确安装了 California 的三条前缀

```
NewMexico#clear bgp ipv6 uni 500 soft in
NewMexico#
*Apr 29 03:45:53.253: BGP(1): 10.0.0.38 rcvd UPDATE w/ attr: nexthop 2001:DB8:A:5::2
  (FE80::C806:16FF:FE8A:0), origin i, metric 0, path 500
*Apr 29 03:45:53.253: BGP(1): 10.0.0.38 rcvd 2001:DB8:5:3::/64
*Apr 29 03:45:53.257: BGP(1): 10.0.0.38 rcvd 2001:DB8:5:2::/64
*Apr 29 03:45:53.257: BGP(1): 10.0.0.38 rcvd 2001:DB8:5:1::/64
*Apr 29 03:45:53.257: BGP(1): Revise route installing 2001:DB8:5:1::/64 ->
  2001:DB8:A:5::2 (FE80::C806:16FF:FE8A:0) to main IPv6 table
*Apr 29 03:45:53.257: BGP(1): Revise route installing 2001:DB8:5:2::/64 ->
  2001:DB8:A:5::2 (FE80::C806:16FF:FE8A:0) to main IPv6 table
*Apr 29 03:45:53.257: BGP(1): Revise route installing 2001:DB8:5:3::/64 ->
  2001:DB8:A:5::2 (FE80::C806:16FF:FE8A:0) to main IPv6 table
NewMexico#
NewMexico#show ipv6 route 2001:db8:5:1::/64
IPv6 Routing Table - 6 entries
Codes: C - Connected, L - Local, S - Static, R - RIP, B - BGP
       U - Per-user Static route, M - MIPv6
       I1 - ISIS L1, I2 - ISIS L2, IA - ISIS interarea, IS - ISIS summary
       O - OSPF intra, OI - OSPF inter, OE1 - OSPF ext 1, OE2 - OSPF ext 2
       ON1 - OSPF NSSA ext 1, ON2 - OSPF NSSA ext 2
       D - EIGRP, EX - EIGRP external
B   2001:DB8:5:1::/64 [20/0]
     via FE80::C806:16FF:FE8A:0, Serial1/2
```

虽然第一个配置示例中的 NewMexico 并没有向 California 发送任何 IPv6 路由，但是从图 6-4 显示的更大网络拓扑结构可以看出，NewMexico 最终也将从其他 AS 学到 IPv6 路由并将这些 IPv6 路由宣告给 California。因而需要配置一个与例 6-7 相似的路由策略，将宣告给 California 的路由的下一跳地址设置为 NewMexico 的出站 IPv6 地址 2001:db8:a:5::1，而且 California 也必须配置语句 **neighbor ebgp-multihop**，以确保接受这些路由修改后的下一跳地址。

例 6-11 给出了 NewMexico 配置的策略信息。与例 6-7 为 California 配置的策略相比，唯一的变化就是 IPv6 前缀列表，此时的 IPv6 前缀列表将匹配图 6-4 拓扑结构中的所有 IPv6 前缀。

例 6-11　在 NewMexico 上配置策略：将图 6-4 中的 IPv6 前缀发送给 California 之前，将它们的下一跳地址更改为 2001:db8:a:5::1

```
router bgp 100
 no synchronization
 bgp log-neighbor-changes
 neighbor 10.0.0.38 remote-as 500
 neighbor 10.0.0.38 ebgp-multihop 2
 no auto-summary
 !
 address-family ipv6
 neighbor 10.0.0.38 activate
```

（待续）

```
 neighbor 10.0.0.38 route-map v6-Routes-to-California out
 exit-address-family
!
ipv6 prefix-list v6-Routes seq 5 permit 2001:DB8::/32 le 64
!
route-map v6-Routes-to-California permit 10
 match ipv6 address prefix-list v6-Routes
 set ipv6 next-hop 2001:DB8:A:5::1
!
```

6.3.2 将IPv4 BGP配置更新为地址簇格式

上一节关于路由器California和NewMexico的MBGP配置在理解上很容易产生混淆，虽然它们都支持IPv4单播和IPv6单播地址簇，但BGP配置的默认语法是IPv4单播，因此虽然IPv6也有单独的配置段，但IPv4仍然是默认的配置语法。

虽然这种配置方式在示例场景下也能正常工作，但IPv4地址簇应该像所有的非默认地址簇一样拥有自己的配置段，如果所有地址簇都按照同一种方式进行配置，那么应用的策略、**neighbor**和**network**语句以及其他配置参数将会非常清晰。

虽然可以手工配置**address-family ipv4**语句并将与IPv4有关的配置语句均列在该地址簇下，但IOS提供的**bgp upgrade-cli**命令可以非常简单地的转换默认配置语法，具体配置方式如例6-12所示。路由器California的BGP配置与前一节一样，然后在BGP配置模式下输入**bgp upgrade-cli**命令，提示确定要输入命令（更改了配置格式之后将无法退回）并更改配置格式。再次查看BGP配置信息可以看出，此时的IPv4配置段与IPv6配置段一样，也使用了MBGP地址簇格式。

例6-12 在路由器配置模式下使用**bgp upgrade-cli**命令，将IPv4 BGP配置从默认格式更改为地址簇格式

```
California#show run | begin bgp
router bgp 500
 no synchronization
 bgp log-neighbor-changes
 network 10.5.1.0 mask 255.255.255.0
 network 10.5.2.0 mask 255.255.255.0
 network 10.5.3.0 mask 255.255.255.0
 neighbor 10.0.0.37 remote-as 100
 neighbor 10.0.0.37 ebgp-multihop 2
 no auto-summary
 !
 address-family ipv6
 neighbor 10.0.0.37 activate
 neighbor 10.0.0.37 route-map v6-Next-Hop out
 network 2001:DB8:5:1::/64
 network 2001:DB8:5:2::/64
 network 2001:DB8:5:3::/64
 exit-address-family
!

California#conf t
Enter configuration commands, one per line. End with CNTL/Z.
California(config)#router bgp 500
California(config-router)#bgp upgrade-cli
You are about to upgrade to the AFI syntax of bgp commands

Are you sure ? [yes]: yes
```

（待续）

```
California(config-router)#^Z
California#
*May  2 23:19:47.459: %SYS-5-CONFIG_I: Configured from console by console
California#
California#show run | begin bgp
router bgp 500
 bgp log-neighbor-changes
 neighbor 10.0.0.37 remote-as 100
 neighbor 10.0.0.37 ebgp-multihop 2
 !
 address-family ipv4
 neighbor 10.0.0.37 activate
 no auto-summary
 no synchronization
 network 10.5.1.0 mask 255.255.255.0
 network 10.5.2.0 mask 255.255.255.0
 network 10.5.3.0 mask 255.255.255.0
 exit-address-family
 !
 address-family ipv6
 neighbor 10.0.0.37 activate
 neighbor 10.0.0.37 route-map v6-Next-Hop out
 network 2001:DB8:5:1::/64
 network 2001:DB8:5:2::/64
 network 2001:DB8:5:3::/64
 exit-address-family
!
```

请注意，虽然在（config-router）模式下输入了 **bgp upgrade-cli**，但这只是一条命令，而不是一条配置语句。该命令只是更改了配置格式，并不是配置的一部分，而且该命令也不改变 BGP 配置的任何功能性部分，它所改变的仅仅是配置格式而已。可以在处于运行状态的 BGP 路由器上应用该命令，该命令不会中断任何 BGP 会话。

输入了 **bgp upgrade-cli** 命令之后，NewMexico 的 BGP 配置如例 6-13 所示。与例 6-11 进行对比可以看出，此时很容易识别与 IPv4 或 IPv6 相关的配置段，而且目前的 IPv4 配置段也采用了与 IPv6 配置段相同的地址簇格式。

例 6-13　运行 **bgp upgrade-cli** 命令之后的 NewMexico 的 MBGP 配置

```
NewMexico#show run | begin bgp
router bgp 100
 bgp log-neighbor-changes
 neighbor 10.0.0.38 remote-as 500
 neighbor 10.0.0.38 ebgp-multihop 2
 !
 address-family ipv4
 neighbor 10.0.0.38 activate
 no auto-summary
 no synchronization
 exit-address-family
 !
 address-family ipv6
 neighbor 10.0.0.38 activate
 neighbor 10.0.0.38 route-map v6-Routes-to-California out
 exit-address-family
!
```

请注意，在处于运行状态的 BGP 路由器上部署新地址簇的时候，常见做法是在增加新地址簇配置之前使用 **bgp upgrade-cli** 命令更改默认的 IPv4 配置格式。

6.3.3 IPv6 TCP 会话上的 IPv4 和 IPv6

图 6-6 给出了图 6-4 中 NewMexico 与 Washington 之间的连接的详细信息，显示了 IPv4 和 IPv6 接口地址，此时的 MBGP 邻接关系建立在 IPv6（而不是 IPv4）之上。

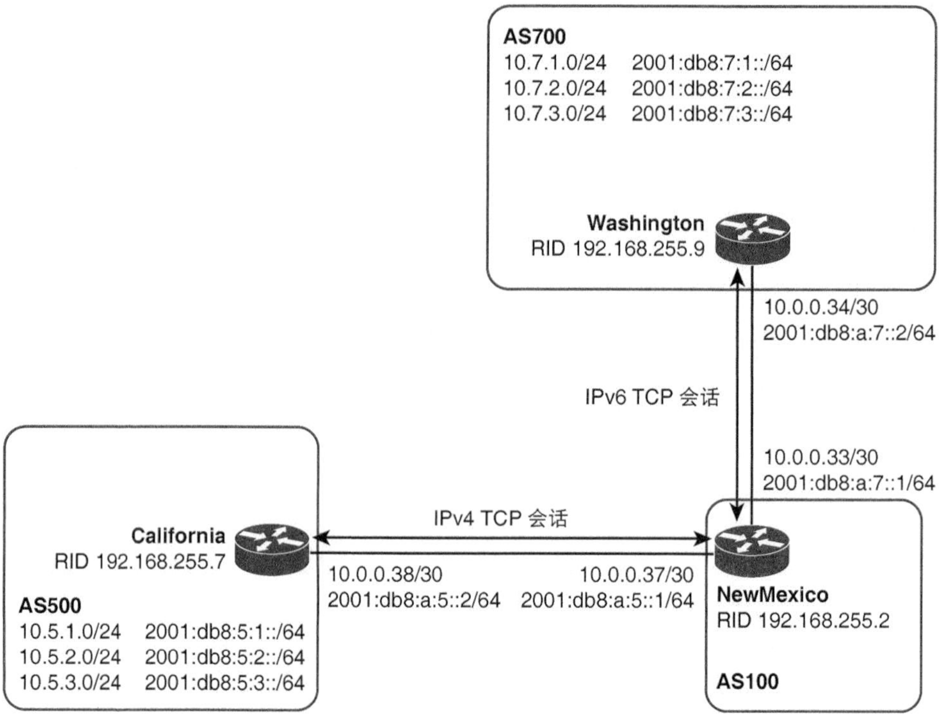

图 6-6 在 NewMexico 于 Washington 之间建立 MBGP 邻接关系（基于 IPv6 TCP 会话）

例 6-14 给出了 NewMexico 和 Washington 的初始配置信息，利用 **bgp upgrade-cli** 命令将 Washington 的 BGP 配置放入地址簇格式中，并利用静态路由将前缀注入到 BGP 中。NewMexico 的配置信息也显示了在上一节配置的基础上为 Washington 所增加的新配置语句。

注：例 6-14 再次显示了语句 **ipv6 unicast-routing**、接口配置以及静态路由，后面的示例假设大家已经熟悉这些配置内容，因而不再显示这些内容（除非与讨论的内容相关）。

例 6-14 图 6-6 中的路由器 NewMexico 和 Washington 的配置（应用 BGP 策略之前）

```
Washington:
ipv6 unicast-routing
!
interface Loopback0
 ip address 192.168.255.9 255.255.255.255
!
interface Serial1/0
 ip address 10.0.0.34 255.255.255.252
 ipv6 address 2001:DB8:A:7::2/64
 serial restart-delay 0
!
router bgp 700
 bgp log-neighbor-changes
```

（待续）

```
 neighbor 2001:DB8:A:7::1 remote-as 100
 !
 address-family ipv4
 neighbor 2001:DB8:A:7::1 activate
 no auto-summary
 no synchronization
 network 10.7.1.0 mask 255.255.255.0
 network 10.7.2.0 mask 255.255.255.0
 network 10.7.3.0 mask 255.255.255.0
 exit-address-family
 !
 address-family ipv6
 neighbor 2001:DB8:A:7::1 activate
 network 2001:DB8:7:1::/64
 network 2001:DB8:7:2::/64
 network 2001:DB8:7:3::/64
 exit-address-family
!
ip route 10.7.1.0 255.255.255.0 Null0
ip route 10.7.2.0 255.255.255.0 Null0
ip route 10.7.3.0 255.255.255.0 Null0
!
ipv6 route 2001:DB8:7:1::/64 Null0
ipv6 route 2001:DB8:7:2::/64 Null0
ipv6 route 2001:DB8:7:3::/64 Null0
!
```

```
NewMexico:
ipv6 unicast-routing
!
interface Loopback0
 ip address 192.168.255.2 255.255.255.255
!
interface Serial1/2
 ip address 10.0.0.37 255.255.255.252
 ipv6 address 2001:DB8:A:5::1/64
!
interface Serial1/3
 ip address 10.0.0.33 255.255.255.252
 ipv6 address 2001:DB8:A:7::1/64
 serial restart-delay 0
!
router bgp 100
 bgp log-neighbor-changes
 neighbor 10.0.0.38 remote-as 500
 neighbor 10.0.0.38 ebgp-multihop 2
 neighbor 2001:DB8:A:7::2 remote-as 700
 !
 address-family ipv4
 neighbor 10.0.0.38 activate
 neighbor 2001:DB8:A:7::2 activate
 no auto-summary
 no synchronization
 exit-address-family
 !
 address-family ipv6
 neighbor 10.0.0.38 activate
 neighbor 10.0.0.38 route-map v6-Routes-to-California out
 neighbor 2001:DB8:A:7::2 activate
 exit-address-family
!
```

从上述配置可以看出，语句 **neighbor remote-as** 使用的是对等 IPv6 地址，而不是 IPv4 地址。此外，还在每种地址簇配置下使用了语句 **neighbor activate**，目的是让路由器使用该会话宣告地址簇。

上一节示例通过 IPv4 BGP 会话宣告 IPv6 路由，需要配置策略将 IPv6 前缀的下一跳地址从宣告接口的 IPv4 地址更改为接口的 IPv6 地址。对于本节来说，完全可以假设相反情况依然成立：由于需要通过 IPv6 BGP 会话宣告 IPv4 地址，因而下一跳地址应该是宣告接口的 IPv6 地址，而不是 IPv4 地址。本节不再采用调试方式，而是使用 **show bgp**（指定感兴趣的地址簇）命令来验证该期望行为。

首先，例 6-15 使用命令 **show bgp ipv6 unicast** 显示了 Washington 的 BGP 表中的 IPv6 单播前缀，可以看出已经从 NewMexico 收到了来自 AS500 的三条前缀（从 California 宣告给 NewMexico），而且它们的下一跳地址都是 NewMexico 连接 Washington 的接口的 IPv6 地址（2001:db8:a:7::1）。通过指定其中某条前缀的 **show ipv6 route** 命令的输出结果可以看出，BGP 已经将这些前缀安装到了 IPv6 路由表中。

例 6-15 Washington 已经收到了 AS500 中的三条 IPv6 前缀的路由宣告，这些路由携带合法的 IPv6 下一跳地址，并将这些路由安装到 IPv6 路由表中

```
Washington#show bgp ipv6 unicast
BGP table version is 15, local router ID is 192.168.255.9
Status codes: s suppressed, d damped, h history, * valid, > best, i - internal,
              r RIB-failure, S Stale
Origin codes: i - IGP, e - EGP, ? - incomplete

   Network          Next Hop            Metric LocPrf Weight Path
*> 2001:DB8:5:1::/64
                    2001:DB8:A:7::1                          0 100 500 i
*> 2001:DB8:5:2::/64
                    2001:DB8:A:7::1                          0 100 500 i
*> 2001:DB8:5:3::/64
                    2001:DB8:A:7::1                          0 100 500 i
*> 2001:DB8:7:1::/64
                    ::                       0           32768 i
*> 2001:DB8:7:2::/64
                    ::                       0           32768 i
*> 2001:DB8:7:3::/64
                    ::                       0           32768 i
Washington#
Washington#show ipv6 route 2001:db8:5:1::
IPv6 Routing Table - 9 entries
Codes: C - Connected, L - Local, S - Static, R - RIP, B - BGP
       U - Per-user Static route, M - MIPv6
       I1 - ISIS L1, I2 - ISIS L2, IA - ISIS interarea, IS - ISIS summary
       O - OSPF intra, OI - OSPF inter, OE1 - OSPF ext 1, OE2 - OSPF ext 2
       ON1 - OSPF NSSA ext 1, ON2 - OSPF NSSA ext 2
       D - EIGRP, EX - EIGRP external
B   2001:DB8:5:1::/64 [20/0]
     via FE80::C801:23FF:FE07:0, Serial1/0
Washington#
```

例 6-16 利用 **show bgp ipv4 unicast** 命令显示了 Washington BGP 表中的 IPv4 单播前缀。可以看出已经收到了 AS500 中的三条 IPv4 前缀，但 IPv4 下一跳地址显然不是来自 NewMexico 的接口。如果下一跳地址不可达，那么 BGP 就不会将路由安装到路由表中。从指定其中某条前缀的 **show ip route** 命令的输出结果可以看出，该前缀确实没有安装到 IPv4 路由表中。

例 6-16 Washington 已经收到了 AS500 中的三条 IPv4 前缀的路由宣告，但下一跳地址不是可达的 IPv4 地址，因而 BGP 没有将这些路由安装到 IPv4 路由表中

```
Washington#show bgp ipv4 unicast
BGP table version is 4, local router ID is 192.168.255.9
```

（待续）

```
Status codes: s suppressed, d damped, h history, * valid, > best, i - internal,
              r RIB-failure, S Stale
Origin codes: i - IGP, e - EGP, ? - incomplete

   Network          Next Hop            Metric LocPrf Weight Path
*  10.5.1.0/24      32.1.13.184                            0 100 500 i
*  10.5.2.0/24      32.1.13.184                            0 100 500 i
*  10.5.3.0/24      32.1.13.184                            0 100 500 i
*> 10.7.1.0/24      0.0.0.0                  0         32768 i
*> 10.7.2.0/24      0.0.0.0                  0         32768 i
*> 10.7.3.0/24      0.0.0.0                  0         32768 i
Washington#
Washington#show ip route 10.5.1.0
% Subnet not in table
Washington#
```

例中显示的三条 AS500 路由的 IPv4 下一跳（32.1.13.184）很奇怪，虽然该地址看起来是一个合法的 IPv4 地址，但是不但从 Washington 无法到达该地址，而且该地址也没有出现在图 6-6 的拓扑结构中，那么这个地址来自何处呢？

在上一节的示例中曾经说过，通过 IPv4 会话宣告 IPv6 地址时，默认行为是使用宣告接口的 IPv4 地址作为下一跳地址，但 IPv6 路由更新试图将其解析为 IPv6 地址，因而 IPv4 地址表现为 IPv6 下一跳地址的最后 32 比特。因而可以推断出，通过 IPv6 会话宣告 IPv4 前缀时，下一跳地址应该是宣告接口的 IPv6 地址，而且可以进一步推断出 BGP IPv4 路由更新会以某种方式将 IPv6 下一跳地址解析为 IPv4 地址。

从这两个推断就可以判断出例中显示的那个奇怪的 IPv4 下一跳地址的原因。如果以十六进制形式表示 IPv4 地址中的 4 个 8 比特十进制数值，那么就可以看出：

32 = 0x20

1 = 0x01

13 = 0x0d

184 = 0xb8

也就是说，32.1.13.184 实际上就是 IPv6 下一跳地址 2001:db8:a:7::1 的前 32 比特（2001:db8::）的点分十进制表示结果。

查看 NewMexico 的 BGP IPv4 表中的前缀也可以看出同样的问题（如例 6-17 所示）。从 AS500 收到的 IPv4 路由拥有合法的 IPv4 下一跳地址，而 Washington 从 AS700 收到的路由也有一个奇怪的 IPv4 下一跳地址。没错儿，就是奇怪，除非你知道这个地址来自何方。

例 6-17　与 California 的 BGP 表一样，NewMexico 的 BGP 表中的 IPv4 前缀也显示了奇怪的 IPv4 下一跳地址

```
NewMexico#show bgp ipv4 unicast
BGP table version is 4, local router ID is 192.168.255.2
Status codes: s suppressed, d damped, h history, * valid, > best, i - internal,
              r RIB-failure, S Stale
Origin codes: i - IGP, e - EGP, ? - incomplete

   Network          Next Hop            Metric LocPrf Weight Path
*> 10.5.1.0/24      10.0.0.38                0             0 500 i
*> 10.5.2.0/24      10.0.0.38                0             0 500 i
*> 10.5.3.0/24      10.0.0.38                0             0 500 i
*  10.7.1.0/24      32.1.13.184              0             0 700 i
*  10.7.2.0/24      32.1.13.184              0             0 700 i
*  10.7.3.0/24      32.1.13.184              0             0 700 i
NewMexico#
```

从前面的示例可以看出，需要配置策略以更改默认的下一跳行为，不过这一次的策略改变的是通过 IPv6 BGP 会话宣告的 IPv4 路由的下一跳地址。

例 6-18 显示了应用于 Washington 的出站策略信息。由路由映射 v4-Next-Hop 匹配前 16 比特是 10.7.0.0/16 且前缀长度小于等于 24 比特的所有 IPv4 前缀(即 AS700 的所有本地前缀)，所有匹配前缀的下一跳地址均被设置为 10.0.0.34（即 Washington 面向 NewMexico 的出站接口）。请注意，该策略仅应用于 IPv4 地址簇模式下的邻居配置中，而没有应用于 IPv6 地址簇。

例 6-18 为 Washington 宣告给 NewMexico 的所有本地 IPv4 前缀应用策略，将下一跳地址更改为 Washington 的接口的 IPv4 地址

```
router bgp 700
 bgp log-neighbor-changes
 neighbor 2001:DB8:A:7::1 remote-as 100
 !
 address-family ipv4
 neighbor 2001:DB8:A:7::1 activate
 neighbor 2001:DB8:A:7::1 route-map v4-Next-Hop out
 no auto-summary
 no synchronization
 network 10.7.1.0 mask 255.255.255.0
 network 10.7.2.0 mask 255.255.255.0
 network 10.7.3.0 mask 255.255.255.0
 exit-address-family
 !
 address-family ipv6
 neighbor 2001:DB8:A:7::1 activate
 network 2001:DB8:7:1::/64
 network 2001:DB8:7:2::/64
 network 2001:DB8:7:3::/64
 exit-address-family
!
ip prefix-list v4-Routes seq 5 permit 10.7.0.0/16 le 24
!
route-map v4-Next-Hop permit 10
 match ip address prefix-list v4-Routes
 set ip next-hop 10.0.0.34
!
```

例 6-19 给出了 NewMexico 的策略应用结果，可以看出来自 AS700 的 IPv4 前缀已经拥有合法且可达的 IPv4 下一跳地址，而且已经安装在 IPv4 路由表中了。

例 6-19 NewMexico 的 BGP 表中的 IPv4 前缀（收自 Washington）目前拥有正确的下一跳地址且安装在 IPv4 路由表中

```
NewMexico#show bgp ipv4 unicast
BGP table version is 13, local router ID is 192.168.255.2
Status codes: s suppressed, d damped, h history, * valid, > best, i - internal,
              r RIB-failure, S Stale
Origin codes: i - IGP, e - EGP, ? - incomplete

   Network          Next Hop            Metric LocPrf Weight Path
*> 10.5.1.0/24      10.0.0.38                0             0 500 i
*> 10.5.2.0/24      10.0.0.38                0             0 500 i
*> 10.5.3.0/24      10.0.0.38                0             0 500 i
*> 10.7.1.0/24      10.0.0.34                0             0 700 i
*> 10.7.2.0/24      10.0.0.34                0             0 700 i
*> 10.7.3.0/24      10.0.0.34                0             0 700 i

NewMexico#
NewMexico#show ip route 10.7.1.0
Routing entry for 10.7.1.0/24
```

（待续）

```
  Known via "bgp 100", distance 20, metric 0
  Tag 700, type external
  Last update from 10.0.0.34 00:28:18 ago
  Routing Descriptor Blocks:
  * 10.0.0.34, from 32.1.13.184, 00:28:18 ago
      Route metric is 0, traffic share count is 1
      AS Hops 1
      Route tag 700
```

当然，还需要在 NewMexico 上为通过 IPv6 BGP 会话宣告给 Washington 的所有 IPv4 路由设置策略。例 6-20 显示了该策略信息，将该策略与前面为宣告给 California 的 IPv6 路由配置的策略进行对比可以看出：在这两种情况下，它们匹配的都是 NewMexico 学自图 6-4 中任意 AS 的路由，而不仅仅是单个 AS 的前缀。

例 6-21 显示了 Washington 的策略运行结果，目前来自 AS500 的 IPv4 前缀都拥有有效且可达的下一跳地址，而且都已经安装到 IPv4 路由表中了。

例 6-20 为 NewMexico 配置策略以纠正发送给 Washington 的所有 IPv4 路由的下一跳地址

```
router bgp 100
 bgp log-neighbor-changes
 neighbor 10.0.0.38 remote-as 500
 neighbor 10.0.0.38 ebgp-multihop 2
 neighbor 2001:DB8:A:7::2 remote-as 700
 !
 address-family ipv4
 neighbor 10.0.0.38 activate
 neighbor 2001:DB8:A:7::2 activate
 neighbor 2001:DB8:A:7::2 route-map v4-Routes-to-Washington out
 no auto-summary
 no synchronization
 exit-address-family
 !
 address-family ipv6
 neighbor 10.0.0.38 activate
 neighbor 10.0.0.38 route-map v6-Routes-to-California out
 neighbor 2001:DB8:A:7::2 activate
 exit-address-family
!
ip prefix-list v4-Routes seq 5 permit 10.0.0.0/8 le 24
!
ipv6 prefix-list v6-Routes seq 5 permit 2001:DB8::/32 le 64
!
route-map v6-Routes-to-California permit 10
 match ipv6 address prefix-list v6-Routes
 set ipv6 next-hop 2001:DB8:A:5::1
!
route-map v4-Routes-to-Washington permit 10
 match ip address prefix-list v4-Routes
 set ip next-hop 10.0.0.33
!
```

例 6-21 Washington 的 BGP 表中从 NewMexico 收到的 IPv4 前缀目前都拥有正确的下一跳地址且均被安装到 IPv4 路由表中

```
Washington#show bgp ipv4 unicast
BGP table version is 127, local router ID is 192.168.255.9
Status codes: s suppressed, d damped, h history, * valid, > best, i - internal,
              r RIB-failure, S Stale
Origin codes: i - IGP, e - EGP, ? - incomplete

   Network          Next Hop            Metric LocPrf Weight Path
*> 10.5.1.0/24      10.0.0.33                              0 100 500 i
```

（待续）

```
*> 10.5.2.0/24      10.0.0.33                              0 100 500 i
*> 10.5.3.0/24      10.0.0.33                              0 100 500 i
*> 10.7.1.0/24      0.0.0.0                  0         32768 i
*> 10.7.2.0/24      0.0.0.0                  0         32768 i
*> 10.7.3.0/24      0.0.0.0                  0         32768 i
Washington#
Washington#show ip route 10.5.1.0
Routing entry for 10.5.1.0/24
  Known via "bgp 700", distance 20, metric 0
  Tag 100, type external
  Last update from 10.0.0.33 07:44:20 ago
  Routing Descriptor Blocks:
  * 10.0.0.33, from 32.1.13.184, 07:44:20 ago
      Route metric is 0, traffic share count is 1
      AS Hops 2
      Route tag 100
Washington#
```

大家可能已经注意到本例与前一个配置示例（通过 IPv4 会话宣告路由）之间的差异了：本例并不需要为 IPv4 路由配置多跳 EBGP 以宣告该路由可达且将其安装到 IPv4 路由表中。这种行为上的差异与 MBGP 规则并无任何关系，仅仅是 IOS 支持地址簇特性之前的产物而已。

IOS 在初始化 BGP 进程后，会立即创建 IPv4 数据结构（这是 BGP 仅支持 IPv4 单播路由时的产物）。即使只在 IPv6 邻居之间配置对等会话且仅宣告 IPv6 路由，IOS 也依然会默认创建 IPv4 数据结构。对于其他地址簇来说，则不会出现这种情况，因为只有在激活这些地址簇的时候才会为它们创建相应的数据结构。

所以对于第一个配置示例来说，向现有的 IPv4 BGP 对等会话添加单播 IPv6 地址簇时，如果下一跳地址不属于 IPv4 对等体所在的子网，那么 IPv6 数据结构就不会自动接受来自 IPv4 对等体的路由。下一跳地址所属的 IPv6 子网可以与 IPv4 子网共享同一条链路，此时会被视为非直连，因而需要配置多跳 EBGP 以接受“非本地”子网。

对于第二个配置示例（通过 IPv6 BGP 会话宣告携带 IPv4 下一跳地址的 IPv4 路由）来说，已经创建了单播 IPv4 数据结构，能够感知本地 IPv4 接口地址，而且还能接受下一跳地址属于该接口子网地址的路由，因而不需要配置多跳 EBGP。

这两个准备练习的目的不仅是介绍为 BGP 配置多种地址簇的基本知识（有关 BGP 多地址簇的内容，详见第 9 章），而且还能帮助大家深入思考 EBGP 路由宣告的操作行为。从前面的讨论可以看出，虽然可以通过运行在 IPv4 或 IPv6 之上的 BGP 会话宣告 IPv4 以及 IPv6 路由，但必须仔细考虑下一跳地址并通过简单的策略让这些下一跳地址正确工作。但是对于绝大多数应用场景来说，通过 IPv4 BGP 会话宣告 IPv4 路由以及通过 IPv6 BGP 会话宣告 IPv6 路由都会比较简单，这也是下一个配置练习的主题内容。

注：虽然有时可能会希望利用单个 BGP 会话（IPv4 或 IPv6）同时宣告两种 IP 版本的路由，但这种情况并不常见。根据运维人员的经验，最佳实践是为 IPv4 和 IPv6 运行不同的 BGP 会话。

例如，假设必须在服务提供商运行了数十个或数百个客户 EBGP 会话的边缘路由器上添加 IPv6 服务，那么为 IPv4 和 IPv6 配置不同的会话就会成倍增加该路由器所要维护的 BGP 邻接关系数量（如果为所有客户运行双栈），从而可能产生扩展性问题。此时，利用单个 BGP 会话同时宣告两种地址簇并配置相应的策略，可能是复杂性与扩展性的折中解决办法。

6.3.4 双栈 MBGP 连接

接下来的配置练习将为待宣告的 IPv4 和 IPv6 路由配置独立的 IPv4 和 IPv6 BGP 会话。本例将使用图 6-4 中的 Idaho 与 Wyoming 之间的连接，图 6-7 给出了这两台路由器的接口地址以及 BGP 会话的详细信息，例 6-22 则给出了 MBGP 配置信息。

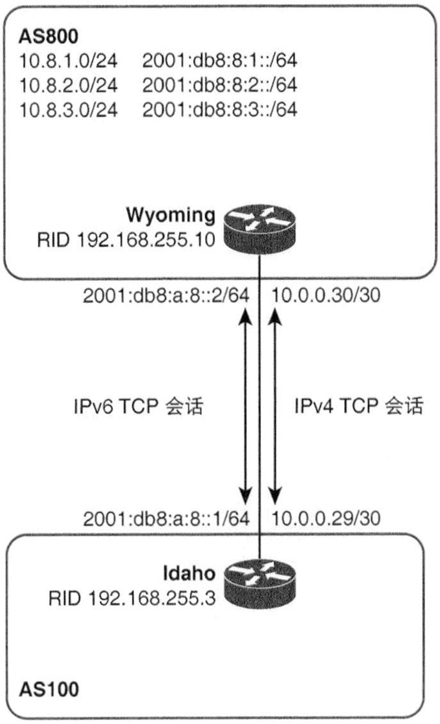

图 6-7 在 Idaho 与 Wyoming 之间创建了两条 MBGP 邻接会话（分别基于 IPv4 和 IPv6），通过 IPv4 邻接会话宣告 IPv4 前缀，通过 IPv6 邻接会话宣告 IPv6 前缀

例 6-22 图 6-7 中的路由器 Wyoming 和 Idaho 的配置（配置了独立的 IPv4 和 IPv6 对等会话）

```
Wyoming:
router bgp 800
 bgp log-neighbor-changes
 neighbor 10.0.0.29 remote-as 100
 neighbor 2001:DB8:A:8::1 remote-as 100
 !
 address-family ipv4
 neighbor 10.0.0.29 activate
 no neighbor 2001:DB8:A:8::1 activate
 no auto-summary
 no synchronization
 network 10.8.1.0 mask 255.255.255.0
 network 10.8.2.0 mask 255.255.255.0
 network 10.8.3.0 mask 255.255.255.0
 exit-address-family
 !
 address-family ipv6
 neighbor 2001:DB8:A:8::1 activate
 network 2001:DB8:8:1::/64
```

（待续）

```
 network 2001:DB8:8:2::/64
 network 2001:DB8:8:3::/64
 exit-address-family
!
```

```
Idaho:
router bgp 100
 bgp log-neighbor-changes
 neighbor 10.0.0.30 remote-as 800
 neighbor 2001:DB8:A:8::2 remote-as 800
 !
 address-family ipv4
 neighbor 10.0.0.30 activate
 no neighbor 2001:DB8:A:8::2 activate
 no auto-summary
 no synchronization
 exit-address-family
 !
 address-family ipv6
 neighbor 2001:DB8:A:8::2 activate
 exit-address-family
!
```

大家对例中的配置信息（采用地址簇方式）应该都比较熟悉了，需要注意的是IPv4地址簇下的**no neighbor 2001:db8:a:8::1 activate**语句，这也是BGP仅支持IPv4地址簇时遗留下来的产物。配置**neighbor remote-as**语句时，IOS会在IPv4地址簇配置模式下自动输入IPv4 **neighbor activate**语句，并为其他地址簇的所有邻居输入**no neighbor activate**语句。其他地址簇则不会出现这种情况。对于IPv6地址簇来说，必须指定活跃邻居，如果在IPv6地址簇下为IPv4邻居输入了**no neighbor activate**语句，那么该语句将不会显示在配置中。只要理解了这种默认行为及其原因，就不会对**no neighbor activate**语句的出现产生任何混淆。

该配置最重要的一点就是直观，只要在Wyoming上使用简单的**network**语句即可在IPv4地址簇下注入IPv4前缀，在IPv6地址簇下注入IPv6前缀。

例6-23利用**show bgp all summary**命令显示了该配置创建的IPv4和IPv6邻接会话的重要信息（如果希望查看单个地址簇而不是全部地址簇的邻接关系，那么就可以用特定的地址簇名称代替该命令中的关键字**all**）。

例6-23 **show bgp all summary**命令显示了Idaho与Wyoming之间创建的所有地址簇的邻接会话信息

```
Wyoming#show bgp all summary
For address family: IPv4 Unicast
BGP router identifier 192.168.255.10, local AS number 800
BGP table version is 4, main routing table version 4
3 network entries using 360 bytes of memory
3 path entries using 156 bytes of memory
2/1 BGP path/bestpath attribute entries using 248 bytes of memory
0 BGP route-map cache entries using 0 bytes of memory
0 BGP filter-list cache entries using 0 bytes of memory
Bitfield cache entries: current 1 (at peak 1) using 32 bytes of memory
BGP using 796 total bytes of memory
BGP activity 6/0 prefixes, 6/0 paths, scan interval 60 secs

Neighbor        V    AS MsgRcvd MsgSent   TblVer  InQ OutQ Up/Down  State/PfxRcd
10.0.0.29       4   100     705     706        4    0    0 11:41:29        0

For address family: IPv6 Unicast
BGP router identifier 192.168.255.10, local AS number 800
BGP table version is 4, main routing table version 4
```

（待续）

```
3 network entries using 456 bytes of memory
3 path entries using 228 bytes of memory
2/1 BGP path/bestpath attribute entries using 248 bytes of memory
0 BGP route-map cache entries using 0 bytes of memory
0 BGP filter-list cache entries using 0 bytes of memory
Bitfield cache entries: current 1 (at peak 1) using 32 bytes of memory
BGP using 964 total bytes of memory
BGP activity 6/0 prefixes, 6/0 paths, scan interval 60 secs

Neighbor        V    AS MsgRcvd MsgSent   TblVer  InQ OutQ Up/Down  State/PfxRcd
2001:DB8:A:8::1 4   100     704     706        4    0    0 11:40:53        0
Wyoming#
```

例 6-24 显示了 Idaho 收到的所有地址簇的所有前缀信息。此处使用的命令是 **show bgp all**（无关键字 **summary**）。如果仅希望显示某种地址簇的前缀信息，那么就可以换成关键字 **all**。

例 6-24　利用 **show bgp all** 命令显示 Idaho BGP 表中的所有前缀（按地址簇显示）

```
Idaho#show bgp all
For address family: IPv4 Unicast
BGP table version is 4, local router ID is 192.168.255.3
Status codes: s suppressed, d damped, h history, * valid, > best, i - internal,
              r RIB-failure, S Stale
Origin codes: i - IGP, e - EGP, ? - incomplete

   Network          Next Hop            Metric LocPrf Weight Path
*> 10.8.1.0/24      10.0.0.30                0             0 800 i
*> 10.8.2.0/24      10.0.0.30                0             0 800 i
*> 10.8.3.0/24      10.0.0.30                0             0 800 i

For address family: IPv6 Unicast
BGP table version is 4, local router ID is 192.168.255.3
Status codes: s suppressed, d damped, h history, * valid, > best, i - internal,
              r RIB-failure, S Stale
Origin codes: i - IGP, e - EGP, ? - incomplete

   Network          Next Hop            Metric LocPrf Weight Path
*> 2001:DB8:8:1::/64
                    2001:DB8:A:8::2          0             0 800 i
*> 2001:DB8:8:2::/64
                    2001:DB8:A:8::2          0             0 800 i
*> 2001:DB8:8:3::/64
                    2001:DB8:A:8::2          0             0 800 i
Idaho#
```

最后，例 6-25 显示了 Idaho 的 IPv4 和 IPv6 路由表信息。可以看出从 Wyoming 收到的所有三条 IPv4 前缀和所有三条 IPv6 前缀都已经正确安装在各自的地址簇路由表中了。需要注意的是，路由表中显示的 IPv6 路由通过 Wyoming 的对等接口的链路本地 IPv6 地址（而不是全局 IPv6 地址）可达（见例 6-26）。例 6-24 显示的 BGP 表将全局 IPv6 地址作为下一跳，但路由表引用的却是该接口的链路本地地址。这是因为前面曾经说过，BGP IPv6 路由更新的下一跳字段同时包含了全局地址和链路本地地址。

例 6-25　Idaho 的 IPv4 和 IPv6 路由表

```
Idaho#show ip route
Codes: C - connected, S - static, R - RIP, M - mobile, B - BGP
       D - EIGRP, EX - EIGRP external, O - OSPF, IA - OSPF inter area
       N1 - OSPF NSSA external type 1, N2 - OSPF NSSA external type 2
       E1 - OSPF external type 1, E2 - OSPF external type 2
       i - IS-IS, su - IS-IS summary, L1 - IS-IS level-1, L2 - IS-IS level-2
```

（待续）

```
       ia - IS-IS inter area, * - candidate default, U - per-user static route
       o - ODR, P - periodic downloaded static route

Gateway of last resort is not set

     10.0.0.0/8 is variably subnetted, 7 subnets, 2 masks
B       10.8.2.0/24 [20/0] via 10.0.0.30, 00:03:48
B       10.8.3.0/24 [20/0] via 10.0.0.30, 00:03:48
B       10.8.1.0/24 [20/0] via 10.0.0.30, 00:03:48
C       10.0.0.28/30 is directly connected, Serial1/3
     192.168.255.0/32 is subnetted, 1 subnets
C       192.168.255.3 is directly connected, Loopback0
Idaho#
Idaho#show ipv6 route
IPv6 Routing Table - 6 entries
Codes: C - Connected, L - Local, S - Static, R - RIP, B - BGP
       U - Per-user Static route, M - MIPv6
       I1 - ISIS L1, I2 - ISIS L2, IA - ISIS interarea, IS - ISIS summary
       O - OSPF intra, OI - OSPF inter, OE1 - OSPF ext 1, OE2 - OSPF ext 2
       ON1 - OSPF NSSA ext 1, ON2 - OSPF NSSA ext 2
       D - EIGRP, EX - EIGRP external
B   2001:DB8:8:1::/64 [20/0]
     via FE80::C809:23FF:FE07:0, Serial1/3
B   2001:DB8:8:2::/64 [20/0]
     via FE80::C809:23FF:FE07:0, Serial1/3
B   2001:DB8:8:3::/64 [20/0]
     via FE80::C809:23FF:FE07:0, Serial1/3
C   2001:DB8:A:8::/64 [0/0]
     via ::, Serial1/3
L   2001:DB8:A:8::1/128 [0/0]
     via ::, Serial1/3
L   FF00::/8 [0/0]
     via ::, Null0
Idaho#
```

例 6-26 **show ipv6 interface** 命令可以显示接口的链路本地地址、全局地址以及其他重要信息

```
Wyoming#show ipv6 int s1/0
Serial1/0 is up, line protocol is up
  IPv6 is enabled, link-local address is FE80::C809:23FF:FE07:0
  No Virtual link-local address(es):
  Global unicast address(es):
    2001:DB8:A:8::2, subnet is 2001:DB8:A:8::/64
  Joined group address(es):
    FF02::1
    FF02::2
    FF02::1:FF00:2
    FF02::1:FF07:0
  MTU is 1500 bytes
  ICMP error messages limited to one every 100 milliseconds
  ICMP redirects are enabled
  ICMP unreachables are sent
  ND DAD is enabled, number of DAD attempts: 1
  ND reachable time is 30000 milliseconds
  Hosts use stateless autoconfig for addresses.
Wyoming#
```

与前面讨论过的 IPv4-only 和 IPv6-only 会话相比，本节讨论的双栈会话配置在实际中的应用更为广泛，不但更加简单，而且还能更好地分别控制 IPv4 和 IPv6。唯一的潜在缺点就是路由器需要维护双倍数量的 BGP 会话。这一点对于大多数场景来说没有问题，但是如果路由器连接了大量邻居，那么这种双倍效果就会带来扩展性问题。

6.3.5 多跳双栈 MBGP 连接

图 6-8 详细描述了图 6-4 中 Idaho 与 Montana 之间的连接情况。虽然这里使用的也是双栈连接，但本例中这两台路由器之间的链路是无编号的 IPv4 和 IPv6 链路。

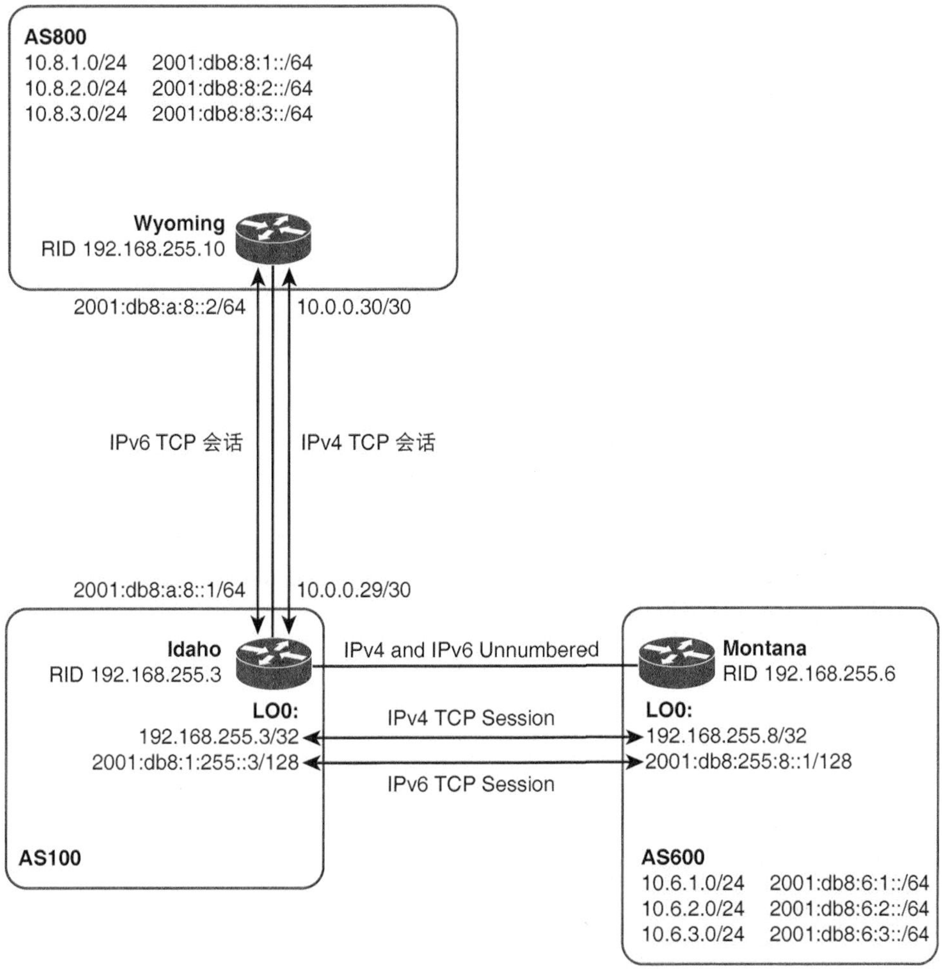

图 6-8 在 Idaho 与 Montana 的环回接口之间创建了两条 MBGP 邻接会话

例 6-27 显示了增加 Montana 之后的 Idaho 配置信息（接着上一节），显示了 Loopback0 的 IPv4 和 IPv6 地址配置（与连接 Montana 的串行接口的 IPv4 和 IPv6 无编号配置一样）。Montana 的配置完全可以根据 Idaho 的配置推导出来。

例 6-27 Idaho 的配置（增加了到图 6-8 中的 Montana 的双栈 MBGP 配置）

```
interface Loopback0
 ip address 192.168.255.3 255.255.255.255
 ipv6 address 2001:DB8:1:255::3/128
!
interface Serial1/2
 ip unnumbered Loopback0
 ipv6 unnumbered Loopback0
```

（待续）

```
!
router bgp 100
 bgp log-neighbor-changes
 neighbor 10.0.0.30 remote-as 800
 neighbor 2001:DB8:A:8::2 remote-as 800
 neighbor 2001:DB8:255:8::1 remote-as 600
 neighbor 2001:DB8:255:8::1 ebgp-multihop 2
 neighbor 2001:DB8:255:8::1 update-source Loopback0
 neighbor 192.168.255.8 remote-as 600
 neighbor 192.168.255.8 ebgp-multihop 2
 neighbor 192.168.255.8 update-source Loopback0
 !
 address-family ipv4
 neighbor 10.0.0.30 activate
 no neighbor 2001:DB8:A:8::2 activate
 no neighbor 2001:DB8:255:8::1 activate
 neighbor 192.168.255.8 activate
 no auto-summary
 no synchronization
 exit-address-family
 !
 address-family ipv6
 neighbor 2001:DB8:A:8::2 activate
 neighbor 2001:DB8:255:8::1 activate
 exit-address-family
!
ip route 192.168.255.8 255.255.255.255 Serial1/2
!
ipv6 route 2001:DB8:255:8::1/128 Serial1/2
!
```

前面的第 2 章曾经看过类似的配置信息，除了 **neighbor ebgp-multihop** 语句之外，还需要为 IPv4 和 IPv6 配置 **neighbor update-source** 语句，以表明 BGP 会话源自环回接口而不是物理出接口。此外，还需要注意配置最后的两条静态路由：由于 BGP 端点之间非直连，因而路由器必须通过其他的方法发现邻居地址。

通过本例不但可以看出配置多跳 EBGP 的方式与 IPv4 完全相同，而且还能很好地了解这些语句在 MBGP 配置中的位置。与邻居会话本身有关的语句（如远端 AS、多跳规范以及更新源等）都出现在 BGP 的全局配置中，无论会话基于 IPv4 还是 IPv6，都属于全局规范，因为这两种地址簇都可以通过任意会话进行宣告。与指定地址簇相关的语句（如为了宣告属于该地址簇的路由而激活邻居会话、注入到 BGP 中的地址簇前缀，以及应用于该地址簇的入站或出站策略）则位于 BGP 配置的地址簇部分。

6.3.6 IPv4 和 IPv6 混合会话

Colorado 与三个不同 AS 之间的连接方式（见图 6-9）强调了 MBGP 配置语句的分布情况。AS200 只需宣告 IPv4 前缀，因而只要配置 IPv4 BGP 会话即可。AS300 需要宣告 IPv4 和 IPv6 前缀，因而需要配置 IPv4 和 IPv6 MBGP 会话。AS400 只需宣告 IPv6 前缀，因而只要配置 IPv6 MBGP 会话即可。

本例的主要目的是了解不同邻居定义会话的语句在 MBGP 配置中的分布情况。Vermont 的配置（见例 6-28）没有任何新鲜之处，唯一的变化就是增加了密码认证机制。邻居的会话信息位于 BGP 配置的全局部分，而需要宣告的网络以及宣告这些网络的邻居会话的配置信息则位于特定的地址簇部分。

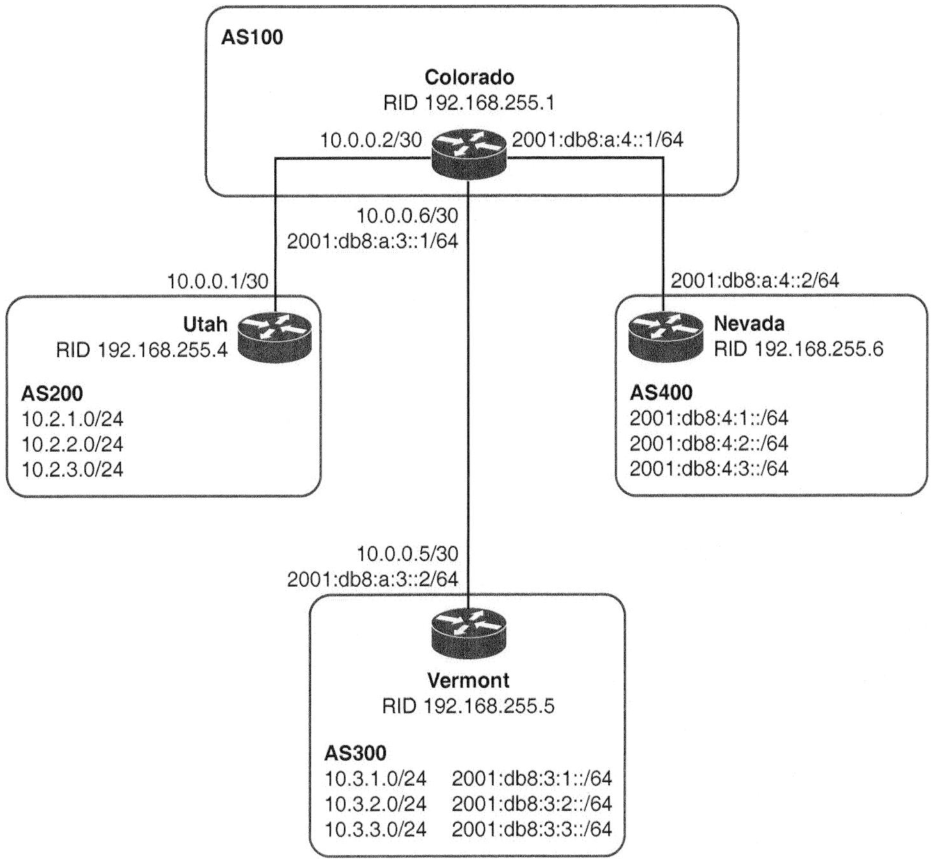

图 6-9 连接到 Colorado 的 3 台路由器拥有不同的 MBGP 会话配置需求

例 6-28 图 6-9 中的 Vermont 配置

```
router bgp 300
 bgp log-neighbor-changes
 neighbor 10.0.0.6 remote-as 100
 neighbor 10.0.0.6 password 7 0508050624
 neighbor 2001:DB8:A:3::1 remote-as 100
 neighbor 2001:DB8:A:3::1 password 7 0458080F0A
 !
 address-family ipv4
 neighbor 10.0.0.6 activate
 no neighbor 2001:DB8:A:3::1 activate
 no auto-summary
 no synchronization
 network 10.3.1.0 mask 255.255.255.0
 network 10.3.2.0 mask 255.255.255.0
 network 10.3.3.0 mask 255.255.255.0
 exit-address-family
 !
 address-family ipv6
 neighbor 2001:DB8:A:3::1 activate
 network 2001:DB8:3:1::/64
 network 2001:DB8:3:2::/64
 network 2001:DB8:3:3::/64
 exit-address-family
!
```

Utah 的配置（见例 6-29）也很平常，该路由器仅宣告 IPv4 路由，与传统的 IPv4 BGP 配置相比，唯一的区别就是采用了新的地址簇格式。

例 6-29 图 6-9 中的 Utah 配置

```
router bgp 200
 bgp log-neighbor-changes
 neighbor 10.0.0.2 remote-as 100
 neighbor 10.0.0.2 password 7 104D0A1000
 !
 address-family ipv4
 neighbor 10.0.0.2 activate
 no auto-summary
 no synchronization
 network 10.2.1.0 mask 255.255.255.0
 network 10.2.2.0 mask 255.255.255.0
 network 10.2.3.0 mask 255.255.255.0
 exit-address-family
!
```

Nevada 的配置（见例 6-30）有一些需要注意的地方。与 Utah 一样，Nevada 也仅宣告一种地址簇（即 IPv6）。但需要注意的是，虽然没有用到 IPv4，但 Nevada 的配置中依然出现了 IPv4 地址簇的配置内容。即便运行了 **no address-family ipv4** 命令，但是与 IPv4 地址簇有关的配置内容仍然会出现。这就是当初 BGP 仅支持 IPv4 地址簇时遗留下来的产物，即系统在启用 BGP 之后会自动启用 IPv4 地址簇，即便不使用 IPv4，相应的 IPv4 配置段依然会存在。由于 AS400 没有需要宣告的 IPv4 前缀，而且连接 Nevada 和 Colorado 的接口上也没有 IPv4 地址，因而可以忽略 IPv4 地址簇的配置段信息。

例 6-30 图 6-9 中的 Nevada 配置

```
router bgp 400
 bgp log-neighbor-changes
 neighbor 2001:DB8:A:4::1 remote-as 100
 neighbor 2001:DB8:A:4::1 password 7 1511080501
 !
 address-family ipv4
 no neighbor 2001:DB8:A:4::1 activate
 no auto-summary
 no synchronization
 exit-address-family
 !
 address-family ipv6
 neighbor 2001:DB8:A:4::1 activate
 network 2001:DB8:4:1::/64
 network 2001:DB8:4:2::/64
 network 2001:DB8:4:3::/64
 exit-address-family
!
```

图 6-9 中真正需要关注的内容就是 Colorado 的配置（见例 6-31）。Colorado 拥有 3 个直连邻居和 4 条对等会话（两条 IPv4 会话和两条 IPv6 会话），必须注意为不同的地址簇激活不同的邻居。由于为 4 个邻居都配置了密码，因而 Colorado 的全局配置显得较长。分析图 6-4 的总体拓扑结构可以看出，必须增加 IBGP 以连接 AS100 中的 3 台核心路由器。随着 MBGP 的配置变得越来越复杂，会话模板和策略模板也就越来越有用。

例 6-31 图 6-9 中的 Colorado 配置

```
router bgp 100
 bgp log-neighbor-changes
 neighbor 10.0.0.1 remote-as 200
 neighbor 10.0.0.1 password 7 1511080501
 neighbor 10.0.0.5 remote-as 300
```

（待续）

```
 neighbor 10.0.0.5 password 7 1414110209
 neighbor 2001:DB8:A:3::2 remote-as 300
 neighbor 2001:DB8:A:3::2 password 7 0007100F01
 neighbor 2001:DB8:A:4::2 remote-as 400
 neighbor 2001:DB8:A:4::2 password 7 070C22454B
 !
 address-family ipv4
 neighbor 10.0.0.1 activate
 neighbor 10.0.0.5 activate
 no neighbor 2001:DB8:A:3::2 activate
 no neighbor 2001:DB8:A:4::2 activate
 no auto-summary
 no synchronization
 exit-address-family
 !
 address-family ipv6
 neighbor 2001:DB8:A:3::2 activate
 neighbor 2001:DB8:A:4::2 activate
 exit-address-family
!
```

为 AS100 增加 IBGP 和模板之前，需要验证图 6-9 的 EBGP 配置的正确性。例 6-32 利用 **show ip route bgp** 和 **show ipv6 route bgp** 命令分别显示 IPv4 路由器和 IPv6 路由表中的 BGP 表项。从输出结果可以看出 Colorado 已经收到了 AS200、AS300 以及 AS400 的所有路由，而且已经将这些路由全都安装到路由表中了。

例 6-32 从 Colorado 的 IPv4 和 IPv6 路由表可以看出 EBGP 配置完全正确

```
Colorado#show ip route bgp
     10.0.0.0/8 is variably subnetted, 12 subnets, 2 masks
B       10.3.1.0/24 [20/0] via 10.0.0.5, 09:36:44
B       10.2.1.0/24 [20/0] via 10.0.0.1, 09:37:26
B       10.3.3.0/24 [20/0] via 10.0.0.5, 09:36:44
B       10.2.2.0/24 [20/0] via 10.0.0.1, 09:37:26
B       10.3.2.0/24 [20/0] via 10.0.0.5, 09:36:44
B       10.2.3.0/24 [20/0] via 10.0.0.1, 09:37:26
Colorado#
Colorado#show ipv6 route bgp
IPv6 Routing Table - 11 entries
Codes: C - Connected, L - Local, S - Static, R - RIP, B - BGP
       U - Per-user Static route, M - MIPv6
       I1 - ISIS L1, I2 - ISIS L2, IA - ISIS interarea, IS - ISIS summary
       O - OSPF intra, OI - OSPF inter, OE1 - OSPF ext 1, OE2 - OSPF ext 2
       ON1 - OSPF NSSA ext 1, ON2 - OSPF NSSA ext 2
       D - EIGRP, EX - EIGRP external
B   2001:DB8:3:1::/64 [20/0]
     via FE80::C804:23FF:FE07:0, Serial1/1
B   2001:DB8:3:2::/64 [20/0]
     via FE80::C804:23FF:FE07:0, Serial1/1
B   2001:DB8:3:3::/64 [20/0]
     via FE80::C804:23FF:FE07:0, Serial1/1
B   2001:DB8:4:1::/64 [20/0]
     via FE80::C805:23FF:FE07:0, Serial1/2
B   2001:DB8:4:2::/64 [20/0]
     via FE80::C805:23FF:FE07:0, Serial1/2
B   2001:DB8:4:3::/64 [20/0]
     via FE80::C805:23FF:FE07:0, Serial1/2
Colorado#
```

6.3.7 多协议 IBGP

完整配置图 6-4 中的 MBGP 的最后一步就是在 AS100 中启用 IBGP，其配置方式已经在前面各章中多次出现，而且本章也已经启用了多协议 EBGP，因而多协议 IBGP 并没有什么新内容。

图 6-10 给出了 AS100 的链路及地址详细信息。前面已经说过，独立的 IPv4 和 IPv6 会话对于 EBGP 来说通常是一种最佳实践，对于 IBGP 来说也是如此。此外，如果 AS 内的两台路由器之间存在多条路径（见图 6-10），那么最好在环回接口（而不是物理接口）之间配置 BGP 会话。本例将根据以上最佳实践进行配置。

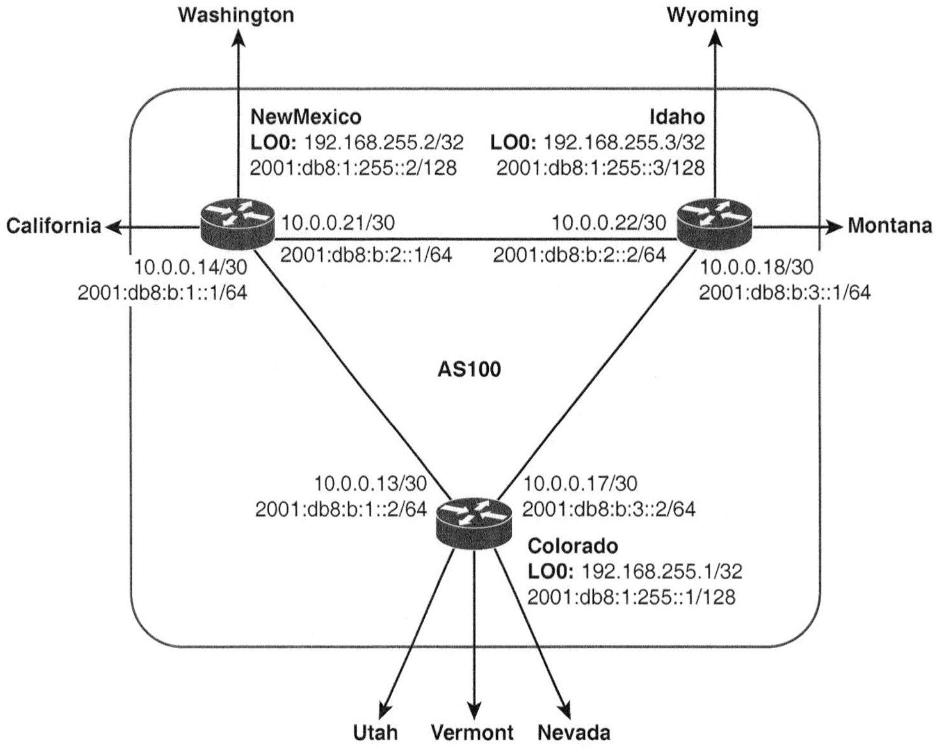

图 6-10 AS100 用到的地址

首先，AS100 中的每台路由器都必须知道如何到达本自治系统内的所有 IPv4 和 IPv6 接口地址。本例使用 OSPF 作为 IGP 以确保可达性。由于必须宣告 IPv4 和 IPv6 地址，因而需要同时使用 OSPFv2 和 OSPFv3（有关这两个 OSPF 版本的详细信息，请参见本书第一卷）。例 6-33 给出了 Colorado 的接口及 OSPF 配置信息，NewMexico 以及 Idaho 的配置与此相似。

注： 从 IOS 15.1 或 15.2 起，就可以在 OSPFv3 下同时配置 IPv4 和 IPv6 地址簇，而不需要运行两种版本的 OSPF 以支持两种版本的 IP。由于本例使用的是 IOS 12.4，因而必须同时运行 OSPFv2 和 OSPFv3。

例 6-33 Colorado 为支持 MIBGP 而做的接口和 OSPF 配置

```
!
ipv6 unicast-routing
!
interface Loopback0
 ip address 192.168.255.1 255.255.255.255
 ipv6 address 2001:DB8:1:255::1/128
 ipv6 ospf 1 area 0
!
interface Serial1/3
 ip address 10.0.0.13 255.255.255.252
```

（待续）

```
 ipv6 address 2001:DB8:B:1::2/64
 ipv6 ospf 1 area 0
!
interface Serial1/4
 ip address 10.0.0.17 255.255.255.252
 ipv6 address 2001:DB8:B:3::2/64
 ipv6 ospf 1 area 0
!
router ospf 1
 log-adjacency-changes
 network 10.0.0.13 0.0.0.0 area 0
 network 10.0.0.17 0.0.0.0 area 0
 network 192.168.255.1 0.0.0.0 area 0
!
ipv6 router ospf 1
 log-adjacency-changes
!
```

例 6-34 显示 Colorado 的 OSPF 邻接关系已经建立，而且已经在 Colorado 的 IPv4 和 IPv6 路由表中为路由器需要到达以建立 IBGP 会话的环回地址创建了路由表项。

例 6-34　Colorado 的路由表表明 IPv4 和 IPv6 对等会话所需的环回地址可达

```
Colorado#show ip ospf neighbor

Neighbor ID     Pri   State        Dead Time   Address         Interface
192.168.255.3     0   FULL/  -     00:00:34    10.0.0.18       Serial1/4
192.168.255.2     0   FULL/  -     00:00:33    10.0.0.14       Serial1/3
Colorado#
Colorado#show ipv6 ospf neighbor

Neighbor ID     Pri   State        Dead Time   Interface ID    Interface
192.168.255.3     1   FULL/  -     00:00:34    6               Serial1/4
192.168.255.2     1   FULL/  -     00:00:34    5               Serial1/3
Colorado#
Colorado#show ip route ospf
     10.0.0.0/8 is variably subnetted, 12 subnets, 2 masks
O       10.0.0.20/30 [110/128] via 10.0.0.18, 02:48:52, Serial1/4
                     [110/128] via 10.0.0.14, 02:48:52, Serial1/3
     192.168.255.0/32 is subnetted, 5 subnets
O       192.168.255.3 [110/65] via 10.0.0.18, 02:48:52, Serial1/4
O       192.168.255.2 [110/65] via 10.0.0.14, 02:48:52, Serial1/3
Colorado#
Colorado#show ipv6 route ospf
IPv6 Routing Table - 20 entries
Codes: C - Connected, L - Local, S - Static, R - RIP, B - BGP
       U - Per-user Static route, M - MIPv6
       I1 - ISIS L1, I2 - ISIS L2, IA - ISIS interarea, IS - ISIS summary
       O - OSPF intra, OI - OSPF inter, OE1 - OSPF ext 1, OE2 - OSPF ext 2
       ON1 - OSPF NSSA ext 1, ON2 - OSPF NSSA ext 2
       D - EIGRP, EX - EIGRP external
O   2001:DB8:1:255::2/128 [110/64]
     via FE80::C801:23FF:FE07:0, Serial1/3
O   2001:DB8:1:255::3/128 [110/64]
     via FE80::C802:23FF:FE07:0, Serial1/4
O   2001:DB8:B:2::/64 [110/128]
     via FE80::C801:23FF:FE07:0, Serial1/3
     via FE80::C802:23FF:FE07:0, Serial1/4
O   2001:DB8:1:255::3/128 [110/64]
     via FE80::C802:23FF:FE07:0, Serial1/4
Colorado#
```

例 6-35 给出了 Colorado 增加 IBGP 之后的 MBGP 配置信息。除了地址本身之外，IPv4 和 IPv6 邻接关系的配置完全相同：

- **neighbor remote-as** 语句引用相同的 ASN（AS100）作为本地路由器，创建 IBGP 会话，引用的地址是对等体的接口地址；

- **neighbor update-source** 语句让路由器从自己的环回接口（而不是物理出接口）发起 TCP 会话；
- **neighbor password** 语句增强邻接关系的安全性；
- **neighbor next-hop-self** 语句让路由器将宣告的路由的下一跳地址更改为自己的地址。前面曾经说过，从外部对等体学到的路由在宣告给内部对等体的时候默认不更改下一跳地址，因而 AS 内部的 BGP 路由器必须知道如何到达外部下一跳地址（通常是在外部链路上运行 IGP 来实现）或者通过 **next-hop-self** 策略更改默认行为（本例就是这么做的）。

例 6-35 Colorado 的 MBGP 配置（增加了在 AS100 中启用 IBGP 的相关语句）

```
router bgp 100
 bgp log-neighbor-changes
 neighbor 10.0.0.1 remote-as 200
 neighbor 10.0.0.1 password 7 1511080501
 neighbor 10.0.0.5 remote-as 300
 neighbor 10.0.0.5 password 7 1414110209
 neighbor 2001:DB8:1:255::2 remote-as 100
 neighbor 2001:DB8:1:255::2 password 7 06050C2849
 neighbor 2001:DB8:1:255::2 update-source Loopback0
 neighbor 2001:DB8:1:255::3 remote-as 100
 neighbor 2001:DB8:1:255::3 password 7 1511080501
 neighbor 2001:DB8:1:255::3 update-source Loopback0
 neighbor 2001:DB8:A:3::2 remote-as 300
 neighbor 2001:DB8:A:3::2 password 7 0007100F01
 neighbor 2001:DB8:A:4::2 remote-as 400
 neighbor 2001:DB8:A:4::2 password 7 070C22454B
 neighbor 192.168.255.2 remote-as 100
 neighbor 192.168.255.2 password 7 104D0A1000
 neighbor 192.168.255.2 update-source Loopback0
 neighbor 192.168.255.3 remote-as 100
 neighbor 192.168.255.3 password 7 06050C2849
 neighbor 192.168.255.3 update-source Loopback0
 !
 address-family ipv4
 neighbor 10.0.0.1 activate
 neighbor 10.0.0.5 activate
 no neighbor 2001:DB8:1:255::2 activate
 no neighbor 2001:DB8:1:255::3 activate
 no neighbor 2001:DB8:A:3::2 activate
 no neighbor 2001:DB8:A:4::2 activate
 neighbor 192.168.255.2 activate
 neighbor 192.168.255.2 next-hop-self
 neighbor 192.168.255.3 activate
 neighbor 192.168.255.3 next-hop-self
 no auto-summary
 no synchronization
 exit-address-family
 !
 address-family ipv6
 neighbor 2001:DB8:1:255::2 activate
 neighbor 2001:DB8:1:255::2 next-hop-self
 neighbor 2001:DB8:1:255::3 activate
 neighbor 2001:DB8:1:255::3 next-hop-self
 neighbor 2001:DB8:A:3::2 activate
 neighbor 2001:DB8:A:4::2 activate
 exit-address-family
!
```

请注意 Colorado 配置中的一个有意思的细节信息。虽然启用 IBGP 对等会话的语句都位于 BGP 配置的全局部分，但 **neighbor next-hop-self** 语句却出现在地址簇下面。为什么这条邻居语句会出现在地址簇配置段下而其余邻居语句却在全局配置段下呢？

从启用 IBGP 之后的 NewMexico 的 BGP 配置可以看出一些端倪（见例 6-36）。前面曾经说过，该路由器的 EBGP 会话需要配置一定的策略，通过 IPv4 会话向 California 宣告 IPv4 和 IPv6 路由，并通过 IPv6 会话向 Washington 宣告 IPv4 和 IPv6 路由。请注意，定义上述策略的路由映射被用在与策略相关的地址簇下，而且 **neighbor next-hop-self** 语句也定义了策略，因为该语句更改了路由的特性。我们注意到地址簇下面的所有语句都以一定的方式定义了策略，包括指定通过哪个会话来宣告和接收属于该地址簇的前缀、注入哪些前缀以及对这些前缀所做的各种修改。而全局 BGP 语句指定的都是 BGP 会话的相关特性：邻居所处的 AS、为加强安全性而使用的密码、会话的源端以及到达外部邻居可以穿越的路由器数量等。

例 6-36　NewMexico 的 BGP 配置表明 BGP 会话的配置语句都在全局范围内，而策略配置语句则位于该策略所应用的地址簇的配置段下

```
router bgp 100
 bgp log-neighbor-changes
 neighbor 10.0.0.38 remote-as 500
 neighbor 10.0.0.38 ebgp-multihop 2
 neighbor 2001:DB8:1:255::1 remote-as 100
 neighbor 2001:DB8:1:255::1 password 7 0110050D5E
 neighbor 2001:DB8:1:255::1 update-source Loopback0
 neighbor 2001:DB8:1:255::3 remote-as 100
 neighbor 2001:DB8:1:255::3 password 7 121A061E17
 neighbor 2001:DB8:1:255::3 update-source Loopback0
 neighbor 2001:DB8:A:7::2 remote-as 700
 neighbor 192.168.255.1 remote-as 100
 neighbor 192.168.255.1 password 7 0110050D5E
 neighbor 192.168.255.1 update-source Loopback0
 neighbor 192.168.255.3 remote-as 100
 neighbor 192.168.255.3 password 7 0007100F01
 neighbor 192.168.255.3 update-source Loopback0
 !
 address-family ipv4
 neighbor 10.0.0.38 activate
 no neighbor 2001:DB8:1:255::1 activate
 no neighbor 2001:DB8:1:255::3 activate
 neighbor 2001:DB8:A:7::2 activate
 neighbor 2001:DB8:A:7::2 route-map v4-Routes-to-Washington out
 neighbor 192.168.255.1 activate
 neighbor 192.168.255.1 next-hop-self
 neighbor 192.168.255.3 activate
 neighbor 192.168.255.3 next-hop-self
 no auto-summary
 no synchronization
 exit-address-family
 !
 address-family ipv6
 neighbor 10.0.0.38 activate
 neighbor 10.0.0.38 route-map v6-Routes-to-California out
 neighbor 2001:DB8:1:255::1 activate
 neighbor 2001:DB8:1:255::1 next-hop-self
 neighbor 2001:DB8:1:255::3 activate
 neighbor 2001:DB8:1:255::3 next-hop-self
 neighbor 2001:DB8:A:7::2 activate
 exit-address-family
!
```

下面的两条简单规则可以帮助大家理解不同语句在 MBGP 配置中的位置：

- 会话配置语句出现在 BGP 配置中的全局范围；
- 策略配置语句出现在该策略所应用的地址簇的配置段下。

这两条操作指南可以让大家牢记第 5 章的会话模板和策略模板，从例 6-35 的 Colorado 配置或例 6-36 的 NewMexico 配置（为不同邻居配置了很多重复语句）可以看出模板能够大大简化大型 BGP 的配置工作。

接下来利用会话模板重写 Colorado 的 BGP 配置（见例 6-37）。peer-session AS100 应用于 Colorado 的所有 IBGP 对等体，peer-session Customers 应用于 Colorado 的所有三个 EBGP 对等体。这两个会话模板都继承了 peer-session Password（该会话模板为所有的内部和外部对等体定义了单一密码）。实际上，继承 peer-session Password 是 peer-session Customers 唯一的会话配置内容。虽然为所有内部和外部对等体使用单一密码的方式有待商榷，但本例的目的是希望说明与为每个邻居应用 **neighbor password** 语句相比，peer-session Customers 虽然没有节省任何配置步骤，但是如果定期更换网络中的密码（也应该如此），那么这种方式能够节省大量管理时间。只要在 peer-session Password 下更改一次密码，就可以更改 Colorado 所有邻居的密码。

例 6-37 利用会话模板重写 Colorado 的 BGP 配置

```
router bgp 100
 template peer-session AS100
  remote-as 100
  update-source Loopback0
  inherit peer-session Password
 exit-peer-session
 !
 template peer-session Password
  password 7 020507520E
 exit-peer-session
 !
 template peer-session Customers
  inherit peer-session Password
 exit-peer-session
 !
 bgp log-neighbor-changes
 neighbor 10.0.0.1 remote-as 200
 neighbor 10.0.0.1 inherit peer-session Customers
 neighbor 10.0.0.5 remote-as 300
 neighbor 10.0.0.5 inherit peer-session Customers
 neighbor 2001:DB8:1:255::2 inherit peer-session AS100
 neighbor 2001:DB8:1:255::3 inherit peer-session AS100
 neighbor 2001:DB8:A:3::2 remote-as 300
 neighbor 2001:DB8:A:3::2 inherit peer-session Customers
 neighbor 2001:DB8:A:4::2 remote-as 400
 neighbor 2001:DB8:A:4::2 inherit peer-session Customers
 neighbor 192.168.255.2 inherit peer-session AS100
 neighbor 192.168.255.3 inherit peer-session AS100
 !
 address-family ipv4
 neighbor 10.0.0.1 activate
 neighbor 10.0.0.5 activate
 no neighbor 2001:DB8:1:255::2 activate
 no neighbor 2001:DB8:1:255::3 activate
 no neighbor 2001:DB8:A:3::2 activate
 no neighbor 2001:DB8:A:4::2 activate
 neighbor 192.168.255.2 activate
 neighbor 192.168.255.2 next-hop-self
 neighbor 192.168.255.3 activate
 neighbor 192.168.255.3 next-hop-self
 no auto-summary
 no synchronization
 exit-address-family
 !
```

（待续）

```
 address-family ipv6
 neighbor 2001:DB8:1:255::2 activate
 neighbor 2001:DB8:1:255::2 next-hop-self
 neighbor 2001:DB8:1:255::3 activate
 neighbor 2001:DB8:1:255::3 next-hop-self
 neighbor 2001:DB8:A:3::2 activate
 neighbor 2001:DB8:A:4::2 activate
 exit-address-family
!
```

将例 6-37 的配置与例 6-35 进行对比，可以看出两种配置方式所配置的功能完全相同，而且所有 peer-session 模板都在 BGP 配置的全局部分应用到邻居上，而地址簇部分仅应用了路由策略。

例 6-38 表明 Colorado 配置的所有对等会话都已经成功建立，分析本章前面的图 6-4 可以看出，收到的前缀数量与希望每个 Colorado 对等体宣告的前缀数量相匹配。从 Washington 和 Vermont 的路由表可以看出（见例 6-39），图 6-4 中列出的前缀都已经分发到整个网络中了。

例 6-38 Colorado 所有的 EBGP 和 IBGP 会话均已建立

```
Colorado#show bgp all summary
For address family: IPv4 Unicast
BGP router identifier 192.168.255.1, local AS number 100
BGP table version is 43, main routing table version 43
18 network entries using 2160 bytes of memory
18 path entries using 936 bytes of memory
8/6 BGP path/bestpath attribute entries using 992 bytes of memory
7 BGP AS-PATH entries using 168 bytes of memory
0 BGP route-map cache entries using 0 bytes of memory
0 BGP filter-list cache entries using 0 bytes of memory
Bitfield cache entries: current 3 (at peak 4) using 96 bytes of memory
BGP using 4352 total bytes of memory
BGP activity 54/18 prefixes, 66/30 paths, scan interval 60 secs

Neighbor        V    AS MsgRcvd MsgSent   TblVer  InQ OutQ Up/Down  State/PfxRcd
10.0.0.1        4   200    4171    4181       43    0    0 2d21h           3
10.0.0.5        4   300    4170    4181       43    0    0 2d21h           3
192.168.255.2   4   100     436     438       43    0    0 07:10:12        6
192.168.255.3   4   100     435     438       43    0    0 07:09:32        6

For address family: IPv6 Unicast
BGP router identifier 192.168.255.1, local AS number 100
BGP table version is 55, main routing table version 55
18 network entries using 2736 bytes of memory
18 path entries using 1368 bytes of memory
8/6 BGP path/bestpath attribute entries using 992 bytes of memory
7 BGP AS-PATH entries using 168 bytes of memory
0 BGP route-map cache entries using 0 bytes of memory
0 BGP filter-list cache entries using 0 bytes of memory
Bitfield cache entries: current 3 (at peak 4) using 96 bytes of memory
BGP using 5360 total bytes of memory
BGP activity 54/18 prefixes, 66/30 paths, scan interval 60 secs

Neighbor        V    AS MsgRcvd MsgSent   TblVer  InQ OutQ Up/Down  State/PfxRcd
2001:DB8:1:255::2
                4   100     433     436       55    0    0 07:07:48        6
2001:DB8:1:255::3
                4   100     433     435       55    0    0 07:07:41        6
2001:DB8:A:3::2 4   300    4183    4194       55    0    0 2d21h           3
2001:DB8:A:4::2 4   400    4183    4196       55    0    0 2d21h           3
Colorado#
```

例 6-39 Washington 和 Vermont 的 IPv4 和 IPv6 单播路由表包含了图 6-4 中的所有前缀表项，表明在 AS100 中增加了 IBGP 之后，所有前缀都已宣告给了所有路由器

```
Washington#show ip route bgp
     10.0.0.0/8 is variably subnetted, 19 subnets, 2 masks
B       10.8.2.0/24 [20/0] via 10.0.0.33, 1d19h
B       10.8.3.0/24 [20/0] via 10.0.0.33, 1d19h
B       10.8.1.0/24 [20/0] via 10.0.0.33, 1d19h
B       10.3.1.0/24 [20/0] via 10.0.0.33, 09:18:53
B       10.2.1.0/24 [20/0] via 10.0.0.33, 09:18:53
B       10.3.3.0/24 [20/0] via 10.0.0.33, 09:18:53
B       10.2.2.0/24 [20/0] via 10.0.0.33, 09:18:53
B       10.3.2.0/24 [20/0] via 10.0.0.33, 09:18:53
B       10.2.3.0/24 [20/0] via 10.0.0.33, 09:18:53
B       10.5.3.0/24 [20/0] via 10.0.0.33, 3d01h
B       10.6.1.0/24 [20/0] via 10.0.0.33, 1d19h
B       10.5.2.0/24 [20/0] via 10.0.0.33, 3d01h
B       10.6.2.0/24 [20/0] via 10.0.0.33, 1d19h
B       10.5.1.0/24 [20/0] via 10.0.0.33, 3d01h
B       10.6.3.0/24 [20/0] via 10.0.0.33, 1d19h
Washington#
Washington#show ipv6 route bgp
IPv6 Routing Table - 21 entries
Codes: C - Connected, L - Local, S - Static, R - RIP, B - BGP
       U - Per-user Static route, M - MIPv6
       I1 - ISIS L1, I2 - ISIS L2, IA - ISIS interarea, IS - ISIS summary
       O - OSPF intra, OI - OSPF inter, OE1 - OSPF ext 1, OE2 - OSPF ext 2
       ON1 - OSPF NSSA ext 1, ON2 - OSPF NSSA ext 2
       D - EIGRP, EX - EIGRP external
B   2001:DB8:3:1::/64 [20/0]
     via FE80::C801:23FF:FE07:0, Serial1/0
B   2001:DB8:3:2::/64 [20/0]
     via FE80::C801:23FF:FE07:0, Serial1/0
B   2001:DB8:3:3::/64 [20/0]
     via FE80::C801:23FF:FE07:0, Serial1/0
B   2001:DB8:4:1::/64 [20/0]
     via FE80::C801:23FF:FE07:0, Serial1/0
B   2001:DB8:4:2::/64 [20/0]
     via FE80::C801:23FF:FE07:0, Serial1/0
B   2001:DB8:4:3::/64 [20/0]
     via FE80::C801:23FF:FE07:0, Serial1/0
B   2001:DB8:5:1::/64 [20/0]
     via FE80::C801:23FF:FE07:0, Serial1/0
B   2001:DB8:5:2::/64 [20/0]
     via FE80::C801:23FF:FE07:0, Serial1/0
B   2001:DB8:5:3::/64 [20/0]
     via FE80::C801:23FF:FE07:0, Serial1/0
B   2001:DB8:6:1::/64 [20/0]
     via FE80::C801:23FF:FE07:0, Serial1/0
B   2001:DB8:6:2::/64 [20/0]
     via FE80::C801:23FF:FE07:0, Serial1/0
B   2001:DB8:6:3::/64 [20/0]
     via FE80::C801:23FF:FE07:0, Serial1/0
B   2001:DB8:8:1::/64 [20/0]
     via FE80::C801:23FF:FE07:0, Serial1/0
B   2001:DB8:8:2::/64 [20/0]
     via FE80::C801:23FF:FE07:0, Serial1/0
B   2001:DB8:8:3::/64 [20/0]
     via FE80::C801:23FF:FE07:0, Serial1/0
Washington#
```

```
Vermont#show ip route bgp
     10.0.0.0/8 is variably subnetted, 19 subnets, 2 masks
B       10.8.2.0/24 [20/0] via 10.0.0.6, 09:35:18
B       10.8.3.0/24 [20/0] via 10.0.0.6, 09:35:18
B       10.8.1.0/24 [20/0] via 10.0.0.6, 09:35:18
```

（待续）

```
B       10.2.1.0/24 [20/0] via 10.0.0.6, 2d23h
B       10.2.2.0/24 [20/0] via 10.0.0.6, 2d23h
B       10.2.3.0/24 [20/0] via 10.0.0.6, 2d23h
B       10.7.1.0/24 [20/0] via 10.0.0.6, 09:36:20
B       10.5.3.0/24 [20/0] via 10.0.0.6, 09:36:20
B       10.6.1.0/24 [20/0] via 10.0.0.6, 09:35:18
B       10.5.2.0/24 [20/0] via 10.0.0.6, 09:36:20
B       10.7.3.0/24 [20/0] via 10.0.0.6, 09:36:20
B       10.6.2.0/24 [20/0] via 10.0.0.6, 09:35:18
B       10.5.1.0/24 [20/0] via 10.0.0.6, 09:36:20
B       10.7.2.0/24 [20/0] via 10.0.0.6, 09:36:20
B       10.6.3.0/24 [20/0] via 10.0.0.6, 09:35:18
Vermont#
Vermont#show ipv6 route bgp
IPv6 Routing Table - 21 entries
Codes: C - Connected, L - Local, S - Static, R - RIP, B - BGP
       U - Per-user Static route, M - MIPv6
       I1 - ISIS L1, I2 - ISIS L2, IA - ISIS interarea, IS - ISIS summary
       O - OSPF intra, OI - OSPF inter, OE1 - OSPF ext 1, OE2 - OSPF ext 2
       ON1 - OSPF NSSA ext 1, ON2 - OSPF NSSA ext 2
       D - EIGRP, EX - EIGRP external
B   2001:DB8:4:1::/64 [20/0]
     via FE80::C800:23FF:FE07:0, Serial1/0
B   2001:DB8:4:2::/64 [20/0]
     via FE80::C800:23FF:FE07:0, Serial1/0
B   2001:DB8:4:3::/64 [20/0]
     via FE80::C800:23FF:FE07:0, Serial1/0
B   2001:DB8:5:1::/64 [20/0]
     via FE80::C800:23FF:FE07:0, Serial1/0
B   2001:DB8:5:2::/64 [20/0]
     via FE80::C800:23FF:FE07:0, Serial1/0
B   2001:DB8:5:3::/64 [20/0]
     via FE80::C800:23FF:FE07:0, Serial1/0
B   2001:DB8:6:1::/64 [20/0]
     via FE80::C800:23FF:FE07:0, Serial1/0
B   2001:DB8:6:2::/64 [20/0]
     via FE80::C800:23FF:FE07:0, Serial1/0
B 2001:DB8:6:3::/64 [20/0]
     via FE80::C800:23FF:FE07:0, Serial1/0
B   2001:DB8:7:1::/64 [20/0]
     via FE80::C800:23FF:FE07:0, Serial1/0
B   2001:DB8:7:2::/64 [20/0]
     via FE80::C800:23FF:FE07:0, Serial1/0
B   2001:DB8:7:3::/64 [20/0]
     via FE80::C800:23FF:FE07:0, Serial1/0
B   2001:DB8:8:1::/64 [20/0]
     via FE80::C800:23FF:FE07:0, Serial1/0
B   2001:DB8:8:2::/64 [20/0]
     via FE80::C800:23FF:FE07:0, Serial1/0
B   2001:DB8:8:3::/64 [20/0]
     via FE80::C800:23FF:FE07:0, Serial1/0
Vermont#
```

6.3.8 案例研究：多协议策略配置

完成了图 6-4 所示网络的全部功能以及 peer-session 模板的配置之后，接下来最好的方式是分析一些策略案例。本节的目的不是检查 BGP 的大量可用策略（如第 4 章和第 5 章所述），而是希望通过一些案例了解在 MBGP 配置之后应用策略的方法。请注意，适用于 IPv4 单播路由的策略选项（如前缀过滤、团体属性 LOCAL_PREF 和 MED 等）也同样适用于 IPv6 单播路由。

本章已经两次利用策略来更改 California 和 Washington 宣告的部分路由的下一跳地址，本节将继续讨论策略的应用问题。

图 6-11 显示了新策略的应用场景，本例根据各个自治系统与 AS100 的关系，将前面讨论的示例网络进行了重新组合：将这些自治系统分别归属到客户 AS、合作伙伴 AS 和服务提供商 AS。应用策略的目的是实现以下规则：

- 客户 AS300 接收所有合作伙伴以及服务提供商的前缀（属于“高级客户”）；
- 客户 AS200 和 AS400 只接收默认路由（属于“标准客户”）；
- 服务提供商接收所有客户的前缀；
- 服务提供商接收合作伙伴的前缀，但附加 AS_PATH 属性（让 AS100 成为去往合作伙伴网络的次优路径）；
- 合作伙伴接收服务提供商的前缀，但 MED 为 20（此处假设合作伙伴拥有自己的服务提供商连接[未显示在图 6-11 中]，仅将 AS100 用作备用 Internet 接入）；
- 合作伙伴接收客户 AS300 的前缀，但是不接收 AS200 或 AS400 的前缀（标准客户不直接访问合作伙伴的业务）。

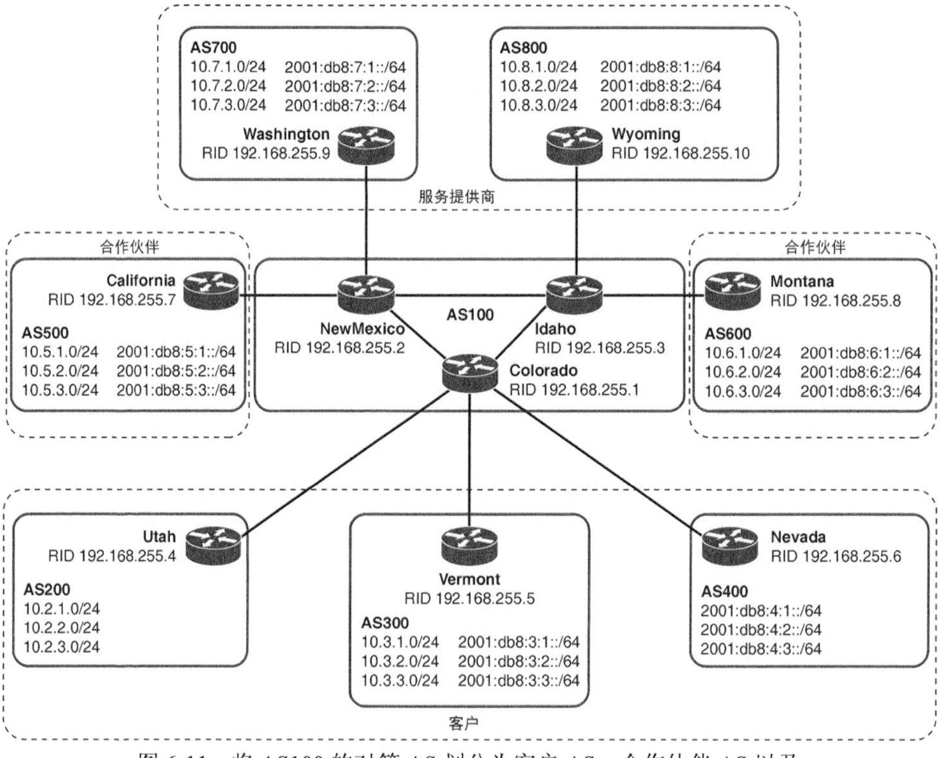

图 6-11 将 AS100 的对等 AS 划分为客户 AS、合作伙伴 AS 以及服务提供商 AS，从而为这些 AS 应用策略

第一步就是确定每个策略所要应用的前缀，此时完全可以使用前缀过滤器，不过本例选用的是团体属性，原因有二：

- 可以在前缀宣告到 AS100 中的位置为前缀附加一个或多个团体属性，从而可以避免在将要应用策略的每台路由器上都重复配置冗长的前缀列表；
- 此处定义的策略将要用于某个 AS 或一组 AS 的所有前缀，为指定 AS 宣告的所有前缀分配定义明确的团体属性，就可以允许自治系统在不修改 AS100 前缀列表的情况下任意添加或删除前缀。

表 6-1 列出了将要用来实施 AS 间规则的团体属性值，使用的是 AA:NN 格式。其中的 NN 定义的是客户类型（10 表示标准客户，15 表示高级客户，20 表示合作伙伴，30 表示服务提供商），AA 值是宣告前缀的 ASN。虽然并没有用在本例定义的策略中，但是按照这种方式设置 AA 值可以根据发起端 AS、此处定义的对等体类型或者两者来识别前缀。

表 6-1　本例将要使用的团体属性值

对等体 AS	类型	团体属性
200	标准客户	200:10
300	标准客户	400:10
400	高级客户	300:15
500	合作伙伴	500:20
600	合作伙伴	600:20
700	服务提供商	700:30
800	服务提供商	800:30

例 6-40 给出了 Colorado 增加策略（为三个客户 AS 宣告的前缀添加团体属性）后的配置信息，虽然看起来配置内容很多，但绝大多数配置都已经在前面的示例中完成了，因而本例中的绝大多数内容并不陌生。与例 6-37 使用会话模板保持一致，本例也使用了策略模板，在一开始就定义了 **template peer-policy Customer**，并引用 **route-map Customers** 作为入站策略过滤器。

请注意客户策略的应用位置：属于客户 AS 的所有邻居都继承了该策略（无论该邻居的地址是 IPv4 地址还是 IPv6 地址）。由于这是一个策略，因而需要应用在 BGP 配置的地址簇配置段下，而不是应用在 BGP 配置中与会话相关的全局配置段下。还需要注意的是，单次调用路由映射之后，就可以应用到每个邻居上，而不用在策略模板下进行配置，然后再为每个相关邻居都添加 **neighbor inherit peer-policy Customer** 语句。但是，这种配置方式不但与已经使用的会话模板配置保持一致，而且还可以在以后需要的时候为同一个模板增加其他策略。

例 6-40　修改 Colorado 的配置，从而为客户宣告的前缀增加团体属性

```
router bgp 100
 template peer-policy Customer
  route-map Customers in
 exit-peer-policy
 !
 template peer-policy AS100
  next-hop-self
  send-community
 exit-peer-policy
 !
 template peer-session AS100
  remote-as 100
  update-source Loopback0
  inherit peer-session Password
 exit-peer-session
 !
 template peer-session Password
  password 7 020507520E
 exit-peer-session
 !
 template peer-session Customers
  inherit peer-session Password
 exit-peer-session
 !
```

（待续）

```
 bgp log-neighbor-changes
 neighbor 10.0.0.1 remote-as 200
 neighbor 10.0.0.1 inherit peer-session Customers
 neighbor 10.0.0.5 remote-as 300
 neighbor 10.0.0.5 inherit peer-session Customers
 neighbor 2001:DB8:1:255::2 inherit peer-session AS100
 neighbor 2001:DB8:1:255::3 inherit peer-session AS100
 neighbor 2001:DB8:A:3::2 remote-as 300
 neighbor 2001:DB8:A:3::2 inherit peer-session Customers
 neighbor 2001:DB8:A:4::2 remote-as 400
 neighbor 2001:DB8:A:4::2 inherit peer-session Customers
 neighbor 192.168.255.2 inherit peer-session AS100
 neighbor 192.168.255.3 inherit peer-session AS100
 !
 address-family ipv4
 neighbor 10.0.0.1 activate
 neighbor 10.0.0.1 inherit peer-policy Customer
 neighbor 10.0.0.5 activate
 neighbor 10.0.0.5 inherit peer-policy Customer
 no neighbor 2001:DB8:1:255::2 activate
 no neighbor 2001:DB8:1:255::3 activate
 no neighbor 2001:DB8:A:3::2 activate
 no neighbor 2001:DB8:A:4::2 activate
 neighbor 192.168.255.2 activate
 neighbor 192.168.255.2 inherit peer-policy AS100
 neighbor 192.168.255.3 activate
 neighbor 192.168.255.3 inherit peer-policy AS100
 no auto-summary
 no synchronization
 exit-address-family
 !
 address-family ipv6
 neighbor 2001:DB8:1:255::2 activate
 neighbor 2001:DB8:1:255::2 inherit peer-policy AS100
 neighbor 2001:DB8:1:255::3 activate
 neighbor 2001:DB8:1:255::3 inherit peer-policy AS100
 neighbor 2001:DB8:A:3::2 activate
 neighbor 2001:DB8:A:3::2 inherit peer-policy Customer
 neighbor 2001:DB8:A:4::2 activate
 neighbor 2001:DB8:A:4::2 inherit peer-policy Customer
 exit-address-family
!
ip bgp-community new-format
!
ip prefix-list AS_200 seq 5 permit 10.2.0.0/16 le 24
!
ip prefix-list AS_300 seq 5 permit 10.3.0.0/16 le 24
!
ip prefix-list NULL seq 5 deny 0.0.0.0/0
!
ipv6 prefix-list AS_300 seq 5 permit 2001:DB8:3::/48 le 64
!
ipv6 prefix-list AS_400 seq 5 permit 2001:DB8:4::/48 le 64
!
ipv6 prefix-list NULL seq 5 deny ::/0
!
route-map Customers permit 10
 match ip address prefix-list
 match ipv6 address prefix-list NULL
 set community 200:10
!
route-map Customers permit 20
 match ip address prefix-list AS_300
 match ipv6 address prefix-list AS_300
 set community 300:15
!
route-map Customers permit 30
 match ip address prefix-list NULL
 match ipv6 address prefix-list AS_400
 set community 400:10
!
```

策略模板引用的路由映射名为 Customers（见例 6-40 的配置末尾）。该路由映射包含三个序列，分别对应于三个客户 AS，每个序列都有一个引用前缀列表的 IPv4 匹配条件和一个 IPv6 匹配条件，并根据表 6-1 为匹配前缀设置相应的团体属性。

必须注意该路由映射的构成，因为该路由映射同时用于 IPv4 和 IPv6 邻居，并且同时为 IPv4 和 IPv6 前缀使用匹配条件。在 AS200 没有宣告 IPv6 前缀的情况下，路由映射序列 10（例如）中出现 IPv6 匹配条件似乎有些不寻常，而且引用的 IPv6 前缀列表（名为 NULL）也仅仅是为了拒绝所有 IPv6 前缀。应用于 AS300 的序列 30 则正好相反，该 AS 没有 IPv4 前缀，但路由映射却引用了拒绝所有 IPv4 前缀的前缀列表（名为 NULL）。

不过，理解了路由映射的顺序处理规则之后就没有问题了。由于在同一个序列中同时过滤 IPv4 路由和 IPv6 路由，因而必须注意每条前缀都会命中正确的匹配条件。针对本配置来说：

- AS200 中的所有 IPv4 前缀均匹配序列 10 中的 IPv4 前缀列表，因而设置团体属性值 200:10；
- AS300 无 IPv4 前缀匹配序列 10 中的 IPv4 前缀列表，因而进入序列 20，此时匹配 IPv4 前缀列表，因而设置团体属性值 300:15；
- AS300 的 IPv6 前缀首先经过序列 10，序列 10 的前缀列表 NULL 拒绝 IPv6 前缀（如果没有该匹配条件，那么 IPv6 路由将匹配序列 10 中的默认允许全部），然后这些 IPv6 前缀继续进入序列 20，并匹配其中的 IPv6 前缀列表，因而设置团体属性 300:15；
- AS400 的 IPv6 前缀与序列 10 不匹配（因为其中的前缀列表 NULL 拒绝所有的 IPv6 前缀），而且也不匹配序列 20 的 IPv6 前缀列表，因而进入序列 30 并匹配其中的 IPv6 前缀列表，从而设置团体属性 400:10；
- 序列 30 中的 IPv4 前缀列表 NULL 对所有路由都没有作用，列在其中的原因是保持配置的一致性，以帮助大家理解每个序列中的 IPv4 和 IPv6 前缀列表的操作。

最后需要注意的就是创建了一个名为 AS100 的策略模板，所有 IPv4 和 IPv6 内部对等体都继承了该策略模板。与策略 Customer 一样，该策略模板也用于 BGP 配置的地址簇配置段下。该策略加入了 **send-community** 语句，目的是让 BGP 在向相关邻居宣告路由时携带团体属性。将例 6-40 与例 6-37 中的 Colorado 的 MBGP 配置进行对比，可以看出删除了地址簇配置段下 IBGP 邻居的 **neighbor next-hop-self** 语句，同时为策略模板 AS100 增加了 **next-hop-self** 语句，两者的效果完全相同，这里只是将策略语句都合并到了策略模板中。

注： 一种可选配置方式就是利用 AS_PATH 访问列表来设置入站策略（例如，名为 Standard_Customer 和 Premium_Customer），这些策略将匹配指定 AS 宣告的所有前缀。

考虑这两种配置方式时有一个平衡点，AS_PATH 过滤器访问列表更容易修改（随着标准客户和高级客户的增加或删除），而例 6-40 使用的策略修改起来比较麻烦，但是能够更精确地控制接受和标记哪些前缀。

可以在路由器 Idaho 上观察 Colorado 的配置运行结果（见例 6-41）。首先利用 **show bgp all community** 命令显示所有携带团体属性的 BGP 路由，可以看出仅显示了客户前缀。接着在 **show bgp all community** 命令中指定例 6-40 分配的三个不同的团体属性值，显示每种团体属性值的前缀信息。最后，利用 **show bgp ipv6 unicast 2001:db8:4:3::/64** 命令显示去往 Idaho BGP 表中该前缀的路由的详细信息，不仅能够看到已分配的团体属性值，而且

还能看到 **next-hop-self** 策略已经正确更改了从 EBGP 学到的去往 Colorado 环回地址 2001:db8:1:255::1 的路由的下一跳。

例 6-41 可以在 Idaho 的 BGP 表中观察 Colorado 的团体策略运行结果

```
Idaho#show bgp all community
For address family: IPv4 Unicast
BGP table version is 103, local router ID is 192.168.255.3
Status codes: s suppressed, d damped, h history, * valid, > best, i - internal,
              r RIB-failure, S Stale
Origin codes: i - IGP, e - EGP, ? - incomplete

   Network          Next Hop            Metric LocPrf Weight Path
*>i10.2.1.0/24     192.168.255.1            0    100      0 200 i
*>i10.2.2.0/24     192.168.255.1            0    100      0 200 i
*>i10.2.3.0/24     192.168.255.1            0    100      0 200 i
*>i10.3.1.0/24     192.168.255.1            0    100      0 300 i
*>i10.3.2.0/24     192.168.255.1            0    100      0 300 i
*>i10.3.3.0/24     192.168.255.1            0    100      0 300 i

For address family: IPv6 Unicast
BGP table version is 103, local router ID is 192.168.255.3
Status codes: s suppressed, d damped, h history, * valid, > best, i - internal,
              r RIB-failure, S Stale
Origin codes: i - IGP, e - EGP, ? - incomplete

   Network          Next Hop            Metric LocPrf Weight Path
*>i2001:DB8:3:1::/64
                    2001:DB8:1:255::1
                                             0    100      0 300 i
*>i2001:DB8:3:2::/64
                    2001:DB8:1:255::1
                                             0    100      0 300 i
*>i2001:DB8:3:3::/64
                    2001:DB8:1:255::1
                                             0    100      0 300 i
*>i2001:DB8:4:1::/64
                    2001:DB8:1:255::1
                                             0    100      0 400 i
*>i2001:DB8:4:2::/64
                    2001:DB8:1:255::1
                                             0    100      0 400 i
*>i2001:DB8:4:3::/64
   Network          Next Hop            Metric LocPrf Weight Path
                    2001:DB8:1:255::1
                                             0    100      0 400 i
Idaho#
Idaho#show bgp all community 200:10
For address family: IPv4 Unicast
BGP table version is 103, local router ID is 192.168.255.3
Status codes: s suppressed, d damped, h history, * valid, > best, i - internal,
              r RIB-failure, S Stale
Origin codes: i - IGP, e - EGP, ? - incomplete

   Network          Next Hop            Metric LocPrf Weight Path
*>i10.2.1.0/24      192.168.255.1            0    100      0 200 i
*>i10.2.2.0/24      192.168.255.1            0    100      0 200 i
*>i10.2.3.0/24      192.168.255.1            0    100      0 200 i
For address family: IPv6 Unicast
Idaho#
Idaho#show bgp all community 300:15
For address family: IPv4 Unicast
BGP table version is 103, local router ID is 192.168.255.3
Status codes: s suppressed, d damped, h history, * valid, > best, i - internal,
              r RIB-failure, S Stale
Origin codes: i - IGP, e - EGP, ? - incomplete
```

（待续）

```
   Network          Next Hop            Metric LocPrf Weight Path
*>i10.3.1.0/24     192.168.255.1            0    100      0 300 i
*>i10.3.2.0/24     192.168.255.1            0    100      0 300 i
*>i10.3.3.0/24     192.168.255.1            0    100      0 300 i

For address family: IPv6 Unicast
BGP table version is 103, local router ID is 192.168.255.3
Status codes: s suppressed, d damped, h history, * valid, > best, i - internal,
              r RIB-failure, S Stale
Origin codes: i - IGP, e - EGP, ? - incomplete

   Network          Next Hop            Metric LocPrf Weight Path
*>i2001:DB8:3:1::/64
                    2001:DB8:1:255::1
                                            0    100      0 300 i
*>i2001:DB8:3:2::/64
                    2001:DB8:1:255::1
                                            0    100      0 300 i
*>i2001:DB8:3:3::/64
                    2001:DB8:1:255::1
                                            0    100      0 300 i
Idaho#
Idaho#show bgp all community 400:10
For address family: IPv4 Unicast

For address family: IPv6 Unicast
BGP table version is 103, local router ID is 192.168.255.3
Status codes: s suppressed, d damped, h history, * valid, > best, i - internal,
              r RIB-failure, S Stale
Origin codes: i - IGP, e - EGP, ? - incomplete

   Network          Next Hop            Metric LocPrf Weight Path
*>i2001:DB8:4:1::/64
                    2001:DB8:1:255::1
                                            0    100      0 400 i
*>i2001:DB8:4:2::/64
                    2001:DB8:1:255::1
                                            0    100      0 400 i
*>i2001:DB8:4:3::/64
                    2001:DB8:1:255::1
                                            0    100      0 400 i
Idaho#
Idaho#show bgp ipv6 unicast 2001:db8:4:3::/64
BGP routing table entry for 2001:DB8:4:3::/64, version 101
Paths: (1 available, best #1, table Global-IPv6-Table)
  Advertised to update-groups:
        1
  400
    2001:DB8:1:255::1 (metric 64) from 2001:DB8:1:255::1 (192.168.255.1)
      Origin IGP, metric 0, localpref 100, valid, internal, best
      Community: 400:10
Idaho#
```

确定了 Colorado 的团体属性分配正确之后，接下来还需要配置路由器 NewMexico（见例 6-42）。前面曾经将 NewMexico 配置为通过 IPv4 TCP 会话与 California 建立对等会话，并通过 IPv6 TCP 会话与 Washington 建立对等会话（见图 6-6），虽然需要利用一些奇怪的策略以保证正确接收路由宣告并安装到单播路由表中，但都通过这些连接收到了 IPv4 和 IPv6 路由（具体配置见例 6-20）。在最后离开 NewMexico 之前，还分别为其与 Colorado 和 Idaho 配置了 IPv4 和 IPv6 IBGP 对等会话，而且例 6-36 没有显示定义策略的路由映射和前缀列表，因而在例 6-42 中重复列出了 NewMexico 的完整配置信息，以免大家来回翻查前面的配置示例。由于接下来需要对 NewMexico 的配置做一些修改，因而建议大家仔细梳理一下 NewMexico 的已有配置。

例 6-42 在例 6-38 增加 IBGP 配置之后的 NewMexico 配置情况

```
router bgp 100
 bgp log-neighbor-changes
 neighbor 10.0.0.38 remote-as 500
 neighbor 10.0.0.38 ebgp-multihop 2
 neighbor 2001:DB8:1:255::1 remote-as 100
 neighbor 2001:DB8:1:255::1 password 7 0110050D5E
 neighbor 2001:DB8:1:255::1 update-source Loopback0
 neighbor 2001:DB8:1:255::3 remote-as 100
 neighbor 2001:DB8:1:255::3 password 7 121A061E17
 neighbor 2001:DB8:1:255::3 update-source Loopback0
 neighbor 2001:DB8:A:7::2 remote-as 700
 neighbor 192.168.255.1 remote-as 100
 neighbor 192.168.255.1 password 7 0110050D5E
 neighbor 192.168.255.1 update-source Loopback0
 neighbor 192.168.255.3 remote-as 100
 neighbor 192.168.255.3 password 7 0007100F01
 neighbor 192.168.255.3 update-source Loopback0
 !
 address-family ipv4
 neighbor 10.0.0.38 activate
 no neighbor 2001:DB8:1:255::1 activate
 no neighbor 2001:DB8:1:255::3 activate
 neighbor 2001:DB8:A:7::2 activate
 neighbor 2001:DB8:A:7::2 route-map v4-Routes-to-Washington out
 neighbor 192.168.255.1 activate
 neighbor 192.168.255.1 next-hop-self
 neighbor 192.168.255.3 activate
 neighbor 192.168.255.3 next-hop-self
 no auto-summary
 no synchronization
 exit-address-family
 !
 address-family ipv6
 neighbor 10.0.0.38 activate
 neighbor 10.0.0.38 route-map v6-Routes-to-California out
 neighbor 2001:DB8:1:255::1 activate
 neighbor 2001:DB8:1:255::1 next-hop-self
 neighbor 2001:DB8:1:255::3 activate
 neighbor 2001:DB8:1:255::3 next-hop-self
 neighbor 2001:DB8:A:7::2 activate
 exit-address-family
!
ip prefix-list v4-Routes seq 5 permit 10.0.0.0/8 le 24
!
ipv6 prefix-list v6-Routes seq 5 permit 2001:DB8::/32 le 64
!
route-map v6-Routes-to-California permit 10
 match ipv6 address prefix-list v6-Routes
 set ipv6 next-hop 2001:DB8:A:5::1
!
route-map v4-Routes-to-Washington permit 10
 match ip address prefix-list v4-Routes
 set ip next-hop 10.0.0.33
!
```

例 6-43 显示了 NewMexico 利用策略模板和会话模板改写后的配置信息。例 6-42 配置的所有策略都在，只是采用了模板格式。具体而言，引用路由映射 **v6-Routes-to-California** 和 **v4-Routes-to-Washington** 的出站策略仍然存在，工作方式也与以前相同，只是将它们分别移到了策略模板 AS500 和 AS700 中，而不是直接应用到邻居上。

策略模板 AS500 和 AS700 还增加了入站策略，模板 AS500 中的入站策略 **Partner** 将从 California 收到的合作伙伴 IPv4 和 IPv6 前缀的团体属性标记为 500:20（基于表 6-1）。与此相似，模板 AS700 中的入站策略 **Service_Provider** 将从 Washington 收到的服务提供商 IPv4 和 IPv6 前缀的团体属性标记为 700:30。

此外还有一个名为 AS100 的策略模板，负责应用由所有 IBGP 对等体共享的 next-hop-self 和 sendcommunity 策略。

例 6-43 修改 NewMexico 的配置，为 AS500 合作伙伴以及 AS700 服务提供商宣告的前缀添加团体属性

```
router bgp 100
 template peer-policy AS500
  route-map Partner in
  route-map v6-Routes-to-California out
 exit-peer-policy
 !
 template peer-policy AS700
  route-map Service_Provider in
  route-map v4-Routes-to-Washington out
 exit-peer-policy
 !
 template peer-policy AS100
  next-hop-self
  send-community
 exit-peer-policy
 !
 template peer-session Password
  password 7 0508050624
 exit-peer-session
 !
 template peer-session AS500
  remote-as 500
  ebgp-multihop 2
  inherit peer-session Password
 exit-peer-session
 !
 template peer-session AS700
  remote-as 700
  inherit peer-session Password
 exit-peer-session
 !
 template peer-session AS100
  remote-as 100
  update-source Loopback0
  inherit peer-session Password
 exit-peer-session
 !
 bgp log-neighbor-changes
 neighbor 10.0.0.38 inherit peer-session AS500
 neighbor 2001:DB8:1:255::1 inherit peer-session AS100
 neighbor 2001:DB8:1:255::3 inherit peer-session AS100
 neighbor 2001:DB8:A:7::2 inherit peer-session AS700
 neighbor 192.168.255.1 inherit peer-session AS100
 neighbor 192.168.255.3 inherit peer-session AS100
 !
 address-family ipv4
 neighbor 10.0.0.38 activate
 neighbor 10.0.0.38 inherit peer-policy AS500
 no neighbor 2001:DB8:1:255::1 activate
 no neighbor 2001:DB8:1:255::3 activate
 neighbor 2001:DB8:A:7::2 activate
 neighbor 2001:DB8:A:7::2 inherit peer-policy AS700
 neighbor 192.168.255.1 activate
 neighbor 192.168.255.1 inherit peer-policy AS100
 neighbor 192.168.255.3 activate
 neighbor 192.168.255.3 inherit peer-policy AS100
```

（待续）

```
 no auto-summary
 no synchronization
 exit-address-family
 !
 address-family ipv6
 neighbor 10.0.0.38 activate
 neighbor 10.0.0.38 inherit peer-policy AS500
 neighbor 2001:DB8:1:255::1 activate
 neighbor 2001:DB8:1:255::1 inherit peer-policy AS100
 neighbor 2001:DB8:1:255::3 activate
 neighbor 2001:DB8:1:255::3 inherit peer-policy AS100
 neighbor 2001:DB8:A:7::2 activate
 neighbor 2001:DB8:A:7::2 inherit peer-policy AS700
 exit-address-family
!
ip bgp-community new-format
!
ip as-path access-list 20 permit ^500_
ip as-path access-list 30 permit ^700_
!
ip prefix-list v4-Routes seq 5 permit 10.0.0.0/8 le 24
!
ipv6 prefix-list v6-Routes seq 5 permit 2001:DB8::/32 le 64
!
route-map Service_Provider permit 10
 match as-path 30
 set community 700:30
!
route-map Partner permit 10
 match as-path 20
 set community 500:20
!
route-map v6-Routes-to-California permit 10
 match ipv6 address prefix-list v6-Routes
 set ipv6 next-hop 2001:DB8:A:5::1
!
route-map v4-Routes-to-Washington permit 10
 match ip address prefix-list v4-Routes
 set ip next-hop 10.0.0.33
!
```

在配置文件的末尾可以看到两个路由映射，负责更改由前缀列表标识的前缀的下一跳地址。与例 6-42 相比没有发生任何变化，我们感兴趣的是两个名为 **Partner** 和 **Service_Provider** 的路由映射，它们分别被策略模板 AS500 和 AS700 所引用，这两个路由映射引用的是 AS_PATH 访问列表，而不是前缀列表。路由映射 **Service_Provider** 利用访问列表 30 标识 AS_PATH 列表起始值为 ASN 700 的路由（表明这些路由是由 AS700 宣告的路由），并为这些路由增加团体属性值 700:30。路由映射 **Partner** 则利用访问列表 20 标识 AS_PATH 列表起始值为 ASN 500 的路由，并为这些路由增加团体属性值 500:20。

注：本例使用 AS_PATH 访问列表的目的是为大家提供一种可选的配置方式，不过这种配置方式在实际应用中有好有坏。对于合作伙伴对等会话来说，前缀列表可能是标识入站前缀的更佳选择，因为与客户对等会话一样，有可能希望更精确地控制某些特定前缀。但是对于服务提供商来说，基本上都会选择利用 AS_PATH 来标识前缀，这是因为服务提供商宣告的前缀数量过于庞大、种类也非常繁多，而且还会经常发生变化（如果接受 Internet 全路由，那么将超过 50 万条前缀），因而访问列表是一种相对可行的前缀标识方法。

接下来将注意力转到例 6-43 开头的会话模板配置上。首先是一个名为 Password 的会话模板，其他的所有会话模板均继承了该模板。然后分别为 AS500、AS700 和 AS100 定义了相应的会话模板，从而为这些自治系统中的对等体定义会话特性。同样，此处也没有做任何功能上的修改，只是将通用配置参数全都移到了会话模板中。

注：此处对 EBGP 对等体的密码配置做了局部修改（之前的配置没有为外部对等体应用密码），路由器 California 和 Washington 也据此做了相应的配置修改。采用这种密码配置方式的原因也是为了强调模板内的继承性，不过对于实际网络来说，几乎没有人会为 IBGP 对等体和 EBGP 对等体使用相同的密码，通常应该为一个或多个外部密码配置独立的模板或者直接为每个外部邻居使用唯一的密码。

需要注意的是，本例为策略模板和会话模板使用了相同的名字：AS100、AS500 和 AS700。为用于相同邻居的策略模板和会话模板使用相同模板名有意义吗？或者说是否会产生混淆呢？在名字的选择上，当然应该选择自己认为最有意义的名字或者符合本组织机构命名规则的名字。不过，区分本例的不同名字也很简单，只要注意到特定模板名（如 AS100）实例与策略模板相关联还是与会话模板相关联即可。

对于本例配置来说，为会话模板和策略模板使用相同的模板名并不会任何产生混淆，因为会话模板始终用于全局配置段，而策略模板则始终用于地址簇配置段。

由于到 California（10.0.0.38）有一条 IPv4 会话，因而该邻居继承了会话模板 AS500。由于到 Washington（2001:db8:a:7::2）有一条 IPv6 TCP 会话，因而该邻居继承了会话模板 AS700。由于为内部对等体 Colorado 和 Idaho 配置了独立的 IPv4 和 IPv6 会话，因而可以从配置中看出两个 IPv4 邻居和两个 IPv6 邻居继承了会话模板 AS100。

通过本例需要认识到的一个重要的经验就是指定各个邻居地址的位置以及在地址簇配置中应用策略的位置。虽然已经在前面 NewMexico 的配置中做了一定的强调，但仍有必要再复习一遍。

最简单的邻居配置就是 IBGP 邻居 Colorado（192.168.255.1 和 2001:db8:1:255::1）和 Idaho（192.168.255.3 和 2001:db8:1:255::3）的配置。IPv4 路由通过 IPv4 TCP 会话进行交换，IPv6 路由通过 IPv6 TCP 会话进行交换，因而可以看出这两台路由器的 IPv4 地址是在 IPv4 地址簇下激活的，IPv6 地址则是在 IPv6 地址簇下激活的，而所有的这 4 条会话则共同继承了应用 next-hop-self 和 send-community 策略的策略模板 AS100。

NewMexico 通过单条 IPv4 TCP 会话与 California 交换 IPv4 和 IPv6 路由。该 IPv4 连接的 California 侧是 10.0.0.38。该地址在 IPv4 地址簇下被激活，而且虽然这是一个 IPv4 地址，但也同时在 IPv6 地址簇下被激活。如果没有在 IPv6 地址簇下激活该地址，那么就无法通过该连接交换 IPv6 路由。该对等会话继承了策略模板 AS500，策略模板 AS500 指定了入站策略（为 California 宣告的路由添加团体属性值）和出站策略（修改宣告给 California 的 IPv6 路由的下一跳地址）。需要注意的是，该策略被同时用于 IPv4 和 IPv6 地址簇下的对等会话，否则就无法为两种地址类型的前缀添加团体属性值。此外，在 IPv4 地址簇下应用修改被宣告的 IPv6 路由的下一跳地址的出站策略是完全没有问题。不过由于路由映射 v6-Routes-to-California 忽略了 IPv4 路由，因而此处的出站策略没有产生任何效果。

理解了到 California 的 IPv4 会话的配置方式，就很容易理解到 Washington 的会话配置方式。此时需要通过单条 IPv6 会话交换 IPv4 和 IPv6 路由。该 IPv6 会话的 Washington 侧是

2001:db8:a:7::2，该地址同时在 IPv4 和 IPv6 地址簇下被激活，而且策略模板 AS700 也同时用于这两个地址簇下。由于出站策略（更改被宣告的 IPv4 路由的下一跳地址）的路由映射 v4-Routes-to-Washington 忽略了 IPv6 路由，因而在 IPv6 地址簇下应用的出站策略没有产生任何效果。与 California 一样，必须在两个地址簇下应用策略模板，这样才能为收到的 IPv4 和 IPv6 路由增加相应的团体属性值。

当然，一个大问题就是"团体属性策略起作用了吗"？从表 6-1 可以看出，合作伙伴 AS500 宣告来的所有前缀都应该属于团体属性 500:20，服务提供商 AS700 宣告来的所有前缀都应该属于团体属性 700:30，从例 6-44 的输出结果可以看出情况完全正确。

例 6-44 已经将来自 AS500 的 IPv4 和 IPv6 路由添加了团体属性值 500:20，将来自 AS700 的 IPv4 和 IPv6 路由添加了团体属性值 700:30

```
NewMexico#show ip bgp all community 500:20
For address family: IPv4 Unicast
BGP table version is 19, local router ID is 192.168.255.2
Status codes: s suppressed, d damped, h history, * valid, > best, i - internal,
              r RIB-failure, S Stale
Origin codes: i - IGP, e - EGP, ? - incomplete

   Network          Next Hop            Metric LocPrf Weight Path
*> 10.5.1.0/24      10.0.0.38                0             0 500 i
*> 10.5.2.0/24      10.0.0.38                0             0 500 i
*> 10.5.3.0/24      10.0.0.38                0             0 500 i

For address family: IPv6 Unicast
BGP table version is 19, local router ID is 192.168.255.2
Status codes: s suppressed, d damped, h history, * valid, > best, i - internal,
              r RIB-failure, S Stale
Origin codes: i - IGP, e - EGP, ? - incomplete

   Network          Next Hop            Metric LocPrf Weight Path
*> 2001:DB8:5:1::/64
                    2001:DB8:A:5::2          0             0 500 i
*> 2001:DB8:5:2::/64
                    2001:DB8:A:5::2          0             0 500 i
*> 2001:DB8:5:3::/64
                    2001:DB8:A:5::2          0             0 500 i
NewMexico#
NewMexico#show ip bgp all community 700:30
For address family: IPv4 Unicast
BGP table version is 19, local router ID is 192.168.255.2
Status codes: s suppressed, d damped, h history, * valid, > best, i - internal,
              r RIB-failure, S Stale
Origin codes: i - IGP, e - EGP, ? - incomplete

   Network          Next Hop            Metric LocPrf Weight Path
*> 10.7.1.0/24      10.0.0.34                0             0 700 i
*> 10.7.2.0/24      10.0.0.34                0             0 700 i
*> 10.7.3.0/24      10.0.0.34                0             0 700 i

For address family: IPv6 Unicast
BGP table version is 19, local router ID is 192.168.255.2
Status codes: s suppressed, d damped, h history, * valid, > best, i - internal,
              r RIB-failure, S Stale
Origin codes: i - IGP, e - EGP, ? - incomplete

   Network          Next Hop            Metric LocPrf Weight Path
*> 2001:DB8:7:1::/64
                    2001:DB8:A:7::2          0             0 700 i
*> 2001:DB8:7:2::/64
                    2001:DB8:A:7::2          0             0 700 i
*> 2001:DB8:7:3::/64
                    2001:DB8:A:7::2          0             0 700 i
NewMexico#
```

最后分析 AS100 中的第三台路由器 Idaho（见图 6-11）。前面曾经说过，为路由器 Idaho 的外部对等体配置了独立的 IPv4 和 IPv6 会话（见例 6-27），而且 IBGP 会话也分为独立的 IPv4 和 IPv6 会话，因而 Idaho 的团体属性策略应用方式比 NewMexico 更为直观。Idaho 与 Wyoming（AS800）在两个直连接口地址之间进行对等，与 Montana（AS600）在两个环回接口之间（通过一条 IP 无编号链路）进行对等。

与 Colorado 和 NewMexico 一样，也利用会话模板和策略模板重新改写了 Idaho 的配置，并为其增加了团体属性策略（见例 6-45）。对模板的使用越熟悉，就越容易掌握邻居会话以及地址簇的配置方式。掌握了 Colorado 和 NewMexico 的配置之后，就很容易理解此处的 Idaho 配置了。需要注意的是，由于所有的 Idaho 对等会话都遵循“通过 IPv4 会话交换 IPv4 路由和通过 IPv6 会话交换 IPv6 路由”的原则，因而不会对地址簇配置段下的配置产生混淆。

例 6-45 修改 Idaho 的配置，为 AS600 合作伙伴和 AS800 服务提供商宣告的前缀增加团体属性值

```
router bgp 100
 template peer-policy AS600
  route-map Partner in
 exit-peer-policy
 !
 template peer-policy AS800
  route-map Service_Provider in
 exit-peer-policy
 !
 template peer-policy AS100
  next-hop-self
  send-community
 exit-peer-policy
 !
 template peer-session Password
  password 7 08224F470C
 exit-peer-session
 !
 template peer-session AS600
  remote-as 600
  ebgp-multihop 2
  update-source Loopback0
  inherit peer-session Password
 exit-peer-session
 !
 template peer-session AS800
  remote-as 800
  inherit peer-session Password
 exit-peer-session
 !
 template peer-session AS100
  remote-as 100
  update-source Loopback0
  inherit peer-session Password
 exit-peer-session
 !
 bgp log-neighbor-changes
 neighbor 10.0.0.30 inherit peer-session AS800
 neighbor 2001:DB8:1:255::1 inherit peer-session AS100
 neighbor 2001:DB8:1:255::2 inherit peer-session AS100
 neighbor 2001:DB8:A:8::2 inherit peer-session AS800
 neighbor 2001:DB8:255:8::1 inherit peer-session AS600
 neighbor 192.168.255.1 inherit peer-session AS100
 neighbor 192.168.255.2 inherit peer-session AS100
 neighbor 192.168.255.8 inherit peer-session AS600
 !
```

（待续）

```
 address-family ipv4
 neighbor 10.0.0.30 activate
 neighbor 10.0.0.30 inherit peer-policy AS800
 no neighbor 2001:DB8:1:255::1 activate
 no neighbor 2001:DB8:1:255::2 activate
 no neighbor 2001:DB8:A:8::2 activate
 no neighbor 2001:DB8:255:8::1 activate
 neighbor 192.168.255.1 activate
 neighbor 192.168.255.1 inherit peer-policy AS100
 neighbor 192.168.255.2 activate
 neighbor 192.168.255.2 inherit peer-policy AS100
 neighbor 192.168.255.8 activate
 neighbor 192.168.255.8 inherit peer-policy AS600
 no auto-summary
 no synchronization
 exit-address-family
 !
 address-family ipv6
 neighbor 2001:DB8:1:255::1 activate
 neighbor 2001:DB8:1:255::1 inherit peer-policy AS100
 neighbor 2001:DB8:1:255::2 activate
 neighbor 2001:DB8:1:255::2 inherit peer-policy AS100
 neighbor 2001:DB8:A:8::2 activate
 neighbor 2001:DB8:A:8::2 inherit peer-policy AS800
 neighbor 2001:DB8:255:8::1 activate
 neighbor 2001:DB8:255:8::1 inherit peer-policy AS600
 exit-address-family
!
ip bgp-community new-format
!
ip as-path access-list 20 permit ^600_
ip as-path access-list 30 permit ^800_
!
route-map Service_Provider permit 10
 match as-path 30
 set community 800:30
!
route-map Partner permit 10
 match as-path 20
 set community 600:20
!
```

从例 6-46 可以看出，Idaho 的团体策略完全正确。虽然这些命令并没有显示特定的团体属性，但是可以看出与 AS100 相邻自治系统相关的前缀都显示在这两个列表中。而且从例 6-47 还可以看出，与 AS100 相邻的所有自治系统（见图 6-11）的所有前缀都在 Idaho 上显示为至少属于一个团体属性。因而有理由假定所有相同的前缀（携带相同团体属性值）也都会出现在 Colorado 和 NewMexico 上。

例 6-46 已经为来自 AS600 的 IPv4 和 IPv6 前缀添加了团体属性值 600:20，同时为来自 AS800 的 IPv4 和 IPv6 前缀添加了团体属性值 800:30

```
Idaho#show ip bgp all community 600:20
For address family: IPv4 Unicast
BGP table version is 19, local router ID is 192.168.255.3
Status codes: s suppressed, d damped, h history, * valid, > best, i - internal,
              r RIB-failure, S Stale
Origin codes: i - IGP, e - EGP, ? - incomplete

   Network          Next Hop            Metric LocPrf Weight Path
*> 10.6.1.0/24      192.168.255.8            0             0 600 i
*> 10.6.2.0/24      192.168.255.8            0             0 600 i
*> 10.6.3.0/24      192.168.255.8            0             0 600 i
```

（待续）

```
For address family: IPv6 Unicast
BGP table version is 19, local router ID is 192.168.255.3
Status codes: s suppressed, d damped, h history, * valid, > best, i - internal,
              r RIB-failure, S Stale
Origin codes: i - IGP, e - EGP, ? - incomplete

   Network          Next Hop            Metric LocPrf Weight Path
*> 2001:DB8:6:1::/64
                    2001:DB8:255:8::1
                                             0             0 600 i
*> 2001:DB8:6:2::/64
                    2001:DB8:255:8::1
                                             0             0 600 i
*> 2001:DB8:6:3::/64
                    2001:DB8:255:8::1
                                             0             0 600 i
Idaho#
Idaho#show ip bgp all community 800:30
For address family: IPv4 Unicast
BGP table version is 19, local router ID is 192.168.255.3
Status codes: s suppressed, d damped, h history, * valid, > best, i - internal,
              r RIB-failure, S Stale
Origin codes: i - IGP, e - EGP, ? - incomplete

   Network          Next Hop            Metric LocPrf Weight Path
*> 10.8.1.0/24      10.0.0.30                0             0 800 i
*> 10.8.2.0/24      10.0.0.30                0             0 800 i
*> 10.8.3.0/24      10.0.0.30                0             0 800 i

For address family: IPv6 Unicast
BGP table version is 19, local router ID is 192.168.255.3
Status codes: s suppressed, d damped, h history, * valid, > best, i - internal,
              r RIB-failure, S Stale
Origin codes: i - IGP, e - EGP, ? - incomplete

   Network          Next Hop            Metric LocPrf Weight Path
*> 2001:DB8:8:1::/64
                    2001:DB8:A:8::2          0             0 800 i
*> 2001:DB8:8:2::/64
                    2001:DB8:A:8::2          0             0 800 i
*> 2001:DB8:8:3::/64
                    2001:DB8:A:8::2          0             0 800 i
Idaho#
```

例 6-47 利用 **show ip bgp community** 命令（默认用于 IPv4 单播路由）和 **show ip bgp ipv6 unicast community** 命令显示了 Idaho 上至少携带一个团体属性值的所有前缀

```
Idaho#show ip bgp community
BGP table version is 19, local router ID is 192.168.255.3
Status codes: s suppressed, d damped, h history, * valid, > best, i - internal,
              r RIB-failure, S Stale
Origin codes: i - IGP, e - EGP, ? - incomplete

   Network          Next Hop            Metric LocPrf Weight Path
*>i10.2.1.0/24     192.168.255.1            0    100      0 200 i
*>i10.2.2.0/24     192.168.255.1            0    100      0 200 i
*>i10.2.3.0/24     192.168.255.1            0    100      0 200 i
*>i10.3.1.0/24     192.168.255.1            0    100      0 300 i
*>i10.3.2.0/24     192.168.255.1            0    100      0 300 i
*>i10.3.3.0/24     192.168.255.1            0    100      0 300 i
*>i10.5.1.0/24     192.168.255.2            0    100      0 500 i
*>i10.5.2.0/24     192.168.255.2            0    100      0 500 i
*>i10.5.3.0/24     192.168.255.2            0    100      0 500 i
*> 10.6.1.0/24     192.168.255.8            0             0 600 i
*> 10.6.2.0/24     192.168.255.8            0             0 600 i
*> 10.6.3.0/24     192.168.255.8            0             0 600 i
```

（待续）

```
*>i10.7.1.0/24      192.168.255.2            0    100      0 700 i
*>i10.7.2.0/24      192.168.255.2            0    100      0 700 i
*>i10.7.3.0/24      192.168.255.2            0    100      0 700 i
*> 10.8.1.0/24      10.0.0.30                0             0 800 i
*> 10.8.2.0/24      10.0.0.30                0             0 800 i
*> 10.8.3.0/24      10.0.0.30                0             0 800 i

Idaho#
Idaho#show ip bgp ipv6 unicast community
BGP table version is 19, local router ID is 192.168.255.3
Status codes: s suppressed, d damped, h history, * valid, > best, i - internal,
             r RIB-failure, S Stale
Origin codes: i - IGP, e - EGP, ? - incomplete

   Network          Next Hop            Metric LocPrf Weight Path
*>i2001:DB8:3:1::/64
                     2001:DB8:1:255::1
                                             0    100      0 300 i
*>i2001:DB8:3:2::/64
                     2001:DB8:1:255::1
                                             0    100      0 300 i
*>i2001:DB8:3:3::/64
                     2001:DB8:1:255::1
                                             0    100      0 300 i
*>i2001:DB8:4:1::/64
                     2001:DB8:1:255::1
                                             0    100      0 400 i
*>i2001:DB8:4:2::/64
                     2001:DB8:1:255::1
                                             0    100      0 400 i
*>i2001:DB8:4:3::/64
                     2001:DB8:1:255::1
                                             0    100      0 400 i
*>i2001:DB8:5:1::/64
                     2001:DB8:1:255::2
                                             0    100      0 500 i
*>i2001:DB8:5:2::/64
                     2001:DB8:1:255::2
                                             0    100      0 500 i
*>i2001:DB8:5:3::/64
                     2001:DB8:1:255::2
                                             0    100      0 500 i
*> 2001:DB8:6:1::/64
                     2001:DB8:255:8::1
                                             0             0 600 i
*> 2001:DB8:6:2::/64
                     2001:DB8:255:8::1
                                             0             0 600 i
*> 2001:DB8:6:3::/64
                     2001:DB8:255:8::1
                                             0             0 600 i
*>i2001:DB8:7:1::/64

                     2001:DB8:1:255::2
                                             0    100      0 700 i
*>i2001:DB8:7:2::/64
                     2001:DB8:1:255::2
                                             0    100      0 700 i
*>i2001:DB8:7:3::/64
                     2001:DB8:1:255::2
                                             0    100      0 700 i
*> 2001:DB8:8:1::/64
                     2001:DB8:A:8::2         0             0 800 i
*> 2001:DB8:8:2::/64
                     2001:DB8:A:8::2         0             0 800 i
*> 2001:DB8:8:3::/64
                     2001:DB8:A:8::2         0             0 800 i
Idaho#
```

到目前为止已经完全部署了表 6-1 中的所有团体属性值，接下来将应用本案例研究概述中要求实现的规则，即：

- 客户 AS300 接收所有合作伙伴以及服务提供商的前缀（“高级客户”）；
- 客户 AS200 和 AS400 只接收默认路由（“标准客户”）；
- 服务提供商接收所有客户的前缀；
- 服务提供商接收合作伙伴的前缀，但附加 AS_PATH 属性（让 AS100 成为去往合作伙伴网络的次优路径）；
- 合作伙伴接收服务提供商的前缀，但 MED 为 20（此处假设合作伙伴拥有自己的服务提供商连接[未显示在图 6-11 中]，仅将 AS100 用作备用 Internet 接入）；
- 合作伙伴接收客户 AS300 的前缀，但是不接收 AS200 或 AS400 的前缀（标准客户不直接访问合作伙伴的业务）。

注：上述规则没有明确允许的都必须加以拒绝。例如，服务提供商不应该从其他服务提供商接收任何路由，否则 SP 可能会试图将 AS100 用作去往其他 SP 的转接 AS。

虽然前面花了很多时间利用会话模板和策略模板重新配置了 AS100 中的路由器，但是这么做了之后，策略的修改操作将变得非常简单，因为只要修改相关的策略模板和路由映射即可。可以在 AS100 的所有三台路由器上都使用相同命名的团体列表（见例 6-48），在网络中的不同位置应用不同的操作就是引用正确团体列表的问题，未来增加或删除客户、合作伙伴和服务提供商的时候，只要编辑相应的团体列表就能非常容易地完成调整工作。

例 6-48　可以在 AS100 中的所有路由器上使用相同命名的团体列表，只要引用适当的团体列表即可为指定路由器应用指定策略

```
Idaho#show ip community-list
Named Community expanded list CUSTOMERS
Named Community standard list STANDARD_CUSTOMERS
    permit 200:10
    permit 400:10
Named Community standard list PREMIUM_CUSTOMERS
    permit 300:15
Named Community standard list PARTNERS
    permit 500:20
    permit 600:20
Named Community standard list SERVICE_PROVIDERS
    permit 700:30
    permit 800:30
Idaho#
```

由于前面已经讲到了 Idaho，因而接下来修改 Idaho 的策略。根据前面的规则列表，需要为 Idaho 的对等体部署以下规则。

- **Wyoming：**作为服务提供商，Wyoming 应该接收：
  - 所有客户前缀（团体属性中的:NN=:10 或:15）；
  - 所有合作伙伴前缀（团体属性中的:NN=:20），但是需要附加 AS_PATH 属性。
- **Montana：**作为合作伙伴，Montana 应该接收：
  - 所有服务提供商前缀（团体属性中的:NN=:30），但 MED 值为 20；
  - 高级客户前缀（团体属性中的:NN=:15），但是不接收标准客户前缀（团体属性中的:NN=:10）。

例 6-49 给出了 Idaho 的新策略配置信息。为了节省篇幅，例中仅显示了团体列表、策略以及策略模板。需要注意的就是名为 to_Partner 和 to_SP 的路由映射，修改后的策略模板 AS600 将路由映射 to_Partner 引用为出站策略，修改后的策略模板 AS800 将路由映射 to_SP 引用为出站策略。路由映射的序列引用了适当的团体列表并允许匹配的前缀（仅仅允许或者应用 **set** 命令），每个路由映射中的最后一个序列都是拒绝其他全部。

例 6-49 仅显示 Idaho 影响新策略的部分配置

```
router bgp 100
 template peer-policy AS600
  route-map Partner in
  route-map to_Partner out
 exit-peer-policy
 !
 template peer-policy AS800
  route-map Service_Provider in
  route-map to_SP out
 exit-peer-policy
 !
 template peer-policy AS100
  next-hop-self
  send-community
 exit-peer-policy
!
!
!
ip bgp-community new-format
!
ip community-list standard STANDARD_CUSTOMERS permit 200:10
ip community-list standard STANDARD_CUSTOMERS permit 400:10
ip community-list standard PREMIUM_CUSTOMERS permit 300:15
ip community-list standard PARTNERS permit 500:20
ip community-list standard PARTNERS permit 600:20
ip community-list standard SERVICE_PROVIDERS permit 700:30
ip community-list standard SERVICE_PROVIDERS permit 800:30
!
ip as-path access-list 20 permit ^600_
ip as-path access-list 30 permit ^800_
!
route-map to_Partner permit 10
 match community SERVICE_PROVIDERS
 set metric 20
!
route-map to_Partner permit 20
 match community PREMIUM_CUSTOMERS
!
route-map to_Partner deny 30
!
route-map Service_Provider permit 10
 match as-path 30
 set community 800:30
!
route-map to_SP permit 10
 match community STANDARD_CUSTOMERS
!
route-map to_SP permit 20
 match community PREMIUM_CUSTOMERS
!
route-map to_SP permit 30
 match community PARTNERS
 set as-path prepend 100 100
!
route-map to_SP deny 40
!
route-map Partner permit 10
 match as-path 20
 set community 600:20
!
```

例 6-50 显示了 Montana 的配置运行结果。可以看出 Montana 能够看到高级客户 AS300 的前缀，但是看不到标准客户 AS200 和 AS400 的前缀，也看不到其他合作伙伴 AS500 的前缀。Montana 可以看到服务提供商 AS700 和 AS800 的前缀，并且这些前缀的 MED 值均为 20。当然，BGP 表中还能看到本地 AS600 的前缀。

例 6-50 应用了例 6-49 的新策略并在 Idaho 上进行软重启之后的 Montana 的 BGP 前缀

```
Montana#show ip bgp
BGP table version is 163, local router ID is 192.168.255.8
Status codes: s suppressed, d damped, h history, * valid, > best, i - internal,
              r RIB-failure, S Stale
Origin codes: i - IGP, e - EGP, ? - incomplete

   Network          Next Hop            Metric LocPrf Weight Path
*> 10.3.1.0/24      192.168.255.3                          0 100 300 i
*> 10.3.2.0/24      192.168.255.3                          0 100 300 i
*> 10.3.3.0/24      192.168.255.3                          0 100 300 i
*> 10.6.1.0/24      0.0.0.0                  0         32768 i
*> 10.6.2.0/24      0.0.0.0                  0         32768 i
*> 10.6.3.0/24      0.0.0.0                  0         32768 i
*> 10.7.1.0/24      192.168.255.3           20             0 100 700 i
*> 10.7.2.0/24      192.168.255.3           20             0 100 700 i
*> 10.7.3.0/24      192.168.255.3           20             0 100 700 i
*> 10.8.1.0/24      192.168.255.3           20             0 100 800 i
*> 10.8.2.0/24      192.168.255.3           20             0 100 800 i
*> 10.8.3.0/24      192.168.255.3           20             0 100 800 i
Montana#
Montana#show ip bgp ipv6 unicast
BGP table version is 163, local router ID is 192.168.255.8
Status codes: s suppressed, d damped, h history, * valid, > best, i - internal,
              r RIB-failure, S Stale
Origin codes: i - IGP, e - EGP, ? - incomplete

   Network          Next Hop            Metric LocPrf Weight Path
*> 2001:DB8:3:1::/64
                    2001:DB8:1:255::3
                                                           0 100 300 i
*> 2001:DB8:3:2::/64
                    2001:DB8:1:255::3
                                                           0 100 300 i
*> 2001:DB8:3:3::/64
                    2001:DB8:1:255::3
                                                           0 100 300 i
*> 2001:DB8:6:1::/64
                    ::                       0         32768 i
*> 2001:DB8:6:2::/64
                    ::                       0         32768 i
*> 2001:DB8:6:3::/64
                    ::                       0         32768 i
*> 2001:DB8:7:1::/64
                    2001:DB8:1:255::3
                                            20             0 100 700 i
   Network          Next Hop            Metric LocPrf Weight Path
*> 2001:DB8:7:2::/64
                    2001:DB8:1:255::3
                                            20             0 100 700 i
*> 2001:DB8:7:3::/64
                    2001:DB8:1:255::3
                                            20             0 100 700 i
*> 2001:DB8:8:1::/64
                    2001:DB8:1:255::3
                                            20             0 100 800 i
*> 2001:DB8:8:2::/64
                    2001:DB8:1:255::3
                                            20             0 100 800 i
*> 2001:DB8:8:3::/64
                    2001:DB8:1:255::3
                                            20             0 100 800 i
Montana#
```

例 6-51 给出了 Wyoming 的配置运行结果。可以看出 Wyoming 收到了标准客户和高级客户的前缀，同时还收到了附加 AS_PATH 的合作伙伴前缀。请注意，Wyoming 看不到其他服务提供商 AS700 的前缀。

例 6-51 应用了例 6-49 的新策略并在 Idaho 上进行软重启之后的 Wyoming 的 BGP 前缀

```
Wyoming#show ip bgp
BGP table version is 208, local router ID is 192.168.255.10
Status codes: s suppressed, d damped, h history, * valid, > best, i - internal,
              r RIB-failure, S Stale
Origin codes: i - IGP, e - EGP, ? - incomplete

   Network          Next Hop            Metric LocPrf Weight Path
*> 10.2.1.0/24      10.0.0.29                              0 100 200 i
*> 10.2.2.0/24      10.0.0.29                              0 100 200 i
*> 10.2.3.0/24      10.0.0.29                              0 100 200 i
*> 10.3.1.0/24      10.0.0.29                              0 100 300 i
*> 10.3.2.0/24      10.0.0.29                              0 100 300 i
*> 10.3.3.0/24      10.0.0.29                              0 100 300 i
*> 10.5.1.0/24      10.0.0.29                              0 100 100 100 500 i
*> 10.5.2.0/24      10.0.0.29                              0 100 100 100 500 i
*> 10.5.3.0/24      10.0.0.29                              0 100 100 100 500 i
*> 10.6.1.0/24      10.0.0.29                              0 100 100 100 600 i
*> 10.6.2.0/24      10.0.0.29                              0 100 100 100 600 i
*> 10.6.3.0/24      10.0.0.29                              0 100 100 100 600 i
*> 10.8.1.0/24      0.0.0.0                  0         32768 i
*> 10.8.2.0/24      0.0.0.0                  0         32768 i
*> 10.8.3.0/24      0.0.0.0                  0         32768 i
Wyoming#
Wyoming#show ip bgp ipv6 unicast
BGP table version is 202, local router ID is 192.168.255.10
Status codes: s suppressed, d damped, h history, * valid, > best, i - internal,
              r RIB-failure, S Stale
Origin codes: i - IGP, e - EGP, ? - incomplete

   Network          Next Hop            Metric LocPrf Weight Path
*> 2001:DB8:3:1::/64
                    2001:DB8:A:8::1                        0 100 300 i
*> 2001:DB8:3:2::/64
                    2001:DB8:A:8::1                        0 100 300 i
*> 2001:DB8:3:3::/64
                    2001:DB8:A:8::1                        0 100 300 i
*> 2001:DB8:4:1::/64
                    2001:DB8:A:8::1                        0 100 400 i
*> 2001:DB8:4:2::/64
                    2001:DB8:A:8::1                        0 100 400 i
*> 2001:DB8:4:3::/64
                    2001:DB8:A:8::1                        0 100 400 i
*> 2001:DB8:5:1::/64
                    2001:DB8:A:8::1                        0 100 100 100 500 i
*> 2001:DB8:5:2::/64
                    2001:DB8:A:8::1                        0 100 100 100 500 i
*> 2001:DB8:5:3::/64
                    2001:DB8:A:8::1                        0 100 100 100 500 i
   Network          Next Hop            Metric LocPrf Weight Path
*> 2001:DB8:6:1::/64
                    2001:DB8:A:8::1                        0 100 100 100 600 i
*> 2001:DB8:6:2::/64
                    2001:DB8:A:8::1                        0 100 100 100 600 i
*> 2001:DB8:6:3::/64
                    2001:DB8:A:8::1                        0 100 100 100 600 i
*> 2001:DB8:8:1::/64
                    ::                       0         32768 i
*> 2001:DB8:8:2::/64
                    ::                       0         32768 i
*> 2001:DB8:8:3::/64
                    ::                       0         32768 i
Wyoming#
```

接下来配置路由器 NewMexico，根据前面的规则列表，应该为 NewMexico 的对等体部署以下规则。

- **Washington：** 作为服务提供商，Washington 应该接收：
  - 所有客户前缀（团体属性中的:NN=:10 或:15）；
  - 所有合作伙伴前缀（团体属性中的:NN=:20），但是需要附加 AS_PATH 属性。
- **California：** 作为合作伙伴，California 应该接收：
  - 所有服务提供商前缀（团体属性中的:NN=:30），但 MED 值为 20；
  - 高级客户前缀（团体属性中的:NN=:15），但是不接收标准客户前缀（团体属性中的:NN=:10）。

这些规则与 Idaho 的规则相似，仅仅改变了对等体。因而 NewMexico 的配置与 Idaho 的配置几乎完全相同。但是需要注意一个问题：前面曾经说过，NewMexico 需要通过单条 IPv4 或 IPv6 会话宣告所有前缀，因而必须创建某些策略以修改下一跳地址（见例 6-11 和例 6-12），同时将这些策略用作出站策略。由于每个邻居仅允许一个出站策略和一个入站策略，而且由于仍然需要修改下一跳，因而必须移动这些下一跳策略。

这里需要仔细思考一下，例 6-20 中的路由映射 **v6-Routes-to-California** 和 **v4-Routes-to-Washington** 引用了 IPv6 或 IPv4 前缀列表，然后再设置匹配前缀的下一跳地址，此时仍然希望区分 IPv4 和 IPv6 前缀以设置下一跳，但是无法在团体列表中这么做，因为已经建立的团体属性值需要同时应用于 IPv4 和 IPv6 路由。在默认情况下，由于路由映射在前缀匹配后就会停止处理该前缀，因而将地址版本的匹配操作放在一个序列中、将团体属性的匹配操作放在另一个序列中是无法工作的，因为匹配操作将在第一次匹配后终止。

现在需要做的就是匹配地址类型、设置下一跳，然后再继续处理匹配前缀，因而可以对团体属性采用相应的操作。

还记得第 4 章说过的 **Continue** 子句吗？

例 6-52 给出了 NewMexico 的新配置。虽然删除了例 6-20 中的路由映射 v6-Routes-to-California 和 v4-Routes-to-Washington，但匹配 IPv4 前缀或 IPv6 前缀并进而设置下一跳地址的配置内容却都移到了新路由映射 to_Partner 和 to_SP 中，作为第一个序列，然后再在这些序列中利用 **Clause** 子句（高亮显示）将匹配前缀发送给该路由映射的团体匹配部分（序列 50 的开始位置）。路由映射的其余内容则与 Idaho 的配置相同，而且这些路由映射都在对等体模板 AS500 和 AS700 中被用作出站策略。

例 6-52 仅显示 NewMexico 影响新策略的部分配置

```
router bgp 100
 template peer-policy AS500
  route-map Partner in
 route-map to_Partner out
 exit-peer-policy
 !
 template peer-policy AS700
  route-map Service_Provider in
  route-map to_SP out
 exit-peer-policy
 !
 template peer-policy AS100
  next-hop-self
  send-community
 exit-peer-policy
```

（待续）

```
!
!
!
ip bgp-community new-format
!
ip community-list standard STANDARD_CUSTOMERS permit 200:10
ip community-list standard STANDARD_CUSTOMERS permit 400:10
ip community-list standard PREMIUM_CUSTOMERS permit 300:15
ip community-list standard PARTNERS permit 500:20
ip community-list standard PARTNERS permit 600:20
ip community-list standard SERVICE_PROVIDERS permit 700:30
ip community-list standard SERVICE_PROVIDERS permit 800:30
!
ip as-path access-list 20 permit ^500_
ip as-path access-list 20 permit ^600_
ip as-path access-list 30 permit ^700_
ip as-path access-list 30 permit ^800_
!
ip prefix-list v4-Routes seq 5 permit 10.0.0.0/8 le 24
!
ipv6 prefix-list v6-Routes seq 5 permit 2001:DB8::/32 le 64
!
route-map to_Partner permit 10
 match ipv6 address prefix-list v6-Routes
 continue 50
 set ipv6 next-hop 2001:DB8:A:5::1
!
route-map to_Partner permit 50
 match community SERVICE_PROVIDERS
 set metric 20
!
route-map to_Partner permit 60
 match community PREMIUM_CUSTOMERS
!
route-map to_Partner deny 70
!
route-map Service_Provider permit 10
 match as-path 30
 set community 700:30
!
route-map v4-Next-Hop permit 10
 match ip address prefix-list v4-Routes
!
route-map to_SP permit 10
 match ip address prefix-list v4-Routes
 continue 50
 set ip next-hop 10.0.0.33
!
route-map to_SP permit 50
 match community STANDARD_CUSTOMERS
!
route-map to_SP permit 60
 match community PREMIUM_CUSTOMERS
!
route-map to_SP permit 70
 match community PARTNERS
 set as-path prepend 100 100
!
route-map to_SP deny 80
!
route-map Partner permit 10
 match as-path 20
 set community 500:20
!
```

例 6-53 和例 6-54 给出了重新配置并软重启之后的运行结果。这里不需要再解释这些结果，而是需要验证 California 和 Washington 的前缀符合这些路由器设定的策略规则。不要忘记检查 MED 值以及附加的 AS_PATH。

例 6-53 应用了例 6-62 的新策略并在 NewMexico 上进行软重启之后的 California 的 BGP 前缀

```
California#show ip bgp
BGP table version is 265, local router ID is 192.168.255.7
Status codes: s suppressed, d damped, h history, * valid, > best, i - internal,
              r RIB-failure, S Stale
Origin codes: i - IGP, e - EGP, ? - incomplete

   Network          Next Hop            Metric LocPrf Weight Path
*> 10.3.1.0/24      10.0.0.37                              0 100 300 i
*> 10.3.2.0/24      10.0.0.37                              0 100 300 i
*> 10.3.3.0/24      10.0.0.37                              0 100 300 i
*> 10.5.1.0/24      0.0.0.0                  0         32768 i
*> 10.5.2.0/24      0.0.0.0                  0         32768 i
*> 10.5.3.0/24      0.0.0.0                  0         32768 i
*> 10.7.1.0/24      10.0.0.37               20             0 100 700 i
*> 10.7.2.0/24      10.0.0.37               20             0 100 700 i
*> 10.7.3.0/24      10.0.0.37               20             0 100 700 i
*> 10.8.1.0/24      10.0.0.37               20             0 100 800 i
*> 10.8.2.0/24      10.0.0.37               20             0 100 800 i
*> 10.8.3.0/24      10.0.0.37               20             0 100 800 i
California#
California#show ip bgp ipv6 unicast
BGP table version is 229, local router ID is 192.168.255.7
Status codes: s suppressed, d damped, h history, * valid, > best, i - internal,
              r RIB-failure, S Stale
Origin codes: i - IGP, e - EGP, ? - incomplete

   Network          Next Hop            Metric LocPrf Weight Path
*> 2001:DB8:3:1::/64
                    2001:DB8:A:5::1                        0 100 300 i
*> 2001:DB8:3:2::/64
                    2001:DB8:A:5::1                        0 100 300 i
*> 2001:DB8:3:3::/64
                    2001:DB8:A:5::1                        0 100 300 i
*> 2001:DB8:5:1::/64
                    ::                       0         32768 i
*> 2001:DB8:5:2::/64
                    ::                       0         32768 i
*> 2001:DB8:5:3::/64
                    ::                       0         32768 i
*> 2001:DB8:7:1::/64
                    2001:DB8:A:5::1         20             0 100 700 i
*> 2001:DB8:7:2::/64
                    2001:DB8:A:5::1         20             0 100 700 i
*> 2001:DB8:7:3::/64
                    2001:DB8:A:5::1         20             0 100 700 i
*> 2001:DB8:8:1::/64
                    2001:DB8:A:5::1         20             0 100 800 i
*> 2001:DB8:8:2::/64
                    2001:DB8:A:5::1         20             0 100 800 i
*> 2001:DB8:8:3::/64
                    2001:DB8:A:5::1         20             0 100 800 i
California#
```

例 6-54 应用了例 6-51 的新策略并在 NewMexico 上进行软重启之后的 Washington 的 BGP 前缀

```
Washington#show ip bgp
BGP table version is 280, local router ID is 192.168.255.9
Status codes: s suppressed, d damped, h history, * valid, > best, i - internal,
              r RIB-failure, S Stale
Origin codes: i - IGP, e - EGP, ? - incomplete

   Network          Next Hop            Metric LocPrf Weight Path
```

（待续）

```
*> 10.2.1.0/24      10.0.0.33                              0 100 200 i
*> 10.2.2.0/24      10.0.0.33                              0 100 200 i
*> 10.2.3.0/24      10.0.0.33                              0 100 200 i
*> 10.3.1.0/24      10.0.0.33                              0 100 300 i
*> 10.3.2.0/24      10.0.0.33                              0 100 300 i
*> 10.3.3.0/24      10.0.0.33                              0 100 300 i
*> 10.5.1.0/24      10.0.0.33                              0 100 100 100 500 i
*> 10.5.2.0/24      10.0.0.33                              0 100 100 100 500 i
*> 10.5.3.0/24      10.0.0.33                              0 100 100 100 500 i
*> 10.6.1.0/24      10.0.0.33                              0 100 100 100 600 i
*> 10.6.2.0/24      10.0.0.33                              0 100 100 100 600 i
*> 10.6.3.0/24      10.0.0.33                              0 100 100 100 600 i
*> 10.7.1.0/24      0.0.0.0                  0         32768 i
*> 10.7.2.0/24      0.0.0.0                  0         32768 i
*> 10.7.3.0/24      0.0.0.0                  0         32768 i
Washington#
Washington#show ip bgp ipv6 unicast
BGP table version is 244, local router ID is 192.168.255.9
Status codes: s suppressed, d damped, h history, * valid, > best, i - internal,
              r RIB-failure, S Stale
Origin codes: i - IGP, e - EGP, ? - incomplete

   Network          Next Hop            Metric LocPrf Weight Path
*> 2001:DB8:3:1::/64
                    2001:DB8:A:7::1                        0 100 300 i
*> 2001:DB8:3:2::/64
                    2001:DB8:A:7::1                        0 100 300 i
*> 2001:DB8:3:3::/64
                    2001:DB8:A:7::1                        0 100 300 i
*> 2001:DB8:4:1::/64
                    2001:DB8:A:7::1                        0 100 400 i
*> 2001:DB8:4:2::/64
                    2001:DB8:A:7::1                        0 100 400 i
*> 2001:DB8:4:3::/64
                    2001:DB8:A:7::1                        0 100 400 i
*> 2001:DB8:5:1::/64
                    2001:DB8:A:7::1                        0 100 100 100 500 i
*> 2001:DB8:5:2::/64
                    2001:DB8:A:7::1                        0 100 100 100 500 i
*> 2001:DB8:5:3::/64
   Network          Next Hop            Metric LocPrf Weight Path
                    2001:DB8:A:7::1                        0 100 100 100 500 i
*> 2001:DB8:6:1::/64
                    2001:DB8:A:7::1                        0 100 100 100 600 i
*> 2001:DB8:6:2::/64
                    2001:DB8:A:7::1                        0 100 100 100 600 i
*> 2001:DB8:6:3::/64
                    2001:DB8:A:7::1                        0 100 100 100 600 i
*> 2001:DB8:7:1::/64
                    ::                       0         32768 i
*> 2001:DB8:7:2::/64
                    ::                       0         32768 i
*> 2001:DB8:7:3::/64
                    ::                       0         32768 i
Washington#
```

最后回到 Colorado（即本例最初讨论的路由器），应该为 Colorado 的对等体部署以下规则。

- **Utah 和 Nevada**：作为标准客户，Utah 和 Nevada 只应该接收默认路由。
- **Vermont**：作为高级客户，Vermont 应该接收：
  - 所有服务提供商前缀（团体属性中的:NN=:30）；
  - 所有合作伙伴前缀（团体属性中的:NN=:20）；
  - 不接收标准客户前缀（团体属性中的:NN=:10）。

与 Idaho 和 NewMexico 相比，这些规则实现起来应该更加简单，但是必须首先解决一个难题。例 6-40 在配置用于设置团体属性值的入站策略时，使用了单个名为 **Customer** 的策略模板，并将该策略模板同时用于标准客户邻居和高级客户邻居，名为 **Customers** 的路由映射根据前缀列表来确定客户是否是标准客户并分配团体属性值 X:10，或者是高级客户并分配团体属性值 X:15。现在希望设置不同的出站策略：允许 SP 和合作伙伴将前缀宣告给 Vermont，但是拒绝向 Utah 和 Nevada 宣告任何前缀（默认路由除外）。此时就无法在单个策略模板中同时实现这些策略了。

不过，修改起来也不是很麻烦，只要删除原来名为 **Customer** 的单个策略模板，然后再创建两个新的名为 **Standard_Customer** 和 **Premium_Customer** 的策略模板即可（见例 6-55）。对于这两个策略模板的入站策略来说，仍然可以引用名为 **Customers** 的路由映射，两个新策略模板的区别仅仅在于出站策略。

Premium_Customer 的出站策略引用的是名为 **Prem_Cust** 的路由映射。该路由映射允许团体属性值位于列表 **PARTNERS** 和 **SERVICE_PROVIDERS** 中的所有路由，但拒绝其他所有路由。

Standard_Customer 的出站策略引用的是名为 **NULL** 的路由映射，只是简单地拒绝全部路由。此外还有一条策略语句 **default-originate**，允许发送默认路由。

由于为邻居应用了不同的策略模板，而不是例 6-40 中的单一策略模板，因而整个 BGP 配置如例 6-55 所示。除了分析新配置之外，建议大家回顾例 6-40 并找出两者之间的差异。

例 6-55 Colorado 的配置显示了新出站策略以及为了满足新策略而对之前的配置所做的修改

```
router bgp 100
 template peer-policy AS100
  next-hop-self
  send-community
 exit-peer-policy
 !
 template peer-policy Premium_Customer
  route-map Customers in
  route-map Prem_Cust out
 exit-peer-policy
 !
 template peer-policy Standard_Customer
  route-map Customers in
  route-map NULL out
  default-originate
 exit-peer-policy
 !
 template peer-session AS100
  remote-as 100
  update-source Loopback0
  inherit peer-session Password
 exit-peer-session
 !
 template peer-session Password
  password 7 020507520E
 exit-peer-session
 !
 template peer-session Customers
  inherit peer-session Password
 exit-peer-session
 !
```

（待续）

```
 bgp log-neighbor-changes
 neighbor 10.0.0.1 remote-as 200
 neighbor 10.0.0.1 inherit peer-session Customers
 neighbor 10.0.0.5 remote-as 300
 neighbor 10.0.0.5 inherit peer-session Customers
 neighbor 2001:DB8:1:255::2 inherit peer-session AS100
 neighbor 2001:DB8:1:255::3 inherit peer-session AS100
 neighbor 2001:DB8:A:3::2 remote-as 300
 neighbor 2001:DB8:A:3::2 inherit peer-session Customers
 neighbor 2001:DB8:A:4::2 remote-as 400
 neighbor 2001:DB8:A:4::2 inherit peer-session Customers
 neighbor 192.168.255.2 inherit peer-session AS100
 neighbor 192.168.255.3 inherit peer-session AS100
 !
 address-family ipv4
 neighbor 10.0.0.1 activate
 neighbor 10.0.0.1 inherit peer-policy Standard_Customer
 neighbor 10.0.0.5 activate
 neighbor 10.0.0.5 inherit peer-policy Premium_Customer
 no neighbor 2001:DB8:1:255::2 activate
 no neighbor 2001:DB8:1:255::3 activate
 no neighbor 2001:DB8:A:3::2 activate
 no neighbor 2001:DB8:A:4::2 activate
 neighbor 192.168.255.2 activate
 neighbor 192.168.255.2 inherit peer-policy AS100
 neighbor 192.168.255.3 activate
 neighbor 192.168.255.3 inherit peer-policy AS100
 no auto-summary
 no synchronization
 exit-address-family
 !
 address-family ipv6
 neighbor 2001:DB8:1:255::2 activate
 neighbor 2001:DB8:1:255::2 inherit peer-policy AS100
 neighbor 2001:DB8:1:255::3 activate
 neighbor 2001:DB8:1:255::3 inherit peer-policy AS100
 neighbor 2001:DB8:A:3::2 activate
 neighbor 2001:DB8:A:3::2 inherit peer-policy Premium_Customer
 neighbor 2001:DB8:A:4::2 activate
 neighbor 2001:DB8:A:4::2 inherit peer-policy Standard_Customer
 exit-address-family
!
ip bgp-community new-format
!
ip community-list standard STANDARD_CUSTOMERS permit 200:10
ip community-list standard STANDARD_CUSTOMERS permit 400:10
ip community-list standard PREMIUM_CUSTOMERS permit 300:15
ip community-list standard PARTNERS permit 500:20
ip community-list standard PARTNERS permit 600:20
ip community-list standard SERVICE_PROVIDERS permit 700:30
ip community-list standard SERVICE_PROVIDERS permit 800:30
!
ip as-path access-list 10 permit ^200_
ip as-path access-list 10 permit ^400_
ip as-path access-list 15 permit ^300_
!
ip prefix-list AS_200 seq 5 permit 10.2.0.0/16 le 24
ip prefix-list AS_200 seq 10 deny 0.0.0.0/0
!
ip prefix-list AS_300 seq 5 permit 10.3.0.0/16 le 24
ip prefix-list AS_300 seq 10 deny 0.0.0.0/0
!
ip prefix-list NULL seq 5 deny 0.0.0.0/0
!
ipv6 prefix-list AS_300 seq 5 permit 2001:DB8:3::/48 le 64
ipv6 prefix-list AS_300 seq 10 deny ::/0
!
```

（待续）

```
ipv6 prefix-list AS_400 seq 5 permit 2001:DB8:4::/48 le 64
ipv6 prefix-list AS_400 seq 10 deny ::/0
!
ipv6 prefix-list NULL seq 5 deny ::/0
route-map NULL deny 10
!
route-map Standard_Customers permit 10
 match as-path 10
!
route-map Prem_Cust permit 10
 match community PARTNERS
!
route-map Prem_Cust permit 15
 match community SERVICE_PROVIDERS
!
route-map Prem_Cust deny 20
!
route-map Customers permit 10
 match ip address prefix-list AS_200
 match ipv6 address prefix-list NULL
 set community 200:10
!
route-map Customers permit 20
 match ip address prefix-list AS_300
 match ipv6 address prefix-list AS_300
 set community 300:15
!
route-map Customers permit 30
 match ip address prefix-list NULL
 match ipv6 address prefix-list AS_400
 set community 400:10
!
```

6.4 展望

本章是 BGP 主题的最后一章，下面各章将讨论 IP 多播方面的内容。不过我们并不会完全离开 BGP，特别是 MBGP。本章所有配置示例用到的前缀都是单播前缀（无论是 IPv4 还是 IPv6），后面的章节将利用 MBGP 来路由多播 IPv4 和 IPv6。不过在这之前还需要先学习多播模型、树、组、组管理以及多播路由等内容。

6.5 复习题

1. 哪些属性启用了 BGP 的多协议扩展能力？
2. 什么是地址簇标识符和并发的地址簇标识符？
3. BGP 假定用于对等会话的邻居地址必须是全局可路由地址，而 IPv6 为直连邻居使用的却是链路本地地址，那么 MBGP 在处理两个 IPv6 邻居的对等会话时如何解决这个问题？
4. 语句 **ipv6 unicast-routing** 的作用是什么？
5. 如何在 MBGP 配置中区分地址簇？
6. 地址簇配置下的语句 **neighbor activate** 的作用是什么？
7. 在 MBGP 配置中的什么位置指定邻居的会话参数？在 MBGP 配置中的什么位置应用策略？

8. 能够通过单条 IPv4 或 IPv6 TCP 会话同时宣告 IPv4 和 IPv6 前缀吗？或者是否需要为 IPv4 前缀配置 IPv4 TCP 会话并且为 IPv6 前缀配置 IPv6 TCP 会话？
9. 命令 **bgp upgrade-cli** 的作用是什么？在何处使用该命令？调用该命令时，是否会中断 BGP 会话？

6.6 配置练习题

表 6-2 列出了配置练习题 1～10 将要用到的自治系统、路由器、接口以及地址等信息。表中列出了所有路由器的接口情况。对于每道练习题来说，如果表中显示该路由器有环回接口，那么该接口就是所有 IBGP 连接的源端。除非练习题有明确约定，否则 EBGP 连接始终位于物理接口地址之间。此外，所有的邻居描述均被配置为路由器的名称，所有 BGP 会话之间使用的密码都是 Chapter6_Exercises。

表 6-2 配置练习题用到的自治系统、路由器、接口以及地址信息

自治系统	路由器	接口	IPv4 地址/掩码	IPv6 地址/掩码
100	R1	Ethernet 0/0	10.0.0.13/30	2001:db8:A:4::1/64
		Loopback 0	192.168.255.1/32	2001:db8:F:F::1/64
		Loopback 1	10.1.10.1/24	2001:db8:B:1::1/64
		Loopback 2	10.1.20.1/24	2001:db8:B:2::1/64
		Loopback 3	10.1.30.1/24	2001:db8:B:3::1/64
200	R2	Ethernet 0/0	10.0.0.14/30	2001:db8:A:4::2/64
		Ethernet 0/1	10.0.0.17/30	2001:db8:A:5::2/64
		Ethernet 0/2	10.0.0.1/30	2001:db8:A:1::2/64
		Ethernet 0/3	10.0.0.5/30	2001:db8:A:2::2/64
		Loopback 0	192.168.255.2/32	2001:db8:F:F::2/64
	R3	Ethernet 0/1	10.0.0.9/30	2001:db8:A:3::3/64
		Ethernet 0/2	10.0.0.21/30	2001:db8:A:6::3/64
		Ethernet 0/3	10.0.0.6/30	2001:db8:A:2::3/64
		Loopback 0	192.168.255.3/32	2001:db8:F:F::3/64
	R4	Ethernet 0/0	10.0.0.29/30	2001:db8:A:8::4/64
		Ethernet 0/1	10.0.0.10/30	2001:db8:A:3::4/64
		Ethernet 0/2	10.0.0.2/30	2001:db8:A:1::4/64
		Loopback 0	192.168.255.4/32	2001:db8:F:F::4/64
300	R5	Ethernet 0/0	10.0.0.25/30	2001:db8:A:7::5/64
		Ethernet 0/1	10.0.0.18/30	2001:db8:A:5::5/64
		Ethernet 0/2	10.0.0.22/30	2001:db8:A:6::5/64
		Loopback 0	192.168.255.5/32	2001:db8:F:F::5/64
	R6	Ethernet 0/0	10.0.0.26/30	2001:db8:A:7::6/64
		Loopback 0	192.168.255.6/32	2001:db8:F:F::6/64
		Loopback 1	10.3.10.6/24	2001:db8:C:1::6/64
400	R7	Ethernet 0/0	10.0.0.30/30	2001:db8:A:8::7/64
		Loopback 0	192.168.255.7/32	2001:db8:F:F::7/64
		Loopback 1	10.4.10.7/24	2001:db8:D:1::7/64
		Loopback 2	10.4.20.7/24	2001:db8:D:2::7/64

1. AS200 中的 R1 与 AS100 中的 R2 利用两侧接口上配置的 IPv4 地址建立了一条 EBGP 会话，R1 将 IPv4 子网 10.1.10.0/24、10.1.20.0/24 和 10.1.30.0/24 注入到 BGP 中。例 6-56 给出了这两台路由器的配置信息，请在每台路由器上利用单条命令将该配置转换为地址簇格式。

例 6-56 R1 和 R 的配置

```
R1
router bgp 100
 bgp log-neighbor-changes
 network 10.1.10.0 mask 255.255.255.0
 network 10.1.20.0 mask 255.255.255.0
 network 10.1.30.0 mask 255.255.255.0
 neighbor 10.0.0.14 remote-as 200
```

```
R2
 router bgp 200
 bgp log-neighbor-changes
 neighbor 10.0.0.13 remote-as 100
```

2. 配置 AS200 中的 R1 将 IPv6 子网 2001:DB8:B:1::/64、2001:DB8:B:2::/64 和 2001:DB8:B:3::/64 注入到 BGP 中，验证可以从 R2 到达 R1 注入的所有 IPv4 和 IPv6 子网。
3. 配置 AS200 中的 R4 与 AS400 中的 R7 仅通过 IPv6 建立 EBGP 会话，R7 将 IPv4 子网 10.4.10.7/24 和 10.4.20.7/24 以及 IPv6 子网 2001:DB8:D:1::7/64 和 2001:DB8:D:2::7/64 注入到 BGP 中，验证可以从 R4 到达 R7 注入的所有 IPv4 和 IPv6 子网。
4. AS200 将 OSPF 用作本 AS 的 IGP（包括 IPv4 和 IPv6），在所有的内部路由器（R2、R3 和 R4）上配置 OSPF，从而为本 AS 内的所有环回地址提供可达性。然后再利用这三台路由器的 Loopback 0 地址配置全网状 IBGP 会话，BGP 对等会话将是双栈会话，为每对路由器提供独立的 IPv4 和 IPv6 会话。此外，利用会话模板和策略模板配置所有的邻居参数。验证可以从 R3 到达接收自 AS200 和 AS300 的子网。
5. 在 AS300 中配置 OSPF，从而为本 AS 内的所有 IPv4 和 IPv6 地址提供可达性。然后在 R5 与 R6 之间通过它们的 Loopback 0 接口配置双栈 IBGP 会话，配置 R6 将 IPv4 子网 10.3.10.0/24 和 IPv6 子网 2001:DB8:C:1::/64 注入到 BGP 中。
6. AS300 中的路由器 R5 双归属到 AS100 中的路由器 R2 和 R3，在 R5 上为 R2 和 R3 使用独立的会话模板和策略模板，在 R5 与路由器 R2 以及 R3 之间配置双栈 EBGP 会话。验证现在可以从 AS100 中的所有路由器到达 R6 注入到 BGP 中的所有子网。
7. 在 R4 上使用前缀列表以确保不能从 R7 到达 AS100 中的子网 10.1.10.0/24、10.1.30.0/30 和 2001:DB8:B:2::/64。
8. 在 R4 上使用 AS_PATH ACL 以确保不能从 R7 到达 AS300 中的所有子网。
9. 为来自 R2 和 R3 的路由更新使用不同的权重，配置 R5 让 AS300 的内部路由器都将 R3 优选为 AS300 所有流量的出口点，然后再使用 AS 附加机制以确保返回 AS300 的流量也使用 R3-R5 链路。
10. 在 R2 上利用团体属性 200:1234 标记来自 AS100 的子网 10.1.10.0/24 和 2001:DB8:B:3::/64，并在 R2 和 R3 上利用该团体属性值滤除这些路由的更新，以阻止将这些路由宣告给 AS300。

6.7 故障检测及排除练习题

1. 可以从下列输出结果看出哪些信息？

```
*Jun  2 16:23:29.891: %BGP-3-NOTIFICATION: sent to neighbor 2001:DB8:A:3::1 2/7
 (unsupported/disjoint capability) 0 bytes FFFF FFFF FFFF FFFF FFFF FFFF FFFF FFFF
 002D 0104 0064 00B4 C0A8 FF01 1002 0601 0400 0100 0102 0280 0002 0202 00
*Jun  2 16:23:57.227: %BGP-3-NOTIFICATION: received from neighbor 2001:DB8:A:3::1
 2/7 (unsupported/disjoint capability) 0 bytes
```

2. 如果在例6-40的配置中部署下列路由映射（其余配置不变），那么运行结果是什么？

```
!
route-map Customers permit 10
 match ip address prefix-list AS_200
 set community 200:10
!
route-map Customers permit 20
 match ip address prefix-list AS_300
 set community 300:15
!
route-map Customers permit 30
 match ipv6 address prefix-list AS_300
 set community 300:15
!
route-map Customers permit 40
 match ipv6 address prefix-list AS_400
 set community 400:10
!
```

3. 在下列输出结果中可以看到路由器Idaho（见图6-11）上携带了团体属性值的IPv4和IPv6路由列表。请注意，例6-47记录了本配置练习题之前的路由信息，而此处给出的路由表信息已经配置了通过团体属性限制路由宣告的策略。查看路由器Wyoming的输出结果可以看出，命令**show ip bgp**和**show ip bgp ipv6 unicast**显示例6-47中的所有前缀均已宣告给了Wyoming，但是**show ip bgp all community**命令显示这些前缀都没有团体属性值。请问为什么Idaho上的前缀有团体属性值，而Wyoming上的相同前缀却没有团体属性值？参考例6-45中的Idaho配置可以帮助解答这个问题。

```
Wyoming#show ip bgp
BGP table version is 145, local router ID is 192.168.255.10
Status codes: s suppressed, d damped, h history, * valid, > best, i - internal,
              r RIB-failure, S Stale
Origin codes: i - IGP, e - EGP, ? - incomplete

   Network          Next Hop            Metric LocPrf Weight Path
*> 10.2.1.0/24      10.0.0.29                              0 100 200 i
*> 10.2.2.0/24      10.0.0.29                              0 100 200 i
*> 10.2.3.0/24      10.0.0.29                              0 100 200 i
*> 10.3.1.0/24      10.0.0.29                              0 100 300 i
*> 10.3.2.0/24      10.0.0.29                              0 100 300 i
*> 10.3.3.0/24      10.0.0.29                              0 100 300 i
```

（待续）

```
*> 10.5.1.0/24      10.0.0.29                              0 100 500 i
*> 10.5.2.0/24      10.0.0.29                              0 100 500 i
*> 10.5.3.0/24      10.0.0.29                              0 100 500 i
*> 10.6.1.0/24      10.0.0.29                              0 100 600 i
*> 10.6.2.0/24      10.0.0.29                              0 100 600 i
*> 10.6.3.0/24      10.0.0.29                              0 100 600 i
*> 10.7.1.0/24      10.0.0.29                              0 100 700 i
*> 10.7.2.0/24      10.0.0.29                              0 100 700 i
*> 10.7.3.0/24      10.0.0.29                              0 100 700 i
*> 10.8.1.0/24      0.0.0.0                  0         32768 i
*> 10.8.2.0/24      0.0.0.0                  0         32768 i
*> 10.8.3.0/24      0.0.0.0                  0         32768 i
Wyoming#show ip bgp ipv6 unicast
BGP table version is 139, local router ID is 192.168.255.10
Status codes: s suppressed, d damped, h history, * valid, > best, i - internal,
              r RIB-failure, S Stale
Origin codes: i - IGP, e - EGP, ? - incomplete

   Network          Next Hop            Metric LocPrf Weight Path
*> 2001:DB8:3:1::/64
                    2001:DB8:A:8::1                       0 100 300 i
*> 2001:DB8:3:2::/64
                    2001:DB8:A:8::1                       0 100 300 i
*> 2001:DB8:3:3::/64
                    2001:DB8:A:8::1                       0 100 300 i
*> 2001:DB8:4:1::/64
                    2001:DB8:A:8::1                       0 100 400 i
*> 2001:DB8:4:2::/64
                    2001:DB8:A:8::1                       0 100 400 i
*> 2001:DB8:4:3::/64
                    2001:DB8:A:8::1                       0 100 400 i
*> 2001:DB8:5:1::/64
                    2001:DB8:A:8::1                       0 100 500 i
*> 2001:DB8:5:2::/64
                    2001:DB8:A:8::1                       0 100 500 i
*> 2001:DB8:5:3::/64
                    2001:DB8:A:8::1                       0 100 500 i
*> 2001:DB8:6:1::/64
                    2001:DB8:A:8::1                       0 100 600 i
*> 2001:DB8:6:2::/64
                    2001:DB8:A:8::1                       0 100 600 i
*> 2001:DB8:6:3::/64
                    2001:DB8:A:8::1                       0 100 600 i
*> 2001:DB8:7:1::/64
                    2001:DB8:A:8::1                       0 100 700 i
*> 2001:DB8:7:2::/64
                    2001:DB8:A:8::1                       0 100 700 i
*> 2001:DB8:7:3::/64
                    2001:DB8:A:8::1                       0 100 700 i
*> 2001:DB8:8:1::/64
                    ::                       0         32768 i
*> 2001:DB8:8:2::/64
                    ::                       0         32768 i
*> 2001:DB8:8:3::/64
                    ::                       0         32768 i
Wyoming#
Wyoming#
Wyoming#show ip bgp all community
For address family: IPv4 Unicast

For address family: IPv6 Unicast
Wyoming#
```

第7章

IP多播路由简介

多播实质上就是向一组接收端发送数据的进程。将单播和广播视为多播的子集可能还存在着一定的争议，这是因为单播环境下的组成员只有一个，而对广播来说，所有可能的接收端都是组成员。本章将解释为何这样的论断仅在概念理解层面有效，因为在实际网络环境中（至少如此），多播、单播和广播之间存在着清晰的功能和协议差异。可以说，IPv6 更接近多播的变体，它使用的不是广播地址，而是全部节点多播地址（all-nodes multicast address）。虽然与广播的效果相同，但仍属于多播功能类别。

虽然通常将无线电广播和电视节目的分发称为“广播”，但它们实质上是多播。发射器以一定的频率发送数据，通过调谐到相应的频率，某些接收组就可以接收数据。在某种意义上，这里所说的频率就是多播地址。在一定发射频率范围内的所有接收端都能收到信号，但只有那些侦听正确频率的接收端才能真正收到这些信号。

这里的信号范围可以引出一个非常重要的概念：无线电广播和电视信号发射都有一个发射范围（受限于发射器的功率），不在发射范围之内的接收端都接收不到信号。大家将在本章看到多播也有范围的概念。

大家在《TCP/IP 路由技术（第 1 卷）》已经了解了一些基本的 IP 多播知识。RIPv2、EIGRP 和 OSPF 在交换路由信息时，都使用多播机制以提高效率。应用程序使用多播机制的原因也是如此，即提高网络效率、节约网络资源。图 7-1 显示了多台 IP 主机，其中的一台主机是数据源（S），需要将数据传送给一组（G）接收端。虽然接收端可能不止一个，但接收组也并不包含所有可能的接收端。

一种方法是源主机采取重复的单播机制来分发数据。也就是说，源主机为组中的每台目的主机均创建一个包含相同数据的独立数据包，然后再以单播方式将每个数据包都发送给指定主机（见图 7-2）。

如果只有少量目的端，那么该方案完全没有问题。实际上，目前很多“多播”采用的都是这种重复的单播分发方式。但是，如果接收端数量达到成百上千或成千上万，那么就会极大地加重主机为相同数据创建和发送多份拷贝时的负担。更重要的是，主机接口、连接的介质、连接的路由器以及低速 WAN 链路都可能会成为潜在的瓶颈。如果数据对时延敏感且无法包含在单个数据包中时也会出现问题。如果 2 号数据包的所有拷贝都必须在完成 1 号数据包的排队及发送操作之后才能进行处理，那么排队时延将会给数据流引入无法接受的间隔。

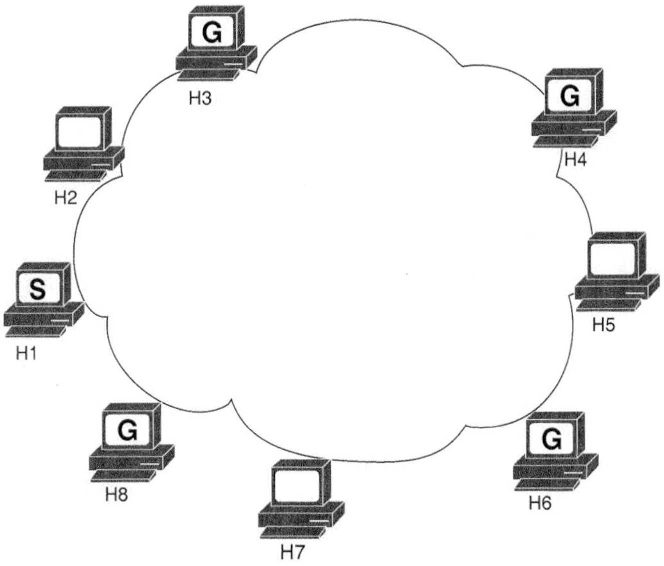

图 7-1 源端必须向多个接收端传送相同的数据

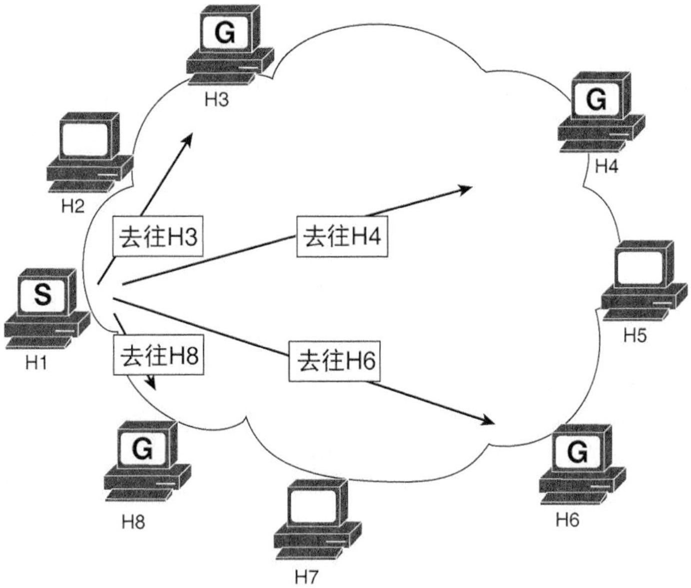

图 7-2 利用单播将相同的数据发送给多个接收端会给源主机带来很大的负担

另一种可能的方法是采取广播方式发送数据（见图 7-3），这样可以解决源主机和本地设备的负担。此时只要为每个数据包发送一份拷贝即可，但广播方式将处理负担外延到了网络中的其他主机。这些主机都必须接收一份广播包并进行处理，非目的端主机只能通过高层协议（该功能也可能由应用程序自身完成）才知道应该丢弃这些数据包。如果接收组中的主机数量仅占整个网络中主机数量的一小部分，那么相应的处理负担也是无法接受的。

注：如果组成员仅占整个多播域中主机总数的一小部分，那么就将该域称为稀疏式多播域，本章的后面还会讨论这个概念。

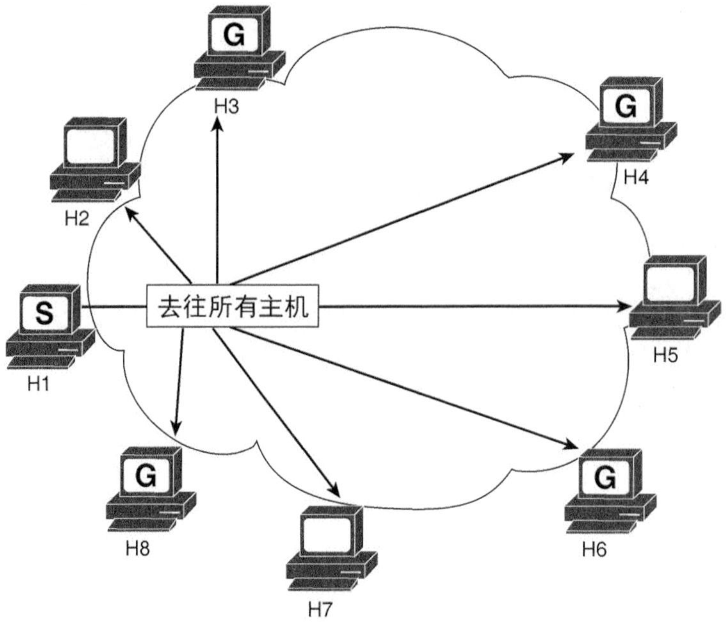

图 7-3 以广播方式发送数据会给网络中的其他部分带来负担

广播的另一个难题在于 IP 路由器不会将数据包转发到广播目的端。如果图 7-3 中的网络云是一个路由网络（而不是单一的广播介质），那么这些广播包将无法到达远程主机。虽然可以使用定向广播机制，但这可能是最糟糕的解决方案，不但所有的主机都要接收数据包，而且源主机还得发送重复数据包。

多播机制可以让源主机只向单个多播目的地址发送一份数据包，从而解决了发送重复数据包的处理负担。这种负担会通过网络进行分发，任何侦听多播地址的接收端都能收到数据包，因而非目的主机就无需处理非期望数据包。与广播包不同，多播路由器能够转发多播包。

IP 多播机制的很多内容都不在本章讨论范围之内，由于本书的关注点是 IP 路由，因而本章的讨论重点也是 IP 多播路由，同时还会包含与路由相关的部分主题。如果希望全面了解 IP 多播内容，请参考本章最后“推荐读物”中的参考文献。

7.1 IP 多播需求

IP 多播并不是一个新概念，Steve Deering 曾于 1986 年撰写了第一个有关多播主机需求的 RFC，但直到最近企业用户对一对多和多对多通信需求的日益增多，人们才开始更多地关注多播机制。

常见的一对多应用包括用于远程教育的音视频传送、企业新闻和软件分发、基于网络的娱乐节目、新闻及股票更新、数据库或网站复制等。常见的多对多应用是会议（包括视频、音频）和共享白板。多用户游戏也是一种常见的多对多应用（虽然很多企业不愿意在网络上提供该服务）。随着这类组应用的日益增多，与广播方式或重复的单播方式传送数据相比，多播在效率和性能方面的优势也变得越来越有吸引力。

实施 IP 多播时必须在大量的协议面前做出抉择。正因为如此，多播机制目前主要部署在企业网内部，因为单一管理机构可以更容易地做出选择。应用范围可能是单个建筑物或园区，也可能是 Comcast 或 AT&T 等全国性服务提供商，它们的共同之处在于对整个网络的架构控制能力。

组织机构也可以与连接其所有办公场所的骨干网服务提供商签订协议，通过提供商的 IP 多播网络、多播隧道或启用了多播机制的 MPLS 骨干网部署不同区域范围（办公楼或园区范围）的多播服务。虽然骨干网提供商是一个独立的管理域，但组织机构的 IP 多播网络仍然是一个私有网络。

跨越公共 Internet 的多播存在一定的问题，这是因为从源端到目的端的每台路由器都必须启用多播。在 2001 年写作本卷第一版时，我曾预测娱乐服务可能是在 Internet 上启用 IP 多播机制的驱动力。15 年之后，虽然 Netflix、Hulu、Amazon Instant Video 以及 Pandora 等提供商已经通过 Internet 提供了无所不在的娱乐服务，但目前的电影、电视剧以及音乐仍然通过单播流进行传送，因而我现在也不太像 2001 年那样能够确定未来推动公共 Internet 启用多播机制的驱动力究竟是什么了。

有关多播的应用研究已经在 Internet 上的 MBone（Multicast Backbone，多播骨干网）子网进行了很长一段时间。但 MBone 只是一个研究项目，而不是一个可以提供公共多播服务的商业项目。在整个 Internet 上提供无处不在的多播服务（如果还没有实现）还有待进一步研究，并开发相应的 AS 间协议，如 MBGP（Multiprotocol BGP，多协议 BGP）和 BGMP（Border Gateway Multicast Protocol，边界网关多播协议）。在路由策略支持能力方面，目前还没有任何一种 IP 多播路由协议能与 BGP 相比，除非能够找到足够的策略增强工具，否则多播难以得到整个 Internet 的接受。因而本章及随后的两章将主要讨论单一管理域或者拥有共同利益的一组管理域中的多播机制。

如果要在路由式网络上支持多播机制，那么必须满足三个基本需求：

- 必须有标识多播组的地址集；
- 必须有主机加入和离开多播组的相应机制；
- 必须有一种路由协议，让路由器在不过分占用网络资源的情况下能够将多播流量有效地发送给组成员。

本节将逐一分析上述基本需求，后面的章节将详细讨论满足上述基本需求的各种协议以及它们对当前 IP 多播网络的贡献。

7.1.1 IPv4 多播地址

IANA 将 D 类 IPv4 地址保留用作多播地址。虽然 CIDR 技术已经基本消除了单播 IPv4 地址的类别术语，但分配给多播的地址段仍然没变，所以仍然将它们称为 D 类地址。根据《TCP/IP 路由技术（第一卷）》第 1 章介绍过的第一个八位组规则，D 类地址的前 4 个比特始终是 1110（224.0.0.0/4）（见图 7-4），在此约束条件下计算 32 比特数的最小和最大值，可以得到 D 类地址范围为 224.0.0.0～239.255.255.255。

与 A、B、C 类地址范围不同，D 类地址范围是一种“平面”结构。也就是说，不使用子网（见图 7-5），因而 D 类地址有 28 个可变比特，既 D 类 IPv4 地址空间可以为 2^{28}（超过 268000000）个多播组进行编址。

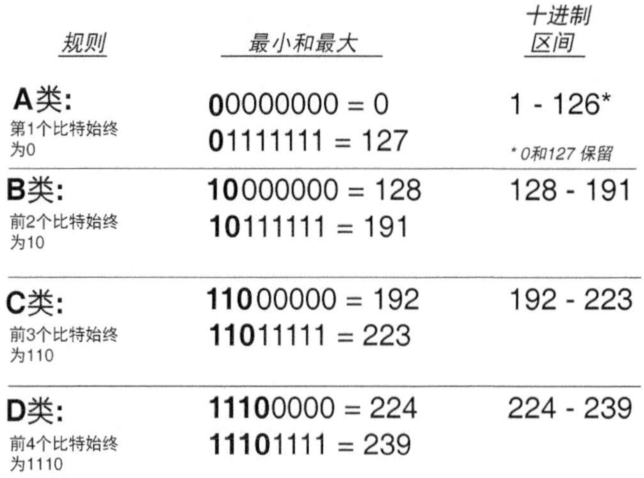

规则
最小和最大
十进制区间
A类:
第1个比特始终为0
00000000 = 0
01111111 = 127
1 - 126*
* 0和127 保留
B类:
前2个比特始终为10
10000000 = 128
10111111 = 191
128 - 191
C类:
前3个比特始终为110
11000000 = 192
11011111 = 223
192 - 223
D类:
前4个比特始终为1110
11100000 = 224
11101111 = 239
224 - 239

图 7-4 D 类地址范围为 224.0.0.0～239.255.255.255

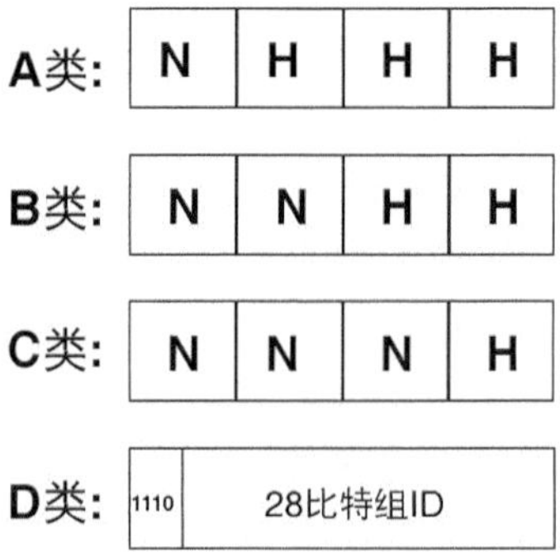

A类: N H H H
B类: N N H H
C类: N N N H
D类: 1110 28比特组ID

图 7-5 与 A、B、C 类 IP 地址不同，D 类地址不分网络部分和主机部分

多播组是通过多播 IP 地址来定义的。多播组可以是永久性的，也可以是临时性的。这里所说的永久组指的是多播组拥有永久分配的多播地址，而不是说成员被永久分配到多播组中。事实上，主机可以自由地加入或离开任何多播组。与此相对应，临时组指的是非永久存在的多播组（如视频会议组），为这类多播组分配的地址是非保留地址，多播组终止时将释放该地址。

表 7-1 列出了由 IANA 分配给永久组的周知地址，前面在讨论路由协议的时候就已经遇到了其中的很多地址。例如，在多路接入网络中，OSPF DRother 路由器向 224.0.0.6 的 OSPF DR 和 BDR 发送更新消息，而 DR 则向 224.0.05 的 DRother 路由器发送数据包。

表 7-1 部分周知保留多播地址

地址	多播组
224.0.0.1	All-systems-on-this-subnet（本子网内的全部系统）
224.0.0.2	All-routers-on-this-subnet（本子网内的全部路由器）
224.0.0.4	DVMRP-routers（DVMRP 路由器）
224.0.0.5	All-OSPF-routers（全部 OSPF 路由器）
224.0.0.6	OSPF-designated- routers（OSPF 指派路由器）
224.0.0.9	RIP-2-routers（RIP-2 路由器）
224.0.0.10	EIGRP-routers（EIGRP 路由器）
224.0.0.12	DHCP-Server/Relay-Agent（DHCP 服务器/中继代理）
224.0.0.13	PIM-routers（PIM 路由器）
224.0.0.15	CBT-routers（CBT 路由器）
224.0.0.18	VRRP
224.0.0.22	IGMP
224.0.0.39	Cisco-RP-Announce（Cisco RP 通告）
224.0.0.40	Cisco-RP-Discovery（Cisco RP 发现）

IANA 将地址段 224.0.0.0–224.255.255.255 保留给路由协议和其他网络维护功能，多播路由器不转发目的地址为该地址段的数据包。此外，还该地址段之外为某些开放组和商业组保留了一些地址。如将 224.0.1.1 保留给 NTP（Network Time Protocol，网络时间协议），将 224.0.1.8 保留给 SUN NIS+，将 224.0.6.0～224.0.6.127 保留给 Cornell ISIS Project。此外还为纽约证券

交易所和伦敦证券交易所等很多证券交易所分配了不同的多播地址空间，表明金融网络已经开始大范围使用多播服务。

另一个保留地址段为 239.0.0.0～239.255.255.255，有关该地址段的使用情况将在后面的"多播范围"一节进行详细讨论。如果希望了解 D 类保留地址的完整列表，请参阅本书附录 C、RFC 1700（最新信息请参见在线数据库）或 IANA 的已分配编号网站（www.iana.org/assignments/multicast-addresses）。

组成员的 NIC（Network Interface Card，网络接口卡）也必须感知多播。主机加入多播组之后，NIC 会计算出一个可预测的 MAC 地址，因而所有支持多播的以太网、令牌环、FDDI NIC 都利用保留的 IEEE 802 地址 0100.5E00.0000 来确定多播 MAC 地址。值得注意的是，该地址的第 8 个比特是 1。对于 IEEE 802 地址来说，该比特是 I/G（Individual/Group，个体/组）比特，比特置位时表示该地址为多播地址。

注： 本卷的第一版除了以太网之外，还讨论了令牌环以及 FDDI 的多播机制。由于令牌环和 FDDI 已被废除，因而本书第二版已经删除了这部分内容。如果希望了解这些广播介质的多播操作信息，寻找相应的参考资料也很容易。

以太网接口构建多播 MAC 地址的方式是将组 IPv4 地址的低 23 位映射到保留 MAC 地址的低 23 位（见图 7-6）。图中利用 D 类 IPv4 地址 235.147.18.23 创建了多播 MAC 地址 0100.5E13.1217。

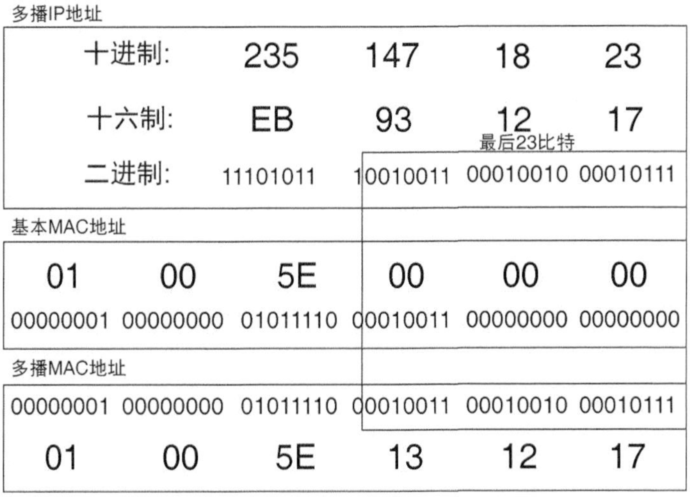

图 7-6　以太网上的多播地址是将 IP 地址的最后 23 位与 MAC 地址 0100.5E00.0000 的前 25 位组合而成

以前就曾遇到过类似地址，《TCP/IP 路由技术（第一卷）》的第 8 章曾经简要说明了 All-OSPF-Routers（全部 OSPF 路由器）地址 224.0.0.5 使用的 MAC 地址是 0100.5E00.0005，而 All-OSPF-Designated-Routers（全部 OSPF 指派路由器）地址 224.0.0.6 使用的 MAC 地址是 0100.5E00.0006，这就是原因之所在。

由于仅将 IPv4 地址的低 23 位映射到 MAC 地址，因而多播 MAC 地址并不具备全球唯一性，如 IP 地址 225.19.18.23 与 235.147.18.23 生成的 MAC 地址都是 0100.5E13.1217。事实上，计算 D 类地址的全部数量（2^{28}）与保留前缀后的 MAC 地址数量（2^{23}）比例，就可以看出 32 个 D 类 IP 地址会映射为同一个 MAC 地址！

IETF 的观点是，同一个 LAN 中两个或多个组地址生成完全相同的 MAC 地址的几率是非常低的，完全可以接受。只有在极少数情况下才可能会出现这样的地址冲突现象，此时将导致同一个 LAN 中两个组的成员都能收到对方的流量。多数情况下每个组的数据包都会去往不同的端口号或者有不同的应用层验证机制，因而每个组的成员都能在传送层或更高层丢弃其他组发来的数据包。

但这种危害并不完全存在于理论之上，本书的技术审稿人之一曾经说起一个故事，他在为某个“三重业务”提供商（语音、视频和 Internet）交付新的 IPTV 中间件并为某个 IPTV 频道分配多播地址 239.128.64.1 时，没有检查 MAC 地址是否重复，后来才知道另一个频道正在使用 224.0.64.1，导致该频道长期中断。由于机顶盒同时收到了两个多播组的流量，因而受速率限制而导致出现丢包。

不过这种可预测的 MAC 地址构建方式也有两个好处：

- 本地网中的多播源或路由器只要向多播 MAC 地址发送一份数据帧即可保证 LAN 中的所有组成员都能收到；
- 由于知道了组地址之后就能知道 MAC 地址，因而无需 ARP 进程。

7.1.2 IPv6 多播地址

与 IPv4 多播地址相比，IPv6 多播地址更容易识别，它们只有单个前缀 FF00::/8，即前 8 个比特均为 1（见图 7-7），因而不需要记忆数值范围。所有以 FF 为开头的 IPv6 地址都是多播地址。

IPv6 多播地址的灵活性来源于后面的 8 个比特。前缀后面的前 4 个比特是标志，表示该地址是周知多播地址还是临时地址、是否是内嵌式 RP（Rendezvous Point，聚合点）地址（详见第 8 章）或者是基于内嵌式单播地址的多播地址（详见第 8 章）。

接下来的 4 个比特定义的是地址范围，也就是网络中与该地址相关的边界。地址范围可以从接口本地一直到全局唯一（见图 7-7）。由于该字段有 4 个比特，因而最多可以定义 16 种范围（虽然并没有定义所有可能取值）。虽然有关多播范围的详细信息将在第 9 章中进行讨论，但此时需要了解的是 IPv4 多播的定界比 IPv6 多播地址的定界更为复杂，因为 IPv4 多播地址并没有内嵌的范围字段。

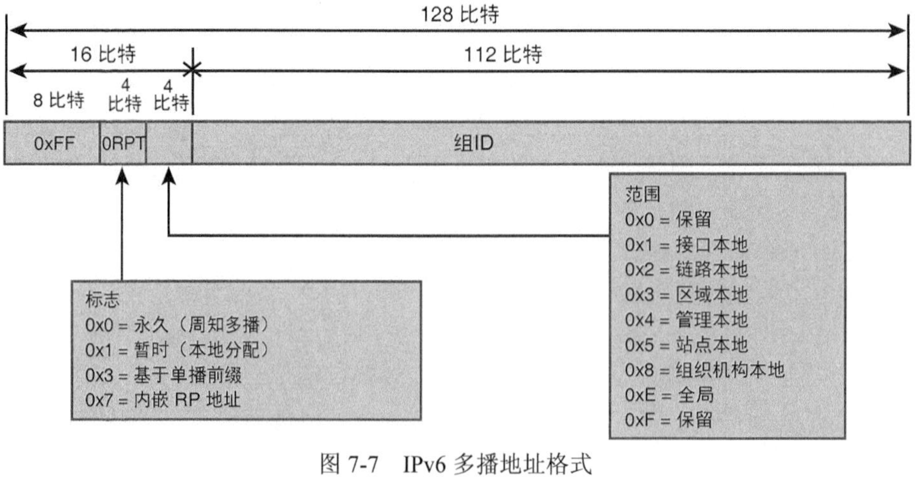

图 7-7 IPv6 多播地址格式

将 128 比特的 IPv6 地址中的前 16 比特用作前缀、标志和范围之后，还剩下 112 比特可以定义各种特定的多播组。与 IPv4 多播地址格式中只有 24 个可用比特相比，IPv6 可能的组地址数简直就是一个天文数字。IPv6 可以在任意范围内（包括全球公共 Internet）提供唯一可标识的多播组，而且远远超出了现实需求（可以为地球上的每个人提供 74 万亿万亿万亿万亿个多播组），因而多播组的指派路由器可以在无需静态配置或 BSR 等协议的情况下标识组的 RP。如果对此感到疑惑或不理解完全没有关系，后面还将在第 8 章进行详细讨论。目前只要知道与 IPv4 多播相比，IPv6 多播拥有无与伦比的内在优势即可。

表 7-2 列出了部分周知 IPv6 多播地址。与表 7-1 中的周知 IPv4 多播地址相比，需要注意其中的一些关键信息。首先，IPv6 没有像 IPv4 的 255.255.255.255 那样的广播地址，而是有一个 All-Nodes（全部节点）多播组（所有节点都是成员的多播组），虽然在功能上与广播地址相似，但是由于存在范围字段，因而可以为不同的网络范围进行定义。其次需要注意的就是地址范围：All-Nodes（全部节点）和 All-Routers（全部路由器）组可以是本地节点或链路本地范围。IGP 运行在链路本地范围（这一点与 IPv4 相同）。虽然 IPv4 多播地址并没有内在的定界能力，IPv4 路由协议消息必须限制在邻居之间的直连链路上。

表 7-2 部分周知 IPv6 多播地址

地址	多播组
本地节点范围	
FF01::1	All-Nodes（全部节点）
FF01::2	All-Routers（全部路由器）
链路本地范围	
FF02::1	All-Nodes（全部节点）
FF02::2	All-Routers（全部路由器）
FF02::4	DVMRP-routers（DVMRP 路由器）
FF02::5	All-OSPFv3-routers（全部 OSPFv3 路由器）
FF02::6	OSPFv3-designated-routers（OSPFv3 指派路由器）
FF02::9	RIPng -routers（RIPng 路由器）
FF02::A	EIGRP--routers（EIGRP 路由器）
FF02::C	SSDP
FF02::D	PIM-routers（PIM 路由器）
FF02::12	VRRP
FF02::16	MLDv2
站点本地范围	
FF05::2	All-Routers（全部路由器）

第三点需要注意的就是 IPv6 多播组为了与其 IPv4 对应内容保持一致而做的努力。例如，OSPFv2 路由器和 OSPFv2 指派路由器组地址是 224.0.0.4 和 224.0.0.5，而 OSPFv3 路由器和 OSPFv3 指派路由器组地址则是 FF02::5 和 FF02::6。对比表 7-1 和表 7-2 即可发现两者在 DVMRP、RIP、EIGRP、PIM 以及 VRRP 上也均有相似之处。

在 IPv6 链路本地多播地址中，有一种 Solicited-Node（请求节点）多播地址，用于 IPv6 NDP（Neighbor Discovery Protocol，邻居发现协议），NDP 整合了若干项链路级功能，这些功能是由 ARP 以及重定向等多种协议在 IPv4 的广播域中执行的。具体而言，NDP 在邻居发现功能中使用 Solicited-Node 多播地址，如果节点必须向特定 IPv6 地址的邻居或路由器请求自己的 MAC 地址，那么就截取该邻居的 IPv6 地址的最后 24 比特，再将其附加到链路本地范围的多播前缀 FF02::1:FF00:0/104 上。例如，图 7-8 中的目标 IPv6 链路本地单播地址 FE80::BA8D:12FF:FE44:C7B6 创建了 Solicited-Node 多播地址 FF02::1:FF44:C7B6 之后，将可以将 ND 请求发送给该地址。链路上的所有节点此前都已经为链路上的所有单播 IPv6 地址计算出了 Solicited-Node 多播地址并侦听发送给这些计算出来的地址的数据包。也就是说，它们已经"加入"了各自的请求节点多播组。

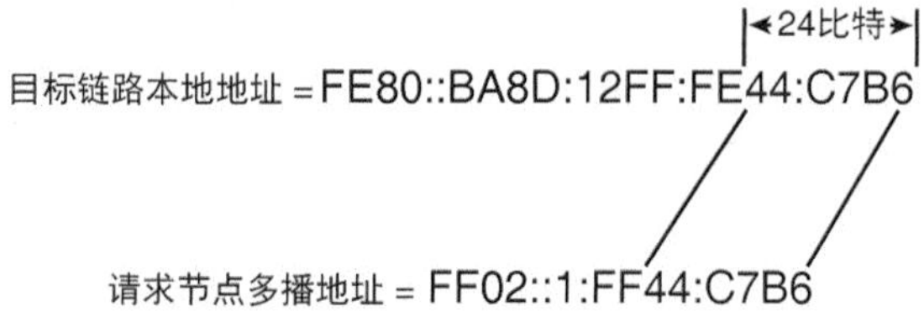

图 7-8 如果设备必须向邻居查询自己的 MAC 地址，那么就由 NDP 利用 Solicited-Node 多播地址来减少受影响的节点数量

由于 IPv4 ARP 发送的查询消息使用的是广播机制，因而要求广播域中的所有节点都必须处理该查询，至少要确定它们不是目标。因而 IPv6 NDP 的效率比 IPv4 ARP 更高，IPv6 节点仅侦听发送给它们自己计算出来的 Solicited-Node 组的数据包。

在极少数情况下，链路上多个节点的接口地址的最后 24 比特可能完全相同，此时请求节点可以检查所有响应的完整 IPv6 地址来识别来自正确邻居的响应。当然，本书讨论的重点是 IP 路由，而不是本地邻居维护功能，如果希望了解 IPv6 邻居发现协议的操作细节，可以参阅 RFC 4861。

与 IPv4 多播地址一样，以太网接口上 IPv6 多播地址也被映射为多播 MAC 地址，但映射过程以及 MAC 地址却并不相同。IPv6 多播地址映射为 MAC 地址的方式是将多播地址的 32 比特附加到 16 比特值 0x3333 上。例如，图 7-9 中多播地址 FF02::18:37B2:CA5D 的最后 4 个八位组附加 0x3333 上创建的 48 比特 MAC 地址为 33:33:37:B2:CA:5D。

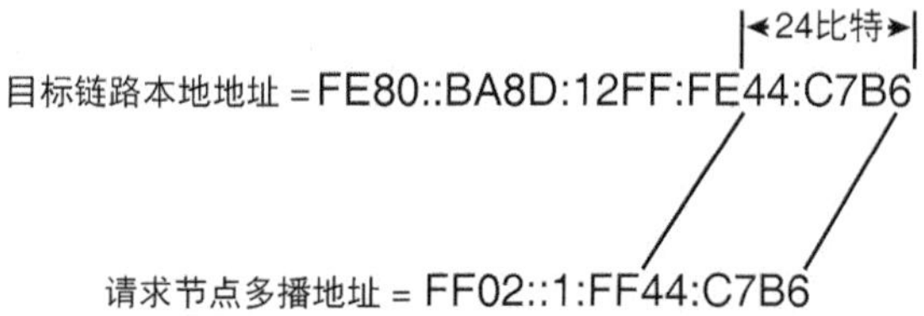

图 7-9 IPv6 多播目的地址映射为以太网 MAC 地址的方式是将 16 比特值 0x3333 附加到 IPv6 地址的最后 32 比特上，从而创建 48 比特的 MAC 地址

请注意，携带 IPv6 地址（包括多播地址）的帧的 Ethertype 为 0x86DD，而不是 IPv4 的 0x0800。

7.1.3 组成员概念

主机在加入多播组之前，主机（或者其用户）必须知道可以加入哪些组以及如何加入这些组。有很多方法可以宣告多播组，就像在线"电视指南"或者基于 Web 的节目表一样。

也有一些工具使用 SDP（Session Description Protocol，会话描述协议）和 SAP（Session Advertisement Protocol，会话宣告协议）等协议来描述多播事件并宣告这些描述信息。图 7-10 给出了一个使用这些协议的应用示例。用户也可以通过邀请（如通过简单的电子邮件）方式了解多播会话。

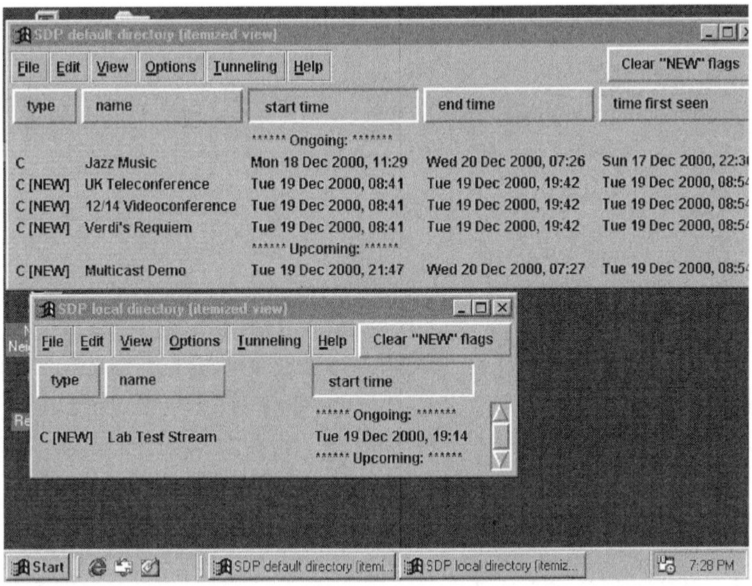

图 7-10　使用 SDP 和 SAP 的应用程序 Multikit Listen，显示了由这些协议宣告的多播会话

有关上述机制的详细讨论已经超出了本书写作范围。本节假定主机已经知道了多播组，并在此基础上讨论如何加入和离开多播组。讨论完这些问题之后，就可以理解 IPv4 的 IGMP（Internet Group Management Protocol，互联网组管理协议）以及 IPv6 的 MLD（Multicast Listener Discover，多播侦听发现）处理这些问题的方式。这些都是在单个子网中管理 IP 多播组的事实协议。

1. 加入和离开多播组

有趣的是，多播会话源并不需要是其发送流量的多播组的成员。事实上，多播源通常都不知道该播组的成员是哪些主机，接收端可以在任何时间自由加入和离开多播组。这与早期的模拟无线电广播信号或电视信号类似，听众可以在任何时间收听/收看或关闭节目，信号发射站无法直接获知谁正在收听/收看节目。

如果多播源和所有组成员都在同一个 LAN 中，则无需部署其他协议。此时源向多播 IP（和 MAC）地址发送数据包，组成员“收听”该地址即可。但是，如果通过路由式网络发送多播流量，将变得十分复杂，每台路由器仅仅将所有的多播包都转发到每个 LAN 上（以免这些 LAN 中存在组成员）。但这种方式在一定程度上削弱了多播节约网络资源的目的。如果某些 LAN 中没有组成员，那么浪费的带宽和处理资源不仅仅局限于该子网，而且还包括通向该子网的全部数据链路和路由器。

因而路由器必须有一定的机制来了解其连接的网络是否有组成员。如果有，那么属于哪个多播组。如果路由器能够感知多播会话，那么就可以向所连接的子网查询希望加入接收组的主机。查询消息可以发送给“本子网内的全部系统”地址 224.0.0.1 或 FF02::1，也可以发送给被查询多播组的特定地址。如果一台或多台主机返回了响应消息，那么路由器就可以只将多播包发送给这些子网（见图 7-11）。

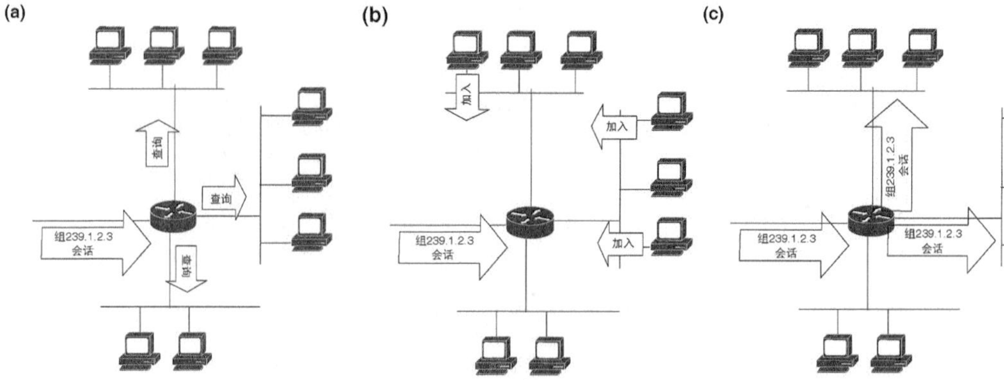

图 7-11 多播组成员发现

路由器可以周期性地向子网发送查询消息。如果子网中仍然有组成员，那么这些组成员将会响应路由器的全部查询消息，以便让路由器知道它们仍是组中的活跃成员。如果没有主机响应，那么路由器就会认为子网中的全部主机都已离开了多播组，从而不再向该子网转发多播组的数据包。

2. 加入等待时间

到目前为止，上述多播方案还存在一个问题。如果主机知道了希望加入的多播组，那么该主机并不总是能够等到路由器查询该多播组。为了减小等待时间，该主机可以向路由器发送一个请求加入多播组的消息，而无需等待路由器发出查询消息。路由器接收到加入请求之后，就会立即将多播流量转发到该主机所在的子网。

这种方式的好处不仅限于本地子网，在后面的“多播路由概念”一节将会说到，主机发起加入请求能够有效地提高多播路由协议的效率。如果路由器所连接的子网中没有任何组成员，而且这些子网也不为去往其他路由器的多播流量提供转接功能，那么该路由器就可以请求上游路由器不要向其转发多播流量，这样多播流量就可以不用进入无组成员的网络中。如果之后该路由器收到其所连子网的加入请求，那么就可以向上游路由器发出请求消息，并开始接收相关数据流。

这种方案的问题是，如果主机向本地路由器发出加入请求，那么就需要等待本地路由器向其上游邻居请求正确的多播流量，从而延长了加入等待时间。这里所说的加入等待时间指的是从主机发送加入请求到主机能真正接收到组流量之间的时间周期。当然，如果主机决定加入多播组的时候，其所在子网已有该多播组的其他组成员，那么加入等待时间几乎为零。此时主机无需向路由器发出加入请求，只要侦听已经转发给子网中其他组成员的多播包即可。

3. 离开等待时间

如果主机离开多播组时，允许主机显式地通知本地路由器，那么就能显著提高处理效率。这种方式允许本地路由器在无需等待子网中无主机响应其查询消息时才能确定子网中已经不存在组成员，而是可以更加主动地确定子网中是否还有剩余组成员。收到主机发送的离开通告之后，路由器就会立即向子网发出查询消息，以询问是否还有剩余组成员。如果收不到任何响应，那么路由器就会断定网络中已经不存在任何组成员，因而不再向子网转发该多播组的数据包，从而大大缩短离开等待时间。这里所说的离开等待时间指的是从子网中的最后一个组成员离开多播组到路由器停止向子网转发多播流量之间的时间间隔。

由主机发起的组离开机制也能提高路由协议的效率。如果路由器知道其所连接的子网上已经没有任何组成员，那么就可以将自己从多播树中“剪除”。路由器确定子网中无组成员的速度越快，就能越早“剪除”自己。

缩短加入和离开多播组的时间也能改善多播网络的整体质量。主机可能会知道大量多播组，如果加入和离开等待时间较短，那么就意味着终端用户可以轻易地通过可用多播组进行“频道切换”，就跟用户可以随意浏览广播和电视频道一样。

4. 组维护

如果主机希望加入某个组，那么就会向路由器发送报告消息。主机发送报告消息时可以使用多个可能的目的地址：

- 可以用单播方式将报告发送给发出查询消息的路由器，此时的问题是，该子网上可能会有多台路由器在跟踪该多播组，因而相关的所有路由器都必须接收该报告；
- 可以将报告发送给地址为 224.0.0.2 或 FF02::2 的“本子网内的全部路由器”，但大家很快会发现，这对子网上其他组成员能够收到报告消息也有作用；
- 为了保证其他组成员也能收到报告消息，可以将报告发送到地址为 224.0.0.1 或 FF02::1 的“本子网内的全部系统”，但这样会降低多播效率，强制子网内所有具备多播功能的主机（而不仅仅是组成员）都在二层以上处理该报告；
- 还可以将报告消息发送到组地址，这样就可以确保子网内的全部组成员以及侦听该多播组成员的路由器都能收到该报告，对于非组成员的主机来说，可以让 NIC 根据二层地址来拒收这些报告。

如前所述，路由器在子网上发送的用来查找组成员的消息是查询消息。如果子网内的所有组成员都要响应查询消息，那么就会造成不必要的带宽浪费。毕竟路由器只要知道子网内是否还有组成员即可，并不需要确切地知道还有多少组成员或者都是哪些主机。所有组成员都响应查询消息带来的另一个问题是，所有组成员同时响应可能会产生一定的冲突，退避并重传会消耗更多的网络及主机资源。如果所有的组成员都在该子网内，那么在主机发送报告之前产生多次冲突的可能性会随之增大。

将报告发送到组地址可以解决同一子网中出现多个报告的问题。收到查询消息之后，每个组成员都会根据一个随机数启动一个定时器，直到该定时器超时，组成员才发送报告。由于定时器是随机选择的，因而最可能的情况就是某个成员的定时器先于其他成员超时。该成员就会发送报告，由于报告的目的端是组地址，因而其他组成员也都能收到该报告。组成员收到报告之后，就会取消各自的定时器，并且不再发送各自的报告。因而通常只会在子网中发送一个报告，每个子网一个报告是所有路由器的统一要求。

5. 网络中存在多台路由器

本节提出了子网中存在多台路由器且每台路由器都希望知道子网中是否有组成员的可能性（见图 7-12）。图中的子网连接了两台路由器，这两台路由器通过不同的路由从同一个多播源接收了相同的多播流。如果其中的一台路由器或路由失效，那么组成员依然可以通过另一台路由器继续接收多播会话。在正常情况下，两台路由器同时将相同数据流转发到子网中，那么相应的效率就比较低。

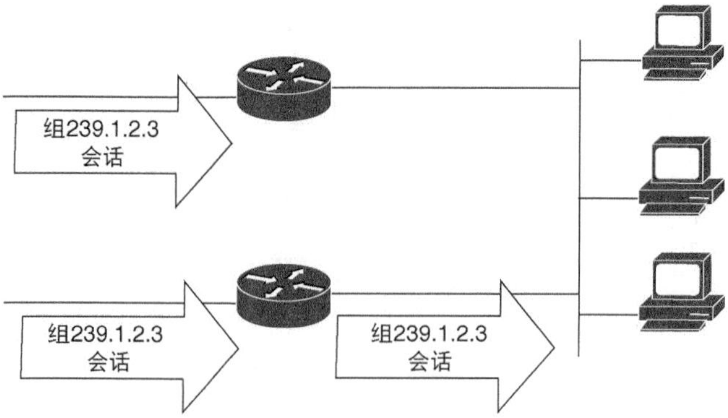

图7-12 虽然两台路由器都收到了相同的多播会话，但只有一台路由器将其转发到子网中

由于这两台路由器通过路由协议来感知对方，因而为了保证只有一台路由器将多播会话转发到子网中，需要增加一台指派路由器或查询路由器，以完成多播路由协议的功能。查询路由器的作用就是转发多播流，其他路由器仅负责侦听，并在查询路由器出现故障时才开始转发多播流。允许路由协议选举查询路由器的问题是存在多种可用路由协议。如果图7-12中的两台路由器运行了两种不兼容的路由协议，那么就无法检测到对方路由器上的查询路由器选举进程，导致每台路由器都将自己确定为查询路由器，从而都转发数据流。

不过，本地组管理协议与路由协议无关，每台路由器都必须运行该通用协议来查询组成员。因而将查询路由器功能交给组管理协议非常有意义，这就保证了路由器可以在同一个子网中运行相同的协议并确定由谁负责转发多播会话。

7.1.4 IGMP

无论多播网络中运行了多少种路由协议，主机和路由器之间都必须运行IGMP（Internet Group Management Protocol，互联网组管理协议）。

注：下一节讨论的MLD就是用于IPv6多播组管理的IGMP子集。虽然本节没有使用笨拙的缩略语IGMP/MLD，但大家必须知道本节描述的大部分IGMP功能也同样适用于MLD。

所有希望加入多播组的主机以及路由器接口连接的子网上存在多播主机的路由器都必须部署IGMP。IGMP是类似于ICMP的控制协议，两者也有一些相似功能。与ICMP类似，IGMP负责管理高层数据交换，IGMP消息也被封装在IP报头（协议号为2）中。与ICMP不同的是，该消息仅局限于本地数据链路，这一点由IGMP的实现规则（即要求路由器永不转发IGMP消息）以及将IP报头中的TTL设置为1来共同完成。

目前存在三种版本的IGMP，分别是定义在RFC 1112中的IGMPv1、RFC 2236中的IGMPv2以及RFC 3376中的IGMPv3。Cisco IOS Software Release 11.1及以后版本都默认支持IGMPv2。不过许多主机的TCP/IP实现仍然仅支持IGMPv1（如安装SP4之前服务包的Windows NT 4.0），而且最新的主机也可能支持IGMPv3，因而可以通过命令 **ip igmp version** 来更改默认支持的IGMP版本。本节将主要讨论IGMPv2，并简要说明与IGMPv1和IGMPv3的不同之处。

1. IGMPv2 主机功能

运行 IGMPv2 的主机使用以下三类消息：

- 成员关系报告（Membership Report）消息；
- 版本 1 成员关系报告（Version 1 Membership Report）消息；
- 离开组（Leave Group）消息。

成员关系报告消息用于指示主机希望加入指定多播组，主机第一次加入组时会发送该消息。有时也作为本地路由器发出的成员关系查询（Membership Query）消息的响应消息。

主机第一次知道并希望加入多播组时，并不会等待本地路由器发送查询消息。如第 8 章所述，路由器可能并不知道（事实上多数时候也确实不知道）主机希望加入的特定多播组，因而并不会为该组成员发送查询消息。如果主机必须等待查询消息，那么可能根本就没有机会加入多播组。相反，主机首次加入多播组之后，会主动发送一条成员关系报告消息。

路由器通过（源，组）地址对来标识多播会话。其中，源指的是会话发起端的地址，组指的是多播组地址。如果本地多播路由器不知道主机所希望加入的多播会话，那么就会向上游多播源发送请求消息。收到数据流之后，路由器就开始将数据流转发到请求了组成员关系的主机所在的子网中。

成员关系报告消息的 IP 报头中的目的地址是组地址，该消息本身也包含了组地址。为了确保本地路由器能收到主动发出的成员关系报告消息，主机需要在很短的间隔内发送一条或两条重复的报告消息。RFC 2236 建议的时间间隔为 10 秒钟。

IGMPv2 和 IGMPv3 主机后向兼容老版本。有关 IGMPv2 和 IGMPv3 检测子网中的主机和路由器上的老版本以及支持这些老版本的相关机制将在本节的后面进行详细讨论。

本地路由器利用查询消息周期性轮询子网。每条查询消息都包含一个最大响应时间，通常为 10 秒（以 1/10 秒为单位）。主机收到查询消息后会设置一个延时定时器（值为 0 到最大响应时间之间的任意值）。定时器到期后，主机会向其所属的每个多播组都发送一条成员关系报告消息，作为查询消息的响应消息。

注：所有启用了多播功能的设备都是组地址为 224.0.0.1（如果启用了 IPv6，那么就是 FF02::1）的“本子网内所有系统”组的成员。由于这属于默认特性，因而主机无需向该组发送成员关系报告消息。

由于成员关系报告消息的目的地址是组地址，因而除了路由器之外，子网内的其他组成员也能收到该消息。如果主机收到多播组的成员关系报告消息时，延时定时器还未到期，那么就不会向该组发送成员关系报告消息。这样一来，路由器就可以知道子网内至少还有一个组成员，而不用所有组成员都在子网内泛洪成员报告消息。

主机离开多播组时，会利用离开组消息通告本地路由器，该消息包含了将要离开的多播组的地址。但是与成员关系报告消息不同，离开组消息的目的地址是 224.0.0.2 的“本子网内全部路由器”。这是因为只有子网内的多播路由器才需要知道主机是否要离开组，其他组成员根本无需知道。

RFC 2236 建议，仅当将要离开的主机是发送了成员关系报告消息（以响应查询消息）的最后一台主机时，才发送离开组消息。下一节将会解释，本地路由器响应离开组消息的方式总是向其余组成员进行查询。如果不是“最后一个响应者”的其他组成员静静地离开多播组，那么路由器会继续转发多播会话，而不会发出查询消息，从而会在一定程度上节省网络带宽。不过，这种行为并不是必须的，如果多播应用的设计者不希望使用状态变量来记忆哪台主机是最后一台响应查询消息的主机，那么也可以在每台主机离开多播组时都发送一条离开组消息。

2. IGMPv2 路由器功能

路由器发送的 IGMP 消息只有查询消息，IGMPv2 定义了两种子类型的查询消息：

- 通用查询（General Query）消息；
- 特定组查询（Group-Specific Query）消息。

路由器利用通用查询消息来轮询其连接的每个子网，以确定是否有组成员以及检测子网中何时无任何组成员。路由器默认每 60 秒钟发送一条查询消息，可以使用命令 **ip igmp query-interval** 将默认值更改为 0～65535 之间的任意值。与以往一样，更改定时器的默认时间时必须小心谨慎，这是因为缩短定时器时间虽然可以提高响应速度，但是需要耗费更多的路由器资源。增加定时器时间虽然可以节约路由器资源，但是会降低响应速度。

如最后一节所述，查询消息中含有最大响应时间，该时间值指定了主机必须以成员关系报告消息响应查询的最长时间，默认的最大响应时间为 10 秒钟，可以使用命令 **ip igmp query-max-response-time** 更改该默认值，最大响应时间由消息中的 8 比特字段来表示，以 1/10 秒为单位（虽然命令 **ip igmp query-max-response-time** 中的单位为秒），如默认值 10 秒钟在消息中会被表示成 1/10 秒的 100 倍，因而取值范围为 0～255 倍的 1/10 秒，即 0～25.5 秒钟。

通用查询消息会被发送给地址为 224.0.0.1 的“本子网内全部系统”，不引用任何指定组，因而单条消息可以轮询子网中所有处于活跃状态的组，从而从组成员获得报告消息。路由器会跟踪已知多播组以及连接了子网（含有活跃组成员）的接口（见例 7-1）。

例 7-1 **show ip igmp groups** 命令可以显示路由器感知到的 IP 多播组

```
Gold#show ip igmp groups
IGMP Connected Group Membership
Group Address     Interface           Uptime     Expires    Last Reporter
224.0.1.40        Serial0/1.306       3d01h      never      0.0.0.0
228.0.5.3         Ethernet0/0         00:09:07   00:02:55   172.16.1.254
239.1.2.3         Ethernet0/0         1d08h      00:02:53   172.16.1.23

Gold#
```

如果 IOS 多播路由器在 3 倍查询间隔（默认为 3 分钟）内未收到特定子网上的成员关系报告消息，那么路由器就会断定该子网上已经无多播组的活跃成员。这就涵盖了单个组成员断开或在离开多播组时未遵循 IGMPv2 规则等多种可能性。

注： 这一点与 RFC 2236 不同，RFC 2236 规定的是 2 倍查询间隔加上最大响应时间间隔。

正常情况下，主机离开多播组时会发送离开组消息。路由器收到该消息后，就要确定子网上是否还有剩余的组成员，为此路由器需要发出特定组查询消息。与通用查询消息不同，特定组查询消息中包含了组地址，并且用该组地址作为查询消息的目的地址。

如果特定组查询消息出现丢失或损坏，那么子网上的剩余组成员可能不会发送报告消息。这样一来，路由器就可能会错误地认为子网上已经无活跃组成员，从而停止向子网转发多播组的会话包。为了避免发生这种情况，路由器会以 1 秒钟为间隔（称为最后成员查询间隔）发送两条特定组查询消息。

启用了多播功能的路由器首次在子网上被激活时，会将自己假定为查询路由器（负责向子网发送所有的通用查询和特定组查询消息）并立即发出通用查询消息。

注： RFC 2236 建议发送多条查询消息，而 IOS 的 IGMPv2 仅发送一条查询消息。

该操作方式不仅可以快速发现子网上的活跃组成员，而且还可以向子网上可能存在的其他多播路由器发出通告。如果子网存在多台多播路由器，那么查询路由器的选举规则也非常简单：IP 地址最小的路由器即为查询路由器。因此子网中的现有路由器收到新路由器发出的通用查询消息之后，就会检查查询消息的源地址。如果该地址小于自己的 IP 地址，那么就会将查询路由器的角色转让给新路由器。如果自己的 IP 地址较小，那么就继续发送查询消息。新路由器收到这些查询消息之后，如果发现子网中的现有路由器的 IP 地址较小，那么就会放弃查询路由器的角色。

如果非查询路由器在被称为其他查询路由器呈现间隔（Other Querier Present Interval）的周期内未收到查询路由器发出的查询消息，那么就认为查询路由器已不存在，从而接替查询路由器的角色。IOS 默认的其他查询路由器呈现间隔是查询间隔（Query Interval）的 2 倍（即 120 秒），可以使用命令 **ip igmp query-timeout** 更改该默认值。

3. IGMPv1

IGMPv1 与 IGMPv2 之间的主要区别在于：

- IGMPv1 无离开组消息，这就意味着从最后一台主机离开多播组到路由器停止转发组流量的时间周期会更长；
- IGMPv1 无特定组查询消息，原因是 IGMPv1 无离开组消息；
- IGMPv1 无法在查询消息中包含最大响应时间，主机的最大响应时间始终为 10 秒钟；
- IGMPv1 无查询路由器选举进程，依赖多播路由协议在子网中选举一个指派路由器，由于不同的多播路由协议采用不同的选举机制，因而在 IGMPv1 下，同一个子网中可能会存在多台查询路由器。

“IGMP 消息格式”一节将解释这些区别对 IGMPv1 和 IGMPv2 消息字段的影响。

有时 IGMPv1 和 IGMPv2 可能会共存于同一个子网中：

- 某些组成员可能运行 IGMPv1，而其他组成员则运行 IGMPv2；
- 某些组成员可能运行 IGMPv1，而路由器则运行 IGMPv2；
- 路由器可能运行 IGMPv2，而某些组成员则运行 IGMPv1；
- 某台路由器可能运行 IGMPv1，而子网中的其他路由器则运行 IGMPv2。

RFC 2236 描述了多种允许 IGMPv2 适配这些应用场景的实现机制。如果同一个子网中同时存在 IGMPv1 成员和 IGMPv2 成员，那么 IGMPv2 成员在确定是否要抑制自己的成员关系报告消息时，会将版本 1 和版本 2 成员关系报告消息视为完全相同。也就是说，如果 IGMPv2 成员在延时定时器到期之前，收到路由器的查询消息，而且随后又收到版本 1 成员关系报告消息，那么就不再发送成员关系报告消息。不过，IGMPv1 主机会忽略 IGMPv2 消息。因此，如果首先向多播组发送的是版本 2 成员关系报告消息，那么 IGMPv1 成员也会在延时定时器到期时发送报告消息，这不但不会影响 IGMPv2 主机，而且还能让 IGMPv2 路由器知道组成员中存在 IGMPv1 成员。

如果主机运行的是 IGMPv2，而本地路由器运行的是 IGMPv1，那么 IGMPv1 路由器会忽略 IGMPv2 消息。因此，IGMPv2 主机收到 IGMPv1 查询消息之后，会发出版本 1 成员关系报告消息作为响应消息。由于 IGMPv1 查询中不指定最大响应时间，因而 IGMPv2 主机使用 IGMPv1 的固定周期 10 秒钟。IGMPv2 主机可以向/也可以不向 IGMPv1 路由器发送离开组消息。IGMPv1 无法识别离开组消息，因而会忽略这些消息。

如果 IGMPv2 路由器接收到的是版本 1 成员关系报告消息，那么就认为该组所有成员运行的都是 IGMPv1。因而该 IGMPv2 路由器会忽略离开组消息，也不发送会被 IGMPv1 成员忽略的特定组查询消息，而是设置一个被称为老式主机呈现定时器（Old Host Present Timer）的定时器（见例 7-2）。该定时器的定时周期与组成员关系间隔（Group Membership Interval）相同。只要收到新的版本 1 成员关系报告消息，就会重置该定时器；该定时器到期时，路由器会断定子网中已经无 IGMPv1 成员，从而恢复成 IGMPv2 消息及相关进程。

注：如前所述，组成员关系间隔是路由器在认定子网中无任何组成员之前等待成员关系报告消息的时间。IOS 默认的组成员关系间隔是查询间隔的 3 倍。

例 7-2 多播路由器收到组 239.1.2.3 的 IGMPv2 成员关系报告消息以及组 228.0.5.3 的 IGMPv1 成员关系报告消息，IGMPv1 成员关系报告消息会让路由器为该组设置一个老式主机呈现定时器

```
Gold#debug ip igmp
IGMP debugging is on
Gold#
IGMP: Send v2 Query on Ethernet0/0 to 224.0.0.1
IGMP: Received v2 Report from 172.16.1.23 (Ethernet0/0) for 239.1.2.3
IGMP: Received v1 Report from 172.16.1.254 (Ethernet0/0) for 228.0.5.3
IGMP: Starting old host present timer for 228.0.5.3 on Ethernet0/0
IGMP: Send v2 Query on Ethernet0/0 to 224.0.0.1
IGMP: Received v2 Report from 172.16.1.23 (Ethernet0/0) for 239.1.2.3
IGMP: Received v1 Report from 172.16.1.254 (Ethernet0/0) for 228.0.5.3
IGMP: Starting old host present timer for 228.0.5.3 on Ethernet0/0
```

请注意，例 7-2 中的路由器一直都在发送 IGMPv2 通用查询消息，这些查询消息与 IGMPv1 查询消息的主要区别在于最大响应时间非零。由于 IGMPv1 没有使用携带该时间值的字段，因而 IGMPv1 主机会忽略该字段，从而将 IGMPv2 查询消息解析为 IGMPv1 查询消息。

例 7-2 中另一个值得关注的地方就是只为组 228.0.5.3 设置了老式主机呈现定时器。路由器仅将该组视为 IGMPv1 组，而将位于同一接口上的组 239.1.2.3 视为 IGMPv2 组。

如果同一个子网中同时存在 IGMPv1 和 IGMPv2 路由器，那么 IGMPv1 路由器将不参与查询路由器的选举进程。因而为了保持一致性，IGMPv2 路由器必须按照 IGMPv1 路由器进行操作。由于没有自动转换成 IGMPv1 的机制，因而必须使用 **ip igmp version 1** 命令以手工方式将 IGMPv2 路由器配置为 IGMPv1 路由器。

4. IGMPv3

虽然官方已经正式用 IGMPv3 废止了 IGMPv2，但截至本书写作之时，IGMPv2 仍处于广泛应用状态，而且仍然是 IOS 的默认版本，因而必须同时理解这两个版本的 IGMP。

IGMPv3 增加的一个主要内容就是定义了特定组和源查询（Group-and-Source-Specific Query）消息。这样不仅可以通过组地址来标识组，而且还可以通过源地址来标识组。为了支持该标识方式，同时也对成员关系报告消息及离开组消息做了相应的修改。

如果多播组拥有多个源（多到多[many-to-many]组），那么 IGMPv3 路由器就可以根据组成员的请求执行源过滤操作。例如，特定组成员可能希望从指定源接收组流量，或者希望从指定源之外的所有源接收组流量，那么组成员就可以在成员关系报告消息中用 Iclude 或 Exclude 过滤器来执行源过滤操作。Include 过滤器表示“我只希望接收这些源的流量”，而 Exclude 过滤器则表示“我希望接收除这些源之外的所有源的流量”。如果子网上没有成员希望从指定源接收流量，那么多播路由器就不会将该多播源的流量转发到子网中。

过滤能力使得 IGMPv3 特别适合 SSM（Source-Specific Multicast，特定源多播）环境。有关 SSM 模型的详细信息将在本章后面以及第 8 章进行讨论。

注：RFC 4604 对 IGMPv3 和 MLDv2 支持 SSM 做了功能更新。虽然原来的规范考虑了后向兼容 IGMPv1 和 MLDv1，但是后向兼容性在 SSM 环境中会产生一定的安全脆弱性。本章将在后面讨论 SSM 的时候介绍 RFC 4604 的修改内容。

虽然源过滤机制是 IGMPv2 与 IGMPv3 之间最重要的区别，但两者还有很多其他区别（如附录 B 中的 RFC 3376 所示）。

- 查询消息包含健壮性变量（Robustness Variable）和查询间隔，从而可以在查询路由器与非查询路由器之间实现同步。这些字段将在“IGMP 消息格式”一节进行讨论。
- 查询消息中的最大响应时间变量有一个指数范围，大约在 25.5 秒钟到 53 分钟之间。
- 报告消息发送给周知 IGMP 多播地址 224.0.0.22，以实现 IGMP Snooping（IGMP 侦听）功能（详见本章后面内容）。
- 报告消息可以包含多条组记录（如下节所述）以提高报告效率。
- 查询消息包含 S（Suppress Router-Side，抑制路由器侧）标志（如下节所述）。
- 主机不再执行抑制操作，不但简化了功能，而且还允许显式跟踪成员关系。

5. IGMP 消息格式

IGMPv2 使用单一消息格式（见图 7-13）。封装 IGMP 消息的 IP 报头指示协议号为 2。由于 IGMP 消息不能离开其发起的本地子网，因而 TTL 被始终设置为 1。此外，IGMPv2 消息中还携带了 IP 路由器告警（IP Router Alert）选项，让路由器“更严格地检查该数据包”。

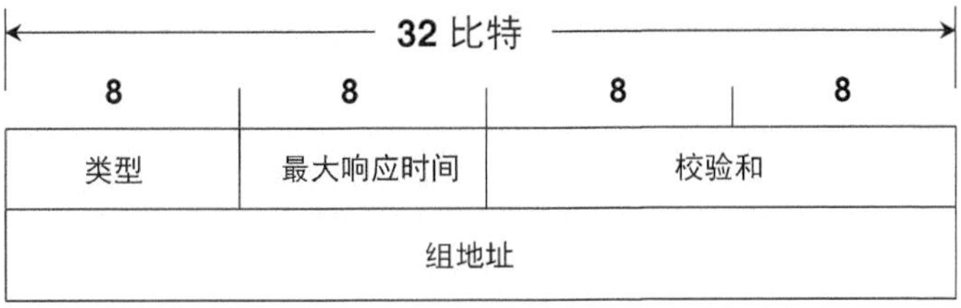

图 7-13 IGMPv2 消息格式

IGMPv2 消息的字段定义如下。

- **类型（Type）字段：** 描述了以下 4 种消息。
  - **成员关系查询（Membership Query）消息（0x11）：** 多播路由器利用该消息检查子网中是否还存在组成员。通用成员关系查询（General Membership Query）消息将组地址字段设置为 0.0.0.0，而特定组查询消息则将该字段设置为被查询组的组地址。

    - **版本 2 成员关系报告（Version 2 Membership Report）消息（0x16）**：组成员发送该消息以告知路由器本子网中至少还有一个组成员。
    - **版本 1 成员关系报告（Version 1 Membership Report）消息（0x12）**：IGMPv 2 主机用来与 IGMPv 1 保持后向兼容性。
    - **离开组（Leave Group）消息（0x17）**：最后一个发送成员关系报告消息的成员发送该消息，以告知路由器其将离开多播组。
- **最大响应时间（Max Response Time）字段**：仅在查询消息中进行设置，对其他类型的消息来说，该字段始终为 0x00。该字段指定了一个时间周期（以 1/10 秒为单位），该时间周期内至少要有一个组成员必须以成员关系报告消息做出响应。
- **校验和（Checksum）字段**：是 16 比特 IGMP 消息反码和的反码，这是 TCP/IP 使用的标准校验和算法。
- **组地址（Group Address）字段**：在通用查询消息中被设置为 0.0.0.0，在特定组查询消息中被设置为组地址。成员关系报告消息在该字段中携带被报告的多播组的地址，而离开组消息则在该字段中携带将要离开的多播组的地址。

图 7-14 给出了 IGMPv1 的消息格式。

图 7-14 IGMPv1 消息格式

IGMPv1 与 IGMPv2 消息格式的区别在于：

- 第一个八位组被分为 4 比特版本字段和 4 比特类型字段；
- 第二个八位组（即 IGMPv2 中的最大响应时间字段）未使用，始终设置为 0x00。

另一个区别在于 IGMPv1 消息的 IP 报头中未设置路由器告警（Router Alert）选项。

IGMPv1 仅定义了两种类型的消息：

- 主机成员关系查询（Host Membership Query，类型 1）消息；
- 主机成员关系报告（Host Membership Report，类型 2）消息。

IGMPv1 的版本字段始终为 1，因而主机成员关系查询消息的版本字段加上类型字段是 0x11，与 IGMPv2 成员关系查询消息中的 8 比特类型字段值一样。主机成员关系报告消息的版本字段加上类型字段是 0x12，而 IGMPv2 成员关系报告消息中的类型字段值为 0x16。

IGMPv3 的新功能特性（特别是源过滤能力以及在一条消息中携带多条组记录的能力）要求为 IGMPv3 成员关系查询消息和 IGMPv3 成员关系报告消息使用不同的消息格式，图 7-15 给出了 IGMPv3 成员关系查询消息的格式。

IGMPv3 成员关系查询消息有以下三种形式。

- **通用查询（General Query）消息**：多播路由器发送该消息以了解子网上所有接口的多播接收状态，组查询消息中的组地址（Group Address）字段以及源数量（Number of Sources）字段为 0。

- **特定组查询（Group-Specific Query）消息：**多播路由器发送该消息以了解子网上的所有接口针对单个多播组地址的接收状态，此时的组地址字段包含的是感兴趣的 IPv4 多播组地址，源数量字段为 0。
- **特定组和源查询（Group-and-Source-Specific Query）消息：**多播路由器发送该消息以了解子网上是否有接口希望从列出的单播源地址加入指定的 IPv4 多播组，此时的组地址字段包含的是感兴趣的 IPv4 多播组地址，而且该消息还包含了一个或多个发送到该多播组的单播 IPv4 源地址列表。

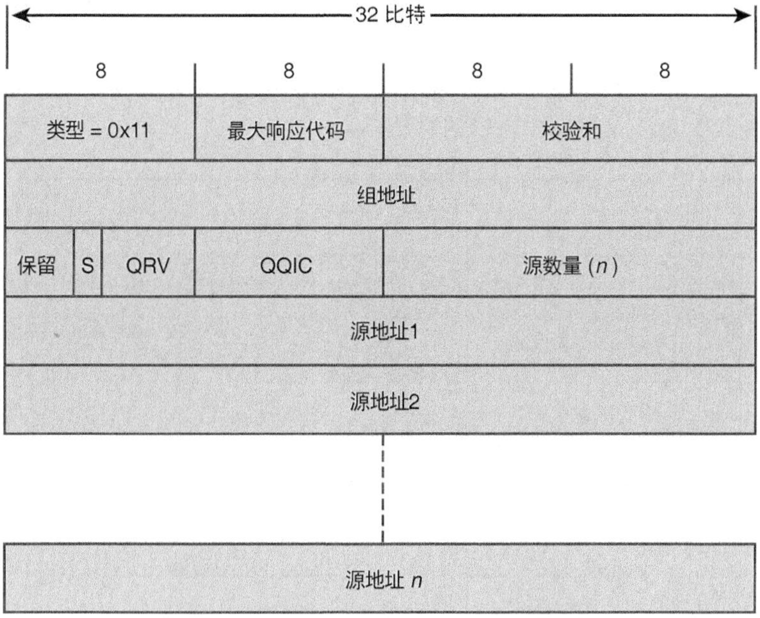

图 7-15 IGMPv3 成员关系查询消息格式

类型（0x11）、校验和以及组地址字段都与 IGMPv2 成员关系查询消息的格式相同。需要注意的是，IGMPv2 中的最大响应时间字段在 IGMPv3 中被称为最大响应代码（Max Response Code）字段。该字段在功能上提供了更大的灵活性。如果该字段取值小于 128，那么就与 IGMPv2 中的最大响应时间字段的处理方式相同（表示 1/10 秒的倍数）。如果该字段取值大于等于 128，那么该字段将被理解为指数值，由第二至第四比特指定指数，由第五至第八比特指定尾数。如果有足够大量的多播组，使得 IGMP 流量成为突发流量而需要进行控制时，这么大的指数值就显得非常有用。当然，代价就是离开等待时间变长。

IGMPv3 成员关系查询消息中的新字段如下。

- **Resv（Reserved，保留）字段：**传输时将该字段设为全 0，接收时忽略该字段。
- **S 字段：**该字段为 1 时，表示让接收路由器抑制收到查询消息后执行的普通定时器更新操作，S 标志与 LMQT（Last Member Query Time，最后成员查询时间）以及 QRV（Querier's Robustness Variable，查询路由器健壮性变量）字段一起使用，以提升 IGMP 的健壮性。
- **QRV 字段：**该字段的作用是告诉路由器源端的健壮性变量，路由器会为查询路由器将自己的健壮性变量（默认值为 2）适配为接收到的 QRV。提高健壮性变量可以改善有损网络中的 IGMPv3 行为。

- **QQLC（Querier's Query Interval Code，查询路由器的查询间隔代码）字段**：该字段的作用是告诉接收端查询路由器的查询间隔，QI 的指定方式与最大响应代码相同，也就是说，如果该字段取值小于 128，那么就是普通的数值（以秒为单位，而不是以最大响应时间字段的 1/10 秒为单位），如果该字段取值大于等于 128，那么该字段将被理解为指数值。
- **源数量（Number of Source）字段**：指定查询消息包含的源地址数量，如果查询消息是通用查询或特定组查询消息，那么该字段取值为 0。
- **源地址（Source Address）字段**：列出多播组的单播源 IPv4 地址（按照源数量字段指定的 0～n）。

图 7-16 给出了 IGMPv3 成员关系报告消息的格式。类型（0x22）、后面未用的 8 个比特以及校验和都与 IGMPv2 成员关系报告消息相同。

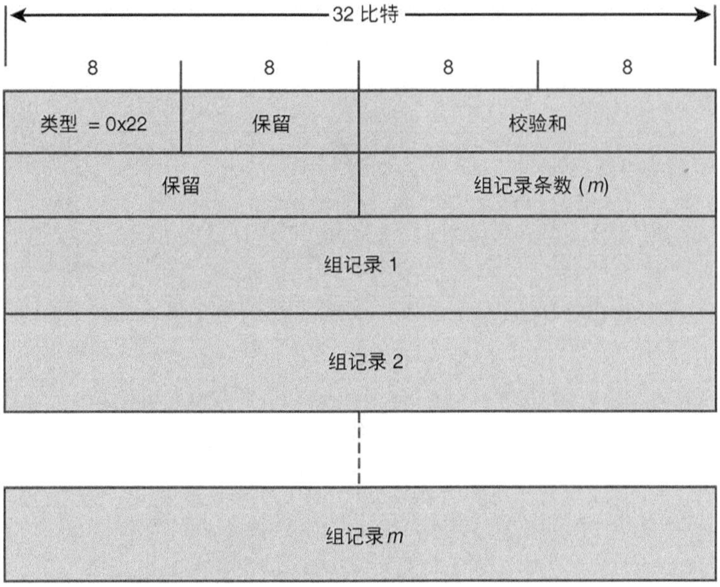

图 7-16　IGMPv3 成员关系报告消息格式

IGMPv3 成员关系报告消息中的新字段如下。

- **Resv（Reserved，保留）字段**：传输时将该字段设为全 0，接收时忽略该字段。
- **组记录数量（Number of Group Records）字段**：指定报告消息中包含多少条组记录。
- **组记录（Group Record）字段**：提供发起主机所属多播组的详细信息，每个组一条组记录。该字段是 IGMPv3 的新字段，是在单条报告消息中容纳多个组的能力的关键。

组记录的格式如图 7-17 所示。

- **记录类型（Record Type）字段**：指定记录类型（毫不奇怪）。一共包含 6 种记录，分为三类。
- **当前状态记录（Current-State Record）字段**：该字段的目的是响应查询消息，以报告接口对指定组的接受状态。有两种类型的当前状态记录，指定组的过滤模式以及列出的源地址（如果有的话）是 Include 还是 Exclude。
  - MODE_IS_INCLUDE（类型 1）。
  - MODE_IS_EXCLUDE（类型 2。

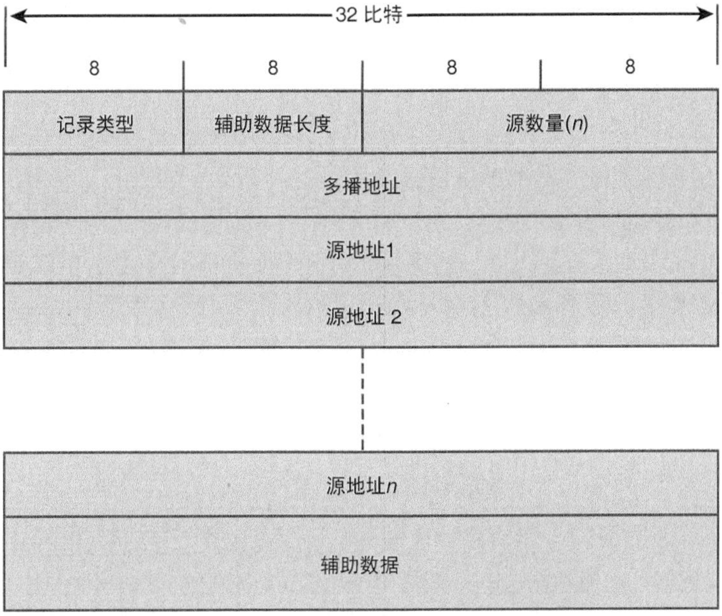

图 7-17 IGMPv3 成员关系报告消息的组记录格式

- **过滤模式变更记录（Filter-Mode-Change Record）字段：** 过滤模式从 Include 变更为 Exclude 或者从 Exclude 变更为 Include 时发送该字段。
  - CHANGE_TO_INCLUDE_MODE（类型 3）。
  - CHANGE_TO_EXCLUDE_MODE（类型 4）。
- **源列表变更记录（Source-List-Change Record）字段：** 过滤模式中的源列表出现变化（即不改变过滤模式的情况下增加或删除列表）后发送该字段信息。
  - ALLOW_NEW_SOURCES（类型 5）。
  - BLOCK_OLD_SOURCES（类型 6）。
- **辅助数据长度（Auxiliary Data Length）字段：** 表示辅助数据字段的长度（以 32 比特字为单位）。如果没有辅助数据，那么该字段值为 0。目前默认为 0。
- **源数量（Number of Sources）字段：** 指定本条组记录列出的单播 IPv4 源地址数量。
- **多播地址（Multicast Address）字段：** 指定本条组记录所应用的多播组的 IPv4 多播地址。
- **源地址（Source Address）字段：** 列出发送给指定多播组的一个或多个 IPv4 单播源地址。
- **辅助数据（Auxiliary Data）字段：** 保留给将来使用的字段，可以为组记录附加额外的数据。截至本书写作之时，IGMPv3 规范还没有提供任何辅助数据，因而不应该包含该字段（同样，应该将辅助数据长度字段设置为 0）。

7.1.5 MLD

经过前面的学习并熟悉了 IGMP 之后，现在有一个好消息，那就是大家已经了解了 MLD（Multicast Listener Discovery，多播侦听发现）。MLD 与 IGMP 是同一种协议，只是取了不同的名字并且采取了适配 IPv6 地址的消息格式而已。因而 MLD 就是用于 IPv6 多播的 IGMP，两者在功能上并无重大区别。

MLD 有两种版本，与当前的两个 IGMP 版本相对应：

- 与 IGMPv2 相对应的 MLDv1（RFC 2710）；
- 与 IGMPv3 相对应的 MLDv2（RFC 3810）。

IOS 默认的版本是 MLDv2。

与 IGMPv3 后向兼容 IGMPv2 一样，MLDv2 也后向兼容 MLDv1。但 IGMP 与 MLD 并不互相兼容，因为两者消息中的地址字段大小不同，而且在某些情况下还有不同的消息格式。如果同时允许 IPv4 多播和 IPv6 多播，那么就必须同时运行 IGMP 和 MLD。

图 7-18 给出了 MLDv1 的消息格式。与图 7-13 中的 IGMPv2 消息格式相比，可以看出两者在结构上的细微差别。出现差异的原因是 MLD 消息属于 ICMPv6 消息，因而前两个八位组是类型和代码字段。根据 ICMPv6 格式要求，类型字段使用的是十进制形式，而不是 IGMP 的十六进制形式。

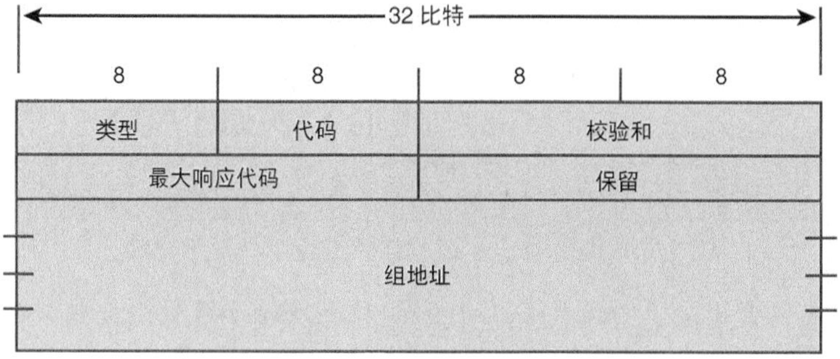

图 7-18 MLDv1 消息格式

- **类型（Type）字段**：指定消息类型，不过类型代码与相应的 IGMPv2 不同，目的是区分 MLD 消息与 IGMP 消息。
  - 多播侦听查询（Multicast Listener Query）消息（类型=十进制 130）：与 IGMPv2 的成员关系查询消息相对应。与成员关系查询消息相似，侦听查询消息也分为通用查询消息和特定多播地址（组）查询消息。
  - 多播侦听报告（Multicast Listener Report）消息（类型=十进制 131）：与 IGMPv2 的成员关系报告消息相对应。
  - 多播侦听完成（Multicast Listener Done）消息（类型=十进制 132）：与 IGMPv2 的离开组消息相对应。
- **代码（Code）字段**：暂未使用，由源端将该字段设置为全零，接收端忽略该字段。
- **校验和（Checksum）字段**：与 IGMP 消息一样，也是 16 比特消息反码和的反码。
- **最大响应时延（Max Response Delay）字段**：与 IGMPv2 的最大响应时间字段相对应，作用也相同。仅用于查询消息，对其他类型的消息来说，该字段始终为 0x00。与 IGMPv2 的最大响应时间以 1/10 秒为单位不同，最大响应时延以毫秒为单位，默认值为 1000（1 秒钟）。
- **组地址（Group Address）字段**：在通用查询消息中被设置为::/128，在特定多播地址消息中被设置为 IPv6 组多播地址。多播侦听报告消息在该字段中携带被报告的多播组的地址，而多播侦听完成消息则在该字段中携带将要离开的多播组的地址。

图 7-19 给出了 MLDv2 成员关系查询（类型 130）消息的格式。与 IGMPv2 相对应的消息进行对比（见图 7-15），可以看出两者的字段几乎完全相同，唯一的区别就在于包含了一个未使用的代码字段（见图 7-18），最大响应代码字段扩展到了 16 比特且在消息中的位置有

所不同。最大响应代码的使用方式与 IGMPv2 最大响应代码相同，但是由于字段长度更长，因而取值也可以更大。如果代码值小于 32768，那么就表示毫秒数；如果代码值大于等于 32768，那么就是指数值，此时的最后 12 比特是尾数。

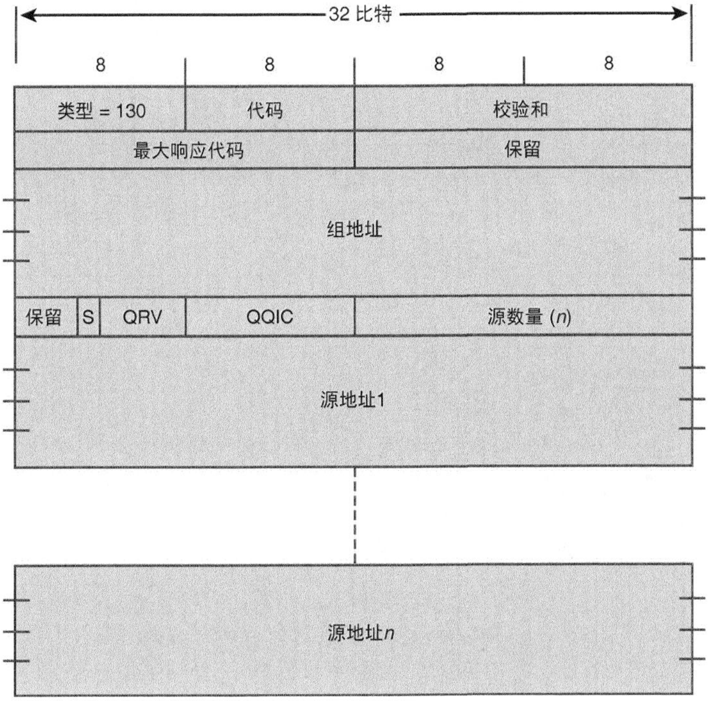

图 7-19 MLDv2 成员关系查询消息格式

图 7-20 给出了 MLDv2 成员关系报告（类型 143）消息的格式。图 7-21 则给出了报告消息中单条组记录的格式。与图 7-15 和图 7-16 的对应格式进行对比，可以看出它们的格式几乎完全相同，唯一的区别在于 MLDv2 组记录使用的是 128 比特地址字段。

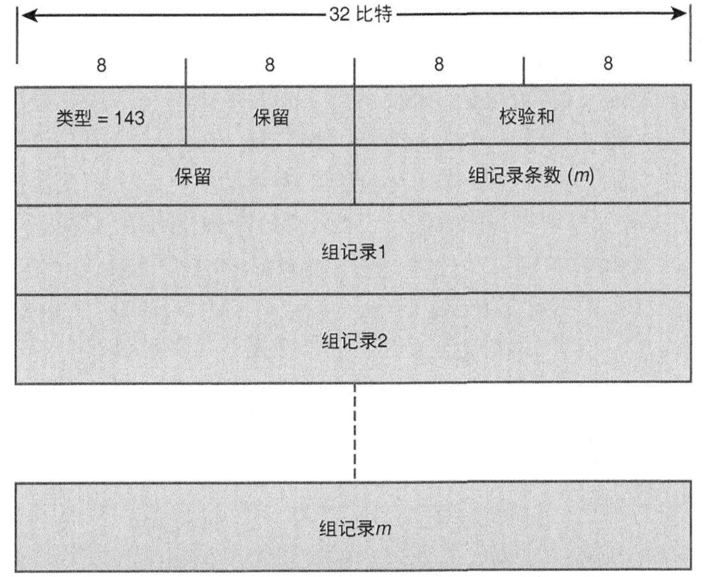

图 7-20 MLDv2 成员关系报告消息格式

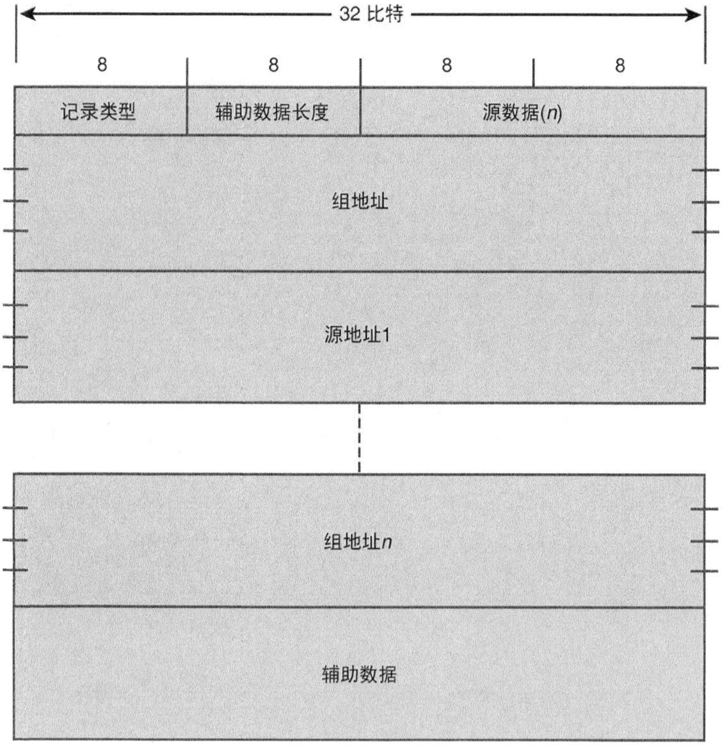

图 7-21 MLDv2 成员关系报告消息组记录格式

7.1.6 IGMP/MLD Snooping

IP 多播的基本设计原理就是仅将流量分发到希望接收这些流量的目的端。前面已经讨论了 IPv4/IPv6 多播地址以及相关联的 MAC 地址在数据链路层满足该目标的设计方式，以及 IGMP/MLD 允许路由器确定它们是否应该向特定子网分发会话的工作方式，接下来将讨论 IP 多播路由协议将该设计原理扩展到网络之间的方式以及如何将多播会话仅分发给所连子网存在组成员的路由器。

但是对于交换式网络（见图 7-22）来说会怎么样呢？大型写字楼和园区到处都是这种交换式网络。以太网交换机通过学习 MAC 地址与哪些端口相关联来限制单播流量，然后再根据这些信息过滤和转发帧。由于交换式网络会将广播流量转发给所有交换机的所有端口，因而通常会将图 7-22 这类大型网络划分成多个 VLAN（Virtual LAN，虚拟局域网）以控制广播流量的范围。不过，“扁平化”的大型交换式网络（即一个大型子网或一个广播域）也并不少见，就像广播帧会被转发给广播域中的所有端口一样，携带未知 IP 单播包和 IP 多播包的帧（通常称为 BUM 帧）也一样，毕竟广播域就是一个多播组，只不过所有的主机都属于该多播组而已。图 7-23 解释了这个问题。图中的三个组成员都连接在一台 24 端口交换机上，向路由器发送了一条 IGMP 成员关系报告消息后，路由器开始将相应的多播会话转达到子网上。由于 IGMP 是一种三层协议，因而以太网交换机很难确定组成员都在哪些端口上，因而需要将多播流量转发给所有的 23 个端口（源端口除外）。

很明显，对于交换机来说，最优处理方式就是仅将多播会话转发到连接了组成员的端口上，如果能实现该处理方式，不但能提高交换效率，而且也是 LAN 承载多播会话的一种优选方式。例如，一路典型的交互式多播应用大约占用 1～10Mbps 带宽，如果能将这些多播会话限制在组成员所在的交换机端口上，那么就能节省大量网络和主机资源。

IGMP/MLD Snooping CGMP（定义在 RFC 4511 中）的设计目的就是将多播会话仅分发给那些连接了组成员的交换端口，这里的使用 snooping（侦听）一词的原因是交换机（通常是二层设备）需要查看多播包中的高层报头以识别 IGMP/MLD 消息，通过这些信息就能识别哪些端口连接了多播路由器以及哪些端口连接了组成员，从而将相应的多播流量限制在这些端口上。

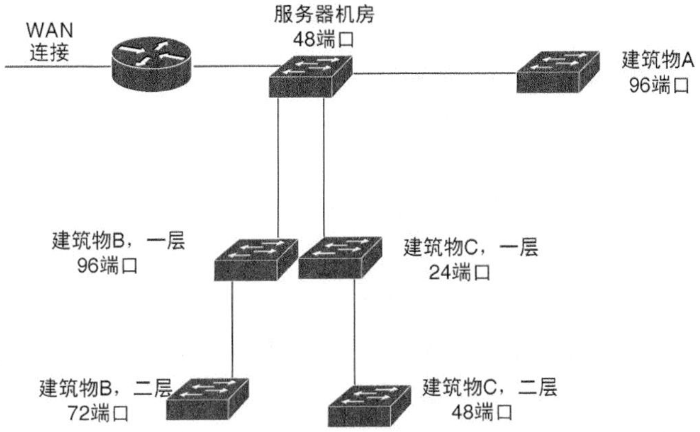

图 7-22　除非将该交换式园区网分割为多个 VLAN，否则将成为单个广播域，也就是说，路由器端口定义了一个三层子网，所有广播帧都将被转发到全部 384 个交换端口上

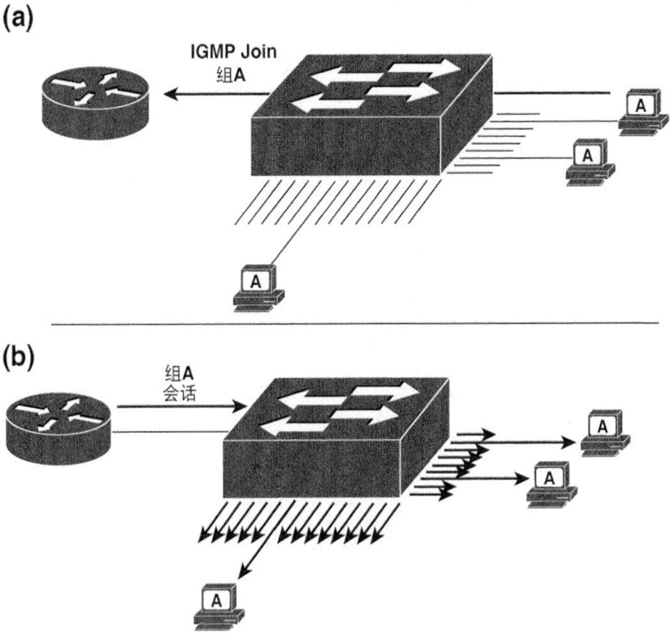

图 7-23　三个组成员之一向路由器发出 IGMP 成员关系报告消息，加入多播组 A（a），当路由器开始转发多播会话时，以太网交换机将数据帧复制到除源端口之外的所有端口（b）

注：　本书第 1 版主要讨论的是 IGMP Snooping 的前身，即 Cisco 专有协议 CGMP（Cisco Group Management Protocol，Cisco 组管理协议），对 IGMP Snooping 仅做了简要介绍。CGMP 是目前已经停用的 CatOS（Catalyst 交换机的操作系统）支持的一种功能，目

前的网络已很少使用该协议。IGMP Snooping 目前是广为接受的在交换式网络环境下运行 IP 多播的控制协议，绝大多数交换机厂商都支持该协议。因而本版本删除了 CGMP 的内容，同时丰富了 IGMP Snooping 的相关内容。

侦听交换机通过侦听成员关系查询消息即可确定哪些端口上连接了多播路由器，通过侦听成员关系报告消息即可确定哪些端口连接了组成员。当然，必须将查询消息发送给所有活跃端口，这样才能确保查询路由器发现组成员，但是等到交换机知道哪些端口连接了路由器之后，就仅向这些端口发送成员关系报告消息。

对于 IGMPv1、IGMPv2 以及 MLDv1 来说，如果主机从子网上的其他主机收到成员关系报告消息，那么就会抑制自己的报告消息。如果启用了侦听机制，那么交换机就不会在成员之间转发报告消息。每个组成员都必须单独响应查询消息，使得交换机可以记录成员端口，对于组离开情形来说也是如此。如果要离开多播组，那么每台主机（不感知子网上的其他主机）都必须发送离开组消息（或 MLD 的侦听完成消息），这样交换机才会从该多播组的端口列表中删除该主机。

注：本书第 1 版主要讨论的是当时被广泛接受的交换式网络环境中的多播解决方案 CGMP，仅简要提及 IGMP Snooping，但此后 IGMP Snooping 成为广泛接受的标准协议，而 CGMP 则已经过时（如果还未被完全废止）。

IGMP Snooping 逐步得到广泛应用的主要影响因素就是其厂商中立性，因而适用于多厂商交换式网络环境（只要交换机支持侦听特性）。随着 CPU 能力的不断增强以及侦听机制实现效率的大幅提升，早先关于性能影响的顾虑已基本不存在（虽然还未完全消除）。

CGMP 逐步走向末落的最大影响因素就是其仅限于 Cisco 产品，特别是 Catalyst 交换机产品线。例如，Cisco Nexus 产品线就不支持 CGMP。支持能力有限的主要原因就是用户需求有限。

最初我一直拿不定主意是否在本版本包含 CGMP 的内容，征求业界很多朋友（包括 Cisco 的很多专家）的意见之后，几乎无一例外地都说这些年几乎未曾在生产性网络中遇到过 CGMP。

不过我最终决定在本版本保留 CGMP 的相关内容，虽然大家遇到 CGMP 的概率非常低。如果愿意，大家完全可以放心地略过本节内容，不过对于了解一些历史背景知识还是很有用的。

7.1.7 CGMP

IGMP/MLD Snooping 的潜在问题就是交换机必须为 IGMP/MLD 信息检查每个多播包。虽然交换机的性能越来越强，处理这些信息对性能的影响日益下降，但侦听机制对于低端交换机的 CPU 来说依然很敏感。

Cisco 早期解决这个问题的办法就是使用专有解决方案 CGMP（Cisco Group Management Protocol，Cisco 组管理协议）。该解决方案的关键是交换机不需要侦听多播包，而是依靠所连接的多播路由器告诉其所连接的哪些主机属于哪些多播组，从而相应地转发或阻塞多播包。

虽然必须配置 Cisco 路由器和交换机都运行 CGMP，但只有路由器会产生 CGMP 包，交换机的 CGMP 进程仅仅是读取 CGMP 包。CGMP 定义了以下两种类型的数据包。

- **Join（加入）包**：由路由器发出，告知交换机将一个或多个成员加入到多播组中。
- **Leave（离开）包**：由路由器发出，告知交换机将一个或多个成员从多播组中删除，或者删除同时删除多播组。

这两种 CGMP 包的格式都一样，包的目的地址也始终为保留的 MAC 地址 0100.0cdd.dddd，启用了 CGMP 功能的交换机将侦听该地址。

这两种 CGMP 包中的主要信息就是一对或多对 MAC 地址：

- GDA（Group Destination Address，组目的地址）；
- USA（Unicast Source Address，单播源地址）。

CGMP 路由器激活时，会发送一条将 GDA 为 0（0000.0000.0000）、USA 为自身 MAC 地址的 CGMP Join 包，从而让交换机知道自己。此后启用 CGMP 功能的交换机就知道在收到 Join 包的端口上连接了一台多播路由器。路由器每隔 60 秒就发送一个这样的数据包，以保持激活状态。

如果主机希望加入多播组，那么就会发送一条 IGMP 成员关系报告消息（见图 7-24），此时遵循 IEEE 802.1 规程的交换机会将该主机的 MAC 地址记录到自己的 CAM 表中。

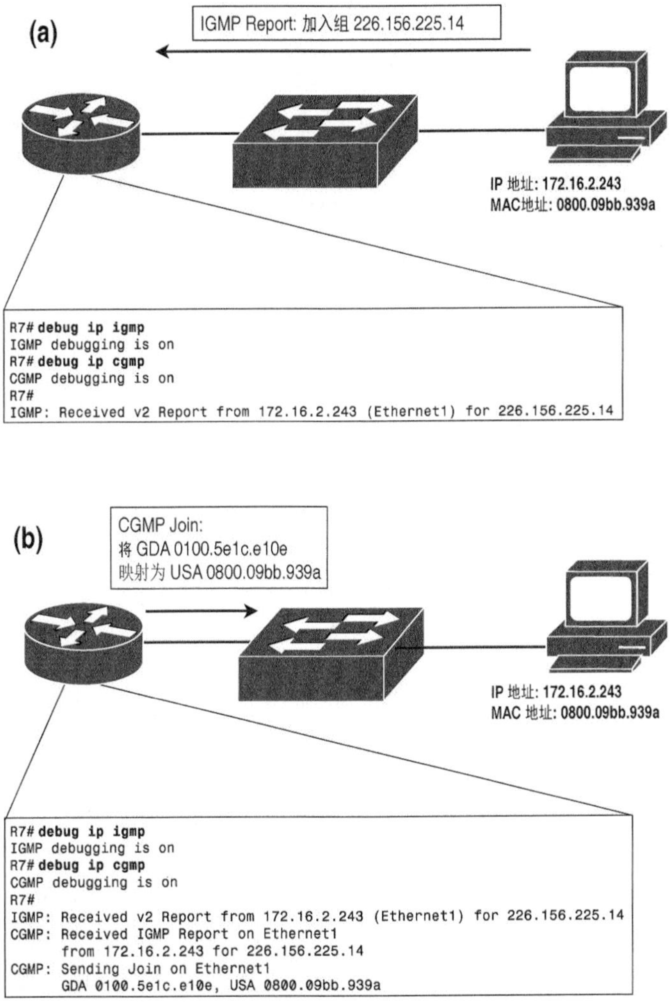

图 7-24　Cisco 路由器在 CGMP 接口上接收到 IGMP 成员关系报告消息之后（a），会发送 CGMP 加入包，以告知交换机将主机的 MAC 地址映射到组 MAC 地址（b）

注： Catalyst 交换机的 CAM 表属于桥接表，负责记录所侦听到的 MAC 地址以及侦听到这些 MAC 地址的端口。

路由器接收到 IGMP 成员关系报告消息之后，会发送一条 GDA 为组 MAC 地址、USA 为主机 MAC 地址的加入包（见图 7-24）。由于此时的交换机能够感知多播组，而且由知道主机所连接的端口，因而可以将该端口加入多播组中。路由器向组 MAC 地址发送数据帧时，交换机会将数据帧的拷贝发送给与该多播组相关的所有端口（路由器端口除外）。

只要交换式网络中仍然有组成员，路由器就会每隔 60 秒发送一次 IGMP 查询消息，并由交换机转发给组成员。此后交换机会将 IGMP 报告消息（作为查询消息的响应消息）转发给路由器。

主机发送 IGMPv2 离开消息后，会将该消息转发给路由器（见图 7-25），然后路由器会发送两条 IGMP 特定组查询消息，并通过交换机转发给所有组端口。如果其他组成员响应了该特定组查询消息，那么路由器就会向交换机发送一个 GDA 为组 MAC 地址、USA 为离开成员的 MAC 地址的 CGMP 离开包（见图 7-25），以告知交换机从多播组中删除离开成员的端口。如果没有成员响应特定组查询消息，那么路由器就断定子网中已无组成员，从而向交换机发送一个 GDA 为组 MAC 地址、USA 为零的 CGMP 离开包（见图 7-25），以告知交换机从 CAM 表中删除该多播组。

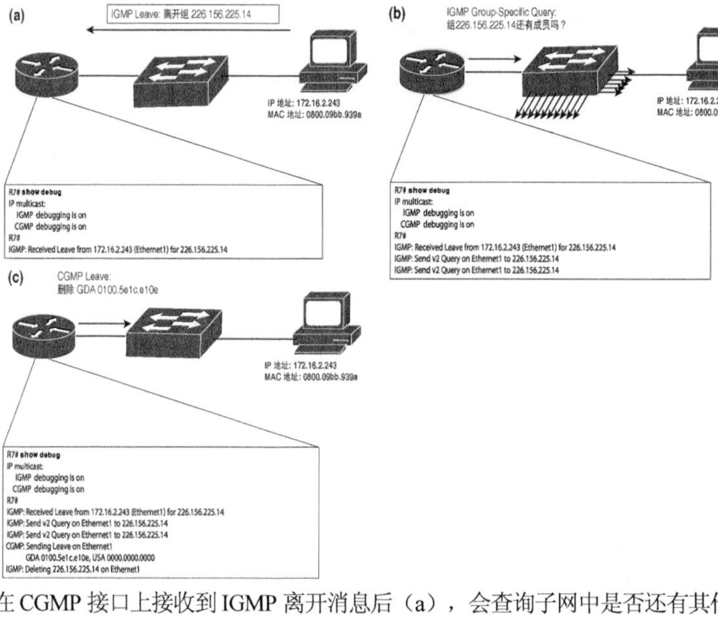

图 7-25　路由器在 CGMP 接口上接收到 IGMP 离开消息后（a），会查询子网中是否还有其他组成员（b），如果有其他组成员响应了查询消息，那么路由器将会向交换机发送 CGMP 离开包，以告知交换机仅删除离开成员，如果没有收到成员的响应消息，那么路由器就会向交换机发送 CGMP 离开包，以告知交换机删除整个多播组（c）

表 7-3 列举了 CGMP 包中 GDA 和 USA 的各种可能值以及相应的含义。其中只有最后两个离开包没有讨论过，其中一个离开包的 GDA 为零，USA 为路由器的 MAC 地址，作用是告诉交换机从 CAM 表中删除所有多播组以及与路由器端口相关的端口。如果在端口上关闭了路由器的 CGMP 功能，那么就会发送该消息。另一个离开包的 GDA 和 USA 均为零，作用是告诉所有收到该消息的交换机，从 CAM 表中删除所有多播组及相关端口。如果在路由器上运行了 **clear ip cgmp** 命令，那么就会发送该消息。

表 7-3 CGMP 包

类型	GDA	USA	功能
Join（加入）	零	路由器 MAC 地址	将端口标识为多播路由器端口
Join（加入）	组 MAC 地址	成员 MAC 地址	标识多播组并将成员的端口加入多播组
Leave（离开）	组 MAC 地址	成员 MAC 地址	从指定组中删除成员端口
Leave（离开）	组 MAC 地址	零	从 CAM 表中删除多播组
Leave（离开）	零	路由器 MAC 地址	从 CAM 表中删除与该路由器端口相关的所有多播组和端口
Leave（离开）	零	零	删除所有交换机中的所有多播组

携带 CGMP 包的数据帧的源 MAC 地址是源端路由器的 MAC 地址，目的 MAC 地址是保留的多播地址 0100.0cdd.dddd。只有路由器可以发起 CGMP 包，数据帧中的 CGMP 包被封装在 SNAP 报头中，SNAP 报头的 OUI 字段为 0x00000c、类型字段为 0x2001。

图 7-26 给出了 CGMP 包的格式。

CGMP 包中的各字段定义如下。

- **版本（Version）字段**：始终为 0x1，表示版本 1。
- **类型（Type）字段**：表示该数据包为 Join（加入）包（0x0）或 Leave（离开）包（0x1）。
- **保留（Reserved）字段**：始终为 0（0x0000）。
- **计数（Count）字段**：表示数据包携带的 GDA/USA 对数量。
- **GDA 字段**：该字段非零时指定多播组的 MAC 地址，该字段为零（0000.0000.0000）时指定所有可能的多播组。
- **USA 字段**：该字段非零时指定源端路由器的 MAC 地址或组成员的 MAC 地址，该字段为零时指定所有组成员和源端路由器。

图 7-26 CGMP 包格式

7.2 多播路由的问题

本书第一版曾经提到了处于不同发展阶段的 5 种 IP 多播路由协议：

- DVMRP（Distance Vector Multicast Routing Protocol，距离矢量多播路由协议）；

- MOSPF（Multicast OSPF，多播 OSPF）；
- CBT（Core-Based Trees，核心树）；
- PIM-DM（Protocol Independent Multicast, Dense Mode，协议无关多播-密集模式）；
- PIM-SM（Protocol Independent Multicast, Sparse Mode，协议无关多播-稀疏模式）。

虽然当时的 Cisco IOS 仅全面支持 PIM-DM 和 PIM-SM，基本支持 DVMRP 以允许连接到 DVMRP 网络上，积极关注未来 MOSPF 和 CBT 的部署情况，但仍然解释了这 5 种协议的操作及消息格式。

实践证明，MOSPF 和 CBT 都没有获得商业支持，而且 DVMRP 也已被废止（第一版曾对此协议抱有很大期望）。目前 AS 内部的 IP 多播路由协议（即多播 IGP）主要有 4 类，而且都是 PIMv2 的不同形式：

- PIM-DM（Protocol Independent Multicast, Dense Mode，协议无关多播-密集模式）；
- PIM-SM（Protocol Independent Multicast, Sparse Mode，协议无关多播-稀疏模式）；
- PIM-SSM（Protocol Independent Multicast, Source-Specific Multicast，协议无关多播-指定源多播）；
- Bidir-PIM（Bidirectional Protocol Independent Multicast，双向协议无关多播）。

虽然 PIM-SSM 以及 Bidir-PIM 实际上都是 PIM-SM 的子集，但为了清楚起见，本书都将它们视为独立的协议。

有关 PIMv2 及其各种变体的详细内容将在第 8 章进行讨论。AS 间的多播路由则在第 9 章进行讨论，AS 间多播路由需要用到多协议 BGP。本版本不再涵盖 DVMRP、MOSPF 以及 CBT 的内容。不过在讨论协议细节之前，还需要解释一些多播路由的相关概念，这也是本章剩余内容的主要目的。

7.2.1 多播转发

与其他路由器一样，多播路由器的两个基本功能也是路由发现与包转发。本节将讨论多播转发的独特需求，下一节将讨论多播路由发现的需求问题。

单播包转发就是将某个数据包向确定的目的端进行转发，除非配置了一定的策略，否则单播路由器并不关心数据包的源端。收到数据包之后，单播路由器会检查数据包的目的 IP 地址，并执行最长匹配路由查找操作，最后再通过单个接口将数据包转发给目的端。

与单播路由器将数据包向目的端进行转发不一样，多播路由器是将数据包向远离源端的方向进行转发。虽然这个区别初看起来有些微不足道，但却是正确转发多播包的基础。多播包源自单个源端，但却去往一组目的端。也就是说，数据包到达路由器的入接口之后，可以通过多个出接口向外转发该数据包的拷贝。

如果存在路由环路，那么一个或多个转发出去的数据包可能会回到入接口，然后再被复制并沿着相同的出接口向外转发，从而导致多播风暴。此时的数据包将不断地环回、不断地复制，直至 TTL 到期。由于数据包会被不断复制，因而多播风暴比简单的单播环路产生的后果更加严重。因此，所有多播路由器都必须能够感知数据包的源端，而且还只能向离开源端的方向转发数据包。

这里需要用到的常见术语就是上行和下行，多播包应该始终沿着从源端到目的端的下行方向进行传递，而不能沿着从目的端到源端的上行方向进行传递。因而每台多播路由器都必须维护一个记录了（源,组）或（S,G）信息的多播转发表，以保证来自特定源、去往特定组的数据包只能到达上行接口，并从一个或多个下行接口转发出去。根据定义，上行接口比下行接口更靠近多播源（见图 7-27）。如果路由器收到多播包的接口不是该多播包所属源端的上行接口，那么就会丢弃该多播包。

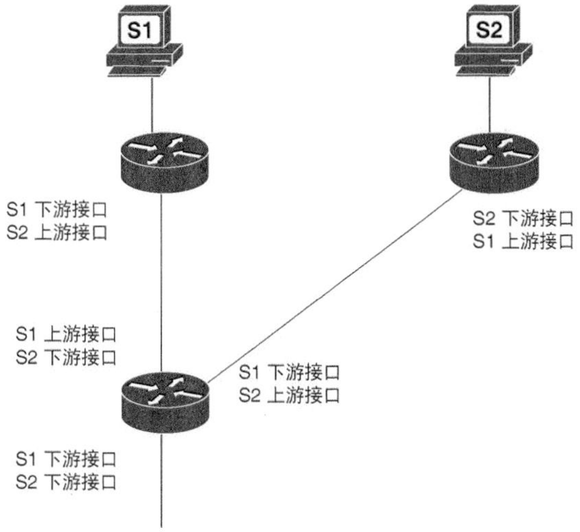

图 7-27 通过标识与每个多播源相关的上行和下行接口，路由器可以避免多播路由环路

当然，路由器需要利用某种机制来确定给定（S,G）的上行和下行接口，这就是多播路由协议的职责。

7.2.2 多播路由

单播路由协议的功能是发现去往特定目的端的最短路径，其实现方式是通过邻居路由器的路由宣告（距离矢量）或者通过拓扑结构数据库计算出来的最短路径树（链路状态）来确定。这两种方式的最终结果都是在路由表或转发表中创建一条路由表项，以指示向外转发数据包的接口，也可能是下一跳路由器。从单播路由协议的角度来看，被引用的接口是去往目的端路径上的下行接口，也就是最靠近目的端的接口。

与此相反，多播路由协议的功能是确定上行接口，也就是最靠近源端的接口。这是因为多播路由协议关心的是去往源端最近的路径，而不是去往目的端最近的路径。多播包的转发过程也被称为 RPF（Reverse Path Forwarding，反向路径转发）。

多播路由协议在确定去往源端的最短路径时，最简单的方式就是查询单播转发表。但是正如上一节所述，多播包的转发依据是独立的多播转发表，这是因为路由器不仅要为特定（S,G）对的源端 S 记录上行接口，而且还要记录与多播组 G 相关联的下行接口。

最简单的多播包转发方法就是将除上行接口外的所有接口都宣告为下行接口，但这种被称为 RPB（Reverse Path Broadcasting，反向路径广播）的转发方法有非常明显的缺点。顾名思义，RPB 可以将数据包有效地广播到被路由网络中的所有子网上，但组成员可能仅位于众多子网中的某个子网——甚至有可能是一个非常小的子网。这样一来，将每个多播包的拷贝都泛洪到每个子网上，不仅会破坏多播仅将数据包分发给感兴趣接收端的目的，而且还会破坏多播路由协议本身的作用。稍加改进后的包转发进程就是 TRPB（Truncated Reverse Path

Broadcasting，剪枝反向路径广播）。如果路由器通过 IGMP 发现其连接的某个子网无多播组成员，而且这些子网上无下一跳路由器，那么路由器就不会将多播流量转发给这些子网。与树的术语一致，TRPB 将这类非转接性子网称为叶子网络。虽然 TRPB 能够节约叶子网络的资源，但是对 PRB 的改善有限，路由器之间的链路（通常非常宝贵）仍然继续承载多播流量（无论是否需要）。

因而多播路由协议的第二个功能就是确定与（S,G）对相对应的实际下行接口。所有路由器都确定了特定源和特定多播组的上行及下行接口之后，就建立了多播树（见图 7-28），多播树的根是源端的直连路由器，树枝则延伸到所有驻留了组成员的子网上，树枝不会延伸到“空”子网（指的是该子网没有与多播组相关联的成员）。对于多播包的转发来说，仅从接口向外转发给组成员，称为多播反向路径转发（Multicast Reverse Path Forwarding），或者简称为 RPF。

注： uRPF（Unicast Reverse Path Forwarding，单播反向路径转发）与多播 RPF 相关，这两种情况下的路由器都需要确定离源端最近的接口。如果数据包到达的接口不是离源端最近的接口，那么 uRPF（RFC 3704）就会阻塞这些数据包，从而可以防范依靠欺骗源地址的网络攻击行为。

多播树仅在多播会话期间存在。由于组成员在整个会话生存期内都可以加入和离开组，因而多播树的结构是动态变化的。多播路由协议的第三项功能就是管理多播树，在组成员加入多播组时进行嫁接，在组成员离开多播组时进行剪枝。接下来的三个小节将详细讨论多播路由协议的第三项功能。

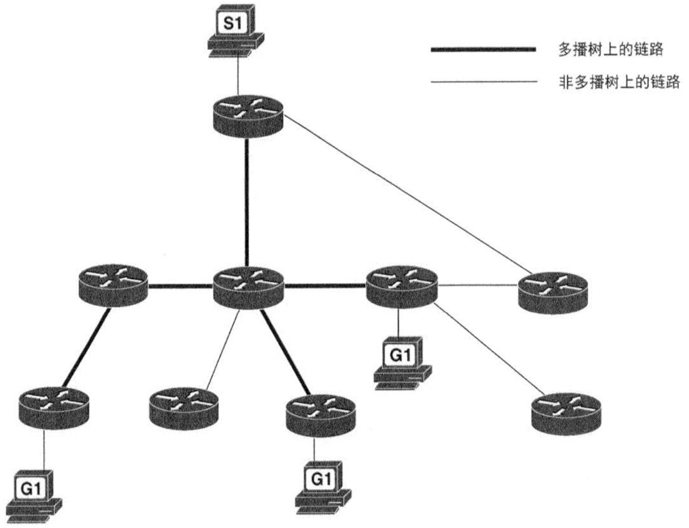

图 7-28　从多播源到所有组成员所在子网的路径构成了一棵多播树

7.2.3　稀疏与密集拓扑结构

密集拓扑结构指的是网络中的多播组成员占全部主机的绝大多数，而稀疏拓扑结构指的则是网络中的多播组成员仅占全部主机中一小部分，但并不是说稀疏拓扑结构下的组成员数量就很少。例如，稀疏拓扑结构可能意味着拥有 100 000 台主机的网络中只有 2 000 个组成员。

稀疏和密集拓扑结构不存在绝对的数量比例界限，但一般来说，密集拓扑结构常见于交换式 LAN 和园区网络，而稀疏拓扑结构则常见于 WAN。非常重要的一点是，多播路由协议在设计之初就针对特定类型的拓扑结构，称为密集模式协议或稀疏模式协议。

7.2.4 隐式加入与显式加入

如前所述，成员可以在多播会话生存期内的任何时间加入和离开多播组，因而多播树是动态变化的。多播路由协议的作用就是管理这种多播树的变化情况，在组成员加入多播组时负责嫁接，在组成员离开多播组时负责剪枝。

多播路由协议可以通过隐式加入或显式加入策略来完成这项工作。其中，隐式加入由发送端发起，而显式加入则由接收端发起。

通常将以隐式方式维护多播树的多播路由协议称为广播/剪除或泛洪/剪除协议。发送端第一次发起多播会话时，网络中的每台路由器都利用反向路径广播机制将数据包从所有接口（上行接口除外）转发出去，因而多播会话会到达网络中的所有路由器。路由器收到多播流量后，通过 IGMP 或 MLD 来确定直连子网中是否存在组成员。如果没有组成员，而且也没有下游路由器（指的是必须将多播流量转发给该下游路由器），那么路由器将会向上游邻居发送一条被称为剪除消息的毒性反转（poison-reverse）消息，此后上游邻居就不再向被剪除的路由器转发多播会话流量。如果该邻居的直连子网中也没有组成员，而且其所有下游路由器都已被剪除出多播树，那么该邻居也会向上游路由器发送剪除消息。这样一来，最终的多播树就会删除所有未连接组成员的路由器树枝。图 7-29 解释了这种广播/剪除技术。

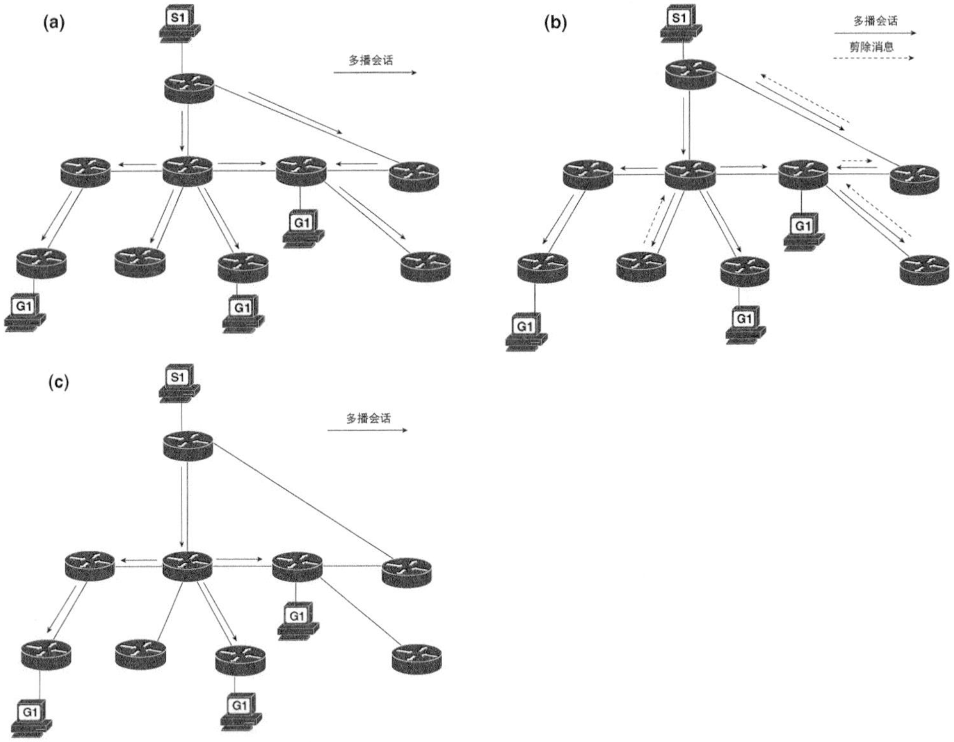

图 7-29 广播/剪除协议首先利用 RPB 将多播会话发送给网络中的所有路由器（a），那些没有连接组成员的路由器会自行将自己从多播树中剪除出去（b），因而多播树仅到达拥有组成员的路由器（c）

对转发表中的每个（S,G）来说，网络中的每台路由器都要维护每个下行接口的状态，即转发状态或剪除状态。其中，剪除状态有一个关联定时器，定时器到期后会重新将多播会话流量发送给接口上的邻居，此时每个邻居都会再次检查组成员，并将多播流量泛洪到自己的下游邻居。如果发现了新的组成员，那么将继续接受多播流量，否则会向上游邻居发送新的剪除消息。

与稀疏拓扑结构相比，广播/剪除技术更适用于密集拓扑结构。该技术在初始时刻向所有路由器进行泛洪，然后再进行周期性地重泛洪（剪除状态定时器到期后），并维护剪除状态。如果需要剪除许多或大部分树枝，那么就会给网络资源带来极大的浪费。此外，该技术在维护剪除状态时还存在一个不合逻辑的强制性约束，那就是要求未加入多播树的路由器也得记住“它们不是多播树的一部分”。

对于稀疏拓扑结构来说，一种更好的解决方案就是显式加入。此时由直接连接了组成员的路由器发起加入请求，组成员通过 IGMP 或 MLD 告知路由器希望加入多播组后，路由器会向上游源端发送加入请求消息。与剪除消息不同，该消息被称为嫁接消息，路由器通过发送该消息将自己嫁接到多播树中。如果给定路由器的所有组成员都离开了多播组，而且没有处于活动状态的下游邻居，那么该路由器就会将自己从多播树中剪除出去。

由于显式加入协议从不会将多播会话流量转发给那些未提出显式加入请求的路由器，因而可以大大节省网络资源。此外，由于未加入多播树的路由器无需保持剪除状态，因而还能节约路由器的总体内存资源。由此可见，显式加入协议更适用于稀疏拓扑结构。当然，可以推断出无论是稀疏拓扑结构还是密集拓扑结构，显示加入的扩展性都更好。DVMRP 和 PIM-DM 使用的是隐式加入，而 PIM-SM 使用的则是显式加入。

7.2.5 有源树与共享树

有些多播路由协议会为每个多播源都构建单独的多播树。由于这些多播树的树根都是多播源，因而称为有源树（Source-based tree）。本章前面所说的多播树都是有源树。

如前所述，在多播会话的生存期内，随着组成员的加入和离开，多播树会发生动态变化，并且由多播路由协议管理多播树的变化情况。但有些多播树可能并不会发生变化，图 7-30 显示了同一个网络中的两个多播树。可以看出虽然这两个多播树有不同的源端和不同的成员，但它们的路径都至少经过一台公共路由器。

共享树（Shared Tree）利用了多个多播树可以共享网络中的同一台路由器这一事实。共享树不再以源端为根建立多播树，而是以一台共享的 RP（Rendezvous Point，聚合点）路由器或核心路由器（取决于具体协议）为根。RP 是预先确定好的，在策略上位于网络之中。多播源发起多播会话时，需要首先向 RP 注册，由与多播源直连的路由器确定去往 RP 的最短路径，或者由 RP 负责确定去往每个多播源的最短路径。显式加入协议用来创建从连接了组成员的路由器到 RP 的多播树。与有源树记录的（S,G）状态不同，共享树记录的是（*,G）状态，该状态表明 RP 是去往多播组的树根，而且很多源都可能是 RP 的源端。更为重要的是，有源树需要为每个源记录单独的（S,G），而共享树只要为每个多播组记录一个（*,G）即可。

通过一些简单的计算即可说明（S,G）表项的影响。以有源树和泛洪/剪除多播域为例。如果有 200 个多播组，每个组平均有 30 个多播源，而且每台路由器都必须为每个组记录 30 条（S,G）表项，那么（S,G）表项数为 30*200=6000 条；如果 200 个多播组都有 150 个多播源，那么（S,G）表项数将达到 150*200=30000 条。

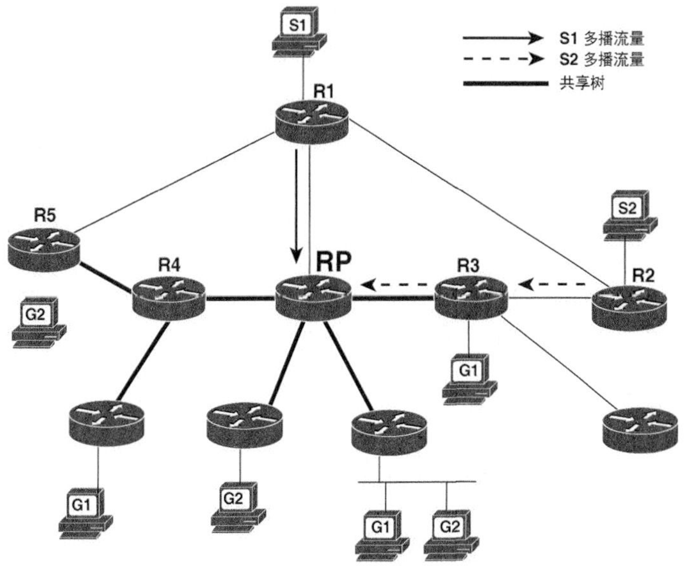

图 7-30 两棵多播树的形状虽然不同，但都通过同一台路由器 RP

注： 对于交互式多播应用来说，许多组成员（接收端）同时也是多播源（发送端）。

与此相反，共享树仅为每个多播组记录一条（*,G）表项。因此，如果一个共享树多播域中有 200 个多播组，那么 RP 只要记录 200 条（*,G）表项。最重要的是，该数量不会随着多播源数量的变化而变化。可以用另外一种方式来说明这个问题。有源树是（S_G, G_N）的幂函数，而共享树是（G_N）的幂函数，其中 G_N 是多播域中的组数，S_G 是每个多播组的源数。除此以外，共享树还能降低对非 RP 路由器的影响，这是因为非 RP 路由器无需保存不由它们转发数据包的组的状态信息，只要为每个处于活跃状态下游组记录一条（*,G）表项即可。

这种扩展性意味着共享树更适用于稀疏拓扑结构，但也要考虑一些折中情况。首先，对每个组的每个组成员来说，从源端经 RP 到达目的端的路径可能并不是最优路径。从图 7-30 可以看出，多播组 2 的成员连接在路由器 R5 上，从源端 S2 到该组成员的最优路径应该是 R2-R1-R5，但是由于多播源的流量必须先经过 RP，因而最后选择的路径为 R2-R3-RP-R4-R5。因而必须仔细选取 RP，以尽可能地减少次优路径的情况。共享树的另一个缺点是存在多个大带宽多播会话时，RP 将成为瓶颈。由于存在次优路径和 RP 拥塞问题，使得设计欠佳的共享树网络存在延时问题，而且 RP 还是潜在的单点故障源，除非设计了冗余方案。最后，共享树也很难进行故障调试。

7.2.6 SSM

到目前为止讨论的（*,G）树指的都是 ASM（Any-Source Multicast，任意源多播）服务模型。这里的“*”是一个匹配任意多播源地址的通配符，也就是说，任何多播源都能向多播组发送流量。前面虽然已经解释了利用显式加入和共享树来提高 IP 多播网络效率的方式，但是正如上一节最后所讨论的那样，共享树 RP 本身就存在低效、复杂和脆弱性等问题。必须在网络中仔细规划 RP 的位置，保证冗余性，而且还必须有相应的措施确保 RP 能够发现多播源，确保指派路由器能够发现 RP。

ASM 还存在一定的安全考虑。如果所有的源端都能向多播组发送流量，那么就可能有潜在的恶意源端向多播组发起拒绝服务攻击。

SSM（Source-Specific Multicast，特定源多播）采用（S,G）服务模型，保留了稀疏模式协议操作以及显式加入的优势。部署 SSM 的关键就在于 IGMPv3 和 MLDv2 的源过滤能力，这些协议版本是部署 SSM 的前提条件，IGMPv1、IGMPv2 或 MLDv2 都不支持 SSM。在路由协议方面，SSM 由 PIM-SSM（PIM-SM 的一种变体形式）启用，而且保留了稀疏模式操作，但没有 RP。

部署 SSM 的另一个前提条件就是组成员必须知道（通过多播应用）希望从哪个源接收组流量。SSM 会为指派路由器指定（S,G）（称为多播频道），然后再将自己嫁接到现有的多播树种，或者发起一棵新的去往源端的多播树。

RFC 4604 定义了在 SSM 网络中使用 IGMPv3 和 MLDv2 的方式。RFC 4607 则定义了编址方式。IANA 分别在 232.0.0.0/8 和 FF3x::/96（假设该地址空间将被扩展到 FF3x::/32）中预留了 IPv4 和 IPv6 组地址。由于不是所有的源都能向 SSM 频道发送数据，因而大大降低了恶意源向多播组发送流量的几率，不过恶意源仍然有可能伪装成合法的源地址。

使用 ASM 还是 SSM 通常由多播应用来确定。对于会议等多点到多点应用来说，由于有很多源都要向多播组发送数据流量，因而通常需要 ASM。对于流媒体等点到多点应用来说，则通常需要 SSM。

不过现代网络中的多点到多点应用与点到多点应用之间的界限已经很难区分，大量多播网络和多播应用的设计人员发现为多点到多点多播应用“堆叠”多个 SSM 树比共享树更好。例如，对于视频会议应用来说，每个组成员都可能是源端，因而可以为每个源到每个成员构建一个独立的 SSM 树。只要有新参会者加入，就创建一棵新的 SSM 树，只要有参会者离开，就删除该成员的 SSM 树。

判断使用 ASM 模型还是 SSM 模型的主要决定因素如下。

- 网络中的多播组数量是否足够多，以至于 RP 的有效性比潜在的管理挑战更重要。
- 网络中的主机是否都支持 IGMPv3/MLDv2？或者某些主机仅支持 IGMPv2/MLDv1 且无法发起 SSM？
- 多播应用是否感知 SSM？

即便这些决定因素不是很具体，也可以在同一个网络中同时运行 ASM（PIM-SM）和 SSM（PIM-SSM）（见第 8 章）。

7.2.7 多播定界

通过前面对多播路由问题的讨论可以看出，虽然多播路由能够比其他路由选择策略（如重复的单播或简单的泛洪）节省网络资源，但有时也会浪费网络资源，特别是在稀疏拓扑结构中使用广播/剪除机制时更是如此。有时相对于整个网络规模来说，多播源和所有组成员都聚集在相对较近的位置，此时利用某种机制将多播流量限制在网络中组成员所在区域将能大大节省网络资源。有时出于安全性或其他策略考虑，也需要将多播流量限定在一定范围内。

如果多播流量被限定在“孤岛”内，那么就称这些流量被限定区域了。也就是说，多播定界就是限定多播流量的边界。

1. TTL 定界

一种建立多播边界以限定多播流量的方法就是在出接口上设定特殊的过滤器，以检查所有多播包的 TTL 值。数据包的 TTL 值经路由器正常递减后，仅转发 TTL 值超出预配置阈值的数据包，其他的数据包则被丢弃。

在图 7-31 所示的案例中，到达路由器接口 E2 的多播包携带的 TTL 为 13，路由器将该多播包的 TTL 值递减为 12，接口 E0 的多播 TTL 阈值为 0（为默认值），这样多播包就不会因 TTL 值而被阻塞，从而会将一份数据包拷贝从接口 E0 向外转发出去。与此相似，也会从接口 E1 向外转发一份数据包拷贝（因为接口 E1 的 TTL 阈值为 5，小于该数据包的 TTL 值）。但是，由于接口 E3 的 TTL 阈值为 30（意味着仅转发 TTL 大于 30 的数据包），因而不会从接口 E3 向外转发该多播包。

TTL 定界机制曾经用于 MBone。MBone 是一个通过 IP-over-IP 隧道经 Internet 相连的区域性多播网络。表 7-4 给出了 MBone 限制多播流量的典型 TTL 值，如果希望将多播流量（如大带宽实时视频）限定在单个站点内，可以配置源应用程序以转发 TTL 不大于 15 的数据包。

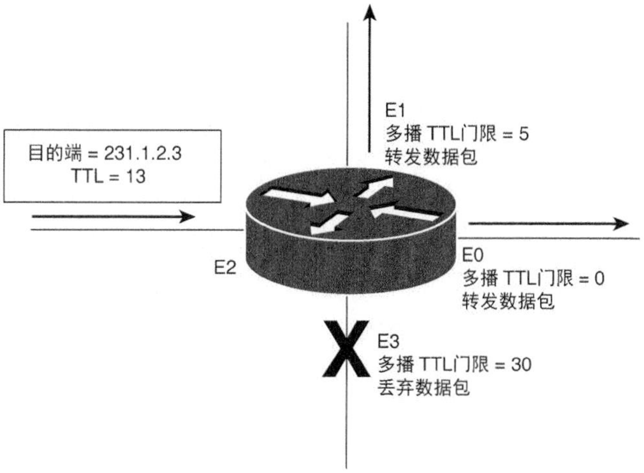

图 7-31 多播包仅从 TTL 阈值小于出站数据包 TTL 的下游接口向外转发

表 7-4 **Mbone TTL 阈值**

TTL 值	限定
0	限定在同一台主机
1	限定在同一子网
15	限定在同一站点
63	限定在同一区域
127	全球范围
191	全球范围，带宽受限
255	无限制

TTL 定界方法也有一些缺点。首先，接口的 TTL 阈值会被用于所有多播包。如果希望某些多播会话不受 TTL 阈值限定，而仅限定其他多播会话，那么就必须分别控制发起这些会话的源应用程序。但这样又会出现第二个问题：必须信任用户能够在它们的多播应用程序中正确设置 TTL 值。如果多播会话的 TTL 被多播源设置得非常大，那么就会穿越事先设定好的多播边界。

TTL 定界的其他问题就是难以在所有网络中加以实施，通常仅用于最简单的拓扑结构。随着多播网络规模和复杂度的日益增大，正确预测 TTL 阈值以容纳和传递正确的多播会话将会变得非常困难。

最后，TTL 定界会导致广播/剪除协议出现效率低下问题。以图 7-32 为例，图中的网络是一个多播站点，边界路由器连接网络其余部分的接口配置的 TTL 阈值为 8，多播源正在生成多播会话，所有多播包的 TTL 均被设置为 8。为了与本地策略保持一致，需要将多播流量限定在多播站点内。由于多播树左边的树枝上没有组成员，因而这些路由器应该将自己从多播树中剪除出去，直至与多播源直连的路由器。事实上，从图中可以看到有一台路由器已经向上游邻居发送了剪除消息。

问题在于边界路由器及其配置的 TTL 过滤器。这是因为多播包到达路由器时，由于多播包的 TTL 值小于路由器接口的 TTL 阈值，因而多播路由器的两个下行接口都会丢弃这些多播包。虽然这是期望行为，但丢弃多播包也就意味着不会出现 IGMP 查询消息。如果没有 IGMP 查询消息，那么边界路由器就不会向上游邻居发送剪除消息，如此一来多播流量就会毫无必要地持续通过所有路由器转发给边界路由器。

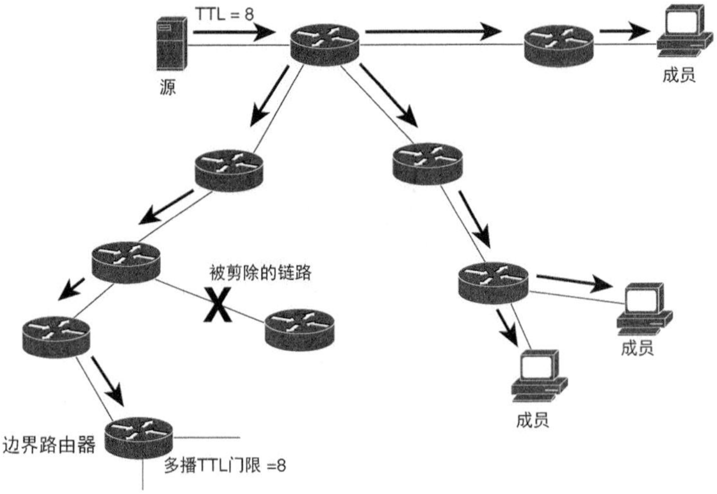

图 7-32 在边界路由器上设置的 TTL 多播过滤器阻止其向上游邻居发送剪除消息

2. 管理定界

有关 IPv4 管理定界的详细描述请见 RFC 2365。这是另一种限定多播流量边界的方法，此方法不再根据 TTL 值进行过滤，而是利用一段保留的 IPv4 多播地址进行定界，因而只要对组地址进行过滤就可以设置多播边界。这段保留的多播地址是 239.0.0.0～239.255.255.255。

可以将管理定界多播地址空间按照层次化方法进行细分。例如，RFC 2365 建议将 239.255.0.0/16 用作本地范围或站点范围，将 239.192.0.0/14 用于组织机构范围。不过企业可以根据自己的需要自由使用这些保留地址空间，因而这些保留的 IPv4 地址空间与保留用作私有用途的 RFC 1918 地址相似。而且与 RFC 1918 地址一样，这些管理定界多播地址也不是全球唯一的地址，因而必须为 239.0.0.0～239.255.255.255 设置过滤器，以免将该地址空间内的地址泄露到公众 Internet 上。

IPv6 多播定界的方法定义在 RFC 7346 中。大家知道 IPv6 与 IPv4 不同，IPv6 多播地址本身就内嵌了范围字段，定义了明确的范围以及相应的范围字段值（见图 7-7），因而不需要像 IPv4 多播那样为定界预留特定的 IPv6 多播地址空间。

大家已经在本章和本书的其他地方遇到了 TTL 定界以及地址定界问题。简单总结一下，IGMP 和 OSPF 包的 TTL 始终设置为 1，以免所有接收端路由器都转发这些数据包，此时的流量范围就是本地子网。与此相似，路由器不转发 224.0.0.0～224.0.0.255 地址范围内的数据包，该地址空间（包括表 7-1 中的所有地址）也将流量限定在本地子网范围。

7.3 展望

在本书第一卷和第二卷讨论过的所有 IP 路由协议中，大家可能对多播路由协议感到比较陌生。虽然本章已经详细地描述了 IP 多播路由协议的基本原理，但无法穷举所有内容，许多 IP 多播知识都不在本书写作范围之内。因此如果希望了解更多相关内容，请参考后面的“推荐读物”。

了解了多播原理之后，第 8 章将解释各种 PIMv2 形式的操作和配置问题，这也是当前唯一得到广泛应用的 AS 内部 IP 多播路由协议。第 9 章将进一步探讨 AS 间 IP 多播路由协议以及多播扩展等问题。

7.4 推荐读物

Beau Williamson，*Developing IP Multicast Networks*，Indianapolis, IN, Cisco Press, 2000.

7.5 复习题

1. 请解释重复的单播分发机制为何无法代替大型网络中的多播机制。
2. 为 IP 多播保留的地址范围是什么？
3. 单个 D 类地址前缀能够创建多少个子网？
4. 对于目的地址在 224.0.0.1～224.0.0.255 范围内的数据包来说，路由器会采取哪些与其他多播地址不一样的处理方式？
5. 请写出与下列 IP 地址相对应的 MAC 地址：
   (a) 239.187.3.201
   (b) 224.18.50.1
   (c) 224.0.1.87
6. MAC 地址 0100.5E06.2D54 代表的多播 IP 地址是什么？
7. 为什么令牌环介质不适宜分发多播包？
8. 什么是加入等待时间？
9. 什么是离开等待时间？
10. 什么是多播 DR（或查询路由器）？
11. 发送 IGMP 查询消息的是什么设备？
12. 发送 IGMP 成员关系报告消息的是什么设备？
13. IGMP 成员关系报告消息的使用方式是什么？
14. IGMP 通用查询消息与特定组查询消息有何功能性区别？
15. IGMPv2 与 IGMPv1 是否兼容？
16. IGMP 的 IP 协议号是什么？
17. Cisco CGMP 协议的作用是什么？

18. 与 CGMP 相比，IGMP Snooping 的优点是什么？可能的缺点是什么？
19. 发送 CGMP 消息的设备是什么：路由器、以太网交换机或两者？
20. 什么是反向路径转发机制？
21. 多少台主机可以构成密集拓扑结构？多少台主机可以构成稀疏拓扑结构？
22. 与隐式加入相比，显示加入的主要优点是什么？
23. 有源多播树与共享多播树之间的主要结构性差异是什么？
24. 什么是多播定界？
25. IP 多播定界的两种方法分别是什么？
26. 从多播路由器的角度来看，上游和下游的含义分别是什么？
27. 什么是 RPF 检查？
28. 什么是剪枝？什么是嫁接？
29. 为 SSM 保留的多播地址是什么？

7.6 配置练习题

1. 假设某公司计划部署两种基于多播机制的应用，决定为该项目分配两个 IP 多播地址，每种应用都分配一个特定的 D 类 IP 地址。要求将多播流量限定在园区范围内（不能穿透其他分支机构以及骨干网），网络工程师选定的 IP 地址为 239.65.10.10 何 239.193.10.10。

   a. 请解释如何限定这两种新应用的多播流量，使其不在整个网络中传播？

   b. 请解释为什么这两个 IP 地址不是本网的最佳选择？

   本配置练习题的拓扑结构如图 7-33 所示。

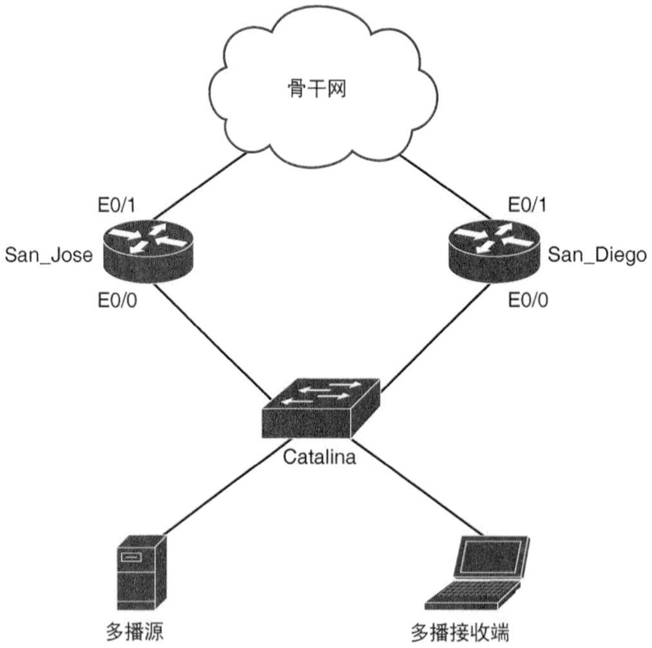

图 7-33 配置练习题 1 的拓扑结构

2. 对于图 7-34 的拓扑结构来说，请确保 San_Jose 成为所有主机共享的广播域中的多播查询路由器。

表 7-5 列出了配置练习题 2 和 3 将要用到的路由器、交换机以及启用了多播特性的主机、接口以及地址等信息。表中列出了所有路由器的接口情况。

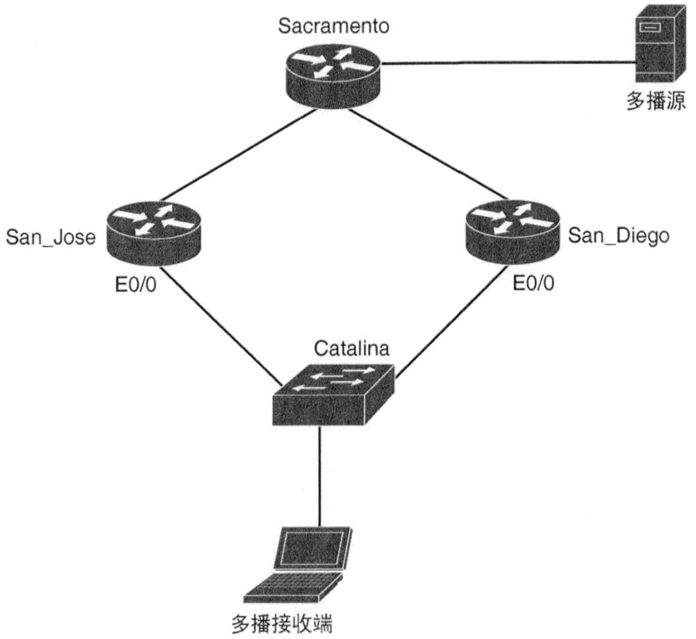

图 7-34 配置练习题 2 的拓扑结构

表 7-5 配置练习题 2 和 3 用到的路由器、交换机以及启用了多播特性的主机、接口以及地址等信息

San Jose - Eth0/0	192.168.10.1/24
San Diego - Eth0/0	192.168.10.2/24
多播接收端 IP 地址	192.168.10.20/24
使用的多播 IP 地址	239.1.1.1

3. 请根据下列需求配置多播域。

a. 路由器必须每 10 秒钟发送一次查询消息。

b. 如果查询路由器出现了问题，那么必须在 80 秒钟内检测到该故障情况。

c. IGMP 查询路由器宣告的最大响应时间必须是 5 秒钟。

d. 假设子网 192.168.10.0/24 上存在多个接收端，请确保路由器在收到特定组离开消息后仅发送一条 IGMP 特定组查询消息，否则就剪除该子网的多播流量。

e. 如果某些主机仍然对多播流量感兴趣，那么就应该在 1500 毫秒内告知路由器。

f. 主机不能加入除 239.1.1.1 之外的其他多播组（来自其他源）。

第 8 章

PIM

虽然可用的单播 IGP 有很多，但目前在生产性网络中唯一可用的多播 IGP 只有 PIMv2。不过 PIM 存在很多不同的模式以及子模式：

- PIM-DM（Protocol Independent Multicast, Dense Mode，协议无关多播-密集模式）；
- PIM-SM（Protocol Independent Multicast, Sparse Mode，协议无关多播-稀疏模式）；
- PIM-SSM（Protocol Independent Multicast, Source-Specific Multicast，协议无关多播-指定源多播）；
- Bidir-PIM（Bidirectional Protocol Independent Multicast，双向协议无关多播）。

虽然上述协议使用的基础协议都相同，但这些模式的差异很大，甚至完全可以将上述协议视为 4 种完全不同的多播 IGP。

本章将详细讨论这些 PIM 模式的操作以及应用情况，并解释相应的配置以及故障检测与排除技术。

8.1 PIM 简介

本书第一版除了 PIM 之外，还详细讨论了多种当时处于不同提议和实验阶段的多播路由协议：

- DVMRP（Distance Vector Multicast Routing Protocol，距离矢量多播路由协议）；
- MOSPF（Multicast OSPF，多播 OSPF）；
- CBT（Core-Based Trees，核心树）。

由于这几种多播路由协议都没有得到业界认同，因而本版删除了这些协议的操作信息，不过仍有必要花点时间说说这些协议对多播路由协议期望功能的贡献。

DVMRP 具备单播距离矢量协议易于实现的特性（只要启用该协议即可，无需做其他工作），但这种简单性是以高开销为代价的，因而存在严重的扩展性问题，仅适用于小型、高带宽且密集分布了大量组成员的网络。

MOSPF 将链路状态协议 OSPF 的优点引入路由表中，但代价是设计复杂。MOSPF 利用显示加入机制消除了 DVMRP 颠三倒四的（topsy-turvy）规则，即不转发特定多播组的路由器必须记住（保持状态）不转发该多播组的数据包，从而降低了对网络资源的需求量。但 MOSPF 的有源树不适用于组成员稀疏分布的拓扑结构。虽然 MOSPF 对扩展性做了一定程度的提升，但许多（如果不是大多数）网络设计者都不愿意接受 MOSPF 对拓扑结构的复杂需求，因而 MOSPF 从来都没有被用户真正接受过。

DVMRP 是一种“自包含”协议，使用内嵌协议来定位用于创建和维护多播树所需的单播地址。从这种意义上来说，DVMRP 协议与底层的单播路由协议完全无关，但这种协议无关性的代价却是在收集可能已经存在于单播路由表中的信息方面消耗了大量的网络资源。

注：这种代价也可能并不像想象得那么高，如 8.2.1 节所述，代价与运行的无内嵌式单播组件的泛洪/剪除协议相关。

不过，由于 MOSPF 是单播路由协议的多播扩展，因而 MOSPF 虽然解决了独立单播协议的冗余性问题，但不能脱离 OSPF 独立运行。

CBT 实现了真正的协议无关性。CBT 基于已有的单播路由表来确定单播目的端，而不关心由哪个协议来维护这张路由表。虽然必须仔细规划核心路由器（CBT 的核心路由器在概念上与 PIM-SM 的 RP 相似）的布放位置，以尽量减少次优路径和流量瓶颈，但 CBT 具有足够的扩展能力来适应稀疏拓扑结构。CBT 深陷 Catch-22 规则（即第 22 条军规，寓意两难的尴尬境地），一方面，现实生活中的多播应用对该协议的兴趣始终受限于该协议的不成熟性，而另一方面，协议的不成熟性又源于缺乏足够的实际应用。由于 CBT 无法比当前广泛使用的、也更灵活的 PIM-SM 更好，因而始终未成为主流技术。

PIM 是 Cisco IOS 唯一完全支持的 IP 多播路由协议（对于 DVMRP 来说，IOS 仅支持将 PIM 连接到 DVMRP 网络上）。

与 CBT 类似且顾名思义，PIM 具有协议无关性。也就是说，PIM 利用单播路由表来定位单播地址，而不关心路由表学习这些地址的方式。

有一个标准的 PIM 消息格式列表，有些消息仅用于 PIM-DM，有些消息仅用于 PIM-SM，而有些消息则被两者所共用。有关这些消息格式（包括仅用于 PIM-DM 的消息）的详细信息将在 8.2 节进行介绍。

目前的 PIM 版本是 PIMv2。PIMv1 将消息封装在 IP 包中，协议号为 2（IGMP），并使用多播地址 224.0.0.2。PIMv2（Cisco IOS Software Release 11.3(2)T 之后的版本均支持 PIMv2）使用自己的协议号 103 及保留的多播地址 224.0.0.13。PIMv2 路由器与 PIMv1 路由器进行对等时，会自动将接口设置为 PIMv1。

8.2 PIM-DM 操作

PIM-DM 定义在 RFC 3973 中。除了通用的消息格式之外，大家还可能会发现，PIM-DM 与 DVMRP 之间的相似性甚至要多于 PIM-DM 与 PIM-SM 之间的相似性。

8.2.1 PIM-DM 基础

PIM-DM 使用以下 5 种 PIMv2 消息：

- Hello；
- Join/Prune（加入/剪除）；
- Graft（嫁接）；
- Graft-ACK（嫁接确认）；

- State Refresh（状态刷新）；
- Assert（声明）。

PIMv2 路由器利用 Hello 消息发现邻居。PIMv2 路由器（PIM-SM 或 PIM-DM）激活后会在每个配置了 PIM 的接口上周期性地发送 Hello 消息。PIMv1 路由器也有类似的功能，但使用的是 Query（查询）消息。Hello（或 Query）消息包含一个保持时间，表示邻居在宣称源路由器无效之前需要等待收到下一条消息的最大时间。PIMv2 Hello 间隔及 PIMv1 Query 间隔在 Cisco IOS Software 中均默认为 30 秒钟。也可以使用 **ip pim query-interval** 命令逐个接口修改该默认间隔，保持时间则自动设置为 Hello/Query 间隔的 3.5 倍。

例 8-1 给出了 **debug** 命令捕获的 PIM 消息。从关键字 **Hello** 和 **Router-Query** 可以看出，该路由器同时拥有 PIMv1 邻居和 PIMv2 邻居。路由器正在接口 E0 上发送 Hello 消息，但并没有从该接口上收到任何 Hello 或 Query 消息，表明该子网无 PIM 邻居。

例 8-1　路由器 Steel 在接口 E0、E1 和 S1.708 上查询邻居，并接口 E1 和 S1.708 上侦听到邻居

```
Steel#debug ip pim
PIM debugging is on
Steel#
PIM: Received v2 Hello on Ethernet1 from 172.16.6.3
PIM: Received Router-Query on Serial1.708 from 172.16.2.242
PIM: Send v2 Hello on Ethernet1
PIM: Send v2 Hello on Ethernet0
PIM: Send Router-Query on Serial1.708 (dual PIMv1v2)
PIM: Received v2 Hello on Ethernet1 from 172.16.6.3
PIM: Received Router-Query on Serial1.708 from 172.16.2.242
PIM: Send v2 Hello on Ethernet1
PIM: Send v2 Hello on Ethernet0
PIM: Send Router-Query on Serial1.708 (dual PIMv1v2)
PIM: Received v2 Hello on Ethernet1 from 172.16.6.3
```

例 8-2 通过命令 **debug ip packet detail**（引用访问列表以过滤无关数据包）来进一步查看 PIM 消息。可以看出 PIMv2 消息发送给 224.0.0.13（使用的协议号是 103），而 PIMv1 消息则发送给 224.0.0.2（使用的协议号是 2）。

例 8-2　**debug** 命令的输出结果显示了 PIMv1 和 PIMv2 使用的多播目的地址和协议号

```
Steel#debug ip packet detail 101
IP packet debugging is on (detailed) for access list 101
Steel#
IP: s=172.16.6.3 (Ethernet1), d=224.0.0.13, len 38, rcvd 0, proto=103
IP: s=172.16.2.241 (local), d=224.0.0.2 (Serial1.708), len 35, sending broad/
  multicast, proto=2
IP: s=172.16.2.242 (Serial1.708), d=224.0.0.2, len 32, rcvd 0, proto=2
IP: s=172.16.6.1 (local), d=224.0.0.13 (Ethernet1), len 30, sending broad/multicast,
  proto=103
IP: s=172.16.5.1 (local), d=224.0.0.13 (Ethernet0), len 30, sending broad/multicast,
  proto=103
IP: s=172.16.6.3 (Ethernet1), d=224.0.0.13, len 38, rcvd 0, proto=103
IP: s=172.16.2.241 (local), d=224.0.0.2 (Serial1.708), len 35, sending broad/
  multicast, proto=2
IP: s=172.16.2.242 (Serial1.708), d=224.0.0.2, len 32, rcvd 0, proto=2
IP: s=172.16.6.1 (local), d=224.0.0.13 (Ethernet1), len 30, sending broad/multicast,
  proto=103
IP: s=172.16.5.1 (local), d=224.0.0.13 (Ethernet0), len 30, sending broad/multicast,
  proto=103
```

例 8-3 利用命令 **show ip pim neighbor** 显示了此时的 PIM 邻居表信息。

例 8-3 PIM 邻居表记录了例 8-1 侦听到的邻居

```
Steel#show ip pim neighbor
PIM Neighbor Table
Neighbor Address  Interface          Uptime    Expires   Ver  Mode
172.16.6.3        Ethernet1          01:57:22  00:01:29  v2   Dense (DR)
172.16.2.242      Serial1.708        04:55:56  00:01:05  v1   Dense
Steel#
```

源端开始发送多播包时，PIM-DM 会利用泛洪/剪除协议来构建多播树。每个 PIM-DM 路由器收到多播包之后，都会在自己的转发表中增加一个表项，最终多播包被泛洪到所有叶子路由器（即没有下游 PIM 邻居的路由器）。如果收到多播包的叶子路由器未连接任何组成员，那么该路由器就必须将自己从多播树中剪除出去，为此需要向沿着多播源方向的上游邻居发送 Prune 消息。Prune 消息的目的地址是 224.0.0.13，上游路由器的地址也被编码在该消息中。如果上游邻居没有连接多播包所属组的组成员，而且也没有其他下游邻居或者从所有下游邻居都收到 Prune 消息，那么就会向沿着多播源方向的上游邻居发送 Prune 消息。

从前面列出的 PIMv2 消息类型可以看出，PIMv2 没有“Prune 消息”，只有“Join/Prune 消息”，利用该消息的字段分别列出要加入的多播组和要剪除的多播组。为清楚起见，本节仍使用“Prune 消息”和“Join 消息”，但大家应该知道本节所说的 Prune 消息实际上就是将组地址列在剪除字段的 Join/Prune 消息。与此类似，Join 消息实际上就是将组地址列在加入字段的 Join/Prune 消息。

例 8-4 给出了多播组 239.70.49.238 的转发表项。从（S,G）表项可以看出源地址为 172.16.1.1。路由器查询单播路由表以发现去往多播源的上游接口（即 S1.708）以及去往多播源的上游邻居（即 172.16.2.242），这些信息都将进入多播转发表并用于 RPF 检查操作。对于 DVMRP 来说，如果源地址为 172.16.1.1、目的地址为 239.70.49.238 的数据包到达的接口不是 S1.708，那么 RPF 检查将失败，从而丢弃该数据包。

例 8-4 **show ip mroute** 命令可以显示多播转发表

```
Steel#show ip mroute 239.70.49.238
IP Multicast Routing Table
Flags: D - Dense, S - Sparse, C - Connected, L - Local, P - Pruned
       R - RP-bit set, F - Register flag, T - SPT-bit set, J - Join SPT
Timers: Uptime/Expires
Interface state: Interface, Next-Hop or VCD, State/Mode

 (172.16.1.1, 239.70.49.238), 01:56:27/00:02:59, flags: CT
  Incoming interface: Serial1.708, RPF nbr 172.16.2.242
  Outgoing interface list:
    Ethernet1, Prune/Dense, 01:40:23/00:00:39
    Ethernet0, Forward/Dense, 00:00:46/00:00:00

Steel#
```

注： 例 8-4 并没有显示转发表中与该多播组相关的全部信息，这是因为为了清楚起见，本例删除了部分无关信息。

（S,G）表项关联了两个定时器，第一个定时器指示该表项在转发表中存在的时间，第二个定时器指示该表项的到期时间。如果 2 分 59 秒之内都没有任何多播包转发给该（S,G），那么就会删除该表项。

例 8-4 中的（S,G）表项还关联了两个标记，第一个标记 C 表示路由器的直连子网上有一个组成员，第二个标记 T 表示路由器是 SPT（Shortest Path Tree，最短路径树）的有效成员。

注： PIM 将有源树称为 SPT，将共享树称为 RPT（Rendezvous Point Tree，聚合点树）。请注意，SPT 只是一个描述性名字，这是因为正如本节后面所说的那样，这些多播树有时会选择比 RPT 更短的路径去往多播源。

例 8-4 的出站接口列表中有两个接口。第一个接口（E1）处于剪除状态和密集模式，因而可以知道该接口的下游邻居发送了一条 Prune 消息。定时器显示该接口已经启用了 1 小时 40 分 23 秒，且剪除状态将在 39 秒后到期。收到 Prune 消息之后，路由器会启动一个 210 秒钟的超时定时器。路由器在定时器到期之前会一直维持剪除状态，等到定时器到期之后，会将状态更改为"转发"状态，并重新将数据包转发给下游邻居，直至下游路由器再次向上游邻居发送 Prune 消息。

第二个接口（E0）处于转发状态。回顾例 8-1 可以知道，路由器在接口 E0 上发送了 Hello 消息，但没有在接口上收到邻居发送的 Hello 消息。根据上述信息以及例 8-4 可以知道，由于子网上有一个组成员，因而该路由器在接口 E0 上转发多播包（见例 8-5）。从例 8-4 可以看出，接口 E0 关联了一个正常运行时间，但没有关联到期时间，这是因为没有邻居状态要到期。与此相反，当 IGMP 告诉路由器该子网中已经没有组成员或者例 8-5 中的超时定时器到达 0 时，路由器就会从转发表中删除接口 E0。

例 8-5 **show ip igmp group** 命令显示了记录在 IGMP 成员关系表中的直连组成员

```
Steel#show ip igmp group 239.70.49.238
IGMP Connected Group Membership
Group Address    Interface           Uptime   Expires  Last Reporter
239.70.49.238    Ethernet0           01:52:23 00:02:34 172.16.5.2
Steel#
```

例 8-6 给出了去往多播源的上游方向的下一台路由器的转发表信息，可以看出对（172.16.1.1, 239.70.49.238）表项与接口 S1.803 和上游邻居 172.16.2.254 进行了 RPF 检查，而且只有一个下游接口。将该表项的标记与例 8-4 的标记进行对比，可以看出该路由器位于最短路径树上，但是没有直连的组成员。

例 8-6 该表项的标记表明该路由器位于 SPT 上，但是没有直连的组成员

```
Nickel#show ip mroute 239.70.49.238
IP Multicast Routing Table
Flags: D - Dense, S - Sparse, C - Connected, L - Local, P - Pruned
       R - RP-bit set, F - Register flag, T - SPT-bit set
Timers: Uptime/Expires

 (172.16.1.1/32, 239.70.49.238), uptime 02:05:23, expires 0:02:58, flags: T
  Incoming interface: Serial1.803, RPF neighbor 172.16.2.254
  Outgoing interface list:
    Serial1.807, Forward state, Dense mode, uptime 02:05:24, expires 0:02:34

Nickel#
```

注： 虽然例 8-6 输出结果的格式与前面的转发表有少许差异（因为使用了不同的 IOS 版本），但可以看出这两个转发表的信息完全相同。

再次回到上游路由器，例 8-7 给出了该多播组的另一个转发表信息，虽然标记仍然是 Connected，但例中连接的并不是组成员。此外，入站接口 E0/0 显示的 RPF 邻居地址为 0.0.0.0，表明连接的设备是该多播组的源端。

例 8-7　从 RPF 邻居地址 0.0.0.0 可以看出，该路由器连接了多播源 172.16.1.1

```
Bronze#show ip mroute 239.70.49.238
IP Multicast Routing Table
Flags: D - Dense, S - Sparse, C - Connected, L - Local, P - Pruned
       R - RP-bit set, F - Register flag, T - SPT-bit set, J - Join SPT
Timers: Uptime/Expires
Interface state: Interface, Next-Hop, State/Mode

 (172.16.1.1/32, 239.70.49.238), 02:10:43/00:02:59, flags: CT
  Incoming interface: Ethernet0/0, RPF nbr 0.0.0.0
  Outgoing interface list:
    Serial0/1.305, Prune/Dense, 02:10:43/00:01:28
    Serial0/1.308, Forward/Dense, 02:10:43/00:00:00

Bronze#
```

例 8-7 还显示了（172.16.1.1, 239.70.49.238）表项的两个出站接口，其中一个处于转发状态，另一个处于剪除状态。与所有的泛洪/剪除协议一样，PIM-DM 也要为所有接口维护剪除状态，原因是路由器将其从多播树剪除出去之后，还可以在需要时重新嫁接回多播树。

举例来说，例 8-8 显示了某路由器的（172.16.1.1, 239.70.49.238）表项信息，该路由器没有连接任何组成员，也没有下游邻居，因而出站接口列表为空。标记 P 表示该路由器向上游邻居 172.16.2.246 发送了一条 Prune 消息。如果此时其所连的某台主机发送了一条 IGMP 消息，请求加入该多播组，那么该路由器就会向上游邻居（向着多播源的方向）发送一条 PIM Graft 消息。但是该路由器知道多播源地址的唯一方式就是通过最初的多播包泛洪机制，因而路由器必须维护例中所示的剪除状态。

例 8-8　由于(S,G)表项(172.16.1.1, 239.70.49.238)的出站接口列表为空，因而路由器将自己从该多播树中剪除了出去

```
Lead#show ip mroute 239.70.49.238
IP Multicast Routing Table
Flags: D - Dense, S - Sparse, C - Connected, L - Local, P - Pruned
       R - RP-bit set, F - Register flag, T - SPT-bit set
Timers: Uptime/Expires
Interface state: Interface, Next-Hop, State/Mode

 (172.16.1.1/32, 239.70.49.238), 02:32:42/0:00:17, flags: PT
  Incoming interface: Serial1.605, RPF nbr 172.16.2.246
  Outgoing interface list: Null

Lead#
```

Graft 消息以单播方式发送给多播树上的上游邻居。上游路由器收到 Graft 消息之后，会将收到该消息的接口加入出站接口列表中，使接口进入转发状态，并立即向新的下游邻居发送 Graft-ACK（嫁接确认）消息。如果该路由器已在向其他下游邻居转发多播包，那么就无需执行其他操作；但是如果该路由器已经将自己从多播树中剪除出去了，那么就必须向上游邻居发送 Graft 消息。路由器发送了 Graft 消息之后，会等待 3 秒钟以接收 Graft-ACK 消息，如果 3 秒钟内未收到确认消息，那么路由器就要重传 Graft 消息。

PIM-DM 的这种泛洪/剪除机制与 DVMRP 非常相似，但两者之间的差别也很明显。DVMRP 利用毒性反转机制向上游邻居通告路由的相关性，利用路由相关性告诉上游 DVMRP 路由器，特定的下游路由器需要依赖该路由转发来自特定多播源的多播包。由于 DVMRP 有内嵌的路由协议，因而这一切甚至可以在多播源开始转发多播包之前发送。因而对于某些拓扑结构来说，DVMRP 可以限制泛洪的范围，而 PIM-DM 则无能为力（因为 PIM-DM 无内嵌的路由协议），因而 PIM-DM 始终要在整个 PIM 域中进行泛洪。PIM-DM 协议设计人员在最初的 Internet 草案中提到：

不依靠特定的拓扑结构发现协议所带来的简单性和灵活性让我们能够接受本协议引入的额外开销。

8.2.2 剪除覆盖

DVMRP 下游相关性机制的另一个优点在剪除进程中表现得非常明显。例如，图 8-1 中的路由器拥有多个下游邻居。上游路由器 Mercury 将多播包泛洪到连接了这三台路由器的 LAN 上，Copper 的出站接口列表为空并向 Mercury 发送了一条 Prune 消息，但 Silver 连接了组成员，因而希望接收多播流量。

如果这三台路由器运行的是 DVMRP，那么就没有问题。由于 Mercury 知道关于该多播组源端的下游相关性，而且也知道仅从 Copper 收到了 Prune 消息，因而会继续向 Silver 转发流量。

可是如果图 8-1 中的路由器运行的都是 PIM-DM，那么 Mercury 就可以根据 Hello 消息知道其有两个邻居。但 Hello 消息中并没有描述任何路由相关性信息，因而 Copper 发送 Prune 消息时，Mercury 并不知道是否要剪除该 LAN 接口。

PIM-DM 利用剪除覆盖（prune override）进程解决了该问题。虽然 Copper 向 Mercury 发送了 Prune 消息，但 Mercury 的地址也被编码在消息中，携带该消息的 IP 包会被寻址到 ALL PIM Routers（所有 PIM 路由器）地址 224.0.0.13。Mercury 收到该 Prune 消息后，并不立即剪除该接口，而是设置一个 3 秒钟定时器。与此同时，由于该 Prune 消息使用的是多播目的地址，因而 Silver 也收到了该 Prune 消息。发现消息中所要剪除的多播组是其希望继续接收多播流量的多播组，而且该消息已经发送给了正在转发多播流量的上游邻居，因而 Silver 向 Mercury 发送一条 Join 消息（见图 8-2）。这样一来，Silver 就覆盖了 Copper 发送的 Prune 消息。只要 Mercury 在 3 秒钟定时器到期前收到一条 Join 消息，那么就不会中断多播流量。

例 8-9 给出了剪除覆盖进程的运行情况，利用调试操作抓取 Mercury 的 PIM 活动情况（见图 8-1 和图 8-2）。第一条消息显示接口 E0 收到了一条 Copper（172.16.3.2）发送的关于（S,G）对（172.16.1.1, 239.70.49.238）的 Prune 消息（实际上是剪除字段为 239.70.49.238 的 Join/Prune 消息）。第一行显示该消息为“to us”，表明 Mercury 已经识别出编码在该消息中的自己的地址。

第二行和第三行显示路由器 Mercury 已经计划将（S,G）表项从接口 E0 上剪除出去。也就是说，已经启动了 3 秒钟定时器。第四行表明 Mercury 从 Silver（172.16.3.3）收到了一条 Join 消息，第五行和第六行表明接口 E0 处于（S,G）表项的转发状态，Copper 的 Prune 消息已经被覆盖。

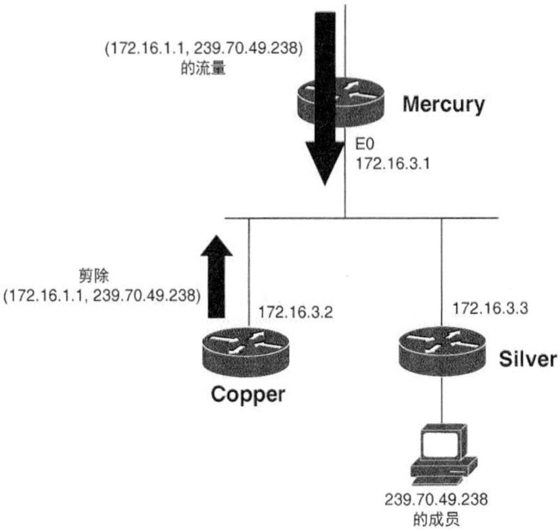

图 8-1 由于 Copper 关于（172.16.1.1, 238.70.49.238 的出站接口列表为空，因而发送了一条该（S,G）表项的 Prune 消息；Silver 连接了一个组成员，因而希望接收多播流量

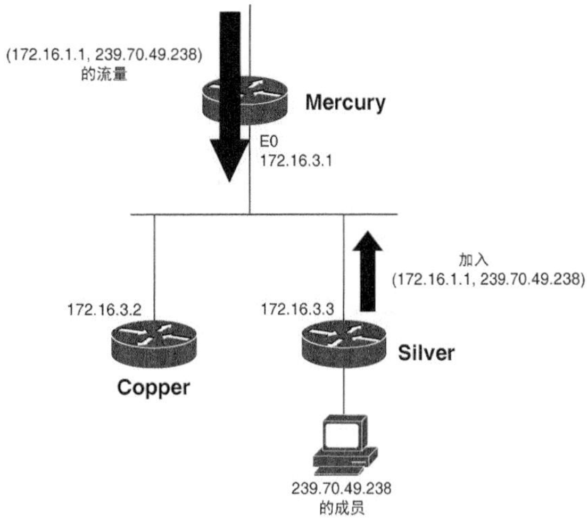

图 8-2 Silver 利用 Join 消息覆盖 Copper 的 Prune 消息

例 8-9 图 8-2 中的路由器 Mercury 收到来自 Copper（172.16.3.2）的 Prune 消息，此后 Silver（172.16.3.3）发送 Join 消息以覆盖 Copper 的 Prune 消息

```
Mercury#debug ip pim
PIM debugging is on
Mercury#
PIM: Received Join/Prune on Ethernet0 from 172.16.3.2, to us
PIM: Prune-list: (172.16.1.1/32, 239.70.49.238)
PIM: Schedule to prune Ethernet0 for (172.16.1.1/32, 239.70.49.238)
PIM: Received Join/Prune on Ethernet0 from 172.16.3.3, to us
PIM: Join-list: (172.16.1.1/32, 239.70.49.238)
PIM: Add Ethernet0/172.16.3.3 to (172.16.1.1/32, 239.70.49.238), Forward state
```

8.2.3 单播路由变化

拓扑结构发生变化后，单播路由表也会随之发生变化。如果单播路由的变化影响了去往多播源的路由，那么 PIM-DM 路由表也会发生变化。一个明显的例子就是拓扑结构的变化导致去往多播源的路径上出现不同的前一跳路由器。

多播源的 RPF 路由器发生变化后，PIM-DM 会首先向旧 RPF 路由器发送一条 Prune 消息，然后再向新 RPF 路由器发送一条 Graft 消息，以构造新的多播树。

8.2.4 PIM-DM 指派路由器

PIM-DM 会在多路接入网络中选举 DR（Designated Router，指派路由器）。需要注意的是，PIM-DM 协议本身并不需要 DR。只是由于 IGMPv1 没有查询进程，因而依赖路由协议来选举 DR 以管理 IGMP 查询，这也是 PIM-DM（及 PIM-SM）指派路由器的作用。

DR 选举进程非常简单，正如大家已经知道的那样，每台 PIM-DM 路由器每隔 30 秒就要发送一条 PIMv2 Hello 消息或一条 PIMv1 Query（查询）消息以发现邻居。对于多路接入网络来说，IP 地址最大的 PIM-DM 路由器将成为 DR（见例 8-10 的输出结果），其他路由器则监控 DR 发出的 Hello 包。如果在 105 秒钟内都没有收到 Hello 包，那么认为 DR 已失效，从而选举一个新的 DR。

例 8-10 从例 8-9 中的 Mercury 的 PIM 邻居表可以看出，Silver 是指派路由器（因为其 IP 地址 172.16.3.3 最大）

```
Mercury#show ip pim neighbor
PIM Neighbor Table
Neighbor Address  Interface              Uptime    Expires   Ver  Mode
172.16.3.3        Ethernet0              2d23h     00:01:17  v1v2 Dense    (DR)
172.16.3.2        Ethernet0              2d23h     00:01:21  v1   Dense
172.16.2.250      Serial1.503            09:15:11  00:01:17  v1   Dense
Mercury#
```

8.2.5 PIM 转发路由器选举

图 8-3 中的 Mercury 和 Copper 都有一条去往多播源 172.16.1.1 的路由，且都有一个下行接口连接了多播组 239.70.49.238 的成员（连接在一个公共的多路接入网络上）。由于 Mercury 和 Copper 从多播组收到了相同的多播包拷贝，因而很明显，如果这两台路由器都将多播包转发到相同的网络上，那么效率将非常低下。

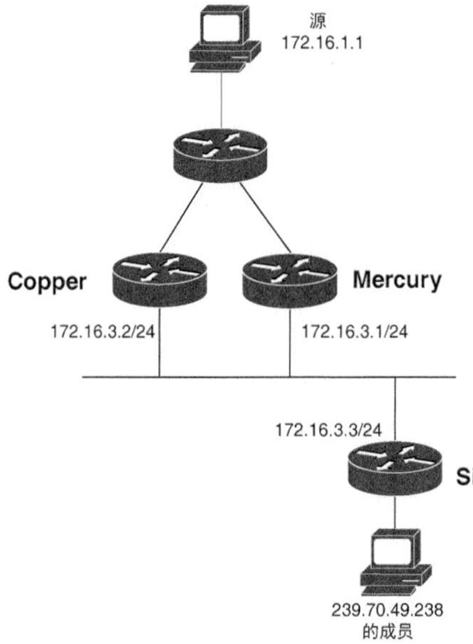

图 8-3 Copper 和 Mercury 从多播源 172.16.1.1 收到相同的多播包拷贝，但应该只有一台路由器将多播包转发到子网 172.16.3.0/24 上

为了避免出现这种情况，PIM 路由器会在共享网络上选举一台转发路由器。DVMRP 也有类似功能，选举的是指派转发路由器。DVMRP 的指派转发路由器的选举进程是多路接入网络中路由交换的一部分。不过由于 PIM 没有自己的路由协议，因而需要利用 Assert（声明）消息来选择转发路由器。

路由器在出站多路接入接口上收到多播包后，会在网络中发送一条 Assert 消息。Assert 消息包含了多播源的地址和多播组的地址、去往多播源的单播路由的度量值以及单播路由协议用来发现该路由的度量优先级（即 IOS 术语中的“管理距离”）。生成这些重复数据包的路由器会比较这些消息并根据以下规则确定转发路由器。

- 宣告的度量优先级（管理距离）最低的路由器为转发路由器。如果路由器通过不同的单播路由协议发现去往多播源的路由，那么这些路由器将仅宣告不同的度量优先级。
- 如果度量优先级相等，那么宣告的度量值最低的路由器为转发路由器。也就是说，如果这些路由器运行了相同的单播路由协议，那么在度量值上最接近多播源的路由器将成为转发路由器。
- 如果度量优先级和度量值均相等，那么网络中 IP 地址最大的路由器就是转发路由器。

转发路由器负责继续将多播流量转发到多路接入网络中，其他路由器则停止转发该多播组的流量，并从各自的出站接口列表中删除该多路接入接口。

例如，图 8-3 中的多播源开始向多播组 239.70.49.238 发送数据包时，Copper 和 Mercury 都将收到该数据包拷贝，并且都会将数据包转发到子网 172.16.3.0/24 上（见图 8-4(a)）。Copper 在以太网接口上收到 Mercury 发送的（172.16.1.1, 239.70.49.238）的多播包后，会发现以太网接口位于该（S,G）的出站接口列表中，因而向该子网发送一条 Assert 消息。Mercury 在同一个接口上收到来自 Copper 的多播包时，也会执行相同的操作（见图 8-4(b)）。

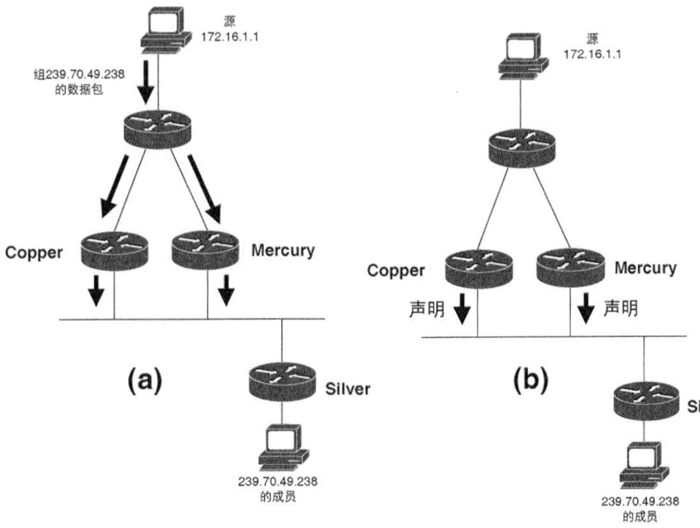

图 8-4　Copper 和 Mercury 在下游多路接入接口上检测到（172.16.1.1, 239.70.49.238）的多播包时，会发送 Assert 消息以确定该多播组的转发路由器

例 8-11 显示了 Silver 的单播路由表和多播转发表。单播路由表显示了去往多播源 172.16.1.1 的等价 OSPF 路径是经 Copper（172.16.3.2）或经 Mercury（172.16.3.1）。由于这两条路由都是 OSPF 路由，因而管理距离均为 110。而且由于这两条路由的 OSPF 开销均为 74，因而 IP 地址最大的路由器将成为转发路由器。

例 8-11　Silver 的单播路由表显示了两个去往多播源 172.16.1.1 的下一跳路由器，多播路由表显示 IP 地址最大的路由器被选举为转发路由器

```
Silver#show ip route
Codes: C - connected, S - static, I - IGRP, R - RIP, M - mobile, B - BGP
       D - EIGRP, EX - EIGRP external, O - OSPF, IA - OSPF inter area
       N1 - OSPF NSSA external type 1, N2 - OSPF NSSA external type 2
       E1 - OSPF external type 1, E2 - OSPF external type 2, E - EGP
       i - IS-IS, L1 - IS-IS level-1, L2 - IS-IS level-2, * - candidate default
       U - per-user static route, o - ODR
```

（待续）

```
       T - traffic engineered route
Gateway of last resort is not set
     172.16.0.0/16 is variably subnetted, 8 subnets, 2 masks
O       172.16.2.252/30 [110/138] via 172.16.3.1, 00:02:16, Ethernet1
                        [110/138] via 172.16.3.2, 00:02:16, Ethernet1
O       172.16.2.248/30 [110/74] via 172.16.3.1, 00:02:16, Ethernet1
O       172.16.2.244/30 [110/74] via 172.16.3.2, 00:02:16, Ethernet1
                        [110/74] via 172.16.3.1, 00:02:16, Ethernet1
O       172.16.2.240/30 [110/138] via 172.16.3.1, 00:02:16, Ethernet1
O       172.16.2.236/30 [110/74] via 172.16.3.1, 00:02:16, Ethernet1
C       172.16.5.0/24 is directly connected, Ethernet0
O       172.16.1.0/24 [110/84] via 172.16.3.1, 00:02:16, Ethernet1
                      [110/84] via 172.16.3.2, 00:02:16, Ethernet1
C       172.16.3.0/24 is directly connected, Ethernet1
Silver#
Silver#show ip mroute 172.16.1.1 239.70.49.238
IP Multicast Routing Table
Flags: D - Dense, S - Sparse, C - Connected, L - Local, P - Pruned
       R - RP-bit set, F - Register flag, T - SPT-bit set, J - Join SPT
Timers: Uptime/Expires
Interface state: Interface, Next-Hop or VCD, State/Mode

 (172.16.1.1, 239.70.49.238), 00:02:02/00:02:59, flags: CT
  Incoming interface: Ethernet1, RPF nbr 172.16.3.2
  Outgoing interface list:
    Ethernet0, Forward/Dense, 00:01:50/00:00:00

Silver#
```

8.3 PIM-SM 操作

第 7 章已经讨论了为什么共享树在稀疏分布的多播网络中的扩展性更好，也知道了为什么共享树可以应用于密集分布的多播网络。这些讨论可能会给大家留下一个印象，那就是共享多播树总是优于有源树，但事实并非如此。

图 8-5 给出了一种有源树可能会优于共享树的应用场景。该拓扑结构中的多播源与目的端之间的的距离比各自到聚合点路由器（即共享树的根部）的距离要近得多，因而直接在多播源和目的端之间建立有源树更好（如果只能降低相关开销的话）。

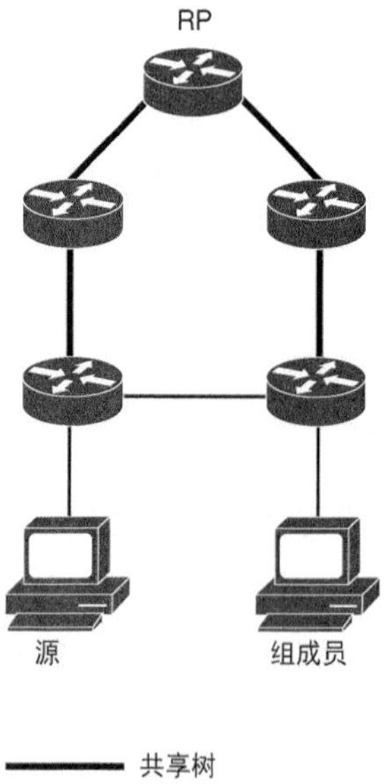

图 8-5　本网络中的有源树可能优于共享树

PIM-SM 同时支持共享树和有源树，这也是当前大多数现代网络广泛使用该协议的一个重要原因。

有关 PIM-SM 的详细描述请参见 RFC 4601。

8.3.1 PIM-SM 基础

PIM-SM 使用以下 7 种 PIMv2 消息：

- Hello；
- Bootstrap（引导）；
- Candidate-RP-Advertisement（候选 RP 宣告）；
- Join/Prune（加入/剪除）；
- Assert（声明）；
- Register（注册）；
- Register-Stop（注册终止）。

其中的 Hello、Join/Prune 和 Assert 三条消息在 PIM-DM 中也有，其余 4 条则是 PIM-SM 的特有消息（就像 Graft 和 Graft-Ack 是 PIM-DM 的特有消息一样）。

PIM-SM 与 PIM-DM 拥有以下共同功能：

- 通过交换 Hello 消息来发现邻居；
- 单播路由表发生变化后需要重新计算 RPF 接口；
- 在多路接入网络中选举指派路由器；
- 在多路接入网络中使用剪除覆盖机制；
- 在多路接入网络中利用 Assert 消息选举指派转发路由器。

上述功能已经在前面的 PIM-DM 中介绍过了，此处不再赘述。

与 PIM-DM 不同，PIM-SM 采用的是显式加入机制，因而能够更有效地创建共享多播树和有源多播树。

8.3.2 发现 RP

如第 7 章所述，共享树的根部是多播网络中的某台路由器，而不是多播源。CBT 将该路由器称为核心路由器，而 PIM-SM 则将该路由器称为 RP（Rendezvous Point，聚合点）。建立共享树之前，加入的路由器必须知道如何发现 RP。路由器可以通过以下三种方式来获知 RP 的单播 IPv4 地址：

- 可以在所有路由器上静态配置 RP 的地址；
- 可以利用开放的标准 Bootstrap（引导）协议指定和宣告 RP；
- 可以利用 Cisco 专有的 Auto-RP 协议指定和宣告 RP。请注意，Auto-RP 仅支持 IPv4 多播，不支持 IPv6 多播。

配置了单播 IPv6 地址的 RP 拥有其他更为智能的 RP 地址发现机制——嵌入式 RP（Embedded RP）。由于 IPv6 组地址非常庞大，因而可以将 RP 地址压缩并内嵌到 IPv6 组地址中。这样一来，在不需要任何额外配置或额外协议的情况下，任何知道组地址的设备都能发现 RP。

对于静态路由来说，在所有路由器上静态配置 RP 地址的好处是可以对网络进行精确控制，但代价是管理开销较大。静态 RP 配置方式通常仅适用于小型多播网络。

1. Bootstrap 协议

定义在 RFC 5059 中的 Bootstrap 协议基于 CBT 用于宣告核心路由器的协议，只是在消息名和格式方面做了少量调整。如果要运行 Bootstrap 协议，就必须在网络中指派 C-BSR（Candidate BootStrap Router，候选引导路由器）和 C-RP（Candidate Rendezvous Point，候选聚合点）。通常将同一组路由器同时配置为 C-BSR 和 C-RP，利用 IPv4 或 IPv6 地址（通常配置为环回接口的地址）来区分 C-BSR 和 C-RP。

首先要从 C-BSR 中选出 BSR（BootStrap Router，引导路由器）。每台 C-BSR 都会分配一个 0～255 之间的优先级（默认值为 0）和一个 BSR IP 地址。路由器被配置为 C-BSR 后，会启动一个 130 秒钟的引导定时器并侦听 Bootstrap 消息。

Bootstrap 消息的作用是宣告发信路由器的优先级和 BSR IP 地址。C-BSR 收到 Bootstrap 消息后，会将自己的优先级与发信路由器的优先级进行对比。如果发信路由器的优先级较高，则收信路由器会重置自己的引导定时器并继续侦听；如果收信路由器的优先级较高，则将自己宣称为 BSR 并开始每隔 60 秒发送一条 Bootstrap 消息；如果两者的优先级相同，则 BSR IP 地址较高的路由器成为 BSR。

C-BSR 的 130 秒引导定时器到期后，该路由器将认定网络中无 BSR，从而将自己宣称为 BSR，并开始每隔 60 秒发送一条 Bootstrap 消息。

Bootstrap 消息使用 IPv4 All-PIM-Router 目的地址 224.0.0.13 或 IPv6 All_PIM_Router 目的地址 FF02::D，且 TTL 为 1。PIM 路由器收到 Bootstrap 消息后，会通过所有接口（收到该消息的接口除外）向外发送该消息的拷贝。这样不但能够确保在整个多播域中泛洪 Bootstrap 消息，而且还能确保每台 PIM 路由器都可以收到一份消息拷贝并知道哪台路由器是 BSR。

C-RP 都会配置一个 RP IP 地址和一个 0～255 之间的优先级。既可以将路由器配置为特定多播组的 C-RP，也可以配置成所有多播组的 C-RP。通过收到的 Bootstrap 消息知道了 BSR 之后，C-RP 就开始向 BSR 单播发送 Candidate-RP-Advertisement（候选 RP 宣告）消息。这些消息中包含了发信路由器的 RP 地址、组地址（发信路由器是该组的 C-RP）及其优先级。

BSR 将所有 C-RP 的优先级及相关的多播组都编辑成 RP-Set，并通过 Bootstrap 消息在整个 PIM 域中宣告该 RP-Set。此外，Bootstrap 消息中还包括一个 8 比特哈希掩码。由于 Bootstrap 消息使用的是 All_PIM_Router 地址 224.0.0.13 或 FF02::D，因而所有的 PIM 路由器都将收到该 Bootstrap 消息。

路由器收到 IGMP 消息或 PIM Join 消息而必须加入共享树时，就要检查通过 Bootstrap 消息从 BSR 学到的 RP-Set：

- 如果多播组只有一个 C-RP，那么该路由器将被选为 RP；
- 如果多播组拥有多个 C-RP，且优先级不同，那么优先级最低的路由器将成为 RP；
- 如果多播组拥有多个 C-RP，且优先级均相同，那么就需要运行哈希函数，该函数的输入量是组前缀、哈希掩码以及 C-RP 地址，输出量则是某种形式的度量值，函数输出值最大的 C-RP 将成为 RP；
- 如果多个 C-RP 的哈希函数输出值完全相同，那么 IP 地址最大的 C-RP 将成为 RP。

注： 此处的哈希函数如下（如果大家希望了解的话）：
Value(G,M,C) = (1103515245 * ((11035515245 * (G&M) + 12345) XOR C) +12345) mod 231
其中：G=组前缀，M=哈希掩码，C=C-RP 地址

上述处理过程可以确保 PIM 域中的所有路由器都能为相同的多播组选出相同的 RP。需要哈希函数的唯一原因就是要融入哈希掩码，哈希掩码可以将多个连续的组地址映射为同一个 RP。

2. Auto-RP 协议

Cisco IOS Software 从 Release 11.1(6)开始支持 Auto-RP 协议。在 PIM-SM 所用的 Bootstrap 协议出现之前，Cisco 开发了该协议以提供 RP 的自动发现功能，Auto-RP 支持 IPv4 RP，虽然偶尔在某些多播网络中还能看到 Auto-RP，但目前已被废止。

与 Bootstrap 协议类似，Auto-RP 也需要在 PIM-SM 域中指派 C-RP，并通过指派的 IP 地址（通常是环回接口的地址）来标识 C-RP。此外，还需要指定一个或多个 RP 映射代理，RP 映射代理的作用与 BSR 相似。Auto-RP 协议与 Bootstrap 协议之间的主要差别如下：

- Auto-RP 是 Cisco 专有协议，通常不能用于多厂商拓扑结构，但也有部分厂商开始支持 Auto-RP 协议；
- 与 BSR 需要从一组候选 BSR 中选举出来不一样，RP 映射代理是直接指派的；
- RP 映射代理是将多播组映射到 RP，而不是宣告 RP-Set 以及在整个多播域中分发选举进程；
- 与 Bootstrap 协议使用多播地址 224.0.0.13 且能被所有 PIM 路由器理解不一样，Auto-RP 使用的是两个保留的多播地址 224.0.1.39 和 224.0.1.40。

Cisco PIM-SM 路由器被配置为一个或多个多播组的 C-RP 时，会在 RP-Announce（RP 通告）消息中宣告自己是这些多播组的 C-RP。这些消息会以多播方式每隔 60 秒发送到保留的 Cisco-RP-Announce 地址 224.0.1.39。PIM 域中配置的 RP 映射代理将侦听该地址，并从收到的所有 RP-Announce 消息中为该多播组选出一个 RP（该多播组的所有 C-RP 中 IP 地址最大者将成为 RP）。

此后 RP 映射代理将在 RP-Discovery（RP 发现）消息中宣告完整的 group-to-RP（组到 RP）映射列表，并以 60 秒为间隔将这些消息多播到保留的 Cisco-RP-Discovery 地址 224.0.1.40。由于所有 Cisco PIM-SM 路由器都会侦听该地址，因而可以掌握每个多播组的 RP 情况。

这里有一个相对负面的特性，那就是无法利用基于 MSDP 的任播 RP（详见第 9 章）来创建冗余 RP，这是因为 MSDP 仅支持 IPv4。但是由于 RFC 4610 修改了 PIM-SM 的 Register 和 Register-Stop 机制，因而可以在无 MSDP 的情况下使用任播 RP。

3. 内嵌式 RP 地址

如前所述，PIM-SM 网络的一个主要问题就是需要额外的协议来发现 RP 的地址或者采用静态 RP 地址配置方式，这缺乏灵活性和扩展性。IPv6 PIM-SM 网络则采取了更加聪明的解决方案，不需要使用单独的 RP 发现协议（虽然 BSR 也支持 IPv6），而是将 RP 地址内嵌在 IPv6 组地址中。因此，PIM-SM 路由器知道了组地址之后，就同样知道了 RP 地址（当然，路由器必须知道如何找出 RP 地址）。

这一点初看起来似乎有些奇怪，128 比特的多播组地址是如何容纳 128 比特的 RP 地址，同时还能传送多播组的细节信息呢？

答案在于两点。首先，在图 7-7 中曾经说过，IPv6 多播组地址有一个 112 比特组 ID 字段。该字段可以标识数以万亿计的多播组，远远超出实际的封闭式多播网络的需求，甚至也远远超出全部启用多播功能的整个公众 Internet 的需求，因而为何不从这些未用比特中借用一些比特来表示 RP 地址呢？

但是，即便我们可以用 112 比特组 ID 字段中的部分比特来嵌入 RP 地址，也仍然不够 128 个比特。此时解决这个问题的第二个要点就是在 IPv6 中使用地址压缩机制。大家都知道 IPv6 利用双冒号（::）来表示多个 16 比特全 0 数字串，因而可以考虑使用包含一长串数字 0 的 RP 地址，采用压缩地址形式，将它们放到被指派为 RP 地址字段的组 ID 字段的相应比特中。

再回过头来解决这个问题，图 8-6 给出了这个问题的解决方式。具体而言，就是在不违背 IPv6 规则的前提下使用包含很多数字 0 的 IPv6 RP 地址。由于 IPv6 需要 64 比特前缀，因而我们知道需要这么多比特，但多播网络并不需要这么多 RP，16 个 RP 就足以满足所有多播网络的需求。而 16 个 RP 用 4 比特标识符即可表示，通常将该标识符称为 RIID（RP Interface Identifier，RP 接口标识符）。如果这就足以表示任意网络（64 比特前缀）总的任意 RP（RIID），那么我们只需要 70 比特即可。如果 IPv6 多播网络非常大，那么也可以使用多个 64 比特前缀，将剩余的 58 比特设置为全 0，因而需要做的就是将 128 比特地址压缩到 70 比特地址空间内。

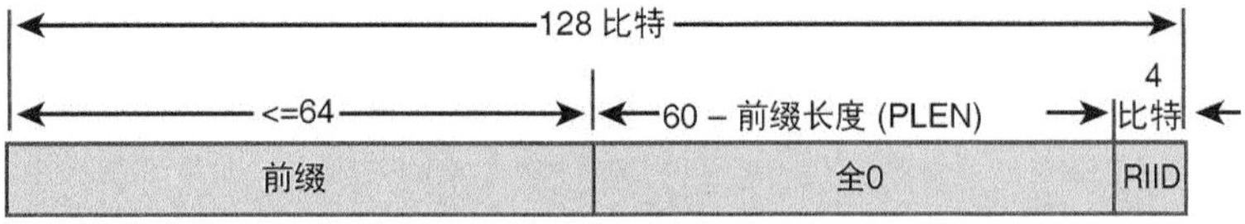

图 8-6 可以将 IPv6 RP 地址设计成包含大量数字 0 的地址，从而可以压缩该地址以嵌入到多播组地址中

图 8-7 显示了图 8-6 将 RP 地址格式填充到 IPv6 多播组地址中的方式。关键在于将 IPv6 多播地址格式中的组 ID 字段从 112 比特缩减到 32 比特——此时的组 ID 空间仍然与整个 IPv4 地址空间一样大，从而留出了 80 比特空间。在这 80 比特当中，64 比特用作 RP 网络前缀，8 比特用来指定 PLEN（Prefix Length，前缀长度）（如果前缀小于 64 比特），4 比特用作 RIID，还有 4 比特暂未使用，作为预留比特。

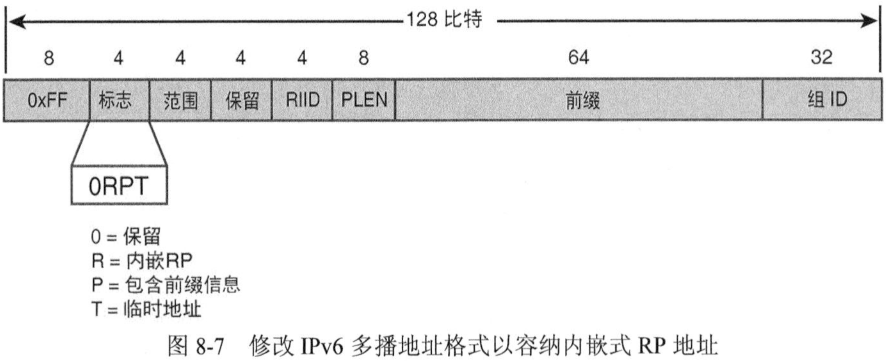

图 8-7 修改 IPv6 多播地址格式以容纳内嵌式 RP 地址

图 8-7 所示地址格式中最显著的特点就是标记字段的设置情况，对于本例来说：

- R=1（内嵌 RP）；
- P=1（包含前缀信息）；

- T=1（临时地址）。

如果多播组地址中有一个内嵌式 RP 地址，那么标记字段就是二进制 0111 或十六进制 0x7。因此，携带内嵌式 RP 地址的 IPv6 组地址以前缀 ff:7x::/12 开头，其中的值 x 则由范围比特确定。

例如，对于图 8-8 设计的 RP 地址 2001:db8:4e:f5::2 来说，前缀为 64 比特（可以更短，但不能更长），而且 RIID（::2）不长于 4 比特。

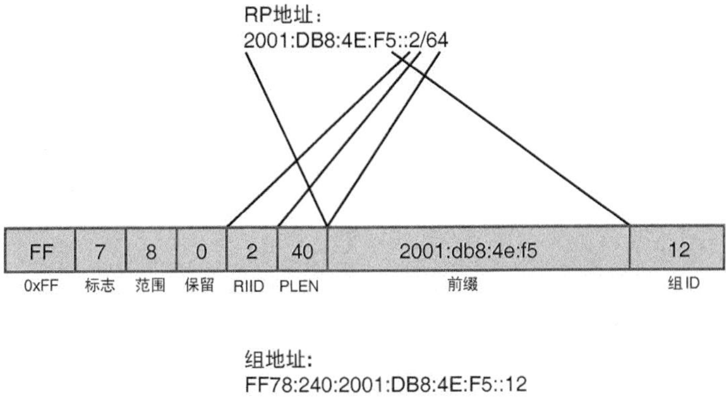

图 8-8 将 IPv6 RP 地址压缩并内嵌到 IPv6 组地址中

RIID 被写入组地址的 RIID 字段，PLEN 被设置为 64（0x40），RP 前缀 2001:db8:4e:f5:: 被写入前缀字段。标记字段被设置为 0x7（见图 8-7），并且本例给出的组地址设置了组织机构范围字段（0x8），使用的组 ID 为 0x12。

最后形成的 IPv6 多播组地址为 ff78:240:2001:db8:4e:f5::12。最开始的 ff7::表明该多播地址携带了一个内嵌式 RP 地址。

大家可能会对组地址中最重要的字段 RIID（RP 地址的最后部分）感到生疏。提取 RP 地址时，顺序非常重要。由于组地址的读取方式是从左到右，因而首先取出的是 RIID，接着取出的是 PLEN。这样就知道了正确的前缀长度。添加了正确数量的 0 之后就是前缀，因而组地址的读取方式是从左到右，而提取信息以构造内嵌式 RP 地址的顺序则是从右到左。

内嵌式 RP 地址有一些吸引人的特性。对于绝大多数人来说，最吸引人的就是不仅不需要运行额外协议以发现 RP 地址，而且不需要进行任何额外配置或者输入任何特殊命令。只要选择了正确的 RP 和组地址，而且只要路由器软件支持内嵌式 RP 地址（IOS 支持），路由器就可以通过组地址中的标记信息从组地址提取 RP 地址。

注： 虽然 IOS 有一条语句 **ipv6 pim rp embedded**，但是由于 IOS 默认支持内嵌式 RP 地址，因而仅当因某种原因而需要禁用内嵌式 RP 时，才应该使用该语句的 no 形式。

如第 9 章所述，内嵌式 RP 地址对于跨 AS 边界的 RP 发现机制也非常有用，但是截至本书写作之时，还没有足够事实表明其作用程度。

当然，内嵌式 RP 地址也有一些不够理想的特性（如果还不至于称作负面特性的话）。首先，它们只能用于 IPv6 多播网络，这种“嵌入”方式不可能将 IPv4 RP 地址填充到 IPv4 多播地址中。之说以不将该特性称为负面特性的原因是，截至本书写作之时，全球 5 个 RIR 中的 4 个 RIR 的 IPv4 地址已全部耗尽。IPv6 的普及速度越来越快，未来的大规模多播网络几乎可以肯定是基于 IPv6 的多播网络。

8.3.3 PIM-SM与共享树

共享树路由表项与有源树或SPT路由表项之间的主要区别在于共享树路由表项中没有指定多播源——这与共享树中多个多播源共享同一个多播树一致。因而，共享树路由表项是一个（*,G）对，其中的星号为通配符，表示发送给多播组G的任意或全部源地址。

PIM-SM DR收到希望加入多播组的主机发送的IGMP成员关系报告消息之后，会首先检查其多播表中是否存在该多播组的路由表项。如果存在，那么那要将收到该IGMP消息的接口加入路由表项中作为出站接口即可，无需进行任何其他操作。

如果多播表中无相应表项，那么就需要为该多播组创建一个新的（*,G）表项并加入出站接口。此后路由器会在group-to-RP映射列表中查找该多播组（见例8-12），并通过单播路由表查找去往指定RP的路由，将去往RP的上行接口添加到入站（RPF）接口中。

例8-12 **show ip pim rp mapping** 命令显示了路由器的group-to-RP映射列表，可以看出所有多播组均被映射到RP：172.16.224.1

```
Iron#show ip pim rp mapping
PIM Group-to-RP Mappings

Group(s): 224.0.0.0/4, Static
    RP: 172.16.224.1 (?)
Iron#
```

例8-13给出了图8-9中的路由器Iron的某个（*,G）路由表项示例。

例8-13 该(*,G)表项表明共享树上的多播组236.82.134.23的上游邻居是172.16.2.242，通过出接口S1.708可达，且该多播组的RP为172.16.224.1。与该表项相关联的标记字段表示该多播网络为稀疏模式，而且有一个直连成员（连接在接口E0上）

```
Iron#show ip mroute 236.82.134.23
IP Multicast Routing Table
Flags: D - Dense, S - Sparse, C - Connected, L - Local, P - Pruned
       R - RP-bit set, F - Register flag, T - SPT-bit set, J - Join SPT
Timers: Uptime/Expires
Interface state: Interface, Next-Hop or VCD, State/Mode

(*, 236.82.134.23), 00:08:58/00:02:59, RP 172.16.224.1, flags: SC
  Incoming interface: Serial1.708, RPF nbr 172.16.2.242
  Outgoing interface list:
    Ethernet0, Forward/Sparse, 00:08:59/00:02:47

Iron#
```

此后该路由器通过上行出接口向224.0.0.13发送Join/Prune消息（见图8-10）。消息中包含了将要加入的多播组的地址和RP地址，消息中的剪除字段为空。此外，还设置了通配符比特（WC-bit）和RP树比特（RPT-bit）等两个标记。

- WC-bit = 1表示加入地址是RP地址，而不是源地址；
- RPT-bit = 1表示该消息沿共享树传播到RP。

上游路由器收到Join/Prune消息后，可能会出现下列4种情况之一：

- 如果路由器不是RP，但位于共享树上，那么该路由器就会将收到Join/Prune消息的接口添加到多播组的出站接口列表中；

- 如果路由器不是 RP 且不在共享树上，那么路由器就会创建一条（*,G）表项，并沿着 RP 的方向向上游邻居发送自己的 Join/Prune 消息；
- 如果路由器是 RP，且路由表中已经存在该多播组的路由表项，那么该路由器就会将收到 Join/Prune 消息的接口添加到该多播组的出站接口列表中；
- 如果路由器是 RP，但路由表中没有该多播组的路由表项，那么该路由器就会创建一条（*,G）表项，并将收到 Join/Prune 消息的接口添加到该多播组的出站接口列表中。

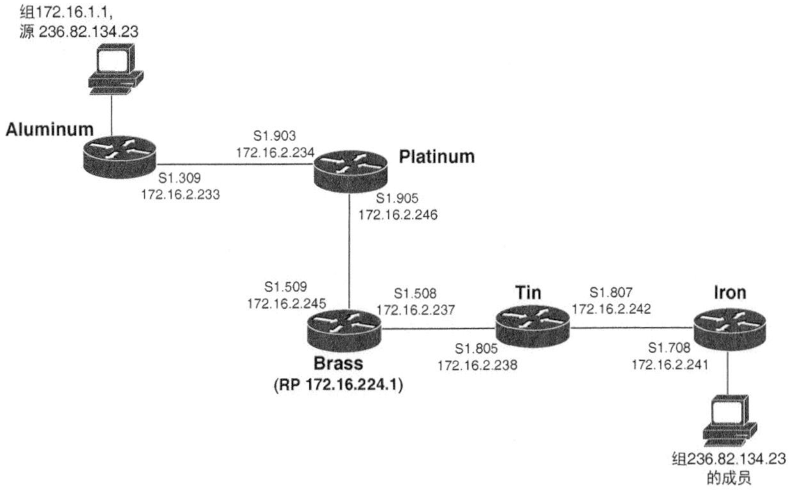

图 8-9 路由器 Brass 是 PIM-SM 域的 RP，RP 地址（172.16.224.1）配置在环回接口上

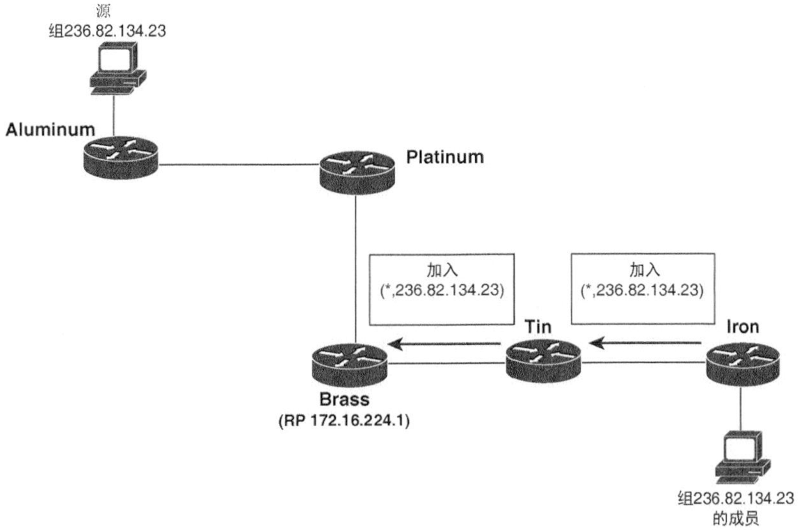

图 8-10 Join/Prune 消息以多播方式逐跳传送到 RP

最后一种情形的含义就是对于从成员到 RP 建立的共享树来说，多播组并不需要一个的多播源。

建立了共享树之后，路由器就开始周期性地向上游邻居发送 Join/Prune 消息，以保持激活状态。Join/Prune 消息列出了目的邻居是前一跳路由器的所有路由表项，默认发送周期为 60 秒，也可以利用 Cisco IOS Software 命令 **ip pim message-interval** 修改该周期。保持时间是 Join/Prune 消息间隔的 3 倍或者默认为 3 分钟，并通过 Join/Prune 消息进行宣告。如果 PIM-SM 路由器在保持时间内都没有从下游邻居收到已知多播组的 Join/Prune 消息，那么就会从该多播组表项的出站接口列表中剪除该下游邻居。例 8-14 给出了图 8-6 中的路由器 Tin 的多播组 236.82.134.23 的路由表项，去往路由器 Iron 的出站接口是 S1.805。如果在 2 分 11 秒之内都没有收到 Iron 发送的 Join/Prune 消息，那么 Tin 就会从出站接口列表中剪除该接口。

例 8-14 图 8-6 中的路由器 Tin 的多播组 236.82.134.23 的路由表项显示了与下游路由器 Iron 相关联的剩余保持时间，由于 Tin 没有直连的组成员，因而该表项未设置 C 标记

```
Tin#show ip mroute 236.82.134.23
IP Multicast Routing Table
Flags: D - Dense, S - Sparse, C - Connected, L - Local, P - Pruned
       R - RP-bit set, F - Register flag, T - SPT-bit set
Timers: Uptime/Expires

(*, 236.82.134.23), 00:09:39/0:02:56, RP 172.16.224.1, flags: S
  Incoming interface: Serial1.805, RPF neighbor 172.16.2.237
  Outgoing interface list:
    Serial1.807, Forward state, Sparse mode, uptime 00:09:39, expires 0:02:11

Tin#
```

剪除过程与上述过程相似。如果路由器希望从共享树中剪除自己（因为该路由器已经无直连的组成员或下游邻居），那么就会从 RPF 接口向上游邻居发送 Join/Prune 消息。组地址和 RP 地址位于 Join/Prune 消息的剪除字段，且设置了 WC-bit 和 RPT-bit。此后上游路由器会从该多播组的出站接口列表中删除收到该消息的接收接口。如果上游路由器也没有下游邻居且未连接组成员，那么也会剪除自己。

注： 如 8.2 节所述，剪除覆盖机制可以确保不会意外删除多路接入网络中的下游邻居。

8.3.4 源注册

前面已经多次提到过，共享树的基本概念就是以核心路由器或聚合点（而不是多播源）为多播树的根部。但随之而来的问题就是多播源如何将多播包分发给 RP，再由 RP 分发给多播树的所有树枝呢？早期出现但目前已被废止的多播路由协议 CBT 利用双向树（即多播包可以从核心路由器向下传送到树枝，也可以从树枝向上传送到核心路由器）来解决这个问题。此时的数据包可以在核心路由器与树枝之间进行双向流动，与源直连的路由器加入去往核心路由器的共享树之后，就可以将多播流量从树枝发送到核心路由器。但双向树的缺点是难以保证无环路拓扑结构，原因在于此时无“上游”和“下游”之分，从而无法执行 RPF 检查。

与 CBT 不同，PIM-SM 使用的是 RPF 检查机制，因而要求多播树必须是单向树，即多播流量只能从 RP 向下传送到树枝。这种单向流量模式可以清晰地定义入站或 RPF 接口。但是如果只能从 RP 向外发送多播流量，那么源端如何将多播流量分发给 RP 呢？

PIM-SM 路由器首次从直连源收到多播包后，会在 group-to-RP 映射表中查找目的组的 RP（见例 8-15）。该步骤与组成员利用 IGMP 消息来表示加入多播组相似。

例 8-15 图 8-11 中的路由器 Aluminum 的 group-to-RP 映射表。与例 8-12 相比，Iron 有一个静态 RP 映射表，而 Aluminum 则通过动态方式学习 RP 地址

```
Aluminum#show ip pim rp mapping
PIM Group-to-RP Mappings

Group(s) 224.0.0.0/4, uptime: 00:02:39, expires: 00:02:17
    RP 172.16.224.1 (?), PIMv2 v1
    Info source: 172.16.2.245 (?)
Aluminum#
```

确定了多播组的 RP 之后，路由器会将多播包封装在 PIM Register（注册）消息中，并将该消息发送给 RP。需要注意的是，Register 消息是以单播方式（而不是多播方式）发送给 RP 地址的（见图 8-11）。

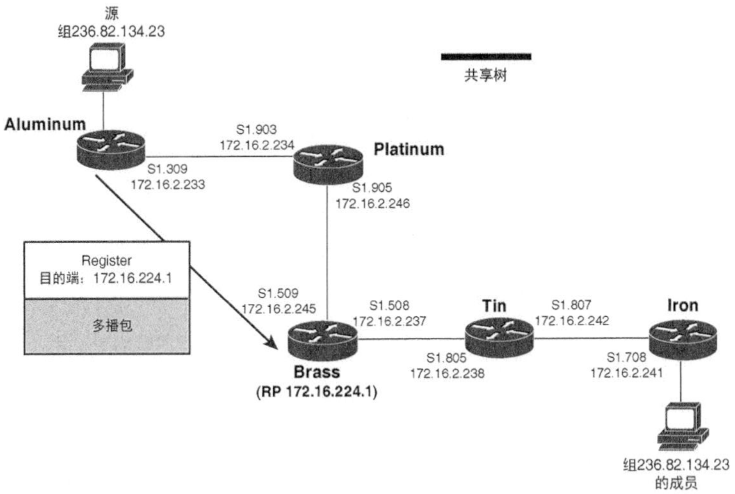

图 8-11 第一个多播包封装在 PIM Register 消息中并以单播方式发送给 RP

RP 收到 Register 消息之后，就会解封装该多播包。如果多播路由表中已存在该多播组的路由表项，那么就在出站接口列表中的所有接口上转发该多播包拷贝（见图 8-12）。

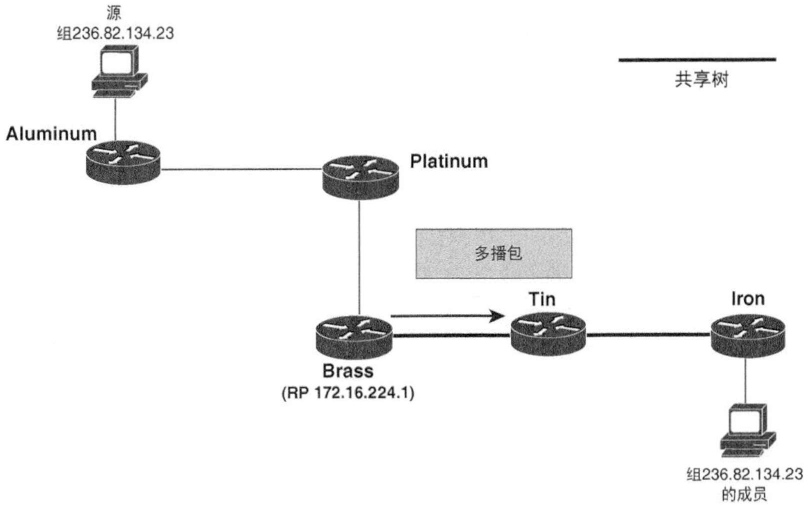

图 8-12 从 Register 消息解封装多播包并通过出站接口列表中的所有接口向外转发该多播包拷贝

如果需要将大量多播包传送给 RP，那么继续将多播包封装到 Register 消息中再发送给 RP 就会导致效率低下。因而 RP 在多播表中创建了一条（S,G）表项，并通过多播方式发送 Join/Prune 消息来建立一棵去往源的 DR 的 SPT（见图 8-13）。Join/Prune 消息包含了多播源地址，且 WC-bit=0，RPT-bit=0，表示该路径是有源 SPT，而不是共享 RPT。

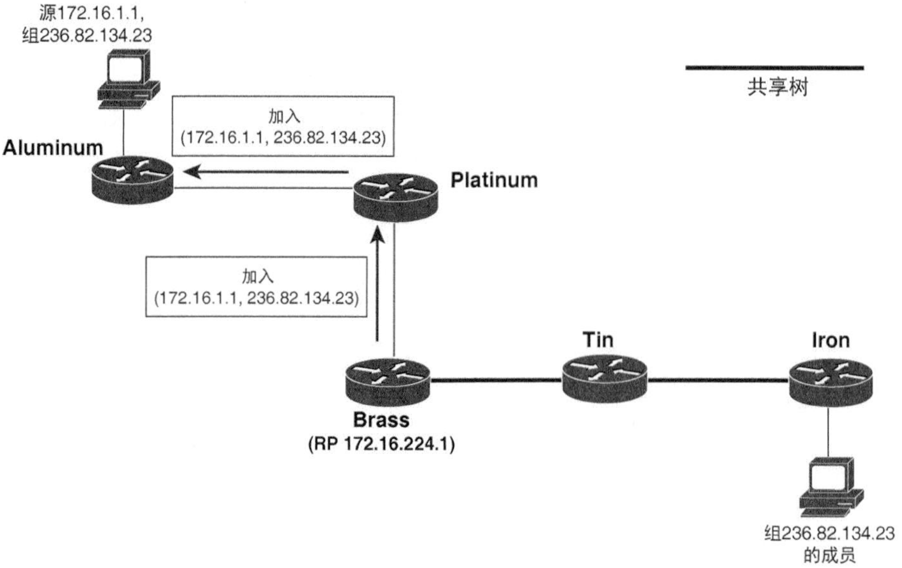

图 8-13 RP 创建了一棵去往源的 DR 的有源最短路径树

建立了 SPT 且 RP 通过该多播树收到多播流量之后，RP 就向多播源的 DR 发送 Register Stop（注册终止）消息，以告诉 DR 停止在 Register 消息中发送多播包（见图 8-14）。

如果多播源开始向 RP 发送多播流量时没有组成员，那么 RP 就不会构造 SPT，而是向该多播源的 DR 发送 Register Stop 消息，让其停止在 Register 消息中发送封装后的多播包。由于 RP 拥有该多播组的（*,G）表项，因而组成员加入之后，RP 就可以启动 SPT。

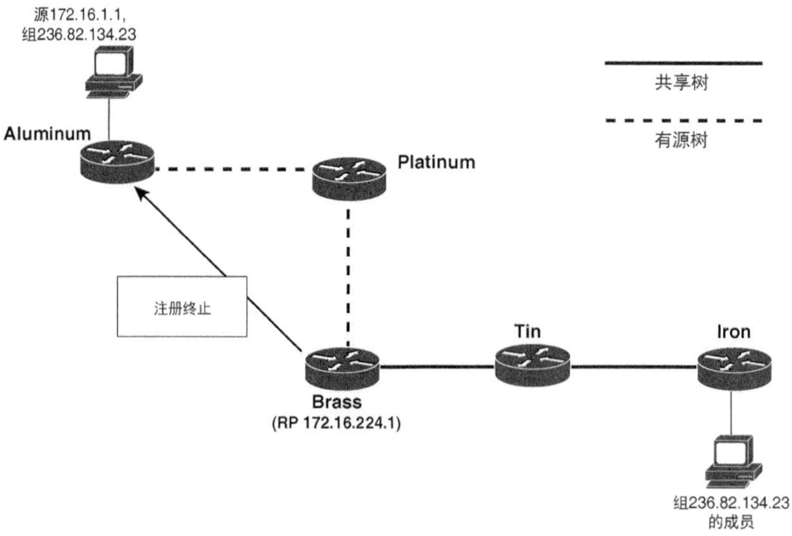

图 8-14 RP 发送 Register Stop 消息来终止 Register 消息，
此时就开始通过 SPT 将源的多播包发送给 RP

注册抑制（Register Suppression）机制可以阻止 DR 持续不断地向失效 RP 发送数据包。DR 收到 Register Stop 消息之后，会启动一个 60 秒注册抑制定时器。定时器到期后，路由器会再次通过 Register 消息发送多播包，但是在这之前的 5 秒钟，DR 会发送一条携带 Null-Register（空注册）比特标记的 Register 消息。如果该消息触发了来自 RP 的 Register Stop 消息，那么就会重置该注册抑制定时器。

例 8-16 中的调试消息显示了路由器 Aluminum 开始向多播组 236.82.134.23 发送多播流量的事件顺序。对于本例来说，由于目前还没有组成员加入该多播组，因而 RP（Brass）会立即向 Aluminum 发送 Register Stop 消息以作为 Register 消息的响应消息。

例 8-16　由于 RP 没有多播组 236.82.134.23 的成员，因而立即向 Aluminum（172.16.2.233）发送 Register Stop 消息以作为 Register 消息的响应消息，请注意这两条消息都是以单播方式（而不是多播方式）进行传送

```
Brass#debug ip pim 236.82.134.23
PIM debugging is on
Brass#
PIM: Received Register on Serial1.509 from 172.16.2.233 for 172.16.1.1, group
  236.82.134.23
PIM: Send Register-Stop to 172.16.2.233 for 172.16.1.1, group 236.82.134.23
```

例 8-17 显示了该多播组的路由表项。可以看出该多播组同时拥有（*,G）和（S,G）表项。（*,G）表项显示了空入站接口和一个 RPF 邻居 0.0.0.0，表明该路由器是共享树的根部。（S,G）表项显示了去往多播源的上游邻居 Platinum（172.16.2.246）是 RPF 邻居，由于出站接口列表中无任何接口，因而该表项被剪除。

例 8-17　RP 上多播组 236.82.134.23 的路由表项，此时无任何成员加入该多播组

```
Brass#show ip mroute 236.82.134.23
IP Multicast Routing Table
Flags: D - Dense, S - Sparse, C - Connected, L - Local, P - Pruned
       R - RP-bit set, F - Register flag, T - SPT-bit set, J - Join SPT
Timers: Uptime/Expires
Interface state: Interface, Next-Hop or VCD, State/Mode

(*, 236.82.134.23), 00:07:38/00:02:59, RP 172.16.224.1, flags: S
  Incoming interface: Null, RPF nbr 0.0.0.0
  Outgoing interface list:
    Serial1.509, Forward/Sparse, 00:03:06/00:02:50

(172.16.1.1, 236.82.134.23), 00:07:38/00:01:21, flags: P
  Incoming interface: Serial1.509, RPF nbr 172.16.2.246
  Outgoing interface list: Null

Brass#
```

例 8-18 显示了 Aluminum（多播源的 DR）上该多播组的路由表项，其中也存在（*,G）表项。出站接口列表显示以太网接口连接到多播源，且入站接口列表为空。（S,G）表项显示入站接口列表中也有相同的以太网接口。这两条表项拥有两个相同的标记：第一个标记（C）表示该多播源是直连源，第二个标记（F）表示该路由器必须为多播组流量发送 Register 消息。

例 8-18　从多播源的 DR 上的路由表项可以看到已剪除的 SPT 表项

```
Aluminum#show ip mroute 236.82.134.23
IP Multicast Routing Table
Flags: D - Dense, S - Sparse, C - Connected, L - Local, P - Pruned
```

（待续）

```
       R - RP-bit set, F - Register flag, T - SPT-bit set, J - Join SPT
Timers: Uptime/Expires
Interface state: Interface, Next-Hop, State/Mode

(*, 236.82.134.23), 00:15:30/00:02:59, RP 172.16.224.1, flags: SJCF
  Incoming interface: Null, RPF nbr 0.0.0.0
  Outgoing interface list:
    Ethernet0/0, Forward/Sparse, 00:15:23/00:02:28

(172.16.1.1/32, 236.82.134.23), 00:00:29/00:02:30, flags: PCFT
  Incoming interface: Ethernet0/0, RPF nbr 0.0.0.0
  Outgoing interface list: Null

Aluminum#
```

（S,G）表项中的标记 T 表示该表项为 SPT，标记 P 表示出站接口列表中无接口。如果有 RPF 邻居，那么路由器就会向该邻居发送该多播组的 Prune 消息。

（*,G）表项中需要关注的标记就是 J，表示路由器在共享树上收到多播包之后，就会切换到 SPT。有关 PIM-SM 路由器从共享树切换到 SPT 的方式将在下一节进行讨论。

例 8-19 给出的调试消息显示了连接在路由器 Iron 上的主机加入多播组之后发生的事件顺序。可以看出 RP 从 Tin 收到了 Join/Prune 消息（该消息由 Iron 生成并逐跳发送给 RP），然后将去往 Tin 的接口添加到（*,G）表项中。由于将要使用去往 Aluminum 的 SPT，因而也同时将该接口添加到（S,G）表项中。接下来，向 Aluminum 发送 SPT Join 消息。

例 8-19　调试消息表明连接在路由器 Iron 上的组成员正在加入多播组 236.82.134.23

```
Brass#debug ip pim 236.82.134.23
PIM debugging is on
Brass#
PIM: Received v2 Join/Prune on Serial1.508 from 172.16.2.238, to us
PIM: Join-list: (*, 236.82.134.23) RP 172.16.224.1, RPT-bit set, WC-bit set, S-bit
  set
PIM: Add Serial1.508/172.16.2.241 to (*, 236.82.134.23), Forward state
PIM: Add Serial1.508/172.16.2.241 to (172.16.1.1/32, 236.82.134.23)
PIM: Building Join/Prune message for 236.82.134.23
PIM: For 172.16.2.246, Join-list: 172.16.1.1/32
PIM: Send periodic Join/Prune to 172.16.2.246 (Serial1.509)
```

例 8-20 显示了 RP 的路由表项，例 8-21 显示了多播源的 DR 的路由表项。

例 8-20　组成员加入后，会将接口添加到(*,G)表项中，由于要使用去往 Aluminum 的 SPT，因而也同时将该接口添加到(S,G)表项中

```
Brass#show ip mroute 236.82.134.23
IP Multicast Routing Table
Flags: D - Dense, S - Sparse, C - Connected, L - Local, P - Pruned
       R - RP-bit set, F - Register flag, T - SPT-bit set, J - Join SPT
Timers: Uptime/Expires
Interface state: Interface, Next-Hop or VCD, State/Mode

(*, 236.82.134.23), 00:29:58/00:03:05, RP 172.16.224.1, flags: S
  Incoming interface: Null, RPF nbr 0.0.0.0
  Outgoing interface list:
    Serial1.509, Forward/Sparse, 00:29:58/00:02:52
    Serial1.508, Forward/Sparse, 00:24:36/00:03:05

(172.16.1.1, 236.82.134.23), 00:24:54/00:02:59, flags: T
  Incoming interface: Serial1.503, RPF nbr 172.16.2.246
  Outgoing interface list:
    Serial1.508, Forward/Sparse, 00:24:36/00:02:35

Brass#
```

例 8-21 去往 RP 的接口已添加到 Aluminum 的(S,G)表项的出站接口列表中，该表项不再处于剪除状态

```
Aluminum#show ip mroute 236.82.134.23
IP Multicast Routing Table
Flags: D - Dense, S - Sparse, C - Connected, L - Local, P - Pruned
       R - RP-bit set, F - Register flag, T - SPT-bit set, J - Join SPT
Timers: Uptime/Expires
Interface state: Interface, Next-Hop, State/Mode

(*, 236.82.134.23), 00:00:47/00:02:59, RP 172.16.224.1, flags: SJCF
  Incoming interface: Serial0/1.309, RPF nbr 172.16.2.245
  Outgoing interface list:
    Ethernet0/0, Forward/Sparse, 00:00:01/00:02:58

(172.16.1.1/32, 236.82.134.23), 00:00:47/00:02:59, flags: CFT
  Incoming interface: Ethernet0/0, RPF nbr 0.0.0.0
  Outgoing interface list:
    Serial0/1.309, Forward/Sparse, 00:00:34/00:02:58

Aluminum#
```

8.3.5 PIM-SM 与最短路径树

图 8-15 中的路由器 Lead 已加入 PIM-SM 域且连接了一个组成员。根据基本的共享树规则，Lead 将加入根部为 Brass 的共享树。但是从该图可以明显看出，去往 Aluminum 的直连链路是多播包从多播源到 Lead 的组成员的更有效路径。

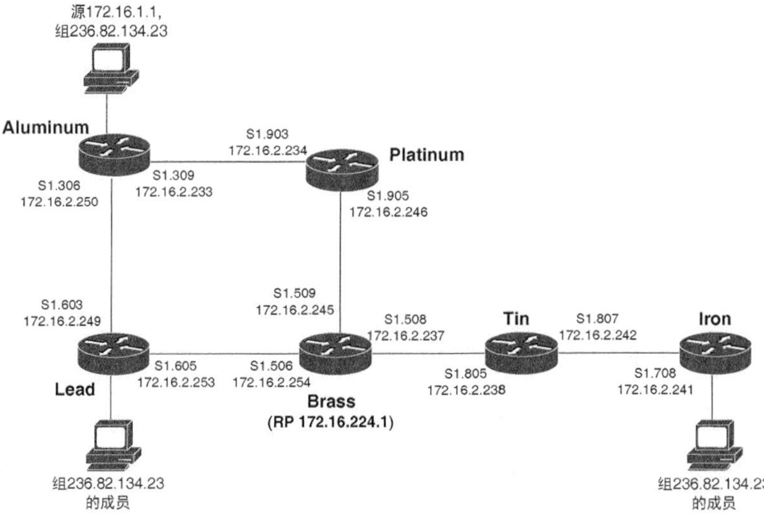

图 8-15 Lead 与 Aluminum 之间的直连链路是多播包去往 Lead 所连组成员的更优路由（与 Aluminum-Platinum-Brass-Lead 路径相比）

前面已经解释了 PIM-SM 在 RP 和源 DR 之间建立 SPT 的方式，而且该协议也允许在任何连接了组成员的路由器到源 DR 之间建立 SPT 以解决拓扑结构的低效问题（见图 8-15 中的情形）。

例 8-22 显示了路由器 Lead 在组成员通过 IGMP 请求加入多播组之后的 SPT 构造情况。首先，Lead 向 RP 发送 Join 消息（通过出接口 S1.605）。多播包首次到达后，Lead 就可以查看多播源的 IP 地址。查找单播路由表之后发现需要通过与去往 RP 的接口不同的接口（S1.603）到达多播源 IP 地址。然后 Lead 向 Aluminum 发送 Join 消息，并直接在两台路由器之间建立

SPT。等到 Lead 通过 SPT 接收（172.16.1.1, 236.82.134.23）的多播流量之后，就会向 RP 发送 Prune 消息，从而将自己从共享树中剪除出去。

例 8-22 Lead 加入共享 RPT，但开始接收多播流量之后就加入了直接从源到 DR 的 SPT，并将自己从 RPT 中剪除出去

```
Lead#debug ip pim 236.82.134.23
PIM debugging is on
Lead#
PIM: Check RP 172.16.224.1 into the (*, 236.82.134.23) entry
PIM: Send v2 Join on Serial1.605 to 172.16.2.254 for (172.16.224.1/32,
  236.82.134.23), WC-bit, RPT-bit, S-bit
PIM: Building batch join message for 236.82.134.23
PIM: Send Join on Serial1.603 to 172.16.2.250 for (172.16.1.1/32, 236.82.134.23),
  S-bit
PIM: Send v2 Prune on Serial1.605 to 172.16.2.254 for (172.16.1.1/32,
  236.82.134.23), RPT-bit, S-bit
Lead#
```

例 8-23 显示了路由器 Lead 关于多播组 236.82.134.23 的多播路由表项。仍然存在共享树的（*,G）表项，而且只要路由器 Lead 连接了组成员或者有该多播组的下游邻居，那么该（*,G）表项就会一直存在。但需要注意的是，(S,G)表项显示了不同的入站接口和不同的 RPF 邻居。

例 8-23 Lead 关于组 236.82.134.23 的多播路由表项表明该路由器已经从 RPT 切换到了 SPT

```
Lead#show ip mroute 236.82.134.23
IP Multicast Routing Table
Flags: D - Dense, S - Sparse, C - Connected, L - Local, P - Pruned
       R - RP-bit set, F - Register flag, T - SPT-bit set, J - Join SPT
Timers: Uptime/Expires
Interface state: Interface, Next-Hop or VCD, State/Mode

(*, 236.82.134.23), 00:26:26/00:02:58, RP 172.16.224.1, flags: SJC
  Incoming interface: Serial1.605, RPF nbr 172.16.2.254
  Outgoing interface list:
    Ethernet0, Forward/Sparse, 00:26:26/00:02:12

(172.16.1.1, 236.82.134.23), 00:26:26/00:02:36, flags: CJT
  Incoming interface: Serial1.603, RPF nbr 172.16.2.250
  Outgoing interface list:
    Ethernet0, Forward/Sparse, 00:26:26/00:02:12

Lead#
```

例 8-24 显示了 Aluminum 的路由表项信息，例 8-25 显示了 Brass 的路由表项信息。可以看出 Aluminum 正通过 SPT 树将多播流量转发给 Lead 和 Brass，从 Brass 的路由表项信息可以看出，由于 RP 未向 Lead 转发多播流量，因而去往 Lead 的接口不在（S,G）表项的出站接口列表中。

例 8-24 Aluminum 关于组 236.82.134.23 的多播路由表项，显示了去往 Lead 和 Brass 的 SPT

```
Aluminum#show ip mroute 236.82.134.23
IP Multicast Routing Table
Flags: D - Dense, S - Sparse, C - Connected, L - Local, P - Pruned
       R - RP-bit set, F - Register flag, T - SPT-bit set, J - Join SPT
Timers: Uptime/Expires
Interface state: Interface, Next-Hop, State/Mode

(*, 236.82.134.23), 00:08:17/00:02:59, RP 172.16.224.1, flags: SJCF
  Incoming interface: Serial0/1.309, RPF nbr 172.16.2.234
```

（待续）

```
  Outgoing interface list:
    Ethernet0/0, Forward/Sparse, 00:07:33/00:02:30

(172.16.1.1/32, 236.82.134.23), 00:08:17/00:02:59, flags: CFT
  Incoming interface: Ethernet0/0, RPF nbr 0.0.0.0
  Outgoing interface list:
    Serial0/1.309, Forward/Sparse, 00:08:07/00:02:48
    Serial0/1.306, Forward/Sparse, 00:06:55/00:02:59

Aluminum#
```

例 8-25 Brass 关于组 236.82.134.23 的多播路由表项。虽然去往 Lead 的接口（S1.506）仍位于(*,G)表项的出站接口列表中，但不在(S,G)表项的出站接口列表中

```
Brass#show ip mroute 236.82.134.23
IP Multicast Routing Table
Flags: D - Dense, S - Sparse, C - Connected, L - Local, P - Pruned
       R - RP-bit set, F - Register flag, T - SPT-bit set, J - Join SPT
Timers: Uptime/Expires
Interface state: Interface, Next-Hop or VCD, State/Mode

(*, 236.82.134.23), 00:13:13/00:03:20, RP 172.16.224.1, flags: S
  Incoming interface: Null, RPF nbr 0.0.0.0
  Outgoing interface list:
    Serial1.508, Forward/Sparse, 00:13:04/00:03:20
    Serial1.509, Forward/Sparse, 00:12:30/00:02:18
    Serial1.506, Forward/Sparse, 00:11:52/00:02:33

(172.16.1.1, 236.82.134.23), 00:13:14/00:02:59, flags: T
  Incoming interface: Serial1.509, RPF nbr 172.16.2.246
  Outgoing interface list:
    Serial1.508, Forward/Sparse, 00:13:05/00:02:49

Brass#
```

根据 RFC 7761 的规定，路由器应该在“数据速率很高时”从 RPT 切换到 SPT。那么何谓高数据速率呢？这个问题并没有确定的答案，因为这个问题与路由上的累计可用带宽、拥塞情况以及路由器的性能等多种因素相关，因而需要网络管理员根据本网特征做出决策。

Cisco 采用的是一种简单的默认机制，即 Cisco 路由器首次从共享树上收到给定（S,G）的多播包之后就会立即加入 SPT。利用命令 **ip pim spt-threshold** 可以更改这种默认机制。其中，切换到 SPT 的速率阈值以 Kbit/s 为单位（默认值为 0Kbit/s），路由器按秒来测量多播包的到达速率。如果任意多播组或特定多播组的多播包的到达速率超出了阈值，那么路由器就会切换到 SPT。切换到 SPT 之后，路由器就开始监控有源树上的到达速率。如果多播组的速率低于已配置阈值超过 60 秒钟，那么路由器就会重新切换回该多播组的共享树。

如果要阻止路由器切换到 SPT，那么就可以在命令 **ip pim spt-threshold** 中使用关键字 **infinity**。

有意思的是，即使去往多播源的最短路径经由 RP，路由器也会切换到 SPT。前面示例中的路由器 Iron 留在 RPT 上，原因是在 Iron 的配置中加入了语句 **ip pim spt-threshold infinity**。例 8-26 给出了 Iron 关于多播组 236.82.134.23 的路由表项信息。此后从 Iron 的配置中删除命令 **ip pim spt-threshold infinity** 并重新观察该路由，可以看出将 SPT 阈值重置为默认值之后，路由器将立即切换到 SPT。由于去往路由器 Iron 的接口已经位于（S,G）表项的出站接口列表中，因而 RP 中的路由表项与例 8-25 保持一致。

例 8-26 Iron关于多播组236.82.134.23的路由表项以及SPT切换阈值被重置为默认值前后的情况

```
Iron#show ip mroute 236.82.134.23
IP Multicast Routing Table
Flags: D - Dense, S - Sparse, C - Connected, L - Local, P - Pruned
       R - RP-bit set, F - Register flag, T - SPT-bit set, J - Join SPT
Timers: Uptime/Expires
Interface state: Interface, Next-Hop or VCD, State/Mode
(*, 236.82.134.23), 00:00:57/00:02:59, RP 172.16.224.1, flags: SC
  Incoming interface: Serial1.708, RPF nbr 172.16.2.242
  Outgoing interface list:
    Ethernet0, Forward/Sparse, 00:00:57/00:02:02

Iron#conf t
Enter configuration commands, one per line. End with CNTL/Z.
Iron(config)#no ip pim spt-threshold infinity
Iron(config)#^Z
Iron#
2d01h: %SYS-5-CONFIG_I: Configured from console by console

Iron#show ip mroute 236.82.134.23
IP Multicast Routing Table
Flags: D - Dense, S - Sparse, C - Connected, L - Local, P - Pruned
       R - RP-bit set, F - Register flag, T - SPT-bit set, J - Join SPT
Timers: Uptime/Expires
Interface state: Interface, Next-Hop or VCD, State/Mode

(*, 236.82.134.23), 00:01:23/00:02:59, RP 172.16.224.1, flags: SJC
  Incoming interface: Serial1.708, RPF nbr 172.16.2.242
  Outgoing interface list:
    Ethernet0, Forward/Sparse, 00:01:23/00:02:34

(172.16.1.1, 236.82.134.23), 00:00:11/00:02:59, flags: CJT
  Incoming interface: Serial1.708, RPF nbr 172.16.2.242
  Outgoing interface list:
    Ethernet0, Forward/Sparse, 00:00:12/00:02:47

Iron#
```

从例 8-26 和前面的示意图可以看出，标记“J”与（*,G）表项或（S,G）表项或两者相关联，该标记是 Join SPT（加入 SPT）标记。如果标记 J 与（*,G）相关联，那么就表示沿共享树向下传送的多播流量超出了 SPT 阈值。如果还没有加入 SPT，那么就在下一次收到多播时加入 SPT。如果标记 J 与（S,G）相关联，那么就表示该路由器已经加入 SPT（因为 RPT 流量已经超出了 SPT 阈值）。

表 8-1 列出了与多播路由相关联的所有标记，该列表直接引自 Cisco IOS Software Command Reference（Cisco IOS 软件命令参考指南）。

表 8-1 多播路由标记

标记	描述
D-Dense	表项运行在密集模式下
S-Spase	表项运行在稀疏模式下
C-Connected	直连接口上有多播组的成员
L-Local	路由器自身也是多播组的成员
P-Pruned	路由已被剪除
R-RP-bit set	表示（S,G）表项指向 RP，这是特定多播源沿共享树的典型剪除状态
F-Register flag	表示软件正为多播源进行注册

续表

标记	描述
T-SPT-bit set	表示已经在最短路径树上收到了多播包
J-Join SPT	对于(*,G)表项来说，表示沿共享树向下传送的多播流量速率已经超出了多播组设置的 SPT-Threshold（SPT 阈值，默认值为 0Kbps）。如果设置了 J-Join SPT 标记，那么在收到沿共享树向下传送的下一个(S,G)包之后，就会触发一条去往多播源的(S,G)加入消息，从而将路由器添加到有源树中。 对于(S,G)表项来说，表示该表项已创建（因为已经超出了多播组设置的 SPT-Threshold）。如果为(S,G)表项设置了 J-Join SPT 标记，那么路由器将监控有源树上的流量速率，如果有源树上的流量速率低于多播组预设的 SPT-Threshold 超过 1 分钟，那么路由器就会切换回该多播组的共享树。

8.3.6 PIMv2 消息格式

PIMv2 消息封装在 IP 包中，协议号为 103。除了以单播方式传送 PIMv2 消息之外，IP 目的地址都是保留的多播地址 224.0.0.13 且 TTL 为 1。利用该多播地址和 TTL 可以确保仅将这些消息转发给邻居路由器。

PIMv2 是截至本书写作之时的当前版本。虽然某些场合仍有可能在使用 PIMv1。但目前已被废止。PIMv1 使用的 IP 协议号是 2，属于 IGMP 协议的一个子集，PIMv1 使用的多播地址是 224.0.0.2。

Cisco IOS 从 11.3(2)T 开始支持 PIMv2，并提供了与 PIMv1 的后向兼容性。只要在接口上检测到 PIMv1 邻居，就会自动切换到 PIMv1。此外，还可以通过命令 **ip pim version** 以手工方式将指定接口设置为 PIMv1 或 PIMv2。

限于篇幅，本书仅讨论 PIMv2 的消息格式。有关 PIMv1 的消息格式请参考相关的 Internet 草案。

大家可能已经注意到，有些类型的消息都包含引用编码地址的字段标签。有关编码格式及这些字段的详细信息，请参考 RFC 7761 的第 4.9 节。

以下消息中的所有保留字段均被设置为全 0，并在接收时予以忽略。

1. PIMv2 消息报头格式

所有的 PIM 消息都有一个标准的报头（见图 8-16）。

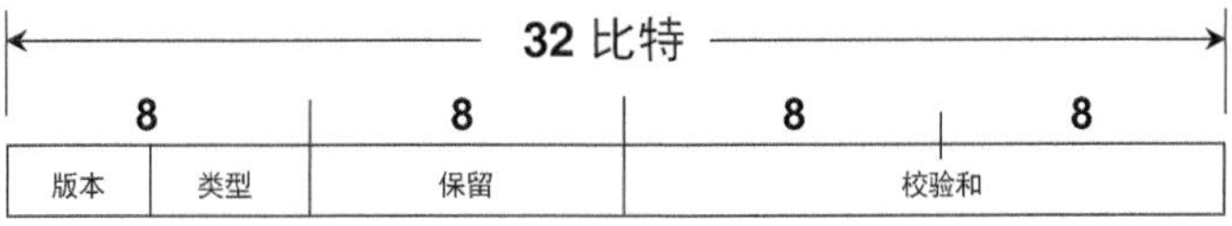

图 8-16 PIMv2 消息报头格式

PIMv2 消息报头的字段定义如下。

- **版本（Version）**：指定版本号，虽然 PIMv1 目前仍在一定范围内使用，但目前的版本号是 2。
- **类型（Type）**：指定封装在报头后面的 PIM 消息类型，表 8-2 列出了 PIMv2 消息类型。
- **校验和（Checksum）**：是一个标准的 IP 校验和，长 16 比特，是 PIM 消息（Register 消息中的数据部分除外）的反码的反码。

表 8-2 PIMv2 消息类型

类型	消息
0	Hello
1	Register（注册）（仅用于 PIM-SM）
2	Register Stop（注册终止）（仅用于 PIM-SM）
3	Join/Prune（加入/剪除）
4	Bootstrap（引导）（仅用于 PIM-SM）
5	Assert（声明）
6	Graft（嫁接）（仅用于 PIM-DM）
7	Graft-ACK（嫁接确认）（仅用于 PIM-SM）
8	Candidate-RP-Advertisement（候选 RP 宣告）（仅用于 PIM-SM）

2. PIMv2 Hello 消息格式

PIMv2 的 Hello 消息用于邻居发现和邻居保持激活，其消息格式如图 8-17 所示。默认每 30 秒钟发送一次 Hello 消息，也可以利用命令 **ip pim query-interval** 修改该间隔时间。

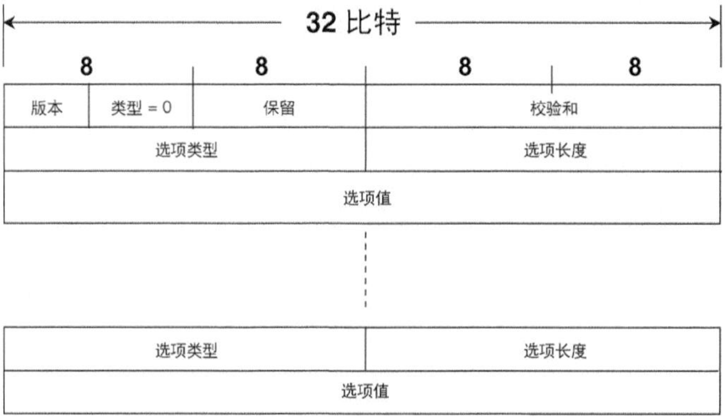

图 8-17 PIMv2 Hello 消息格式

PIMv2 Hello 消息的字段定义如下。

- **选项类型（Option Type）：** 指定选项值字段中的选项类型，目前已经定义了如下选项类型。
  - 选项类型 1：保持时间。
  - 选项类型 2：LAN 剪除延时。
  - 选项类型 19：DR 优先级。
  - 选项类型 20：生成 ID。
  - 选项类型 24：地址列表。
- **选项长度（Option Length）：** 指定选项值字段的长度（以字节为单位），如果选项值为保持时间（选项类型=1），那么选项长度为 2。
- **选项值（Option Vlaue）：** 是一个可变长字段，携带选项类型字段指定的各种类型的值。保持时间（选项类型=1，选项长度=2）是路由器在宣称邻居路由器无效之前等待从 PIM 邻居收到 Hello 消息的时间，保持时间是 Hello 间隔的 3.5 倍。

从 Hello 消息的格式可以看出，单条 Hello 消息可以携带多个选项 TLV（类型/长度/值）。

3. PIMv2 Register（注册）消息格式

Register 消息仅用于 PIM-SM，其消息格式如图 8-18 所示。Register 消息以单播方式从多播源的 DR 传送到 RP，并携带来自多播源的初始多播包。也就是说，在多播源的 DR 到 RP 的 SPT 尚未建立的时候，由 Register 消息负责以隧道方式将多播流量从多播源传送到 RP。

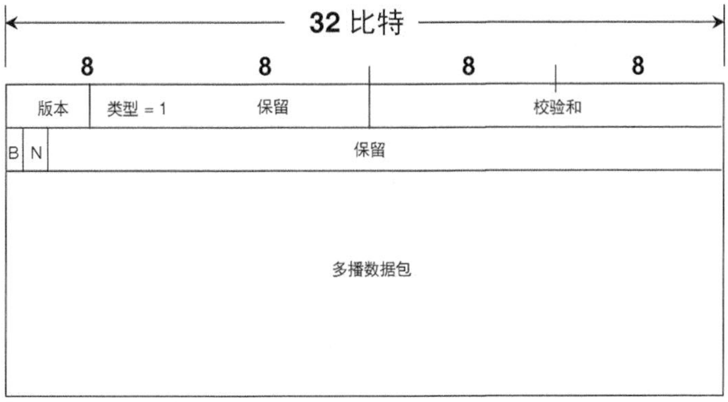

图 8-18 PIMv2 Register（注册）消息格式

PIMv2 Register 消息中的字段定义如下。

- **校验和（Checksum）**：Register 消息中的校验和仅计算消息报头，不包含数据部分。
- **B**：即边界（Border）比特。如果发信路由器是直连多播源的 DR，那么该比特为 0。如果多播源是 PMBR（PIM Multicast Border Router，PIM 多播边界路由器），那么该比特为 1。有关 PMBR 及其他域间多播问题将在第 9 章进行讨论。
- **N**：即空注册（Null-Register）比特。在本地注册抑制定时器到期之前探测 RP 的 DR 会将该比特设置为 1。
- **多播数据包（Multicast Data Packet）**：指的是在 Register 消息中以隧道方式从多播源传送给 RP 的数据包。

4. PIMv2 Register Stop（注册终止）消息格式

Register Stop 消息由 RP 发送给发起 Register 消息的 DR，其消息格式如图 8-19 所示。该消息用于以下两种情形：

- RP 正通过 SPT 接收多播源发出的多播包，不再需要接收封装在 Register 消息中的多播包；
- RP 没有需要转发多播包的组成员（直连或通过 SPT/RPT 连接的组成员）。

PIMv2 Register Stop 消息的字段定义如下。

- **编码的组地址**（Encoded Group Address）：是多播组 IP 地址，接收方应该停止向该地址发送 Register 消息。
- **编码的单播源地址**（Encoded Unicast Source Address）：是多播源的 IP 地址。将该字段的地址设置为全 0，即可为（*,G）表项指定所有多播源。

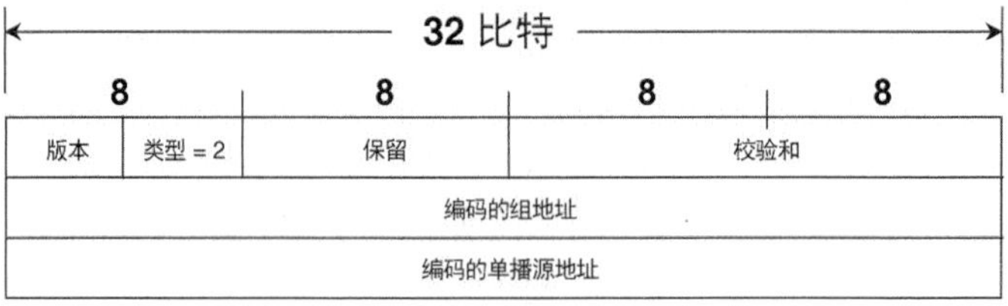

图 8-19 PIMv2 Register Stop（注册终止）消息格式

5. PIMv2 Join/Prune（加入/剪除）消息格式

Join/Prune 消息沿上游方向发送给 RP 或多播源，用于加入和剪除 RPT 或 SPT，其消息格式如图 8-20 所示。Join/Prune 消息包含一个或多个多播组列表，每个多播地址都有一个或多个源地址列表，这些列表合起来就可以指定将要加入或剪除的（S,G）和（*,G）表项。

图 8-20 PIMv2 Join/Prune（加入/剪除）消息格式

PIMv2 Join/Prune 消息中的字段定义如下。

- **编码的单播上游邻居地址（Encoded Unicast Upstream Neighbor Address）**：是 RPF 的地址或该消息所要发往的上游邻居的地址。
- **多播组数量（Number of Groups）**：指定消息中包含的多播组数量。
- **编码的多播组地址（Encoded Multicast Group Address）**：指定多播组的 IP 地址。
- **加入的多播源数量（Number of Joined Sources）**：指定该多播组地址下列出的编码后的将要加入多播源地址数量。

- **剪除的多播源数量（Number of Pruned Sources）：** 指定该多播组地址下列出的编码后的将要剪除的多播源地址数量。
- **编码的将要加入的多播源地址（Encoded Joined Source Address）：** 指定（S,G）的源地址或（*,G）的通配符，也可以在该字段中指定三元组（*,*,RP）中的两个通配符（详见第 9 章）。除源地址之外，该字段中还包含了以下三个标记。
  - **S：** 即稀疏比特。对 PIM-SM 来说该比特为 1，用来与版本 1 保持兼容性。
  - **W：** 即通配符（WC）比特。如果 W 比特为 1，那么编码后的将要加入的多播源地址字段为（*,G）和（*,*,RP）表项中的通配符。如果 W 比特为 0，那么编码后的将要加入的多播源地址字段为(S,G)表项中的源地址。如果向 RP 发送加入消息，那么就必须将 W 比特设为 1。
  - **R：** 即 RPT 比特。如果 R 比特为 1，那么就表示向 RP 发送加入消息。如果 R 比特为 0，那么就表示向多播源发送加入消息。
- **编码的将要剪除的多播源地址（Encoded Pruned Source Address）：** 指定将要剪除的多播源的地址。编码方式与编码后的将要加入的多播源地址字段一致，而且也使用 S、W、R 比特。

6. PIMv2 Bootstrap（引导）消息格式

Bootstrap 消息由 BSR（Bootstrap Router，引导路由器）每隔 60 秒钟发送一次并泛洪到整个 PIM-SM 域，以确保所有的路由器都能为相同的多播组确定相同的 RP。图 8-21 显示了 Bootstrap 消息的格式。可以看出该消息包含了一个或多个多播组地址列表。对于每个多播组地址来说，都有一个 C-RP（Candidate RP，候选 RP）及其优先级的列表，该地址列表就是多播组的 RP-Set。接收路由器会使用一种通用算法从 C-RP 列表中确定多播组的 RP，该算法可以确保 PIM 域中的所有路由器都能得出相同的 RP 地址。此外，Bootstrap 消息还被用于选举 BSR（详见“Bootstrap 协议”一节）。

PIMv2 Bootstrap 消息中的字段定义如下。

- **分段标签（Fragment Tag）：** 如果 Bootstrap 消息长度超出了最大包尺寸而必须分割成多个片段，那么就需要使用该字段。分段标签是一个随机生成的数值，分配给同一条消息的所有片段，即每条 Bootstrap 消息的所有片段的分段标签字段值均相同。
- **哈希掩码长度（Hash Mask Length）：** 描述哈希算法中使用的掩码，利用命令 **ip pim bsr-candidate** 可以设置掩码长度。
- **BSR 优先级（BSR Priority）：** 取值范围为 0～255，用于指定发信 C-BSR 的优先级，优先级最高的 C-BSR 将成为 BSR。利用命令 **ip pim bsr-candidate** 可以设置该优先级。
- **编码的单播 BSR 地址（Encoded Unicast BSR Address）：** 是多播域的 BSR 的 IP 地址。
- **编码的多播组地址（Encoded Group Address）：** 是多播组的 IP 地址。
- **RP 数量（RP Count）：** 指定特定多播组的 C-RP 数量，即 RP-Set 的大小。考虑到 Bootstrap 消息可能会被分段，如果某个片段出现丢失，那么整个 PIM 域确定的 RP 就可能会出现不一致，因而描述 RP-Set 的大小非常重要。如果收到的 RP-Set 中的 RP 数量与本字段中的 RP 数量不一致，那么就丢弃整个 RP-Set。
- **分段 RP 数量（Fragment RP Count）：** 指定多播组分段中包含的 C-RP 数量。

- **编码的单播 RP 地址（Encoded Unicast RP Address）：** 是 C-RP 的 IP 地址。
- **RP 保持时间（RP Holdtime）：** 从 RP-Set 中删除 C-RP 之前，BSR 应该等待该字段所指定的时间来接收 Candidate-RP-Advertisement（候选 RP 宣告）消息。
- **RP 优先级（RP Priority）：** 取值范围为 0～255，用于 RP 选举算法，0 表示优先级最高。

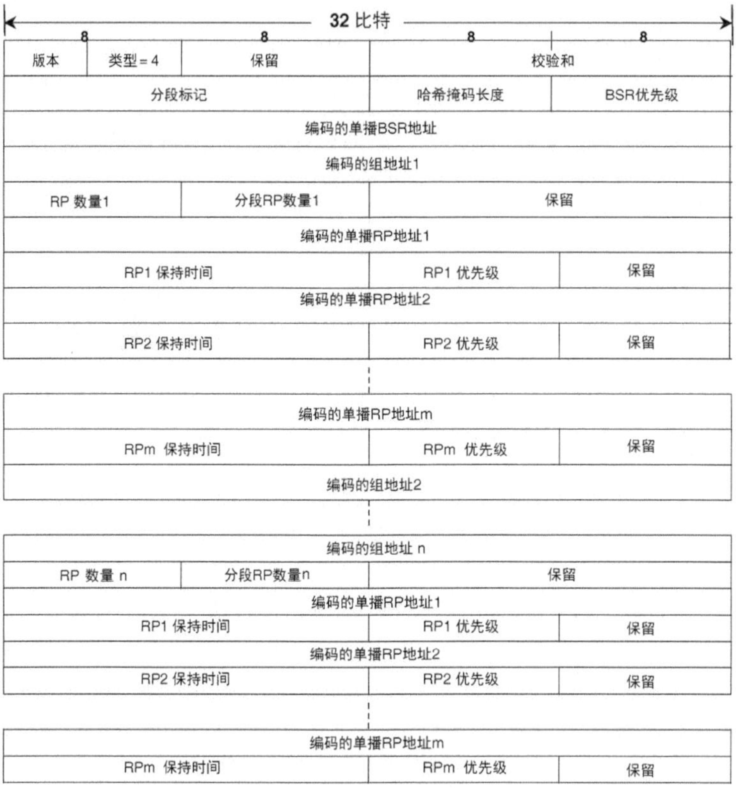

图 8-21 PIMv2 Bootstrap（引导）消息格式

7. PIMv2 Assert（声明）消息格式

PIMv2 Assert 消息的作用是为多路接入网络选举指派转发路由器，其消息格式如图 8-22 所示。如果 PIM 路由器在接口上收到多播包（该接口位于该多播包所属多播组的出站接口列表中），那么就认为连接在该数据链路上的其他路由器正在转发该多播组的流量。因而 PIM 路由器会发送一条 Assert 消息，以便让共享该多路接入网络的其他路由器能确定由谁负责转发该多播组的数据包。

图 8-22 PIMv2 Assert（声明）消息格式

PIMv2 Assert 消息中的字段定义如下。

- **编码的多播组地址（Encoded Group Address）：**是触发 Assert 消息的数据包的多播 IP 目的地址。
- **编码的单播源地址（Encoded Unicast Source Address）：**是触发 Assert 消息的多播包的 IP 源地址。
- **度量优先级（Metric Preference）：**是分配给单播路由协议（提供去往多播源的路由）的优先值。该优先值的使用方式与管理距离相似，为来自不同路由协议的路由进行比较提供统一的尺度。
- **度量值（Metric）：**是与发信路由器单播路由表中去往多播源的路由相关联的度量值。

8. PIMv2 Graft（嫁接）消息格式

PIM-DM 路由器通过向上游邻居发送 PIMv2 Graft 消息来请求重新加入先前被剪除的多播树，其消息格式与图 8-20 所示的 Join/Prune 消息相似，区别在于类型=6。

9. PIMv2 Graft-ACK（嫁接确认）消息格式

PIM-DM 路由器向下游邻居发送 Graft-Ack 消息以响应 Graft 消息，其消息格式与图 8-20 所示的 Join/Prune 消息类似，区别在于类型=7。

10. PIMv2 Candidate-RP-Advertisement（候选 RP 宣告）消息格式

C-RP 以单播方式周期性地向 BSR 发送 Candidate-RP-Advertisement 消息。BSR 利用该消息中的信息构建 RP-Set，反过来又通过 Bootstrap 消息将 RP-Set 宣告给域中的所有 PIM-SM 路由器。图 8-23 给出了 Candidate-RP-Advertisement 消息的格式信息。

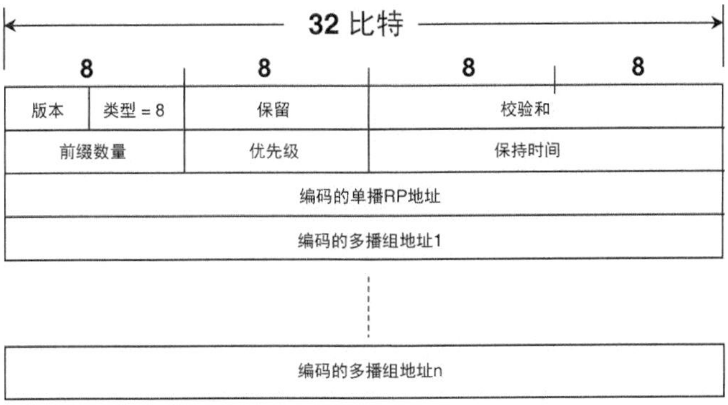

图 8-23 PIMv2 Candidate-RP-Advertisement（候选 RP 宣告）消息格式

PIMv2 Candidate-RP-Advertisement 消息中的字段定义如下。

- **前缀数量（Prefix Count）：**指定消息中包含的多播组地址数量。如果发信路由器是该多播域中全部多播组的 C-RP，那么该字段为 0。
- **优先级（Priority）：**取值范围为 0～255，用于指定发信 C-RP 的优先级。该优先级用于选举 RP 的算法之中。实际的优先级与优先级数值大小正好相反，即 0 代表最高优先级，255 代表最低优先级。
- **保持时间（Holdtime）：**指定消息的有效时间。
- **编码的单播 RP 地址（Encoded Unicast RP Address）：**是 C-RP 地址。该地址是路由器某个接口的 IP 地址，通常使用环回接口的地址。

- **编码的多播组地址（Encoded Group Address）**：指定一个或多个发信路由器是 C-RP 的多播组地址。

8.4 IP 多播路由的配置

配置 IP 多播路由协议之前，必须将路由器设置为通用且协议中立的多播路由选择方式。

注：虽然术语协议无关（protocol-independent）比协议中立（protocol-neutral）更好，但是在 PIM 中可能会引起混淆。

例 8-27 的配置文件中包含了一些可能用到的命令，其中只有 **ip multicast-routing** 是必需的命令。与默认命令（因而被隐藏了）**ip routing** 的作用是启用单播路由类似，这个命令的作用也是启用 IP 多播路由功能。

例 8-27 **ip multicast-routing** 命令是启用多播路由的必需命令，配置中的其他命令可能会用于某些特殊需求

```
!
hostname Stovepipe
!
ip multicast-routing
!
interface Ethernet0
 ip address 172.17.1.1 255.255.255.0
 ip igmp version 2
!
interface Ethernet1
 ip address 172.17.2.1 255.255.255.0
 ip cgmp
!
interface Serial0
 ip address 172.18.1.254 255.255.255.252
 no ip mroute-cache
!
```

有意思的是，上述配置并没有使用任何命令来启用 IGMP，这是因为在路由器上启用 IP 多播路由之后，就会自动在 LAN 接口上启用 IGMPv2。本例使用的唯一一条 IGMP 命令就是在接口 E0 上配置的 **ip igmp version**，该命令将默认版本值更改为 IGMPv1。表 8-3 列出了在给定接口上更改默认值的所有 IGMP 命令，其他 IGMP 命令则在本章后续内容逐步介绍。

表 8-3 IGMP 接口命令

命令	默认值	描述
ip igmp query-interval seconds	60	路由器在接口上查询组成员的频度
ip igmp query-max-response-time seconds	10	IGMP 查询消息中宣告的最大响应时间，告诉主机在删除多播组之前路由器需要等待的时间。该命令仅用于 IGMPv2
ip igmp query-timeout seconds	查询间隔的 2 倍	路由器在接管查询路由器角色之前需要等待一段时间以接收来自其他路由器的查询消息
ip igmp version {1 | 2}	2	将接口设置为 IGMPv1 或 IGMPv2

例 8-27 中的接口 E1 的配置包含了命令 **ip cgmp**。该命令的作用是向路由器所连接的 Catalyst 交换机发送 CGMP（Cisco Group Management Protocol，Cisco 组管理协议）消息。另一个可选项是命令 **ip cgmp proxy**。如果子网中存在其他不支持 CGMP 的路由器，那么就可以使用该命令。该命令的作用是让路由器在 CGMP 消息中宣告这些非 CGMP 路由器。如果要将 Cisco 路由器配置为 CGMP 代理服务器，那么就必须确保将该路由器选举为 IGMP 查询路由器。

例 8-27 中有意义的另一条命令的是在接口 S0 上应用的 **no ip mroute-cache** 命令。该命令的作用是禁止 IP 多播包的快速交换，作用与 **no ip route-cache** 命令禁止 IP 单播包进行快速交换类似。禁用多播包快速交换的原因与禁用单播包快速交换也相似，如希望实施按数据包在多条并行路径上进行负载分担，而不是按目的端进行负载分担。

8.4.1　案例研究：配置 PIM-DM

在 Cisco 路由器上启用了 IP 多播路由之后，只要增加命令 **ip pim dense-mode** 即可在路由器的所有接口上启用 PIM-DM。图 8-24 给出了一个简单的 PIM-DM 拓扑结构示例，例 8-28 则给出了路由器 Porkpie 的配置信息，其他路由器的配置与 Porkpie 类似。

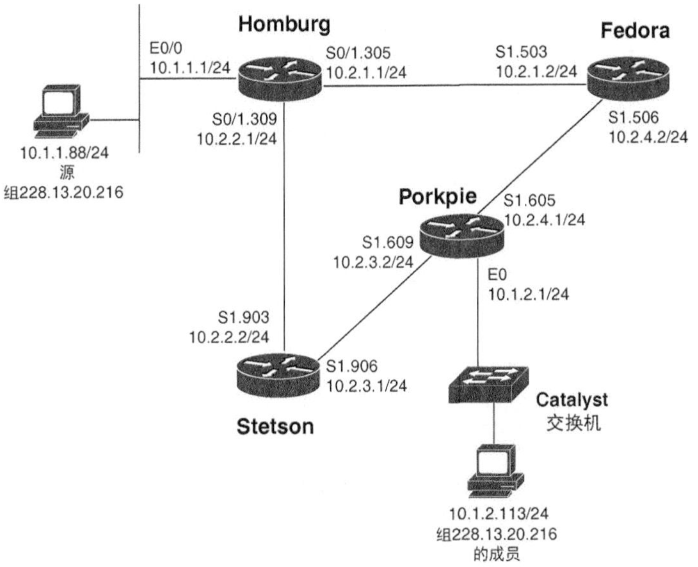

图 8-24　解释 PIM-DM 基本功能的拓扑结构示例

例 8-28　利用命令 **ip pim dense-mode** 在接口上启用 PIM-DM

```
hostname Porkpie
!
ip multicast-routing
!
interface Ethernet0
 ip address 10.1.2.1 255.255.255.0
 ip pim dense-mode
 ip cgmp
!
interface Serial1
 no ip address
 encapsulation frame-relay
```

（待续）

```
 no ip mroute-cache
!
interface Serial1.605 point-to-point
 description PVC to Fedora
 ip address 10.2.4.1 255.255.255.0
 ip pim dense-mode
 no ip mroute-cache
 frame-relay interface-dlci 605
!
interface Serial1.609 point-to-point
 description PVC to Stetson
 ip address 10.2.3.2 255.255.255.0
 ip pim dense-mode
 no ip mroute-cache
 frame-relay interface-dlci 609
!
router ospf 1
 network 10.0.0.0 0.255.255.255 area 0
!
```

从例 8-28 可以看出，配置 PIM-DM 时需要重点考虑两个因素。第一个也是最明显的考虑因素就是必须运行单播路由协议（本例为 OSPF），否则 PIM 将无法确定 RPF（Reverse Path Forwarding，反向路径转发）接口。将例 8-28 的配置信息与图 8-24 的拓扑结构进行对比，可以发现第二个考虑因素，即配置 PIM 时必须在每个接口上都启用该协议，否则就可能会出现 RPF 故障。

例 8-29 显示了路由器 Porkpie 关于多播组 228.13.20.216 的多播路由表项，此时的多播源 10.1.1.88 开始传送多播流量且组成员 10.1.2.113 已加入多播组。为了清楚起见，本例仅显示了第 7 章 PIM-DM 中的（S,G）多播路由表项。实际上，除了（S,G）表项之外还会创建（*,G）表项，只不过（*,G）表项不在 PIM-DM 规范之内，也不用于转发多播包。Cisco IOS Software 创建该表项的目的是充当（S,G）的“父类”数据结构。所有连接了 PIM 邻居的接口以及直连组成员的接口都会被加入到（*,G）表项的出站接口列表中，如果只运行了 PIM-DM，那么该表项的入站接口列表将始终为空。（S,G）表项中的入站和出站接口均来自该列表。

注： 由于案例使用的 IOS 版本不同，因而某些命令（如 **show ip mroute** 和 **show ip route**）在字段格式上有前面的章节存在一定的差异。

例 8-29 Porkpie 关于多播组 228.13.20.216 的多播路由表项

```
Porkpie#show ip mroute 228.13.20.216
IP Multicast Routing Table
Flags: D - Dense, S - Sparse, C - Connected, L - Local, P - Pruned
       R - RP-bit set, F - Register flag, T - SPT-bit set, J - Join SPT
       M - MSDP created entry, X - Proxy Join Timer Running
       A - Advertised via MSDP
Outgoing interface flags: H - Hardware switched
Timers: Uptime/Expires
Interface state: Interface, Next-Hop or VCD, State/Mode

(*, 228.13.20.216), 20:06:06/00:02:59, RP 0.0.0.0, flags: DJC
  Incoming interface: Null, RPF nbr 0.0.0.0
  Outgoing interface list:
    Ethernet0, Forward/Dense, 20:05:25/00:00:00
    Serial1.609, Forward/Dense, 00:03:32/00:00:00
    Serial1.605, Forward/Dense, 00:03:32/00:00:00

(10.1.1.88, 228.13.20.216), 00:03:21/00:02:59, flags: CT
```

（待续）

```
  Incoming interface: Serial1.605, RPF nbr 10.2.4.2
  Outgoing interface list:
    Ethernet0, Forward/Dense, 00:03:21/00:00:00
    Serial1.609, Prune/Dense, 00:03:21/00:00:03

Porkpie#
```

从例 8-29 可以看出，E0、S1.609 和 S1.605 都在（*,G）的出站接口列表中，此后 S1.605 在（S,G）表项作为 RPF 接口，并通过接口 E0 向外转发多播包。虽然 S1.609 也位于出站接口列表中，但目前已被剪除。

如第 7 章所述，PIM（以及其他使用 RPF 检查的多播路由协议）可以仅有一个入站接口。从例 8-30 显示的 Porkpie 单播路由表可以看出，有两条等价路径去往多播源子网 10.1.1.0/24，因而 PIM 选择 IP 地址最大的去往邻居的接口作为 RPF 接口。对于例 8-30 来说，该地址就是接口 S1.605 上的地址 10.2.4.2。从例 8-29 可以看出接口 S1.605 确实位于入站接口列表中。

例 8-30　Porkpie 的单播路由表

```
Porkpie#show ip route
Codes: C - connected, S - static, I - IGRP, R - RIP, M - mobile, B - BGP
       D - EIGRP, EX - EIGRP external, O - OSPF, IA - OSPF inter area
       N1 - OSPF NSSA external type 1, N2 - OSPF NSSA external type 2
       E1 - OSPF external type 1, E2 - OSPF external type 2, E - EGP
       i - IS-IS, L1 - IS-IS level-1, L2 - IS-IS level-2, ia - IS-IS inter area
       * - candidate default, U - per-user static route, o - ODR
       P - periodic downloaded static route

Gateway of last resort is not set

     10.0.0.0/24 is subnetted, 6 subnets
O       10.2.1.0 [110/128] via 10.2.4.2, 00:15:07, Serial1.605
C       10.1.2.0 is directly connected, Ethernet0
O       10.2.2.0 [110/128] via 10.2.3.1, 00:15:07, Serial1.609
O       10.1.1.0 [110/138] via 10.2.4.2, 00:15:07, Serial1.605
                 [110/138] via 10.2.3.1, 00:15:07, Serial1.609
C       10.2.3.0 is directly connected, Serial1.609
C       10.2.4.0 is directly connected, Serial1.605
Porkpie#
```

图 8-25 在网络中增加了一台路由器 Bowler。该路由器连接在以太网交换机上，与路由器 Porkpie 共享同一条多路接入链路。因而第 7 章讨论过的有关 IGMP 查询路由器、PIM 指派路由器以及 PIM 转发路由器的规则都将开始起作用，即：

- IP 地址最小的路由器成为 IGMPv2 查询路由器；
- IP 地址最大的路由器成为 PIM 指派路由器，DR 仅在子网运行 IGMPv1 时才起作用；
- 如果路由器到达多播源的路由的管理距离最小，那么该路由器就成为 PIM 转发路由器；如果管理距离相同，那么如果路由器到达多播源的路由的度量最小，那么该路由器就成为 PIM 转发路由器；如果管理距离和度量均相同，那么 IP 地址最大的路由器将成为 PIM 转发路由器。

从例 8-31 可以看出 IGMPv2 查询路由器以及 PIM 指派路由器的规则已得到应用。Porkpie 的 IP 地址（10.1.2.1）在子网中较小，因而成为 IGMPv2 查询路由器。Bowler（10.2.1.25）的 IP 地址较大，因而成为 PIM 指派路由器。由于 Porkpie 和 Bowler 运行的都是 IGMPv2，因而此时的 DR 没有什么作用。

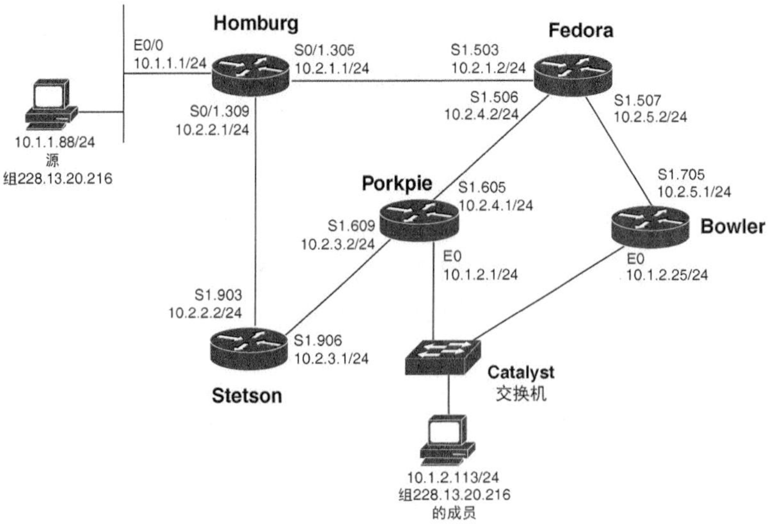

图 8-25 在图 8-24 网络中增加路由器 Bowler。Bowler、Porkpie 以及组成员都通过 Catalyst 交换机连接在同一个多路接入网络中

例 8-31 Porkpie（10.1.2.1）是 IGMPv2 查询路由器，Bowler（10.2.1.25）是 PIM 指派路由器

```
Bowler#show ip igmp interface ethernet 0
Ethernet0 is up, line protocol is up
  Internet address is 10.1.2.25/24
  IGMP is enabled on interface
  Current IGMP version is 2
  CGMP is enabled on interface
  IGMP query interval is 60 seconds
  IGMP querier timeout is 120 seconds
  IGMP max query response time is 10 seconds
  Last member query response interval is 1000 ms
  Inbound IGMP access group is not set
  IGMP activity: 6 joins, 2 leaves
  Multicast routing is enabled on interface
  Multicast TTL threshold is 0
  Multicast designated router (DR) is 10.1.2.25 (this system)
  IGMP querying router is 10.1.2.1
  No multicast groups joined
Bowler#
```

例 8-32 显示了 Porkpie 和 Bowler 去往多播源子网 10.1.1.0/24 的单播路由信息。由于图 8-22 的网络仅运行了 OSPF，因而这两条路由的管理距离均为 110。而且可以看出这两条路由的 OSPF 开销均为 138，因而 IP 地址最大的路由器 Bowler 成为子网 10.1.1.0/24 中（10.1.1.88,228.13.20.216）的 PIM 转发路由器（见例 8-33）。与例 8-29 中 Porkpie 的（S,G）表项相比，可以看出接口 E0 已被剪除，Bowler 的 E0 接口处于转发模式，表示其正将多播流量转发给本子网。

例 8-32 Porkpie 和 Bowler 去往多播源子网 10.1.1.0/24 的单播路由拥有相同的管理距离和度量，因而 IP 地址最大的路由器将成为子网 10.1.1.0/24 的 PIM 转发路由器

```
Porkpie#show ip route 10.1.1.0
Routing entry for 10.1.1.0/24
  Known via "ospf 1", distance 110, metric 138, type intra area
  Redistributing via ospf 1
  Last update from 10.2.3.1 on Serial1.609, 01:01:30 ago
```

（待续）

```
  Routing Descriptor Blocks:
  * 10.2.4.2, from 10.1.1.1, 01:01:30 ago, via Serial1.605
      Route metric is 138, traffic share count is 1
    10.2.3.1, from 10.1.1.1, 01:01:30 ago, via Serial1.609
      Route metric is 138, traffic share count is 1
Porkpie#
```

```
Bowler#show ip route 10.1.1.0
Routing entry for 10.1.1.0/24
  Known via "ospf 1", distance 110, metric 138, type intra area
  Redistributing via ospf 1
  Last update from 10.2.5.2 on Serial1.705, 01:02:22 ago
  Routing Descriptor Blocks:
  * 10.2.5.2, from 10.1.1.1, 01:02:22 ago, via Serial1.705
    Route metric is 138, traffic share count is 1

Bowler#
```

例 8-33 对比(10.1.1.88,228.13.20.216)的多播路由可以看出，Bowler 目前是子网 10.1.1.0/24 上该多播组的转发路由器

```
Porkpie#show ip mroute 228.13.20.216
IP Multicast Routing Table
Flags: D - Dense, S - Sparse, C - Connected, L - Local, P - Pruned
       R - RP-bit set, F - Register flag, T - SPT-bit set, J - Join SPT
       M - MSDP created entry, X - Proxy Join Timer Running
       A - Advertised via MSDP
Outgoing interface flags: H - Hardware switched
Timers: Uptime/Expires
Interface state: Interface, Next-Hop or VCD, State/Mode

(*, 228.13.20.216), 23:51:13/00:02:59, RP 0.0.0.0, flags: DJC
  Incoming interface: Null, RPF nbr 0.0.0.0
  Outgoing interface list:
    Serial1.609, Forward/Dense, 03:48:39/00:00:00
    Serial1.605, Forward/Dense, 03:48:39/00:00:00
    Ethernet0, Forward/Dense, 01:18:18/00:00:00

(10.1.1.88, 228.13.20.216), 00:03:06/00:02:53, flags: PCT
  Incoming interface: Serial1.605, RPF nbr 10.2.4.2
  Outgoing interface list:
    Serial1.609, Prune/Dense, 00:03:06/00:00:18
    Ethernet0, Prune/Dense, 00:03:06/00:02:53

Porkpie#
```

```
Bowler#show ip mroute 228.13.20.216
IP Multicast Routing Table
Flags: D - Dense, S - Sparse, C - Connected, L - Local, P - Pruned
       R - RP-bit set, F - Register flag, T - SPT-bit set, J - Join SPT
       M - MSDP created entry, X - Proxy Join Timer Running
       A - Advertised via MSDP
Outgoing interface flags: H - Hardware switched
Timers: Uptime/Expires
Interface state: Interface, Next-Hop or VCD, State/Mode

(*, 228.13.20.216), 01:47:12/00:02:59, RP 0.0.0.0, flags: DJC
  Incoming interface: Null, RPF nbr 0.0.0.0
  Outgoing interface list:
    Ethernet0, Forward/Dense, 01:26:34/00:00:00
    Serial1.705, Forward/Dense, 01:47:12/00:00:00

(10.1.1.88, 228.13.20.216), 01:27:43/00:02:59, flags: CTA
  Incoming interface: Serial1.705, RPF nbr 10.2.5.2
  Outgoing interface list:
    Ethernet0, Forward/Dense, 01:26:34/00:00:00

Bowler#
```

有趣的是，Porkpie 正在子网上查询组成员，而 Bowler 正在转发多播组 228.13.20.216 的多播包。从第 7 章讨论过的 IGMPv2 规则可以知道，这种情形毫无冲突。Porkpie 向组地址发出的组成员查询消息会让子网中的组成员回应 IGMP 成员关系报告消息，而 Bowler 收到成员关系报告消息之后就开始转发多播流量。如果组成员希望离开多播组，那么就会向 All-Multicast-Routers（全部多播路由器）地址 224.0.0.2 发送 IGMP Leave（离开）消息，Bowler 也会收到该消息（见例 8-34）。

例 8-34　虽然 Porkpie（10.1.2.1）是 IGMP 查询路由器，但 Bowler 仍然从连接的组成员那里收到了 IGMP Leave 消息，作为多播组的转发路由器，Bowler 从出站接口列表中删除了该多播组的接口

```
Bowler#debug ip igmp
IGMP debugging is on
Bowler#
IGMP: Received Leave from 10.1.2.113 (Ethernet0) for 228.13.20.216
IGMP: Received v2 Query from 10.1.2.1 (Ethernet0)
IGMP: Received v2 Query from 10.1.2.1 (Ethernet0)
IGMP: Deleting 228.13.20.216 on Ethernet0
Bowler#
```

从例 8-31 可以看出，命令 **show ip igmp interface** 显示 Bowler 的 E0 接口正使用默认的 60 秒 IGMP 查询间隔和 120 秒 IGMP 查询路由器超时间隔，而且 Porkpie 也使用相同的默认时间。例 8-35 中携带时间戳的调试消息表明这些定时器正处于工作状态。前三条消息显示 Porkpie 每隔 60 秒发送一次 IGMP 查询消息，但此后由于某些原因而停止查询操作。第 4 条和第 5 条消息表明 120 秒钟之后 Bowler 接管了查询路由器的角色，并立即发送了自己的查询消息，随后就以 60 秒钟为间隔周期性地发送查询消息。最后两条消息表明 Porkpie 重新成为查询路由器并再次发送查询消息，这是因为 Porkpie 的 IP 地址较小，因而 Bowler 承认 Porkpie 是查询路由器，因而不再发送查询消息。

例 8-35　利用调试操作显示 IGMP 查询路由器失效以及再次生效所发生的事件信息

```
Bowler#debug ip igmp
IGMP debugging is on
Bowler#
*Mar  5 23:41:36.318: IGMP: Received v2 Query from 10.1.2.1 (Ethernet0)
*Mar  5 23:42:36.370: IGMP: Received v2 Query from 10.1.2.1 (Ethernet0)
*Mar  5 23:43:36.422: IGMP: Received v2 Query from 10.1.2.1 (Ethernet0)
*Mar  5 23:45:36.566: IGMP: Previous querier timed out, v2 querier for Ethernet0 is
  this system
*Mar  5 23:45:36.570: IGMP: Send v2 Query on Ethernet0 to 224.0.0.1
*Mar  5 23:46:05.602: IGMP: Send v2 Query on Ethernet0 to 224.0.0.1
*Mar  5 23:47:05.654: IGMP: Send v2 Query on Ethernet0 to 224.0.0.1
*Mar  5 23:48:05.706: IGMP: Send v2 Query on Ethernet0 to 224.0.0.1
*Mar  5 23:48:36.698: IGMP: Received v2 Query from 10.1.2.1 (Ethernet0)
*Mar  5 23:49:36.742: IGMP: Received v2 Query from 10.1.2.1 (Ethernet0)
Bowler#
```

如第 7 章所述，PIM 默认每隔 30 秒钟向邻居发送一条 Hello 消息，且保持时间是 Hello 间隔的 3.5 倍，如果在保持时间内都没有收到邻居发送的 Hello 消息，那么就宣告邻居失效。在最后的案例中，Bowler 和 Porkpie 最初都处于在线状态，而且 Bowler 正向以太网转发多播组 228.13.30.216 的多播包。例 8-36 显示了 Bowler 失效后发生的事件信息。

例 8-36 由于 Porkpie 在预设的保持时间内都没有收到 Bowler 的 Hello 消息，因而 Porkpie 成为多播组 228.13.30.216 的 PIM 转发路由器

```
Porkpie#debug ip pim 228.13.20.216
PIM debugging is on
Porkpie#
PIM: Neighbor 10.1.2.25 (Ethernet0) timed out
PIM: Changing DR for Ethernet0, from 10.1.2.25 to 10.1.2.1 (this system)
PIM: Building Graft message for 228.13.20.216, Serial1.609: no entries
PIM: Building Graft message for 228.13.20.216, Serial1.605: no entries
PIM: Building Graft message for 228.13.20.216, Ethernet0: no entries
Porkpie#
```

由于 Porkpie 在保持时间内未收到 Bowler 的 Hello 消息，因而知道必须承担 PIM 转发路由器的职责，Porkpie 接管了 DR 的角色并向邻居发送 PIM Graft 消息。将例 8-37 中 Porkpie 关于（10.1.1.88, 228.13.20.216）的表项信息与例 8-33 的顶部信息进行对比，可以知道 Porkpie 正在将多播包转发到以太网上，但是在成为转发路由器之前已剪除了该接口。此外需要注意的是，例 8-37 中的表项已经不再拥有例 8-33 表项中的剪除标志。

例 8-37 Bowler 失效后，Porkpie 负责将多播流量转发到以太网上

```
Porkpie#show ip mroute 228.13.20.216
IP Multicast Routing Table
Flags: D - Dense, S - Sparse, C - Connected, L - Local, P - Pruned
       R - RP-bit set, F - Register flag, T - SPT-bit set, J - Join SPT
       M - MSDP created entry, X - Proxy Join Timer Running
       A - Advertised via MSDP
Outgoing interface flags: H - Hardware switched
Timers: Uptime/Expires
Interface state: Interface, Next-Hop or VCD, State/Mode

(*, 228.13.20.216), 1d01h/00:02:59, RP 0.0.0.0, flags: DJC
  Incoming interface: Null, RPF nbr 0.0.0.0
  Outgoing interface list:
    Serial1.609, Forward/Dense, 05:16:35/00:00:00
    Serial1.605, Forward/Dense, 05:16:35/00:00:00
    Ethernet0, Forward/Dense, 00:06:14/00:00:00

(10.1.1.88, 228.13.20.216), 00:23:10/00:02:59, flags: CT
  Incoming interface: Serial1.605, RPF nbr 10.2.4.2
  Outgoing interface list:
    Serial1.609, Prune/Dense, 00:23:10/00:01:44
    Ethernet0, Forward/Dense, 00:06:14/00:00:00

Porkpie#
```

8.4.2 案例研究：配置 PIM-SM

了解了在接口上启用 PI-DM 的配置方式之后，大家肯定希望了解如何在接口上启用 PIM-SM。很简单，只要使用命令 **ip pim sparse-mode** 即可。PIM-SM 的多数配置都没有什么新意，不需要用单独的案例去讲解，唯一独特（也相对比较有趣）的内容可能就算 RP（Rendezvous Point，聚合点）的配置了。第 7 章曾经说过，既可以静态配置 RP，也可以利用 Cisco 的 Auto-AP 协议或开放标准的 Bootstrap 协议自动发现 RP。下面将通过案例逐一讲解这三种配置方法。

1. 案例研究：静态配置 RP

图 8-26 显示的网络结构与本章前面的案例相同，但此时路由器运行的是 PIM-SM，路由器 Stetson 被选为 RP，网络中的其他路由器均静态配置了该信息。Stetson 的 RP 地址为

10.224.1.1。由于该地址可以出现在所有接口上（通过单播路由协议宣告该地址即可），因而其他路由器都知道如何到达该地址。实际应用中通常使用环回接口，这样做的原因之一是可以更容易地管理 RP 地址，最主要的原因是不会将 RP 地址关联到任何可能会失效的物理接口上。这一点与 IBGP 建议为对等端点使用环回接口相同。

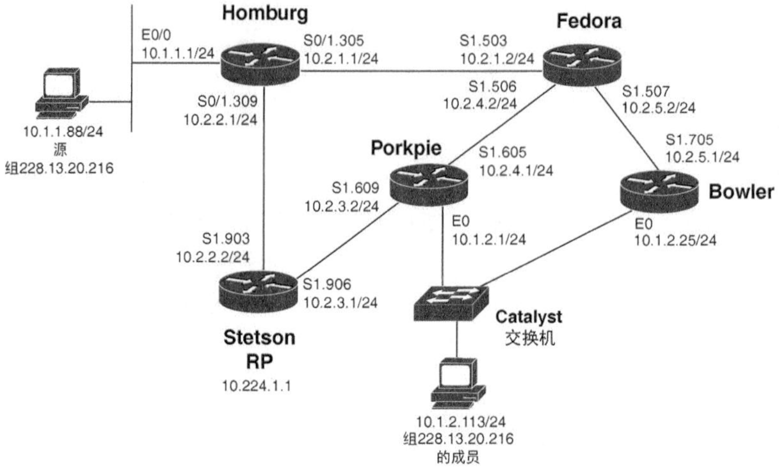

图 8-26　网络运行 PIM-SM，RP 位于 10.224.1.1

例 8-38 给出了 Bowler 的配置信息。可以看出原先配置为密集模式的接口都已配置成了稀疏模式。

例 8-38　图 8-26 中的 Bowler 配置

```
hostname Bowler
!
ip multicast-routing
!
interface Ethernet0
 ip address 10.1.2.25 255.255.255.0
 ip pim sparse-mode
 ip cgmp
!
interface Serial1
 no ip address
 encapsulation frame-relay
!
interface Serial1.705 point-to-point
 description PVC to Fedora
 ip address 10.2.5.1 255.255.255.0
 ip pim sparse-mode
 no ip mroute-cache
 frame-relay interface-dlci 705
!
router ospf 1
 network 10.0.0.0 0.255.255.255 area 0
!
ip pim rp-address 10.224.1.1
!
```

此外，还需要关注例 8-38 中的命令 **ip pim rp-address 10.224.1.1**。该命令的作用是告诉路由器如何发现 RP。静态配置 RP 时，需要为所有连接多播组或组成员的路由器都配置该语句，从而让这些路由器知道 RP 的位置。请注意，不需要在 Stetson 的环回接口上运行 PIM（见例 8-39），这是因为环回接口无需提供任何 PIM 功能，只要提供 RP 地址即可，该 RP 地址通过 OSPF 宣告给网络。虽然 Stetson 没有连接多播源或组成员，但配置文件仍然出现了语句 **ip pim rp-address 10.224.1.1**，这样做的原因是让 Stetson 知道它自己就是 RP。在实际应用中，一种好的做法就是为网络中的所有路由器都静态配置 RP 地址，因为这样做没有任何坏处，而且还可以避免在某些必要的地方遗漏该语句。

例 8-39 图 8-26 中的 Stetson（即 RP）配置

```
hostname Stetson
!
ip multicast-routing
!
interface Loopback0
 ip address 10.224.1.1 255.255.255.255
!
interface Serial1
 no ip address
 encapsulation frame-relay
!
interface Serial1.903 point-to-point
 description PVC to R3
 ip address 10.2.2.2 255.255.255.0
 ip pim sparse-mode
 frame-relay interface-dlci 903
!
interface Serial1.906 point-to-point
 description PVC to 906
 ip address 10.2.3.1 255.255.255.0
 ip pim sparse-mode
 frame-relay interface-dlci 906
!
router ospf 1
 network 10.0.0.0 0.255.255.255 area 0
!
ip pim rp-address 10.224.1.1
```

前面在 PIM-DM 的案例研究中对比了 Porkpie 和 Bowler 关于多播组 228.13.20.216 的多播路由表项。这些路由表项的意义在于这些路由器与组成员共享同一个以太网子网，因而出现了 IGMP 查询和 PIM 转发等问题。例 8-40 重新对比了 Porkpie 和 Bowler 关于多播组 228.13.20.216 的多播路由表项。与例 8-33 中的密集模式表项相比，此时的路由表项看起来似乎更难理解。例如，Porkpie 的（*,G）表项显示 E0 位于出站接口列表并处于转发状态，（S,G）表项的出站接口列表为空，而 Bowler 的接口 E0 位于（*,G）表项的入站接口列表中且该表项的出站接口列表为空，同时 E0 位于（S,G）表项的出站接口列表中且处于转发状态。那么究竟是哪台路由器在转发多播包呢？

例 8-40 对比 Porkpie 和 Bowler 关于多播组 228.13.20.216 的多播路由表项

```
Porkpie#show ip mroute 228.13.20.216
IP Multicast Routing Table
Flags: D - Dense, S - Sparse, C - Connected, L - Local, P - Pruned
       R - RP-bit set, F - Register flag, T - SPT-bit set, J - Join SPT
       M - MSDP created entry, X - Proxy Join Timer Running
       A - Advertised via MSDP
Outgoing interface flags: H - Hardware switched
Timers: Uptime/Expires
Interface state: Interface, Next-Hop or VCD, State/Mode

(*, 228.13.20.216), 1d22h/00:02:59, RP 10.224.1.1, flags: SJC
  Incoming interface: Serial1.609, RPF nbr 10.2.3.1
  Outgoing interface list:
```

（待续）

```
    Ethernet0, Forward/Sparse, 02:36:43/00:02:31

(10.1.1.88, 228.13.20.216), 03:08:42/00:02:02, flags: PCRT
  Incoming interface: Serial1.609, RPF nbr 10.2.3.1
  Outgoing interface list: Null

Porkpie#
```

```
Bowler#show ip mroute 228.13.20.216
IP Multicast Routing Table
Flags: D - Dense, S - Sparse, C - Connected, L - Local, P - Pruned
       R - RP-bit set, F - Register flag, T - SPT-bit set, J - Join SPT
       M - MSDP created entry, X - Proxy Join Timer Running
       A - Advertised via MSDP
Outgoing interface flags: H - Hardware switched
Timers: Uptime/Expires
Interface state: Interface, Next-Hop or VCD, State/Mode

(*, 228.13.20.216), 1d00h/00:02:59, RP 10.224.1.1, flags: SJPC
  Incoming interface: Ethernet0, RPF nbr 10.1.2.1
  Outgoing interface list: Null

(10.1.1.88, 228.13.20.216), 02:38:20/00:02:59, flags: CT
  Incoming interface: Serial1.705, RPF nbr 10.2.5.2
  Outgoing interface list:
    Ethernet0, Forward/Sparse, 02:37:36/00:02:12

Bowler#
```

仔细研究第 7 章讨论过的 PIM-SM 流程即可知道哪台路由器正在转发多播包。首先，大家知道 Bowler 是 DR，因为其 IP 地址在子网 10.1.2.0/24 中较大。也可以通过命令 **show ip pim interface** 来验证 DR（见例 8-41）。

例 8-41 子网 10.1.2.0/24 上的 PIM 指派路由器是 Bowler（10.1.2.25）

```
Porkpie#show ip pim interface

Address          Interface          Version/Mode    Nbr   Query     DR
                                                    Count Intvl
10.1.2.1         Ethernet0          v2/Sparse       1      30     10.1.2.25
10.2.4.1         Serial1.605        v2/Sparse       1      30     0.0.0.0
10.2.3.2         Serial1.609        v2/Sparse       1      30     0.0.0.0
Porkpie#
```

主机首次请求加入多播组时，DR 会加入共享 RPT(RP Tree，RP 树)。从例 8-42 中的 Bowler 单播路由表可以看出，从 Bowler 到 RP 需要经过 Porkpie(经由子网 10.1.2.0/24)，这也是 Porkpie 的接口 E0 位于(*,G)表项的出站接口列表中的原因。该表项表示 RPT 将 Bowler 链接到 Stetson。由于 Bowler 是 RPT 树枝的端点，因而其（*,G）表项的出站接口列表为空且携带剪除标记。

例 8-42 从 Bowler 到 RP 的最短路由是通过以太网到达 Porkpie

```
Bowler#show ip route 10.224.1.1
Routing entry for 10.224.1.1/32
  Known via "ospf 1", distance 110, metric 75, type intra area
  Redistributing via ospf 1
  Last update from 10.1.2.1 on Ethernet0, 01:03:56 ago
  Routing Descriptor Blocks:
  * 10.1.2.1, from 10.224.1.1, 01:03:56 ago, via Ethernet0
      Route metric is 75, traffic share count is 1

Bowler#
```

其次，连接了组成员的 PIM-SM 路由器在收到第一个多播包之后，默认会尝试切换到去往多播源的 SPT（Shortest Path Tree，最短路径树），而不管该路径是否经由 RP。Bowler 的单播路由表显示去往多播源子网 10.1.2.0/24 的最短路由经由 Fedora（见例 8-43）。回顾例 8-40 中的多播路由，Bowler 的（S,G）表项显示 Fedora（10.2.5.2）是上游或 RPF 邻居，接口 E0 位于该表项的出站接口列表中且处于转发状态（因为多播包当然要被转发给组成员）。由于 Porkpie 没有为多播组转发多播包，因而其（S,G）表项的出站接口列表为空且携带剪除标记。

例 8-43 Bowler 去往多播源子网 10.1.2.0/24 的最短路由经由 Fedora 且出接口为 S1.705

```
Bowler#show ip route 10.1.1.0
Routing entry for 10.1.1.0/24
  Known via "ospf 1", distance 110, metric 138, type intra area
  Redistributing via ospf 1
  Last update from 10.2.5.2 on Serial1.705, 01:17:30 ago
  Routing Descriptor Blocks:
  * 10.2.5.2, from 10.1.1.1, 01:17:30 ago, via Serial1.705
      Route metric is 138, traffic share count is 1

Bowler#
```

同样可以通过调试操作查看多播包的转发过程。例 8-44 表明 Bowler 正在接口 S1.705 上经由 Fedora 从多播源 10.1.1.88 接收多播组 228.13.20.216 的多播包，并通过接口 E0 将这些多播包转发给其连接的组成员。

例 8-44 利用调试操作捕捉 IP 多播包，可以看出 Bowler 正在接口 S1.705 上接收(10.1.1.88, 228.13.20.216)的多播包，并通过接口 E0 向外转发

```
Bowler#debug ip mpacket 228.13.20.216
IP multicast packets debugging is on for group 228.13.20.216
Bowler#
IP: s=10.1.1.88 (Serial1.705) d=228.13.20.216 (Ethernet0) len 573, mforward
IP: s=10.1.1.88 (Serial1.705) d=228.13.20.216 (Ethernet0) len 573, mforward
IP: s=10.1.1.88 (Serial1.705) d=228.13.20.216 (Ethernet0) len 573, mforward
IP: s=10.1.1.88 (Serial1.705) d=228.13.20.216 (Ethernet0) len 573, mforward
IP: s=10.1.1.88 (Serial1.705) d=228.13.20.216 (Ethernet0) len 573, mforward
IP: s=10.1.1.88 (Serial1.705) d=228.13.20.216 (Ethernet0) len 573, mforward
IP: s=10.1.1.88 (Serial1.705) d=228.13.20.216 (Ethernet0) len 573, mforward
IP: s=10.1.1.88 (Serial1.705) d=228.13.20.216 (Ethernet0) len 573, mforward
IP: s=10.1.1.88 (Serial1.705) d=228.13.20.216 (Ethernet0) len 573, mforward
```

在路由器 Porkpie 上使用相同的调试命令也能看到有趣的结果（见例 8-45）。从调试消息可以看出，路由器 Porkpie 并没有从 RP 或 Fedora 接收多播组 228.13.20.216 的多播包，而是在接收 Bowler 转发到以太网子网 10.1.2.0/24 上的多播包。从例 8-40 中的 Porkpie 多播路由表项可以看出，该多播组的 RPF 接口为 S1.609。由于这些多播包是在接口 E0 上收到的，因而 RPF 检查失败，从而丢弃这些多播包。

例 8-45 Porkpie 未转发多播组 228.13.20.216 的任何多播包

```
Porkpie#debug ip mpacket 228.13.20.216
IP multicast packets debugging is on for group 228.13.20.216
Porkpie#
IP: s=10.1.1.88 (Ethernet0) d=228.13.20.216 len 583, not RPF interface
IP: s=10.1.1.88 (Ethernet0) d=228.13.20.216 len 583, not RPF interface
IP: s=10.1.1.88 (Ethernet0) d=228.13.20.216 len 583, not RPF interface
IP: s=10.1.1.88 (Ethernet0) d=228.13.20.216 len 583, not RPF interface
IP: s=10.1.1.88 (Ethernet0) d=228.13.20.216 len 583, not RPF interface
IP: s=10.1.1.88 (Ethernet0) d=228.13.20.216 len 583, not RPF interface
IP: s=10.1.1.88 (Ethernet0) d=228.13.20.216 len 583, not RPF interface
IP: s=10.1.1.88 (Ethernet0) d=228.13.20.216 len 583, not RPF interface
IP: s=10.1.1.88 (Ethernet0) d=228.13.20.216 len 583, not RPF interface
```

到目前为止，本例所基于的事实就是 Cisco 路由器在收到第一个多播包后会切换到该多播组的 SPT。如第 5 章所述，利用命令 **ip pim spt-threshold** 可以这种默认操作，其中的阈值以 Kbit/s 为单位。这样一来，仅当多播组的数据包到达速率超出该阈值时，路由器才会切换到 SPT。作为可选方式，也可以使用关键字 **infinity**，让路由器永远也不切换到 SPT，观察在图 8-26 中的 Bowler 的配置文件中增加命令 **ip pim spt-threshold infinity** 后的运行情况很有意义。

例 8-46 给出了重新配置 Bowler 之后的 Porkpie 和 Bowler 的多播路由表项信息。Bowler 的 RPT 以 E0 为出接口，穿过子网 10.1.2.0/24 并经由 Porkpie。因而 Porkpie 现在必须转发来自 RP 的多播包。但 Bowler 的接口 E0 也是该多播组的 RPF 接口，而 PIM 路由器又无法通过多播组的 RPF 接口向外转发该多播组的数据包。简单而言，这就是水平分割规则（不能通过收到数据包的端口向外转发这些数据包）的多播版本。因而 Bowler 的（*,G）表项加入了剪除标记，而 Porkpie 则开始向组成员转发该多播组的数据包。有趣的是，虽然由于 Bowler 必须使用 RPT 而让 Porkpie 承担了转发职责，但 Porkpie 本身却没有这方面的限制，因而切换到了 SPT，从而经由 Fedora 而不是 RP。

例 8-46 将 Bowler 配置为永远不切换到 SPT 之后，转发多播组 228.13.20.216 流量的职责就交给了 Porkpie

```
Porkpie#show ip mroute 228.13.20.216
IP Multicast Routing Table
Flags: D - Dense, S - Sparse, C - Connected, L - Local, P - Pruned
       R - RP-bit set, F - Register flag, T - SPT-bit set, J - Join SPT
       M - MSDP created entry, X - Proxy Join Timer Running
       A - Advertised via MSDP
Outgoing interface flags: H - Hardware switched
Timers: Uptime/Expires
Interface state: Interface, Next-Hop or VCD, State/Mode

(*, 228.13.20.216), 00:45:09/00:02:59, RP 10.224.1.1, flags: SJC
  Incoming interface: Serial1.609, RPF nbr 10.2.3.1
  Outgoing interface list:
    Ethernet0, Forward/Sparse, 00:44:11/00:02:54

(10.1.1.88, 228.13.20.216), 00:44:30/00:02:59, flags: CT
  Incoming interface: Serial1.605, RPF nbr 10.2.4.2
  Outgoing interface list:
    Ethernet0, Forward/Sparse, 00:44:11/00:02:24

Porkpie#
```

```
Bowler#show ip mroute 228.13.20.216
IP Multicast Routing Table
Flags: D - Dense, S - Sparse, C - Connected, L - Local, P - Pruned
       R - RP-bit set, F - Register flag, T - SPT-bit set, J - Join SPT
       M - MSDP created entry, X - Proxy Join Timer Running
       A - Advertised via MSDP
Outgoing interface flags: H - Hardware switched
Timers: Uptime/Expires
Interface state: Interface, Next-Hop or VCD, State/Mode

(*, 228.13.20.216), 00:45:31/00:02:07, RP 10.224.1.1, flags: SPC
  Incoming interface: Ethernet0, RPF nbr 10.1.2.1
  Outgoing interface list: Null

Bowler#
```

有时可能需要将不同的多播组分配给不同的 RP。这种情况通常发生在多播域中的多播组数量出现大幅增加的场合。为了减少路由器的内存和 CPU 需求，此时应该划分 RP 的职责。虽然图 8-27 显示的网络结构与前面的案例相同，但此时的 Fedora 也被指定为 RP（地址为 10.244.1.2），因而可以通过访问列表配置多个 RP 并指定哪些多播组使用哪个 RP。

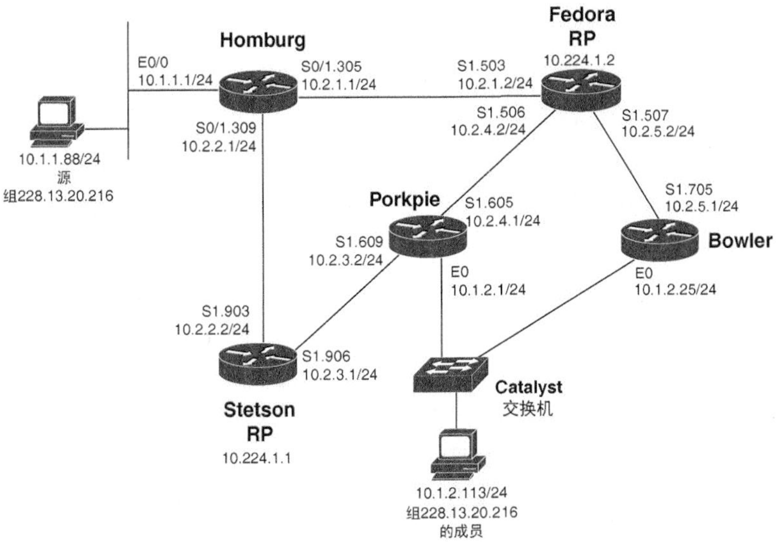

图 8-27　Stetson 和 Fedora 都是 RP，利用访问列表和静态 RP 地址可以告诉多播域中的所有路由器哪些多播组应该使用哪个 RP

以例 8-47 中的配置信息为例。

例 8-47　Bowler 的 RP 过滤配置

```
ip pim rp-address 10.224.1.1 10
ip pim rp-address 10.224.1.2 5
!
access-list 5 permit 239.0.0.0 0.255.255.255
access-list 5 permit 228.13.20.0 0.0.0.255
access-list 10 permit 224.2.127.254
access-list 10 permit 230.253.0.0 0.0.255.255
```

可以看出，access-list 5 指定多播组允许使用 RP 10.224.1.2（Fedora），access-list 10 指定多播组允许使用 RP 10.224.1.1（Stetson），而多播组地址与这两个访问列表都不匹配的多播组则未指定 RP，因而无法加入任何一个共享树。将这些配置添加到 Bowler 中之后（运行结果见例 8-48），可以看出列出的多播组（该路由器上的很活跃多播组）都根据 access-list 5 和 access-list 10 的限制条件映射到相应的 RP 上。

例 8-48　**show ip pim rp** 命令可以显示路由器上的活跃多播组以及所映射的 RP

```
Bowler#show ip pim rp
Group: 239.255.255.254, RP: 10.224.1.2, v2, uptime 01:20:13, expires 00:02:08
Group: 228.13.20.216, RP: 10.224.1.2, v2, uptime 01:19:30, expires never
Group: 224.2.127.254, RP: 10.224.1.1, v2, uptime 01:20:05, expires never
Group: 230.253.84.168, RP: 10.224.1.1, v2, uptime 01:20:06, expires 00:01:48
Bowler#
```

2. 案例研究：配置 Auto-RP

对于稳定的 PIM 域来说，静态配置 RP 很直观。如果域中增加了新路由器，那么只要为其配置 RP 的位置即可。但这种静态配置 RP 的方式对于以下两种情形来说则不太适合。

- 必须更改 RP 地址（更改现有 RP 的地址或者安装了一个新 RP）。此时的网络管理员必须修改所有 PIM 路由器的静态 RP 配置。对于大型多播域来说会造成长时间的网络中断。
- RP 失效。静态配置的 PIM 域无法轻易地切换到备用 RP 上。

因此，除了最小型的 PIM 域之外，为了简化管理并提高冗余性，都建议部署以下两种自动 RP 发现机制中的一种：Auto-RP 或 Bootstrap。本节将解释 Auto-RP 的配置操作，下一节则解释 Bootstrap 协议的配置操作。

如第 7 章所述，Auto-RP 是在 Bootstrap 协议成为 PIMv2 组成部分之前，由 Cisco 开发的专有协议。Auto-RP 必须用于 Cisco IOS Software Release 11.3 之前的版本（该版本首次支持 PIMv2）。

配置基本的 Auto-RP 需要以下两个步骤。

- **第 1 步：** 必须配置所有的 C-RP（Candidate RP，候选 RP）。
- **第 2 步：** 必须配置所有的映射代理。

通过命令 **ip pim send-rp-announce** 即可配置 C-RP。使用该命令时需要指定接口（路由器通过该接口获得 RP 地址）和 TTL 值（该值将加入宣告消息）。TTL 提供了定界功能，可以确保不会将多播包转发到多播域的边界之外。路由器被配置成 C-RP 之后，会每隔 60 秒钟向保留地址 224.0.1.39 发送一条 RP-Announce（RP 通告）消息。

映射代理负责侦听来自 C-RP 的 RP-Announce 消息并选出 RP，然后通过 RP-Discovery（RP 发现）消息（每隔 60 秒钟将该消息发送到保留地址 224.0.1.40）将 RP 宣告到 PIM 域中。

在图 8-28 所示的示例拓扑结构中，路由器 Stetson 和 Fedora 都是 C-RP，地址分别为 10.224.1.1 和 10.224.1.2。Porkpie 是映射代理，地址为 10.224.1.3。

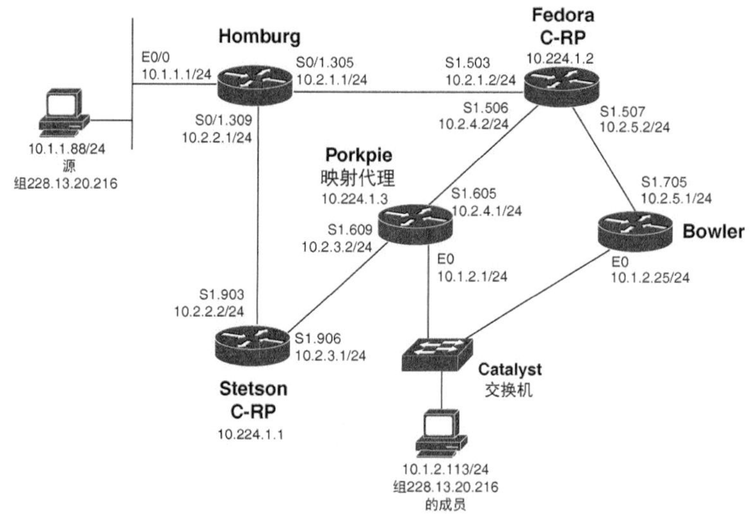

图 8-28 Stetson 和 Fedora 是 C-RP，Porkpie 是映射代理

例 8-49 显示了 Fedora 的部分配置信息。

例 8-49 将 Fedora 配置为 C-RP

```
interface Loopback0
 ip address 10.224.1.2 255.255.255.255
!
ip pim send-rp-announce Loopback0 scope 5
```

Stetson 的配置与此类似，RP 地址取自接口 L0，关键字 **scope** 用于设置 RP-Announce 消息的 TTL 值。

例 8-50 给出了将 Porkpie 配置为映射代理的配置信息。

例 8-50 将 Porkpie 配置为映射代理

```
interface Loopback0
 ip address 10.224.1.3 255.255.255.255
 ip pim sparse-mode
!
ip pim send-rp-discovery Loopback0 scope 5
```

接口 L0 被再次用于导出映射代理地址，且 TTL 值设置为 5。请注意，对于例 8-50 的配置来说，必须在环回接口上配置 PIM-SM。对映射代理来说必须如此，如果没有首先在环回接口上启用 PIM-SM，那么就会得到与例 8-51 相似的错误消息。

例 8-51 未在映射代理的环回接口上启用 PIM-SM 而产生的错误消息

```
Porkpie(config)#ip pim send-rp-discovery Loopback0 scope 5
Non PIM interface ignored in accepted command.
Porkpie(config)#
```

相应的配置语句与如下语句相似：

```
ip pim send-rp-discovery scope 5
```

由于指定接口未被接受，因而映射代理无法工作。与映射代理不同，不需要在 C-RP 的环回接口上配置 PIM。当然，无论是映射代理还是 C-RP，都必须在所有连接了 PIM 邻居的物理接口上配置 PIM-SM。

初次为 Cisco 路由器配置了 PIM-SM 之后，路由器将侦听地址 224.0.1.40。如果必须更改 C-RP 或映射代理，那么就要由被更改设备自动宣告变更信息，使得整个域中的路由器都知道该变更信息。不过，最重要的功能特性是可以为任何或所有多播组配置多个 RP，映射代理将基于 RP 地址最大的规则为多播组选择 RP。如果 RP 出现故障，那么映射代理将选择地址次大的 RP 并宣告变更情况。

例 8-52 给出了一个 RP 发生故障倒换时的例子。通过 **debug ip pim auto-rp** 命令显示了 Auto-AP 的全部操作信息，可以看出 Porkpie（图 8-25 中的映射代理）正在接收来自 Stetson (10.224.1.1)和 Fedora (10.224.1.2)的 RP-Announce 消息。由于 Fedora 的 IP 地址较大，因而被宣告为域中所有多播组（224.0.0.0/24）的 RP。Porkpie 从 Fedora 收到第一个 RP-Announce 消息之后，路由器 Fedora 就出现了故障。由于 Porkpie 在 180 秒（通告间隔的 3 倍）内都没有收到来自 Fedora 的 RP-Announce 消息，因而宣称该 RP 无效，选择 Stetson 为新的 RP，并宣告该新 RP。为清楚起见，上述事件在调试消息中均以高亮方式加以标识。

例 8-52 利用 **debug** 命令观察图 8-25 中的映射代理上发生的 RP 故障倒换信息

```
Porkpie#debug ip pim auto-rp
PIM Auto-RP debugging is on
Porkpie#
Auto-RP: Received RP-announce, from 10.224.1.1, RP_cnt 1, ht 181
Auto-RP: Update (224.0.0.0/4, RP:10.224.1.1), PIMv2 v1
Auto-RP: Received RP-announce, from 10.224.1.1, RP_cnt 1, ht 181
Auto-RP: Update (224.0.0.0/4, RP:10.224.1.1), PIMv2 v1
Auto-RP: Received RP-announce, from 10.224.1.2, RP_cnt 1, ht 181
Auto-RP: Update (224.0.0.0/4, RP:10.224.1.2), PIMv2 v1
```

（待续）

```
Auto-RP: Received RP-announce, from 10.224.1.2, RP_cnt 1, ht 181
Auto-RP: Update (224.0.0.0/4, RP:10.224.1.2), PIMv2 v1
Auto-RP: Build RP-Discovery packet
Auto-RP: Build mapping (224.0.0.0/4, RP:10.224.1.2), PIMv2 v1,
Auto-RP: Send RP-discovery packet on Loopback0 (1 RP entries)
Auto-RP: Send RP-discovery packet on Serial1.605 (1 RP entries)
Auto-RP: Send RP-discovery packet on Serial1.609 (1 RP entries)
Auto-RP: Send RP-discovery packet on Ethernet0 (1 RP entries)
Auto-RP: Received RP-announce, from 10.224.1.1, RP_cnt 1, ht 181
Auto-RP: Update (224.0.0.0/4, RP:10.224.1.1), PIMv2 v1
Auto-RP: Received RP-announce, from 10.224.1.1, RP_cnt 1, ht 181
Auto-RP: Update (224.0.0.0/4, RP:10.224.1.1), PIMv2 v1
Auto-RP: Build RP-Discovery packet
Auto-RP: Build mapping (224.0.0.0/4, RP:10.224.1.2), PIMv2 v1,
Auto-RP: Send RP-discovery packet on Loopback0 (1 RP entries)
Auto-RP: Send RP-discovery packet on Serial1.609 (1 RP entries)
Auto-RP: Send RP-discovery packet on Ethernet0 (1 RP entries)
Auto-RP: Received RP-announce, from 10.224.1.1, RP_cnt 1, ht 181
Auto-RP: Update (224.0.0.0/4, RP:10.224.1.1), PIMv2 v1
Auto-RP: Received RP-announce, from 10.224.1.1, RP_cnt 1, ht 181
Auto-RP: Update (224.0.0.0/4, RP:10.224.1.1), PIMv2 v1
Auto-RP: Build RP-Discovery packet
Auto-RP: Build mapping (224.0.0.0/4, RP:10.224.1.2), PIMv2 v1,
Auto-RP: Send RP-discovery packet on Loopback0 (1 RP entries)
Auto-RP: Send RP-discovery packet on Serial1.609 (1 RP entries)
Auto-RP: Send RP-discovery packet on Ethernet0 (1 RP entries)
Auto-RP: Received RP-announce, from 10.224.1.1, RP_cnt 1, ht 181
Auto-RP: Update (224.0.0.0/4, RP:10.224.1.1), PIMv2 v1
Auto-RP: Received RP-announce, from 10.224.1.1, RP_cnt 1, ht 181
Auto-RP: Update (224.0.0.0/4, RP:10.224.1.1), PIMv2 v1
Auto-RP: Mapping (224.0.0.0/4, RP:10.224.1.2) expired,
Auto-RP: Build RP-Discovery packet
Auto-RP: Build mapping (224.0.0.0/4, RP:10.224.1.1), PIMv2 v1,
Auto-RP: Send RP-discovery packet on Loopback0 (1 RP entries)
Auto-RP: Send RP-discovery packet on Serial1.609 (1 RP entries)
Auto-RP: Send RP-discovery packet on Ethernet0 (1 RP entries)
Porkpie#
```

在Bowler上利用**show ip pim rp**命令即可显示该路由器接收的多播组以及这些多播组所映射的RP信息（见例8-53）。第一部分显示结果取自Fedora失效之前，可以看出所有多播组均映射到RP地址；第二部分显示结果取自Fedora失效之后映射代理开始宣告新RP，可以看出此时所有多播组均映射到Stetson。

例8-53 Fedora失效之前，Bowler的所有多播组均映射到该RP（10.224.1.2）；Fedora失效之后，Bowler的所有多播组均映射到Stetson（10.224.1.1）（基于映射代理提供的信息）

```
Bowler#show ip pim rp
Group: 239.255.255.254, RP: 10.224.1.2, v2, v1, uptime 00:08:07, expires 00:04:26
Group: 228.13.20.216, RP: 10.224.1.2, v2, v1, uptime 00:08:08, expires 00:04:26
Group: 224.2.127.254, RP: 10.224.1.2, v2, v1, uptime 00:08:07, expires 00:04:26
Group: 230.253.84.168, RP: 10.224.1.2, v2, v1, uptime 00:08:07, expires 00:04:26
Bowler#

Bowler#show ip pim rp
Group: 239.255.255.254, RP: 10.224.1.1, v2, v1, uptime 00:03:46, expires 00:02:56
Group: 228.13.20.216, RP: 10.224.1.1, v2, v1, uptime 00:03:46, expires 00:02:56
Group: 224.2.127.254, RP: 10.224.1.1, v2, v1, uptime 00:03:46, expires 00:02:56
Group: 230.253.84.168, RP: 10.224.1.1, v2, v1, uptime 00:03:46, expires 00:02:56
Bowler#
```

如果希望更改C-RP发送RP-Announce消息的60秒钟默认间隔，可以在命令**ip pim send-rp-announce**中加入关键字**interval**。例如，下述命令可以让Fedora每隔10秒钟发送一条RP-Announce消息：

```
ip pim send-rp-announce Loopback0 scope 5 interval 10
```

由于保持时间（即映射代理等待从 C-RP 收到 RP-Announce 消息的时间）始终是宣告间隔的 3 倍，因而上述命令可以将 Fedora 的故障倒换时间缩短到 30 秒。当然，相应的代价就是路由器需要发送 6 倍数量的 RP-Announce 消息。

C-RP 在 RP-Announce 消息中向多播组宣告自己可以充当 RP 角色，默认宣告到地址 224.0.0.0/24（表示全部多播组）。不过与前一个案例中所说的配置 RP 一样，有时可能希望将不同的多播组映射到不同的 RP。例如，希望将 224.0.0.0 到 231.255.255.255 的多播组（224.0.0.0/5）均映射到 Stetson，而将 232.0.0.0 到 239.255.255.255 的多播组（232.0.0.0/5）映射到 Fedora，那么这两台路由器的 C-RP 配置信息如例 8-54 所示。

例 8-54 将 Stetson 和 Fedora 配置为 C-RP

```
Stetson
ip pim send-rp-announce Loopback0 scope 5 group-list 20
!
access-list 20 permit 224.0.0.0 7.255.255.255
```

```
Fedora
ip pim send-rp-announce Loopback0 scope 5 group-list 30
!
access-list 30 permit 232.0.0.0 7.255.255.255
```

关键字 **group-list** 可以将语句 **ip pim send-rp-announce** 与访问列表绑定在一起，访问列表描述了哪台路由器可以成为多播组的 RP。映射代理 Porkpie 根据 RP-Announce 消息中的约束信息宣告了 RP 之后，例 8-55 显示了 Bowler 的运行结果。239.255.255.254 被映射到 Fedora，而其他三个多播组（这些地址均处于 224.0.0.0/5 范围内）则被映射到 Stetson。

例 8-55 Bowler 的 group-to-RP 映射信息，显示了在 Stetson 和 Fedora 上配置的约束条件

```
Bowler#show ip pim rp
Group: 239.255.255.254, RP: 10.224.1.2, v2, v1, uptime 00:04:25, expires 00:02:56
Group: 228.13.20.216, RP: 10.224.1.1, v2, v1, uptime 00:11:05, expires 00:03:57
Group: 224.2.127.254, RP: 10.224.1.1, v2, v1, uptime 00:11:05, expires 00:03:57
Group: 230.253.84.168, RP: 10.224.1.1, v2, v1, uptime 00:11:05, expires 00:03:57
Bowler#
```

如果也希望将多播组 228.13.0.0～228.13.255.255 映射到 Fedora，那么路由器 Fedora 的配置将如例 8-56 所示。

例 8-56 将 Fedora 配置为多播组 228.13.0.0～228.13.255.255 的 C-RP

```
ip pim send-rp-announce Loopback0 scope 5 group-list 30
!
access-list 30 permit 232.0.0.0 7.255.255.255
access-list 30 permit 228.13.0.0 0.0.255.255
```

例 8-57 给出了 Bowler 的运行结果。需要注意的是，Stetson 的配置没有发生任何变化。该 C-RP 将多播组 224.0.0.0/5 宣告为允许的多播组范围（包含 228.13.0.0/16），因而映射代理在 228.13.0.0/16 范围内拥有两个 C-RP，并将 Fedora 选择为 RP（因为其 IP 地址较大）。

利用 **show ip pim rp** 命令的多种变化形式可以详细观察 group-to-RP 的映射情况。该命令的基本形式（如前面的案例所示）只能显示路由器上的活跃多播组以及每个多播组地址所映射的 RP 情况。如果要观察映射到特定 RP 的所有多播组，那么就需要使用 **show ip pim rp mapping** 命令（见例 8-58）。

例 8-57 多播组 228.13.0.0/16 在例 8-5 中映射到 RP 10.224.1.1，目前则被映射到 RP 10.224.1.2

```
Bowler#show ip pim rp
Group: 239.255.255.254, RP: 10.224.1.2, v2, v1, uptime 00:01:43, expires 00:04:16
Group: 228.13.20.216, RP: 10.224.1.2, v2, v1, uptime 00:01:43, expires 00:04:16
Group: 224.2.127.254, RP: 10.224.1.1, v2, v1, uptime 00:36:05, expires 00:02:47
Group: 230.253.84.168, RP: 10.224.1.1, v2, v1, uptime 00:36:05, expires 00:02:47
Bowler#
```

例 8-58 通过接收来自映射代理 10.224.1.3 的 RP-Discovery（RP 发现）消息，Bowler 将三个多播组地址范围映射到两个不同的 RP 上

```
Bowler#show ip pim rp mapping
PIM Group-to-RP Mappings

Group(s) 224.0.0.0/5
  RP 10.224.1.1 (?), v2v1
    Info source: 10.224.1.3 (?), via Auto-RP
         Uptime: 01:14:37, expires: 00:02:42
Group(s) 228.13.0.0/16
  RP 10.224.1.2 (?), v2v1
    Info source: 10.224.1.3 (?), via Auto-RP
         Uptime: 00:43:15, expires: 00:02:37
Group(s) 232.0.0.0/5
  RP 10.224.1.2 (?), v2v1
    Info source: 10.224.1.3 (?), via Auto-RP
         Uptime: 00:43:15, expires: 00:02:41
Bowler#
```

另一个相似的命令是 **show ip pim rp mapping in-use**（见例 8-59）。该命令除了显示例 8-58 的信息之外，还可以显示路由器当前在用的多播组地址范围。请注意，例 8-58 和例 8-59 的输出结果都显示了映射代理的源端（10.224.1.3）。该信息对于拥有多个映射代理的场景来说非常有用。

例 8-59 关键字 **in-use** 可以显示路由器当前在用的多播组地址范围

```
Bowler#show ip pim rp mapping in-use
PIM Group-to-RP Mappings

Group(s) 224.0.0.0/5
  RP 10.224.1.1 (?), v2v1
    Info source: 10.224.1.3 (?), via Auto-RP
         Uptime: 01:21:24, expires: 00:02:50
Group(s) 228.13.0.0/16
  RP 10.224.1.2 (?), v2v1
    Info source: 10.224.1.3 (?), via Auto-RP
         Uptime: 00:50:02, expires: 00:02:49
Group(s) 232.0.0.0/5
  RP 10.224.1.2 (?), v2v1
    Info source: 10.224.1.3 (?), via Auto-RP
         Uptime: 00:50:02, expires: 00:02:48

RPs in Auto-RP cache that are in use:
Group(s): 224.0.0.0/5,  RP: 10.224.1.1
Group(s): 232.0.0.0/5,  RP: 10.224.1.2
Group(s): 228.13.0.0/16,  RP: 10.224.1.2
Bowler#
```

在某些情况下，虽然还未在路由器上激活特定的多播地址，但有可能希望知道该多播地址将要映射到哪个 RP。例如，如果希望知道路由器 Bowler 上的多播组 235.1.2.3 会被映射到哪个 RP，那么就可以使用命令 **show ip pim rp-hash**（见例 8-60），表明多播组 235.1.2.3 将被映射到 RP 10.224.1.2。该结果与前面在访问列表中配置的约束条件一致。

例 8-60 命令 **show ip pim rp-hash** 可以显示指定多播组将要映射到的 RP 信息

```
Bowler#show ip pim rp-hash 235.1.2.3
  RP 10.224.1.2 (?), v2v1
    Info source: 10.224.1.3 (?), via Auto-RP
         Uptime: 00:55:48, expires: 00:02:00
Bowler#
```

如果希望防止映射代理接受未经授权的路由器（这些路由器可能被有意或无意地配置为 C-RP），那么就可以设置 RP 通告过滤器，例 8-61 以 Porkpie 为例给出了相应的配置信息。

例 8-61 为 Porkpie 配置 RP 通告过滤器

```
ip pim rp-announce-filter rp-list 1 group-list 11
ip pim send-rp-discovery Loopback0 scope 5
!
access-list 1 permit 10.224.1.2
access-list 1 permit 10.224.1.1
access-list 11 permit 224.0.0.0 15.255.255.255
```

例 8-61 的配置建立了一个 RP 通告过滤器，要求路由器仅接受 access-list 1 指定的 C-RP，并且只能接受由这些 C-RP 宣告的且由 access-list 11 指定的多播组。在上述配置中，access-list 1 允许 Stetson 和 Fedora，并且允许这些路由器成为所有多播组的 C-RP。

为清楚起见，本例将图 8-28 中的 Stetson 和 Fedora 配置为 C-RP，而 Porkpie 配置为映射代理。但是对于实际应用来说，如果配置了多个 RP（以提高冗余性），但是仅配置单个映射代理，那么这种配置将毫无意义。因为映射代理失效之后，就无法将 RP 宣告给多播域，PIM-SM 也将失效。更现实的配置方式是将 Stetson 和 Fedora 同时配置为 C-RP 和映射代理。Auto-AP 可以确保这两个映射代理都能导出并宣告相同的 RP，其中的一台路由器失效之后，另一台路由器还能保持服务状态，并将 RP 宣告给多播域。

3. 案例研究：配置稀疏-密集模式

前一个案例研究中的例子似乎有点"使诈"，因为从图 8-28 可以看出，C-RP 直连映射代理，而映射代理又直连 Bowler。图 8-29 中的 Homburg 目前被配置为 Auto-AP 映射代理，该拓扑结构将会出现有趣的困境：Homburg 在 RP-Discovery（RP 发现）消息中将 RP 宣告给域中的所有路由器（使用保留地址 224.0.1.40），所有的 PIM-SM 路由器都能侦听该地址。但是对于稀疏模式应用环境来说，多播包最初必须在共享树上进行转发，这就意味着侦听 224.0.1.40 的路由器为了接收 RP-Discovery 消息，必须向它们的 RP 通告希望加入该多播组。但是如果这些路由器连 RP-Discovery 消息都没有收到，又如何得知谁是 RP 呢？

如果 C-RP 没有直连到映射代理，那么也同样会出现这种矛盾情形。映射代理要想选择 RP 就必须从 C-RP 接收 RP-Announce 消息，为此就必须加入多播组 224.0.1.39。但是，如果映射代理不知道 RP 位于何处，就无法加入该多播组，而映射代理只有在收到 RP-Announce 消息之后才知道 RP 位于何处。

因而创建了 PIM 稀疏-密集模式以解决上述问题。将接口配置为该模式时，如果知道了多播组的 RP，那么就使用稀疏模式。如果不知道 RP，那么就使用密集模式。对于 224.0.1.39 和 224.0.1.40 来说，认为多播组处于密集模式下。例 8-62 给出了 Homburg 的稀疏-密集模式配置情况。

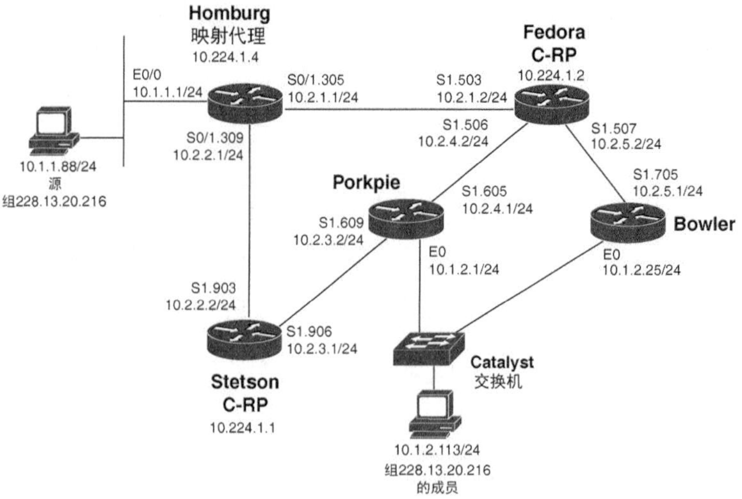

图 8-29 Homburg 目前被配置为映射代理

例 8-62 路由器 Homburg 的 PIM 稀疏-密集模式配置

```
hostname Homburg
!
ip multicast-routing
!
interface Loopback0
 ip address 10.224.1.4 255.255.255.0
 ip pim sparse-mode
!
interface Ethernet0/0
 ip address 10.1.1.1 255.255.255.0
 ip pim sparse-dense-mode
 no ip mroute-cache
!
interface Serial0/1
 no ip address
 encapsulation frame-relay
 no ip mroute-cache
!
interface Serial0/1.305 point-to-point
 description PVC to R5
 ip address 10.2.1.1 255.255.255.0
 ip pim sparse-dense-mode
 no ip mroute-cache
 frame-relay interface-dlci 305
!
interface Serial0/1.309 point-to-point
 description PVC to R9
 ip address 10.2.2.1 255.255.255.0
 ip pim sparse-dense-mode
 no ip mroute-cache
 frame-relay interface-dlci 309
!
router ospf 1
 network 10.0.0.0 0.255.255.255 area 0
!
ip pim send-rp-discovery Loopback0 scope 5
!
```

在所有物理接口上都应用命令 **ip pim sparse-dense-mode**，并在图 8-29 所示拓扑结构的所有路由器的所有物理接口上都执行相似的配置。环回接口仅配置稀疏模式，这是因为只需要将环回接口作为映射代理地址，而无需做出稀疏/密集模式决策。由于接口 E0/0 没有连接任何下游路由器，而且也无需做出稀疏/密集模式决策，因而也可以将其配置为稀疏模式。但为了保持一致性，建议在实际应用中将所有接口都配置为稀疏-密集模式。事实上，只要路由器都支持稀疏-密集模式，那么通常都建议在 PIM 域中全部使用该模式。

例 8-63 显示了重新配置之后的 Homburg 的多播路由表信息。可以看出（*, 224.0.1.39）和（*, 224.0.1.40）的路由表项都携带 D 标记，表明它们均运行在密集模式下，其他的（*,G）表项则被标记为稀疏模式。

例 8-63　Homburg 多播路由表中与(*,: 224.0.1.39)和(*,: 224.0.1.40)相关联的路由表项显示这些多播组都运行在密集模式下

```
Homburg#show ip mroute
IP Multicast Routing Table
Flags: D - Dense, S - Sparse, C - Connected, L - Local, P - Pruned
       R - RP-bit set, F - Register flag, T - SPT-bit set, J - Join SPT
Timers: Uptime/Expires
Interface state: Interface, Next-Hop, State/Mode
(*, 228.13.20.216), 00:20:42/00:02:59, RP 10.224.1.2, flags: SJCF
  Incoming interface: Serial0/1.305, RPF nbr 10.2.1.2
  Outgoing interface list:
    Ethernet0/0, Forward/Sparse-Dense, 00:20:42/00:02:43
(10.1.1.88/32, 228.13.20.216), 00:20:42/00:02:59, flags: CFT
  Incoming interface: Ethernet0/0, RPF nbr 0.0.0.0
  Outgoing interface list:
    Serial0/1.305, Forward/Sparse-Dense, 00:20:04/00:02:47
(*, 224.2.127.254), 00:20:34/00:02:59, RP 10.224.1.2, flags: SJCF
  Incoming interface: Serial0/1.305, RPF nbr 10.2.1.2
  Outgoing interface list:
    Ethernet0/0, Forward/Sparse-Dense, 00:20:34/00:02:42
(10.1.1.88/32, 224.2.127.254), 00:20:34/00:02:56, flags: CFT
  Incoming interface: Ethernet0/0, RPF nbr 0.0.0.0
  Outgoing interface list:
    Serial0/1.305, Forward/Sparse-Dense, 00:20:06/00:02:44
(*, 224.0.1.39), 00:20:32/00:00:00, RP 0.0.0.0, flags: DJCL
  Incoming interface: Null, RPF nbr 0.0.0.0
  Outgoing interface list:
    Ethernet0/0, Forward/Sparse-Dense, 00:20:32/00:00:00
    Serial0/1.305, Forward/Sparse-Dense, 00:20:32/00:00:00
    Serial0/1.309, Forward/Sparse-Dense, 00:20:32/00:00:00
(10.224.1.1/32, 224.0.1.39), 00:20:32/00:02:27, flags: CLT
  Incoming interface: Serial0/1.309, RPF nbr 10.2.2.2
  Outgoing interface list:
    Ethernet0/0, Forward/Sparse-Dense, 00:20:32/00:00:00
    Serial0/1.305, Forward/Sparse-Dense, 00:20:32/00:00:00

(10.224.1.2/32, 224.0.1.39), 00:19:54/00:02:05, flags: CLT
  Incoming interface: Serial0/1.305, RPF nbr 10.2.1.2
  Outgoing interface list:
    Ethernet0/0, Forward/Sparse-Dense, 00:19:54/00:00:00
    Serial0/1.309, Forward/Sparse-Dense, 00:19:54/00:02:08

(*, 224.0.1.40), 00:20:13/00:00:00, RP 0.0.0.0, flags: DJCL
  Incoming interface: Null, RPF nbr 0.0.0.0
  Outgoing interface list:
    Ethernet0/0, Forward/Sparse-Dense, 00:20:14/00:00:00
    Serial0/1.305, Forward/Sparse-Dense, 00:20:14/00:00:00
    Serial0/1.309, Forward/Sparse-Dense, 00:20:14/00:00:00

(10.224.1.4/32, 224.0.1.40), 00:20:06/00:02:48, flags: CLT
  Incoming interface: Loopback0, RPF nbr 0.0.0.0
  Outgoing interface list:
    Ethernet0/0, Forward/Sparse-Dense, 00:20:06/00:00:00
    Serial0/1.305, Forward/Sparse-Dense, 00:20:06/00:00:00
    Serial0/1.309, Forward/Sparse-Dense, 00:20:06/00:00:00

Homburg#
```

除了这两个 Auto-AP 多播组之外，有时还可能希望某些多播组运行在稀疏模式下，而其他多播组则运行在密集模式下。通过在 C-RP 上应用命令 **ip pim sendrp-announce group-list**（如前面的案例所述），可以控制将哪些多播组映射到 RP，从而让这些多播组运行在稀疏模式下，其他未映射到 RP 的多播组则运行在密集模式下。

4. 案例研究：配置 Bootstrap 协议

PIMv2 最初定义在 RFC 2117 中，将 Bootstrap 协议指定为自动 RP 发现机制。Cisco 从 IOS Software Release 11.3T 开始支持 PIMv2，并支持 Bootstrap 协议。

配置 Bootstrap 协议的两个步骤与 Auto-AP 协议的配置步骤相似。

- **第 1 步：**必须配置所有的 C-RP。
- **第 2 步：**必须配置所有的 C-BSR（Candidate Bootstrap Router，候选引导路由器）。

图 8-30 给出的 PIM 拓扑结构与前两个案例相同，但此时运行的不再是 Auto-AP 协议，而是 Bootstrap 协议。为了提供更健壮的网络设计方案，此时的 Stetson 和 Fedora 不仅是 C-RP，而且还都是 C-BSR，因而 RP 和 BSR 都具备故障倒换能力。

例 8-64 给出了 Stetson 和 Fedora 的相关配置信息。

ip pim bsr-candidate 命令的作用是将路由器设置为 C-BSR，并指定 BSR 地址取自接口 L0。该命令末尾的 **0** 指定的是哈希掩码长度（Cisco 路由器默认为 0）。有关哈希掩码的详细内容请参见本案例的后续内容。命令 **ip pim rp-candidate** 的作用是将路由器设置为 C-RP，并指定 RP 地址也取自接口 L0。

首先，必须从所有可用的 C-BSR 中选出 BSR。C-BSR 会向整个 PIM 域发送 Bootstrap 消息（目的地址为 224.0.0.13），消息中包含发信路由器的 BSR 地址和优先级。由于到目前为止的配置语句都没有更改默认优先级 0 和默认哈希掩码长度 0，因而这两台 C-BSR 的相应值均相等，使得 BSR 地址成为决策因素。由于 Fedora 的 BSR 地址（10.224.1.2）大于 Stetson 的 BSR 地址（10.224.1.1），因而 Fedora 成为 BSR（见例 8-65）。在域中的路由器上运行 **show ip pim bsr-router** 命令，不但能够观察到活跃 BSR，而且还可以观察到 BSR 的地址、运行时间、优先级、哈希掩码长度以及保持时间等参数。

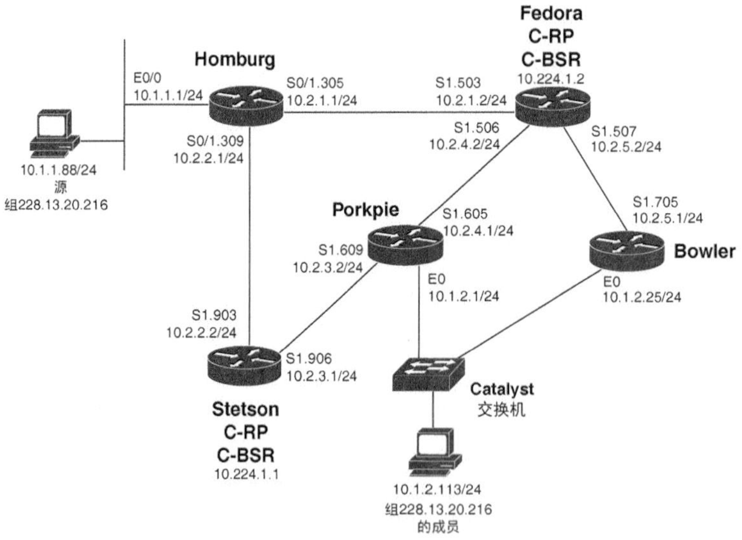

图 8-30 Stetson 和 Fedora 同时充当 C-RP 和 C-BSR 的角色

例 8-64 Stetson 和 Fedora 被配置为 C-RP 和 C-BSR

```
Stetson
interface Loopback0
 ip address 10.224.1.1 255.255.255.255
!
ip pim bsr-candidate Loopback0 0
ip pim rp-candidate Loopback0
```

```
Fedora
interface Loopback0
 ip address 10.224.1.2 255.255.255.255
!
ip pim bsr-candidate Loopback0 0
ip pim rp-candidate Loopback0
```

例 8-65 **show ip pim bsr-router** 命令显示了 PIMv2 域的 BSR

```
Bowler#show ip pim bsr-router
PIMv2 Bootstrap information
  BSR address: 10.224.1.2 (?)
  Uptime:      00:17:35, BSR Priority: 0, Hash mask length: 0
  Expires:     00:01:56
Bowler#
```

C-RP 收到 Bootstrap 消息并确定了 BSR 的地址之后，将以单播方式向 BSR 发送 Candidate-RP-Advertisement（候选 RP 宣告）消息。这些消息中包含了 C-RP 的地址和优先级。BSR 将 C-RP 集合到一个 RP-Set 中，而 RP-Set 又被包含在 Bootstrap 消息中，这就是 Bootstrap 与 Auto-AP 的主要差异：BSR 并不选择 RP（这一点与 Auto-AP 映射代理不同）。PIMv2 路由器收到 Bootstrap 消息之后将选择 RP，用于选择决策的算法可以确保所有路由器都能为相同的多播组选择相同的 RP。

例 8-66 给出了路由器 Bowler 的 group-to-RP 映射情况。可以看出 RP 是 Stetson，这是因为 Stetson 的 IP 地址较小，因而被选为 RP（本例中 C-RP 的优先级都相同）。

例 8-66 Bowler 的所有活跃多播组都被映射到 Stetson，与 Auto-RP 不同，RP 地址最小的 C-RP 将被选为 RP

```
Bowler#show ip pim rp
Group: 239.255.255.254, RP: 10.224.1.1, v2, uptime 00:25:16, expires 00:02:40
Group: 228.13.20.216, RP: 10.224.1.1, v2, uptime 00:25:16, expires 00:02:40
Group: 224.2.127.254, RP: 10.224.1.1, v2, uptime 00:25:16, expires 00:02:40
Group: 230.253.84.168, RP: 10.224.1.1, v2, uptime 00:25:16, expires 00:02:40
Bowler#
```

例 8-67 显示了映射到 RP 的所有组地址范围。与例 8-59 的输出结果相比可以看出，本例显示的映射关系是从 Bootstrap 消息推导出来的，而且路由器通过 RP-Set 了解了所有的 C-RP。

例 8-67 Bowler 知道 Stetson 和 Fedora 都是 C-RP

```
Bowler#show ip pim rp mapping
PIM Group-to-RP Mappings

Group(s) 224.0.0.0/4
  RP 10.224.1.1 (?), v2
    Info source: 10.224.1.2 (?), via bootstrap
         Uptime: 00:29:07, expires: 00:02:30
  RP 10.224.1.2 (?), v2
    Info source: 10.224.1.2 (?), via bootstrap
         Uptime: 00:29:07, expires: 00:02:17
Bowler#
```

BSR 和 RP 的默认行为是可以更改的，如例 8-65 中的 BSR 是 Fedora（因为其 IP 地址较大）。如果希望 Stetson 成为 BSR，而将 Fedora 设置为 Stetson 失效后的备用 BSR，那么就可以将 Stetson 的优先级设置为大于默认值 0。如果要将 Stetson 的优先级设置为 100，那么就可以参照例 8-68 来配置 Stetson。

例 8-68　将 Stetson 的优先级配置为 100，从而使其成为 BSR

```
interface Loopback0
 ip address 10.224.1.1 255.255.255.255
!
ip pim bsr-candidate Loopback0 0 100
ip pim rp-candidate Loopback0
```

例 8-69 显示了新配置的运行结果。Bowler 的输出结果表明 Stetson 已成为 BSR（优先级为 100），而且 Stetson 失效后 Fedora 将承担该角色。

例 8-69　优先级为 100 的 Stetson（10.224.1.1）已经成为 BSR

```
Bowler#show ip pim bsr-router
PIMv2 Bootstrap information
  BSR address: 10.224.1.1 (?)
  Uptime:      00:10:27, BSR Priority: 100, Hash mask length: 0
  Expires:     00:02:02
Bowler#
```

与 Auto-AP 一样，也可以利用访问列表在多个 RP 之间分配 RP 职责。例如，如果希望 Fedora 成为地址位于 228.13.0.0/16 范围内的多播组的 RP，且 Stetson 成为其他多播组的 RP，那么就可以参考例 8-70 进行配置。

例 8-70　在 Fedora 和 Stetson 之间分配 RP 职责

```
Stetson
interface Loopback0
 ip address 10.224.1.1 255.255.255.255
!
ip pim bsr-candidate Loopback0 0 100
ip pim rp-candidate Loopback0 group-list 20
!
access-list 20 deny 228.13.0.0 0.0.255.255
access-list 20 permit any
```

```
Fedora
interface Loopback0
 ip address 10.224.1.2 255.255.255.255
!
ip pim bsr-candidate Loopback0 0
ip pim rp-candidate Loopback0 group-list 10
!
access-list 10 permit 228.13.0.0 0.0.255.255
```

例 8-71 给出了这些配置的运行结果。BSR 在 Bootstrap 消息中宣告了约束条件，Bowler 根据这些约束条件将多播组映射到 RP。当然，并不建议在实际网络中进行如此配置。此时如果某个 RP 出现了故障，那么其他路由器将无法承担备用角色。更有效的实现方式是利用访问列表将多播组分配给多个 C-RP，至少要通过访问列表为每个多播组创建两个 C-RP。

例 8-71　通过访问列表对 Stetson 和 Fedora 的 RP 映射施加约束条件之后，Bowler 将多播组 228.13.20.216 映射到 Fedora，而将其他多播组映射到 Stetson

```
Bowler#show ip pim rp mapping
PIM Group-to-RP Mappings

Group(s) 224.0.0.0/4
```

（待续）

```
  RP 10.224.1.1 (?), v2
    Info source: 10.224.1.1 (?), via bootstrap
         Uptime: 00:07:25, expires: 00:02:26
Group(s) 228.13.0.0/16
  RP 10.224.1.2 (?), v2
    Info source: 10.224.1.1 (?), via bootstrap
         Uptime: 00:07:25, expires: 00:02:54
```

```
Bowler#show ip pim rp
Group: 239.255.255.254, RP: 10.224.1.1, v2, uptime 00:07:30, expires 00:02:52
Group: 228.13.20.216, RP: 10.224.1.2, v2, uptime 00:07:30, expires 00:03:32
Group: 224.2.127.254, RP: 10.224.1.1, v2, uptime 00:07:30, expires 00:02:52
Group: 230.253.84.168, RP: 10.224.1.1, v2, uptime 00:07:30, expires 00:02:52
Bowler#
```

使用 PIMv2 Bootstrap 协议时，一种更好的分配 RP 职责的方法就是利用哈希掩码。哈希掩码是一个分配给 BSR 的 32 比特数值，使用方式类似于标准的 IP 地址掩码。BSR 在 Bootstrap 消息中宣告该哈希掩码，接收路由器则运行哈希算法，将一组连续的组地址分配给某个 C-RP，然后再将另一组连续的组地址分配给另一个 C-RP。

例如，如果哈希掩码为 30 比特，那么将屏蔽所有 IP 多播地址的前 30 比特。最后 2 比特描述的是将被分配给 RP 的 4 个组地址区间，因而组地址 225.1.1.0、225.1.1.1、225.1.1.2 和 225.1.1.3 属于一个地址区间，分配给某个 RP，而 225.1.1.4、225.1.1.5、225.1.1.6、225.1.1.7 属于另一个地址区间，分配给另一个 RP。如此下去，就可以将整个 IP 多播组地址区间“打包”并分配给所有可用的 C-RP。结果就是将所有 IP 多播组地址都均匀分配给了所有的 C-RP。掩码可以灵活地决定将多少个连续的组地址打包成单个地址区间，让这些相关联的地址共享同一个 RP。如果哈希掩码为 26 比特，那么每个地址区间将包括 64 个连续的组地址。

利用命令 **ip pim bsr-candidate** 可以指定哈希掩码长度，如本例之前的案例所述。默认掩码长度为 0，表示这个组地址区间涵盖了整个 IP 多播地址空间。例 8-72 给出了为图 8-26 中的 Stetson 和 Fedora 分配长度为 30 比特的哈希掩码的配置信息。

例 8-72 为路由器 Stetson 和 Fedora 分配长度为 30 比特的哈希掩码

```
Stetson
interface Loopback0
 ip address 10.224.1.1 255.255.255.255
!
ip pim bsr-candidate Loopback0 30
ip pim rp-candidate Loopback0
```

```
Fedora
interface Loopback0
 ip address 10.224.1.2 255.255.255.255
!
ip pim bsr-candidate Loopback0 30
ip pim rp-candidate Loopback0
```

例 8-73 利用命令 **show ip pim rp-hash** 来验证上述结果。可以看出从 231.1.1.0 开始，包括后面的 3 个连续组地址都映射到了 Fedora，接下来的 4 个组地址则映射到了 Stetson，因而整个 IP 多播组地址区间都平均分配给了两个 RP。

例 8-73 哈希算法可以将多播组地址平均分配给所有可用 C-RP

```
Bowler#show ip pim rp-hash 231.1.1.0
  RP 10.224.1.2 (?), v2
    Info source: 10.224.1.2 (?), via bootstrap
         Uptime: 07:22:14, expires: 00:02:29
Bowler#show ip pim rp-hash 231.1.1.1
```

（待续）

```
  RP 10.224.1.2 (?), v2
    Info source: 10.224.1.2 (?), via bootstrap
         Uptime: 07:22:19, expires: 00:02:24
Bowler#show ip pim rp-hash 231.1.1.2
  RP 10.224.1.2 (?), v2
    Info source: 10.224.1.2 (?), via bootstrap
         Uptime: 07:22:22, expires: 00:02:21
Bowler#show ip pim rp-hash 231.1.1.3
  RP 10.224.1.2 (?), v2
    Info source: 10.224.1.2 (?), via bootstrap
         Uptime: 07:22:28, expires: 00:02:15
Bowler#show ip pim rp-hash 231.1.1.4
  RP 10.224.1.1 (?), v2
    Info source: 10.224.1.2 (?), via bootstrap
         Uptime: 07:22:31, expires: 00:02:13
Bowler#show ip pim rp-hash 231.1.1.5
  RP 10.224.1.1 (?), v2
    Info source: 10.224.1.2 (?), via bootstrap
         Uptime: 07:22:35, expires: 00:02:10
Bowler#show ip pim rp-hash 231.1.1.6
  RP 10.224.1.1 (?), v2
    Info source: 10.224.1.2 (?), via bootstrap
         Uptime: 07:22:38, expires: 00:02:06
Bowler#show ip pim rp-hash 231.1.1.7
  RP 10.224.1.1 (?), v2
    Info source: 10.224.1.2 (?), via bootstrap
         Uptime: 07:22:43, expires: 00:02:02
```

8.4.3 案例研究：多播负载均衡

有时可能希望通过多条并行的等价路径均衡多播流量，以便更充分地利用可用带宽或防止某条路径因多播流量过大而出现拥塞，但 RPF 检查却阻止直接在多条物理链路上实施多播负载均衡。

为了更好地解释这个问题，图 8-31 使用了与前面案例相同的 PIM 拓扑结构。但是删除了路由器 Bowler，而且 Homburg 同时是 Auto-AP 映射代理和 RP。

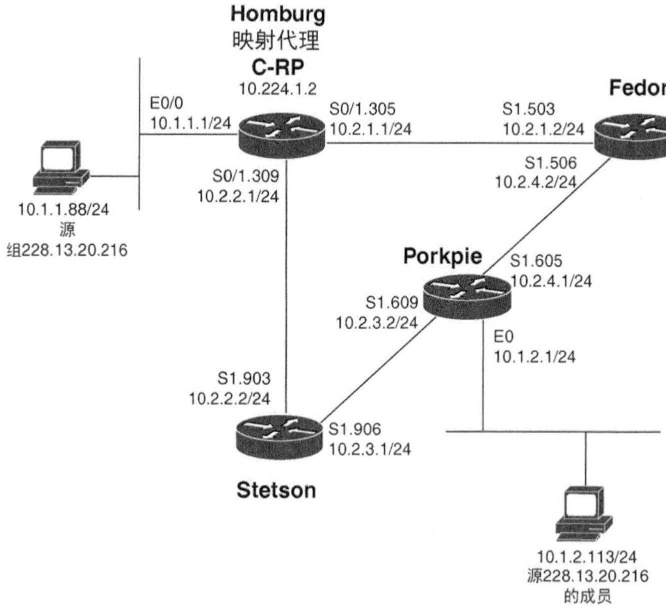

图 8-31 多播源和组成员之间存在两条等价路径

从连接在 Homburg 上的多播源到连接在 Porkpie 上的组成员之间存在两条等价路径：一条路径穿越 Fedora；另一条路径穿越 Stetson。但问题是 RPF 要求只能有一个入站接口正常工作，这就意味着如果 Fedora 被选为 RPF 邻居且组流量来自 Stetson，由于这些流量没有到达 RPF 接口，因而将丢弃这些多播流量。与此相似，如果 Stetson 被被选为 RPF 邻居且组流量来自 Fedora，那么 RPF 检查将失败，从而丢弃这些流量。RPF 要求所有流量都要到达同一个上行接口。

解决该问题的方法是使用隧道机制（见图 8-32）。也就是在 Homburg 和 Porkpie 的环回接口之间建立隧道，将所有从多播源到组成员的多播流量都发送给虚拟隧道接口（而不是其中的某一条物理链路），然后将封装后的多播包将以普通的 IP 包形式进行转发。这样一来，封装后的多播包就可以通过两条物理链路实现负载均衡。此时既可以按照默认的基于目的端进行负载均衡，也可以基于数据包进行负载均衡（如本书第一卷所述）。

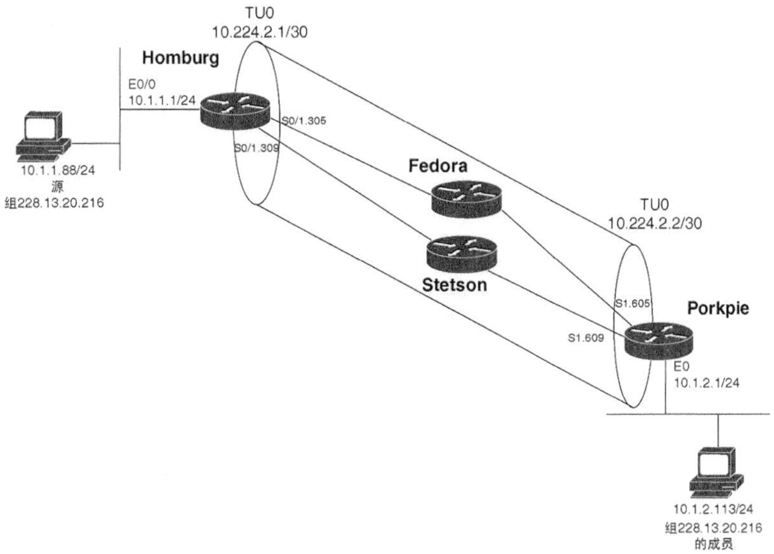

图 8-32 为了通过两条等价路径实施负载均衡，需要在 Homburg 和 Porkpie 之间创建一条隧道

注：如果希望实现基于数据包的负载均衡，那么就需要在相应的接口上关闭快速交换、CEF 或相似的功能。但通常并不建议这么做，因为这样做会影响设备的处理性能。

数据包到达 Porkpie 之后，由于目的端都是隧道出口，因而根本不关心来自 Fedora 还是来自 Stetson，然后在虚拟隧道接口对多播包进行解封装。从 Porkpie 的 PIM 进程角度来看，所有多播包看起来都是通过同一个接口 TU0 收到的，而且均收自同一个上游邻居 Homburg。例 8-74 给出了 Homburg 和 Porkpie 的配置信息。

例 8-74 在 Homburg 和 Porkpie 间配置一条隧道，从而通过等价路径实现负载均衡

```
Homburg
hostname Homburg
!
ip multicast-routing
!
interface Loopback0
 ip address 10.224.1.4 255.255.255.0
 ip pim sparse-mode
```

（待续）

```
!
interface Tunnel0
 ip address 10.224.2.1 255.255.255.252
 ip pim sparse-dense-mode
 tunnel source Loopback0
 tunnel destination 10.224.1.3
!
interface Ethernet0/0
 ip address 10.1.1.1 255.255.255.0
 ip pim sparse-dense-mode
!
interface Serial0/1
 no ip address
 encapsulation frame-relay
!
interface Serial0/1.305 point-to-point
 description PVC to R5
 ip address 10.2.1.1 255.255.255.0
 frame-relay interface-dlci 305
!
interface Serial0/1.309 point-to-point
 description PVC to R9
 ip address 10.2.2.1 255.255.255.0
 frame-relay interface-dlci 309
!
router ospf 1
 passive-interface Tunnel0
 network 10.0.0.0 0.255.255.255 area 0
!
ip pim send-rp-announce Loopback0 scope 5
ip pim send-rp-discovery scope 5
```

```
Porkpie
hostname Porkpie
!
ip multicast-routing
!
interface Loopback0
 ip address 10.224.1.3 255.255.255.255
!
interface Tunnel0
 ip address 10.224.2.2 255.255.255.252
 ip pim sparse-dense-mode
 tunnel source Loopback0
 tunnel destination 10.224.1.4
!
interface Ethernet0
 ip address 10.1.2.1 255.255.255.0
 ip pim sparse-dense-mode
 ip cgmp
!
interface Serial1
 no ip address
 encapsulation frame-relay
!
interface Serial1.605 point-to-point
 description PVC to R5
 ip address 10.2.4.1 255.255.255.0
 frame-relay interface-dlci 605
!
interface Serial1.609 point-to-point
 description PVC to R9
 ip address 10.2.3.2 255.255.255.0
 frame-relay interface-dlci 609
!
router ospf 1
 passive-interface Tunnel0
 network 10.0.0.0 0.255.255.255 area 0
```

从 Homburg 和 Porkpie 的配置信息可以看出，隧道接口的源端均配置为本路由器的环回接口，目的端则配置为另一台路由器的环回接口。隧道使用的是 GRE（Generic Route Encapsulation，通用路由封装）隧道且分配了一个 IP 地址，因而路由进程将其视为一个物理的 IP 接口。最后，在隧道接口上启用了 PIM 协议。请注意，上述配置并没有在连接 Stetson 和 Fedora 的任何子接口上启用 PIM，而且这两台路由器也根本没有启用多播路由。从例 8-75 可以看出，此时的 Porkpie 已经通过隧道与 Homburg 建立了 PIM 邻接关系。

例 8-75　Porkpie 与 Homburg 通过 GRE 隧道成为邻居

```
Porkpie#show ip pim neighbor
PIM Neighbor Table
Neighbor Address  Interface             Uptime    Expires   Ver  Mode
10.224.2.1        Tunnel0               04:09:21  00:01:11  v1   Sparse-Dense
Porkpie#
```

不过，此时还需要解决另一个 RPF 问题。Porkpie 从多播源 10.1.1.88 收到多播包之后，会检查单播路由表以查看上游邻居。相应的检查结果如例 8-76 所示。

例 8-76　单播路由表仍然显示 10.2.3.1 或 10.2.4.2 为到达 10.1.1.88 的下一跳地址

```
Porkpie#show ip route 10.1.1.88
Routing entry for 10.1.1.0/24
  Known via "ospf 1", distance 110, metric 138, type intra area
  Redistributing via ospf 1
  Last update from 10.2.3.1 on Serial1.609, 01:13:30 ago
  Routing Descriptor Blocks:
  * 10.2.3.1, from 10.224.1.4, 01:13:30 ago, via Serial1.609
      Route metric is 138, traffic share count is 1
    10.2.4.2, from 10.224.1.4, 01:13:30 ago, via Serial1.605
      Route metric is 138, traffic share count is 1

Porkpie#
```

可以看出 Porkpie 的 OSPF 配置将接口 TU0 设置为被动模式，以确保单播流量不会穿越该隧道（仅允许多播流量）。不幸的是，这就意味着 OSPF 仍然将 Stetson（10.2.3.1）或 Fedora（10.2.4.2）视为去往 10.1.1.88 的下一跳，因而数据包从 10.1.1.88 到达隧道接口之后，RPF 检查将失败（见例 8-77）。

例 8-77　由于单播路由表没有将 TU0 显示为去往 10.1.1.88 的上行接口，因而数据包从 10.1.1.88 经隧道到达该接口后会出现 RPF 检查失败问题

```
Porkpie#debug ip mpacket
IP multicast packets debugging is on
Porkpie#
IP: s=10.1.1.88 (Tunnel0) d=228.13.20.216 len 569, not RPF interface
IP: s=10.1.1.88 (Tunnel0) d=228.13.20.216 len 569, not RPF interface
IP: s=10.1.1.88 (Tunnel0) d=228.13.20.216 len 569, not RPF interface
IP: s=10.1.1.88 (Tunnel0) d=228.13.20.216 len 569, not RPF interface
IP: s=10.1.1.88 (Tunnel0) d=228.13.20.216 len 569, not RPF interface
IP: s=10.1.1.88 (Tunnel0) d=228.13.20.216 len 569, not RPF interface
IP: s=10.1.1.88 (Tunnel0) d=228.13.20.216 len 569, not RPF interface
IP: s=10.1.1.88 (Tunnel0) d=228.13.20.216 len 569, not RPF interface
IP: s=10.1.1.88 (Tunnel0) d=228.13.20.216 len 569, not RPF interface
IP: s=10.1.1.88 (Tunnel0) d=228.13.20.216 len 569, not RPF interface
```

为了解决这第二个 RPF 问题，需要使用静态多播路由。静态多播路由与静态单播路由类似，都会覆盖/忽略任何动态路由表项。区别在于静态多播路由从不用于转发操作，只是为指定多播源静态配置 RPF 接口，以覆盖单播路由表中的信息。命令 **ip mroute** 与 IP 地址以及掩

码配合使用，可以指定单个地址或特定地址区间。就像静态单播路由可以指定出站接口或下一跳邻居一样，静态多播路由也可以指定 RPF 接口或 RPF 邻居。例 8-78 给出了 Porkpie 静态多播路由的配置信息。

例 8-78 以静态多播路由配置 Porkpie

```
hostname Porkpie
!
ip multicast-routing
!
interface Loopback0
 ip address 10.224.1.3 255.255.255.255
!
interface Tunnel0
 ip address 10.224.2.2 255.255.255.252
 ip pim sparse-dense-mode
 tunnel source Loopback0
 tunnel destination 10.224.1.4
!
interface Ethernet0
 ip address 10.1.2.1 255.255.255.0
 ip pim sparse-dense-mode
 ip cgmp
!
interface Serial1
 no ip address
 encapsulation frame-relay
!
interface Serial1.605 point-to-point
 description PVC to R5
 ip address 10.2.4.1 255.255.255.0
 frame-relay interface-dlci 605
!
interface Serial1.609 point-to-point
 description PVC to R9
 ip address 10.2.3.2 255.255.255.0
 frame-relay interface-dlci 609
!
router ospf 1
 passive-interface Tunnel0
 network 10.0.0.0 0.255.255.255 area 0
!
ip mroute 10.1.1.88 255.255.255.255 Tunnel0
```

例 8-79 再次利用调试操作进行验证，可以看出多播包已经通过了 Porkpie 的 RPF 检查，并转发给了组成员。

例 8-79 来自多播源 10.1.1.88 的多播包已经通过 RPF 检查并进行转发

```
Porkpie#debug ip mpacket
IP multicast packets debugging is on
Porkpie#
IP: s=10.1.1.88 (Tunnel0) d=228.13.20.216 (Ethernet0) len 569, mforward
IP: s=10.1.1.88 (Tunnel0) d=228.13.20.216 (Ethernet0) len 569, mforward
IP: s=10.1.1.88 (Tunnel0) d=228.13.20.216 (Ethernet0) len 569, mforward
IP: s=10.1.1.88 (Tunnel0) d=228.13.20.216 (Ethernet0) len 569, mforward
IP: s=10.1.1.88 (Tunnel0) d=228.13.20.216 (Ethernet0) len 569, mforward
IP: s=10.1.1.88 (Tunnel0) d=228.13.20.216 (Ethernet0) len 569, mforward
IP: s=10.1.1.88 (Tunnel0) d=228.13.20.216 (Ethernet0) len 569, mforward
IP: s=10.1.1.88 (Tunnel0) d=228.13.20.216 (Ethernet0) len 569, mforward
IP: s=10.1.1.88 (Tunnel0) d=228.13.20.216 (Ethernet0) len 569, mforward
IP: s=10.1.1.88 (Tunnel0) d=228.13.20.216 (Ethernet0) len 569, mforward
```

例 8-80 显示了多播组 228.13.20.216 的多播路由表项信息。可以看出 Homburg 正在接口 E0/0 上接收来自多播源 10.1.1.88 的多播流量，并将这些流量转发到隧道上。Porkpie 则从隧道上接收这些多播流量，并通过接口 E0 转发给组成员。

例 8-80 从(10.1.1.88, 228.13.20.216)的多播路由表项可以看出，多播组的流量正通过GRE 隧道进行转发

```
Homburg#show ip mroute 228.13.20.216
IP Multicast Routing Table
Flags: D - Dense, S - Sparse, C - Connected, L - Local, P - Pruned
       R - RP-bit set, F - Register flag, T - SPT-bit set, J - Join SPT
Timers: Uptime/Expires
Interface state: Interface, Next-Hop, State/Mode

(*, 228.13.20.216), 04:48:39/00:02:59, RP 10.224.1.4, flags: SJC
  Incoming interface: Null, RPF nbr 0.0.0.0
  Outgoing interface list:
    Tunnel0, Forward/Sparse-Dense, 01:35:18/00:02:01
    Ethernet0/0, Forward/Sparse-Dense, 04:48:39/00:02:59

(10.1.1.88/32, 228.13.20.216), 01:41:09/00:02:59, flags: CT
  Incoming interface: Ethernet0/0, RPF nbr 0.0.0.0
  Outgoing interface list:
    Tunnel0, Forward/Sparse-Dense, 01:35:19/00:02:01

Homburg#
```

```
Porkpie#show ip mroute 228.13.20.216
IP Multicast Routing Table
Flags: D - Dense, S - Sparse, C - Connected, L - Local, P - Pruned
       R - RP-bit set, F - Register flag, T - SPT-bit set, J - Join SPT
       M - MSDP created entry, X - Proxy Join Timer Running
       A - Advertised via MSDP
Outgoing interface flags: H - Hardware switched
Timers: Uptime/Expires
Interface state: Interface, Next-Hop or VCD, State/Mode

(*, 228.13.20.216), 00:56:23/00:02:59, RP 10.224.1.4, flags: SJC
  Incoming interface: Tunnel0, RPF nbr 10.224.2.1, Mroute
  Outgoing interface list:
    Ethernet0, Forward/Sparse-Dense, 00:56:23/00:02:58

(10.1.1.88, 228.13.20.216), 00:13:37/00:02:59, flags: CJT
  Incoming interface: Tunnel0, RPF nbr 10.224.2.1, Mroute
  Outgoing interface list:
    Ethernet0, Forward/Sparse-Dense, 00:13:37/00:02:58

Porkpie#
```

8.5 IP 多播路由的故障检测与排除

解决 IP 多播网络问题的主要武器就是透彻理解 IP 多播路由协议，否则没有任何故障检测与排除工具能够帮助大家从混乱（有时复杂）的 IP 多播行为中找出问题的根源。而且仅仅理解多播路由协议还不够，还必须理解 PIM、IGMP 以及单播路由之间的相互作用及关系。

如果大家已经学习了本书第一卷以及本卷各章中的故障检测与排除知识，那么就应该已经掌握了解决路由式网络故障的方法和所需的技术知识。因而本节不再提供更多的案例来解释故障检测与排除技术，而仅解释用于多播 Internet 的专用分析工具的使用方式。

本章在前面已经介绍了很多 **show** 和 **debug** 命令，这些命令对于观察 Cisco 路由器的 IP 多播路由行为非常有用。表 8-4 和表 8-5 分别列出了常用的 **show** 命令和多播 **debug** 命令。就像 **show ip route** 命令是检测与排除单播路由故障的主要信息来源一样， **show ip mroute** 命令也是检测与排除多播路由故障的主要信息来源。

表 8-4 检测与排除 IP 多播路由故障时的常用 show 命令

命令	描述
show ip igmp groups [*group-name* | *group-address* | *type number*]	显示该路由器接口上连接了组成员的多播组的地址
show ip igmp interface [*type number*]	显示启用了 IGMP 功能的接口的相关细节信息
show ip mcache [*group* [*source*]]	显示快速交换高速缓存中的多播内容
show ip mroute [*group-name* | *group-address*] [*source*] [**summary**] [**count**] [**active** *kbps*]	显示多播路由表中的内容
show ip pim bsr	显示 PIM BSR（引导路由器）的相关信息
show ip pim interface [*type number*] [**count**]	显示启用了 PIM 功能的接口的相关信息
show ip pim neighbor [*type number*]	显示 PIM 邻居
show ip pim rp [*group-name* | *group-address* | **mapping**]	显示已知 RP 以及映射到这些 RP 的多播组
show ip pim rp-hash group	显示指定多播组的 RP
show ip rpf {*source-address* | *name*}	显示路由器确定 RPF 信息的方式

表 8-5 检测与排除 IP 多播路由故障时的常用 debug 命令

命令	描述
debug ip igmp [*hostname* | *group_address*]	显示 IGMP 协议的活动情况
debug ip mcache [*hostname* | *group_address*]	显示多播高速缓存的操作情况
debug ip mpacket [*standard_access_list* | *extended_access_list*] [*hostname* | *group_address*][**detail**]	显示穿越该路由器的多播包情况
debug ip mrouting [*hostname* | *group_address*]	显示多播路由表的活动情况
debug ip pim [*hostname* | *group_address*][**auto-rp**][**bsr**]	显示 PIM 的活动情况及事件信息

8.5.1 使用 mrinfo

注：虽然最新的 IOS 版本已经废弃了 **mrinfo**，但是对于 15.x 之前的 IOS 版本来说，**mrinfo** 仍然是一个非常有用的故障检测与排除工具。

命令 **mrinfo** 可以观察路由器的多播连接以及这些连接的细节信息。该命令最初是 Mbone 进行路由器测试的工具 mrouted 的一部分，因而该命令对于多厂商域来说非常有用。下面就以图 8-33 的拓扑结构为例加以说明。

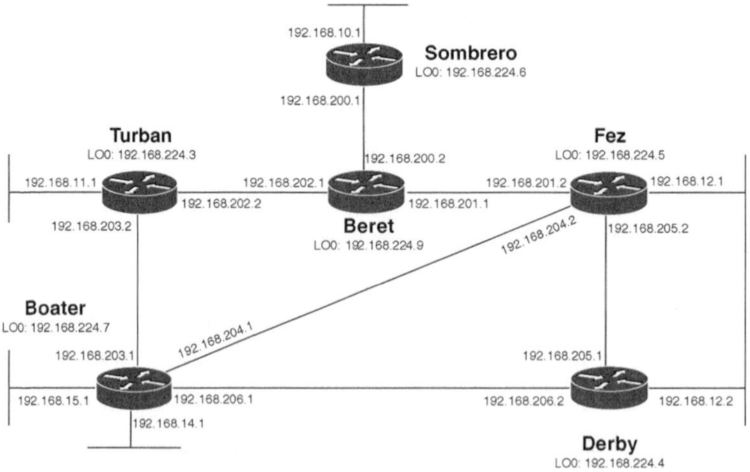

图 8-33 故障检测与排除案例将要用到的拓扑结构

例 8-81 在路由器 Sombrero 上运行了命令 **mrinfo**，输出结果的第一行显示了用作查询消息的源地址、路由器运行的 Cisco IOS 软件版本以及标记数量等信息。表 8-6 列出了各种可能的标记及其含义。接下来的两行输出结果显示了路由器的多播接口以及该路由器的所有对等体。第二行 0.0.0.0 表示 Sombrero 的接口 192.168.10.1 没有对等体，1/0 表示该接口的度量值为 1 且未设置 TTL 阈值，接口运行了 PIM，路由器 Sombrero 是所连子网的 IGMP 查询路由器，而且该子网是叶子网络（即没有多播流量经该子网穿越到其他多播路由器）。第三行显示 Sombrero 的接口 192.168.200.1 有一个对等体 192.168.200.2（路由器 Betet），接口的度量值为 1，未设置 TTL 阈值，且运行了 PIM。

例 8-81　图 8-33 中 Sombrero 的 IP 多播连接信息

```
Sombrero#mrinfo
192.168.10.1 [version 12.1] [flags: PMA]:
  192.168.10.1 -> 0.0.0.0 [1/0/pim/querier/leaf]
  192.168.200.1 -> 192.168.200.2 [1/0/pim]

Sombrero#
```

表 8-6　与 mrinfo 命令相关的标记

标记	定义
P	Prune-capable（具备剪枝能力）
M	mtrace-capable（能处理 mtrace 请求）
S	SNMP-capable（具备 SNMP 能力）
A	Auto-RP-capable（具备 Auto-AP 能力）

不过，**mrinfo** 的真正作用是可以在域中查询其他路由器。例 8-82 通过在 **mrinfo** 命令中指定 Boater 的某个 IP 地址（例中为环回地址），Sombrero 就可以查询 Boater。从显示的标记可以看出，路由器 Boater 启用了 SNMP（而 Sombrero 未启用），而且有 5 个启用了多播功能的接口，其中的两个接口位于叶子网络上，其余三个接口有 PIM 对等体。从图 8-33 可以看出这些信息完全正确。

例 8-82　Sombrero 利用 mrinfo 命令查询 Boater 的多播对等体

```
Sombrero#mrinfo 192.168.224.7
192.168.224.7 [version 12.1] [flags: PMSA]:
  192.168.14.1 -> 0.0.0.0 [1/0/pim/querier/leaf]
  192.168.15.1 -> 0.0.0.0 [1/0/pim/querier/leaf]
  192.168.203.1 -> 192.168.203.2 [1/0/pim]
  192.168.206.1 -> 192.168.206.2 [1/0/pim]
  192.168.204.1 -> 192.168.204.2 [1/0/pim]

Sombrero#
```

例 8-83 显示了 Sombrero 对路由器 Derby 和 Fez 的查询情况。这两台路由器共享同一个以太网连接。对比查询结果可以看出，Derby（192.168.224.4）是子网上的 IGMP 查询路由器。

例 8-83　从 Sombrero 查询 Derby（192.168.224.4）和 Fez（192.168.224.5）

```
Sombrero#mrinfo 192.168.224.4
192.168.224.4 [version 12.1] [flags: PMA]:
  192.168.12.2 -> 192.168.12.1 [1/0/pim/querier]
  192.168.205.1 -> 192.168.205.2 [1/0/pim]
  192.168.206.2 -> 192.168.206.1 [1/0/pim]

Sombrero#mrinfo 192.168.224.5
```

（待续）

```
192.168.224.5 [version 12.1] [flags: PMA]:
  192.168.12.1 -> 192.168.12.2 [1/0/pim]
  192.168.205.2 -> 192.168.205.1 [1/0/pim]
  192.168.204.2 -> 192.168.204.1 [1/0/pim]
  192.168.201.2 -> 192.168.201.1 [1/0/pim]

Sombrero#
```

8.5.2 使用 mtrace 和 mstat

另一个有用的工具是 **mtrace** 命令，该命令可以跟踪从指定目的端到指定源端之间的 RPF 路径。与 **mrinfo** 类似，**mtrace** 也是一个基于 UNIX 的 MBone 工具，可用于多厂商混合域，而且可以从域中的任何一台路由器发起该命令——无需在 RPF 路径上的路由器发起该命令。

使用 **mtrace** 命令时，需要指定一个源地址和一个目的地址。该命令会向目的端发送一条跟踪请求，然后以单播方式跟踪指定的源端，由路径上的第一跳路由器以单播方式将跟踪结果反馈给查询路由器。

例 8-84 显示了 Sombrero 利用 **mtrace** 命令跟踪从 Derby 的接口 192.168.12.2 到 Turban 的接口 192.168.11.1 的 RPF 路径的情况。需要注意的是，由于这是一种反向路径跟踪方式，因而 Turban 的接口是源端，而 Derby 的接口为目的端。输出结果首先显示的是目的地址以及到达源端所经过的所有中间路由器，同时还显示了从源端开始的跳数（因为该跳路由器使用了多播路由协议）。

例 8-84 利用 **mtrace** 检查从目的端 192.168.12.2 到源端 192.168.11.1 的 RPF 路径

```
Sombrero#mtrace 192.168.11.1 192.168.12.2
Type escape sequence to abort.
Mtrace from 192.168.11.1 to 192.168.12.2 via RPF
From source (?) to destination (?)
Querying full reverse path...
0  192.168.12.2
-1  192.168.12.2 PIM [192.168.11.0/24]
-2  192.168.206.1 PIM [192.168.11.0/24]
-3  192.168.203.2 PIM [192.168.11.0/24]
-4  192.168.11.1
Sombrero#
```

除了隔离多播路由故障之外，**mtrace** 命令还有一个非常重要的功能，那就是在网络中开启实时多播流量之前观察这些多播流量的行为。请注意，图 8-30 没有标示多播源或多播组成员，现在希望找出连接在Boston上的多播源(地址为192.168.14.35)。该多播源将发起组235.100.20.18的多播流量，组成员地址为 192.168.12.15、192.168.10.8、192.168.11.102（见例 8-85）。

例 8-85 中的跟踪操作指定了多播组及其源地址和目的地址。虽然正常情况下所有多播组的 RPF 路径都相同，但是指定多播组对于多播定界或 RP 过滤等影响路径选择的场合来说却非常有用。如果没有指定多播组（见例 8-84），那么将默认使用多播组地址 224.2.0.1（Mbone 的音频多播组地址）。

mstat 命令是 **mtrace** 命令的改良版本，不但能够提供从源端到组目的端的路径跟踪信息，而且还能提供该路径的统计信息。例 8-86 利用 **mstat** 命令重新发起从源端 192.168.14.35 到目的端 192.168.10.8 的多播组 235.100.20.18 的跟踪操作。将例 8-86 与例 8-85 中的跟踪操作输出结果进行对比，可以发现 **mstat** 不但提供了多播包的统计信息，而且还提供了更加详细的整条路径信息。

例 8-85 **mtrace** 可用于测试多播域中暂时不存在的 RPF 源、目的端和组地址

```
Sombrero#mtrace 192.168.14.35 192.168.12.15 235.100.20.18
Type escape sequence to abort.
Mtrace from 192.168.14.35 to 192.168.12.15 via group 235.100.20.18
From source (?) to destination (?)
Querying full reverse path...
 0  192.168.12.15
-1  192.168.201.2 PIM [192.168.14.0/24]
-2  192.168.204.1 PIM [192.168.14.0/24]
-3  192.168.14.35

Sombrero#mtrace 192.168.14.35 192.168.10.8 235.100.20.18
Type escape sequence to abort.
Mtrace from 192.168.14.35 to 192.168.10.8 via group 235.100.20.18
From source (?) to destination (?)
Querying full reverse path...
 0  192.168.10.8
-1  192.168.10.1 PIM [192.168.14.0/24]
-2  192.168.200.2 PIM [192.168.14.0/24]
-3  192.168.202.2 PIM [192.168.14.0/24]
-4  192.168.203.1 PIM [192.168.14.0/24]
-5  192.168.14.35

Sombrero#mtrace 192.168.14.35 192.168.11.102 235.100.20.18
Type escape sequence to abort.
Mtrace from 192.168.14.35 to 192.168.11.102 via group 235.100.20.18
From source (?) to destination (?)
Querying full reverse path...
 0  192.168.11.102
-1  192.168.202.2 PIM [192.168.14.0/24]
-2  192.168.203.1 PIM [192.168.14.0/24]
-3  192.168.14.35
Sombrero#
```

例 8-86 **mstat** 命令提供了更为详细的从源端到目的端的多播流量跟踪信息

```
Sombrero#mstat 192.168.14.35 192.168.10.8 235.100.20.18
Type escape sequence to abort.
Mtrace from 192.168.14.35 to 192.168.10.8 via group 235.100.20.18
From source (?) to destination (?)
Waiting to accumulate statistics......
Results after 10 seconds:

  Source        Response Dest   Packet Statistics For    Only For Traffic
192.168.14.35     192.168.200.1   All Multicast Traffic    From 192.168.14.35
     |       __/  rtt 47  ms   Lost/Sent = Pct Rate     To 235.100.20.18
     v      /     hop 27  ms   ---------------------    --------------------
192.168.14.1
192.168.203.1 ?
     |     ^      ttl  0
     v     |      hop 5   ms   0/0 = --%      0 pps    0/0 = --% 0 pps

192.168.203.2
192.168.202.2 ?
     |     ^      ttl  1
     v     |      hop 7  ms   0/0 = --%       0 pps    0/0 = --% 0 pps
192.168.202.1
192.168.200.2 ?
     |     ^      ttl  2
     v     |      hop 4  ms   0/0 = --%       0 pps    0/0 = --% 0 pps
192.168.200.1
192.168.10.1  ?
     |       \__ ttl  3
     v            hop 0  ms     0             0 pps        0     0 pps
192.168.10.8    192.168.200.1
  Receiver      Query Source
```

从下往上看，例 8-86 的输出结果显示了查询源端和响应目的端，对本例来说都是 192.168.200.1（Sombrero）。请注意，输出结果用 ASCII 码表示了箭头符号，显示 Sombrero 曾经向 192.168.10.01（对本例来说是自己的接口）发送了查询消息，并跟踪了去往路由器 Boater 接口（多播组连接在该接口上）的反向路径，然后向 Sombrero 发送了该查询的响应消息。在输出结果的最左侧，ASCII 箭头还显示了多播流量选取的从源端至目的端的路径信息。对于每一跳来说，**ttl** 和 **hop** 统计值容易让人产生误解，**ttl** 显示的实际上是从源端开始的跳数，而 **hop** 显示的则是跳与跳之间的时延（以毫秒为单位）。需要注意的是，在响应目的端下面还显示了 **rtt**（Round-Trip Time，往返时间）。接下来还显示了所有多播流量以及命令中指定的（S,G）对的统计信息。第一条统计信息对比了丢弃的多播包数量和发送的多播包数量，第二条统计信息显示了整体流量速率（以包/秒为单位）。对于例 8-85 来说，由于从源端至目的端没有任何多播流量，因而这些统计信息均为 0。事实上，源端和目的端根本就不存在。

从例 8-87 可以看出，此时已经安装了相应的主机，多播源也正在生成多播流量，而且组成员也已经加入了多播组。此时可以观察流量速率（包/秒）和丢包统计情况。使用 **mstat** 命令时需要注意的是，仅在路由器的时钟实现同步之后，路由器之间的延迟时间才有效。

例 8-87 源端与目的端之间开始有多播流量之后再次运行 **mstat** 命令

```
Sombrero#mstat 192.168.14.35 192.168.10.8 235.100.20.18
Type escape sequence to abort.
Mtrace from 192.168.14.35 to 192.168.10.8 via group 235.100.20.18
From source (?) to destination (?)
Waiting to accumulate statistics......
Results after 10 seconds:

  Source        Response Dest    Packet Statistics For    Only For Traffic
192.168.14.35    192.168.200.1     All Multicast Traffic    From 192.168.14.35
     |        __/  rtt 48  ms    Lost/Sent = Pct Rate      To 235.100.20.18
     v       /     hop 48  ms    ---------------------    --------------------
192.168.14.1
192.168.203.1 ?
     |     ^       ttl  0
     v     |       hop 10  ms    0/82 = 0%      8 pps    0/81 = --%  8 pps
192.168.203.2
192.168.202.2 ?
     |     ^       ttl 1
     v     |       hop 6   ms    0/82 = 0%      8 pps    0/81 = 0%   8 pps
192.168.202.1
192.168.200.2 ?
     |     ^       ttl 2
     v     |       hop 4   ms    0/82 = 0%      8 pps    0/81 = 0%   8 pps
192.168.200.1
192.168.10.1  ?
     |        \__  ttl 3
     v           \ hop 0   ms        82         8 pps          81   8 pps
192.168.10.8      192.168.200.1
  Receiver        Query Source

Sombrero#
```

例 8-88 显示了路由器时钟未实现同步时的输出信息，此时的路径跟踪信息以及包速率仍然有效，但各跳之间的延迟时间则毫无意义。从例 8-88 还可以看出 Turban 与 Beret 之间丢失了一个多播包。这可能是个故障问题，此时就可以多次迭代运行 **mstat** 命令以观察该多播包是否始终丢失。如果是，那么就需要通过调试操作进行深入地研究和分析。

例 8-88 如果路由器的时钟未实现同步，那么输出结果中显示的路由跳之间的时延将毫无意义

```
Sombrero#mstat 192.168.14.35 192.168.10.8 228.13.20.216
Type escape sequence to abort.
Mtrace from 192.168.14.35 to 192.168.10.8 via group 228.13.20.216
From source (?) to destination (?)
Waiting to accumulate statistics......
Results after 10 seconds:
  Source        Response Dest     Packet Statistics For    Only For Traffic
192.168.14.35    192.168.200.1     All Multicast Traffic    From 192.168.14.35
     |         __/  rtt 44  ms   Lost/Sent = Pct Rate     To 228.13.20.216
     v        /     hop 44  ms   ---------------------    --------------------
192.168.14.1
192.168.203.1 ?
     |     ^        ttl    0
     v     |        hop -222 s   0/82 = 0%      8 pps    0/81 = 0%   8 pps
192.168.203.2
192.168.202.2 ?
     |     ^        ttl    1
     v     |        hop  113 s    1/82 = 1%      8 pps    1/81 = 1%   8 pps
192.168.202.1
192.168.200.2 ?
     |     ^        ttl    2
     v     |        hop  108 s    0/80 = 0%      8 pps    0/80 = 0%   8 pps
192.168.200.1
192.168.10.1  ?
     |      \__     ttl    3
     v         \    hop    0 ms        80         8 pps            80   8 pps
192.168.10.8        192.168.200.1
  Receiver          Query Source
```

最后，大家可能会在 **mstat** 命令的输出结果中看见负的丢包数（如-3/85）。"负丢包"表示的是获得的多播包，也就是说收到了额外的多播包，表明此时可能出现了环路，需要做进一步地研究和分析。

8.6 展望

对于绝大多数人来说，本书第一卷和第二卷介绍的所有 IP 路由协议中，最不熟悉（也最复杂）的可能就算多播路由协议了。虽然本章详细讲解了 IP 多播路由协议的原理，但不可能穷极所有。受篇幅所限，很多 IP 多播知识本书都没有讲到，如果希望深入了解 IP 多播路由的相关内容，可以参阅"推荐读物"。

理解了多播以及 PIMv2（只是当前网络中的 AS 内部 IP 多播路由协议）的操作和配置之后，第 9 章将详细讨论多播路由的扩展以及 AS 间多播路由问题。

8.7 推荐读物

Beau Williamson，*Developing IP Multicast Networks*，Indianapolis, IN, Cisco Press, 2000.

8.8 复习题

1．什么是 PIM 剪除覆盖？
2．什么是 PIM 转发路由器？如何选择转发路由器？
3．PIM 选择 DR 的规则是什么？
4．什么是 PIM SPT？什么是 PIM RPT？
5．Cisco 路由器可以利用哪两种机制自动发现 PIM-SM RP？
6．对于第 43 题的机制来说，应该在多厂商路由器拓扑结构中使用哪种机制？
7．什么是 C-RP？
8．什么是 BSR？
9．什么是 RP 映射代理？
10．（S,G）多播路由表项与（*,G）多播路由表项有何区别？
11．什么是 PIM-SM 源注册？
12．Cisco 路由器何时从 PIM-SM RPT 切换到 SPT？
13．什么是 PIM 稀疏-密集模式？

8.9 配置练习题

图 8-34 给出了配置练习题将要用到的拓扑结构信息。

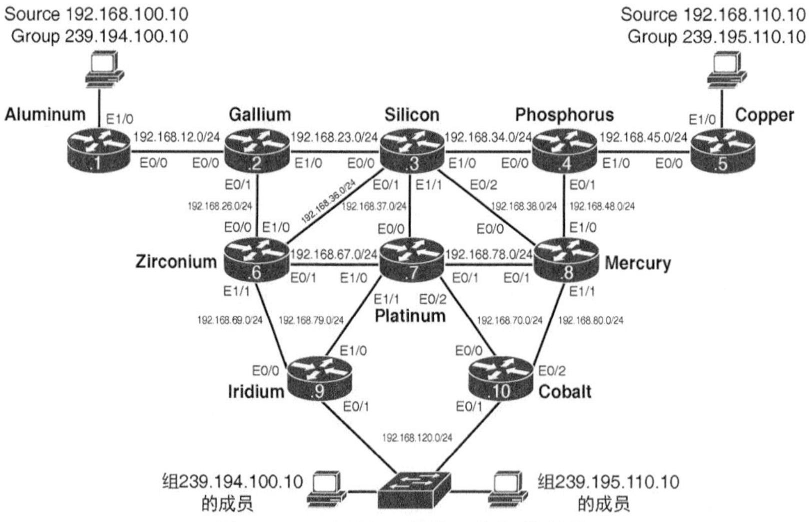

图 8-34 配置练习题的网络拓扑结构

表 8-7 列出了本章配置练习题将要用到的路由器、交换机以及启用了多播特性的主机、接口及地址等信息。表中列出了所有路由器的接口信息。

表 8-7 配置练习题将要用到的路由器/交换机/主机的接口和 IP 地址等信息

网络设备	接口	IP 地址
Aluminum	Eth0/0	192.168.12.1/24
	Eth1/0	192.168.100.1/2
	Loopback 0	10.224.1.1/32
Gallium	Eth0/0	192.168.12.2/24
	Eth0/1	192.168.26.2/24
	Eth1/0	192.168.23.2/24
	Loopback 0	10.224.1.2/32
Silicon	Eth0/0	192.168.23.3/24
	Eth0/1	192.168.36.3/24
	Eth0/2	192.168.38.3/24
	Eth1/0	192.168.34.3/24
	Eth1/1	192.168.37.3/24
	Loopback 0	10.224.1.3/32
Phosphorus	Eth0/0	192.168.34.4/24
	Eth0/1	192.168.48.4/24
	Eth1/0	192.168.45.4/24
	Loopback 0	10.224.1.4/32
Copper	Eth0/0	192.168.45.5/24
	Eth1/0	192.168.110.1/24
	Loopback 0	10.224.1.5/32
Zirconium	Eth0/0	192.168.26.6/24
	Eth0/1	192.168.67.6/24
	Eth1/0	192.168.36.6/24
	Eth1/1	192.168.69.6/24
	Loopback 0	10.224.1.6/32
Platinum	Eth0/0	192.168.37.7/24
	Eth0/1	192.168.78.7/24
	Eth0/2	192.168.70.7/24
	Eth1/0	192.168.67.7/24
	Eth1/1	192.168.79.7/24
	Loopback 0	10.224.1.7/32
Silicon	Eth0/0	192.168.38.8/24
	Eth0/1	192.168.78.8/24
	Eth1/0	192.168.48.8/24
	Eth1/1	192.168.80.8/24
	Loopback 0	10.224.1.8/32
Silicon	Eth0/0	192.168.69.9/24
	Eth0/1	192.168.120.1/24
	Eth1/0	192.168.79.9/24
	Loopback 0	10.224.1.9/32
Cobalt	Eth0/0	192.168.70.10/24
	Eth0/1	192.168.120.2/24
	Eth0/2	192.168.80.10/24
	Loopback 0	10.224.1.10/32

1. 应用 A 基于多播 IP 地址 239.194.1.1，应用 B 基于多播 IP 地址 239.195.1.1。请根据以下需求配置网络。

- 必须将本题的多播模式配置为稀疏模式。
- Silicon 必须是地址区间 239.195.0.0/16 内的所有 IP 多播地址的 RP，Platinum 必须是地址区间 239.194.0.0/16 内的所有 IP 多播地址的 RP。
- 如果 RP 的任意接口出现故障，那么该路由器应该仍然执行期望的多播功能，也就是说，应该很好地选择 RP 地址。
- IT 安全部门希望在 Iridium 与 Cobalt 之间建立 PIM 邻接关系，但不与其他路由器建立邻接关系。
- Iridium 必须是面向接收端的以太网网段上的 PIM 指派路由器，确保 Cobalt 在该网段上能够在 3 秒钟内完成故障切换操作。
- 必须静态配置 RP。
- 验证从源端发送给目的端的多播流。

验证指定多播流的共享树源自 RP，验证已经发生了 SPT 的故障切换操作。

2. IT 安全团队要求只有合法多播源才能注册到 Silicon 和 Platinum RP，请在本题使用 Loopback0 地址。
3. 确保 Aluminum 和 Copper 从它们的环回接口发送单播 PIM 注册消息。
4. 网络团队决定废弃静态 RP 配置方式（这是正确的），他们的选择很明显，决定部署 BSR。请根据如下需求配置网络。
    - Zirconium 和 Mercury 应该成为候选 BSR，Zirconium 最终赢得选举进程。这两台候选 BSR 都应该仅接受 Silicon 和 Platinum 发送的 Candidate-RP-Advertisement（候选 RP 宣告）消息。
    - Silicon 和 Platinum 必须使用 Loopback0 接口以单播模式表示他们愿意成为 RP，此外，它们只能是多播组 239.194.0.0 和 239.195.0.0 的 RP。
    - 必须在两个候选 RP 之间实现负载均衡，哈希掩码必须是 30 比特。
    - 由于部分源端和接收端所在的子网以及部分路由器不在公司的管理范围之内，因而 IT 安全部门要求不能将 PIM BSR 消息发送给源端和接收端。

8.10 故障检测与排除练习题

1. 请说明下列输出结果的含义。

```
R1#
Turban#debug ip mpacket
IP multicast packets debugging is on
R1#
IP: s=192.168.14.35 (Serial0/1.307) d=228.13.20.216 len 573, mrouting disabled
IP: s=192.168.14.35 (Serial0/1.307) d=228.13.20.216 len 573, mrouting disabled
IP: s=192.168.14.35 (Serial0/1.307) d=228.13.20.216 len 573, mrouting disabled
IP: s=192.168.14.35 (Serial0/1.307) d=228.13.20.216 len 573, mrouting disabled
IP: s=192.168.14.35 (Serial0/1.307) d=228.13.20.216 len 573, mrouting disabled
IP: s=192.168.14.35 (Serial0/1.307) d=228.13.20.216 len 573, mrouting disabled
IP: s=192.168.14.35 (Serial0/1.307) d=228.13.20.216 len 573, mrouting disabled
IP: s=192.168.14.35 (Serial0/1.307) d=228.13.20.216 len 573, mrouting disabled
IP: s=192.168.14.35 (Serial0/1.307) d=228.13.20.216 len 573, mrouting disabled
IP: s=192.168.14.35 (Serial0/1.307) d=228.13.20.216 len 573, mrouting disabled
IP: s=192.168.14.35 (Serial0/1.307) d=228.13.20.216 len 573, mrouting disabled
IP: s=192.168.14.35 (Serial0/1.307) d=228.13.20.216 len 573, mrouting disabled
IP: s=192.168.14.35 (Serial0/1.307) d=228.13.20.216 len 573, mrouting disabled
```

2．请说明下列输出结果的含义。

```
R2#

IP: s=192.168.13.5 (Ethernet0) d=227.134.14.26 len 583, not RPF interface
IP: s=192.168.13.5 (Ethernet0) d=227.134.14.26 len 583, not RPF interface
IP: s=192.168.13.5 (Ethernet0) d=227.134.14.26 len 583, not RPF interface
IP: s=192.168.13.5 (Ethernet0) d=227.134.14.26 len 583, not RPF interface
IP: s=192.168.13.5 (Ethernet0) d=227.134.14.26 len 583, not RPF interface
IP: s=192.168.13.5 (Ethernet0) d=227.134.14.26 len 583, not RPF interface
IP: s=192.168.13.5 (Ethernet0) d=227.134.14.26 len 583, not RPF interface
IP: s=192.168.13.5 (Ethernet0) d=227.134.14.26 len 583, not RPF interface
IP: s=192.168.13.5 (Ethernet0) d=227.134.14.26 len 583, not RPF interface
```

3．请说明下列输出结果的含义。

```
R3#debug ip mpacket
IP multicast packets debugging is on
R3#
IP: s=172.16.3.50 (Serial0.405) d=224.0.1.40 (Serial0.407) len 52, mforward
IP: s=172.16.3.50 (Ethernet0) d=224.0.1.40 len 62, not RPF interface
IP: s=172.16.3.50 (Ethernet0) d=224.0.1.39 len 62, not RPF interface
IP: s=172.16.3.50 (Serial0.405) d=224.0.1.39 (Serial0.407) len 52, mforward
```

4．对于图 8-35 来说，4 台路由器中的哪台路由器是 PIM 指派路由器？

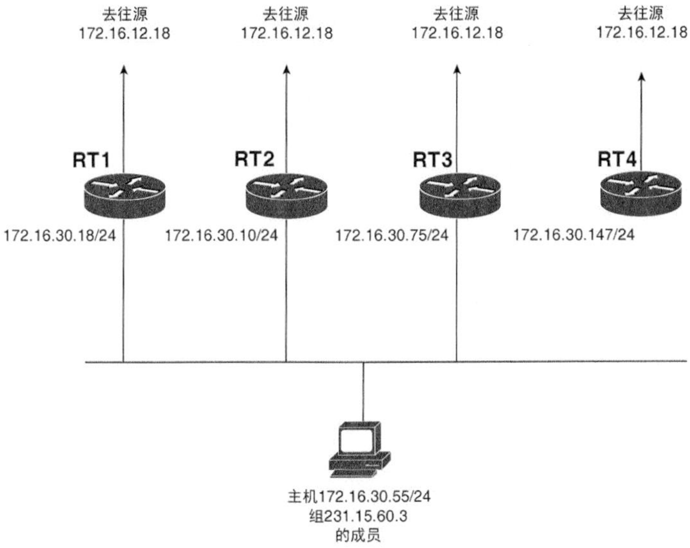

图 8-35 故障检测与排除练习题 4、5、6 的拓扑结构

5．图 8-35 中的哪台路由器正在向组成员发送 IGMPv2 查询消息？

6．表 8-8 列出了去往图 8-35 中的多播源 172.16.12.18 的所有单播路由。请问哪台路由器是 PIM 转发路由器？

表 8-8 去往图 8-35 中的多播源 172.16.12.18 的所有单播路由

路由器	下一跳	协议	度量值
R1	172.16.50.5	OSPF	35
R2	172.16.51.80	EIGRP	307200
R3	172.16.13.200	EIGRP	2297856
R4	172.16.44.1	OSPF	83

7. 下列输出结果给出了图 8-36 中的 PIM 域的 RPF 跟踪情况，该路由器运行的单播 IGP 是 RIP-2。请问这些跟踪信息是否反映了什么问题？

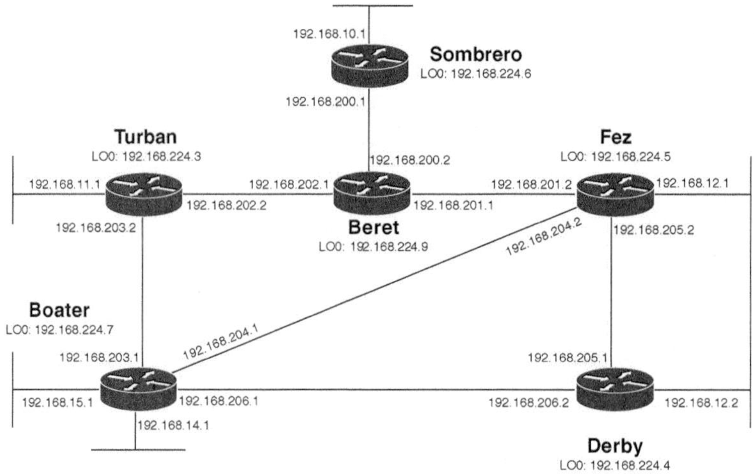

图 8-36 故障检测与排除练习题 7 拓扑结构

```
Sombrero#mtrace 192.168.14.35 192.168.10.8 235.1.2.3
Type escape sequence to abort.
Mtrace from 192.168.14.35 to 192.168.10.8 via group 235.1.2.3
From source (?) to destination (?)
Querying full reverse path...
 0  192.168.10.8
-1  192.168.10.1 PIM [192.168.14.0/24]
-2  192.168.200.2 PIM [192.168.14.0/24]
-3  192.168.201.2 PIM [192.168.14.0/24]
-4  192.168.204.1 PIM [192.168.14.0/24]
-5  192.168.14.35
Sombrero#
```

第 9 章

扩展 IP 多播路由

前两章解释了 IP 多播路由协议的当前发展状态以及 Cisco IOS Software 关于多播路由的基本配置方法。但是与单播协议一样，随着多播域的不断增大，必须采取额外措施来维持网络的稳定性、可扩展性和可控性。本章将解释实现上述目标的一些可用技术及协议。

9.1 多播定界

处理大规模多播域时的主要因素就是控制多播域的范围，如第 7 章所述，目前存在两种多播域定界机制：

- TTL 定界；
- 管理定界。

对于 TTL 定界机制来说，就是设置多播包的 TTL 值，多播包可以在 TTL 递减至 0 之前传送一段距离，等到 TTL 递减至 0 时就丢弃该多播包。如果希望对这种粗放的控制方法实施精细化控制，那么就可以通过 **ip multicast ttl-threshold** 命令在接口上设置边界。例如，如果在指定接口上配置了语句 **ip multicast ttl-threshold 5**，那么该接口将仅转发 TTL 值大于 5 的多播包，TTL 值小于等于 5 的多播包都会被丢弃。表 9-1 列出了 TTL 定界值示例。这些 TTL 值都是目前已被废止的 MBone 建议使用的 TTL 值。

大家在第 8 章中已经遇到了一些设置协议消息 TTL 值以进行 TTL 定界的命令，如启用 Auto-RP C-RP 和映射代理的命令，本章还将讨论更多的提供类似功能的命令。但是正如第 7 章所说的那样，TTL 定界机制缺乏灵活性（因为在接口上设置的 TTL 边界会应用于所有多播包），虽然这一点对于绝对的边界来说没问题，但有时可能只希望阻塞部分多播包，而转发其他多播包。

例 9-1　　　Mbone TTL 阈值

TTL 值	限定
0	限定在同一台主机
1	限定在同一子网
15	限定在同一站点
63	限定在同一区域
127	全球范围
191	全球受限带宽
255	无限制

为此，管理定界提供了更灵活的定界能力。IPv4 管理定界的本质就是将多播组地址区间 224.0.0.0～239.255.255.255 进行分区，将特定的地址区间分配给特定范围，然后在这些地址区间上应用过滤机制即可创建不同的域边界。有关 IPv4 管理定界的详细信息请参见 RFC 2365[1]。表 9-2 则列出了该 RFC 建议的分区情况。大家已经了解了 224.0.0.0/24 的链路本地范围的使用方式，路由器从不转发多播地址位于该区间的多播包，如 IGMP (224.0.0.1 和 224.0.0.2)、OSPF (224.0.0.5 和 224.0.0.6)、EIGRP (224.0.0.10)以及 PIM (224.0.0.13)，因而这些多播包被限制在发起这些多播包的数据链路范围之内。

表 9-2　　RFC 2365 建议的管理分区

前缀	范围
224.0.0.0/24	链路本地
224.0.1.0–238.255.255.255	全局
239.0.0.0/10	未指定
239.64.0.0/10	未指定
239.128.0.0/10	未指定
239.192.0.0/14	组织机构本地（Organization-Local）
239.255.0.0/16	未指定

在接口上应用命令 **ip multicast boundary** 即可创建管理边界，该命令仅引用 IPv4 访问列表，由访问列表指定接口所允许或拒绝的多播组地址区间（见例 9-1）。

例 9-1　在接口上应用命令 **ip multicast boundary** 以创建管理边界

```
interface Ethernet0
 ip address 10.1.2.3 255.255.255.0
  ip multicast boundary 10
!
interface Ethernet1
 ip address 10.83.15.5 255.255.255.0
 ip multicast boundary 20
!
access-list 10 deny   239.192.0.0 0.3.255.255
access-list 10 permit 224.0.0.0 15.255.255.255
access-list 20 permit 239.135.0.0 0.0.255.255
access-list 20 deny   224.0.0.0 15.255.255.255
```

例中的接口 E0 标记了一个边界，所有组织机构本地范围（见表 9-2）内的多播包都会被阻塞，而全局范围内的多播包则可以通过。接口 E1 的边界则仅允许目的地址位于 239.135.0.0/16 区间内的多播包通过（拒绝其他所有多播包）。由于该地址区间位于表 9-2 的未定义区间，因而可以由本地网络管理员赋予特殊含义。

IPv6 多播网络中的管理定界比较简单，这是因为 IPv6 地址格式本身就内嵌了范围值（见图 9-1），具体的范围值由 RFC 7346 指定（见表 9-3）。例如，前缀为 FF02::/16 的 IPv6 组地址就是链路本地范围（与 OSPFv3 路由器的 FF02::5 或 PIM 路由器的 FF02::D 等绝大多数协议地址相同），而前缀 FF08::/16 则属于组织结构本地范围。

IPv6 内嵌的范围字段使得 IPv6 管理定界的配置变得非常简单，不需要通过访问列表来定义地址范围。利用 **ipv6 multicast boundary scope** 语句（通过范围编号或名称），即可在接口上指定 IPv6 多播边界（见例 9-2）。需要注意的是，如果使用的是范围编号，那么就必须使用十进制数值（3～15），而不是表 9-3 列出的十六进制数值（3～F）。

1 David Meyer, “RFC 2365: Administratively Scoped IP Multicast,” 1998 年 7 月

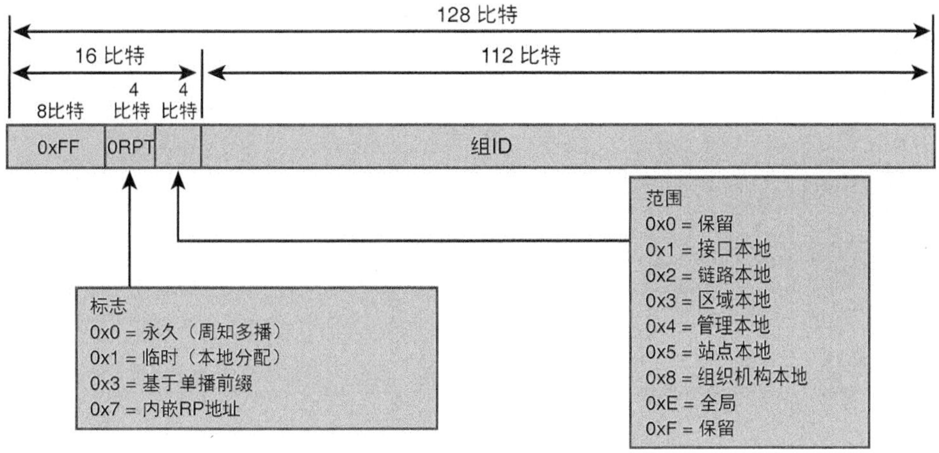

图 9-1 IPv6 多播地址格式内嵌了范围规定

表 9-3 RFC 2365 建议的管理分区

范围字段值	范围
0	保留
1	接口本地（Interface-Local）
2	链路本地（Link-Local）
3	域本地（Realm-Local）
4	管理本地（Admin-Local）
5	站点本地（Site-Local）
6	未指定
7	未指定
8	组织机构本地（Organization-Local）
9	未指定
A	未指定
B	未指定
C	未指定
D	未指定
E	全局
F	保留

例 9-2 **ipv6 multicast boundary scope** 语句可以通过范围编号或名称在接口上指定 IPv6 多播边界

```
Colorado(config-if)#ipv6 multicast boundary scope ?
  <3-15>               Scope identifier for this zone
  admin-local          Admin-local(4)
  organization-local   Organization-local(8)
  site-local           Site-local(5)
  subnet-local         Subnet-local(3)
  vpn                  Virtual Routing/Forwarding(14)
```

对于 IOS 15.0 来说，可以利用 **ipv6 multicast boundary block source** 语句在接口上阻塞所有入站多播流量的源端。例 9-3 给出了 IPv6 管理定界的配置示例。

例 9-3 接口 Serial 1/1 的边界被配置为管理本地，接口 Serial 1/2 的边界被配置为组织机构本地

```
!
interface Serial1/1
 ip address 10.0.0.6 255.255.255.252
 ipv6 address 2001:DB8:A:3::1/64
 ipv6 multicast boundary scope 4
 serial restart-delay 0
!
interface Serial1/2
 no ip address
 ipv6 address 2001:DB8:A:4::1/64
 ipv6 multicast boundary scope 8
 serial restart-delay 0
!
```

9.2 案例研究：多播穿越非多播域

部署多播应用时的一个可能挑战就通过不支持多播机制的域来连接不同的多播域。这种情况可能出现在大型路由域中只有部分区域需要支持多播路由的场合，此时通常不会为少量多播路由器提供连接而在整个单播域内所有路由器上都启用多播协议。另一种常见应用场合就是通过单播 Internet 互联不同的多播域。

图 9-2 中的两个 PIM 域被一个仅支持单播的 IP 域所隔离。该 IP 单播域可能是一个骨干网，也可能是一个企业网，甚至是 Internet 本身。目前的要求是必须通过该单播域互连这两个多播域。解决方案很简单：只要在携带 PIM 流量的两台路由器之间创建一条隧道即可。

例 9-4 给出了图 9-2 中的两台路由器的隧道配置信息。

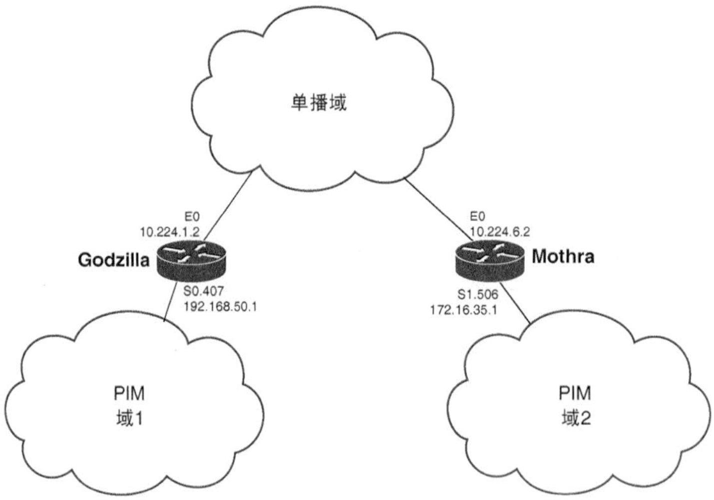

图 9-2 两个 PIM 域被一个仅支持单播的 IP 域所隔离

第 8 章曾经说过，可以通过隧道在多条等价路径之间实现多播流量的负载均衡。这里的隧道配置与此类似，隧道源端是路由器的以太网接口，但是并没有在该物理接口上配置 PIM，只是在隧道上配置了 PIM。本例使用的隧道机制是 GRE 封装机制（默认隧道模式）。为了确保单播流量不会流经该隧道，在接口 TU0 上配置了被动工作模式的 OSPF。最后，本例还配

置了静态多播路由，包含了对端多播域的所有可能的源地址，而且上游接口均显示为 TU0。如第 8 章所述，该路由的作用是防止 RPF 检查失败。如果没有这条路由，那么 RPF 检查将使用 OSPF 路由并将上游接口确定为路由器的 E0 接口。这样一来，到达接口 TU0 的所有多播包的 RPF 检查都将失败。

例 9-4　配置 Godzilla 和 Mothra 以通过单播域为两个多播域提供连通性

```
Godzilla
interface Tunnel0
 ip unnumbered Ethernet0
 ip pim sparse-dense-mode
 tunnel source Ethernet0
 tunnel destination 10.224.6.2
!
interface Ethernet0
 ip address 10.224.1.2 255.255.255.0
!
interface Serial0.407 point-to-point
 description PVC to R7
 ip address 192.168.50.1 255.255.255.0
 ip pim sparse-dense-mode
 frame-relay interface-dlci 407
!
router ospf 1
 passive-interface Tunnel0
 network 10.0.0.0 0.255.255.255 area 0
 network 192.168.0.0 0.0.255.255 area 0
!
ip mroute 172.16.0.0 255.255.0.0 Tunnel0
```

```
Mothra
interface Tunnel0
 ip unnumbered Ethernet0
 ip pim sparse-dense-mode
 tunnel source Ethernet0
 tunnel destination 10.224.1.2
!
interface Ethernet0
 ip address 10.224.6.2 255.255.255.0
!
interface Serial1.506 point-to-point
 description PVC to R6
 ip address 172.16.35.1 255.255.255.0
 ip pim sparse-dense-mode
 frame-relay interface-dlci 506
!
router ospf 1
 passive-interface Tunnel0
 network 0.0.0.0 255.255.255.255 area 0
!
ip mroute 192.168.0.0 255.255.0.0 Tunnel0
```

例 9-5 给出了上述配置的运行结果。

例 9-5　通过 GRE 隧道建立 PIM 邻接关系

```
Godzilla#show ip pim neighbor
PIM Neighbor Table
Neighbor Address  Interface        Uptime    Expires   Ver Mode
192.168.50.2      Serial0.407      01:08:51  00:01:27  v2
172.16.35.1       Tunnel0          01:03:31  00:01:16  v2
Godzilla#
```

```
Mothra#show ip pim neighbor
PIM Neighbor Table
Neighbor Address  Interface        Uptime    Expires   Ver Mode
172.16.35.2       Serial1.506      01:10:06  00:01:42  v2
192.168.50.1      Tunnel0          01:04:33  00:01:15  v2
Mothra#
```

9.3 连接 DVMP 网络

有时（很少见）可能需要将 PIM 路由器连接到 DVMRP 路由器上。虽然这本身并不是一个大规模多播路由问题（因为任何规模的网络都可能存在仅支持 DVMRP 的路由器），但很有可能会在老式多播网络迁移到现代多播网络的场景中遇到这类需求。

如果在 Cisco 路由器的接口上启用了 PIM，那么该路由器就会侦听 DVMRP Probe（探测）消息。收到 Probe 消息之后（如例 9-6 的输出结果所示），Cisco IOS Software 会自动在接口上启用 DVMRP。无需任何特殊配置，就可以通过 DVMRP Report（报告）消息将 PIM 路由器宣告给 DVMRP 邻居。虽然从邻居学到的 DVMRP Report 消息都会保存在一个独立的 DVMRP 路由表中（见例 9-7），但控制 Cisco 路由器做出多播转发决策的仍然是 PIM。虽然可以正常发送和接收 DVMRP Graft（嫁接）消息，但 Cisco IOS Software 对 Prune（剪除）和 Probe 消息的处理方式使得其与完整的 DVMRP 实现仍然存在着一定的差异。

例 9-6 路由器在接口 E0 上接收来自邻居 10.224.1.1 的 DVMRP Probe 消息

```
Godzilla#debug ip dvmrp detail
DVMRP debugging is on
Godzilla#
DVMRP: Received Probe on Ethernet0 from 10.224.1.1
DVMRP: Aging routes, 0 entries expired
DVMRP: Received Probe on Ethernet0 from 10.224.1.1
DVMRP: Aging routes, 0 entries expired
DVMRP: Received Probe on Ethernet0 from 10.224.1.1
DVMRP: Aging routes, 0 entries expired
```

例 9-7 **show ip dvmrp route** 命令可以显示与 DVMRP 路由相关的信息

```
Godzilla#show ip dvmrp route
DVMRP Routing Table - 7 entries
10.224.2.0/24 [0/1] uptime 00:04:21, expires 00:02:38
    via 10.224.1.1, Ethernet0, [version mrouted 3.255] [flags: GPM]
10.224.3.0/24 [0/1] uptime 00:04:21, expires 00:02:38
    via 10.224.1.1, Ethernet0, [version mrouted 3.255] [flags: GPM]
10.224.4.0/24 [0/1] uptime 00:04:21, expires 00:02:38
    via 10.224.1.1, Ethernet0, [version mrouted 3.255] [flags: GPM]
10.224.5.0/24 [0/1] uptime 00:04:21, expires 00:02:38
    via 10.224.1.1, Ethernet0, [version mrouted 3.255] [flags: GPM]
10.224.6.0/24 [0/1] uptime 00:04:21, expires 00:02:38
    via 10.224.1.1, Ethernet0, [version mrouted 3.255] [flags: GPM]
172.16.70.0/24 [0/1] uptime 00:04:21, expires 00:02:38
    via 10.224.1.1, Ethernet0, [version mrouted 3.255] [flags: GPM]
192.168.50.0/24 [0/1] uptime 00:04:21, expires 00:02:38
    via 10.224.1.1, Ethernet0, [version mrouted 3.255] [flags: GPM]
```

完整的 DVMRP 实现与基于 Cisco IOS Software 的 DVMRP 实现之间的首要区别就在于 Probe 消息的处理方式。如前所述，虽然 Cisco 路由器是通过检测 Probe 消息来发现 DVMRP 邻居的，但是假设该 DVMRP 邻居位于多路接入网络上，而且还有多台 Cisco 路由器也连接在该网络上。如果其中的某台 Cisco 路由器发出一条 Probe 消息，那么邻接的 Cisco 路由器就会错误地认为该消息的发起端是 DVMRP 路由器，而不是 PIM 路由器（见图 9-3），因而 Cisco 路由器仅侦听 Probe 消息，而不发起 Probe 消息。

第二个区别在于 Prune 消息的处理方式。第 7 章曾经说过，DVMRP 路由器需要维护每个下游邻居的状态。如果某个下游邻居发送了 Prune 消息，那么仅剪除该邻居的状态，

DVMRP 路由器仍然通过该接口转发多播流量（除非所有 DVMRP 邻居都发送了 Prune 消息）。如果多路接入网络中存在多个下游邻居，那么这样做的好处是可以在剪除某个邻居的时候防止剪除其他非期望邻居。

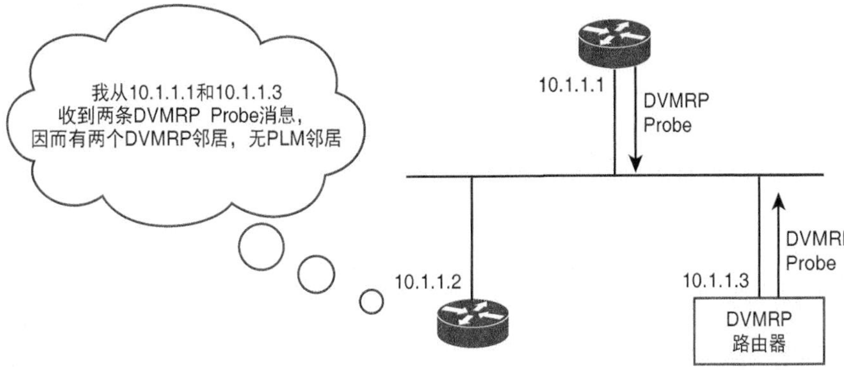

图 9-3　如果顶部的 Cisco 路由器会生成 DVMRP Probe 消息，那么底部的 Cisco 路由器将会误认为该消息的发起者是 DVMRP 邻居，因而 Cisco 路由器从不生成 DVMRP Probe 消息

注：　如第 7 章所述，PIM-DM 使用剪除覆盖机制来解决这个问题，而不用维护邻居的状态信息。

但 Cisco 路由器并不维护 DVMRP 邻居的状态，因而为了避免某个下游邻居发送的 Prune 消息剪除了其他下游邻居所需的多播流量，Cisco 路由器会忽略多路接入接口上收到的 DVMRP Prune 消息。由于点到点接口只有一个下游邻居，因而可以正常处理该接口上收到的 Prune 消息。此外，Cisco 路由器可以在连接了 DVMRP 邻居的多路接入和点到点接口上正常发送 Prune 消息。

该方法的难点也很明显，如果经多路接入网络连接上游 Cisco 路由器的 DVMRP 路由器无法剪除自己，那么 Cisco 路由器就会将非期望的多播流量转发到 DVMRP 域中。解决这个问题的方法仍然是隧道。

图 9-4 中的 Cisco 路由器经多路接入网络连接到两台 DVMRP 路由器上，与每台 DVMRP

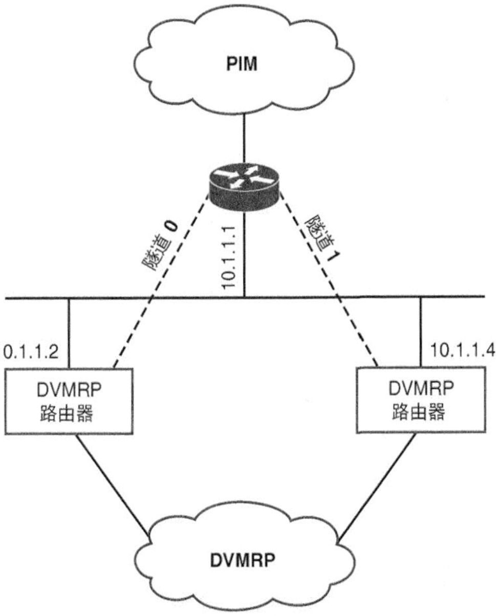

图 9-4　利用隧道在多路接入网络中创建点到点连接，确保 DVMRP 剪除操作能够正常运行

路由器都创建了隧道之后，Cisco IOS Software 将认为是通过点到点链路（而不是多路接入链路）连接 DVMRP 邻居的，此后 Cisco 路由器就可以正常接受剪除消息了。

例 9-8 给出了图 9-4 中的 Cisco 路由器的配置信息。

例 9-8 配置图 9-4 中的 Cisco 路由器以接受经点到点链路收到的剪除消息

```
interface Tunnel0
 ip unnumbered Ethernet0
 ip pim sparse-dense-mode
 tunnel source Ethernet0
 tunnel destination 10.1.1.2
 tunnel mode dvmrp
!
interface Tunnel1
 no ip address
 ip pim sparse-dense-mode
 tunnel source Ethernet0
 tunnel destination 10.1.1.4
 tunnel mode dvmrp
!
interface Ethernet0
 ip address 10.1.1.1 255.255.255.0
```

与前面的隧道配置相比，本例隧道配置的最大区别在于将隧道模式设置为 DVMRP 模式（而不是默认的 GRE 模式），而且在隧道（而不是物理接口）上配置 PIM。如果多路接入网络中也有 Cisco PIM 路由器，那么就要在以太网接口上配置 PIM，使得 DVMRP 路由器通过隧道进行连接，PIM 路由器则通过以太网进行连接。

注：如果可以经由 DVMRP 路由器到达多播源，那么就必须配置静态多播路由，以免 RPF 检查失败。

9.4 AS 间多播

所有多播路由协议（或者也包括所有单播路由协议）都面临类似的扩展性问题，也就是如何有效地将数据包分发给一组主机。通过前面的学习可以知道，密集模式协议（如 PIM-DM 和 DVMRP）的扩展性都不是很好，因为根据定义，这类协议假定多播域中的多数主机都是组成员。作为稀疏模式协议的 PIM-SM 的扩展性则相对较好，因为该协议假定多播域中的大多数主机都不是组成员。但是，密集模式协议和稀疏模式协议的的假定条件都仅局限于单个多播域。也就是说，迄今为止遇到的所有 IP 多播路由协议都可以认为是多播 IGP。

那么在维护每个 AS 自治性的同时，如何让多播包穿越 AS 边界呢？

PIM-SM 的 Internet 草案通过定义 PMBR（PIM Multicast Border Router，PIM 多播边界路由器）来解决这个问题。PMBR 位于 PIM 域的边缘，并构建去往域中所有 RP 的特殊树枝（见图 9-5），每个树枝都以一个（*,*,RP）表项加以表示，其中的两个通配符表示映射到该 RP 的所有多播源地址和多播组地址。RP 从多播源收到多播流量之后，将其转发给 PMBR，再由 PMBR 将多播流量转发到邻居域中。PMBR 依靠邻居域向其发送所有非期望流量的剪除消息，然后 PMBR 再将这些剪除消息发送给 RP。

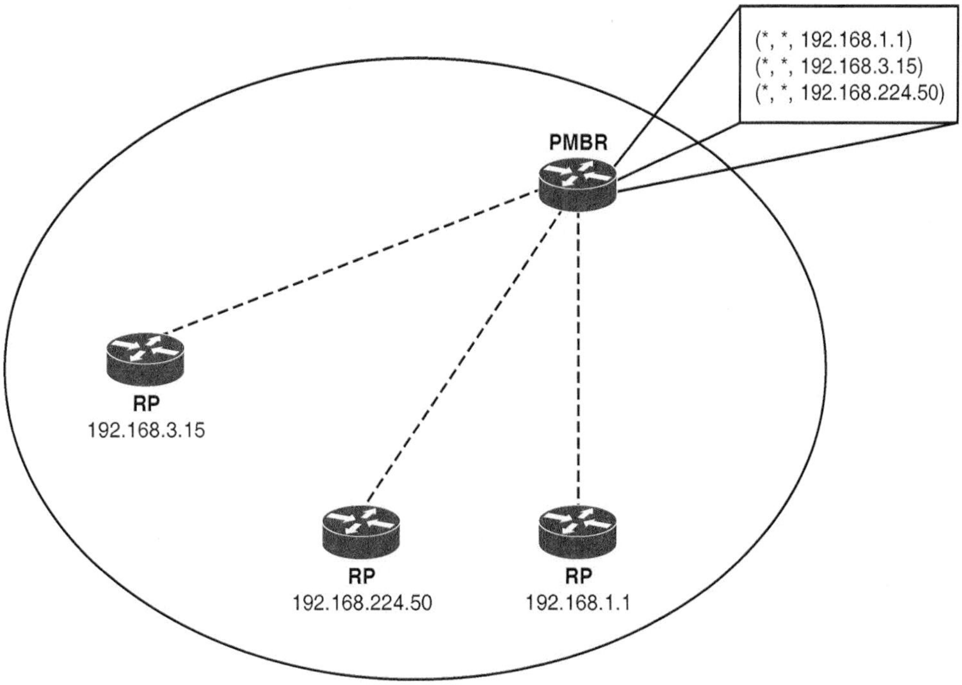

图 9-5 PMBR 与域中的每个 RP 都建立一个被称为（*,*,G）的多播树枝，RP 沿这些树枝将多播流量转发给 PMBR

PMBR 概念的缺点在于泛洪/剪除操作行为。事实上，PMBR 主要用来将 PIM-SM 域连接到 DVMRP 域。由于这种方法的扩展性较差，因而 Cisco IOS Software 并不支持 PMBR。

由于 PIM-SM 是事实上的 IP 多播路由协议标准，因而如何在自治系统之间路由多播流量的问题就可以简化为如何在 PIM-SM 域之间路由多播流量。此时需要解决以下两个问题：

- 如果多播源和组成员位于不同的域中，那么 RPF 进程必须保持有效；
- 为了维持自治性，一个域不能依赖另一个域中的 RP。

由于 PIM-SM 与协议无关，因而第一个问题看起来很容易解决。就像 PIM 使用单播 IGP 路由来确定域内 RPF 接口一样，此时可以利用 BGP 路由来确定去往其他自治系统中的多播源的 RPF 接口。不过在域间传送多播流量时，可能会希望使用与单播流量不同的链路（见图 9-6）。如果多播包到达链路 A，BGP 显示去往该多播包的源端的单播路由是通过链路 B，那么 RPF 检查将失败。虽然静态多播路由可以解决该问题，但很明显不适合大规模应用，因而必须对 BGP 进行扩展，以表明被宣告前缀是否用于单播路由，或者用于多播 RPF 检查，或者两者有之。

PIM 可以利用现有的 BGP 扩展协议，该扩展后的 BGP 版本在 RFC 7606[2]中称为 MBGP（Multiprotocol BGP，多协议 BGP）（详见第 6 章）。

虽然该 BGP 扩展的目的是让 BGP 携带 IPv6 和 L3 VPN 等多种地址簇，但 MBGP 的第一个广泛应用却是宣告多播源，因而有时也会错误地将 MBGP 中的 M 理解为多播（Multicast）而不是多协议（Multiprotcol）。

MBGP 的一种常见应用就是在同意交换多播流量的服务提供商的 NAP 或 IXP 中构建对等连接（见图 9-7）。虽然自治系统可以建立单播流量的对等连接，但必须为多播流量共享同

2 Tony Bates, Ravi Chandra, Dave Katz, and Yakov Rekhter, "RFC 7606: Multiprotocol Extensions for BGP-4," 2007 年 1 月

一个对等点。由于某些前缀可能会同时通过单播和多播 NAP 进行宣告，因而必须利用 MBGP 来区分多播 RPF 路径和单播路径。

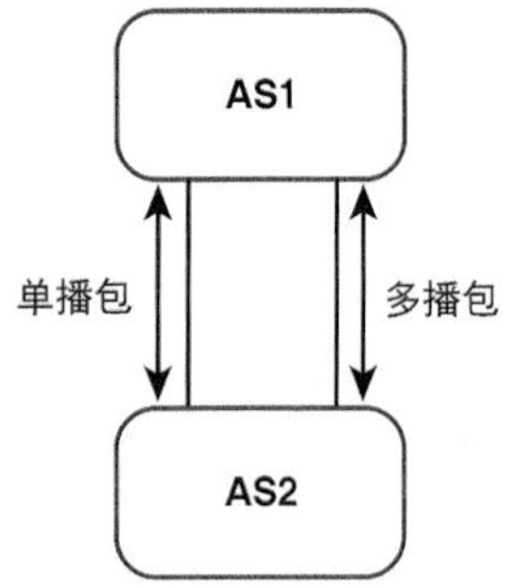

图 9-6 AS 间的流量工程需求可能要求多播流量与单播流量使用不同的链路

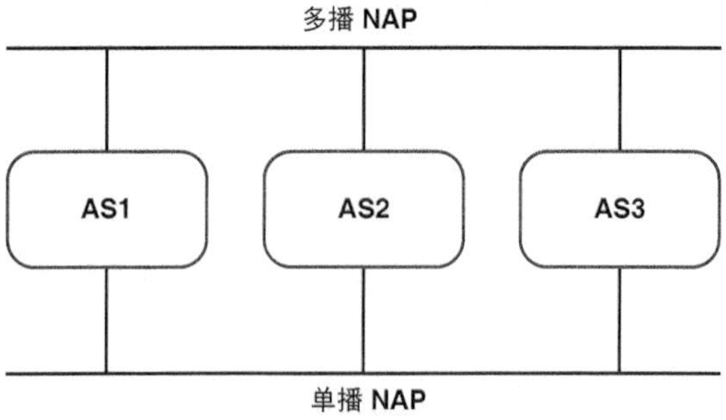

图 9-7 需要为多播和单播提供不同对等点时可以使用 MBGP

第二个 AS 间 PIM 问题（为了保持自治性，一个域不能依赖另一个域中的 RP）的起因是 AS 不希望依赖其不能控制的 RP。不过，如果每个 AS 都部署了自己的 RP，那么就必须有相应的协议让不同 AS 内的每个 RP 都能与其他穿越 AS 边界的 RP 共享源信息，并反过来发现其他 RP 所知道的多播源（见图 9-8）。该协议就是 MSDP（Multicast Source Discovery Protocol，多播源发现协议）[3]。

下面将详细介绍 MBGP 扩展以及 MSDP 的相关操作。

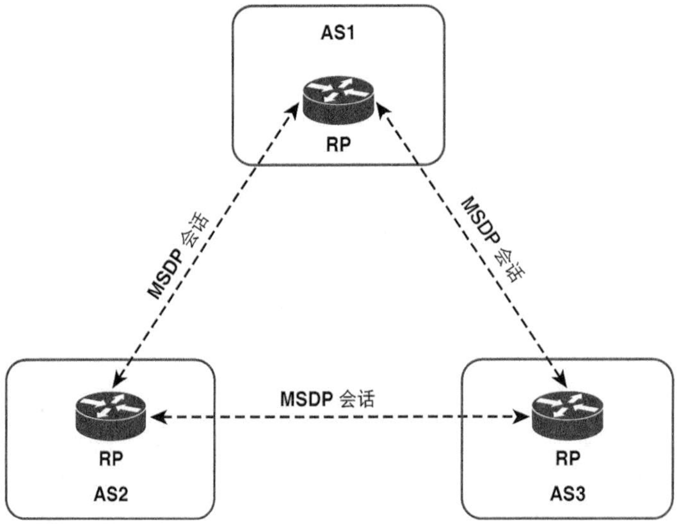

图 9-8 在 RP 之间运行 MSDP 之后就可以让每个 RP 都能发现其他 RP 所知道的多播源

9.4.1 MBGP

RFC 2283 定义了以下两种新属性，从而将 BGP 扩展为支持多协议：

- MP_REACH_NLRI（Multiprotocol Reachable NLRI，多协议可达 NLRI），类型 14;
- MP_UNREACH_NLRI（Multiprotocol Unreachable NLRI，多协议不可达 NLRI），类型 15。

3 Bill Fenner and David Meyer, "Multicast Source Discovery Protocol (MSDP)," RFC 3618, 2003 年 10 月

注：有关 BGP 属性类型代码的详细列表请见表 2-7。

这两个属性都是可选非传递性属性。第 2 章曾经说过，可选非传递性属性意味着 BGP 发话路由器不需要支持该属性，而不支持该属性的 BGP 发话路由器则不会将这些属性传递给它们的对等体。

MP_REACH_NLRI 属性用来宣告可行路由，MP_UNREACH_NLRI 则用来撤销可行路由。包含在这些属性中的 NLRI（Network Layer Reachability Information，网络层可达性信息）是与协议相关的目的端信息。如果 MBGP 用于 IP 多播，那么 NLRI 始终是一个描述一个或多个多播源的 IPv4 前缀。需要记住的是，PIM 路由器并不使用该信息进行包转发，而仅仅利用该信息来确定去往特定多播源的 RPF 接口。利用这两个新属性，就可以告诉 BGP 对等体特定前缀是否仅用于单播路由、多播 RPF 或者用于两者。

MP_REACH_NLRI 包含一个或多个（地址簇信息，下一跳信息，NLRI）三元组，MP_UNREACH_NLRI 则包含一个或多个（地址簇信息，不可行路由长度，被撤销的路由）三元组。

注：MP_REACH_NLRI 的完整格式比较复杂，某些字段也与 IP 多播无关，如果希望了解详细信息，请参阅 RFC 2283。

地址簇信息包括一个 AFI（Address Family Identifier，地址簇标识符）和一个 Sub-AFI（Subsequent AFI，子 AIF）。IPv4 的 AFI 为 1，IPv6 的 AFI 为 2，因而 IPv4 多播总是将 AFI 设置为 1，IPv6 多播总是将 AFI 设置为 2。Sub-AFI 描述的是 NLRI 是否仅用于单播转发（1）或者仅用于多播转发（2）。

9.4.2 MSDP 操作

顾名思义，MSDP 的作用就是发现其他 PIM 域中的多播源。运行 MSDP 的好处是本域中的 RP 可以与其他域中的 RP 相互交换多播源信息，本域中的组成员则无需直接依赖于其他域中的 RP。

注：大家将在后面的案例中发现 MSDP 对单个域中的多播源信息共享也非常有用。

MSDP 使用 TCP（端口 639）进行对等连接。与 BGP 一样，MSDP 使用点到点 TCP 对等连接就意味着必须显式配置每个对等体。PIM DR 将多播源注册到 RP 上时，该 RP 会向其所有的 MSDP 对等体发送一条 SA（Source Active，源有效）消息（见图 9-9）。

SA 消息中包含以下信息：

- 多播源地址；
- 多播组（多播源正向该多播组发送流量）地址；
- 发信 RP 的 IP 地址。

每个收到 SA 消息的 MSDP 对等体都将会 SA 泛洪给自己的对等体（发信路由器的下游邻居）。在某些情况下（如图 9-9 中的 AS 6 和 AS 7 的 RP），一个 RP 可能会从多个 MSDP 对等体收到同一份 SA 拷贝。为了防止出现环路现象，RP 会检查 BGP 下一跳数据库以确定去往 SA 发信路由器的下一跳。如果同时配置了 MBGP 和单播 BGP，那么就会首先检查 MBGP，然后再检查单播 BGP。如果下一跳邻居是发信路由器的 RPF 对等体，而且从发信路由器收到 SA 消息的接口不是去往 RPF 对等体的接口，那么就会丢弃该 SA 消息。因而将 SA 泛洪称为对等体 RPF 泛洪。由于存在对等体 RPF 泛洪机制，因而 BGP 或 MBGP 必须与 MSDP 同时运行。

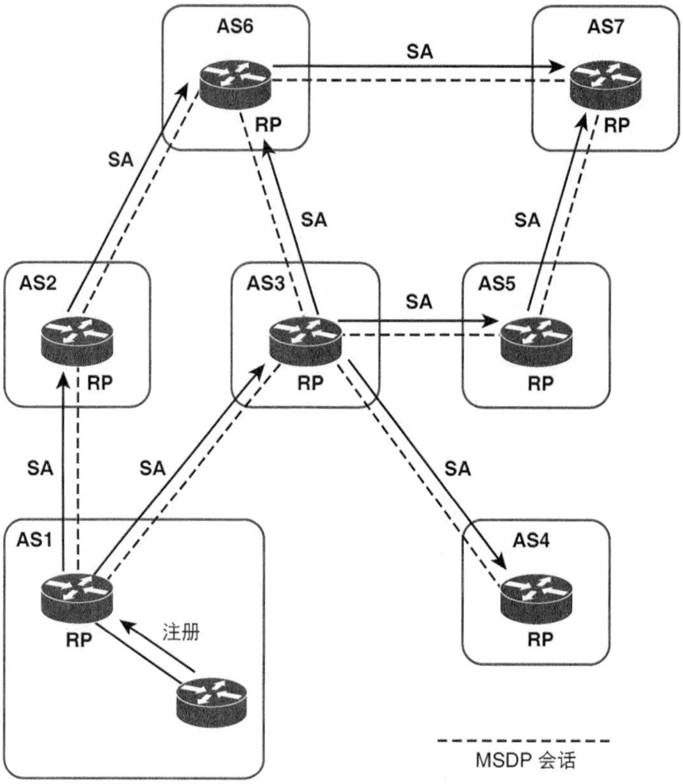

图 9-9 RP 通过 SA 消息向其 MSDP 邻居宣告多播源

RP 收到 SA 消息之后，通过查看该多播组的（*,G）出站接口列表中是否有接口来确定其域中是否有该 SA 的多播组成员，如果没有组成员，那么 RP 就不执行任何操作，如果有组成员，那么 RP 就会向该多播源发送一条（S,G）加入消息，从而建立起一个穿越 AS 边界去往 RP 的有源树的树枝（RPT）。多播包到达 RP 之后，就会沿着自己的共享树转发给 RP 所在域的组成员，此后这些组成员的 DR 就可以利用标准的 PIM-SM 进程选择加入去往该多播源的 RPT 树。

只要多播源一直向多播组发送多播包，那么发信 RP 就会一直以 60 秒钟为周期发送(S,G)的 SA 消息，其他 RP 收到 SA 消息之后可以选择缓存该消息。例如，假设某个 RP 从发信 RP 10.5.4.3 收到一条（172.16.5.4, 228.1.2.3）的 SA 消息，该 RP 查看其多播路由表之后发现没有多播组 228.1.2.3 的有效组成员，那么该 RP 将不再缓存该 SA 消息，而是将其发送给对等体（10.5.4.3 的下游邻居）。此后如果域中的主机向 RP 发送了加入多播组 228.1.2.3 的请求消息，那么 RP 就会将去往该主机的接口添加到（*.228.1.2.3）表项的出站接口列表中。但是由于未缓存之前的 SA 消息，因而 RP 并不知道该多播源。因此，RP 在向多播源发起加入操作之前必须等待接收下一条 SA 消息。

如果 RP 缓存了 SA 消息，那么该路由器就拥有（172.16.5.4,228.1.2.3）表项，从而可以在主机提出加入请求时立即加入该多播源的多播树。这里就存在一个折中问题，一方面是降低加入等待时间，另一方面是缓存可能需要也可能不需要的 SA 而耗费内存资源。如果 RP 属于某个大型 MSDP 网络且拥有大量 SA 消息，那么就应该重点考虑内存消耗问题。

Cisco IOS 默认不缓存 SA，可以使用命令 **ip msdp cache-sa-state** 来启用 SA 的缓存功能。为了减轻可能的内存压力，可以考虑将该命令链接到一个扩展访问列表，指定缓存某些特定的（S,G）对。

如果 RP 有一个正在缓存 SA 的 MSDP 对等体，那么就可以利用 SA Request（SA 请求）和 SA Response（SA 响应）消息，在 RP 不开启 SA 缓存功能的情况下降低加入等待时间。主机请求加入多播组之后，RP 会向自己的缓存对等体发送 SA Request 消息。如果对等体缓存了该多播组的源信息，那么就会在 SA Response 消息中将源信息发送给该请求 RP。请求 RP 只是使用 SA Response 消息中的信息，而不会将该信息转发给其他对等体。如果非缓存 RP 收到了 SA Request 消息，那么就会向请求 RP 响应一条差错消息。

如果希望 Cisco 路由器发送 SA Request 消息，那么就需要使用 **ip msdp sa-request** 命令来指定缓存对等体的 IP 地址或名字。如果需要指定多个缓存对等体，那么就需要多次使用该命令指定多个缓存对等体。

9.4.3 MSDP 消息格式

MSDP 消息携带在 TCP 报文段中。如果两台路由器被配置为 MSDP 对等体，那么 IP 地址较大的路由器将负责侦听 TCP 端口 639，IP 地址较小的路由器则试图主动连接端口 639。

MSDP 消息使用 TLV（类型/长度/值）格式，一共定义了 5 种消息类型（见表 9-4）。下面将详细介绍每种消息类型的格式信息。

表 9-4 MSDP 消息类型

类型	消息
1	SA（Soucre Active，源有效）
2	SA Request（SA 请求）
3	SA Response（SA 响应）
4	Keepalive（保持激活）
5	保留（早期的 MSDP 实现将该类型定义为 Notification[通告]）

1. SA TLV

MSDP RP 从 IP 多播源收到 PIM Register（注册）消息之后，会向其对等体发送 SA 消息（MSDP SA TLV 的格式如图 9-10 所示）。此后每隔 60 秒就发送一条 SA 消息，直至该多播源不再有效。单条 SA 消息可以同时宣告多个（S,G）表项。

MSDP SA TLV 格式的字段定义如下。

- **表项数量（Entry Count）：** 表示由指定 RP 地址宣告的（S,G）表项的数量。
- **RP 地址（RP Address）：** 发信 RP 的 IP 地址。
- **保留（Reserved）：** 设置为全 0。
- **源前缀长度（Sprefix Length）：** 指定相关联的源地址的前缀长度，该字段的长度始终为 32。
- **组地址（Group Address）：** 相关联的多播源正在向该多播 IP 地址发送多播包。
- **源地址（Source Address）：** 有效多播源的 IP 地址。

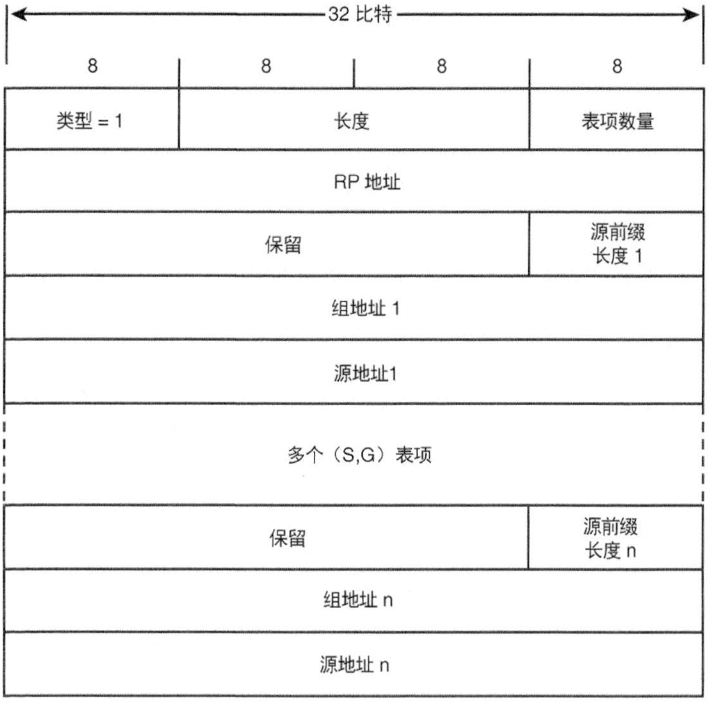

图 9-10 MSDP SA TLV 格式

2. SA Request TLV

SA Request 消息（格式见图 9-11）用于向正在缓存 SA 状态的 MSDP 对等体请求（S,G）信息。SA Request 消息应该仅发送给缓存对等体（非缓存对等体收到该消息后会响应一条差错通告），而且只能由显式配置的 RP 发送该消息。

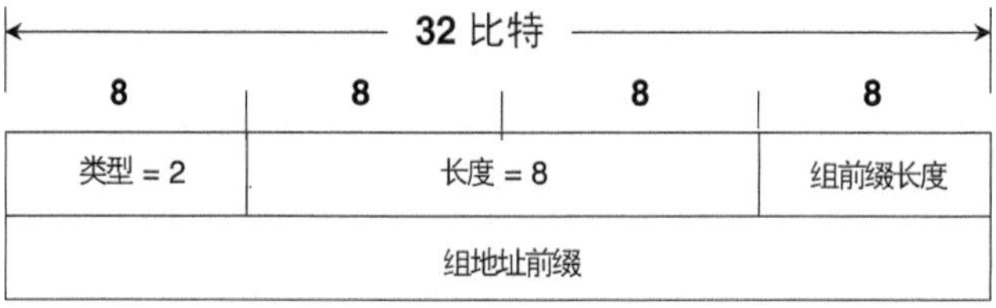

图 9-11 MSDP SA Request TLV 格式

MSDP SA Request TLV 格式的字段定义如下。

- **组前缀长度（Gprefix Length）**：指定多播组地址前缀的长度。
- **组地址前缀（Group Address Prefix）**：指定源信息正被请求的多播组的地址。

3. SA Response TLV

SA Response 消息（格式见图 9-12）由缓存对等体发送，作为 SA Request 消息的响应消息，其作用是向请求对等体提供源地址以及与指定组地址相关联的 RP 地址。SA Response 消息的格式与 SA 消息相同。

4. Keepalive TLV

MSDP 连接的主动方（即 IP 地址较小的对等体）会以一个 75 秒钟的 Keepalive 定时器来跟踪 MSDP 连接的被动方。如果 Keepalive 定时器到期时仍未从被动方收到 MSDP 消息，那么主动对等体就会重置 TCP 连接。如果收到了 MSDP 消息，那么就会重置 Keepalive 定时器。如果被动对等体没有其他消息需要发送，那么就发送 Keepalive 消息，以免主动对等体重置 TCP 连接。从图 9-13 可以看出，Keepalive 消息实际上就是一个仅包含类型和长度字段的 24 比特 TLV。

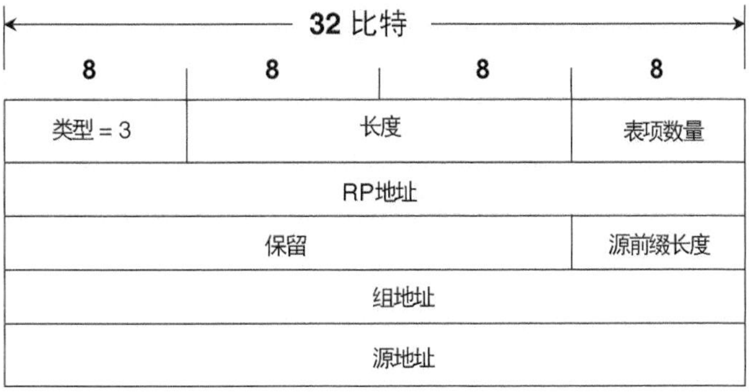

图 9-12 MSDP SA Response TLV 格式

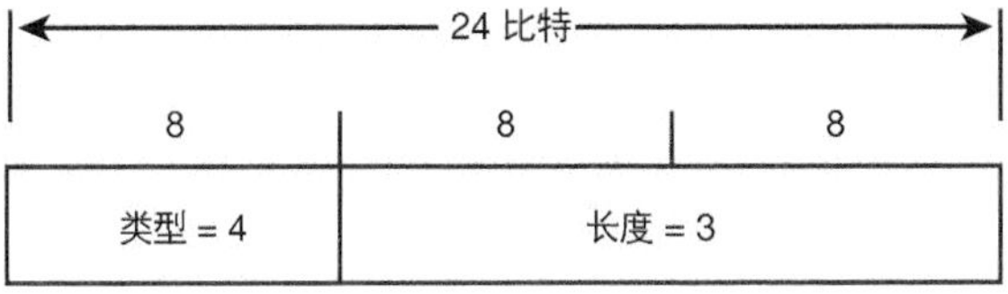

图 9-13 MSDP Keepalive TLV 格式

5. Notification TLV

路由器在检测到差错之后会发送 Notification 消息。请注意，该消息仅用于早期的 MSDP 版本，目前已被废止。图 9-14 给出了 Notification 消息的格式。

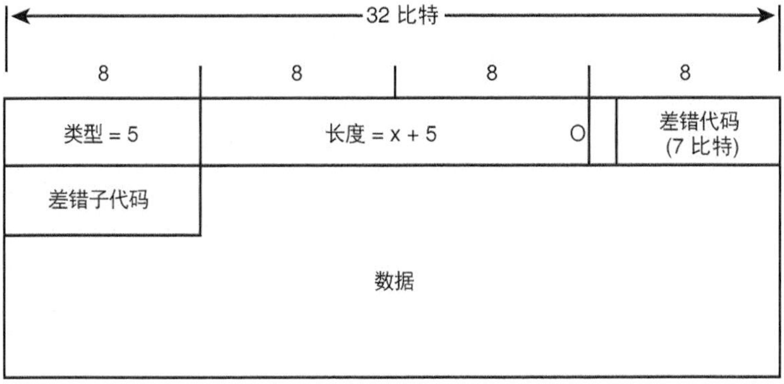

图 9-14 MSDP Notification TLV 格式

MSDP Notification TLV 格式的字段定义如下。

- **长度=x+5（Length = x + 5）：** 指定 TLV 的长度，其中的 x 是数据字段的长度，5 是前 5 个八位组。
- **O 比特：** 即打开比特。如果该比特被清除，那么在收到 Notification 消息之后就必须关闭该连接。表 9-6 列出了不同差错子代码的 O 比特情况。MC 表示必须关闭（must close），O 比特始终被清除。CC 表示可以关闭（can close），O 比特可以被清除。
- **差错代码（Error Code）：** 是一个表示 Notification 类型的 7 比特无符号整数。表 9-5 列出了各种可能的差错代码信息。

- **差错子代码（Error Subcode）**：是一个提供更详细差错代码信息的 8 比特无符号整数。如果差错代码无子代码，那么该字段为 0。表 9-5 列出了与差错代码相关联的各种可能的差错子代码信息。
- **数据（Data）**：是一个包含了与差错代码和差错子代码相关信息的可变长字段。有关数据字段的详细信息不在本章范围之内，其详细信息可参见 MSDP Internet 草案。

表 9-5 MSDP 差错代码和差错子代码

差错代码	差错代码描述	差错子代码	差错子代码描述	O 比特状态
1	消息头差错	0	未指定	MC
		2	消息长度错误	MC
		3	消息类型错误	CC
2	SA Request 差错	0	未指定	MC
		1	未缓存 SA	MC
		2	无效组	MC
3	SA 消息/SA Response 差错	0	未指定	MC
		1	无效表项数量	CC
		2	无效 RP 地址	MC
		3	无效组地址	MC
		4	无效源地址	MC
		5	无效源前缀长度	MC
		6	循环 SA（自己是 RP）	MC
		7	未知封装	MC
		8	违反了管理定界的边界	MC
4	保持定时器到期	0	未指定	MC
5	有限状态机差错	0	未指定	MC
		1	非期望的消息类型 FSM 差错	MC
6	通告	0	未指定	MC
7	停止	0	未指定	MC

9.5 案例研究：配置 MBGP

图 9-15 给出了 3 个自治系统，其中的 AS 200 正在向转接 AS 100 宣告前缀 172.16.226.0/24 和 172.16.227.0/24，并用于正常的 AS 间路由。AS 200 还拥有一些多播源，分别是位于 172.16.224.1 和 172.16.225.50 的主机。此外，子网 172.16.227.0/24 上也有一些多播源，而且该前缀同时被宣告为单播前缀和多播源前缀。

例 9-9 给出了图 9-15 中的 Gorgo 和 Rodan 的配置信息。如第 6 章所述，必须利用 **ip multicast-routing** 语句启用 IP 多播。

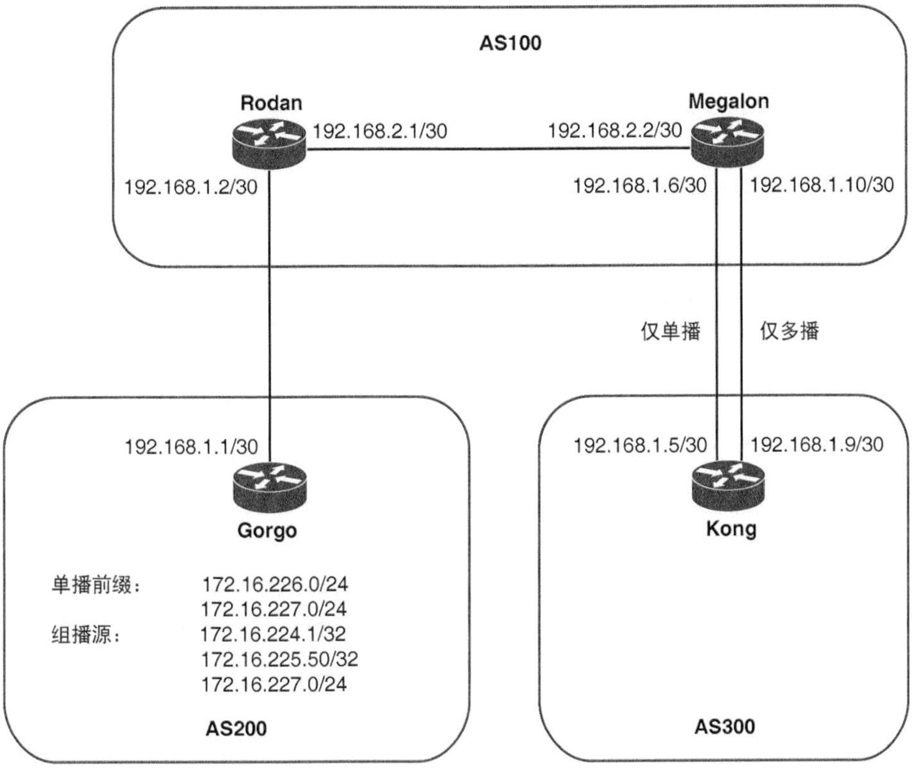

图 9-15 AS 200 正在宣告部分前缀和地址：某些是单播；某些是多播；某些同时是单播和多播

例 9-9 图 9-15 中的 Gorgo 和 Rodan 的 MBGP 配置信息

```
Gorgo
router bgp 200
 no synchronization
 network 172.16.226.0 mask 255.255.255.0
 network 172.16.227.0 mask 255.255.255.0
 neighbor 192.168.1.2 remote-as 100
 no auto-summary
 !
 address-family ipv4 multicast
 neighbor 192.168.1.2 activate
 network 172.16.224.1 mask 255.255.255.255
 network 172.16.225.50 mask 255.255.255.255
 network 172.16.227.0 mask 255.255.255.0
 exit-address-family
```

```
Rodan
router bgp 100
 no synchronization
 neighbor 192.168.1.1 remote-as 200
 neighbor 192.168.254.2 remote-as 100
 neighbor 192.168.254.2 update-source Loopback0
 neighbor 192.168.254.2 next-hop-self
 !
 address-family ipv4 multicast
 neighbor 192.168.1.1 activate
 neighbor 192.168.254.2 activate
 neighbor 192.168.254.2 next-hop-self
 exit-address-family
```

这两台路由器的 BGP 配置中的单播部分与第 3 章中的配置没什么区别。配置中标识了它们的邻居及其 AS 号，与 Gorgo 将要宣告到 AS100 中的两条单播前缀一样。

注：本章假设大家已经掌握了单播 BGP 的配置方法。如果大家对 **next-hop-self** 和 **update-source** 等 IBGP 工具还不清楚的话，请复习第 3 章的相关内容。

命令 **address-family ipv4 multicast** 的作用是激活 MBGP，在 9.4.1 节曾经说过，MBGP 使用了两种新的路由属性（MP_REACH_NLRI 和 MP_UNREACH_NLRI），而且这些属性的 AFI 代码对于 IPv4 来说始终为 1。关键字 **multicast** 的作用是将这些属性的 Sub-AFI 设置为多播。**address-family** 命令之后的 MBGP 配置与单播 BGP 的配置非常相似，不但标识了 MBGP 邻居，而且还标识了被宣告为多播的前缀。关键字 **activate** 表示已经为该邻居激活了 MBGP。仅在 BGP 下（不在 MBGP 下）指定对等体的 AS 号。需要注意的是，MBGP 下的 IBGP 配置（如 **next-hop-self** 命令）与 BGP 下的 IBGP 配置相同，也可以为 MBGP 邻居单独配置策略。最后一条命令 **exit-address-family** 是由 Cisco IOS Software 自动插入的，作为 MBGP 配置内容的结束标记。

如果启用了 **address-family ipv4 multicast** 命令，那么就会隐式启用 **address-family ipv4 unicast** 命令。虽然配置文件中从不显示该命令，但是该命令确实应用到了单播 BGP 配置中。其结果就是在该配置段下指定的前缀会赋予一个 MP_REACH_NLRI 属性并分配一个单播 Sub-AFI。请注意，前缀 172.16.227.0/24 同时出现在 Gorgo 的 BGP 配置和 MBGP 配置中，因而后面会将该前缀同时宣告为单播前缀和多播前缀（Sub-AFI=3）。

例 9-10 通过 **show ip bgp ipv4** 命令显示了上述配置的运行结果。第一条命令使用了关键字 **unicast**，第二条命令使用了关键字 **multicast**。例中显示了 Sub-AFI 与关键字相匹配的所有前缀。请注意，由于前缀 172.16.227.0/24 被同时配置为单播和多播前缀，因而出现在两个输出结果中。

注：命令 **show ip bgp ipv4 unicast** 的输出结果与命令 **show ip bgp** 相同。

例 9-10　命令 **show ip bgp ipv4** 显示的前缀信息（根据它们的 Sub-AFI 值）

```
Rodan#show ip bgp ipv4 unicast
BGP table version is 7, local router ID is 192.168.254.1
Status codes: s suppressed, d damped, h history, * valid, > best, i - internal
Origin codes: i - IGP, e - EGP, ? - incomplete

   Network          Next Hop            Metric LocPrf Weight Path
*> 172.16.226.0/24  192.168.1.1              0             0 200 i
*> 172.16.227.0/24  192.168.1.1              0             0 200 i

Rodan#show ip bgp ipv4 multicast
BGP table version is 10, local router ID is 192.168.254.1
Status codes: s suppressed, d damped, h history, * valid, > best, i - internal
Origin codes: i - IGP, e - EGP, ? - incomplete

   Network          Next Hop            Metric LocPrf Weight Path
*> 172.16.224.1/32  192.168.1.1              0             0 200 i
*> 172.16.225.50/32 192.168.1.1              0             0 200 i
*> 172.16.227.0/24  192.168.1.1              0             0 200 i
Rodan#
```

由于图 9-15 中的 Megalon 和 Kong 为单播 BGP 和 MBGP 使用了不同的链路，因而它们的配置显得更为复杂一些（见例 9-11）。

例 9-11 配置 Megalon 和 Kong 为单播和多播使用不同数据链路

```
Megalon
router bgp 100
 no synchronization
 no bgp default ipv4-unicast
 neighbor 192.168.1.5 remote-as 300
 neighbor 192.168.1.5 activate
 neighbor 192.168.1.9 remote-as 300
 neighbor 192.168.254.1 remote-as 100
 neighbor 192.168.254.1 update-source Loopback0
 neighbor 192.168.254.1 activate
 neighbor 192.168.254.1 next-hop-self
 no auto-summary
 !
 address-family ipv4 multicast
 neighbor 192.168.1.9 activate
 neighbor 192.168.254.1 activate
 exit-address-family
```

```
Kong
router bgp 300
 no synchronization
 no bgp default ipv4-unicast
 neighbor 192.168.1.6 remote-as 100
 neighbor 192.168.1.6 activate
 neighbor 192.168.1.10 remote-as 100
 no auto-summary
 !
 address-family ipv4 multicast
 neighbor 192.168.1.10 activate
 exit-address-family
```

从上面的 MBGP 配置可以看出，只有子网 192.168.1.8/30 用于 MBGP 对等连接，而且单播 BGP 配置段中出现了一些新命令。需要记住的是，调用 **address-family ipv4 multicast** 命令的时候会自动隐式调用命令 **address-family ipv4 unicast**。对于子网 192.168.1.8/30 来说，由于不期望单播 BGP 流量，因而利用 **no ip default ipv4-unicast** 命令来阻止这种自动配置行为。然后利用 **neighbor activate** 命令在期望链路上显式启用单播 BGP。请注意，子网 192.168.2.1/30 和 192.168.1.4/30 都激活了 BGP，而子网 192.168.1.8/30 没有激活 BGP。由于该链路只有在 BGP 下指定的 AS 号，因而可以建立对等关系。

例 9-12 给出了例 9-11 的配置结果。该输出结果看起来与例 9-10 相似，对单播前缀和多播前缀进行了正确分类。不过，对于本例来说，单播前缀的下一跳地址是 192.168.1.6，多播前缀的下一跳地址（RPF 邻居）则是 192.168.1.10。

例 9-12 AS：300 收到了 AS 200 宣告的前缀，为 Kong 与 Megalon 之间的仅单播链路（unicast-only link）和仅多播链路（multicast-only link）使用了正确的下一跳地址

```
Kong#show ip bgp ipv4 unicast
BGP table version is 7, local router ID is 10.254.254.1
Status codes: s suppressed, d damped, h history, * valid, > best, i - internal
Origin codes: i - IGP, e - EGP, ? - incomplete

   Network          Next Hop            Metric LocPrf Weight Path
*> 172.16.226.0/24  192.168.1.6                             0 100 200 i
*> 172.16.227.0/24  192.168.1.6                             0 100 200 i
```

（待续）

```
Kong#show ip bgp ipv4 multicast
BGP table version is 10, local router ID is 10.254.254.1
Status codes: s suppressed, d damped, h history, * valid, > best, i - internal
Origin codes: i - IGP, e - EGP, ? - incomplete

   Network          Next Hop            Metric LocPrf Weight Path
*> 172.16.224.1/32  192.168.1.10                          0 100 200 i
*> 172.16.225.50/32 192.168.1.10                          0 100 200 i
*> 172.16.227.0/24  192.168.1.10                          0 100 200 i
Kong#
```

例 9-13 给出了 BGP 与 MBGP 宣告的实际应用示例，以 172.16.227.0/24 为例（该前缀被同时宣告为单播前缀和多播前缀），对 172.16.227.1 执行路由查找操作，输出结果表明该路由携带了下一跳地址 192.168.1.6（即图 9-15 中的仅单播链路）。接下来对该地址执行 RPF 查找操作，查找结果返回了下一跳地址 192.168.1.10（即图 9-15 中的仅多播链路）。因而可以看出，按照地址的不同使用功能，同一个地址可以引用两条不同的链路。

例 9-13　对 172.16.227.1 执行路由查找显示的下一跳为 192.168.1.6，而对该地址执行 RPF 查找显示的下一跳则是 192.168.1.10

```
Kong#show ip route 172.16.227.1
Routing entry for 172.16.227.0/24
  Known via "bgp 300", distance 20, metric 0
  Tag 100, type external
  Last update from 192.168.1.6 04:10:21 ago
  Routing Descriptor Blocks:
  * 192.168.1.6, from 192.168.1.6, 04:10:21 ago
      Route metric is 0, traffic share count is 1
      AS Hops 2

Kong#show ip rpf 172.16.227.1
  RPF information for ? (172.16.227.1)
  RPF interface: Serial1
  RPF neighbor: ? (192.168.1.10)
  RPF route/mask: 172.16.227.0/24
  RPF type: mbgp
  RPF recursion count: 0
  Doing distance-preferred lookups across tables
Kong#
```

最后需要强调的是，MBGP 并不会影响多播流量的转发操作。对于图 9-15 存在多条并行链路的应用环境来说，需要进行额外的配置来强制多播流量通过仅多播链路进行转发，而 MBGP 的作用则仅仅是允许 RPF 信息穿越 AS 边界进行分发。

9.6　案例研究：配置 MSDP

图 9-16 再次显示了上一个案例研究中的路由器，此时的 4 台路由器都是各自自治系统的 RP，图中还给出了它们的 RP 地址。

只要运行命令 **ip msdp peer**（指定对等体的 IP 地址）即可启用 MSDP。例 9-14 给出了图 9-16 中的 4 台路由器的 MSDP 配置信息。

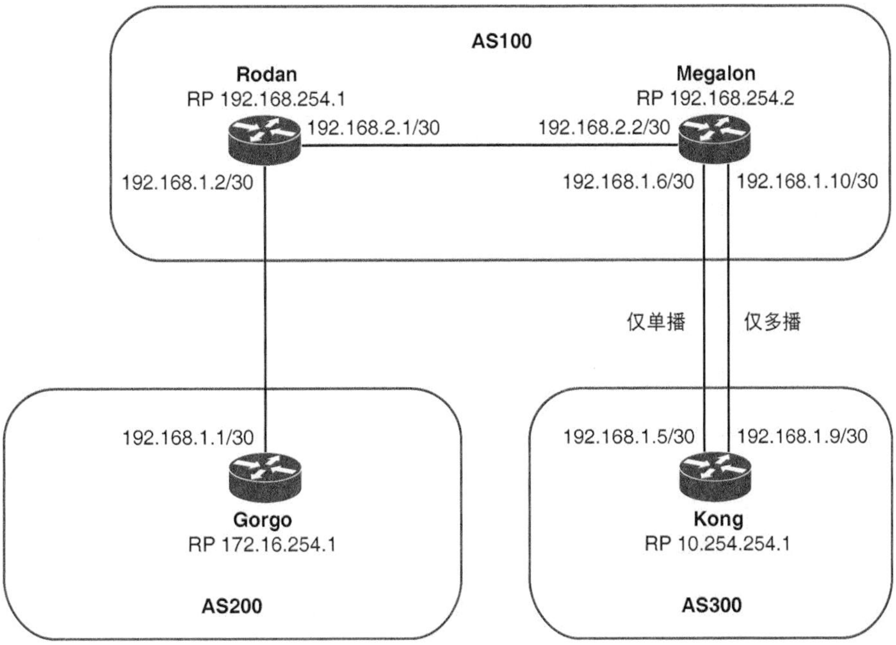

图 9-16 在四台 RP 之间配置 MSDP 会话

例 9-14 在图 9-16 中的 4 台 RP 之间配置 MSDP 会话

```
Gorgo
ip msdp peer 192.168.1.2
------------------------------------------------------------
Kong
ip msdp peer 192.168.1.10
Rodan
ip msdp peer 192.168.1.1
ip msdp peer 192.168.254.2 connect-source Loopback0
------------------------------------------------------------
Megalon
ip msdp peer 192.168.254.1 connect-source Loopback0
ip msdp peer 192.168.1.9
```

Gorgo 和 Rodan、Kong 与 Megalon 之间的对等关系很明显，由于它们之间都只有一条链路连接到对方，因而只要在两个物理接口地址之间直接配置 MSDP 会话即可。但 Rodan 和 Megalon 之间的对等会话却配置在环回地址之间。与 IBGP 对等一样，在环回接口之间配置 MSDP 会话能够提供更好的弹性。如果图 9-16 中的 Rodan 与 Megalon 之间的链路出现故障，只要这两台路由器之间还存在其他路径（图中未画出），那么 TCP 会话就可以重路由。在默认情况下，携带 MSDP 会话的 TCP 包的源地址是发信路由器的物理接口，因而如果与不属于直连子网的地址建立对等会话，那么就需要使用选项 **connect-source** 来更改默认源地址。

例 9-15 利用 **show ip msdp peer** 命令显示了 Megalon 的两条 MSDP 会话的信息，显示了相应的连接状态、运行时间、已发送/已接收的消息等信息。

例 9-15 **show ip msdp peer** 命令显示了 MSDP 对等会话的状态

```
Megalon#show ip msdp peer
MSDP Peer 192.168.254.1 (?), AS 100
Description:
  Connection status:
```

（待续）

```
    State: Up, Resets: 0, Connection source: Loopback0 (192.168.254.2)
    Uptime(Downtime): 3d22h, Messages sent/received: 5683/5677
    Output messages discarded: 0
    Connection and counters cleared 3d22h   ago
  SA Filtering:
    Input filter: none, route-map: none
    Output filter: none, route-map: none
  SA-Requests:
    Input filter: none
    Sending SA-Requests to peer: disabled
  Peer ttl threshold: 0
  Input queue size: 0, Output queue size: 0
MSDP Peer 192.168.1.9 (?), AS 300
Description:
  Connection status:
    State: Up, Resets: 0, Connection source: none configured
    Uptime(Downtime): 3d22h, Messages sent/received: 5674/5694
    Output messages discarded: 0
    Connection and counters cleared 3d22h   ago
  SA Filtering:
    Input filter: none, route-map: none
    Output filter: none, route-map: none
  SA-Requests:
    Input filter: none
    Sending SA-Requests to peer: disabled
  Peer ttl threshold: 0
  Input queue size: 0, Output queue size: 0
Megalon#
```

例 9-15 还显示了为 SA 和 SA Request 消息配置的过滤信息。为了控制和定界 MSDP 的活动情况，可以在 MSDP 路由器上配置如下过滤机制：

- 控制允许注册到 RP 的本地多播源；
- 控制 RP 向其 MSDP 对等体发送的 SA 消息或者从其 MSDP 对等体收到的 SA 消息；
- 控制 RP 向其对等体发送的 SA Request 消息或者从其对等体收到的 SA Request 消息。

大型 MSDP 应用环境的其他配置选项还包括为每个对等体添加描述以及 MSDP 消息中的可配置 TTL 值。例 9-16 给出了图 9-16 中的路由器 Megalon 的配置信息（更为复杂）。

注： 例中给出的配置信息仅用于示范目的，并不是实际配置要求。

例 9-16 更复杂的 MSDP 配置

```
ip pim rp-address 192.168.254.2
ip msdp peer 192.168.254.1 connect-source Loopback0
ip msdp description 192.168.254.1 Rodan in AS 100
ip msdp sa-filter out 192.168.254.1 list 101
ip msdp filter-sa-request 192.168.254.1 list 1
ip msdp sa-request 192.168.254.1
ip msdp ttl-threshold 192.168.254.1 5
ip msdp peer 192.168.1.9
ip msdp description 192.168.1.9 Kong in AS 300
ip msdp sa-filter in 192.168.1.9 list 101
ip msdp sa-filter out 192.168.1.9 list 103
ip msdp sa-request 192.168.1.9
ip msdp ttl-threshold 192.168.1.9 2
ip msdp cache-sa-state list 101
ip msdp redistribute list 102
!
access-list 1 permit 229.50.0.0 0.0.255.255
access-list 101 permit ip 10.254.0.0 0.0.255.255 224.0.0.0 31.255.255.255
access-list 102 permit ip 192.168.224.0 0.0.0.255 224.0.0.0 31.255.255.255
access-list 103 permit ip 172.16.0.0 0.0.255.255 230.0.0.0 0.255.255.255
access-list 103 permit ip 192.168.224.0 0.0.0.255 224.0.0.0 31.255.255.255
```

与例 9-14 相比，仍然保留了为 Rodan 和 Kong 启用 MSDP 的两条命令，但增加了 **ip msdp decription** 命令。为每个对等体的配置添加文本描述，这些描述信息始终位于指定对等体的 **ip msdp peer** 命令之后。很明显，如果存在大量 MSDP 对等体，那么这一点将非常有用。

命令 **ip msdp cache-sa-state** 的作用是启用 SA 缓存功能。本例引用了一个可选的访问列表。access-list 101 指定 Megalon 仅缓存源地址以 10.254.0.0/16 为起始的（S,G）对的 SA 消息，多播组地址为任意多播地址（224.0.0.0/3）。

为了缩短加入等待时间，本例为每个对等体都配置了 **ip msdp sa-request** 语句。路由器收到特定多播组的加入消息时，会向两个邻居发送 SA Request 消息。如前所述，这里假定两个邻居都被配置为缓存 SA 消息。

命令 **ip msdp filter-sa-request** 的作用是向 Rodan（192.168.254.1）发送的 SA Request 消息施加进一步的限制条件。该过滤器引用了 access-list 1，仅允许 229.50.0.0/16，使得 Megalon 仅向 Rodan 请求多播组地址位于前缀 229.50.0.0/16 内的多播源信息。

接下来，Megalon 被配置为仅向可能的多播源子集（可以向其发送 PIM-SM Register 消息）发送 SA 消息。命令 **ip msdp redistribute** 引用了 access-list 102，该访问列表反过来允许多播源前缀 192.168.224.0/24 和多播组地址前缀 224.0.0.0/3（即全部多播组）。虽然所有多播源都能注册到 RP，但是在 RP 的 PIM-SM 配置限制下，仅允许 SA 消息中宣告的前 24 个地址比特为 192.168.224 的多播源。

向 MSDP 对等体转发 SA 消息的操作都要受到 **ip msdp sa-filter out** 命令的控制。该过滤器作用于所有 SA 消息（无论该消息是本地发起的还是从其他 MSDP 对等体收到的），而命令 **ip msdp redistribute** 则仅作用于本地发起的 SA 消息。Megalon 配置了其中的两条语句，对邻居 Rodan（192.168.254.1）来说，根据 access-list 101 的要求，仅转发来自源前缀为 10.254.0.0/16 的 SA 消息。Megalon 仅向 Kong（192.168.1.9）转发 access-list 103 允许的 SA 消息。该访问列表允许源前缀为 172.16.0.0/16 且组地址属于 230.0.0.0/8 的 SA 消息或者允许源前缀为 192.168.224.0/24 且向任意多播组发送多播包的 SA 消息。

此外，还可以利用 **ip msdp sa-filter in** 命令过滤入站 SA 消息。使用了该命令之后，仅当（S, G）被 access-list 101 允许之后，Megalon 才接收来自 Kong 的 SA 消息。请注意，该限制条件同样应用于发送给 Rodan 的出站 SA 消息。

最后，利用 **ip msdp ttl-threshold** 命令控制 MSDP 消息的 TTL 值，将发送给 Rodan 的消息的 TTL 设置为 5，间发送给 Kong 的消息的 TTL 设置为 2。

例 9-17 给出了上述配置的运行结果。与例 9-15 相比，可以看出文本描述、过滤器以及 TTL 阈值都发生了变化。

例 9-17 显示结果反应了 Megalon 的 MSDP 配置变化

```
Megalon#show ip msdp peer
MSDP Peer 192.168.254.1 (?), AS 100
Description: Rodan in AS 100
  Connection status:
    State: Up, Resets: 0, Connection source: Loopback0 (192.168.254.2)
    Uptime(Downtime): 4d14h, Messages sent/received: 6624/6617
    Output messages discarded: 0
    Connection and counters cleared 4d14h   ago
  SA Filtering:
    Input filter: none, route-map: none
    Output filter: 101, route-map: none
  SA-Requests:
```

（待续）

```
    Input filter: 1
    Sending SA-Requests to peer: enabled
  Peer ttl threshold: 5
  Input queue size: 0, Output queue size: 0
MSDP Peer 192.168.1.9 (?), AS 300
Description: Kong in AS 300
  Connection status:
    State: Up, Resets: 0, Connection source: none configured
    Uptime(Downtime): 4d14h, Messages sent/received: 6614/6634
    Output messages discarded: 0
    Connection and counters cleared 4d14h   ago
  SA Filtering:
    Input filter: 101, route-map: none
    Output filter: 102, route-map: none
  SA-Requests:
    Input filter: none
    Sending SA-Requests to peer: enabled
  Peer ttl threshold: 2
  Input queue size: 0, Output queue size: 0
Megalon#
```

除了访问列表之外，还可以将入站和出站 SA 过滤器链接到路由映射中，从而实施更精确的策略控制和策略应用。也可以结合使用路由映射和 MSDP 重分发（与 AS_PATH 访问列表一样）。

9.7 案例研究：MDSP 网状多播组

在前面的案例研究中，路由器 Rodan 和 Megalon 都是同一个 AS 的 RP。大规模多播域通常都会配置多个 RP 来分担相应的工作或者将多播树本地化。虽然到目前为止 MDSP 都被描述为共享 AS 间多播源信息的工具，但是如果单个多播域存在多个 RP 且多播源总是注册到某些 RP，而多播域中的成员又必须发现所有多播源，那么 MSDP 也将非常有用。

从冗余性和健壮性的角度出发，域中的每个 RP 通常都会与域中的其他 RP 建立 MSDP 对等会话。以图 9-17 为例，图中的 4 个 RP 都位于同一个 AS 之中，并且每个 RP 都与其他 3 个 RP 建立了对等会话。这 4 台路由器之间既可能直连，也可能不直连（可能在物理位置上相距较远）。

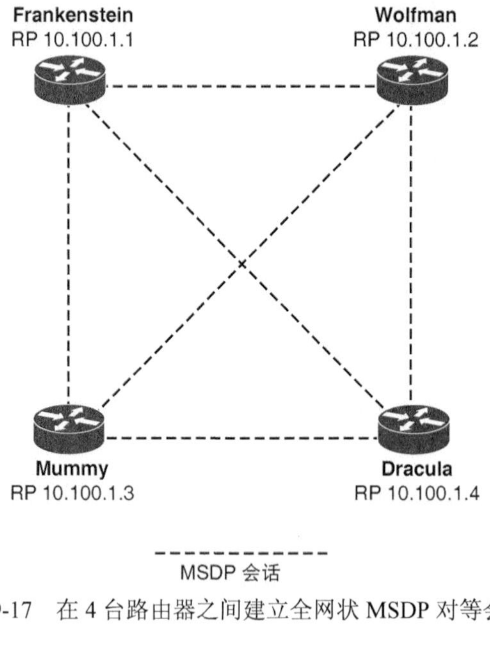

图 9-17 在 4 台路由器之间建立全网状 MSDP 对等会话

例 9-18 给出了图 9-17 中的 4 台路由器的配置信息。

例 9-18 在图 9-17 中的 4 台路由器上配置 MSDP

```
Frankenstein
ip pim rp-address 10.100.1.1
ip msdp peer 10.100.1.3 connect-source Loopback0
ip msdp description 10.100.1.3 to Mummy
ip msdp peer 10.100.1.2 connect-source Loopback0
ip msdp description 10.100.1.2 to Wolfman
ip msdp peer 10.100.1.4 connect-source Loopback0
ip msdp description 10.100.1.4 to Dracula
```

```
Wolfman
ip pim rp-address 10.100.1.2
ip msdp peer 10.100.1.1 connect-source Loopback0
ip msdp description 10.100.1.1 to Frankenstein
ip msdp peer 10.100.1.3 connect-source Loopback0
ip msdp description 10.100.1.3 to Mummy
ip msdp peer 10.100.1.4 connect-source Loopback0
ip msdp description 10.100.1.4 to Dracula
```

```
Mummy
ip pim rp-address 10.100.1.3
ip msdp peer 10.100.1.1 connect-source Loopback0
ip msdp description 10.100.1.1 to Frankenstein
ip msdp peer 10.100.1.2 connect-source Loopback0
ip msdp description 10.100.1.2 to Wolfman
ip msdp peer 10.100.1.4 connect-source Loopback0
ip msdp description 10.100.1.4 to Dracula
```

```
Dracula
ip pim rp-address 10.100.1.4
ip msdp peer 10.100.1.1 connect-source Loopback0
ip msdp description 10.100.1.1 to Frankenstein
ip msdp peer 10.100.1.2 connect-source Loopback0
ip msdp description 10.100.1.2 to Wolfman
ip msdp peer 10.100.1.3 connect-source Loopback0
ip msdp description 10.100.1.3 to Mummy
```

如前所述，上述配置中的一个问题就是某台路由器生成的 SA 消息会被泛洪到其他所有路由器，从而导致大量对等 RPF 泛洪失败并产生大量 MSDP 通告消息。但是如果每个 RP 都与其他 RP 建立了 MSDP 连接，那么就无需泛洪了，此时每个 RP 都只要从直连的发起路由器接收一条 SA 消息即可。因此，为了解决泛洪问题，有必要构建一个 MSDP 网状多播组。

MSDP 网状多播组就是一组全网状连接的 MSDP 对等体（见图 9-17），此时不会出现 SA 消息的转接问题。也就是说，RP 从对等体收到 SA 消息之后，不会将该消息转发给其他任何对等体。

可以利用 **ip msdp mesh-group** 命令来配置 MSDP 网状多播组。其中的多播组可以是任意名称（因而在需要时，同一个 RP 可以属于多个网状多播组），同时需要在命令中指定网状多播组的组成员。例 9-19 的配置文件将图 9-17 中的 RP 添加到名为 Boogeymen 的网状多播组中。

例 9-19 将图 9-17 中的 RP 加入网状多播组 Boogeymen

```
Frankenstein
ip pim rp-address 10.100.1.1
ip msdp peer 10.100.1.3 connect-source Loopback0
ip msdp description 10.100.1.3 to Mummy
ip msdp peer 10.100.1.2 connect-source Loopback0
ip msdp description 10.100.1.2 to Wolfman
ip msdp peer 10.100.1.4 connect-source Loopback0
```

（待续）

```
ip msdp description 10.100.1.4 to Dracula
ip msdp mesh-group Boogeymen 10.100.1.3
ip msdp mesh-group Boogeymen 10.100.1.2
ip msdp mesh-group Boogeymen 10.100.1.4

Wolfman
ip pim rp-address 10.100.1.2
ip msdp peer 10.100.1.1 connect-source Loopback0
ip msdp description 10.100.1.1 to Frankenstein
ip msdp peer 10.100.1.3 connect-source Loopback0
ip msdp description 10.100.1.3 to Mummy
ip msdp peer 10.100.1.4 connect-source Loopback0
ip msdp description 10.100.1.4 to Dracula
ip msdp mesh-group Boogeymen 10.100.1.1
ip msdp mesh-group Boogeymen 10.100.1.3
ip msdp mesh-group Boogeymen 10.100.1.4

Mummy
ip pim rp-address 10.100.1.3
ip msdp peer 10.100.1.1 connect-source Loopback0
ip msdp description 10.100.1.1 to Frankenstein
ip msdp peer 10.100.1.2 connect-source Loopback0
ip msdp description 10.100.1.2 to Wolfman
ip msdp peer 10.100.1.4 connect-source Loopback0
ip msdp description 10.100.1.4 to Dracula
ip msdp mesh-group Boogeymen 10.100.1.1
ip msdp mesh-group Boogeymen 10.100.1.2
ip msdp mesh-group Boogeymen 10.100.1.4

Dracula
ip pim rp-address 10.100.1.4
ip msdp peer 10.100.1.1 connect-source Loopback0
ip msdp description 10.100.1.1 to Frankenstein
ip msdp peer 10.100.1.2 connect-source Loopback0
ip msdp description 10.100.1.2 to Wolfman
ip msdp peer 10.100.1.3 connect-source Loopback0
ip msdp description 10.100.1.3 to Mummy
ip msdp mesh-group Boogeymen 10.100.1.1
ip msdp mesh-group Boogeymen 10.100.1.2
ip msdp mesh-group Boogeymen 10.100.1.3
```

9.8 案例研究：任播 RP

对于地理区域分布辽阔的大型 PIM-SM 域的设计者来说，常常遇到的一个难题就是如何最有效地设置 RP。由于 PIM-SM 仅允许一个 group-to-RP 映射，因而会给大型多播域带来如下问题[4]：

- 可能的流量瓶颈；
- 解封装 Register 消息的扩展性不足（使用共享树时）；
- 活跃 RP 失效后的故障倒换慢；
- 可能存在多播包的次优转发行为；
- 依赖远程 RP。

第 7 章和第 8 章曾经介绍过上述部分问题的解决方案，如 PIMv2 Bootstrap 协议的哈希算法以及 Auto-RP 过滤机制。但这些工具都无法提供完整解决方案。任播 RP 是一种可以将单个多播包映射到多个 RP 的有效方法。这些 RP 可以分布在整个多播域中，而且都使用相同的 RP 地址，从而构造了一个“虚拟 RP”，而 MSDP 则是创建虚拟 RP 和冗余 RP 的基础。

4 Dorain Kim, David Meyer, Henry Kilmer, and Dino Farinacci, “Anycast RP Mechanism Using PIM and MSDP,” RFC 3446, 2003 年 1 月。

注： 任播通常意味着可以将数据包发送给单个地址，多台设备中的任一台设备都能响应该地址，根据 IGP 的决策行为，响应会来自最近的设备。

虽然图 9-18 中的路由器与上一个案例相同，但此时的 4 台路由器都运行了 Auto-RP，而且都在宣告 RP 地址 10.100.254.1。域中的源 DR 仅知道一个 RP 地址并注册到物理位置最靠近的 RP 上，通常这会产生 PIM 域分区问题。但使用了 MSDP 网状多播组之后，任播 RP 可以在多播组中交换源信息。

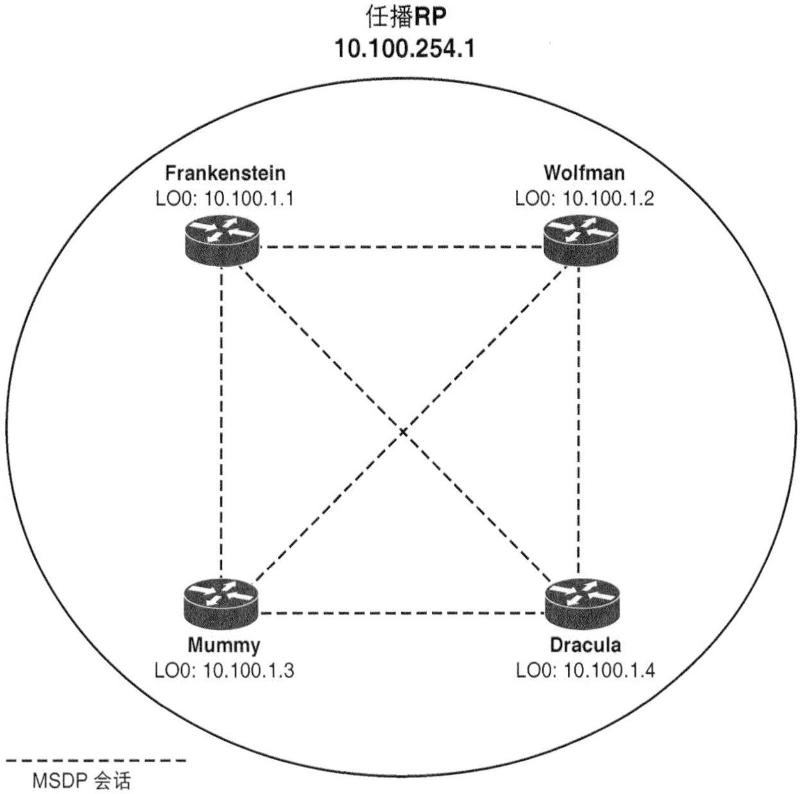

图 9-18 4 台路由器组成一个虚拟 RP，宣告单个 RP 地址 10.100.254.1，并使用 MSDP 来交换已注册到每台路由器的源信息

每个任播 RP 都通过单播路由协议宣告公共的 RP 地址。从多播源和组 DR 的角度来看，该地址只有一个 RP，但是有多条路由去往该地址。DR 会从中选择最短路由，通过该路由去往最近的任播 RP。如果该任播 RP 出现故障，那么单播路由协议就会将去往该 RP 的路由宣告为不可行路由。此时 DR 将看到该不可行路由，从而选择次优路由，通过次优路由去往次最近的任播 RP。因而 RP 的故障倒换与单播路由协议相关联，并且与单播路由的重收敛速度一样快。

虽然 MSDP 的对等关系与以往一样，也建立在接口 LO0 之间，但却使用了其他环回接口来配置这些路由器所宣告的 RP 地址。MSDP 通常在其 SA 消息中使用 RP 地址，由于这 4 台路由器宣告的都是相同的 RP 地址，因而必须配置 MSDP 在其 SA 消息中使用唯一的地址。命令 **ip msdp originator-id** 就可以完成该操作。例 9-20 给出了这 4 台路由器使用网状多播组和 **ip msdp originator-id** 命令的相关配置信息。

例 9-20　为 Frankenstein、Wolfman、Mummy 和 Dracula 配置任播 RP

```
Frankenstein
interface Loopback0
 ip address 10.100.1.1 255.255.255.255
!
interface Loopback5
 ip address 10.100.254.1 255.255.255.255
 ip pim sparse-dense-mode
!
router ospf 1
 router-id 10.100.1.1
 network 0.0.0.0 255.255.255.255 area 0
!
router bgp 6500
 bgp router-id 10.100.1.1
 neighbor Boogeymen peer-group
 neighbor Boogeymen remote-as 6500
 neighbor Boogeymen update-source Loopback0
 neighbor 10.100.1.2 peer-group Boogeymen
 neighbor 10.100.1.3 peer-group Boogeymen
 neighbor 10.100.1.4 peer-group Boogeymen
 !
 address-family ipv4 multicast
 neighbor 10.100.1.2 activate
 neighbor 10.100.1.3 activate
 neighbor 10.100.1.4 activate
 exit-address-family
!
ip pim send-rp-announce Loopback5 scope 20
ip pim send-rp-discovery Loopback5 scope 20
ip msdp peer 10.100.1.3 connect-source Loopback0
ip msdp description 10.100.1.3 to Mummy
ip msdp peer 10.100.1.2 connect-source Loopback0
ip msdp description 10.100.1.2 to Wolfman
ip msdp peer 10.100.1.4 connect-source Loopback0
ip msdp description 10.100.1.4 to Dracula
ip msdp mesh-group Boogeymen 10.100.1.3
ip msdp mesh-group Boogeymen 10.100.1.2
ip msdp mesh-group Boogeymen 10.100.1.4
ip msdp cache-sa-state
ip msdp originator-id Loopback0
```

```
Wolfman
interface Loopback0
 ip address 10.100.1.2 255.255.255.255
!
interface Loopback5
 ip address 10.100.254.1 255.255.255.255
 ip pim sparse-dense-mode
!
router ospf 1
 router-id 10.100.1.2
 network 0.0.0.0 255.255.255.255 area 0
!
router bgp 6500
 bgp router-id 10.100.1.2
 neighbor Boogeymen peer-group
 neighbor Boogeymen remote-as 6500
 neighbor Boogeymen update-source Loopback0
 neighbor 10.100.1.1 peer-group Boogeymen
 neighbor 10.100.1.3 peer-group Boogeymen
 neighbor 10.100.1.4 peer-group Boogeymen
 !
 address-family ipv4 multicast
 neighbor 10.100.1.1 activate
 neighbor 10.100.1.3 activate
 neighbor 10.100.1.4 activate
 exit-address-family
!
```

（待续）

```
ip pim send-rp-announce Loopback5 scope 20
ip pim send-rp-discovery Loopback5 scope 20
ip msdp peer 10.100.1.1 connect-source Loopback0
ip msdp description 10.100.1.1 to Frankenstein
ip msdp peer 10.100.1.3 connect-source Loopback0
ip msdp description 10.100.1.3 to Mummy
ip msdp peer 10.100.1.4 connect-source Loopback0
ip msdp description 10.100.1.4 to Dracula
ip msdp mesh-group Boogeymen 10.100.1.1
ip msdp mesh-group Boogeymen 10.100.1.3
ip msdp mesh-group Boogeymen 10.100.1.4
ip msdp cache-sa-state
ip msdp originator-id Loopback0
```

Mummy

```
interface Loopback0
 ip address 10.100.1.3 255.255.255.255
!
interface Loopback5
 ip address 10.100.254.1 255.255.255.255
 ip pim sparse-dense-mode
!
router ospf 1
 router-id 10.100.1.3
 network 0.0.0.0 255.255.255.255 area 0
!
router bgp 6500
 bgp router-id 10.100.1.3
 neighbor Boogeymen peer-group
 neighbor Boogeymen remote-as 6500
 neighbor Boogeymen update-source Loopback0
 neighbor 10.100.1.1 peer-group Boogeymen
 neighbor 10.100.1.2 peer-group Boogeymen
 neighbor 10.100.1.4 peer-group Boogeymen
 !
 address-family ipv4 multicast
 neighbor 10.100.1.1 activate
 neighbor 10.100.1.2 activate
 neighbor 10.100.1.4 activate
exit-address-family
ip pim send-rp-announce Loopback5 scope 20
ip pim send-rp-discovery Loopback5 scope 20
ip msdp peer 10.100.1.1 connect-source Loopback0
ip msdp description 10.100.1.1 to Frankenstein
ip msdp peer 10.100.1.2 connect-source Loopback0
ip msdp description 10.100.1.2 to Wolfman
ip msdp peer 10.100.1.4 connect-source Loopback0
ip msdp description 10.100.1.4 to Dracula
ip msdp mesh-group Boogeymen 10.100.1.1
ip msdp mesh-group Boogeymen 10.100.1.2
ip msdp mesh-group Boogeymen 10.100.1.4
ip msdp cache-sa-state
ip msdp originator-id Loopback0
```

Dracula

```
interface Loopback0
 ip address 10.100.1.4 255.255.255.255
!
interface Loopback5
 ip address 10.100.254.1 255.255.255.255
 ip pim sparse-dense-mode
!
router ospf 1
 router-id 10.100.1.4
 network 0.0.0.0 255.255.255.255 area 0
!
router bgp 6500
 bgp router-id 10.100.1.4
 neighbor Boogeymen peer-group
 neighbor Boogeymen remote-as 6500
 neighbor Boogeymen update-source Loopback0
```

（待续）

```
 neighbor 10.100.1.1 peer-group Boogeymen
 neighbor 10.100.1.2 peer-group Boogeymen
 neighbor 10.100.1.3 peer-group Boogeymen
 !
 address-family ipv4 multicast
 neighbor 10.100.1.1 activate
 neighbor 10.100.1.2 activate
 neighbor 10.100.1.3 activate
 exit-address-family
!
ip pim send-rp-announce Loopback5 scope 20
ip pim send-rp-discovery Loopback5 scope 20
ip msdp peer 10.100.1.1 connect-source Loopback0
ip msdp description 10.100.1.1 to Frankenstein
ip msdp peer 10.100.1.2 connect-source Loopback0
ip msdp description 10.100.1.2 to Wolfman
ip msdp peer 10.100.1.3 connect-source Loopback0
ip msdp description 10.100.1.3 to Mummy
ip msdp mesh-group Boogeymen 10.100.1.1
ip msdp mesh-group Boogeymen 10.100.1.2
ip msdp mesh-group Boogeymen 10.100.1.3
ip msdp cache-sa-state
ip msdp originator-id Loopback0
```

例 9-20 中的 4 台路由器均被配置为 Auto-RP 的 C-RP 和映射代理。当然，也可以为任播 RP 使用静态映射或 PIMv2 Bootstrap。此外，本例中的 4 台路由器均被配置为缓存 SA 消息。

每台路由器都使用接口 LO5 来配置虚拟 RP 地址，LO0 则是 MSDP 会话的端点。需要注意的是，上述配置中的 Auto-RP 命令引用的是接口 LO5，而命令 **ip msdp originator-id** 引用的则是接口 LO0。这一点非常重要，因为 MSDP 要求对等会话的端点必须使用唯一的 IP 地址。

显示上述 OSPF 和 BGP 配置信息有一个非常重要的原因：前面说过，OSPF 和 BGP 会将配置在环回接口上的最大 IP 地址作为路由器 ID。但不幸的是，这些路由器的 LO5 接口上的 IP 地址都大于 LO0 接口上的 IP 地址，因而每台路由器的 OSPF 和 BGP 进程都会默认将 10.100.254.1 作为路由器 ID，从而会产生大量非期望结果。其中一种结果就是 OSPF 数据库将出现系统震荡，这是因为每台路由器的 LSA 都试图覆盖其他路由器的 LSA。解决方案之一就是始终使用一个数值上小于所有环回地址的虚拟 RP 地址。但很明显这种方法不切实际，而且也很容易出现配置差错。本例使用的是一种更好的解决方案，即在 OSPF 和 BGP 配置中利用 **router-id** 来强制每台路由器都使用唯一的 LO0 地址。

需要注意的是，这些路由器的 LO0 接口都没有运行 PIM，因为这些接口都不需要 PIM 功能，只要为 MSDP 对等会话提供特定的路由器 IP 地址即可。

9.9 案例研究：MSDP 默认对等体

如果给定的 AS 是末梢 AS 或非转接 AS，尤其是该 AS 不是多归属 AS，那么几乎没有任何理由需要与其转接 AS 之间运行 BGP。一般来说，只要在末梢 AS 中配置静态默认路由，在转接 AS 中配置指向末梢前缀的静态路由就足够了。但是如果末梢 AS 是一个多播域，且其 RP 必须与相邻域中的 RP 建立对等关系，那么该如何处理呢？前面曾经在 9.4.2 节中说过，MSDP 执行对等体 RPF 检查时需要依赖 BGP 下一跳数据库。

可以利用 **ip msdp default-peer** 命令禁用对 BGP 的这种依赖性，此时 MSDP 将从默认对等体接受所有 SA 消息。图 9-19 给出了一个简单示例。图中的末梢 AS 通过单链路与转接 AS 建立对等关系。由于它们之间只有一条路径，不存在环路的可能性，因而无需执行 RPF 检查。

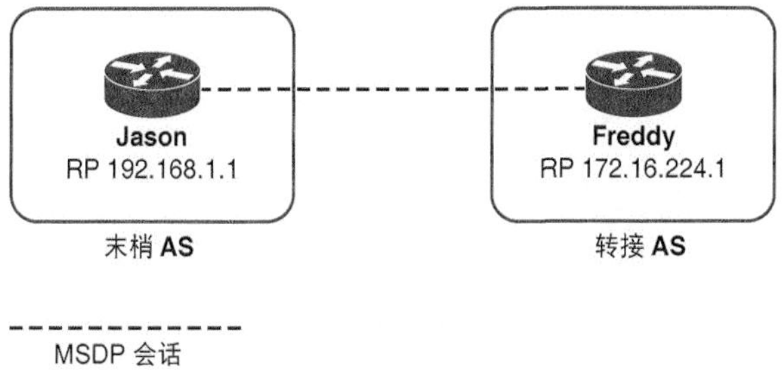

图 9-19 虽然通常不需要在末梢 AS 与其转接 AS 之间运行 BGP，但这会给 MSDP 带来问题

例 9-21 给出了图中两台路由器的 MSDP 配置信息。

例 9-21 路由器 Jason 和 Freddy 的 MSDP 配置

```
Jason
ip msdp peer 172.16.224.1 connect-source Loopback0
ip msdp default-peer 172.16.224.1
```

```
Freddy
ip msdp peer 192.168.1.1 connect-source Loopback0
ip msdp default-peer 192.168.1.1
```

出于冗余性考虑，末梢 AS 也可能希望与多个 RP 建立 MSDP 对等关系（见图 9-20）。由于没有 RPF 检查机制，因而不能同时从两个默认对等体接受 SA 消息。只能从其中的一个对等体接受 SA 消息，该对等体失效后，再从另一个对等体接受 SA 消息。当然，这里存在一个假设前提，那就是这两个对等体都在发送相同的 SA 消息。

例 9-22 给出了 Jason 的配置信息。

例 9-22 将 Jason 配置为同时与 Freddy 和 Noeman 建立冗余对等关系

```
ip msdp peer 172.16.224.1 connect-source Loopback0
ip msdp peer 172.16.224.2 connect-source Loopback0
ip msdp default-peer 172.16.224.1
ip msdp default-peer 172.16.224.2
```

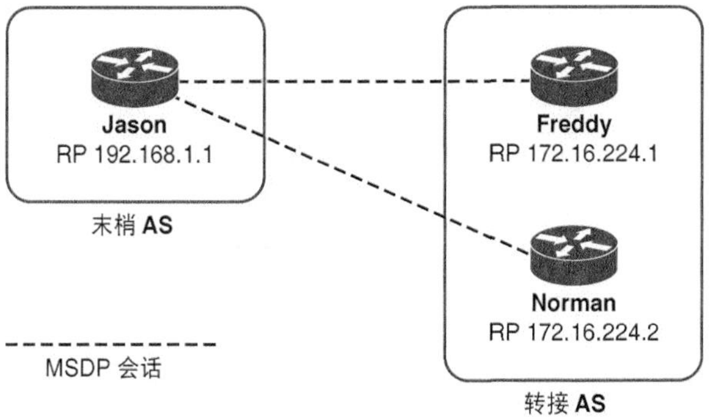

图 9-20 Jason 连接到一个以上的默认 MSDP 对等体

正常情况下，活跃的默认对等体就是配置中的第一个对等体。对本例来说就是 172.16.224.1，仅当 172.16.224.1 出现故障之后才会接受来自 172.16.224.2 的 SA 消息。

转接 AS 中的 RP 可能存在多个默认 MSDP 对等体（见图 9-21）。由于只有一个对等体接受 SA 消息，因而如果仅仅像上例那样列出默认对等体是无法正常工作的。因此，为了让 RP 能够接受多个对等体的 SA 消息，同时在无对等体 RPF 检查机制的情况下仍然能够提供环路避免功能，就需要使用 BGP 类型的前缀列表。此后 RP 就可以接受来自其所有默认对等体的

SA 消息，但仅限于每个对等体的关联前缀列表所允许的源前缀。当然这里也存在一个假设前提，那就是每个 AS 使用的前缀都是截然不同的，这样就可以确保不会出现环路。

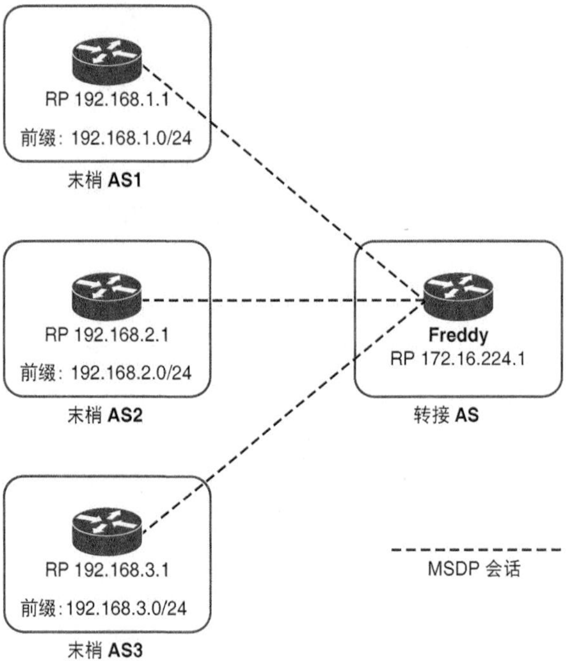

图 9-21 转接 AS 中的 RP 有三个默认 MSDP 对等体

例 9-23 给出了 Freddy 的配置信息。

例 9-23 让 RP 接受来自多个对等体的 SA 消息

```
ip msdp peer 192.168.1.1 connect-source Loopback0
ip msdp peer 192.168.2.1 connect-source Loopback0
ip msdp peer 192.168.3.1 connect-source Loopback0
ip msdp default-peer 192.168.1.1 prefix-list AS1
ip msdp default-peer 192.168.2.1 prefix-list AS2
ip msdp default-peer 192.168.3.1 prefix-list AS3
!
ip prefix-list AS1 seq 5 permit 192.168.1.0/24 le 32
ip prefix-list AS2 seq 5 permit 192.168.2.0/24 le 32
ip prefix-list AS3 seq 5 permit 192.168.3.0/24 le 32
```

9.10 展望

本书到目前为止关注的都是 BGP 和 IP 多播路由技术，虽然后面两章不再讨论路由问题，但同样非常重要。第 10 章主要讨论利用 NAT 扩展 IPv4 网络的相关技术，第 11 章则主要讨论 IPv4 与 IPv6 地址之间的转换问题。

9.11 复习题

1. 9.1 节给出了一个管理定界的配置示例。E0 接口上的边界阻塞了组织机构本地范围的多播包（目的地址的前缀与 239.192.0.0/14 相匹配），但允许全局范围的多播包，那么请问组地址 224.0.0.50 是否能够穿越该边界？

2. Cisco IOS Software 如何处理运行了 PIM 协议的点到点接口以及多路接入接口上的 DVMRP Prune（剪除）消息？
3. 什么是 PIM（*,*,RP）表项？
4. MBGP 与普通 BGP 之间有何区别？
5. 什么是 MBGP AFI？
6. “MSDP 携带了不同 PIM 域中 RP 之间的多播源和组成员信息”的说法是否正确？
7. MSDP 的传送协议是什么？
8. 什么是 MSDP SA 消息？
9. MSDP RP 如何确定 SA 消息是否是在 RPF 接口上接收到的？
10. 什么是 SA 缓存？
11. 在不启用 SA 缓存功能的情况下，有没有办法缩短加入等待时间？

9.12 配置练习题

图 9-22 给出了本配置练习题的拓扑结构示意图。

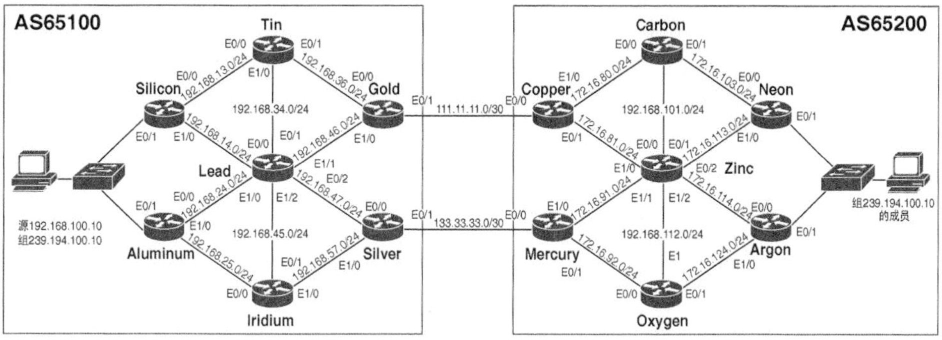

图 9-22 配置练习题的网络拓扑结构

表 9-6 列出了本章配置练习题将要用到的路由器、交换机以及启用了多播特性的主机、接口及地址等信息。表中列出了所有路由器的接口信息。

表 9-6 配置练习题将要用到的路由器/交换机/启用了多播特性的主机的接口和 IP 地址等信息

网络设备	接口	IP 地址
Silicon	Eth0/0	192.168.13.1/24
	Eth0/1	192.168.100.9/24
	Eth1/0	192.168.14.1/24
	Loopback 0	10.224.1.1/32
Aluminum	Eth0/0	192.168.24.2/24
	Eth0/1	192.168.100.3/24
	Eth1/0	192.168.25.2/24
	Loopback 0	10.224.1.2/32
Tin	Eth0/0	192.168.13.3/24
	Eth0/1	192.168.36.3/24
	Eth1/0	192.168.34.3/24
	Loopback 0	10.224.1.3/32

续表

网络设备	接口	IP 地址
Lead	Eth0/0	192.168.14.4/24
	Eth0/1	192.168.34.4/24
	Eth0/2	192.168.47.4/24
	Eth1/0	192.168.24.4/24
	Eth1/1	192.168.46.4/24
	Eth1/2	192.168.45.4/24
	Loopback 0	10.224.1.4/32
Iridium	Eth0/0	192.168.25.5/24
	Eth0/1	192.168.45.5/24
	Eth1/0	192.168.57.5/24
	Loopback 0	10.224.1.5/32
Gold	Eth0/0	192.168.36.6/24
	Eth0/1	111.11.11.1/30
	Eth1/0	192.168.46.6/24
	Loopback 0	10.224.1.6/32
Silver	Eth0/0	192.168.47.7/24
	Eth0/1	133.33.33.1/30
	Eth1/0	192.168.57.7/24
	Loopback 0	10.224.1.7/32
Copper	Eth0/0	111.11.11.2/30
	Eth0/1	172.16.81.8/24
	Eth1/0	172.16.80.8/24
	Loopback 0	10.224.1.8/32
Mercury	Eth0/0	133.33.33.2/30
	Eth0/1	172.16.92.9/24
	Eth1/0	172.16.91.9/24
	Loopback 0	10.224.1.9/32
Carbon	Eth0/0	172.16.80.10/24
	Eth0/1	172.16.103.10/24
	Eth1/0	172.16.101.10/24
	Loopback 0	10.224.1.10/32
Zinc	Eth0/0	172.16.81.11/24
	Eth0/1	172.16.101.11/24
	Eth0/2	172.16.113.11/24
	Eth1/0	172.16.91.11/24
	Eth1/1	172.16.112.11/24
	Eth1/2	172.16.114.11/24
	Loopback 0	10.224.1.11/32
Oxygen	Eth0/0	172.16.92.12/24
	Eth0/1	172.16.124.12/24
	Eth1/0	172.16.112.12/24
	Loopback 0	10.224.1.12/32
Neon	Eth0/0	172.16.103.13/24
	Eth0/1	192.168.110.9/24
	Eth1/0	172.16.113.13/24
	Loopback 0	10.224.1.13/32
Argon	Eth0/0	172.16.114.14/24
	Eth0/1	192.168.110.3/24
	Eth1/0	172.16.124.14/24
	Loopback 0	10.224.1.14/32

1. 假设您的公司希望与客户共享应用，两个管理域（您的公司：BGP AS 65100；您的客户：BGP AS 65200）之间拥有一条直连的 IP 连接，客户同意由您主导该项目并管理两个网络。多播源 192.168.100.10 将发送多播流量，客户侧 IP 地址为 192.168.110.10 的主机需要接收该流量。

   假设已经部署了单播路由，且：

   - 每个管理域选择的 IGP 都是 OSPF；
   - BGP AS 65100 运行在路由器 Silicon、Aluminum、Tin、Lead、Iridium、Gold 和 Silver 上；
   - BGP AS 65200 运行在路由器 Copper、Carbon、Zinc、Oxygen、Neon 和 Argon 上；
   - 这两个管理域之间的 BGP 对等关系如下：
     - Gold 与 Copper 进行对等；
     - Silver 与 Mercury 进行对等。

   请根据如下需求配置网络。

   - 必须将每个管理域的多播模式配置为稀疏模式；
   - 对于 AS 65100 来说：
     - Tin 和 Iridium 必须是候选 BSR（使用它们的 Loopback0 接口）；
     - Iridium 必须是 BSR 路由器；
     - Lead 必须是候选 RP（使用其 Loopback0 接口）；
     - 不需要向 AS 65200 发送 PIM BSR 消息；
     - AS 间流量必须将经由 Gold 的路径作为主用路径，将 Silver 与 Mercury 之间的路径作为备用路由；
     - 必须在 Silicon 与 Aluminum 之间运行 HSRP 选举进程，多播源发出的流量必须经由 Silicon，Silicon 必须是 PIM DR；
     - 两个管理域之间可以交换多播流量；
     - 配置 Lead，使其 AS 65200 中的对等体（Zinc）之间运行 MSDP。
   - 对于 AS 65200 来说：
     - Carbon 和 Oxygen 必须是候选 BSR（使用它们的 Loopback0 接口）；
     - Oxygen 必须是 BSR 路由器；
     - Zinc 必须是候选 RP（使用其 Loopback0 接口）；
     - 不需要向 AS 65100 发送 PIM BSR 消息；
     - AS 间流量必须将经由 Copper 的路径作为主用路径，将 Mercury 与 Silver 之间的路径作为备用路由；
     - 必须在 Neon 与 Argon 之间运行 HSRP 选举进程，多播源发出的流量必须经由 Neon，Neon 必须是 PIM DR；
     - 两个管理域之间可以交换多播流量；
     - 配置 Zinc，使其 AS 65100 中的对等体（Lead）之间运行 MSDP。

   请验证多播流将从源端发送到接收端。

第 10 章

NAT44

NAT（Network Address Translation，网络地址转换）是一种将数据包中的 IP 地址替换成另一个 IP 地址的功能。路由器、负载均衡器以及防火墙通常都可以执行该功能。本章及下一章将主要讨论路由器的 NAT 功能。

注：NAT 既可以表示 Network Address Translation（网络地址转换）（功能本身），也可以表示 Network Address Translator（网络地址转换器）（运行 NAT 功能的软件）。

在本书第一版发行的时候，NAT 被理解为 IPv4 到 IPv4 的地址转换。大家可能见过缩写形式 NAPT，这也属于 IPv4 的地址转换范畴。目前有了 IPv6，理所当然地就会出现新的 NAT 形式，即从 IPv4 地址转换到 IPv6 地址，反之亦然。但这种形式的地址转换并不是简单地替换报头中的地址。对于 IPv4/IPv6 转换来说，必须将一种版本的完整报头替换成另一种版本的完整报头，同时还要对报头中的大量字段进行调整。

简而言之，IPv4/IPv6 NAT 与 IPv4/IPv4 NAT 是两种不同的地址转换功能，甚至在网络中的使用方式也完全不同。为了表达这两种转换功能的区别，使用了不同的缩写形式。如果讨论的是两个 IPv4 地址之间的转换操作，那么使用的缩写形式是 NAT44；如果讨论的是 IPv6 和 IPv4 地址之间的转换操作，那么使用的缩写形式是 NAT64。

注：有时可能会进一步区分NAT64和NAT46。这样做的目的是区分转换方向，一种是IPv6 到 IPv4，另一种是 IPv4 到 IPv6。我认为这么做完全没有必要，因而本书在讨论两种地址版本之间的转换操作时，只使用一种缩写形式 NAT64。

此外，有时还可能会遇到缩写形式 NAT444。该缩写描述的是一种架构，而不是一种技术。NAT444 架构包含两层 NAT44，可以反复使用 IPv4 私有地址空间。有些服务提供商在迁移到 IPv6 的过程中，会利用 NAT444 来扩展它们日益紧张的 IPv4 地址空间。

为了体现地址转换器的工作方式与使用方式的区别，本书通过两章来分别讨论 NAT44 和 NAT64。本章讨论 NAT44，第 11 章讨论 NAT64。如果本章使用没有修辞语的缩写形式 NAT，那么就表示 NAT44 或通用的 NAT 功能。语境决定一切！

10.1 NAT44 操作

NAT（目前称为 NAT44）定义在 RFC 1631[1]中。NAT 的最初目的与 CIDR（Classless

1 K. Egevang, and P. Francis, “The Network Address Translator (NAT),” RFC 1631, 1994 年 5 月。

Inter-Domain Routing，无类别域间路由）相似，也是为了减缓可用 IP 地址空间的耗尽速度，实现方式是用少量的公有 IP 地址来表示大量的私有 IP 地址。随着时间的推移，人们发现 NAT 对于网络迁移、网络融合、服务器负载共享以及创建“虚拟服务器”等应用来说都非常有用。本节在解释这些应用之前，将首先介绍 NAT44 的基本功能和基本术语。

10.1.1 NAT 的基本概念

图 10-1 给出了一个简单的 NAT 功能示例。设备 A 拥有一个由 RFC 1918 定义的私有地址空间中的 IP 地址，而设备 B 则拥有一个公有 IP 地址。设备 A 向设备 B 发送数据包时，数据包会穿越运行了 NAT44 功能的路由器，由 NAT44 将设备 A 的源地址字段中的私有地址（192.168.2.23）替换成可以在 Internet 上路由的公有地址（203.10.5.23），然后再转发该数据包。设备 B 向设备 A 发送响应包时，数据包的目的地址是 203.10.5.23，数据包也要穿越 NAT44 路由器，由 NAT44 将数据包的目的地址替换成设备 A 的私有地址。

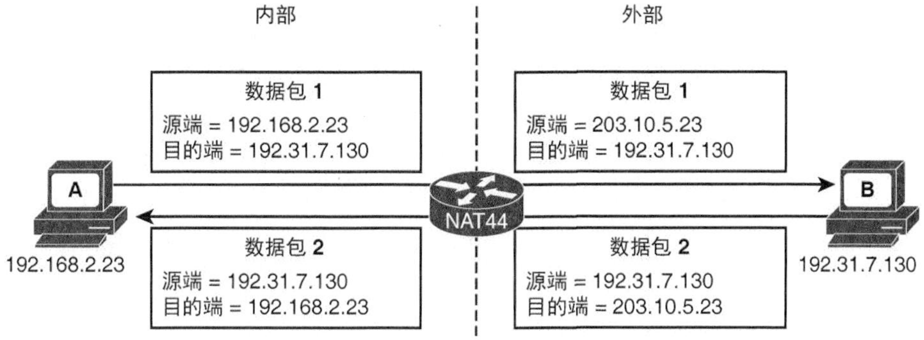

图 10-1 NAT44 将设备 A 的私有地址（192.168.2.23）替换成公有可路由地址（203.10.5.23）

NAT 对于发生转换操作的端系统来说完全透明。从图 10-1 可以看出，设备 A 只知道自己的 IP 地址是 192.168.2.23，并不感知地址 203.10.5.23。而设备 B 则认为设备 A 的地址是 203.10.5.23，根本不知道私有地址 192.168.2.23，这个地址对于设备 B 来说是“隐藏不见的”。

NAT 可以双向隐藏地址（见图 10-2）。图中的 NAT 对设备 A 和设备 B 进行地址转换，设备 A 认为设备 B 的地址是 172.16.80.91，但设备 B 的真实地址却是 192.31.7.130。从图中可以看出，为了支持这种地址策略，NAT 路由器在双向对源地址和目的地址进行转换。

IOS NAT44 设备将网络区分成内部网络和外部网络。一般来说，内部网络指的就是私有企业或 ISP 网络，外部网络指的就是公共 Internet 或连接 Internet 的服务提供商。除此以外，IOS NAT44 设备还将地址区分成本地地址和全局地址。本地地址指的是只能被内部网络中的设备看到的地址，而全局地址指的是能够被外部网络中的设备看到的地址。根据这些术语，可以将地址划分为以下 4 种类型。

- **IL（Inside Local，内部本地地址）**：分配给内部设备的地址，不能将这些地址宣告到外部网络。
- **IG（Inside Global，内部全局地址）**：外部设备通过该地址知晓内部设备。
- **OG（Outside Global，外部全局地址）**：分配给外部设备的地址，这些地址不会宣告到内部网络。
- **OL（Outside Local，外部本地地址）**：内部设备通过该地址知晓外部设备。

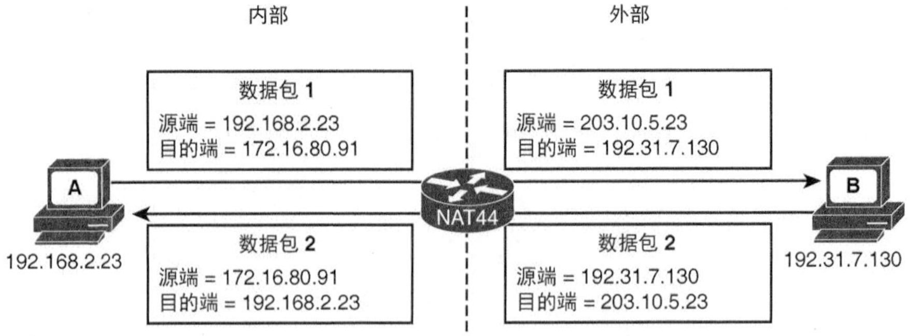

图 10-2 NAT44 双向转换源地址和目的地址

以图 10-2 为例，图中的设备 A 和设备 B 分别位于内部网络和外部网络，192.168.2.23 是内部本地地址，203.10.5.23 是内部全局地址，172.16.80.91 是外部本地地址，192.31.7.130 是外部全局地址。

IG 地址被映射到 IL 地址，OL 地址被映射到 OG 地址。NAT 设备在地址转换表中跟踪地址映射情况。例 10-1 给出了图 10-2 中的 NAT 路由器的地址转换表。表中包含了三个表项，从下往上看，第一个表项将 OL 地址 172.16.80.91 转换为 OG 地址 192.31.7.130，第二个表项将 IG 地址 203.10.5.23 转换为 IL 地址 192.168.2.23。这两个表项都是静态表项，是在配置路由器转换指定地址时创建的。最后（顶部）一个表项将内部地址转换为外部地址。该表项是动态表项，是在设备 A 首次将数据包发送给设备 B 时创建的。

例 10-1 图 10-2 中的 NAT44 路由器的地址转换表，显示了 IG、IL、OL 和 OG 的地址映射关系

```
NATrouter#show ip nat translations
Pro Inside global      Inside local       Outside local      Outside global
--- 203.10.5.23        192.168.2.23       172.16.80.91       192.31.7.130
--- 203.10.5.23        192.168.2.23       ---                ---
--- ---                ---                172.16.80.91       192.31.7.130
NATrouter#
```

如前所述，NAT44 表项可以是静态表项，也可以是动态表项。静态表项是本地地址与全局地址之间的一对一映射。也就是说，将一个唯一的本地地址映射到一个唯一的外部地址。动态表项则是多对一或一对多映射。多对一映射指的是将多个地址映射到单个地址，一对多映射则是指将单个地址映射到多个可用地址中的某一个地址。

下面将逐一描述 NAT44 的各种常见应用场景，并解释静态 NAT 以及多种动态 NAT 的操作方式。

10.1.2 NAT 与节约 IP 地址

NAT 的最初使命是减缓 IP 地址的耗用速度，这也是 RFC 1631 的重点。NAT 概念的核心假设就是每个企业在任意时刻只有少量主机连接到 Internet 上，而且有些设备（如打印服务器和 DHCP 服务器）根本就不需要连接到企业外部，因而企业可以从 RFC 1918 定义的私有地址空间中为网络设备分配 IP 地址，将数量少得多的分配到的公有 IP 地址放到企业网边缘的 NAT 地址池中（见图 10-3）。非唯一的私有地址是 IL 地址，公有地址是 IG 地址。

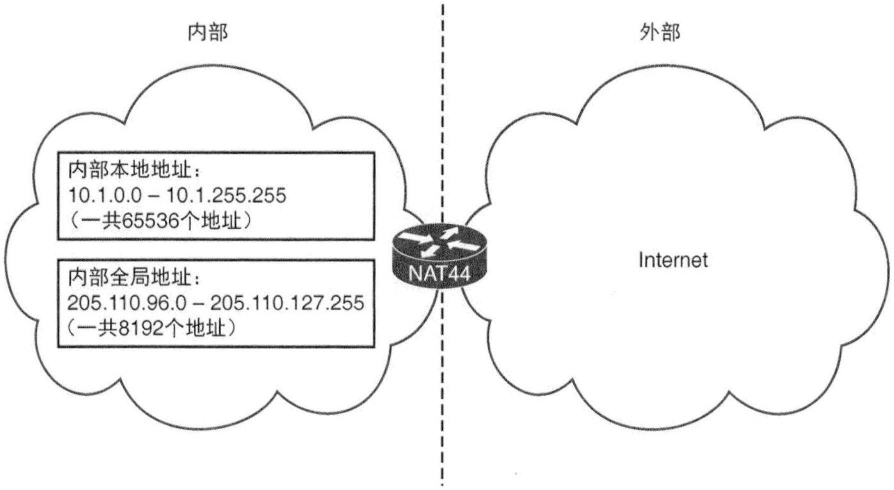

图 10-3 本 NAT 设计方案中的公有 IP 地址池可以为 8 倍数量的私有地址空间提供服务

如果内部设备向 Internet 发送数据包，那么 NAT 设备就会从内部全局地址池中动态选择一个公有 IP 地址，并将其映射到该设备的内部本地地址，同时将映射操作记录到 NAT 表中。从例 10-2 可以看出，图 10-3 中的三台内部设备（10.1.1.1.20、10.1.197.64 和 10.1.63.148）正通过 NAT 向外发送数据包，IG 池中的三个地址（205.110.96.2、205.110.96.3 和 205.110.96.1）被分别映射到相应的 IL 地址。

例 10-2 图 10-3 中三个来自内部本地地址空间的地址被动态映射到三个来自内部全局地址池的地址

```
NATrouter#show ip nat translations
Pro Inside global     Inside local       Outside local      Outside global
--- 205.110.96.2      10.1.1.20          ---                ---
--- 205.110.96.3      10.1.197.64        ---                ---
--- 205.110.96.1      10.1.63.148        ---                ---
NATrouter#
```

由于外部设备响应内部设备时发送的数据包的目的地址都是 IG 地址，因而为了确保特定连接的所有数据包都能进行正确转换，要求必须在 NAT 表中为最初的映射关系保持一段时间。此外，如果同一台设备向同一个或多个外部目的端周期性地发送数据包，那么在 NAT 表中为映射表项保持一段时间也有助于减少后续的查找操作。

表项第一次进入 NAT 表时，会启动一个定时器，通常将该定时器周期称为转换超时时间。每次利用表项转换数据包的源地址或目的地址之后，都要重置该定时器。如果定时器到期，那么就从 NAT 表中删除该表项，动态分配的地址也将重新回到地址池中。IOS 的默认转换超时时间为 86400 秒（即 24 小时）。利用 **ip nat translation timeout** 命令可以更改该默认时间。

注：默认转换超时时间与协议类型有关，表 10-3 列出了不同协议的转换超时时间值。

由于可以将多个 IL 地址映射到地址池中的一个 IG 地址，因而这种 NAT 应用属于多对一应用，对于图 10-3 的应用场景来说就是 8:1 的超量使用。大家应该对这个概念很熟悉：电话公司就是利用这种概念来设计交换机和中继电路，设计容量只要同时满足全部用户中的一部分即可。航空公司也利用这种概念对外超售航班。离我们生活更近的是，网络架构师设计超量带宽时的假设就是人们不可能同时使用链路的所有可用带宽。我们可以将这种应用理解为 IL 地址统计复用 IG 地址。当然，与电话公司及航空公司一样，这种复用方式的风险就是有可能会低估峰值使用周期，使得容量被全部耗尽。

本地地址空间与地址池大小之间并没有严格的比例限制。对于图 10-3 来说，为了满足特定需求，可以灵活扩大和/或缩小 IL/IG 的地址范围。例如，可以将包含 1600 万个地址的 IL 地址范围 10.0.0.0/8 映射到仅包含 4 个地址的地址池 205.110.96.1～205.110.96.4，甚至可以更少。真正的限制不是特定 IL 地址范围内的地址数量，而是实际使用该地址的设备数量。如果只有 4 台设备使用 10.0.0.0/8 范围内的地址，那么地址池中最多只需要 4 个地址。但如果内部网络设备达到 500 000 台，那么就需要配置更大的地址池了。

如果动态地址池中的地址出现在了 NAT 表中，那么就不能再映射其他地址了。如果地址池中的地址都被耗尽了，那么后续需要穿越 NAT 路由器的内部数据包都将无法进行地址转换，从而被丢弃。因而一定要确保 NAT 池足够大，而且转换超时时间足够小，以保证动态地址池永远也不会被耗尽。

几乎所有的企业都拥有邮件、Web 以及 FTP 服务器等系统，而且都要求能够从外部访问这些系统。这些系统的地址必须保持不变，否则外部主机将无法知道每次该如何到达这些系统。因而这些系系统无法使用动态 NAT，必须将它们的 IL 地址静态映射到 IG 地址上。需要注意的是，不能把这些用于静态映射的 IG 地址放到动态地址池中，这些 IG 地址会被永久记录在 NAT 表中。如果可以从动态地址池中选择这些地址，那么必定会产生地址歧义或地址重叠。

本节描述的 NAT 技术对一个不断扩张的企业来说非常重要。与其不断地从地址管理机构或 ISP 申请越来越多的 IP 地址空间，还不如将现有的公有 IP 地址都放到 NAT 池中，并利用私有地址空间对内部网络设备进行重新编址。重新编址工作可以一次性完成，也可以分期分步完成，这取决于企业的规模以及现有地址的分配结构。

10.1.3 NAT 与 ISP 迁移

如第 1 章所述，CIDR 的缺陷之一就是会增大用户更换 ISP 的难度。如果用户从 ISP1 得到了地址块，但又希望将 Internet 服务提供商更换为 ISP2，那么基本上只能将 ISP1 的 IP 地址归还给 ISP1，然后再从 ISP2 得到新的 IP 地址。这种重新编址工作对于企业来说十分痛苦，而且花费不菲。

注： 事实上，只要最初的地址规划做得好，那么就能极大地降低地址迁移的难度和成本。

假设您是 ISP1（拥有 CIDR 地址块 205.113.48.0/20）的用户，并且为您分配了地址空间 205.113.50.0/23。此后您希望将 Internet 服务迁移到 ISP2（拥有 CIDR 地址块 207.36.64.0/19），ISP2 为您分配的新地址空间是 207.36.76.0/23。此时完全可以不用对内部系统进行重新编址，只要使用 NAT 即可（见图 10-4）。虽然已经将地址空间 205.113.50.0/23 还给了 ISP1，但是依然可以继续使用该地址空间作为 IL 地址。请注意，尽管这些地址来自公有地址空间，但此时已经不能再通过这些地址连接公众 Internet 了。接下来将 ISP2 分配的地址空间 207.36.76.0/23 作为 IG 地址，并将 IL 地址映射（静态或动态）到这些 IG 地址上即可。

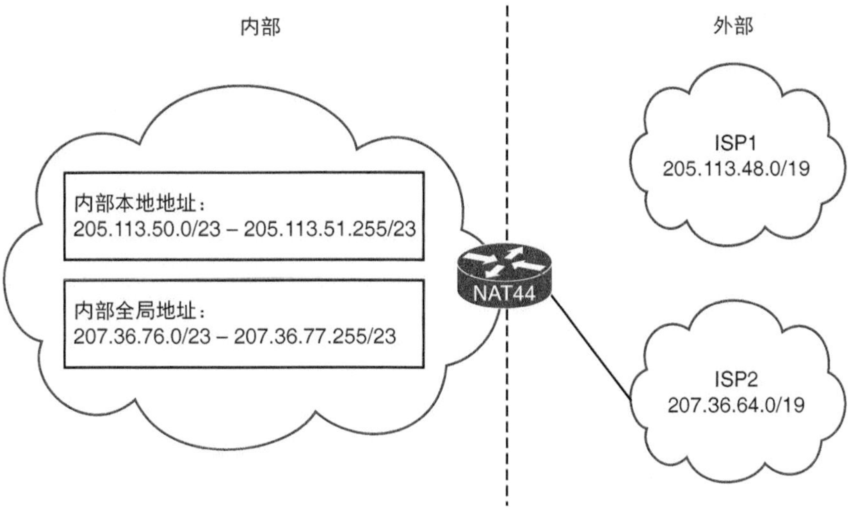

图 10-4 虽然企业拥有一个属于 ISP1 的内部本地地址空间，但该企业是 ISP2 的用户，因而需要利用 NAT 技术将这些 IL 地址转换为 ISP2 从其 CIDR 地址块中分配的 IG 地址

该 NAT 方案的一个风险就是内部本地地址可能会被泄露到公众 Internet 上。如果发生了这种情况，那么被泄露的地址将与合法拥有该地址的 ISP1 产生冲突。如果 ISP2 使用了严格的路由过滤机制，那么就不会产生这种泄露到 Internet 上的错误。但是正如第 1 章所强调的那样，任何时候都不应假设 AS 外部对等体能够正确地进行路由过滤，因而使用这种 NAT 方案必须特别谨慎，在允许数据包进入 ISP2 之前必须转换所有的 IL 地址。

该 NAT 方案还可能会出现另外一个问题，那就是 ISP1 可能会将地址空间 205.113.50.0/23 重新分配给其他用户，那么该用户将无法到达您的网络。例如，假设您的网络中的某台主机希望将数据包发送给 newbie@ISP1.com，那么 DNS 会将目的地址解析为 205.113.50.100，主机将使用该地址。但不幸的是，该地址会被主机误认为属于本地网络，因而数据包会被错误路由或者因不可达而被丢弃。

这个案例的目的是希望大家明白本节讨论的地址迁移方案对于降低当前迁移复杂度来说暂时很有用，但最终还是要将内部网络重新编址为私有地址。

10.1.4 NAT 与多归属自治系统

CIDR 的另一个不足之处在于很难多归属到不同的服务提供商。图 10-5 重新分析了第 1 章曾经讨论过的问题。图中的用户多归属到 ISP1 和 ISP2，且拥有一个 CIDR 地址块（是 ISP1 地址块的一个子集。为了与 Internet 建立正确的通信关系，ISP1 和 ISP2 都要宣告该用户的地址空间 205.113.50.0/23。如果 ISP2 不宣告该地址，那么用户的所有入站流量都将经由 ISP1；如果 ISP2 宣告了 205.113.50.0/23，而 ISP1 仅宣告自己的 CIDR 地址块，那么用户的入站流量将匹配精确路由，从而全部经由 ISP2，这样就会产生以下问题：

- ISP1 必须在自己的 CIDR 地址块中“打孔”，这就意味着可能需要在很多路由器上修改过滤器和路由策略；
- ISP2 必须宣告其竞争对手的部分地址空间，但这样做很可能会引起这两个 ISP 的反感；

- 宣告用户的明细地址空间，但这样做会减弱 CIDR 在控制 Internet 路由表规模方面的效率；
- 有些大型服务提供商不接受长于/19 的前缀，那就意味着该用户经由 ISP2 的路由对于 Internet 的某些区域来说是未知的。

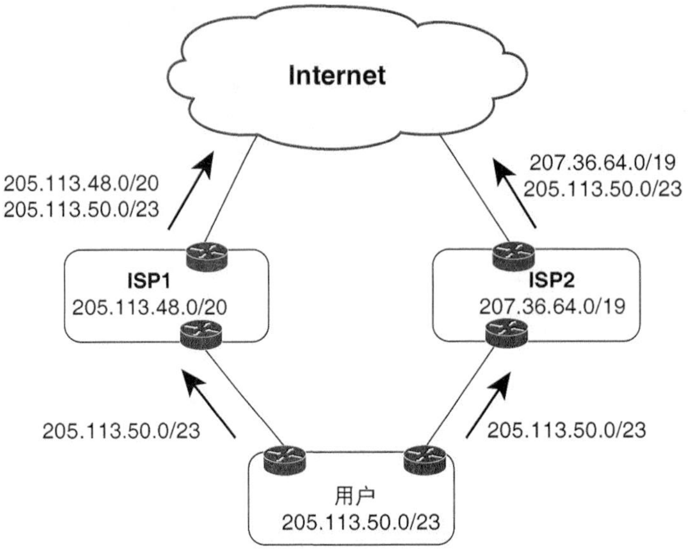

图 10-5 由于多归属用户的 CIDR 地址块是 ISP1 的 CIDR 地址块的一个子集，因而 ISP1 和 ISP2 都要宣告精确聚合路由

图 10-6 显示了通过 NAT 解决多归属环境中 CIDR 问题的方法。在连接 ISP2 的路由器上配置地址转换，将 IG 地址池设置为 ISP2 分配的 CIDR 地址块，这样 ISP2 就不用再宣告 ISP1 的地址空间。ISP1 也无需再宣告用户的明细路由，使得用户企业网中的主机既可以通过选择最靠近的边缘路由器来访问 Internet，也可以通过设置一定的路由策略来访问 Internet。对于主机发送的数据包来说，无论经过哪台路由器，其 IL 地址都一样；但是如果数据包需要发送给 ISP2，那么就需要进行地址转换。因而从 Internet 的角度来看，用户发送的数据包的源地址取决于转发数据包的 ISP。

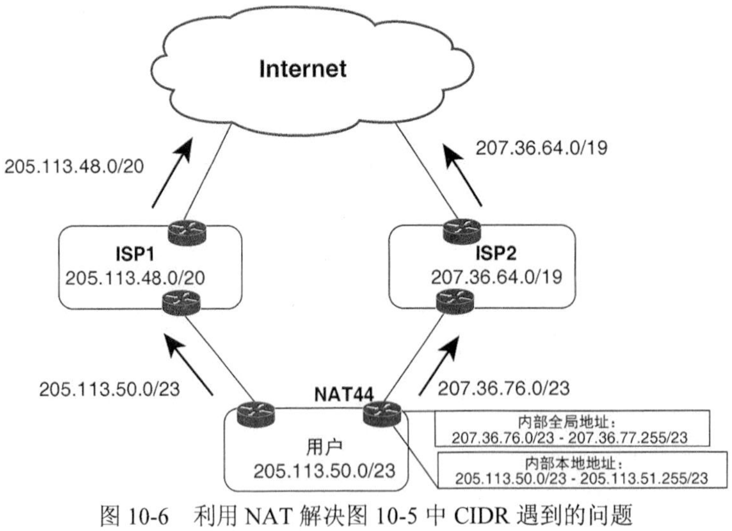

图 10-6 利用 NAT 解决图 10-5 中 CIDR 遇到的问题

图 10-7 给出了更有效的设计方案，即在两台边缘路由器上都部署 NAT，并将来自每个 ISP 的 CIDR 地址块都设置为各自 NAT 的 IG 地址池，IL 地址则来自私有地址空间 10.0.0.0。这样一来用户就能更容易地更改 ISP，只要在变更 ISP 时重新配置其 IG 地址池即可。

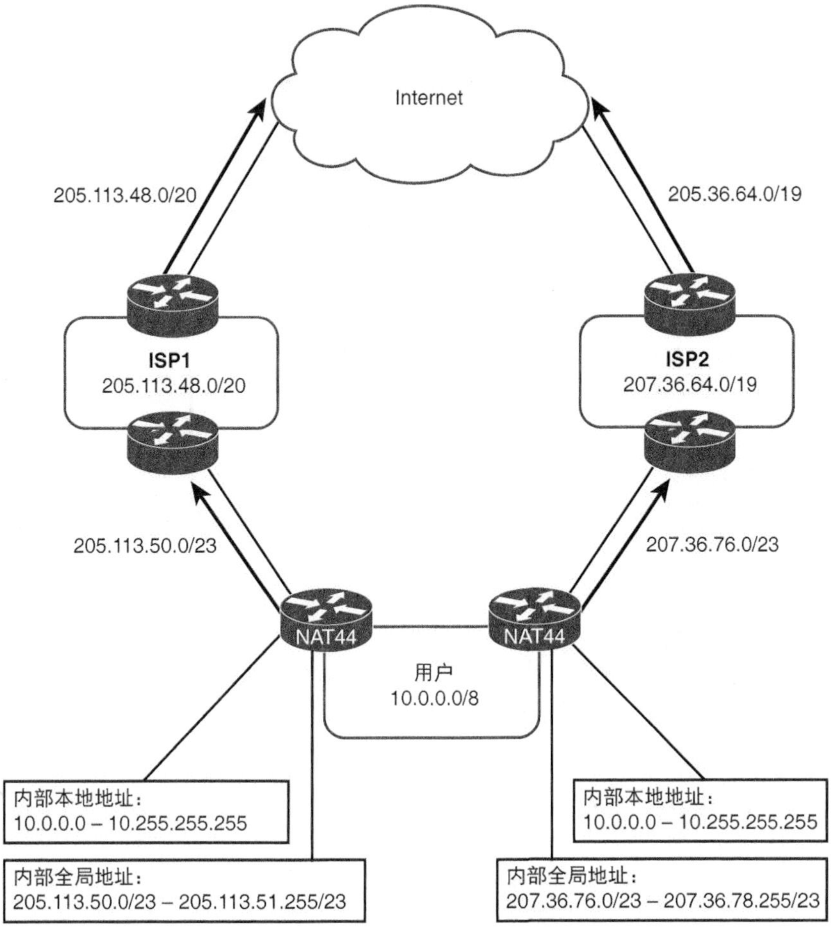

图 10-7 用户的 IL 地址与所有 ISP 都没有关系，ISP 分配的 CIDR 地址块都成为 NAT44 的内部全局地址池

10.1.5 PAT

前面所讨论的 NAT44 多对一应用就是将大量地址统计复用到较少的地址池上，不过也存在一对一的地址映射应用。例如，将内部全局地址池的地址映射到内部本地地址之后，在没有清除第一次映射之前，这些 IG 地址将不能再映射到其他地址。不过，NAT 有一种特殊功能，可以将多个地址同时映射为单个地址。Cisco 将这种功能称为 PAT（Port Address Translation，端口地址转换）或地址超载，在其他场合有时也将该功能称为 NAPT（Network Address and Port Translation，网络地址和端口转换）或 IP 伪装。

TCP/IP 会话并不是在两个 IP 地址之间进行包交换，而是在两个 IP 套接字之间进行包交换。这里所说的套接字就是（地址，端口）二元组。例如，Telnet 会话可能由（192.168.5.2, 23）与（172.16.100.6, 1026）之间的包交换组成。PAT 会同时转换 IP 地址和端口号，可以将来自不同地址的数据包转换成同一个地址，但端口号不同，这样就能共享同一个地址。图 10-8 给出了 PAT 的工作方式。

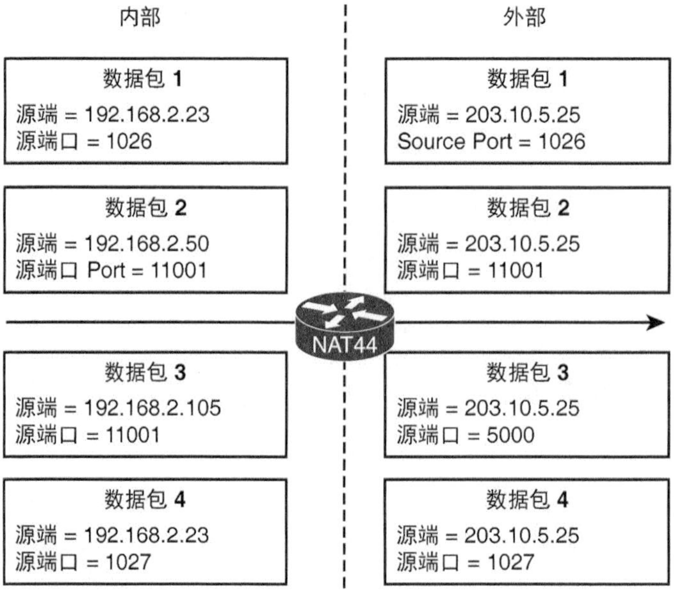

图 10-8 PAT 同时转换 IP 地址和端口号，允许多台主机同时使用同一个全局地址

图中 4 个携带内部本地地址的数据包到达了 NAT 路由器。其中，数据包 1 和数据包 4 来自相同的地址，但源端口号不同；数据包 2 和数据包 3 来自不同的地址，但源端口号相同。NAT 路由器将这 4 个数据包的源地址都转换为同一个内部全局地址。由于这些数据包拥有不同的源端口号，因而仍然能够保持唯一性。

TCP 和 UDP 报头都有一个 16 比特端口字段，但 65535 个端口号中的绝大多数都没有使用。通过转换端口号，可以将成千上万个 TCP 和 UDP 套接字映射为单个内部全局地址。因而 PAT 对于 SOHO（Small Office/Home Office，小型办公室/家庭办公室）环境来说非常有用。多台设备可以在去往 ISP 的单一链路上共享 ISP 分配的单个地址。目前大多数家庭路由器都具备 PAT 功能，允许家里的所有网络设备都共享 ISP 分配的单个地址。

10.1.6 NAT 与 TCP 负载分发

利用 NAT 可以将多台相同的服务器表示为单个地址（见图 10-9）。虽然外部网络设备到达的是地址为 206.35.91.10 的服务器，但实际上内部网络存在 4 台镜像服务器。NAT 路由器采取轮询方式在这 4 台服务器之间分发会话，即数据包 1～4（来自不同的源端）的目的地址被分别转换为服务器 1～4 的地址，而数据包 5（表示来自另一个源端的会话）则又被转换为服务器 1 的地址。

很明显，图 10-9 中的 4 台服务器必须提供相同的可访问内容。这是因为访问服务器集群的主机可能这次访问的是服务器 2，下一次访问的则可能是服务器 4，只有这样才能保证主机在任何时候都认为访问的是同一台服务器。

该方案与基于 DNS 的负载共享方案类似。DNS 负载共享方案采取轮询方式将同一个名字解析为多个不同的 IP 地址。该方案的不足之处在于主机收到名字/地址解析结果后会缓存解析结果，以后的会话都会发送给相同的地址，从而降低了负载共享的效率。而基于 NAT 的负载共享方案仅在打开一个新的外部网络 TCP 会话时才进行地址转换，因而可以更均衡地实现负载分发操作。对于 NAT TCP 负载均衡机制来说，非 TCP 包穿越 NAT 路由器时不会进行地址转换。

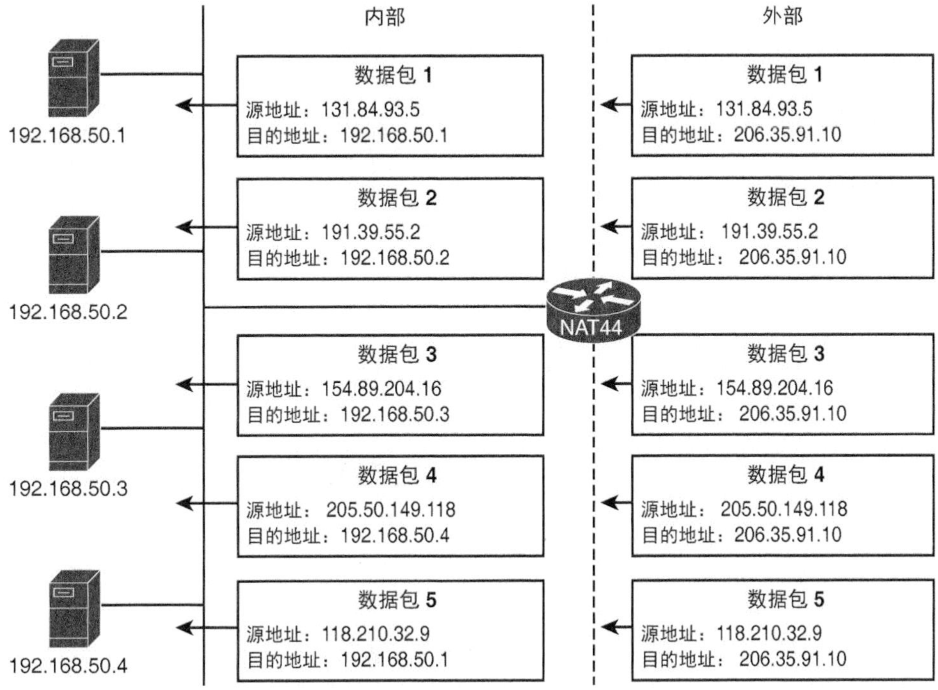

图 10-9 发送给服务器集群（由单一地址 206.35.91.10 表示）的 TCP 数据包以轮询方式被分别转换为 4 台相同服务器的真实地址

请注意，与基于 DNS 的负载均衡类似，基于 NAT 的负载均衡机制也不够健壮，因为 NAT 路由器无法感知服务器故障，仍然会将数据包转换到故障服务器的地址，因而故障或离线服务器会导致去往该服务器集群的流量出现路由黑洞。

目前最常见的负载均衡实现方式是使用专用的负载均衡器或者部署成虚拟网络功能，不但能够在四层或七层提供更加复杂的转换操作，而且还能监控服务器集群的状态。

10.1.7 NAT 与虚拟服务器

NAT 技术不仅能够通过单个地址访问所有服务，而且还能将服务分发给不同的地址（见图 10-10）。

图中的企业拥有一台本地地址为 192.168.50.1 的邮件服务器（TCP 端口 25）和一台本地地址为 192.168.50.2 的 HTTP 服务器（TCP 端口 80），这两台服务器的全局地址均为 206.35.91.10。外部主机向内部网络发送数据包时，NAT 路由器不但要检查目的地址，还要检查目的端口号。从图 10-10 可以看出，主机向 206.35.91.10 发送了一个目的端口号为 25（表示邮件）的数据包。NAT 路由器将该数据包的目的地址转换为邮件服务器地址 192.168.50.1，而同一台主机发出的目的端口号为 80（表示 HTTP）的数据包，则被 NAT 路由器将目的地址转换为 Web 服务器地址 192.168.50.2。

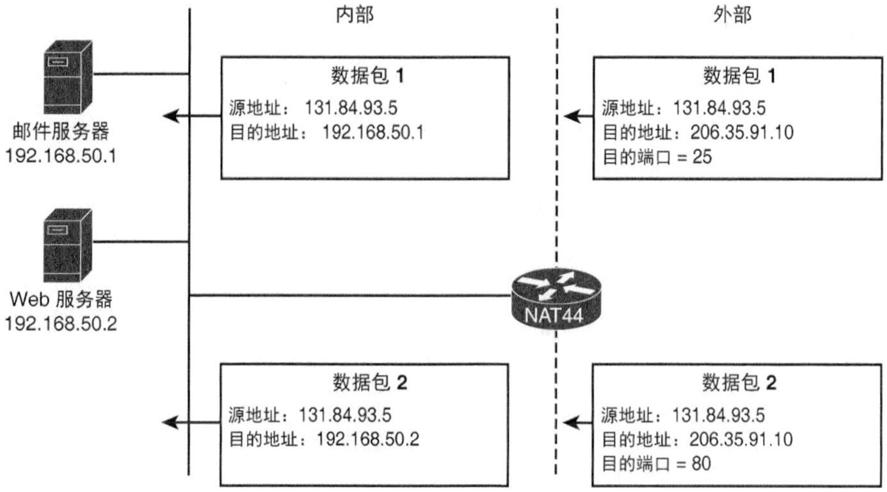

图 10-10 NAT 基于目的端口号将入站数据包转换到不同的地址

10.2 NAT 问题

虽然前面所讨论的 NAT 应用都非常直观，但 NAT 的底层功能却并非如此简单，主要原因有：

- 处理 IP 和 TCP 报头；
- 某些特定协议及应用的特性。

更改 IP 地址或 TCP 端口号的内容会改变其他字段的含义，尤其是校验和。许多协议和应用都根据数据字段中的 IP 地址来携带 IP 地址或信息，因而修改报头中的 IP 地址可能会改变被封装数据的含义，致使应用被破坏。本节将讨论与 NAT 操作有关的常见问题。

10.2.1 报头检验

由于 IP 包的校验和是对整个报头进行计算的，因而在源 IP 地址或目的 IP 地址（或两者）出现变化之后，必须重新计算校验和。TCP 报头的校验和也是如此，需要基于 TCP 报头、数据以及包含了源 IP 地址和目的 IP 地址的伪报头计算校验和。因而在 IP 地址或端口号出现变化之后，TCP 的校验和也会随之发生变化。Cisco NAT 能够重新计算这些校验和。

10.2.2 分段

如 10.1.7 节所述，NAT 可以根据目的端口号将目的地址转换为不同的本地地址。例如，可以将目的端口号为 25 的数据包转换为某个 IL 地址，而将携带其他目的端口号的数据包转换为其他 IL 地址。但是，如果目的端口号为 25 的数据包在到达 NAT 路由器之前在网络中的某个地方被分段了，那么该如何处理呢？由于包含源和目的端口号的 TCP 或 UDP 报头仅位于第一个报文段，因而如果仅转换和转发该报文段，那么 NAT 路由器将无法知道是否需要转换后续报文段。

由于 IP 不能保证数据包有序到达目的端，因而很有可能会在第一个报文段还未到达 NAT 路由器之前，后续报文段就已经到达 NAT 路由器了。因而 NAT 必须有相应的机制来处理这类事件。

Cisco NAT 可以维护报文段的状态信息，在转换第一个报文段之后会保留该信息。从而能够以相同的方式转换后续到达的报文段。如果后续报文段先于第一个报文段到达 NAT 路由器，那么 NAT 路由器仅存储该报文段，直至第一个报文段到达后才执行转换操作。

10.2.3 加密

Cisco NAT 机制能够更改许多应用在数据字段中携带的 IP 地址信息。但是如果数据字段进行了加密，那么 NAT 将无法读取这些数据。因此，为了保证 NAT 操作的正常进行，要求不能对 IP 地址以及从 IP 地址衍生出来的信息（如 TCP 报头校验和）进行加密。

另一个需要关注的就是使用 VPN 的场合（如 IPSec）。如果 IPSec 包中的 IP 地址出现了变化，那么 IPSec 将变得毫无意义，VPN 应用也将被破坏。无论采用何种加密机制，都必须将 NAT 设备放在安全侧，而不能放在加密路径上，或者使用 NAT-T（NAT Traversal，NAT 穿越）技术。

10.2.4 安全

由于 NAT 可以隐藏内部网络的细节信息，因而有时人们会将 NAT 视为一种安全解决方案。虽然经地址转换后的主机每次出现在 Internet 上的地址都可能不一样，但这最多只能算作一种非常初级的安全手段。虽然 NAT 可以延缓攻击者对特定主机的攻击速度，强迫其尝试各种 IP 地址欺骗程序，但无论如何也无法阻止有毅力、有知识的攻击者。更糟糕的是，NAT 根本就无法阻止拒绝服务或会话劫持等常见攻击。实际上，NAT 很可能会成为攻击者的攻击目标。例如，攻击者可能会通过让转换器映射表溢出来发起 DoS 攻击。

10.2.5 协议相关问题

NAT 对于通过其发送数据包的端系统来说应该是透明的。就这一点来说，TCP/IP 应该对应用透明。但实际上很多应用（包括很多商业应用以及属于 TCP/IP 协议簇的应用）都在它们的数据中使用了 IP 地址，数据字段中的信息可能会基于 IP 地址，或者在数据字段中携带了 IP 地址。如果 NAT 在转换 IP 报头中的 IP 地址时没有感知对数据产生的影响，那么就会破坏这些应用。

表 10-1 列出了 Cisco IOS NAT44 支持的应用信息。对于表中在数据字段中携带 IP 地址信息的应用来说，NAT 可以感知这些应用并能正确地校正这些数据。请注意，表中仅列出了本书写作之时的最新信息。大家在部署 NAT 之前，应该通过 Cisco 网站或 TAC 来了解最新的应用支持信息。

表 10-1 IOS NAT 支持的 IP 流量类型/应用

支持的流量类型/应用
不在应用数据流中携带源和/或目的 IP 地址的所有 TCP/UDP 流量
HTTP（有一些注意事项）
TFTP
Telnet

续表

支持的流量类型/应用
不在应用数据流中携带源和/或目的 IP 地址的所有 TCP/UDP 流量
archie
finger
NTP
NFS
rlogin,rsh,rcp
在数据流中携带 IP 地址的流量类型/应用支持情况
ICMP
FTP（包括 PORT 和 PASV）
NetBIOS over TCP/IP（数据报、域名及会话服务）
Progressive Networks 公司的 RealAudio
White Pines 公司的 CuSeeMe
Xing Technologies 公司的 StreamWorks
DNS “A”和“PTR”查询及响应
H.323/NetMeeting[12.0(1)/12.0(1)T 及后续版本]
VDOLive [11.3(4)/11.3(4)T 及后续版本]
Vxtreme [11.3(4)/11.3(4)T 及后续版本]
IP 多播[12.0(1)T]（仅源地址转换）
不支持的流量类型/应用
路由表更新
DNS 区域传送
BOOTP
Talk,ntalk
SNMP
NetShow

表 10-1 直接摘自 www.cisco.com 网站上的 Cisco 白皮书 Cisco IOS Network Address Translation (NAT) Packaging Update。

1. ICMP

有些 ICMP 消息包含了产生该消息的数据包的 IP 报头（见表 10-2）。Cisco NAT44 能够识别这些消息类型，如果消息中的 IPv4 信息与报头中被转换的 IPv4 地址相匹配，那么 NAT 也会转换该 IP 信息。此外，还可以像 TCP 和 UDP 那样校正 ICMP 报头的校验和。

表 10-2　　消息体中携带 IP 报头信息的 ICMP 消息类型

消息	类型号
目的端不可达（Destination Unreachable）	3
源抑制（Source Quench）	4
重定向（Redirect）	5
超时（Time Exceeded）	11
参数问题（Parameter Problem）	12

2. DNS

TCP/IP 网络的一个核心支撑功能（特别是对 Internet 来说）就是 DNS（Domain Name System，域名系统）。如果系统无法通过 NAT 获得 DNS 请求和响应，那么 DNS 将变得极为复杂。图 10-11 给出了在 NAT 无法转换 DNS 包的情况下部署 DNS 服务器的可能方式。

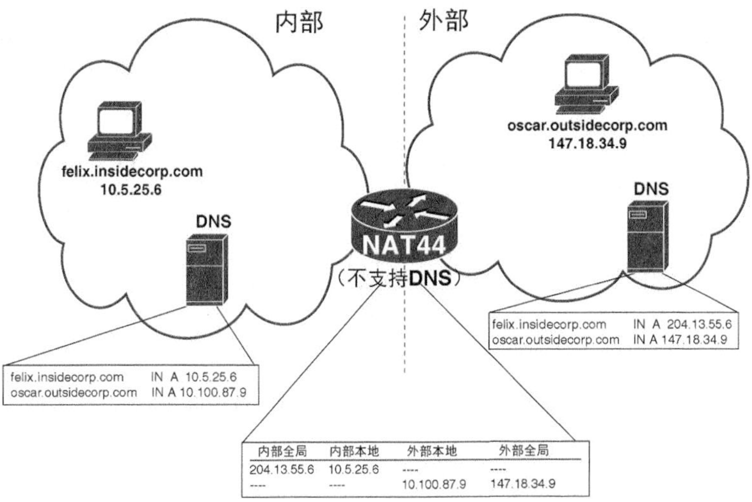

图 10-11　如果 NAT 不支持 DNS，那么必须在 NAT 两侧都部署 DNS 服务器，分别为 NAT 两侧的网络提供域名与 IP 地址映射信息

图 10-11 中的 NAT 服务器进行双向地址转换。对于内部网络来说，外部主机看起来就像位于网络 10.0.0.0 中；对于外部网络来说，内部主机看起来就像位于网络 204.13.55.0 中。内部网络和外部网络都部署了 DNS 服务器，每台 DNS 服务器都包含了将名字映射为适合本 NAT 侧的 IP 地址的资源记录。

这种部署方式的主要问题就在于维护两台 DNS 服务器不一致的资源记录非常困难。更糟糕的是，为了匹配 DNS 资源记录中的映射信息，此时的 NAT 映射只能采取静态方式，根本无法使用地址池方式的 NAT 机制（因为其映射关系处于动态变化中）。一种更好的解决方案（Cisco NAT 支持）是让 NAT 支持 DNS 查询的转换操作。

虽然有关 DNS 操作的详细信息不在本书写作范围之内，但简要描述 DNS 的一些重要概念对于大家理解 DNS 与 NAT 如何共存很有好处。大家对域名结构一定不陌生，如域名 cisco.com 描述的就是顶级域名（com）下的二级域名（cisco）。所有的 IP 域名空间都采用树状方式进行组织，主机名连接在逐级递进的更高级域名上，直至所有域名都在根部汇合。

注： Paul Albitz 和 Cricket Liu 编著的 *DNS and BIND，5th Edition*（O'Reilly，2006 年）是一本非常好的 DNS 参考书籍。

域名服务器存储了部分域名空间信息，特定域名服务器中的信息可能涵盖整个域、部分域或者多个域。域名服务器上包含的域名空间信息就是该服务器的区域。

DNS 服务器可以是主用服务器或备用服务器。主用 DNS 服务器从运行了 DNS 服务器（称为权威服务器）的主机上本地存储的文件中获取区域信息，备用 DNS 服务器从主用 DNS 服务器获取区域信息，实现方式是通过区域传送进程从主用 DNS 服务器下载区域文件。

由于区域传送属于文件传送，因而 NAT 无法通过文件解析地址信息。即使 NAT 能够解析地址信息，但是由于区域文件一般都非常大，因而会给 NAT 设备造成严重的性能负担。这样一来，由于区域文件中的信息在区域传送过程中不会进行地址转换，因而不能将同一区域的主用和备用 DNS 服务器部署在 NAT 两侧。

区域文件中的信息由大量 RR（Resource Records，资源记录）组成。某些资源记录（如 SOA[Start-of-Authority]记录）可以为域指定权威服务器，某些资源记录可以记录别名（如 CNAME[Canonical Name，规范名]记录），某些资源记录则可以为域指定邮件服务器的（如 MX[Mail Exchange，邮件交换]记录）。对 NAT 来说，最重要的三种 RR 分别是 A（地址）记录（将主机名映射为 IPv4 地址）、AAAA（IPv6 地址）记录（将主机名映射为 IPv6 地址）以及 PTR（指针）记录（将 IP 地址映射为主机名）。如果主机需要为特定名字查找 IP 地址，那么 DNS 解析器就可以查询 DNS 服务器的 A 记录。如果主机希望查找特定 IP 地址所代表的名字（反向查找），那么就可以查询 DNS 服务器的 PTR 记录。

图 10-12 给出了 DNS 消息的格式。该消息用于承载来自主机的查询消息和来自服务器的响应消息。与大多数报头相似，DNS 消息的报头也是一组携带了消息管理和消息处理等信息的字段，对 NAT 有意义的报头信息包括一个标识消息类型（查询消息或响应消息）的比特以及用于指示包含在其他四段中的资源记录数量的字段。

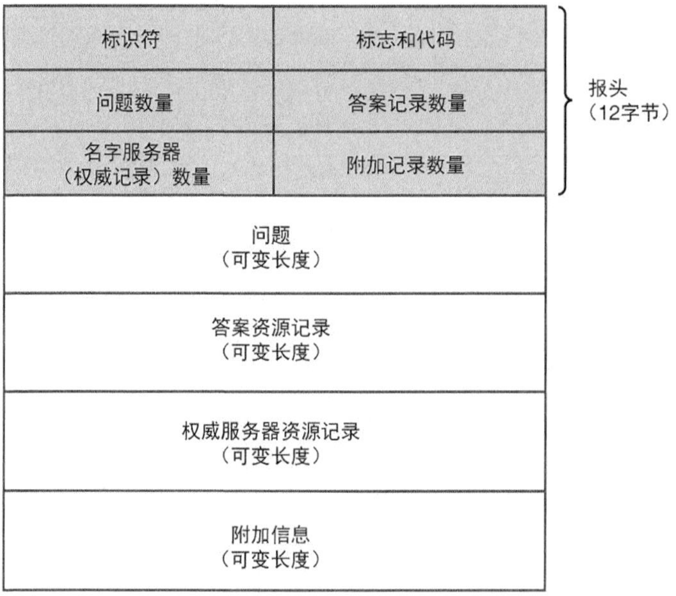

图 10-12 DNS 消息格式

顾名思义，Question（问题）段就是一组向服务器提问的字段。问题可以包含一个名字（服务器必须从 A 记录和 AAAA 记录中为该名字匹配一个地址）或一个地址（服务器必须从 PTR 记录中为该地址匹配一个名字）。每条 DNS 消息都包含一个问题。

当然，Answer（答案）段就是对问题的回答。答案中可能会列出一条或多条 RR，也可能没有任何 RR。Authority（权威）段和 Additional（附加）段所包含的信息是对 Answer 段的补充，可以为空。

DNS 包穿越 IOS NAT44 设备时，NAT44 设备会逐一检查包中的 Question、Answer、Authority 和 Additional 段。如果是一条将名字匹配为 IP 地址的查询消息，那么就不包含 IP 地址，Answer 和 Additional 段也为空，因而不需要进行地址转换。但是，对于查询消息的响应消息来说，由于 Answer 段中会包含一条或多条 A RR（Additional 段中也可能有），因而 NAT 设备必须查找地址转换表并在记录中找到相匹配的 IP 地址。找到匹配项之后就可以转换响应消息中的 IP 地址。如果没有找到匹配项，那么就丢弃该消息。

如果 DNS 消息是一条将已知 IP 地址匹配为名字的查询消息（反向查找），那么 NAT 设备将查找地址转换表，以匹配 Question 段中的地址。如果找到该地址的匹配项，那么 NAT 设备就可以转换消息中的 IP 地址。如果没有找到匹配项，那么就丢弃该消息。对于查询消息的响应消息来说，Answer 段中将包含一条或多条 PTR RR（Additional 段中也可能有）。同样，既可能转换这些记录中的 IP 地址，也可能丢弃该响应消息。

总而言之，使用 DNS 和 NAT44 时应记住以下两点：

- 由于 DNS A 和 PTR 查询可以穿越 IOS NAT 设备，因而位于 NAT 一侧的主机可以向位于 NAT 另一侧的 DNS 服务器发起查询请求；
- 由于 DNS 区域传送进程无法穿越 IOS NAT 设备，因而不能将同一区域的主用和备用 DNS 服务器部署在 NAT 两侧。

3. FTP

FTP（File Transfer Protocol，文件传输协议）是一种与众不同的应用协议，因为其使用了两条连接（见图 10-13）。其中的控制连接由主机发起，主机利用该连接与服务器交换 FTP 命令。数据连接则由服务器发起，用于真正的文件传输。

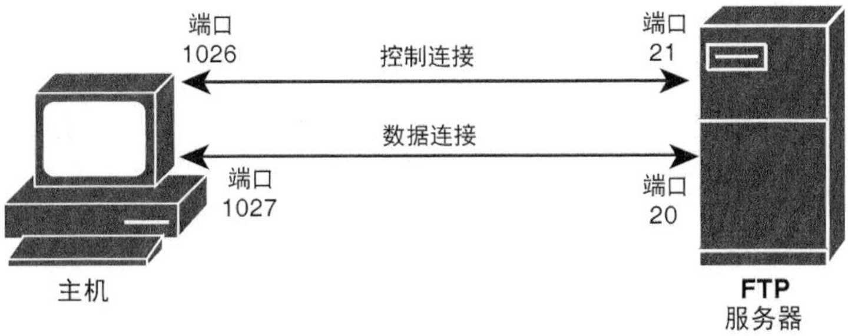

图 10-13　一条 FTP 会话包含两条独立的 TCP 连接，分别是由主机发起的控制连接和由服务器发起的数据连接

建立活跃 FTP 会话并进行文件传输的事件顺序如下。

1. FTP 服务器在 TCP 端口 21（即控制端口）上执行被动打开操作（即开始侦听连接请求）。
2. 主机选择临时端口建立控制连接和数据连接，从图 10-13 可以看出，端口号分别为 1026 和 1027。
3. 主机在数据端口上执行被动打开操作。
4. 主机为控制连接执行主动打开操作，以便在控制端口（即图 10-13 中的端口 1026）与服务器的端口 21 之间建立 TCP 连接。
5. 为了进行文件传输，主机需要通过控制连接发送一条 **PORT** 命令，让服务器在主机的数据端口（即图 10-13 中的端口 1027）上打开一条数据连接。
6. 服务器为数据连接执行主动打开操作，在端口 20 与主机的数据端口之间创建 TCP 连接。
7. 此时就可以通过数据连接传输所请求的文件了。

上述事件顺序对于安全要求较高的网络来说可能会有一些问题。常规的安全实践会通过部署防火墙或访问列表来拒绝从外部网络向任意端口发起的连接请求，实现方式是检查 TCP 报头中的 ACK 或 RST 比特（表示连接请求）。如果 FTP 服务器试图与主机的临时端口建立一条穿越防火墙的连接，那么就会发现该连接将被拒绝。

注：关键字 **established** 可以让 IOS 访问列表查找 TCP 报头中的 ACK 或 RST 比特。

为了解决这个问题，主机可以使用 **PASV** 命令（而不是 **PORT**）打开数据连接。该命令要求服务器被动打开一个数据端口并告诉主机该端口号，此后主机就可以主动打开去往该服务器端口的数据连接。由于该连接请求是穿越防火墙向外建立的（而不是向内建立的），因而防火墙不会阻断该连接。

该解决方案对 NAT44 的意义在于 **PORT** 和 **PASV** 命令不但携带了端口号，而且还携带了 IP 地址。如果这些要穿越 NAT 设备，那么就必须转换这些 IP 地址。更糟糕的是，IP 地址是以点分十进制格式的 ASCII 字符进行编码的，也就是说，FTP 消息中的 IP 地址长度并不固定（即常规的 32 比特二进制表示形式）。如地址 10.1.5.4 是 8 个 ASCII 字符（包括点号），而地址 204.192.14.237 则是 14 个 ASCII 字符，因而转换地址时会改变消息的长度。

如果转换后的 FTP 消息的大小保持不变，那么 IOS NAT44 设备只要重新计算校验和即可（对 IP 报头所做的各种操作除外）。如果转换后的消息长度变短了，那么 NAT 设备就要通过 ASCII 字符 0 将消息填充到与原始消息长度相同。

如果转换后的消息长度比原始消息更长，那么就比较复杂了。这是因为 TCP 的 SEQ 号和 ACK 号都基于 TCP 报文段的长度，IOS NAT44 设备会保存一张用于跟踪 SEQ 号和 ACK 号变化情况的表。FTP 消息被转换之后，就会在表中添加一条包含源和目的 IP 地址及端口号、初始序列号以及序列号增量、时间戳等信息的表项。利用该信息就可以正确调整 FTP 消息中的 SEQ 和 ACK 号。FTP 连接关闭之后就可以删除该信息。

4. SMTP

SMTP（Simple Mail Transfer Protocol，简单邮件传输协议）消息通常都包含域名信息，而不包含 IP 地址信息。但是在请求邮件传输操作时可以使用 IP 地址（而不是域名），因而 IOS NAT44 设备会检查 SMTP 消息中的相应字段，一旦发现 IP 地址就进行地址转换。

与 SMTP 用于上传邮件并在服务器之间传输邮件不同，POP（Post Office Protocol，邮局协议）和 IMAP（Internet Message Access Protocol，Internet 消息访问协议）仅用于将邮件从邮件服务器下载到客户端。这两个协议的消息体中仅使用主机名，从不使用 IP 地址，因而这些协议在穿越 NAT 设备时无需执行特殊检查。

5. SNMP

SNMP（Simple Network Management Protocol，简单网络管理协议）利用各种丰富多样的 MIB（Management Information Bases，管理信息库）来管理各种网络设备。除了大量基于 Internet 的 MIB 组之外，很多厂商还开发了用于自身设备管理的私有 MIB。

从上述描述可以看出，MIB 可以包含一个或多个 IPv4 地址。由于 SNMP 拥有大量消息、格式及变量，因而 NAT44 无法轻易检查 SNMP 消息内容中的 IP 地址，因而 NAT44 不支持对 SNMP 消息中的 IPv4 地址进行转换操作。

6. 路由协议

IPv4 路由协议存在与 SNMP 相似的问题。IPv4 路由协议的类型很多，而且每种协议都有自己的包格式和操作特性，因而 NAT44 无法转换 IPv4 路由协议包。NAT44 路由器可以同时在内部接口和外部接口上运行路由协议，但所有路由协议包都不应该穿越宣告地址发生变化的 NAT44 边界（通过单一路由协议或重分发机制）。由于 NAT44 路由器位于路由域的边界，通常可以使用默认地址或少量汇总地址，因而这种限制条件不会产生太多问题。

7. traceroute

各种路由跟踪工具多多少少都有一些差异。如 IOS 的 **trace** 命令使用的是 ICMP 包，而其他厂商的一些早期实现使用的则是 UDP 包。但基本功能都相同：首先将 TTL 不断增大的数据包发送到目的端，然后再将发送 ICMP 超时差错消息的中间系统的地址记录下来。前面曾经说过，IOS NAT44 设备能够转换 ICMP 的超时消息，因而可以跟踪穿越 NAT 设备的路由情况。

图 10-14 中的 NAT 路由器正在进行双向转换操作，路由器 jerry.insidenet.com 的 IP 地址为 10.1.16.50，被转换为 IG 地址 204.13.55.6。路由器 berferd.outsidenet.com 的 IP 地址为 147.18.34.9，被转换为 OL 地址 10.2.1.3，因而 jerry 通过 OL 地址来知晓 berferd。

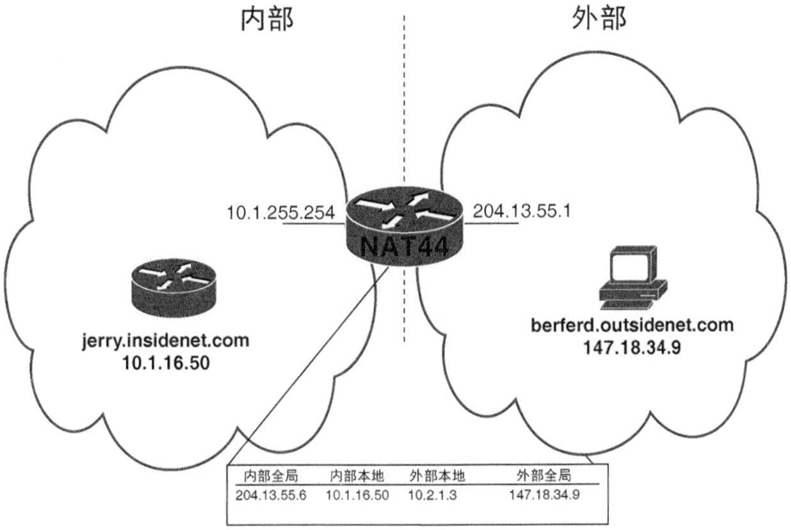

图 10-14 NAT 路由器实施双向转换

jerry 对 berferd 执行路由跟踪操作时，目的地址是 10.2.1.3。例 10-3 显示的第一跳是 NAT44 路由器，之后由 NAT 将目的地址转换为 147.18.34.9，源地址转换为 204.13.55.6，并将数据包转发到外部接口。berferd 收到跟踪包（该包被发送到伪造端口）之后，响应一个 ICMP 端口不可达差错包，该包的目的地址是 204.13.55.6，源地址是 147.18.34.9。NAT 会将这些地址转换为目的地址 10.1.16.50，源地址 10.2.1.3，这也是 jerry 最终收到的数据包。因而整个路由跟踪过程一切正常，但内部设备只能看见外部本地地址。

例 10-3 从图 10-14 中的 jerry.insidenet.com 到 berferd.outsidenet.com 的路由跟踪过程完全正常，NAT44 对内部设备“隐藏”了外部全局地址

```
Jerry#trace berferd.outsidenet.com

Type escape sequence to abort.
Tracing the route to berferd.outsidenet.com (10.2.1.3)

  1 10.1.255.254 8 msec 8 msec 4 msec
  2 berferd.outsidenet.com (10.2.1.3) 12 msec * 8 msec
Jerry#
```

10.3 配置 NAT44

配置 NAT44 的第一步就是指定内部和外部接口。除此之外的配置方式取决于配置的是静态 NAT 还是动态 NAT。如果是静态 NAT，那么只要在 NAT 表中创建合适的映射表项即可。如果是动态 NAT，那么就要创建一个用于地址转换的地址池，并创建访问列表以标识需转换的地址，然后再利用一条命令将地址池和访问列表关联起来。

本节将解释常见 NAT44 应用环境中的相关配置技术。

10.3.1 案例研究：静态 NAT

以图 10-15 为例，图中的内部网络使用 10.0.0.0 地址空间进行编址，其中的两台设备（主机 A 和主机 C）必须与外部进行通信，这两台设备的 IP 地址被转换成公有地址 204.15.87.1/24 和 204.15.87.2/24。

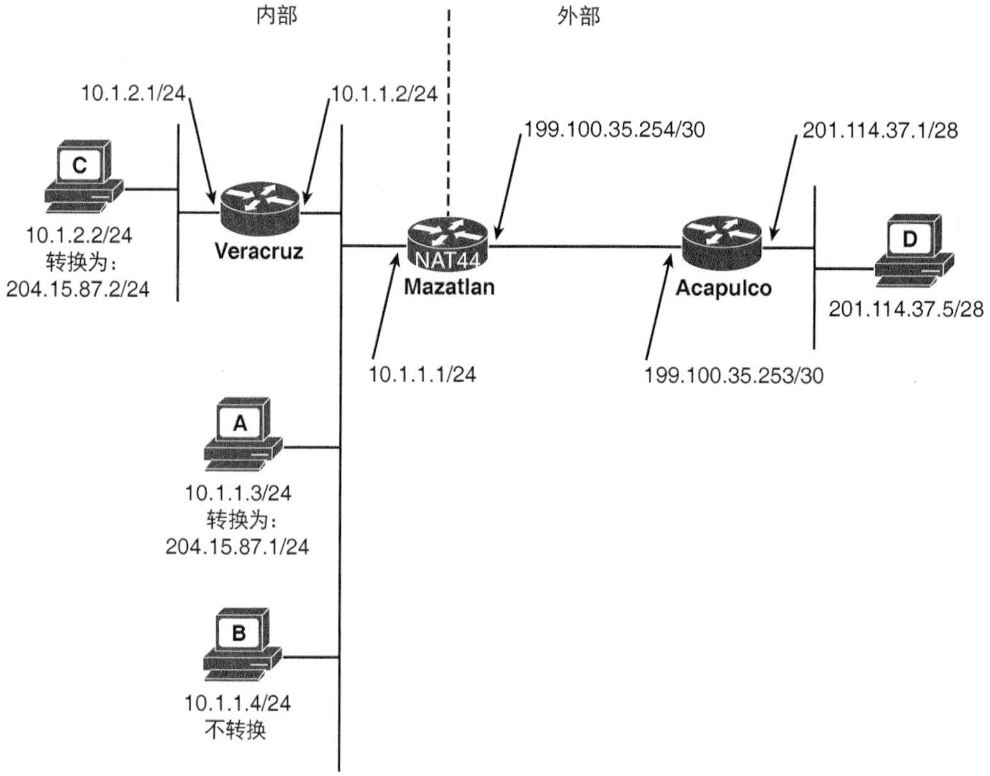

图 10-15 设备 A 和 C 的内部本地地址都被路由器 Mazatlan 的 NAT 进程静态转换为内部全局地址

例 10-4 给出了 Mazatlan 的 NAT 配置信息。

路由器的 F1/0 接口被 **ip nat inside** 命令指定为内部接口，串行接口 S2/0 则被 **ip nat outside** 命令指定为外部接口。

注：在接口上启用 NAT 功能后会自动启用虚拟的分段重组特性(利用 **ip virtual-reassembly** 语句)。该功能会收集分段后的数据包的所有分片，因而可以检查整个数据包的内容。冠以“虚拟”一词的原因在于该机制并不是真正的重组数据包，而只是延迟转发操作，等到所有分片都到达之后才进行转发。

虚拟分段重组特性的用处很多，如防范针对防火墙的分片攻击。对于 NAT 应用场景来说，如果需要检查相关的 ALG（Application Layer Gateway，应用层网关）功能或者需要在数据包净荷中重写某些上层信息，那么就可以使用该特性。

由于虚拟分段重组特性需要延迟分片，因而会对系统性能产生影响，如果 ALG 不需要该特性，那么就可以禁用该特性。

例 10-4　在图 10-15 中的路由器 Mazatlan 上配置静态 NAT

```
interface FastEthernet1/0
 ip address 10.1.1.1 255.255.255.0
 ip nat inside
 ip virtual-reassembly
 duplex auto
 speed auto
!
interface Serial2/0
 ip address 199.100.35.254 255.255.255.252
 ip nat outside
 ip virtual-reassembly
 serial restart-delay 0
!
router ospf 100
 log-adjacency-changes
 network 10.1.1.1 0.0.0.0 area 0
 default-information originate
!
ip route 0.0.0.0 0.0.0.0 199.100.35.253
!
ip nat inside source static 10.1.1.3 204.15.87.1
ip nat inside source static 10.1.2.2 204.15.87.2
!
```

接下来，利用 **ip nat inside source static** 命令将内部本地地址映射到内部全局地址。本例为主机 C 和主机 A 都配置了该命令。例 10-5 给出了 NAT 表的运行结果。

例 10-5　主机 C 和 A 的 IL 地址被静态映射为 IG 地址

```
Mazatlan#show ip nat translations
Pro Inside global      Inside local       Outside local      Outside global
--- 204.15.87.1        10.1.1.3           ---                ---
--- 204.15.87.2        10.1.2.2           ---                ---
Mazatlan#
```

主机 A 或 C 向外部发送数据包时，Mazatlan 会在 NAT 表中查找源地址并进行正确的转换操作。路由器 Acapulco 有一条去往网络 204.15.87.0 的路由（对于本例来说是一条静态路由），但不知道网络 10.0.0.0，因而 Acapulco 和主机 D 可以响应来自主机 A 和 C 的数据包。如果主机 B 或路由器 Veracruz 向主机 D 发送数据包，那么就可以进行正常转发，不需要执行转换操作。但是当主机 D 响应未转换的 IL 地址时，由于 Acapulco 无相应的路由，因而丢弃该响应包（见例 10-6）。

例 10-6 图 10-15 中的主机 D 响应主机 B 未被转换的 IL 地址时，由于 Acapulco 没有去往 10.0.0.0 的路由，因而丢弃该响应包

```
Acapulco#debug ip icmp
ICMP packet debugging is on
Acapulco#
1d00h: ICMP: dst (10.1.1.4) host unreachable sent to 201.114.37.5
1d00h: ICMP: dst (10.1.1.4) host unreachable sent to 201.114.37.5
1d00h: ICMP: dst (10.1.1.4) host unreachable sent to 201.114.37.5
1d00h: ICMP: dst (10.1.1.4) host unreachable sent to 201.114.37.5
1d00h: ICMP: dst (10.1.1.4) host unreachable sent to 201.114.37.5
```

此外，也可以将外部全局地址静态转换为外部本地地址。例如，假设图 10-15 中的内部网络的管理员希望主机 D“看起来”属于内部网络；也就是说，使用地址 10.1.3.1。例 10-7 给出了路由器 Mazatlan 的 NAT 配置信息。

例 10-7 配置 Mazatlan 将外部全局地址静态转换为外部本地地址

```
ip nat inside source static 10.1.1.3 204.15.87.1
ip nat inside source static 10.1.2.2 204.15.87.2
ip nat outside source static 201.114.37.5 10.1.3.1
```

路由器 Mazatlan 的 NAT 配置没有什么变化，只是增加了 **ip nat outside source static** 命令。该命令在本例中的作用是将 OG 地址 201.114.37.5 映射为 OL 地址 10.1.3.1。例 10-8 给出了 NAT 表的运行结果。

例 10-8 在 Mazatlan 上增加一条命令，将 OG-to-OL 映射添加到 NAT 表中

```
Mazatlan#show ip nat translations
Pro Inside global       Inside local        Outside local       Outside global
--- 204.15.87.2         10.1.2.2            ---                 ---
--- 204.15.87.1         10.1.1.3            ---                 ---
--- ---                 ---                 10.1.3.1            201.114.37.5
Mazatlan#
```

虽然本例仅包含了静态映射，但是从例 10-9 可以看出，流量在主机 A 与主机 D 以及主机 C 与主机 D 之间传递时也出现了动态映射，内部地址都被自动映射为外部地址。

例 10-9 主机 A 和 C 的内部地址被自动映射为主机 D 的外部地址

```
Mazatlan#show ip nat translations
Pro Inside global       Inside local        Outside local       Outside global
--- 204.15.87.2         10.1.2.2            ---                 ---
--- 204.15.87.1         10.1.1.3            ---                 ---
--- ---                 ---                 10.1.3.1            201.114.37.5
--- 204.15.87.1       10.1.1.3              10.1.3.1            201.114.37.5
--- 204.15.87.2       10.1.2.2              10.1.3.1            201.114.37.5
Mazatlan#
```

需要理解的是，本配置允许内部网络的主机向主机 D 的 OG 地址（而不仅仅是 OL 地址）发送数据包。从例 10-10 可以看出，主机 A 能够 ping 通主机 D 的 OL（10.1.3.1）地址或 OG 地址（201.114.37.5）。

例 10-10 主机 A 可以向主机 D 的 OL 地址或 OG 地址发送数据包

```
Host_A#ping 10.1.3.1

Type escape sequence to abort.
Sending 5, 100-byte ICMP Echos to 10.1.3.1, timeout is 2 seconds:
```

（待续）

```
!!!!!
Success rate is 100 percent (5/5), round-trip min/avg/max = 8/43/52 ms
Host_A#
Host_A#ping 201.114.37.5

Type escape sequence to abort.
Sending 5, 100-byte ICMP Echos to 201.114.37.5, timeout is 2 seconds:
!!!!!
Success rate is 100 percent (5/5), round-trip min/avg/max = 12/47/68 ms
Host_A#
```

调试例 10-11 中的主机 C 和主机 D 的输出结果可以更清楚地揭示上述网络行为。这两台主机都开启了 IGMP 调试功能，并记录回显应答消息（包括发送的和接收的消息）。由于同时抓取了主机 C 和主机 D 的输出结果，因而必须仔细比较并参考例 10-9 中的映射表，这样才能正确跟踪这些地址。

第一步，主机 C ping 主机 D 的 OG 地址 201.114.37.5。主机 D 向目的地址 204.15.87.2 发送回显应答消息，该地址是主机 C 的 IG 地址，表明主机 C 的源地址 10.1.2.2 在穿越 Mazatlan 时被 NAT 进行了转换。

分析主机 C 收到的相同回显应答消息后可以看出，虽然主机 D 将回显应答消息发送给了主机 C 的 IG 地址 204.15.87.2，但收到的回显应答消息的地址却已被转换为主机 C 的 IL 地址 10.1.2.2。

接下来，主机 D 在自己的 IG 地址 204.15.87.2 上 ping 主机 D。主机 C 发送的回显应答消息显示源地址是主机 C 的 IL 地址 10.1.2.2，目的地址是主机 D 的 OG 地址 10.1.3.1。主机 D 收到回显应答消息之后，源地址被转换为主机 C 的 IG 地址 204.15.87.2，目的地址被转换为主机 D 的 OG 地址 201.114.37.5。

例 10-11　同时记录图 10-15 中的主机 C 和主机 D 的调试输出结果，首先让主机 C ping 主机 D，然后再让主机 D ping 主机 C

```
Host_C#debug ip icmp
ICMP packet debugging is on
Host_C#                                                 ##Step 1###
Host_C#ping 201.114.37.5

Type escape sequence to abort.
Sending 5, 100-byte ICMP Echos to 201.114.37.5, timeout is 2 seconds:
!!!!!
Success rate is 100 percent (5/5), round-trip min/avg/max = 48/60/84 ms
Host_C#
ICMP: echo reply rcvd, src 201.114.37.5, dst 10.1.2.2
ICMP: echo reply rcvd, src 201.114.37.5, dst 10.1.2.2
ICMP: echo reply rcvd, src 201.114.37.5, dst 10.1.2.2
ICMP: echo reply rcvd, src 201.114.37.5, dst 10.1.2.2
ICMP: echo reply rcvd, src 201.114.37.5, dst 10.1.2.2
Host_C#
Host_C#                                                 ##Step 2##
ICMP: echo reply sent, src 10.1.2.2, dst 10.1.3.1
ICMP: echo reply sent, src 10.1.2.2, dst 10.1.3.1
ICMP: echo reply sent, src 10.1.2.2, dst 10.1.3.1
ICMP: echo reply sent, src 10.1.2.2, dst 10.1.3.1
ICMP: echo reply sent, src 10.1.2.2, dst 10.1.3.1
Host_C#
```

```
Host_D#debug ip icmp
ICMP packet debugging is on
Host_D#                                                 ##Step 1##
ICMP: echo reply sent, src 201.114.37.5, dst 204.15.87.2
```

（待续）

```
ICMP: echo reply sent, src 201.114.37.5, dst 204.15.87.2
ICMP: echo reply sent, src 201.114.37.5, dst 204.15.87.2
ICMP: echo reply sent, src 201.114.37.5, dst 204.15.87.2
ICMP: echo reply sent, src 201.114.37.5, dst 204.15.87.2
Host_D#
Host_D#                                        ##Step 2##
Host_D#ping 204.15.87.2

Type escape sequence to abort.
Sending 5, 100-byte ICMP Echos to 204.15.87.2, timeout is 2 seconds:
!!!!!
Success rate is 100 percent (5/5), round-trip min/avg/max = 16/56/96 ms
Host_D#
ICMP: echo reply rcvd, src 204.15.87.2, dst 201.114.37.5
ICMP: echo reply rcvd, src 204.15.87.2, dst 201.114.37.5
ICMP: echo reply rcvd, src 204.15.87.2, dst 201.114.37.5
ICMP: echo reply rcvd, src 204.15.87.2, dst 201.114.37.5
ICMP: echo reply rcvd, src 204.15.87.2, dst 201.114.37.5
Host_D#
```

虽然例 10-11 及其相关解释有些难以理解，但一旦理解了之后，就能够很好地区分内部地址与外部地址、本地地址与全局地址，而且还能很好地理解数据包双向穿越 NAT44 设备时源地址和目的地址发生的变化情况。

注： 如果希望在实验室或模拟器上推演本案例，那么例 10-10 和例 10-11 将揭示一个非常有用的技巧。图 10-15 中的主机 C 实际上就是一台禁用了 IP 路由功能（**no ip routing**）的 Cisco 路由器，并利用 **ip default-gateway** 命令指向本地路由器的附属接口。这样就可以利用 IOS 的扩展调试工具，从主机的视角观察网络行为。

如果内部网络的管理员不希望将流量发送给 OG 地址，那么就需要部署路由过滤器（见例 10-12）。

例 10-12 通过路由过滤器阻止内部网络流量发送给 OG 地址

```
interface FastEthernet1/0
 ip address 10.1.1.1 255.255.255.0
 ip access-group 101 in
 ip nat inside
 ip virtual-reassembly
 duplex auto
 speed auto
!
interface Serial2/0
 ip address 199.100.35.254 255.255.255.252
 ip nat outside
 ip virtual-reassembly
 serial restart-delay 0
!
router ospf 100
 log-adjacency-changes
 network 10.1.1.1 0.0.0.0 area 0
 default-information originate
!
ip route 0.0.0.0 0.0.0.0 199.100.35.253
!
ip nat inside source static 10.1.1.3 204.15.87.1
ip nat inside source static 10.1.2.2 204.15.87.2
ip nat outside source static 201.114.37.5 10.1.3.1
!
access-list 101 permit ip any host 10.1.3.1
access-list 101 permit ospf any any
!
```

请注意，接口 E0 上应用了一个入站过滤器，必须在地址转换之前应用该过滤器。在接口 S2/0 上应用的出站过滤器无法区分已被转换的目的地址。例 10-13 给出了上述过滤结果：主机 C 仍然可以到达主机 D 的 OL 地址，但发送到 OG 地址的数据包都被阻塞了。

例 10-13　在 Mazatlan 上部署过滤器之后，内部主机只能通过 OL 地址到达主机 D

```
Host_C#ping 10.1.3.1

Type escape sequence to abort.
Sending 5, 100-byte ICMP Echos to 10.1.3.1, timeout is 2 seconds:
!!!!!
Success rate is 100 percent (5/5), round-trip min/avg/max = 16/50/92 ms
Host_C#
Host_C#ping 201.114.37.5

Type escape sequence to abort.
Sending 5, 100-byte ICMP Echos to 201.114.37.5, timeout is 2 seconds:
U.U.U
Success rate is 0 percent (0/5)
Host_C#
```

例 10-10 和例 10-11 都强调了 NAT 本身并不保证不会将私有或非法 IP 地址泄露到 Internet 上。明智的管理员会在连接 ISP 的接口上过滤 A 类、B 类和 C 类私有地址，明智的 ISP 则同样会在连接用户的接口上执行相同的过滤操作。

10.3.2　NAT44 与 DNS

对于本例中的各种不同配置来说，一个难点在于现实中几乎没有任何设备会通过 IP 地址去访问其他设备，都几乎无一例外地使用名字，因而 DNS 服务器必须拥有与其所在 NAT 侧相关联的正确的 IP 地址。图 10-16 中的内部网络和外部网络都部署了 DNS 服务器，DNS1 拥有如下 name-to-address 映射项：

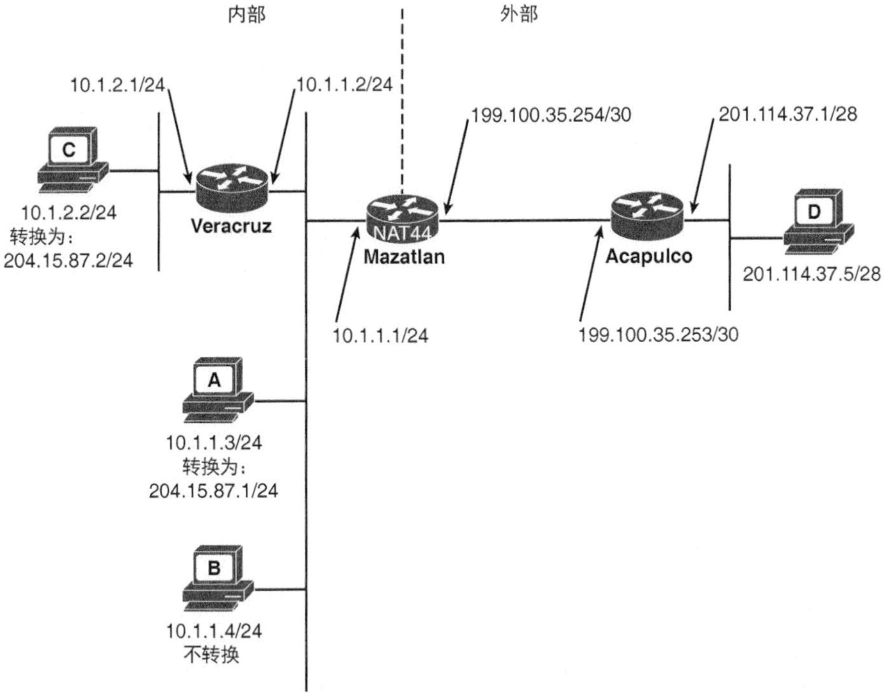

图 10-16　DNS1 是内部网络的权威服务器，DNS2 是外部网络的权威服务器

HostA.insidenet.com IN A 10.1.1.3

HostB.insidenet.com IN A 10.1.1.4

HostC.insidenet.com IN A 10.1.2.2

此处的所有主机都有本地地址（内部网络的本地地址）。DNS2 则拥有如下 name-to-address 映射项：

HostD.outsidenet.com IN A 201.114.37.5

这些表项均映射到全局地址。DNS1 是 inside.net 的权威服务器，DNS2 是 outside.net 的权威服务器。例 10-14 给出了 Mazatlan 的 NAT 配置信息。

例 10-14 Mazatlan 的 NAT 配置（支持图 10-16 中的 DNS1 和 DNS2）

```
ip nat inside source static 10.1.1.3 204.15.87.1
ip nat inside source static 10.1.2.2 204.15.87.2
ip nat inside source static 10.1.1.4 204.15.87.3
ip nat inside source static 10.1.1.254 204.15.87.254
ip nat outside source static 201.114.37.5 10.1.3.1
ip nat outside source static 201.50.34.1 10.1.3.2
```

除了三台内部主机和一台外部主机之外，例 10-14 的配置中还有两台 DNS 服务器。如果主机 A 希望向主机 D 发送数据包，那么就需要首先向 DNS1 发送 DNS 查询消息，以获得 HostD.outsidenet.com 的 IP 地址。DNS1 再向 DNS2 进行查询，由 DNS2 返回主机 D 的 IP 地址 201.114.37.5。该 DNS 消息穿越 NAT 设备时，地址会被转换为 10.1.3.1，DNS1 则将该地址传递给主机 A。此后主机 A 就将数据包发送到该地址，然后再由 NAT 设备转换数据包的源地址和目的地址。

如果主机 D 希望与内部网络中的主机通信，那么操作过程正好与上面相反：主机 D 可能会向 DNS2 查询 HostC.insidenet.com 的 IP 地址，DNS2 再向 DNS1 进行查询。DNS1 返回主机 C 的 IP 地址 10.1.2.2，该地址又被 NAT 设备转换成 204.15.87.2，并被 DNS2 传递给主机 D。此后主机 D 与主机 C 交换数据包时，就由 NAT 设备来转换数据包的源地址和目的地址。

对于图 10-16 在网络中同时部署内部 DNS 和外部 DNS 的配置方式来说，如果组织机构有一定的规模，这样做还有一定的意义，但是如果是小型企业，那么就毫无意义了。实际上并不需要部署两台 DNS 服务器，内部网络的主机完全可以查询位于外部网络的 DNS 服务器，IOS 可以对响应的 A 记录进行地址转换。

IOS 转换 DNS A 记录中携带的地址的功能就是 DNS ALG。这是一种与 NAT44 一同启用的特定协议 ALG，其他的特定协议 ALG 还包括 IGMP、FTP、H.323、SIP、SCCPUI 以及 ESP 模式的 IPSec。这些协议的共同特点就是在数据净荷中内嵌了 IPv4 地址，ALG 负责检查这些协议包并转换其中的内嵌地址，使得这些协议可以穿越 NAT 设备。

可以根据需要禁用 ALG。例如，可以通过全局语句 **no ip nat service alg udp dns** 和 **no ip nat service alg tcp dns** 禁用 DNS ALG。需要注意的是，如果启用了地址超载（详见本章后面内容）或者在静态地址映射中使用了路由映射，那么 DNS ALG 将无法正常工作。

10.3.3 案例研究：动态 NAT

上例的一个主要问题就是扩展性问题。如果图 10-15 中的内部设备不是 4 台，而是 60 台或 6000 台，那么将会怎么样？与维护静态路由表项一样，随着网络规模的不断扩大，维护静态 NAT 映射关系必将成为一个极大的管理负担。

图 10-17 中的内部网络使用 10.1.1.0～10.1.2.255 作为 IL 地址空间，ISP 分配的公有地址空间是 204.15.86.0/23，该公有地址空间被用作地址池，从地址池中动态选择 IG 地址映射为 IL 地址。为了实现更好的可管理性和可预测性，将地址空间 10.1.1.0/24 映射到 204.15.86.0/24，10.1.2.0/24 映射到 204.15.87.0/24。

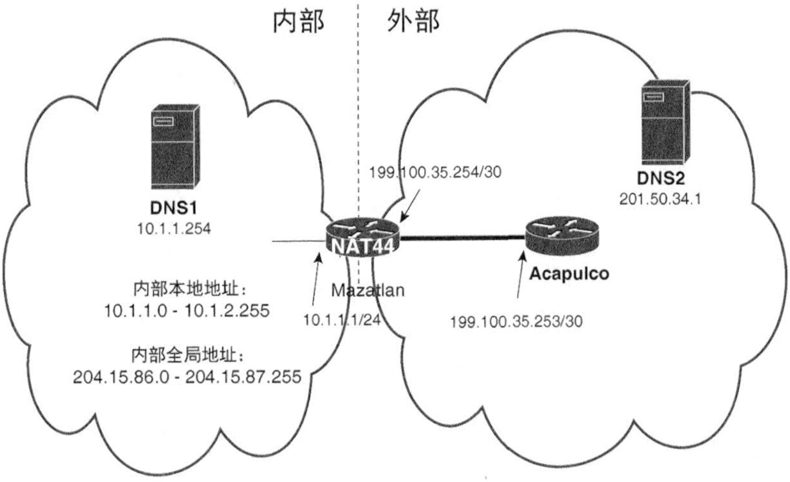

图 10-17 内部网络拥有大量 IL 地址和 IG 地址

利用命令 **ip nat pool** 创建地址池并对地址池进行命名，然后将地址池指定为 IG 地址池并通过语句 **ip nat inside source list** 链接到 IL 地址空间。例 10-15 给出了 Mazatlan 的配置信息。

例 10-15 Mazatlan 被配置为从地址池中动态分配 IG 地址

```
interface FastEthernet1/0
 ip address 10.1.1.1 255.255.255.0
 ip nat inside
 ip virtual-reassembly
!
interface Serial2/0
 ip address 199.100.35.254 255.255.255.252
 ip nat outside
 ip virtual-reassembly
!
router ospf 100
 log-adjacency-changes
 network 10.1.1.1 0.0.0.0 area 0
 default-information originate
!
ip route 0.0.0.0 0.0.0.0 199.100.35.253
!
ip nat pool PoolOne 204.15.86.1 204.15.86.254 prefix-length 24
ip nat pool PoolTwo 204.15.87.1 204.15.87.253 prefix-length 24
ip nat inside source list 1 pool PoolOne
ip nat inside source list 2 pool PoolTwo
ip nat inside source static 10.1.1.254 204.15.87.254
!
access-list 1 permit 10.1.1.0 0.0.0.255
access-list 2 permit 10.1.2.0 0.0.0.255

!
```

上述配置创建了两个地址池，分别名为 PoolOne 和 PoolTwo。分配给 PoolOne 的地址段是 204.15.86.1～204.15.86.254，分配给 PoolTwo 的地址段是 204.15.87.1～204.15.87.253。请注意，上述地址段都不包含网络地址和广播地址。关键字 **prefix-length** 的作用是执行合规性检查，以确保不会映射到 204.15.87.255 这样的地址。关键字 **prefix-length** 的一个可替换关键字是 **netmask**。例如，**ip nat pool PoolTwo 204.15.87.1 204.15.87.253 netmask 255.255.255.0** 与携带关键字 **prefix-length 24** 的命令效果完全相同。有了这些命令之后，就可以分配 204.15.86.0～204.15.86.255 等地址段，而不会映射 0 和 255 这样的主机地址。一个好的配置实践是，仅配置真实的地址池地址，以免产生混淆。

另外需要注意的是，PoolTwo 不包含地址 204.15.87.254，这是因为该地址已被静态分配给了 DNS1，因而不包含在地址池中。为了保证外部设备在任何时候都能向内部设备（如 DNS1）发起会话，必须采取静态地址分配方式。如果这些设备的 IG 地址是动态分配的，那么外部设备就无法知道向哪个地址发送数据包。

其次，例中利用访问列表来标识需要转换的地址。Mazatlan 利用 access-list 1 来标识 IL 地址段 10.1.1.0-10.1.1.255，利用 access-list 2 来标识 IL 地址段 10.1.2.0–10.1.2.255。

最后，将 IL 地址链接到正确的 IG 地址池。例如，语句 **ip nat inside source list 1 pool PoolOne** 将源自内部网络的 IP 地址（即 IL 地址）以及与 access-list 1 指定的地址段相匹配的地址都转换为 PoolOne 中的 IG 地址。

例 10-16 给出了配置动态 NAT 后的 Mazatlan 的 NAT 表信息。可以看出唯一的映射表项就是 DNS1 的静态映射项。

例 10-16　初次为 Mazatlan 配置动态 NAT 时，NAT 表中只有一条静态映射项

```
Mazatlan#show ip nat translations
Pro Inside global      Inside local       Outside local      Outside global
--- 204.15.87.254      10.1.1.254         ---                ---
Mazatlan#
```

例 10-17 给出了多个内部网络设备向外部网络发送流量之后的 NAT 表信息。按照数值顺序（首先分配数值最小的地址）从每个地址池中分配 IG 地址，最新分配的地址都列在 NAT 表的最上部。

例 10-17　内部设备向外部发送数据包之后，动态 IL-to-IG 映射表项就开始进入 NAT 表

```
Mazatlan#show ip nat translations
Pro Inside global      Inside local       Outside local      Outside global
--- 204.15.86.4        10.1.1.3           ---                ---
--- 204.15.86.3        10.1.1.83          ---                ---
--- 204.15.86.2        10.1.1.239         ---                ---
--- 204.15.86.1        10.1.1.4           ---                ---
--- 204.15.87.3        10.1.2.164         ---                ---
--- 204.15.87.2        10.1.2.57          ---                ---
--- 204.15.87.1        10.1.2.2           ---                ---
--- 204.15.87.254      10.1.1.254         ---                ---
Mazatlan#
```

有时，网络管理员可能希望 IG 地址的主机部分与被映射的 IL 地址的主机部分相匹配。这时就需要在定义地址池的语句末尾增加关键字 **type match-host**（见例 10-18）。如果希望将地址池的分配方式改回按序方式，那么只要将关键字 **match-host** 替换成关键字 **rotary** 即可。

例 10-18 利用选项 type match-host 让 IG 地址的主机部分与被映射的 IL 地址的主机部分相匹配

```
ip nat pool PoolOne 204.15.86.1 204.15.86.254 prefix-length 24 type match-host
ip nat pool PoolTwo 204.15.87.1 204.15.87.253 prefix-length 24 type match-host
ip nat inside source list 1 pool PoolOne
ip nat inside source list 2 pool PoolTwo
ip nat inside source static 10.1.1.254 204.15.87.254
!
ip route 0.0.0.0 0.0.0.0 199.100.35.253
!
access-list 1 permit 10.1.1.0 0.0.0.255
access-list 2 permit 10.1.2.0 0.0.0.255
!
```

例 10-19 给出了此时的 NAT 表信息。与例 10-17 相比，可以看出转换了相同的 IL 地址，但本例不再是从各个地址池中按序选择 IG 地址，而是直接选择主机部分相匹配的 IG 地址。

例 10-19 IG 地址的主机部分与被映射的 IL 地址的主机部分相匹配

```
Mazatlan#show ip nat translations
Pro Inside global      Inside local       Outside local      Outside global
--- 204.15.86.4        10.1.1.4           ---                ---
--- 204.15.86.3        10.1.1.3           ---                ---
--- 204.15.86.83       10.1.1.83          ---                ---
--- 204.15.86.239      10.1.1.239         ---                ---
--- 204.15.87.2        10.1.2.2           ---                ---
--- 204.15.87.57       10.1.2.57          ---                ---
--- 204.15.87.164      10.1.2.164         ---                ---
--- 204.15.87.254      10.1.1.254         ---                ---
Mazatlan#
```

在默认情况下，NAT 表中的动态映射表项的保持时间为 86400 秒（24 小时）。可以利用命令 **ip nat translation timeout** 将保持时间设置为 0～2147483647 秒（约 68 年）之间的任意值。第一次执行转换操作时会启动超时周期，每次数据包被映射表项转换之后又会重置该超时周期。虽然地址池中的地址可以映射为 NAT 表中的地址，但无法映射为其他地址。如果超时周期到期时没有新的映射“选中”该映射表项，那么就会从 NAT 表中删除该表项，该地址池地址又会重新回到地址池中并成为可用地址。如果在 **ip nat translation timeout** 命令中使用了 0 秒或关键字 **never**，那就意味着永远也不会从 NAT 表中删除该映射表项。通常来说，默认超时时间在对外部网络维持地址的一致性与从 NAT 表中清除过时表项以节约内存资源之间实现了良好平衡。

为了节约内存资源，可以利用 **ip nat translation max-entries** 语句对 NAT 表最大允许的表项数设置门限。虽然最新的路由器平台基本上都不存在内存消耗问题，但是如果策略要求限制每次转换的数量，那么这条语句仍然很有用。

利用命令 **show ip nat translations verbose** 可以显示每条表项的转换超时信息（见例 10-20）。命令 **ip nat translations verbose** 可以显示映射表项进入 NAT 表中的时长、最后一次被用来进行地址转换的时间以及超时周期到期前的剩余时间等信息。标志字段可以表示除动态转换之外的其他转换类型。例如，例 10-20 中的最后一个表项就显示为静态转换。

如果 IL 地址段大于地址池中的 IG 地址数，那么转换超时周期就显得非常重要（见例 10-21）。

例 10-20 命令 ip nat translations verbose 可以显示每条映射表项的详细转换超时周期信息

```
Mazatlan#show ip nat translations verbose
Pro Inside global      Inside local      Outside local      Outside global
--- 204.15.86.4        10.1.1.3          ---                ---
    create 00:31:55, use 00:31:55, left 23:28:04, flags: none
--- 204.15.86.3        10.1.1.83         ---                ---
    create 00:32:19, use 00:32:19, left 23:27:40, flags: none
--- 204.15.86.2        10.1.1.239        ---                ---
    create 00:33:38, use 00:33:38, left 23:26:21, flags: none
--- 204.15.86.1        10.1.1.4          ---                ---
    create 00:34:25, use 00:00:05, left 23:59:54, flags: none
--- 204.15.87.3        10.1.2.164        ---                ---
    create 00:31:02, use 00:31:02, left 23:28:57, flags: none
--- 204.15.87.2        10.1.2.57         ---                ---
    create 00:34:10, use 00:34:10, left 23:25:49, flags: none
--- 204.15.87.1        10.1.2.2          ---                ---
    create 00:35:04, use 00:35:04, left 23:24:55, flags: none
--- 204.15.87.254        10.1.1.254      ---                ---
    create 03:59:32, use 03:59:32, flags: static
Mazatlan#
```

例 10-21 1022 个 IL 地址共享包含 254 个 IG 地址的地址池

```
ip nat pool GlobalPool 204.15.86.1 204.15.86.254 prefix-length 24
ip nat inside source list 1 pool GlobalPool
!
access-list 1 permit 10.1.0.0 0.0.3.255
```

本例利用包含 254 个可用 IG 地址的地址池来转换 1022 个 IL 地址（10.1.0.0～10.1.3.254）。这就意味着一旦 NAT 表中的映射表项达到 254 条，地址池就无法提供更多的可用 IG 地址，所有 IL 地址未被转换的数据包都将被丢弃。采取这种地址映射方案的设计者认为网络中只有少量用户会同时访问外部网络，但是由于 NAT 表中的映射表项会被保留 24 小时，因而会大大增加可用 IG 地址的耗尽概率。因而设计者应该通过缩短超时周期来以降低 IG 地址被耗尽的概率。

10.3.4 案例研究：网络融合

NAT 对于预防网络间的地址冲突来说非常有用。前面的两个案例讨论了如何将使用私有地址空间的网络连接到使用公有地址空间的网络。使用公有地址的网络可能是其他企业网或 Internet，最基本的要求就是必须转换 RFC 1918 私有地址，因为这些地址不是全球唯一地址。从全球的角度来看，许多企业都在自己的网络中使用相同的 IP 地址，而这些地址都被 NAT 设备“隐藏”起来了。

虽然也可以利用前述案例的配置方式，使用公有地址空间对内部网络进行编址，但这些公有地址并不是地址分配机构分配的。例如，虽然可以在内部网络使用地址空间 71.68.0.0/16，但是连接 Internet 时，由于这些地址已经正式分配给了其他公司，因而将这些未经转换的数据包发送到 Internet 上会造成严重的路由冲突，必须进行 NAT44 转换。

另一种可能的地址冲突场景就是融合两个原先独立的网络（见图 10-18）。Surf 公司和 Sand 公司合并后成立一家 Surf n'Sand 公司。作为两家公司合并的一部分，需要连接现有的两个网络。但不幸的是，这两个网络的设计者在建设网络时使用的都是相同的地址空间 10.0.0.0，使得 Surf 公司网络中很多设备地址都与 Sand 公司中的设备地址相同。

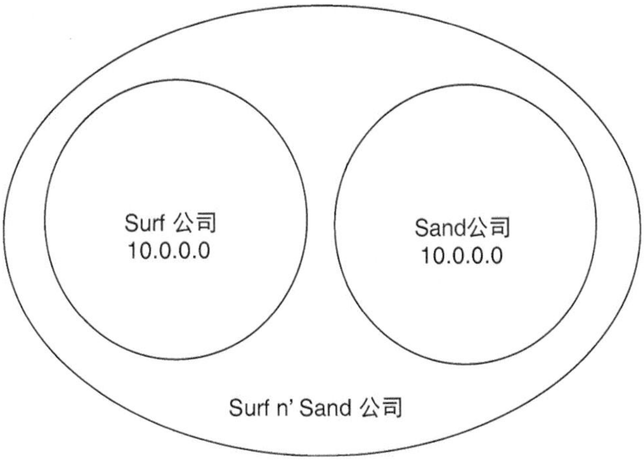

图 10-18 必须将两个拥有大量重复地址的网络连接在一起

最佳解决方案就是对新网络进行重新编址，但很多地址方案设计得都比较差，重新编址会显得非常复杂。例如，Surf n'Sand 公司网络中的所有设备都采取手工方式配置 IP 地址，没有通过 DHCP 进行地址分配。因而在重新编址工作完全之前，可以利用 NAT 作为连接两张网络的临时解决方案。

注： 本例中的 NAT 只是一种临时解决方案，让网络中的地址长期存在冲突状况是一种很糟糕的配置实践。

Surf n'Sand 公司的网络管理员首先向 ISP 或地址分配机构申请一段公有地址空间。假设申请到的 CIDR 地址块是 206.100.160.0/19，然后将地址块分成两部分，206.100.160.0/20 分配给以前的 Sand 网络，206.100.176.0/20 分配给以前的 Surf 网络。这里有一个假设前提，虽然网络 10.0.0.0 能够支持 1600 多万个主机地址，但本例中的两个网络的实际主机数都不超过/20 地址空间。

图 10-19 中的路由器 Cozumel 和 Guaymas（配置信息见例 10-22）负责连接这两个网络。

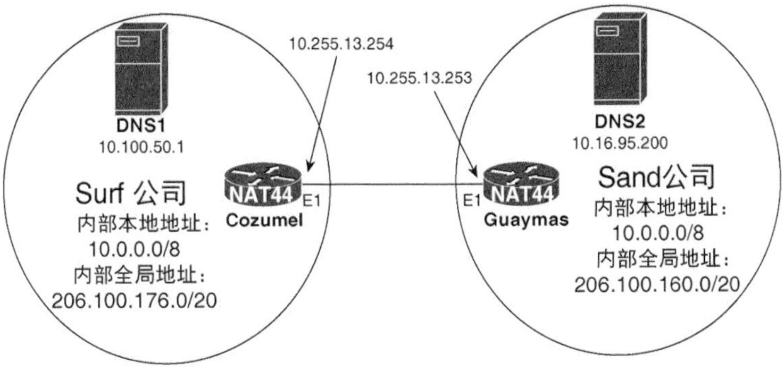

图 10-19 在两个网络的边界利用 NAT 路由器解决地址冲突问题

例 10-22 图 10-19 中的路由器 Cozumel 和 Guaymas 的 NAT 配置

```
Cozumel
interface Ethernet0
 ip address 10.100.85.1 255.255.255.0
 ip nat inside
```

（待续）

```
 ip virtual-reassembly
!
interface Ethernet1
 ip address 10.255.13.254 255.255.255.248
 ip nat outside
 ip virtual-reassembly
!
router ospf 1
 redistribute static
 network 10.100.85.1 0.0.0.0 area 18
!
ip nat pool Surf 206.100.176.2 206.100.191.254 prefix-length 20
ip nat inside source list 1 pool Surf
ip nat inside source static 10.100.50.1 206.100.176.1
!
ip route 206.100.160.0 255.255.240.0 10.255.13.253
!
access-list 1 deny 10.255.13.254
access-list 1 permit any
```

```
Guaymas
interface Ethernet0
 ip address 10.16.95.1 255.255.255.0
 ip nat inside
 ip virtual-reassembly
!
interface Ethernet1
 ip address 10.255.13.253 255.255.255.248
 ip nat outside
 ip virtual-reassembly
!
interface Serial1
 no ip address
 encapsulation frame-relay
!
interface Serial1.508 point-to-point
 ip address 10.18.3.253 255.255.255.0
 ip nat inside
 ip virtual-reassembly
 frame-relay interface-dlci 508
!
router eigrp 100
 redistribute static metric 1000 100 255 1 1500
 passive-interface Ethernet1
 network 10.0.0.0
 no auto-summary
!
ip nat pool Sand 206.100.160.2 206.100.175.254 prefix-length 20
ip nat inside source list 1 pool Sand
ip nat inside source static 10.16.95.200 206.100.160.1
!
ip route 206.100.176.0 255.255.240.0 10.255.13.254
!
access-list 1 deny 10.255.13.253
access-list 1 permit 10.0.0.0
!
```

DNS 服务器的配置对于本设计方案来说非常关键。NAT 配置中的每台 DNS 服务器都有一个静态的 IL-to-IG 地址映射表。假设 Sand 网络中的设备 Beachball.sand.com 希望向 Surf 网络中的 Snorkel.surf.com 发送数据包，假设这两台设备的 IP 地址都是 10.1.2.2，那么相应的通信过程如下。

1. 主机 Beachball 向 DNS2 查询 Snorkel.surf.com 的 IP 地址。
2. DNS2 向 DNS1（即 surf.com 域的权威服务器）发出查询请求。该请求的源地址是 10.16.95.200，目的地址是 206.100.176.1。查询消息被转发给路由器 Guaymas（Guaymas 将路由 206.100.176.0/20 宣告到 EIGRP 中）。

3. Guaymas 根据静态 NAT 映射表项将源地址 10.16.95.200 转换为 206.100.160.1，并将数据包转发给 Cozumel。
4. Cozumel 根据静态 NAT 映射表项将目的地址 206.100.176.1 转换为 10.100.50.1，并将查询请求转发给 DNS1。
5. DNS1 响应查询请求，告知 Snorkel.surf.com 的 IP 地址是 10.1.2.2。响应消息的源地址是 10.100.50.1，目的地址是 206.100.160.1。响应消息被转发给 Cozumel（Cozumel 将路由 206.100.160.0/20 宣告到 OSPF 中）。
6. Cozumel 将 DNS 响应消息的源地址转换为 206.100.176.1。NAT 路由器也在响应消息的 Answer 字段中发现了地址 10.1.2.2。由于该地址与 access-list 1 相匹配，因而将该地址转换为名为 Surf 的地址池中的地址，即 206.100.176.3。接着将该映射表项记录到 NAT 表中，并将响应消息转发给 Guaymas。
7. Guaymas 将 DNS 响应消息的目的地址转换为 10.16.95.200，并将响应消息转发给 DNS1。
8. DNS1 告诉 Beachball：Snorkel.surf.com 的 IP 地址是 206.100.176.3。
9. 此后 Beachball 就开始使用源地址 10.1.2.2。目的地址 206.100.176.3 向 Snorkel 发送数据包。
10. 在路由器 Guaymas 处，由于源地址与 access-list 1 相匹配，因而从名为 Sand 的地址池中选择一个地址，对本例来说就是地址 206.100.160.2。转换了源地址之后，将映射表项记录到 NAT 表中，同时将数据包转发给 Cozumel。
11. Cozumel 发现目的地址 206.100.176.3 被映射到 NAT 表中的 10.1.2.2，因而将目的地址映射为该 IL 地址，并将数据包转发给 Snorkel。
12. Snorkel 发送一个源地址为 10.1.2.2、目的地址为 206.100.160.2 的响应数据包，该数据包被转发给 Cozumel。
13. Cozumel 将数据包的源地址转换为 206.100.176.3，并将数据包转发给 Guaymas。
14. Guaymas 将数据包的目的地址转换为 10.1.2.2，并将数据包转发给 Beachball。

可以看出这两台设备的 IP 地址虽然完全一样，但它们并不知道对方的真实地址。该方案的关键就是路由器 Cozumel 和 Guaymas 的路由配置。任何一台路由器都不能将 10.0.0.0 网络的信息泄露给对方，都不允许将携带网络 10.0.0.0 中的目的地址的数据包转发给对方路由器（将数据包发送给直连子网 10.255.13.248/29 除外）。访问列表 access-list 1 的作用是让这两台路由器都不对各自路由器 E1 接口发出的数据包进行地址转换。

注：　故障检测与排除练习题 3 还会进一步要求大家考虑该访问列表的配置。

例 10-19 中需要关注的另一个细节就是路由器 Guaymas 拥有有多个内部接口，多个内部接口是完全可以接受的。

上述配置没有明显表达的一个重要问题就是 NAT 转换超时周期与 DNS 缓存 TTL（Time-To-Live，生存时间）周期之间的协调问题。DNS 服务器从其他 DNS 服务器收到资源记录之后，会缓存记录，以便用该记录直接响应后续到达的查询请求。对于本例来说，DNS2 会缓存将 Snorkel.surf.com 映射为 206.100.176.3 的 A RR，此后 DNS2 就可以直接响应对 Snorkel 的地址查询请求，而不需要再次查询 DNS1。该缓存 RR 有一个对应的 TTL，TTL 到期之后就会清除该 RR。需要注意的是，DNS 的 TTL 周期必须小于 NAT 的转换超时周期。

假设 10.1.2.2-to-206.100.176.3 映射表项的 NAT 转换超时周期到期，那么该 IG 地址将重新回到地址池中，此后的 206.100.176.3 将被映射给 Surf 网络中的其他 IL 地址。但 DNS2 维护的映射表项仍然是将 Snorkel.surf.com 映射为 206.100.176.3。如果 Sand 网络中的设备向 DNS2 查询 Snorkel 的地址，那么 DNS2 响应的将是失效信息，从而导致数据包被发送给错误主机。

本案例的最后一个要点是 Internet 接入问题。这一点很简单，只要在 Cozumel 和 Guaymas 之间的子网中增加一台接入路由器即可（见图 10-20）。此时来自 Surf 和 Sand 网络的数据包的源地址都已经转换成了公有地址，唯一需要做的就是为 Cozumel 和 Guaymas 配置默认路由，以指向 Internet 接入路由器。

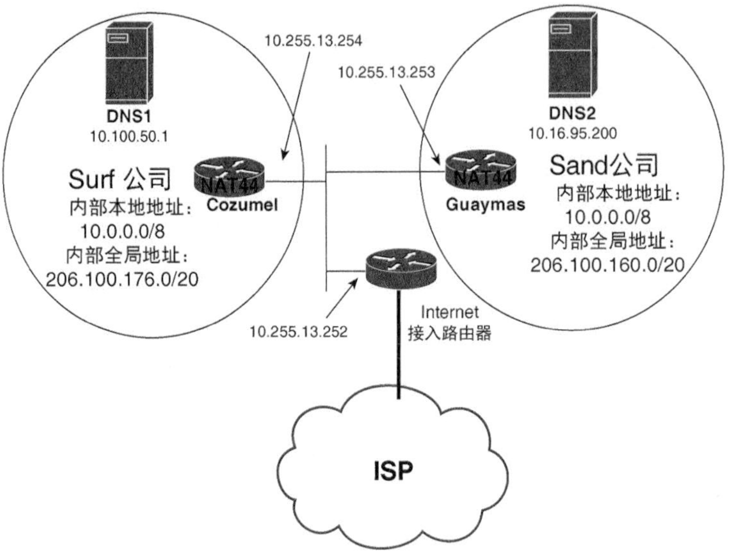

图 10-20 Internet 接入路由器不需要支持 NAT 功能；Internet 流量的所有地址转换操作均由 Cozumel 和 Guaymas 完成

10.3.5 案例研究：通过 NAT 多归属到 ISP

10.1.4 节已经详细解释了利用 NAT 克服多归属到拥有不同 CIDR 地址块的不同 ISP 的相关问题。图 10-7 中的用户多归属到不同的 ISP，每个 ISP 看到的数据包的源地址都属于自己的地址空间，都不会从用户接收源地址属于其他 ISP 地址块的数据包。

根据前面已经学习过的 NAT 案例，可以很容易地写出图 10-7 中的两台 NAT 路由器的配置文件。但是如果某台路由器多归属到这两个 ISP（见图 10-21），那么该如何处理呢？图中的 Montego 从两个 ISP 接收了全部 BGP 路由，因而可以为所有目的端选择最佳服务提供商。如果需要将数据包转发给 ISP1，那么就必须从 ISP1 分配的地址块 205.113.50.0/23 中为该数据包分配源地址；如果需要将数据包转发给 ISP2，那么就必须从 ISP2 分配的地址块 207.36.76.0/23 中为该数据包分配源地址。

例 10-23 给出了 Montego 在不同接口上使用不同地址池的配置信息。

ISP 分配的地址块被分别指定给地址池 ISP1 和 ISP2。该 NAT 配置的一个重要特点就是语句 **ip nat inside source** 调用的是路由映射，而不是访问列表。通过路由映射，不但可以指定 IL 地址，而且还可以指定数据包所要转发的接口或下一跳地址。ISP1_MAP 指定源地址属于网络 10.0.0.0（与 access-list 1 标识的一样）的数据包以及通过接口 S1.708 转发给 ISP1 的数据包。ISP2_MAP 指定源地址属于网络 10.0.0.0 的数据包以及通过下一跳地址 207.36.65.254 转发给 ISP2 的数据包。

注：为了保持一致性，通常仅在路由映射中使用命令 **match interface** 或 **match ip next-hop**。本例同时使用这两条命令的目的是做解释说明。

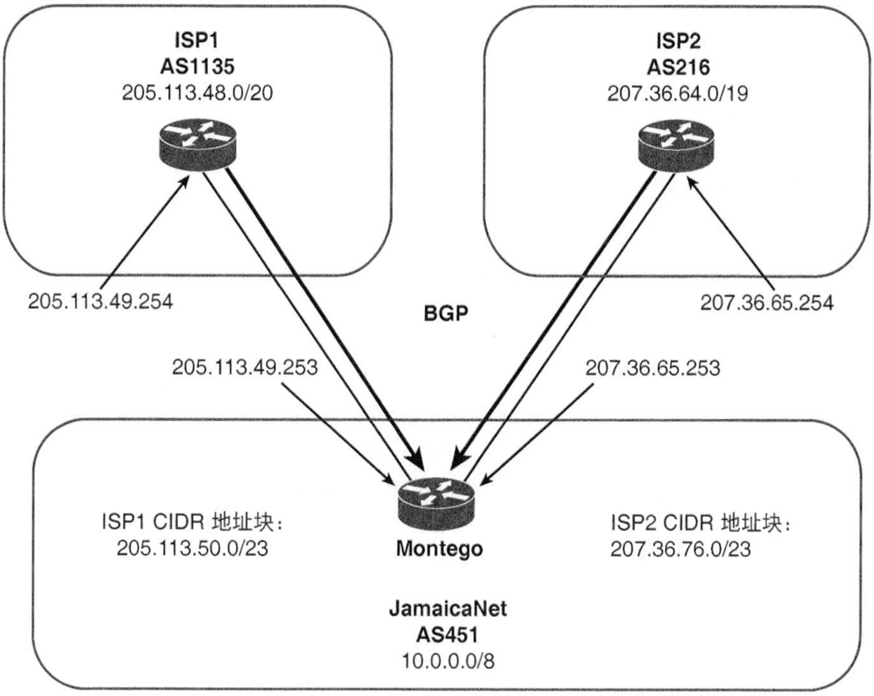

图 10-21　ISP1 和 ISP2 均为 JamaicaNet 分配了一个 CIDR 地址块，将数据包被转发给某个 ISP 时，必须为其分配该 ISP 的正确源地址

例 10-23　图 10-21 中 Montego 的配置，要求为出站数据包的源地址使用特定 ISP 的地址池

```
interface Ethernet0
 ip address 10.1.1.1 255.255.255.0
 ip nat inside
!
interface Ethernet1
 ip address 10.5.1.1 255.255.255.0
 ip nat inside
!
interface Serial1
 no ip address
 encapsulation frame-relay
!
interface Serial1.708 point-to-point
 description PVC to ISP1
 ip address 205.113.49.253 255.255.255.252
 ip nat outside
 frame-relay interface-dlci 708
!
interface Serial1.709 point-to-point
 description PVC to ISP2
```

（待续）

```
 ip address 207.36.65.253 255.255.255.252
 ip nat outside
 frame-relay interface-dlci 709
!
router ospf 10
 network 10.0.0.0 0.255.255.255 area 10
 default-information originate always
!
router bgp 451
 neighbor 205.113.49.254 remote-as 1135
 neighbor 207.36.65.254 remote-as 216
!
ip nat pool ISP1 205.113.50.1 205.113.51.254 prefix-length 23
ip nat pool ISP2 207.36.76.1 207.36.77.254 prefix-length 23
ip nat inside source route-map ISP1_MAP pool ISP1
ip nat inside source route-map ISP2_MAP pool ISP2
!
access-list 1 permit 10.0.0.0 0.255.255.255
access-list 2 permit 207.36.65.254
!
route-map ISP1_MAP permit 10
 match ip address 1
 match interface Serial1.708
!
route-map ISP2_MAP permit 10
 match ip address 1
 match ip next-hop 2
!
```

例如，地址为 10.1.2.2 的内部设备发送一个目的地址为 137.19.1.1 的数据包。由于路由器 Montego 通过 OSPF 将默认路由宣告给了 JamaicaNet，因而数据包会被转发给 Montego。Montego 执行路由查找并确定去往目的端的最佳路由是经由 ISP2，出接口为 S1.709 且下一跳地址为 207.36.65.254。第一条 **ip nat inside source** 语句的作用是根据 ISP1_MAP 来检查上述信息。虽然源地址匹配，但出接口不匹配。第二条 **ip nat inside source** 语句的作用是根据 ISP2_MAP 来检查上述信息。由于源地址与下一跳地址均匹配，因而将源地址转换为 ISP2 地址池中的地址。

例 10-24 给出了流量传送给 ISP 之后的 Montego 的 NAT 表信息。由于可以将一个 IL 地址映射为多个地址池中的某个地址，因而这种地址映射方式属于扩展映射，同时显示了协议类型和端口号。有关扩展映射的相关内容将在 10.3.6 节进行详细讨论。

例 10-24 Montego 的 NAT 表显示地址映射选择的 IG 地址与数据包所要转发的 ISP 有关

```
Montego#show ip nat translations
Pro Inside global        Inside local       Outside local       Outside global
udp 207.36.76.2:4953     10.1.2.2:4953      137.19.1.1:69       137.19.1.1:69
udp 205.113.50.2:2716    10.1.1.2:2716      171.35.100.4:514    171.35.100.4:514
tcp 205.113.50.1:11009   10.5.1.2:11009     205.113.48.1:23     205.113.48.1:23
tcp 207.36.76.1:11002    10.1.1.2:11002     198.15.61.1:23      198.15.61.1:23
tcp 205.113.50.3:11007   10.1.2.2:11007     171.35.18.1:23      171.35.18.1:23
tcp 207.36.76.2:11008    10.1.2.2:11008     207.36.64.1:23      207.36.64.1:23
Montego#
```

例 10-24 的 NAT 表中值得关注的信息就是与 IL 地址相关的三条表项。UDP 流量以及其中的一条 TCP 会话都通过 ISP2 去往目的端。IL 地址被映射为 IG 地址 207.36.76.2；由于其他 TCP 会话都是通过 ISP1 去往目的端的，因而 IL 地址被映射为 205.113.50.3。从这些映射表项可以看出，虽然源地址都相同，但 IG 地址选择的地址池却不相同（取决于在何处转发数据包）。

图 10-22 给出了三个自治系统的 DNS 服务器信息。ISP1 和 ISP2 中的 DNS 服务器必须访问 Ochee（是 JamaicaNet 的权威 DNS 服务器），这就意味着 Ochee 必须拥有两个 CIDR 地址块中的地址的静态 NAT 表项。为了避免产生映射歧义，通常不允许将一个 IL 地址同时静态映射为多个 IG 地址，但是对于本例来说，由于同一台 NAT 设备同时执行双向映射，因而不存在歧义问题。因而 Montego 在路由 Ochee 的 DNS 查询消息以及发送给 DNS1 和 DNS2 的响应消息时，可以正确执行地址转换操作。

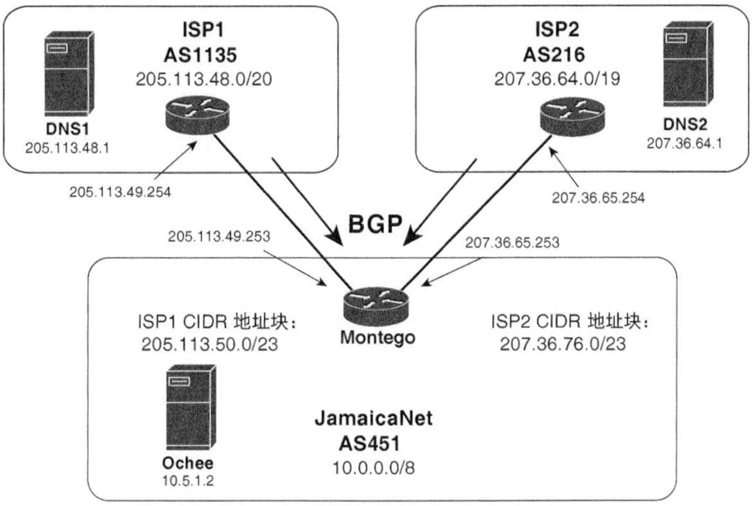

图 10-22 DNS 服务器 Ochee 必须拥有静态 IL-to-IG 映射表项，以便能响应 DNS1 和 DNS2 的查询请求

如果希望允许一个 IL 地址映射为多个 IG 地址，那么就要在映射语句的最后增加关键字 **extendable**（见例 10-25 中 Montego 的 NAT 配置）。

例 10-25 Montego 将一个 IL 地址静态映射为多个 IG 地址的 NAT 配置

```
ip nat pool ISP1 205.113.50.2 205.113.51.254 prefix-length 23
ip nat pool ISP2 prefix-length 23
 address 207.36.76.1 207.36.76.99
 address 207.36.76.101 207.36.77.254
ip nat inside source route-map ISP1_MAP pool ISP1
ip nat inside source route-map ISP2_MAP pool ISP2
ip nat inside source static 10.5.1.2 207.36.76.100 extendable
ip nat inside source static 10.5.1.2 205.113.50.1 extendable
!
access-list 1 permit 10.0.0.0 0.255.255.255
access-list 2 permit 207.36.65.254
!
route-map ISP1_MAP permit 10
 match ip address 1
 match interface Serial1.708
!
route-map ISP2_MAP permit 10
 match ip address 1
 match ip next-hop 2
```

从 DNS1 的角度来看，Ochee 的地址是 205.113.50.1，我们注意到 NAT 地址池 ISP1 已经修改成不包含该地址。从 DNS2 的角度来看，Ochee 的地址是 207.36.76.100。由于该地址取自 207.36.76.0/23 地址块的中间位置，而不是两端，因而使得地址池 ISP2 变得不连续。上述配置将地址池修改后指定了两段地址：Ochee 地址之前的地址和 Ochee 地址之后的地址。

配置不连续地址段时，必须首先为地址池命名并指定前缀长度或网络掩码，然后再根据配置提示符的要求输入地址段列表。例 10-26 给出了地址池 ISP2 的配置步骤（包括提示符）。

例 10-26 为不连续的地址段配置 NAT 地址池

```
Montego(config)#ip nat pool ISP2 prefix-length 23
Montego(config-ipnat-pool)#address 207.36.76.1 207.36.76.99
Montego(config-ipnat-pool)#address 207.36.76.101 207.36.77.254
```

10.3.6 案例研究：PAT

与前述案例讨论的多归属 NAT 路由器相对的另一个极端情况就是 SOHO（Small Office/Home Office，小型办公室/家庭办公室）路由器（负责将多台设备连接到 Internet）。对于这种应用场景来说，不是为每台设备都配置独立的公有 IP 地址，而是采用 PAT（Port Address Translation，端口地址转换）技术，让所有的 SOHO 设备都能共享单个 IG 地址。

PAT 可以实现地址超载，也就是将多个 IL 地址映射到同一个 IG 地址。因而路由表中的 NAT 表项都必须是扩展表项，不但要记录 IP 地址信息，而且还要记录协议类型和端口号。通过同时转换数据包的 IP 地址和端口号，理论上最多可以将 65535 个 IL 地址转换到单个 IG 地址（基于 16 比特端口号）。

注：每条 NAT 表项大约占用 320 字节的 DRAM，65535 条表项大约需要消耗 20MB 左右的内存和大量的 CPU 资源。因而在实际配置 PAT 时，从来不会映射这么多地址。

Cisco NAT 试图保持 BSD 语义，在可能的情况下都会将 IL 端口号映射到相同的 IG 端口号。仅当与 IL 地址相关联的端口号已经被其他映射占用的情况下，才会映射为不同的 IG 端口号。

图 10-23 给出了三台连接在 ISP 上的设备情况。

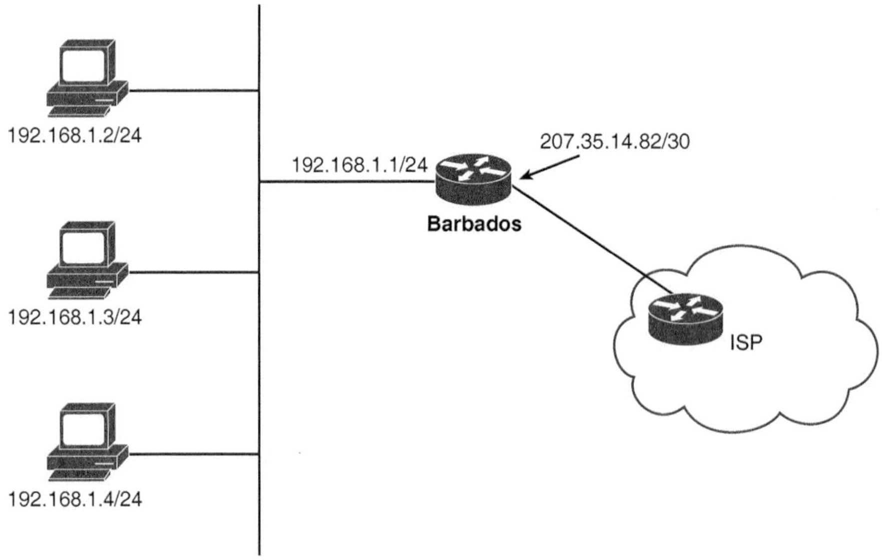

图 10-23 Barbado 利用 PAT 将三个内部主机的地址映射为单个串行接口地址

接入路由器的串行接口上有一个 ISP 分配的公有 IP 地址（见例 10-27）。

例 10-27 在图 10-23 中的路由器 Barbado 上启用 PAT

```
interface Ethernet0
 ip address 192.168.1.1 255.255.255.0
 ip nat inside
!
interface Serial0
 ip address 207.35.14.82 255.255.255.252
 ip nat outside
!
ip nat inside source list 1 interface Serial0 overload
!
ip route 0.0.0.0 0.0.0.0 Serial0
!
access-list 1 permit 192.168.1.0 0.0.0.255
!
```

使用关键字 **overload** 即可启用 PAT 机制。虽然 **ip nat inside source** 命令可以引用地址池，但本例只是简单地引用了配置有 IG 地址的接口。与以往一样，本例也利用访问列表来标识 IL 地址。

例 10-28 给出了数据包穿越接入路由器之后的接入路由器的 NAT 表信息。虽然大多数 IG 端口都与 IL 端口相匹配，但是对于其中的两个实例来说，由于 IL 套接字的端口号已经被占用（192.168.1.2:11000 和 192.168.1.2:11001），因而 NAT 为这些套接字选择了未用端口号，而这些端口号与 IL 端口号并不匹配。

例 10-28 将不同的 IL 地址映射为同一 IG 地址的不同端口号

```
Barbados#show ip nat translations
Pro Inside global        Inside local       Outside local       Outside global
tcp 207.35.14.82:11011 192.168.1.3:11011 191.115.37.2:23     191.115.37.2:23
tcp 207.35.14.82:5000  192.168.1.2:11000 191.115.37.2:23     191.115.37.2:23
udp 207.35.14.82:3749  192.168.1.2:3749  135.88.131.55:514   135.88.131.55:514
tcp 207.35.14.82:11000 192.168.1.4:11000 191.115.37.2:23     191.115.37.2:23
tcp 207.35.14.82:11002 192.168.1.2:11002 118.50.47.210:23    118.50.47.210:23
udp 207.35.14.82:9371  192.168.1.2:9371  135.88.131.55:514   135.88.131.55:514
icmp 207.35.14.82:7428 192.168.1.3:7428  135.88.131.55:7428 135.88.131.55:7428
tcp 207.35.14.82:5001  192.168.1.2:11001 135.88.131.55:23    135.88.131.55:23
tcp 207.35.14.82:11001 192.168.1.4:11001 135.88.131.55:23    135.88.131.55:23
Barbados#
```

10.3.7 案例研究：TCP 负载均衡

图 10-24 给出的拓扑结构与 PAT 案例类似，只是这里的三台内部设备不再是主机，而是三台拥有镜像内容的相同服务器，目的是创建一个地址为 199.198.5.1 的“虚拟服务器”，即被外部视为拥有 IG 地址的单台服务器。在实际应用中，路由器 Barbados 会采取轮询方式依次转换为这三个 IL 地址。

注：目前通过多台服务器实现负载均衡的最常见方式是使用专用的负载均衡器（物理设备或软件），而不是在路由器上配置负载均衡特性（虽然两者的原理相同）。

例 10-29 给出了路由器 Barbados 的配置信息。

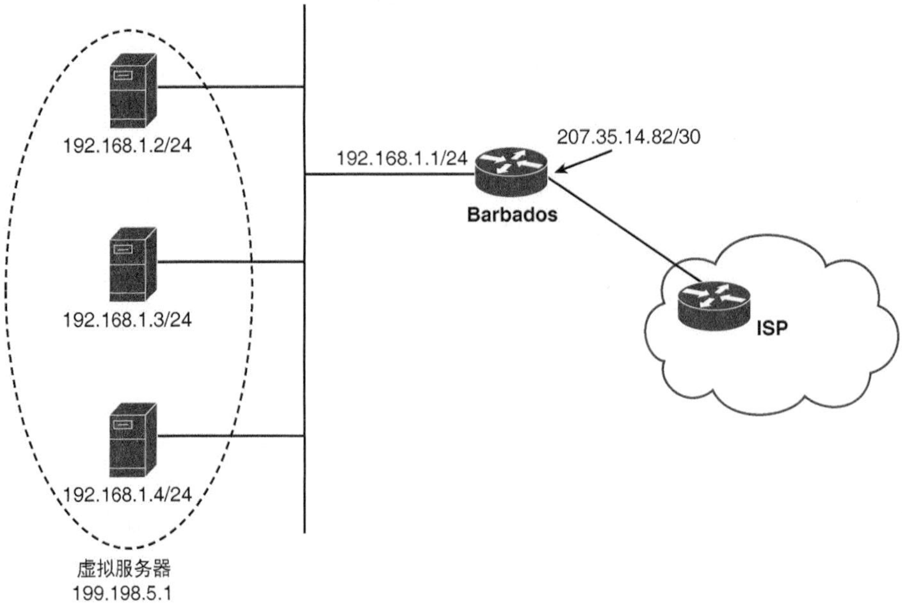

图 10-24 三台内部设备是拥有镜像内容的相同服务器，从外部看来就是单台服务器

例 10-29 路由器 Barbados 的 NAT 配置将 TCP 负载平均分配到三台相同的服务器上，外部设备只能看见单个内部全局地址

```
interface Ethernet0
 ip address 192.168.1.1 255.255.255.0
 ip nat inside
!
interface Serial0
 ip address 207.35.14.82 255.255.255.252
 ip nat outside
!
ip nat pool V-Server 192.168.1.2 192.168.1.4 prefix-length 24 type rotary
ip nat inside destination list 1 pool V-Server
!
ip route 0.0.0.0 0.0.0.0 Serial0
!
access-list 1 permit 199.198.5.1
!
```

需要注意的是，前面大多数案例转换的都是 IL 地址，而本例转换的却是 IG 地址。地址池 V-Server 包含一个可用 IL 地址列表，关键字 **type rotary** 的作用是以轮询方式分配地址池中的地址。与以往一样，访问列表的作用是标识需要转换的地址，对于本例来说就是目的地址 199.198.5.1。

例 10-30 显示了 4 台外部设备向虚拟服务器发送了 TCP 流量之后的 NAT 表信息。可以看出，地址池为前三条连接（由下至上）按照从小到大的顺序分配了 IL 地址。由于地址池中只有三个可用 IP 地址，因而将第四条连接再次映射为最小的 IL 地址。

例 10-30 去往虚拟服务器地址 199.198.5.1 的 TCP 连接在三个真实服务器地址之间进行负载均衡

```
Barbados#show ip nat translations
Pro Inside global      Inside local       Outside local      Outside global
```

（待续）

```
tcp 199.198.5.1:23      192.168.1.2:23     203.1.2.3:11003     203.1.2.3:11003
tcp 199.198.5.1:23      192.168.1.4:23     135.88.131.55:11002 135.88.131.55:11002
tcp 199.198.5.1:23      192.168.1.3:23     118.50.47.210:11001 118.50.47.210:11001
tcp 199.198.5.1:23      192.168.1.2:23     191.115.37.2:11000  191.115.37.2:11000
Barbados#
```

10.3.8 案例研究：服务分发

NAT 也可以为通过 TCP 或 UDP 服务（而不是 TCP 连接）分发连接的应用场合创建虚拟服务器。图 10-25 与图 10-24 的网络相似，但此时的服务器不再是相同的服务器，而是由不同的服务器提供的是不同的服务。从外部来看，这三台服务器就是一个地址为 199.198.5.1 的单台服务器。

例 10-31 给出了路由器 Barbados 的 NAT 配置信息。

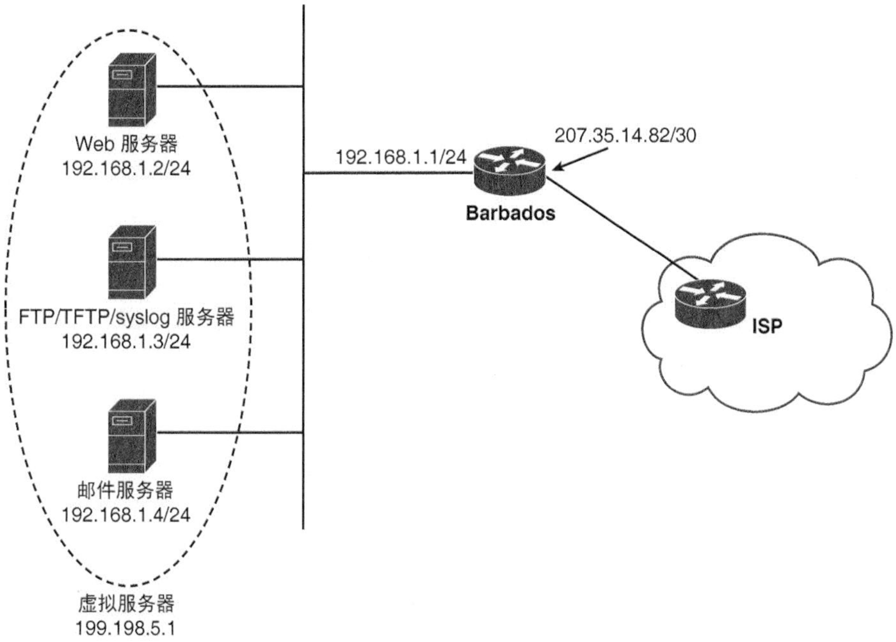

图 10-25 提供不同服务的三台内部设备被外部网络视为单台服务器

例 10-31 Barbados 的 NAT 要求根据与地址相关的 TCP 或 UDP 端口号来转换虚拟 IG 地址

```
interface Ethernet0
 ip address 192.168.1.1 255.255.255.0
 ip nat inside
!
interface Serial0
 ip address 207.35.14.82 255.255.255.252
 ip nat outside
!
ip nat inside source static tcp 192.168.1.4 25 199.198.5.1 25 extendable
ip nat inside source static udp 192.168.1.3 514 199.198.5.1 514 extendable
ip nat inside source static udp 192.168.1.3 69 199.198.5.1 69 extendable
ip nat inside source static tcp 192.168.1.3 21 199.198.5.1 21 extendable
ip nat inside source static tcp 192.168.1.3 20 199.198.5.1 20 extendable
ip nat inside source static tcp 192.168.1.2 80 199.198.5.1 80 extendable
!
ip route 0.0.0.0 0.0.0.0 Serial0
!
```

本例没有使用地址池或访问列表，而是列出了一组简单的IL-to-IG映射关系。这些语句与前面看到的静态语句的不同之处在于指定了TCP或UDP以及源端口和目的端口。由于多个语句中都出现了相同的IP地址（此处是IG地址），因而必须使用关键字 **extendable**。由于Cisco IOS能够自动添加该关键字，因而无需手工输入。上述语句按顺序分别映射的是SMTP（TCP端口25）、syslog（UDP端口514）、TFTP（UDP端口69）、FTP（TCP端口20和21）和HTTP（TCP端口80）。

例10-32给出了刚配置完的Barbados的NAT表信息，表中只有静态映射表项。

例10-32 在出现动态转换之前，Barbados的NAT表中只有IL套接字到IG套接字的静态映射表项

```
Barbados#show ip nat translations
Pro Inside global      Inside local       Outside local      Outside global
udp 199.198.5.1:514    192.168.1.3:514    ---                ---
udp 199.198.5.1:69     192.168.1.3:69     ---                ---
tcp 199.198.5.1:80     192.168.1.2:80     ---                ---
tcp 199.198.5.1:21     192.168.1.3:21     ---                ---
tcp 199.198.5.1:20     192.168.1.3:20     ---                ---
tcp 199.198.5.1:25     192.168.1.4:25     ---                ---
Barbados#
```

例10-33给出了流量穿越Barbados之后的NAT表信息。请注意，所有的动态映射表项都仅显示了两个OG地址，这些会话全被映射为不同的IL地址（取决于与IG地址相关联的端口号）。

例10-33 UDP和TCP包根据相关联的端口号映射到不同的IL地址

```
Barbados#show ip nat translations
Pro Inside global      Inside local       Outside local      Outside global
udp 199.198.5.1:514    192.168.1.3:514    ---                ---
tcp 199.198.5.1:25     192.168.1.4:25    207.35.14.81:11003 207.35.14.81:11003
udp 199.198.5.1:69     192.168.1.3:69    ---                ---
tcp 199.198.5.1:80     192.168.1.2:80    ---                ---
tcp 199.198.5.1:21     192.168.1.3:21    ---                ---
tcp 199.198.5.1:20     192.168.1.3:20    ---                ---
tcp 199.198.5.1:25     192.168.1.4:25    ---                ---
tcp 199.198.5.1:20     192.168.1.3:20    191.115.37.2:1027  191.115.37.2:1027
tcp 199.198.5.1:21     192.168.1.3:21    191.115.37.2:1026  191.115.37.2:1026
tcp 199.198.5.1:80     192.168.1.2:80    191.115.37.2:1030  191.115.37.2:1030
udp 199.198.5.1:69     192.168.1.3:69    191.115.37.2:1028  191.115.37.2:1028
udp 199.198.5.1:514    192.168.1.3:514   207.35.14.81:1029  207.35.14.81:1029
Barbados#
```

10.4 NAT44的故障检测与排除

IOS NAT特性支持很多功能，配置也很简单。出现故障之后可以重点关注以下问题：

- 动态地址池是否包含了正确的地址段？
- 动态地址池之间是否存在地址重叠问题？
- 静态映射所用的地址与动态地址池中的地址是否重叠？
- 访问列表是否正确指定了需要转换的地址？是否遗漏了部分地址？是否包含了部分不应包含在内的地址？
- 是否正确指定了内部接口和外部接口？

对于一个新的 NAT 配置来说，最常见的问题通常不是 NAT 本身，而是路由问题。需要记住的是，由于 NAT 会改变数据包中的源地址或目的地址，因而进行地址转换之后路由器是否知道如何处理新地址？

另一个常见问题就是超时。如果 NAT 表中的动态映射表项出现了超时，但是被转换的地址仍然缓存在某些系统中，那么就会将数据包发送给错误地址，或者误认为目的端已消失。除了前面已经讨论过的 **ip nat translation timeout** 命令之外，还可以利用该命令更改其他默认超时周期。表 10-3 列出了命令 **ip nat translation** 可用的所有关键字以及相应的默认超时周期值。所有的默认值都可以更改为 0～2147483647 秒之间的任意值。

表 10-3 动态 NAT 表超时值

ip nat translation	默认超时周期（秒）	描述
timeout	86 400（24 小时）	所有与端口无关的动态转换超时值
dns-timeout	60	DNS 连接超时值
finrst-timeout	60	看到 TCP FIN 或 RST 标记（关闭 ICP 会话）后的超时值
icmp-timeout	60	ICMP 转换超时值
port-timeout tcp	60	TCP 端口转换超时值
port-timeout udp	60	UDP 端口转换超时值
syn-timeout	60	看到 TCP SYN 标记但没有后继会话包的超时值
tcp-timeout	86 400（24 小时）	TCP 转换超时值（与端口无关）
udp-port	300（5 分钟）	UDP 转换超时值（与端口无关）

虽然从理论上来说 NAT 表所能容纳的映射表项并没有数量上的限制，但是在实际应用中，映射表项的数量可能受 NAT 设备的内存和 CPU 的限制，也可能受可用地址或可用端口数的限制（每条 NAT 映射表项大约需要占用 312 字节的内存容量）。如果因性能或策略等因素而必须限制 NAT 映射表项时，那么就可以使用命令 **ip nat translation max-entries**。

另一条非常有用的故障检测与排除命令是 **show ip nat statistics**（见例 10-34）。该命令的作用是显示 NAT 配置的汇总信息，包括活跃转换类型的数量、命中现有映射表项的次数、未命中现有映射表项的次数（导致试图创建新的映射表项）以及地址转换到期的次数。对于动态地址池来说，还包括地址池的类型、全部可用地址数、已分配地址数、未成功分配的次数以及使用地址池进行转换的次数（refcount）。

例 10-34 命令 **show ip nat statistics** 可以显示很多有助于分析和检测及排除 NAT 配置故障的信息

```
StCroix#show ip nat statistics
Total active translations: 3 (2 static, 1 dynamic; 3 extended)
Outside interfaces:
  Serial0, Serial1.708, Serial1.709
Inside interfaces:
  Ethernet0, Ethernet1
Hits: 980 Misses: 43
Expired translations: 54
Dynamic mappings:
-- Inside Source
access-list 1 interface Serial0 refcount 0
StCroix#
```

最后，还可以采取手工方式清除 NAT 表中的动态 NAT 映射表项。如果希望尽快清除非期望映射表项（而不是等到超时周期过期）或清除整个 NAT 表以重配地址池，那么该操作将非常有用。请注意，如果地址池中的地址已经映射到了 NAT 表中，那么 Cisco IOS 就不允许更改或删除地址池。命令 **clear ip nat translations** 的作用是清除映射表项。既可以通过全局和本地地址或通过 TCP 和 UDP 转换（包括端口）来指定需要清除的单条映射表项，也可以通过通配符（*）来清除整个 NAT 表。当然，该命令只能清除动态映射表项，无法删除静态映射表项。

10.5 展望

写作本书第一版的时候，NAT 只是将一个 IPv4 地址转换为另一个 IPv4 地址，但此后出现了大量变化，目前最常见的地址转换就是 IPv4 与 IPv6 地址之间的地址转换，因而 NAT 术语也发生了显著变化。NAT44 表示传统的 NAT，而 NAT64 表示两种版本之间的转换（不仅要替换地址，而且还要替换整个报头）。在实际使用中必须理解缩写 NAT 的使用语境。本章大量使用的 NAT 实际表示的是 NAT44，第 11 章讨论的是 NAT64 以及 NAT64 的转换流程，虽然也会大量使用缩写 NAT，但此时表示的却是 NAT64。

10.6 复习题

1. 内部地址与外部地址之间有何区别？
2. 本地地址与全局地址之间有何区别？
3. 什么是地址转换表？
4. 静态转换与动态转换之间有何区别？
5. IOS 的默认转换超时周期是什么？
6. 什么是 PAT？

10.7 配置练习题

请根据图 10-26 来完成配置练习题 1～5。

1. 图 10-26 中的 ISP1 为 AS 3 分配了地址块 201.50.13.0/24，ISP2 为 AS 3 分配了地址块 200.100.30.0/24。RTR1 和 RTR2 从 ISP 路由器处接受全部 BGP 路由，但不向 ISP 发送任何路由。它们之间运行 IBGP，并在所有以太网接口上运行 OSPF。BGP 与 OSPF 之间不进行路由重分发，路由器接口的地址信息如下：
   RTR1, E0: 172.16.3.1/24
   RTR1, E1: 172.16.2.1/24
   RTR1, S0: 201.50.26.13/30
   RTR2, E0: 172.16.3.2/24
   RTR2, E1: 172.16.1.1/24

RTR2, S0: 200.100.29.241/30

SVR1 是 AS 3 的权威 DNS 服务器，其地址为 172.16.3.3。DNS1 通过地址 201.50.13.1 到达 SVR1，DNS2 通过地址 200.100.30.254 到达 SVR1。请据此写出 RTR1 和 RTR2 的路由及 NAT 配置数据，正确使用 ISP 分配的地址块转换内部地址。要求任意内部设备都能到达两个 ISP，但是源地址为私有地址的数据包永远也不能离开 AS 3。

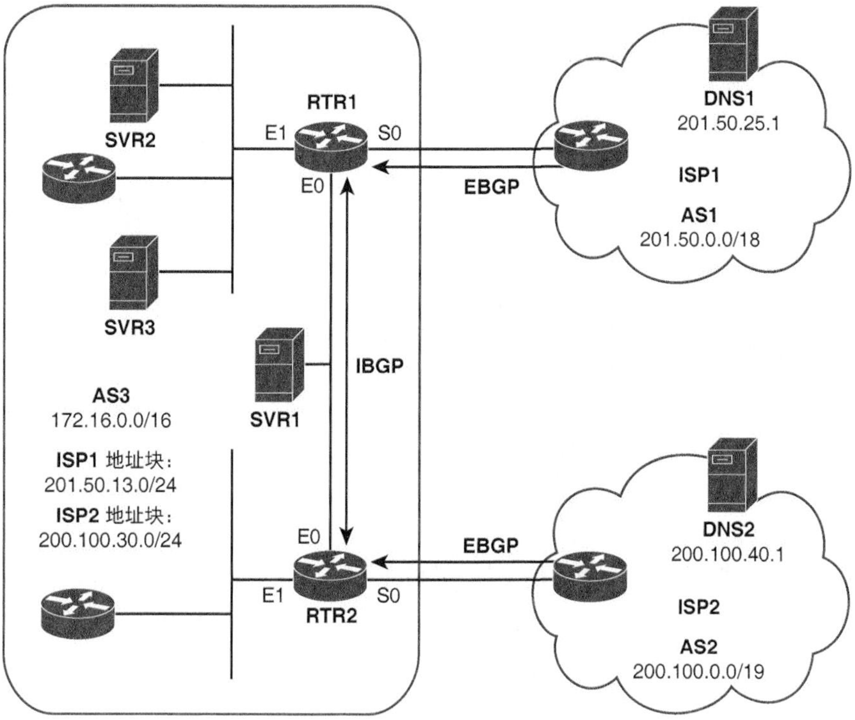

图 10-26 配置练习题 1～5 将要用到的网络

2. 图 10-26 中的 SVR2 的地址是 172.16.2.2，SVR3 的地址是 172.16.2.3。请修改配置练习题 1 中的配置数据，使得 ISP1 AS 中的设备能够以轮询方式连接 201.50.13.3 的服务器。
3. ISP2 发送给 200.100.30.50 的 HTTP 数据包会被发送给图 10-26 中的 SVR2。ISP2 发送给 200.100.30.50 的 SMTP 数据包则被发送给图 10-26 中的 SVR3。请修改前面的配置数据以满足本练习题的地址转换要求。
4. 图 10-26 中的 5 台外部设备（201.50.12.67～201.50.12.71）必须被 AS 3 中的设备分别视为 192.168.1.1～192.168.1.5。请在前面的配置数据中增加相应的 NAT 配置语句。
5. AS3 中地址位于子网 172.16.100.0/24 的设备向 ISP2 发送数据包时（见图 10-26），要求 IG 地址看起来都是 200.100.30.75。请按此要求修改前面配置练习题中的配置数据。
6. 图 10-27 增加了冗余链路，使得 RTR1 和 RTR2 都能同时连接两个 ISP，而且这两台路由器都从两个 ISP 接收全部 BGP 路由。RTR1 的 S1 接口地址为 200.100.29.137/30，RTR2 的 S1 接口地址为 201.50.26.93/30。请写出这两台路由器的配置数据，确保前面练习题中的各种功能特性都能正常运行。

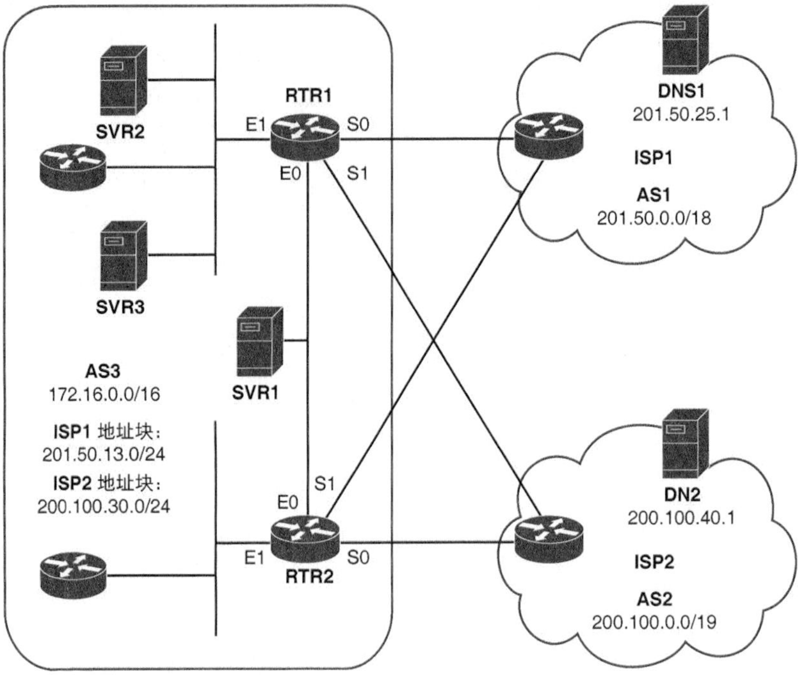

图 10-27　配置练习题 6 将要用到的网络

10.8　故障检测与排除练习题

1．请指出例 10-35 配置中的错误。

例 10-35　故障检测与排除练习题 1 的配置文件

```
ip nat pool EX1 192.168.1.1 192.168.1.254 netmask 255.255.255.0 type match-host
ip nat pool EX1A netmask 255.255.255.240
 address 172.21.1.33 172.21.1.38
 address 172.21.1.40 172.21.1.46
ip nat inside source list 1 pool EX1
ip nat inside source static 10.18.53.210 192.168.1.1
ip nat outside source list 2 pool EX1A
!
access-list 1 permit 10.0.0.0 0.255.255.255
access-list 2 permit 192.168.2.0 0.0.0.255
```

2．图 10-28 中的路由器连接了两个地址空间重叠的网络。

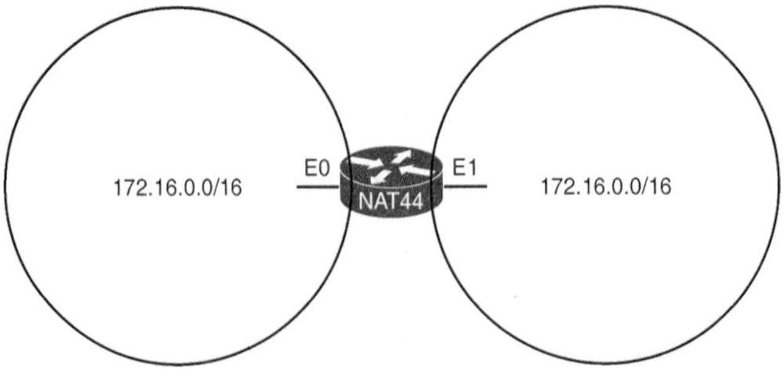

图 10-28　故障检测与排除练习题 2 将要用到的网络

图中的路由器都部署了 NAT 机制（见例 10-36），但网络设备无法通过该路由器进行通信，请问原因是什么？

例 10-36 故障检测与排除练习题 2 的配置数据

```
interface Ethernet0
 ip address 172.16.10.1 255.255.255.0
 ip nat inside
!
interface Ethernet1
 ip address 172.16.255.254 255.255.255.0
 ip nat outside
!
router ospf 1
 redistribute static metric 10 metric-type 1 subnets
 network 10.0.0.0 0.255.255.255 area 0
!
ip nat translation timeout 500
ip nat pool NET1 10.1.1.1 10.1.255.254 netmask 255.255.0.0
ip nat pool NET2 192.168.1.1 192.168.255.254 netmask 255.255.0.0
ip nat inside source list 1 pool NET1
ip nat outside source list 1 pool NET2
!
ip classless
!
ip route 10.1.0.0 255.255.0.0 Ethernet0
ip route 192.168.0.0 255.255.0.0 Ethernet1
!
access-list 1 permit 172.16.0.0 0.0.255.255
```

3. 参考图 10-22 中 Cozumel 和 Guaymas 的配置信息。如果删除这两个配置中的 access-list 1 的第一行，那么会产生什么后果？Cozumel 和 Guaymas 是否仍然能够 ping 通对方？

第 11 章 NAT64

上一章讨论的 NAT44 是将数据包中的源 IPv4 地址字段或目的 IPv4 地址字段或者两者改写成不同的地址。本章将继续讨论地址转换操作，但更加复杂，不仅要更改数据包源地址字段或目的地址字段中的 IP 地址，而且还要删除 IP 包的整个报头并替换成其他报头。也就是将 IPv4 报头替换成 IPv6 报头或者将 IPv6 报头替换成 IPv4 报头，目的是在 IPv4 与 IPv6 设备之间提供地址转换服务。

写作本书的时候还处于从 IPv4 到 IPv6 的早期转换阶段。大家肯定知道下面这个故事：IPv4 最初创建于 20 世纪 70 年代，早于目前的 Internet，早于万维网，早于时时在线无处不在的宽带服务，早于智能手机，当然也早于所谓的 IoT（Internet of Things［物联网］，指的是通过 Internet 进行设备间通信，没有人的参与）。创建之初，IPv4 所拥有的 43 亿地址对于将要支持的微不足道的试验性 TCP/IP 网络来说极其富裕，但目前连接 Internet 的人数已经超过了 32 亿，而且还有大量“物品”连接在 Internet 上。Cisco 预测，2020 年大概会有 500 亿台 Internet 连网设备[1]。Cisco 的预测结果只是诸多预测中的中间值：Gartner 预测 2020 年将有 250 亿连网设备，而 Morgan Stanley 则预测这个数值将达到 750 亿台。无论未来的 IoT 会发展到何种规模，目前的 43 亿地址都已经远远不能满足需求了。

现实情况并不是说我们目前已经耗尽了 IPv4 地址或者最近将要耗尽 IPv4 地址，而是从容量角度来看，我们在 20 世纪 90 年代中期就已经耗尽了 IPv4 地址。我们只是通过很多手段（如动态分配的地址池、私有 IPv4 地址、NAT44 以及 CIDR 等）将扩展的 IPv4 可用地址用于远远超出 IPv4 地址容量的物联网。但这些手段带来的后果就是失去了 Internet 的有效性，使得 Internet 的性能和安全性不断下降，也使得 Internet 越来越难以承受大量新设备和新服务的需求。

因而 IPv6 不必可少，但是在过渡到 IPv6-only（纯 IPv6）Internet 之前还有许多困难。

- Internet 缺乏集中式管理，是大量独立管理的自治系统的联盟，因而没有办法强制或协调大家全部都从 IPv4 切换到 IPv6。
- 让网络完全支持 IPv6 需要解决大量财力、人力和技术难题，几乎没有任何运营商愿意在走投无路之前就大规模部署 IPv6。
- IPv6 与 IPv4 不后向兼容。IPv6 最初诞生在 20 世纪 90 年代，当时的设计人员认为运营商肯定会积极部署 IPv6，认为双栈接口就足以满足迁移需求。几乎没有人想到 IPv6 的部署会面临诸多阻力（很多时候是拒绝迁移需求），直至 IPv4 地址耗尽导致双栈模式在很多场合都变得不切实际。

---

1 在该版本出版过程中，IANA 以及 5 个 RIR（Regional Internet Registries，地区互联网注册机构）中的 4 个都宣称它们的公有 IPv4 地址已经耗尽，只有 AfriNIC 还在继续分配公有 IPv4 地址（AfriNIC 也将在 2020 年之前耗尽）。虽然很多 LIR（Local Internet Registries，本地互联网注册机构）还有公有 IPv4 地址，但也在快速消耗。

在这些不幸因素的影响下，我们的迁移过程变得很尴尬，需要很多年时间才有可能最终过渡到 IPv6-only Internet。对于目前的迁移早期来说，最大的挑战来自于不同版本的互操作性。

- 虽然现在的绝大多数设备都支持 IPv6，但依然有很多仅支持 IPv4 的老设备。需要通过某种方式将这些设备通过 IPv6 网络互连起来。
- 有些将 IPv4 地址融入上层协议的旧应用程序可能还会存在一段时间，必须适应 IPv6。
- 随着 IPv4 地址的耗尽，开始为新设备分配 IPv6 地址，但目前 Internet 上的绝大多数可访问内容都基于 IPv4，必须让新设备能够访问这些内容（迁移后期的情况正好相反，绝大多数 Internet 内容都基于 IPv6，必须让少量残余的 IPv4-only 设备也能访问这些内容）。
- 必须让 IPv4-only 设备与 IPv6-only 设备在用户无感知或者感知最小的情况下实现互通。

由于 IPv6 不后向兼容，因而必须利用必要的迁移机制，通常可以将迁移机制分为以下三类。

- **双栈接口：**保持 IPv4 与 IPv6 共存（不是互操作）的最简单方式就是让接口理解“两种语言”。也就是说，与 IPv4 设备说 IPv4 协议，与 IPv6 设备说 IPv6 协议。使用何种版本的 IP 协议取决于从设备接收到的数据包版本或者查询设备地址时由 DNS 返回的地址类型。虽然双栈是从 IPv4 到 IPv6 的期望迁移手段，但前提是必须在 IPv4 地址耗尽之前完成迁移过程。而目前的现实是 IPv4 地址已经耗尽，因而双栈变得更加复杂：在缺乏足够的 IPv4 地址的情况下，如何为所有接口都同时分配一个 IPv4 地址和一个 IPv6 地址呢？
- **隧道：**隧道解决的也是共存问题，而不是互操作问题。隧道允许一种协议版本的设备或站点穿越另一种协议版本的网段（包括 Internet），因而两个 IPv4 设备或站点之间可以通过 IPv6 网络交换 IPv4 数据包，两个 IPv6 设备或站点之间也可以通过 IPv4 网络交换 IPv6 数据包。
- **转换：**转换技术是将一种协议版本的数据包报头更改为另一种协议版本的数据包报头，因而解决了 IPv4 设备与 IPv6 设备之间的互操作问题。

本书第一卷和本卷的其他章节已经讨论了很多双栈接口配置案例，大家应该已经掌握了双栈的基本知识以及 IOS 同时路由 IPv4 和 IPv6 的相关配置方式。本书还没有讨论过作为迁移机制的隧道技术。因为隧道与路由无关，只是一种封装机制而已。路由器上可能存在也可能不存在隧道接口。

转换机制也是如此，它们只是一种服务，而不是路由 TCP/IP 的手段。但是这种服务对路由有直接的影响作用，可以让一种 IP 版本设备发送的数据包能够路由给另一种 IP 版本设备。通过本章的学习，大家将会发现版本间转换器必须要像路由器处理 IPv4 分段那样进行工作。转换服务通常出现在路由器上（很少出现在防火墙或专用设备上），会影响数据包的处理方式，因而作为 NAT44 的后续话题显得很有必要。

11.1 SIIT

IPv4 与 IPv6 之间的转换操作不仅仅要更改地址格式，两者的报头格式也大相径庭，不同版本中的字段也有很大区别。图 11-1 给出了转换器在替换 IP 报头时必须完成的操作的简单示意。图中将报头字段都画成了相同大小，具体的字段大小在旁边以比特数加以标识。从图中可以很直观地看出 IPv6 报头的字段数要少于 IPv4 报头，这是因为一方面 IPv6 将某些功能转移到了扩展报头中，另一方面也是为了提高 IPv6 报头的处理效率。

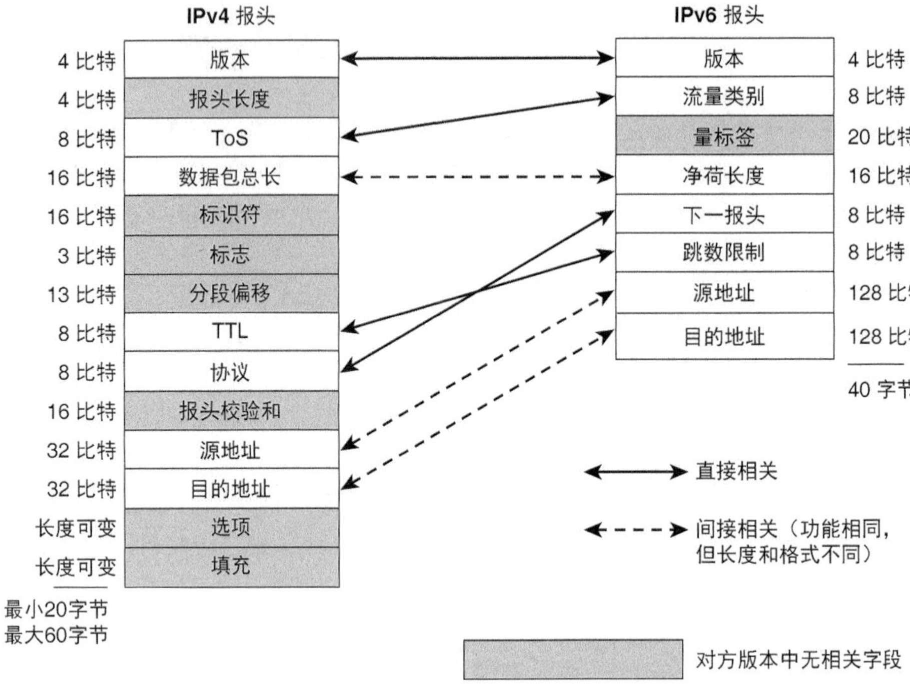

图 11-1 IPv4 与 IPv6 之间转换操作需要一系列规则来弥补两种报头之间的大量差异

虽然交换报头的操作很复杂，但是作为转换器，为了维护 IPv4 设备与 IPv6 设备之间的可路由路径，还必须完成很多工作：

- 必须转换 ICMP/ICMPv6 消息，以便在整条路由上维护管理和差错检测机制；
- 必须调整上层报头以更改校验和；
- 必须考虑分段处理上的差异。IPv4 路由器分段数据包，而 IPv6 路由器并不这么做，这一点与 PMTU（Path MTU Discovery，路径 MTU 发现）直接相关。由于 IPv6 路由器不分段数据包，因而 PMTU 是 IPv6 的强制特性。对于 IPv4 来说，PMTU 则是可选特性，源端可以依靠路径上的路由器分段数据包（如果需要的话）。

IPv4/IPv6 转换机制的基础算法被称为 SIIT（Stateless IP/ICMP Translation，无状态 IP/ICMP 转换），最初定义在 RFC 2765 中，最新规范是 RFC 6145。虽然 RFC 6145 对该算法做了一定的程度的更新，但两者的主要区别在于 RFC 2765 定义的很多转换细节已经拆分成了多个独立的 RFC（见表 11-1）。这么做的原因是创建 RFC 2765 的时候只有一种 IPv4/IPv6 转换器（NAT-PT），而目前 NAT-PT 已被废止，出现了很多新的转换机制。本章将详细讨论 IOS 支持的转换机制，包括目前已被废止的 NAT-PT。

表 11-1 与 IPv4/IPv6 转换相关的 RFC

RFC	描述
2765	Stateless IP/ICMP Translation Algorithm（已废止）
6145	IP/ICMP Translation Mechanism

续表

RFC	描述
6144	Framework for IPv4/IPv6 Translation
6052	IPv6 Addressing of IPv4/IPv6 Translators
2766	Network Address Translation[md]Protocol Translation(NAT-PT)（已废止）
4966	Reasons to Move NAT-PT to Historical Status
6146	Stateful NAT64
6147	DNS64: DNS Extensions for NAT
5382	NAT Behavioral Requirements for TCP
4787	NAT Behavioral Requirements for Unicast UDP
6791	Stateless Source Address Mapping for ICMPv6 Packets
7269	NAT64 Deployment Options and Experience

11.1.1 IPv4/IPv6 报头转换

SIIT 负责将 IPv4 数据包转换成 IPv6，或者将 IPv6 数据包转换成 IPv4。实现方式是读取入站数据包的报头、删除数据包的报头，然后再为数据包添加相反类型的报头。图 11-1 解释了需要在两种报头之间转换的字段信息。表 11-2 描述了将 IPv4 报头转换成 IPv6 报头的操作要求。表 11-3 则描述了将 IPv6 报头转换成 IPv4 报头的操作要求。

表 11-2　　将 IPv4 报头转换成 IPv6 报头的 SIIT 操作

入站 IPv4 报头字段	操作	得到的 IPv6 报头字段
版本	将版本号从 4 改成 6	版本
报头长度	丢弃	流量类别
ToS（服务类型）	将 IPv4 的 ToS 字段复制到 IPv6 的流量类别字段中，如果使用了早期的 IPv4 ToS/优先级格式，那么就可以将流量类别字段管理性设置为 0	
无	将 IPv6 流标签字段设置为 0	流标签
数据包总长	从总长度中减去 IPv4 报头长度，将结果设置为 IPv6 净荷长度	净荷长度
标识符	丢弃	
标志	丢弃	
分段偏移	丢弃	
TTL（生存时间）	将 TTL 递减 1（因为转换器也被当做路由器）后的结果设置为跳数限制字段值，如果递减结果为 0，那么就丢弃数据包并向源端发送 ICMP TTL 超时消息	跳数限制
协议	将 IPv4 协议字段的数值复制到 IPv6 的下一报头字段。 例外情况： 如果协议字段值为 1（ICMP），那么就将下一报头字段设置为 58（ICMPv6）	下一报头
报头校验和	丢弃	
源地址	IPv4 到 IPv6 的地址转换操作取决于转换器是 NAT-PT、无状态 NAT64、状态化 NAT64 还是 MAP-T（具体要求参见本章的相关内容）	源地址
目的地址	IPv4 到 IPv6 的地址转换操作取决于转换器是 NAT-PT、无状态 NAT64、状态化 NAT64 还是 MAP-T（具体要求参见本章的相关内容）	目的地址
选项和填充	丢弃	

表 11-3 将 IPv6 报头转换成 IPv4 报头的 SIIT 操作

入站 IPv6 报头字段	操作	得到的 IPv4 报头字段
版本	将版本号从 6 改成 4	版本
	将报头长度字段设置为 5	报头长度
流量类别	将 IPv6 的流量类别比特复制到 IPv4 的 ToS 字段	ToS（服务类型）
流标签	丢弃	无
净荷长度	将 IPv4 报头长度（5）加上 IPv6 净荷长度，将结果设置为 IPv4 的数据包总长字段值	数据包总长
	将标识符字段设置为 0	标识符
	将更多分段标志设置为 0 将 DF（Don't Fragment，不分段）标志设置为 0	标志
	将分段偏移字段设置为 0	分段偏移
跳数限制	将跳数限制递减 1（因为转换器也被当做路由器）后的结果设置为 TTL 字段值，如果递减结果为 0，那么就丢弃数据包并向源端发送 ICMPv6 跳数限制超出消息	TTL（生存时间）
下一报头	将 IPv6 的下一报头字段复制到 IPv4 的协议字段。 例外情况： 如果下一报头字段值为 58（ICMPv6），那么就将协议字段设置为 1（ICMP）； 如果下一报头字段值为 44（分段扩展报头），那么就按照“分段与 PMTU”一节的要求处理； 如果下一报头字段值为 0、43 或 60，那么就跳到扩展报头中的下一个相关的下一报头字段，因为这三种取值对于 IPv4 来说没有意义	协议
	创建 IPv4 报头之后计算 IPv4 的报头校验和	报头校验和
源地址	IPv6 到 IPv4 的地址转换操作取决于转换器是 NAT-PT、无状态 NAT64、状态化 NAT64 还是 MAP-T（具体要求参见本章的相关内容）	源地址
目的地址	IPv6 到 IPv4 的地址转换操作取决于转换器是 NAT-PT、无状态 NAT64、状态化 NAT64 还是 MAP-T（具体要求参见本章的相关内容）	目的地址
	不添加选项字段	选项和填充

11.1.2 ICMP/ICMPv6 转换

ICMP 和 ICMPv6 消息差异很大，首先 ICMP 的协议号是#1，而 ICMPv6 的下一报头是#58，需要在报头中进行转换。此外，SIIT 还要转换 ICMP 与 ICMPv6 的类型和代码、调整校验和，而且根据消息类型还可能要调整内部消息参数，而这又反过来需要更改 IPv4 或 IPv6 报头中的长度字段。

虽然详细描述 SIIT 对 ICMP 与 ICMPv6 的大量调整信息不在本章写作范围（参阅 RFC 6145 和 RFC 6791），但表 11-4 和表 11-5 提供了 ICMP（见表 11-4）和 ICMPv6（见表 11-5）的消息、类型以及代码的对比信息。表 11-6 列出了 SIIT 对这两种协议的类型和代码值的转换方式。需要注意的是，有些 ICMP 消息没有 ICMPv6 的对应消息，SIIT 遇到这些消息后会直接丢弃。有时也会存在将多个 ICMP 代码转换为单个 ICMPv6 代码的情况。

表 11-4 ICMP 消息和代码

ICMP 类型	ICMP 代码	ICMP 消息
0	0	ECHO REPLY

续表

ICMP 类型	ICMP 代码	ICMP 消息
3		DESTINATION UNREACHABLE
	0	Network Unreachable
	1	Host Unreachable
	2	Protocol Unreachable
	3	Port Unreachable
	4	Fragmentation Needed and DF Flag Set
	5	Source Route Failed
	6	Destination Network Unknown
	7	Destination Host Unknown
	8	Source Host Isolated
	9	Destination Network Administratively Prohibited
	10	Destination Host Administratively Prohibited
	11	Destination Network Unreachable for Type of Service
	12	Destination Host Unreachable for Type of Service
	13	Communication Administratively Prohibited
	14	Host Precedence Violation
	15	Precedence Cutoff in Effect
4	0	SOURCE QUENCH（已废止）
5	5	REDIRECT
	0	Redirect Datagram for the Network (or Subnet)
	1	Redirect Datagram for the Host
	2	Redirect Datagram for the Network and Type of Service
	3	Redirect Datagram for the Host and Type of Service
6	0	ALTERNATE HOST ADDRESS（已废止）
8	0	ECHO
9	0	ROUTER ADVERTISEMENT
10	0	ROUTER SOLICITATION
11		TIME EXCEEDED
	0	TTL Exceeded in Transit
	1	Fragment Reassembly Time Exceeded
12		PARAMETER PROBLEM
	0	Pointer Indicates the Error
	1	Missing a Required Option
	2	Bad Length
13	0	TIMESTAMP
14	0	TIEMSTAMP REPLY
15	0	INFORMATION REQUEST（已废止）
16	0	INFORMATION REPLY（已废止）
17	0	ADDRESS MASK REQUEST（已废止）
18	0	ADDRESS MASK REPLY（已废止）

表 11-5 ICMPv6 消息和代码

ICMP 类型	ICMP 代码	ICMP 消息
1		DESTINATION UNREACHABLE
	0	No route to destination
	1	Communication with destination administratively prohibited
	2	Not a neighbor
	3	Address unreachable
	4	Port unreachable
2	0	PACKET TOO BIG
3		TIME EXCEEDED
	0	Hop limit exceeded in transit
	1	Fragment reassembly time exceeded
4		PARAMETER PROBLEM
	0	Erroneous header field encountered
	1	Unrecognized Next Header type encountered
	2	Unrecognized IPv6 option encountered
128	0	ECHO REQUEST
129	0	ECHO REPLY
130	0	MULTICAST LISTENER QUERY
131	0	MULTICAST LISTENER REPORT
132	0	MULTICAST LISTENER DONE
133	0	ROUTER SOLICITATION
134	0	ROUTER ADVERTISEMENT
135	0	NEIGHBOR SOLICITATION
136	0	NEIGHBOR ADVERTISEMENT
137	0	REDIRECT
138		ROUTER RENUMBERING
	0	Router renumbering command
	1	Router renumbering result
	255	Sequence number reset

表 11-6 SIIP 对 ICMP/ICMPv6 类型和代码值的转换方式

ICMP 类型	ICMP 代码	ICMPv6 类型	ICMPv6 代码
0	0	128	0
3		1	
	0	1	0
	1	1	0
	2	4	1
	3	1	4
	4	2	0
	5	1	0
	6	1	0
	7	1	0
	8	1	0
	9	1	1
	10	1	1
	11	1	0
	12	1	0
4	0	直接丢弃	

续表

ICMP 类型	ICMP 代码	ICMPv6 类型	ICMPv6 代码
5			
	0	直接丢弃	
	1	直接丢弃	
	2	直接丢弃	
	3	直接丢弃	
6	0	直接丢弃	
8	0	129	0
9	0	直接丢弃	
10	0	直接丢弃	
11		3	
	0	3	0
	1	3	1
12		4	
	0	4	0
	1	直接丢弃	
	2	4	0
13	0	直接丢弃	
14	0	直接丢弃	
15	0	直接丢弃	
16	0	直接丢弃	
17	0	直接丢弃	
18	0	直接丢弃	

11.1.3 分段与 PMTU

分段对于转换器来说是一个重要挑战，因为 IPv4 和 IPv6 路由器有着本质上的差异。如果 IPv4 路由器收到的数据包大于下一跳接口的 MTU，那么就会对数据包进行分段。而 IPv6 路由器从来不会对数据包进行分段。如果收到的数据包对于下一跳来说太大，IPv6 路由器会直接丢弃该数据包。如果有必要，IPv6 主机在发送数据包之前就要对数据包进行分段。这就意味着 IPv6 主机必须使用 PMTU 或者对大于 1280 字节的数据包进行分段[2]。如果要支持 IPv6 源端到 IPv4 目的端的 PMTU，就必须支持 ICMP/ICMPv6 转换。

分段操作会增加转换器的复杂度，这是因为 IPv4 将必需的重组信息都放在报头中，而 IPv6 则将分段重组信息放在分段扩展报头中。

分段后的 IPv6 数据包到达 SIIT 转换器之后，操作过程很直观。转换器会用 IPv6 分段扩展报头中的信息来填充 IPv4 报头中的相应信息以及分段偏移字段，然后再设置 IPv4 标志字段中的 DF 比特，即可发送分段后的 IPv4 数据包。

对于反向过程来说，如果收到的 IPv4 数据包大于 IPv6 的最小 MTU（1280 字节），那么 SIIT 转换器会首先检查 IPv4 报头中的 DF 比特。如果设置了 DF 比特，那么就丢弃该数据包。如果清除了 DF 比特，那么就会在转换之前对该 IPv4 数据包进行分段，然后再将分段重组信息从分段数据包的 IPv4 报头转换到 IPv6 分段数据包的分段扩展报头中。此时的转换器绝不能执

2 IPv6 接口至少要支持 1280 字节的 MTU，而 IPv4 的分段特性允许 IPv4 接口的 MTU 最小为 68 字节。

行 PMTU 操作，否则就会违反 IPv6 路由器的处理规则。超出 1280 字节的 IPv4 数据包始终会在 IPv4 侧进行分段，此时的转换器在执行转换操作之前充当的是 IPv4 路由器的角色。

无论是 IPv4-to-IPv6 转换操作，还是 IPv6-to-IPv4 转换操作，只要存在分段行为，就必须在 IPv6 分段扩展报头中的标识符字段与 IPv4 报头中的标识符字段之间精确复制标识符值，以确保端到端的一致性，从而可以在目的端正确重组数据包。需要注意的是，IPv4 报头中的信息字段有 16 比特，而 IPv6 分段扩展报头中的信息字段则有 32 比特（见图 11-2），因而为了保持一致性，仅为 IPv4 信息字段使用 IPv6 分段扩展报头信息字段中的后 16 比特。

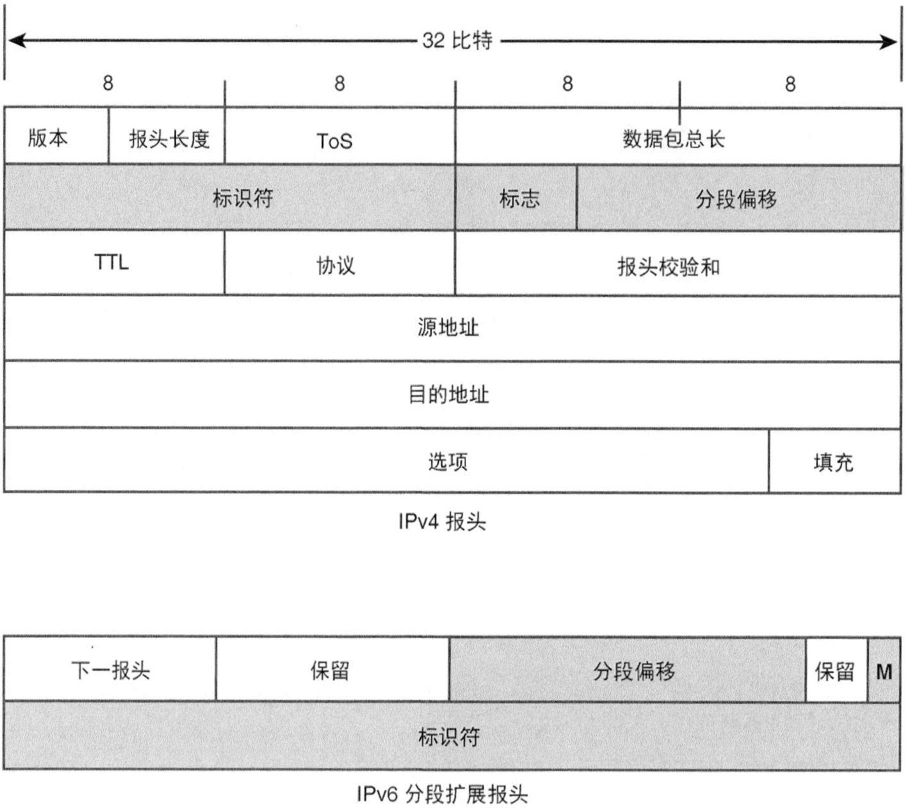

图 11-2 转换分段数据包的时候，需要使用 IPv4 报头与 IPv6 分段扩展报头中的相关字段信息

11.1.4 上层报头转换

转换数据包之后，包含校验和的传输层报头必须重新计算校验和。SIIP 必须支持 TCP 报头、ICMP 报头以及包含非零校验和字段的 UDP 报头的校验和重计算功能。

对于其他上层报头的转换功能来说，则可选支持。

11.2 NAT-PT

NAT-PT（Network Address Translation with Protocol Translation，网络地址转换-协议转换）是最早的 IPv4/IPv6 转换机制，定义在 RFC 2766 中。虽然 NAT-PT 使用的是较早的 RFC 2765

中的 SIIT 转换算法模式，但本质上是有状态的。IETF 已经废止了 NAT-PT，转而支持 NAT64，具体的废止原因将在本节的最后讨论。但是由于 IOS 仍然支持 NAT-PT，而且有些应用也仍在使用 NAT-PT，因而下面将首先介绍转换器的工作方式和配置方式。这些内容的学习将有助于大家更好地理解当前转换器的设计思路。

11.2.1 NAT-PT 操作

NAT-PT 中的 NAT 与上一章所说的网络地址转换操作相似：转换器负责维护一个可分配的 IP 地址池，为穿越转换器的数据包交换 IP 地址并在映射表中记录地址绑定关系。区别在于这里所说的 NAT 不是 NAT44 中将 IPv4 地址映射为其他 IPv4 地址，而是将 IPv4 地址映射为 IPv6 地址。与 NAT44 一样，NAT-PT 中的 NAT 功能也可以利用 TCP 和 UDP 端口号将多个 IPv6 地址复用到一个或多个 IPv4 地址。

NAT-PT 中的 PT 就是上一节所说的 SIIT 协议转换，负责将一种协议版本的报头转换为另一种协议版本的报头。SIIT 是无状态的，而 NAT-PT 是有状态的，因为 NAT-PT 必须维护地址映射表。NAT44 的限制因素（例如，从一个方向穿越 NAT 设备的会话流量必须通过相同的 NAT 设备返回）也同样适用于 NAT-PT。

如果 v4/v6 NAT 与 PT 能够正确协同工作，那么整个转换操作对于使用 NAT-PT 的设备来说应该是完全透明的（见图 11-3）。图中的 IPv6 设备正在与 IPv4 设备进行通信，但是有了 NAT-PT 之后，IPv6 设备会认为它正在与另一台 IPv6 设备进行通信，IPv4 设备也会认为它正在与另一台 IPv4 设备进行通信。

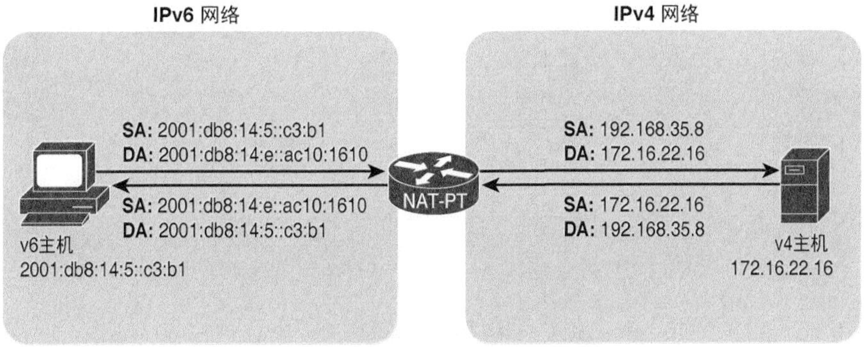

图 11-3 NAT-PT 操作必须透明，这样才能让两台不同版本的设备进行通信时都将对方视为相同版本的设备

图中的 v6 主机使用 IPv6 目的地址 2001:db8:14:e::ac10:1610 向 v4 主机发送 IPv6 数据包。数据包穿越 NAT-PT 时，NAT-PT 会将 IPv6 报头和 IPv6 地址都替换成 IPv4 报头和 IPv4 地址，然后再将得到的 IPv4 数据包转发给 v4 主机。v4 主机的响应操作则正好相反：NAT-PT 会将 Pv4 报头和 IPv4 地址都替换成 IPv6 报头和 IPv6 地址，然后再将得到的 IPv6 数据包转发给 v6 主机。

此时大家一定会产生以下疑问：

- NAT-PT 是如何知道该如何映射 IPv4 地址和 IPv6 地址的呢？
- 在 v4 主机不是 IPv6 设备的情况下，v6 主机是如何发现应该为 v4 主机使用 IPv6 地址的呢？
- 数据包是如何到达转换器的呢？

对于第一个问题来说，图 11-3 实际上并没有清楚地标明 v6 主机使用的 IPv6 目的地址。其实 IPv6 地址的最后 32 比特（::ac10:1610）就是点分十进制形式的 172.16.22.16，NAT-PT 知道映射成哪个 IPv4 地址的原因就是该 IPv4 地址内嵌在 IPv6 目的地址中。

NAT-PT 知道查找内嵌式 IPv4 地址的原因是 IPv6 目的地址中的前 96 比特是转换器已知的指定前缀。从图 11-3 可以看出，该前缀是 2001:db8:14:5::/96，NAT-PT 被配置为能够识别本地 IPv6 网络中的该前缀，至于将何种前缀指定为 IPv6 NAT-PT 前缀，则没有任何特殊要求，只要该前缀属于转换器连接的 IPv6 网络即可。图 11-3 中的本地 IPv6 网络前缀是 2001:db8:14::/48。

在图 11-3 的 IPv4 侧，NAT-PT 以 IPv4 地址 192.168.35.8 来表示 v6 主机。与 NAT44 相似，NAT-PT 转换器是从已配置的 IPv4 地址池中提取该地址的。为了节约 IPv4 地址，NAT-PT 也可以（可选）利用上层协议端口地址将多个内部 IPv6 地址映射为一个或少量外部 IPv4 地址（与 NAT44 一样）。通常将这种可选的 NAT-PT 功能称为 NAPT-PT（Network Address and Port Translation with Protocol Translation，网络地址和端口转换-协议转换）。

第二个问题是 v6 主机如何知道使用地址 2001:db8:14:e::ac10:1610 能够到达 v4 主机？答案就是 NAT-PT 中的一个称为 DNS-ALG（DNS Application Layer Gateway，DNS 应用层网关）的独立算法。图 11-4 给出了 DNS-ALG 的工作方式，可以让 v6 主机认为它正在向 IPv6 目的端发送数据包，同时在 IPv6 目的地址中嵌入 IPv4 目的地址。

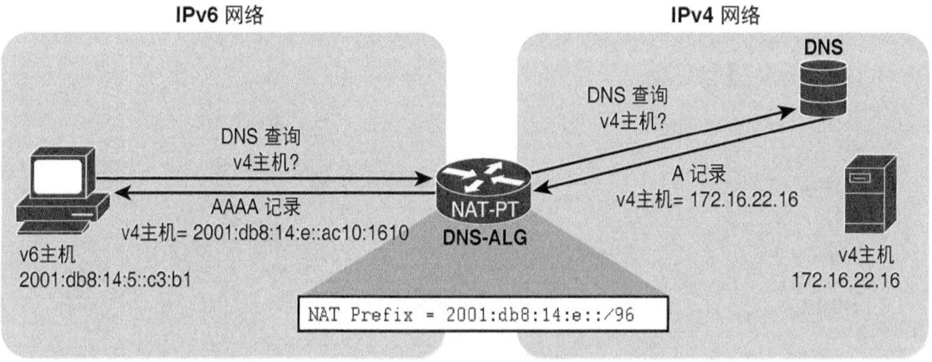

图 11-4 NAT-PT 利用 DNS-ALG 将 DNS A 记录转换成 AAAA 记录

如果 v6 主机希望到达 v4 主机，那么就可以发送 DNS 查询消息以查找与该名字相关联的 IP 地址。由于 v6 主机在 IPv6 网络中，因而发送的查询消息是 IPv6 包，v6 主机配置的也是 IPv6 DNS 服务器地址（负责将查询消息转发给 NAT-PT）。由于 NAT-PT 知道 DNS 服务器的 IPv4 地址，因而将查询包的报头转换为 IPv4 并转发给 DNS 服务器。DNS 服务器则向 NAT-PT 返回一条包含 v4 主机 IPv4 地址的 A 记录，DNS-ALG 将 A 记录转换成 AAAA 记录（包含从内嵌在已配置的 96 比特 NAT 前缀后面的 A 记录得到的 IPv4 地址），然后将得到的 AAAA 记录发送给 v6 主机。这样一来 v6 主机就知道了 v4 主机的 IPv6 地址，此后就可以进行图 11-3 所示的通信过程了。

第三个问题是 v6 主机发送的数据包如何到达 NAT-PT。这个问题比较简单，因为已配置的 NAT 前缀会宣告到本地 IGP 中，这也是将 NAT-PT 转换器视为路由器的原因之一。NAT-PT 转换器必须同时运行其所连网络中的 IPv4 和 IPv6 路由协议，而且必须能够像路由器那样转发数据包（正确执行 TTL 或跳数限制递减操作）。

11.2.2 配置 NAT-PT

图 11-5 给出了 NAT-PT 示例拓扑结构。路由器 Wagner 连接了左侧的 IPv6 网络和右侧的 IPv4 网络，因而在路由器 Wagner 上启用了 NAT-PT 特性。例中使用的 IPv6 NAT 前缀是 2001:db8:14:ef:a:b::/96（取自 IPv6 域前缀 2001:db8:14::/48）。Wagner 将所有入站 IPv4 数据包的 IPv4 源地址都嵌入到该前缀的最后 32 比特中，而且知道所有目的地址属于该前缀的入站 IPv6 数据包都在最后 32 比特内嵌了 IPv4 地址。

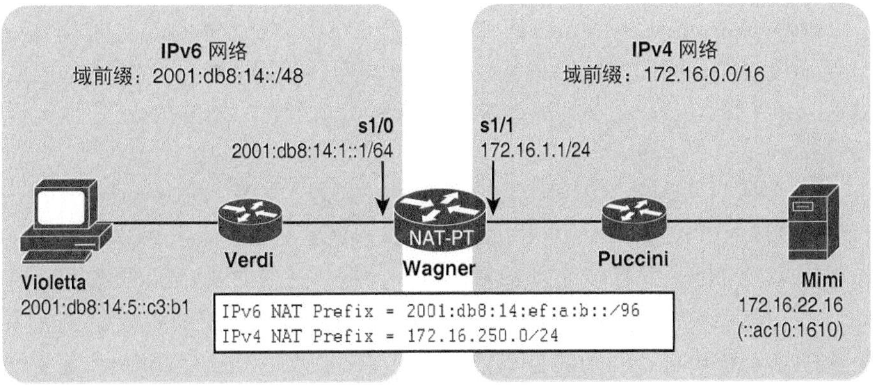

图 11-5 NAT-PT 示例拓扑结构

用于转换 IPv6 地址的 IPv4 前缀是 172.16.250.0/24，IPv4 域就以属于该前缀的 IPv4 地址来标识 IPv6 域中的任意主机。

当然，本例的目的是为主机 Violetta 与 Mimi 之间提供通信能力。为了更改更好地观察路由式网络环境下转换器的操作步骤，图中添加了路由器 Verdi 和 Puccini。

NAT-PT 的初始设置步骤如下。

- **第 1 步：** 在路由器上利用语句 **ipv6 nat prefix** 全局配置 96 比特的 NAT-PT 前缀。
- **第 2 步：** 利用语句 **ipv6 nat** 将接口连接到 NAT-PT 上。请注意，需要在 IPv4 接口和 IPv6 接口上都配置该语句。

例 11-1 给出了路由器 Wagner 的初始配置信息。

例 11-1 在 Wagner 上启用 NAT-PT 利用语句 **ipv6 nat prefix** 指定 NAT 前缀并利用语句 **ipv6 nat** 将相关接口连接到 NAT-PT 上

```
ipv6 unicast-routing
!
interface Loopback0
 ip address 172.16.255.1 255.255.255.255
!
interface Serial1/0
 no ip address
 ipv6 address 2001:DB8:14:1::1/64
 ipv6 nat
 ipv6 ospf 1 area 0
!
interface Serial1/1
 ip address 172.16.1.1 255.255.255 .0
 ipv6 nat
```

（待续）

```
!
router ospf 1
 log-adjacency-changes
 network 172.16.0.0 0.0.255.255 area 0
 default-information originate always
!
ipv6 router ospf 1
 log-adjacency-changes
 default-information originate always
!
ipv6 nat prefix 2001:DB8:14:EF:A:B::/96
!
```

除了关注例中以高亮方式显示的 NAT-PT 基础配置之外，还要关注其他一些重要的特性信息。首先，利用 **ipv6 unicast-routing** 语句启用 IPv6 路由。由于本卷的前面章节以及第一卷曾经多次出现了该语句，因而大家应该非常熟悉该语句的使用方式了。其次，需要在两个域中运行 OSPF：IPv4 域为 OSPFv2，IPv6 域为 OSPFv3。同样，OSPF 的配置也已经在前面章节详细讨论过了。

对于例 11-1 的配置来说，还需要关注一个特性，那就是主机 Violetta 向本地路由器 Verdi 发送携带目的前缀为 2001:db8:14:ef:a:b::/96 的数据包时，Verdi 怎么知道该如何转发数据包呢？与此相似，主机 Mimi 向目的端发送携带目的前缀 172.16.250.0/24 的数据包时，路由器 Puccini 怎么知道应该将数据包转发给 Wagner 呢？这个问题与 NAT-PT 毫无关系，完全就是简单的路由问题，解决这些问题的方式很多。例如可以为 Verdi 和 Puccini 配置静态路由。例 11-1 的解决方式是配置 OSPFv2 和 OSPFv3 以宣告默认路由。虽然这种解决方案不一定适用于所有网络，但对于图 11-5 中的网络来说完全没有问题。

可以采用多种可选方式完成 NAT-PT 配置。一种方式是利用 **ipv6 nat v6v4 source** 语句将 IPv6 主机地址静态映射为属于 IPv4 NAT 前缀的地址（见例 11-2）。本例通过该语句将主机 Violetta 的 IPv6 地址 2001:db8:14:5::c3:b1 映射为 IPv4 地址 172.16.250.1。请注意，例中没有使用任何语句将 172.16.250.0/24 保留为用作 IPv6-to-IPv4 地址映射的 IPv4 前缀，这只是我们决定使用的前缀而已。我们可以使用任何 IPv4 地址（甚至是不属于图 11-5 中的 IPv4 域的 IPv4 地址），只要 IPv4 域知道使用该目的地址向 Wagner 发送数据包即可。

例 11-2 利用 **ipv6 nat v6v4 source** 语句将 Violetta 的主机地址映射为 IPv4 地址 172.16.250.1

```
ipv6 unicast-routing
!
interface Loopback0
 ip address 172.16.255.1 255.255.255.255
!
interface Serial1/0
 no ip address
 ipv6 address 2001:DB8:14:1::1/64
 ipv6 nat
 ipv6 ospf 1 area 0
!
interface Serial1/1
 ip address 172.16.1.1 255.255.255.0
 ipv6 nat
!
router ospf 1
 log-adjacency-changes
 network 172.16.0.0 0.0.255.255 area 0
```

（待续）

```
 default-information originate always
!
ipv6 router ospf 1
 log-adjacency-changes
 default-information originate always
!
ipv6 nat v6v4 source 2001:DB8:14:5::C3:B1 172.16.250.1
ipv6 nat prefix 2001:DB8:14:EF:A:B::/96
!
```

例 11-3 显示了包含 172.16.250.1 映射到 2001:db8:14:5::c3:b1 的 NAT-PT 地址映射信息，现在的问题是这些是否就已经足够了？如果主机 Violetta 向 2001:db8:14:ef:a:b:ac10:1610 发送 IPv6 数据包，那么 Verdi 的 IPv6 默认路由应该将数据包转发给 Wagner。由于语句 **ipv6 nat prefix** 的关系，Wagner 应该能够识别该 96 比特前缀并从最后 32 比特::ac10:1610 中提取主机 Mimi 的 IPv4 地址 172.16.22.16，同时在地址映射表中将 2001:db8:14:ef:a:b:ac10:1610 映射为 172.16.22.16。由于语句 **ipv6 nat v6v4 source** 已经将数据包的源地址映射为 IPv4 地址，因而 Wagner 应该已经拥有了执行 SIIT 报头转换的所有信息，并将数据包转发给 Puccini。

例 11-3　利用 **show ipv6 nat 达式 translations** 命令显示 NAT-PT 地址映射表

```
Wagner#show ipv6 nat translations
Prot  IPv4 source              IPv6 source
IPv4  destination              IPv6 destination
---   172.16.250.1             2001:DB8:14:5::C3:B1
      ---                      ---

Wagner#
```

从例 11-4 可以看出，Violetta 无法 ping 通 Mimi。

例 11-4　图 11-5 中的主机 Violetta 无法 ping 通主机 Mimi（使用 IPv6 地址 2001:db8:14:ef:a:b:ac10:1610）

```
Violetta#ping 2001:db8:14:ef:a:b:ac10:1610

Type escape sequence to abort.
Sending 5, 100-byte ICMP Echos to 2001:DB8:14:EF:A:B:AC10:1610, timeout is 2
  seconds:
.....
Success rate is 0 percent (0/5)
Violetta#
```

ping 失败并不意味着 ICMPv6 目的端不可达消息，而仅仅是因为 ping 超时。打开 Wagner 的调试功能之后再次从 Violetta 发起 ping 测试，即可清楚地看出所发生的一切：Wagner 收到 ping 包之后查找地址映射表，没有发现返回路径的 IPv4-to-IPv6 地址映射，因而丢弃该数据包。

例 11-5　调试 NAT-PT 路由器 Wagner（利用 **debug ipv6 nat detail** 命令）可以发现 Violetta 无法 ping 通 Mimi 的原因

```
Wagner#debug ipv6 nat detail
IPv6 NAT-PT detailed debugging is on
Wagner#
*Oct  3 07:24:13.461: IPv6 NAT: ipv6nat_find_entry_v4tov6:
   ref_count = 1,
                              usecount = 0, flags = 257, rt_flags = 0,
                              more_flags = 0

*Oct  3 07:24:13.465: IPv6 NAT: Dropping v6tov4 packet
*Oct  3 07:24:15.437: IPv6 NAT: ipv6nat_find_entry_v4tov6:
```

（待续）

```
   ref_count = 1,
                                          usecount = 0, flags = 257, rt_flags = 0,
                                          more_flags = 0

*Oct  3 07:24:15.441: IPv6 NAT: Dropping v6tov4 packet
*Oct  3 07:24:17.449: IPv6 NAT: ipv6nat_find_entry_v4tov6:
   ref_count = 1,
                                          usecount = 0, flags = 257, rt_flags = 0,
                                          more_flags = 0

*Oct  3 07:24:17.453: IPv6 NAT: Dropping v6tov4 packet
*Oct  3 07:24:19.461: IPv6 NAT: ipv6nat_find_entry_v4tov6:
   ref_count = 1,
                                          usecount = 0, flags = 257, rt_flags = 0,
                                          more_flags = 0

*Oct  3 07:24:19.461: IPv6 NAT: Dropping v6tov4 packet
*Oct  3 07:24:21.441: IPv6 NAT: ipv6nat_find_entry_v4tov6:
   ref_count = 1,
                                          usecount = 0, flags = 257, rt_flags = 0,
                                          more_flags = 0
```

注：图 11-5 中的主机实际上就是未运行路由协议的 IOS 路由器（本书曾多次用到），这一点对于测试环境来说非常有用，因为网络出现问题的时候，非常需要"主机"具备 **show** 和 **debug** 能力。

如果 Mimi 试图利用 IPv4 地址 172.16.250.1（Mimi 通过该地址知道 Violetta）向 Violetta 发起 ping 测试，那么就会出现有意思的结果（见例 11-6）：ping 测试成功了，而且此时 Violetta 再次向 Mimi 发起的 ping 测试也成功了（见例 11-7）。

例 11-6 图 11-5 中的主机 Mimi 成功 ping 通 Violetta（使用 IPv4 地址 172.16.250.1）

```
Mimi#ping 172.16.250.1

Type escape sequence to abort.
Sending 5, 100-byte ICMP Echos to 172.16.250.1, timeout is 2 seconds:
!!!!!
Success rate is 100 percent (5/5), round-trip min/avg/max = 8/23/52 ms
Mimi#
```

例 11-7 此时的 Violetta 也能成功 ping 通 Mimi

```
Violetta#ping 2001:db8:14:ef:a:b:ac10:1610

Type escape sequence to abort.
Sending 5, 100-byte ICMP Echos to 2001:DB8:14:EF:A:B:AC10:1610, timeout is 2
  seconds:
!!!!!
Success rate is 100 percent (5/5), round-trip min/avg/max = 20/39/108 ms
Violetta#
```

从 Wagner 的调试结果可以看出具体原因（见例 11-8）：Mimi 发出的 ping 包到达后，Wagner 拥有足够的配置信息将源 IPv4 地址映射为 IPv6 地址（使用已配置的 NAT-PT 前缀和内嵌在最后 32 比特的 IPv4 源地址），此后该 IPv4-to-IPv6 地址映射信息就记录到了 NAT-PT 地址映射表中（见例 11-9）。

注：请认真分析例 11-5 和例 11-8 的调试结果，特别要注意何时将映射表项引用为 v4tov6，何时又将映射表项引用为 v6tov4。这些可以帮助大家理解 NAT-PT 在执行转换操作过程中查看了哪些内容。

例 11-8 图 11-5 中的主机 Violetta 成功 ping 通主机 Mimi（使用 IPv6 地址 2001:db8:14:ef:a:b:ac10:1610）

```
Wagner#
*Oct  3 07:43:24.089: IPv6 NAT: ipv6nat_find_entry_v4tov6:
       ref_count = 1,
                                usecount = 0, flags = 257, rt_flags = 0,
                                more_flags = 0

*Oct  3 07:43:24.093: IPv6 NAT: ipv6nat_find_entry_v4tov6:
       ref_count = 1,
                                usecount = 0, flags = 257, rt_flags = 0,
                                more_flags = 0

*Oct  3 07:43:24.101: IPv6 NAT: ipv6nat_find_entry_v4tov6:
       ref_count = 1,
                                usecount = 0, flags = 257, rt_flags = 0,
                                more_flags = 0

*Oct  3 07:43:24.105: IPv6 NAT: addr allocated 2001:DB8:14:EF:A:B:AC10:1610
*Oct  3 07:43:24.105: IPv6 NAT: icmp src (172.16.22.16) ->
  (2001:DB8:14:EF:A:B:AC10:1610), dst (172.16.250.1) -> (2001:DB8:14:5::C3:B1)
*Oct  3 07:43:24.113: IPv6 NAT: ipv6nat_find_entry_v4tov6:
       ref_count = 1,
                                usecount = 0, flags = 64, rt_flags = 0,
                                more_flags = 0

*Oct  3 07:43:24.113: IPv6 NAT: icmp src (2001:DB8:14:5::C3:B1) -> (172.16.250.1),
  dst (2001:DB8:14:EF:A:B:AC10:1610) -> (172.16.22.16)
*Oct  3 07:43:24.121: IPv6 NAT: ipv6nat_find_entry_v4tov6:
       ref_count = 1,
                                usecount = 0, flags = 64, rt_flags = 0,
                                more_flags = 0

[REMAINING OUTPUT IS THE SAME]

Wagner#
```

例 11-9 Wagner 的地址映射表中已经拥有将任意方向穿越 NAT-PT 的数据包的 IPv4 地址映射为 IPv6 地址的全部信息

```
Wagner#show ipv6 nat translations
Prot  IPv4 source               IPv6 source
IPv4  destination               IPv6 destination
---   ---                       ---
      172.16.22.16              2001:DB8:14:EF:A:B:AC10:1610

---   172.16.250.1              2001:DB8:14:5::C3:B1
      172.16.22.16              2001:DB8:14:EF:A:B:AC10:1610

---   172.16.250.1              2001:DB8:14:5::C3:B1
      ---                       ---

Wagner#
```

当然，这并不是一种可接受的解决方案，原因有二：第一，我们不希望 Violetta 与 Mimi 之前的通信过程依赖于 Mimi 首先发起通信请求（至少在绝大多数情况下如此）；第二，Mimi 发起通信请求后的映射只是暂时的，最终还是会超时，那时 Violetta 又将无法到达 Mimi，直至 Mimi 再次发起新的映射过程。例 11-10 解释了这个问题。利用命令 **clear ipv6 nat translation** 清除了映射表中的所有临时表项之后，映射表中就只剩下通过 **ipv6 nat v6v4 source** 语句得到的静态映射表项。

例 11-10 清除了 Wagner 的地址映射表之后（如本例所示手工清除或者临时表项自然超时），映射表中将只剩下静态表项，意味着 Violetta 又将无法到达 Mimi

```
Wagner#clear ipv6 nat translation *
Wagner#
Wagner#
Wagner#show ipv6 nat translation
Prot  IPv4 source              IPv6 source
IPv4  destination              IPv6 destination
---   172.16.250.1             2001:DB8:14:5::C3:B1
      ---                      ---

Wagner#
```

解决方案是利用 **ipv6 nat v4v6 source** 语句为 Mimi 的地址添加静态映射。例 11-11 显示了添加该语句之后的 Wagner 配置信息，将 Mimi 的 IPv4 地址 172.16.22.16 映射为 IPv6 地址 2001:db8:14:ef:1:b:ac10:1610。需要记住的是，**ipv6 nat v6v4 source** 语句的作用是对从 NAT-PT 的 IPv6 侧穿越到 IPv4 侧的数据包进行 IPv6-to-IPv4 转换，而 **ipv6 nat v4v6 source** 语句的作用则是将从 NAT-PT 的 IPv4 侧穿越到 IPv6 侧的数据包进行 IPv4-to-IPv6 转换。

例 11-11 利用 **ipv6 nat v4v6 source** 语句将 Mimi 的 IPv4 地址映射为 IPv6 地址

```
ipv6 unicast-routing
!
interface Loopback0
 ip address 172.16.255.1 255.255.255.255
!
interface Serial1/0
 no ip address
 ipv6 address 2001:DB8:14:1::1/64
 ipv6 nat
 ipv6 ospf 1 area 0
!
interface Serial1/1
 ip address 172.16.1.1 255.255.255.0
 ipv6 nat
!
router ospf 1
 log-adjacency-changes
 network 172.16.0.0 0.0.255.255 area 0
 default-information originate always
!
ipv6 router ospf 1
 log-adjacency-changes
 default-information originate always
!
ipv6 nat v4v6 source 172.16.22.16 2001:DB8:14:EF:A:B:AC10:1610
ipv6 nat v6v4 source 2001:DB8:14:5::C3:B1 172.16.250.1
ipv6 nat prefix 2001:DB8:14:EF:A:B::/96
!
```

例 11-12 给出了上述配置的运行结果。可以看出地址映射表中已经有了 Violetta 和 Mimi 的映射表项，而且 Violetta 在无需等待 Mimi 发起映射表项的情况下就已经能够 ping 通 Mimi 了（见例 11-13）。

例 11-12 Wagner 的 NAT-PT 映射表已经拥有从 Violetta 转发给 Mimi 以及从 Mimi 转发给 Violetta 的数据包的静态表项

```
Wagner#show ipv6 nat translations
Prot  IPv4 source              IPv6 source
IPv4  destination              IPv6 destination
```

（待续）

```
---     ---                     ---
        172.16.22.16            2001:DB8:14:EF:A:B:AC10:1610

---     172.16.250.1            2001:DB8:14:5::C3:B1
        172.16.22.16            2001:DB8:14:EF:A:B:AC10:1610

---     172.16.250.1            2001:DB8:14:5::C3:B1
        ---                     ---

Wagner#
```

例 11-13　在 Wagner 的配置中添加语句 **ipv6 nat v4v6 source** 之后，Violetta 就能够成功 ping 通 Mimi

```
Violetta#ping 2001:db8:14:ef:a:b:ac10:1610

Type escape sequence to abort.
Sending 5, 100-byte ICMP Echos to 2001:DB8:14:EF:A:B:AC10:1610, timeout is 2
  seconds:
!!!!!
Success rate is 100 percent (5/5), round-trip min/avg/max = 20/52/72 ms
Violetta#
```

到目前为止看到的静态 NAT-PT 配置与静态路由一样都有利有弊。静态 NAT-PT 配置能够精确控制进入地址映射表的表项，从而可以精确控制哪些设备能够穿越 IPv4/IPv6 边界。与静态路由一样，很多场景都需要这种精确控制（如将跨越边界的通信限制到一台或少数几台设备），但是与静态路由一样，手工配置地址映射关系的扩展性不好。

假设现在希望让两个域中的任意主机都能与对端域中的任意主机进行通信，而不仅仅是在图 11-5 中的两台主机之间建立通信连接。这是一个非常合理的配置目标，如果两个域中的主机数量较多，那么就需要使用动态方式来完成地址映射操作。

图 11-6 在原来的拓扑结构中增加了两台主机（每个域一台），表示实际网络中每个域都有可能拥有大量主机，实际上可以表示连接在 IPv4 公有 Internet 上的 IPv6-only 网络。接下来的配置示例的目标是让两个域中的任意主机都能与对端域中的任意主机进行通信。

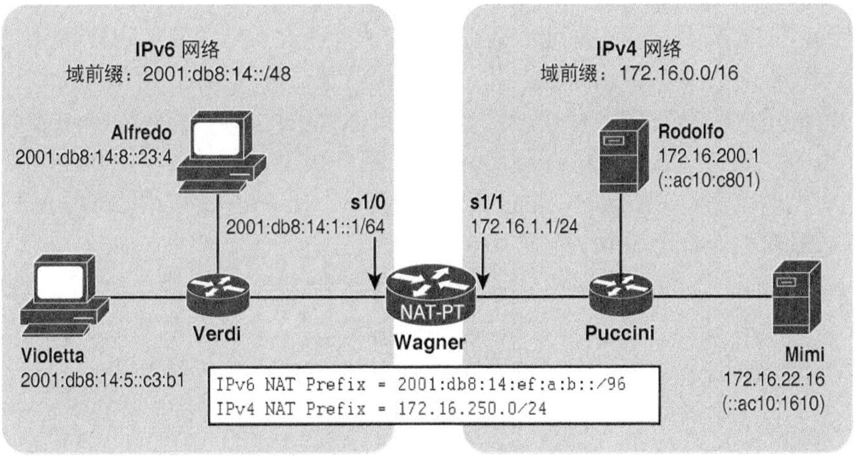

图 11-6　在示例拓扑结构中增加了两台主机，希望所有主机之间都能进行通信

对 IPv6-to-IPv4 方向的数据包使用语句 **ipv6 nat v6v4 source**，但此时不再直接将 IPv4 地址映射为 IPv6 地址，而是使用关键字 **list** 来指定 IPv6 访问列表，以控制允许转换哪些 IPv6 地址，同时在 **ipv6 nat v6v4 pool** 语句中使用关键字 **pool**（引用名字）。例 11-14 给出了 Wagner 使用动态转换池时的配置信息。

例 11-14 Wagner 为 IPv6 域到 IPv4 域的数据包执行动态转换

```
ipv6 unicast-routing
 !
 interface Loopback0
  ip address 172.16.255.1 255.255.255.255
 !
 interface Serial1/0
  no ip address
  ipv6 address 2001:DB8:14:1::1/64
  ipv6 nat
  ipv6 ospf 1 area 0
 !
 interface Serial1/1
  ip address 172.16.1.1 255.255.255.0
  ipv6 nat
 !
 router ospf 1
  log-adjacency-changes
  network 172.16.0.0 0.0.255.255 area 0
  default-information originate always
 !
 ipv6 router ospf 1
  log-adjacency-changes
  default-information originate always
 !
ipv6 nat v6v4 source list v6Domain pool v4Pool
ipv6 nat v6v4 pool v4Pool 172.16.250.1 172.16.250.200 prefix-length 24
ipv6 nat prefix 2001:DB8:14:EF:A:B::/96
!
ipv6 access-list v6Domain
 permit ipv6 2001:DB8:14::/48 any
!
```

语句 **ipv6 nat v6v4 source list v6Domain pool v4Pool** 首先指向名为 v6Domain 的 IPv6 访问列表。该访问列表允许前缀为 2001:db8:14::/48 的所有地址(该地址完全包含了图 11-6 中的 IPv6 域的所有地址)，语句后半部分引用了名为“v4Pool”的 IPv4 地址池，该地址池（由语句 **ipv6 nat v6v4 pool v4Pool** 创建)指定了范围在 172.16.250.1～172.16.250.200 且前缀长度为 24 的 IPv4 地址。所有到达的 IPv6 数据包的源地址都将被映射为从指定地址池选定的 IPv4 地址。

上述配置的一种可能应用场景就是将 IPv6-only 办公室或园区网络连接到公共 Internet 上，让网络中的用户仍然能够访问 IPv4 目的端。当然，也可以为 IPv4-to-IPv6 流量使用动态地址池。实现方式是利用 **ipv6 nat v4v6 source list** 语句引用 **ipv6 nat v4v6 pool** 语句。这种配置方式适用于由路由器将 IPv4-only 数据中心连接到公共 Internet 的应用场景，允许 IPv6 用户访问数据中心数量相对有限的 IPv4 目的端。

例 11-14 只讨论了转换器将数据包的 IPv6 源地址转换为 IPv4 源地址的配置方式，接下来还要配置转换器将 IPv6 目的地址转换为 IPv4 目的地址。虽然还可以继续使用前面提到的 **ipv6 nat v4v6 list** 语句，但也可以利用其他方法将 IPv4 地址动态映射为 IPv6 地址，即采用前面示例用到的 96 比特前缀和显式映射关键字 **v4-mapped**。例 11-15 给出了 Wagner 使用该语句的配置信息。

例 11-15 将例 11-14 的配置扩展为动态映射从 IPv4 域到 IPv6 域的数据包

```
ipv6 unicast-routing
 !
 interface Loopback0
  ip address 172.16.255.1 255.255.255.255
```

（待续）

```
 !
 interface Serial1/0
  no ip address
  ipv6 address 2001:DB8:14:1::1/64
  ipv6 nat
  ipv6 ospf 1 area 0
 !
 interface Serial1/1
  ip address 172.16.1.1 255.255.255.0
  ipv6 nat
 !
 router ospf 1
  log-adjacency-changes
  network 172.16.0.0 0.0.255.255 area 0
  default-information originate always
 !
 ipv6 router ospf 1
  log-adjacency-changes
  default-information originate always
 !
ipv6 nat translation icmp-timeout 1200
ipv6 nat v6v4 source list v6Domain pool v4Pool
ipv6 nat v6v4 pool v4Pool 172.16.250.1 172.16.250.200 prefix-length 24
ipv6 nat prefix 2001:DB8:14:EF:A:B::/96 v4-mapped LocalDomain
!
ipv6 access-list v6Domain
 permit ipv6 2001:DB8:14::/48 any
!
ipv6 access-list LocalDomain
 permit ipv6 2001:DB8:14::/48 2001:DB8:14:EF:A:B::/96
!
```

语句 **ipv6 nat prefix 2001:db8:14:ef:a:b::/96 v4-mapped LocalDomain** 指定了前面一直在用的 96 比特前缀，同时还增加了关键字 **v4-mapped**，其作用是引用名为 LocalDomain 的 IPv6 访问列表。这里需要仔细分析它们的工作方式，因为看起来并不是很明显。如果到达的 IPv6 数据包的目的地址前缀是 2001:db8:ef:a:b::/96，那么 NAT-PT 就会首先使用访问列表 LocalDomain 来验证该源地址是否属于前缀 2001:db8:14::/48（IPv6 域的前缀）。如果属于，那么就将该 IPv6 目的地址映射为内嵌的 IPv4 地址。利用地址映射表中的该映射关系，也能成功转换从 IPv4 域到 IPv6 域的 IPv4 数据包。

例 11-16 给出了相应的配置运行结果。可以看出图 11-6 中的 4 台主机都能相互 ping 通。当然还要注意例 11-16 中的其他问题，如 IPv4 域中的主机 Rodolfo 和 Mimi“知道”仅通过 IPv4 地址向 Alfredo 和 Violetta（分别是 172.16.250.1 和 172.16.250.2）发起 ping 测试的原因是提前“窥视”了 Wagner 的地址映射表，而存在这些映射表项的原因是 Alfredo 和 Violetta 都首先向 IPv4 域发送了数据包。与此相似，Alfredo 和 Violetta 知道通过 IPv6 地址发起 ping 测试的原因是提前计算了与 Rodolfo 和 Mimi 的 IPv4 地址相对应的十六进制形式（如图 11-6 中的括号所示），然后再将它们附加到已配置的 IPv6 NAT 前缀 2001:db8:14:ef:a:b::/96 上。在实际网络中，Violetta 和 Rodolfo 通过查询 IPv4 域中的 DNS 服务器来获得目的地址，收到的响应消息由 Wagner 的 DSN-ALG 将 DNS A 记录转换为 IPv6 AAAA 记录（使用 IPv6 NAT 前缀）。

例 11-16 图 11-6 中的所有主机都能相互 ping 通

```
Violetta#ping 2001:db8:14:ef:a:b:ac10:c801

Type escape sequence to abort.
Sending 5, 100-byte ICMP Echos to 2001:DB8:14:EF:A:B:AC10:C801, timeout is 2
  seconds:
```

（待续）

```
!!!!!
Success rate is 100 percent (5/5), round-trip min/avg/max = 20/27/52 ms
Violetta#
Violetta#ping 2001:db8:14:ef:a:b:ac10:1610

Type escape sequence to abort.
Sending 5, 100-byte ICMP Echos to 2001:DB8:14:EF:A:B:AC10:1610, timeout is 2
  seconds:
!!!!.
Success rate is 80 percent (4/5), round-trip min/avg/max = 20/57/92 ms
Violetta#
Violetta#ping 2001:db8:14:8::23:4

Type escape sequence to abort.
Sending 5, 100-byte ICMP Echos to 2001:DB8:14:8::23:4, timeout is 2 seconds:
!!!!!
Success rate is 100 percent (5/5), round-trip min/avg/max = 4/14/44 ms
Violetta#
```

```
Rodolfo#ping 172.16.250.1

Type escape sequence to abort.
Sending 5, 100-byte ICMP Echos to 172.16.250.1, timeout is 2 seconds:
!!!!!
Success rate is 100 percent (5/5), round-trip min/avg/max = 12/42/88 ms
Rodolfo#
Rodolfo#ping 172.16.250.2

Type escape sequence to abort.
Sending 5, 100-byte ICMP Echos to 172.16.250.2, timeout is 2 seconds:
!!!!!
Success rate is 100 percent (5/5), round-trip min/avg/max = 12/24/56 ms
Rodolfo#
Rodolfo#ping 172.16.22.16

Type escape sequence to abort.
Sending 5, 100-byte ICMP Echos to 172.16.22.16, timeout is 2 seconds:
!!!!!
Success rate is 100 percent (5/5), round-trip min/avg/max = 4/31/60 ms
Rodolfo#
```

```
Alfredo#ping 2001:db8:14:ef:a:b:ac10:c801

Type escape sequence to abort.
Sending 5, 100-byte ICMP Echos to 2001:DB8:14:EF:A:B:AC10:C801, timeout is 2
  seconds:
!!!!!
Success rate is 100 percent (5/5), round-trip min/avg/max = 8/44/84 ms
Alfredo#
Alfredo#ping 2001:db8:14:ef:a:b:ac10:1610

Type escape sequence to abort.
Sending 5, 100-byte ICMP Echos to 2001:DB8:14:EF:A:B:AC10:1610, timeout is 2
  seconds:
!!!!!
Success rate is 100 percent (5/5), round-trip min/avg/max = 4/22/80 ms
Alfredo#
Alfredo#ping 2001:db8:14:5::c3:b1

Type escape sequence to abort.
Sending 5, 100-byte ICMP Echos to 2001:DB8:14:5::C3:B1, timeout is 2 seconds:
!!!!!
Success rate is 100 percent (5/5), round-trip min/avg/max = 8/36/68 ms
Alfredo#
```

（待续）

```
Mimi#ping 172.16.250.1

Type escape sequence to abort.
Sending 5, 100-byte ICMP Echos to 172.16.250.1, timeout is 2 seconds:
!!!!!
Success rate is 100 percent (5/5), round-trip min/avg/max = 4/20/48 ms
Mimi#
Mimi#ping 172.16.250.2

Type escape sequence to abort.
Sending 5, 100-byte ICMP Echos to 172.16.250.2, timeout is 2 seconds:
!!!!!
Success rate is 100 percent (5/5), round-trip min/avg/max = 4/57/96 ms
Mimi#
Mimi#ping 172.16.200.1

Type escape sequence to abort.
Sending 5, 100-byte ICMP Echos to 172.16.200.1, timeout is 2 seconds:
!!!!!
Success rate is 100 percent (5/5), round-trip min/avg/max = 8/39/56 ms
Mimi#
```

虽然上例使用了一些快捷手段，例如包含了 DNS 服务器并窥视了地址映射表，但图 11-6 的示例网络以及相应的配置信息仍然表达了小型 IPv6-only 网络连接 IPv4 网络时的实际转换设置。IPv6 域中的主机必须向 IPv4 主机发起通信请求，以便在地址映射表中创建映射表项。只要地址映射表中存在这些映射表项，IPv4 主机就能发送响应消息。这也符合大多数 IPv4-to-IPv4 映射的设置需求，防火墙或访问列表外部的设备只能“建立”由防火墙或访问列表内部设备发起的连接。如果服务器或其他设备位于外部 IPv4 设备必须随时能够到达的 IPv6 域内，那么就需要在 NAT-PT 映射表中添加静态地址映射表项，同时还要在 IPv4 侧的 DNS 服务器上为该服务器所映射的 IPv4 地址添加相应的 A 记录。

地址映射表中的动态表项最终会超时，具体的超时周期与协议类型相关。表 11-7 列出了常见的默认超时周期。可以使用命令 **ipv6 nat translation** 更改默认超时值。此外，表中还列出了利用该命令更改默认超时值所要使用的关键字信息。

表 11-7　NAT-PT 地址映射表中各类表项的默认超时值（86400 秒=24 小时，300 秒=5 分钟）

关键字	默认值（秒）	描述
timeout	86400	非特定动态表项超时
udp-timeout	300	UDP 端口表项
dns-timeout	60	DNS 记录转换表项
tcp-timeout	86400	TCP 端口表项
finrst-timeout	60	TCP FIN 和 RST 表项
icmp-timeout	60	ICMP 协议表项
syn-timeout	无	收到 TCP SYN 标志但未收到回话数据时超时
never	/	动态表项永不超时

从例 11-15 的 Wagner 配置可以看到更改超时值的配置示例。本例通过 **ipv6 nat translation icmp-timeout 1200** 命令将 ICMP 表项的超时值从默认的 60 秒更改为 1200 秒（20 分钟），这样做的目的是让 ICMP 表项在 Wagner 的映射表中保存足够长的时间，以便运行例 11-16 中的所有 ping 操作并显示所有的映射结果（见例 11-17）。除了 ping 操作之外，例 11-17 还执行了 Telnet 和 traceroute 操作以生成 TCP 和 UDP 映射表项。

例 11-17 Wagner 的地址映射表显示了例 11-16 的 ping 测试之后的 ICMP 表项信息，此外还有 Telnet 会话生成的 TCP 表项以及从 Violetta 到 Mimi 的 traceroute 操作生成的 UDP 表项

```
Wagner#show ipv6 nat translations
Prot  IPv4 source                IPv6 source
      IPv4 destination           IPv6 destination
---   ---                        ---
      172.16.22.16               2001:DB8:14:EF:A:B:AC10:1610

---   ---                        ---
      172.16.200.1               2001:DB8:14:EF:A:B:AC10:C801

icmp  172.16.250.3,4072          2001:DB8:14:1::2,4072
      172.16.22.16,4072          2001:DB8:14:EF:A:B:AC10:1610,4072

icmp  172.16.250.3,0             2001:DB8:14:1::2,0
      172.16.200.1,36            2001:DB8:14:EF:A:B:AC10:C801,36

icmp  172.16.250.3,1714          2001:DB8:14:1::2,1714
      172.16.200.1,1714          2001:DB8:14:EF:A:B:AC10:C801,1714

---   172.16.250.3               2001:DB8:14:1::2
      ---                        ---

tcp  172.16.250.2,0              2001:DB8:14:5::C3:B1,0
     172.16.22.16,31620          2001:DB8:14:EF:A:B:AC10:1610,31620

---  172.16.250.2                2001:DB8:14:5::C3:B1
     172.16.22.16                2001:DB8:14:EF:A:B:AC10:1610

tcp  172.16.250.2,31876          2001:DB8:14:5::C3:B1,31876
     172.16.200.1,23             2001:DB8:14:EF:A:B:AC10:C801,23

udp  172.16.250.2,33440          2001:DB8:14:5::C3:B1,33440
     172.16.200.1,49160          2001:DB8:14:EF:A:B:AC10:C801,49160

udp  172.16.250.2,33441          2001:DB8:14:5::C3:B1,33441
     172.16.200.1,49161          2001:DB8:14:EF:A:B:AC10:C801,49161

udp  172.16.250.2,33442          2001:DB8:14:5::C3:B1,33442
     172.16.200.1,49162          2001:DB8:14:EF:A:B:AC10:C801,49162

udp  172.16.250.2,33443          2001:DB8:14:5::C3:B1,33443
     172.16.200.1,49163          2001:DB8:14:EF:A:B:AC10:C801,49163

udp  172.16.250.2,33444          2001:DB8:14:5::C3:B1,33444
     172.16.200.1,49164          2001:DB8:14:EF:A:B:AC10:C801,49164

udp  172.16.250.2,33445          2001:DB8:14:5::C3:B1,33445
     172.16.200.1,49165          2001:DB8:14:EF:A:B:AC10:C801,49165

---  172.16.250.2                2001:DB8:14:5::C3:B1
     172.16.200.1                2001:DB8:14:EF:A:B:AC10:C801

---  172.16.250.2                2001:DB8:14:5::C3:B1
     ---                         ---

---  172.16.250.1                2001:DB8:14:8::23:4
     172.16.22.16                2001:DB8:14:EF:A:B:AC10:1610

---  172.16.250.1                2001:DB8:14:8::23:4
     172.16.200.1                2001:DB8:14:EF:A:B:AC10:C801

---  172.16.250.1                2001:DB8:14:8::23:4
     ---                         ---

Wagner#
```

如果在小型办公室或家庭接入环境中使用 NAT-PT，那么“外部”接口可能只有单个可用 IPv4 地址。这一点与 NAT44 用于这类环境下的情况相似，可以采取相同的解决方案：利

用端口映射特性将多个内部地址映射为单个外部地址。对于NAT44来说，通常将其称为NAPT（Network Address and Port Translation，网络地址和端口转换）。毫无疑问，通常也将NAT-PT的这种解决方案版本称为NAPT-PT或地址超载。例11-18给出了利用NAPT-PT重新配置Wagner后的配置信息。此时不再引用动态地址池，而是通过**ipv6 nat v6v4 source list**语句引用了IPv4侧的接口Serial 1/1，同时使用了关键字**overload**。此时，Wagner将IPv6数据包的源地址映射为接口Serial 1/1的IPv4地址172.16.1.1和一个该地址的可用端口。

例11-18　配置图11-6中的Wagner使用Serial 1/1的单一IPv4地址来映射IPv6数据包的源地址

```
ipv6 unicast-routing
 !
  interface Loopback0
  ip address 172.16.255.1 255.255.255.255
 !
 interface Serial1/0
  no ip address
  ipv6 address 2001:DB8:14:1::1/64
  ipv6 nat
  ipv6 ospf 1 area 0
 !
 interface Serial1/1
  ip address 172.16.1.1 255.255.255.0
  ipv6 nat
 !
 router ospf 1
  log-adjacency-changes
  network 172.16.0.0 0.0.255.255 area 0
  default-information originate always
 !
 ipv6 router ospf 1
  log-adjacency-changes
  default-information originate always
 !
ipv6 nat translation icmp-timeout 1200
ipv6 nat v6v4 source list v6Domain interface Serial1/1 overload
ipv6 nat prefix 2001:DB8:14:EF:A:B::/96 v4-mapped LocalDomain
!
ipv6 access-list v6Domain
 permit ipv6 2001:DB8:14::/48 any
!
ipv6 access-list LocalDomain
 permit ipv6 2001:DB8:14::/48 2001:DB8:14:EF:A:B::/96
!
```

例11-9给出了IPv6域中的三台主机向IPv4域中的两台主机发起ping测试之后的Wagner地址映射表项信息。可以很容易地看出所有的IPv6源地址都被转换为单个IPv4地址172.16.1.1，并且为不同的映射关系使用随机的端口号，这一点与第10章类似。

例11-19　将多个IPv6源地址映射为单个IPv4地址172.16.1.1

```
Wagner#show ipv6 nat translations
Prot  IPv4 source               IPv6 source
      IPv4 destination          IPv6 destination
---   ---                       ---
      172.16.22.16              2001:DB8:14:EF:A:B:AC10:1610

---   ---                       ---
      172.16.200.1              2001:DB8:14:EF:A:B:AC10:C801

icmp  172.16.1.1,6493           2001:DB8:14:1::2,6493
      172.16.22.16,6493         2001:DB8:14:EF:A:B:AC10:1610,6493
```

（待续）

```
icmp  172.16.1.1,2742          2001:DB8:14:1::2,2742
      172.16.200.1,2742        2001:DB8:14:EF:A:B:AC10:C801,2742

icmp  172.16.1.1,8343          2001:DB8:14:5::C3:B1,8343
      172.16.22.16,8343        2001:DB8:14:EF:A:B:AC10:1610,8343

icmp  172.16.1.1,4316          2001:DB8:14:5::C3:B1,4316
      172.16.200.1,4316        2001:DB8:14:EF:A:B:AC10:C801,4316

icmp  172.16.1.1,4791          2001:DB8:14:8::23:4,4791
      172.16.22.16,4791        2001:DB8:14:EF:A:B:AC10:1610,4791

icmp  172.16.1.1,5594          2001:DB8:14:8::23:4,5594
      172.16.200.1,5594        2001:DB8:14:EF:A:B:AC10:C801,5594

Wagner#
```

11.2.3 为什么要废止 NAT-PT

如本章开篇所述，IETF 已经将 NAT-PT 归入 Historic（历史）状态，废止了 NAT-PT。做出这种决策的原因列在 RFC 4966 中，总结了其他 RFC、Internet 草案以及其他来源对 NAT-PT 提出的各种问题。

NAT-PT 试验发现的主要问题都与集成式 DNS-ALG 有关（详见 RFC 2766）。

- IPv6 主机查询双栈主机的地址时，可能会收到两条不同的 AAAA RR，一条来自包含目的端正确 IPv6 地址的权威 DNS 服务器，另一条来自包含转换后的 IPv6 地址的 DNS-ALG。在很多或者绝大多数情况下，选择转换后的 IPv6 地址会出现问题。虽然人们也提出了一些解决方案，但没有一种方案能够完全解决这个问题。
- 有些应用程序会将 DNS 记录中收到的地址传递给其他应用程序。这里假设该地址全局有效，但是如果其他应用程序位于 NAT-PT 及其 DNS-ALG 域外的单独节点上，那么该地址可能不可用，导致应用程序失败。
- 如果双栈主机查询主机的 A 记录且查询消息穿越了 DNS-ALG，那么 ALG 的无状态特性会导致 DNS-ALG 利用转换的 IPv6 地址将得到的 A 记录错误地转换成 AAAA 记录。
- 如果主机使用了多个地址（如多归属场景），那么 DNS-ALG 将无法知道查询应用将使用哪个地址，因而必须转换和响应所有地址，从而导致潜在的资源压力。
- DNSSEC（Secure DNS，安全 DNS）无法按照规范与 NAT-PT 及其 DNS-ALG 协同工作。虽然已经提出了解决方案，但解决方案过于复杂。

RFC 4966 还援引了其他 NAT-PT 问题（虽然这些问题并不直接由 DNS-ALG 引起）。

- 由于 DNS-ALG 是 NAT-PT 的一部分，而且所有流量流的发起端都依赖于 DNS-ALG，因而 NAT-PT 必须是转换站点的默认路由器，这样就会在站点规模扩大时引发扩展性问题。
- 与上一条相关，由于所有流量都必须通过相同的 NAT-PT 设备流入和流出站点，因而不但存在扩展性问题，而且 NAT-PT 设备还会成为潜在的性能瓶颈和单点故障源，也使得 NAT-PT 及其 DNS-ALG 设备成为拒绝服务攻击的目标，导致这些设备的映射表或地址绑定表被大量泛洪的伪造查询淹没。
- NAT-PT 映射表或 DNS-ALG 中的地址超时都可能会导致希望在多个会话中使用一致地址的应用程序出现地址持续性问题。

最后，还存在一些与 DNS-ALG 无关的 NAT-PT 问题。

- 在净荷中嵌入了数字式 IP 地址的应用程序在穿越 NAT-PT 设备时会出现中断，因为内部和外部地址发生了变化。这个问题与 NAT44 相似，但是由于转换器两侧的地址长度不同，因而这个问题对于 NAT-PT 来说更加严重。虽然人们普遍认为在应用程序层次上引用网络层地址违背了分层原理，但是对于现实来说无济于事。
- 为了防止地址资源耗尽，NAT-PT 必然要在地址映射上引入超时机制，但是这样做会给长时间处于静默状态的应用程序带来地址持续性问题。除非这类应用程序设计了保持激活机制或者能够周期性地发送某种形式的活动消息，否则地址映射肯定会超时，导致应用程序出现会话中断问题。
- IPv4 与 IPv6 报头存在的很多不兼容字段（如 IPv6 流标签字段）以及两种版本的 ICMP 消息没有同等支持（如 ICMPv6 不支持 ICMP Parameter Problem 消息），导致消息穿越转换边界时出现信息丢失问题。
- 端口转换（NAPT-PT）无法转换分段数据包，因为只有第一个分段数据包有端口号信息。
- 为 IPv6 UDP 包计算校验和之前，必须重组分段后的 IPv4 UDP 包，从而可能导致传输延迟和性能瓶颈。
- SIIT 无法转换多播包。

虽然替代 NAT-PT 的 NAT64 没有解决上述所有问题，但已经有了很大进步，特别是将转换功能与 DNS 功能相分离。

11.3 无状态 NAT64

无状态 NAT64 使用了 RFC 6145 定义的新 IP/ICMP 转换算法。与 SIIT（定义在 RFC 2765 中）和 NAT-PT 不同，该机制存在无状态和有状态两种模式，而且用起来很简单。无状态 NAT64 使用无状态模式，有状态 NAT64 使用有状态模式。

与 NAT-PT 不同，有状态和无状态 NAT64 都不支持 DNS-ALG，都将 DNS 转换操作分离成 DNS64 功能（见图 11-7）。这种分离机制解决了上节列出的集成式 DNS-ALG 的很多问题（虽然不是全部）。

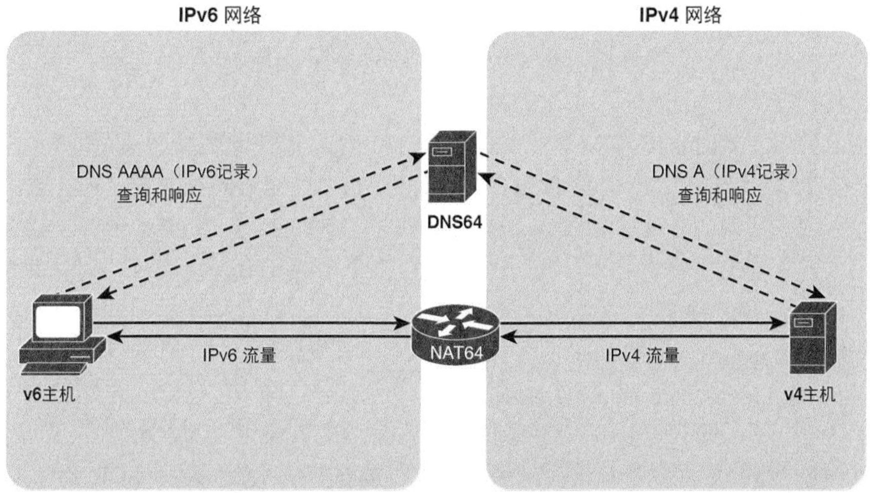

图 11-7　与集成式 NAT-ALG 不同，NAT64 和 DNS64 是两个独立实体

11.3.1 无状态 NAT64 操作

顾名思义，无状态 NAT64 意味着转换器没有地址池，也没有状态化映射表，但是这并不意味着没有 IPv4 地址到 IPv6 地址的绑定表。无状态 NAT64 的关键在于 IPv4 地址内嵌在 IPv6 地址中，由 DNS64 维护这些内嵌 IPv4 的 IPv6 地址（IPv4-embedded IPv6 address），再通过手工方式或 DHCPv6 分配给 IPv6 主机。

内嵌 IPv4 的 IPv6 地址格式定义在 RFC 6052 中。基于 IETF BEHAVE（Behavior Engineering for Hindrance Avoidance，避难行为工程）工作组的成果，无状态 NAT64 转换器能够识别这些地址格式，因而可以通过以下两种方式之一从 IPv6 地址中提取 IPv4 地址：

- IPv6 地址可以使用 RFC 6052 保留的周知前缀 64:ff9b::/96，转换器知道该 96 比特前缀之后的 32 比特就是内嵌式 IPv4 地址；
- 地址使用组织结构的内部保留前缀，用于已部署的转换器。必须将转换器配置为能够识别本地指派的前缀。

前缀长度			比特 64-71		
32	前缀	IPv4 (32)	空	后缀 (56)	
40	前缀	IPv4 (24)	空	IPv4 (8)	后缀 (48)
48	前缀	IPv4 (16)	空	IPv4 (16)	后缀 (40)
56	前缀	IPv4 (8)	空	IPv4 (24)	后缀 (32)
64	前缀		空	IPv4 (32)	后缀 (24)
96	前缀				IPv4 (32)

图 11-8 RFC 6052 定义的内嵌 IPv4 的 IPv6 地址格式

图 11-8 显示的内嵌 IPv4 的 IPv6 地址格式包含了以下组件信息。

- **IPv6 前缀：**长度可以是 32、40、48、56、64 或 96 比特，不能使用其他前缀长度。如果使用 RFC 6052 预留的周知前缀，那么前缀长度始终为 96 比特。
- **32 比特内嵌式 IPv4 地址：**始终紧跟在 IPv6 前缀之后。如果使用的是 32 比特前缀，那么从第 33 个比特开始是 IPv4 地址。如果使用的是 56 比特前缀，那么从第 57 个比特开始是 IPv4 地址，依次类推。
- **空八位组（有时也称为 U 字节）：**比特 64～71，始终设置为 0。保留该八位组的目的是与 RFC 4291 的 IPv6 编址结构中定义的主机八位组格式相兼容。请注意，这一点修改了前面所说的 64 比特前缀长度规则，对于该前缀来说，IPv4 地址并不紧跟在该前缀后面，而是先有一个空八位组，然后从第 72 个比特开始才是 IPv4 地址。此外，空八位组会分隔 40、48 和 56 比特前缀中的内嵌式 IPv4 地址；96 比特前缀没有空八位组。
- **后缀：**长度可变（取决于前缀长度），96 比特前缀没有后缀。必须将后缀全部设置为 0。

表 11-8 和表 11-9 给出了将 IPv4 地址 172.16.30.5 嵌入不同前缀长度的处理方式。请注意空八位组对 IPv4 嵌入到不同前缀长度时的影响情况，这里假设大家已经掌握了 IPv6 地址的表示规则，特别是前导 0 的压缩规则。另外需要注意的就是使用 96 比特前缀时（IPv4 地址就是最后 32 比特），可以将地址表示成点分十进制形式，而不是十六进制形式。

表 11-8 将 IPv4 地址 172.16.30.5 嵌入到组织机构指定的 IPv6 前缀中

前缀	IPv4 地址	内嵌 IPv4 的 IPv6 地址
2001:db8::/32	172.16.30.5 (0x ac10:1e05)	2001:db8:ac10:1e05::
2001:db8:aa00::/40	172.16.30.5 (0x ac10:1e05)	2001:db8:aaac:100e:5::
2001:db8:aabb::/48	172.16.30.5 (0x ac10:1e05)	2001:db8:aabb:ac10:1e:5::
2001:db8:aabb:1200::/56	172.16.30.5 (0x ac10:1e05)	2001:db8:aabb:1200:ac00:101e:5::
2001:db8:aabb:1234::/64	172.16.30.5 (0x ac10:1e05)	2001:db8:aabb:1234:ac:101e:5::
2001:db8:aabb:1234::/96	172.16.30.5	2001:db8:aabb:1234::172.16.30.5

表 11-9 将 IPv4 地址 172.16.30.5 嵌入到周知前缀中

前缀	IPv4 地址	内嵌 IPv4 的 IPv6 地址
64:ff9b::/96	172.16.30.5	64:ff9b::172.16.30.5

图 11-9 中的 v6 主机希望与 v4 主机进行通信。v6 主机已经配置了内嵌 IPv4 的 IPv6 地址（通过手工方式或 DHCPv6 方式），使用的是 96 比特前缀，内嵌的 IPv4 地址是 192.168.10.20。此外，NAT64 被配置为能够将前缀 2001:db8:14:e::/96 识别为内嵌了 IPv4 地址。

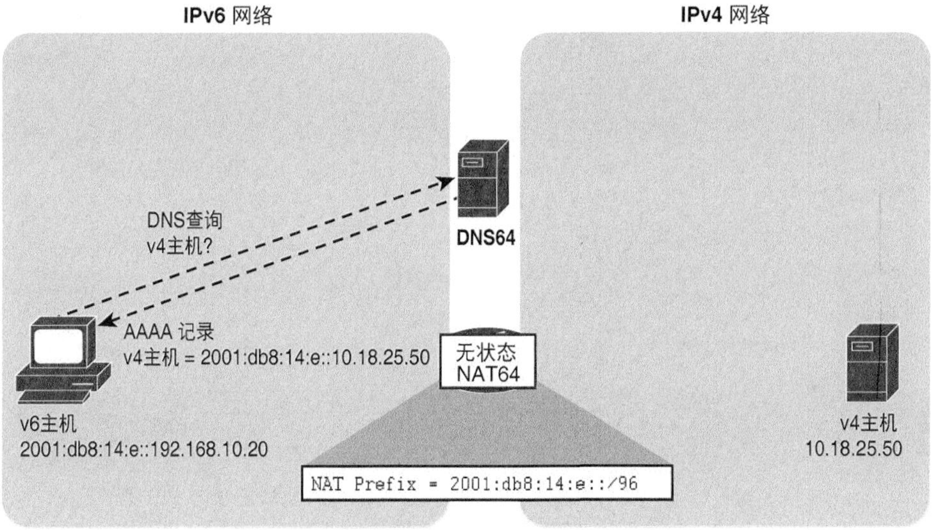

图 11-9 v6 主机向 DNS64 查询 v4 主机的地址，返回了一条包含内嵌 IPv4 地址的 IPv6 地址的 AAAA 记录

v6 主机向 DNS64 查询 v4 主机的地址，DNS64 服务器（知道 v4 主机的 IPv4 地址 10.18.25.50 和本地内嵌 IPv4 地址的地址前缀）返回 AAAA 记录 2001:db8:14:e::10:18:25:50。此时 v6 主机就知道了通过无状态 NAT64 向 v4 主机发送数据包的所有信息，NAT64 也拥有了无状态双向转换流量所需的所有信息（见图 11-10）。

如果 v4 主机希望向 v6 主机发起通信请求，那么也需要查询 DNS64 服务器（见图 11-11）。此时 DNS64 会返回一条携带 v6 主机内嵌式 IPv4 地址 192.168.10.20 的 A 记录。这样一来，所有设备都拥有了通信所需的所有信息（见图 11-10）。当然这里有一个假设前提，那就是整个示例域以及 NAT64 路由器都完成了正确的路由配置工作。

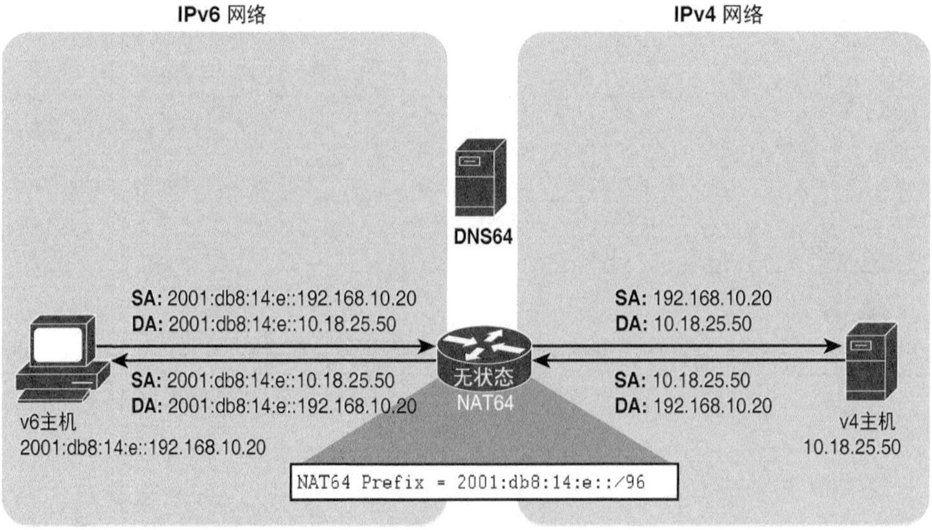

图 11-10 所有设备都拥有 v6 主机向 v4 主机发起通信请求以及 v4 主机返回响应的所有信息

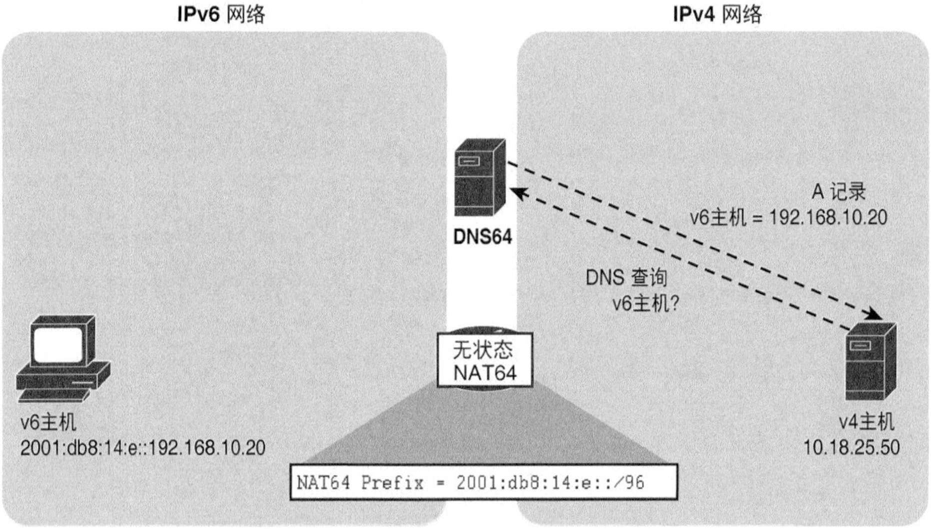

图 11-11 v4 主机向 DNS64 服务器查询 v6 主机的地址，返回了一条包含 v6 主机内嵌式 IPv4 地址的 A 记录

11.3.2 配置无状态 NAT64

注： 本书仅使用 IOS，写作本书时仅 IOS-XE 同时支持无状态和有状态 NAT64。虽然预计 IOS 最终也会同时支持这两种 NAT64，但书中的配置示例却受当前支持状态的限制。

配置无状态 NAT64 的步骤很简单，这些步骤假设已经启用了 IPv6 单播路由并在接口上配置了相应的 IPv4 和 IPv6 地址，同时还假设已经配置了 IPv4 和 IPv6 路由。

- **第 1 步：** 利用 **nat64 enable** 语句在面向 IPv6 和 IPv4 的接口（被转换流量将要流经的接口）上都启用 NAT64。

- **第 2 步**：利用 **nat64 prefix stateless** *ipv6-prefix/length* 语句定义用于内嵌 IPv4 地址的 IPv6 地址前缀。通过该语句指定的前缀既用来在转换器的 IPv6 侧标识内嵌 IPv4 的 IPv6 地址，也用来在转换器的 IPv4 侧嵌入到达数据包的 IPv4 地址，从而能够转发给 IPv6 目的端。
- **第 3 步**：利用 **nat64 route** *ipv4-prefix/mask interface-type interface-number* 语句指定将要转换为 IPv6 的 IPv4 地址前缀以及将转换后的数据包转发到指定的 IPv6 接口。
- **第 4 步**：利用 **ipv6 route** *ipv6-prefix/length interface-type interface-number* 语句指定将要转换为 IPv4 的 IPv6 地址前缀以及将转换后的数据包转发到指定的 IPv4 接口。

图 11-12 显示的示例网络与前面的 NAT-PT 示例网络相似，但此时的 Wagner 支持的是无状态 NAT64（而不是 NAT-PT），类似于运行了 IOS-XE 的 ASR。Verdi 和 Puccini 的 IPv4 和 IPv6 路由配置与前面的案例相同，因而主机 Violetta 和 Mimi 发送的流量能够到达转换器。但需要注意的是，目前的 Violetta 配置了一个内嵌 IPv4 的 IPv6 地址，Wagner 的无状态 NAT64 能够识别该地址。此外，图中没有显示 DNS64 的配置信息，这是因为 DNS64 属于 DNS 设备的配置内容，而不是 Cisco 设备的配置内容。

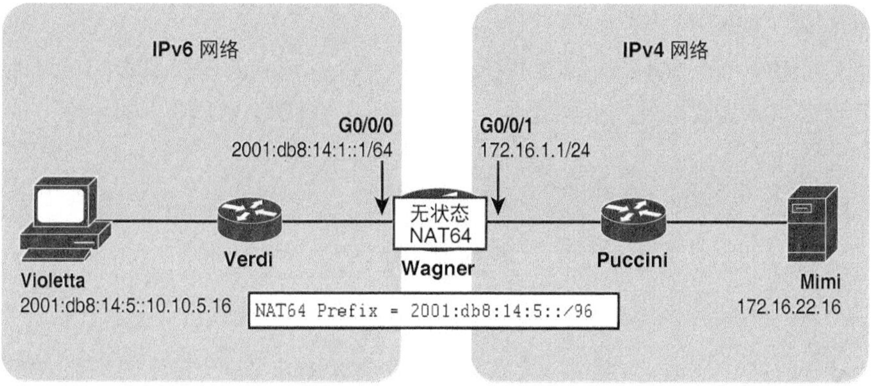

图 11-12 配置无状态 NAT64 的示例网络

例 11-20 给出了 Wagner 的配置信息。

例 11-20 Wagner 为 IPv6 域流向 IPv4 域的数据包执行动态转换

```
ipv6 unicast-routing
 !
 interface Loopback0
  ip address 172.16.255.1 255.255.255.255
 !
 interface GigabitEthernet0/0/0
  no ip address
  ipv6 address 2001:DB8:14:1::1/64
  nat64 enable
  ipv6 ospf 1 area 0
 !
 interface GigabitEthernet0/0/1
  ip address 172.16.1.1 255.255.255.0
  nat64 enable
 !
 router ospf 1
  log-adjacency-changes
  network 172.16.0.0 0.0.255.255 area 0
  default-information originate always
 !
```

（待续）

```
 ipv6 router ospf 1
  log-adjacency-changes
  default-information originate always
 !
nat64 prefix stateless 2001:DB8:14:5::/96
!
ipv6 route 2001:db8:14:5::/96 GigabitEthernet0/0/1
!
nat64 route 172.16.22.0/24 GigabitEthernet0/0/0
!
```

11.3.3 无状态 NAT64 的局限性

很明显，NAT64 比 NAT-PT 的配置和操作都简单得多，而且“无状态”特性对于扩展性来说也极具吸引力。无状态特性意味着不用关心异步流量问题，即流量可以从一台转换器离开，从另一台转换器回来。但无状态 NAT64 也有一些局限性，无法用于某些特定的 IPv4/IPv6 转换应用。

- IPv4 地址和 IPv6 需要进行 1:1 映射。也就是说，每台 IPv6 设备都必须有一个 IPv4 地址，用于内嵌 IPv4 地址的 IPv6 地址，因而没有节约 IPv4 地址。
- 由于要求使用内嵌 IPv4 地址的 IPv6 地址，因而对于很多网络的优秀 IPv6 编址方案来说是一个障碍。
- 虽然无状态 NAT64 具有端到端的地址透明性，但好的转换器不应该对端系统提出任何要求，而要求使用专用地址（通过手工方式或 DHCPv6 方式分配）的要求就与此相悖了。

11.4 有状态 NAT64

与无状态 NAT64 相似，有状态 NAT64 使用的也是 RFC 6145 定义的最新 IP/ICMP 转换算法，而不是早期 RFC 2765 定义且被 NAT-PT 使用的 SIIT。与无状态 NAT64 一样，有状态 NAT64 也使用独立的 DNS64，而不是集成式 DNS-ALG（见图 11-7）。

很明显，有状态 NAT64 与无状态 NAT64 的区别在于，有状态 NAT64 后向兼容 NAT-PT，因为它也维护了一张 IPv4-to-IPv6 地址映射表，而且支持将多个 IPv6 地址映射为单个 IPv4 地址，从而大大节约了 IPv4 地址。

11.4.1 有状态 NAT64 操作

有状态 NAT64 仅转换 TCP、UDP 和 ICMP 数据包。与其他 IPv4/IPv6 转换器一样，有状态 NAT64 也不支持 IP 多播。仅当会话请求是从 IPv6 侧发起的时候，才支持将 IPv6 地址映射为 IPv4 地址池中的 IPv4 地址（一对一映射或使用端口号的多对一映射）。如果会话请求是从 IPv4 侧发起的，那么就需要使用静态映射，除非地址映射表中已经存在相应的映射表项（映射表项是由先前 IPv6 发起的会话建立的，而且目前还未超时）。

与 NAT-PT 相似，需要将通过 IPv4 和 IPv6 前缀定义的 IPv4 和 IPv6 地址池分配给 NAT64。对于 IPv6 侧来说，既可以从管理角度指定非本地 IPv6 设备使用的其他前缀，也可以使用周知前缀 64:ff9b::/96。但 DNS64 必须知道该前缀，这样才能利用内嵌的 IPv4 地址创建 AAAA 记录。

对于 IPv4 侧来说，地址池既可以是多个 IPv4 地址，也可以是基于端口映射的单个 IPv4 地址。与 NAT44 相似，NAT64 也可以利用分配给 IPv4 接口的 IPv4 地址进行端口映射。

图 11-13 中的 v6 主机希望向 v4 主机发起通信请求。如前例所述，v6 主机会首先查询 DNS64 服务器，已经为 NAT64 转换分配了 IPv6 前缀 2001:db8:14:e::/96，而且在 DNS64 和 NAT64 上都做了相应的配置。DNS64 找到 v4 主机的 A 记录之后，由于查询消息来自 IPv6 侧，因而创建 AAAA 记录（利用指定的 NAT64 前缀并将 IPv4 地址嵌入到最后 32 比特），然后再将 AAAA 记录返回给 v6 主机。

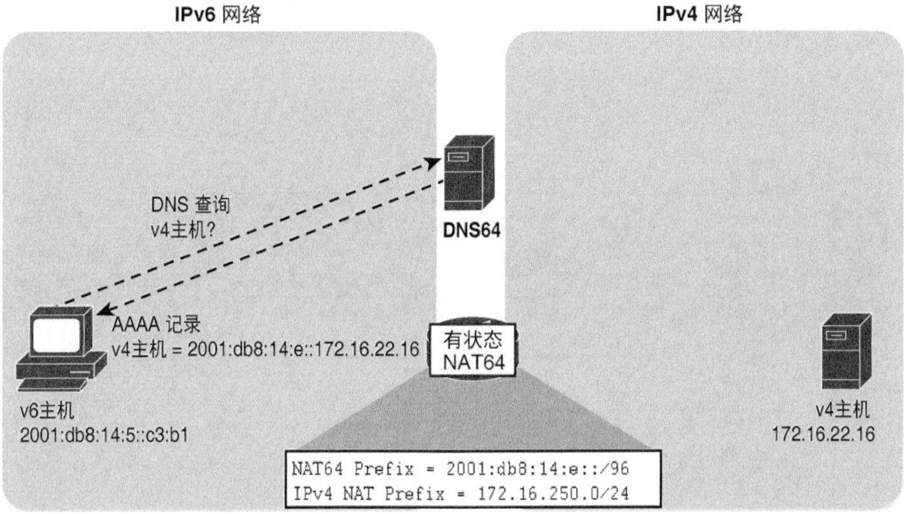

图 11-13 v6 主机向 DNS64 查询 v4 主机的地址，收到内嵌了 v4 主机 IPv4 地址的 AAAA 记录

然后 v6 主机就将 IPv6 数据包发送给 NAT64（见图 11-14）。NAT64 从目的地址中识别出指定前缀并提取出 IPv4 目的地址，然后从自己的 IPv4 地址池中选择 IPv4 地址并在映射表中创建一条映射表项，将 IPv6 源地址映射为 IPv4 地址。由于本例使用了端口转换机制，因而将 IPv6 地址 2001:db8:14:5::c3:b1 映射为 IPv4 地址 172.16.250.1 且端口号为 2015。

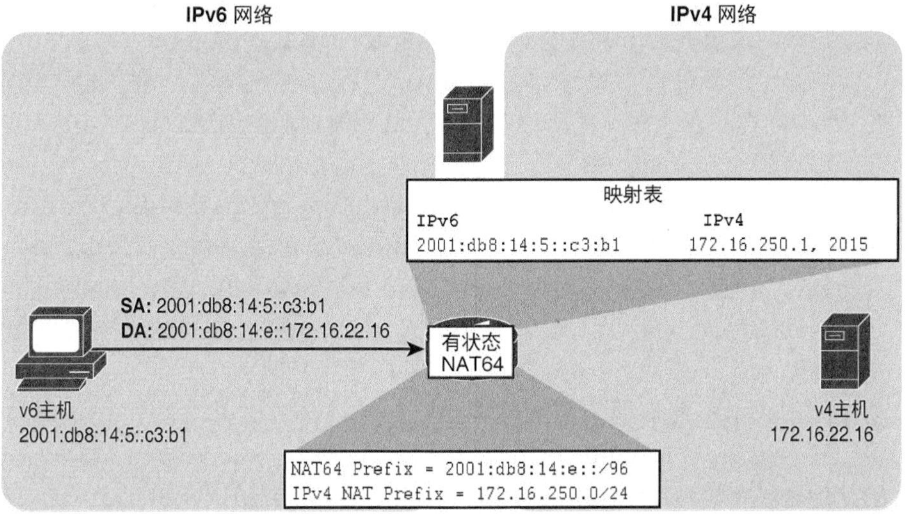

图 11-14 NAT64 收到 v6 主机发送的数据包之后，在自己的映射表中创建映射表项并将 IPv6 源地址映射为 IPv4 地址池中的某个 IPv4 地址和（如果配置了 MAPT）端口

接下来 NAT64 将 IPv6 报头转换成 IPv4 报头并将数据包转发给 v4 主机（见图 11-15）。等到 v4 主机发送响应包的时候，现有的映射表项允许 NAT64 执行 IPv4-to-IPv6 转换操作，并将响应包转发给 v6 主机。

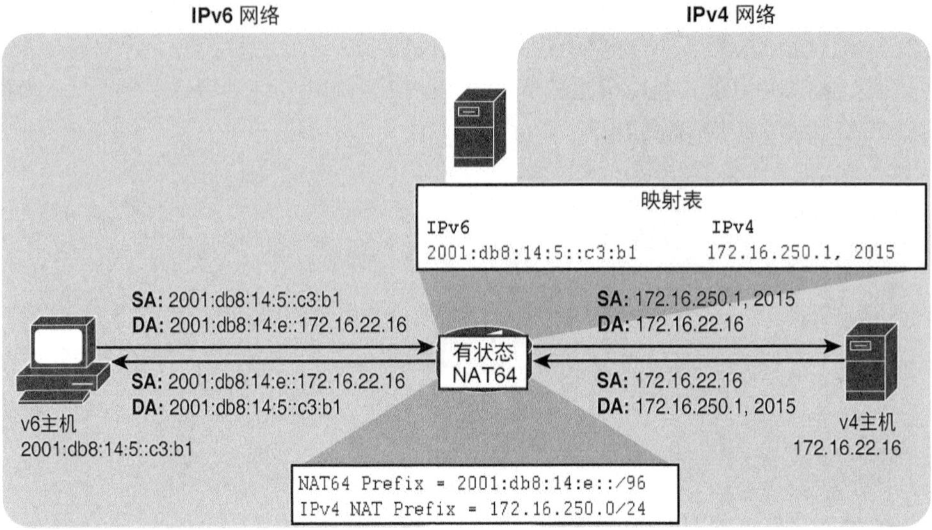

图 11-15 地址映射完成之后，NAT64 就可以在 IPv6 与 IPv4 之间完成双向转换操作

11.4.2 配置有状态 NAT64

有状态 NAT64 的配置方式与无状态 NAT64 相似，唯一的区别在于地址池的配置方式。

这些步骤假设已经启用了 IPv6 单播路由并在接口上配置了相应的 IPv4 和 IPv6 地址，同时还假定已经配置了 IPv4 和 IPv6 路由。

- **第 1 步**：利用 **nat64 enable** 语句在面向 IPv6 和 IPv4 的接口（被转换流量将要流经的接口）上都启用 NAT64。
- **第 2 步**：利用 **nat64 prefix stateful** *ipv6-prefix/length* 语句定义 IPv6 转换前缀，利用该语句指定的前缀和内嵌式 IPv4 地址创建 IPv6 地址。

最后一步取决于是否希望在 IPv4 地址与 IPv6 地址之间创建静态一对一地址映射，或者从 IPv4 地址池中创建动态一对一地址映射，或者是从地址池中创建映射到一个或多个 IPv4 地址的动态端口映射。

- **静态一对一地址映射**：使用 **nat64 v6v4 static** *ipv6-address ipv4-address* 语句。
- **动态一对一地址映射**：使用 **nat64 v4 pool** *pool-name start-ip-address end-ip-address* 语句创建地址池，然后再利用 **nat64 v6v4 list** *access-list-name* **pool** *pool-name* 语句启用映射机制，引用的访问列表允许在 **nat64 prefix stateful** 语句中创建的 IPv6 前缀。
- **动态端口映射**：与前面的配置过程相同，区别在于使用关键字 **overload** 来启用端口映射机制。使用 **nat64 v4 pool** *pool-name start-ip-address end-ip-address* 语句创建地址池，然后再利用 **nat64 v6v4 list** *access-list-name* **pool** *pool-name* **overload** 语句启用映射机制，引用的访问列表允许在 **nat64 prefix stateful** 语句中创建的 IPv6 前缀。

图 11-16 给出的示例拓扑结构与上例相同，Verdi 和 Puccini 的 IPv4 和 IPv6 路由配置与前面的案例相同，因而主机 Violetta 和 Mimi 发送的流量能够到达转换器。图中没有显示 DNS64 的配置信息，这是因为 DNS64 属于 DNS 设备的配置内容，而不是 Cisco 设备的配置内容。此外，与无状态 NAT64 配置不同的是，此处没有使用内嵌 IPv4 的 IPv6 地址。

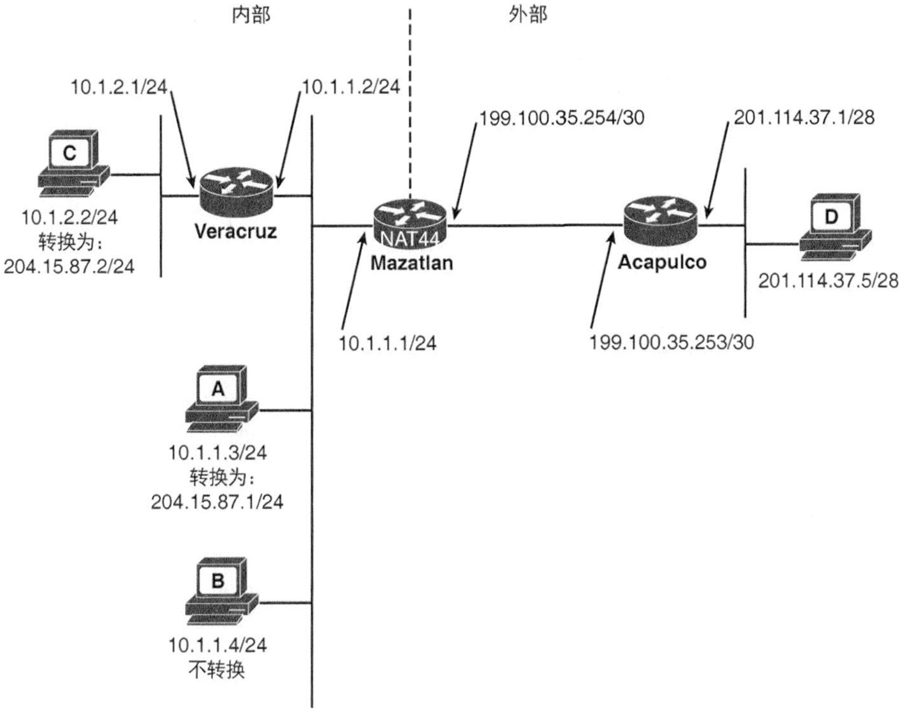

图 11-16 配置有状态 NAT64 的示例网络

例 11-21 给出了 Wagner 的配置信息，例中使用了动态端口映射机制。

例 11-21 Wagner 为 IPv6 域流向 IPv4 域的数据包执行动态端口转换

```
ipv6 unicast-routing
 !
 interface Loopback0
  ip address 172.16.255.1 255.255.255.255
 !
 interface GigabitEthernet0/0/0
  no ip address
  ipv6 address 2001:DB8:14:1::1/64
  nat64 enable
  ipv6 ospf 1 area 0
 !
 interface GigabitEthernet0/0/1
  ip address 172.16.1.1 255.255.255.0
  nat64 enable
 !
 router ospf 1
  log-adjacency-changes
  network 172.16.0.0 0.0.255.255 area 0
  default-information originate always
 !
 ipv6 router ospf 1
  log-adjacency-changes
  default-information originate always
```

（待续）

```
!
nat64 prefix stateful 2001:DB8:14:e::/96
!
ipv6 access-list nat64-example
  permit ipv6 2001:db8:14:e::/96 any
!
nat64 v4 pool examplepool 172.16.250.1 172.16.250.254
!
nat64 v6v4 list nat64-example pool examplepool overload
!
ipv6 route 2001:db8:14:5::/96 GigabitEthernet0/0/1
!
nat64 route 172.16.22.0/24 GigabitEthernet0/0/0
!
```

11.4.3 有状态 NAT64 的局限性

NAT64 仍然不是一个完美的解决方案，完美的解决方案就是没有转换器。现有的 NAT64 方案变数太多，需要解决的变数越多，解决方案也就越复杂。目前确定的 NAT64 局限性如下：

- 在没有静态地址映射表项的情况下，不允许 IPv4 设备向 IPv6 设备发起会话请求；
- 软件对 NAT64（包括有状态和无状态 NAT64）的支持程度有限（特指 Cisco）；
- 与其他所有转换器一样，也不支持 IP 多播；
- 没有独立的 ALG，很多应用都不支持。

11.5 展望

本章已经是《TCP/IP 路由技术》系列图书最后一卷的最后一章，此时还出现“展望”似乎有些奇怪，但对于广大读者来说，需要展望的事情还有很多。这两卷图书仅仅讨论了单播路由和多播路由的基本知识，包括自治系统内和自治系统间以及 IPv4 和 IPv6 的单播路由和多播路由。限于篇幅和时间限制，很多内容都没有包含在内，因而还有很多知识等待大家前去探究。

接下来应该学些什么呢？对于路由来说，最好接着学习 MPLS 和基于 MPLS 的多业务网络。大家可以在 Cisco Press 找到很多这方面的优秀书籍。此外，还应该学习网络虚拟化。网络虚拟化已经走出数据中心，进入服务提供商和 WAN 环境。这些都是网络专家所必须了解和掌握的内容。

我希望这两卷图书可以帮助大家提升自己的知识水平和职业通道，希望大家能够像我一样喜欢并享受书中的所有话题。

11.6 复习题

1. 什么是 SIIT？
2. 请举例说明哪些报头字段不能在 IPv4 与 IPv6 之间转换？
3. SIIT 如何处理 ICMPv6 中无对应消息的 ICMP 消息？
4. NAT44 与 NAT-PT 有何区别？
5. NAT-PT 与 NAT64（有状态或无状态）的主要区别是什么？

6. 如果节约 IPv4 地址是重点考虑因素，那么应该选择无状态 NAT64 还是有状态 NAT64？
7. 什么是内嵌 IPv4 的 IPv6 地址？

11.7　配置练习题

请根据图 11-17 来完成配置练习题。

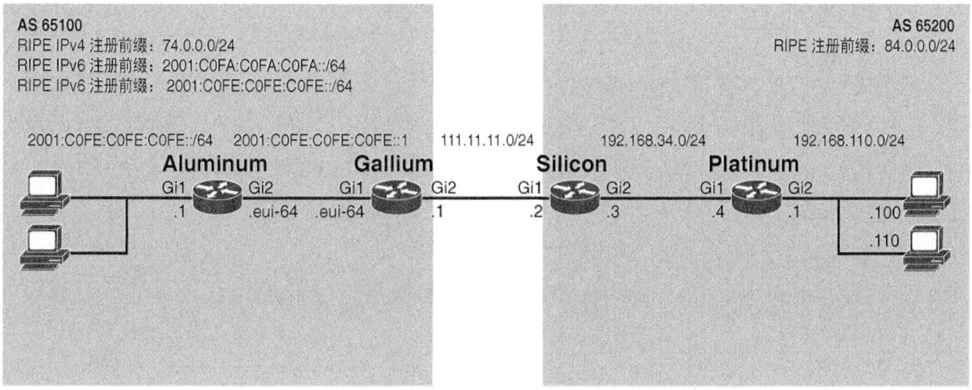

图 11-17　配置练习题将要用到的网络拓扑结构

表 11-10 列出了本章配置练习题将要用到的路由器、接口以及地址等信息。表中列出了所有路由器的接口信息。

表 11-10　配置练习题将要用到的接口和 IP 地址等信息

网络设备	接口	IP 地址
Aluminum	Gi1	2001:C0FE:C0FE:C0FE::1/64
	Gi2	2001:C0FA:C0FA:C0FA::/64 eui-64 2001:C0FA:C0FA:C0FA:5200:FF:FE01:1
	Loopback 0	74.0.0.1/24
Gallium	Gi1	2001:C0FA:C0FA:C0FA::/64 eui-64 2001:C0FA:C0FA:C0FA:5200:FF:FE02:0
	Gi2	111.11.11.1/24
Silicon	Gi1	111.11.11.2/24
	Gi2	192.168.34.3/24
Platinum	Gi1	192.168.34.4/24
	Gi2	192.168.110.1/24
	Loopback 0	84.0.0.1/24

配置练习题的要求

假设您所在的公司刚刚部署了一个全新的 IPv6 网络基础设施。作为网络工程师，需要为新的 IPv6 网络基础设施与“传统的”IPv4 Internet 之间提供通信能力。

由于您熟知 IPv6，因而希望为网络的地址转换设计方案使用最好的解决方案。

假设两个管理域（您的公司：BGP AS 65100，您的客户：BGP AS 65200）之间有一条直连的 IP 连接，客户同意由您主导该项目并管理两个网络。您的网络将 74.0.0.0/24 宣告给客户网络，并从客户收到前缀 84.0.0.0/24。

假设已经部署了单播路由，且：

- 每个管理域选择的 IGP 都是 OSPF（BGP AS 65100 是 OSPFv3）；
- 假设每台 BGP 路由器都将默认路由宣告给各自的 IGP 对等体；
- BGP AS 65100 运行在路由器 Aluminum 和 Gallium 上；
- BGP AS 65200 运行在路由器 Silicon 和 Platinum 上；
- 执行 NAT 操作的设备为：AS 65100 的 Aluminum 和 AS 65200 的 Silicon。

请根据如下需求配置网络：

对于 AS 65100 来说：

- 在 Aluminum 上创建环回接口并确保将其宣告到 OSPF 中；
- 将前缀 74.0.0.0/24 宣告到 BGP 中；
- 确保内部本地 IPv6 地址 2001:c0fe:c0fe:c0fe:ed72:bacc:b8fb:e06e 能够到达 84.0.0.0/24；
- 确保内部本地 IPv6 地址 2001:c0fe:c0fe:c0fe:653a:cf2b:b88d:f639 能够到达 84.0.0.0/24；
- 其他要求如下：
    - NAT 转换必须节约 IPv4 地址；
    - 由于不再为传统 IPv4 Internet 提供任何服务，因而连接请求应该由您的 IPv6 网络发起；
    - 您仍然拥有已注册的 IPv4 前缀 74.0.0.0/24，必须为 IPv4 网络地址转换使用单个 IPv4 地址来映射所有 IPv6 地址。

对于 AS 65100 来说：

- 在 Platinum 上创建环回接口并确保将其宣告到 OSPF 中；
- 将前缀 84.0.0.0/24 宣告到 BGP 中；
- 假设 BGP 配置已完成，而且与前一章练习题相同。

请验证所有 IP 流量都能转换为正确的 IP 地址，而且可以相互交换 IP 流量。

附录 A

复习题答案

第 1 章

1．什么是自治系统？

答案：自治系统就是一个管理域，所有网络都由单个管理机构进行管理。

2．IGP 与 EGP 的区别是什么？

答案：IGP 是在自治系统内部运行的路由协议，EGP 是在自治系统之间运行的路由协议。

3．内部对等体与外部对等体的区别是什么？

答案：内部对等体都在同一个 AS 中，外部对等体位于不同的 AS 中。

4．BGP 使用的传输协议以及端口号是什么？

答案：BGP 会话通过 TCP 进行传输，使用端口号 179。

5．BGP AS_PATH 路由属性的两个主要作用是什么？

答案：AS_PATH 列表的作用是检测路由环路并帮助 BGP 确定去往目的端的最少 AS 跳数。

6．BGP 利用 AS_PATH 检测路由环路的方式是什么？

答案：如果路由器收到的 BGP 路由后，如果发现自己的 AS 号在 AS_PATH 列表中，单么就丢弃该路由。

7．末梢 AS 与转接 AS 的区别是什么？

答案：进入末梢 AS 的所有数据包的目的地址都在该 AS 内部，离开末梢 AS 的所有数据包的源地址都源自该 AS 内部。进入转接 AS 的数据包中至少有一部分的目的地址在其他 AS 内部，离开转接 AS 的数据包中至少有一部分的源地址源自其他 AS 内部。

8．什么是 BGP 的路径属性？

答案：路径属性就是与路由相关联的某种特性或数值，可以帮助选择最佳路径并启用路由策略。

9．什么是递归路由查找？

答案：递归路由查找指的是路由器必须执行多次路由查找才能得到转发数据包所需的所有信息。例如，路由查找的结果可能会返回一个与路由器非直连的下一跳地址，此时就需要执行第二次查找以发现去往该下一跳地址的路由。

10．BGP 在自治系统间宣告路由时，何时向 AS_PATH 列表添加 AS 号？何时不向 AS_PATH 列表添加 AS 号？为什么？

答案：BGP 路由器仅在将路由宣告给 EBGP 对等体的时候，才将自己的 AS 号添加到 AS_PATH 列表中。如果将路由宣告给 IBGP 对等体，那么就不会将自己的 AS 号添加到 AS_PATH 列表中。这么做的原因是避免 AS_PATH 列表列出的 AS 跳数失真，而且根据 BGP 环路避免规则，如果 IBGP 对等体发现自己的 AS 号位于 AS_PATH 列表中，那么就会丢弃该路由。

11．采用全网状 IBGP 结构的目的是什么？为什么这种方式是最佳实践？

答案：全网状 IBGP 结构可以确保所有路由器都拥有转发穿透数据包的所有信息。由于可选方案（将 BGP 信息重分发到 IGP 中）的安全性和扩展性都有问题，因而全网状 IBGP 结构被视为最佳实践。

12．IBGP 避免路由环路的方式是什么？

答案：BGP 路由器不会将学自 IBGP 对等体的路由宣告给其他 IBGP 对等体（这也是部署全网状 IBGP 的原因之一）。

13．什么是多归属 AS？

答案：多归属 AS 拥有一条以上的外部链路。

14．请列举末梢 AS 采用多归属方式的原因。

答案：末梢 AS 可以利用多归属提供冗余机制、跨越地理范围很大的 AS 的本地连接性、提供商独立性、企业或外部策略以及负载共享机制等。

15．什么是 CIDR？创建 CIDR 的动因是什么？

答案：CIDR 改变了 IPv4 地址的分配规则，废除了传统 A 类、B 类和 C 类地址的边界，从而大大提高了前缀的按需分配和聚合效率。创建 CIDR 的目的是减缓 IPv4 地址（特别是 B 类地址）的耗尽速度以及 Internet 路由表规模的指数增长速度。

16．什么是 IP 地址前缀？

答案：IP 地址前缀就是表示网络部分（与主机部分相对应）的地址比特，前缀是路由器感兴趣的地址部分，也是路由器安装到路由表中的地址部分。

17．地址汇总对提高网络的稳定性有何作用？

答案：地址汇总可以"隐藏"汇总地址所属的明细地址的变化情况，从而能够提高网络的稳定性。也就是说，不会将前缀的变化情况宣告到上游聚合点之外。

18．实施地址汇总时的可能折中因素是什么？

答案：实施地址汇总时的主要折中在于丢失了明细路由信息，从而可能会出现次优转发决策。

19．CIDR 记法/17 是什么意思？

答案：一般来说，CIDR 记法是在斜线后跟上一个数字，表示地址前缀或者组成前缀的地址中的前导比特数，因而/17 表示 17 比特前缀。

20．什么是互联网注册机构？

答案：IR 是一个管理和分配 IP 地址以及 AS 号的组织机构。最初的 IANA 是唯一的 IR，1993 年之后在 IANA 的管理下成立了地区性 IR，为这些资源提供地区性管理服务。截至本书写作之时，一共有 5 个 RIR。本地互联网注册机构运行在 RIR 之下，通常都是服务提供商。

21．多归属和流量工程是如何降低 CIDR 有效性的？

答案：多归属和流量工程降低 CIDR 有效性的原因在于解聚合了 CIDR 地址块以及将地址块的明细前缀宣告给了 Internet 路由表，以试图控制入站流量的行为。

第 2 章

1．什么是不可信管理域？为什么不可信？

答案：不可信管理域就是由其他管理机构管理的路由域，通常指的是其他自治系统（但也不一定）。不可信的原因在于自己无法控制该域的安全性、策略或路由决策（有可能是错误决策）。

2．BGP 与 IGP 在对等会话方面的差异是什么？

答案：通常将 IGP 对等体会话视为“交换路由”，而必须分别考虑通过 BGP 对等体会话的入站和出站宣告。在大多数情况下，不允许像 IGP 会话那样通过 BGP 会话自由进行双向信息交换，需要独立控制入站和出站宣告，而且必须理解出站宣告会影响入站流量，而入站宣告则影响出站流量。

3．哪些 AS 号被保留用作私有用途？

答案：AS 号 64512～65534 被保留用作私有用途，与 RFC 1918 私有地址一样，这些 AS 号也不是全局唯一的 AS 号，不能出现在宣告给 Internet 的路由的 AS_APTH 列表中。

4．四种 BGP 消息类型分别是哪些？它们的使用方式是什么？

答案：四种 BGP 消息分别是 Open（打开）、Keepalive（保持激活）、Update（更新）和 Notification（通告）。Open 消息的作用是初始向邻居标识 BGP 发话路由器、宣告能力并启动对等会话，Keepalive 消息的作用是维护对等体连接，Update 消息的作用是宣告路由，Notification 消息的作用是宣告对等体差错。

5．如果两个 BGP 邻居在 Open 消息中宣告的保持时间不同，那么会怎么样？

答案：邻居将同意使用较小的保持时间值。

6．协商后的保持时间为 0 意味着什么？

答案：如果两个邻居协商好的保持时间为 0，那么这两个邻居之间就不发送 Keepalive 消息。

7．IOS 发送 BGP Keepalive 消息的默认周期是什么？

答案：IOS 默认的 BGP Keepalive 消息周期是 60 秒钟。

8．什么是 BGP 标识符？如何选择？

答案：BGP 标识符的作用是标识特定的 BGP 发话路由器，使用方式和选择方式均与 OSPF 的路由器 ID 相似：如果通过 **bgp router-id** 语句手工指定 BGP 标识符，那么就使用该标识符；如果未指定标识符，那么就使用环回接口地址数值最大的地址作为标识符；如果没有可用环回地址，那么就使用物理接口地址最大的地址作为标识符。

9．BGP 对等体在哪种或哪些状态下可以交换 Update 消息？

答案：BGP 对等体只能在 Established（建立）状态下交换 Update 消息。

10．什么是 NLRI？

答案：网络层可达性信息就是 IP 地址前缀或 BGP Update 消息中宣告的前缀。

11．什么是路径属性？

答案：路径属性就是 BGP 路由的特性。

12．什么是被撤销路由？

答案：被撤销路由就是 BGP Update 消息中标明不再可达的前缀，因而退出服务。

13．收到 BGP Notification 消息之后会怎么样？

答案： 收到 Notification 消息之后会话就会关闭。

14．Connect 状态与 Active 状态之间的区别是什么？

答案： 处于 Connect 状态下的 BGP 进程会等待去往邻居的 TCP 连接建立完成，处于 Active 状态下的 BGP 进程会主动尝试发起 TCP 连接。

15．什么情况下会迁移到 OpenConfirm 状态？如果 BGP 进程显示邻居处于 OpenConfirm 状态下，那么下一步是什么？

答案： 收到邻居发送的无差错 Open 消息且就能力达成一致之后，邻居就会从 OpenSent 状态（此时已经向邻居发送了 Open 消息）迁移到 OpenConfirmed 状态。对于处于 OpenConfirm 状态的邻居来说，如果从邻居收到了 Keepalive 消息，那就就迁移到 Established 状态，如果收到的是 Notification 消息或 TCP 连接断开消息，俺么就会迁移到 Idle 状态。

16．BGP 路径属性包括哪 4 类？

答案： BGP 定义了以下 4 类路径属性：

- 周知强制属性；
- 周知自选属性；
- 可选传递性属性；
- 可选非传递性属性。

17．周知强制属性的含义是什么？三种周期强制路径属性分别是什么？

答案： 周知强制属性表示每个 BGP 进程都必须认识该属性（周知），每条 BGP Update 消息都必须包含该属性（强制）。三种周期强制路径属性分别是 ORIGIN、AS_PATH 和 NEXT_HOP。

18．ORIGIN 属性的作用是什么？

答案： ORIGIN 属性的作用是指示 Update 消息中的 NLRI 来源（IGP、EGP 或 Incomplete），创建该属性的目的是帮助大家从 EGP 迁移到 BGP，对于当前的 BGP 网络来说作用有限。

19．AS_PATH 属性的作用是什么？

答案： AS_PATH 属性的作用是描述收到的 Update 消息在离开源端路由器之后穿越的 AS 号信息，利用该信息不但能够确定最短的 AS 间路径，而且还能检测路由环路。

20．路由器在何种情况下会将自己的 AS 号添加到 Update 消息的 AS_PATH 列表中？

答案： 路由器向外部对等体发送 Update 消息时会将自己的 AS 号添加到 AS_PATH 列表中。

21．什么是 AS 路径预附加？

答案： AS 路径预附加指的是向 AS_PATH 添加 AS 号时将该 AS 号作为第一个 AS 号，这是发送给外部对等体的 Update 消息的默认行为。AS 路径预附加也是一种策略行为，将本地 AS 的多个实例添加到 AS_PATH 列表中，以控制入站数据包的远程路由。

22．什么是 AS_SEQUENCE 和 AS_SET？两者有何区别？

答案： 两者都是 AS_PATH 属性的子集，AS_SEQUENCE 是一种有序的 AS 号列表，而 AS_SET 是一种无序的 AS 号列表。如果路由聚合隐藏了通常由 AS_SEQUENCE 携带的信息，那么就可以由 AS_SET 来避免环路。

23．NEXT_HOP 属性的作用是什么？

答案： NEXT_HOP 属性的作用是描述下一跳路由器（为了到达 BGP Update 消息中宣告为 NLRI 的目的端，需要将数据包转发给该路由器）的 IP 地址。

24．什么是递归路由查找？为何递归路由查找对于 BGP 非常重要？

答案： 路由器在查找去往目的地址的路由时会执行递归路由查找操作，然后还必须查找去往与目的路由相关联的下一跳地址的路由。递归路由查找是 BGP 的基础功能，因为直连邻居之间并非始终运行 IBGP 会话（以及多跳 EBGP 会话），而且递归路由查找对于查找从外部学到的路由的下一跳也非常重要，因为从外部邻居学到的路由的 NEXT_HOP 默认不会发生变化。

25．如果路由器收到的 BGP 路由的 NEXT_HOP 地址对于该路由器来说未知，那么会出现什么情况？

答案： 路由器会将该路由添加到自己的 BGP 表中，但不添加到路由器表中。

26．BGP RIB 包括哪三个部分？它们的功能分别是什么？

答案： BGP RIB 包括 Adj-RIBs-In（存储从对等体学到的路由更新中未应用入站策略的路由信息）、Loc-RIB（包含入站策略修改后被 BGP 决策进程选定的路由）和 Adj-RIBs-Out（包含由出站路由策略选择和修改的宣告给对等体的路由）。

27．BGP Update 消息中的 NLRI 都有什么共同之处？

答案： BGP Update 消息中的所有路径属性都适用于 Update 消息中列出的 NLRI，如果某个 NLRI 关联了不同的属性集，那么就必须通过单独的 Update 消息进行宣告。

28．BGP 在宣告 IPv6 前缀时需要在 IPv6 地址之间建立 TCP 连接吗？

答案： TCP 端点地址与通过 BGP 会话宣告的前缀的地址簇之间没有任何关系，TCP 端点地址可以是 IPv4 或 IPv6，通过运行在 TCP 连接上面的 BGP 会话宣告的前缀类型只与 BGP 宣告的地址簇有关。

29．发送给外部对等体的 BGP 消息包的 IOS 默认 TTL 值是多少？

答案： IOS 为发送给外部对等体的 EBGP 包设置的默认 TTL 值为 1。

第 3 章

1．什么是 BGP NLRI？

答案： 网络层可达性信息就是 BGP 路由的目的端。顾名思义，NLRI 始终是网络层地址，对于本章来说，NLRI 指的就是 IP 前缀。

2．如何将前缀添加到 BGP 中向外宣告？将前缀添加到 BGP 中的方式与添加到 IGP 中有何区别？

答案： 将前缀注入到 BGP 中的方式有两种，一种是通过 **network** 命令指定单个前缀，另一种方式是从直连接口或静态路由将其他协议的路由重分发到 BGP 中，前缀不会自动注入到 BGP 中。与 IGP 的区别在于 IGP 只是将运行了 IGP 的接口的子网地址添加到路由表中（虽然 IGP 也可以使用重分发机制）。

3．BGP 的 **network** 语句与 IGP 的 **network** 语句在功能上有何区别？

答案： BGP 的 **network** 语句指定的是从路由表注入到 BGP 中的前缀，IGP 的 **network** 语句指定的则是应该运行 IGP 的一个或多个本地接口的地址。

4．什么是BGP表？BGP表与路由表有何区别？如何查看BGP表？

答案： BGP表就是BGP宣告和收到的前缀（NLRI）的数据库，BGP表中的前缀可能进入路由表，也可能不进入路由表（取决于默认策略或已配置的策略）。路由决策基于路由表，而不是BGP表中的表项。可以通过**show ip bgp**命令来观察BGP表，在**show ip bgp**命令中指定单个前缀还可以显示BGP表中有关该前缀的所有信息，如关联的路径属性等。

5．什么时候需要在**network**语句中使用**mask**选项？

答案： 只要**network**语句中指定的前缀类型不是A类、B类或C类前缀，就必须使用**mask**选项，由**mask**选项指定前缀长度。

6．将前缀注入BGP中时，为何更倾向于使用**network**语句，而不是重分发？

答案： **network**语句能够更精确地控制注入BGP的前缀，而重分发机制会将IGP知道的所有路由都注入到BGP中（除非使用过滤器）。

7．什么是RIB？

答案： RIB就是路由表的"正式"名称。

8．通过**network**语句注入BGP的路由的ORIGIN属性与通过重分发注入BGP的路由的ORIGIN属性之间有何区别？

答案： 通过**network**语句注入BGP的路由的ORIGIN属性代码是IGP，而通过重分发注入BGP的路由的ORIGIN属性代码是Incomplete。

9．BGP向外部对等体宣告路由以及向内部对等体宣告路由时，NEXT_HOP路径属性的默认规则是什么？

答案： 在默认情况下，BGP向外部对等体宣告路由时，会将路由的NEXT_HOP属性设置为面向对等体的出站接口的IP地址；BGP向内部对等体宣告路由时，不更改NEXT_HOP属性。

10．BGP NEXT_HOP路径属性的默认规则为何会在单个AS内产生问题？如何解决这个问题？

答案： BGP发话路由器将学自外部对等体的路由宣告给内部对等体的时候，如果内部对等体不知道如何到达NEXT_HOP地址，那么就会宣称该路由不可达。解决这个问题的方法是让NEXT_HOP地址可达（使用静态路由、**redistribute connected**语句或者在外部接口上运行被动模式IGP）或者利用语句**neighbor next-hop-self**更改默认的NEXT_HOP规则。

11．**neighbor next-hop-self**语句的使用方式是什么？

答案： **neighbor next-hop-self**语句负责将宣告给指定邻居的NEXT_HOP属性设置为本地环回接口的地址，以确保内部邻居知道如何到达该路由的歇下一跳（假设由IGP宣告环回地址）。

12．IGP/BGP同步的规则是什么？为何现代BGP网络很少使用IGP/BGP同步？

答案： IGP/BGP的同步规则要求在将学自内部BGP对等体的路由宣告给EBGP对等体之前，IGP必须知道该路由。该规则假设IGP必须知道数据包穿越AS的路由，由于现代BGP网络采用的是全网状IBGP结构，因而不需要IGP知道外部路由。

13．为何将BGP重分发到IGP中是一种糟糕的做法？

答案： 连接Internet的BGP通常都会携带成千上万条路由，虽然BGP被设计用于处理大容量路由，但IGP并非如此，将上千条路由重分发到IGP中会出现性能和转换问题，大规模的互联网路由会导致网络侧系统失效，特别是链路状态 IGP。此外，将 BGP 重分发到 IGP 中可以将非信任域直接连接到信任域。

14．通过多归属末梢 AS 宣告 AS 外部路由的优选方式是什么？原因是什么？

答案：通过 IBGP 宣告路由（不分发到 IGP 中）是让路由进入需要路由细节信息的多归属末梢 AS 的优选方式，如选择最靠近外部目的端的出口点。与 IGP 路由保持独立的目的是保护 IGP 性能和安全性，不但可以控制前缀在 AS 内部的宣告方式，而且还能更好地通过 BGP 策略工具控制路由。

15．什么是路由聚合？

答案：路由聚合就是宣告单条短前缀来表示多条长前缀。路由器可以为数据包的目的地址找到与聚合前缀最匹配的前缀，并将数据包转发给生成聚合地址的路由器，在该路由器上匹配更长、更精确的前缀，并将数据包转发给目的端。

16．路由聚合的主要优缺点是什么？

答案：路由聚合的主要好处是减少网络资源的消耗（承载 Update 的带宽消耗以及 CPU 和路由器内存资源）并提高网络的稳定性。路由聚合的缺点是隐藏了部分路由信息，有可能导致次优路由选择，而且也增大了路由环路和黑洞流量的概率。

17．聚合路由的发起端为何要将聚合路由的下一跳指向其 Null0 接口？

答案：如果聚合前缀是数据包目的地址的最长匹配项，那么就会将该数据包转发给聚合路由的发起端。如果发起端路由器没有转发该数据包的更明细路由，那么就会将数据包“发送”到 Null0 接口以丢弃该数据包。

18．使用静态聚合路由以及利用 **aggregate-address** 语句将聚合路由注入 BGP 的优点是什么？

答案：静态聚合路由很简单，而且可以利用 **network** 语句精确注入到 BGP 中。**aggregate-address** 语句对于复杂拓扑结构或者需要复杂聚合行为的场景来说非常有用。

19．**aggregate-address** 语句的 **summary-only** 选项的作用是什么？

答案：summary-only 选项的作用是抑制属于聚合路由的所有明细路由，从而仅宣告聚合路由。如果没有该选项，那么就会同时宣告聚合路由和明细路由。

20．什么是 ATOMIC_AGGREGATE BGP 路径属性？

答案：ATOMIC_AGGREGATE 属性的作用是标识该路由为聚合路由。

21．什么是 AGGRGATOR BGP 路径属性？

答案：AGGRGATOR 属性的作用是标识创建聚合路由的路由器的 RID 和 AS 号。AGGRGATOR 属性与 ATOMIC_AGGREGATE 属性结合在一起，不但可以标识聚合路由，而且还能在故障检测与排除过程中跟踪聚合路由的源端。

22．AS_SEQUENCE 与 AS_SET 的区别是什么？

答案：AS_SEQUENCE 是 AS_PATH 属性中的有序 AS 号列表，该序列是从路由观测点回溯到路由源端的 AS 间路径的逐步描述。AS_SET 是由聚合路由表示的去往目的端所有路径上的 AS 号的无序列表，如果聚合路由表示可以通过多条路径到达目的端时，AS_SET 对于 BGP 环路避免机制来说非常有用。

23．**aggregate-address** 语句的 **advertise-map** 选项的作用是什么？

答案：聚合路由默认继承成员路由的路径属性，但有时并不希望如此，因为有些路由可能拥有不希望添加到聚合路由中的属性。**advertise-map** 选项可以指定成员路由是否将属性添加到聚合路由中。

第 4 章

1．BGP RIB 包括哪三个部分，有何区别？

答案：

- Adj-RIBs-In：存储了从对等体学到的路由更新中未经处理的路由信息，Adj-RIBs-In 中的路由被认为是可行路由。
- Loc-RIB：包含了 BGP 发话路由器对 Adj-RIBs-In 中的路由应用本地路由策略之后选定的路由。
- Adj-RIBs-Out：包含了 BGP 发话路由器在 BGP Update 消息中宣告给对等体的路由。出站路由策略决定将哪些路由放到 Adj-RIBs-Out 中。

2．如果 BGP 表将特定表项标记为 RIB-failure，那么有何含义？

答案：RIB-failure 表示该路由有效，但没有安装到单播路由表中。常见原因是其他路由协议的路由优于该 BGP 路由而被选择为去往目的端的路由。

3．BGP 决策进程的作用是什么？

答案：BGP 决策进程的作用是比较两条或多条去往相同目的端的路由的特性，从而确定其中的“最佳”路由。

4．将路由策略应用于邻居配置时，关键字 **in** 和 **out** 的区别是什么？

答案：关键字 **in** 的作用是将策略应用于从邻居收到的路由（入站），关键字 **out** 的作用是将策略应用于宣告给邻居的路由（出站）。

5．什么是 InQ 和 OutQ？

答案：IOS 中的 InQ 和 OutQ 都用做 Adj-RIBs-In 和 Adj-RIBs-Out 的临时队列，IOS 为每个 BGP 邻居都创建一个 InQ 和 OutQ。

6．请列出 IOS BGP 的稳态进程和暂态进程，并分别加以描述？

答案：

I/O 进程与路由器的 TCP 套接字进行连接，控制 BGP 消息进出 InQ 和 OutQ。

Router 进程负责处理 BGP 消息（包括 BGP 决策进程）、应用策略并在 BGP 表中创建表项，负责在 InQ、OutQ 与路由表之间进行互操作。

Scanner 进程负责监控路由器上可能影响 BGP 的非 BGP 功能并进行交互。

Event 进程根据 **network** 或 **redistribution** 语句添加或删除 BGP 表中的前缀。

Open 进程是这里列出的唯一一个暂态进程，负责管理与邻居之间打开的 BGP 会话，仅在打开尝试阶段运行。

7．如果在例 4-17 的路由器上运行 **show processes cpu | include BGP** 命令，是否有进程为 BGP Open 进程？如果有，那么有多少个 Open 进程？原因是什么？

答案：如果在例 4-17 的路由器上运行 **show processes cpu | include BGP** 命令，那么将会运行 6 个 BGP Open 进程实例，因为有 6 个邻居处于 Active 状态。每个邻居都有一个独立的 Open 进程，路由器利用该进程试图打开 BGP 会话：

```
route-views.oregon-ix.net>sh proc cpu | include BGP
 149   204638952   4582172      44660  0.00%  6.25%  5.51%  0 BGP Scheduler
```

```
 163      2105380  38103772          55  0.08%   0.06%   0.07%   0 BGP I/O
 185    176824084   1126241      157008 43.10%   7.26%   4.90%   0 BGP Scanner
 187     31644560  40453977         782  0.80%   1.07%   0.89%   0 BGP Router
 249          516     60824           8  0.00%   0.00%   0.00%   0 BGP Open
 251        20340       105      193714  0.00%   0.00%   0.00%   0 BGP Event
 264         3284    300850          10  0.00%   0.00%   0.00%   0 BGP Open
 265        10420    359468          28  0.00%   0.00%   0.00%   0 BGP Open
 266         3208    300734          10  0.00%   0.00%   0.00%   0 BGP Open
 275         3272    300650          10  0.00%   0.00%   0.00%   0 BGP Open
 285         3368    300780          11  0.00%   0.00%   0.00%   0 BGP Open
route-views.oregon-ix.net>
```

8．什么是表版本？

答案：表版本是一个 32 比特数字，IOS 利用该数字跟踪不同进程和数据库中的前缀，表版本的分配对象如下：

- 每个邻居；
- 每条前缀；
- BGP RIB；
- BGP 进程。

9．参考图 4-5，且假设表版本如例 4-30 所示。如果在 Loveland 上运行命令 **clear ip bgp 10.4.1.1**，那么表版本会出现什么变化？如果接着在 Buttermilk 上运行 **clear ip bgp 10.2.1.2** 命令，那么表版本会出现什么变化？原因是什么？如果继续在 Arapahoe 上运行 **clear ip bgp 10.3.1.2** 命令，那么表版本会出现什么变化？原因是什么？

答案：如果运行了 **clear ip bgp** 命令，那么就会关闭并重新建立与指定邻居之间的会话。对于 Loveland 来说，重建了会话之后，Eldora 会向 Loveland 发送一条新 Update 消息。但是由于 Eldora 的前缀未发生任何变化，因而该路由器的表版本不会出现任何变化。

关闭了来自 Buttermilk 的会话之后，该路由器宣告的两条前缀就会被撤销。撤销了 10.20.1.0/24 之后，必须在 RIB 中记录该信息并宣告给邻居，因而 BGP、RIB 以及邻居的表版本都递增到 7。但 Arapahoe 仍然宣告了 10.1.1.0/24 并优选经由 Arapahoe 的路由（见例 4-30），因而前缀仍然已知且最佳路径也不会发生变化。因此，该前缀的表版本号也不会发生变化。重新建立会话之后，Buttermilk 会宣告 10.20.1.0/24 和 10.1.1.0/24。收到 10.20.1.0/24 之后，Eldora 会将表版本递增到 8。但收到 10.1.1.0/24 之后，并不会更改表版本，这是因为已经知道了该前缀，而且新路由不会更改最佳路由。

关闭了来自 Arapahoe 的会话之后，该路由器宣告的两条前缀就会被撤销。撤销了 10.30.1.0/24 之后会导致表版本的递增。撤销了 10.1.1.0/24 之后会导致 Eldora 选择经由 Buttermilk 的路径，因而表版本号递增两次，达到 10（假设会话重置之前的表版本为 8）。重新建立会话之后，会再次宣告这两条前缀。收到 10.30.1.0/24 之后会导致表版本递增。收到 10.1.1.0/24 之后，会导致最佳路由重新优选为经由 Arapahoe 的路由，从而导致表版本递增。因此，重建会话且 Eldora 宣告了前缀之后，表版本递增到 12。

10．分析例 4-17 中的 BGP、RIB 以及邻居表版本信息，请根据显示结果解释 BGP 与邻居表版本之间的差异原因。为了更好地理解这些问题，请通过 Telnet 方式登录以下运行了 IOS 的公共路由服务器并运行几次 **show ip bgp summary** 命令：

- Oregon IX (route-views.orego-ix.net)
- Time Warner Telecom (route-server.twtelecom.net)

- AT&T (route-server.ip.att.net)
- Tiscali (route-server.ip.tiscali.net)
- SingTel/Optus (route-views.optus.net.au)

答案： 请注意，邻居表版本与 BGP 和 RIB 表版本差异最大也是最常见的路由器就是拥有大量对等体的路由器。而且还注意到如果邻居表版本与 BGP 表版本不同，那么邻居表版本号总是较大。最后，如果邻居的表版本都不相同，那么表版本号几乎总是在邻居列表中自上而下递增。

出现表版本号差异问题的原因不是 BGP 进程，而是 **show** 命令的优先级较低。如果 BGP 在向对等体发送大量 Update 消息的时候快速增加表版本，那么在 **show ip bgp summary** 命令发现并返回邻居表版本的时候，表版本号可能已经递增了很多次。这就是邻居表版本号通常较大的原因（如果邻居表版本与 BGP 表版本不同），也是邻居列表建立过程中表版本号不断递增的原因（如果邻居的表版本都不相同）。路由器拥有的对等体数量越多，需要宣告给对等体的前缀就越多，观察到这种现象的概率也就越大。

11．在 **clear ip bgp** 命令中使用关键字 **soft** 的好处是什么？

答案： 软重配会将策略重新应用于入站路由器或者在不重启（重启会导致中断）BGP 会话的情况下重传路由（取决于关键字 **in** 或 **out**）。

12．**neighbor soft-reconfiguration inbound** 语句的作用是什么？

答案： **neighbor soft-reconfiguration inbound** 语句用在较早的 BGP 实现中，目的是让路由器在应用入站策略之前保存指定路由器的入站路由拷贝。此后，只要 **clear ip bgp soft in** 命令用于新的或更改的入站策略，就可以引用这些存储的路由。

13．什么是路由刷新？

答案： 路由刷新是新 BGP 实现支持的功能之一，可以在运行 **clear ip bgp soft in** 命令的时候向邻居发送消息（BGP 路由刷新消息），让路由器重新发送路由。这样就不需要使用 **neighbor soft-reconfiguration inbound** 语句，也不需要消耗内存在本地存储邻居的路由。路由刷新能力是在 BGP 会话打开过程中协商的，邻居的路由刷新能力记录在邻居表中。

14．哪两种工具可以被用作基于 NLRI 的路由过滤器？通常优选哪种工具？

答案： 分发列表和前缀列表可用于基于 NLRI 的路由过滤器。通常优选（也更时髦）前缀列表，因为前缀列表更灵活，操作更简单，而且对路由器的性能影响更少。分发列表需要使用扩展 ACL（即使是最简单的过滤操作），而扩展 ACL 用于 NLRI 的时候很难理解。

15．什么情况下需要利用 AS_PATH 而不是 NLRI 来过滤路由？

答案： 如果希望过滤指定 AS 发起或宣告的所有路由或者属于特定路径的所有路由，那么就可以使用 AS_PATH 过滤器。虽然 NLRI 的路由过滤更加精准，但 AS_PATH 过滤器可以在不指定各个前缀的情况下过滤更多的路由。

16．何时使用路由映射而不是路由过滤器？

答案： 使用路由映射的目的是部署复杂的路由策略（而不是简单地允许或拒绝指定路由），包括：

- 匹配多个路由属性；
- 更改一个或多个路由属性，而不是简单地允许或拒绝指定路由；
- 创建多个路由匹配条件和 set 操作；

- 创建可能会更改的策略配置。

17．何时在路由策略中使用管理权重？

答案： 如果希望影响单台路由器的路由优先级，但是不希望与其他路由器沟通该优先级，那么就可以使用管理权重。

18．什么是默认管理权重值？如何评估管理权重？

答案： 本地发起的路由的默认管理权重是 32768，邻居发起的路由的默认管理权重是 0。管理权重在 BGP 决策进程中的优先级最高，权重越大表示优先级越高。

19．何时在路由策略中使用 LOCAL_PREF？

答案： 如果希望在本地 AS 内部影响路由的优先级，那么就可以使用 LOCAL_PREF，LOCAL_PREF 属性不会穿越 AS 边界（即不会通过 EBGP 会话进行传播）。

20．什么是默认的 LOCAL_PREF 值？如何评估 LOCAL_PREF？

答案： LOCAL_PREF 默认值是 100。除了管理权重之外，LOCAL_PREF 是 BGP 决策进程中优先级最高的属性，LOCAL_PREF 值越大表示优先级越高。

21．何时在路由策略中使用 MED？

答案： MED 值用于向邻居 AS 表示通过指定路径发送入站数据包的优先级。也就是说，MED 用于影响邻居 AS 的 BGP 决策进程，因而影响的是入站流量。

22．如何评估 MED？

答案： MED 是一个 4 字节数字，在 AS_PATH 长度和 ORIGIN 代码之后评估 MED 值。MED 值最小的路由最优。MED 在 BGP 决策进程中处于比较靠后的位置，是一个相对较弱的属性。

23．**bgp bestpath med missing-as-worst** 语句的作用是什么？何时使用该语句？

答案： **bgp bestpath med missing-as-worst** 语句的作用是更改默认的 IOS MED 行为，通常默认将最小的 MED 值（0）添加到从 EBGP 邻居学到并转发给 IBGP 邻居的路由，而不是最大的 MED 值（4294967295）。如果希望 IOS 适应其他厂商 BGP 实现的默认行为，那么就可以使用该语句，添加最大的 MED 值，而不是最小的 MED 值。

24．**set metric-type internal** 语句与 **set metric** 语句之间有何区别？

答案： **set metric** 语句的作用将路由的 MED 值设置为期望值（0～4294967295），**set metric-type internal** 语句则自动将路由的 MED 值设置为该路由的内部下一跳，如果希望邻居 AS 将数据包路由到最靠近内部目的端的本地边缘路由器，那么就使用该语句。

25．**bgp always-compare-med** 语句的作用是什么？

答案： **bgp always-compare-med** 语句的作用是比较去往相同目的端的路由的 MED 值，即使这些路由是从不同 AS 宣告来的。通常仅比较来自相同 AS 的路由的 MED 值，如果多个邻居 AS 都经受相同的管理控制，或者通过其他方式对它们的 MED 管理进行协调时，该语句就非常有用。

26．**bgp deterministic-med** 语句的作用是什么？

答案： **bgp deterministic-med** 语句的作用是将去往相同目的端的路由按 ASN 进行组合，首先比较来自相同 AS 的路由（包括 MED）并选出最佳路由，然后再比较各个 AS 选出的最佳路由（不比较 MED），从而选出最终的最佳路由。这样做的好处是防止因路由接收顺序问题而导致的路由选择出现不一致现象。

27．AS_PATH 预附加特性的作用是什么？

答案： AS_PATH 预附加特性是将自身 ASN 的一个或多个实例添加到将要宣告给外部邻

居的路由的 AS_PATH 的最前面（除了自动添加的一个 ASN 之外）。预附加的目的是故意增加 AS_PATH 的长度，使得其他自治系统中的 BGP 决策进程不优选该路由。与 MED 仅限于邻居 AS 不同，AS_PATH 预附加特性可以影响很远的自治系统的路由选择结果。

28．什么是 **continue** 子句？

答案：continue 子句可以在成功匹配之后，非线性的直接从一个路由映射序列“跳转”到另一个路由映射序列，类似于编程语言中的 go-to 语句。

29．什么是策略列表？

答案：策略列表是两个或多个 **match** 子句的集合，路由映射可以在需要 **match** 子句集的时候引用策略列表，而不用在路由映射中重复配置相同的 **match** 子句（如果在路由映射中重复使用这种匹配模式）。这样就能更容易地更改 **match** 子句，而且在使用组合 **match** 子句的时候也能更容易地识别路由映射中的 **match** 子句位置。

第 5 章

1．可扩展性在网络互连环境下指的是什么意思？

答案：可扩展性表示协议、设备或软件在网络规模增长的情况下不进行重大修改即可执行网络功能的能力。

2．BGP 的三种扩展方式是什么？

答案：（a）扩展单台路由器的 BGP 配置以实现更高效的管理；（b）扩展单台路由器的 BGP 进程以提高性能；（c）扩展 BGP 网络以实现更有效的管理和性能。

3．什么是对等体组？

答案：对等体组是一种早期的 IOS 配置技术，可以将共享相同策略的 BGP 邻居进行组合，以共享相似的配置参数。

4．如果对等体组被配置为使用更新源 Loopback0，而隶属该对等体组的邻居被配置为使用更新源 Loopback3，那么该邻居将使用什么更新源？

答案：如果对等体与给定邻居的配置参数出现了冲突，那么将优先使用邻居的配置，因而对于本题来说，邻居将使用 Loopback3 作为更新源。

5．什么是动态更新对等体组？动态更新对等体组是如何改变传统对等体组使用方式的？

答案：动态更新对等体组可以自动组合共享相同出站策略的邻居，可以在构造 BGP Update 消息时减少对 BGP 表的扫描次数，这是创建对等体组的原始动机，因而利用动态更新对等体组可以控制大型 BGP 配置的大小。

6．什么是对等体模板？对等体模板包括哪两种类型？

答案：对等体模板是组合共享相同配置参数的邻居的更现代方式。对等体模板包含两种类型，一类是策略模板，适用于共享相同策略的邻居；另一类是会话模板，适用于共享相同会话参数的邻居。

7．可以将对等体模板和对等体组应用到同一个邻居上吗？

答案：对等体模板和对等体组是互斥的，不能既将邻居配置为属于某个对等体组，又为其应用对等体模板。

8．对等体模板中的继承机制指的是什么？

答案：继承机制是会话模板继承其他会话模板参数或策略模板继承其他策略模板参数的

能力。继承的好处是可以扩展对等体模板。对于策略模板来说，可以利用继承机制创建树状策略结构。

9．什么是BGP团体属性？

答案：团体是一种可以附加到BGP路由上的BGP属性（一种或多种团体属性），允许将策略用于属于相同团体属性的一组路由，而不必识别所有单独的路由来应用共享策略。

10．如何在IOS配置中表示团体属性？

答案：可以用十进制数值、十六进制数值或AA:NN（其中，AA是AS号，NN则是一个16比特数值，在AS内部拥有某些指定含义）来表示团体属性。

11．什么是周知团体属性？

答案：周知团体属性是保留的团体属性值，通常用来设置很好理解的策略操作，可以用名称（而不是数字）来表达。IOS中的常见周知团体属性有INTERNET、NO_EXPORT、NO_ADVERTISE以及LOCAL_AS。

12．向识别出来的路由增加团体属性后的默认操作是什么？可以改变这种默认操作吗？

答案：设置团体属性时的默认操作是删除路由器可能拥有的所有其他团体属性，可以用关键字 **additive** 更改该默认操作，此时可以在不删除其他属性的情况下增加新的团体属性。

13．标准团体列表与扩展团体列表有何区别？

答案：标准团体列表可以用数字（1～99）或名字表示（利用关键字 **standard** 每行指定一个团体属性）。扩展列表也可以用数字（100～500）或名字表示（利用关键字 **expanded** 可以用正则表达式每行指定一组团体属性）.

14．标准团体属性与扩展团体属性有何区别？

答案：标准团体属性是一个32比特属性值，可用用单个十进制数值、十六进制数值或AA:NN格式来表示。扩展团体属性是64比特（IPv4网络）或160比特（IPv6网络），其格式类型由类型字段指定。

15．路由抑制中的半衰期指的是什么？

答案：半衰期是路由抑制特性使用的时间周期（默认为15分钟），经过该时间周期之后，特定路由累积的罚值就会降至一半。

16．IOS为路由翻动（路由不停的启用或停用）应用的默认惩罚是什么？

答案：IOS中的默认RFD罚值是1000。

17．为什么路由翻动抑制有时会被认为对大型网状连接的网络不利？

答案：有时RFD有害的原因在于单个翻动事件可能会给网络带来很多更深入的事件，导致路由累积了足够多的罚值，在不应该抑制的时候被抑制了。

18．什么是出站路由过滤？

答案：ORF就是路由器向邻居通告入站策略的能力，邻居可以据此来抑制收到即被丢弃的路由宣告。

19．NHT是如何改善BGP收敛时间的？

答案：NHT改善BGP收敛时间的方式是将AS内部的下一跳链接到速度更快的IGP上，因而IGP检测到下一跳丢失之后，就能立即触发BGP，而不用得到BGP Keepalive宣称邻居已中断。

20．快速外部切换机制是如何改善BGP收敛时间的？

答案：快速外部切换机制可以将检测到的链路故障立即通告给BGP，因而BGP无需等待 180 秒钟的保持定时器到期即可宣告邻居不可达。

21．什么是 BFD？BFD 是如何提升 BGP 性能的？

答案：BFD 是一种轻量级的、与协议无关的 Hello 协议，最快可以在 50 毫秒内检测到链路故障。由于 BFD 可以将去往邻居的链路故障快速通告给 BGP，因而能够大大提升 BGP 的响应性能。

22．BFD 的两种运行模式是什么？

答案：BFD 可以运行在异步模式和按需模式下，异步模式下的 BFD 邻居需要持续交换 Hello 包，而按需模式下只需要偶尔发送 Hello 包以验证生存性即可。

23．什么是 BFD 的回显功能？

答案：BFD 的回显功能允许系统发送一系列 BFD Hello 包，然后由邻居系统将数据包环回到发起端，这样就可以在不影响环回系统 CPU 的情况下实现快速硬件切换功能。

24．PIC 是如何提升 BGP 性能的？

答案：PIC 提升 BGP 性能的做法是在 BGP 表中标识次优路由（如果存在的话）。一旦最佳路径丢失，就能立即使用次优路径，而不用运行 BGP 的路径决策进程，因而能够大大加快路径失效后的重新收敛速度。

25．什么是优雅重启？

答案：优雅重启是一种 BGP 能力，将要重启或切换到备用路由处理器的路由器可以告诉邻居，它即将中断，但是很快还会恢复正常。

26．路由器运行 GR 必须满足哪些条件？

答案：路由器必须配置一对路由处理器才能支持 GR。

27．最大前缀特性是如何提升 BGP 网络的稳定性和安全性的？

答案：最大前缀特性提升 BGP 网络的稳定性和安全性的方法是设置路由器可以从邻居接受的最大前缀数量门限（基于平时从该邻居接受的前缀数量）。一旦超出了该门限（由于邻居的配置差错或者由于安全或软件问题），就会关闭与邻居之间的会话或者生成告警信息，以保护 BGP 网络免遭可能的非法路由的泛洪攻击。

28．哪些 AS 号被预留用作私有用途？

答案：AS 号 64512～65535 是私有 AS 号。与 RFC 1918 私有 IPv4 地址相似，这些私有 AS 号也不是全局唯一的 AS 号，必能出现在宣告给 Internet 的路由的 AS_PATH 列表中。

29．4 字节 AS 号的两种格式分别是什么？

答案：4 字节 AS 号分为 ASPlain 格式（就是位于 65536～4294967295 区间的简单数字）和 ASDot 格式（取值区间是 1.0～65535.65535）两种。

30．什么是 BGP 联盟？

答案：BGP 联盟是一种大型 AS，被划分成一组较小的自治系统以方便管理。

31．联盟 EBGP 规则与普通 EBGP 规则的区别是什么？

答案：联盟 EBGP 对普通的 EBGP 规则做了调整：

- 联盟外部的路由的 NEXT_HOP 属性在整个联盟内部保持不变。
- 宣告到联盟内部的路由的 MULTI_EXIT_DISC 属性在整个联盟内部保持不变。
- 路由的 LOCAL_PREF 属性在整个联盟内部保持不变，而不仅仅在分配该属性的成员 AS 内部保持不变。
- 虽然成员 AS 的 AS 号会在联盟内添加到 AS_PATH 中，但不会宣告到联盟外部。在默认情况下，成员 AS 号以 AS_PATH 属性类型 4（AS_CONFED_SEQUENCE）列在 AS_PATH 中。如果在联盟内使用了命令 **aggregate-address**，那么关键字 **as-set** 会让聚合点之后的成员 AS 号以 AS_PATH 属性类型 3（AS_CONFED_SET）列在 AS_PATH 中。

- AS_PATH 中的联盟 AS 号可以用来避免环路，但是在联盟内选择最短 AS_PATH 时不予考虑。

32．语句 **bgp deterministic med** 有何作用？

答案：语句 **bgp deterministic med** 的作用是让 BGP 进程在选择去往联盟内部目的端的路径时比较 MED 属性。

33．什么是路由反射器？什么是路由反射客户？什么是路由反射簇？

答案：路由反射器类似于路由服务器，IBGP 路由器与路由反射器进行对等连接即可，IBGP 路由器之间不用相互对等连接。路由反射器可以将对等体的路由宣告/反射给其他对等体，因而与 IBGP 对等体全网状连接需求相比，路由反射器能够大大减少对等会话的数量。

34．什么是簇 ID？

答案：簇 ID 是一个 32 比特标识符，用于区分路由反射簇。如果簇内只有单台 RR，那么就自动将 RR 的 RID 用作簇 ID。如果簇内拥有多台 RR，那么就需要配置簇 ID。

35．路径属性 ORIGINATOR_ID 和 CLUSTER_LIST 的作用是什么？

答案：ORIGINATOR_ID 和 CLUSTER_LIST 的作用是在使用路由反射器时防止出现路由环路。ORIGINATOR_ID 是通过 IBGP 将路由宣告给 RR 的路由发起端的 RID，用于防止簇内环路。CLUSTER_LIST 与 AS_PATH 相似，是簇 ID 列表，用于防止不同 RR 簇之间的环路。

36．可以在联盟内使用路由反射器吗？

答案：可以在联盟内部使用路由反射器，这两种方法结合可以将 BGP 扩展到大规模网络中。

第 6 章

1．哪些属性启用了 BGP 的多协议扩展能力？

答案：多协议可达 NLRI 和多协议不可达 NLRI。

2．什么是地址簇标识符和并发的地址簇标识符？

答案：AFI 指定多协议可达 NLRI 和多协议不可达 NLRI 属性中的 NLRI 所属的协议，如 IPv4 和 IPv6。SAFI 指定协议内的功能性地址类型，如单播或多播。

3．BGP 假定用于对等会话的邻居地址必须是全局可路由地址，而 IPv6 为直连邻居使用的却是链路本地地址，那么 MBGP 在处理两个 IPv6 邻居的对等会话时如何解决这个问题？

答案：如果 IPv6 路由宣告给的对等体连接的子网与该 IPv6 路由的全局下一跳地址所属的子网相同，那么就会在 MP_REACH_NLRI 的下一跳地址字段中包含宣告接口的链路本地地址，下一跳地址长度字段指示 32 字节（2 个 128 比特 IPv6 地址）。在其他情况下，下一跳地址字段仅包含全局下一跳地址，下一跳地址长度字段指示 16 字节（单个 128 比特 IPv6 地址）。

4．语句 **ipv6 unicast-routing** 的作用是什么？

答案：语句 **ipv6 unicast-routing** 的作用是在路由器上全局启用 IPv6 单播路由。

5．如何在 MBGP 配置中区分地址簇？

答案：通过 **address-family** 配置来区分地址簇。例如，**address-family ipv6** 要求所有语句都必须与收发 IPv6 单播前缀有关。

6．地址簇配置下的语句 **neighbor activate** 的作用是什么？

答案：地址簇配置下的语句 **neighbor activate** 的作用是让指定邻居主动宣告属于相关地址簇的前缀并向邻居宣告地址簇能力，该语句不影响对等会话。

7．在 MBGP 配置中的什么位置指定邻居的会话参数？在 MBGP 配置中的什么位置应用策略？

答案：在 MBGP 配置的主体部分（在地址簇配置段之外）指定邻居的会话参数，在各个地址簇配置段内应用策略。

8．能够通过单条 IPv4 或 IPv6 TCP 会话同时宣告 IPv4 和 IPv6 前缀吗？或者是否需要为 IPv4 前缀配置 IPv4 TCP 会话并且为 IPv6 前缀配置 IPv6 TCP 会话？

答案：可以通过单条 IPv4 或 IPv6 TCP 会话同时宣告 IPv4 和 IPv6 前缀，不过通常需要额外配置一些策略来实现这一点。常见方式就是为相同的邻居配置独立的 TCP 会话，即用于 IPv4 路由的 IPv4 会话和用于 IPv6 路由的 IPv6 会话。

9．命令 **bgp upgrade-cli** 的作用是什么？在何处使用该命令？调用该命令时，是否会中断 BGP 会话？

答案：命令 **bgp upgrade-cli** 的作用是将默认 IPv4 配置语法转换为地址簇格式。虽然是在 BGP 配置模式下运行该命令，但它只是一条临时命令，不会进入配置文件。由于该命令改变的只是配置外观，并没有任何配置方面的功能，因而不会中断 BGP 会话。

第 7 章

1．请解释重复的单播分发机制为何无法代替大型网络中的多播机制？

答案：重复的单播分发机制会给源端带来处理负担，导致源接口、数据链路以及所连接的路由器出现性能瓶颈。而且源端还必须保持状态信息以记住什么地址将发送重复的数据包，需要复杂的机制让成员能够加入和离开源端。最后，重复的单播分发会产生排队问题，从而给数据包带来难以接受的时延。

2．为 IP 多播保留的地址范围是什么？

答案：是 D 类地址（前 4 个比特是 1110），地址范围是 224.0.0.0～239.255.255.255。

3．单个 D 类地址前缀能够创建多少个子网？

答案：单个 D 类地址前缀不能创建子网，IP 多播仅使用单个地址，而不使用子网。

4．对于目的址在 224.0.0.1～224.0.0.255 范围内的数据包来说，路由器会采取哪些与其他多播地址不一样的处理方式？

答案：路由器不会转发目的地址在 224.0.0.1～224.0.0.255 范围内的数据包。

5．请写出与下列 IP 地址相对应的 MAC 地址：

(a) 239.187.3.201

(b) 224.18.50.1

(c) 224.0.1.87

答案：

(a) 0100.5E3B.03C9

(b) 0100.5E12.3201

(c) 0100.5E00.0157

6．MAC 地址 0100.5E06.2D54 代表的多播 IP 地址是什么？

答案：MAC 地址 0100.5E06.2D54 可以代表 32 个 IP 地址，其中的第一个八位组是 224～239 中的某个数值，第二个八位组是 134 或 6，第三个八位组是 45，最后一个八位组是 84。

7．为什么令牌环介质不适宜分发多播包？

答案：令牌环介质不适宜分发多播包的原因是令牌环帧的低位优先格式，很难将多播 IP 地址编码到 MAC 地址中，因而必须使用保留的功能性 MAC 地址或广播 MAC 地址，但这两种方式都会显著降低数据链路的效率。

8．什么是加入等待时间？

答案：加入等待时间是从主机发送加入请求到主机能真正接收到组流量之间的时间周期。

9．什么是离开等待时间？

答案：离开等待时间是从子网中的最后一个组成员离开多播组到路由器停止向该子网转发多播流量之间的时间间隔。

10．什么是多播 DR（或查询路由器）？

答案：多播查询路由器就是子网中负责向所连主机查询组成员的路由器。

11．由什么设备发送 IGMP Query（查询）消息？

答案：由路由器负责发送 IGMP Query（查询）消息，如果某子网连接了多台路由器，那么 IP 地址最小的路由器将成为查询路由器。

12．由什么设备发送 IGMP Membership Report（成员关系报告）消息？

答案：由主机负责发送 IGMP Membership Report（成员关系报告）消息。

13．IGMP 成员关系报告消息的使用方式是什么？

答案：由主机发送 IGMP Membership Report（成员关系报告）消息，以告知本地路由器其希望加入该多播组。

14．IGMP 通用查询消息与特定组查询消息有何功能性区别？

答案：路由器发送 General Query（常规查询）的目的是发现任意及所有多播组的成员，而 Group-Specific Query（特定组查询）消息的目的是发现某特定多播组的成员，通常是在接收到 Leave Group（离开组）消息之后再发送该消息。

15．IGMPv2 与 IGMPv1 是否兼容？

答案：IGMPv2 的大部分内容与 IGMPv1 保持兼容，但是如果子网中存在 IGMPv1 路由器，那么子网中的所有路由器都必须被设置为 IGMPv1。

16．IGMP 的 IP 协议号是什么？

答案：IGMP 的 IP 协议号是 2。

17．Cisco CGMP 协议的作用是什么？

答案：通过该协议，以太网交换机可以发现哪些接口上连接了组成员，因而可以只将多播会话分发到那些连接了组成员的交换端口上。

18．与 CGMP 相比，IGMP Snooping 的优点是什么？可能的缺点是什么？

答案：与 CGMP 不同，IP Snooping 不是专有协议，因而适用于多厂商混合应用环境。

其潜在的缺点是，如果交换机仅以软件方式支持该协议，那么将会影响其性能。

19．发送 CGMP 消息的设备是什么：路由器、以太网交换机或两者？

答案：只有路由器才能发送 CGMP 消息，交换机则负责侦听 CGMP 消息。

20．什么是反向路径转发机制？

答案：RPF 是 IP 多播路由的基本转发机制。由于路由器发现的最短路径是去往多播源的最短路径，而不是去往目的地的最短路径，当将多播包向目的地进行转发时（更准确的说法是将多播包从多播源向外转发），是沿着最短路径的反方向进行转发的。

21．多少台主机可以构成密集拓扑结构？多少台主机可以构成稀疏拓扑结构？

答案：密集拓扑结构与稀疏拓扑结构之间没有具体的主机数量界限。

22．与隐式加入相比，显示加入的主要优点是什么？

答案：与隐式加入相比，显示加入的主要优点是路由器无需维护那些不是任何组成员上行接口的状态。

23．有源多播树与共享多播树之间的主要结构性差异是什么？

答案：有源树以源子网或源路由器为根，而共享树则以某些聚合点（RP）或核心路由器为根，而且共享树可以被多个源所共享。

24．什么是多播定界？

答案：多播定界就是将多播包限制在一个确定的拓扑区域中。

25．IP 多播定界的两种方法分别是什么？

答案：IP 多播定界的两种方法分别是 TTL 定界和管理性定界。

26．从多播路由器的角度来看，上游和下游的含义分别是什么？

答案：上游就是朝向多播源的方向，下游就是离开多播源的方向。

27．什么是 RPF 检查？

答案：RPF 检查就是验证来自特定多播源的多播包到达的是否是朝向多播源的上行接口，而不是其他接口。

28．什么是剪枝？什么是嫁接？

答案：剪枝就是从多播树中删除路由器的操作，嫁接就是向多播树增加路由器的操作。

29．为 SSM 保留的多播地址是什么？

答案：为 SSM 保留的多播地址有：属于 232.0.0.0/8 的 IPv4 组地址和属于 FF3x::/96 的 IPv6 组地址。

第 8 章

1．什么是 PIM 剪除覆盖？

答案：剪除覆盖就是通过向多路接入网络中的上游路由器发送 Join（加入）消息来取消同一网络中其他路由器发出的剪除请求。

2．什么是 PIM 转发路由器？如何选择转发路由器？

答案：当多台上游路由器连接到同一个多路接入网络并正在接收同一个多播组的多播包时，PIM 转发路由器就是将多播包转发到该网络的路由器。通过 Assert（声明）消息中宣告的管理性距离来选举 PIM 转发路由器，管理性距离最小的即为 PIM 转发路由器。如果管理性距离相等，那么路由度量值最小的将成为 PIM 转发路由器。如果路由度量值也相等，那么

IP 地址最小的路由器将成为 PIM 转发路由器。

3．PIM 选择 DR 的规则是什么？

答案： IP 地址（根据 PIM Hello 消息）最大的 PIM 路由器就是 DR。

4．什么是 PIM SPT？什么是 PIM RPT？

答案： 最短路径树就是有源树，聚合点树是以聚合点（RP）为根的共享树。

5．Cisco 路由器可以利用哪两种机制自动发现 PIM-SM RP？

答案： 可以利用 Auto-RP 或 Bootstrap（引导）协议来自动发现 PIM-SM RP。

6．对于第 5 题的机制来说，应该在多厂商路由器拓扑结构中使用哪种机制？

答案： 除 Cisco 外的其他厂商一般不支持 Auto-RP，因而 Bootstrap（引导）协议适用于多厂商路由器拓扑结构。

7．什么是 C-RP？

答案： C-RP 即候选 RP，是有资格成为全部多播组或指定的一组多播组的 RP 的路由器。

8．什么是 BSR？

答案： 使用 Bootstrap（引导）协议之后，BSR（Bootstrap 路由器）负责在整个 PIM-SM 域中宣告 RP-Set 中的 C-RP 信息。

9．什么是 RP 映射代理？

答案： 使用 Auto-RP 之后，由 RP 映射代理负责宣告 group-to-RP 映射关系。

10．（S,G）多播路由表项与（*,G）多播路由表项有何区别？

答案：（S,G）表项引用的是 SPT，而（*,G）表项引用的是 RPT。

11．什么是 PIM-SM 源注册？

答案： 源注册是路由器将封装在 PIM Register（注册）消息中的多播包从多播源转发到 RP 的一种机制。如果多播源发出的流量较大，那么 RP 将构建一个 SPT 并发出一条 Register Stop（注册终止）消息。

12．Cisco 路由器何时从 PIM-SM RPT 切换到 SPT？

答案： Cisco 路由器在接收到 RPT 上某特定（S,G）的第一个多播包之后或（S,G）的多播包到达速率超过命令 **ip pim spt-threshold** 中指定的阈值之后，就会从 PIM-SM RPT 切换到 SPT。

13．什么是 PIM 稀疏-密集模式？

答案： 对于 PIM 稀疏-密集模式来说，如果 RP 已知，那么就要求接口使用稀疏模式；如果 RP 未知，那么就要求接口使用密集模式。

第 9 章

1．9.1 节给出了一个管理定界的配置示例。E0 接口上的边界阻塞了组织机构本地范围的多播包（目的地址的前缀与 239.192.0.0/14 相匹配），但允许全局范围的多播包，那么请问组地址 224.0.0.50 是否能够穿越该边界？

答案： 如果目的地址为 224.0.0.50 的多播包由本地路由器发起，那么该多播包将穿越该边界。虽然 access-list 10 允许 224.0.0.50，但由于该地址位于链路本地范围之内，因而下一跳路由器不会继续转发该多播包。

2．Cisco IOS Software 如何处理运行了 PIM 协议的点到点接口以及多路接入接口上的 DVMRP Prune（剪除）消息？

答案：会忽略多路接入接口上的 DVMRP Prune 消息，而正常处理点到点接口上的DVMRP Prune 消息

3．什么是 PIM（*,*,RP）表项？

答案：PIM（*,*,RP）表项是去往 PIM 多播边界路由器的树枝，Cisco IOS 不支持 MBR。

4．MBGP 与普通 BGP 之间有何区别？

答案：MBGP 有两个扩展属性：MP_REACH_NLRI 和 MP_UNREACH_NLRI。

5．什么是 MBGP AFI？

答案：AFI 是地址族标识符，当 MBGP 被用于多播路由时，AFI 总是被设置为 1(对 IPv4)，而 sub-AFI 则用于表示相关的 NLRI 的是否被用于多播、单播或同时用于多播和单播。

6．下述说法是否正确？MSDP 携带了不同 PIM 域中 RP 之间的多播源和组成员信息。

答案：错误。MSDP 仅传递多播源信息，而不携带组成员信息。

7．MSDP 的传送协议是什么？

答案：MSDP 使用 TCP 端口号 639。

8．什么是 MSDP SA 消息？

答案：SA 是源有效消息，当多播源的 DR 注册到 RP 上时，如果该 RP 正在运行 MSDP，那么将在 SA 消息中将（S,G）对宣告给其对等体。

9．MSDP RP 如何确定 SA 消息是否是在 RPF 接口上接收到的？

答案：MSDP RP 通过检查 BGP 下一跳数据库（首先是 MBGP，然后是单播 BGP）来确定正确的上行接口。

10．什么是 SA 缓存？

答案：SA 缓存就是存储学习自 SA 消息的（S,G）状态信息。SA 缓存机制是以消耗路由器内存为代价来降低加入等待时间。Cisco IOS 在默认情况下是禁用 SA 缓存机制的。

11．在不启用 SA 缓存功能的情况下，有没有办法缩短加入等待时间？

答案：有。如果某 MSDP 对等体正在缓存 SA，那么就可以让 RP 在接收到加入消息后立即使用 SA Request（请求）消息向其对等体请求（S,G）信息。

第 10 章

1．内部地址与外部地址之间有何区别？

答案：内部地址和外部地址的定义与 NAT 相关，通常来说（虽然不是始终），内部地址是本地网络域内的地址，外部地址是本地网络域之外的地址。不过内部地址和外部地址也可以是两个私有域（仅由 NAT 配置进行定义），内部地址和外部地址是在 NAT 上定义的内部和外部设备的地址。

2．本地地址与全局地址之间有何区别？

答案：本地地址是内部域已知的地址（由 NAT 定义），可以是 IL（内部本地）地址（对于外部设备来说未知的内部设备地址）或 OL（外部本地）地址（内部设备通过该地址知晓外部设备）。全局地址是外部域已知的地址（也由 NAT 定义），可以是 OG（外部全局）地址（对于内部设备来说未知的外部地址）或 IG（本地全局）地址（外部设备通过该地址知晓内部设备）。

3．什么是地址转换表？

答案：地址转换表负责记录 IG、IL、OL 以及 OG 地址之间的映射关系。

4. 静态转换与动态转换之间有何区别?

答案:静态转换就是在地址转换表中手工配置地址映射关系,动态转换可以提供映射到某个地址空间或地址池的临时地址映射。

5. IOS的默认转换超时周期是什么?

答案:转换超时周期就是动态映射关系停留在转换表中的时间,默认周期是86400秒(24小时)。

6. 什么是PAT?

答案:也称为地址超载或NAPT。PAT不仅映射IPv4地址,而且还映射端口。PAT的好处是可以将大量内部地址映射为较小的外部地址池(包括单个外部地址)。

第11章

1. 什么是SIIT?

答案:SIIT是一种转换IPv4和IPv6数据包报头的算法。

2. 请举例说明哪些报头字段不能在IPv4与IPv6之间转换?

答案:IPv4报头中的校验和字段、选项字段和填充字段以及IPv6报头中的流标签字段都没有相对应的字段。虽然IPv4报头中的标识符字段、标志字段以及分段偏移字段在默认的IPv6报头中没有对应字段,但是IPv6分段扩展报头支持这些字段。

3. SIIT如何处理ICMPv6中无对应消息的ICMP消息?

答案:SIIT无法将ICMP消息转换为与ICMPv6相匹配或相像的消息,会直接丢弃该消息。

4. NAT44与NAT-PT有何区别?

答案:NAT44在不同的IPv4地址之间进行转换,而NAT-PT在IPv4和IPv6地址之间进行转换,PT表示协议转换。

5. NAT-PT与NAT64(有状态或无状态)的主要区别是什么?

答案:NAT-PT通常包含DNS ALG,而NAT64没有。

6. 如果节约IPv4地址是重点考虑因素,那么应该选择无状态NAT64还是有状态NAT64?

答案:有状态NAT64能够更好地节约IPv4地址,因为有状态NAT64支持动态端口映射机制。无状态NAT64仅支持一对一的地址映射,因而并不节约IPv4地址。

7. 什么是内嵌IPv4的IPv6地址?

答案:无状态NAT64使用的内嵌IPv4的IPv6地址是一种IPv6地址,使用特殊保留的IPv6前缀和嵌入式IPv4地址。